Helmut Teschner · Fachwörterbuch Digital- und Printmedien

Helmut Teschner

Fachwörterbuch Digital- und Printmedien

Dr.-Ing. Paul Christiani GmbH & Co. KG

Bestell-Nr. 77808
ISBN 978-3-95863-104-5

---

4. Auflage 2021

Vorwort

Die Fähigkeit zur Kommunikation gilt als eine der wesentlichen Anforderungen des heutigen Berufsalltags, steht uns doch eine Vielzahl an Kommunikations- und Informationsmöglichkeiten zur Verfügung.

Die Erfindung des Buchdrucks durch Gutenberg war der erste Schritt dieser Entwicklung. Es dauerte jedoch über 400 Jahre, bis aus den Anfängen des Drucks Maschinen hervorgingen, die einen mechanisierten Prozess für das Setzen der Schrift und den Druck ermöglichten. Diese Entwicklungen waren viele Jahre lang überschaubar; der Einzelne konnte sich darauf einstellen. Heute erfolgen technische Entwicklungen in immer kürzerer Folge.

Gerade in der Druck- und Medienindustrie, die ihren Kunden Kommunikations- und Informationstechnologie als Dienstleistung anbietet, gilt es, die Möglichkeiten der technischen Neuerungen zu kommunizieren und Kundenwünsche mit der multimedialen bzw. drucktechnischen Umsetzung zu koordinieren. Dies erfordert eine gemeinsame Sprache – eine klare eindeutige Terminologie wichtiger Fachbegriffe.

Das Fachwörterbuch Digital- und Printmedien soll allen am Entstehungsprozess von Medien Beteiligten eine verlässliche Hilfe sein.

Für die hilfreichen Anregungen und die freundliche Unterstützung möchte ich vor allem Kollegen aus dem beruflichen Schuldienst, den Verbänden der Druck- und Papierindustrie, der FOGRA und UGRA sowie den Herstellern von Geräten, Maschinen und Systemen für die Medien- und Druckindustrie bedanken.

Mein besonderer Dank gilt meiner Frau, die meine Arbeiten verständnisvoll begleitet und unterstützt.

Helmut Teschner, August 2021

Inhalt

A

A

1. Physik: Abk. für Ampere, die Maßeinheit der Stromstärke.
2. Datenverarbeitung: Früher übliche Angabe für das erste Laufwerk in einem Personalcomputer (PC).
3. Farbmetrik: Im Farbbezugssystem > CIE-Lab bezeichnen das L die Helligkeit, die Buchstaben a und b die Koordinaten in einem > Farbraum.

a. a. O.

Abkürzung für: am angegebenen (angeführten) Ort. In Fachbüchern und wissenschaftlichen Werken ein Hinweis, dass diese Quellenangabe, auf die Bezug genommen wird, schon vorher zitiert wurde.

Abbaubarkeit

Umweltschutz: Maß für den biologisch, chemisch oder physikalisch bewirkten Abbau vor allem organischer Verbindungen aus dem Abwasser.

Abbildung

Abk.: Abb. Umgangssprachlich für Bildwiedergaben aller Art. Zeichnungen, grafische Darstellungen oder fotografische Bilder zur Ergänzung, Veranschaulichung oder Erläuterung des Textes. > Bildvorlagen, > Vorlagen. Abbildungen sind z. B. Zeichnungen, grafische Darstellungen, ein- und mehrfarbige Fotografien u. Ä. > Bildvorlage.

1. Reproduktion: Abbildungen ergänzen den Text durch erläuternde Zeichnungen, grafische Zeichnungen oder instruktive Fotos.
2. Optik: Die Erzeugung eines Bildes von einem beliebigen Gegenstand mithilfe von Licht durch ein optisches System (Linsen, Spiegel, Prismen). Anstelle von Lichtstrahlen werden heute ebenfalls Elektronenstrahlen eingesetzt.

Abbildungsfehler

Fehler bei fotografischen Aufnahmen, die durch den Strahlengang in Linsensystemen (> Objektiven) entstehen. Diese Fehler sind heute durch Korrektur der Linsen zu vermeiden.

Man unterscheidet:

1. monochromatische (geometrisch-optische) Fehler, die durch Lichtbrechung und Reflexion bedingt sind, wie:
   a) sphärische Aberration (Öffnungsfehler),
   b) Astigmatismus („schiefe Bündel“),
   c) Koma (Asymmetriefehler),
   d) Distorsion (Verzeichnungsfehler) und
   e) Bildfeldwölbung (Krümmung der Bildfeldebene) sowie
2. chromatische Fehler, die durch > Dispersion bedingt sind.

Abbildungslegende

Bildunterschrift, kurze Erläuterung zu einer Abbildung.

Abbildungsmaßstab

Reproduktion: Lineares Seitenverhältnis der Reproduktionsvorlage (Bildvorlage, Abbildungsobjekt) zum Reproduktionsprodukt (Aufnahmegröße, Bildgröße). Der Abbildungsmaßstab (*V*) ist bei einer linearen Abbildung aus dem Quotienten von Bildgröße (*y'*) und Gegenstandsgröße (*y*) sowie aus der Bildweite (*a'*) und Gegenstandsweite (*a*) zu berechnen.

$$V = \frac{y'}{y} = \frac{a'}{a}$$

Das Größenverhältnis wird im Allgemeinen in Prozent angegeben. Breite und Höhe der Vorlage entsprechen 100 %. Eine Vergrößerung z. B. auf 200 % entspricht danach einer Verdoppelung der jeweiligen Länge.

abbinden

Druckweiterverarbeitung: Verfestigen von Klebstoffen auf zu klebenden Substraten (Materialien, Werkstoffen). Dies kann durch

ein Erstarren der Schmelze (Schmelzklebstoff), Verdunsten von Wasser (wässrige Klebstoffe wie Stärke, Dextrin, wässrige Kunstharzdispersionen) oder durch chemische Reaktion (Polyurethan) erfolgen. > Abbindezeit

Abbindezeit
Druckweiterverarbeitung: Zeitdauer vom Auftrag bis zum Verfestigen von Klebstoffen auf Substraten.

abblenden
Begriff der Reproduktionstechnik und Fotografie. Verkleinerung der Objektivöffnung zur Dosierung des Lichteinfalls bzw. zur Erhöhung der Bildschärfe in Vorder- und Hintergrund (Tiefenschärfe).

Abbreviatur
Einheitliche > Abkürzung nach den amtlichen Richtlinien der deutschen Rechtschreibung, z. B. nach dem Duden.

abdecken
1. Reproduktion:
   - Ausflecken von negativen oder positiven Kopiervorlagen (Film). Unerwünschte Bildteile oder Durchbrüche (engl.: pinholes) werden durch Aufbringen lichtundurchlässiger Materialien, z. B. Abdeckfarbe und Abdecklack, beseitigt.
   - Schützen bestimmter Partien auf Fotomaterialien vor Einwirkungen von Chemikalien, z. B. bei Ätzen von Rasterfilmen.
   - Digitales Abdecken zu schützender Bildteile z. B. durch Masken.
2. Druckformherstellung:
   - Schützen bestimmter Stellen vor Lichteinwirkung bei der Kopie.
   - Entfernen fehlerhafter Bildstellen, z. B. Filmkanten, auf der Druckform durch Ätz- bzw. Korrekturmittel.
   - Im Siebdruck das Auftragen von Abdecklack auf fehlerhaft offene Stellen in der Schablone.

Abdeckfarbe
Farbe zum > Abdecken von Fehlstellen oder unerwünschten Bildteilen.

Aberration
Abweichung. > Abbildungsfehler in optischen Systemen.

Abfall
Nicht mehr verwertbare oder erst nach Wiederaufbereitung (> Recycling) verwertbare Nebenprodukte (Reste) bei der Herstellung oder Verarbeitung von Werkstoffen. Jeder, der einen Abfall erzeugt, ist verpflichtet, diesen sachgerecht zu entsorgen. > Abfallgesetz

abfallend
Reproduktion und Druck: Bezeichnung für > angeschnittene Bilder und Flächen in einem Druckprodukt. Auch randabfallend genannt.

abfallender Rand
Ein Bild, das über das Endformat der Seite hinausragt. Beim Beschnitt auf das Endformat des Druckproduktes werden seitliche Streifen des Bildes abgeschnitten, das dadurch bis an den äußeren Rand des Formates steht.
Auch: Angeschnittenes Bild.

Abfallentsorgung
Gewinnen von Stoffen oder Energie aus Abfällen und das Ablagern von Abfällen sowie die hierzu erforderlichen Maßnahmen für das Einsammeln, Befördern, Behandeln und Lagern.

Abfallgesetz
Das Gesetz, in Deutschland seit 1.11.1986 in Kraft, bildet die rechtliche Basis für alle Maßnahmen des Staates, Abfälle zu vermeiden (oder zumindest die Menge des anfallenden Abfalls zu reduzieren) und Abfälle sachgerecht zu entsorgen. Ziel ist primär die Vermeidung von Abfällen. Ist dies nicht möglich, so sind Abfälle

getrennt zu sammeln, um eine Wiederverwendung oder Verwertung der Rohstoffe zu ermöglichen.
Dadurch wird den Deponien und Verbrennungsanlagen weniger Abfall zugeführt. Speziellen Verordnungen, z. B. Technische Anleitung (TA) Abfall, Altpapierverordnung und Verpackungsverordnung bestimmen entsprechende Maßnahmen für bestimmte Stoffe. > Recycling

Abfallholz
Holz, das bei der Pflege und Durchforstung der Wälder anfällt. Hierzu gehört auch Bruchholz. Einer der größten Abnehmer für diese unteren Holzqualitäten als Rohstoff ist die Zellstoff- und Papierindustrie. Etwa zwei Drittel des Primär-Faserstoffbedarfs der deutschen Zellstoff- und Papierfabriken werden durch Abfallholz gedeckt.

Abfallschlüsselnummer
Für eine sachgerechte, sichere Entsorgung werden jedem Stoff bzw. dem daraus möglichen Abfall sogenannte Abfallschlüsselnummern und ein Entsorgungsweg zugeordnet. Durch die Abfallschlüsselnummer ist eine eindeutige Identifizierung des Abfalls möglich.

Abfallwirtschaft
Die Abfallwirtschaft ist für den gesamten Abfallkreislauf verantwortlich: von der Abfallvermeidung über die Weiterverwendung und Verwertung bis hin zur Beseitigung. Auch das Sammeln und der Transport von Abfällen, die Sortierung und die Behandlung gehören zu ihren Aufgaben. (Umweltbundesamt).
Die Abfallwirtschaft hat sich in einem längeren Zeitraum von einer reinen Beseitigungswirtschaft zu einer Kreislaufwirtschaft gewandelt. Wesentliches Ziel ist es, natürliche Ressourcen zu schonen und Abfälle umweltverträglich zu bewirtschaften. Dabei spielen Umwelt- und Klimaschutz eine bedeutende Rolle.
Stufen des Kreislaufwirtschaftsgesetzes in der Abfallhierarchie:
- Abfallvermeidung
- Wiederverwendung
- Recycling
- sonstige, z.B. energetische Verwertung von Abfällen
- Abfallbeseitigung

Vorrang hat die jeweils beste Option aus Sicht des Umweltschutzes. Dabei sind neben den ökologischen Auswirkungen auch technische, wirtschaftliche und soziale Folgen zu berücksichtigen. Die Kreislaufwirtschaft wird somit konsequent auf die Abfallvermeidung und das Recycling ausgerichtet. Die Beseitigung der verbleibenden Restabfälle hat gemeinwohlverträglich zu erfolgen.
Abfälle müssen von Anfang an getrennt gesammelt werden, um die stofflichen Potenziale der verschiedenen Abfallströme möglichst vollständig nutzen zu können.
Parameter bei der betrieblichen Abfallwirtschaft
- Mengenerfassung
- Kostenerfassung
- Vermeidungspotential ausgeschöpft?
- Verwertung möglich?
- Entsorgungsweg
- persönliche Verantwortung aller Mitarbeiter
- Organisation der innerbetrieblichen Abfallerfassung
- effiziente Sortentrennung
- exakte Erfassung der Abfallmengen sowie der Kosten bzw. Erlöse
- Abfallwirtschaftskonzept erstellen

Abformung
Druckformherstellung: Die Nachformung einer Original-Druckplatte, z. B. das Herstellen einer Gummidruckplatte für den Flexodruck nach einer vorhandenen Metallätzung oder > Auswaschdruckplatte.

Abgas
Aus Feuerungen, Heizanlagen, Verbrennungskraftmaschinen, Hitzetrocknern in

Rollen-Offsetdruckmaschinen u. a. abziehende Verbrennungsgase, die flüssige oder feste Bestandteile enthalten. Bestandteile sind z. B. Wasserdampf, Stickstoff, Kohlendioxid, Sauerstoff, Kohlenwasserstoffe, Ruß und Staub. Je nach Art und Konzentration sind Abgase mehr oder weniger stark umweltbelastend. Deshalb sind durch die Abgasgesetzgebung Abgasreinigungen zur Reduzierung oder vollständigen Verhinderung schädlicher > Emissionen vorgeschrieben.
Beispiel aus der Drucktechnik: Hitzetrocknung im Rollen-Offsetdruck.
> Abluftreinigung.

Abgasverbrennung
Verbrennen umweltbelastender, übel riechender oder giftiger Gase. > Abgas

abkanten
Offsetdruck: Plan liegende Druckplatten entsprechend den Spannvorrichtungen der Druckformzylinder winklig abbiegen. Dadurch wird das Einspannen der Druckplatten wesentlich einfacher, schneller und genauer, die > Rüstzeiten werden gesenkt. Für das Abkanten werden spezielle Abkantgeräte eingesetzt. Zusätzliche Stanzungen für Passsysteme am Druckformzylinder ermöglichen zudem ein passgenaues Einspannen.

Abkürzungen
Auch: > Abbreviaturen. Einheitliche Abkürzungen, die zur Zeit- und Platzersparnis verwendet werden. Sie werden als einzelne Wörter (Nr. = Nummer, Dr. = Doktor) oder in einzelnen Buchstaben (AG, LKW, MAN) gesprochen. Nach bestimmten Abkürzungen steht ein Punkt:
z. B. (für: zum Beispiel),
i. V. (für: in Vertretung).
Steht eine Abkürzung mit Punkt am Satzende, dann ist der Abkürzungspunkt zugleich der Schlusspunkt dieses Satzes.
Kein Punkt steht dagegen bei sogenannten Initialwörtern und Kürzeln:
BGB (für: Bürgerliches Gesetzbuch),
DGB (für: Deutscher Gewerkschaftsbund),

Ablation
1. Allgemein: Ablösen, Abschmelzen oder Abtragen von Material durch starke Wärmezufuhr.
2. Druckformherstellung:
   Bebilderung durch thermische Ablation mit einem IR-Laser. Beispiele:
   - Bei einer wasserlos arbeitenden Offsetdruckplatte löst Wärmeenergie die farbabweisende Silikonschicht ab. Nach dem Entfernen der abgelösten Partikel liegt die farbführende Schicht frei.
   - Bei einer konventionellen Offsetdruckplatte wird die oberste, wasserführende (hydrophile) Schicht auf der Druckplatte abgelöst und die farbführende Schicht freigelegt.

ablativ
Bei der digitalen Bebilderung der Druckplatte durch einen Laser wird die Kopierschicht verdampft bzw. zerstört, sie kann danach abgesaugt oder durch Wasser abgelöst werden. > Ablation

Ablaufanalyse
Arbeitsstudium: Das Erfassen und Auswerten von Daten, Fakten und Umständen, die für die Verwirklichung eines Zieles bedeutend sind. Daraus folgt die Gestaltung eines bestimmten > Arbeitssystems.

Ablaufdiagramm
1. EDV: Grafische Darstellung einer organisatorischen und logischen Aufeinanderfolge eines Datenflusses oder einzelner Operationen in der elektronischen Datenverarbeitung.
2. Betriebsorganisation: Organisation von Arbeitsabläufen an einzelnen Arbeitsplätzen oder in Abteilungen.

Ablauforganisation
Teilbereich der Betriebsorganisation.

Die Ablauforganisation analysiert und plant das räumliche und zeitliche Zusammenwirken von Menschen, Betriebsmitteln und Arbeitsgegenständen. Wesentliche Aufgaben sind demnach Planung, Gestaltung und Steuerung von Arbeitsabläufen.
> Aufbauorganisation

Ablauge
Papierherstellung:
Flüssige Rückstände bei der Papierproduktion.

ablaugen
Waschen und Reinigen mit starken alkalischen Mitteln.

ablegen
1. Bleisatz:
   Einzelne Elemente wie Buchstaben, Linien, Zeichen und Blindmaterial ausgedruckter > Kolumnen (Satzseiten) werden in die entsprechenden Schriftkäste und Fächer zurückgelegt.
   Die Arbeitszeit für das Ablegen beträgt etwa 25 % der Satzzeit und ist dem entsprechend in der Kalkulation zu berücksichtigen.
2. Drucktechnik:
   Ablegen (to set off), auch
   > Abliegen.

Ablenkeinheit
Bei der Farbbildschirmtechnik ein variables Magnetfeld zur horizontalen und vertikalen Ablenkung des Elektronenstrahls in der Bildröhre.
Dadurch läuft der Elektronenstrahl zeilenweise über den Bildschirm.

Ablenkfrequenz
Bei einem Bildschirm die > Frequenz, mit der der Elektronenstrahl eine ganze Zeile auf dem Bildschirm darstellt.

abliegen
Drucktechnik:
Abfärben (auch: abschmieren, abziehen) frischer Drucke auf die Rückseite des darüber liegenden Bogens.
Besonders problematisch sind gering oder gar nicht saugfähige Bedruckstoffe.
In der Regel hilft ein > Bestäuben mit geeignetem Puder oder ein > Einschießen von saugfähigem, unbedrucktem Zwischenlagepapier.

Abluft
Im Arbeitsprozess verbrauchte Luft.
> Abgas. Reinigung der Luft von belästigenden, umweltbelastenden oder giftigen Gasen in der Abluft.
Im Rakeltiefdruck trocknet die Druckfarbe durch das Verdunsten von Lösemittelanteilen in der Druckfarbe. Die Lösemittelanteile werden aus der Abluft zurückgewonnen.
> adsorbieren, > Adsorption

abmehlen
Druckschwierigkeit: Die Druckfarbe ist nach normaler Trockenzeit von dem Bedruckstoff leicht abzureiben. Ursachen können eine zu stark verdünnte Druckfarbe oder sehr schwach geleimtes Papier sein. In beiden Fällen werden die Pigmente nicht durch die Bindemittel fest an den Bedruckstoff gebunden sondern liegen nur lose auf.

abmontieren
Druckformherstellung: Das sachgerechte Abnehmen einzelner Kopiervorlagen von Montagen, die nicht mehr für die Druckplattenkopie benötigt werden. Hierzu gehört auch das ordnungsgemäße > Archivieren aller Auftragsunterlagen.

Abmusterung
> abstimmen. Der Vergleich von einer Druckvorlage mit dem Druckprodukt. Bei der Abmusterung farbiger Vorlagen und Druckprodukte ist die > Farbtemperatur der Lichtquelle in > Kelvin (K) entscheidend für eine optimale Beurteilung. Zur Abmusterung von Durchsichtsvor-

lagen und Aufsichtsvorlagen schreibt die ISO-Norm 3446 Normlicht D 50 (5.000 Kelvin) verbindlich vor.

Abnutzung
Durch mechanische oder chemische Einwirkung (Nutzung, Gebrauch, Alterung, Umwelteinflüsse u. Ä.) bedingte Verschleißerscheinungen an Werkstoffen.
Die Abnutzung führt z. B. zu > Korrosionen und Form- oder Oberflächenveränderungen.
Bei Druckformen verringert die Abnutzung die > Standzeit, d. h. die Auflagenfestigkeit.

Abonnement
Laufender Bezug eines periodisch erscheinenden Druckerzeugnisses, z. B. einer Tageszeitung, einer Fachzeitschrift durch einen > Abonnenten.

Abonnent
Dauerbezieher, z. B. einer Tageszeitung, Fachzeitschrift oder Illustrierten.

abonnieren
Im Voraus für einen festgelegten Zeitraum oder unbeschränkt periodisch erscheinende Druckprodukte bestellen, z. B. Zeitungen, Zeitschriften.

abpressen
Buchbinderei:
Der Rücken eines Buchblocks wird durch mechanisches Einwirken von Hand oder mit Maschinen verfestigt und in die endgültige Form gebracht.
Das Abpressen vermeidet außerdem ein übermäßig starkes Ansteigen des Rückenmaßes durch die Heftung mit Faden oder durch die Klebebindung.

Abrieb
Mechanisch bedingter Verschleiß.

Abriebfestigkeit
Bedruckstoffe, Druckprodukte:
Widerstandsfähigkeit gegenüber reibenden (mechanischen) Beanspruchungen.
Bei messtechnischer Prüfung wirkt eine reibende Fläche von bestimmter Größe und Beschaffenheit unter Druck auf den Bedruckstoff ein.
Die Abriebfestigkeit der Druckfarbe ist besonders bei Verpackungen eines der wesentlichen Qualitätsmerkmale.

Abriss
1. Allgemein: Kurze, zusammenfassende Darstellung eines komplexen Sachverhaltes.
2. Drucktechnik: Abziehen eines Werkstoffes von einem anderen Stoff durch Überwinden auftretender starker > Kohäsionskräfte.
   Grafisch und messtechnisch dargestellt durch den Abrisswinkel.
   Beispiel:
   Das Abziehen des bedruckten Bogens vom Gummituch durch (Auslage-) Greifer.
   Entscheidend ist das Zusammenwirken der Zügigkeit der Druckfarbe und das Ablöseverhalten der Oberfläche des Gummituches.
   (> Quick-Release-Effekt)

Abrollung
Drucktechnik: Abwickelvorrichtung für Rollenpapier und Zuführung in die Rollen-Druckmaschine.
> Autopaster, > Speicherrollenwechsler

abrunden
Bei bestimmten Akzidenzdrucksachen oder Büchern werden Ecken mit Stanzmaschinen oder speziellen Eckenrundemaschinen (auch Eckenabstoßmaschine genannt) abgerundet.

Absatz
1. Satzherstellung:
   Textabschnitt, inhaltliche Gliederung. Ein zusammengehörendes Textstück in einem Satzbild, d. h. eine Unterbre-

chung des laufenden Textes durch eine Leerzeile, einen Einzug oder einen größeren Zeilenabstand.
Bei einem Textverarbeitungs- oder DTP-Programm entsteht ein Absatz durch das Betätigen der Return-Taste. Dieser Absatz bleibt auch bei einem Umformatieren des Textes bestehen.
2. Wirtschaft:
Verkauf von erstellten Produkten.

Absatzformat
In einem DTP-Programm ein durch den Bediener erstellter Befehl zur Gestaltung (z. B. Schriftart und -größe, Ausrichtung, Einzug, Zeilenabstand, Farbe, Tabulator, Silbentrennung) eines > Absatzes. Eine Änderung des Absatzformates wirkt sich auf alle so formatierten Absätze in einem Dokument aus. In manchen DTP-Programmen wird das Absatzformat Stilvorlage genannt. > Zeichenformat

Absauganlagen
Entfernen von > Abluft, > Abgasen (Trockner im Tiefdruck und Rollen-Offsetdruck) oder Abfällen (Papierverarbeitung, Buchbinderei) durch Vakuum bzw. Unterdruck.

Abschnitt
Abgeschlossener Textabschnitt, der von dem folgenden Text durch einen > Absatz getrennt ist. Die folgende Zeile des nächsten Abschnitts beginnt am Zeilenanfang oder mit einem > Einzug. Jeder Abschnitt hat normalerweise die gleiche Ausrichtung, die gleiche Grundschrift und den gleichen Schriftgrad.

Abschnittlänge
In Rollen-Druckmaschinen das Querschneiden der Papierbahn auf eine bestimmte Länge zur weiteren Verarbeitung im Falzapparat.

Abschreibung
Betriebswirtschaft: Wertminderung. Bilanzielle Abschreibung für Abnutzung nach gesetzlicher Vorschrift. Mit der Abschreibung wird der Gegenwert für die Wertminderung des Anlagevermögens ausgedrückt. Abgeschrieben werden Gebäude (ohne Grundstückskosten), Geräte, Maschinen, Einrichtungen, Fuhrpark u. a. Die Abschreibung erfolgt regelmäßig während der Nutzungsdauer, die gesetzlich bestimmt ist.
Es sind zwei Formen der Abschreibung zu unterscheiden:
- Lineare Abschreibung
  Gleichbleibender jährlicher Abschreibungsbetrag. Berechnung des Abschreibungssatzes pro Jahr:
  Anschaffungskosten : Nutzungsdauer
  Am Ende der Nutzungsdauer ist der Gegenstand vollständig abgeschrieben.
- Degressive Abschreibung
  Die degressive Abschreibung erfolgt immer mit dem gleichen Prozentsatz vom Restbuchwert und führt so zu fallenden Abschreibungsbeträgen während der Nutzungsdauer. Durch die Unternehmenssteuerreform 2008 wurde die degressive Abschreibung, mit einer Ausnahmeregelung für 2009/2010 angeschaffte Güter, abgeschafft.

absetzen
1. Drucktechnik: Das manuelle Erfassen von Text zu einem Satzprodukt (Buchstaben, Daten). Engl. to set.
2. Physik: Absinken von festen Stoffen in Flüssigkeiten durch Schwerkraft.
   Beispiel: Absinken von Pigmenten einer Tiefdruckfarbe auf den Boden des Behälters. Es bildet sich ein Bodensatz.

absolut
Beziehungslos, uneingeschränkt, vollkommen, unabhängig (Gegensatz: > relativ).
Beispiele:
- absoluter Nullpunkt, absolutes Gehör,
- > absolute Luftfeuchtigkeit.

absolute Luftfeuchtigkeit
Die in einem Kubikmeter (m^3) tatsächlich

enthaltene Masse des Wasserdampfes in Gramm. > Luftfeuchtigkeit: maximale Luftfeuchtigkeit, > relative Luftfeuchtigkeit

absolut trocken
Papierherstellung: Abk.: atro. Messung des Trockengehaltes von Papier und Zellstoff. Heute ersetzt durch > „ofentrocken" (otro), dem Zustand des Papiers oder sonstigen Stoffes nach dem Trocknen unter festgelegten Bedingungen.

Absolutweiß
Hellste aller sichtbaren Farben, die alle auftreffenden Lichtstrahlen reflektiert.
In der Praxis wird das „Absolutweiß" – Basis ist eine weiße Keramikfläche – als Referenzwert zur Kalibrierung von Messgeräten verwendet.

Absorber
Feststoff, der auftreffende Strahlung ganz oder teilweise verschluckt, oder flüssiger Stoff, der gasförmige Stoffe gleichmäßig verteilt in sich aufnimmt.

absorbieren
Physik: Aufsaugen, verschlucken.

Absorption
Physik, Farbenlehre: Mehr oder weniger starkes Reduzieren (Aufsaugen, Verschlucken) von Lichtstrahlen beim Durchgang durch Feststoffe, Flüssigkeiten oder Gase. Dabei wird Licht (= Strahlungsenergie) in eine andere Energie (Wärmeenergie) durch Wechselwirkung mit der Materie umgewandelt. Beim Auftreffen auf einen lichtundurchlässigen Feststoff wird durch Absorption nur ein bestimmter Wellenbereich des Lichtes reflektiert. Beispiel: Eine mit grüner Druckfarbe bedruckte Fläche absorbiert die blauen und die roten Anteile und reflektiert die grünen Anteile des > Lichts. Das ins Auge gelangende „Restlicht" ergibt > additiv den Farbeindruck des Körpers. In der Reprotechnik verwendete > Farbauszugsfilter lassen nur die Wellenlängen des eigenen Bereiches durch, andere Wellenbereiche werden durch Absorption verschluckt. Dadurch ist es möglich, mit abgestimmten Farbauszugsfiltern reprotechnisch > Farbauszüge von > Farbvorlagen herzustellen, die im Zusammendruck (> Vierfarbdruck) die Reprovorlage drucktechnisch wiedergeben.

$$\text{Absorption} = \frac{\text{aufgestrahlte Lichtintensität}}{\text{reflektierende Lichtintensität}}$$

Die Absorption ist die von einer Fläche (Vorlage, Druckprodukt u. Ä.) „verschluckte" Lichtmenge im Vergleich zur aufgestrahlten Lichtmenge. Von der Absorption (Schwärzung) ist die > Dichte einer Aufsichtsvorlage bzw. die Farbdichte abzuleiten. Die Absorption ist der Kehrwert der > Reflexion (früher Remission genannt).

abspeichern
EDV:
Das Sichern von Programmen oder erfassten Daten auf einem externen Speicher unter einem bestimmten (Datei-) Namen.

Absprung
Siebdruck: Distanz zwischen Druckform (Sieb) und Bedruckstoff vor dem Druckvorgang, bevor die Rakel das Sieb auf den Bedruckstoff drückt.
Weitere Bezeichnung: Beim Druck (Fläche-gegen-Fläche) das Ablösen des Siebgewebes vom Bedruckstoff unmittelbar nach der Druckbildübertragung durch die Rakel. > Absprunghöhe

Absprunghöhe
Minimaler Abstand zwischen Siebgewebe und Bedruckstoff, der beim Druck Fläche-gegen-Fläche erforderlich ist, um ein Kleben des Bedruckstoffes an der Unterseite des Siebgewebes zu vermeiden.
Die Absprunghöhe ist abhängig von der Art des Siebgewebes, der Drucktechnik und dem Druckformat.

Abstandshalter
Druckformherstellung:
Test mit speziellen, geschwärzten Filmteilen, die einen bestimmten Abstand von Testmontagen zum Überprüfen des Kontakts im Kopierrahmen zwischen Film und Druckplatte bewirken.

Abstimmbogen
Abgezeichneter Druckbogen, der die Soll-Vorgabe für die Druckproduktion ist: „Gut zum Druck“.

abstimmen
Drucktechnik: Anpassen, vergleichen, auswählen, laufende Qualitätskontrolle.
Auch > Abmusterung.

1. Qualitativer Vergleich von Ton- und Farbwerten zwischen Vorlage und Kopiervorlage, Andruck oder Proof und Fortdruck sowie dem Abstimmbogen („Gut zum Druck“, Druckfreigabe) und dem Druckbogen aus der laufenden Produktion.
2. Auswahl von Druckfarben, um einen bestimmten Farbton zu erreichen.
3. Anpassen der Druckfarbe an den Bedruckstoff für > Andruck und > Fortdruck.

Abstimmexemplar
Druckexemplar, das als sogenannter OK-Bogen die Vorgabe für den Druck der Auflage ist.

Abstimmungslicht
Genormtes Licht zur Beurteilung von farbigen Vorlagen:
Lichtart D 50 bei 2000 Lux.
> Abmusterung

Abstimmtisch
Drucktechnik: Pult bzw. Tisch mit Normlicht (Lichtart D 50 bei 2000 Lux) zum
> Abstimmen der Druckprodukte beim
> Auflagendruck.
> Leitstand

abstoßen
Drucktechnik: Nichtannehmen der Druckfarbe durch eine oder mehrere vorher gedruckte Farben. Die Ursache ist ein zu hartes Durchtrocknen durch zu lange Druckabstände (Zeitintervalle) oder ungeeignete Zusätze (z. B. > Trockenstoff).

abstrahieren
Unwesentliche Informationen weglassen und sich auf Wesentliches (Kerngedanken, Zielsetzungen u. a.) beschränken.
> Abstraktion

abstrakt
Nur gedanklich zu erfassen, vom „Dinglichen“ gelöst, unwirklich, unanschaulich.

Abstraktion
Weglassen von Einzelheiten. Gedankliches Herauslösen bestimmter Teilinhalte aus einem Ganzen durch Hervorheben wesentlicher und Zurückdrängen unwesentlicher Merkmale oder Eigenschaften.
> abstrahieren

Abstreiffedern
Bogen-Druckmaschinen:
Feine Federn (Stäbchenform), die beim Ansaugen des Druckbogens doppelte Bogen verhindern sollen.
Sie werden je nach Bedruckstoffart in Abstimmung mit der benötigten Saugluft ausgewählt und eingesetzt.

Absturz
Computertechnik: Plötzliches Abbrechen sämtlicher Funktionen beim Arbeiten mit einem Programm.
Dabei gehen im Allgemeinen sämtliche nicht gesicherten Daten verloren.

Abszisse
Waagerechte Achse (auch: x-Achse) in einem rechtwinkligen Koordinatensystem. Die Senkrechte wird y-Achse oder Ordinate genannt.

Abtastauflösung
Aufzeichnungsfeinheit beim Scannen von analogen (Halbton- bzw. Graustufen-) Bildvorlagen.
Maßeinheit: Pixel per Inch = ppi.
Fälschlicherweise wird die Abtastauflösung auch in Dots per Inch (dpi) angegeben.
Formel zur Berechnung:
Abtastauflösung in ppi
= Rasterweite (> L/cm) × 2
× Vergrößerungsfaktor × 2,54
(bei Umrechnung: cm in Inch)
Beispiele:

1. Bildvorlage 6 cm × 9 cm,
   Abbildungsmaßstab 300 %
   (Vergrößerungsfaktor = 3),
   Druck mit 60 L/cm,
   Reproduktionsformat 18 cm × 27 cm.
   Abtastauflösung
   = 60 L/cm × 2 × 3 (Vergrößerungsfaktor)
   = 360 L/cm × 2,54 (Umrechnung in Inch)
   = 914,4 ppi
2. Das Scannen einer Bildvorlage mit 300 dpi ist danach geeignet für eine Rasterweite mit 150 lpi
   150 lpi : 2,54 = ca. 60 L/cm
   (bei einer Reproduktion 1 : 1)
3. Zu berechnen ist die benötigte Auflösungsfeinheit im Trommelscanner bei Verwendung eines Rasters mit 80 L/cm, Abbildungsmaßstab 2 000 %
   Auflösungsfeinheit
   = 80 L/cm × 2 × 20
   (Vergrößerungsfaktor) × 2,54
   = 8 128 ppi

Abtasteinheit
Reprotechnik, Druckformherstellung:
Baugruppe eines > seriell arbeitenden, elektronischen Reproduktionssystems. Optisch-elektronisches > Abtasten einer Bildvorlage:

1. In einem Scanner zur Aufzeichnung der Ton- und Farbwerte (Bilddaten) im Tischprinzip (Bildvorlage liegt flach) oder im Trommelprinzip (Bildvorlage auf einem > Abtastzylinder).
2. In einer Anlage zur elektronisch-mechanischen Zylindergravur für den Tiefdruck im Trommelprinzip.
   > Abtastzylinder

Abtastempfehlung
Eine Empfehlung aus der Praxis der Bilddatenerfassung.
Für die Digitalisierung gilt danach eine optimale Abtastfeinheit, die dem doppelten der > Rasterweite (bzw. Rasterfrequenz) entsprechen soll. > Abtastauflösung

abtasten
Reproduktion: Das Erfassen von Bilddaten (Strich- oder Halbtonabbildung) durch das Sensorsystem eines Scanners und das Übertragen dieser Informationen auf den Rechner.

Abtastsysteme
System, das zur Bilddatenerfassung eingesetzt wird. > abtasten

1. Flachbettscanner:
   Zeilenförmiges Abtasten der Bildvorlage mit CCD-Element. Es wird eine ganze Zeile erfasst und jeweils elektronisch „eingelesen". Die Bildvorlage wird beleuchtet und in winzigen Schritten an dem optischen System vorbeigeführt.
   Entscheidend für die Abtastauflösung ist das Zusammenwirken von Abstand und Schrittweite:
   - Abstand (Größe) der CCD-Elemente über die gesamte Zeilenbreite
     Beispiel:
     horizontal 300 dpi = 300 CCDs/Inch
   - Schrittweite, d. h aufeinanderfolgende Abtastschritte, die zeilenweise nacheinander erfasst werden.
     Beispiel:
     600 dpi (= Schrittweite 1 : 600 Inch)
2. Trommelscanner:
   Punktförmiges Abtasten der Bildvorlage mit Fotodiode bzw. Fotomultiplier. Das Fotoelement erfasst nur einen winzigen Punkt auf der Bildvorlage in seiner Helligkeit (ggf. Farbe). Durch die

Rotation der Trommel erfolgt punktweise ein schraubenlinienförmiges Abtasten der einzelnen Bildelemente. Die erfassten einzelnen Punkte werden elektronisch verstärkt und so dem Rechner zugeführt.
Wichtige Abtastparameter sind Blendengröße und Anzahl der Abtastlinien/cm.

Abtasttheorem
Fachspezifische Bezeichnung für die > Abtastempfehlung bei der Erfassung von Bildinformationen beim Scannen.
> Abtastauflösung

Abtasttiefe
> Abtastauflösung, > Auflösung, > Bit-Tiefe, > Farbtiefe

Abtasttrommel
Systembaugruppe eines Scanners zur Aufnahme der Bildvorlage.
> Abtasteinheit, > Abtastzylinder

Abtastvorlage
Reproduktion:
Bild- und Textvorlage, die für die Verarbeitung in einem Flachbett- oder Trommelscanner geeignet ist. > Scanner

Abtastzylinder
Reprotechnik, Druckformherstellung:
Rotierende > Abtasteinheit eines Scanners oder eines Systems zur elektronisch-mechanischen Zylindergravur für den Tiefdruck (z. B. Helio-Klischograf) im Trommelprinzip.

Abwärme
Wärme, die durch technische Geräte oder Anlagen, chemische Prozesse u. a. entsteht und nicht genutzt wird. Die Abwärme muss abgeleitet werden, um eine konstante Fertigung sicherzustellen.
Entweicht die Abwärme ungenutzt in die Umgebung, entstehen Umweltbelastungen (Temperaturanstieg, Veränderung des Klimas).
Durch eine sinnvolle Nutzung der Abwärme könnten > Emissionen gesenkt und ein Beitrag zur Energieversorgung (Heizung) geleistet werden.

abwärtskompatibel
Eigenschaft eines neuen Systems (Hardware, Software), Daten einer älteren Version des Systems verarbeiten zu können.
Beispiele:
Ein neues Layoutprogramm kann die Daten der Vorgängerversion öffnen und bearbeiten. Der Prozessor einer neuen Hardware kann Software einer älteren Prozessorgeneration verarbeiten.

Abwasser
Das durch häuslichen, gewerblichen, landwirtschaftlichen oder sonstigen Gebrauch in seinen Eigenschaften veränderte und das von Niederschlägen aus den Bereichen von bebauten oder befestigten Flächen abfließende Wasser.

Abweichung
Nach > ISO 12647: Unterschied zwischen Prüfdruck (Digital-Proof) und Andruck und dem vom Kunden freigegebenen Druckbogen (> OK-Bogen).
> Schwankungen

Abwicklung
1. Mechanik: Das Abrollen von Zahnrädern im > Teilkreis. Beispiel aus der Drucktechnik: Im Offsetdruck das Abrollen der Zahnräder am Platten-, Gummituch- und Druckzylinder im > Teilkreisbereich.
2. Drucktechnik: Baugruppe an Rollendruckmaschinen, in der der Bedruckstoff von der Rolle zu einer Bahn abgewickelt wird.

Abziehbilderpapier
Speziell beschichtetes Trägerpapier, das ein Ablösen des aufgedruckten Dekors sowie ein Übertragen auf Keramik und andere Materialien ermöglicht.

Gedruckt wird im Siebdruck oder Offsetdruck.

abziehen

1. Satzherstellung:
   Zum Korrekturlesen einen Satzabzug vom Bleisatz auf einer Abziehpresse herstellen.
2. Drucktechnik:
   > Abliegen frischer Druckfarbe auf der Rückseite des darüber liegenden Bogens.

Abzugpapier
Stark saugfähiges, gering oder gar nicht geleimtes > Naturpapier mit > maschinenglatter Oberfläche.

Accelerator
EDV: Engl. Bezeichnung für Beschleuniger auf einer Zusatzplatine. Zusatzkarte bzw. -platine mit eigener Intelligenz im Rechner, die die Leistung des PCs beschleunigt. Dabei wird die > CPU von komplexen Rechenvorgängen entlastet.

Access
Engl.: > Zugriff

Access-time
Engl.: Zugriffszeit, z. B. auf Daten.

Account
Die Zugangsberechtigung eines Teilnehmers durch Benutzernamen und Passwort in Datenbanken und Netzwerken (Online-Dienste, Mailbox u. a.) wird Account (Geltung, Konto) genannt.

Acetat
Salze oder Ester der Essigsäure.

Acetatfolien
Kunststofffolien aus Acetylcellulose; heute überwiegend durch maßhaltigere Polyesterfolien u. a. ersetzt.

Aceton
Giftige Flüssigkeit, die sich leicht mit Wasser, Alkohol, Äther u. a. mischen lässt. Verwendet in der Reprotechnik als Reinigungsmittel für Kunststofffolien.

Achromat
Optik: Optisch korrigiertes Linsensystem aus zwei Linsen, das gelbe und blaue Strahlen fehlerfrei wiedergibt. > Abbildungsfehler. Nur > Apochromate geben sämtliche Farben fehlerfrei wieder.

Achse
Vielfach verwendeter Begriff in Naturwissenschaft und Technik, z. B.:

1. Optik: Mathematisch berechnete, nicht sichtbare Gerade durch ein optisches System.
2. Mechanik: Maschinenteile, die feststehend oder drehbar gelagert sind und rotierende Maschinenelemente (Räder, Zahnräder) tragen. Sie werden nur auf > Biegung beansprucht. > Wellen

Achsenkreuz
Rechtwinkliges > Koordinatensystem.

Achterturm
Druckmaschinenbau im Rollen-Offsetdruck: Druckmaschinenkonstruktion, die vor allem in Zeitungsdruckmaschinen eingesetzt wird. Jede Druckeinheit besteht aus einem Gummi-Gummi-Druckwerk für den gleichzeitigen Schön- und Widerdruck.
Sind vier solcher Druckeinheiten übereinander angeordnet, ist dies ein Achterturm mit vier Druckplatten- und vier Gummituchzylindern.
Im Druck dient jeweils ein Gummituchzylinder dem anderen als Druckzylinder.
Bei vertikaler Bahnführung durchläuft die Papierbahn nacheinander alle vier Druckeinheiten und ist danach beidseitig vierfarbig bedruckt.
> Gummi-Gummi-Druckwerk, > Brücken-Druckeinheit, > H-Druckeinheit

Acidität
Säuregrad einer Lösung. > pH-Wert

Acidum
Lat.: Säure

Acrobat
> Adobe Acrobat

achromatische Farbe
Eine neutrale, unbunte Farbe (weiß, grau oder schwarz), die keine farbige Tönung besitzt.

Acrylglas
Chemische Bezeichnung: Polymethylmethacrylat (Kurzzeichen PMMA). Acrylglas, auch Plexiglas genannt, ist ein synthetisch hergestellter transparenter Kunststoff.
Der glasähnliche thermoplastische Kunststoff ist je nach Verwendungszweck spezifisch anzupassen. Er ist leicht, bruchsicher und schlagfest, zudem sehr gut lichtdurchlässig, UV- und Witterungsbeständig. Verwendet wird Acrylglas u.a. für gedruckte „Bilder auf Glas“ (Leuchtreklame u.ä.), Schilder, Schautafeln und verschiedenste beleuchtete Werbemaßnahmen.

Acrylharze
Durch Polymerisation von Acrylsäureester hergestellte farblose Verbindung.
Eingesetzt z.B. als Hilfsmittel in Farben, Lacken und als Weichmacher.

Adapter
Hardwareelement.
Zwischenstück zum Anpassen mechanischer oder elektrischer Verbindungen (> Schnittstelle) zwischen verschiedenen Geräten oder Einheiten, die über unterschiedliche Anschlussmöglichkeiten verfügen.

Adaption
Anpassung. Das Anpassen des Auges an neue Lichtbedingungen wie Helligkeit, Farbe, Umgebungsbedingungen sowie an geänderte Entfernungen.

ADB
Abkürzung für den Apple Desktop Bus, einer Schnittstelle an Apple-Computern, die den Anschluss von verschiedenen Eingabegeräten (z. B. Tastatur, Maus) ermöglicht.

Adblock-Software
Im Internet eingesetzte Software-Erweiterungen (> Add-on), die störende Werbebanner auf Websites, Videowerbung (z. B. auf YouTube), Facebook-Werbung u. ä. nach eigenen Einstellungen weitgehend blockiert.

Add-on
Engl. für: hinzufügen.
Kleines Zusatzprogramm (Tool) zu einem Web-Browser, das den Funktionsumfang erweitert.

Added Value
Engl.: zusätzlicher Wert, Wertzuwachs, Mehrwert.
Beispiel aus der Druckindustrie:
Durch (Inline-)Veredelung im Druck ist ein höherwertiges Produkt herzustellen.

Addieren
1. Mathematik: Zusammenzählen.
2. Reprotechnik, Druckformherstellung: > Nutzenherstellung durch standgenaues Nebeneinanderbelichten – früher in Reprogeräten oder -systemen – auf Filmmaterial bzw. Nebeneinander kopieren mit > Montage-Repetierkopiermaschinen (auch: Kopiermaschinen) auf Film oder direkt auf der Druckplatte. Diese Technik ist besonders für den Druck von Verpackungen und Etiketten mit einer Vielzahl von Nutzen auf einem Druckbogen wirtschaftlich und arbeitstechnisch günstig einzusetzen. Heute werden diese Arbeiten ausschließlich digital am Rechner durchgeführt.

Addition
1. Grundrechenart: Grundrechenart des Zusammenzählens von Zahlen.

2. Reproduktion, Druckformherstellung: Das Aneinanderreihen derselben Vorlage in bestimmten Abständen in einer Richtung oder in zwei Richtungen durch fotografische Aufnahmen oder durch kopiertechnische Verfahren, heute fast ausschließlich durch Kopieren des digitalen Bildes.

Additions
Zusätzliche Programm-Module, die die Leistungsfähigkeit bzw. Funktionalität einer Software erhöhen.

additiv
Zusammengefügt, hinzugefügt.

Additive
Zusätze, Hilfsmittel, z. B. Druckfarbenhilfsmittel wie Wachse, Trockenstoff und Pasten, die Eigenschaften eines anderen Stoffes für einen bestimmten Bedarf verbessern. > Bindemittel

additive Farben
Additive Farben entstehen durch die Mischung (Addition) von Licht unterschiedlicher Wellenlängen.
Mit den sogenannten additiven Grundfarben Rot, Grün und Blau lassen sich in der Theorie alle sichtbaren Farben ermischen. Alle drei Farben zu gleichen Teilen übereinander projiziert ergeben Weiß, d. h. es sind alle Wellenlängen in gleicher Intensität vorhanden. Das farbige Sehen des Menschen arbeitet mit rot-, grün- und blauempfindlichen Sinneszellen. Treffen beispielsweise rote und grüne Lichtstrahlen auf die entsprechenden Empfangszellen (Zapfen) des Auges, so ergibt dies die Mischfarbe Gelb. Werden alle drei Zapfen erregt, dann empfängt das Auge alle Wellenlängen und im Gehirn entsteht die Farbempfindung Weiß. Digitalfotografie, Bildschirme und Scanner arbeiten nach dem additiven Farbmodell.
> Auge, > additive Grundfarben

additive Farbenmischung
Mischung von Lichtfarben (Selbstleuchtern), optische Mischung von Farben. Mischung der drei spektralen Grundfarben Rot, Grün und Blau (RGB). Ausgang der Farbenmischung ist die völlige Lichtlosigkeit = Schwarz. Die Mischung gleicher Anteile der additiven Grundfarben Rot, Grün und Blau ergibt Weiß. Die Mischungen von Farben in der Digitalfotografie, am Bildschirm oder am Farbfernsehgerät folgen dem Gesetz des additiven Farbsystems.

additive Grundfarben
Lichtfarben bestimmter Wellenlängen.
Die spektralen Grundfarben Rot, Grün und Blau (Abk.: RGB), die sich in einem additiven Farbmischsystem nicht aus anderen Farben mischen lassen.
Daher werden sie additive Primärfarben genannt.
Wird ein roter, ein grüner und ein blauer Lichtkegel gleicher Intensität an einer weißen Fläche (z. B. einer Wand) übereinander projiziert, so entsteht der Farbeindruck Weiß als Ergebnis der Addition der drei spektralen Grundfarben.
Weißes Licht ist umgekehrt mithilfe eines Glasprismas in die drei additiven Grundfarben zu zerlegen. Gelb (Y), Cyan (C) und Magenta (M) entstehen bei diesem Farbsystem als Mischfarben.
Hinweis: Magenta entsteht nicht im Spektrum, sondern nur durch additive Mischung von Rot und Blau.
Primärfarben: Rot (R), Grün (G), Blau (B).
Sekundärfarben (bei gleichen Mischungsanteilen): R + B = M; R + G = Y; B + G = C

additiver Prozess
Physik: Ein Prozess, bei dem Farben durch Emission und Kombination verschiedener Intensitäten von rotem, grünen und blauem Licht entstehen. Damit sind verschiedene Farben zu produzieren, z. B. Farbphosphore auf einem Farbbildschirm.

Adhärent
Druckweiterverarbeitung: Materialien, die durch Klebstoffe miteinander verbunden werden. Auch: Klebling.

Adhäsion
Molekulare Kraft: Das Aneinanderhaften bzw. Anziehen von Molekülen verschiedener Stoffe. Adhäsionskräfte wirken dabei nur auf engster Berührung der beiden Stoffe. Beispiele: Haften von Kreide an Tafeln; Benetzen von Nichtbildstellen im Offsetdruck durch Feuchtmittel; Klebevorgänge aller Art.

adhäsiv
Anhaftend. Vgl. Adhäsion, > Klebemittel

Adhäsiv-Papier
Ein mit Silikon beschichtetes Papier, das Klebstoffe abstößt. Eingesetzt wird das Papier als Abdeckung bei Haftpapieren, -folien und -etiketten.

Administration
Engl.: Verwaltung, Handhabung.

Administrator
Verantwortlicher Verwalter und Betreuer eines Netzwerkes. Er besitzt alle Zugriffsrechte für das gesamte System. Nutzer erhalten durch den Administrator bestimmte Rechte zugeteilt.

Adobe®
Adobe Systems Incorporated ist ein US-amerikanisches Softwareunternehmen.
Erfinder der Seitenbeschreibungssprache PostScript, Hersteller von Internet-, Bildbearbeitungs-, Illustrations- und Layoutprogrammen sowie von digitalisierten Schriften. Bekannte Produkte sind u.a. Adobe Acrobat Professional, Adobe Reader, Adobe Illustrator, Adobe InDesign, Adobe Photoshop.
Mit der Adobe Creative-Cloud bietet das Unternehmen einen Zugang zu Programmen und verschiedenen Diensten, z.B. das Speichern, Verwalten und Weitergeben von Daten. Der kostenlose Adobe Acrobat Reader bzw. Adobe Acrobat Reader DC ist für das Lesen von PDF-Dateien bestimmt. Der Adobe Flash Player ist ein Browser-Plug-in für Internet-Anwendungen (Audio- und Videowiedergabe).

Adobe-Type-1-Schriften
Bezeichnung für digitale Schriftzeichen mit einer Konturenbeschreibung (Vektoren). Das Schriftzeichenformat basiert auf der Seitenbeschreibungssprache Post-Script.

Adressbuch
1. Allgemein: Verzeichnis von Anschriften einzelner Personen, Unternehmen oder Branchen.
2. EDV:
   Verzeichnis von > Adressen in Datenverarbeitungsanlagen.
3. Mailprogramm:
   Kontakte oder sogenannte Visitenkarten mit der Mail-Adresse.

Adresse
In der Computertechnik eine eindeutige Kennzeichnung eines Speicherplatzes im Arbeitsspeicher oder in externen Speichern.

Adressierbarkeit
Ein- und Ausgabegeräte, Druckformherstellung, Digitaldruck: Anzahl der Bebilderungspositionen des Lasers pro Längeneinheit in dots per inch (dpi). Prinzipiell geht man von quadratischen Bildpunkten aus, deren Kantenlänge der Adressierbarkeit entspricht. Je höher die Adressierbarkeit ist, desto feinere Raster und Graustufen können wiedergegeben werden.
> Laser, > CtP

Adsorber
Stoff, der durch seine Oberflächenaktivität (Porosität, innere, große Oberfläche mit großer Adhäsionskraft) flüssige Stoffe oder Gase anlagert.
> adsorbieren, > Aktivkohle

adsorbieren
Anlagern von Gasen oder gelösten Stoffen an der Oberfläche eines festen Stoffes, des Adsorbers. Der adsorbierte Stoff ist hochkonzentriert.
Er kann relativ einfach wieder desorbiert (zurückgewonnen) werden.
Beispiel:
Im Tiefdruck die Rückgewinnung von Lösemitteln aus der verdunsteten Tiefdruckfarbe in einem > Adsorber, der mit > Aktivkohle gefüllt ist.

Adsorption
Anlagerung, Bindung von Gasen, Dämpfen oder gelösten Stoffen an der Oberfläche fester Körper durch Adhäsion.

A/D-Wandler
Abkürzung für > Analog-Digital-Wandler. Der Wandler rechnet analoge Eingangssignale (z.B. Spannungen, Temperaturkurven, Kennlinien) in digitale Ausgangssignale (1/0-Zeichen) um.

Aero
Vorsilbe für Fachbegriffe mit der Zusammensetzung Gas bzw. Luft.

Aerodynamik
Strömungslehre. Wissenschaft, die sich mit Gesetzmäßigkeiten der Strömung von Luft und anderen Gasen sowie der Wirkung auf umströmte Körper beschäftigt.

Aerograf
Spritzpistole, Farbspritzgerät. „Luftpinsel“, der mit komprimierter Luft oder Kohlensäure feinste Farben, > Aerosole, verspritzt. Das Verfahren wird heute allgemein > Airbrush genannt.

Aerosol
In einem Gas, z.B. Luft, vorhandene feste oder flüssige Schwebstoffe (Nebel, Rauch). Beispiel: Feinste Farben für die Spritzretusche, die mit einem > Aerografen verarbeitet werden.

Aerosoldose
Druckzerstäuberdose. Blechverpackung für flüssige, pasten- oder puderförmige Stoffe, die unter Druck eines Treibgases steht. Für die Entnahme ist ein Ventil zu betätigen, das den Inhalt als Sprühnebel, Schaum, Paste oder Puder ausgibt.

Affiche
Veraltete Bezeichnung für Plakate.

Affichenpapier
Alte Bezeichnung für meist holzhaltiges, speziell geleimtes Plakatpapier.

affin
1. verwandt.
2. chemisch reaktionsfähig.

Affinität
Chemie: Triebkraft einer chemischen Reaktion. Bezeichnung für das Bindungsbestreben von Stoffen.
Je größer die Neigung der Stoffe ist, sich miteinander zu binden, desto höher ist die Affinität.

Ag
Chemisches Kurzzeichen für Silber.

AgBr
Chemisches Kurzzeichen für Silberbromid (Bromsilber). > Fotografie

Agenda
Merkbuch, Liste von zu bearbeitenden Themen.

Agglomeration
Zusammenballungen einzelner Teilchen zu einem kompakteren, dichteren Stoff.

Aggregat
Maschinentechnische Anlage, die aus mehreren Baugruppen (Einzelmaschinen) besteht. Teil eines > Systems.

Aggregatzustand
Erscheinungsform der Materie:
Stoffe sind fest, flüssig oder gasförmig.

AI
Abkürzung für: Artificial Intelligence = künstliche Intelligenz.

AIDA
In der Werbung und Mediengestaltung die elementaren Fragen zu auszuwählenden Texten und Bildern, mit denen das Ziel und die gewünschte Zielgruppe erreicht werden kann:
A = attention: Aufmerksamkeit erregen
I = interest: Interesse wecken
D = desire: Wünsche wecken
A = action: Handlung auslösen
> Ideenfindung

Airbrush
1. Vorlagenherstellung für die Reproduktionstechnik mit Spritzpistolen. > Aerosol
2. Funktion in der Computergrafik. In Verbindung mit Paintprogrammen sind Vorlagen in beliebigen Farben von transparent bis deckend immateriell anzulegen.

Akklimatisierung
Anpassung. Beispiel:
Anpassen des Bedruckstoffes an das > Klima im Drucksaal.

Akkoladen
„Nasenklammern".
Geschweifte Klammern im Satz oder Text, die mehrere Zeilen zusammenfassen. { }

Akkumulator
Abk.: Akku. Speicher für elektrische Energie, der durch elektrochemische Vorgänge immer wieder aufgeladen werden kann. Dabei wird elektrische Energie in elektrochemische Energie umgewandelt. Beim Entladen wird die gespeicherte elektrochemische Energie wieder in elektrische Energie (Gleichstrom) umgesetzt.

Aktendeckelkarton
Zäher, einreißfester, meist geklebter Karton mit einer Flächenmasse zwischen 250 bis 350 g/m^2.

aktinisches Licht
Fotochemische Wirkung einer Lichtquelle auf lichtempfindliche Schichten. Die > Aktinität ist von der > Farbtemperatur der Lichtquelle und der > spektralen Empfindlichkeit der lichtempfindlichen Schicht (Fotoschicht, Kopierschicht) abhängig.
Beispiel:
Eine Metall-Halogenid-Lampe sendet für vorbeschichtete Offsetdruckplatten optimal geeignete Strahlungen aus; die aktinische Wirkung einer Xenon-Impulslicht-Lampe ist dagegen vergleichsweise gering.

Aktinität
Bezeichnung für die Wirksamkeit einer Lichtquelle, d. h. durch Strahlung hervorgerufene Wirkung auf lichtempfindliche Schichten.
Beispiel: Chemische Wirkung eines bestimmten > aktinischen Lichtes auf lichtempfindliche Schichten (fotografische Schicht, Kopierschicht).

aktiv
Wirksam, tätig, dienstbereit.

aktives Fenster
Das beim Arbeiten am Rechner gerade benutzte Bildschirmfenster, das im Vordergrund vor anderen ebenfalls geöffneten Bildschirmfenstern liegt.

Aktivitätsdaten
Datenkommunikation: Daten, die über die Aktivitäten des Nutzers im Internet gespeichert werden.

aktivieren
1. DTP: Durch Mausklick auf Text oder Grafik wird dieser Bereich markiert und damit verarbeitungsbereit. Aktivierte Bereiche können geändert werden, z. B. andere

Schriftart oder -größe, Blocksatz, Flattersatz, größerer Zeilenabstand, Vergrößern oder Verkleinern des Bildes (skalieren), Standänderungen auf der Seite.
2. Produktaktivierung: Softwarelizenzvereinbarung

Aktivität
Wirksamkeit, Tätigkeitsdrang.
1. Umfassende Bezeichnung für Vorgänge im Organismus.
2. Planvolles, zielorientiertes Handeln.

Aktivkohle
Feiner poröser Kohlenstoff.
Adsorbierender Stoff mit besonders hoher > Adhäsionskraft (Anziehung) durch feinst verteilte und poröse Struktur.
Eingesetzt u. a. in Lösemittel-Rückgewinnungsanlagen des Tiefdrucks.
> Adsorbieren

Aktoren
Sammelbegriff für Wandler, die elektrische Signale in mechanische Bewegungen (Aktionen) umsetzen.
Ausgangsinformationen eines elektronischen Systems steuern dabei beispielsweise mechanische (z. B. Schütze, Schalter), motorische oder pneumatische Antriebe (Stellmotoren, Regler, Ventile), die Bewegungen zum Eingriff in einen Prozessablauf bewirken.
Zunehmend werden auch Halbleiter-Bauelemente als Schalter von elektrischer Energie verwendet.
Gegensätzliche Funktion: > Sensor.

Aktorik
Signalverarbeitung und -speicherung sowie Signalumsetzung innerhalb eines Systems.

Aktualisierung
Unmittelbarer Bezug bzw. Bedeutung auf die Gegenwart.
> Update

Akustik
Lehre vom Schall, von Tönen und Klangwirkungen. > akustisch

Akustikkoppler
Mobiles Gerät zur Übertragung von digitalen Signalen (Daten) eines Computers in analoge (akustische) Signale und Sendung über Telefonleitung zu einem > Modem eines anderen Teilnehmers.
Das Modem wandelt analoge Signale wieder in digitale Signale um und leitet die Daten an einen externen Computer.
Beispiel:
Ein Redakteur kann Berichte aus seinem Computer direkt über Telefonleitung an den Rechner in der Zentralredaktion weiterleiten.

akustisch
Das Hören betreffend.

akustisches Warnsignal
Drucktechnik: Sicherheitsmaßnahme; Einrichtung an großformatigen Druckmaschinen, die vor dem Anlaufen ein laut hörbares Warnsignal abgeben.

Akzent
Betonungs- oder Lautzeichen in Fremdsprachen über oder unter einem Buchstaben.

Akzeptanz
Bereitschaft, etwas anzunehmen bzw. zu akzeptieren: Zustimmung, Annahme

Akzidenzdruck
Druck von > Akzidenzen.

Akzidenzen
Lat. Accidens: das Zufällige, das Veränderliche. Gelegenheitsdrucksachen.
Nicht periodisch erscheinende Druckprodukte: Privat- und Geschäftsdrucksachen aller Art, z. B. Familiendrucksachen, Formulare, Geschäftsdrucksachen, Prospekte, Mailings, Kataloge.

Nicht dazu gehören: Werke (Bücher, Broschuren), Zeitungen, Zeitschriften, Verpackungen.

Akzidenz-Rollen-Offsetdruckmaschine
Rollen-Offsetdruckmaschine, die mit speziellen Aggregaten für den Akzidenzdruck ausgerüstet ist.
Dazu gehören beispielsweise:
- für den Druck mit > Heatset-Druckfarben: Heißlufttrockner.
- ein > Falzapparat mit vielfältigen Falzmöglichkeiten.
- ein fliegendes Eindruckwerk für unterschiedliche Firmen- bzw. Adresseneindrucke oder sonstige Informationen (Angebotszeiten, Preise) bei Prospekten und Katalogen.

Akzidenzsatz
Typografisch besonders gestaltete, nicht periodisch erscheinende „Gelegenheitsdrucksachen", die in der Regel höhere Anforderungen an den Mediengestalter stellen, z. B. Geschäftsdrucksachen (Briefbogen, Rechnungen), Werbedrucksachen (Prospekte, Hausmitteilungen, Kataloge) und Buchumschläge.
Besondere Druckprodukte gestaltet ein Typograf oder Grafikdesigner, nach dessen > Layout der Satz (Satzspiegel, Schrift usw.) hergestellt wird.

Akzidenzschrift
Druckschriften für hochwertigen Satz und Auszeichnungen im > Akzidenzsatz wie Prospekte, Titelzeilen, Karten, Anzeigen. > Schriftfamilie. Gegensatz: Brotschriften; d. h. > Grundschriften für fließenden Text beim Werksatz.

Al
Chemisches Kurzzeichen für > Aluminium. Chem. Zeichen für Aluminiumoxid: Al_2O_3.

Alarm
Bei dem Einsatz eines Antivirus-Programms (z. B. Norton) ein Dialogfenster, das den Nutzer warnt, wenn ein Virus oder eine virusähnliche Aktivität gefunden wurde.

Albumin
Eiweißstoff aus Eiweiß, Blut, Milch u. a. Grundiermittel für das Vergolden.
Früher auch eingesetzt zur Herstellung von Kopierschichten.

Alfagras
Grassorte aus Nordafrika und Südspanien, die als Primärrohstoff für die Papierherstellung verwendet wird.
Die Fasern ergeben ein stark auftragendes, weiches und doch undurchsichtiges (opakes) Papier.
Geeigneter Faserrohstoff für > Dickdruckpapier und ähnliche Sorten.

Algorithmus
Ursprünglich: Anleitung zum Rechnen.
Heute allgemein:
Anleitung zur Lösung auch nicht mathematischer Aufgaben mithilfe eines Computers.
Das heißt: Ein systematisiertes Verfahren, das nach festen Regeln zu einer Problemlösung abläuft.
Solche folgerichtigen Abläufe sind die mathematische Grundlage aller Steuerungs- und Regelungsvorgänge sowie der elektronischen Datenverarbeitung.
Elektronische Datenverarbeitung:
Die Lösung eines Problems in einem systematischen und logischen Ablauf in allen einzelnen Schritten.
Diese bilden ein Computerprogramm, das die Reihenfolge der Rechenvorgänge im Computer festlegt.

Alias
EDV: Kleine Stellvertreter-Datei, die mit dem Befehl „Alias erzeugen" z. B. im Finder des Macintosh erzeugt wurde.
Das Stellvertreterobjekt verweist auf das Originalobjekt (Programm, Datei, Ordner).
Ein Klick in das Alias öffnet das Original-Programm.

Aliasing
Sichtbarer Treppen- oder Sägezahneffekt, der durch Digitalisierung vor allem bei zu niedriger Auflösung an den Rändern linearer Abbildungen, bei Schriften und Strichzeichnungen entsteht.
Die rechnerische Korrektur erfolgt elektronisch durch > Anti-Aliasing.

Alinea
Lat.: a linea = von der Zeile.
In der Typografie die erste Zeile eines neuen Absatzes. Vielfach werden auch Elemente zur Kennzeichnung eines neuen Textabschnitts, z. B. Initiale und Schmuckzeichen, damit gekennzeichnet.

Alkali
Hydroxide der Alkalimetalle. Lösungen reagieren basisch.
Verwendung im Druck u. a. als Reinigungsmittel, Ätzmittel, Lösemittel, Beschleuniger bei Entwicklern.

Alkaliechtheit
Drucktechnik:
Druckfarben und andere Werkstoffe sind gegen alkalische Stoffe unempfindlich. Im Druck von Waschmittel-, Seifenverpackungen u. Ä. bedeutend.

alkalisch
Basisch, laugenhaft reagierend.
Der > pH-Wert einer alkalischen Lösung ist größer als 7 (neutraler Wert). Je höher der Wert ist, desto stärker ist die Alkalität.
In der Druckindustrie eingesetzte alkalische Lösungen:
Beschleuniger im Entwickler, Neutralisierungsmittel für saure Lösungen, Lösemittel für Fette und fettartige Stoffe.

Alkalisilikat
Wasserglas. Hilfsstoff, der bei der Papierherstellung u. a. zur Steigerung der Härte (Klang des Papiers) eingesetzt wird. Teilweise werden Alkalisilikate auch als Klebstoff verwendet.

Alkalität
Menge > alkalisch reagierender Stoffe in einer Lösung.

Alkohol
Organische Verbindung der Kohlenwasserstoffe mit einer oder mehreren OH-Gruppen (Hydroxyl-Gruppen).
Einfache Alkohole sind Methanol, Äthylalkohol, Propanol, Butanol u. a., die als Löse- und Verdünnungsmittel eingesetzt werden. > Isopropanol

Alkoholfeuchtung
Feuchtmittel im Offsetdruck mit einem Zusatz von > Isopropanol-Alkohol. Alkohol verdunstet sehr rasch und verringert die Oberflächenspannung des Wassers und damit auch die Grenzflächenspannung zwischen Aluminium (Nichtbildstellen) und dem Feuchtmittel.
In der Regel reicht ein Zusatz von 8–12 % aus, um die Oberflächenspannung bzw. Grenzflächenspannung des Wassers so weit herabzusetzen, dass die Druckplatte mit einer unbezogenen Feuchtauftragswalze gefeuchtet werden kann und eine optimale Benetzung der Nichtbildstellen mit geringstmöglicher Feuchtmittelmenge möglich ist.
Anstelle von Alkohol werden heute auch bestimmte Tenside (oberflächenaktive Stoffe) als > Feuchtmittelzusatz eingesetzt. Ziel ist es, den Anteil von Isopropanol-Alkohol entweder stark zu verringern oder sogar ganz zu vermeiden.

Alkydharz
Polyesterharz, das aus mehrwertigen Alkoholen und mehrbasischen organischen Säuren durch Kondensation oder Veresterung gewonnen wird. Durch Zugabe modifizierender Komponenten sind Alkydharze für unterschiedliche Anforderungen zu veredeln.
Alkydharze bilden wichtige Rohstoffe für Druckfarben, die je nach Fettsäuregehalt den Charakter von strengen Firnissen,

Weich- oder Hartharzen annehmen. Mit Alkydharzen (modifiziert durch trocknende Fettsäuren) aufgebaute Bindemittel von Druckfarben trocknen chemisch durch Oxidation. Sie werden anstelle trocknender Öle oder als eine Bindemittelkomponente eingesetzt. Sie zeichnen sich durch Elastizität und Zähigkeit, gute Haftung auf dem Untergrund sowie gute Wetterbeständigkeit aus.

Allergie
Gesundheit: Empfindliche starke Reaktion des Körpers gegenüber bestimmten Stoffen.

Allgemeinempfindlichkeit
Fotografie: Empfindlichkeit des Fotomaterials auf Strahlungsenergie (Helligkeit). Die Angabe erfolgt nach DIN 4512 oder der amerikanischen Norm ASA. Bei DIN-Angaben ergibt eine Differenz von 3 DIN die doppelte oder halbe Empfindlichkeit, bei ASA-Werten ist eine Verdoppelung jeweils die doppelte Steigerung der Empfindlichkeit. Beispiel:
Empfindlichkeitsangabe nach DIN:
15, 18, 21, 24.
Empfindlichkeitsangabe nach ASA:
25, 50, 100, 200.
Für Fotomaterialien des Fotosatzes und der Reprotechnik sind konkrete Angaben der Allgemeinempfindlichkeit wegen unterschiedlichster Belichtungs- und Verarbeitungsbedingungen nicht bedeutend.

Alphabet
Buchstabenfolge der Schriftzeichen einer Sprache, z. B. von A bis Z. Der Name entstand aus den Anfangsbuchstaben des griechischen Alphabetes: Alpha und Beta.

Alpha-Kanal
Bei der elektronischen Bildbearbeitung mit einem Bildverarbeitungsprogramm, z. B. Adobe Photoshop, ein zusätzlicher Kanal in Pixelbildern zur Speicherung von Masken, Auswahlen u. a.

alphanumerische Zeichen
Die Gesamtheit aller Datendarstellungen wird alphanumerische Zeichen genannt. Alphanumerische Zeichen sind zum Beispiel:
Buchstaben: A, B, C, Z, o, r, t . . .;
Ziffern: 1, 2, 3, 4, 5, 6, 7 . . . ;
Sonderzeichen: +, -, !, ?, «, * . . .

Als Manuskript gedruckt
Hinweis im > Impressum des Buches, dass das Werk nicht im öffentlichen, sondern nur im Interesse des Autors gedruckt wurde. Im Verlagsrecht gilt das Werk demzufolge als nicht erschienen, es wird nicht über den Buchhandel vertrieben. Der Autor verfügt rechtlich als Urheber über die Manuskripte.

Alt
EDV. Abkürzung für: Alternative. Tastenbezeichnung im Eingabesystem eines Computers, mit dem die Tastatur auf eine andere Ebene umgeschaltet werden kann.

Altarfalz
Auch > Fensterfalz genannt. Asymmetrischer Falz. Falzart für ein Falzprodukt mit beidseitig parallel eingeschlagenen „Klappen“ (Flügeln) als 6 Seiten/Fensterfalz (2-Bruch-Falz). Durch einen zusätzlichen Falz in der Mitte entsteht ein 8 Seiten Fensterfalz (3-Bruch-Falz).
> Falzarten

Alterungsbeständigkeit
Papier: Beständigkeit von Papieren gegen Zerfall. Bei Papieren aus der Zeit des 19. Jahrhunderts bis etwa 1970 kam es durch den sogenannten Säurefraß zu erheblichen Schäden, die insbesondere in den wissenschaftlichen Bibliotheken erhebliche Schäden an alten Büchern verursachten. Wichtige Gründe dafür waren die mechanische Aufbereitung der Faserstoffe sowie die Verarbeitung mit säurehaltigen Stoffen (Aluminiumsulfat zur Masseleimung u. a.).

Nach DIN ISO 9706 gelten Papiere als alterungsbeständig, wenn sie ausschließlich aus Zellstoff hergestellt sowie säure- und holzstofffrei sind, mindestens 2 % alkalische Puffersubstanzen zur Neutralisation von Säuren enthalten und einen pH-Wert von 7,5 bis 9,5 besitzen.

Altona Testsuite
Anwendungspaket für die Prozess-Standardisierung, die Qualitätssicherung und die Workflowkontrolle im Offsetdruck. Das Anwendungspaket enthält u. a. Referenzdrucke, Testformdateien mit verschiedenen Bildern und Testelementen (Fogra-Medienkeil u. a.) und Charakterisierungstabellen. Entwickelt wurde die Altona Testsuite durch den Bundesverband Druck und Medien e. V., der European Color Initiative (ECI), der EMPA/Ugra und der Forschungsgesellschaft Druck e. V. (FOGRA).

Altpapier
Sekundär-Faserrohstoff für die Papier-, Karton- und Pappeherstellung. Es handelt sich um Papiere, Karton oder Pappen, die bei der Produktion oder der Verarbeitung als Abfall anfallen oder um bereits gebrauchte Stoffe, z. B. Druckprodukte.
Altpapier ist der Menge nach der wichtigste Faserstoff bei der Papier-, Karton- und Pappenherstellung.
Die Vorstellung von einem „unendlichen“ Kreislauf, bei dem Altpapier als einziger Rohstoff für die Papier-, Karton- und Pappenherstellung ausreicht, ist eine Illusion. Bei nochmaligem Verwenden gebrauchter Papiere leidet die Faserqualität bei der Wiederaufbereitung, bestimmte qualitative Eigenschaften (Reißfestigkeit, Weiße u. a.) werden verringert. In der Regel ist deshalb ein Anteil von Primär-Fasern (frische, ungebrauchte Faserstoffe) hinzuzufügen oder ein Mix aus unterschiedlichen Altpapierqualitäten notwendig.
Für eine (relativ) gute Qualität in der Wiederverwertung sind insbesondere sortenrein gesammelte Papiere ohne starke Verunreinigungen erforderlich. Druckfarben sind durch > Deinking-Verfahren, Klebstoffe durch chemische Zusätze, Fremdbestandteile durch Reinigung und Sortierung zu entfernen.
Eingesetzt werden Sekundär-Faserrohstoffe vor allem für Zeitungspapiere, Verpackungspapiere und -kartons, Toilettenpapier, Papierhandtücher und Pappen.
Für Druckpapiere sind in der Regel ein hoher Weißgrad, eine gute Bedruckbarkeit und eine bestimmte Reißfestigkeit des Papiers erforderlich.
In Deutschland erreichte die Altpapier-Einsatzquote (= AP-Verbrauch in % der Papier- und Pappeerzeugung) 2014 den Wert von 74 %. Es gibt jedoch Grenzen. Jeder Durchlauf in der Altpapieraufbereitung mindert zwangsläufig die Qualität des Fasermaterials:
Die Fasern werden kürzer, die Festigkeit lässt nach, frische Fasern müssen zugeführt werden.
Ein immerwährender Kreislauf des Fasermaterials ist dadurch nicht möglich. Ohne Primärfaserstoffe gibt es auch keinen Sekundärfaserstoff.
Die Altpapier-Einsatzmöglichkeit ist für die verschiedenen Papierqualitäten unterschiedlich. Bei Verpackungspapieren und Karton liegt sie bei 95 % und hat technisch ihre Sättigungsgrenze erreicht. Spezial-Papiere rangieren bei 40 %, Hygiene-Papiere bei 74 %. Den größten Spielraum bieten die grafischen Papiere mit zurzeit 44 % Einsatzquote, wobei der Teilbereich Zeitungsdruckpapier schon nahe 100 % liegt. Die sortenreine Bereitstellung „heller“ Altpapiersorten ist für eine solche Steigerung unbedingt erforderlich.

Altpapieraufbereitung
Altpapier-Aufbereitungsanlagen arbeiten im Allgemeinen nach folgendem Prinzip:

1. Sortierung des Altpapiers:
   Soweit kein geeignetes, sortenreines Altpapier angeliefert wird.

2. Auflösung:
   Auflösen und Zerfasern des Altpapiers im Pulper
3. Sortierung, mehrstufige Reinigung, Eindicken:
   Aussonderung von ungeeigneten Faserstoffen (zu kurz, brüchig u. Ä.);
   Entfernen von Fremdbestandteilen wie Klebstoffe, Lacke, Metallklammern;
   Wasserentzug (eindicken) für die Lagerung
4. Deinking:
   Ablösen und Entfernen von Druckfarben (> Flotationsverfahren)
5. Feinreinigung und -sortierung:
   Entfernen von ungeeigneten Faserstoffen
6. Bleichen:
   Für hochwertige, spezielle Papiersorten kann der Faserstoff zusätzlich gebleicht (z. B. mit Wasserstoffperoxid) oder auch eingefärbt werden.
7. Eindicken zur Lagerung:
   Die Qualität des neuen Papiers aus „alten Rohstoffen" hängt wesentlich von der Qualität des eingesetzten Recyclingstoffes ab. Bei der Aufbereitung entstehen immer – je nach geforderter Papierqualität – Stoffmengen-Verluste von ca. 30–40 %.

Der eingedickte Sekundärfaserstoff wird ggf. mit anderen Faserstoffen (Frischfasern oder bestimmten Altpapierqualitäten) sowie Füll- und Hilfsstoffen in der Mischbütte gemischt und gelangt dann in den Produktionsprozess.

Altpapiersorten
Altpapier wird nach der Liste europäischer Standardsorten aus dem Jahr 2000 in 67 Sorten innerhalb von fünf Gruppen eingeteilt.
- Gruppe 1: Untere Sorten
- Gruppe 2: Mittlere Sorten
- Gruppe 3: Bessere Sorten
- Gruppe 4: Krafthaltige Sorten
- Gruppe 5: Sondersorten (*)

(* Nur mit Spezialverfahren für die Wiederverwertung zu nutzen.)

Stoffe oder sonstige Bestandteile, die nicht im Altpapier sein dürfen, sind:
Metall, Plastik, Glas, Textilien, Holz, Sand, Baustoffe, synthetische Materialien und synthetische Papiere.

ALU
EDV: Kurzbezeichnung für Arithmetic Logical Unit. Die ALU ist das Rechenwerk eines Computers, in dem arithmetische und logische Operationen ausgeführt werden.

Aluminium
Chemisches Symbol: Al; silberweißes, weiches, sehr dehnbares Leichtmetall, Dichte 2,7 g/cm³. Rohstoff zur Gewinnung des Aluminiums ist Bauxit. Zunächst wird das Bauxit in reines > Aluminiumoxid, sogenannte Tonerde, umgewandelt. Durch > Elektrolyseverfahren wird die Tonerde in reines Aluminium umgewandelt. Aluminium ist neben Eisen das wichtigste Metall für verschiedenste Einsatzbereiche. Es kann zu feinsten Folien ausgewalzt oder zu Drähten gezogen werden. Aluminium leitet Strom gut. An der Luft schützt sich Aluminium durch eine beständige Aluminiumoxidschicht, die weitere Korrosionen verhindert. Diese natürliche Oxidschicht kann durch Elektrolyse (Eloxalverfahren) elektrochemisch verstärkt werden, dabei ist das Metall auch anzufärben. Eine Vielzahl von Legierungen lässt sich aus Aluminium herstellen. Einsatz im Offsetdruck für > Aluminiumdruckplatten.
Chemisch-physikalische Daten des Aluminiums
Chemisches Formelzeichen: Al
Schmelzpunkt: 658 °C
Spezifische Dichte: 2,7 g/cm³ (Leichtmetall)
Härte nach Mohs: 2,9 (sehr weich)

Aluminiumdruckplatten
Einmetallische Offsetdruckplatten aus Aluminium, die überwiegend als Trägermetall für positiv oder negativ arbeitende > Kopierschichten eingesetzt werden. Im

Gegensatz zum ursprünglich eingesetzten Trägermaterial im Flachdruck, dem Lithografiestein, besitzen Metalle keine mikroporöse Struktur in der Oberfläche. Eine mikrofein strukturierte Rauigkeit vergrößert die Oberfläche und ist die entscheidende drucktechnische Voraussetzung für

- eine gleichmäßige > Benetzung mit dem drucktechnisch erforderlichen Feuchtmittel,
- eine optimale Verankerung der Kopierschicht und der Bildstellen,
- eine tonwertrichtige Informationsübertragung der Bildstellen (hohes > Auflösungsvermögen).

Die Oberfläche der Aluminiumdruckplatten muss deshalb speziell mikrofein gekörnt („aufgeraut") werden, um die notwendige > Kapillarkraft und > Benetzungsfähigkeit zu erreichen.

Körnungsverfahren:

1. Mechanische Verfahren (veraltete Verfahren): Kugelkörnung, Trockenbürsten, Nassbürsten
2. Chemische Verfahren: Elektrochemische Aufrauung und gezielte elektrolytische (anodische) Oxidation.

Aluminiumbronze

Drucktechnik: Silberbronze aus reinem, fein geschliffenem Aluminium, das für die Drucktechnik als Pigment geeignet ist.

Aluminiumoxid

Chemisches Zeichen: Al_2O_3, sogenannte Tonerde, aus der reines Aluminium gewonnen wird.

Reines Aluminium überzieht sich an der Oberfläche bei Sauerstoffaufnahme sofort mit einer sehr dünnen, harten Oxidschicht, die dem Metall einen ausreichenden Korrosionsschutz gibt.

Aluminiumsulfat

1. Chemisches Zeichen: $Al_2(SO_4)_3$.
   Aluminiumsalz, das durch Reaktion des Aluminiums mit Schwefelsäure entsteht.
   Das wasserlösliche Salz wird in der chemischen Industrie, der Lebensmittelindustrie (als Festigungs- und Backtriebmittel), bei der Wasseraufbereitung und Abwasserreinigung und in der Druckindustrie zum Klären, Ätzen und Reinigen verwendet.
2. Papierherstellung:
   (Harz-)Leimstoffe, Wasser und Aluminiumsulfat werden intensiv vermischt und dem > Ganzstoff zugegeben. Bei der Papierproduktion dient Aluminiumsulfat zum Ausfällen und Fixieren der Harzleimstoffe auf die Fasern.
   Da Aluminiumsulfat sauer reagiert, beeinträchtigt es die > Alterungsbeständigkeit des Papiers durch den sogenannten Säurefraß.

Ammoniak

Chemische Verbindung aus Wasserstoff und Stickstoff mit dem Kurzzeichen NH_3. Leicht wasserlösliches, farbloses, stechend riechendes Gas.

Es entsteht u. a. natürlich überall, wo stickstoffhaltige pflanzliche oder tierische Substanzen unter Luftabschluss verwesen. Die flüssige Lösung ist der Salmiakgeist. In der Druckindustrie eingesetzt u. a. als Entwicklungsmittel für Lichtpausmaterial.

Ammoniumdichromat

Druckformherstellung:

Für früher selbst beschichtete Druckplatten im Offsetdruck eingesetzter Sensibilisator.

amorph

Physik: Form- und gestaltloser, nicht aus Kristallen oder bestimmten Strukturen aufgebauter Stoff.

Ampere

Maßeinheit der Stromstärke;
Abkürzung: A.

Amperemeter

Gerät zur Messung der Stromstärke.

amphotere Eigenschaften
Fähigkeit einiger Metallhydroxide, sowohl mit starken Basen wie auch mit starken Säuren Salze zu bilden.
Amphotere Metalle sind z. B. Aluminium und Zink.

Amplitude
1. Physik: Auslenkung einer Welle. Grafische, analoge Darstellung der Energie, durch eine bestimmte Höhe (Ausschlag) bei einem Mess- oder Aufzeichnungsinstrument.
   Bei Schwingungen der größte Ausschlag (Schwingungsweite).
2. Farbenlehre: In der Farbenlehre entspricht die Amplitude der Helligkeit.
   > AM-Rasterung

amplitudenmoduliert
> AM-Rasterung

AM-Rasterung
Amplitudenmodulierte bzw. autotypische (konventionelle) Rasterungstechnik:
Flächenvariable Rasterpunkte, deren Mittelpunkte entlang der Rasterwinkellage (Vorzugsrichtung) bei einer bestimmten Rasterfrequenz (bzw. Rasterweite) in L/cm gleich weit auseinander stehen. (> autotypische Rasterung, > FM-Rasterung = frequenzmoduliert)

analog
Physikalische Größe, die kontinuierliche Anzeigewerte zur Bestimmung verwendet. Prinzip der Darstellung von verschiedenen Werten durch entsprechende Größen, z. B. folgt der Zeigerausschlag eines Voltmeters der angelegten Spannung stetig nach.
Weitere Beispiele:
- Anzeigen der Temperatur durch die Höhe der Quecksilbersäule in einem Thermometer.
- Ablesen der Uhrzeit durch die Stellung der Zeiger einer Uhr.
- Unterschiedliche Helligkeiten einer Graustufen-Bildvorlage (Halbtonvorlage).
- Analoge Bildverarbeitung durch unterschiedliche Stromstärken.

Eine Weiterverarbeitung analoger Daten im Computer ist erst nach einer Digitalisierung möglich.
> analoge Bildinformationen, > digital, > binär

Analog-Digital-Wandler
Elektronik, Computertechnik:
Baustein zur Umwandlung von analogen Daten in digitale Daten. Kurzbezeichnung: A/D-Wandler.

analoge Schaltungen
Elektrische Werte (Strom, Spannung) entsprechen in ihrem Verlauf kontinuierlich dem jeweils darzustellenden Wert.
> analog

analoge Bildinformationen
Die Wiedergabe von Bildinformationen durch Hell-Dunkel-Tonwerte mit einer > Halbtonvorlage, ein- oder auch mehrfarbig. Gegensatz: > binäre Bildinformationen

analoge Fotografie
Filmbasierte Fotografie: Durch die Belichtung wird ein Motiv > latent auf einem lichtempfindlichen Material gespeichert. Erst nach einer Entwicklung wird das Motiv sichtbar. > digitale Fotografie

Analogproof
Andruckersatz in der konventionellen Druckvorstufe:
Proofverfahren, die eine Kopiervorlage (allgemein einen Positivfilm) zur Herstellung benötigen.

Analogrechner
EDV: Elektronisch arbeitender Rechner, der mit analogen Signalen (Schaltungen) arbeitet. > analog, > digital

Analog-System
Jedes System, das Berechnungen und Messungen oder die Verarbeitung von

Informationen ohne diskrete, digitale Daten (z. B. Ziffern) ausführt.

Analphabeten
Personen, die weder schreiben noch lesen können.

Analyse
1. Zergliederung, differenzierte Untersuchung komplexer Stoffe, Vorgänge u. Ä.
2. Chemie: Durch verschiedene Verfahren der chemischen Analyse sind die einzelnen Bestandteile oder auch Mengenverhältnisse eines Stoffes zu ermitteln.

Analyse-Tools
Spezielle (Hilfs-)Programme, die eine Auswertung des Nutzerverhaltens im Internet ermöglichen.

Analyse von Druckprodukten
Anhaltspunkte für eine Analyse, die produktbezogen unterschiedlich berücksichtigt und gewichtet werden müssen:
1. Art, Aufgabe, Funktion eines Druckproduktes:
   Prospekt, Katalog, Flyer, Plakat, Buch, Verpackung, Geschäftsdrucksache, Einladung;
   auch: Anzeigen in Tageszeitungen, Illustrierten
2. Endformat und Umfang:
   Freies Format, DIN-Format (abhängiges Format: Planobogen, Versand, Portokosten, Abheftung), Anzahl der Blätter
3. Gestaltungsmittel:

3.1 Schriften, Linien, Flächen:
Ziel bzw. Zielgruppe und Zweck, Lesbarkeit; Schriftart, Schriftgröße: Fließtext, Auszeichnungen, Titel und Untertitel (Überschriften, Zwischenüberschriften), Bildlegenden

3.2 Flächenaufteilung, typografische Anordnung:
Satzspiegel, Grundlinienraster, Spalten, Zeilenbreite; Satzart: Flattersatz linksbündig oder rechtsbündig, Rausatz, Blocksatz, Satz auf Mittelachse, Formensatz

3.3 Bilder
Bildart:
Strich, Raster, Grafik; Bildgröße, Bildformat im Satzspiegel, angeschnitten; Druck einfarbig, mehrfarbig, farbig, Duplex-Bild

3.4 Farbe:
Druck mit Prozessfarben (Farbsätze), Schmuckfarben, Sonderfarben; Kontrast, Harmonie

4. Bedruckstoff:
   Papiersorte:
   Naturpapier, gestrichen (Qualität der Papieroberfläche), matt, glänzend, Struktur; Opazität, Papierfarbe, Papiergewicht (g/m^2); Karton, Kunststoff
5. Buchbinderei, Druckweiterverarbeitung:
   Einklang mit dem Produkt und der Gestaltung; Gestaltung des Einbandes bzw. des Umschlages, Bindeart, Bindematerial, Falz, Haptik, Handhabungs-, Gebrauchseigenschaften

analysieren
Auflösen, zergliedern oder zerlegen, um Einzelheiten oder Zusammenhänge sichtbar zu machen.

Analytik
Chemie: Lehre von der Zerlegung von Verbindungen nach ihrer Art und ihrer Menge (Analyse).

anaxial
1. Allg.: Nicht in der gleichen Achsenrichtung verlaufend.
2. Anaxiale Textanordnung in der Gestaltung: Flattersatz links- oder rechtsbündig, sonstige beliebige Anordnung.
   > asymmetrische Satzanordnung

Andreaskreuz
Arbeitssicherheit: Kennzeichnung von Behältern mit gesundheitsschädlichen, reizenden Stoffen. Das Andreaskreuz ist ein

auf zwei Kreuzbalken liegendes schwarzes Kreuz auf gelbem Grund. Das Gefahrensymbol weist den Verbraucher auf bestehende Gesundheitsgefahren bei unvorsichtigem Umgang mit diesem Produkt hin. > MAK-Wert
> Anhang – 11 Sicherheitskennzeichen

Andruck
Prüfdruck, der zum Zweck der Kontrolle und Begutachtung des Übertragungsprozesses von der Bildvorlage bis zum Druck sowie zur Druckfreigabe hergestellt wird. Der „klassische“ Andruck auf Druckmaschinen, die die Drucktechnik der Produktionsmaschine simulieren, erfolgt normalerweise auf dem vorgesehenen Bedruckstoff mit den entsprechenden Druckfarben.
Heute wird nur in wenigen speziellen Produktionsbereichen (z. B. Tiefdruck-Verpackungen) noch angedruckt. Der Andruck wird heute allgemein aus Zeit- und Kostengründen durch farbverbindliche > Proofs (Prüfdruck) ersetzt. Der Kunde gibt nach einem verbindlichen Andruck den Druck für die Produktion frei. > Imprimatur.

Andruckmaschinen
Druckmaschinen für verschiedene Druckverfahren in kleinem bis mittlerem Druckformat, die speziell für Prüfdrucke konstruiert sind.
Andruckmaschinen sind schnell einzurichten und auf neue Aufträge umzurüsten. Sie verarbeiten je nach Drucktechnik Bedruckstoffe in Bogen oder von Rollen.
Ziel des Andrucks ist ein fortdruckgerechtes Produkt.

Andruckskala
Druck einzelner Farben eines > Farbsatzes und deren Zusammendrucke entsprechend der Druckreihenfolge im > Andruck bzw. heute auch als > Proof. Bei einem Andruck hergestellte Einzel- und Zusammendrucke der verschiedenen Prozessfarben. In den meisten Fällen besteht eine Andruckskala aus vier einzelnen Bilddarstellungen (Farbauszüge) sowie drei Zusammendrucken bei einer Farbreihenfolge KCMY:
- Schwarz (K)
- Cyan (C)
- Zusammendruck K + C
- Magenta (M)
- Zusammendruck K + C + M
- Yellow (Y)
- Zusammendruck K + C + M + Y.

In der Regel sind mehrere vollständige Zusammendrucke der Andruckskala beizufügen. Der Andruck ist auf Auflagendruckpapier in der entsprechenden Farbskala für den späteren Auflagendruck fortdruckgerecht zu drucken.
> Kennlinie, > Tonwertzunahme

Anfangsbuchstabe
Ein großer und früher oftmals besonders verzierter Anfangsbuchstabe bei einem Kapitelanfang wird Initiale bzw. Initialbuchstabe genannt. Der hervorgehobene Buchstabe hat eine Höhe von mindestens zwei, vielfach aber auch vier und mehr Zeilen des Fließsatzes. Dieser wird der Breite des Buchstabens entsprechend eingezogen.
> Einzug

Anfasser
In Layout-, Grafik- oder Bildverarbeitungsprogrammen kann ein Begrenzungsrahmen einer Bearbeitungsfläche aktiviert werden.
Markante Punkte sind durch Anklicken zu aktivieren und ermöglichen danach eine Veränderung der Dimension der aktivierten Fläche.

angeschnittene Bilder
Auch: abfallend oder randabfallend. Typografische Gestaltung, bei der Bilder, Flächen oder auch Linien über den Papierrand laufen und am Rand des Druckproduktes angeschnitten werden, d. h. es verbleibt nach dem Beschnitt kein weißer Rand. Durch den Wegfall des weißen

Randes erscheint die Bildfläche optisch größer. Für den Beschnitt sind grundsätzlich 3 mm an der angeschnittenen Bildseite, Fläche oder Linie zu berücksichtigen. Bilder, die bis in den > Bund laufen, sind an dieser Seite nur 1 bis 2 mm breiter zu reproduzieren.

Anicolor-Farbwerk
Kurzfarbwerk der Heidelberger Druckmaschinen AG.
> Anilox-Farbwerk

Anilindruck
Veraltete Bezeichnung für den > Flexodruck.

Anilinsulfatlösung
Chemisches Mittel zur Prüfung von Papieren auf Holzstoffhaltigkeit. Beim Aufträufeln der Lösung verfärben sich die Papiere je nach Anteil des > Holzstoffes mehr oder weniger stark gelb.
> Phloroglucin

Anilox-Farbwerk
Drucktechnik: > Kurzfarbwerk ohne Farbzonensteuerung. Die Anilox-Technologie wurde bisher im Flexodruck für dünnflüssige Druckfarben, in Lackierwerken und im Rollen-Offsetdruck eingesetzt. Bedeutende Offsetdruckmaschinenhersteller setzen das Kurzfarbwerk inzwischen auch in wasserlos arbeitenden und auch konventionellen Bogen-Offsetdruckmaschinen in Verbindung mit einem Filmfeuchtwerk ein.
Zentrales Element des Farbwerkes ist die Aniloxwalze, allgemein eine keramikbeschichtete, lasergravierte Rasterwalze. Die Rasternäpfchen nehmen je nach Geometrie und Tiefe eine gleichmäßig hohe Farbmenge auf. Um eine konstante Dosierung der Druckfarbe zu ermöglichen, muss das System temperiert sein. Druckfarbe wird nicht über einen Farbduktor, sondern über ein Kammerrakelsystem, bestehend aus Farbkammer und Rakelmesser, kontinuierlich auf die formatgroße Rasterwalze übertragen. Unmittelbar danach wird die Druckfarbe auf der Oberfläche der Rasterwalze abgerakelt, nicht benötigte Druckfarbe wird über die Kammerrakel wieder in die Farbkammer zurückbefördert. In den Näpfchen der Walze verbleibt eine gleichmäßige, konstante Farbmenge, die nun auf die ebenfalls formatgroße Farbauftragswalze übertragen wird. Ein Dosieren der Druckfarbe in einzelnen Zonen entfällt, es ist auch nicht möglich. Daher ist ein stabiler, standardisierter Workflow mit Color Management und einer Druckformherstellung über Computer-to-Plate- oder Computer-to-Press-Systeme Voraussetzung für den Einsatz dieser Technologie.
> Anicolor-Farbwerk, > Gravuflow

Animation
Grafische Bilder mit bewegten Darstellungen auf dem Bildschirm. Eine Serie von einzelnen Bildern in realer oder perspektivischer Darstellung, die in schneller Folge präsentiert werden, erweckt den Eindruck einer ablaufenden Bewegung. In einer virtuellen Welt lassen sich Gegenstände und Räume mehrdimensional darstellen. Mit bestimmten technischen Hilfsmitteln kann sich zum Beispiel auch ein Mensch in dieser virtuellen Welt bewegen und interaktiv mit dieser kommunizieren.
> virtuelle Realität, virtuelle Welt

Aniva®-Farben
Hochpigmentierte Druckfarbenskala, die den druckbaren > Farbraum um ca. 20 % erhöht. Das System besteht aus den drei Komponenten Software, Druckfarben und spezieller Standardisierung.

Ankerpunkte
Illustration, Bildbearbeitung am Rechner: Positionsmarkierungen, mit deren Hilfe Linien oder Kurven, sogenannte Pfade, aufgebaut werden. Ein Pfad besteht aus einem oder mehreren geraden oder ge-

krümmten Segmenten. Ankerpunkte bilden jeweils die Endpunkte der Pfadsegmente. Beispiele: Zeichnungen, Freisteller.

Anlage
Winkel an einem Druckbogen, an der jeder einzelne Bogen vor dem Druck pass- und registergenau angelegt wird bzw. wurde.
> Anlagewinkel

Anlagewinkel
Drucktechnik, Druckweiterverarbeitung:
Winkel an einer langen und kurzen Seite eines Druckbogens, an den der Bogen im Druck und in der Druckweiterverarbeitung jeweils ausgerichtet (angelegt) wird. Der Anlagewinkel muss im Druck und in der Druckweiterverarbeitung gleich sein, damit eine standrichtige Verarbeitung der Druckprodukte möglich ist.

Anlegemarken
1. Maschinenelement an der Druckmaschine: Vordermarken und Seitenmarke, die als mechanische Anschläge zum exakten Ausrichten (Positionieren) des Druckbogens vor dem Bedrucken dienen.
2. Im Bogendruck mitgedruckte Marken (Markierungen, z. B. Linien), die der Druckweiterverarbeitung anzeigen, an welchem Winkel beim Schneiden oder Falzen der gedruckte Bogen anzulegen ist, um ein standrichtiges Endprodukt herzustellen.

Anleger
Drucktechnik:
Teil einer Bogendruckmaschine zur Vereinzelung der Druckbogen eines Anlegestapels, zum Transport der Bogen zur Anlage, zum standgenauen Ausrichten und Weitergeben an das Druckwerk.

Anmerkungen
Erläuternde Zusätze zum Text. Sie stehen entweder im Satzspiegel am Ende eines Absatzes, am Fuß einer Seite als sogenannte > Fußnote oder im Anhang am Schluss eines Kapitels (Abschnittes) bzw. am Ende des Buches.
Im laufenden Text wird ein Hinweis auf die Fundstelle der Anmerkung gegeben.
> Marginalien

Anmutung der Schrift
Eine psychische Wirkung, die eine Schrift durch ihre charakteristische Form und ihren Ausdruck bei einem Leser hervorruft: Die individuelle Ausstrahlung einer Schrift auf den Leser, z. B. technisch, weiblich, steif, schwungvoll, romantisch.

Annonce
Anzeige in Zeitungen.

Anode
Chemie: Elektrode am Pluspol einer Stromquelle (Elektronenmangel).

Anonymisierung
Nach § 3 Abs. 6 BDSG: „Das Verändern personenbezogener Daten derart, dass die Einzelangaben über persönliche oder sachliche Verhältnisse nicht mehr oder nur mit einem unverhältnismäßig großen Aufwand an Zeit, Kosten und Arbeitskraft einer bestimmten oder bestimmba-ren natürlichen Person zugeordnet werden können."
Anonyme Datenkommunikation: Die Daten eines Nutzers sind so „verschlüsselt", dass eine Zuordnung zu einer natürlichen Person und damit eine Identifizierung nicht mehr möglich ist.
Beispiel zu Wahlen: Wahlen sind geheim und anonym. Es ist zwar zu ermitteln, wer und an welchem Ort eine Person gewählt hat, es ist aber nicht festzustellen, welche Wahlentscheidung diese Person abgegeben hat. > Pseudoanonymisierung

anorganisch
Chemische Verbindungen ohne Kohlenstoff. Früher: Verbindungen aus der unbelebten Natur, z. B. Erden, Metalle.

anorganische Farben
Erd- und Mineralfarbenpigmente oder -farbstoffe, Ruß sowie Metallbronzen.

anpappen
Buchbinderei:
Das > Einhängen des > Buchblocks in die > Buchdecke. Dazu werden die > Vorsatzblätter (> Spiegel) vollflächig auf die Innenseiten der Buchdecke geklebt.

Anpressdruck
Drucktechnik:
Flächenbezogene Kraft, die in der Drucktechnik für ein Ausdrucken aller Bildstellen erforderlich ist.
> Druckprinzip

Anreicherung
Engl.: Enrichment. Publishing, Layout:
Das Hinzufügen von interaktiven Elementen und Inhalten, z. B. Navigationselemente, Hyperlinks sowie Animationen, Audios und Videos.

anschmieren
Druckweiterverarbeitung:
Das manuelle oder maschinelle vollflächige Auftragen von Klebstoffen.

ANSI
Engl. Abkürzung für: American National Standards Institute.
Standardisierungsinstitut der USA, das dem Deutschen Institut für Normen (DIN) entspricht.

Anstrich
Schrift: > Serifen.

Anthologie
Sammlung bzw. Auswahl von Gedichten und Prosastücken.

Anti-Aliasing
Linienglättung. Mit dem Begriff Aliasing bezeichnet man Mängel in der Darstellung von Schriften und digitalisierten Grafiken (> Bitmap) im Ausgabesystem (z. B. Bildschirm, Drucker) eines Computers. An Strichelementen, schrägen Linien, Kurven u. ä. sind störende Treppeneffekte sichtbar, die elektronisch durch rechnerisch ermittelte, zusätzlich eingefügte Zwischenwerte (Pixel) verringert oder sogar beseitigt werden.

Antike
Das klassische Altertum: Die griechisch-römische Epoche (Geschichte, Kultur) von ca. 1000 v. Chr. bis 600 n. Chr.

Antimon
Chemisches Zeichen: Sb.
Silberweißes, glänzendes Metall.
Drucktechnische Verwendung:
In der Schriftmetall-Legierung aus Blei, Zinn und Antimon verleiht das Antimon der Legierung die erforderliche Härte.

Antioxidantien
Stoffe, die Oxidationen verhindern.

Antiqua-Schriften
Druckschriften, die auf Vorbilder der alten (klassischen) römischen Schriften zurückzuführen sind.
Vorbilder für die Großbuchstaben (Versalien) lieferte die römische Capitalis, für die Kleinbuchstaben (Gemeine) die humanistische Minuskel. Die Formen bestehen aus geraden und runden Linien, mit und später ohne > Serifen. Antiquaschriften werden deshalb auch „runde“ Schriften genannt.
Im 15. Jahrhundert wurden die ersten Antiquaschriften geschnitten. Der Venezianischen Renaissance-Antiqua folgten die Französische Renaissance-Antiqua und die Barock-Antiqua.
Dem Zeitgeist entsprechend entwickelten Schriftkünstler die Klassizistische Antiqua sowie in unserem Jahrhundert in verschiedensten Formen die serifenbetonte Linear-Antiqua und die serifenlose Linear-Antiqua. Als Gegensatz zu den „runden“

Antiquaschriften gelten alle > gebrochenen Schriften wie Gotisch, Fraktur, Schwabacher. > Schriftklassifikation

Antiquariat
Buchhandlung, die (oftmals wertvolle) gebrauchte Bücher oder neue Bücher, deren Preisbindung aufgehoben ist, verkauft.

Antirutschlack
Spezieller Lack auf einem bedruckten Verpackungsmaterial (Papier, Karton, Wellpappe), der die Haft- und Gleitreibung des Produktes erhöht. Damit wird das Rutschen gestapelter Verpackungen verringert.

Antiskop
Projektionsgerät für eine maßstabs- und winkelgetreue, verkleinerte oder vergrößerte zeichnerische Wiedergabe von Strichvorlagen wie Skizzen, Pläne, Grafiken.

Antislip-Lack
Dispersionslack auf wässriger Basis, der den veredelten Flächen eine Bremswirkung gegen Metall oder andere Lackflächen verleiht. Damit kann die Oberflächeneigenschaft den besonderen Bedingungen in Füll- und Verpackungsmaschinen angepasst werden.

antistatische Wirkung
Stoff, der ein statisches Aufladen von Materialien (Werkstoffen, Maschinenteile) verhindert.

Anti-Virus-Software
Programme zum Aufspüren und Beseitigen von Computerviren.
Durch immer neue Viren ist für einen möglichst optimalen Schutz ein laufendes Updaten (Aufrüsten auf den neusten Stand) der Software erforderlich.

Anwenderprogramm
Auch: Anwendersoftware. Programme als „Fertigpaket" zur Lösung von Problemen, Aufgaben oder Anforderungen in Wirtschaft und Verwaltung, einer speziellen Branche, eines Fertigungsbereiches u. a. Entwickelt werden Anwenderprogramme als Einzelprogramme oder Programmpakete mit verschiedenen Programmteilen.
Beispiele:
Textverarbeitung, Bildverarbeitung, Layoutprogramme (Desktop-Publishing/DTP = Seitengestaltung, Text-Bild-Integration), Grafikherstellung und -verarbeitung, CAD sowie zur Arbeitsvorbereitung, Auftragsbearbeitung, Disposition, Kalkulation, Buchhaltung, Betriebsabrechnung, Lagerverwaltung und für komplexe Datenbank.

Anwendersoftware
> Anwenderprogramm.

Anzeigen
Bezahlte Bekanntmachung eines Auftraggebers in Presseerzeugnissen (Zeitungen, Zeitschriften, Fachzeitschriften u. a.) zur Werbung, als Information, als Verkaufsangebot oder aus anderem privatem bzw. geschäftlichem Interesse.

Anzeigenblätter
Zeitungsähnlich aufgemachte, periodisch erscheinende Publikationen mit einem geringeren redaktionellen Teil, die unentgeltlich allen Haushaltungen eines Einzugsbereiches zugestellt werden.
Nur durch viele Anzeigen sind diese Publikationen wirtschaftlich zu produzieren.

Anzeigensatz
Typografisch anspruchsvoller, individuell gestalteter Satz, der ziel- bzw. zweckgerichtet den Wünschen des Auftraggebers entspricht. Komplette Anzeigenseiten in Tageszeitungen verlangen unabhängig von dieser Forderung eine einheitliche typografische (Grund-)Gestaltung.

anziehen
Buchbinderei: Die Festigkeit der Klebung ist wirksam, aber die Endfestigkeit ist noch nicht erreicht.

AOX-Wert
Engl. Abk. für Adsorbable Organic Halogens. Wichtiger Begriff aus dem Umweltschutz für Summenparameter in der Wasseranalytik. Der sogenannte AOX-Wert (auch AOX-Gehalt) erfasst in seiner Summe alle adsorbierbaren, organischen Halogenverbindungen. Kurzbezeichnung für adsorbierbares, organisch gebundenes > Halogen (A = adsorbierbar, O = organisch, X = Chlor).
Zellstoffherstellung: Internationale Maßeinheit, um die Abwasserbelastung mit organischen Chlorverbindungen verschiedener Zellstoffe miteinander vergleichen zu können. Der AOX-Wert bildet die Grundlage für die Einteilung in „chlorfrei“ und „chlorfrei gebleichte“ Faserstoffe.

AP
Abkürzung für Papiersorten aus Altpapier.
> AP-Papier

APCO-II/II-Kunstdruckpapier
Normdruckpapier: Speziell für Prüfzwecke hergestelltes Kunstdruckpapier ohne optische Aufheller.
Hersteller: Scheufelen, D-Lenningen.

APL
Engl. Abk. für Automatic Plate Loading = automatischer Druckplattenwechsel (manroland web systems COLORMAN). Die vorsortierten, produktionsfertigen Druckplatten werden automatisch an die Drucktürme geliefert und müssen nur noch in die Ladekassetten des APL-Systems eingesetzt werden. Ein manuelles Sortieren und Wechseln von Druckplatten ist damit nicht mehr erforderlich.

AP-Papier
Papiersorten, die zu mindestens 70 % aus Altpapier bestehen. Dazu zählen die für Verpackungszwecke bestimmten Papier-, Karton- und Pappesorten sowie ein großer Teil der in der Bundesrepublik erzeugten Zeitungsdruck- und Hygienepapiere.

Apple
Warenzeichen des Unternehmens Apple-Computer, USA. Hersteller der Macintosh-Rechner, die vor allem in der Druckindustrie, im Grafik- und Multimediabereich eingesetzt werden.
Apple entwickelte als erstes Unternehmen eine grafische Benutzeroberfläche. Inzwischen liefert Apple Hard- und Software für den gesamten Medienbereich.

AppleScript
Erstellen von Makros auf dem Macintosh. Mit AppleScript sind Systemfunktionen im Finder zu automatisieren.

AppleShare
Eine Erweiterung, mit der auf gemeinsam genutzte Dateien zuzugreifen ist, die sich auf einem Macintosh im Netzwerk oder auf AppleShare-File-Servern befinden.

Applet
In Webseiten (Pages) eingebettete Java-Programme, die auf dem Rechner des Nutzers durch den Web-Browser ausgeführt werden.

AppleTalk
Netzwerk-Protokoll von Apple zum Aufbau eines Bus-Netzwerkes. Die entsprechende Netzwerkverkabelung wird LocalTalk genannt.

Applikation
Engl. Bezeichnung für > Anwenderprogramme.

Application Service Provider
Bei Web-to-Print-Lösungen die Benutzung der vorhandenen Software eines Dienstleisters.

APR
> Automatic Picture Replacement

Aquarell
Malerei mit lasierenden Wasserfarben.

Aräometer
Senkwaage: Messinstrument zur Bestimmung der > Dichte von Flüssigkeiten.
Die Messmethode beruht auf dem Prinzip des Auftriebs. Je tiefer das Aräometer einsinkt, desto geringer ist die Dichte.
Der Dichtewert ist auf einer Skala abzulesen.
Beispiel aus der Drucktechnik:
Messung der Alkoholkonzentration im Feuchtmittel des Offsetdrucks.

Arbeit
1. Allgemein:
   Zweckgerichtete, planmäßige körperliche und/oder geistige Betätigung des Menschen zur Bedarfsdeckung und/oder Gewinn- bzw. Einkommensmaximierung.
2. Volkswirtschaft:
   Produktionsfaktor (Kapital, Boden und Arbeit) zur Herstellung und Bereitstellung von Gütern.
3. Arbeitsstudium (REFA):
   Erfüllung der Aufgabe eines > Arbeitssystems durch Zusammenwirken von Mensch und Betriebsmittel (Geräte, Maschinen, Werk und Hilfsstoffe) mit dem Arbeitsgegenstand (Auftrag).
4. Physik:
   Die Arbeit (engl.: work) ist im physikalischen Sinn eine abgeleitete Größe aus Kraft (in Wegrichtung) und Weg. Die Haupteinheit der Arbeit ist ein Newtonmeter.
   1 N m = 1 J (Joule)
   Arbeit = Kraft · Weg
   $W = F \cdot s$
   1 N m = 1 N · 1 m

Arbeitsfluss
Ablauf in einem beliebigen Arbeitsprozess, der die beteiligten Arbeitsgruppen und die zu leistende Arbeit beschreibt.
> Workflow

Arbeitsleistung
Im Sinne des Arbeitsstudiums die Leistung eines Arbeitssystems:

$$\text{Arbeitsleistung} = \frac{\text{Arbeitsergebnis}}{\text{Zeit}}$$

Arbeitsspeicher
Abkürzung (engl.): RAM = Random Access Memory.
Zentraler Speicher in einem EDV-System, in den Programme und Daten z. B. von der Festplatte geladen werden.
Die Kapazität wird in Gigabyte (GB) angegeben. Je größer der Arbeitsspeicher ist, desto mehr Programme oder Dateien können gleichzeitig geladen sein und umso schneller arbeitet der Computer.

Arbeitsstation
Engl.: Workstation.
EDV-Arbeitsplatz mit hoher Leistungsfähigkeit.

Arbeitsstudium
Systematische Untersuchung und Gestaltung von > Arbeitssystemen.
Ziele: Verbesserung der Wirtschaftlichkeit von Betrieben, Sicherung menschengerechter Arbeitsabläufe und Arbeitsbedingungen (REFA).

Arbeitssystem
Zusammenwirken von Mensch und Betriebsmittel. > Arbeit.
Im weitesten Sinne alle zusammenhängenden Elemente (Menschen, Betriebsmittel, Arbeitsabläufe, Arbeitsmethoden, Ziele zur Produktion und Wirtschaftlichkeit u. a.), mit denen das gewünschte Ziel der Arbeit zu erreichen ist.
Die Gestaltung eines Arbeitssystems im Sinne des Arbeitsstudiums nach REFA umfasst das Vorgehen in sechs Stufen,

das für die Gestaltung einfacher (Mikro-) Arbeitssysteme und auch für komplexe (Makro-)Arbeitssysteme anwendbar ist:

1. Ziele setzen
2. Aufgabe abgrenzen
3. ideale Lösung suchen
4. Daten sammeln und praktikable Lösung entwickeln
5. optimale Lösung auswählen
6. Lösung einführen und Zielerfüllung kontrollieren.

Arbeitsverfahren:
Buchbinderei, Druckweiterverarbeitung
Die verschiedenen Verfahren zur Bedruckstoffverarbeitung lassen sich systematisch in vier Grundverfahren unterteilen, die wiederum in Verfahrensgruppen und konkrete Arbeitsverfahren zu unterscheiden sind.
> Trennen, > Umformen, > Fügen,
> Beschichten

Arbeitsvorbereitung
Die Arbeitsvorbereitung (Abk.: AV) in einem Unternehmen umfasst alle Maßnahmen, die die Voraussetzungen für einen wirtschaftlichen und technisch optimalen Arbeitsablauf schaffen.
Die Mitarbeiter sind das kommunikative Bindeglied zwischen dem Kunden und den technischen Abteilungen des Unternehmens. Sie sind entweder Spezialisten für bestimmte Produktionsstufen oder – heute mehr und mehr – kompetente Auftragsbetreuer im Verkaufsinnendienst, die den gesamten Auftrag vom Eingang bis zur Auslieferung und sogar bis zur Rechnungsstellung betreuen, und somit ständiger Ansprechpartner für den Kunden.
Im engeren Sinne gehören zur AV die Prüfung und Beurteilung der vom Kunden gelieferten Text- und Bildvorlagen, der Datenträger sowie des Layouts, das Erfassen sämtlicher Auftragsdaten (Auftragstasche, bei rechnergestützten Systemen die sogenannte „digitale Auftragstasche"), die Planung und Steuerung der Produktion, das Festlegen technischer Verarbeitungsdaten (z. B. Maßstab und Größe bei Abbildungen, Rasterweite, Farben;
bei Texten: einheitliche Rechtschreibung;
bei Datenträgern: Konvertierung, Datenformate).
> Preflight-Check

Archiv
Geordnete Sammlung aus bestimmten Sachgebieten oder bestimmter Materialien, die zur Dokumentation oder bei entsprechendem Bedarf benutzt werden.
Beispiele:
Schriftstücke, Zeitungsartikel, Zeitungen, Zeitschriften, Literatur, Fotografien.

Archivdatei
Eine einzelne Datei oder eine Gruppe von Dateien, die aus Speicherplatzgründen komprimiert wurden.
> komprimierte Datei

Archivpapier
Qualitativ hochwertiges Papier, das für Aufzeichnungen mit langer Lebensdauer verwendet wird.
> Alterungsbeständigkeit

Argon
Chemisches Zeichen:
Ar; Edelgas.

Argon-Ionen-Laser
Ein in der Druckformherstellung des Offsetdrucks eingesetzter Gaslaser mit einer Wellenlänge von 488 nm und mit einem Leistungsbereich von ca. 0,01 bis 12 Watt.
> Laser

Array
Engl.: Feld; Anordnung. > CCD

Art-Director
Engl., art = Kunst und director = Leiter. Künstlerischer Leiter, z. B. in einer Werbeagentur oder bei einer Zeitschrift, der für

das optische Erscheinungsbild der Druckerzeugnisse verantwortlich ist.

Artefakte
Sichtbare Mängel im Bild.
In der Fotografie und Bildbearbeitung eine Bezeichnung für verschiedenartige Störungen im Bild, z. B. Bildrauschen, Körnigkeit.
Diese Störungen werden insbesondere bei einer Kompression mit einem verlustbehafteten Verfahren (JPEG) sichtbar. Probleme sind zu vermeiden mit einer Aufnahme im > RAW-Format und eine Bildverarbeitung und Speicherung mit dem verlustfreien > TIFF-Format.

Artikel
Medien: Redaktioneller Beitrag in Zeitschriften und Zeitungen.

ASA
Abk.: American Standards Association. Arithmetisch gegliederte Empfindlichkeitsbestimmung von Fotomaterialien nach der ASA-Norm. Dabei ergibt die doppelte Zahl die doppelte Empfindlichkeit.
> Allgemeinempfindlichkeit

aschefrei
Papierprüfung: Papier mit einem Glührückstand von maximal 1 %.
> Aschegehalt

Aschegehalt
Anorganische Bestandteile im Papier, die nicht verbrennen oder sich beim Glühen nicht verflüchtigen. Sie bilden eine Restsubstanz.
Der Aschegehalt ist ein Maß für den Anteil an > Füllstoffen im Papier.

Ascheprobe
> Aschegehalt

ASCII-Zeichensatzcode
Abk.: American Standard Code for Information Interchance.
Jedem Textzeichen und jedem Steuerzeichen wird darin eine eindeutige Binärzahl (ein Byte) zugewiesen. Für den Informationsaustausch mit dem Computer ist es erforderlich, allen Zeichen und auch technischen Anweisungen (Steuerzeichen, Zeilenabstand, nächste Zeile u. a.) einen bestimmten numerischen Wert zuzuordnen, d. h., bestimmte elektrische Signale ergeben ein bestimmtes Zeichen oder eine Anweisung. Der erweiterte ASCII-Zeichensatz ist das Standardformat zur Darstellung von digitalen Zeichen mit 8-Bit (2^8 = 256 Zeichen).

ASP
Engl. Abk. für > Application Service Provider

Asset
Verwaltung und Archivierung digitaler Daten wie Texte, Bilder, Ton- oder Filmdateien in einer Datenbank. Diese sind unter den Bezeichnungen Digital-Asset-Management-System (DAM) oder Media-Asset-Management-Datenbank (MAM) bekannt.

Assistenten
In der Computertechnik eingesetzte Unterprogramme, die den Anwender bei der Installation von Programmen oder bei deren Ausführung unterstützen.

Association Typographique Internationale
> ATypI

Assoziation
Verknüpfen von Erlebnissen, Ereignissen, Informationen und sonstigen Gedächtnisinhalten mit eigenen Erfahrungen, Kenntnissen und mit erlebten Vorgängen.

Ästhetik
Die (wissenschaftliche) Lehre des Schönen sowie der Harmonie in Natur und Kunst als Wahrnehmung des Menschen. Ästhetisch

bedeutet demnach schön, geschmackvoll, ansprechend, stilvoll, formvollendet, wohlgestaltet, harmonisch.

Ästhetikprogramm
Ein Programm oder Modul, das bei bestimmten Buchstaben- und Zeichenkombinationen durch > Unterschneiden ein harmonisches, ausgeglichenes Schriftbild ergibt. Kritische Kombinationen sind insbesondere beim Satz von Versalien einen optisch zu groß wirkenden Abstand zwischen den Buchstaben als störend zu empfinden, z. B. AT, AV, LT, WO. Erweiterte Module gleichen optisch u. a. auch den seitlichen Rand des Satzspiegels bei Schriftzeichen mit Serifen und bei Satzzeichen aus.
Beispiel: Ein Großbuchstabe A am Zeilenanfang wird minimal nach links herausgerückt.

ästhetisches Gleichgewicht
Optisches und psychologisches Gleichgewicht in der Gestaltung (Design) bei Raum-, Flächen- und Farbaufteilung. Eine Harmonie wird als ästhetische Qualität empfunden.

asymmetrisch
Unregelmäßige Darstellung (z. B. Textanordnung im Satz, figürliche Darstellung, Zeichnung), die von der Achse aus gesehen nicht spiegelbildlich ist.

asymmetrische Textanordnung
Typografie: Links- oder rechtsbündiger Satz, sogenannter Flattersatz oder eine sonstige unregelmäßige Anordnung von der Mittelachse aus. Diese Textanordnung ist gestalterisch vielseitiger, lebhafter und dynamischer. Gegensatz: > symmetrischer Satz. Dazu gehören der Blocksatz und der Satz aus Mittelachse.

asynchron
Nicht gleichlaufend, mit unterschiedlichen Geschwindigkeiten laufend.

ATM
1. Abk. für Adobe Type Manager.
   Software: Schriftenmanager von Adobe, der PostScript-Schriften auf dem Bildschirm und auf nicht-postscriptfähigen Druckern ausgibt.
   Bildschirmanzeige und Ausgabe sind dadurch gleich.
   > WYSIWYG.
2. Abkürzung für Asynchronous Transfer-Mode. Ein asynchroner Übertragungsstandard, auf den sich fünf europäische Netzbetreiber für ein Breitband-ISDN geeinigt haben.
   Es lassen sich damit Sprache, Daten und Bilder übertragen.

atro
Abkürzung für: > absolut trocken. In der Papierherstellung ein Maß für den Trockenheitsgrad von Papier und Zellstoff.
Die Angabe erfolgt in „% atro“ (Prozent atro). Basis ist ein Wassergehalt von 0 %. Der Messwert ist jedoch nicht exakt zu erfassen und wird deshalb neuerdings ersetzt durch den Messwert > otro = ofentrocken.
Das ist der Zustand eines Stoffes nach der Trocknung unter festgelegten Bedingungen.

Attachment
Anhang zu einer > E-Mail.

Attribut
In der farbmetrischen Messtechnik eine charakteristische Eigenschaft eines Reizes, einer Empfindung oder einer Erscheinungsart.

ATypI
Abk. für Association Typographique Internationale, eine 1957 gegründete internationale Vereinigung von Typografen, Schriftdesignern, Schriftherstellern und Unternehmen der Druckindustrie.
Ziel ist die Pflege der Schriftkultur und der Rechtsschutz von Originalschriften von

unberechtigter Nachahmung und Verwendung durch Gesetze und internationale Abkommen.

atypisch
Von einer Regel, Norm oder sonstigen Vorgabe abweichend.

@-Zeichen
Das @-Zeichen wird im Englischen At-Zeichen und im Deutschen mitunter „Klammeraffe" genannt. Verwendet wird es in der EDV als Gliederungszeichen in E-Mail-Adressen:
Es trennt Benutzer- und Domainenamen.
Beispiel: hans.mueller@t-online.de

ätzen
1. Bearbeiten von metalischen Oberflächen mit chemisch angreifenden Lösungen.
2. Tiefdruck:
   Künstlerisches Herstellen der > Ätzradierung mit manuell-chemischen Verfahren;
   Druckformherstellung für den Rakeltiefdruck durch Ätzung (heute unbedeutendes Verfahren),
   > elektronische Gravur

Ätzradierung
> Radierung

Ätztiefe
Tiefdruck: Tiefe der > Bildstellen, sogenannter > Rasternäpfchen, in geätzten Tiefdruckformzylindern. Die Ätztiefe wird in Mikrometer (μm) angegeben. Sie reicht von ca. 3 μm (> Lichter = optisch helle Bildstellen) bis 40 μm (> Tiefen = optisch dunkle Bildstellen). Die Ätztiefe ist mit elektronischen Messgeräten exakt zu bestimmen.

Audio
Vorsilbe für alle Begriffe, die im Zusammenhang mit dem Hören verwendet werden.

Audio-Video-Interleave
> AVI

auditive Medien
Kommunikationssystem für Tonaufnahmen. Informationsträger für die Speicherung und Wiedergabe von Ton, z. B. Schallplatte, Magnetband.

audiovisuell
Das Hören (auditiver Reiz) und Sehen (visueller, optischer Reiz) betreffend.

audiovisuelle Medien
Kommunikationssysteme mit Ton und Bild, z. B. Tonbildschau, Tonfilm, Fernsehen, Multivision.

Audit
Prüfung, Prüfverfahren.
Systematische und unabhängige Untersuchung, um festzustellen, ob die qualitätsbezogenen Tätigkeiten und die damit zusammenhängenden Ergebnisse den geplanten Vorgaben entsprechen und ob die Vorgaben effizient zu verwirklichen und geeignet sind, die Ziele zu erreichen.
Beispiele: Prüfung der Wirtschaftlichkeit, der Genauigkeit, der Vollständigkeit, der Dokumentation.
Im engeren Sinne die Prüfung auf Einhaltung von Verarbeitungsvorschriften und Vorgaben.
> Qualitätsaudit, Qualitätsmanagement

auditive Medien
Kommunikationsmedien, die mit dem Gehör aufgenommen werden, wie Telefon, Schallplatte, Rundfunk, Tonband.
> Kommunikation

Auditor
Prüfer. > Audit, > Qualitätsaudit

Auditorium
Hörsaal einer Hochschule. Zuhörer einer Vortragsveranstaltung.

aufbauen
Durch unzureichende Farbübertragung erfolgt ein Ansammeln (Pelzen) von

Druckfarbe auf Druckwalzen oder Gummitüchern.

Aufbauorganisation
Teilbereich der Betriebsorganisation.
Zweck: Aufteilung der Aufgaben in einem Unternehmen. Untergliederung der Unternehmen in verschiedene Stellen, der Zuordnung von Arbeitsbereichen innerhalb der Stellen und deren Zusammenarbeit untereinander. Geschaffen wird eine hierarchische Struktur mit unterschiedlichen Leitungssystemen.
> Ablauforganisation

Aufbau von Grafiken
Digitale Wiedergabe von Illustrationen bzw. Grafiken durch Vektoren, die das Objekt durch mathematische Funktionen beschreiben. Elemente bestehen prinzipiell nur aus einer Linie mit einem definierten Anfangs- und Endpunkt, die erst in der Ausgabe das endgültige Element ergeben.
> vektororientierte Grafikprogramme

Aufbereitung
Allg.: Gewinnung von Halbstoffen aus vorhandenen Rohstoffen.

Aufbereitung von Faserstoffen
Nach der Faserstoffgewinnung die erste Stufe der eigentlichen Papierherstellung. Dabei werden zunächst die als Halbstoffe angelieferten Faserstoffe mit viel Wasser aufgeschlämmt, d. h., in einen dünnen Brei verwandelt.
Nach oft mehrstufiger Reinigung und Mahlung des Faserbreis werden die Hilfsstoffe zugegeben. Durch eine nochmalige Verdünnung erhält der Faserbrei dann die richtige Konsistenz (bis zu 99 % Wasser) für die Papierproduktion in der Papiermaschine.
Das fertige Produkt ist das sogenannte > Ganzzeug.

aufentwickeln
Druckformherstellung: Ablösen der nicht belichteten Kopierschicht bei der Positivkopie.

Aufhellen der Druckfarbe
Druckfarben, die mit Weiß (Deckweiß, Mischweiß oder Lasurweiß) gemischt werden. Die optische Farbwirkung ändert sich dadurch, der Buntgehalt der Farbe nimmt ab. Deckweiß enthält weiße Pigmente und Bindemittel.
Es stumpft den Buntton (Buntgrad) ab.
Lasurweiß bzw. Transparentweiß enthält lediglich Bindemittel, jedoch keine Pigmente.
Der Buntton wird dadurch heller. Mischweiß liegt in der optischen Wirkung zwischen Deckweiß und Lasurweiß.
Reproduktionstechnischer Hinweis:
Prinzipiell ist ein Aufhellen einer Vollton-Druckfarbe auch durch Aufrastern dieser Fläche möglich. Dabei wirkt die höhere Remission des weißen Bedruckstoffes als Lichtreflektor.

Aufheller
Papierherstellung:
> optische Aufheller

Aufkleber
Einseitig bedrucktes > Etikett mit einer selbstklebenden Rückseite.

Auflage
1. Buch: Edition.
2. Druck: Anzahl, gesamte Menge herzustellender Druckprodukte eines Auftrages ohne Zuschuss für Druck und Druckweiterverarbeitung bzw. Buchbinderei.
   Bruttoauflage = Auflage + Zuschuss
3. Buchbinderei:
   Menge der zu bindenden bzw. auszuliefernden Bücher.

Auflagendruck
Herstellung von Druckprodukten in der gewünschten Auflage nach dem Einrichten (Rüsten) der Druckmaschine.
Weitere Bezeichnung: Fortdruck.

auflagenfixe/auflagenvariable Kosten
> Herstellkosten für Druckprodukte

Auflagenpapier
Bedruckstoff, der für den > Auflagendruck verwendet wird. > Papier, > Papiersorten

Auflagenstandard
Volltonfarbmuster der jeweiligen Kombination Bedruckstoff und Druckfarbe.
Die einzelnen Muster mit den drei Grundfarben einer > Farbskala Cyan, Magenta und Gelb (Yellow) sind für die Farbgebung im Andruck und Auflagendruck verbindliche Vorlagen.
> Standardisierung im Offsetdruckverfahren

Auflicht
Reproduktion, Messtechnik:
Licht trifft auf die Oberfläche einer Vorlage und wird reflektiert. Das reflektierte Licht wird zur Bilderzeugung in der Reproduktion oder zur Messung der Dichte verwendet.

Auflichtdensitometer
> Aufsichtsdensitometer

Auflösung
Materialeigenschaft, die den kleinsten Abstand zweier benachbarter Details beschreibt, die in der Wiedergabe gerade noch voneinander unterscheidbar sind (Beispiel: Feine Linien eines Strichrasters).

1. Druckformherstellung:
   Basis der Standardisierung in der Druckformherstellung für den Offsetdruck: Die kleinste Breite feiner Striche und Spalten eines Mikrolinienfeldes, die gleichzeitig auf der Druckplatte wiedergegeben werden können.
   Für die visuelle Auswertung ist ein > Belichtungsfächer anzufertigen.
2. Fotomaterial:
   Detailwiedergabe eines bestimmten Fotomaterials. Wiedergabefähigkeit feinster Linien pro mm, die eine lichtempfindliche Schicht getrennt darstellt. In das Auflösungsvermögen gehen die Schärfe und Körnigkeit eines fotografischen Materials mit ein.
3. EDV: Anzahl darstellbarer Bildpunkte pro cm auf dem Bildschirm.
4. Druckvorstufe: Aufzeichnungs- oder Wiedergabefeinheit.

4.1 Abtastauflösung:
Sie gibt an, wie detailgenau der Scanner einzelne Elemente sieht (erfassen kann).
Ein Flachbettscanner mit 600 dpi teilt ein Quadrat von 1 inch Kantenlänge in 600 × 600 Zellen (= Bildpixel) auf.
Für einen Quadratzentimeter sind das 236 × 236 = 55 696 Bildpixel.

4.2 Grauwertauflösung/Farbwertauflösung/ Datentiefe
Sie gibt an, welche Helligkeitsunterschiede bzw. Farbwertunterschiede (= wie „farbig“) der Scanner sieht.
Jeder Grauwert wird einer bestimmten Stufe zugeordnet und erhält einen „Wert“. Jede bestimmte Farbe erhält einen entsprechenden „Grauwert“ pro Farbe.
Werden beispielsweise 8 Bit Auflösung pro Farbe erfasst, so sind dies (bei 3 Farben RGB) 256 × 256 × 256 = 16,7 Mill. Farbnuancen.

4.3 Ausgabeauflösung
Feinheit der Wiedergabe einzelner Tonstufen bzw. Graustufen der erfassten und verarbeiteten Bildelemente.
> Belichter, > Pixel, > Rasterelement, > Tonstufen

Auflösung bei einer Digitalkamera
Die Auflösung einer Digitalkamera wird in Megapixel angegeben. Entscheidender für die Qualität eines digitalen Bildes ist jedoch nicht die höchste Zahl an Megapixeln, sondern die Qualität und Größe des Sensorchips (Speicherfläche für die digitale Aufnahme im System).
Bleibt der Sensorchip gleich groß und die Megapixelzahl steigt, so steht für ein einzelnes Pixel immer weniger Platz zur Verfügung.

Es entstehen zwar hoch aufgelöste, aber stark verrauschte Bilder, da sich die Pixel gegenseitig beeinflussen.
Eine Ausnahme bilden hier nur digitale Spiegelreflexkameras mit größeren Sensoren.
Vergleich:
Ein fotografisches Bild in einer analog arbeitenden Kleinbildkamera hat die Größe von 24 mm × 36 mm. Dagegen stehen für digitale Aufnahmen Sensorchips in der Größe eines Daumennagels zur Verfügung.

Auflösungsvermögen
Allg.: Wiedergabefähigkeit feinster Linien pro mm, die eine lichtempfindliche Schicht oder ein Ausgabesystem (z. B. Drucker, Laserbelichter) getrennt darstellt.

Aufmacher
Redaktionell bedeutendster Artikel (Hauptartikel) in einer Zeitung oder einer Zeitschrift, der in der Regel mit einer besonders wirksamen Schlagzeile herausgestellt wird.

Aufmerksamkeit
Verhalten bei Menschen und Tieren.
Zuwendung zu einem bestimmten gegebenen oder erwarteten Ausschnitt aus dem gesamten Wahrnehmungsfeld.
Wichtige Funktion im Auffassungsvorgang.
Bedingung für das Zustandekommen der Aufmerksamkeitshaltung (Konzentration) sind Erwartungen, Gewohnheiten, Interessen, soziale Stellung sowie geistige Frische einerseits und andererseits Auffälligkeit (Größe, Form, Spannung, Bewegung).

Aufmerksamkeitsachse
Bei der Betrachtung von Print- und Nonprintseiten die grundsätzliche visuelle Abfolge des Sehens. Hauptsächlich verläuft die sogenannte Aufmerksamkeitsachse von links unten nach rechts oben.
Dabei wird die Vertikale stärker beachtet als die Horizontale.

aufrastern
Druckvorstufe: Umwandeln von analogen Bildinformationen (beliebige Hell-Dunkel-Tonwerte oder Farbwerte) in ein Bild mit binären Bildinformationen, d. h. geschwärzten oder nicht geschwärzten Bildstellen. Die Bildinformationen der Rastervorlage sind flächenvariable (auch: autotypische) oder frequenzmodulierte Bildstellen (Rasterpunkte), die den Tonwerten der Bildvorlage optisch entsprechen.
> Raster, > AM-Rasterung,
> FM-Rasterung, > Autotypie

aufsetzen
Buchbinderei:
Das Auflegen von Falzbogen in der richtigen Reihenfolge auf einen Tisch oder in die Anleger einer Zusammentragmaschine.

Aufsichtsdensitometer
Ein Dichtemessgerät für die von einer > Aufsichtsvorlage reflektierte Lichtmenge.
> Densitometer

Aufsichtsvorlage
Auch: Auflichtvorlage.
Zweidimensionale Bildvorlage für die Reproduktion auf Papier, Karton oder anderem opaken (nicht oder nur gering lichtdurchlässigem) Material, z. B. Schwarzweiß- oder Farbfotografie auf einem Papierabzug, Reinzeichnung, Gemälde.

Auftrag
Mündliche, schriftliche oder elektronisch übermittelte Aufforderung zur Ausführung einer bestimmten Arbeit.
Zur Erfassung des Auftrages in der Druckindustrie gehören z. B.
- administrative Informationen
- Art und genaue Beschreibung des Auftrages
- Auflage
- Vorlagen für die Produktion
- Termine:
  Produktionsablauf, Endtermin (Lieferung)

- Druckfreigabe:
  Vorgaben, Ablauf, Verfahren
- ggf. Gütevorschriften bzw. Qualitätsvereinbarungen
- Lieferung

auftragend
> Volumen oder auch Dicke von Papier

Auftragsdatenerfassung
> Auftragsgenerierung

Auftragsgenerierung
Generieren = erzeugen, herstellen.
Druckprodukte: Detailliertes Erfassen aller auftragsbezogenen Daten in einem digitalen System. Hierzu gehören
- administrative Daten
  z. B. Kunde, Ansprechpartner, Auftrag, Auflage, Termine und
- produktionstechnische Daten
  z. B. Format, Umfang, Farben, Bedruckstoff (Art, Format), Produktion (Druckvorstufe, Druck, Druckverarbeitung, Veredelung)

Auftragskontrolle
Prüfverfahren, das sicherstellen soll, dass die Ausführung eines Auftrages den Weisungen und Forderungen des Auftraggebers entsprechend erfolgt.

Auftragstasche
Informationstasche mit sämtlichen Angaben für die Fertigung und Produktion eines Auftrages.
> Auftrag, > digitale Auftragstasche,
> Jobticket

aufwärtskompatibel
Fähigkeit einer Software, Daten einer neueren Programmversion verarbeiten zu können.

Aufzeichnungsformat
Art und Form der Kodierung für die digitale Speicherung von Daten (Informationen) auf einem Datenträger.

aufziehen
Buchbinderei: Eine Pappe mit Papier oder Gewebe bekleben. Beispiele: Das Aufziehen eines Bildes auf eine Pappe.
> Deckenmachen

Aufzug
Fachbegriff aus der Drucktechnik:
1. Notwendiger Bezug eines starren Druckkörpers (Druckfundament, Druckzylinder), um die zum Druck erforderliche Elastizität zwischen starrer Druckform und starrem Druckkörper zu erreichen.
2. Druckform bzw. Gummituch im Offsetdruck sowie die zu einer korrekten Druckabwicklung erforderlichen Unterlagen. > kalibrierte Papiere und Kartons

Aufzugdicke
Drucktechnik: In der Druckmaschine die Gesamtstärke des Aufzuges (mm), z. B. Druckplatte mit den erforderlichen Unterlagebogen zur Erreichung einer bestimmten Dicke.

Auge
Sinnesorgan, durch das die Umwelt > visuell in verschiedenen Formen, Helligkeiten und Farben zu erkennen ist. Grundvoraussetzung für das > Sehen ist das > Licht.
Das Auge reagiert auf Licht durch Reizwirkungen in winzigen Zellen der Netzhaut. Diese Zellen sind stäbchen- und zäpfchenförmig aufgebaut und wandeln Lichtreize in Nervenreize um.
Sämtliche Nervenreize werden addiert und ergeben im Gehirn einen Sinneseindruck.
Die Nervenzellen haben unterschiedliche Funktionen. Stäbchen sind überwiegend Hell-Dunkel-Empfänger, Zapfen Farbempfänger für Blau, Grün und Rot.
Die lichtempfindlichen Rezeptoren befinden sich im Bereich des „Gelben Flecks“. Dort liegen ca. 7 Millionen Zapfenzellen und 120 Millionen Stäbchenzellen.
Wirkungskette des Sehvorganges siehe Anhang.

Augenpulver
Eine besonders kleine, eng gesetzte Schrift, die schwer zu lesen ist, z. B Schriftgröße 5 pt.

Augensprünge
> Sakkaden

Augmented Reality
Abk. AR. Aus dem Engl.: augment = vermehren, vergrößern; reality = Wirklichkeit. Sinngemäß: erweiterte Wirklichkeit bzw. Realität. Eine Verbindung der realen Welt mit der virtuellen Welt, d. h. einer aus dem Computer erzeugten Realität.
Der Anwender erhält zu den vorhandenen Informationen Zusatzinformationen zur Verfügung gestellt. Beispiel aus einem ZFA-Projekt: Technische Funktionen und Abläufe innerhalb der Druckmaschine sind im Lernprozess nicht leicht zu erklären und zu verstehen. Der Lernende erhält zu diesen nicht sichtbaren und komplexen Abläufen eine computer-basierte anschauliche Darstellung.
> Social Augmented Learning

Ausbildungsberufe in der Druck- und Medienindustrie
Aktuelle Ausbildungsberufe in der Druck- und Medienindustrie
- Mediengestalter Digital und Print
- Mediengestalter Flexografie
- Medientechnologe Druck
- Medientechnologe Siebdruck
- Medientechnologe Druckverarbeitung
- Buchbinder (Handwerk)
- Packmitteltechnologe
- Geomatiker

Informationen über Anforderungen, Ausbildungspläne und -inhalte sowie Prüfungen siehe
www.zfamedien.de/Ausbildung

ausbluten
Drucktechnik: Bei einem Druckprodukt färben Farbmittel (z. B. Pigmente einer Druckfarbe) einer Bildstelle die umgebende Fläche oder in Kontakt befindliche Stoffe an. Die Erscheinung wird z. B. hervorgerufen durch Lösungsmittel, Weichmacher oder ungeeignete Hilfsstoffe.

ausbrechen
Faltschachtelproduktion: Bedruckte Kartonbogen werden in Stanzautomaten weiterverarbeitet. In diesem Maschinensystem kann gestanzt, gerillt, geritzt und auch perforiert werden. Zwischen den einzelnen Nutzen, einem Faltschachtelzuschnitt, ergibt sich immer ein Kartonabfall. In einer Ausbrechstation des Stanzautomaten oder auch außerhalb noch von Hand (z. B. bei kleineren Aufträgen) werden die Nutzen ausgebrochen. Produkt sind flachliegende Faltschachtelzuschnitte.
> Stanzautomat

Ausbrechstation
Druckverarbeitung, Stanzsysteme: Eine in einen Hochleistungsstanzautomaten integrierte Station nach dem Stanzen des Druckbogens. Die mit Bandstahlwerkzeugen ausgestanzten Faltschachteln werden maschinell in der Ausbrechstation vom Druckbogen in einzelne Nutzen getrennt und paketweise ausgelegt.

Ausbringungsmenge
Betriebswirtschaftliche Kennzahl, die mit dem > Nutzungsgrad und dem > Beschäftigungsgrad konkrete Aussagen über den Ausstoß (Produktion pro Zeiteinheit) einer (Druck-)Maschine und einer Abteilung zulässt.
Ausbringungsmenge je Stunde

$$= \frac{\text{Druckbogenmenge}}{\text{Fertigungs- und Hilfsstunden}}$$

> Fertigungsstunden, > Hilfsstunden

Ausdruck
Engl.: Hardcopy. Datenausgabe mit einem Peripheriegerät auf einem materiellen Datenträger, z. B. Drucker auf Papier.

äußere Form
Wird ein Druckbogen im Werk- und Zeitschriftendruck zu einem End- oder Teilprodukt gefalzt, stehen die erste und die letzte Seite außen. Die Seiten, die auf einem ungefalzten Bogen mit der ersten und der letzten Seite des Bogens auf einer Druckseite stehen, bilden die äußere Form.
> innere Form

Ausfällung
Physik, Chemie: Abscheiden von Stoffen durch den Zusatz geeigneter Stoffe als Fällungsmittel.
Die abgeschiedenen Stoffe lassen sich durch Filtern, Zentrifugieren oder Sedimentieren von der Flüssigkeit abtrennen.

Außentrommelbelichter
> CTP-Belichter

Ausfallzeit
Betriebswirtschaftlicher Begriff:
Bezahlte Lohnstunden ohne > Arbeitsleistungen in der Produktion.
1. Bezahlte Abwesenheit, z. B. Feiertage, Urlaub, Krankheit, bezahlte Pausen, sonstige Ausfallzeit (Betriebsversammlung, Berufsschulbesuch, Todesfall, Heirat, Geburt, Bildungsurlaub) sowie
2. Betrieblich bedingte Stillstandszeiten, z. B. Großreparaturen, Arbeitsmangel.

> Ausführungszeit, > betriebswirtschaftliche Begriffe

ausführbare Datei
Datei, die einen ausführbaren Programmcode enthält.
Normalerweise gehört dazu jede Datei, die eine Anwendung, eine Erweiterung oder eine Systemdatei ist.

Ausführungszeit
Drucktechnik: Fortdruckzeit.
Zeit, in der ein bestimmtes Produkt hergestellt wird und alle dazu notwendigen Ergänzungen: Fortdruck, Stapelwechsel, Gummituch waschen, Druckplatte auswaschen, gummieren und trocknen, Druckzylinder reinigen, Beseitigen von Störungen (bis 6 Minuten).
> betriebswirtschaftliche Begriffe

Ausgabe
1. Buchherstellung: Die Ausgabe (Edition) bezeichnet Kennzeichnungen eines Werkes:
   a) Textliche Fassung (z. B. Erstausgabe, völlig neu bearbeitete Ausgabe, gekürzte Ausgabe),
   b) Bestimmung eines Werkes (z. B. Studienausgabe, Schulbuchausgabe) oder
   c) die Ausstattung eines Werkes (Luxusausgabe, Taschenbuchausgabe).
2. EDV: output.
   2.1 Informationsübertragung vom Mikroprozessor des Computers an externe Geräte, z. B. Monitor, Laufwerk, Drucker.
   2.2 Baustein eines DTP- bzw. Computer-Publishing-Systems der Druckvorstufe, welches die verarbeiteten Text-/Bilddaten als Ganzseite(n) oder ausgeschossen im Druckformat auf Film, Fotopapier, eine Druckplatte oder in eine Digitaldruckmaschine überträgt. > Ausgabeeinheiten

Ausgabeeinheiten
EDV: Ausgabeeinheiten sind periphere Geräte, die verarbeitete Daten auf elektronischem Weg visuell (optisch sichtbar), immateriell (datentechnisch) oder materiell (sichtbar auf Papier, Film oder eine Druckplatte) entsprechend den Forderungen des Anwenders ausgeben:
- Visuelles Ausgeben auf einem Bildschirm
- Immaterielles Ablegen durch Speichern auf einen externen Datenträger
- Immaterielles Übertragen mit Datenfernübertragungseinrichtungen

- Immaterielles Übertragen der zu druckenden Daten in eine Digitaldruckmaschine
- Materielles Ausgeben durch Drucker, Plotter oder auf eine Druckform durch Belichtungseinheiten.
  > elektronische Datenverarbeitung

Ausgabepixel
Der kleinste Punkt, den ein System (Drucker, Belichter) erzeugen kann.
Eine > Rasterzelle bzw. ein Rasterpunkt wird aus mehreren Ausgabepixel gebildet. So entstehen flächenvariabel auszugebende bzw. zu druckende, autotypische Bildpunkte.
> PEL

Ausgangszeile
Typografie, Gestaltung: Die letzte Zeile eines Absatzes, die nicht über die volle Zeilenbreite läuft.
> Hurenkind, > Schusterjunge

ausgleichen
Mikrotypografie: Typografisch individuelle Satzarbeit, beim Satz von > Versalien durch manuelle Eingriffe harmonisch-optische Buchstabenabstände zu erreichen.
Auch: Optischer Randausgleich im linksbündigen Blocksatz an der rechten Kante. Dabei gehen Satzzeichen wie Punkt und Divis sowie auch Serifen leicht über den Rand des Satzspiegels hinaus.
Optisch erscheint diese Kante jedoch harmonisch.

Aushänger
Qualitätsprüfung durch den Kunden:
Ein Druckbogen, der vor Beginn des Fortdrucks (= Auflagendruck) der Produktion entnommen wird.
Zur Prüfung der Druckqualität wurde ein solcher Bogen früher zur Begutachtung ausgehängt.
Heute auch: Bogen aus der laufenden Produktion, der dem Kunden zur Prüfung zugestellt wird.

Auslaufbecher
Messgerät zur Feststellung der Viskosität flüssiger Druckfarben, z. B. Tiefdruckfarben.
Beispiel für einen Auslaufbecher: Frikmar-Becher.

Ausleuchtung
Gleichmäßige Lichtverteilung auf einer beleuchteten Fläche. Eine ungleichmäßige Strahlungsenergie führt zu Belichtungs- oder Kopiermängeln und damit zu Qualitätsverlusten.
- Reprotechnik:
  Lichtverteilung auf der Vorlagenebene (Vorlagenfläche) und damit auch auf der Belichtungsebene.
- Druckformherstellung:
  Lichtverteilung auf der Kopierebene.

Ausnahmelexikon
> Ausnahmewortlexikon

Ausnahmewortlexikon
Computergesteuerte Satztechnik: Silbentrennungsprogramm, welches Wörter enthält, die nicht nach logischen sprachlichen (z. B. deutschen) Regeln zu trennen sind. Aufgenommen werden im Wesentlichen Wörter, die ihren Ursprung in einer fremden Sprache haben oder im Sprachgebrauch übliche Fremdwörter.
Das Ausnahmewortlexikon kann nicht vollständig alle Wörter erfassen, deshalb ist es zu prüfen und gegebenenfalls im Programm selbst zu ergänzen.

ausrüsten
Begriff aus der Papierherstellung für verschiedene, im Allgemeinen zusätzliche Arbeiten zum Veredeln oder ein verarbeitungsreifes Fertigstellen von Bedruckstoffen.
1. Veredeln von Papieren oder Kartons:
   - mechanisch durch Satinieren, Granulieren und ähnlichen Oberflächenbehandlungen.
   - Beschichten der Papieroberfläche durch Streichen.

> Bilderdruckpapiere, > Kunstdruckpapiere
2. Fertigstellen von Bedruckstoffen für die Auslieferung:
   - Schneiden von Rollenpapieren oder Formatpapieren
   - Sortieren, zählen und verpacken.

ausschießen
Systematisches, druckgerechtes Anordnen einzelner Seiten (Kopiervorlagen auf Film; digital gespeicherte Seiten) eines mehrseitigen Produktes, sodass nach dem Drucken und Falzen des Druckbogens alle Seiten in fortlaufender Reihenfolge hintereinander stehen.
Entscheidend für das Ausschießen der Druckformen und den Druck der > Auflage ist die Druckweiterverarbeitung zum Endprodukt. > Falzen, > Falzmaschine, > Anhang – 8 Falzen, Ausschießen

Ausschießprogramm
Software für die digitale Bogenmontage einzelner Druckseiten zu einer Druckform.

Ausschießschema
Visuelle Darstellung für die Anordnung der Druckseiten auf einem zu falzenden Druckbogen. > ausschießen

ausschließen
Satzherstellung: Blocksatz ist am Zeilenanfang und am Zeilenende bündig. Damit jede Zeile die geforderte Länge erreicht, ist der > Wortabstand (fälschlicherweise auch Wortzwischenraum genannt) gleichmäßig zu erweitern (vergrößern) oder zu verringern.

Ausschluss
Bleisatzschriftzeilen durch Einfügen von Blindmaterial auf die erforderliche Zeilenbreite bringen.
Dadurch sitzt die Zeile aus einzelnen Buchstaben fest, ein Umstürzen von Zeichen wird verhindert.

Ausschnitt
Reproduktion: Teil eines Bildes bzw. einer Bildvorlage.

Ausschuss
Makulatur. Hergestellte Produkte, die den Qualitätsanforderungen nicht entsprechen.

Außensteg
Bezeichnung aus der Bleisatzzeit für die Breite (Randbereich) zwischen dem Satz bzw. dem Satzspiegel und der äußeren Kante einer Druckseite, die dem Falz gegenüber liegt.

Außentrommelbelichter
Ausgabesystem für Filme (Computer-to-Film) oder heute fast ausschließlich für Druckplatten (Computer-to-Plate).
Das Bebilderungssystem besteht prinzipiell aus einer Trommel und einem Schreibkopf. Der Film oder die Druckplatte wird mit einem Vakuum außen auf der Trommel fixiert.
Zur Übertragung digitaler Informationen aus dem Rechner rotiert die Trommel und der Schreibkopf bewegt sich mit einem zeilenweisen Vorschub über das zu bebildernde Material.

Außenwerbung
Engl.: Out of Home.
Verschiedenste Möglichkeiten der Kommunikation im öffentlichen Raum.
Im engeren Sinne die – oftmals großflächige – Werbung an Gebäuden, Anschlagtafeln und -säulen sowie anderen Flächen und Körpern in Straßen, an Bahnhöfen oder sonstigen Bereichen mit großem Publikumsverkehr.
Der Berliner Verleger und Drucker Ernst Litfaß gilt als „Vater“ der Außenwerbung; er plakatierte 1855 erstmals eine „Groß-Nachricht“ auf einer Säule.

äußere Form
Druckformherstellung, Druckweiterverarbeitung:

Bei einem Falzbogen alle Druckseiten, die mit der ersten und der letzten Seite des jeweiligen Druckbogens auf der gleichen Bogenseite angeordnet sind. Beispiel für einen 16-seitigen Druckbogen:
Seiten 1, 4, 5, 8, 9, 12, 13, 16.
Die Seiten 2, 3, 6, 7, 10, 11, 14 und 15 bilden die > innere Form. > Ausschießen

aussparen
Reproduktion, Druck: Nicht gedeckter Teil einer Fläche oder einer Abbildung, der beim Druck auf Papier frei (unbedruckt) bleibt. In die ausgesparte Fläche wird dann meist eine andersfarbige Schrift, Fläche oder Abbildung gedruckt.
Gegensatz dazu: Überdrucken.
Hierbei wird eine bedruckte Fläche mit einer weiteren Abbildung überdruckt.

ausstatten
Innere und äußere Gestaltung eines Buches.
Beispiele: Satzspiegel, Schriftart, Illustrationen, Papier sowie Einbandmaterial, Buchschnitt, Kapitalband, Schutzumschlag, Buchschleife.

austreiben
Im Flattersatz sind alle Wortabstände immer gleich groß.
Im Blocksatz sind die Abstände zwar innerhalb einer Zeile gleich groß; sie variieren jedoch von Zeile zu Zeile, um die Zeile korrekt zu füllen. Das Vergrößern der Wortabstände, um die Zeile zu füllen, wird Austreiben genannt.

Auswachsen des Papiers
Broschur (> Taschenbuch): Wird der Innenteil einer Broschur, z. B. eines Taschenbuches, im Rollen-Offsetdruck mit Heatset-Trocknung gedruckt, wird dem Papier Feuchtigkeit entzogen.
Der Kartonumschlag wird grundsätzlich im Bogen-Offsetdruck gedruckt und hat damit eine höhere Feuchte als der Innenteil. Wird das Produkt dreiseitig beschnitten, nimmt der Innenteil bei der Lagerung Feuchtigkeit aus der Umgebungsluft auf und dehnt sich: Er wächst somit aus dem Umschlag heraus und steht mehr oder weniger über. Das Wiederbefeuchten der bedruckten und getrockneten Papierbahn vor dem Falzen hilft, dieses Auswachsen zu verringern.

Auswaschdruckplatten
Original-Hochdruckplatte für den Strich- und Rasterdruck. Kunststoff-Druckplatten für Hochdruckverfahren mit einer fotopolymeren Kopierschicht.
Die Kopierschicht arbeitet grundsätzlich negativ, d. h. Tonwerte der Kopiervorlage werden in umkehrten Tonwerten auf der Druckplatte wiedergegeben.
Als Kopiervorlagen sind demzufolge Negative erforderlich. Durch Licht polymerisiert der Kunststoff und wird unlöslich für Entwickler. Unbelichtete (Nichtbild-) Stellen werden durch Entwickler ausgewaschen und bilden tiefer liegende, nicht druckende Bildelemente.
Druckplatten dieser Art sind z. B. Nyloprint, Nyloflex.

Auswaschschablone
Druckformherstellung:
Im Siebdruck manuell zeichnerisch hergestellte Schablone. Das Motiv wird mit fetthaltigem Zeichenmaterial auf das Sieb gezeichnet und anschließend mit wasserlöslichem Leim vollständig abgedeckt. Nach dem Trocknen des Leims ist das Druckmotiv mit einem Fett lösenden Mittel auszuwaschen.
Die Maschen des Siebgewebes sind danach an diesen Stellen offen und bilden dadurch druckende Stellen.
Alle anderen Teile des Gewebes sind farbundurchlässig mit der Leimschicht o. Ä. geschlossen.

auszeichnen
1. Arbeitsvorbereitung, Manuskriptbearbeitung: Schrift und Satzanweisungen

werden in das Manuskript eingetragen, z. B. Schriftart, Schriftgrad, Laufweite, Zeilenabstand, Spaltenanzahl, Spaltenbreite.
2. Typografie:
   Hervorhebungen eines Wortes oder Textes aus einer Grundschrift durch eine > Auszeichnungsschrift oder eine andere Textfarbe.

Auszeichnungen im Satz
Der normale Text wird in einer Grundschrift gesetzt. Sollen darin eine Textgruppe, eine Textzeile oder einzelne Wörter hervorgehoben werden, können diese Elemente durch einen anderen Schriftschnitt, durch Schriftmodifikationen oder eine andere Farbe ausgezeichnet werden. Beispiele: kursiv, fett, gesperrt, Kapitälchen, andere Schriftart, weitere Druckfarbe.
Die gleiche Auszeichnung muss stets für denselben Zweck eingesetzt werden, andernfalls führt dies zu Irritationen.
Wirkungen von Auszeichnungen
1. Hervorhebende Wirkung = starker Kontrast
   - halbfette/fette Schrift
   - größerer Schriftgrad
   - Versalien
   - hängender Einzug (auch Auszug genannt)
   - Unterlegen mit Farbe oder Raster
2. Zurücktretende Wirkung = harmonischer Kontrast
   - kursive Schrift
   - farbige Schrift
   - Einzug
   - Kapitälchen
3. Typografisch zu vermeiden
   - Unterstreichungen
   - andere Schriftart
   - Sperren von Schrift
   - Versalsatz bei mehreren Wörtern

Authentifizierung
Der Absender einer Nachricht im Internet kann eindeutig identifiziert werden.

Authentizität
Bei der digitalen Kommunikation kann der Empfänger einer Nachricht ihren Sender eindeutig identifizieren, wenn dieser die Nachricht mit einer digitalen Signatur unterzeichnet hat.

Authoring-Tool
Ein Multimedia-Programm zur Verknüpfung unterschiedlicher digitalisierter Daten und Medien (Text, Grafik, Bild, Sprache, Ton) mit Animationen.
Bei einer Präsentation kann der Nutzer interaktiv eingreifen und den Ablauf bestimmen.

Auto-ID
Automatische Identifizierung.
Übergreifende Bezeichnung für verschiedene Verfahren zur automatischen Datenerfassung und -verarbeitung, z. B. Barcode, RFID, Touch ID (> Fingerabdrucksensor)

Autoflow
Sinngemäß: Automatischer Weiterfluss. Funktion in Umbruchprogrammen zur automatischen Positionierung des fortlaufenden Textes in der nächsten Spalte bzw. auf der folgenden Seite.

Automatic Picture Replacement
> Open Prepress Interface (OPI).
Systeme, die Datenbewegungen bei der Bildbearbeitung und Text-/Bildintegration optimieren.
Dabei werden hoch aufgelöste Scans (HighRes-Bilder) elektronisch bearbeitet und in einem > OPI-Server abgelegt.
Gleichzeitig wird eine niedrig auflösende Kopie (LowRes-Bilder) für das Positionieren mit dem Layoutprogramm erzeugt.
Für die Belichtung werden die digital fertig gestellten Seiten zum RIP geschickt.
Anstelle der LowRes-Bilder setzt das System für die Ausgabe die HighRes-Bilder aus dem Server ein.

AutomaticPlateLoading
> APL

Automatik
Technische Einrichtung, die einen Arbeitsablauf oder ein komplettes Arbeitssystem ohne weitere (unmittelbare) Einwirkung des Menschen steuert oder regelt.
> Steuerung, > Regelung

Automation
Der aus mehreren Einzelfunktionen bestehende Produktionsablauf wird ohne manuelles Eingreifen durch Maschinen erledigt.
Die Automation umfasst einzelne Produktionsstufen oder sogar ganze Fertigungsbereiche.
Ziele der Automation sind:
- Entlastung des Menschen von gleichbleibenden Arbeiten,
- Einsparen von Arbeitskräften,
- Erhöhung der Produktionsleistung,
- Verbesserung der Produktionsqualität,
- Einsparen von Kosten.

automatisch
Selbsttätig, selbsttätig ablaufend, z. B. nach dem Einschalten des Computers wird ein vollständiges Starten des Betriebssystems programmgesteuert durchgeführt.

automatische Silbentrennung
> automatischer Zeilenumbruch

automatischer Zeilenumbruch
Textverarbeitung:
Bei der Eingabe des Textes sorgt das Textverarbeitungsprogramm automatisch für eine Zeilenschaltung am Zeilenende. Dabei kann mit oder ohne Silbentrennung gearbeitet werden.

Automatisierung
Technische Verfahren, die durch Steuerungs- und Regelungstechnik Aufgaben ohne menschliches Eingreifen erledigen. Dabei werden Daten größtenteils durch Rechner verarbeitet.
> Automation

autonom
Selbstständig, unabhängig handelnd.

Autopaster
Anlage an Rollen-Druckmaschinen für einen automatischen Rollenwechsel bei laufender Druckmaschine und voller Produktion.
Während die kleiner werdende, auslaufende Rolle läuft, bringt ein Transportsystem die neue Rolle auf die gleiche synchrone Geschwindigkeit. Kurz bevor das Ende der auslaufenden Rolle erreicht ist, wechseln die Papierrollen ihre Positionen im Rollenwechsler.
Die neue Papierbahn wird im Bruchteil einer Sekunde an die auslaufende Bahn angeklebt und gleichzeitig abgeschnitten.

Autor
Urheber, Verfasser eines Werkes.

Autorenkorrektur
Allg.: Änderungen, die der Verfasser veranlasst.
Im engeren Sinne:
Lesen der Korrekturabzüge, Anzeichnen von Fehlern/Mängeln und Korrektur durch den Verfasser (Autor).

Autorensystem
Programm für Multimediaprogrammierung, z. B. interaktive Lernprogramme, Präsentationen.
Dabei kann der Nutzer unterschiedliche Formen von Daten wie Text, Bilder, Musik und andere akustische Daten miteinander verbinden.

Autorisierung
Berechtigung, Zugangsberechtigung.

autoritärer Führungsstil
Führung durch Befehl von oben nach unten,

Informationshierarchie von einer oberen Ebene zu einer unteren Ebene, ohne die Bedürfnisse der untergeordneten Ebene zu berücksichtigen oder anzuerkennen.

Autostartprogramm
Programme, die nach dem Starten des Computers oder eines Datenträgers ohne zusätzliche Befehlseingabe selbsttätig starten.

Autotypie
Original-Hochdruckplatte mit flächenvariablen Rasterpunkten.
Allgemeine, unpräzise Fachbezeichnung für verschiedene Druckformen des Hochdrucks mit gerasterten Bildinformationen.
Die Mittelpunkte der Rasterpunkte sind immer gleich weit voneinander entfernt, die Rasterpunkte sind jedoch unterschiedlich groß (flächenvariabel).

autotypische Farbmischung
Optische Mischung verschiedener > Farbreize beim Betrachten eines > Vierfarbdrucks oder eines Bildes am Farbbildschirm (Monitor).

autotypische Rasterung
Abkürzung: AM-Rasterung
(AM = amplitudenmoduliert).
Flächenvariable Wiedergabe von > analogen Bildinformationen einer Halbtonvorlage in > binäre Bildinformationen als Rastervorlage, d. h., je dunkler eine Bildstelle der Vorlage ist, desto größer ist der autotypisch wiedergegebene > Rasterpunkt.
Die Mittelpunkte aller Rasterpunkte sind bei diesem Verfahren jedoch gleich weit voneinander entfernt – gegeben durch die gleiche Amplitude.
Beim Druck auf weißes Papier reflektiert auftreffendes Licht bei flächenmäßig kleinen Rasterpunkten stärker:
Die Bildstellen erscheinen optisch hell.
Dunkle Bildstellen, autotypisch durch flächenmäßig größere Rasterpunkte wiedergegeben, reflektieren weniger Licht:
Die Bildstellen erscheinen je nach Helligkeit der Vorlage optisch dunkler.
Zur drucktechnischen Wiedergabe analoger Bildinformationen erfordern u. a. der Offsetdruck, Buchdruck, Flexodruck und Siebdruck ein > Aufrastern der Halbtonvorlage.
Für Farbdrucke ist eine Winkelung der Raster pro Druckfarbe erforderlich, um ein > Moiré zu vermeiden.
> frequenzmodulierte Rasterung
Die Druckformherstellung für den Rakeltiefdruck benötigt technisch keine autotypische Aufrasterung:
Eine Graustufen- bzw. Halbtonvorlage kann z. B. durch > elektronische Gravur in flächen- und tiefenvariable Bildstellen umgewandelt werden.
Heute werden Bildinformationen als komplette Seiten in der erforderlichen Anordnung (> ausschießen) direkt aus dem Rechner auf den Tiefdruckformzylinder übertragen und graviert.

autotypischer Druck
Drucktechnische Wiedergabe von reprotechnisch aufgerasterten Farbauszügen nach einer Farbvorlage.
Ton- und Farbwerte werden im Mehrfarbendruck durch flächenvariable Rastertonwerte erzeugt.
Diese liegen teilweise nebeneinander, teilweise übereinander oder separat auf dem Bedruckstoff.

autotypischer Tiefdruck
Tiefdruckverfahren, bei dem die Druckform autotypisch aufgerastert ist.
Sämtliche > Rasternäpfchen sind gleich tief, jedoch je nach > Flächendeckung (Tonwert) unterschiedlich groß.

autotypisches Rastern
> autotypische Rasterung.
> AM-Rasterung

AVI
Abk.: Audio-Video-Interleave.

Ein von Microsoft eingeführtes (Standard-) Datenformat für Audio- und Videodateien. Dateien in diesem Format können auf dem Rechner bzw. im Internet angesehen und gehört werden.

AV-Rechner
Audio-/Video-Rechner, der für Multimedia-Anwendungen besonders ausgestattet ist.

axial
1. Satztechnik: Auf eine (gedachte) Mittellinie bezogen, von der aus alle Teile symmetrisch angeordnet sind: Satz auf Mittelachse und Blocksatz.
   > symmetrische Satzanordnung,
   > anaxial
2. Mechanik, Drucktechnik: Richtung der Zylinderachse, der Zylinderbreite einer Druckmaschine (Gegensatz zu > radial, d. h. den Zylinderumfang betreffend).

Azidität
Säuregehalt. Maß für die Stärke einer Säure. > pH-Wert

Azoverbindungen
Organische Verbindungen mit der Azogruppe –N=N–, aus der u. a. eine Vielzahl von Farbstoffen und lichtempfindlicher Substanzen für die Kopiertechnik (Diazoverbindungen) gewonnen werden.

Azureelinie
Waagerechte, vielfach wellenförmige sehr feine Liniengruppen, die als Sicherheitslinien in Wertpapieren, Dokumenten u. a. eingesetzt werden.

B

B
Farbe: Abkürzung für Blau (additive Grundfarbe). Um Verwechselungen zu vermeiden, wird Schwarz (Black) mit dem Buchstaben S oder – international – mit einem K (Key) abgekürzt.

b
Abk. in der Farbmetrik:
Im Farbbezugssystem CIELAB steht das L für die Helligkeit, die Werte a und b sind Koordinaten für die Farbinformation, d. h. die Stellung in einem Farbraum.
> CIE

BA
Farbreproduktion: Abkürzung für > Buntfarben-Addition.

back
Englisch: Rückseite.

Background
Engl.: Hintergrund. Arbeiten des Rechnersystems, die ohne Eingriff des Bedieners bei freier Kapazität ausgeführt werden.

Backlights
Aus dem Engl.: Hintergrundbeleuchtung. In der Werbung ein sehr großer Plakatwerbeträger mit Plakaten (Papier, Folien) oder Großdias, die von der Rückseite durchleuchtet werden. Standort vielfach in Bahnhöfen an exponierten Stellen; teilweise auch mit ständig wechselnden Plakaten.
Werbegrößen (ca.):
- City-Light-Format: 175 cm × 118 cm
- 18/1-Bogen-Format: 356 cm × 252 cm

Backslash
Sonderzeichen als schräger, nach links geneigter Strich (\), der zur Abtrennung von einzelnen Bezeichnungen in einem gesamten Verzeichnis statt eines üblichen Schrägstrichs (/) verwendet wird.
Das Zeichen kennzeichnet Verzeichnis- bzw. Ordnerebenen.

Backspace
Ein Rückschritt bei der Dateneingabe, der das letzte Zeichen löscht.

Backup
Engl.: Datensicherung. Sicherungskopie eines Datenbestandes auf einem externen Datenträger.

Backup-copy
Datensicherungskopie.

Backup-Programme
Sicherungsprogramme. Programme zur Erstellung von Datensicherungskopien, die die Aufteilung großer Dateien auf mehrere Datenträger und das Komprimieren der Daten ermöglichen.

Bagasse
Abfallprodukt von Zuckerrohr, das teilweise als Faserrohstoff für die Papierherstellung verwendet wird.

Bahn
1. Papierherstellung: Faserstoffbahn als kontinuierliches Band aus Papier, das am Produktionsende aufgerollt wird.
2. Drucktechnik: Bezeichnung für das abgewickelte Rollenpapier.

Bahnabtastung
Sogenannte Registersteuerung im Rollen-Rotationsdruck. Erfassen der genauen Position (Ist-Wert) der bedruckten Bahn in axialer und radialer Richtung zur Produktion. Bei der Regelung der Bahnbewegung wird der Passer durch laufenden Soll-Ist-Vergleich konstant gehalten.
> Bahnbeobachtungsgerät

Bahn-Bahn-Vergleich
Regelung des Passers an Rollen-Rotationsdruckmaschinen, bei denen Passmarken

auf der bedruckten Bahn fortlaufend elektronisch abgetastet werden und der Ist-Wert automatisch an den Soll-Wert angeglichen wird.

Bahnbeobachtungsgerät
Drucktechnik: Technisches Gerät, das in einem scheinbar stillstehenden Bild ein Detail aus der laufenden Bahn in Rollen-Druckmaschinen zeigt. Dadurch ist eine Kontrolle des Passers durch Prüfen der Passzeichen oder des Farbbildes möglich.

Bahnbreite
Drucktechnik, Papierherstellung: Maß der Papierbahn in Querrichtung zur Produktionsrichtung bei der Papierherstellung oder beim Druck in Rollen-Druckmaschinen. Die Bahnbreite ist immer die Dehnrichtung des Papiers und steht damit stets im rechten Winkel zur Laufrichtung der Papierfasern.
> Bahn, > Breitbahn, > Schmalbahn, > Laufrichtung

Bahnbruch
Reißen der (Papier-)Bahn bei laufender Produktion.

Bahngeschwindigkeit
Drucktechnik:
Die auf einen Punkt des Werkstoffes bezogene Geschwindigkeit auf dem Weg des Werkstoffes durch die Druckmaschine bzw. das Produktionssystem.

Bahnkantenregelung
Drucktechnik:
Regelung für ein gleichmäßig mittiges Ausrichten der einlaufenden Papierbahn.

Bahnlänge
Drucktechnik, Papierherstellung: Maß der Papierbahn in Produktionsrichtung. Sie entspricht der Laufrichtung der Papierfasern. Beispiel: Auf einer Rolle Zeitungspapier sind abgewickelt 21 000 m Papier.
> Bahn

Bahnsteuerung
Drucktechnik:
Bewegungen der > Bahn aufgrund von Daten des Steuerprogramms in der Rollen-Druckmaschine, das die nächste anzufahrende Position, der Art der Bewegungsabläufe und die Vorschubgeschwindigkeit enthält.

Bahntrocknung
Die Druckfarbe ist nach dem Verlassen der Druckwerke einer Rollen-Offsetdruckmaschine noch nicht verarbeitungsfähig trocken. Dazu ist für den hochwertigen Akzidenzdruck ein > Trockner erforderlich.
> Rollen-Offsetdruck. Im Rakeltiefdruck wird die Druckfarbe in jedem Druckwerk, also vor dem Druck der folgenden Druckfarbe getrocknet.

Bahn-Zylinder-Vergleich
Regelung des Passers an Rollen-Rotationsdruckmaschinen, bei denen eine Passmarke auf der Papierbahn mit einer Marke auf dem folgenden Zylinder verglichen und der Ist-Wert automatisch an den Soll-Wert angeglichen wird.

Balance
Gleichgewicht.

Balancefeld
Auch: > Farbbalancefeld, > Graubalance. Messfeld in einem Kontrollstreifen, das neben einem 80%igen Rasterfeld und einem Volltonfeld der Druckfarbe Schwarz steht. Bei optimalen Druckbedingungen sollen beide Felder visuell den gleichen, optisch neutralen Farbeindruck ergeben.

Balgen
Lichtdichter, ausziehbarer Teil einer (Zwei raum-)Reprokamera zwischen > Objektivebene und > Aufnahmeebene auf der Kamerarückseite.

Balkencode
Barcode oder (EAN-)Strichcode, der zur

Darstellung von Daten (Informationen) unterschiedlich dicke Striche (Balken) verwendet. Damit sind Produkte und deren Eigenschaften und Preise eindeutig zu kennzeichnen.
Mit optischen Lesegeräten können Daten der Strichcodes gelesen und auf einem Monitor dargestellt werden. Die Art und Weise der Strichcodierung ist genormt.
> EAN, > Strichcode

Balkendiagramm
Grafisch aufbereitete statistische Daten, die in vertikalen Säulen (Balkenform) anschauliche Größenvergleiche dieser Werte ermöglichen.

Ballard-Verfahren
Druckformherstellung: Im Tiefdruck ein Hautaufkupferungsverfahren auf dem Tiefdruckzylinder. Die Ballardhaut, ca. 0,1 mm stark, wird nach dem Druck abgerissen; dies ist durch eine Trennschicht leicht möglich. Ein neues Aufkupfern ergibt wieder den gewünschten Druckzylinderdurchmesser. Das Verfahren wird in den letzten Jahren durch eine > Massivaufkupferung abgelöst.
Nach dem Druck ist dabei eine bestimmte Stärke (Gravurtiefe) abzudrehen.

Ballen
1. Druckgeschichte: Einfärbewerkzeug in Ballenform aus der Zeit der Frühdrucker.
2. Papier: Früher gebräuchliche Verpackungsmenge von 5 000 Bogen.
3. Verpackung: Packungseinheit für den Versand von Papier oder Büchern und anderen Druckprodukten.

Balloon-Trichter
Zusätzliche Falztrichter in einer Rollen-Offsetdruckmaschine (Zeitungsdruck).
Der Falzapparat mit nur einem Trichter oder einem Doppeltrichter wird durch darüber liegende Trichterpaare erweitert. Damit ist die Zahl der Falzmöglichkeiten zu vervielfachen.

Band
1. Buchherstellung: Bezeichnung eines Buches, das zu einem umfangreichen Werk mit mehreren Bänden gehört.
2. Druckweiterverarbeitung: Ein schmaler Gewebestreifen, z. B. > Kapitalband.

Bandbreite
Übertragungsleistung: In der Netzwerktechnik gibt die Bandbreite an, welcher Frequenzbereich auf einem elektronischen Übertragungsweg übermittelt werden kann. Je größer die Bandbreite für die Übertragung ist, desto mehr Informationen können in einer bestimmten Zeiteinheit transportiert werden.

Banderole
Schmales Streifband aus zähem, reißfestem Papier oder zähelastischem Kunststoff (PE, PP, PVC);
Die Banderole wird zum Verschließen von Verpackungen (Verschlussband, ggf. auch mit einem Steuervermerk) oder als Teileinschlag für Broschuren, Bücher u. a. Druckprodukte verwendet. Die umgelegte Banderole wird oftmals zur Werbung bedruckt.
> Bauchbinde

Banding
Bezeichnung für einen sichtbaren, stufigen Übergang von Farbtönen in einem Farbverlauf.

Bandstahlschnitt
Verpackungen: Stanzform, die produktspezifisch und passgenau aus Bandstahl hergestellt wird. Der Träger ist eine Sperrholzplatte. In die Stanzform sind auch Rilllinien integriert, die ein Umlegen des Kartons bei der Herstellung von Faltschachteln und ähnlichen Verpackungen ermöglichen.
> stanzen

Banknoten
Gültige, offiziell von einer Staatsbank herausgegebene Zahlungsmittel: Geldscheine.

Banknotendruck
Druck mit verschiedenen Druckverfahren und Bearbeitungstechniken (> Hybriddruckverfahren), die eine hohe Fälschungssicherheit gewährleisten. Die Sicherheit ist durch ein spezielles Papier sowie Kombinationen von Drucktechniken und changierenden Farben zu erreichen. Standard ist ein Papier aus hochreißfesten Baumwollfasern mit einem speziellen Wasserzeichen, Leuchtfasern und einem eingewebten Sicherheitsfaden.
Gedruckt wird im Bogendruck: Simultandruck des Hintergrundes (Offsetdruck), Stahlstichtiefdruck, Nummerierung (Hochdruckwerke), grobe Effektpigmente (Siebdruck) sowie ggf. Lackierung zum Schutz, zur Festigkeit und Erhöhung der Lebensdauer.
Echtheitsmerkmale (20-Euro-Schein, 2015): Fühlbares Relief an beiden kurzen Seitenrändern, neues Wasserzeichen (Porträt der Europa), Sicherheitsfaden (Im Gegenlicht erscheinen das €-Zeichen und der Wert), Hologramm, Glanzstreifen.

Banknotenpapier
Dauerhaftes, griff- und falzfestes, für den Mehrfarbendruck geeignetes Sicherheitspapier aus hochwertigen Faserstoffen (z. B. Baumwolle) mit echtem > Wasserzeichen und fälschungssicheren Einlagen (Leucht-, Silberstreifen u. Ä.). Das Banknotenpapier ist nicht im freien Handel zu erhalten.

Banner
1. Fahne, die allgemein an der Querstange eines Fahnenmastes aufgehängt und z. B. mit Hoheitszeichen oder Wappen bedruckt ist. Drucktechnisch werden großformatige Banner heute im Digitaldruck auf Textil oder Kunststoff mit wetterfesten und lichtbeständigen Druckfarben gedruckt.
2. Internetwerbung, die als Grafik- oder > Flashdatei in eine Webseite eingebunden ist. Banner sind als Werbeplatz in der Regel in einer Seitenfläche zu sehen, sie können aber auch kurzzeitig die gesamte Seite überdecken (Powerlayer). Der zur Verfügung gestellte Werbeplatz muss an den Seitenbetreiber bezahlt werden.
   Klickt der Besucher ein Banner an, so wird er direkt auf die Seite des Werbenden weitergeleitet.

Bar
1. Griech.: baros = Schwere, Last, Gewicht, Druck.
2. Physik: Nach den > SI-Einheiten die zulässige Maßeinheit für den Druck mit dem Einheitenzeichen: bar. Eine weitere SI-Einheit ist das Pascal (Pa). Da sie jedoch sehr klein ist, wird im Allgemeinen Bar verwendet. 1 bar = $1 \cdot 10^5$ Pa. Pascal löste die Einheit technische Atmosphäre (at) ab. Danach ist 1 at = 0,9807 bar.
   > Basiseinheiten

Barcode
Balken- bzw. Strichcode, der zur Verschlüsselung (Codierung) von Daten durch unterschiedlich dicke Striche genutzt wird. Mit optischen Lesegeräten (Scannern) ist der Code zu entschlüsseln. Barcodes werden z. B. in Warenwirtschaftssystemen, zur Kennzeichnung von Materialien, Druckplatten u. v. a. verwendet. > EAN, > Strichcode

Bariumsulfat
Weißpigment. Weißes, in Wasser unlösliches Pulver, das aus dem Mineral Baryt (Schwerspat) gewonnen wird.
Chemisches Zeichen: $BaSO_4$,
auch: Blanc fixe, Barytweiß.
Als weißes Pigment eingesetzt für die Herstellung von Druckfarben, als Füllstoff in der Papierherstellung und als Streichpigment für das > Streichen von Papieren.

Barometer
Messgerät zur Bestimmung des Luftdrucks.

Barriereeigenschaften von Kunststoffen
Produktbereich:
Lebensmittelverpackungen. Verschiedene Eigenschaften von Kunststoffen als Packmittel, die den für ein bestimmtes Lebensmittel erforderlichen, produktspezifischen Schutz vor Gasen (z. B. Sauerstoff-Barriere), Dämpfen (z. B. Wasserdampf-Barriere) und Aromaverlust (Aromaschutz-Barriere) gewährleisten. Optimale Barriereschichten sind nur in einem Folienverbund zu erreichen.
Beispiele für unterschiedliche Produkte: Kaffee, Tee, Schokolade, Eis und Süßwaren, Babynahrung, Wurst, Käse, Butter, Fette, Fleisch, Fisch, Gemüse, Fertiggerichte.
Aus diesen unterschiedlichen Lebensmitteln folgt:
Ein bestimmtes Lebensmittel erfordert ein Packmittel mit einer äußerst geringen Durchlässigkeit an gasförmigen und flüssigen Substanzen.
Bei einem anderen Lebensmittel ist dagegen eine hohe Wasserdampf- oder Gasdurchlässigkeit erforderlich.
> Lebensmittelverpackungen, > Diffusion, > Permeation

Barrierefreiheit
Barrierefreiheit bedeutet einen umfassenden Zugang und uneingeschränkte Nutzung aller Lebensbereiche für behinderte und damit auch für nicht behinderte Menschen. Die Vielzahl unterschiedlicher Behinderungen macht es nicht einfach, einen gemeinsamen Nenner zu finden.
Beispiel zu einem barrierefreien Internet:
Die meisten Barrieren gibt es für Nutzer, die sehbehindert sind, aber auch Menschen mit motorischen Einschränkungen oder Gehörlose sind betroffen.
Nach Schätzung des Europäischen Zentrums für Medienkompetenz müssen etwa 20 Prozent aller Internetnutzer mindestens eine Einschränkung hinnehmen. Gerade ältere Menschen hören und sehen im Schnitt schlechter und auch die Fingerfertigkeit lässt deutlich nach, was Maus- oder Tastaturbedienung erschwert.
Seit 2002 sind die Bundesbehörden durch die Barrierefreie Informationstechnik-Verordnung (BITV) verpflichtet, ihre Internetauftritte sowie alle öffentlich zugänglichen Intranetangebote barrierefrei zu gestalten.
Technisch gesehen sollte eine Website nachvollziehbar strukturiert und browser- und hardwareunabhängig gestaltet sein.
Inhalt und Layout müssen getrennt werden. Barrierefreiheit ist erreicht, wenn alle Menschen das Internet zur Informationsbeschaffung oder zur Kontaktaufnahme und Vernetzung problemlos nutzen können.
Zu den wichtigsten Hilfsmitteln für die Betroffenen zählen sogenannte assistive Technologien: Anwendungen und Hardware, die als alternative Ein- oder Ausgabegeräte anstatt von Monitor, Maus oder Tastatur eingesetzt werden.
Zu den bekanntesten zählen Screenreader oder Braillezeilen. Screenreader sind Bildschirmleseprogramme, die Internettexte sprachlich für die Audionutzung umsetzen oder auf eine Braillezeile übertragen.
Die Braillezeile ist ein Hilfsgerät, das Texte in ertastbare Zeichen einer speziellen Tastatur übersetzt.
> Braille-Schrift

Barytpapier
Weitgehend strukturloses Zellstoffpapier, das einseitig mit weißem > Bariumsulfat (Barytweiß, Blanc fixe) beschichtet ist und eine gleichmäßig geschlossene, matte Oberfläche ergibt. Verwendung u. a. für Zeichnungen und früher für Druckabzüge (> Konversionen) vom Bleisatz, die sehr gut reproduziert wurden. > Bariumsulfat

Barytweiß
> Bariumsulfat

Basen
Chemische Verbindungen, die in wässriger Lösung OH-Ionen abspalten und alkalisch reagieren.

BASIC
Abk. von: Beginners All-purpose Symbolic Instruction Code. Früher eingesetzte, leicht zu erlernende Programmiersprache.

basic equipment
Engl. Bez. für Grundausstattung.

Basis
Allgemein: Grundlage, Ausgangspunkt, Bezugslinie.

basisch
> Basen

Basiseinheiten
Messwesen: SI-Einheiten. International festgelegte Standardeinheiten zur Vereinfachung des Messwesens. Jeder Basisgröße ist eine Basiseinheit zugeordnet. Alle anderen Größen und Einheiten sind daraus abzuleiten. > SI-Einheiten

Basisgrößen
Messwesen: > Basiseinheiten, > SI-Einheiten

Baskerville, John
Typograf und Schriftkünstler,
geb. 28. Januar 1706, gest. 8. Januar 1775 in Birmingham, gilt als Erneuerer der Typografie und Drucktechnik Englands im 18. Jahrhundert. Baskerville entwarf neue Antiqua-Schriften und gab Bücher in hoher gestalterischer und handwerklicher Qualität heraus. Eine heute noch bekannte Schrift ist die Baskerville.

Bastardschrift
Ein nicht eindeutig den klassischen Schriften zuzuordnender Schriftcharakter, der verschiedene Stilrichtungen kombiniert oder von einer Stilrichtung abgeändert wurde.

Batch-Datei
Stapeldatei, die verschiedene Makros (gleichartige, wiederkehrende Abläufe in der Datenverarbeitung) und Befehle zusammenfasst.

Batch-Scannen
Das automatische Scannen eines Stapels von Vorlagen entsprechend der gewählten Einstellungen.

Bauchbinde
Bezeichnung für Streifbänder um Bücher. Aufgedruckte Werbetexte sollen verkaufsfördernd wirken.

Baud
Abgekürzt: Bd. Bezeichnung für die Geschwindigkeit, mit der digitale Daten über eine Datenleitung gesendet bzw. übertragen werden. Benannt nach dem franz. Ingenieur J. M. Baudot. Die Einheit Baud wird nur noch für die Angabe der Datentransferrate bei älteren Modems, die zur Übertragung bloß einen Kanal benutzen verwendet. Neuere Modems benutzen, mehrere Kanäle. Die Datentransferrate wird dann mit der Anzahl der Kanäle multipliziert.
Die sogenannte Baudrate misst die Anzahl der Signaländerungen, die in einer Sekunde stattfinden:
1 Baud = 1 Signal/Sekunde. Heute vielfach genutzte Bezeichnungen sind Schrittgeschwindigkeit bzw. Datenrate in bps = bits per second, bit/sec.

Bauelement
Teile eines Ganzen, z. B. Gerät, Maschine, komplexes System.
In der Elektronik unterscheidet man:
- diskrete Bauelemente, z. B. einzelne Transistoren oder Dioden,
- integrierte Bauelemente, z. B. integrierte Schaltungen.
  Mehrere Bauelemente werden zu Baugruppen, diese wiederum zu komplexen Anlagen zusammengefasst.

Bauhaus
Das Bauhaus, eine von Walter Gropius 1919 in Weimar gegründete Hochschule, schuf handwerklich-künstlerische Grundprinzipien der Gestaltung. Ziel war eine Einheit von

Kunst, Handwerk und Technik. Modell für die Gestaltung industrieller Produkte und der Schrift waren Funktionalismus, Zweckmäßigkeit, Materialgerechtigkeit, Klarheit und Schönheit.
Das Bauhaus wirkt in seinen Zielen auch heute noch in der Gestaltung (Design), Technik, Architektur und Kunst.

Baukastensystem
Verschiedene, zu einem System gehörende einzelne > Bauelemente oder Baugruppen sind zu einer komplexen Anlage (z. B. Rotations-Druckmaschine) nach individuellen Kundenwünschen zusammenzustellen.

Baumé-Grad
Maßeinheit für die Dichte von Flüssigkeiten. Messgerät ist das > Aräometer, Messwerte ergeben sich aus der Gradeinteilung in Bé (Bé = Abkürzung von Baumé). Die Maßeinheit wird abgelöst durch die > Dichte in g/cm^3.

Bay-Window-Wendung
Rollen-Rotationsdruck: > Wendung.

BB
Papierherstellung:
Abkürzung für > Breitbahnpapier.

BBS
Abk.: Bulletin Board Service. Ein Online-Service, der die Übermittlung von Nachrichten, elektronischer Post und Dateien zwischen Computern mithilfe eines Modems ermöglicht.

BCD
Abk. für > Binary Coded Decimal, d. h. binär codiertes Dezimalsystem.

Bé
Abkürzung für > Baumé-Grad.

Beamer
Projektor für die Großbildwiedergabe: Bilder, Filme, Videos, Präsentationen.

Bebilderung
Übertragung von Bildinformationen auf eine statische Druckform mit dauerhafter Informationsspeicherung oder auf eine Bebilderungstrommel mit temporärer, kurzzeitiger Informationsspeicherung.
> CtP-Bebilderung

Becherdruck
Spezielle Drucktechniken für Becher oder ähnlich geformte Gegenstände aus Kunststoff, Keramik u. a.

1. Indirektes Hochdruckverfahren:
   Lettersetdruck mit speziellem Druckwerk. Das Verfahren erfordert einen speziellen Farbaufbau. Gedruckt wird selten ausschließlich mit den Prozessfarben. Farbseparationen mit bis zu acht Farben sind üblich. Das Bild muss der konischen Form des Bechers angepasst sein, um einen verzerrungsfreien Druck zu erreichen. Alle Druckfarben werden von den einzelnenseitenrichtigen Druckformen (Auswaschdruckplatten oder in Lasertechnik gefertigte Druckplatten) auf einen Gummituchzylinder gedruckt. Zum Druck werden die Becher automatisch auf einem konisch geformten, passenden Träger aufgesetzt und rollen an dem Gummituch ab. In der Auslage sind geeignete Trockner integriert.
   Druckleistungen:
   ca. 600 Becher pro Minute.
   Materialien:
   Papp- und Kunststoffbecher.
2. Thermosublimationsverfahren:
   Für geringe Stückzahlen auf Keramik und ähnliche Materialien wird auch das > Thermosublimationsverfahren eingesetzt.

Bedienerführung
Verfahren, mit dem ein Programm mit dem Anwender kommuniziert.
> Benutzeroberfläche

Bedieneroberfläche
EDV: > Benutzeroberfläche.

bedingt-gleiche Farben
> Metamerie

Bedruckbarkeit
Engl. printability. Druckeignung:
Alle Oberflächeneigenschaften von Bedruckstoffen (z.B. Papier, Karton) wie Glätte, Saugfähigkeit, Farbannahmefähigkeit, Oberfläche (ungestrichen, satiniert, gestrichen, Strichmenge), Glanz, Weißgrad und Farbton, die sich auf den Druckprozess und die Druckqualität auswirken.
> Verdruckbarkeit

Bedruckstoff
Allgemeine Bezeichnung für alle zu bedruckenden plan liegenden Materialien, z.B. Papier, Karton, Pappe, Folie, Textilien, Blech, Glas sowie auch Körper (z.B. Becher, Flaschen, Tuben, Spielzeug).

Befehl
Computertechnik:
Eine Anweisung an den Rechner, eine bestimmte Operation auszuführen.
Beispiele:
Laden des Programms, Laden, Verschieben oder Löschen von Dateien, das Ausführen logischer und arithmetischer Verknüpfungen.
> Menütechnik

Befehlsmakros
EDV: Einzelner Befehl, der eine bestimmte Befehlsfolge mit mehreren einzelnen Befehlen auslöst. Befehlsmakros bleiben gespeichert und verkürzen die Eingabezeit. Auch: > Makrobefehl

begazen
Das Anbringen eines Gazestreifens am Rücken eines Buchblocks, um die Festigkeit und Steifheit zu verstärken.

Beihefter
Prospekte und andere Druckerzeugnisse, die fest z.B. in einer Zeitschrift zur Information und Werbung eingeheftet werden.

Beilage
Drucktechnik: Zeitungen, Zeitschriften o.Ä. Publikationen beigefügte Druckschriften als ergänzender Bestandteil oder als Fremdbeilage zur Werbung und Information.

Belastungen, psychische
Psychische Belastungen am Arbeitsplatz können unterschiedliche Ursachen haben wie:
- sensorisch-informatorische Wahrnehmung: Arbeitsorganisation, Arbeitszeit, Lärm, Licht
- mental-kognitive Denk- und Gedächtnisleistungen: Informations- und Reizverarbeitung
- affektiv-emotionale Empfindungen: Gefühle, Motivation, Verhalten.

Belegungsgrad
> betriebswirtschaftliche Begriffe

Beleuchtung
Erhellung von Räumen, Gegenständen, Straßen usw. durch direkte oder indirekte Bestrahlung mit natürlichem oder künstlichem Licht.

Beleuchtungsart
Eine einfallende Lichtstrahlung, deren spektrale Zusammensetzung bekannt ist.

Beleuchtungsgeometrie
Für die Farbmessung empfiehlt die > CIE einen Beleuchtungswinkel von 450 und einen Beobachtungswinkel von 00 (d.h. senkrecht zur Probe). Man bezeichnet diese Vorgabe allgemein 450/00. Diese Vorgabe kann aber auch umgekehrt eingesetzt werden.

Beleuchtungsstärke
Maß für die Helligkeit einer beleuchteten Fläche. Kurzzeichen: *E*. Lichtstrom pro Fläche in Lux. Einheit: lx. 1 lx = 1 lm/m^2 (lm = Lumen).
Die Beleuchtungsstärke (Helligkeit) ist das Verhältnis von dem auf einer Fläche

auftreffenden Lichtstrom zu der Größe der beleuchteten Fläche.
Die Beleuchtungsstärke ist abhängig von der > Lichtstärke, der Entfernung der > Lichtquelle und der Richtung des Lichts zur beleuchteten Fläche.
Beispiele für Beleuchtungsstärken (ca.):

Vollmond	0,2 lx
Straßenbeleuchtung	10 lx
Wohnraumbeleuchtung	100 – 200 lx
Arbeitsplatzbeleuchtung für feine Arbeiten	1 000 – 4 000 lx
Beleuchtung durch die Sonne im Schatten	2 000 – 10 000 lx
Heller Sonnentag, direkte Strahlung	70 000 – 100 000 lx

Die Beleuchtungsstärke nimmt im Verhältnis der Entfernung von der Lichtquelle im Quadrat zur beleuchteten Fläche ab.
> Candela, > Belichtung, > Lichtdosiergerät, > Lichtstrom, > Lumen

Belichter
Ausgabesystem für digital gespeicherte Daten (allgemein eine PDF-Datei mit Text-, Grafik- und Bilddaten). Ausgabearten:
- einzelne Druckseite auf einer Druckplatte (z. B. Zeitungsdruck)
- ausgeschossen im Druckformat auf Druckplatten
- ausgeschossen direkt auf eine in der Druckmaschine befindliche Druckform
- ausgeschossen auf eine Bildträgertrommel im Digitaldruck.

Für das Bebildern werden Laser eingesetzt. Angesteuert wird der Laser vom > RIP, der die Seite aus mikroskopisch feinen Pixeln (kleinste Belichtungseinheit, Spots) aufgebaut. > CtP-Belichter

Belichterauflösung
Ein Laser-Belichter arbeitet z. B. mit 1 000 Pixel/cm bzw. 3 600 Pixel/cm.
Bei einer Auflösung oder Adressierung mit 1 000 Pixel/cm wird ein Quadratzentimeter aus 1 000 000 Pixeln und die Seite DIN A4 aus ca. 630 Millionen Pixeln aufgebaut. Der Pixeldurchmesser beträgt bei dieser Auflösung (Adressierung) nur
1 : 1000 = 0,001 mm = 10 µm.
„Maßabgaben" in Belichtern:
Pixel/cm, dots per inch (dpi).
Die Auflösung von 1 000 Pixel/cm gewährleistet nicht nur die Wiedergabe aller Graustufen der Bildvorlage, sondern optimiert auch die Rasterpunktform.
> Auflösung, > Rasterelement, > Tonstufen
> Rasterlinien, > Rasterzellen, > Laserstrahl bei Belichtern

Belichtung
Produkt aus > Beleuchtungsstärke und der Beleuchtungsdauer (Zeit).
Einheit: Luxsekunde (lx s).

Belichtungsfächer
Druckformherstellung, ProzessStandard Offsetdruck: Eine Serie von Einzelbelichtungen bei der Druckplattenkopie (Kopierrahmen, Kopiermaschine) mit abgestufter > Taktzahl oder Belichtungszeit.
Der Belichtungsfächer wird zur Bestimmung der > Auflösung einer Druckplatte mit einem > Präzisionsmessstreifen erstellt. Alle nicht zu belichtenden Stufen werden abgedeckt. Zur Bestimmung der Auflösung wird diejenige Belichtung herausgesucht, bei der die > Mikrolinienanzeige (> K-Feld im Präzisionsmessstreifen) für Spalten und Striche übereinstimmt.
Der ermittelte Wert ist die Auflösung der Druckplattenkopierschicht.

Belichtungsstudio
Unternehmen, das sich auf die Ausgabe von digitalen Daten durch Laserbelichtung (u. a.) spezialisiert hat.

Benchmark
Vergleichsgröße. Beispiel EDV:
Testverfahren zur Ermittlung der Leistungsfähigkeit (Rechengeschwindigkeit) mit einem standardisierten Bewertungsprogramm, z. B. einer Hardware oder Software.
> Benchmarking

Benchmarking
„Messe dich an dem Besten." Vergleich mit Besseren, z. B. das eigene Unternehmen mit einem erfolgreichen Unternehmen der gleichen Branche. Durch eine Prozessanalyse sollen Verbesserungsmöglichkeiten für die Optimierung der eigenen Geschäfts- und Fertigungsprozesse ermittelt werden.

Benetzbarkeit
Bedruckstoffe, Drucktechnik:
Fähigkeit des Bedruckstoffes, z. B. eines Papiers, eine Flüssigkeit (Wasser, Tinte u. a.) anzunehmen oder abzustoßen.
> Benetzung

Benetzung
Physik, Offsetdruck:
Die Größe der gemeinsamen Berührungsfläche zweier Stoffe, d. h. Wechselbeziehung zwischen festem und flüssigem Stoff. Maßgebend für die Benetzung sind (grundsätzlich bzw. elementar) Kohäsionskräfte und Adhäsionskräfte beider Stoffe an den > Grenzflächen.
Messtechnisch ist die Benetzung mit dem > Randwinkel, den ein Flüssigkeitstropfen auf einem festen Stoff bildet, zu ermitteln. Ein Randwinkel über 90° benetzt den Untergrund nicht, ein Winkel kleiner als 90° benetzt den Untergrund mehr oder weniger stark.
Bei einem sehr geringen Randwinkel, d. h. guter Benetzung, spreitet der Tropfen; er breitet sich auf der Fläche aus.
Beispiele:
- Verhalten des Feuchtmittels an Bildstellen und Nichtbildstellen der Offsetdruckplatte.
- Verhalten von Tinte beim Beschreiben von geleimtem Papier, ungeleimtem Papier oder Kunststofffolien.

Benutzeroberfläche
EDV: Grafische, übersichtliche Darstellung auf dem Bildschirm eines Computers, der die verwendeten Ein- und Ausgabegeräte und das Auswahlmenü zur Ansteuerung beliebiger Vorgänge, Arbeiten, > Dateien u. a. für den > Dialog des Menschen mit dem Rechner angibt.
Diese einfache Art und Weise der Befehlseingabe in einen Rechner mit einem einfach strukturierten, übersichtlichen, grafisch orientierten System machte erst die Nutzung für jedermann möglich.

Benutzerprogramm
> Anwenderprogramm

Bericht
Pressewesen: Mitteilung, die über die sachlich knappe Nachricht hinaus detailliertere Informationen und teilweise auch kommentierende Elemente enthält.

Berstdruck
> Berstwiderstand

Berufliche Bildung – Weiterbildung
Allg.: Der Erwerb beruflicher Kompetenzen nach der Erstausbildung (Ausbildung, Lehre) oder einer Berechtigung zum Hochschulstudium. Der rasche Wandel in allen Lebensbereichen, in der Wirtschaft und der Technik erfordern Flexibilität und die Bereitschaft zu permanentem Lernen.
Berufliche Weiterbildungen vermitteln – je nach Bildungsmaßnahme – ein vertieftes theoretisches Wissen und praktisches Können mit qualifizierten bzw. staatlichen Abschlüssen:
- Meister
- Medienfachwirt
- Techniker
- Studium (auch ohne Erstausbildung möglich)

Informationen zu Weiterbildungen im Berufsfeld Druck und Medien siehe www.zfamedien.de/Weiterbildung, www.bibb.de

Berstwiderstand
Papierprüfverfahren: Widerstand, den eine kreisförmig in ein spezielles Messgerät eingespannte Probe einem einseitigen gleichmäßig

verteilten Druck bis zum Bersten (Platzen) entgegenbringt.

Berufsgenossenschaft
Als Teil der Sozialversicherungen sind die Berufsgenossenschaften Träger der gesetzlichen Unfallversicherung. Sie haben im Wesentlichen die Aufgaben Prävention, Rehabilitation und Entschädigung.
Zur Prävention gehören umfassende Informationen zur Arbeitssicherheit und Arbeitsplatzgestaltung sowie alle Gefahren, die im Zusammenhang mit dem Arbeitsplatz stehen, mit allen Mitteln zu verhüten.
Hierzu gehören ebenso unmittelbare Wegeunfälle, Unfälle und Gesundheitsgefährdungen am Arbeitsplatz und Berufskrankheiten.
Wichtig ist dabei die Beratung der Unternehmen und der Mitarbeiter in allen Fragen der Arbeitssicherheit sowie die gesundheitliche Wiederherstellung durch medizinische, berufliche und soziale Rehabilitationsmaßnahmen bei Verletzungen.
Berufsgenossenschaften führen Schulungen in allen Fragen der Arbeitssicherheit durch und erlassen Vorschriften zur Sicherheit am Arbeitsplatz, die vom Unternehmer und allen Mitarbeitern zu beachten sind.
Die Beiträge zur Unfallversicherung trägt ausschließlich das Unternehmen (Arbeitgeber).
Für die Druck- und Papierindustrie ist die Berufsgenossenschaft „BG ETEM“, Berufsgenossenschaft Energie Textil Elektro Medienerzeugnisse, mit dem Sitz in Köln zuständig.
Informationen unter www.bgetem.de

Berührungsbildschirm
Engl.: touch screen, Kontaktbildschirm. Der Benutzer kann durch Berührung mit dem Finger oder mit einem beliebigen Gegenstand aus einem Menü einen Befehl auswählen und eingeben. Die für den Benutzer nicht sichtbare Steuerung zur Eingabe der Informationen wird z. B. durch Infrarot-Sensoren ausgelöst.

Beschäftigungsgrad
Der Beschäftigungsgrad (B° in %) ist das Verhältnis der tatsächlichen Beschäftigung zur möglichen Beschäftigung bei einschichtigem Betrieb.
Die tatsächlich geleisteten Ist-Stunden (Fertigungs- und Hilfsstunden) werden zu den möglichen Arbeitsstunden (ohne arbeitsfreie Tage) in Beziehung gesetzt.
Beschäftigungsgrad in %

$$= \frac{\text{Ist-Beschäftigung}}{\text{Plan-Beschäftigung}} \times 100\ \%$$

beschichten
1. Papierherstellung: Ein- oder beidseitiges Auftragen einer flüssigen oder pastösen Schicht, z. B. Streichdispersion, um die Oberflächenqualität zu optimieren. Je hochwertiger und stärker die Streichdispersion auf das Rohpapier aufgetragen wird, desto besser ist die > Bedruckbarkeit.
   > gestrichene Papiere
2. Druckformen: Auftragen einer lichtempfindlichen Schicht, die für ein bestimmtes Belichtungssystem (Kopierlampe, Laser verschiedenster Art) geeignet ist.
   > aktinisches Licht
3. Grundverfahren in der Buchbinderei und Druckweiterverarbeitung:
   Arbeitsverfahren sind u. a. das Aufwalzen, Gießen, Streichen und Tauchen.

Beschneiden
Druckweiterverarbeitung, Reproduktion
1. Gedruckte Produkte auf das Endformat schneiden.
2. Buchherstellung:
   Das dreiseitige Beschneiden des > Buchblocks nach dem Binden, bei > Broschuren nach dem > Einhängen in den Umschlag.
3. Bildbearbeitung: Nicht gewünschten Randbereiche einer Bildvorlage entfernen und auf das gewünschte Format bringen.
   > Beschnitt

Beschnitt

1. Druckweiterverarbeitung, Beschneiden: Das Zuschneiden eines gedruckten und verarbeiteten Produktes auf das Endformat.
2. Reproduktion, Bildformat: Zugabe in der Größe von Abbildungen, deren Endformat an einer oder an mehreren Seiten bis an den Rand eines Produkts positioniert ist. Die Abbildung (Strich und/oder Raster sowie auch Flächen) ist bei anzuschneidenden Bildern in der Regel 3 mm an der anzuschneidenden Seite größer als das Endformat. Der Beschnitt gewährleistet durch den Überstand, dass das Fertigprodukt an den Rändern einwandfrei ohne blitzende Kanten erscheint. Der erforderliche Beschnitt muss ggf. schon in einer Original-Zeichnung (manuelle oder digitale Reinzeichnung) angelegt werden. > randabfallend

Beschnittmarken, Beschnittzeichen

Mitgedruckte feine Linien außerhalb des Endformates, die die Positionen für das Beschneiden von Druckprodukten markieren. > Beschnitt

bestäuben

Auftragen eines trockenen Bestäubungsmittels (puderförmig) auf frisch gedruckte Bogen, um ein Ablegen der Druckfarbe auf den darüber liegenden Druckbogen zu vermeiden. Das Bestäubungspuder dient als „Abstandshalter“ und ermöglicht gleichzeitig eine gute Luftsauerstoffzufuhr für ein oxidatives Trocknen.
> Bestäubungspuder

Bestäubungspuder

> Druckbestäubungspuder

Bestellerkorrektur

> Autorenkorrektur

Best Practice

Nach dem Engl.: Beste Praxis.
Bestmögliche Maßnahme bzw. bestmögliches Verfahren für das Erreichen eines Zieles. Dabei orientiert das Streben danach, der „Beste der Besten“ zu sein.

Besucher

Internet: Der Nutzer oder Anwender einer Seite.

Betaversion

Engl.: beta test. Bezeichnung für eine funktionsfähige, aber noch nicht für den allgemeinen Vertrieb freigegebene neue Version einer Software oder Hardware. Diese Version kann getestet werden, um mögliche Fehler aufzufinden, die vor der endgültigen Freigabe zu beseitigen sind.

Betrachtungsabstand

> Auge, > Auflösung, Druckprodukte, Druckqualität, > Rasterpunkte.
Entscheidend für die visuelle Beurteilung der Qualität eines Produktes ist, was das menschliche Auge wahrnehmen kann. Dabei hat der Betrachtungsabstand, also die Entfernung vom Auge des Betrachters zum Produkt, eine entscheidende Bedeutung.
Je größer der Abstand zu einer Betrachtungsfläche wird, desto weniger Details kann das menschliche Auge erkennen. Im Druckprozess (Ausnahme: Lichtdruck) ist es nicht möglich, unterschiedliche Helligkeiten in einem entsprechenden Grauwert zu drucken. Grauwerte sind nur durch Rasterpunkte zu simulieren. Bei einer > AM-Rasterung werden Helligkeitswerte in unterschiedlich große Rasterpunkte umgewandelt, die von Mittelpunkt zu Mittelpunkt den gleichen Abstand haben. Je dunkler ein Tonwert wiedergegeben werden muss, desto größer sind die entsprechenden Rasterpunkte und desto mehr Papierweiß wird abgedeckt. Die Feinheit der Wiedergabe wird durch die Anzahl der Rasterpunkte pro cm (Linien/cm, Abk.: L/cm, > Rasterweite) bestimmt.
Abhängig von der Rasterweite und dem Betrachtungsabstand kann das Auge

einzelne Rasterpunkte nicht mehr wahrnehmen (auflösen). Das optische Zusammenwirken von Papierweiß und mit Rasterpunkten bedruckter Fläche täuscht dem Auge einen bestimmten Helligkeitswert (Grauwert) vor.
Prinzip: Eine weiße, unbedruckte Fläche reflektiert auftreffendes Licht vollständig. Eine völlig schwarz bedruckte Fläche absorbiert das gesamte auftreffende Licht. Die optisch wahrnehmbare Helligkeit ergibt sich aus dem Anteil der unbedruckten und der bedruckten Fläche.
Für eine optimale optische Täuschung müssen Rastertechnologie, Druckverfahren, Bedruckstoff und Betrachtungsabstand aufeinander abgestimmt sein.
Beispiele für übliche Betrachtungsabstände:
- Flyer, hochwertige Zeitschrift, Broschüren 30 cm
- Poster, Plakate, > DIN A2 1 m
- Großformatplakate, > DIN A0 5 m und mehr

Betrieb
Betriebswirtschaft:
Produktionsstätte eines Unternehmens.

Betriebshierarchie
Hierarchie- und Machtverhältnisse, Führungsstruktur. Gliederung des Betriebs in eine überschaubare Struktur mit festgelegten Verantwortungsbereichen.
Beispiel für eine hierarchische Struktur:
Obere Führungsebene = Unternehmensleitung,
Mittlere Führungsebene = Hauptabteilungen,
Untere Führungsebene = Abteilung,
Ausführende Ebene = Mitarbeiter
Je nach Art des Unternehmens, der Betriebsgröße, der Komplexität der Produktionsbereiche u.a. werden verschiedene Leitungssysteme oder Organisationsstrukturen gebildet. Grundsätzlich gilt: Je komplexer eine Struktur ist, desto langsamer und ineffektiver und damit weniger wirkungsvoll sind die Kommunikation, die Produktivität und ggf. der wirtschaftliche Erfolg.
Ziel ist deshalb vielfach eine „flachere Hierarchie", die schneller auf äußere und innere Einflüsse reagieren kann, anpassungsfähiger und damit erfolgreicher ist:
- „schlankere" Unternehmensstruktur mit weniger Führungsebenen sowie ein Verringern oder Beseitigen umständlicher bürokratischer Abläufe
- Verantwortung delegieren, größere Kompetenzen auf verschiedenen Ebenen
- Zufriedenheit am Arbeitsplatz durch eigene Verantwortung
- Kosteneinsparungen beim Personal

Betriebsorganisation
Für die betriebliche Praxis bedeutet Organisation in den einzelnen Befugnissen eine Über- und Unterordnung (Leitungs- und Weisungsbefugnis) oder eine Gleichstellung.
> Betriebshierarchie

Betriebsstoffe
Alle bei der Produktion verbrauchten Stoffe oder Güter, die nicht in das Produkt eingehen, z.B. Schmiermittel, Reinigungsmittel. > Hilfsstoffe

Betriebssystem
Systemsoftware, Systemprogramm. Sammelbezeichnung für die spezielle (Betriebs-)Software zur Steuerung aller Rechenvorgänge in einem EDV-System. Das grundlegende Programmsystem ermöglicht das interne Zusammenwirken der Zentraleinheit mit der gesamten Peripherie und den Einsatz von Anwendersoftware.
Beispiele: Start des Computers, allgemeine Organisation für den Betrieb des Computers, Eingaben entgegennehmen, internen Speicherplatz verwalten, Bildschirme, Peripheriegeräte und externe Speicher ansteuern. Auf der Basis dieser Systemsoftware laufen die eigentlichen > Anwenderprogramme.

B

Bezier-Funktion
1. Von dem französischen Mathematiker P. Bezier entwickeltes Verfahren zur exakten Beschreibung von beliebig dimensionalen Kurven durch n+1-Punkte. Das Verfahren hat eine große Bedeutung bei der CAD und in der rechnergestützten Grafikverarbeitung.
2. Mathematische Kurvenfunktion bei objektorientiert arbeitenden Grafikprogrammen für die exakte Definition von beliebig geformten Umrisslinien bei Objekten (grafischen Darstellungen) zu deren digitaler Beschreibung. Durch diese Funktion werden bei einer Strichgrafik (gerade Linien oder gebogene Linien, z. B. ein Kreis oder eine beliebige unregelmäßige Form) nur Anfangs-, Kurven- oder Eckpunkte definiert und gespeichert.
   Im Gegensatz zu einer pixel-orientiert gespeicherten Darstellung, bei der alle erfassten Punkte gespeichert werden, ist bei vektor-orientierter Darstellung die erforderliche Speichermenge gering.
   Das Objekt ist ohne Qualitätsverlust durch diese Definition einzelner Punkte beliebig zu skalieren, d. h. konturenscharf zu vergrößern oder zu verkleinern.

Bezier-Kurve
In objektorientierten Grafik- und Zeichenprogrammen eine dargestellte Kurve oder Krümmung, deren Form durch Tangentenpunkte (Ankerpunkte, Anfasser) zu beschreiben ist. Aus Bezier-Kurven und Vektoren bestehen die Outline-Formen der PostScript-Schriften.
> Bezier-Funktion, > Vektor

Bezugsrichtung eines Bildes
Richtung, die dem Endverbraucher horizontal erscheint, d. h. das Bild ist so dargestellt, wie es der Betrachter sieht; es liegt dann seitenrichtig.

BG ETEM
> Berufsgenossenschaft

biaxial gereckte Polypropylen-Folie
Bei diesem Verfahren wird die Folie aus Polypropylen bei einer bestimmten Temperatur und Spannung in beide Richtungen (= biaxial) gereckt. Dadurch sind die Stärke und das Gewicht pro Quadratmeter festzulegen. Zudem wird die Kohäsion der Moleküle gesteigert. Daraus ergeben sich weitere Vorteile: verbessern der mechanischen Eigenschaften, erhöhen der Transparenz, verbessern der Kältebeständigkeit und Verminderung der Gasdurchlässigkeit.
> OPP-Folie

BIBB
Abk. für das > Bundesinstitut für Berufsbildung

Bibel
„Heilige Schrift" der Christen. Eine ausgewählte Sammlung der Schriften des Alten und Neuen Testamentes.
Hauptdruckwerke Gutenbergs waren die 42- und die 36-zeilige Bibel.

Bibeldruckpapier
Dünndruckpapier mit hoher Festigkeit und > Opazität bei sehr niedriger > Flächenmasse zwischen 25 und 50 g/m^2.

Bibliografie
Verzeichnis von Büchern, Schriften und anderen Veröffentlichungen eines bestimmten (Sach-)Gebietes oder Themenkreises mit Angaben zum Titel, Verfasser, Erscheinungsjahr und -ort, Auflage u. a.

bibliophile Drucke
Liebhaberdrucke, wertvolle Handpressendrucke.

Bibliothek
Umfangreiche öffentliche oder private Büchersammlung.

Bibliothekar
Wissenschaftlich und/oder verwaltungstechnisch ausgebildeter Mitarbeiter in Bibliotheken.

bidirektionaler Druck
Inkjetdruck: Bei einem unidirektionalen Druck werden Informationen (Tinte) nur in einer Bewegungsrichtung des Druckkopfes von einer zur anderen Seite auf den Bedruckstoff (Substrat) gedruckt. Zur Steigerung der Druckleistung druckt bei einem bidirektionalen Druck der Druckkopf auch bei der Rückwärtsbewegung.

biegen
Weiterverarbeitung: Formen eines ebenen Materials (Karton, Pappe) in eine Winkelstellung entlang einer geraden Linie.
> Biegesteifigkeit

Biegeprobe
Papierprüfverfahren zur Feststellung der > Laufrichtung. Es werden aus der Länge und der Breite des Papiers gleichlange Streifen geschnitten und aufeinander gelegt. Zur Probe werden die Streifen an einem Ende gefasst und senkrecht gestellt. Der aus der Laufrichtung geschnittene Streifen besitzt eine größere Steifigkeit und steht aufrechter.

Biegesteifigkeit
Bedruckstoffe, Packmittel aus Wellpappe und Vollpappe, Displays:
Die Biegesteifigkeit ist ein Qualitätsmerkmal vieler Papier- und Kartonerzeugnisse im Druckprozess und in der Weiterverarbeitung.
Die Biegesteifigkeit beschreibt den Widerstand eines Materials, den eine Probe einer Verformung im elastischen Bereich, also ohne ein Brechen, entgegensetzt.
Für die Bestimmung der Biegesteifigkeit gelten verschiedene Prüfmethoden nach DIN.
Alle Papier- und Kartonsorten werden aus Faserstoffen hergestellt. Die einzelnen Fasern richten sich bei dem Stoffauflauf überwiegend in der Produktionsrichtung der Papiermaschine aus. Diese Faserorientierung wird > Laufrichtung genannt. Messwerte sind laufrichtungsabhängig, d.h. parallel zur Laufrichtung sowie rechtwinklig dazu in der Dehnrichtung ergeben unterschiedliche Werte. Daher wird die Biegesteifigkeit immer für beide Richtungen bestimmt.
Die Biegesteifigkeit ist für ein störungsfreies, technisch exaktes Rillen, Nuten, Stauchen u.ä. sowie für die Verarbeitung in Verpackungs- und Konfektioniermaschinen und die Standfestigkeit einer Verpackung entscheidend wichtig.
> Papiereigenschaften.

Bikonkavlinse
Zerstreuungslinse. Die Linse ist an beiden äußeren Flächen hohl, sie ist in der Mitte dünner als oben und unten. Bikonkavlinsen verkleinern.
> Linsen

Bikonvexlinse
Sammellinse. Die Linse hat zwei gewölbte Flächen, sie ist in der Mitte stärker als oben und unten. Bikonvexlinsen vergrößern.
> Linsen

Bild
Allgemeine Bezeichnung für künstlerische Darstellungen aller Art, Abbildungen durch analoge und digitale Fotografie sowie manuell oder digital gezeichnete Grafiken.
Druck- und Medientechnik:
Bezeichnung für unterschiedliche fotografische oder grafische Darstellungen auf einem bestimmten „Datenträger“ (z.B. Fotopapier, Film, Papier, elektronischer Datenspeicher).
> Bildvorlagen

Bildanalyse
Interpretation als Sehen und Deuten von

Bildern durch den Menschen oder technische Geräte z. B. in

- Kunst: Form des Bildes (Farbe, Kontraste, Material, Technik, Licht, Räumlichkeit, Komposition), Absicht des Künstlers, persönliche Wahrnehmung u. a.
- Medizin: medizinische Bilder zur Diagnostik wie Röntgen, Ultraschall, Blutbild
- Werbung, Gestaltung: Art des Bildes (Strich, Halbton/Raster, einfarbig, farbig, Amateur-, Profi-Bild), Kontraste, Kontrapunkt zum Text (Headline, Bildlegende), ungewöhnliches Bild, inszeniertes Bild, Bildmontage, Bildmanipulation oder Verfremdung, Bildausschnitt, freigestelltes Bild, Bildanordnung auf einer Seite, Bildgröße; Bildlegende zu dem Bild u. a.
- Technik: Geräte, Maschinen, Fahrzeuge u. v. a. erfordern leicht erfassbare, eindeutige Bedienungsanleitungen. Die Bildanalyse soll u. a. die Fragen klären: Erfüllen die bildlichen Darstellungen die vorgegebenen Anforderungen? Ergeben die Bilder Möglichkeiten zu einer elektronischen bzw. mathematischen Bildauswertung?

Die Bildanalyse wird daneben in vielen anderen Bereichen eingesetzt: Geologie, Luftbildauswertung, Kartografie, Kriminalistik (biometrische Gesichtserkennung), Psychologie (Handschrifterkennung).

Bildanalyse-Messgerät für Druckplatten

Druckplatten-Messgerät. Die Messung der korrekten Informationsübertragung auf die Druckplatte ist bei einem standardisierten Prozess im Offsetdruck ein sehr wichtiger Bestandteil einer umfassenden Prozesskontrolle. Mit einem Densitometer sind keine präzisen Aussagen über die Punktübertragung zu machen, die Messtechnologie ist auf die Messung von Druckfarben konzipiert. Die Messgenauigkeit des Druckplatten-Messgerätes hängt ab von der Güte der Bildaufnahme und von der Qualität der mathematischen Bildauswertung. Die Geräte arbeiten mit einer Mikroskop-Optik und hochauflösender Digitalkamera sowie einer digitalen Bildanalyse. Funktionen je nach Gerät: Rastertonwert in %, Rasterwinkelung in Grad, Rasterfrequenz in L/cm und lpi, Druckplattenkennlinie, geometrische Analyse, Unterstützung der > Fogra Measuring Bar.

Bildausschnitt

Teilbereich eines Bildes, der zum Beispiel reproduziert und gedruckt oder in Kombination mit anderen Bildern oder Bildausschnitten zu einem neuen Bild manuell oder elektronisch zusammengefügt (montiert) werden soll.

Bildbearbeitung

Das Bearbeiten von Bildern zu einer reproduktionsreifen, d. h. verarbeitungsfertigen Vorlage sowie das auftragsbezogene Verändern (Retuschieren) oder Manipulieren von reproduzierten Bildinformationen. > Bildbearbeitungsprogramm

Bildbearbeitungsprogramm

Die Bildbearbeitung ermöglicht nach dem Digitalisieren der Bildinformationen (Bilddaten) programmgestützte Bearbeitungsmöglichkeiten zur Gestaltung und Retusche des Bildes sowie zu einer speziellen, auf die Drucktechnik bezogene Verarbeitung.
Bildgestaltende Möglichkeiten sind u. a. Änderung des Maßstabes, Einpassen in Flächen, Kombinationen von Bildern, Änderung der Gradation, Strichumsetzungen, Umfärbungen, Verwendung von Filtern.
Zu retuschierenden Arbeiten gehören primär Ton- und Farbwertkorrekturen, Korrekturen der Lichter- und Tiefenzeichnung.

Bilddaten

Informationen eines Bildes, die technisch mit einem System erfasst und rechnergestützt weiterverarbeitet werden können.

Bilddatenbank

Datenspeicher, auf dem nach einem Daten-

verzeichnis alle Bild- und Verwaltungsdaten archiviert sind.
Das Datenformat der gespeicherten Bilder sollte die weitere Verarbeitung auf verschiedenen Medien gestatten.

Bilddigitalisierung
Technische Wiedergabe von Bildinformationen durch einen Punktraster.
> Bildelement, > Bildpunkt

Bildelemente
Bildstellen, Bildpunkte. Zeichnungselemente in einer Bildvorlage bzw. einem Druckprodukt. Kleinstes definierbares Teilchen eines Bildes.
> Bildstelle, > Rasterelement, > Pixel

Bilderdruckpapier
Beidseitig gestrichene Papiersorten in unterschiedlichen Qualitäten mit einer Strichmenge von 5 bis maximal 20 g/m^2 und Seite.
Das Streichen der Papieroberflächen erfolgte früher innerhalb der Trockenpartie der Papiermaschine. Deshalb nannte man die einfachsten Sorten des Bilderdruckpapiers „maschinengestrichen“. Ausschließlich in der Papiermaschine gestrichene Sorten sind qualitativ relativ gringwertig, da nur eine sehr dünne Strichmenge aufgetragen werden kann. Ein sogenannter Vorstrich erfolgt teilweise noch innerhalb der Papiermaschine, für den > Deckstrich (auch: Top-Strich) wird eine separate Streichanlage eingesetzt.
Qualitätsklassen der Bilderdruckpapiere:
1. Konsum =
   einfache Strichqualität und -stärke
2. Standard =
   mittlere Strichqualität und -stärke
3. spezialgestrichen =
   hohe Strichqualität und -stärke.

Während die Sorte Konsum vor allem für sehr hohe Auflagen von Massendrucksachen eingesetzt wird, ist die Qualität der Sorte spezialgestrichen der Top-Qualität gestrichener Papiere, dem > Original-Kunstdruckpapier, bereits sehr nahe.
> LWC-Papier

Bilderschrift
1. Vorstufen der Buchstabenschriften: Darstellung von Sachverhalten oder abstrakten Vorstellungen durch abstrakte Zeichen mit festgelegter Bedeutung in Symbolform.
   Erste Bilderschriften sind bereits aus der Steinzeit bekannt.
   Die Sumerer entwickelten um 4000 v. Chr. konkrete Symbole mit festgelegter Bedeutung für ihren Handel. Die Entwicklung führte zu > Wortbildschriften, die eine enge Bindung zu einer bestimmten Sprache hatten (Hieroglyphen, chinesische Schriften) und schließlich zu > Lautschriften (> Phonetisierung).
2. Heute auch: Piktografie, > Piktogramm. Moderne, grafisch einfach und klar gestaltete Formen von Hinweiszeichen, Sportzeichen, Sicherheitszeichen u.v.a. besitzen als Piktogramme eine große Bedeutung, da sie ohne Kenntnis der Sprache (unabhängig vom gesprochenen Wort) zu verstehen bzw. interpretieren sind.

Bildfrequenz
> Bildwiederholfrequenz

Bildgenerierung
Das Erstellen von Bildern und Grafiken mithilfe von Computerprogrammen in verschiedenen Formen und Darstellungen mit grafischen Elementen, Farben, Verläufen, Perspektiven, Bewegungen u.a. Hierzu wird eine spezielle, hochwertige Software benötigt.

Bildgröße
Optik, Reproduktion: Größe der Aufnahme bei der Reproduktion. Kurzzeichen: y‘.
Der > Abbildungsmaßstab ist aus dem Verhältnis Bildgröße zu Gegenstandsgröße (= Vorlagengröße) zu berechnen. Formel und Zusammenhänge: > optische Grundgesetze.

Bildinformationen
Im technisch-physikalischen Sinn die Darstellung einer visuellen > Nachricht durch analoge oder binäre > Signale. > analoge und > binäre Bildinformationen

Bildkompression
Verfahren zur Verringerung der Datenmenge bei digital gespeicherten Bildern. Die meisten Verfahren komprimieren die Daten jedoch nicht verlustfrei. Dies führt zu einer mehr oder weniger starken Verringerung der Bildqualität bei der weiteren Verarbeitung.

Bildkontraste
Bildvorlagen unterscheiden sich mehr oder weniger stark in ihren Kontrasten. Bei hohen Bildkontrasten toleriert das Auge selbst größere Farbschwankungen im Druckprozess. Dagegen sind bei Bildvorlagen mit geringen Kontrasten bereits feinste Schwankungen im Druckprozess sichtbar.

Bildkontrast-Klassen
> System Brunner Bildkontrast-Klassen

Bildlaufleiste
Horizontales und vertikales schmales Bildschirmfeld mit Richtungspfeilen. Durch ein Anklicken der Pfeile mit der Maus ist die Bildschirmdarstellung in Pfeilrichtung zu bewegen.

Bildlegende
Erläuternder Text zu einem Bild, z. B. als Bildunterschrift in kleinerer Schrift als die Grundschrift gesetzt.

Bildorientierung
1. Bildvorlagen, Kopiervorlagen: > seitenrichtig, > seitenverkehrt.
2. Proof, Druck: Bei einem Prüfdruck (Andruck, Proof) die Lage des Bildes zur Druckrichtung (Bild im Hochformat: stehend = kurze Seite am Druckanfang, liegend = lange Seite am Druckanfang). Die Lage des Bildes sollte möglichst dem Auflagendruck entsprechen.

Bildpasser
> Passer

Bildpixel
Bei gescannten Bildvorlagen entspricht ein Bildpixel der Auflösung des Scanners. Beispiel:
Flachbettscanner haben eine Auflösung von 300 dpi bis 11 200 dpi mit einer Intensitätsauflösung von 8 bit (256 Halbtöne) oder 16 bit pro Farbkanal.

Bildplatte
Datenträger. Speicher für analoge Bildsignale, die durch einen Laser gelesen werden können.
Die Bildplatte ist durch Benutzer weder zu bespielen noch zu löschen. Sie eignet sich beispielsweise zur Speicherung von Nachschlagewerken, Spielfilmen u. a.
> DVD

Bildpunkt
1. In der elektronischen Reproduktion die technische Wiedergabe von Bildinformationen durch einzelne Elemente, d. h. > Bildpixel, > Pixel.
2. Bei der Wiedergabe von Bildinformationen auf einem Monitor die optisch kleinste Einheit, d. h. ein technisch zu erzeugendes Bildsignal.

Bildqualität
Foto- und reproduktionstechnische Kriterien wie Format, Bildschärfe, Kontrast, Detailzeichnung in den Schatten, Farbwiedergabe, Farbbrillanz, Dichteumfang.
Für die Bildqualität eines zu scannenden Bildes sind zwei Programmeinstellungen entscheidend, die > Auflösung und die > Farbtiefe. Die Auflösung gibt die Anzahl der Bildpunkte auf einer bestimmten Strecke an. Je höher die Auflösung ist, desto genauer werden die Informationen des Bildes erfasst und digitalisiert. Die Farbtiefe gibt an, wie viele Farben dargestellt werden können.

Bildschirm
Ausgabegerät zur Visualisierung von Daten eines Rechners. Der Bildschirm zeigt erfasste und gespeicherte Daten an, z. B. alphanumerische Zeichen, grafische Darstellungen und Bilder. Hierzu gehören u. a. auch die Anzeige von Prozessdaten, z. B. am Leitstand einer Offsetdruckmaschine). Durch eine Datenleitung ist der Bildschirm mit dem Computer verbunden.
Die Signale für die Ausgabe erhält der Bildschirm von der Grafikkarte (Videokarte) des Computers. Bildschirme arbeiten mit unterschiedlichen Anzeigetechniken: Kathodenstrahlröhren-Anzeige (CRT = Cathode Ray Tube), Flüssigkristall-Anzeige (LCD = Liquid Crystal Display), Plasma-Anzeige, Organische Leuchtdioden-Anzeige (OLED = Organic Light Emitting Diode) u. a.
Monochrome Bildschirme geben sämtliche Informationen in Graustufen wieder.
Farbbildschirme verfügen über drei Bildschirmelemente RGB (Rot, Grün, Blau), die durch eine additive Farbmischung und unterschiedliche Intensität (Helligkeit) die Wiedergabe von Farben ermöglichen.

Bildschirmarbeitsplatz
Ein Bildschirmarbeitsplatz ist der räumliche Bereich im Arbeitssystem einschließlich der unmittelbaren Arbeitsumgebung, der mit einem Bildschirmgerät sowie ggf. mit Zusatzgeräten und sonstigen Arbeitsmitteln ausgestattet ist.
Zur Arbeitsumgebung gehören u. a. Platzbedarf, Belüftung und Klima im Arbeitsraum, Beleuchtung und Farbgestaltung des Raumes, Lärm.
Eine wichtige Voraussetzung für ergonomisch einwandfreie Arbeitsbedingungen ist die richtige Anordnung des Bildschirmarbeitsplatzes. Tageslicht oder auch die Raumbeleuchtung dürfen nicht blenden oder sich im Monitor spiegeln. Daher sollte die Blickrichtung der Mitarbeiter am Arbeitsplatz weitgehend parallel zur Fensterfront verlaufen.

Bildschirmauflösung
Anzahl der darstellbaren Bildpunkte, die sich aus der Zeilenzahl und der Bildpunkte je Zeile ergibt. Ein hochauflösender 19-Zoll-Bildschirm mit einer Auflösung von 1 024 × 768 Bildpunkten (Pixeln) kann maximal 786 432 Bildpunkte (Farben) darstellen.

Bildschirmgröße
Die Angabe der Diagonale des Monitors in Zoll gibt die Bildschirmgröße an.

Bildschirmkorrektur
Korrekturen, die mit dem > Cursor und/ oder der Tastatur oder einem anderen Eingabegerät über ein > Bildschirmgerät ausgeführt werden. > Softproof

Bildschirmschrift
Engl.: screen fonts. Bestandteil einer PostScript-Schrift. Diese wird für die Anzeige auf dem Bildschirm benötigt. Technisch handelt es sich um eine Bitmap-Schrift, da die digitale Darstellung durch Pixel oder Punkte erfolgt.

Bildschirmterminal
Monitor zur Darstellung aller gespeicherten oder erfassten Daten.

Bildstellen
Druckformen aller Druckverfahren bestehen im Allgemeinen nur aus zwei Elementen:

- Bildstellen = druckende Elemente
- Nichtbildstellen = nicht druckende Elemente.

Bildstellen sind also Druckelemente aller Art wie Zeichen, Linien, Punkte, Flächen, die im Zusammenwirken mit nicht druckenden Stellen ein visuelles „Bild“ (= visuelle Information) im Druckprozess ergeben.
Technisch können in fast allen Druckverfahren nur binäre Elemente gedruckt werden. Ausnahmen sind der Lichtdruck und der Rakel-Tiefdruck.
> Nichtbildstellen, > Raster

Bildtelefon
Kommunikationsart, bei der die Teilnehmer nicht nur akustisch miteinander kommunizieren, sondern auch in direktem Blickkontakt miteinander stehen. Bildtelefonverbindungen werden im ISDN über Videokonferenzsysteme oder über einen PC und entsprechende Software realisiert.

Bildvorlage

1. materielle Bildvorlagen
   Bezeichnung für alle Arten von Bildern, die für einen Produktionsprozess geeignet sind. Zweidimensionale, manuell, fotografisch oder elektronisch hergestellte zeichnerische, grafische oder fotografische Vorlage für einen Print- oder Nonprint-Auftrag. Zur Klassifizierung unterscheidet man verschiedene Bildvorlagen jeweils nach technischen und optischen Gegensatz paaren: Aufsicht oder Durchsicht, Strich oder Graustufen (Halbton), einfarbig oder mehrfarbig, Positiv oder Negativ, seitenrichtig oder seitenverkehrt.
   Danach ist beispielsweise ein Farbdiapositiv zu charakterisieren: Durchsicht, Graustufen (bzw. Halbton), farbig, Positiv, seitenverkehrt (evtl. auch seitenrichtig).
2. digitale Bildvorlagen
   Digital gespeicherte Bilddaten.
   > Digitalkamera

Bildweite
Optik, Reproduktion: Entfernung zwischen der Hauptebene des Objektivs und der Filmebene (bzw. Mattscheibe).
Kurzzeichen: *a'*. Formeln und Zusammenhänge: > optische Grundgesetze.

Bildwiederholfrequenz
Die Bildwiederholrate oder Bildwiederholfrequenz in Hertz (Hz) gibt an, wie oft das gesamte Bild auf dem Bildschirm (Monitor) in einer Sekunde komplett neu aufgebaut wird. Je höher die Wiederholrate (Frequenz) ist, desto flimmerfreier wird das Bild auf dem Monitor wiedergegeben. Für einen Bildschirmarbeitsplatz ist eine Bildwiederholfrequenz von > 75 Hz erforderlich. Dazu muss der Elektronenstrahl bei 768 Zeilen (Auflösung 1024 × 768) 768 × 75 = 57 600-mal pro Sekunde die Bildzeile wechseln.

Bildwiederholrate
> Bildwiederholfrequenz

Bildzeile
Die technische Wiedergabe einer Bildzeile, die der Elektronenstrahl jeweils von links nach rechts in einem Durchgang auf dem Bildschirm darstellt.

Bilevel-Bilder
> Strichvorlagen, die nur aus zwei Tonwerten bestehen.

Bimetall
Blech mit zwei Metallschichten, die galvanisch miteinander verbunden sind.

BlmSchG
Abkürzung für > Bundesimmissionsschutzgesetz.

binär
Zweiwertig. Ein System, das zur Übertragung von Signalen oder Darstellung beliebiger Informationen nur zwei unterschiedliche Werte bzw. Zustände einsetzt, z. B. Ein – Aus; Eins – Null; Weiß – Schwarz; wahre Aussage – falsche Aussage.
> binäre Bildinformationen, > Dualsystem
> Anhang – 10 Zahlensysteme

Binärcode
Ein System zur Verschlüsselung von Daten, das auf dem binären Prinzip aufbaut. Der Binärcode ist die Basis für die Computersprache.
Jede Speicherzelle kann dabei nur zwei Zustände annehmen: 0 oder 1.
Alle Zeichen, Sonderzeichen, Dezimalzahlen oder andere Bildelemente müssen

zur Verarbeitung im Computer in den Binärcode umgewandelt werden.
> Dualsystem

binäre Bildinformation
Eine bildliche Darstellung, die nur aus zwei Tonwerten besteht:
Bildstelle – Nichtbildstelle bzw. druckend – nichtdruckend. Typisch für binäre Bildinformationen ist eine Strichvorlage, die nur aus zwei Tonwerten besteht. Ebenso sind gerasterte Graustufenvorlagen (Rasterpunkt – kein Rasterpunkt) binär aufgebaut.
Der Druckprozess erfordert bei fast allen Druckverfahren eine Druckform mit binären Bildinformationen: Bildstellen übertragen als druckende Elemente Druckfarbe auf einen Bedruckstoff.
Einfarbige Halbton-Bildvorlagen zeigen unterschiedliche Schwärzungen entsprechend der Helligkeit des Aufnahmeobjektes. Unser Auge empfängt durch dementsprechend unterschiedliche Reflexion des Lichtes eine mehr oder weniger starke Helligkeit und definiert so die Bildinformationen.
Das gilt im Prinzip ebenso für farbige > Halbton-Bildvorlagen, z.B. ein Farbfoto oder ein Farbdiapositiv.
Bei allen Druckverfahren (Ausnahmen: > Lichtdruck und teilweise der > Rakel-Tiefdruck) sind Bildinformationen nur durch > binäre Elemente zu vervielfältigen:
- Bildstelle – Nichtbildstelle
- Linie – keine Linie
- Rasterpunkt – kein Rasterpunkt.

Bildstellen (Druckelemente aller Art) übertragen Bildinformationen durch Druckfarbe auf einen weißen Bedruckstoff.
An Nichtbildstellen wird nicht gedruckt, d.h. der Bedruckstoff bleibt weiß.

binäre Elemente, binäres System
> binär, > Binärcode, > binäre Bildinformationen, > Dualsystem, > digital, > Signale

Binary Coded Decimal
Abkürzung: BCD-Code.
Dieser Standardcode dient zur Darstellung von Dezimalziffern mit 4 Bit.
Die folgende Tabelle zeigt die Art der Codierung:

Dezimalziffer	Binärzahl
0	0000
1	0001
2	0010
3	0011
4	0100
5	0101
6	0110
7	0111
8	1000
9	1001

Binary-Deflecting-Verfahren
> Continuous Inkjet

Binary digit
Abkürzung: > Bit

Binärzahl
Zahl, deren einzelne Stelle nur zwei Zustände (Elemente 0 und 1) zur Darstellung beliebiger Werte benutzt.
> binäre Elemente,
> Dualsystem

Bindemittel
Druckfarben bestehen aus > Farbmitteln, Bindemittel und Additiven (Druckhilfsmitteln).
Farbmittel sind allgemein Pigmente.
Bindemittel haben vor allem folgende Aufgaben:
- Benetzen der Pigmente und Bilden einer feinsten Dispersion, damit das Pigment verdruckbar wird
- Verankern der Pigmente auf den Bedruckstoff durch Trocknung der Bindemittel
- Bilden eines Schutzfilmes, um Pigmente vor mechanischem Abrieb zu schützen.

binden
Vereinigen einzelner Blätter oder gefalzter

Bogen zu einem Broschuren- oder Buchblock.
> Bindetechniken, > Heften,
> Klebebinden

Bindequote
Teilaufbindung eines Produktes. Bestimmte Menge eines Druckproduktes, z. B. eines Buches, die zu einem bestimmten Zeitpunkt gebunden wird. Bei großen Auflagen und ungewissem Absatz lässt der Verleger nur einen bestimmten Teil der Auflage sofort binden. Der Rest der Druck- oder Falzbogen wird vorübergehend gelagert.

Bindestrich
Trennstrich aus der jeweiligen Schrift.
> Striche

Bindetechniken
Druckweiterverarbeitung: Manuelles oder maschinelles Binden einzelner Blätter oder gefalzter Lagen (Falzbogen) mit Faden, Draht oder Klebstoffen. Bei einer Rückstichheftung verbindet das Heftmaterial das Produkt durch den Rücken (Bund), bei Seitenstichheftung durch die Seite in der Nähe des Rückens und bei Seitenheftung am Rücken des Produktes.
Übersicht der Bindetechniken
> Anhang – 9 Druckverarbeitung

bio...
Aus dem Griechischen: Leben. In Zusammensetzungen auftretendes Bestimmungswort mit der Bedeutung:
leben..., Leben... (Lebensvorgänge, Lebewesen u. v. a.), z. B. biologisch, biotrop, Biologie, Biochemie, Biogas, biologisch abbaubar)

Biochemischer Sauerstoff-Bedarf
> BSB

Biografie
Lebensbeschreibung, Lebensablauf, Lebenslauf eines Menschen.

BIOS
Abkürzung für: Basic Input/Output System. Das BIOS, wichtigster Teil des Betriebssystems, ist im > ROM integriert. Es wird beim Start des Computers geladen. Dabei testet es alle installierten Hardwarekomponenten, lädt und überwacht danach alle Ein- und Ausgaberoutinen und organisiert die Kommunikation mit allen Peripheriegeräten, z. B. Bildschirm, Tastatur, Speicher, Drucker und andere Ausgabegeräte.

Bit
Abk. für: Binary digit, eine Binärziffer. Kleinste Informationseinheit in der Computertechnik und anderer digital arbeitender Systeme.
Prinzip: Binäre Informationen sind mit nur zwei Zeichen: 1 (= Strom ein) und 0 (= Strom aus) darzustellen. Nur diese beiden Informationszustände sind in elektronischen Datenverarbeitungsanlagen zu erfassen und zu verarbeiten.
Einheitenkürzel für das Bit ist das „b“ (ein kleines b). Eine Gruppe von 8 Bits ist ein > Byte. > Dualsystem, > Anhang – 10 Zahlensysteme

Bitmap
Digitale Bilder bestehen aus einem „Rasterfeld“ (vgl. Schachbrett) mit einzelnen Bildpunkten. Prinzipiell ist eine Bitmap ein Rasterfeld im Prozessspeicher, das eine Bild- bzw. Grafikstruktur in quadratischen Elementen ermöglicht. Ein Bildaufbau basiert so auf einzeln ansteuerbaren Pixelelementen in Vertikal-/Horizontal-Koordinaten.
In diesen Dateien ist jedem Pixel ein Datenbit zugeordnet; es schaltet entweder EIN (= belichtet bzw. schwarze Druckfarbe = Bildstelle) oder AUS (= nicht belichtet bzw. keine Bildstelle).
Das aus einem rechtwinkligen Raster von Pixeln bestehende Bild ist im Aufbau sehr datenintensiv. Der Computer weist jedem Pixel einen Wert zu, und zwar zwischen

einem Datenbit und bis zu 32 Bit pro Pixel für Farbbilder. Die Farbe jedes Bildpunktes (Pixel) wird durch eine bestimmte Anzahl von Bit definiert. Im Gegensatz zur Vektorgrafik wird durch das Vergrößern eines Bildes diese Rasterstruktur stufenförmig sichtbar gemacht. Es bestehen viele auf Bitmap basierende Speicherformate z. B. TIFF, Pict, JPEG, BMP, die heute von allen gängigen Programmen verarbeitet werden können. > Vektor

Bitmap-Grafik
Grafiken, die aus Pixeln aufgebaut sind. Im Gegensatz zu vektororientierten Grafiken sind Bitmap-Grafiken auflösungsabhängig, d. h. nur in einem bestimmten Maßstab ohne Qualitätsverluste zu skalieren.
> Bitmap

Bitmap-Schrift
Darstellung einer digital gespeicherten Schrift durch eine Matrix einzelner Pixel oder Punkte.

Bits pro Sekunde
EDV: Maß für die Übertragungsgeschwindigkeit von binären Daten in einem Leitungssystem. Abk.: > bps

Bit/s
> Bits pro Sekunde, > bps

Bit-Tiefe
Auch: Farbtiefe. Die Bit-Tiefe gibt die Anzahl der Bits an, mit denen einzelne Pixel (Bildinformationen) eines digitalisierten Bildes wiedergegeben werden. Sie ist demnach maßgebend für den gesamten Ton- und Farbwertumfang, also für die Menge der wiederzugebenden Tonwerte und Farbwerte. Die Bit-Tiefe ist ebenso ein Maß für die Fähigkeit eines Systems, z. B. eines Monitors, verschiedene Farben und Tonwerte gleichzeitig darzustellen. Ein Monochrom-Monitor hat eine Bit-Tiefe von 1, ein 24-Bit-Farbmonitor stellt dagegen über 16 Millionen Farben (2^{24}) dar.

Bitondruckfarbe
Früher verwendete Doppeltondruckfarbe, die im Buchdruck eingesetzt wurde.
Charakteristisch sind mit Farbstoffen eingefärbte Bindemittel, die nach dem Aufdrucken in das Papier > wegschlagen und um jeden Rasterpunkt einen leicht farbigen Hof bilden.
Optisch erscheint das gedruckte Bild dadurch farbig zu wirken.
Wegen unsicherer Ergebnisse, die auch stark von der Saugfähigkeit des Bedruckstoffes abhängen, wird die Bitonfarbe nicht mehr eingesetzt.
Vgl. optische Wirkung im > Duplexdruck.

Bitumenpapier
Spezialpapier für Verpackungen, das mit Bitumen oder Bitumenmischungen beschichtet oder darin getränkt und imprägniert ist. Als Packstoff auch ein > kaschiertes Papier aus zwei Papierbahnen und einer Bitumenzwischenschicht.

black
1. Engl.: Schwarz. Die im Druckprozess eingesetzte Druckfarbe Schwarz wird international mit einem > K (Key) bezeichnet.
2. Engl. Bez. für eine extra-fette Schrift, z. B. Cooper Black.

Black Box
Engl.: Schwarzer Kasten. Denkmodell für unbekannte Prozesse. Bezeichnung für einen Vorgang, Ablauf o. Ä. als ein Modell, dessen Eingaben und Ausgaben bekannt, dessen Funktionsweisen oder Wechselwirkungen jedoch unbekannt sind.

Blanc fixe
Chem. Bezeichnung für > Bariumsulfat.

Blank
1. Englische Bezeichnung für Wortabstände oder ein Leerzeichen in der Datenverarbeitung.
2. Auf einer Tastatur die Leertaste.

blanklaufen
Drucktechnik:
Abstoßen der Druckfarbe von Metallwalzen im Farbwerk einer Druckmaschine. Im Offsetdruck tritt Blanklaufen durch > oleophobe (Fett abstoßende) Materialeigenschaften auf.

blanko
Leer, unbedruckt.

blankschlagen
Ausdruck aus der Bleisatzzeit:
Das Aussparen einer Fläche im Satzspiegel, z. B. Text, in der später ein Bild, eine Grafik oder eine Tabelle eingefügt werden soll.

Blatt
Ungefalzter Bedruckstoff aus Papier oder Karton in den Formaten DIN A3 und kleiner. Ein größerer Bedruckstoff (Papier, Karton) wird Bogen genannt.

Blattgold
Wertvolle, hauchdünne Goldblättchen, die in der Goldschlägerei aus dünnen Goldblechen hergestellt werden.
Früher in der handwerklichen Buchbinderei für den Goldschnitt im Kopf oder für Deckenvergoldung verwendet.

Blattgoldfirnis
Druckfarben: Hilfsmittel zur Erhöhung der > Zügigkeit.

blauempfindlicher Film
Reproduktion: Spektrale Empfindlichkeit von Fotomaterial für den Blaubereich des Lichtes (ca. 400 bis 500 nm).
Da die spektrale Empfindlichkeit der Fotoschicht nicht mit zusätzlichen > Sensibilisatorstoffen erweitert ist, nennt man blau empfindliches Filmmaterial auch > unsensibilisiert.

Blaupause
1. Früher eingesetzte einfache Lichtpause von manuell hergestellten (Film-)Montagen für die Offsetdruckplattenkopie zur Montagekontrolle.
   Lichtpauspapier: Spezielles, mit einer Diazoverbindung sensibilisiertes Papier.
2. Sogenannte „digitale Blaupause“ (Blue Print): Bezeichnung für einen einfachen Ausdruck digitaler Daten zur Seiten- und Montagekontrolle, z. B. für Ausschießen, Stand von Texten und Bildern, Korrektur, Revision. > Plotter

BLC-Film
Bright-Light-Contact. UV-empfindlicher Reprofilm, der bei Raumlicht verarbeitet werden kann.

Blechdose
> Dose aus Feinstblech oder Aluminium, unverzinnt oder füllgutbeständig verzinnt.

Blechdruck
Indirekt rotativ arbeitendes Flachdruckverfahren für das Bedrucken von Blechtafeln, die in der Weiterverarbeitung zu Dosen, verschiedenartigen Behältern oder Metallverschlüssen weiterverarbeitet werden. Die Druckwerke einer Blechdruckmaschine und einer Offsetdruckmaschine sind prinzipiell gleich aufgebaut. Allerdings sind die Druckmaschinen und Drucktechnik auf das Bedrucken von dicken, schweren Blechtafeln (bis zu 2 kg/Tafel) abgestimmt. Bedruckte Blechtafeln müssen nach dem Druck in integrierten oder angebauten Trocknergeräten getrocknet werden. Nach dem Druck werden die Blechtafeln meist noch lackiert.

Blechtafel
Der im Blechdruck eingesetzte metallische zweidimensionale Bedruckstoff wird nicht Bogen, sondern Tafel genannt.

Bleeding
Aus dem Engl.: blutend. Mit Bleeding wird das insbesondere beim Inkjetdruck auf un-

geeignetem Papier zu beobachtende Phänomen auslaufender Tinte bezeichnet. Sichtbar durch ineinander laufende Farben und ausgefranste, unscharfe Farbsäume.

bleichen
Papierherstellung: Chemisches Entfernen der leicht gelblichen Färbung der Faserstoffe, um den Weißgrad (ein hochweißes Papier) zu erhalten. Gebleicht wird in mehreren Stufen. Bleichmittel sind beispielsweise Chlor und Sauerstoff, die getrennt auf den Faserstoff einwirken, außerdem Peroxide und Sauerstoff.

Bleisatz
Manuelle und maschinelle Satzherstellungsverfahren, die mit Bleilettern (Einzelbuchstaben, Zeilen) arbeiten. Der Bleisatz war speziell für den Buchdruck das geeignete Satzherstellungsverfahren, da von diesem im Druckprinzip Fläche-Fläche (Tiegel-Druckmaschinen) und Zylinder-Fläche (Flachform-Zylinder-Druckmaschinen) direkt gedruckt werden konnte. Die Technik wurde für die industrielle Satzherstellung durch den Fotosatz und dieser wiederum durch den computergesteuerten Satz auf DTP-Systemen abgelöst.

Bleisetzmaschinen
Maschinen zur Herstellung von Bleisatz. Die erste Bleisetzmaschine, die Linotype, wurde 1886 von Ottmar Mergenthaler erfunden. Bis dahin stellte man Bleisatz von Hand her; ein manuelles Verfahren, wie es schon von Gutenberg ausgeübt wurde.
Man unterscheidet prinzipiell:
- Bleisetzmaschinen zur Herstellung von Zeilensatz,
- Bleisetzmaschinen zur Herstellung von Einzelbuchstabensatz.

Gesetzt werden nicht einzelne Lettern, sondern Matrizen, die mit einer Bleilegierung ausgegossen werden. Die bedeutendste Bleisetzmaschine für den Zeilenguss ist die > Linotype, für den Einzelbuchstabenguss die > Monotype. Diese Maschinen sind durch computergesteuerte DTP-Systeme völlig überholt.

Bleistereo
Hochdruckplatten-Nachformung (heute ohne Bedeutung). Von einer Original-Hochdruckform, z. B. Strichätzung oder Druckseite einer Tageszeitung, wurde eine spezielle Maternpappe geprägt. In einem weiteren Arbeitsgang wurde diese plan liegend (als flache Druckform) oder entsprechend dem Umfang des Druckformenzylinders der eingesetzten Druckmaschine mit einer Bleilegierung (Blei, Antimon und Zinn) halbrund ausgegossen. Nachteil dieser Verfahren: geeignet nur für einfachste Druckarbeiten, geringe Rasterweite von ca. 30 L/cm, zeitaufwendige Herstellung, unhandliche und sehr schwere Druckform.

Blende
Optik: Größenmäßig zu verändernde Öffnung im Objektiv zur Steuerung des optisch wirksamen Strahlenbündels bzw. zur Steuerung der Beleuchtungsstärke in der Belichtungsebene.

Blended Learning
Englische Bez. für eine Kombination von > E-Learning und Präsenzveranstaltungen.

Blendenautomatik
Fotografie: Die Belichtungszeit wird durch den Fotografen gewählt, die Automatik wählt die dazu korrekte Blende aus.

Blindband
> Blindmuster

Blindenschrift
> Braille-Schrift

Blindmaterial
Bleisatz: Alle nicht druckenden Materialien für das materielle Ausfüllen von erforderlichen Zwischenräumen und Abständen wie Buchstaben-, Wort-, Zeilen-

und Absatzabstände sowie Abstände zwischen Druckseiten beim Schließen (Zusammenstellen, Anordnen und Befestigen) von Druckseiten in einer Druckform. Zum Blindmaterial gehören Materialien wie Spatium, Ausschluss, Quadrate, Regletten, Stege.

Blindmuster
Allg.: Muster für ein herzustellendes Produkt. Beispiel: Muster eines Buches, Kataloges o. Ä., das in Format, Umfang, Papier, Verarbeitung und Einband dem späteren Endprodukt entspricht. Alle Seiten sind jedoch normalerweise unbedruckt. Damit kann beispielsweise die Dicke und das Gewicht des Druckproduktes genau ermittelt werden. Es kann ebenso für die Gestaltung und den Materialbedarf des Einbandes genutzt werden.

Blindprägung
Informationen werden mit einem Prägestempel vertieft oder erhaben in das plan liegende Material geprägt, ohne dass eine Farbe übertragen wird.

Blindtext
Beliebiger Text für ein Layout, der dem endgültig verwendeten Text in allen typografischen Merkmalen wie Schriftart, Schrift grad, Zeilenabstand entspricht. Der Text charakterisiert dabei lediglich das optische Erscheinungsbild.

Blindzeile
Leerzeile, die bei der Texterfassung durch die Return-Taste erzeugt wurde.

Blisterhaube
Engl.: Blister = Blase, Bläschen, Blasen bilden. Produktverpackung aus Kunststoff.
> Blisterverpackung

Blisterlack
Eine Lacksorte, mit der > Blisterhauben durch Druck und Wärme mit dem bedruckten und lackierten Kartonteil verbunden werden. Unter Wärme entwickelt der Lack einen Heißklebeeffekt.

Blisterverpackungen
> Sichtverpackungen, insbesondere für kleine Produkte. Einseitig offene Hauben aus Kunststoff, die auf einen bedruckten Träger aus Karton aufgeklebt sind. Der Kunde kann das Produkt in der Verpackung sehen und die Informationen zu dem Produkt auf dem bedruckten Trägerkarton lesen.
Für technische Bauteile, Werkzeuge, Materialien (Schrauben, Nägel o. Ä.) werden Klemmverpackungen eingesetzt, bei denen der Kunststoff unter Hitzeeinwirkung um die Rückwand gebogen wird. Bei Heftverpackungen kann die Blisterhaube einfach auf die Papprückwand getackert werden.
Vorteile für den Händler: Die Verpackungen der kleinen Gegenstände können auf standardisierten Halterungen übersichtlich präsentiert werden. Dadurch wird auch die Inventur erleichtert. Durch die großen Verpackungen wird auch der Ladendiebstahl kleiner Artikel erschwert.
Blisterhauben eignen sich besonders für Tablettenverpackungen. Die in einer Blisterhaube auf einer Aluminiumfolie versiegelten Tabletten sind hygienisch und vor äußeren Einflüssen geschützt übersichtlich verpackt. Durch einfaches Durchdrücken kann die Tablette entnommen werden.

Blitzer
Auffällige weiße kleine Randzonen (Weißstellen) durch einen unzureichend genauen Passer bei aneinanderstehenden Farbflächen. Der Begriff wird auch verwendet bei Schneidefehlern an angeschnittenen Flächen oder Bildern.
> Überfüllung, > Trapping

Block
1. EDV: Datenblock (engl. frame) als physische Grundeinheit gespeicherter Daten.
2. Kurzbezeichnung in der Buchbinderei:

Aus gefalzten Druckbogen oder einzelnen Blättern zusammengetragene, miteinander zu bindende oder gebundene Blätter bzw. Falzbogen zu einem Broschuren- oder Buchblock.

Blockade
Infolge unklarer Manuskriptstellen werden im Satz auffällige, provisorische Zeichen zu einer späteren Berichtigung gesetzt.

Blockbuch
Von Holztafeln bedruckte einzelne Blätter wurden in der Zeit von 1400 bis 1550 zu einem Buch gebunden. Ursprünglich wurde im Reiberdruck ein Blatt im doppelten Format gedruckt und einmal in der Mitte gefalzt. An den offenen Seiten erfolgte die Heftung. Mit Erfindung der Buchdruckerkunst durch Gutenberg konnte mit Handpressen auch beidseitig gedruckt werden.

Blockdrahtheftung
Seitliche Drahtheftung durch zusammengetragene einzelne Blätter zu einem Block oder gefalzte Bogen zu einer > Broschur, > Bindetechniken.

blocken
Fehlerhaftes Zusammenkleben von Lack- oder Druckfarbflächen aufeinander liegender Bogen.

Blockheftung
> Blockdrahtheftung, > Blockklebebindung

Blockklebebindung
Industrielles Klebebindeverfahren in der Buchbinderei, bei der der gesamte Broschuren- bzw. Buchblock (Innenteil) im Bund ca. 3 mm breit rau aufgefräst und danach an den Stirnseiten der Blätter klebegebunden wird.
> Fächerklebebindung

Blocksatz
Symmetrische Textanordnung: Links- und rechtsbündiger Satz, d.h., Zeilenanfänge und Zeilenenden stimmen in der senkrechten Ausrichtung überein. Innerhalb einer Zeile sind die Wortabstände gleich groß. Jedoch variieren die Wortabstände von Zeile zu Zeile, um je nach freier Fläche am Zeilenende die jeweilige Zeile links- und rechtsbündig zu füllen.
Im sogenannten „erzwungenen Blocksatz“ werden auch einzelne Wörter auf die volle Zeilenbreite ausgetrieben, d.h., nicht nur der Abstand zwischen den Wörtern sondern auch zwischen einzelnen Buchstaben wird unschön erweitert.

Blockstärke
Druckweiterverarbeitung: Die Dicke eines noch nicht gebundenen Broschuren- oder Buchblocks mit allen Seiten des Innenteils ohne Umschlag oder Einband.

Blooming
Engl. blooming = blühen.
Fehlerscheinung bei der Bilddatenerfassung durch CCD-Elemente mit Digitalkameras sowie in der Reproduktion mit Flachbettscannern, die durch ein „Überlaufen“ elektrischer Ladungen bei zu hoher Lichteinwirkung zwischen einzelnen CCD-Elementen (Sensoren) entstehen.
Dadurch wandern Ladungen auf umliegende, korrekt belichtete Zellen.
Die Erscheinung zeigt sich als Streifen oder weiße Löcher durch Überstrahlungen.
> CCD

Blue Box
Ein aus der Medien- bzw. Fernsehtechnik bekanntes Verfahren, bei dem ein Schauspieler vor einer (meist) blauen Wand agiert, die technisch durch einen anderen, beliebigen Hintergrund ersetzt wird. Somit ist eine totale Bildmanipulation auch bei Bewegtbildern möglich.
Beispiel: Es wird eine virtuelle Konferenz durchgeführt, bei der sich die Teilnehmer in der realen Situation an verschiedenen Orten (Studios) aufhalten.

Der Zuschauer bekommt jedoch auf dem Bildschirm den Eindruck, als säßen alle Teilnehmer in der Diskussionsrunde an einem Tisch.

Blue Print
> Blaupause

BMP
Erweiterung des Dateinamens für Bitmapgrafiken unter Windows.

Boards
1. Englische Bezeichnung für Pappen.
2. Computer: Bezeichnung für Baugruppenträger von Platinen und Erweiterungskarten.

Bodoni, Giambattista
Bedeutender italienischer Typograf, Drucker und Verleger, geb. 16. Februar 1740, gest. 29. November 1813 in Parma. Schlichte Eleganz, höchste typografische und drucktechnische Qualität machten Bodoni in seiner Zeit berühmt. 1788 veröffentlichte er die erste Ausgabe seines typografischen Handbuches (Manuale Tipigrafico) mit fast 300 Schriften. Darunter waren auch nicht-lateinische Schriften und Ornamente. Heute noch bedeutend ist seine um 1798 geschaffene und nach ihm benannte Schrift, eine klassizistische Antiqua mit starken senkrechten Strichen und sehr feinen waagerechten Strichen und rechtwinklig angesetzten Serifen.

Bogen
1. Bedruckstoffe: Papier oder Karton mit einem Mindest-Format von DIN A3. Kleinere Formatgrößen werden allgemein Blatt genannt.
2. Druckweiterverarbeitung: Menge von Falzbogen (auch Signaturen genannt) für die Druckweiterverarbeitung. „Maßeinheit“ für den Umfang einer Broschur oder eines Buches. Ein sogenannter Normalbogen hat 16 Seiten.

Bogenanleger
An Bogen-Druckmaschinen das Anlegesystem für einzelne Bogen. Man unterscheidet Einzelbogenanleger und Schuppenanleger. Bei einem Einzelbogenanleger wird jeder nacheinander einzeln zum Druckwerk geführt. Bei einem Schuppenanleger werden die Bogen schuppenförmig aufgefächert transportiert. Damit sind wesentlich höhere Druckleistungen zu erreichen.

Bogenarten
Unterschiedlich genutzte Bezeichnung.
1. Druckbogen: Erzeugnis, Produkt des Druckens. Großformatiger Bogen mit mehreren gedruckten Seiten.
2. Buchbinderbogen: Auf Falzformat für das Falzen in der Falzmaschine geschnittener Druckbogen.
3. Falzbogen: Das in der Falzmaschine gefalzte Produkt.

Bogenausleger
An Bogen-Druckmaschinen ein System zur Auslage bedruckter Bogen auf einen Stapel. Je nach aufzunehmender Stapelhöhe unterscheidet man Niederstapelausleger und Hochstapelausleger.

Bogenbremse
Vakuum-Einrichtung in der Auslage bei Bogen-Druckmaschinen, mit der der Bogen je nach Druckgeschwindigkeit abgebremst werden kann, um eine einwandfreie, ruhige Ablage auf dem Auslegestapel zu erreichen.

Bogendruck, Bogendruckmaschine
Drucktechnik: Der Druck auf einzelne Bogen. Gegensatz: > Rollendruck.

Bogengewicht
Die Flächenmasse eines > Bogens, die durch die Größe (Länge × Breite) und Flächenmasse (g/m²) des Papiers oder Kartons bestimmt ist.
> Papiergewicht

Bogenmontage

1. Filmbasierte Druckformherstellung: Zusammenstellen und standgerechtes Positionieren einzelner Bildelemente (Text, Grafik, Bild, Hilfszeichen u. a.) oder fertiger Seiten für die Druckformherstellung im gewünschten Druckbogenformat. Beim Druck mehrerer Druckseiten sind die einzelnen Seiten entsprechend dem Ausschießschema zu positionieren. Die Bogenmontage wird beim Einsatz von Filmen manuell auf transparente Montagefolien ausgeführt. Montiert werden geeignete Kopiervorlagen mit bestimmten technischen Eigenschaften für das Kopierverfahren.
2. Digitale Druckformherstellung: Zusammenstellen und standgerechtes Positionieren digital gespeicherter Seiten im gewünschten Druckformat nach einem
   > Ausschießschema.

Bogennorm

Am Fuß, im Rücken oder im Beschnitt der ersten Seite eines jeden Druckbogens angebrachte Kurzangabe des Titels eines Werkes. Bogennorm und > Bogensignatur dienen zur leichteren Identifizierung gedruckter Bogen und der Zuordnung zu einem bestimmten Werk.

Bogensignatur

Kennzeichnung eines jeden Druckbogens im Werkdruck mit einer fortlaufenden Nummer auf der ersten Seite im Bund (Rücken) oder im Beschnitt im Fuß. Die Bogenzahl wird häufig mit einem Stern auf der dritten Seite des Bogens wiederholt.
> Bogennorm

Bold

Engl. Bez. für eine fette Schrift, z. B. Helvetica Bold. Bezeichnungen wie Extra Bold, Bold Italic, Bold Condensed charakterisieren weitere Schriftschnitte.

Book

Englischer Begriff für das Buch; dementsprechend werden geeignete Werksatzschriften bezeichnet, z. B. BookAntiqua.

Bookmark

Engl.: Lesezeichen. Sie werden in Web-Browsern genutzt, um Internet-Adressen (URL) zu speichern und rasch aufzurufen.
> Favoriten, > Lesezeichen

Books on Demand

Engl. Bez. für: Bücher nach Bedarf. Bücher werden nicht in einer bestimmten Auflage, sondern nach Bedarf oder auf Anfrage produziert. Ideal für eine kostengünstige Produktion dieser Produkte ist der Digitaldruck, in dem auch kleinste Auflagen ohne Druckformherstellung zu fertigen sind. Für den Verleger entfallen bei dieser Produktion damit Material- und Lagerungskosten sowie ggf. ein Restbestand nicht zu verkaufender Exemplare.

booten

Nach dem Einschalten des Rechners (Computers) das selbstständige Laden des > Betriebssystems.

Bördel

Verpackungen: Der obere, nach außen gebogene Rand einer zu öffnenden Falzdeckeldose.

Botschaft

Mitteilung, Information. > Werbebotschaft

bpi

Abkürzung für bits per Inch (Bits pro Inch). Maßeinheit für die zu speichernde Zeichendichte auf Datenträgern.

bps

Engl. Abk. für bits per second (Bit/s). Maßeinheit für die theoretische Geschwindigkeit der Datenübertragung (Datentransfer, Übertragungsrate) bei einer seriellen

Übertragung in einem Netzwerk. Wird auch als Leistungsangabe bei Hardware-Beschreibungen verwendet (z. B. Modem mit 56 000 bps).
> Baudrate

Braille-Schrift
Schriftsystem für blinde Personen, die einzelne, erhaben stehende Punktekombinationen (= Zeichen für Buchstaben, Zahlen und Satzzeichen) ertasten können. Das Zeichensystem ist nach dem Franzosen Louis Braille (1809–1852) benannt.

Brainstorming
Engl.: Ideenkonferenz. Im Team mit mehreren Teilnehmern Ideen sammeln, dokumentieren, bewerten und auswählen.

Braunschliff
Papierherstellung: Holzstoffherstellungsverfahren, das vor allem für den mechanischen Aufschluss von Kiefernholz eingesetzt wird. Das Holz wird vor dem Schleifen gedämpft oder angekocht, um für das Schleifen die Fasern zu lockern und damit das Zerfasern zu erleichtern.

Break-even-Point
Betriebswirtschaft: Kostendeckungspunkt, Nutzenschwelle. Erst ab diesem berechneten Punkt übersteigt der Erlös die Kosten und es entsteht zunehmend Gewinn.

Brechen der Druckfarbe
Mischen einer Druckfarbe mit ihrer > Komplementärfarbe, dabei bleibt die Farbigkeit erhalten. Das Mischen mit Schwarz wird > Dunkeln genannt, der Farbton nähert sich der Grauachse.

Breitbahn
Abkürzung: BB. Kennzeichnung eines Druckbogens, der aus der Breite der „endlosen“ Papierbahn (= Rolle) geschnitten wurde.
Die kürzere Seite des Bogens liegt parallel zur hauptsächlichen Ausrichtung der Papierfasern, Laufrichtung bzw. Maschinenrichtung (M) genannt.
Beispiele für Formatangaben:
61 cm × 86 cm BB; 61 M × 86.

Brennprobe
1. Prüfverfahren zur Erkennung von Kunststoffen.
2. Prüfverfahren für das Erkennen von geklebten Kartons: Beim Anbrennen einer Ecke spaltet sich der Karton in einzelne Lagen.

Brennpunkt
Optik: Parallel laufende Strahlen vereinigen sich durch Brechung an einer Sammellinse zu einem Punkt, dem Brennpunkt.
> optische Grundgesetze

Brennweite
> optische Grundgesetze

Briefing
Auftragserteilung mit Vorgaben, Instruktionen, Anweisungen für eine komplexe Werbekampagne oder ein konkretes Produkt (Printprodukt, digitale Medien, z. B. Internetauftritt).

Brightness
Engl.: Helligkeit.

Brinellhärte
Prüfverfahren und Skala für Härtemessungen an Metallen.

Bristolkarton
Ein drei- oder mehrlagiger Karton mit holzstofffreier Ober- und Unterseite (-decke) und einer meist holzstoffhaltigen Einlage in Flächenmassen von ca. 245 bis 900 g/m^2. Der Karton ist stabil, lässt sich gut bedrucken und eignet sich für Postkarten, Verpackungen und Umschläge für Broschuren.

Broadsheet
Engl.: broad = breit, weit, sheet = Bogen. Zeitungsformat in der doppelten Größe

des Tabloidformates.
Beispiel: Rheinisches Format:
> Broadsheet 350 mm × 510 mm,
> Tabloid 255 mm × 350 mm

Brom
Chemisches Zeichen: Br. Ein > Halogen, welches u. a. zur Herstellung lichtempfindlicher Fotoschichten in Verbindung mit Silber (AgBr) verwendet wird.

Bromsilberdruck
Fototechnik: Kein Druckverfahren, sondern ein maschinelles Kopier- und Verarbeitungsverfahren zur Verarbeitung von Fotopapierrollen zum Herstellen größerer Auflagen. Heute durch günstige Farbreproduktionen und Drucktechniken ohne Bedeutung.
Beispiel: Einfarbige Ansichtskarten mit der Bezeichnung „Echt Foto".

Bronze
1. Allgemein eine Legierung aus Kupfer und Zinn.
2. Metallpigmente: Goldbronzen bestehen aus Legierungen von Kupfer und Zink in feinster Plättchenform mit unterschiedlichen Anteilen. Je nachdem, wie hoch der Anteil von Kupfer ist, ändert sich die Farbwirkung von einem grünlichen über einen gelblichen zu einem rötlichen Farbton. Silberbronzen werden aus reinem Aluminium hergestellt.

Bronzedruck
Das direkte Drucken mit einer Bronzefarbe. Im Offsetdruck wird dabei ein mittlerer Metalleffektglanz erreicht. Höhere Effekte ergeben sich durch stärkere Bronzeschichten, die z. B. im Tiefdruck gedruckt werden können.

Bronzedruckfarbe
Bronzedruckfarben bestehen aus metallischen Pigmenten und einem speziellen Bindemittel. Für Goldbronzen werden feinste Messingplättchen (Legierung aus Kupfer und Zink), für Silberbronze Aluminiumplättchen eingesetzt.
> Metallpigmente

bronzieren
Hochwertiges Verfahren für einen optimalen Bronzeauftrag:
1. Manuelle Verfahren: Zeichnen oder Malen mit einer klebkräftigen, lasierenden Farbe und manuelles Auftragen von Bronzepulver.
2. Druckbasierte Verfahren: Die zu bronzierende Fläche wird beispielsweise im Offsetdruck mit einer klebkräftigen, lasierenden Vordruckfarbe bedruckt. Das Auftragen einer starken, hochwertigen Schicht Bronzepulver erfolgt in einer separaten > Bronziermaschine. Das Verfahren ist weitgehend durch den Bronzedruck ersetzt worden.

Bronziermaschine
Maschine zum > Bronzieren. Auf die noch frische Vordruckfarbe wird feinstes Bronzepulver aufgetragen. Nicht haftendes Pulver wird automatisch entfernt. Heute durch den > Bronzedruck weitgehend ersetzte Technik.

Broschur
Broschuren sind mehrseitige, geheftete Druckprodukte mit und ohne Umschlag. Im Gegensatz zu einem Buch besteht der Umschlag einer Broschur aus gleichem Material wie der Innenteil oder aus leichtem Karton. In der Regel ist der Umschlag bedruckt. Das sogenannte Taschenbuch ist bindetechnisch gesehen eine typische Broschur. Die Bindetechniken sind ganz auf eine kostengünstige, rationelle und maschinell auszuführende Produktion ausgerichtet.
Grundsätzlich unterscheidet man zwischen
- Einzelblattbroschuren,
- einlagigen Broschuren,
- mehrlagigen Broschuren.

B

Einzelne Blätter bilden den Innenteil von Einzelblattbroschuren.
Bei einlagigen Broschuren sind alle (Doppel-)Blätter des Innenteils ineinander gesteckt bzw. gesammelt und durch eine Rückstichheftung mit Draht oder Faden geheftet.
> Rückstichbroschur
Bei mehrlagigen Broschuren werden einzelne Falzbogen, sogenannte Lagen, hintereinander in richtiger Reihenfolge zusammengetragen. Geheftet wird nur noch bei einfachen Produkten mit Draht seitlich durch den Rücken. Alle anderen Produkte werden mit Faden, durch Fadensiegeln (beim Falzen) oder vor allem mit der Klebebindung geheftet. Der Umschlag mehrlagiger Broschuren ist in der Regel zwei- oder vierfach gerillt.
> englische Broschur, > Schweizer Broschur, > Spiralbroschur, vgl. > Buch
Übersicht Broschurenfertigung siehe Anhang.

Broschüre
1. Kein verarbeitungstechnischer, sondern ein umgangssprachlicher und auch buchhändlerischer Begriff als Bezeichnung für ein mehrseitiges Druckprodukt ohne feste Einbanddecke. Der korrekte buchbinderische Begriff lautet > Broschur.
2. Allgemeine Definition:
   Nicht periodisch erscheinende Druckschrift mit bis zu 48 Seiten und einem Papier- oder Kartonumschlag.

Brotschrift
Alte Bezeichnung für Werksatzschriften (Bücher, Broschuren), mit denen der Schriftsetzer im Bleisatz hauptsächlich sein Geld und damit sein Brot verdiente. Der Lohn wurde z. B. pro 1 000 Buchstaben Satz berechnet.
Heute: Die in einer Publikation verwendete Grundschrift für den allgemeinen Lesetext (Fließtext).

Browser
Software, mit der sich der Nutzer im Datenbestand des World Wide Web bewegen (surfen) kann.
Die bekanntesten Browser sind Safari, Firefox, Netscape Navigator und Microsoft Internet Explorer.

browser-unabhängige Farben
Eine eingeschränkte Farbpalette, die auf unterschiedlichen Plattformen und Betriebssystemen sowie den meisten Web-Browsern in annähernd gleicher Qualität wiedergegeben wird.

Bruch
Druckweiterverarbeitung: Grundsätzliche Bezeichnung für jeden > Falz.

Bruchholz
Durch Unwetter (Windbruch u. a.) abgebrochenes Holz, das zur Wiederaufforstung ausgeräumt und möglichst als Rohstoff verwertet werden soll. Das Abfallholz wird fast ausschließlich in der Zellstoff- und Papierindustrie sowie zur Herstellung von Spanplatten verwendet.

Brückendruckeinheit
Druckmaschinenbau im Rollen-Offsetdruck: Druckmaschinenkonstruktion in einem > Achterturm. Die beiden Gummituchzylinder liegen auf gleicher Höhe, die beiden Druckplattenzylinder sind tiefer versetzt angeordnet.
> H-Druckeinheit, > U-Druckeinheit

Brunner
> System Brunner

BSB
Abkürzung für: Biochemischer Sauerstoff-Bedarf. Bei dem biologischen Abbau von Verunreinigungen im Wasser (z. B. Abwasser in der Zellstoff- und Papierherstellung) wird Sauerstoff verbraucht. Der Bedarf an Sauerstoff ist dabei ein Maß für die Konzentration der Verunreinigung. In der Praxis misst man den biochemischen Sauerstoff-Bedarf als BSB_5, das ist der

Sauerstoffbedarf einer bestimmten (Ab-) Wassermenge an fünf aufeinanderfolgenden Tagen.

B-Stoff-Papier
Veraltete Papiersortenbezeichnung: Diese Nomenklatureinteilung nach sogenannten Papierfaserstoffklassen gibt es seit 1993 nicht mehr. B-Stoff-Papiere waren allgemein ungestrichene satinierte Naturpapiere für den Rollen-Offsetdruck mit einer Flächenmasse von 40–70 g/m². Die Bezeichnung B-Stoff-Papier bezog sich auf die Anteile der Faserrohstoffe (Stoffzusammensetzung) mit ca. 25 % ungebleichtem Zellstoff und 75 % Holzschliff.

BTX
Abkürzung für Bildschirmtext.

Bubblejet
Sinngemäß: Blasen-Düsen-Verfahren.
Eine in Inkjet- bzw. Tintenstrahldruckern eingesetzte Drucktechnik, bei der Tinte durch Heizelemente erhitzt wird. Es bilden sich Dampfblasen (bubbles), die durch ihren Druck kleine Tintentröpfchen durch Düsen auf das Papier schleudern. Nach dem Aussetzen der Hitze entsteht ein Unterdruck, der frische Tinte aus einem Speicher ansaugt.
Die Qualität der Bildwiedergabe bei dieser Technik hängt stark von der verwendeten Tinte ab.

Buch
Bücher haben im Gegensatz zu einer > Broschur einen festen, dauerhaften Einband mit einer speziell gefertigten, mehrteilig gegliederten Buchdecke. Die Buchdecke besteht aus zwei Deckeln und einer Rückeneinlage aus Pappe, die mit Papier, Gewebe, Kunststoffen, Leder oder Pergament bezogen sind.
Der Innenteil des Buches besteht aus bedruckten (auch beschriebenen oder leeren) Blättern, die zu einem gesamten Produkt zusammengetragen (aufeinandergelegt) und miteinander zu einem Buchblock gebunden werden. Gebunden wird mit der > Klebebindung oder mit der > Fadenheftung.
Der Buchblock wird bei einer Fadenheftung meistens gerundet, um ein besseres Aufschlagverhalten zu erzielen. Ist der Buchblock fertig, wird er in eine > Buchdecke eingehangen. Diese ist meistens größer als der Buchblock.
Begriffsbestimmung: Broschur und Buch siehe Anhang.

Buchbinderei
Teilbereich der Drucktechnik, der handwerklich oder industriell die gedruckten Produkte zu einem Endprodukt verarbeitet.

Buchbinderbogen
> Bogenarten

Buchblock
Gefalzte, zusammengetragene und geheftete Druckbogen. Der Buchblock kann je nach Anforderungen gerundet und im Schnitt gefärbt sein. Er wird nach seiner Fertigstellung durch > Vorsatzpapiere in eine > Buchdecke eingehängt.

Buchblockrücken
Die geheftete Seite (Kante) eines Buchblocks.

Buchdecke
Grundsätzlich ein aus mehreren Materialien bestehender Einband für Bücher. In der Buchfertigung ist die Herstellung der Buchdecke ein eigener Teilbereich.
Aus mehreren Teilen bestehender Einband mit einem Bezugsstoff, in die der > Buchblock eingehangen wird. Im Allgemeinen besteht eine Buchdecke aus zwei Deckeln (> Buchdeckel), einer Rückeneinlage aus leichterer Pappe (Schrenz genannt) und einem Bezugsstoff. Der Bezugsstoff kann je nach Werkstoff bedruckt, geprägt oder verziert werden. Während einzelne Buchdecken für Sondereinbände manuell hergestellt werden,

erfolgt die industrielle Produktion in großen Stückzahlen mit Buchdeckenfertigungsmaschinen.
Man unterscheidet zwischen einem Halbband (z. B. Halbgewebeeinband) und einem Ganzband (z. B. Ganzgewebeband).
Bei einem Halbband ist nur der Rücken mit dem hochwertigeren Einbandmaterial bezogen, dagegen sind bei einem Ganzband sowohl der Rücken als auch die Deckel bezogen.
Eine Sonderform sind Einbände aus Kunststoff in verschiedenen Formen.

Buchdeckel
Spezielle, starke Pappe, die zur Herstellung einer Buchdecke mit einem Einbandstoff bezogen wird.

Buchdruck
Ältestes Hochdruckverfahren. Im Buchdruck wird direkt von der Druckform auf den Bedruckstoff gedruckt.
Charakteristik der Druckform: Bildstellen erhaben (hochstehend), Nichtbildstellen vertieft.
Alle erhabenen Bildstellen werden eingefärbt und übertragen die Bildinformationen direkt auf den Bedruckstoff.
Druckprinzipien: Fläche gegen Fläche (> Tiegeldruck), Fläche gegen Zylinder (> Schnellpressendruck), Zylinder gegen Zylinder (> Rotationsdruck).
Für die industrielle Produktion hat der Buchdruck seine Bedeutung verloren.
Das drucktechnische Prinzip ist nur für das Stanzen und Prägen weiterhin bedeutend.

Bucheinband
Ein gebundenes Buch hat eine Buchdecke zum äußeren Schutz, zur Stabilität und zur Präsentation. > Buchdecke

Buchfertigungsstraße
Integrierte Fertigungsanlage (Inline-Fertigung) für das Herstellen von klebegebundenen oder fadengehefteten Büchern.
Arbeitsstationen einer Buchfertigungsstraße für klebegebundene Bücher:

1. Zusammentragen
2. Vorsatz ankleben
3. Klebebinden
4. Trocknen
5. Dreimesserbeschnitt
6. Zeichenband anlegen (evtl.)
7. Runden, Abpressen
8. Begazen, Hinterkleben
9. Einhängen in die Buchdecke
10. Buchformpressen
11. Schutzumschlag anlegen

Buchrücken
Bezeichnung für den dem Vorderschnitt gegenüber liegenden Bereich eines Buches. Im Buchrücken sind z.B. einzelne Blätter oder Falzbogen durch > Klebebindung oder > Fadenheftung zu einem > Buchblock verbunden.
> Anhang – 9 Druckverarbeitung

Buchschnitt
Der zusammengetragene, geheftete und verarbeitete Buchblock wird dreiseitig beschnitten.
Die nicht weiter behandelte Schnittfläche ist der sogenannte Weißschnitt. Bei einem Farbschnitt wird die Buchschnittfläche farbig gefärbt.
Der Goldschnitt wird heute fast ausschließlich mithilfe von Goldfolien übertragen.

Buchstabe
Schriftzeichen eines Schriftsystems.
Kleinstes Teilchen einer schriftlichen oder gedruckten Information.

Buchstabenabstand
Die durch den Schriftschöpfer nach typografischen und ästhetischen Gesichtspunkten festgelegte Breite eines jeweiligen Zeichens und dem sich daraus ergebenden Abstand zu einem beliebigen folgenden Zeichen.

Durch > Unterschneiden ist der optimale Abstand zu verringern, durch Erweitern (> Sperren) ist der Abstand zu vergrößern.

Buchungspapier
Holzstofffreies, zähes, lichtechtes und gut geglättetes Papier mit einer Flächenmasse zwischen 90 und 130 g/m², das in unterschiedlichen Färbungen auf dem Markt ist.

Budget
Haushaltsplan, Kostenvoranschlag; auch: zur Verfügung stehende finanzielle Mittel, z. B. für ein Projekt.

Buffer
In der EDV die englische Bezeichnung für einen Zwischenspeicher.

Buffer Underrun
Beim Brennen einer CD oder DVD wird der Brenner nicht schnell genug mit Daten versorgt. Er bricht in diesem Fall den Brennvorgang ab. Der Rohling ist damit unbrauchbar. Einige Brennerhersteller umgehen mit neuen Techniken das Problem, z. B. mit einer Art Leerlauf, bis neue Daten vorliegen.

Bug
In der EDV die englische Bezeichnung für einen logischen Fehler in einem Programm.

Bulletin Board Service
Abk.: > BBS

Bund
Die verbindende (Falz-)Linie zwischen zwei zu falzenden oder bereits gefalzten Blättern eines mehrseitigen Produktes (Prospekt, Broschur, Buch). Im Bund erfolgt die Heftung der Seiten zu einem Endprodukt. In der Regel ist der innere Seitenrand vom Satzspiegel zum Bund schmaler als der Seitenrand außen. Eine > gerade Seite liegt immer links, eine > ungerade Seite immer rechts vom Bund.

Bundesdatenschutzgesetz
Gesetzliche Regelung zum Schutz der Privatsphäre der Bürger sowie zum Schutz personenbezogener Daten, die manuell oder elektronisch erfasst und verarbeitet werden. Hierzu gehören u. a. auch die Veränderung, Nutzung, Veröffentlichung und Übermittlung von Daten sowie der Schutz persönlicher Daten vor dem Zugriff Unberechtiger.

Bundesemissionsschutzgesetz
Abgekürzt: BImSchG. Für Druckereien gelten die Anforderungen: Vermeidung und Minderung von schädlichen Umwelteinwirkungen nach dem Stand der Technik; Anforderungen an Einrichtungen, Beschaffenheit und Betrieb sowohl genehmigungspflichtiger als auch nicht genehmigungspflichtiger Anlagen. Die gesetzlichen Grundlagen sind durch eine Reihe von Verordnungen ergänzt worden. > TA-Lärm, > TA-Luft

Bundesinstitut für Berufsbildung
Abk.: BIBB, Sitz in Bonn.
Internet: www.bibb.de

Bundesverband Druck und Medien e.V.
Abk.: bvdm. Arbeitgeberverband, Sitz in Berlin. Arbeitsgebiete/Themenbereiche: Arbeit + Tarif, Recht, Umwelt, Bildung, Technik + Forschung, Wirtschaftspolitik.
Internet: www.bvdm-online.de

Bundfalz
Falz parallel zum Bund. Grundsätzlich ist der letzte Falz bei einem zu falzenden Druckbogen immer der Bundfalz. > Bund

Bundle
Komplettangebot als „Bündel“ für ein Computersystem (z. B. mit Drucker) oder ein Softwarepaket (z. B. Creative Suite) zu einem Vorzugspreis.

Bundsteg
Bezeichnung aus der Bleisatzzeit für den > Steg (Randbereich) einer Druckseite,

der von der äußeren Satzspiegelseite bis zum Falz reicht.

Bundversatz
Druckvorstufe: Bei umfangreichen einlagigen Broschuren ergibt sich durch die Rückendrahtheftung ein „Treppeneffekt", der die mittleren Blätter nach außen drängt. Wenn ein solches Produkt beschnitten würde, wären die inneren Seiten dementsprechend kürzer. Damit randnahe Elemente dieser Seiten (z. B. Kolumnenziffern, Linien) nicht angeschnitten werden oder zu nahe am Rand der Seite stehen, muss diese seitliche „Verdrängung" in der Druckvorstufe bei der digitalen Bogenmontage berücksichtigt werden.

Bundzuwachs
Bei einlagigen Broschuren werden alle gefalzten Bogen ineinander gesteckt bzw. gesammelt und zusammen durch den Rücken geheftet (Rückstichheftung z. B. mit Drahtklammern). Die innen liegenden Bogen ragen bei größeren Seitenzahlen und stärkeren Papieren wie eine Treppe leicht abgestuft aus der Außenseite heraus. Je höher die Seitenzahl und je stärker das Papier ist, desto größer ist der Effekt. Durch den Formatbeschnitt werden danach alle Seiten an der Vorderkante glatt beschnitten. Die innen liegenden Seiten sind jedoch minimal kürzer als die äußeren, umliegenden Seiten. Dadurch verschiebt sich der Satzspiegel auf diesen Seiten.
In der Druckvorstufe muss dieser Zuwachs im Bund bei der Montage der äußeren bzw. inneren Seiten berücksichtigt werden.

Buntaufbau
Reprotechnischer Fachbegriff für ein Verfahren zur Herstellung von Farbsätzen. Alle Ton- und Farbwerte entstehen prinzipiell durch Teilmengen der subtraktiven Grundfarben Cyan (C), Magenta (M) und Gelb (Y = Yellow). Eine beliebige Mischung aller drei Grundfarben ergibt Tertiärfarben. Bei gleichem Mischungsverhältnis neutralisieren sich die Grundfarben zu Unbuntwerten vom hellen Grau bis zum Schwarz.
Zur Unterstützung der Unbuntwerte ist bei realen Druckfarben zusätzlich die Druckfarbe Schwarz zu drucken, um die notwendige Bildtiefe und den entsprechenden Kontrast zu erreichen. Um eine höhere Stabilität in der Farbführung (Graubalance) zu erreichen, wird der reine Buntaufbau modifiziert.
> UCR, > Unbuntaufbau,
> Schwarzaufbau

Buntfarben-Addition
Abkürzung: BA. Reprotechnischer Fachbegriff bei unbunt aufgebauten Farbsätzen. In neutralen Bildtiefen und Dreivierteltönen werden Teilmengen von Buntfarben reprotechnisch addiert (hinterlegt), wenn die Druckfarbe Schwarz nicht die erforderliche Dichte erreicht. Dadurch ist die notwendige Bildtiefe bei unbunt aufgebauten Farbsätzen zu erreichen. > Unbuntaufbau

Buntheit
Merkmal einer Farbe, das den Grad der Farbigkeit bezeichnet. Sie gibt an, ob diese Farbe leuchtend (rein), gedeckt (schmutzig), unbunt o. ä. erscheint.
> Farbe

Buntton
Früher: Farbton. Merkmal einer Farbe, z. B. Rot, Grün, Blau u. ä. > Farbe

Bunttonwinkel
In einem Kreis systematisch angeordnete Bunttöne verteilen sich, vom Mittelpunkt des Kreises aus gesehen, am Rande dieses Kreises von 0° bis 360°. Diese Richtung wird Bunttonwinkel genannt.
> Farbe

Bus
EDV: Datenübertragungssystem. Einrichtung zur Übertragung von Daten über

Leitungen innerhalb des Rechners und zu externen Geräten. Der Adressbus spricht Speicherplätze und externe (Peripherie-) Geräte an. Der Steuerbus gibt elektrische Impulse vom Rechner an andere Bauelemente weiter. Der Datenbus überträgt Daten innerhalb des Rechners.

Business Grafik
Darstellung komplexer, ungeordneter Daten, z. B. Wirtschaftsdaten, in eine übersichtliche, grafische Darstellung wie Kreisdiagramm, Säulendiagramm.

Business-to-Business
Abk.: B2B. Electronic Commerce ist eine Sammelbezeichnung für Dienstleistungen und Handel aller Art über das Internet. Business-to-Business bezeichnet dabei Beziehungen zwischen kommerziellen Anbietern und Nutzern, die keine Endkunden sind. Beispiele: Unternehmen stellen anderen Firmen ihren professionellen Service zur Verfügung (Digitaldruck, Bildbearbeitung), Telearbeit (Heimarbeit von Mitarbeitern), Austausch von Geschäftsdokumenten, Verbindung zwischen Großhändlern und Unternehmen (Buchhandel, Reisebüro kauft Tickets).

Business-to-Consumer
Abk.: B2C. Electronic Commerce ist eine Sammelbezeichnung für Dienstleistungen und Handel aller Art über das Internet. In diesem Bereich wird zwischen Business-to-Consumer und > Business-to-Business unterschieden.
Business-to-Consumer bezeichnet dabei Beziehungen zwischen einem kommerziellen Anbieter und dem Endkunden.

Bustopologie
Die spezifische Verbindungsstruktur in einem Bus-Netzwerk. Dabei sind alle Knoten des Netzwerkes an einem linearen Strang des Netzwerkkabels angeschlossen. Das Ende ist durch einen > Terminator (Widerstand) abgeschlossen.

Büttenpapier
Echtes Büttenpapier wird von Hand aus einem großen Bottich, der Bütte, geschöpft. Typische Merkmale: Durch das Handschöpfen entsteht keinerlei Laufrichtung der Fasern. Der Rand des Papiers ist bei vollem Format ausgefranst und leicht ausgedünnt. Es entsteht ein echter Büttenrand. Heute wird kaum mehr Büttenpapier von Hand geschöpft, sondern mit Maschinen hergestellt. Dieses Papier weist „büttenähnliche“ Merkmale auf, ist aber kein echtes Büttenpapier.

Büttenrand
Ein charakteristischer ungleichmäßiger Rand bei handgeschöpftem > Büttenpapier. Dieser entsteht durch das manuelle Schöpfen des Papierstoffes in einem Schöpfrahmen. Der Rand wird nicht beschnitten und zählt als Qualitätsmerkmal für handgeschöpfte Papiere.

Button
Engl. Bez. für eine Schaltfläche (Symbol) auf einer Internetseite.

Butzen
Fehlerhaftes Schmutzteilchen auf der Druckplatte im Offsetdruck, das eine einwandfreie Farbübertragung verhindert und als Fleck im Druck zu sehen ist. Auch Popel genannt.

Buyer
Engl.: Auftraggeber, Besteller,
Einkäufer.
> Printbuyer

bvdm
> Bundesverband Druck und Medien e.V.

Byte
Maßeinheit, die mehrfach in der digitalen Informationstechnik bzw. Datenverarbeitung eingesetzt wird. Ein Byte ist eine Zusammenfassung von 8 Bits (b) als kleinste adressierbare Speichereinheit, mit der

alphanumerische Zeichen, Datenmengen und Speicherkapazitäten angegeben werden. Ebenso wird der Begriff für Übertragungsraten verwendet, wenn es um die Geschwindigkeit eines Internetanschlusses geht.

Mit 8 Bits oder 1 Byte (B) sind $2^8 = 256$ alphanumerische Zeichen darzustellen (Buchstaben, Ziffern, Satz- und Sonderzeichen).

Einheitenkürzel für das Byte ist das „B" (großes B). > binär, > Bit, > Anhang – 10 Zahlensysteme

C

c
Kurzzeichen für die typografische Maßeinheit > Cicero, die offiziell 1978 durch die SI-Einheiten abgeschafft worden ist.
1 Cicero = 12 Punkt (p), ca. 4,5 mm.

C
Kurzzeichen u. a. für
1. Chemie: Zeichen für Kohlenstoff
2. Physik: Abkürzung für Celsius (°C)
3. Römisches Zahlzeichen für 100.
4. Daten:
   Hexadezimales Zeichen (Zahl) für die Dezimalzahl 12.
5. EDV: Höhere > Programmiersprache. Das Betriebssystem UNIX ist vorwiegend in der Programmiersprache C geschrieben.
6. Farbmetrik: Abkürzung für > Chroma (Sättigung einer Farbe).

Daneben gibt es weitere Abkürzungen mit dem Buchstaben C.

Cache
EDV: Temporärer (vorübergehender), virtueller Speicher, Pufferspeicher.
Teil des Arbeitsspeichers, der verwendet wird, um auf häufig benötigte Daten einen raschen, effektiveren Zugriff zur Leistungssteigerung des Rechnersystems zu haben. Der langsamere Weg wäre jeweils, nur den Arbeitsspeicher zu nutzen. Solche Zwischenspeicher sind in verschiedenen Typen und für unterschiedliche Zwecke im Einsatz.

CAD
Abkürzung für: Computer Aided Design = Rechnergestütztes Entwerfen, Gestalten und Konstruieren.
In der Druckindustrie u. a. eingesetzt als Maskenschneidesystem in der Reproduktion und im Siebdruck.
Der Fachbegriff wird immer mehr erweitert und inzwischen auch für alle weiteren Tätigkeiten und Vorgänge zur Herstellung von Fertigungsunterlagen verwendet.
In der Konstruktion bringt rechnergestütztes Berechnen und Zeichnen erhebliche Vorteile gegenüber manuellem Zeichnen:
- Der Einsatz von CAD ergibt verkürzte Entwicklungszeiten und eine gleichbleibend hohe Qualität in der Ausführung.
- Einmal erfasste und gespeicherte Daten (Zeichnungen u. a.) bleiben erhalten und sind immer wieder zu verwenden. Ein neues Zeichnen ist nicht erforderlich.
- Gespeicherte Zeichnungen lassen sich problemlos verändern und in dieser Form zusätzlich abspeichern.
- Durch die Arbeit am Rechner treten gegenüber dem manuellen Arbeiten weniger Fehler auf.
- Technische Fertigungsunterlagen, z. B. Stücklisten, NC-Programme, sowie kaufmännische Vorgaben können gleichzeitig erstellt werden.

CAD-System
Einheit von CAD-Geräten (> Hardware), zugehörenden Programmen und Daten (> Software).

CAE
Abk. für Computer Aided Engineering.
Übergreifender EDV-Einsatz im technischen Bereich eines Unternehmens.
> CIM

Calciumcarbonat
Chemisches Zeichen: $CaCO_3$, auch Kalziumkarbonat, Kreide. Gesteinsbildendes Calciumsalz der Kohlensäure.
1. Papierherstellung: Calciumcarbonat wird für Schreib- und Druckpapiere als hochweißer > Füllstoff eingesetzt, es erhöht die > Opazität und den > Weißgrad, es verbessert die > Glätte und die > Bedruckbarkeit und macht das Papier weicher.
2. Chemie: In CO_2-haltigem Wasser löst sich das neutrale $CaCO_3$ langsam auf

und bildet dabei Calciumhydrogencarbonat. Nach dem Verdunsten des Wassers entsteht das wasserunlösliche Calciumcarbonat.
Beispiele: Bilden von Kesselstein durch hartes Wasser (> Wasserhärte) sowie von Tropfsteinhöhlen in kalkhaltigen Gebirgen.

calf leather
Engl.: Kalbsleder. Einbandmaterial für hochwertige Lederbände.
> Leder

call
Anruf, Aufruf.

Call-by-Call
Call-by-Call-Provider bieten günstige Tarife für die Telefon- oder Internetnutzung. Ein Vergleich des Angebotes der Provider ist zu empfehlen. Der Kunde wählt die spezielle Vorwahl des Providers vor der Ortsnetzkennzahl und bekommt so den angebotenen günstigeren Telefontarif.
> Provider

Call-Center
Externe Informationszentrale eines Unternehmens, die in der Regel von jedem Telefonnutzer über bestimmte Telefonnummern zu erreichen ist. Je nach Typ werden Kundenfragen bearbeitet, Auskunft über Dienstleistungen oder spezielle Produkte erteilt oder Bestellungen entgegengenommen.

Camera obscura
Lochkamera, die auf Leonardo da Vinci (15./16. Jh.) zurückgeht und die Urform unserer heutigen Kameras ist. Ein lichtdichter Kasten mit einer transparenten Rückwand zeichnet durch ein winziges Loch in der vorderen Wand ein verkleinertes, seitenverkehrtes und auf dem Kopf stehendes Bild.
Je kleiner das Loch gehalten wird, desto schärfer ist die Bildwiedergabe. Bei einer heutigen Kamera ist das Loch durch ein Objektiv ersetzt worden, um ein randscharfes, unverzeichnetes Bild zu erreichen.

Candela
Lat.: Kerze.
Internationale Standardeinheit (SI-Einheit) für die Lichtstärke.
Einheitenzeichen: cd.

CAP
1. Abkürzung für: Computer Aided Planning. Rechnerunterstützte Fertigungs- und Prüfvorbereitung, z. B. Arbeitsplanung, Montageplanung, Planung der Prüfverfahren.
2. Abkürzung für: Computer Aided Publishing. Rechnerunterstütztes Herstellen von Dokumenten.
   > Desktop Publishing (DTP)

Capitalis monumentalis
Altrömische, in Stein gemeißelte Schrift, die das klassische Urbild unserer heutigen Schrift bildet.
Die Schrift ist bereits seit dem 6. Jh. v. Chr. bekannt, aber erst im 2. Jh. voll ausgebildet. Im Gegensatz zu griechischen Vorbildern zeigt der Schriftcharakter ausgeprägtere, lebendige Formen in Klarheit und Vollkommenheit. Die Schrift kennt nur > Majuskeln bzw. > Versalien (Großbuchstaben).
Beispiel: Inschrift auf der Trajanussäule in Rom.

Capitalis quadrata
Altrömische Schrift bis zum 4. Jh. n. Chr., die auf die Capitalis monumentalis zurückgeht. Der > Duktus (Schriftcharakter) ist durch das Schreiben mit der Breitfeder geprägt. Geschrieben wurde auf Pergament und Papyrus. Die charakteristischen klaren Formen, die auf einem Quadrat basierten, ließen sich nur langsam schreiben. Die weitere Entwicklung war eine schnell zu schreibende Verkehrsschrift, die Capitalis rustica.

Capitalis rustica
Altrömische Schreibschrift. Der Schriftcharakter ist geprägt durch die Rohrfeder, mit der geschrieben wurde.

Capstan-Belichter
Flachbettbelichter. Belichtertyp, bei dem das zu belichtende Material von einer Rolle kontinuierlich entlang in einer festen Bahn um die sogenannte Capstanrolle vor dem optischen System des Belichters vorbeigezogen wird. Dabei wird Rasterzeile für Rasterzeile nacheinander belichtet, ohne dass sich der Laser selbst bewegt. Die Informationsübertragung erfolgt durch einen Spiegel oder ein Prisma. Kritisch ist der exakte Materialtransport, da winzige Veränderungen z. B. in der Materialspannung, eine Änderung der Positionierung der Bildinformationen verursachen können.

CAQ
Abkürzung für Computer Aided Quality Assurance/Control.
Rechnerunterstütze Qualitätssicherung.
Hierzu gehören z. B. das Erstellen von Prüfplänen und Programmen für Mess- und Prüfverfahren sowie der gesamte Bereich der Qualitätssicherung.
> CIM

Carbonate
Salze der Kohlensäure.

carbon footprint
> CO_2-Fußabdruck

Cardboard
Engl. Bezeichnung für Karton. Die stärkere Pappe wird board genannt.

Carriage Return
Engl. Abk. für Zeilenschaltung; Taste auf der Tastatur eines Computersystems.

carrier
Engl.: Träger, Fuhrmann, Spediteur.
> Digitaldruck: Farbmittel

Cartridge
Für verschiedene Einsatzbereiche geeignete Kassette. In der elektronischen Datenverarbeitung eine Kassette für unterschiedliche, auswechselbare Speichermedien, z. B. magnetische oder optische Datenträger.

CAT
Abk. für Computer Aided Testing. Rechnergestütztes Messen und Prüfen. > CIM

Catholicon
Wiegendruck bzw. Frühdruck des ersten großen lateinischen Wörterbuches, um 1460 in Mainz gedruckt.

CB
> selbstdurchschreibende Papiere

CBT
Engl. Abk.: Computer Based Training, computerunterstütztes Lernen.
Lernen mit Lerneinheiten (Modulen) auf einer CD-ROM offline in der Regel ohne zusätzliche Betreuung. Geeignet für das Aneignen von Fertigkeiten und Wissen.

CCD
Engl. Abk.:
charge-coupled device = ladungsgekoppelter Halbleiterbaustein (Halbleiterdetektor), Lichtwandler.
CCDs sind opto-elektronische Sensoren mit mehreren Tausend einzelnen Elementen in Scannern, Digitalkameras und Video-Kameras, die Licht in elektrische Ladungen (Impulse, digitale Informationen) umwandeln, die Ladungen sammeln, speichern und in einem bestimmten Takt auslesen und verschieben. Die Halbleiterelemente sind nur wenige μm große Zellen, die zeilen- oder flächenförmig angeordnet sind. Ein optisches Bild wird so in elektrische Signale umgesetzt. Jede einzelne Zelle wirkt dabei wie ein winzig kleiner analoger Sensor, der das auftreffende Licht proportional zum Bild in ein Ladungsmuster

umwandelt. Transportregister verschieben die Ladung in periodischen Abständen. Die Ladung wird elektrisch verstärkt und über einen A/D-Wandler Zeile für Zeile wieder zu einem vollständigen „Bild“ zusammengefügt und gespeichert. Digitalkameras für den privaten Bereich verwenden vielfach > CMOS-Sensoren.
> Sensoren

CCD-Flächensensoren
Zweidimensionale Sensoren, eingesetzt in Digitalkameras, Videokameras u. Ä.

CCD-Zeilensensoren
Auf einer sehr schmalen Zeile angeordnete Sensoren, eingesetzt in Flachbettscannern, Faxgeräten, Barcodelesern u. Ä.

CCI
Drucktechnik: Steuer- und Regeltechnik für den Offsetdruck sowie ein System zur Qualitätssteuerung im Fortdruck von manroland. Nachfolgeprodukt: ColorPilot.

CCR
Abk. für > Complementary Color Reduction.

CD
Abk. für Compact Disc. Digitale Speicherplatte, die nicht durch mechanische Berührung mit einem Abtastkopf, sondern berührungslos durch einen Laserstrahl abgetastet wird. Die CD eignet sich als Speicher für Datenmengen bis 700 MB. Sie kann für verschiedene Bereiche eingesetzt werden: Musik-CD (digitaler Tonspeicher), Speicherung von Text- und Bilddaten.
> Speichertechniken

CD-DA
Abk. für Compact Disk Digital Audio.
CD zur speziellen Speicherung von Musik, deshalb auch Audio-CD genannt.

CD-I
Abk. für Compact Disk Interactive. Verwendete CD-Technik von Philips. Das Format erfordert eine spezielle Hardware und Software für das Erstellen und Abspielen.

CD-R
Abkürzung für Compact Disk Recordable. Die CD-R ist eine beschreibbare Compact Disk. Für das Beschreiben wird neben dem Computer ein CD-Brenner, eine dazugehörende Software und eine unbeschriebene CD-R benötigt.
Mit dieser Technik sind sehr große Datenbestände zu archivieren. Mit einem CD-ROM-Laufwerk sind die gespeicherten Daten zu lesen; sie sind nicht zu ändern, zu löschen oder durch weitere Daten zu ergänzen.

CD-ROM
Abk. für Compact Disk Read Only Memory. Die CD ist aus der Musikindustrie als Audio-CD bekannt.
Die CD-ROM eignet sich als Speicher für große Datenmengen (ca. 700 MB) in digitalisierter Form. Es können Daten gelesen und kopiert, nicht jedoch verändert werden. Speicherung auf Laser-optischer Basis (vgl. Optical Disk). Vorteile gegenüber anderen Speichermedien u. a.: sehr günstiges Preis-Leistungsverhältnis, langfristig zuverlässige Datenspeicherung bei hoher Datensicherheit, einfache Handhabung, leichter Transport und Versand.

CE-Kennzeichnung
Franz. Abk. für Communauté Européenne = Europäische Gemeinschaft.
Produktkennzeichnung:
Der Hersteller eines Produktes bestätigt damit die Einhaltung wesentlicher Anforderungen zur Produktsicherheit nach dem EU-Recht.

Cellophan
Warenname für einen Kunststoff. In der Verpackungstechnik verwendete transparente, leicht dehnbare Kunststofffolie, die undurchlässig für Wasser, Fette, Bakterien und Schimmelpilze ist.

cellophanieren
Fachlich korrekt: > laminieren. Das Überziehen von Einbänden sowie bedruckten Papieren, Kartons u. a. mit einer transparenten Cellophan-Kunststofffolie.

Celluloid
Chemisch: Nitrozellulose.
Der erste Kunststoff, der durch die Umwandlung eines Naturstoffes, der > Zellulose, entwickelt wurde.

Cellulose
Chem. Bez. für > Zellulose.

Celsius
Abk.: C. Internationale Standardeinheit (SI-Einheit) der Temperatur, die neben der Basiseinheit > Kelvin verwendet wird. Der schwedische Astronom Anders Celsius entwickelte 1742 eine nach ihm benannte Temperaturskala mit einer Einteilung von 100 Grad zwischen dem Gefrierpunkt (0 °C) und dem Siedepunkt (100 °C) des Wassers.

Central Processing Unit
Zentraleinheit einer EDV-Anlage, in Kurzform allgemein CPU genannt. Die CPU ist ein Mikroprozessor mit hoch integriertem > IC und den Funktionseinheiten Hauptspeicher (Arbeitsspeicher), Steuerwerk und Rechenwerk. Durch diese zentrale Verarbeitungseinheit werden alle arithmetrischen, logischen und operationellen Funktionen und Befehlsabfolgen gesteuert und durchgeführt.
Dazu gehören konkrete Operationen wie rechnen, vergleichen, verknüpfen und sortieren der Daten.
Das Steuerwerk, auch Leitwerk genannt, steuert den gesamten Ablauf, entschlüsselt alle Programmbefehle und überwacht die Ausführung. Das Rechenwerk besteht im Wesentlichen aus einer Arithmetik- und Logikeinheit (> ALU). Datenleitungen verbinden die CPU mit Eingabe- und Ausgabeeinheiten. Für den Nutzer ist die Leistungsfähigkeit des Prozessors (Taktfrequenz in GHz sowie die Anzahl der eingesetzten CPUs = Kerne) entscheidend.

CEO
Engl. Abk. für: Chief Executive Officer. Geschäftsführer, leitende Führungskraft in einem Unternehmen.

Cerealien
Nach der altrömischen Göttin des Ackerbaus Ceres abgeleitete Bezeichnung für Getreide, Feldfrüchte.
In der Werbesprache heute für Frühstücksprodukte wie Müsli, Cornflakes u. Ä.

CF
> selbst durchschreibende Papiere

CF-Karte
> CompactFlash-Karte

CFA
Abkürzung für eine bestimmte Qualitätsklasse beim Bleichen der Papiere. Nach schwedischer Definition gelten diese Papiere: „chlorfrei Kategorie A“.
Bei diesen Papieren ist der > AOX-Wert < 0,1 kg bezogen auf 1 000 kg Papier. Da bei der Herstellung dennoch chlorgebleichte Faserstoffe verwendet werden können, wird diese Sorte in Deutschland nur „chlorarm“ bezeichnet.

CFB
> selbst durchschreibende Papiere

chamois
Gelbbraune Färbung eines Stoffes, gemsfarben.
Beispiel: chamois-farbiger Karton.

Change
Wechseln, ändern.

changieren
Drucktechnik: Das seitliche Hin- und Herbewegen von Verreibewalzen im Farbwerk einer Druckmaschine.

C

Character
Englisch: Bezeichnung für Buchstabe, Zeichen

Charakter
Griech.: das Eingegrabene, Eingeprägte.
1. Psychologie: Die Summe aller an einem Individuum beobachtbaren Eigenheiten oder Eigenschaften, die es von anderen unterscheidet.
2. Schriftstil: Ausprägung, Form.
   Die unverwechselbare Eigenart einer Schrift.
   Der Schrifcharakter wird heute allgemein > Duktus genannt.

Charakterisierungsdaten
Prozessbeschreibungen. Dazu werden Farbdaten durch Drucken und farbmetrisches Ausmessen von über 1 600 Farbfeldern ermittelt.
Aus diesen Charakterisierungsdaten werden entsprechende ICC-Profile gewonnen.
Die Druckbedingungen für den Offsetdruck ISO 12647-2:2013 (FOGRA 51 / 52) wurden optimiert.
Neue Fogra-Charakterisierungsdaten, ECI-Offsetprofile und ECI/bvdm Gray Control-Druckkontrollkeile für den Offsetdruck nach der 2013 revidierten Druckprozessnorm ISO 12647-2:
- FOGRA51 – PSO Coated v3 – Druckbedingung 1, Premium gestrichenes Papier
  (ISO 12647-2:2013 PC 1)
- FOGRA52 – PSO Uncoated v3 (FOGRA52) – Druckbedingung 5, holzfrei gestrichen weißes Papier
  (ISO 12647-2:2013 PC 5)

Die neuen Arbeitsmittel stehen auf den Webseiten der Fogra (www.fogra.org), des Bundesverbands Druck und Medien (www.bvdm-online.de) und im Downloadbereich der ECI zur Verfügung.
> Charakterisierungstabelle

Charakterisierungstabelle
ProzessStandard Offsetdruck:
Eine tabellarische Übersicht von Daten, die durch das Drucken einer standardisierten Farbtafel und durch farbmetrisches Ausmessen der Farbfelder gewonnen werden. Mithilfe dieser Daten sind mit einem sogenannten Profilierungsprogramm > ICC-Profile für das Color Management herzustellen.

charakteristisch
Kennzeichnend, spezifisch, typisch, unverkennbar.

charakteristische Kurve
Reprotechnik: Grafische Darstellung zur Reaktion bzw. dem Verhalten einer lichtempfindlichen Schicht bei einem bestimmten fotografischen Prozess (Belichtung, Entwicklung, Verarbeitung). Auch: Gradationskurve.
Um diese Kurve zu erhalten, trägt man in einem Koordinatensystem auf der Abszisse den Logarithmus der Belichtung ein und auf der Ordinate die aus der Belichtung resultierende Dichte eines Fotomaterials.
Die charakteristische Kurve ist in fünf Abschnitte einzuteilen:
1. Grundschleier,
2. Durchhang,
3. geradliniger Teil,
4. Schulter,
5. Bereich der Solarisation.

Bei der fotografischen Reproduktion entsteht der Grundschleier bereits, wenn ein unbelichteter Film entwickelt wird. Diese geringe Schwärzung (Dichte) ist abhängig von Eigenschaften der lichtempfindlichen Schicht, vom Entwickler und der Entwicklungszeit.
Im Bereich des Durchhangs nimmt die Schwärzung langsamer zu als im geradlinigen Teil. Bilddetails (Tonwerte), die in diesem Bereich liegen, werden verflacht wiedergegeben.
Der geradlinige Teil beschreibt den reprotechnisch wichtigsten Teil: den Bereich der tonwertrichtigen Bildwiedergabe.
Bildlichter (helle Bildstellen) und Bildtiefen

sollen möglichst im geradlinigen Teil der Kurve liegen. Je länger der geradlinige Teil der Kurve ist, desto größer ist der Belichtungsspielraum.
In der Schulter wird die Schwärzungszunahme wieder geringer, die Tonwerte verflachen. Im Bereich der Solarisation nimmt die Schwärzung des fotografischen Materials mit zunehmender Belichtung ab.

Chat
Engl. für Schwatz, Plauderei.
Live-Unterhaltung mit verschiedenen Partnern über das Internet. In sogenannten Chat-Räumen treffen sich Personen mit gleichen Interessen.

Check
Technik: Kontrolle, Prüfung, Test.

Checkliste
Kontrollliste für Abläufe, Erfassung von Informationen, Daten u. Ä. in systematischer Folge. Beispiele:
1. Liste für das Kontrollieren und Prüfen aller Arbeitsunterlagen, Werkstoffe und sonstiger Materialien für die Produktion.
2. Liste für die eindeutige und systematische Bearbeitung eines Auftrages.
3. Liste, auf der komplexe Arbeitsabläufe übersichtlich in systematischer Reihenfolge dargestellt sind.
   Beispiele: Einrichten einer Druckmaschine; Auftragsabwicklung.

Checkliste für die digitale Datenanlieferung
Vor allem nach dem > ProzessStandard Offsetdruck arbeitende Unternehmen bieten den Kunden eine Checkliste mit konkreten Richtlinien für die Anlieferung digitaler Daten an.
Damit lassen sich Unstimmigkeiten und zeitaufwendige Nachbearbeitungen, die zudem Kosten und Terminverzögerungen verursachen, vermeiden.
Mögliche Hinweise und Angaben dazu sind
1. Kontakt-, Dateninformationen:
   Auftrag, Kunde, Ansprechpartner, Kontakt, Dateiart, Programm, Programmversion, Betriebssystem, Art der Datenanlieferung (Datenträger, ISDN, FTP, E-Mail, aktueller Ausdruck, Proof mit Fogra-Medienkeil, Datenaufbereitung nach ProzessStandard, Daten separiert für Papiertyp 1, 2, 3, 4, und 5.
2. Richtlinien für die Druckvorstufe als Hinweise und Screenshots:
   Farbraum, ICC-Profile, Auflösung, freigestellte Bilder, Tonwertzunahme, Schriften, Linienstärken, Seitengröße, Beschnitt, Seitenzahlen, Farbbezeichnungen, Überfüllungen, Einstellungen im Menü (Layout, Ausgabe, Optionen u. a.), eigene Überprüfung durch Flightcheck erfolgt?

Checkliste für einen Druckauftrag
Um alle Daten für die Produktion und die Auslieferung eines Druckauftrages zu erfassen, ist eine Checkliste zur Auftragsdatenerfassung sinnvoll. In der Regel entspricht diese in ihren Angaben einer Auftragstasche oder einem EDV-Formular (digitale Auftragstasche). Alle Angaben sind je nach Produkt zu erweitern bzw. zu differenzieren. Das folgende Beispiel enthält dazu nur exemplarische Angaben in Stichpunkten:

1 Auftraggeber
1.1 Ansprechpartner
2 Auftragseingang, Fertigstellungstermin
3 Nummer des Druckauftrages
4 Beschreibung des Auftrages
4.1 Produkt, Titel, Bezeichnung
4.2 Endformat
4.3 Auflage
4.4 Umfang, Anzahl der Seiten
4.5 Bedruckstoff, sonstiges Material
4.6 Druckfarben: Anzahl, Sonderfarben
4.7 Buchbinderische Verarbeitung: Falz, Heftung, Umschlag bzw. Einband
4.8 Verpackung der Produkte
5 Vorlagen für Text, Grafik, Bild

5.1 Abstimmung zu Datenträgern
6 Fremdarbeiten
7 Termine
7.1 Druckvorstufe
7.2 Druck
7.3 Druckweiterverarbeitung
7.4 Auslieferung
8 Qualitätshinweise
8.1 Druckabstimmung bzw. Druckfreigabe durch den Kunden
9 Lieferanschrift
10 Versandart
11 Preisvereinbarungen, Konditionen
12 Sonstige Vereinbarungen, Hinweise

Checkliste für ein umweltbewusstes Design
Jeder Produktionsprozess verursacht mehr oder weniger große Belastungen der Umwelt. Ziel muss es sein, diese so gering wie nur möglich zu halten (> klimaneutrale Produktion).
Voraussetzung dazu sind umfassende Kenntnisse über den gesamten Druckprozess (Datenqualität, Druckvorstufe, Druck, Druckweiterverarbeitung) sowie der eingesetzten Materialien (Papier, Karton, Veredelung, Bindung bzw. Heftung, Verpackung).
Eine solche Checkliste kann nur wesentliche Aspekte aufzeigen, die auftragsbezogen zu ergänzen sind.
1 Allgemeine Voraussetzungen
1.1 Fehler vermeiden (Energie, Aufwand, Ärger)
1.2 eindeutige Kommunikation zwischen Kunde, Agentur und Druckerei
1.3 Briefing: klare Vereinbarungen
1.4 Definition einer produktbezogenen Qualität (z. B. nach ProzessStandard)
1.5 Produktionsstandort
1.6 Versand, Transport der Druckprodukte
2 Einflussfaktoren Design
2.1 Produkt: Ziel, Zweck, Eignung, Versand
2.2 Auflagenhöhe (projekt- bzw. zielgruppengerechtes Optimieren)
2.3 Papierformat nach DIN
2.4 Seitenzahl (Satzspiegel, Schriftart, Schriftgröße ...)
2.5 Wahl des Bedruckstoffes:
- Faserstoffe (z. B. nachhaltige Forstwirtschaft, Umweltlabel, Recycling)
- Papierfaserqualität (Stoffzusammensetzung)
- Papieroberfläche (z. B. satiniert, gestrichen)
- Papierinhaltsstoffe (z. B. keine optischen Aufheller, Bleichverfahren)
- Papierproduktion (Umweltmanagement)
- Recycelbarkeit des Papiers (z. B. Probleme bei Digitaldrucken)
- Papierpass (Zertifikat zu Rohstoffen, Herstellung und Verarbeitung)

2.6 Druckfarbenzahl (Prozessfarben, zusätzliche Sonderfarben)
2.7 Veredelung des Druckproduktes (z. B. Lack, Folie)
2.8 Recyclingaspekte beachten
3 Einflussfaktoren Druckverfahren, Druckweiterverarbeitung
- klimaneutrale Produktion
- Umweltmanagement
- Druckfarben (Trocknung, UV-Farben und -trocknung, Metall-, Fluoreszenzfarben, Inkjet)
- Veredelung (Inline-Produktion, externe Verfahren)
- Material, Druckprodukt und Bindeverfahren (Eignung, Zusammenwirken)
- Bindematerial (Klebstoffe, Draht)
- Umschlag, Buchdecke (Einbandmaterial, Veredelung)
- Verpackung (Anzahl der Exemplare, Material: Papier, Folie)
- Versand (Kosten, Transportweg)

chemiefreie Druckplatten
> CTP-Druckplatten – spezielle Bezeichnungen

Chemieschliff
Papierherstellung: Gewinnen von > Holzstoff aus Holzknüppeln durch Anlösen des

Faserverbandes mit warmen Lösungen (Natriumverbindungen) und anschließendes mechanisches Schleifen.

Chemigraf
Früher gebräuchliche Bezeichnung für Druckformhersteller von Hochdruckformen.

Chemigrafie
Druckformherstellung:
Arbeitsbereich zur Herstellung von Original-Hochdruckformen durch Ätzverfahren.

chemischer Druck
Bezeichnung, die Alois Senefelder dem ersten Flachdruckverfahren gab:
> Lithografie und > Steindruck

chemische Reaktion
Stoffumwandlung:
Zwei oder auch mehrere Stoffe reagieren so miteinander, dass ein völlig neuer Stoff mit anderen Eigenschaften entsteht. Sehr oft wird diese Reaktion durch einen Fremdstoff (> Katalysator) stark beeinflusst.
Bei einer Stoffumwandlung kann Energie verbraucht oder freigesetzt werden.
In unserer Umwelt laufen ständig unterschiedlichste chemische Reaktionen ab, ohne dass diese bewusst wahrgenommen werden.
Exemplarische Beispiele aus der Druckindustrie
Polymerisation
- Bebilderung einer Offsetdruckplatten in einem CtP-System mit einem Violett-Laser (Katalysator).
  Bei dieser chemischen Reaktion entstehen aus einzelnen Monomeren lange Ketten von Polymeren (Makromoleküle), die feuchtigkeitsabstoßend reagieren.

Trocknung von Druckfarben
- oxidative Vernetzung kettenförmiger Moleküle mit Doppelbindungen durch Sauerstoff
- Härtung durch UV-Energie (UV-Licht)
- endgültige Aushärtung einer Zweikomponenten-Druckfarbe durch chemische Reaktion

chemische Retusche
Reproduktion: Früher erforderliche Ton- und Farbwertkorrekturen an Fotomaterialien durch chemische Lösungen.
> Abschwächer

Chemischer Sauerstoff-Bedarf
Abk.: CSB. Beim chemischen Abbau von Verunreinigungen im Wasser wird Sauerstoff gebraucht.
Der Sauerstoffverbrauch bzw. -bedarf ist dabei ein Maß für die Konzentration der Verunreinigung. > BSB

chemische Trocknung
Druckfarbentrocknung durch trocknende Öl und Harze, die erst nach einer ausreichend langen Reaktion mit Luft (Sauerstoff) zu einem harten Farbfilm vernetzen.
> Trocknung: Druckfarbe

Chiffreanzeige
Anzeige in einer Tageszeitung, bei der anstelle einer Anschrift des Auftraggebers eine (Geheim-)Nummer für Anfragen angegeben wird. Die Redaktion ist nicht berechtigt, den Auftraggeber anderen Personen bekanntzugeben.

China Clay
Papierherstellung:
> Kaolin; auch: Porzellanerde, kieselsaure Tonerde. Als Streichpigment oder Füllstoff verwendete Silikate.

Chinapapier
Ursprünglich in China hergestelltes, handgeschöpftes Papier aus Reisstroh oder dem Bast des Maulbeerbaumes.
Charakteristische Eigenschaften:
Lang-faserig, seidenglänzend, hervorragende Festigkeit.
Die Papiere eignen sich besonders für Kupferdrucke und ähnliche manuelle

Verfahren. Heutige Papiere sind industriell hergestellt, sie weisen ähnliche Qualitätsmerkmale auf.

Chip
Informationstechnik: Ein Halbleiterbaustein, der heute und noch wesentlich bedeutender in der Zukunft die Schlüsseltechnologie für alle elektronischen Geräte und Systeme ist.
Zur Steuerung von elektronischen Prozessen werden Halbleiter eingesetzt. Halbleiter sind Stoffe, die Strom erheblich weniger durchleiten als Metalle, aber mehr als Glas oder Keramik. Keramik oder Glas sind sogenannte Nichtleiter, die gar keinen Strom durchfließen lassen.
Der wichtigste Halbleiter ist Silizium, das zweithäufigste chemische Element der Erde. Daraus werden Mikrochips auf kleinen und kleinsten Plättchen hergestellt. Durch verschiedene Verfahren lassen sich Schaltkreise aufbringen. Zentrale Steuerungselemente für das Ausführen von Befehlen sind Transistoren, die die elektrische Schaltung ausführen. Computerprogramme oder Sensoren geben die Anweisungen, nach denen Transistoren an- und abgeschaltet werden.
Zukunft der Automatisierung ist die Mikro- und Nanotechnologie: Immer mehr komplexe Schaltungen lassen sich auf einer immer kleiner werdenden Fläche unterbringen. Während vor etwa 50 Jahren etwa 500 Transistoren auf einem Chip passten, sind es heute bereits Milliarden. Der für die Steuerung benötigte Mikroprozessor ist dabei nur etwa sechs mal vier Millimeter groß.

Chlor
Chemische Substanz, die bei der Zellstoffherstellung zum Entfernen von Lignin und zum Bleichen eingesetzt wird.
Beim Einsatz von Elementarchlor entstehen dabei umweltbelastende, organische Chlorverbindungen (Dioxine u. a.), die in der Natur nur schwer abzubauen sind.
Neue Bleichverfahren werden bereits im starken Maß eingesetzt, sie werden Elementarchlor zukünftig völlig ersetzen.

chlorarm gebleicht
Faserstoffe in der Papierherstellung: Bleichvorgang bei der Zellstoffherstellung. Chlorarme Papiere (CFA) verursachen eine wesentlich geringere Abwasserbelastung, da anstelle von Chlorgas (Elementarchlor) mit Chlordioxid gebleicht wird.
Eventuell wird der Stoff z. B. mit Wasserstoffperoxid vorgebleicht.
AOX-Wert < 0,1 kg/t Papier.

Chlordioxid
Chlordioxid ist eine Chlorverbindung, die zum Bleichen von Zellstoff eingesetzt wird. Sie ist gegenüber der früher eingesetzten Bleiche mit Chlor erheblich weniger Umwelt belastend.

chlorfrei
Chlorfrei (engl. chlorine free) oder auch TCF (Totally Chlorine Free) werden Papiere genannt, die mit Zellstoff hergestellt werden, der unter vollständigem Verzicht auf Chlor bzw. Chlorverbindungen gebleicht wurde und deren AOX-Wert (Abwasserbelastung) bei 0,0 kg/t Papier liegt.

Chlorkohlenwasserstoffe
Abk.: CKW. Kohlenwasserstoffverbindung, bei der ein Teil des Wasserstoffes durch Chloratome ersetzt ist. Diese Löse-, Wasch- und Reinigungsmittel (z. B. Methylenchlorid, Trichlorethan, Trichlorethylen) sind unbrennbar, trotzdem können sich explosionsfähige Gemische bilden. Deshalb gilt zur Sicherheit: Rauchverbot, Funkenbildungen vermeiden, leere Behälter aus dem Arbeitsraum entfernen. Chlorkohlenwasserstoffe sind gesundheitsschädlich. Ein direktes Einatmen von Dämpfen ist zu vermeiden. CKW entziehen der Haut Fett; die Haut wird leicht rissig und daher anfällig für Hauterkrankungen oder Infektionen.
> MAK-Wert

Chrom
Chemisches Kurzzeichen: Cr. Silberweißes, sehr hartes und abriebfestes Metall. In der Druckindustrie früher eingesetzt als > hydrophiles Metall bei Bi- und Trimetall-Offsetdruckplatten.
Heute ist das Metall bedeutend zum Verchromen fertiger Tiefdruckzylinder mit in Kupfer gravierten Bildinformationen. Chrom erhöht die > Standzeit, d.h. die Auflagenfestigkeit (Verschleißschutz für Kupfer).

Chroma
1. Engl. Bez. für die Buntheit.
2. Farbmetrik: Koordinate im Munsell-Farbraum. In diesem > Farbmaßsystem wird ein Farbort durch drei Kenngrößen Farbton, Sättigung (Chroma)und Helligkeit bestimmt. Die Sättigung einer Farbe ist im > CIE-L*a*b*-Farbraum eine Koordinate für die Entfernung vom Unbuntpunkt.

Chromoduplexkarton
Kurzbezeichnung: GD.
Einseitig gestrichener Faltschachtelkarton mit rohem Sekundärfaserstoffanteil (Altpapier). Die Decke (Oberseite) ist je nach Sorte holzstofffrei bis leicht holzstoffhaltig, die Einlage und die Rückseite sind grau. Der Karton ist gut zu falzen, zu rillen und zu nuten.

Chromoersatzkarton
Mehrschichtiger, ungestrichener Faltschachtelkarton, der ein- oder beidseitig > holzstofffrei (auch: „holzfrei") gedeckt und einseitig glatt ist. Zwischen den beiden Decklagen, von denen mindestens eine aus Zellstoff besteht, sind weitere Papierlagen aus > Holzstoff.

chromogene Entwicklung
Fotografie: Entwicklung von bestimmtem Fotomaterial mit speziellen Verarbeitungschemikalien zu einem Farbbild.

Chromokarton
> Chromopapier

Chromolithografie
Flachdrucktechnik: Das manuelle Herstellen verschiedener Teildruckplatten aus Solnhofener Kalkschiefer (> Lithografien) für den künstlerischen, mehrfarbigen Steindruck. Gedruckt wurde mit bis zu 18 Farben.

Chromolux
Markenname für ein hochwertiges Sortiment mit gussgestrichenen, hochglänzenden Papieren und Kartons, weiß oder auch farbig. In der Regel einseitig, seltener auch zweiseitig gestrichen, nie satiniert und daher sehr voluminös.

Chromopapier
Holzstofffreie oder holzstoffhaltige Papiere und Kartons, die einseitig gestrichen sind. Strichgewicht ca. 15 g/m^2.
Die Oberfläche kann weiß oder farbig, matt oder glänzend sein. Es wird eine wasserfeste, hochwertige Strichdispersion zur Beschichtung verwendet, die entsprechend den speziellen Anforderungen an das Endprodukt (z.B. gute Eignung für den Offsetdruck, Präge-, Lackier- und Bronzierfähigkeit) zusammengesetzt ist. Chromopapier wird überwiegend für Etiketten, Einwickler und Bezugspapiere, Chromokarton für Faltschachteln, Schaukartons (Displays), Werbedrucke für Dekorationen, Schallplattenhüllen, Buch- oder Broschureneinbände eingesetzt.

Chromotriplexkarton
Kurzbezeichnung: GT.
Einseitig gestrichener, mindestens dreilagiger Faltschachtelkarton.
Decke holzstofffrei bis leicht holzstoffhaltig, Einlage grau (Sekundärfaserstoffanteil = Altpapier), Rückseite hell oder weiß.

Chronik
Aufzeichnung geschichtlicher und anderer Ereignisse in zeitlich richtiger Reihenfolge.

chronologisch
Zeitlich geordnete Informationen.

CI
> Corporate Identity

Cicero
Wichtige typografische Maßeinheit auf der Basis des Didot-Punktsystems, ursprünglich nur im Bleisatz eingesetzt, heute modifiziert. Danach ist 1 Cicero (c) = 12 Punkt (p). Die Umrechnung zum metrischen System ergibt: 1 m = 2 666 p, 1 p = 0,375 mm, 1 c = 4,5 mm (gerundet). Heute wird diese Maßeinheit vereinzelt noch in computergesteuerten Systemen verwendet. Basis ist jedoch das Point-System.

CIE
Abkürzung für Commission Internationale de l'Eclairage.
Diese „Internationale Beleuchtungskommission" mit Sitz in Wien entwickelte u. a. Standards für die Beleuchtungstechnik und Farbmessung (Farbdefinitionen, Farbräume, Farbsysteme, Farbmessnormen).

CIELAB-Farbmaßzahlen
Aus den Normfarbwerten berechnete Farbmaßzahlen L*, a* und b*. Für die Druckindustrie gelten nach ISO 13655 bzw. ISO 10527 nur Farbmaßzahlen nach CIELAB.

CIE-Farbortkoordinaten
Angabe zur Bestimmung eines Farbortes aus dem mathematischen Verhältnis der trichromatischen Werte x, y, z einer Farbe zur Summe aller drei Werte. Trichromatische Werte sind Farbmaßzahlen, mit denen jede Farbe farbmetrisch exakt bestimmt werden kann.

CIELAB-Farbraum
Allgemein: Geräteunabhängiger Farbraum. Farbbilder werden in diesem Farbraum unabhängig vom Eingabesystem (z. B. Scanner) oder den verschiedenen Ausgabesystemen farbneutral gespeichert.
Dieser Farbraum ergibt eine annähernd empfindungsgemäß gleichabständige Darstellung zur Messung kleiner Farbunterschiede. Die Bezeichnung „empfindungsgemäß gleichabständig" bezieht sich auf das Sehen des Menschen.
Der Mensch sieht Farbe nicht in Rot-, Grün- und Blauanteilen oder in der Kombination von Cyan, Magenta, Gelb und Schwarz, sondern nach der > Helligkeit (L = Luminanz), der > Sättigung (C = Chroma) und dem > Farbton (H = Hue). Die Definition des Farbraums wurde 1976 nach der Adams-Nickerson-Formel eingeführt.
Der CIELAB-Farbraum ist ein kugelartiger Körper, in seinem Inneren ist der gesamte Farbenraum dargestellt. Die senkrechte Achse ist die Unbunt- oder Grauachse.
Der unterste Punkt definiert Schwarz (L* = 0), der oberste Weiß (L* = 100). Die gesättigten Farben liegen auf der Außenlinie in der mittleren Ebene L* = 50 (Die mittlere Ebene kann man sich wie eine runde Scheibe vorstellen.)
Die Werte für den Farbton (H) und die Sättigung (C) ergeben sich aus
- den Koordinaten a* und b* in der Farbebene

sowie
- dem Bunttonbeitrag (Bunttonwinkel) und dem Buntheitsbeitrag.

Damit sind die Farben innerhalb des Farbraums zu definieren durch die:
- Helligkeit (L*-Achse),
- Rot-Grün-Achse (a*) und
- Gelb-Blau-Achse (b*).

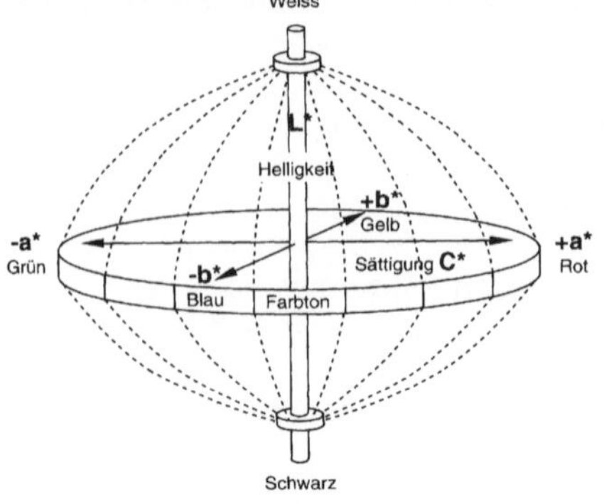

Beispiele für Farben, Sonderfarben und CIELAB-Werte

Farbe Sonderfarbe	CIELAB-Werte L*	a*	b*
Weiß	100	0	0
Schwarz	0	0	0
mittleres Grau	50	0	0
Gelb	70	0	100
Blau-Farbton	60	-2	-90
Rot-Farbton	60	90	0
Orange, hell	90	80	80
Grün-Farbton	60	-50	40
Violett-Farbton	30	40	-50

Koordinaten:
Rot-Grün-Achse (a* Rot – -a* Grün)
Gelb-Blau-Achse (b* Gelb – -b* Blau)
Das L*a*b*-System wird überwiegend in der Druckindustrie eingesetzt.

CIELCH-System
> LCH

CIE-LUV-Farbraum
Ein 1976 eingeführter einheitlicher Farbraum, der bei additiver Farbmischung, z. B. Farbfernsehen und Farbbildschirmdarstellung verwendet wird.

CIM
Abk. für Computer Integrated Manufacturing. Integrierte, rechnergestützte Fertigung. CIM beschreibt den alles umfassenden Einsatz der Datenverarbeitungstechnik in den technischen und organisatorischen Funktionen der Produktherstellung. CIM umfasst danach CAD, CAM, CAP, CAQ und PPS.

CIP3
Abk. für: International Cooperation for Integration in Prepress, Press and Postpress. Erarbeitet wurde dieses Standardformat 1995 durch eine internationale Vereinigung von Unternehmen aus der grafischen Industrie. CIP3 definierte mit dem Print Production Format (PPF) ein herstellerunabhängiges Standardformat für die Übermittlung produktionsrelevanter digitaler Daten eines Auftrages und geeignete Schnittstellen für die Druckvorstufe, den Druck und die Druckweiterverarbeitung. Im Jahr 2000 wurde CIP3 zu > CIP4 erweitert.

CIP4
Abk. für: International Cooperation for the Integration of Processes in Prepress, Press and Postpress.
Aus > CIP3 entwickelte eine Gruppe von Herstellern und Anwendern CIP4 mit dem Ziel, den gesamten Fertigungsprozess einschließlich der kaufmännischen Aufgabenbereiche zu integrieren. Interne und externe Datenströme des gesamten Prozesses sind damit zu vernetzen.
Betriebswirtschaftliche und technische Daten werden erfasst und den entsprechenden Abteilungen von der Auftragsannahme über die gesamte Produktion bis zur Auftragsabrechnung zur Verfügung gestellt.
Als gemeinsamer Standard wurde in Zusammenarbeit der Heidelberger Druckmaschinen AG, MAN Roland AG, Agfa, Adobe Systems, dem Fraunhofer Institut für grafische Datenverarbeitung (IGD) u. a. das Job Definition Format (JDF) entwickelt.

CISC
Abk. für Complex Instruction Set Computing. Elektronischer Rechner mit einer umfassenden Anzahl von Befehlen. > RISC

City-Light-Poster
Beleuchtete transparente Lichtreklame (Groß-Diapositiv) zur Außenwerbung.

Clickkosten
> Klickkosten

Client
Engl. für: Kunde, Auftraggeber, Dienstenutzer, Mandant u. a. Druck- und Medienindustrie: Kunde, Auftraggeber

Computertechnik: Ein einzelner Computer, der Daten von einem Zentralrechner (Server) empfangen kann und dessen Dienste nutzt.

Clip
> Videoclip

ClipArt
Einfache, vorgefertigte Computergrafiken, die in Texten, Präsentationen u. Ä. eingesetzt werden können.
ClipArts sind meistens in thematisch zusammengehörenden Grafikbibliotheken (Menschen, Flaggen, Tiere, Umwelt, Technik, Computer, Unternehmen, Branchen usw.) abrufbar gespeichert.

Clipping
EDV: Bei rechnerunterstütztem Zeichnen (> CAD) das elektronische Beschneiden einer Figur innerhalb einer vorgegebenen Umrandung.

Clone
Englische Bezeichnung für den Nachbau eines Systems oder eines Programms. Dies kann legal sein (vgl. IBM-kompatible Rechner) oder illegal, wenn typische Eigenschaften des Systems ein schützenswertes Eigentum des Entwicklers oder Herstellers darstellen.
> Copyright

Closed-loop
Englisch: Bezeichnung für einen geschlossenen Kreislauf bzw. Regelkreis in verschiedenen Bereichen.

Cloud
Engl. für: Wolke. Auch: Cloud-Computing. Speicherung von eigenen Daten (Dateien) in einem externen Rechnersystem. Basis ist ein Speicherplatz auf dem Server eines Dienstleisters, der über das Internet mit dem eigenen System verbunden ist. Durch diese Technologie stehen die Daten bei einer Online-Verbindung auf allen eigenen Systemen zur Verfügung. Die Kommunikation erfolgt ausschließlich über definierte technische Schnittstellen und Protokolle.
Für Privatpersonen gibt es viele Anbieter, die bestimmte Datenspeicherkapazitäten kostenlos anbieten, z. B. Dropbox, iCloud, Telekom Mediencenter.
Unternehmen nutzen selbst umfangreiche IT-Dienstleistungen über ein Netzwerk.
Die benötigten Dienstleistungen und Kapazitäten sind dynamisch dem Bedarf anzupassen, z. B.
- benötigter Speicherplatz
- Software

Cluster
Engl. Bez. für Haufen, Gruppe, Ballung, Zusammenfassung.
1. In der EDV die kleinste, unteilbare logische Einheit für die Speicherung von Daten auf einem Datenträger.
2. Seminarmethode: Zusammenfassung von Arbeitsergebnissen.

CLUT
> Color Look-Up Table

CMM
> Color Matching Method

CMOS
Engl. Abk.: Complementary Metal Oxide Semiconductor. Digitalkameras für den privaten Bereich setzen vielfach anstelle von CCD-Sensoren preisgünstigere CMOS-Sensoren ein.
Bei diesen Sensoren wird die Ladung direkt von jeder einzelnen Zelle (Pixel) angeholt. Durch diese Technik kann kein > Blooming-Effekt auftreten. Jede Zelle kann dazu die erforderliche Treiberelektronik und einen A/D-Wandler enthalten.
> CCD

CMS
1. > Color-Management-System
2. > Content-Management-System

CMYK
Englische Abkürzung für die Prozessfarben Cyan (C), Magenta (M), Yellow (Y) sowie Key (K = internationale Abkürzung für Schwarz), mit denen im subtraktiven Farbaufbau ein herkömmlichen Vierfarbdruck gedruckt wird.
> subtraktive Grundfarben

CMYK-Datensatz
Datensatz mit separierten Anteilen der Prozessfarben, die die Bildvorlage im Druck wiedergeben.

CMYK-Format
Bilddaten für die Druckproduktion werden in den Prozessfarben Cyan (C), Magenta (M), Gelb (Y), Schwarz (K) elektronisch verarbeitet und gespeichert.
> RGB-Format

Cobb-Test
Mit dem Test wird die Saugfähigkeit von Papieren, Kartons und Pappen für flüssige Medien wie Wasser, Öle, Lacke u.Ä. in einer bestimmten Zeit ermittelt.

Cockling
Wellenbildung bei Papieren.
Mögliche Ursachen:
- Bogendruckpapiere
  Vom Rand her eingedrungene Feuchtigkeit (Randwelligkeit)
- Rollen-Offsetdruck (Heatset-Trocknung)
  Ungeeignete Papierlaufrichtung, zu hohe Trocknertemperatur,
  fehlende oder zu starke Rückbefeuchtung
- Inkjet-Druck
  Hoher Wasseranteil in der Druckfarbe, der bei großer Tintenmenge während oder nach dem Druck ein Aufquellen des Papiers verursacht

Code
Englisch: Gesetzbuch, Schlüssel. Zuordnungsregel, Vorschrift für die eindeutige Darstellung von Informationen, Daten und Befehlen u. a. in einem System.
1. Kommunikation: Vereinbartes Zeichensystem zum Austausch und zur Speicherung von Informationen. Einem bestimmten Zeichen wird eine Kombination von Symbolen zugeordnet.
   Die Vorschrift dazu ist der Code (auch: Kode).
2. EDV: System für die Verschlüsselung von Informationen. In der Computertechnik sind beispielsweise Buchstaben, Zeichen und Steuerbefehle durch einen maschinenlesbaren Code zu verarbeiten.
   Dazu werden die Informationen im System codiert.
   > Verschlüsselung, > Kodierung,
   > Kryptografie

Codec
Engl. Kurzform von Encoder und Decoder. Mit dieser Software ist ein platzsparendes Übertragen und Speichern von Videodaten möglich. Dazu müssen die Daten zuerst komprimiert (encodiert) und zur Wiedergabe entpackt (decodiert) werden.

Codex
1. Vorläufer unserer heutigen Buchform. Pergamentblätter wurden in der Mitte gefalzt und in (Buch-)Deckel aus Holz eingelegt. Später wurden diese Deckel mit Leder, Pergament, Seide oder anderen wertvollen Stoffen überzogen.
2. Sammelbezeichnung für historische Gesetzessammlungen.

codieren
> Code

Codierung
> Kodierung, > Verschlüsselung von Daten in die Maschinensprache eines Computers.

Coil
Rolle aus (Weiß-)Blech, die für den Blechdruck als Bedruckstoff geeignet ist.

In der Blechdruckerei werden aus der Bandrolle einzelne Tafeln (entsprechend dem Bogen) für den Druck im gewünschten Format geschnitten.

Coldset-Offsetdruck
Offsetdrucktechnik, bei der die Druckfarbe ausschließlich physikalisch durch Wegschlagen trocknet. Die Bezeichnung bezieht sich in der Regel auf Rollen-Offsetdruckmaschinen ohne speziellen Trockner für den Zeitungsdruck und ähnliche Produkte.

Collage
Klebebild. Vorlage, die aus mehreren, manuell zusammenmontierten Bildern besteht. Die einzelnen Elemente können aus ganzen Bildern, aus Teilbildern, Flächen u. a., aus Papier oder farbigen Kunststofffolien bestehen.

Collator
Engl.: Sinngemäß für Mischer.
Bezeichnung in der Druckverarbeitung für ein Zusammentragaggregat. Eingesetzt zur Herstellung von
- Formularsätzen in Endlosdruckmaschinen
- Buchblocks (z.B. in einer Digitaldruck-Fertigungsstraße)

Color Control System
QuadTech® Farbregelungssystem mit > Instrument Flight inline

Color Gamut
Engl. Bez.: Der von einem bestimmten Gerät erfassbare oder darstellbare Farbumfang wird Gerätefarbraum oder Color Gamut genannt. Das Color Gamut wird durch die Eckwerte des 3D-Koordinatensystems bestimmt.

Colorimeter
Farbmessgerät, z. B. zur Kalibrierung des Bildschirms.
> Dreibereichs-Colorimeter

Color Look-Up Table
Abgekürzt: CLUT. Tabelle, in der bei indizierten Bildern (geringe Farbtiefe) im Header der Bilddatei alle verwendeten Farben erfasst sind. Dadurch muss nicht jedem Bildpunkt eine Farbinformation in RGB beigefügt werden. Die Datei wird kleiner, da nur auf die Tabelle verwiesen wird.

Color-Management-System
Abkürzung: CMS. Farbkalibrierungssystem zur farblichen Abstimmung sämtlicher Eingabe-, Bildbearbeitungs- und Ausgabesysteme, z. B. Scanner, Farbmonitor, Bildbearbeitungsprogramme, Digitalproof, Belichter und Computer-to-Plate-Systeme (Direct-Imaging u. a.). Im engeren Sinne die Software zur Abstimmung der Farben von der Eingabe bis zur Ausgabe.
Basis ist der einheitliche, neutrale Farbraum CIELAB.
Bunte Farben werden im Arbeitsprozess auf verschiedenen Geräten wie Scanner, Digitalkamera, Monitor, Proof und im Druck nicht in gleichen Farbwerten wiedergegeben. Beispiele:
- Ein leuchtendes Rot in einem Digitalfoto (RGB-Farbraum) kann auf dem Monitor (RGB) annähernd gleich, aber im Druck (CMYK-Farbraum) deutlich farbloser und schmutzig bräunlich aussehen.
- Eine auf dem Monitor farbkräftig aussehende Grafik ist im Ausdruck deutlich blasser.

Jedes Gerät oder Ausgabesystem verwendet einen charakteristischen, gerätebezogenen Farbraum, innerhalb dem Farben einer Bildvorlage wiedergegeben werden können. Ziel ist es, die gleiche farbliche Darstellung in verschiedenen Systemen der Eingabe, Verarbeitung und Ausgabe in einem Arbeitsprozess zu erreichen.
Ein wichtiger Grund für unzureichende Farbwiedergaben in einem Arbeitsprozess ist die Umrechnungsmethode bei

Farbkonvertierung von einem gerätespezifischen Farbraum in einen anderen. Erreicht werden kann dies durch ein Color-Management-System und > ICC-Profile. Aufgaben des CMS sind:
Sichere Farbraumtransformation in einen neutralen Farbraum zur Verbindung und farblichen Abstimmung sämtlicher Eingabe-, Bildbearbeitungs- und Ausgabesysteme, z. B. Scanner, Foto-CD, Farbmonitor, Bildbearbeitungsprogramme, Digitalproof, Ausgabesystem (Computer-to-Plate, Computer-to-Press u. a.) und der Systeme im Druckprozess (Offsetdruck, Digitaldruck, Zeitungsdruck, Flexodruck).
> CIELAB, > Quellfarbraum, > Zielfarbraum

Color Matching Method
Abk.: CMM. Auf mathematischen Methoden beruhendes Softwaremodul zur Farbraumtransformation, d. h. Anpassungsverfahren. Farbbilddaten werden unter Verwendung von ICC-Profilen in einen anderen Farbraum umgewandelt, z. B. von L*a*b* zu CMYK.
Ein CMM errechnet aus den Quellfarbdaten und einem ICC-Profil die Farbdaten für den > Zielfarbraum. > Color-Management-System,
> ICC-Profil, > Quellfarbraum

Color Separation
Engl. Bez. für > Farbauszug oder Farbseparation.

ColorSync
Farbmanagementsystem von Apple.

Commission Internationale de l'Eclairage
> CIE

Community
Zusammenschluss von Online-Nutzern zu einer Gemeinschaft mit gleichartigen Interessen. Ziel einer Community ist vor allem der Austausch von Erfahrungen und die Optimierung des Wissens. Dabei trägt jeder aktive Teilnehmer zum Erfolg bei. Eine Community kann für alle Interessierten offen oder geschlossen sein. Bei einer geschlossenen Community hat nur ein bestimmter (eingetragener, genehmigter) Personenkreis Zugang über ein Login.

Compact Disk
> CD, > Speichertechniken

CompactFlash-Karte
Abk.: CF-Karte, CF-Card.
Digitales Speichermedium ohne bewegliche Teile, wiederbeschreibbar, sehr stabil. CF-Karten werden überwiegend als Datenspeicher in Digitalkameras eingesetzt.

Compiler
Bauelemente, die eine Programmiersprache in die > Maschinensprache, d. h. einen rechnerverständlichen Binärcode, übersetzen.

Complementary Color Reduction
Abkürzung: CCR. In der Scannertechnik ursprünglich von Siemens-Hell eingeführte Bezeichnung für alle möglichen Reproduktionsvarianten eines Farbsatzes zwischen dem > Buntaufbau und dem > Unbuntaufbau.

Composing
Bildvorlagen: Manuelles, fotografisches oder digitales Kombinieren von Bildern zu einem neuen Bild. Heute erfolgen diese Arbeiten (fast) ausschließlich am Rechner mit einem Bildverarbeitungsprogramm.
Beispiel:
Die Seite in einem Modekatalog zeigt ein Mädchen mit Blumen im Haar am Strand bei herrlichem Sonnenschein und interessanter Wolkenbildung an einer Bananenstaude. Die Einzelbilder Mädchen + Blumen + Sandstrand + Wolken + Bananenstaude ergeben die Katalogseite.

Composite-Datei
Digitale Datei einer Farbvorlage, die noch nicht in einzelne Farbauszüge zerlegt

C

(separiert) wurde. Composite-Dateien sind in der digitalen Druckvorstufe leichter zu handhaben, z. B. lassen sich Korrekturen an dem gesamten Bild schneller durchführen als an Farbauszügen. Die Farbseparation erfolgt nach der Verarbeitung durch ein Programm am Rechner, sie kann auch im > RasterImage Prozessor (RIP) als so- genannte > In-RIP-Separation durchgeführt werden

Computer
Eine programmgesteuerte elektronische Rechen- und Datenverarbeitungsanlage, die eingegebene Daten nach gespeicherten Programmen verarbeitet und diese in der gewünschten Form ausgibt.
Mindestbestandteile des Systems sind: Rechenwerk, Steuerwerk, Arbeitsspeicher und Ein- und Ausgabesteuerung für angeschlossene Geräte (Peripherie).

Computeranimation
Animation bedeutet, abgeleitet aus der lat.-engl. Bezeichnung, sinngemäß: Einem unbelebten Objekt durch einen Trickfilm Bewegung zu verleihen.
Das Objekt wird damit für den Betrachter „zum Leben erweckt". Bei einer Computeranimation werden mit Hilfe des Computers und entsprechender Software einzelne Bewegtbildsequenzen in 3D zur Visualisierung einer virtuellen Umgebung erzeugt. Damit lassen sich Abläufe und Szenarien darstellen, die in der Realität nicht vorkommen.

Computer Based Teaching
Abk.: CBT. Auch Computer Based Training. Rechnergestütztes, multimediales Lernen auf dem Computer des Nutzers mithilfe von Lernprogrammen. Didaktisch und methodisch gut aufbereitete Sachverhalte lassen sich durch Texte, Bilder, Grafiken, Audio und Videos mit Animationen anschaulich darstellen.
Nachteilig ist bei der Bearbeitung von CBT-Lernprogrammen, die auf einer CD oder DVD angeboten werden, dass der Lernende allein und ohne Kontakt zu anderen Lernenden oder dem Lehrer arbeitet. Dagegen bietet das Web Based Training (WBT) im Internet eine größere Aktualität und die Möglichkeit, Kontakt zu einem Lehrenden oder Tutor aufzunehmen.

Computergrafik
Oberbegriff für alle in Computersystemen verarbeitbaren Bitmap- und Vektorbilder.
Ein- und mehrfarbige Grafiken, die durch die digitale Erstellung und Bearbeitung völlig neue Möglichkeiten der Gestaltung und Variation ermöglicht. Die Computergrafik visualisiert in der einfachsten Form programmgesteuert nach dreidimensionalen Koordinaten Balken-, Linien-, Flächen oder Kuchendiagramme. Die Darstellung erfolgt in höchster Geschwindigkeit und absoluter Präzision.
Aber auch für die kreative Werbe- und Industriegrafik, für freie Illustrationen, Firmenlogos u. a. sind Grafikprogramme vorhanden. Dabei sind Hintergründe, Verläufe, Farben und Zeichen beliebig zu ändern, zu modifizieren oder zu kombinieren. Bei einer Vektorgrafik werden Linienzüge durch mathematische Formeln (z. B. Bezier-Kurven) definiert, die ein beliebiges Skalieren (Vergrößern oder Verkleinern) ohne Qualitätsverlust erlaubt.
Die Computergrafik ersetzt nicht die kreativen, manuellen Formen der Grafik, sie ist jedoch eine hervorragende Ergänzung und gibt neue Impulse zur Gestaltung.
> Bitmap, > Vektorbild

Computer Integrated Manufacturing
> CIM

Computersimulation
Datentechnisch gesteuertes Vor- oder Nachspielen realer Abläufe, Vorgänge oder Situationen am Computer durch Modelle, z. B. physikalische, biologische und soziale Vorgänge.
Beispiele: Ausbildung von Flugzeug-

führern an Flugsimulatoren, Crashtests, Wachstumsentwicklung der Bevölkerung, Auswirkungen von Klimaveränderungen.

Computer-to-Screen
Siebdruck: Direkte Bebilderung der Druckform, d. h. alle Informationen (Daten) für den Druck werden direkt aus dem Datenbestand des Rechners auf das Sieb übertragen. Es ist kein Zwischenschritt über einen Film als Kopiervorlage erforderlich.

Computer-to...-Technologien
Ausgabetechnologien und -systeme. Sämtliche Technologien für die Ausgabe digitaler Informationen (gestalteter Druckseiten mit Texten, Bildern, Grafiken u. a.) aus der Druckvorstufe.

1. Computer-to-Film:
   Produkte sind Seiten bzw. Farbauszüge als einzelne Seiten oder ausgeschossen im Druckbogenformat auf Filmmaterial. Von diesen Produkten werden Druckplatten kopiert.
2. Computer-to-Plate:
   Produkte sind Druckplatten, die außerhalb der Druckmaschine bebildert werden.
   Digitale Informationsübertragung der Druckformdaten direkt auf die Druckplatte.
   Bei der Druckformherstellung entfallen somit alle früher erforderlichen manuellen Zwischenstufen wie das Herstellen von Filmen und Montieren sowie das separate Belichten und Entwickeln der Druckplatten. > Linearisierung, > Prozesskalibrierung
3. Computer-to-Press:
   Produkte sind Druckplatten (teilweise auch Druckfolien), die digital direkt in der Druckmaschine bebildert werden.
4. Computer-to-Print:
   > Digitaldruck, bei dem wiederbeschreibbare Bildträgertrommeln permanent aus dem digitalen Datenbestand bebildert werden. Es entsteht damit vor jedem Druck ein dynamisches Druckbild auf einer Bildträgertrommel (temporäre Druckform für jeden einzelnen Druck).
5. Computer-to-Substrat:
   > Digitaldruck im Inkjet-Verfahren (Tintenstrahldruck).
   Elektronisch gesteuerte Informationsübertragung aus dem digitalen Datenbestand, bei der Tinte aus winzigen Düsen direkt auf den Bedruckstoff übertragen wird. Im engeren Sinne ist nur dieses Verfahren ein Digitaldruck, da keine Druckform und auch keine temporäre Informationsübertragung auf eine Bildträgertrommel eingesetzt wird.

Übersicht siehe Anhang – 6 Prozessablauf in der Druckvorstufe

Computervirus
Schadsoftware (> Malware), die sich selbst vervielfältigt und erheblichen oder sogar einem totalen Schaden in einem datenverarbeitenden System anrichten kann, z. B. die Funktionen des Gerätes beeinträchtigen, Systemdateien beschädigen, Daten manipulieren oder zerstören. Nutzer können sich durch geeignete Virenschutzprogramme grundsätzlich vor sogenannten „Wirtsdateien" schützen, die diese Viren in das eigene System einschleppen. Solche Wirtsdateien können beispielsweise durch schädliche Anhänge (Pishing-E-Mails), durch infizierte Webseiten im Internet oder Wechseldatenträger wie USB-Sticks und -Festplatten in das Computersystem gelangen. Das Virus wird dabei durch das Ausführen bzw. Öffnen der Wirtsdateien durch den Nutzer selbst aktiviert. Jeder Nutzer ist dringend aufgefordert, sich über die Sicherheit im Netz zu informieren.
> Cyberkriminalität

Condensed
Engl. Bez. für eine schmal laufende Schrift, z. B. Univers 57 Condensed.

Container
Engl.: Behälter
1. Großbehälter für den Transport oder die Lagerung von Gütern aller Art.
2. Raumnutzung für (kurzzeitigen) Bedarf, z. B. Wohncontainer.
3. EDV: Datei, in der alle zu einem Projekt gehörenden Dateien aus verschiedenen Anwenderprogrammen zusammengefasst werden. Beispiele:
   - Präsentation: Texten, Bildern, Grafiken, Tabellenkalkulationen.
   - Druckauftrag: gestaltete Druckseiten, Schriften, Grafiken, Bildern (niedrig- und hochaufgelöst), u. a.

Container-Karton
Behälterkarton oder -pappe, meist mit anderen Karton- oder Pappensorten zusammengeklebt.
Die Außenlage des Kartons ist wasserdicht.

Content
Engl.: Gehalt, Inhalt. Bezeichnung in der Verarbeitung von Daten für den gesamten Informationsgehalt (Text, Bild, Grafik, Audio, Video). Im Zusammenhang mit neuen Medien bezeichnet der Begriff alle Inhalte, die über dieses Medium verbreitet werden.

Content-Management-System
Abk.: CMS. Content = Inhalte, Beiträge, Informationen; Management = Leitung, Führung eines Unternehmens; System = Gliederung, einheitlich geordnetes Ganzes.
Computerbasiertes Inhaltsverwaltungssystem. Diese Systeme unterstützen die Herstellung von Publikationen mit einer größeren Zahl von Autoren.
Sämtliche Daten werden medienneutral in einer Datenbank gespeichert. Die Verwaltung (Administration), Pflege und permanente Aktualisierung einer Vielzahl von unterschiedlichen Inhalten wie Texten, Bildern, Grafiken, Sounds und Videos erfordern einen hohen Zeitaufwand und kostenintensive Prozesse.
Content-Management-Systeme automatisieren diesen erforderlichen Prozess.
> Redaktionssystem

Content Provider
Anbieter von verschiedensten Inhalten im Internet.
Beispiele für Content Provider und möglichen Angeboten:
- Unternehmen:
  Kataloge, Dienstleistungen, Anfahrt; Fahrpläne, Flugpläne
- Behörden:
  Stadtinformationen, zuständige Sachbearbeiter in Ämtern, Formulare
- Vereine:
  Aktivitäten, Gruppen, Spielpläne, Trainingszeiten, Feiern
- Bildungseinrichtungen:
  Bildungsangebote, Schultests, Aus- und Weiterbildung (Angebote/Projekte in der Druckindustrie: ZFA, bvdm, learn4- print u. a.),
- Online-Dienste:
  Informationen (Politik, Wirtschaft, Sport, Kultur u.v.a.), Zugang zu Datenbanken

Continuous Inkjet
Engl. für kontinuierliches Tintenstrahlverfahren. Verfahren der Farbübertragung im > Inkjet-Druck, bei dem unter Druck stehende Tintendüsen kontinuierlich einen Tintenstrahl erzeugen.
An allen nicht zu bedruckenden Stellen werden die Tröpfchen abgelenkt.
Für das Ablenken gibt es prinzipiell zwei Verfahren.
- Binary-Deflecting-Verfahren:
  Engl. Bezeichnung für ein Verfahren mit binärer Ablenkung.
  Eine Hochdruckpumpe transportiert permanent Tinte in den Druckkopf.
  Ein piezoelektrischer Wandler erzeugt einen Druck durch Ultraschall mit feststehender Frequenz, der an der Düse

einen kontinuierlichen Stahl feinster Tröpfchen austreten lässt.
Dieser Tröpfchenstrahl wird in die Richtung zum Bedruckstoff „geschossen“.
Zwischen den Düsen und dem Bedruckstoff befinden sich Ladeelektroden, die den einzelnen Tröpfchen eine elektrische Ladung geben können.
Die Tintentröpfchen besitzen danach einen binären Zustand: geladen oder nicht geladen.
Ungeladene Tröpfchen erreichen das Papier, geladene Tröpfchen werden durch Ablenkelektroden so abgelenkt, dass sie in einem Tröpfchenfänger aufgefangen und wieder dem Tintenbehälter zugeführt werden können.

- Multi-Deflecting-Verfahren:
  Englische Bezeichnung für eine Ablenkung der Tröpfchen durch unterschiedliche Ladung.
  Der Tröpfchenstrahl wird wie bei dem Binary-Deflecting-Verfahren in Richtung zum Bedruckstoff „geschossen“.
  Auf dem Weg dahin werden die Tröpfchen durch Ladungselektroden unterschiedlich stark geladen.
  Durch diese unterschiedliche Ladung werden die Tröpfchen in unterschiedlichen Winkeln auf den Bedruckstoff übertragen.
  Dieses Verfahren ist derzeit noch in der Entwicklung.

Contract
Engl.: Vertrag

Contract-Proof
Engl.: Verbindlicher Farbprüfdruck als Referenz für den Auflagendruck (Produktionsdruck) nach der ISO-Norm 12647-7. Auch: Kontrakt-Proof.

ControllCenter
Drucktechnik: Bezeichnung einiger Hersteller für Druckmaschinensteuerung an einem zentralen Bedienpult.

Controller
Betriebswirtschaftler, der für die Kostenrechnung und -planung in einem Unternehmen zuständig ist.

Controlling
Betriebswirtschaft: Planungs- und Kontrollsystem. Engl.: to control = steuern, überwachen.
Ziel ist die Umsetzung und Sicherstellung von Strategien in innerbetriebliche Plandaten und konkrete Maßnahmen zur Steuerung des Unternehmens.

Convenience-Food
Ein für den Verzehr vorbereitetes Fertiggericht in einer geeigneten Lebensmittelverpackung.
> Verpackung

Cookies
Von einem Anbieter im Internet erfasste Daten über aufgerufene Seiten und persönliche Benutzerdaten des Anwenders. Sie werden auf dem Rechner des Anwenders gespeichert und können jederzeit ausgelesen werden.
Damit kann der Internet-Server den Anwender bei einem späteren Aufruf der Seiten identifizieren. Dadurch wird Händlern u. a. Anbietern im Internet ermöglicht, ein Benutzerprofil zu erstellen.

Cookie-Filter
Filter in einem Browser, der verhindert, dass benutzerspezifische Informationen an einen Server übertragen werden.
> Cookies

Copy
EDV: Datensicherung bzw. -übertragung auf einen > Datenträger, z. B. das Kopieren von Dateien auf einen Stick.

CopyDot
> Redigitalisierung

C

Copyright
Urheberrechtlicher Schutzvermerk, z. B. in Büchern und anderen Publikationen mit Angaben zum Autor, Verlag, Jahreszahl der Veröffentlichung u. a.
Die Angabe des Copyrights erfolgt allgemein im > Impressum (Rückseite des Haupttitels eines Buches). Vielfach wird für das Copyright nur das Kürzel © eingesetzt.

Corona-Vorbehandlung
Materialien (auch: Substrate) mit geringer Oberflächenenergie bzw. Oberflächenspannung haben schlechte Benetzungseigenschaften. Dadurch wird das Drucken, Lackieren oder Kleben auf diesen Materialien schwierig. Voraussetzung für eine gute Haftung auf dem Material (z. B. Bedruckstoff) ist eine hohe Polarität auf der Oberfläche.
Durch eine Corona-Vorbehandlung werden molekulare Bindungen an der Oberfläche aufgebrochen und so die Oberflächenenergie erhöht. Dies geschieht durch komplexe Vorgänge mit Hilfe einer Hochspannungsentladung zwischen zwei Elektroden, durch die das Material hindurch läuft.
Neben der Oxidation wird die Oberfläche gleichzeitig gereinigt und feinst strukturiert (Mikrorauigkeit).

Corporate Design
Visuelles Erscheinungsbild als Teilaspekt der > Corporate Identity.

Corporate Identity
Abk. CI. Das CI bezeichnet die Unternehmenskultur und das optische Erscheinungsbild eines Unternehmens.
Beispiel: Leitbild, Unternehmensphilosophie, interne und externe Kommunikationsformen, PR-Konzeption sowie das gesamte Erscheinungsbild im Print- und Nonprintbereich, der Werbung des Unternehmens mit gleicher Gestaltung, gleichem Logo, gleichen Schriften und Farben. Im weiteren Sinne gehören auch die Gestaltung von Anlagen (Gebäude, Werbetafeln, Infostände u. a.) sowie die Gestaltung hausinterner Informationen dazu.

Cover
Engl. Bez. für Umschlag, Schutzumschlag; auch für Bucheinband.

CO_2
Abkürzung für Kohlenstoffdioxid oder allg. nur Kohlendioxid, eine chemische Verbindung zwischen Kohlenstoff und Sauerstoff. CO_2 entsteht u. a. auf natürlichem Wege durch Atmung, Zersetzung bzw. Verrottung von Pflanzen sowie bei der Verbrennung von fossilen Brennstoffen wie Holz, Kohle, Öl und Gas.
> Klima, > Treibhausgase

CO_2-Emissionen
Ausstoß von umweltbelastendem Kohlendioxid.

CO_2-Fußabdruck
Engl.: carbon footprint.
Eine Berechnung der verursachten Menge an CO_2-Emissionen in einer bestimmten Zeit z. B. durch Privathaushalte (Menschen, Konsumverhalten), Energiegewinnung, Verkehr, Unternehmen (industrielle Produktion, Maschinen, Papier u.v.a.) oder auch durch Tierhaltung.
Der CO_2-Fußabdruck zeugt in seiner Bilanz einen Vergleich auf: Ein sehr hoher Wert bedeutet, dass sehr hohe Emissionen verursacht werden. Ziel muss es sein, das (Welt-)Klima durch möglichst geringe Emissionen zu schützen.
> Klima, > Treibhausgase

CO_2-Neutralität
Auch: CO_2-neutral gestellt = Kompensation.
Druckindustrie:
Die bei der Produktion durch Maschinen, Geräte und Einrichtungen in der Druckvorstufe, im Druck und in der Druckverarbeitung, durch Papier, Logistik, Energie

u. a. anfallenden CO_2-Emissionen werden an anderer Stelle (d.h. externe Projekte, die als Klimaschutzprojekt zertifiziert sind) ausgeglichen („gespart“).
Vermieden wird also nicht direkt vor Ort, sondern indirekt durch einen finanziellen Betrag als „Ausgleich“.
Beispiel:
Finanzielle Unterstützung eines Projektes zu regenerativen Energiegewinnung im Inland oder wesentlich häufiger im Ausland.

CPC
Abkürzung für: Computer Print Control. Ein modulares Kontroll- und Steuersystem der Heidelberger Druckmaschinen AG für Offsetdruckmaschinen und den Produktionsprozess.

CPData
Produktions- und Informationssystem für systematische Organisation in den verschiedenen Bereichen der Druckerei.

CPTronic
Digitale Steuer-, Kontroll- und Diagnoseelektronik an Heidelberger Druckmaschinen.

CPU
Abk. für > Central Processing Unit, die zentrale Verarbeitungseinheit in einem Computer. Die CPU ist der zentrale elektronische Prozessor des Computers, der aus dem Rechen- und Steuerwerk sowie der Steuereinheit besteht.

CR
für > Carriage Return: Zeilenschaltung durch die Tastatur.

Crash
Engl.: Absturz. Unerwartetes, plötzliches Beenden des Programms oder des Betriebssystems.

CristalRaster
Frequenzmodulierte Rastertechnik.
Tonwerte werden bei diesem Bildaufbau durch „zufällig“ angeordnete, immer gleich große Mikro-Rasterpunkte (0,015 mm bis 0,02 mm Durchmesser) in unterschiedlicher Häufung erzeugt.
Die Anzahl pro Flächeneinheit variiert entsprechend dem zu reproduzierenden Tonwert. Die räumliche Verteilung erfolgt nach mathematischen Zufallsregeln auf der Grundlage von Software-Algorithmen, die die Punkte entsprechend einer statistischen Auswertung von Tonwertumfang und Detail in angrenzenden Bildflächen anordnen.
Vorteil ist eine sehr gute, halbton- bzw. fotoartige Bildwiedergabe, bei der ein Moiré-Effekt weitgehend vermieden wird.
Im Gegensatz zu der frequenzmodulierten Rastertechnik (> FM-Raster) ist bei einem > autotypischen Raster jeder Rasterpunkt je nach Tonwert flächenvariabel.
Alle Rasterpunkte sind bei diesem Verfahren vom Mittelpunkt zum Mittelpunkt gleich weit voneinander entfernt.

CRM
> Customer-Relationship-Management

Cromalin
Proofverfahren.
Analoges und heute ausschließlich digitales Farbprüfverfahren von DuPont.
Bei dem analogen System wird ein Proof von gerasterten Farbauszügen hergestellt, dagegen wird ein digitales Proof direkt aus dem Datenbestand des Rechners produziert. Beide Systeme simulieren den Standard der Druckfarben für den Offsetdruck.

Crossmedia-Publishing
Digitale Produktionstechnologie:
Informations- und Datenhandhabung in der gesamten Medien- und Druckindustrie.
Im engeren Sinne die Aufbereitung, Speicherung und Nutzung von digitalen Daten für die Herstellung von Print- und Nonprint-Medienprodukten aus einem Datenbestand.
> Database-Publishing

C

CRT
Abk. für Cathode Ray Tube; Kathodenstrahlröhre.
Die CRT-Röhre wird zur Wiedergabe von elektronisch gespeicherten Daten auf einem Bildschirm eingesetzt.
> Monitor, > Horizontalfrequenz, > Vertikalfrequenz

CSB
Papierherstellung, Abwasser:
Abkürzung für > Chemischer Sauerstoff-Bedarf.

CTP
Abkürzung für Computer-to-Plate.
> Computer-to...-Technologien

CTP-Belichter
CTP: Abk. für Computer-to-Plate.
Digitale Bebilderung der Druckplatten für den Offsetdruck. Die im Raster-Image-Processor aufbereiteten Daten steuern einen Laser an, der die Informationen auf die Druckplatte überträgt. Prinzipiell unterteilt man die verschiedenen Belichtersysteme in Flachbett-, Außentrommel- und Innentrommelbelichter.

- Flachbettbelichter
  Auch: Capstan-Belichter.
  Belichter für eine mittlere Qualität. Die Druckplatte ist bei der Bebilderung in Bewegung: sie läuft planliegend horizontal durch die Bebilderungseinheit. Der Druckplattenbelichter wird überwiegend in CtP-Systemen für den Zeitungsdruck eingesetzt.
  Vorteil ist ein einfacher, kontinuierlich verlaufender Materialtransport (Druckplatte).
  Grundsätzlicher Nachteil:
  Kleinere Bebilderungsbreite. Größere Arbeitsbreiten führen zu einer Verzerrung des Laserpunktes.
- Außentrommelbelichter
  Die Druckplatte ist bei der Bebilderung in Bewegung: sie ist außen auf eine Trommel aufgespannt, die sich dreht. Das System erfordert wegen relativ hoher Fliehkräfte und einer möglichen Unwucht eine sehr stabile Konstruktion. Die Trommel kann daher nur mit geringen Drehzahlen arbeiten. Um zu kurzen Bebilderungszeiten zu kommen, wird mit mehreren Laserstrahlen (Aufteilung in mehrere Unterstrahlen) gleichzeitig belichtet.
- Innentrommelbelichter
  Die Druckplatte ist bei der Bebilderung fest im Inneren einer halben Trommel, einem offenen Hohlzylinder, durch ein Vakuum fixiert („eingespannt“).
  Zur Bebilderung wandert ein Laserstrahl mit sehr hoher Drehzahl exakt vom Zentrum aus über die Druckplatte.

CTP-Druckplatten – spezielle Bezeichnungen
Bezeichnungen wie chemiefrei, chemiearm, prozessfrei, prozessarm werden unterschiedlich definiert. Wesentliche Teilprozesse bei der Herstellung der Druckform sind das Bebildern (Belichten) und das Entwickeln der übertragenen Informationen. Das Bebildern ist messtechnisch relativ genau zu erfassen, etwas schwieriger ist es, die Entwicklung konstant zu halten. Das Entwickeln, korrekter das Entschichten, kostet zudem Zeit und Material. Zusätzlich gibt es ökologische Aspekte, den Einsatz von Entwicklerlösungen zu verringern oder ihn ganz zu eliminieren. Auch bei sogenannten chemiefreien Druckplatten kann bei der Entschichtung der Nichtbildstellen nicht ganz auf chemische Substanzen verzichtet werden. Nach Untersuchungen der Fogra sind die Eigenschaften dieser Substanzen jedoch unproblematischer als die bisher eingesetzte Entwicklerchemie.
Dementsprechend verwendet die Fogra die Bezeichnung „chemiearm“ für diese Verarbeitung. Auch bei sogenannten prozessfreien Druckplatten ist die Bezeichnung nicht korrekt, denn jede

Druckplatte wird in einem „Prozess“ hergestellt.
Richtig ist dagegen nur, dass auf einen herkömmlichen Entwicklungsprozess verzichtet werden kann. Trotzdem müssen Rückstände nach der Bebilderung wie Schichtpartikel von der Druckplatte z. B. mit Wasser oder in der Druckmaschine beim Anlaufen im Druckwerk entfernt werden. Auch hier ist die Bezeichnung „prozessarm präziser.

Cursor
Freibewegliche, blinkende Marke auf dem Bildschirm, die die jeweilige Schreib- bzw. Bearbeitungsposition anzeigt.

Customer
Engl.: Kunde, Kundin

Customer-Relationship-Management
Abk.: CRM.
Kundenbeziehungsmanagement.
Das Unternehmen richtet sich primär auf die Anforderungen und Wünsche der Kunden aus und betriebt eine nachhaltige Kundenpflege.

Customized
Engl. Bezeichnung, allgemein für: kundenspezifisch, maßgeschneidert.
Im Digitaldruck: Personalisiertes und/oder individualisiertes Druckprodukt.

Cutter
Engl. für Schneideanlage. In der Druck- und Papierindustrie für (Quer-)Schneider.
Rollen-Rotationsdruck (z.B. Rakeltiefdruck): Bei sehr hohen Bahnbreiten ein Schneideaggregat mit einer Spliteinrichtung für das Schneiden einzelner Stränge.
Bogen-Offsetdruckmaschinen:
Ein spezieller Querschneider (sheet cutter), der Rollenpapier inline unmittelbar vor dem Anleger in Bogen schneidet.
Damit ist preisgünstigeres Rollenpapier in Bogen-Druckmaschinen zu verarbeiten.

Cyan
Druckfarbe:
Prozessfarbe für den Vierfarbdruck.

Cyanauszug
Reproduktion:
Farbteilbild eines Vierfarbdruckes, das alle Anteile der substraktiven Grundfarbe Cyan und deren Mischfarben enthält.

Cybercrime
> Cyberkriminalität

Cybergeld
Virtuelles Geld, das auf einem Rechner gespeichert ist, um Waren oder Dienstleistungen zu bezahlen.

Cyberkriminalität
Sämtliche Straftaten, bei denen die Täter moderne Informationstechnik nutzen, werden ganz allgemein als Cyberkriminalität (engl.: cybercrime) bezeichnet. Cyberkriminalität ist zum Beispiel ein Betrugsversuch, der das potentielle Opfer via E-Mail statt per Post erreicht.
Im engeren Sinne umfasst der Begriff jedoch Straftaten, die auf Computersysteme und Netzwerke oder Telekommunikationssysteme zielen. Dabei kann es sich auch um Cyberspionage oder Cyberterrorismus handeln.
Die Besonderheit der Cyberkriminalität besteht darin, dass die Täter nahezu von jedem Ort der Welt aus agieren und ihre Spuren gut verschleiern können. Zudem muss der Tatort nicht zwingend mit dem Taterfolgsort identisch sein.
Nicht nur die Zahl der betroffenen Computer und Smartphones steigt, sondern auch die Professionalität der Täter. Es wir versucht, mit immer geringem Aufwand möglichst viele Computer mit Schadsoftware zu infizieren, um beispielsweise Kontodaten und Passwörter zu stehlen. Weitergehende Information zur Sicherheit im Netz: www.bmi.bund.de

Cyberspace
Ein Synonym für die sogenannte > virtuelle Realität im Internet, in die der Anwender durch eine Vernetzung über verschiedene Sensoren (Datenhandschuh, Datenhelm u. a.) einsteigen und dort über den Bildschirm agieren kann.

D

D

1. Römisches Zahlzeichen für 500.
2. Hexadezimales Symbol für die dezimale Zahl 13.
3. Kurzzeichen für die fotografische > Dichte.

Daneben gibt es weitere Abkürzungen mit dem Buchstaben D.

Dachkantspiegel
Optik: Umkehrspiegel bei Reproduktionskameras mit doppelter Spiegelung.
Das Produkt der Reproduktionsaufnahme von einer seitenrichtigen Bildvorlage ist seitenrichtig.

DAM
Abk. für: Digital-Asset-Management-System. > Asset

DAT
Engl. Kurzbezeichnung für Digital Audio Tape. Kostengünstige Magnetbandkassette (DAT-Streamer) zur digitalen Datenspeicherung mit sehr hoher Speicherkapazität (bis zu 1,2 Gigabyte).

Data
Engl. Bez. für Daten.

Database-Publishing
Datenbankgestützte und in Teilbereichen automatisierte Produktion von Print- und Nonprint-Medien. Hierzu gehören das Gestalten und Aufbereiten von medienneutralen Daten für z. B. interaktive Kataloge, Printprodukte, CD-ROM-Produktion. Basis dazu ist eine > Datenbank als elektronisches Archiv für Texte, Grafiken und Bilder, auf die ggf. auch Kunden Zugriff haben. > Crossmedia-Publishing

Data link
> Datenverbindung

Datei
Engl.: File. Zusammenfassung von systematisch geordneten, verarbeiteten Computerdaten unter einem bestimmten Namen, gespeichert in einer Datenverarbeitungsanlage bzw. auf einen Datenträger.
Dateien lassen sich unter dem gegebenen Namen (eindeutige Bezeichnung mit einer > Dateiendung) aufrufen, speichern, verarbeiten, korrigieren, ergänzen, neu zusammenstellen, übertragen oder ausgeben.

Datei-Creator
Eine aus vier Zeichen bestehende Folge, die mit einer Datei verbunden ist und angibt, mit welcher Anwendung die Datei erstellt wurde.

Dateiendung
Bezeichnung mit bis zu vier Buchstaben nach einem Punkt hinter dem Dateinamen. Die Dateiendung zeigt den Dateityp an, z. B. doc, indd, psd, tif, pdf, xls.

Dateiformate
Struktur, mit der die Daten in einer Datei gespeichert sind. Jedes Programm bearbeitet und speichert Daten in einem speziellen Dateiformat. Vielfach ist diese für ein Programm erforderliche Struktur an der Endung (Erweiterung) des Dateinamens zu erkennen. > Datenformat

Dateifragmentierung
Das Betriebssystem, die Software und jede einzelne Anwenderdatei sind auf der Festplatte gespeichert.
Dabei liegen die Daten idealerweise in einzelnen Sektoren, die physikalisch unmittelbar aufeinander folgen.
Durch ständiges Benutzen des Computers bei Bearbeitungen und Änderungen verteilen sich die Datenbits jedoch in unterschiedliche Sektoren der Festplatte.
Damit geht der unmittelbare Zusammenhang verloren. Dieses physikalische Problem nennt man Dateifragmentierung bzw. Fragmentierung.

Folge: Je größer die Fragmentierung der Dateien ist, desto langsamer ist die Zugriffsgeschwindigkeit. Durch geeignete Software ist eine Optimierung der Festplatte möglich. Das Beseitigen der Dateifragmentierung verbessert die Effizienz und erhöht die Geschwindigkeit.

Dateisicherung
Engl.: Backup. > Datensicherung

Dateityp
Ein vier Zeichen langer Code, der den Dateityp kennzeichnet und zusammen mit dem Datei-Creator-Kennzeichen in der Datei gespeichert wird.
Anwendungen erkennen an diesem Code, ob die Datei in einem Format geschrieben ist, das sie lesen können.

Daten
1. Allgemein: Informationen aus Buchstaben, Zeichen oder Ziffern sowie verschiedensten Bildinformationen.
2. Technik: Vereinbarte Zeichen oder Funktionen, die eine Information darstellen. Diese können in analoger oder digitaler Form vorliegen.
3. EDV: Grundsätzlich sind Daten alle Formen von Informationen, die durch den Computer zu verarbeiten sind (Buchstaben, Zeichen, Ziffern, digitalisierte Bilder). Hinzu kommen sämtliche Befehle oder Informationen, die die erfassten Daten verändern (Bildbearbeitung, Schrift u. a.) oder durch die diese Daten in eine Beziehung zueinander gebracht werden können (Seitengestaltung, Ausschießen u. a.).

Datenanlieferung
Lieferung von Daten für einen Druckauftrag durch den Kunden. Um den Datentransfer mit dem Kunden zu optimieren, bieten Druckereien wichtige Informationen für das Erstellen und Speichern von zu liefernden Daten an.
Je besser die Kommunikation vor der Datenanlieferung ist, desto seltener können Probleme auftreten. Was ist zu beachten? Kurze Hinweise:
- Ordner:
  Alle Dokumente sowie zugehörige Bilder und Grafiken in separaten Ordnern speichern.
- Bilder und Grafiken:
  Liefern von Original-Dateien aus dem Anwendungsprogramm.
- Dateien:
  Löschen nicht benötigter Dateien.
- Linienstärken:
  Mindestens 2 pt
- Beschnittzugabe:
  Bei angeschnittenen Bildern oder Flächen 3 mm, höchstens 5 mm
- Druckauflösung:
  Ausreichende Auflösung, z. B. 300 dpi bei Bildern (1 : 1)
- Schriften:
  Schriften und auch Schriften in Grafiken müssen den verwendeten Schriften in der Datei genau entsprechen. Schriften sind in einem separaten Ordner mitzuliefern.
- Farbmodell:
  Gelieferte Bilder müssen einheitlich im CMYK-Modus vorliegen.
- PDF-Dateien:
  Das erforderliche Acrobat Setting steht im Download-Bereich zur Verfügung.

Datenarten
Daten sind nach verschiedenen Kriterien einzuteilen. Die folgenden Angaben sollen dies beispielhaft aufzeigen.
1. Prinzipielle Datenarten:
   - alphabetische Daten:
     beliebige Buchstaben;
   - numerische Daten: beliebige Ziffern;
   - alphanumerische Daten:
     Buchstaben, Ziffern und Sonderzeichen.
2. Daten nach Häufigkeit der Veränderungen:
   - Stammdaten:
     langfristig gespeicherte Daten, z. B.

Anschriften, persönliche Daten, Artikelnummern;
- Bewegungsdaten:
laufend aktualisierte Daten, z. B. Rechnungen, Zahlungseingänge, Kontostand, Lagerbestand, Bestellungen.

3. Daten nach bestimmten Funktionen:
   - Rechendaten,
   - Ordnungsdaten.

Datenausgabe
Visuelles Darstellen erfasster oder gespeicherter Daten.
> immaterielle Ausgabe auf dem Bildschirm, > materielle Ausgabe durch Drucker auf Papier (Inkjet-, Laserdrucker) oder eine > Computer-to...-Technologie für die Druckproduktion.

Datenaustausch
> Datenanlieferung

Datenbank
Engl.: Database. Elektronischer „Karteikasten" zur strukturierten Verwaltung von Dateien in verschiedenen Arten.
Datenbanken sind systematisch organisierte Zusammenstellungen von Informationen aller Art (Texte, Bilder, Grafiken, Zahlen u. a.), die in einer logischen Verbindung zueinander stehen. Die Daten werden einmal exakt definiert und für alle Benutzer zentral verwaltet. Die Kontrolle der Datenbank erfolgt durch ein > Datenbankmanagementsystem (DBMS).
Alle Daten sind nach bestimmten, ausgewählten Kriterien zu sortieren, zu ergänzen, zu korrigieren, gemeinsam zu verarbeiten und zu nutzen. Dabei werden grundsätzlich Zugangsrechte (Benutzername, Kennwort) zur Sicherheit des gesamten Datenbanksystems vergeben. Die häufigste Datenbankart ist die relationale Datenbank. Die Daten liegen dabei in Tabellenform (Relationen) vor. Diese sind durch Indizes geordnet und untereinander verknüpft. Auf bestimmte, mit einem Passwort geschützte Inhalte kann ggf. auch der Kunde zur Planung eines Auftrages, Auftragserteilung und Druckfreigabe sowie zur Information über den Produktionsfortschritt zugreifen.
Beispiele: Kundendatenbank, Bilddatenbank, Adressen, vorgefertigte Layouts für den variablen Datendruck, Datenbanken in Unternehmen (Lager, Einkauf, Kunden, Verkauf usw.), bei Einwohnermeldeämtern, Banken, Versicherungen und Krankenhäusern.

Datenbankmanagementsystem
Programm, das die Kommunikation zwischen Benutzer und Datenbank organisiert. Die Datenbank kann nach Schlagworten, Querverbindungen und weiteren Kriterien durchsucht werden. Für den variablen Digitaldruck können Daten aus der Datenbank in ein vorgefertigtes Layout übernommen werden.

Datenbus
Leiter zur Informationsübertragung in einer Datenverarbeitungsanlage, in dem Daten als digitale Signale an verschiedene Stellen (ähnlich Bus-Haltestellen) eingegeben, weitertransportiert und an anderen Stellen wieder ausgegeben werden.

Dateneingabe
Eingeben von Programmen, Befehlen und Informationen durch alphanumerische > Daten in die Zentraleinheit des Computers. Informationen sind über > Bildschirmterminal (mit Tastatur), optische Lesegeräte, magnetische > Datenträger oder einen > Scanner zu erfassen.

Datenerfassung
Übernahme vorhandener Daten in ein Computersystem.
> Dateneingabe

Datenfernübertragung
Abk.: DFÜ. Das Übertragen und Empfangen von Daten über ein Netz, z. B. Telefonnetz. Sind digitale (codierte) Daten mit

dem analogen Telefonnetz zu übertragen, ist auf der Seite des Senders und des Empfängers ein Modem (Modulator-Demodulator) erforderlich.
Das Modem wandelt digitale Informationen in akustische (analoge) Signale um, die beim Empfänger wieder demoduliert (in digitale Daten zurückverwandelt) werden. Dezentrale Terminals haben so eine direkte Verbindung zu der Zentrale. Die Daten können online direkt in einen Rechner eingegeben werden.

Datenflussplan
Systematische Darstellung der Organisation, bei der Eingabe-, Speicher- und Ausgabeeinheiten (> Hardware = Geräte) festgelegt sind, die im Programmablauf eingesetzt werden.

Datenformate
Codierte Struktur und Anweisungen für die Behandlung und Anwendung von Dateien. Beispiele:
ASCII-Datei = Text, TIFF-Datei = Halbtonvorlagen, EPS-Datei = Grafiken. Siehe Anhang: Datenformate.

Datenhandling
Der sichere und verantwortungsvolle Umgang mit Daten aller Art ist für alle Druck- und Medienunternehmen eine absolut notwendige Voraussetzung für eine vertrauensvolle und problemlose Zusammenarbeit mit den Kunden, für die Prozesssicherheit in der Produktion und den wirtschaftlichen Erfolg des Unternehmens. Das Datenhandling ist als umfassender Arbeits- und Aufgabenbereich zu sehen. Beispiele dazu:
- Prüfen, organisieren und verwalten der vom Kunden eingehenden Daten
- Originaldaten des Kunden sichern, Produktionsdaten erzeugen
- Daten für die Arbeitsorganisation optimieren und nutzen
- Leistungen vorhandener Netzwerke für den Datenfluss bewerten
- Daten für einen (standardisierten) Prozess konvertieren bzw. optimieren
- Daten sicher speichern

Datenintegrität
Bezeichnung für den einwandfreien und korrekten Zustand von Daten und Systemen.

Datenkompression
Verfahren zur Verringerung des von Daten benötigten Speicherplatzes. Dabei werden großen Bilddateien (Pixeldateien) durch spezielle Algorithmen komprimiert.
Je nach Art der vorhandenen Daten lassen sich durch Optimierung der binären Darstellung Kompressionsraten von 1 zu 100 und mehr erreichen. Komprimierte Dateien benötigen geringere Übertragungs- und Verarbeitungszeiten (schnellere Datenübertragung, schnellere Ausgabe, schnelleres Layouten) sowie weniger Speicherplatz.
Man unterscheidet zwischen
- verlustfreien Kompressionsverfahren und
- verlustbehafteten Kompressionsverfahren, d.h. Verfahren mit einem mehr oder weniger großen Verlust an Informationen.

Verlustfreie Kompressionsverfahren sind der Standard in der Druckvorstufe für eine hohe Druckqualität. Hierzu gehören das TIFF-Format, dass auf dem > LZW-Verfahren basiert sowie das ZIP-Format, das nicht nur Bilder sondern auch komplette Dateien mit Texten, Grafiken und Bildern komprimieren kann.
Verfahren mit Informationsverlusten sind beispielsweise JPG für Bilder und MP3 für Musik.
Das JPEG-Format bietet unterschiedliche, vom Anwender beinflussbare Qualitäten. Das Ergebnis des Kompressionsverfahrens bedeutet nicht unbedingt eine Verschlechterung der Qualität, wenn für das Auge nicht sichtbare Informationen entfernt worden sind.
Beispiel für eine Kompression: Sich wieder-

holende Daten werden durch eine spezielle Codierung entfernt, soweit sie für das Erkennen des Inhaltes nicht erforderlich sind. Die (Original-)Daten sind zur Ausgabe wieder vollständig zu rekonstruieren.
> JPEG, > MP3 > TIFF > Packer, > .zip

Datenkonvertierung
Umwandlung vorhandener beliebiger Daten in ein anderes Datenformat (z. B. InDesign – PDF, Excel – Word) oder für die Nutzung in einem anderen Computersystem (z. B. PC zu Mac).

Datenlieferung
> Datenanlieferung

Datenpaket
Bezeichnung für zusammengehörende Daten, die gebündelt über ein Computernetzwerk versendet werden. Die Daten werden jedoch nicht als kontinuierlicher Datenstrom (Streaming) versendet, sondern in kleinere Einheiten (Pakete) zerlegt und übertragen.
Jedes Paket wird dazu mit einem Header versehen und in eine geeignete Größe formatiert.
Im Header stehen u. a. Informationen zum Versender (Quelladresse) und Empfänger (Zieladresse). Kommen Pakete an einem Knotenrechner (Router) an, werden sie von diesem nach aktuell verschiedenen Möglichkeiten (schneller, frei, günstiger) weitergeleitet.
Sind alle Pakete beim Empfänger angekommen, werden sie wieder zu der Original-Datei zusammengefügt. Das Protokoll für den Datenversand im Internet ist TCP/IP.

Daten-Preflight-Check
Kontrolle digitaler Daten vor der Druckformherstellung oder des Drucks (Digitaldruck) auf Vollständigkeit, Korrektheit und Verarbeitungsfähigkeit.
Der Check dient zum Erkennen und Abfangen möglicher Fehler, die zu Fehldrucken und hohen Kosten (Zeit zur Mängelbeseitigung) sowie Problemen bei der Einhaltung von Terminen) führen können.

Datenrate
> Datentransferrate

Datensatz
Digital aufbereitete Daten von zu druckenden Seiten für die Ausgabe, z. B. in einem Computer-to-Plate-System.

Datenschutz
1. Allgemein: Sicherheit vor Datenverlusten durch menschliche Fehler, höhere Gewalt, Missbrauch, Kriminalität, Sabotage.
2. Personenbezogener Datenschutz:
   Das Bundesdatenschutzgesetz (BDSG) schützt insbesondere die Privatsphäre der Bürger bei der Erhebung, Verarbeitung und Nutzung personenbezogener Daten. Unter anderem werden Probleme zu Speicherung, Veränderung, Übermittlung und Löschung von Daten definiert und geregelt. Rechtliche Grundlage für das BDSG ist das aus dem Grundgesetz abgeleitete Grundrecht auf informationelle Selbstbestimmung.

Datenschutzbeauftragter
Unternehmen und Organisationen sind, wenn sie personenbezogene Daten erheben, verarbeiten oder nutzen, verpflichtet, die Forderungen des Bundesdatenschutzgesetzes (BDSG) sowie andere Vorschriften zum Datenschutz sicherzustellen. Ein betrieblicher Datenschutzbeauftragter ist je nach Verarbeitung von Daten (manuell, automatisiert) ab einer bestimmten Zahl von Personen im Unternehmen zu bestellen. Er hat die Pflicht, die im Datenschutzgesetz festgelegten Grundrechte der Menschen zu wahren und Einzelne davor zu schützen, dass durch die Verwendung personenbezogener Daten die Persönlichkeitsrechte beeinträchtigt werden.
> Datenschutz, > Sicherheitsstufen

D

Datenschutz-Grundverordnung
> DSGVO

Datensicherheit
Oberbegriff für alle programmtechnischen, technischen und organisatorischen Maßnahmen, um Datenverluste durch technische Mängel oder Fehlbedienungen zu vermeiden oder Daten vor unberechtigten Zugriffen zu schützen.

Datensicherung
Speicherung von Daten auf einem Datenträger. > Backup

Datensichtgerät
Bildschirm, der elektronisch gespeicherte Daten visuell wiedergibt.

Datenspeicher
Informationen müssen gespeichert werden, wenn sie zur eigenen Erinnerung oder Dokumentation behalten, weitergegeben oder archiviert werden sollen. Der Begriff ist sehr umfassend für alle Medien, die Informationen speichern können. Dazu zählen Datenträger aller Art, z. B.:

- Papier für handschriftliche oder gedruckte Informationen
- magnetische Datenträger für analoge und digitale Medien
- Datenträger für optische Speicherung von digitalen Medien
- elektronische Speicher, Halbleiterspeicher für digitale Medien

> Speicher

Datentiefe
Anzahl der Graustufen, die ein Scanner bzw. Computersystem bei der Aufzeichnung einer Halbtonvorlage erfasst. Datentiefe ist der maximale Raum (Menge) der erfassbaren Bilddaten eines bestimmten Punktes, zum Beispiel ein Bereich von 0 bis 255.
Jeder abgetastete Bildpunkt erhält beim Abtasten und Speichern einen dem Tonwert (Helligkeit in der Bildstelle) entsprechenden spezifischen Wert. Dieser Wert ist die sogenannte Graustufe.

Datenträger
EDV: Speichermedium für elektronische Daten, d. h. alle Medien, die geeignet sind, kodierte Informationen (Computerdaten) aufzunehmen und zu speichern. Hierzu gehören: Disketten (heute ohne Bedeutung), interne und externe Festplatten, Magnetbänder, CD-ROM, DVD (optische Speicher), USB-Massenspeicher sowie Mikroelektronikspeicher wie RAM (permanente Speicher) und ROM (flüchtige Speicher).
> Speicher

Datentransfer
Datenübertragung zwischen verschiedenen Systemen über interne oder externe Datenleitungen bzw. Netze, z. B. Standleitung, Internet, Datenfernübertragung (DFÜ), FTP. > Datenübertragung

Datentransferrate
Übertragungsgeschwindigkeit von Daten zwischen verschiedenen Speichergeräten und Systemkomponenten.
Die Datentransferrate gibt an, wie viele Informationseinheiten in Bits pro Sekunde von dem Computer über ein bestimmtes Medium übertragen werden können.
Maßeinheit: Bits per second,
abgekürzt: bps.

Datenübertragung
EDV: Technisches Verfahren bei Datenverarbeitungsanlagen zur Weiterleitung der Daten an weitere, beliebig weit entfernte Hardwarebausteine mithilfe eines Übertragungsmediums.

- Offline-Übertragung:
  Weitergabe eines Datenträgers an einen Empfänger.
- Online-Übertragung:
  Datenübertragung durch Telefonleitungen, Glasfaserkabel, Funk oder Satellit.
- Serielle Technik:

Alle Daten werden einzeln, d. h. Bit für Bit, über die Leitung geschickt.
- Parallele Technik:
  Daten werden in der Breite eines Wortes übertragen.

Datenübertragungsrate
Menge der durch ein kabelgebundenes oder drahtloses System übertragenen Dateneinheiten pro Zeiteinheit, auch Bitrate genannt.
Übliche Abkürzungen: bit/s, b/s oder bps.

Datex
Engl. Abk. für data exchange. Datenaustausch, System zur Übertragung digitaler Daten, z. B. Datendienste der Deutschen Telekom.

DAT-Streamer
Abkürzung für Digital Audio Tape.
Bandlaufwerk zur Datensicherung.

Daumenprobe
Einfache Papierprüfung zur Beurteilung der Rupffestigkeit gestrichener Papiere. Der angefeuchtete Daumen wird auf die Probe gedrückt und ruckartig wieder abgezogen.
Es dürfen keine Strichpartikel am Daumen kleben bleiben.

Daumenregister
Buchherstellung: Stufenartig ausgestanztes Griffregister am Vorderschnitt einer Broschur oder eines Buches.
Das Griffregister zu Beginn eines neuen Buchstabens oder Abschnittes erleichtert das rasche Auffinden von gesuchten Informationen. Beispiele: Telefonbuch, Tabellenbuch, Fachwörterbuch

Daunendruckpapier
> Dickdruckpapier

db
Engl. Abk. für database.
> Datenbank

DBMS
Abk. für > Datenbankmanagementsystem

Debugger
Dienstprogramm. Ein Analyseprogramm zur Fehlersuche und -behebung in Programmcodes.

Decke
Buchherstellung:
Einband eines Buches, der aus zwei (Papp-)Deckeln, der Rückeneinlage und dem Deckelbezug (Einbandstoffe wie Papier, Gewebe, Kunststoff, Leder) besteht.
> Buchdecke, > Buch

Deckel
1. Verpackungen:
   Oberteil von Feinblechverpackungen in unterschiedlichen Formen: Eindrück-, Eingreif-, Falz-, Scharnier-, Schiebe- und Stülpdeckel. Deckel sind plan liegend in Tafeln im Blechdruck zu bedrucken.
2. Buchherstellung: Pappen zur Herstellung einer > Buchdecke (Einband), die mit Einbandstoffen bezogen werden. Einbandstoffe: Papier, Gewebe, Leder, Kunststoffe. > Buchdecke

Deckenband
Sammelbezeichnung für sämtliche in Einbanddecken gebundene Erzeugnisse, auch Hardcover genannt. Die Einbanddecke besteht aus verschiedenen Materialien und einem Bezugsstoff. > Buch

deckende Farbe
> Deckfarbe

Deckenmachen
Das manuelle oder maschinelle Herstellen einer Buchdecke. > Deckenmachmaschine

Deckenmachmaschine
Buchherstellung: Fachliche Bezeichnung für eine Maschine, die industriell Buchdecken herstellt. > Buchfertigungsstraße

Decker
Vorlagenherstellung: Manuell oder fotografisch hergestellte Schablone für das Bearbeiten von einzelnen Bildern oder Bildteilen.
Bearbeitungsbeispiele:
Freistellen, Tonwertkorrektur, Spritzarbeiten (> Airbrush).

Deckfähigkeit
Druckfarbe: Eigenschaft, die den Grad einer Druckfarbe beschreibt, den Untergrund abzudecken, d. h. nicht durchscheinen zu lassen. Bei Druckfarben unterscheidet man grob zwischen deckenden (d), leicht deckenden (ld) und lasierenden (l) Druckfarben. Die Kurzzeichen sind auf jedem Etikett einer Druckfarbenverpackung aufgedruckt. Die Deckfähigkeit ist von der Art und Größe der > Pigmente, der > Pigmentvolumenkonzentration (Mengenanteil Pigment zu Bindemittel) sowie der aufgetragenen Schichtdicke im Druck abhängig.

Deckfarbe
Druckfarben, die den Untergrund mehr oder weniger stark abdecken. Man unterscheidet grob zwischen deckenden und leicht deckenden Druckfarben.
Nur im Siebdruck ist ein absolut deckender Farbauftrag möglich, der den Untergrund vollständig und unsichtbar überdeckt.
Gegensatz: > lasierende Druckfarben.

Decklage
Obere Lage bei mehrlagigen Kartons mit speziellen drucktechnischen und/oder ästhetischen Eigenschaften.

Deckungsauflage
Zahl der verkauften Exemplare eines Werkes, deren Nettoerlös alle Selbstkosten (Herstellkosten, Autorenhonorar, sonstige Handlungs- bzw. Verwaltungskosten) deckt. Alle darüber hinaus verkauften Exemplare bringen dem Verlag erst einen Gewinn.
> Deckungsbeitragsrechnung

Deckungsbeitragsrechnung
In der Kostenrechnung ist es problematisch, fixe > Kosten verursachergerecht auf die Erzeugnisse zu verteilen. Bei der Teilkostenrechnung werden Kosten in variable und fixe Bestandteile getrennt.
Man bestimmt nur die variablen Kosten eines Auftrages einerseits und den Erlös (Nettoverkaufspreis × Menge) andererseits.
Demnach ist der Deckungsbeitrag zu berechnen:
Deckungsbeitrag =
Verkaufserlös – variable Kosten
Im betrieblichen Rechnungswesen ist der Deckungsbeitrag der über die variablen > Kosten hinausgehende Mehrerlös, mit dem die fixen Kosten gedeckt werden können.
Dabei ist der Verkaufserlös, z. B. bei einem Werk, aus dem Ladenpreis abzüglich Mehrwertsteuer und Sortimenterrabatt multipliziert mit der Auflage zu berechnen. Die variablen Kosten (Einzelkosten) ergeben sich aus den gesamten Herstellkosten und dem Autorenhonorar.
Beispiel:

Verkaufserlös	100.000 EUR
– variable Kosten	– 45.000 EUR
Deckungsbeitrag	55.000 EUR
– fixe Kosten	– 30.000 EUR
Betriebsergebnis	25.000 EUR

Deckweiß
Weiße Druckfarbe mit anorganischen Pigmenten wie Bariumsulfat und Titandioxid, die den unbedruckten oder bedruckten Untergrund weitgehend abdecken.

Decoder
Gerät zur Entschlüsselung von Codes, das ankommende Code erfasst und beispielsweise in sichtbare Informationen umsetzt.

Dedikation
Buchherstellung: Widmung; Hinweis auf eine Person, der das Buch zugeeignet

ist. Ist eine Widmung in der > Titelei des Buches aufgenommen, steht diese auf der folgenden rechten Seite nach dem > Impressum.
Die Rückseite ist in der Regel unbedruckt (> vakat).

dediziert
Lat.: gewidmet, bestimmt.

dedizierter Rechner
Rechner bzw. Server für eine bestimmte Anwendung, z. B. Rechner als LAN-Server. Dieser Rechner wird nicht als Arbeitsplatzrechner, sondern nur zur Netzwerksteuerung eingesetzt.

Deduktion
Logischer Schluss für das Einzelne, hergeleitet aus dem Allgemeinen (Wissen, Vorgänge usw.).

Default
Vorgabe, Standardeinstellung.

Default Value
Vorgabewert in der Computertechnik, z. B. Bildschirmauflösung, der durch eine neue Eingabe geändert werden kann.

Definition
Begriffsbestimmung durch logische, systematische Verfahren, z. B. Angabe der wesentlichen Eigenschaften eines Gegenstandes; Festlegung des Inhaltes oder der Bedeutung von Begriffen, Wörtern und Zeichen.

Deformation
Formveränderung, Verformung der Materie.

Defragmentierung
EDV: Mit dem Begriff Fragmentierung bezeichnet man die Zerstückelung von Daten auf einer Festplatte, die sich durch Bearbeiten, Kopieren und erneutes Speichern auf der Festplatte immer stärker in kleinere Blöcke aufgesplittert werden.
Defragmentierungsprogramme oder auch neue Betriebssysteme lesen die einzelnen Daten-Stücke (Cluster) aus, fügen sie in der richtigen Reihenfolge zusammen und schreiben sie danach hintereinander angeordnet auf die Festplatte.
> Fragmentierung.

dehnen
In der Bildverarbeitung das nicht-proportionale Verändern einer Bildgröße.

Dehnrichtung
Papier wird industriell in einer Papiermaschine in einer endlos langen Bahn hergestellt. Eine sehr dünnflüssige Faserstoffsuspension (99 % Wasser, 1 % Feststoff) läuft auf das Langsieb der Papiermaschine, durchläuft nach dem ersten Wasserentzug auf dem Sieb eine Pressen- und danach eine Trockenpartie. Am Ende der Papiermaschine wird die Papierbahn aufgerollt. Die meisten Faserteilchen richten sich auf dem Sieb in der Laufrichtung (Produktionsrichtung, Maschinenrichtung) aus.
Die Breite der Papierbahn, rechtwinklig zu der > Maschinenrichtung, ist die sogenannte Dehnrichtung. > Laufrichtung, > Dehnung bei Bedruckstoffen

Dehnung bei Bedruckstoffen
Papiere und Kartons bestehen aus hygroskopischen Faserstoffen. Durch Aufnahme von Feuchtigkeit verändert sich das Volumen der Fasern; die Fasern quellen und dehnen sich dadurch aus. Dies führt zu einer Dimensionsveränderung in der > Dehnrichtung des Bedruckstoffes.
Bei der Verarbeitung von Papieren und Kartons im Druck und in der Buchbinderei bzw. Druckverarbeitung ist demnach die > Laufrichtung und die > Dehnrichtung zu beachten.
Beispiele zu Auswirkungen:
1. Papierlagerung:
   - Die Stapelfeuchtigkeit ist normal, die relative Luftfeuchtigkeit wesentlich höher: Papier nimmt an den Rand-

D

zonen Feuchtigkeit auf und wird > randwellig.
- Die Stapelfeuchtigkeit ist normal, die relative Luftfeuchtigkeit wesentlich niedriger: Papier trocknet an den Randzonen aus und > tellert.

2. Offsetdruck: Papierverzug durch Aufnahme von Feuchtmittel und durch Anpressdruck führt zu Passerschwierigkeiten.
3. Buchbinderei: Direkter Feuchtigkeitseinfluss, z. B. beim Anschmieren mit wasserhaltigen Klebstoffen, verändert den Feuchtigkeitsgehalt des Papiers.
   Beim Trocknen neigt das Papier zum Einrollen (Achse parallel zur Faser bzw. Laufrichtung). Zum Ausgleich ist ein Blatt mit anderer Laufrichtung rückseitig gegenzukleben (auch Gegenkaschierung genannt).

Deinked Pulp
Abk.: DIP. Bezeichnung für den nach dem > Deinken gewonnenen Faserstoff aus Altpapier.

Deinking
Papierherstellung: Verfahren zur Gewinnung von Sekundärfaserstoffen. Deinking bezeichnet das Entfernen von Druckfarben bei der Wiederaufbereitung von bedrucktem > Altpapier. Die Wiederaufbereitung in einem Produktionsprozess bereits verarbeiteter Rohstoffe wird > Recycling genannt.
Das Entfernen von Druckfarben erfolgt vielfach in zwei Phasen:

1. Stufe: Ablösen
   Druckfarbe wird durch Wasserstoffperoxid (H_2O_2), Natronlauge (NaOH), Wasserglas, Seife und durch mechanische Kräfte im Pulper oder einer Auflösungstrommel vom Papier abgelöst.
2. Flotationsverfahren:
   Trennen von Druckfarbe und Füllstoffen in mehreren hintereinandergeschalteten Flotationszellen. Faserstoffe werden durch Wasser benetzt, Druckfarbenteilchen (hydrophob) nicht. Diese Suspension aus Wasser, Seife und Faserstoffen wird intensiv belüftet. Die hydrophobe Druckfarbe lagert sich an der Seife und den sehr feinen Luftbläschen an. Es bildet sich daraus ein Schaum auf der Oberfläche, der permanent abgeschöpft wird. Der Deinking-Schlamm besteht aus Fasern, Füllstoffen und Druckfarbenbestand teilen. Er kann in der Baustoffindustrie weiterverwendet werden.
   > Altpapier

Dekomprimierung
Wiederherstellung eines komprimierten Bildes auf seine volle Dateigröße.

Dekor
Verzierung, Ausschmückung von Gegenständen aller Art auf Papier, Karton, Kunststoff, textile Stoffe, Glas, Keramik u. a.

Dekordruck
Dekore werden für die verschiedensten Produkte zur Verzierung, zur Werbung, zur Information u. v. a. benötigt. Je nach dem zu bedruckenden Material, der Form des Materials (plan liegend, geformt), dem Verwendungszweck, der benötigten Menge (Auflage) und den Qualitätsanforderungen eignen sich verschiedene Druckverfahren.

1. Siebdruck: Druckverfahren, das sich für (fast) alle zu bedruckenden Materialien eignet. Die Druckfarbschicht kann sehr stark aufgetragen werden. Es sind flache und geformte Materialien mit nicht zu feinen Details zu bedrucken.
   - Siebdruck auf plan liegende Materialien: Papiere, Kunststoffe, Textilien, Glas, Fliesen, Keramik u. a.
   - Siebdruckprodukte auf geformte Materialien: Armaturen, Tassen, Hülsen, Gläser, Kosmetik-Produkte, Kugelschreiber u. a.

- Siebdruck auf beschichtetes Papier: Gedruckt werden Abziehbilder, die danach mit einer dünnen Lackschicht überzogen werden. Die Abziehbilder werden vom Trägerpapier gelöst und auf das zu dekorierende Werkstück (Tasse, Teller, Glas u. Ä.) übertragen und genau positioniert. Durch ein Einbrennen mit Infrarot-Strahlen bei sehr hohen Temperaturen (bis zu 800 °C) werden diese Dekore auf Glas, Keramik und Porzellan kratz- und spülmaschinenfest.

2. Tampondruck: Der > Tampondruck zeichnet sich durch seine enorme Flexibilität im Körperdruck aus.
   Der zum Druck eingesetzte Tampon aus Silikonkautschuk passt sich jedem zu bedruckenden Gegenstand (rund, eckig, oval, konisch, rau, glatt, unterschiedliche Ebenen usw.) an.
   Das Verfahren eignet sich für passgenaue Farbdrucke und liefert eine sehr gute Qualität. Bei geformten Produkten ist der Tampondruck wirtschaftlicher als der Siebdruck. Er kann jedoch nicht die gleichen Farbschichtdicken im Druck erreichen.
3. Tiefdruck: Der Druck von Strukturen, Mustern bzw. Maserungen auf einem speziellen > Dekorpapier. Das Spezialpapier für die Oberflächenveredelung von Holzwerkstoffen wird nach dem Druck im Tiefdruckverfahren auf einen Träger (z. B. Spanplatten) kaschiert.
   Das Produkt sieht einem echten Furnier sehr ähnlich, ist aber gedruckt – sichtbar an dem sich wiederholenden Rapport – und damit ein unechtes Holzfurnier.
   > Dekorpapier, > Becherdruck

Dekorpapier
Nassfestes, temperaturbeständiges, lichtechtes Spezialpapier mit hoher Opazität.
Das Papier wird im Tiefdruck mit einem Design (Holzmaserung u. a.) bedruckt, mit Kunstharzen getränkt und auf Spanplatten laminiert.
Das Material ist danach in der Oberfläche sehr hart und stark strapazierfähig. Es dient zur Oberflächenveredelung von Holzwerkstoffen.
> vorimprägnierte Dekorpapiere

Deleatur
Korrekturzeichen mit der Bedeutung: „Es werde getilgt.“ Ein einzelner Buchstabe, ein Zeichen oder ein Wort sind zu entfernen. ₰

Delete
Engl. Bez.: Löschen von Informationen.

Deleted Message
Gelöschte Nachricht, z. B. bei E-Mails.

Delta (Δ)
Mathematisches Symbol für Abweichung.
Messtechnik im Druck: Symbol für eine Abweichung oder Differenz des Istwertes zu einem bestimmten Sollwert.

Delta *D* (ΔD)
Farbmetrik, Druckpraxis: Farbdifferenz in der Dichte. Sonderfunktion am SpectroDens Premium (Techkon), die eine Delta-E-Abweichung in eine Dichte-Stellempfehlung vornimmt. Der aus den L*a*b*-Werten (ohne Pol-Filter) errechnete Dichtewert gibt dem Drucker eine einfache Angabe zur Farbsteuerung.

Delta *E* (ΔE)
Farbmetrik:
Farbabstand ΔE zwischen zwei Farben bei spektralfotometrischer Messung. Sehr schwache, gerade noch erkennbare Farbunterschiede besitzen den Farbabstand $\Delta E = 1$.
Problem bei der Beurteilung: Der Delta-E-Wert ist ein Summenwert für alle Abweichungen (Buntton, Bunttonwinkel, Helligkeit), der nichts über die Richtung oder die Art der Abweichung und somit über die qualitative Bildempfindung des Betrachters aussagt.

Empfohlen ist folgende Einteilung für den Farbabstand:

Stufe	Bewertung, Unterschied
1	sehr schwach zu erkennen
2	gerade zu erkennen
3	kleine Differenz
4	noch tragbare Differenz
5	große Differenz

Deltafalz
Bezeichnung für einen Wickelfalz im Falzwerk. Rollen-Offsetdruckmaschinen für den Akzidenzdruck sind im Zylinderumfang festformatig. Damit ist eine bestimmte Abschnittslänge im Zylinderumfang vorgegeben. Durch verschiedene Inline-Falztechniken und Kombinationen dieser Falzungen ist trotzdem eine Vielzahl unterschiedlicher Falzprodukte herzustellen.
Der Deltafalz ist eine spezielle Falztechnik im Akzidenz-Rollen-Offsetdruck. Die über einen Falztrichter (erster Längsfalz) geführte Papierbahn wird geschnitten und erhält danach den ersten Querfalz. Dieser erfolgt allerdings nicht – wie sonst üblich – in der Mitte des Abschnitts, sondern nach einem Drittel der Abschnittslänge. Es folgt ein zweiter Querfalz im zweiten Drittel der Abschnittslänge.
Beispiel:
Druckformat: 620 mm × 965 mm
Anzahl der Bahnen: 1
Seitenzahl: 18
Einteilung (Falz): 3 × 3
Anzahl der Stränge im Falzapparat: 2
Endformat (unbeschnitten):
206,67 mm × 321,67 mm
> Doppelparallelfalz

Demografie
Griech.: demos = Volk, Gemeinde, graphein = schreiben; sinngemäß: Volksbeschreibung. Wissenschaft, die sich mit der Entwicklung der Bevölkerung befasst und aus der Gegenwart Schlüsse für die Zukunft ableitet. Erfasst werden u. a. Bevölkerungszahlen, Häufigkeit von Geburten, Altersaufbau der Gesellschaft.
Beispiel: Überalterung der Gesellschaft, Rückgang jüngerer Altersgruppen. Daraus abgeleitet wird der sogenannte demografische Wandel (Bevölkerungsentwicklung: Zunahme, Abnahme, Altersaufbau u. a.), der für Planungen in der gesamten Politik und für die Wirtschaftsentwicklung unentbehrlich ist.

demotische Schrift
Form der Hieroglyphen, die sich aus den ursprünglichen Formen entwickelte.
> Stein von Rosette

Dennisson-Wachs-Test
Bedruckstoffe:
Prüfverfahren zur Ermittlung der Rupffestigkeit. Dazu werden Wachse mit unterschiedlicher Klebkraft verwendet.

Densitometer
Fotoelektrisches Gerät zur logarithmischen Messung von Schwärzungs- bzw. Dichtewerten der Transparenz (Transmission) oder Reflexion (Remission) an Bildvorlagen sowie an Rastertonwerten.
Dichtemessgerät für Auflicht und Durchlicht in der Reproduktion und im Druck. Durchlichtdensitometer, die in der Reproduktionstechnik eingesetzt werden, erfassen die Filmschwärzung (Opazität) von Durchsichtsvorlagen. Aufsichtsvorlagen und die messtechnische Beurteilung von Drucken (Farbschichtdicke lasierender Druckfarben) sind mit Auflichtdensitometern zu messen.
Messwert: > Dichte = logarithmischer Wert Opazität bzw. Absorption.
Messprinzip: Von einer Lichtquelle fällt stabilisiertes Licht, durch eine Optik gebündelt, auf die bedruckte Fläche.
Je nach Pigmentmenge (lasierende Farbschichtdicke) wird ein Teil des Lichtes absorbiert. Der andere Teil wird durch das weiße Papier reflektiert (diffus zurückgeworfen). Eine Fotodiode fängt die reflek-

tierten Lichtstrahlen auf und wandelt sie in elektrische Energie um. Die Elektronik vergleicht den Messwert mit einem Referenzwert (Vergleichswert für ein absolutes Weiß) und gibt den Messwert, die Dichte, analog oder – heute überwiegend – digital aus. Einzelne Druckfarben eines Vierfarbendruckes werden durch Vorschalten des jeweils komplementärfarbigen Filters gemessen.
Farbfilter im Strahlengang begrenzen das Licht auf die für die jeweilige Druckfarbe relevanten Wellenbereiche. Dadurch wird ebenfalls der „Schwärzungsgrad" (Absorption durch Druckfarbe), jedoch nie der Farbton gemessen.
> Dichte, > Farbschichtdicke
Vorgaben nach ISO 14981, DIN 16536:

- Messgeometrie: aufgestrahltes Licht 45°, Messung unter 0° oder auch umgekehrt.
- Lichtart A
- Filter nach Status E
- Polarisationsfilter (empfohlen)
- mattschwarze Unterlage unter der zu messenden Probe
- Nullung auf Papierweiß

Einsatzbereiche der Densitometrie:
Farbschichtdicke, Dichte, Dichtedifferenz, Flächendeckung, Tonwertzunahme, Druckkontrast, Trapping, Farbfehler, Verschwärzlichung.

Densitometrie und Farbmessung
Messung der Dichte bei fotografischen Materialien und bei lasierenden (Skalen-) Druckfarben. Übersicht zu Densitometrie und Farbmessung siehe Anhang.

Density
Dichte der Speicherung, insbesondere Aufzeichnungsdichte bei der Speicherung von Daten (Zeichendichte, Schreibdichte). Maßstab für die Menge der Informationseinheiten pro Längeneinheit. > bpi

Descreening
Für einen Druckauftrag, der in einer digitalen Druckvorstufe bearbeitet werden soll, fehlen die Originale bzw. Vorlagen für die Reproduktion.
Vorhanden sind jedoch Kopiervorlagen von einem bereits gedruckten Auftrag.
Descreening ist ein softwaregesteuertes Verfahren für das Entrastern dieser Kopiervorlagen (positive oder negative Filme) zum Digitalisieren für den computergesteuerten neuen Produktionsprozess.
> Redigitalisierung

Description
Engl.: Beschreibung

Design
Entwurf, Gestaltgebung. Ästhetische, moderne, funktional-schöne Form- und Farbgebung von Gebrauchsgegenständen, industriellen Produkten u. Ä.
> Grafik-Design > Checkliste für ein umweltbewusstes Design

Desktop Color Separation
Abk.: DCS. Ein Bildformat, das aus den vier separaten CMYK-Post-Script-Dateien sowie einer weiteren EPS-Master-Datei mit niedriger Auflösung für die Platzierung in Dokumenten besteht.

Desktop Publishing
Abk.: DTP; auch Computer-Publishing genannt, bedeutet sinngemäß das „Drucken auf dem Schreibtisch".
Professionelle Systeme sind in der Druckvorstufe vernetzt.
Digitale Texte, Grafiken und Bilder – vom Kunden geliefert oder im Unternehmen erfasst sowie ggf. bearbeitet – sind am Bildschirm mit einem Layoutprogramm zu druckfertigen Seiten (Ganzseiten) zu gestalten.

- Texte:
  Datei geliefert und/oder erfasst mit einem Textverarbeitungsprogramm,
- Grafiken:
  Datei geliefert, elektronisch mit einem Paintprogramm gezeichnet oder über einen Scanner erfasst

- Bilder:
  Datei geliefert, Datei aus der Digitalkamera oder erfasst mit einem Scanner.

Professionelle Systeme setzen zur Kontrolle Prüfverfahren (Proofsysteme) sowie zur Ausgabe Belichter und andere High-End-Systeme in verschiedenen Technologien (Computer-to-Film, Computer-to-Plate, Computer-to-Press u. a.) ein.

Dessin
Muster. Beispiele:
Gewebte „Zeichnung“ bei Textilien; Muster bei Dekorstoffen oder Tapeten.

Destillation
Physikalisches Verfahren zur Trennung unzersetzt verdampfbarer Flüssigkeiten von nicht flüchtigen Bestandteilen (z. B. Wasser von Salz) oder von Gemischen flüssiger Bestandteile mit unterschiedlichen Siedepunkten (fraktionierte Destillation).
Dabei werden flüssige Bestandteile durch Erhitzen verdampft und durch Abkühlung wieder verflüssigt (kondensiert). Unterschiedlich siedende Flüssigkeiten können getrennt nacheinander gewonnen werden.

Detailauflösung
Die Fähigkeit, einzelne Details eines Bildes differenziert wiederzugeben.
Beispiel:
In Vergleich zu AM-Rastern können FM-Raster feinere Abstufungen in allen Bildbereichen wiedergeben.

Deutsche Gesellschaft für Qualität e.V.
Abk.: DGQ. Institut zur Aus- und Weiterbildung in Qualitätsmanagementsystemen, zur Zertifizierung von Unternehmen u. ä. Aufgaben.

dezentral
Auseinandergelegt. Arbeitsweise oder Organisation eines Systems, bei dem Aufgaben nicht zusammengefasst, sondern auf verschiedene Funktionsebenen übertragen sind.

dezentrale Informationsübertragung
Dezentral: Außerhalb der Zentrale liegend, Funktionen sind in bestimmten Gebieten verteilt. Beispiel:
Der Redakteur einer Tageszeitung erfasst Nachrichten zu Hause an seinem Schreibtisch und sendet die Informationen mithilfe der > Datenfernübertragung an die zentrale Redaktion.

dezentrales Drucken
Das Drucken von Dokumenten (Aufträgen) an verschiedenen Orten, wobei die digitalisierten Dateien über ein Netzwerk an den Rechner des jeweiligen Druckorts übertragen werden.

Dezibel
Abk.: dB. Maß (physikalische Einheit) für die Bestimmung von Geräuschpegeln (Schalldruck, Lärm).

dezidiert
Lat.: bestimmt, entschieden.

dezimal
Zahlensystem mit der Basis 10 und den Ziffern 0 bis 9.

Dezimalklassifikation
System, bei dem das gesamte Wissensgebiet nach dem > Dezimalsystem (Zehnerteilung) gegliedert ist. Die einzelnen Fachgebiete und Unterteilungen erhalten jeweils weitere Stellen mit den Ziffern von 0 bis 9.

Dezimalsystem
Mathematik: Stellenwertsystem mit den zehn Ziffern von 0 bis 9.
Basis ist die Zahl 10. Weitere Stellen ergeben sich durch Potenzen der Basis 10.
Beispiele:
$10^0 = 1$, $10^1 = 10$, $10^2 = 100$, $10^3 = 1000$.
> Zahlensysteme

DFÜ
> Datenfernübertragung zu einem ortsungebundenen Informationsaustausch, zur Verarbeitung von Informationen und zur Nutzung von Datenbanken.
> Datenübertragung

DGQ
Abkürzung für > Deutsche Gesellschaft für Qualität e. V., Frankfurt am Main.

dH-Wert
Abkürzung für: deutsche Härte; Härtegrad des Wassers. Wasser ist durch gelöste Salze, vor allem aus Calcium und Magnesium, sowie andere Stoffe nicht rein. Verarbeitungsprozesse erfordern jedoch eine bestimmte Qualität des Wassers. Enthält das Wasser 10 mg gelöster Calcium- oder Magnesiumsalze, so hat es 1 °dH. Im Offsetdruck ist ein dH-Wert über 15 °dH bereits kritisch für eine einwandfreie Feuchtung der Druckplatten:
Es können wasserunlösliche schmierige Seifen aus Fettsäuren der Druckfarbe und den Härtebildnern entstehen, die sich auf den Druckwalzen, der Druckplatte und dem Gummituch ablagern. Die Härte des Wassers ist einfach mit Teststäbchen zu ermitteln. Bei zu hoher Wasserhärte und drucktechnischen Problemen empfiehlt sich die Installation einer Enthärtungsanlage.

DI
Abk. für Direct Imaging.
Die Heidelberger Druckmaschinen AG lieferte zwei Druckmaschinentypen mit dem System > Computer-to-Press: die Quickmaster DI und die Speedmaster DI (Produktion eingestellt).
Bei diesen Systemen erfolgte die Bebilderung der Druckformen (spezielle Folien) für alle Druckfarben gleichzeitig direkt aus dem Datenbestand des Computers auf die Druckformzylinder in der Druckmaschine.
Drucktechnik:
wasserloser Bogen-Offsetdruck.

Dia
1. Grundsätzliche Bedeutung:
   Vorsilbe für durch, hindurch, zwischen, auseinander u. a.
2. Reprotechnik:
   Kurzbezeichnung für positive Durchsichtsvorlagen, korrekte Bezeichnung: > Diapositiv.

Diagnose
Beurteilung, Erkennung.

Diagonale
Verbindung zwischen zwei nicht nebeneinanderliegenden Ecken, schräg verlaufend, z. B. Linie.

Diagramm
Schaubild. Grafische Darstellung von Abhängigkeiten zweier oder mehrerer Größen (Zahlenverhältnisse) in einem Koordinatensystem.
Komplexe bzw. funktionale Zusammenhänge sind dadurch in anschaulicher, über sichtlicher Form darzustellen. Beispiele:
- Bewegungsablauf von Maschinengetrieben
- Tonwertwiedergabe einer Vorlage durch die Reproduktion
- Kennlinie der drucktechnischen Wiedergabe der Kopiervorlagen
- Zusammenhang zwischen Farbschichtdicke und Druckdichte
- Ablaufdiagramm oder Flussdiagramm in der elektronischen Datenverarbeitung

Dialekt
Auch: Idiom. Neben der landeseinheitlichen Hochsprache die Mundart einer Region.

Dialog
EDV: Wechselseitiges Zusammenwirken zwischen dem Bediener und dem elektronischen Rechner über den Bildschirm.
Beispiel: Erstellen von Fertigungsunterlagen, d. h. rechnerunterstütztes Zeichnen.
> CAD, > interaktives Arbeiten

Dialogmarketing
Direkte Kommunikation mit potenziellen Kunden durch ein Unternehmen oder ein beauftragtes Call-Center. Wichtiges Ziel ist der Kontakt zu Kunden und die Pflege von Kundenbeziehungen. Instrumente dazu sind u. a. telefonischer Kontakt, personalisierte Mailings und Werbeseiten des Unternehmens im Internet.
Durch ein gutes Dialogmarketing soll sich der Kunde in seinen Bedürfnissen persönlich angesprochen fühlen und angeregt werden, das Angebot anzunehmen.

Diamond Screening
Frequenzmoduliertes Rasterungsverfahren von Heidelberg-Prepress.
> FM-Rasterung

Diapositiv
Reprotechnik: Positive Durchsichtsvorlage, ein- oder mehrfarbig, die im Durchlicht betrachtet und reproduziert werden muss. Zur verbindlichen Farbabstimmung ist Normlicht D 50 (5 000 Kelvin) erforderlich.

Diatype-Gerät
Eines der ersten Fotosetzgeräte.
Einfaches, manuell zu bedienendes Fotosetzgerät für Akzidenzarbeiten ohne direkten, automatischen Zeilenausschluss.
Hellraumgerät.
Eine Sichtkontrolle des Satzherstellungsprozesses ist beim Setzen nicht möglich. Einzelne Zeichen werden von einem kreisförmigen Schriftbildträger auf Fotopapier oder Film belichtet. Das Gerät ist technisch durch computergesteuerte DTP-Systeme überholt.
> Fotosatz

Diazoverbindungen
Organische Stickstoffverbindung.
Druckformherstellung:
> Sensibilisator bzw. lichtempfindliche Kopierschicht.
Verwendung: Im Offsetdruck je nach Zusammensetzung für die Positiv- oder Negativkopie, im Siebdruck für die Positivkopie eingesetzt.
Ebenso waren Diazoverbindungen die Basis für Lichtpauspapier.

dichroitischer Spiegel
In einem Scanner verwendetes Interferenzfilter, das für einen bestimmten Teil des auftreffenden Lichts transparent ist und andere Teile des Lichts reflektiert.

Dichte
1. Die Fähigkeit eines Materials, Licht zu absorbieren, wird (optische) Dichte genannt.
2. Wert einer densitometrischen Messung. Messtechnik in der Reproduktion und im Druck:
   Dekadischer Logarithmus der > Opazität bzw. der > Absorption. Zahlenmäßig erfasst wird die Schwärzung bei Aufsichtsvorlagen bzw. die optische Lichtundurchlässigkeit (transmittierendes Licht) bei Durchsichtsvorlagen. Gemessen wird die Dichte mit einem > Densitometer. Je mehr Licht absorbiert wird, desto dunkler wirkt das Material, desto höher ist demnach die Dichte.
3. Druckvorstufe: Logarithmisches Maß für die Schwärzung einer fotografischen Schicht. Eine einwandfreie Kopierfähigkeit der Kopiervorlage (Durchsichtsvorlage, Film) bei der Druckformherstellung erfordert eine Dichte von 2,7 bis 3,0.

Dichte maximal
Messtechnik:
Höchster Dichtewert in einer Vorlage, im Druck u. Ä.

Dichte minimal
Messtechnik:
Niedrigster Dichtewert in einer Vorlage, im Druck u. Ä.

Dichteumfang
Messtechnik: Differenz zwischen dem

höchsten und dem niedrigsten Dichtewert einer Vorlage.
> Dichte maximal, > Dichte minimal

Dichte Vollton
Messtechnik im Druck: abgekürzt DV. Maß für die in einer Vollfläche gemessene Dichte. > Flächendeckung, > Druckdichte

Dickdruckpapier
Bedruckstoff: Voluminöses Papier. Dickdruckpapiere haben gegenüber „normalen" Papieren ein > Volumen größer 1. Für voluminösere Papiere werden spezielle Faserstoffe (Zellstoff aus Einjahrespflanzen: Stroh, Gräser) mit hoher > Opazität eingesetzt, die nur > rösch (nur schneidend, nicht gequetscht) gemahlen sind.

Dicke
1. Schrift: > Dickte
2. Dicke von Papier: Sind das Volumen und die Flächenmasse des Papiers bekannt, ist daraus die Dicke des Papiers zu berechnen. Die Dicke in mm ergibt sich aus der Flächenmasse dividiert durch 1 000 mal dem Volumen.
   Beispiel:
   Das Papier hat ein einfaches Volumen und eine Flächenmasse 80 g/m^2.
   80 g/m^2 : 1 000 = 0,08 mm.
   Ein Papierstapel mit 1 000 Bogen hätte demnach bei
   - einfachem Volumen: 80 mm Stapelhöhe
   - 1,5-fachem Volumen: 120 mm Stapelhöhe
   - 2-fachem Volumen: 160 mm Stapelhöhe

> Volumen bei Papieren

Dickte
Schrift:
Tatsächliche Breite eines Schriftzeichens mit einer entsprechenden Vor- und Nachbreite, um einen Abstand zu dem vorhergehenden und folgenden Buchstaben zu gewährleisten. > Laufweite. Vor- und Nachbreite der Zeichen werden Fleisch genannt. Bei Bleisatzschriften ist die Dickte durch die individuelle Breite des Schriftzeichens feststehend, damit ist der minimale Buchstabenabstand festgelegt. Bei digitalisierten Schriften ist die Dickte durch den Schriftschöpfer als optisch-ästhetisches Bild grundsätzlich festgelegt. Im Gegensatz zum Bleisatz ist jedoch auch ein > Unterschneiden (Engerstellen der Buchstaben) möglich. Die Schrift erhält dadurch eine geringere > Laufweite.

Didot, Firmin
Berühmter französischer Schriftschöpfer, Typograf und Drucker, geb. 14. April 1764, gest. 24. April 1836.

Didot-System
Satzherstellung: Von Firmin Didot weiterentwickeltes Größensystem für Materialien des Bleisatzes (Schrift, > Blindmaterial, Stege) in sogenannten typografischen Punkten. Danach sind
1 Meter = 2 660 Punkt (p)
1 p = 0,376 mm.
Das Maßsystem wurde in der Zeit des Fotosatzes modifiziert und an das metrische System angepasst:
1 Meter = 2 666 Punkt (p)
1 p = 0,375 mm
Durch computergesteuerte Satztechniken und dem darin üblichen DTP-Punkt ist das gesamte System inzwischen überholt.
> Typografisches System

Dienstprogramme
Hilfsprogramme zur vereinfachten Verarbeitung komplexer Abläufe, zur Kontrolle, Fehlererkennung und -behebung, Kompatibilitätsanpassung u. a.

Differenz
1. Allgemein: Unterschied, Abstand.
2. Mathematik: Ergebnis einer Subtraktion, d. h. das Abziehen einer Zahl von einer anderen.

D

Differenzierung
Unterscheidung, Abstufung.

diffundieren
Durchdringen, zerstreuen. > Diffusion

diffus
Zerstreut, ungeordnet, unregelmäßig, ohne klares System.
Beispiel: Diffuses Licht ist nicht gerichtet, sondern wird gestreut abgestrahlt.

Diffusion
Physikalischer Prozess des Ausgleichens oder Übertragens von Stoffteilchen auf einen anderen Stoff. Dieses Übertragen wird diffundieren genannt.

Diffusionsverfahren
Druckformherstellung: Filmlose Druckformherstellung im Silbersalz-Diffusionsverfahren für den kleinformatigen Offsetdruck. Eine Strich- oder Grobrastervorlage wird in einem Kontaktkopiergerät durch > Reflexkopie (d.h. Belichtung durch das Aufnahmematerial) auf spezielles, negativ arbeitendes Diffusionsmaterial belichtet. In einem Durchlaufgerät ist das negative Bild durch Diffusion positiv auf eine Druckfolie (Aluminium oder Papier) zu übertragen. Die Silbersalze diffundieren dabei im direkten Kontakt auf die Oberfläche, nach dem Fixieren ist die Druckfolie einsatzbereit. Durch zusätzliches Lackieren ist die Auflagenfestigkeit zu erhöhen.

digital
EDV, Elektronik: Physikalische Abbildung einer Information mit einer beschränkten Anzahl von Zeichen, z.B. die numerische (ziffernmäßige) Darstellung von Daten, Angabe von (Mess-)Werten in Zahlen. Als digital bezeichnet man die Darstellung von Daten, Zeichen, Bildern, Texten oder Sprache, die im Wesentlichen auf binären Ziffern oder Zahlen beruhen. Rechner, Reproduktionsscanner und andere Systeme, die dieses Prinzip anwenden, werden Digitalrechner, Digitalscanner oder digital arbeitende Systeme genannt.
Im Unterschied zu einem Analogscanner arbeitet bei einem Digitalscanner das Herzstück, der Farbrechner, mit digitalen Daten. Nur diese digitalen Daten sind auf Datenträgern wie Diskette, Magnetplatte oder Optical Disk zu speichern. Bei der digitalen Informationsverarbeitung besteht ein digitales > Signal nur aus zwei physikalischen (> binären) Zuständen, z.B. Strom fließt oder Strom fließt nicht. Die digitale Informationsübertragung ist weniger störanfällig und erheblich leistungsfähiger als die > analoge Technik.

Digital-Asset-Management-System
Abk.: DAM. > Asset

Digitaldruck
Charakteristik der Druckverfahren:
Digitale Daten werden aus dem Datenbestand heraus direkt oder indirekt ohne eine statische Druckform auf den Bedruckstoff übertragen. Vorteile des Digitaldrucks im Vergleich zu anderen Druckverfahren sind u.a.: wirtschaftlicher Druck kleiner ein- und mehrfarbiger Auflagen, zielgruppenspezifisches, personalisiertes Drucken mit variablen Daten, dezentrales Drucken.
Das variable Drucken schafft auch völlig neue Möglichkeiten im Druck kleiner Auflagen von Broschuren. Soll im Bogen-Offsetdruck eine klebegebundene Broschur, 100 Exemplare, 64 Seiten, gedruckt werden, wird die gesamte Auflage bogenweise gedruckt, gefalzt, zusammengetragen und klebegebunden. Im variablen Digitaldruck werden alle 64 Seiten hintereinander gedruckt und zusammengetragen ausgelegt, bis die Auflage von 100 Exemplaren ausgedruckt ist.
Wichtigste Voraussetzungen für ein qualitativ gutes und vor allem auch wirtschaftliches Drucken sind einwandfrei gelieferte digitale Dateien für jeden Auftrag.
Die verschiedenen Digitaldruckverfahren basieren auf dem Prinzip Elektrofotografie,

Inkjet, Thermografie u. a.

1. Basis Elektrofotografie: Computer-to-Print
   Elektrofotografische Systeme zur Übertragung von Trocken- oder Flüssigtoner auf einen Bedruckstoff, ein- und mehrfarbiger, ein- und beidseitiger Druck, Bogen- und Rollendruck-Systeme.
   Druckreif gestaltete und verarbeitete Informationen werden durch einen > RIP in eine > Bitmap aus Rasterelementen umgewandelt und zwischengespeichert.
   Die drucktechnische Informationsübertragung erfolgt vom Steuer-Rechner in einem ständigen Datenfluss auf eine > dynamische Druckform, d. h. die Daten werden temporär auf die elektrostatisch geladene Bildträgertrommel (= Fotohalbleiter) der Druckmaschine übertragen. Der Toner bleibt an Bildstellen haften und wird direkt oder indirekt über ein Gummituch auf den Bedruckstoff gedruckt. Danach ist die Bildtrommel wieder frei für eine neue Bebilderung. Der Vorgang wiederholt sich für jeden Druck, daher können jeweils beliebige Informationen geändert werden.
2. Basis Inkjet: Computer-to-Paper
   Inkjet-Verfahren übertragen, digital durch die Rechnerdaten gesteuert, mit Düsen feinste Farbtröpfchen in verschiedenen Techniken kontaktlos auf den Bedruckstoff.
   Im engeren Sinn ist diese Drucktechnik der eigentliche Digitaldruck, da das System ohne eine materielle Druckform oder Übertragungstrommel und ohne einen direkten Kontakt (Non-impact-Druck) Informationen auf den Bedruckstoff druckt.

Bei allen Digitaldruckverfahren sind drei wesentliche Faktoren zu berücksichtigen:

- begrenzte Papierauswahl
- relativ hohe Kosten für Trocken- oder Flüssigtoner (vom Hersteller)
- Kosten für Wartung und Service.

> Continuous Inkjet, > Drop On Demand, > Digitaldruck: Papier, > Computer-to-...-Technologien

Digitaldruck: Systemtechnolgie

Der Digitaldruck beschreibt keine einheitlichen Druckmaschinentechnologien, sondern vielfältige Drucksysteme mit einem grundlegend gleichen Druckprozess.

Druckprozess: Digitale Daten werden aus dem Datenbestand heraus direkt oder indirekt ohne eine statische Druckform auf den Bedruckstoff (auch: Substrat) übertragen.

Wichtigste Voraussetzungen für ein qualitativ gutes und vor allem auch wirtschaftliches Drucken sind prozessgerechte, fehlerfrei gelieferte digitale Dateien für jeden Auftrag und ein kontinuierlicher Datenstrom. Prinzipielle Vorteile des Digitaldrucks im Vergleich zu anderen Druckverfahren sind u. a.:

- direkter Druck aus prozessgerecht vorbereiteten Daten
- keine statische Druckform
- wirtschaftlicher Druck kleinerer, mittlerer und auch höherer ein- und mehrfarbiger Druckauflagen
- variabler Datendruck
- zielgruppenspezifisches, personalisiertes Drucken
- dezentrales Drucken (möglich)

Prinzipieller Überblick zu den auf dem Markt angebotenen unterschiedlichsten Digitaldruckmaschinen

1. nach dem Einsatzbereich
   - Proofdruck (farbverbindlicher Prüfdruck)
   - Produktionsdruck (Akzidenzen, Verpackungen, Etiketten, Zeitungen u. a.)
   - Großformatdruck (LFP = Large Format Printing)
2. Informationsübertragung aus dem Datenbestand
   - indirekter Druck (dynamischer, flüchtiger Druckbildträger)
   - direkter Druck (direkt auf das Substrat, den Bedruckstoff)

3. nach dem Bebilderungssystem
   - Elektrofotografie
   - Inkjet
4. nach Farbmitteln und Bebilderungssystem
   - Trockentoner (Computer-to-Print: Basis Elektrofotografie)
   - Flüssigtoner (Computer-to-Print: Basis Elektrofotografie)
   - Flüssigtinten (Computer-to-Paper: Basis Inkjet-Systeme, > Drop-on-Demand, > Continuous-System)
5. Zuführung des Bedruckstoffes
   - Bogen
   - Rolle
6. Druckformat
   - Länge, Breite, maximale Druckfläche
7. Produktions- und Produktvielfalt
   - planliegend, flexible Formate, endlich und „endlos"
   - geformt
   - Vielfalt bei den Substraten (Papier, Folie, Kunststoffe, Textilien, Glas u. a.)
8. Druckverarbeitung
   - Druck
   - integrierte Druckverarbeitung (Flyer, Broschur, Verpackung, Zeitung u. a.)
   - Integrierte Druckveredelung

Weitere technische und wirtschaftliche Kriterien ergeben sich aus den unterschiedlichen Technologien der Druckmaschinen und dem Bebilderungssystem
- Druckkosten (Investitionen, Klickkosten, Wartung u. a.)
- Druckqualität, produktbezogen (Farbumfang, Homogenität, Detailschärfe, > PSD)
- Produktivität, Prozesssicherheit
- Bedruckstoffauswahl (= Substratvielfalt)
- Beständigkeiten und Echtheiten (Licht, UV, Haftung, Abrieb, Füllgut, Lebensmittel)
- Nachhaltigkeit, Sicherheit von Mensch und Umwelt, Deinkbarkeit, Energiebedarf. > HSE

Digitaldruck: Druck einer Broschur
Exemplarisches Beispiel: Das variable Drucken schafft völlig neue Möglichkeiten im Druck kleiner Auflagen von Broschuren.
Soll im Bogen-Offsetdruck eine klebegebundene Broschur, 100 Exemplare, 64 Seiten, gedruckt werden, wird die gesamte Auflage bogenweise gedruckt, gefalzt, zusammengetragen und klebegebunden.
Im variablen Digitaldruck werden alle 64 Seiten hintereinander gedruckt und komplett zusammengetragen ausgelegt. Der Vorgang wiederholt sich jeweils, bis die Auflage von 100 Exemplaren ausgedruckt ist.

Digitaldruck: Farbmittel
Farbmittel sind alle farbgebenden Substanzen, die in Digitaldruckmaschinen verarbeitet werden. Je nach Bebilderungs- und Drucksystem, Bedruckstoff (Substrat) und Einsatzbereich werden verschiedene Farbmittelsysteme eingesetzt.
Grundsätzliche Einteilung:
- Trockentoner
- Flüssigtoner
- Flüssigtinten

Basis Elektrofotografie:
Trockentoner bestehen aus Pigmenten, Polymeren (Kunstharzen), magnetisierbaren Metalloxiden und Additiven (Hilfsstoffen). Die Teilchengrößen liegen zwischen 5–30 µm. Der Tonerauftrag (Farbauftrag) beträgt ca. 5–10 µm.
Die Trocknung des plastisch aufgetragenen Toners erfolgt durch das Anschmelzen und Vernetzen der polymeren Partikel. Verwendet wird überwiegend ein Zweikomponententoner, bei dem die Pigmente von dem Carrier (Trägermaterial, Entwickler, z. B. feinste Metallpartikel) vor der Verarbeitung getrennt sind.
Basis Elektrofotografie:
Elektrisch aufgeladene Flüssigtoner bestehen aus konzentrierten Farbpasten, die in Kartuschen in die Druckmaschine eingesetzt werden. Für den Druck wird die Farbpaste mit einer Trägerflüssigkeit (z. B. Imaging Oil) homogen gemischt und über elektrische Kräfte auf eine Fotohalbleitertrommel übertragen. Teilchengröße ca. 1 µm. > Toner

Basis Inkjet-Systeme:
Flüssigtinten (kurz: „Tinten")
Je nach Druckmaschinentechnologien und spezifischen Einsatzbereichen (Produkte, Substrate, Beständigkeiten u. a.) unterscheidet man Inkjet-Tinten mit unterschiedlichem Aufbau.
Wichtige Flüssigtinten

- wässrige Tinten
  (Trägersubstanz: Wasser, < 95 %)
  Farbstofftinten, Pigmenttinten, Latextinten
- nicht wässrige Tinten
  Lösemittelbasierende Tinte
  (engl. Solvent, Trägersubstanz: Lösemittel, < 95 %)
  UV-härtende Tinte (Trägersubstanz: reaktive Monomere, < 90 %)

Bei der Verwendung von Lösemitteln zum Reinigen der Druckköpfe und Lösemitteln in Tinten sind Sicherheitsvorschriften nach EU-Recht zu beachten. > Drop-on-Demand, > Continuous-System, > Toner

Digitaldruck: Papier
Eine problemlose Druckproduktion erfordert bestimmte Eigenschaften für den Papierlauf in der Druckmaschine, die Druckeignung und die Druckqualität.
Zu den Laufeigenschaften gehören die Laufrichtung und die Dicke des Papiers, die Steifigkeit (Grammatur, Volumen), die Porosität (Luftdurchlässigkeit) sowie die relative Feuchte des Papiers.
Eine wichtige Laufeigenschaft ist die elektrische Leitfähigkeit des Papiers. Ist diese zu gering, kann es zu elektrostatischer Aufladung führen, die den Papiertransport und auch die Auslage erheblich stört. Ist die elektrische Leitfähigkeit durch einen relativ hohen Wassergehalt im Papier (> Gleichgewichtsfeuchte) zu groß, wirkt sich dies allerdings negativ auf den Tonertransfer von der Bildtrommel auf das Papier aus.
Für eine gute Farbannahme und Druckqualität sind u. a. die Oberflächenebenheit (Rauigkeit, Glätte), die Oberflächenfestigkeit (Leimung, Staubbildung), eine spezifische Tinteneignung (ggf. mit einer erforderlichen Tintenempfangsschicht), die Feuchte des Papiers, die Blatt-Formation (gleichmäßige Faserverteilung) sowie Schmutzpunkte im Papier (Recyclingpapier) bei der Auswahl geeigneter Papiere zu beachten.
Je weniger rau die Papieroberfläche ist, desto besser ist die Übertragung vom Fotohalbleiter und die Haftung des Toners auf dem Papier. Papiere mit einer glatten Oberfläche und insbesondere gestrichene Papiere verbessern die Detailwiedergabe bei Rasterpunkten, Bildrändern, Linien und Schriften.
Eine gute Planlage des Papiers wird durch die erforderliche Wärmefixierung beeinträchtigt. Das Papier verliert dadurch an Feuchtigkeit und trocknet – insbesondere bei ungleichen, starken Bildbereichen oder Flächen – unterschiedlich über die gesamte Fläche. Dies kann zu Verspannungen und einer ungleichmäßigen Feuchtigkeitsaufnahme nach dem Druck führen. Das Papier kann dadurch wellig liegen oder sich bei Feuchtigkeitsaufnahme in normaler Umgebungsluft ungleich ausdehnen.
Je nach Tonerqualität kann es beim Recyceln von Digitaldrucken zu Problemen kommen. Tonerpartikel sind nicht ausreichend zu entfernen, es verbleiben Schmutzpunkte (Stickys) in dem deinkten Faserstoff zurück, der die Qualität des Recyclingpapiers negativ beeinflusst.
> Planlage: Bedruckstoffe im Digitaldruck

Digitaldruck: Veredelung
Für eine Veredelung von Digitaldrucken ist eine genaue Abstimmung bereits im Vorfeld zwischen allen an der Produktion Beteiligten erforderlich. Die Veredelung kann beeinflusst werden durch das Digitaldruckverfahren (Flüssig- oder Trockentoner, Tinten im Inkjet-Verfahren), den Bedruckstoff, die Restfeuchte im Bedruckstoff nach dem Druck, die Veredelungsart und andere Parameter.

Digitaldruck: Wichtige Prozesstechnologien
Die verschiedenen Digitaldruckverfahren basieren auf dem Prinzip Elektrofotografie, Inkjet, Thermografie u. a.

1. Basis Elektrofotografie: Computer-to-Print
   Elektrofotografische Systeme zur Übertragung von Trocken- oder Flüssigtoner auf einen Bedruckstoff, ein- und mehrfarbiger, ein- und beidseitiger Druck, Bogen- und Rollendruck-Systeme.
   Druckreif gestaltete und verarbeitete Informationen werden durch einen > RIP in eine > Bitmap aus Rasterelementen umgewandelt und zwischengespeichert.
   Die drucktechnische Informationsübertragung erfolgt vom Steuerrechner in einem ständigen Datenfluss auf eine > dynamische Druckform, d. h. die Daten werden temporär auf die elektrostatisch geladene Bildträgertrommel (= Fotohalbleiter) der Druckmaschine übertragen. Der Toner bleibt an Bildstellen haften und wird direkt oder indirekt über ein Gummituch auf den Bedruckstoff gedruckt. Danach ist die Bildtrommel wieder frei für eine neue Bebilderung. Der Vorgang wiederholt sich für jeden Druck, daher können jeweils beliebige Informationen geändert werden.
2. Basis Inkjet: Computer-to-Paper
   Inkjet-Verfahren übertragen, digital durch die Rechnerdaten gesteuert, mit Düsen feinste Farbtröpfchen in verschiedenen Techniken kontaktlos auf den Bedruckstoff.
   Im engeren Sinn ist diese Drucktechnik der eigentliche Digitaldruck, da das System ohne eine materielle oder dynamische Druckform (Übertragungstrommel) und ohne einen direkten Kontakt (Non-impact-Druck) Informationen auf den Bedruckstoff druckt.
   > Continuous Inkjet, > Drop On Demand, > Digitaldruck: Papier,
   > Computer-to-...-Technologien

digitale Auftragstasche
Digitale Erfassung aller für die Bearbeitung und Produktion erforderlichen Informationen durch den Verkaufsinnendienst. Die digitale Datenspeicherung eines Auftrages kann sämtliche technischen, organisatorischen und terminlichen Informationen zu dem Druckauftrag und alle geplanten Arbeitsabläufe in der Druckvorstufe, der Druckerei und der Druckweiterverarbeitung enthalten. Zudem können betriebswirtschaftliche Daten erfasst, gespeichert und ausgewertet werden.
> Auftrag, > Jobticket

digitale Bilder
Digitale Bilder bestehen aus einem Raster aus kleinsten Quadraten, die Bildelemente oder Pixel genannt werden. Diese sind die Bausteine eines Bildes, d. h. das jeweils kleinste Element, das Ausgabesysteme (z. B. ein Computerbildschirm, Drucker oder > Computer-to...Technologien) zur Beschreibung von Text, Grafik oder Bild verwenden können.

digitale Bildverarbeitung
Zur digitalen Bildverarbeitung sind Bilddaten (Bildinformationen aller Art) in das Verarbeitungssystem einzugeben bzw. zu erfassen. Die Eingabe erfolgt z. B. über einen Scanner, mit dem die Bildvorlage „eingelesen“ und gleichzeitig digitalisiert wird. Liegen digitale Daten von Bildern, die mit einer Digitalkamera oder einer digitalen Videokamera aufgenommen worden sind oder auf einer CD-ROM oder Foto-CD gespeichert sind, vor, so können diese digitalen Daten vom Computersystem direkt erfasst werden. Bei der elektronischen Bildbearbeitung mit geeigneter Bildbearbeitungssoftware (z. B. Photoshop) werden digitalisierte Bilder den Vorgaben und Anforderungen entsprechend bearbeitet, verändert, ergänzt oder mit anderen Bilder und Texten zu einer Ganzseite zusammengefügt. Bei der

Bilddateneingabe bzw. -erfassung ist die Art und Qualität der Ausgabe zu berücksichtigen: auf einem Drucker (Tintenstrahl-, Laser- oder sonstiger Drucker), als Internetseite, als Ausgabe mit einer > Computer-to...-Technologie.

digitale Fotografie
Fotografierte Bildinformationen werden nicht auf Filmmaterial, sondern auf lichtempfindlichen Chips (CCD) erfasst. Dabei werden optische in digitale Bildinformationen umgewandelt und gespeichert. Diese Daten sind ohne weitere Bearbeitung auf einen Computer zu übertragen und mit entsprechender Bildbearbeitungssoftware zu bearbeiten. Eine Digitalisierung der Bildinformationen mit Scanner ist nicht erforderlich. Einsatzgebiete für digital aufgenommene und gespeicherte Bilder sind derzeit Drucksachen mit nicht sehr hohen Qualitätsansprüchen und Aufnahmen für das Internet und andere digitale Medien. Mit hochwertigen, professionellen Systemen sind jedoch inzwischen auch High-End-Qualitäten zu erreichen. Das Auflösungsvermögen einer Digitalkamera bestimmt maßgeblich die maximal mögliche Druckgröße der Bilder. Daneben kann es sich jedoch auch auf die Bildqualität auswirken.
Bei Sensoren mit geringer Auflösung stehen oft nicht genügend CCD-Pixel bereit, um feine Motivstrukturen präzise und scharf zu erfassen.

digitales Farbsignal
Bei der Bildwiedergabe auf einem Farbmonitor ist für jede der additiven Grundfarben Rot, Grün und Blau (RGB) ein Signal zu übertragen, das entweder ein- oder ausgeschaltet wird.
Damit eine Vielzahl von Farben übertragen werden kann, ist je nach Intensität der Farbe ein spezielles Intensitätssignal zu übertragen. Dieses steuert die Lichtstärke eines > Bildpunktes.

digitale Signatur
Ein System (Engl.: Public Key Kryptosystem) mit einer fälschungssicheren verschlüsselten Unterschrift des Senders einer E-Mail, die dem Empfänger ein eindeutiges Identifizieren des Senders bietet. Der Empfänger ist damit auch sicher, dass das Dokument unverändert bei ihm eingeht. > Authentizität

Digital Highway
Kommunikationstechnik: Informationsnetz als Breitband-, später Glasfaserkabel, auf dem mit sehr hoher Geschwindigkeit von Computerdaten bis zu Filmen beliebige Informationen übertragen werden können.

digitalisieren
Umsetzen von Informationen (z. B. Zeichen) in codierte, zahlenmäßig eindeutig definierte Daten für die elektronische Datenverarbeitung.

Digitalkamera
Aufnahmegerät von Bildinformationen, die direkt digital erfasst und gespeichert werden. > Digitale Fotografie.
Ein wesentliches technisches Merkmal zeigt sich in der Art der Farbtrennung. Da die einzelnen Pixel eines CCD-Sensors nur Helligkeits-, nicht aber Farbunterschiede erkennen, kommen zur Erfassung der drei additiven Grundfarben Rot, Grün und Blau in den verschiedenen Digitalkameras unterschiedliche Verfahren zum Einsatz.
Das zeitraubende Threepass-Verfahren, bei dem in älteren Scannerkameras die Bildfläche dreimal hintereinander mit einem jeweils anderen Farbfilter abgetastet wurde, findet sich heute praktisch nicht mehr. Moderne Scannerkameras verfügen stattdessen über eine trilineare Scannerzeile, die die Grundfarben in nur einem Durchgang erfasst. Verschiedene Ansätze finden sich bei Kameras mit CCD-Flächensensoren. Bei sogenannten Three-Shot-Kameras entsteht das Farb-

D

bild durch drei aufeinander folgende Teilbelichtungen, wobei bei jeder Aufnahme ein anderer Farbfilter vor das Objektiv oder direkt vor den CCD-Chip gesetzt wird.
Bei One-Shot-Kameras mit RGB-Sensoren dagegen wird die Farbtrennung auf dem Chip selbst realisiert, dessen Pixel hierzu mit einem Muster von winzigen Farbfiltern bedampft sind. Da so jedoch nur jeweils ein Farbwert pro Bildpunkt erfasst wird, ist eine qualitätsmindernde Farbinterpolation erforderlich. Auch hier gibt es allerdings unterschiedliche Ansätze. > digitale Fotografie, > One-Shot-Kamera, > Three-Shot-Kamera

Diagonalkonstruktion
> Satzspiegelkonstruktion

Digitalproof
Prüfverfahren (Probedruck) für farbige Bilder oder gesamte Druckseiten. Das Proofsystem wird digital direkt vom Computer angesteuert. Dabei werden digital gespeicherte Seiten (Dateien) ohne Film auf ein Proofmaterial übertragen.
Beispiele für Verfahrenstechniken:
Tintenstrahl-, Thermotransfer- und Farbsublimationsdrucke.
> Proof

Digital-System
System, das zur Verarbeitung von Daten nur mit zwei Signalen (z. B. Ziffern 0 und 1) arbeitet. Einsatz z. B. in digitaler Messtechnik, Digitalrechnern, digitalen Speichern, digitaler Zeichenspeicherung, digitalem Fernsprechen. Im Gegensatz zur Analogtechnik mit ihren zeit- und wertkontinuierlichen Größen werden in der Digitaltechnik die Signale zu diskreten Zeitpunkten abgetastet, quantifiziert (d. h. in einem sehr feinen Raster auf bestimmte, sogenannte diskrete Werte gerundet) und in einer Zahlenfolge dargestellt.
Üblicherweise verwendet man das Dualsystem mit den Bitfolgen 0 und 1. Diese Bitfolgen lassen sich exakt erfassen, übertragen, speichern und verarbeiten.

Digitizer
Elektronischer Sensorstift für das Zeichnen auf einem berührungssensiblen Tableau. Der Stift wandelt analoge Signale (Berührung, Bewegung, Setzen von Punkten u. a.) in digitale Impulse um.

Dimensionsstabilität
Maßbeständigkeit in allen Ausdehnungen, z. B. bei Bedruckstoffen, Kunststoff-Folien. Für den Mehrfarben-Offsetdruck ist die Dimensionsstabilität des Papiers eine sehr wichtige Eigenschaft.

DIN
Abkürzung für Deutsche Industrie-Norm. In den DIN-Normen werden Maße, Begriffe (Definitionen), Anwendungen u. a. aus allen Sachgebieten der Technik eindeutig festgelegt. Die DIN gelten auch vielfach in europäischen Ländern. Die Schweiz (Schweizerische Normen Vereinigung = SNV) und Österreich (Österreichische Normen = ÖNORM) besitzen daneben eigene Normblätter.
DIN-Normen für die Druckindustrie sind beispielsweise: DIN 476 Papierformate, DIN 16511 Korrekturzeichen
Viele deutsche Normen sind durch europäische oder internationale Normen ersetzt worden. > ISO

DIN-Formate
Genormte Größen der im Geschäfts- und Behördenverkehr sowie in allen Printbereichen benutzten Papiere und Kartons. Überwiegend eingesetzt werden Formate der DIN-A-Reihe. Ausgangsformat ist der Bogen im Format DIN A0 in der Größe 841 mm × 1189 mm (ca. 1 m²).
Mathematische Basis ist das Seitenverhältnis: $1:\sqrt{2}$. Durch das Halbieren der langen Seite ergibt sich jeweils das nächstkleinere DIN-Format.
> Papierformate, dazu > Anhang: Papier

Dioxine
Eine Vielzahl von ca. 210 verschiedenen Chlorverbindungen, von denen einige zu hochgiftigen Stoffen zählen.
Sie entstehen bei allen Verbrennungsvorgängen von Chlorverbindungen in der Industrie und in Haushalten. Dioxine werden vom Menschen über die Nahrung, Atmung oder Berührung aufgenommen. Alle Dioxine (und Furane) sind unter Umweltbedingungen stabil, sie bauen sich in der Natur nur sehr langsam ab. Eine Zersetzung ist erst bei Temperaturen ab 600 °C möglich.
> Chlor, > Bleiche

DIP
Engl. Abk. für Deinked Pulp. Sekundärfaserstoff. > Deinking

Direct Imaging
> DI

Direct-Mail
Werbesendung an eine bestimmte Zielgruppe per Post.
> Direct-Mailing

Direct-Mailing
Teilweise aufwendig gedruckte Werbemaßnahme, bei der Zielgruppen auf postalischem Weg mit heute vielfach personalisierten Informationen und Werbematerialien (Anschreiben, Broschüren) direkt angesprochen werden. Dabei werden zusätzliche Möglichkeiten zur Aktivierung des Interesses genutzt, z. B. Rätsel, Rubbelfelder, Werbeschenke.
> Digitaldruck

Directory
Engl.: Inhaltsverzeichnis. Liste aller gespeicherten Daten auf einem Datenträger.

Direct-to-plate
Direkte Bebilderung der Druckform aus dem digitalen Datenbestand des Rechners.
> Computer-to-plate

Direct-to-press
Direkte Bebilderung der Druckform in der Druckmaschine aus dem digitalen Datenbestand des Rechners.
> Computer-to-press

direkt
Unmittelbar, sofort, gerade.

Direktbelichtung
Druckformherstellung: Direkte Übertragung der Informationen einer Vorlage auf die Druckform ohne Zwischenträger wie z. B. eine Kopiervorlage.

Direktbeschichtung
Siebdruck: Unmittelbar auf das Gewebe manuell oder maschinell aufgetragene Kopierschicht.

direkte Druckverfahren
Druckverfahren, bei denen Informationen der Druckformen direkt (unmittelbar, d. h. ohne Zwischenübertragung) auf den Bedruckstoff übertragen werden.

Direkt-Marketing
In der Regel personalisierte Werbesendungen. Werbungsmaßnahme, bei der die Medien sich direkt an ausgewählte Zielpersonen oder -gruppen richten.
Produkte werden in Spezialdruckereien, heute fast ausschließlich im Digitaldruck, vielfarbig bedruckt und ggf. mit zusätzlichen Effekten oder Zusätzen versehen, z. B. personalisierte Mailings, Rubbelfelder, Sichtfenster, Lose, Wertmarken, Bestellkarten, Telefonmarketing, klassische Werbung mit Telefonnummern in TV-/Rundfunkspots oder in Anzeigen).
> Direct-Mailing

Direktrasterung
Reproduktion:
Die > analogen Bildinformationen einer > Halbtonvorlage werden bei der Reproduktion direkt in > binäre Bildinformationen umgewandelt.

Produkt ist (in der Regel) ein gerastertes Negativ bei Aufnahmen in der Reprokamera bzw. ein gerastertes Positiv bei Reproduktion im Scanner.

Direktvertrieb
Das Ausliefern von Druckprodukten, z. B. Zeitschriften, Lose-Blatt-Werke, unmittelbar an die Abnehmer durch eine eigene Vertriebsabteilung des Verlages.

Disclaimer
Hinweis in E-Mails oder auf Webseiten für einen Haftungssausschluss.
Bei einer E-Mail wird der Empfänger z. B. darauf hingewiesen, dass der Inhalt vertraulich und nicht an Dritte weiterzuleiten ist; auch dann, wenn die E-Mail irrtümlich eingegangen ist.
Auf einer Homepage erklärt der Betreiber der Webseite, dass er keine Verantwortung für externe Links übernimmt.

Disk
Engl.: disc = Scheibe, Platte.
In der Computertechnik ein Oberbegriff für alle scheibenförmigen, nicht flexiblen, sondern starren Datenträger, z. B. Festplatte, Magnetplatte, Disketten oder Medien für ZIP-Laufwerke.

Diskette
Heute nicht mehr gebräuchlicher magnetischer Datenträger in einer Kunststoffhülle, der in einem Diskettenlaufwerk beschrieben und gelesen werden kann.

Disk Partition
Logische Speicherplattenaufteilung eines Datenträgers (Festplatte).

diskrete Bauelemente
Einzelne Bauelemente in der Elektronik, z. B. einzelne Transistoren, Dioden.

dispergieren
1. Allgemein:
   Feinstes Verteilen eines Stoffes in einem anderen Stoff. Die Stoffe können fest, flüssig oder gasförmig sein.
   > Dispersion
2. Druckfarbenherstellung:
   Homogenes Benetzen der Pigmente durch Bindemittel in Rührwerkskugelmühlen, im Dreiwalzenstuhl u. a.

Dispersion
Physik, Werkstoffe:
Mischung zweier Stoffe zu einem Stoffsystem. Ein Stoff bildet das Dispersionsmittel, der andere Stoff ist in diesem Stoff (Dispergens, disperse Phase) in feinster Form verteilt. > Dispergieren
Physik, Optik:
Auffächerung des weißen Lichts beim Durchgang durch Grenzflächen eines optischen Mediums (z. B. Prisma) in einzelne Spektralfarben.
Das Spektrum ergibt sich durch unterschiedliche Brechung der verschiedenen Wellenlängen des Lichtes.

Dispersionslack
Lackart zur In- und Offline-Veredelung mit Wasser als Bindemittel. Verarbeitung mit Lackwerk, Lackiereinheit oder Lackiereinrichtung. Festkörpergehalt ca. 40 bis 45 %.
Trocknung: rein physikalisch.
Nach dem Wegschlagen und Verdunsten des Wassers bildet sich der Lackfilm.
Ca. 30 Sekunden nach dem Auftragen ist der Lack berührungstrocken.

Display
Englische Bezeichnung für: etwas zeigen, vorstellen.
1. Werbung: Aufsteller oder Dekorationsmittel als Verkaufshilfe aus Karton oder auch Kunststoff.
2. EDV: Visuelle Anzeige für eingegebene Daten, Produktionswerte, Messwerte u. a.

Disposition, Disponent
Lat.: dispositio = Anordnung, Planung,
Der Disponent in einem Unternehmen ist

für die Fertigungssteuerung zuständig.
Er plant Termine, organisiert den Auftragsdurchlauf, beschafft Materialien und überwacht die Ausführung des Auftrags.

Dissolver
Schnellrührer zum Vormischen bzw. Vordispergieren einzelner Komponenten der Druckfarbe.

Dissoziation
Chemie: Zerfall von Molekülen in elektrisch verschieden geladene Teilchen (Ionen) in elektrolytischen Lösungen.

Distorsion
Optik: Abbildungsfehler in einem optischen System (Linsen, Optiken), der Details oder Linien an den Rändern verzerrt wiedergibt.

Distribute and Print
Engl. Bez. für: Verteilen und drucken.

Distributed Publishing
Engl. Bezeichnung für ein „dezentralisiertes Drucken". Daten für zu druckende Informationen werden digital z. B. über das Internet an unterschiedliche Orte gesandt und dort gedruckt.
Beispiel:
Eine aktuelle Tageszeitung wird auf einem Kreuzfahrtschiff ausgedruckt.

Dithering
Engl.: dither = zittern, schwanken.
Sinngemäß verwendeter Begriff für eine Streuung von elektronisch gespeicherten Pixeln bei Bildern.
Das Verfahren wird zu einer verbesserten Darstellung von Graustufen- oder Farbbildern in der Ausgabe eingesetzt. Feine Übergänge von Grau- oder Farbwerten werden dabei durch zusätzliche Bildelemente simuliert.
Bei der Bildbearbeitung mit Photoshop kann bei dem Übertragen von indizierten Bildern (8 Bit pro Kanal, max. 256 Farben) in einen anderen Farbraum (Farbkonvertierung) das Dithern angewendet werden.
Wenn diese Option aktiviert ist, werden Farben von Photoshop im > Zielfarbraum so gemischt, dass eine fehlende, im > Quellfarbraum vorhandene Farbe, simuliert wird.
Das Verfahren weist benachbarten Pixeln einen zusätzlichen Tonwert oder eine weitere Farbe zu.
Dadurch wirken die Übergänge weicher, optisch entsteht ein größerer Farbumfang, aber auch eine größere Datei.
Indizierte Bilder sind mit einer Farbpalette verbunden.
> Color Look-Up Table

Divergenz
Auseinandergehen, Abweichen. In der Optik das Auseinandergehen der Lichtstrahlen von der parallelen Strahlrichtung.

divergieren
> Divergenz

Diversifikation
Marketing: Einstieg in neue Märkte.

Divis
Trennstrich bei der Silbentrennung eines Wortes, bei Kuppelwörtern (z. B. DTP-Punkt) oder bei ausgelassenen Wortteilen (Buchstaben- und Wortabstand).

D max
Die höchste > Dichte oder Maximaldichte in einem Positiv oder Negativ (Film, Aufsichtsvorlage o.Ä.).

D min
Die niedrigste > Dichte oder Minimaldichte in einem Positiv oder Negativ (Film, Aufsichtsvorlage o.Ä.).

DNS
1. Abk. für Delivery Service Notification. Bestätigung für die Lieferung einer E-Mail an einen Empfänger.

2. Abk. für Domain Name Server. Internetrechner, der eine > URL-Adresse (symbolischer Name im Internet) in eine weltweit eindeutige > IP-Adresse übersetzt und umgekehrt.

Dokument
Bezeichnung für eine > Datei, bei der alle erforderlichen Seiten, Elemente, Einstellungen usw. unter einer eindeutigen Bezeichnung gespeichert sind.

Dokumentenpapier
Hochwertiges, holzfreies und gut geleimtes Papier mit hoher Alterungsbeständigkeit, vielfach mit Wasserzeichen. Ein besonders geeignetes Papier für Schriftstücke, die lange aufzubewahren sind.

Dokumentvorlage
Anwenderprogrammen beigefügte vorgefertigte Gestaltungs- und Arbeitsmuster, die der Nutzer seinen Bedürfnissen entsprechend individuell anpassen kann.

Domain
Engl. für Bereich: Teilnetz oder Teilbereich in einem Netzwerk. Beispiel im Internet: Ein spezieller Rechner (Server), der über einen Domain-Namen überall aus dem Netzwerk angewählt werden kann.

Domain-Name
Komplette Internetadresse, die in der Regel mit dem Kürzel www. beginnt.

Dongle
Software-Schutz, mit der sich Hersteller vor einer unberechtigten Verwendung (> Lizenz) schützen. Ein Dongle ist ein Hardware-Modul, das in den Modul-Port (Anschluss) des Rechners zu stecken ist, damit mit der Software gearbeitet werden kann.

Doppelbogen
1. Ein einmal gefalzter Bogen.
2. Drucktechnik: Im Bogendruck das fehlerhafte Ansaugen und Transportieren doppelter Bogen.

Doppelbogenabfühlung
Drucktechnik: Im Bogendruck liegen alle zu druckenden Bogen auf einem > Anlegestapel. Durch eine pneumatische Anlage werden die Bogen vereinzelt und über einen > Anlegetisch zum > Druckwerk geführt. Blasluft lockert die obersten Bogen auf und bildet ein Luftpolster unter jedem Bogen. Sauger erfassen den Bogen und transportieren ihn auf den Anlegetisch. Dabei passiert der Bogen eine elektromechanische, fotoelektrische oder elektronisch arbeitende Doppelbogenabfühlung.
Fehlerhaft doppelte Bogen lösen durch größere Bogendicke einen Kontakt aus, der bestimmte Funktionen in der Druckmaschine auslöst: Der Anleger stoppt, dem Druckwerk wird kein Bogen zugeführt. Im Druckwerk springt der Anpressdruck heraus. Die Farbzufuhr wird unterbrochen usw.

Doppelklick
Ein kurzes zweimaliges Klicken auf die Maustaste, mit dem eine Software oder Datei zu öffnen ist.

Doppelnutzen
Zwei Nutzen, z. B. Exemplare eines Taschenbuches, werden gemeinsam gedruckt und verarbeitet und erst nach Fertigstellung, dem Binden und Einhängen in den Umschlag, getrennt und auf das Endformat zugeschnitten.

Doppelparallelfalz
Bezeichnung für einen Parallelmittenfalz nach dem Trichterfalz. Rollen-Offsetdruckmaschinen für den Akzidenzdruck sind im Zylinderumfang festformatig. Damit ist eine bestimmte Abschnittslänge im Zylinderumfang vorgegeben. Durch verschiedene Inline-Falztechniken und Kombinationen die-

ser Falzungen ist trotzdem eine Vielzahl unterschiedlicher Falzprodukte herzustellen. Der Doppelparallelfalz ist eine spezielle Falztechnik im Akzidenz-Rollen-Offsetdruck. Die über einen Falztrichter (erster Längsfalz) geführte Papierbahn wird geschnitten und erhält danach den ersten Querfalz in der Mitte der Abschnittslänge. Es folgt ein zweiter Querfalz.
Beispiel:

Druckformat:	620 mm × 965 mm
Anzahl der Bahnen:	1
Seitenzahl:	16
Einteilung (Falz):	2 × 4
Endformat (unbeschnitten):	155 mm × 482,5 mm

> Deltafalz

Doppelseite
Zwei im Bund nebeneinanderliegende Seiten einer Publikation (z. B. Buch, Prospekt). Im Druck werden überwiegend die Vorder- und die Rückseite von Blättern bedruckt. Die Vorderseite erhält immer eine ungerade Seitenzahl, sie steht rechts von einem Bund (Bundsteg).
Die Rückseite erhält immer eine gerade Seitenzahl. Im Werksatz stehen Doppelseiten registerhaltig, d. h. deckungsgleich im Satzspiegel und der Paginierung (Seitenzahlen) aufeinander.

Doppelsiebformer
Papierherstellung: Der Papierstoff, Ganzstoff genannt, besteht aus ca. 98 % Wasser und 2 % Feststoffen. Bei konventioneller Herstellung von Papieren auf > Langsiebpapiermaschinen entsteht ein fester Papiervlies nach dem Stoffauflauf durch Entwässern des Papierstoffes nach der Siebseite. Dies führt zu einer mehr oder weniger starken Absaugung von Füllstoffen auf der unteren Seite. Daher ist die Siebseite bei ungestrichenen Papieren immer etwas weniger glatt als die Filzseite (Oberseite). Bei neuartigen Papiermaschinen arbeitet man mit Doppelsiebformern. Durch ein umlaufendes Unter- und Obersieb wird der Papierstoff zu beiden Seiten entwässert. Das Produkt erhält dadurch zwei Seiten in gleicher Qualität. Die Anlagen werden auch Duoformer genannt.

Doppelstrom-Verarbeitung
Druckweiterverarbeitung: Zwei verschiedene Bogensignaturen (z. B. Seiten 1 bis 16 sowie 17 bis 32) werden auf je einer Bogenhälfte für den Druck in zwei Formen zu 2 × 8 Seiten ausgeschossen. In einer Druckform stehen 16 Seiten, nach beidseitigem Druck 2 × 16 Seiten. Nach dem Druck der ersten Bogenseite („Schöndruck“) wird für den Rückseitendruck („Widerdruck“) eine separate Druckform mit 2 × 8 (Widerdruck-)Seiten eingesetzt.
Beim Falzen wird nach dem ersten Falz der Bogen rotativ getrennt. Beide Falzbogen laufen danach parallel zum nächsten Falzwerk und werden separat gefalzt.

doppelte Produktion
Drucktechnik: Auf der Druckform stehen im Zylinderumfang zwei Nutzen (Falzbogen). Im Falzapparat erfolgt das Trennen und Verarbeiten in zwei Exemplare. Das heißt: Bei einer Zylinderumdrehung der Druckwerke entstehen zwei Produkte.
Beispiel:
Eine Rollen-Rotationsdruckmaschine druckt bei einem Druckmaschinendurchgang 32 Seiten bei einer Stundenleistung von 25 000 Zylinderumdrehungen bei > einfacher Produktion (> Sammelproduktion). Bei doppelter Produktion produziert die Anlage 50 000 Exemplare zu je 16 Seiten.

Doppeltonfarbe
Schwarze Druckfarbe mit angefärbten Bindemitteln, die nach dem Trocknen auf saugfähigen Bedruckstoffen leicht auslaufen und einen farbigen Hof um einen Rasterpunkt bilden. Damit konnte ein

farbiger Eindruck bei einem einfarbigen Druck erzielt werden. Die Druckfarbe wurde früher im Buchdruck eingesetzt, ist jedoch wegen schwankender Ergebnisse nicht mehr zeitgemäß.

DOS
Abkürzung für Disk Operating System; auch: MS-DOS, DOS-System der Firma Microsoft. Früher verwendetes > Betriebssystem als Grundsoftware zum Arbeiten mit einem Computer.

Dose
Verpackungsmittel aus Feinstblech oder Aluminium für einen Inhalt bis 10 Liter. Blechtafeln lassen sich ein- und mehrfarbig im > Blechdruck bedrucken.
Nach dem Druck erfolgt die Weiterverarbeitung zu einer Dose.

dot gain
Ausfransen der Rasterpunkte im Druck durch Wechselwirkungen zwischen Farbmittel (Druckfarbe, Flüssigtoner, vor allem Tinte) und Bedruckstoff (Substrat). Eine ungeeignete „Kombination" führt zu einer Veränderung der Tonwerte und Detailverluste im Bild.

Dotierung
Zugabe, Ausstattung. In der Halbleitertechnik das gezielte Einbringen von Fremdatomen in das in reinem Zustand nicht leitende Basismaterial, z. B. Silizium, Germanium. > Halbleiter

Download
Englische Bezeichnung für das Herunterladen von Daten (Programme, Texte, Bilder, Videoclips u. a.) von einem anderen Rechner bzw. über ein Netzwerk; im Allgemeinen verwendet für das Herunterladen von Daten aus dem Internet auf den eigenen Rechner.
Gegensatz:
> Upload (Heraufladen: Das Senden von Programmen, Dateien).

Downsampling
Reduzieren der zu großen Bit-Tiefe einer Bilddatei zur Anpassung an eine geringere Bit-Tiefe eines Ausgabegerätes.

dpi
Engl. Abk. für dots per inch.
Bezeichnung für die Auflösungsfeinheit in „Punkten pro Zoll" von Ausgabesystemen, z. B. Belichtern, Druckern.
1 Inch = 1 Zoll = 2,54 cm
Umrechnung in cm^{-1}:
dpi geteilt durch 2,54
2,54 dpi = 2,54 Punkte/Zoll = 1 Punkt/cm

Drag and Drop
Funktion: Ziehen und Ablegen.
Englische Bezeichnung in der Computertechnik für das Ziehen (Anfassen) und Ablegen von Elementen in einer neuen Position durch das Bewegen mit der Maus.

Drahtheftung
Druckweiterverarbeitung: Das > Binden einzelner Blätter oder von > Falzbogen (Lagen) mit Draht.

- Seitenstichheftung: Einzelne Blätter oder auch gefalzte Bogen werden seitlich durch den > Block geheftet.
- Rückstichheftung: Falzbogen werden ineinandergesteckt (Sammeln genannt) und anschließend durch den Rücken geheftet. Dadurch entsteht ein > einlagiges Produkt.

Beispiel Rückstichbroschur:
Bei der Herstellung von Illustrierten erfolgt das Sammeln der einzelnen Falzbogen und das Drahtheften in einer Fertigungsstraße, dem > Sammelhefter.

draw back
Partieller Glanzrückgang, der auftreten kann, wenn konventionelle Offsetdruckfarben inline mit UV-Lack veredelt werden.

Drehmoment
Mechanik:
Drehwirkung an einem Hebel. Das Dreh-

moment (*M*) ist das Produkt aus der Kraft (*F*) und der Länge des Hebelarms (*l*):
$M = F \cdot l$.

Drehmomentschlüssel
Mechanik: Werkzeug zum Anziehen von Schrauben und Muttern, bei denen ein bestimmtes > Drehmoment (Kraft) vorgegeben wird, um eine bestimmte > Vorspannung zu erreichen.

Drehstrom
Elektrik:
Drei sinusförmige Wechselströme werden mit einer Phasenverschiebung von 120 Grad elektrisch verknüpft.
Der Drehstrom hat in der Industrie die größte Bedeutung.
Er wird wegen einfacher Herstellung mit einem Drehstromgenerator, einfacher Transformation und Verwendung eingesetzt.

Drehzahl
Mechanik: Umdrehungsfrequenz oder Umlauffrequenz bei Kreisbewegungen.

$$\text{Drehzahl} = \frac{\text{Anzahl der Umdrehungen}}{\text{Zeit}}$$

Beispiel:
Die Drehzahl ist die Anzahl der Umdrehungen in einer Minute.
> Drehzahländerungen.
Offsetdruck: > Winkelgeschwindigkeit, > Oberflächengeschwindigkeit

Drehzahländerungen
Mechanik: Änderung der Drehzahl durch Riemenantrieb mit unterschiedlichen Durchmessern oder Zahnradantrieb mit unterschiedlicher Zähnezahl.

Dreibereichs-Colorimeter
Farbmessgerät, das die Anteile der drei spektralen Bereiche Rot, Blau und Grün in bestimmten Nanometer-Schritten misst und diese in die entsprechenden Farbskalenwerte eines farbmetrischen Systems umrechnet.

Dreibruchbogen
Gedruckter, 16-seitiger Rohbogen, der in einer Falzmaschine der Druckweiterverarbeitung dreimal gefalzt wird.
Korrekte Falzbezeichnung bei einem Kreuzfalz: 16 Seiten/3 Mittenkreuzfalz.

3D-Druck
Dreidimensional wirkende Druckbilder. Neue innovative Technik, eingesetzt besonders in der Werbung. Diese farbigen Bilder zeigen visuell eine räumliche Tiefe. Sie erfordern eine spezielle Bildbearbeitung für mehrere Ebenen. Als Bedruckstoffmaterial werden beispielsweise Kunststoffe verwendet.

Dreimesserautomat
Schneidemaschine für dreiseitig zu beschneidende Produkte, die mit drei Messern ausgerüstet ist.
Gleichzeitig werden durch zwei Messer der Vorder- und der Fußbeschnitt ausgeführt, anschließend erfolgt mit dem dritten Messer der Vorderbeschnitt.
In der Regel werden die zu beschneidenden Produkte automatisch der Schneidestation zugeführt und nach dem Beschnitt ausgelegt.
> Fließdreischneider

Dreiseitenbeschnitt
Beschnitt eines Broschuren- oder Buchblocks an Kopf, Vorderseite und Fuß.

Dreiseitenschnitt
Buch: Verzierung der drei Schnittflächen Kopf, Vorderseite und Fuß eines Buchblocks mit Farbe, Schnittfolien oder Metall (Partikel).

Dreiviertelton
Tonwertbereich in der Mitte zwischen einem Halbton und einem Vollton (Fläche).
Rasterton mit einer > Flächendeckung von etwa 75 %.

Dreiwalzenstuhl
Druckfarbenherstellung:
> Dreiwalzenwerk

Dreiwalzenwerk
Druckfarbenherstellung:
Anlage zum Entlüften der in Rührwerkskugelmühlen dispergierten Druckfarbe. Teilweise auch noch zum > Dispergieren eingesetzt. Maschine mit drei großen Zylindern, die mit unterschiedlicher Geschwindigkeit gegeneinanderlaufen.
Der Zylinderabstand ist sehr fein in Bruchteilen eines Millimeters zu verstellen.
Die dispergierte Druckfarbe wird zwischen der ersten und der zweiten Walze aufgetragen. Durch den sehr engen Reibspalt und die jeweils mit höheren Geschwindigkeiten laufende zweite und dritte Walze treten starke Reibungskräfte auf, die die Druckfarbe nochmals intensiv verreiben und gleichzeitig Lufteinschlüsse beseitigen. Die Anlage wird auch Dreiwalzenstuhl genannt.

Driography
Druckformherstellung, Drucktechnik: Andere Bezeichnung für den wasserlosen Offsetdruck.
Spezielle Druckform für den Flachdruck, die kein Feuchtmittel zum Einfärben der Bildstellen benötigt. Es ist jedoch eine spezielle Druckfarbe erforderlich.
Gedruckt wird in > Offsetdruckmaschinen, bei denen kein Feuchtwerk erforderlich ist.

Drip-off
Spezielle Veredelungstechnik mit einem Doppeleffekt.
Im letzten Druckwerk wird auf einen mit Prozessfarben bedruckten Bogen partiell ein matter Effektdrucklack aufgetragen.
Anschließend wird inline im Lackierwerk ein konventioneller Hochglanzlack vollflächig aufgetragen, der jedoch an den zuvor matt lackierten Flächen abperlt.
An diesen Stellen bleibt der Matteffekt erhalten.
Die übrigen Bereiche auf dem Druckbogen erhalten eine glänzende Oberfläche.

Driver
EDV:
Treiber, Treiberprogramm.
Spezifische Gerätetreiber zur Steuerung von Peripheriegeräten.

Drop-on-Demand-Technik
Verfahrenstechniken der Informationsübertragung im > Inkjet-Druck:
Düsen übertragen winzige Farbtröpfchen nur bei Bedarf an den Bildstellen.
Dabei bewegt sich in der Regel der Druckkopf über den durchlaufenden Bedruckstoff (vielfach Substrat genannt).
Diese Systeme sind daher nicht für Hochleistungsdrucker geeignet.
Technisch unterscheidet man zwei Verfahren:

1. Bubble-Jet-Verfahren
   - Durch ein Heizelement wird Wasser in der flüssigen Tinte stark erhitzt.
     Es bildet sich eine Dampfblase, die feine Tintentropfen durch eine Düse auf den Bedruckstoff schleudert.
2. Piezo-Verfahren
   - Tropfen werden in der Farbkammer piezo-elektrisch erzeugt:
     Die elektrische Spannung erzeugt eine Änderung des Volumens in der Farbkammer, dadurch wird ein feiner Tintentropfen aus der Düse geschleudert.

Dropbox
Engl.: drop = Tropfen (vgl. sinngemäß: sinken, fallen), box = Kasten.
Kostenlose Software des Unternehmens Dropbox Inc., USA; nur Erweiterungen mit entsprechender Leistungsfähigkeit müssen bezahlt werden.
Bei der Registrierung wird ein persönlicher Ordner angelegt, der durch ein Passwort geschützt ist.
Die in diesem Ordner gespeicherten Daten stehen auf einem Internetserver (USA) und

können jederzeit selbst auf eigene Geräten abgerufen oder zum Austausch mit anderen Nutzern (Familie, Freunde, Arbeitsplatz u. a.) verwendet werden.
Das System eignet sich als Speicher für Dokumente, Fotos, Videos und sonstige Dateien. Problem ist der Datenschutz.
(> Cloud)

Druck

1. Medientechnik:
   Produkt, das in einem Druckverfahren hergestellt worden ist. Das Druckprodukt wird umgangssprachlich verkürzt nur „Druck" genannt.
   Beispiel:
   Eine Farbfotografie wird drucktechnisch wiedergegeben.
   Das Produkt, die Vervielfältigung, wird „Druck" genannt.
2. Physik:
   Druck = Kraft : Fläche
   Die SI-Einheit des Drucks ist Pascal (Pa).
   Ein Druck von 1 Pa ist vorhanden, wenn 1 Newton auf eine Fläche von 1 m^2 wirkt.
   Diese Einheit ist in der Regel zu klein.
   Man verwendet > Bar (bar) mit der Umrechnung: 1 bar = 100 000 Pa.

Druck mit variablen Daten
Die technische Möglichkeit der Digitaldruckmaschinen, jede einzelne Seiten bei einem weiteren Druckdurchgang mithilfe von variablen Text- und Bildelementen individuell und zielgruppengerecht zu gestalten bzw. jeweils zu ändern. Dies bezeichnet man auch bei > Direct-Marketing u. Ä. als Personalisieren.

Druckabfall
Drucktechnik:
Erscheinung, die bei Bogendruck (z. B. Offsetdruck) auftritt. Sie bezeichnet das Nachlassen der Farbschichtstärke (Dichte) vom Druckbeginn bis zum Druckende des Bogens.
Der Dichteverlust wird auch Farbabfall genannt.

Druckabwicklung
Drucktechnik:
Kraftübertragung beim Abrollen von Zahnrädern im > Teilkreis.
Beispiel:
Der Antrieb der Zylinder einer Offsetdruckmaschine erfolgt über Zahnräder mit einer Evolventenverzahnung. Für einen ruhigen Lauf der Druckmaschine ist ein Abrollen der Zahnräder in einem (idealen) Teilkreis notwendig.
Ein Teilkreisbereich ermöglicht ein geringes Verstellen bei unterschiedlichen Bedruckstoffen u. ä. Bedingungen, ohne den idealen Kraftübertragungsbereich zu verlassen.
Die Form der Evolventen ermöglicht zudem ein Ineinandergleiten der einzelnen Zähne.

Druckanlage
Drucktechnik:
Im Bogendruck wird jeder Druckbogen vor dem Druckprozess an Anlagemarken ausgerichtet, um einen exakten Stand zu erreichen.
Dazu wird der Bogen an zwei Seiten an Vordermarken und einer Seitenmarke angelegt. Dieser Winkel des Druckbogens ist die Druckanlage.

Druckbedingungen
Im ProzessStandard Offsetdruck sind Druckbedingungen aufgeführt, deren Parameter in einem Standard festgelegt werden: Standard-Druckbedingungen.
Ziel ist es, durch standardisierte Prozesse das Druckergebnis durch > Charakterisierungsdaten und > ICC-Profile festzulegen.
Für die Standardisierung im Offsetdruck ist eine prozessgerechte standardisierte Produktion in der Druckvorstufe eine wesentliche Voraussetzung. Dabei sind Bilddaten für die entsprechenden Standard-Druckbedingungen nach ISO 12647 u.a. zu konvertieren.
Der dazu aktuelle > MedienStandard Druck (bvdm) bezieht sich auf international gültige Normen für den standardisierten Druck. Er enthält Vorgaben für

Standard-Abläufe und Standard-Druckbedingungen.
Voraussetzung für eine standardisierte Druckproduktion ist eine optimale Wartung, Pflege und Grundeinstellung der gesamten Druckmaschine. Die Standard-Druckbedingungen sind u.a. abhängig von

- der Art der Rasterung (Bildwiedergabe),
- der > Rasterfrequenz (auch: Rasterweite),
- der Druckplattenbebilderung (CtP-System, Druckplattentyp),
- dem Bedruckstoff (> Papiertyp, Papierkategorie),
- den verwendeten Druckfarben und
- der > Tonwertzunahme im Druck.

Druckbeistellung
Drucktechnik:
> Anpressdruck, der zur Informationsübertragung der Bildstellen bei allen Druckverfahren erforderlich ist.

Druckbestäubung
Drucktechnik:
Im Bogendruck ohne Trockner eingesetzte Einrichtung für das Bestäuben frisch gedruckter Bogen in der Auslage, um ein > Abliegen zu vermeiden.
Bestäubungspuder wirkt als Abstandshalter zwischen den aufeinanderliegenden Bogen.
Der für die oxidative Trocknung notwendige Luftsauerstoff kann dadurch ebenfalls leichter wirksam werden.
Ein zu starkes Bestäuben kann erhebliche Schwierigkeiten beim Druck weiterer Farben durch mangelnde Farbannahme, bei Oberflächenveredelungen (Lackieren, Laminieren u. a.) sowie bei der buchbinderischen Verarbeitung verursachen.

Druckbestäubungspuder
Im Druckprozess eingesetztes Hilfsmittel, das in der Bogenauslage als Abstandshalter auf der bedruckten Seite eines Bogens ein Abliegen der Druckfarbe auf den darüberliegenden Bogen verhindern soll.
Für unterschiedliche Papiere werden spezielle Pudersorten (Kalkstein, Mais u. a.) zum Bestäuben der bedruckten Bogen in unterschiedlichen Körnungsgrößen eingesetzt.
Prinzipiell gilt: Je schwerer der Bedruckstoff, desto grober das Korn.
In einer Branchenvereinbarung sind entsprechend der Korngröße drei Gruppen von Bestäubungspuder eingeteilt:
fein = max. 20 µm
mittel = 20 bis max. 40 µm
grob = größer 40 µm
Druckbestäubungspuder müssen frei von gesundheitsgefährdenden Substanzen sein.

Druckbild
Information, bestehend aus der Gesamtheit aller > Druckbildelemente (Text, Grafik, Bild), die in einem Druckprozess durch Druckfarbe auf einen Bedruckstoff übertragen werden.
> Bildstellen, > Nichtbildstellen

Druckbildelement
Bildstelle, d. h. Druckfarbe tragende bzw. übertragende Einzelstelle (z. B. Buchstabe, Linie, Rasterpunkt, Rasternäpfchen) sowie analoge Stellen in allen Arbeitsstufen einer durch Drucken anzufertigenden Darstellung.

Druckbildlänge
Drucktechnik: Abdrucklänge vom Druckanfang bis zum Druckende.
Die Druckbildlänge muss grundsätzlich mit der Länge der planliegenden Filmmontage bzw. der Druckform übereinstimmen.
Im Offsetdruck ist die Druckbildlänge durch Änderung des > Plattenzylinderaufzuges zu verändern.
Das Verstärken des Plattenzylinderaufzuges ergibt eine kürzere Abdrucklänge, ein Verringern eine größere Abdrucklänge.
Diese Korrekturen können bei großformatigem Vierfarbdruck durch Papierverzug oder beim Druck von Karton erforderlich sein.

Druckbildspeicher
Speicher (z. B. eine Druckform), der für die Wiedergabe von Bild und/oder Text durch Drucken alle zur Aufbringung der Druckfarbe auf dem Bedruckstoff erforderlichen Informationen enthält.

Druckbogen
1. Zum Drucken vorgesehener Bogen in einem bestimmten Format (Länge mal Breite).
2. Erzeugnis, Produkt des Druckens. Großformatiger Bogen mit mehreren gedruckten Seiten.

Druckdichte
Prozentualer Anteil der Farbdichte einer bedruckten Fläche an einer gleich großen Vollfläche (gedeckte Fläche). Die Druckdichte ist für das Schätzen des Farbverbrauchs bei einer Vorkalkulation wichtig. Anhaltswerte zeigt die tabellarische Übersicht:

Art der Bildstellen	ca. % der Vollfläche
Linien, leichte Schrift	5
Leichte Schrift, offene Strichzeichnungen	10
Normale Schrift, voller Satzspiegel, kompress	15
Fette Schriften, volle Strichzeichnungen	30
Überwiegend Schrift, wenig Rasterbilder	40
Rasterbilder mit geringem Flächenanteil	50
Rasterbilder mit großem Flächenanteil	70
Rasterbilder und Tonflächen	80
Volltonflächen	100

Druckelemente
> Druckbildelemente,
> Bildstellen,
> Nichtbildstellen

Drucken
1. Herstellen von Druck-Erzeugnissen aller Art.
2. Nach DIN 16500: Vervielfältigen, bei dem zur Wiedergabe von > Informationen (Text und/oder Bild) > Druckfarbe auf einen > Bedruckstoff unter Verwendung eines > Druckbildspeichers aufgebracht wird. > Druckproduktion

drucken
Informationsübertragung von Texten, Bildern, Grafiken u. Ä. mit farbgebenden Substanzen auf einen Bedruckstoff durch ein Druckverfahren. Prinzipiell sind zu unterscheiden:
1. Konventionelle Druckverfahren (auch: Impactverfahren) = Informationsübertragung durch Druckformen
   Hierzu gehören die > Hauptdruckverfahren Flachdruck, Hochdruck, Tiefdruck und Durchdruck.
2. Non-Impactverfahren/Digitaldruckverfahren = Informationsübertragung ohne Druckformen
   Hierzu gehören Verfahren auf der Basis von Elektrofotografie, Inkjet, Thermografie, Thermosublimation, Ionografie, Magnetografie.

> Drucker, > Druckprozess – Parameter im Offsetdruck, > Druckverfahren

Drucken nach Bedarf
Engl.: Printing on Demand.
Drucktechniken, die ein kurzfristiges Drucken auf Anforderung in kleinen und mittleren Auflagen ermöglichen.
Dieses ist mit Digitaldruckverfahren (Basis: Inkjet-Technologie bzw. Elektrofotografie mit Tonerübertragungstechniken) möglich.
> Digitaldruck

Drucker
Ausbildungsberuf. Berufsbezeichnung seit August 2011: Medientechnologe Druck, Medientechnologe Siebdruck.
1. Berufliche Tätigkeit.

Aufgaben: Herstellen von Druckprodukten auf Bedruckstoffen verschiedener Art (Papier, Karton, Folien, Blech u. a.) mithilfe eines Druckbildspeichers (z. B. Druckform, digitale Daten), Druckfarben und Druckmaschinen.
Drucker werden für die verschiedenen Druckverfahren und Verfahrenstechniken ausgebildet.

2. Datenausgabe von einem Computer bzw. Desktop-Publishing-System.
Man unterscheidet prinzipiell Impact- (Kontakt- bzw. Anschlagdrucker) und Non-Impact- (anschlaglos arbeitende) Drucker, z. B. digital angesteuerte Drucker. > Laserdrucker

Druckerzeichensatz
Jeder PostScript-Zeichensatz besteht aus einem Bildschirmzeichensatz sowie einem Druckerzeichensatz.
Der Drucker- oder Printerzeichensatz ist ein digital gespeicherter PostScript-Zeichensatz als Outline-Element für PostScript-Ausgabesysteme (z. B. Laserdrucker, > Computer-to-Technologie).

Druckfarbe
Werkstoff, der aus > Farbmitteln, > Bindemitteln und > Additiven (> Druckhilfsmitteln) besteht.
Das Farbmittel ist der farbgebende Bestandteil, durch den Bildstellen der Druckform sichtbar werden.
Bindemittel verankern das Farbmittel auf dem Bedruckstoff. Additive erfüllen spezielle Aufgaben, z. B. Fördern der Trocknung, Verändern der Fließeigenschaften der Druckfarbe.

Druckfarbenverwaltung in der Druckvorstufe
Festgelegte Parameter in einem (Layout-) Dokument ermöglichen eine Steuerung der Druckfarben bei der Ausgabe.
Einstellungen, die über die Druckfarbenverwaltung im Druckfarben-Manager eingegeben werden, wirken sich nur auf die Ausgabe im Druckprozess und nicht auf die Definition der Farben im Dokument aus.

Druckform
Druckbildspeicher.
Der materielle, verfahrenstechnisch erforderliche Informationsträger (z. B. Druckplatte, Druckzylinder) zur Übertragung der Bildstellen durch Drucken auf einen Bedruckstoff (z. B. Papier, Karton, Folie).
Man unterscheidet prinzipiell zwischen statischen und dynamischen Druckformen.
Die auf eine statische Druckform übertragenen Bildinformationen bleiben unverändert und eignen sich für den Druck einer bestimmten Auflage (Druckmenge) in den konventionellen > Druckverfahren (z. B. Offsetdruck, Tiefdruck, Flexodruck, Siebdruck).
Dagegen können bei dynamischen Druckformen die Bildinformationen variabel während des Druckens geändert werden.
> Digitaldruck
Tabelle „Übersicht zu verschiedenen Druckformen“ siehe Anhang.

Druckformherstellung
Nach DIN 16500 ein Teilbereich der Drucktechnik, in dem Druckformen für die verschiedenen Druckverfahren hergestellt werden.
> Druckplatten

Druckformzylinderherstellung
Druckform für den Rakel-Tiefdruck.
Fertigungsverfahren:
> elektro-mechanische Zylindergravur,
> Lasergravur.

Druckgenehmigung
Rechtsverbindliche Druckreiferklärung des Auftraggebers mit Datum und Unterschrift. Diese wird auch Imprimatur genannt. Sind ggf. Korrekturen auszuführen, zeichnet der Korrektor nochmals die folgenden Korrekturbogen ab.

Druckhilfsmittel
Druckfarbe: Substanzen, die die Verdruckbarkeit der Druckfarbe verbessern oder bestimmte Eigenschaften fördern oder erreichen sollen.
Beispiele: Eine starke > Zügigkeit (Klebrigkeit) der Druckfarbe rupft Teilchen aus der Papieroberfläche.
Die Verdruckbarkeit ist durch das Anpassen der Druckfarbe an die Beschaffenheit des Bedruckstoffes durch Zugabe von > Druckpaste oder > Verdünner zu verbessern. Das intensive, abriebfeste Durchtrocknen der Druckfarbe ist durch den Zusatz von Trockenstoffen zu fördern bzw. zu erreichen.
Antitrockner verhindern das Antrocknen der Druckfarbe bei längerem Druckmaschinenstillstand.

Druckhilfszeichen
Verschiedene Zeichen zur schnellen, sicheren Kontrolle beim Rüsten und Drucken einer Auflage. Dazu gehören Anlagezeichen (-marke), Druckkontrollstreifen, Beschnitt- und Falzzeichen, Passzeichen (-kreuze), Kontrollelemente, Barcodes u. a.
Bei einer digitalen Bogenmontage werden alle benötigten automatisch in die Bogenmontage integriert.

Druckkennlinie
Grafische Darstellung in einem Koordinatensystem: Die Druckkennlinie zeigt auf, wie weit der gedruckte Rasterpunkt von dem Rasterpunkt auf der Kopiervorlage (Film) oder im digitalen Datensatz bzw. auf der Druckplatte abweicht.
Diese Information ist bei standardisierter Druckformherstellung und (im engeren Sinn) nur für eine ganz bestimmte Druckmaschine gültig.
Sie ist von vielen Parametern wie Druckdichte im Vollton (Farbgebung), Drucktechnik, Bedruckstoff, Druckfarbe, Anpressdruck abhängig.
Ermittelt wird die Druckkennlinie mit einer Raster-Grauskala als Film, die in eindeutig definierten Stufen Rastertonwerte und eine Vollfläche wiedergibt.
Die Werte der Kopiervorlage und des dazugehörenden Druckbildes werden in einem Diagramm eingetragen und durch eine Kurve miteinander verbunden. Die Druckkennlinie ist ein eindeutiges Kommunikationsmittel zwischen den Teilbereichen Bildverarbeitung, Proof/Andruck und Druckproduktion (Auflagendruck).
> ProzessStandard Offsetdruck

Druckkontrast
Ein Druck soll möglichst kontrastreich sein, d. h. die Volltöne sollen eine hohe Farbdichte haben, dabei soll der Raster noch sauber und offen ausdrucken.
Damit wird eine optimale Tonwertdifferenzierung erreicht. Die Färbung gilt nur für einen bestimmten Bedruckstoff und bestimmte Druckbedingungen bei einem einfarbigen Druck.
Ein Farbdruck mit Prozessfarben sollte aber unbedingt nach dem Standard (ProzessStandard Offsetdruck, Eurostandard) gedruckt werden. Dabei ist u. a. die > Graubalance zu beachten.

Druckkontrollstreifen, -leisten
Kontrollmittel für den Druck im Offsetdruck und Digitaldruck mit verschiedenen Elementen und in unterschiedlicher Zusammensetzung: Volltonfelder, verschiedene Rasterfelder sowie Signalelemente zur visuellen und messtechnischen Qualitätskontrolle im Druck.
Übersicht zu verschiedenen Feldern in Druckkontrollstreifen oder -leisten für den Offsetdruck:
- Volltonfelder: Kontrolle der Gleichmäßigkeit der Färbung über die volle Formatbreite.
- Rasterfelder System FOGRA: Rastertonwerte mit 40 % und 80 %. Optische und vor allem messtechnische Kontrolle der Tonwertübertragung, des relativen Druckkontrastes und zur Ermittlung der Tonwertzunahme im Druck.

D

- Rasterfelder System Brunner: Mikromessfeld. Das Feinrasterfeld 50 % ist als Mikromessfeld System Brunner ausgeführt. Neben runden Rasterpunkten mit genau 50 % Flächendeckung im Film bei einer Rasterweite von 60 Linien/cm sind weitere Kontrollelemente eingebaut: Positive und negative Spitzpunkte bis zu einer Feinheit von 0,5 % sowie quadratische Rasterpunkte zur Kontrolle der Berührungsstufe. In den Ecken befinden sich winkelförmig angeordnete Linien.

Das Mikromesselement ist geeignet zum Messen der Tonwertzunahme, zur Kontrolle von Spitzpunkten, zur Beurteilung der Berührungsstufe sowie zum Erkennen von Schieben und Dublieren.

Das Rasterfeld 75 % besitzt negative Rundpunkte bei einem Raster mit 60 Linien/cm. Es dient zum Messen der Tonwertzunahme und des relativen Druckkontrastes.

Grobrasterfelder sind für das Referenzprinzip nach System Brunner ausgeführt. Es sind schachbrettförmige Rasterpunkte mit einer Flächendeckung von 50 % im Film bei einer Rasterweite von 10 Linien/cm.

Schiebe- und Dublierfelder: Felder zur visuellen und messtechnischen Kontrolle des Schiebens oder des Dublierens.

Messfelder bestehen aus waagrechten, senkrechten und in Winkeln von 30° bzw. 45° angeordneten Linien.

- Farbbalancefelder: Die Farbbalance – auch Graubalance bezeichnet – wird visuell beurteilt. Übereinandergedruckte Rasterfelder Cyan, Magenta und Gelb ergeben bei richtiger Volltondichte und einer normalen Tonwertzunahme von ca. 15 % ein annähernd neutrales Grau. Benachbarte schwarze Rasterfelder sollen dem Tonwert entsprechen.
- Vollton-Übereinanderdruck-Felder: Übereinandergedruckte Volltonfelder ergeben die Mischfarben Blau, Rot und Grün. Die Vollflächen der Mischfarben gestatten eine optische und densitometrische Beurteilung der Farbannahme beim Übereinanderdruck.
- Kontrollfelder für die Plattenkopie: Die Druckkontrollstreifen beinhalten Kontrollfelder zur visuellen Prüfung der Plattenkopie mit Mikrolinien und -punkten. System Fogra: Das K-Feld ist aus Feldern mit Mikrolinien und -spalten aufgebaut. Anhand der wegkopierten Stufe der Linien bzw. Spalten ist zu erkennen, ob die Druckplatten im Standardbereich kopiert wurden. Das S-Feld dient zur visuellen Kontrolle der Übertragung von Spitzpunkten in den Bereichen 2 %, 3 %, 4 % und 5 % Flächendeckung. Bei ungestörter Übertragung sollen alle Felder tonwertgleich im Druck erscheinen.

  System Brunner: Die rechtwinklig angeordneten Mikrolinien und die Spitzpunktfelder dienen dem gleichen Zweck wie im System der FOGRA.

Druckköpfe

Düsensysteme, die in Digitaldruckmaschinen Bild- und Text-Informationen auf das Substrat (Papier, Folie u.a.) übertragen. Diese Systeme erfordern allerhöchste Präzision. Die Düsen (> Nozzles) übertragen Tintentröpfchen grundsätzlich durch zwei Verfahren: > Bubblejet- oder > Piezo-Technologie. Ein Druckkopf besteht aus einer Reihe von Düsen, bei einigen Systemen auch aus hintereinander angeordneten Reihen. Für die Anzahl und Feinheit der Düsen ist der > Betrachtungsabstand, das Produkt und das entsprechende Produktionssystem entscheidend:

Beim Großformatdruck wird das Druckprodukt aus einer größeren Entfernung betrachtet, der Betrachtungsabstand ist also groß. Einzelne Druckelemente werden aus größeren Entfernung durch das > Auge nicht mehr im Detail wahrgenommen. Für einen großformatigen „optimalen" Druck ist daher eine weit geringere > Auflösung erforderlich (hier: Feinheit in der

Wiedergabe einzelner Druckelemente), als für den Druck von Produkten, die aus einem geringem Abstand betrachtet werden.
Exemplarische Daten zu Inkjet-Druckköpfen und Berechnung der Auflösung:

- 64.000 Tropfen aus jeder Düse x 5.120 Düsen pro Druckkopf
  = 330 Mill. Topfen pro Sekunde
  Auflösung: Druckkopfbreite 108 mm (= 4,252 inch),
  d.h. auf 4,252 inch befinden sich 5.120 Düsen
  4,252 inch : 5.120 Düsen =
  0,00083 inch Abstand der Düsen
  Auflösung = 1 : 0,00083 inch ~ 120 dpi
- Tintenmenge pro Düse: kleiner als 2 pl (Picoliter)!
  1 pl = 10^{-12} Liter (Billionstel Liter)

Drucklack
In Offsetdruckmaschinen über das Farbwerk zu verarbeitende Lacksorte. Der Aufbau des Drucklacks ist mit einer Offsetdruckfarbe zu vergleichen, es fehlen jedoch die Farbpigmente. Festkörpergehalt:
50 bis 60 %. Trocknung: chemisch, Polymerisation durch Sauerstoff, Dauer ca. 2 Stunden.

Drucklackierung
Drucktechnik:
Veredlung und Oberflächenschutz von Druckprodukten durch das Auftragen von Lack.
Für das Lackieren eignen sich verschiedene Lacksorten, die auf den Bedruckstoff, die Druckfarbe und die Drucktechnik abgestimmt sein müssen. Überwiegend wird heute eine > Inline-Lackierung im > Nass-in-Nass-Druck mit Dispersionslacken eingesetzt.
Auf die frischen gedruckten Farben wird in einem weiteren Druckwerk oder speziellen Lackierwerk der Druckmaschine Lack aufgetragen.
Das Inline-Lackieren in separaten Lackierwerken ergibt vielfältigere Möglichkeiten sowie eine wesentlich bessere Qualität.

Drucklänge
> Druckbildlänge

Druckmanager
In der Computertechnik ein Hilfsprogramm zur Zwischenspeicherung der zum Drucker gesendeten Daten, das ein Drucken im Hintergrund ermöglicht.

Druckmaschine
Maschine, mit der der Vorgang des Druckens ausgeübt wird.
Grundlegende technische Unterscheidungsmerkmale der Druckmaschinen:
Druckverfahren, Bogen- oder Rollendruck, Druckprinzip, Druckwerk, Anzahl der zu druckenden Farben, ein- oder beidseitiger Druck, Trockner, Zusatzbauelemente für die Inline-Produktion.
Bogen- bzw. Bahnführung, Steuerungs- und Regelungstechnik.
> Bogen-Offsetdruckmaschine, > Rollen-Offsetdruckmaschine, > Druckprinzip

Drucknutzen
Die aus einem Druckbogen zu schneidenden oder zu stanzenden einzelnen Exemplare, z.B. Etiketten, Verpackungen. Beispiel: Es wird ein Druckbogen mit 80 Etiketten (= Nutzen) gedruckt.

Druckpapier
Alle bedruckbaren holzhaltigen oder holzfreien Papiere, die als Träger gedruckter Informationen eingesetzt werden. Entscheidend für den Einsatz ist der Verwendungszweck, die Bedruckbarkeit und die Verdruckbarkeit.
> Papier, > Papiersorten

Druckperforation
Strichperforation, die in der Druckmaschine inline ausgeführt wird.

Druckplatte
Druckformherstellung: Druckbildspeicher für Text- und/oder Bildinformationen aller Art. Druckplatten sind alle plan liegenden,

starren oder flexiblen Druckformen für verschiedene > Druckverfahren.
> Offsetdruckplatte

Druckplattenabnutzung
Qualitätsverlust der Druckform während der Produktion. > Standzeit
Beispiel Offsetdruck: Durch die Abnutzung der Druckform, die mechanisch oder chemisch bedingt ist, gehen Bildinformationen verloren. Dadurch drucken betroffene Bildstellen nicht mehr korrekt aus. Die Feuchtmittelführung kann gestört werden, es kommt zum > Tonen.

Druckprinzip
Der Druckvorgang entsteht durch das Zusammenwirken von Druckform und Druckkörper (Druckkraft ausübender Körper), die flächig oder zylindrisch sein können.
Im Druckvorgang sind zu unterscheiden:

1. Fläche gegen Fläche:
   Druckform und Druckkörper sind planliegend flächig. Im Druckvorgang drucken beide Flächen gegeneinander, dazu ist ein sehr hoher > Anpressdruck erforderlich. Deshalb wurden in diesem Druckprinzip nur kleinformatige Druckmaschinen bis zum maximalen Druckformat DIN A3 gebaut. Die bekannteste Druckmaschine mit diesem Prinzip ist eine Buchdruck-Tiegeldruckmaschine, der Original-Heidelberger Tiegel (OHT).
2. Fläche gegen Zylinder:
   Die Druckform ist flächig, der Druckkörper ein Zylinder. Bei diesem Prinzip druckt jeweils nur ein Druckstreifen, die > Drucklinie. Gedruckt wird nur in einer Richtung. Für einen weiteren Druck müssen die Druckform und der > Druckzylinder wieder in die Ausgangsposition zurückkehren. Buchdruckmaschinen mit diesem Druckprinzip werden aus historischen Gründen > Schnellpressen genannt.

2.1 Fläche gegen Körper, indirekt:
   Die Druckform ist flächig, ein flexibles Übertragsystem (Silikonkautschuk-Tampon) überträgt die Druckfarbe von der Druckform auf einen beliebig geformten Gegenstand (Körper).
   Beispiel: Tampondruck

3. Zylinder gegen Zylinder:
   Rotationsdruck, d. h. Druckform und Druckkörper sind Zylinder.
   Einsatzbeispiele: Flexodruck, Tiefdruck

3.1 direkter Rotationsdruck:
   Beim direkten Druck überträgt die Druckform die Informationen unmittelbar auf den Bedruckstoff, der zwischen Druckform und Druckzylinder durchläuft.

3.2 indirekter Rotationsdruck:
   Beim indirekten Druck druckt die Druckform sämtliche Bildstellen auf einen mit einem Gummituch bespannten Zylinder. Der > Gummituchzylinder überträgt die Informationen auf den Bedruckstoff, der zwischen Gummituchzylinder und Druckzylinder durchläuft.
   Einsatzbeispiele:
   Offsetdruck, Blechdruck.

Druckproduktion
Die Druckproduktion ist von früher üblichen einzelnen separaten Arbeitsfeldern (Kunde – Werbeagentur – Satz – Reproduktion – Proof/Andruck – Druckformherstellung – Druck – Druckweiterverarbeitung – Versand) durch die EDV immer näher zusammengewachsen. Dies ist vor allem in den Arbeitsbereichen vor dem Druck zu bemerken.
Besonders ist zu beachten, dass alle Bereiche vom Verkaufsaußendienst über Verkaufsinnendienst (Planung, Disposition u. a.), Produktion und kaufmännische Verwaltung immer stärker zu einem gesamten Prozess vernetzt werden. Fast alle Werkzeuge, Geräte und die entsprechende Software zur Produktion stehen heute allen am Prozess Beteiligten zur Verfügung.
Nicht jeder ist jedoch fachlich so kompetent, dass er alle diese Bereiche be-

herrscht und produktionsgerecht bearbeiten kann.
Ein sehr guter Typograf und ein sehr guter Fachmann in der Bildverarbeitung leisten in ihrem eigenen Arbeitsbereich eine hervorragende Arbeit, außerhalb dieses Arbeitsbereichs ist trotz aller vorhandenen Technik nur eine eingeschränkte Leistung zu erwarten. Daher sind immer noch die speziell ausgebildeten Fachleute gefordert. > Verkaufsaußendienst, > Verkaufsinnendienst

Druckprozess
Fertigung eines Druckproduktes, bei dem Informationen auf einen Bedruckstoff übertragen werden.

Druckqualität
„Qualität ist die Übereinstimmung des Ergebnisses mit den für den Zweck nötigen Anforderungen."
Für die Druckerei ist es entscheidend, die Anforderungen des Kunden zu kennen und sich auf einen Standard zu verständigen, z. B. ProzessStandard Offsetdruck. Ist dies erfolgt, sprechen Kunde und Druckerei in der gleichen Sprache:
Die Abstimmung definiert die Qualitätsanforderungen.
Problematisch im Produktionsprozess ist vor allem die Farbwiedergabe beim Druck von Bildern.
Farben sind physikalisch exakt durch die Wellenlänge des Lichts zu messen. Nicht messbar ist dagegen das Farbempfinden, da es erst im Gehirn des Betrachters entsteht. Menschen verfügen über keine exakte Erinnerung für Farben.
Alle Versuche einer begrifflichen Bestimmung wie z. B. hellbraun, lindgrün, sandfarben bleiben daher immer ungenau. Dabei wirken sich unter anderem die Lichtverhältnisse bei der Betrachtung aus: Bei schwachem Licht wirken Farben grau. Ist die Lichtquelle gelblich, verändern sich alle Farben ins Gelbliche.
Um die geforderte Qualität zu produzieren, müssen die am Produktionsprozess beteiligten Teilprozesse aufeinander abgestimmt sein.
Grundlage für den gesamten Druckprozess ist ein durchgängiges Color-Management und eine Prozess-Standardisierung.
Dies allein gewährleistet noch keine Qualität, es macht den Prozess jedoch kontrollierbar und wiederholbar.
Abweichungen können rasch erkannt, analysiert und effizient beseitigt werden. Dies spart Kosten.
Obwohl alle Vorgaben und Werte eingehalten werden, kann es im Produktionsprozess verfahrenstechnisch bedingte Schwankungen geben.
Die Schwankungen müssen jedoch in dem vorgegebenen Toleranzfenster (nach ProzessStandard) bleiben.
> Qualität im Offsetdruck

Druckschwierigkeiten
Drucktechnische Probleme, die durch die Druckmaschine, die Einstellung der Druckmaschine, die Druckfarbe oder den Bedruckstoff verursacht werden können.

Druckspalt
Im Druckprozess der Kontaktbereich bei der Kraft- bzw. Informationsübertragung, z. B. zwischen Drucktuch – Bedruckstoff – Druckzylinder.
Der Druckspalt ändert sich bedingt durch das Drucktuch und den Bedruckstoff sowie die zur Informationsübertragung erforderliche Kraft

Druckspannung
Der für die Informationsübertragung erforderliche > Anpressdruck im Druckprozess.

Druckstreifen
Der Streifen in Flachformzylinder-Druckmaschinen und Rotations-Druckmaschinen, der bei dem Druckvorgang zwischen Druckform und Druckzylinder die Kontaktzone zur Informationsübertragung bildet.

Drucktechnik
Gesamtgebiet der Wiedergabe von Informationen durch Druckverfahren (Herstellung von Druckerzeugnissen).
Die Drucktechnik umfasst die Teilbereiche Druckvorstufe mit der Druckformherstellung, Drucken und Druckweiterverarbeitung (z. B. Buchbinderei).

Drucktuch
Drucktechnik:
Mehrlagiges Gummituch mit Zwischen-Gewebeschichten für die indirekte Bildstellenübertragung im Offsetdruck.
Allgemein nur > Gummituch genannt. Man unterscheidet prinzipiell zwei Arten:
- Inkompressible Drucktücher
- Kompressible Drucktücher

Durch den erforderlichen Anpressdruck ist das inkompressible Drucktuch nicht nur zu komprimieren (zusammenzudrücken); es weicht in der Deckschicht auch zur Seite aus und bildet einen Wulst.
Dies kann zu Schwierigkeiten in der Druckabwicklung, zum Schieben, Dublieren oder anderen Druckschwierigkeiten führen.
Ein kompressibles Drucktuch ist zusammenzudrücken, ohne dass es zur Seite ausweicht.

Druckverarbeitung
> Druckweiterverarbeitung, > Buchbinderei

Druckverfahren
Bezeichnung für (konventionelle) Produktionstechniken, mit denen Informationen (Text, Grafik, Bild) von einer Druckform mit färbenden Substanzen (Druckfarben) durch Anpresskraft (Druck) auf einen Bedruckstoff übertragen werden.
> drucken.
Je nach Informationsübertragung bzw. Art der Druckform (Art und Charakteristik der Bildstellen und Nichtbildstellen) sind fünf Hauptdruckverfahren zu unterscheiden: Hochdruck, Flachdruck, Tiefdruck, Durchdruck, Digitaldruck.
Charakteristische Merkmale:
- Hochdruck:
  Bildstellen der Druckform stehen höher als Nichtbildstellen.
- Flachdruck:
  Bildstellen und Nichtbildstellen der Druckform liegen (annähernd) auf einer Ebene.
- Tiefdruck:
  Bildstellen der Druckform liegen tiefer als Nichtbildstellen, die alle auf gleicher Ebene liegen.
- Durchdruck:
  Bildstellen der Druckform bestehen aus einer Schablone auf einem farbdurchlässigen Schablonenträger (Sieb; Gewebe aus Kunststoff- oder Metallfäden), Nichtbildstellen sind farbundurchlässig.
- Digitaldruck:
  Druckverfahren, die direkt vom Rechner angesteuert werden und Bildinformationen ohne Druckform oder einer temporären (kurzzeitigen) Druckbildspeicherung übertragen.

Diesen Hauptdruckverfahren sind spezielle Druckverfahren zuzuordnen, die sich drucktechnisch unterscheiden sowie Bildstellen direkt oder auch indirekt über einen Übertragzylinder mit einem Gummituch auf den Bedruckstoff übertragen.
- Hochdruckverfahren:
  Buchdruck, Flexodruck, Lettersetdruck
- Flachdruckverfahren:
  Steindruck, Offsetdruck, Blechdruck, Lichtdruck
- Tiefdruckverfahren:
  Rakeltiefdruck, Stichtiefdruck sowie künstlerische Techniken für den manuellen Druck (Kupferstich, Radierung u. a.)
- Durchdruckverfahren:
  Siebdruck, Serigrafie, Filmdruck.
- Digitaldruckverfahren:
  Basis Inkjet, Basis Elektrofotografie

Tabelle „Erkennungsmerkmale der Druckverfahren“ siehe Anhang.

Druckvorlagen
Vorlagen für die Informationsübertragung visueller Zeichen durch die Drucktechnik.

Je nach Arbeitsbereich ist eine spezifische Bezeichnung für die entsprechende Vorlage zu verwenden.

1. Textvorlage: Vorlage für das Setzen von Texten, allgemein Manuskript genannt.
2. Bildvorlage: Zweidimensionale Vorlage (z. B. Bild) für das Reproduzieren in verschiedenen Techniken.
3. Abtastvorlage: Zweidimensionale Vorlage für das Reproduzieren durch das Abtasten in einem > Scanner (serielle Reproduktion).
4. Kopiervorlage: Eine Vorlage mit spezifischen Eigenschaften für das Kopieren von Druckformen.

> Manuskript, > Original, > Reproduktionsvorlagen, > Layout

Druckvorstufe
Allgemeine Bezeichnung für alle Arbeits- und Tätigkeitsbereiche, die vor dem Druck liegen, z. B. Prüfung aller eingehenden Daten für einen Druckauftrag (Preflight-Check), Datenerfassung, Datenbe- und -verarbeitung für Texte, Bilder, Grafiken u. a., Satzherstellung, Reproduktion, Ganzseitenmontage, Proofherstellung, Druckformherstellung. Diese Tätigkeitsbereiche werden heute vielfach Prepress-Bereich genannt.

Druckwalzen
Drucktechnik:
Im > Farbwerk einer Druckmaschine ein System von Walzen mit unterschiedlichen Oberflächen (Gummi, Metall), das hochviskose (zähflüssige), langsam trocknende Druckfarbe von einem > Farbkasten auf die Druckform transportiert. > Viskosität, > Trocknung

Druckweiterverarbeitung
Teilbereich der Drucktechnik zur Verarbeitung gedruckter Produkte (z. B. Bogen) zu einem Endprodukt in der geforderten Gestalt und Gebrauchseigenschaft (z. B. Prospekt, Broschur, Buch, Mappe).
> Buchbinderei

Druckwerk
Eine Druckmaschine besteht grundsätzlich aus einem Anleger, einem Druckwerk und einem Ausleger.
Das Druckwerk überträgt die Informationen von der Druckform auf den Bedruckstoff. Je nach Druckverfahren gehören beispielsweise zu dem Druckwerk einer Bogen-Offsetdruckmaschine der Druckformzylinder, Farbwerk und Feuchtwerk, der Gummituchzylinder und der Druckzylinder.

Druckzeichen
Zeichen bzw. Markierungen für den Druck und die Druckweiterverarbeitung. Hierzu gehören u. a.: Anlagezeichen, Passkreuze, Eck-, Mitten-, Falz- und Schneidzeichen. Passkreuze sind bei einer Montage in mindestens 2 bis 4 mm Abstand vom Bildrand anzubringen. Die Strichstärke aller Druckzeichen darf 0,1 mm nicht übersteigen.

Druckzylinder
Der Druckzylinder erzeugt bei Flachform-Zylinder-Druckmaschinen sowie bei Rotationsdruckmaschinen die Kraft (bzw. Gegenkraft), um den drucktechnisch erforderlichen Anpressdruck zu erreichen. Auch: Gegendruckzylinder bzw. im Tiefdruck Presseur genannt. Der Druckzylinder führt den Bedruckstoff durch die Druckzone. Die Druckform kann bei direkt arbeitenden Druckverfahren plan liegend oder ebenfalls zylindrisch sein. Bildstellen der Druckform werden direkt auf den Bedruckstoff gedruckt. Bei indirekt arbeitenden Druckverfahren werden Bildstellen der Druckform auf einen Übertragzylinder, allgemein nur Gummituchzylinder genannt, und von diesem erst auf den Bedruckstoff gedruckt.
> Druckprinzip

DRUPA
Weltgrößte und bedeutendste internationale Messe für Druck und Papier, heute aus-

geweitet auf alle Bereiche der Druck- und Medientechnik. Die Messe findet alle vier Jahre in Düsseldorf statt (2012, 2016 usw.).

DSGVO
Datenschutz-Grundverordnung. Aktuelle Neuregelung des Datenschutzes für die Europäische Union (EU 2016/679). Sie zielt darauf ab, den Datenschutz in Europa zu vereinheitlichen und somit gleiche Datenschutzstandards für alle Mitgliedsstaaten zu schaffen. Die Datenschutzgrundverordnung gilt seit dem 25. Mai 2018.

DSL
Engl. Abk. für: Digital Subscriber Line. Die DSL-Technologie ermöglicht – je nach eingesetzter Variante – über das übliche Telefonnetz eine schnelle Internet-Anbindung meist durch einen sogenannten Breitband-Internetanschluss.

DTP
Engl., Abkürzung für Desktop Publishing. Auch Computer Publishing und Electronic Publishing genannt.
System zur computerunterstützten Mediengestaltung (Text- und Bilddatenerfassung, Grafikerstellung, Integration aller Elemente zu druckfertigen Ganzseiten im Ganzseitenumbruch) an einem Arbeitsplatz.
Hierzu gehören je nach Aufgabenstellung: Rechner mit Datenanbindung (Netzwerk, Server, Datenbank), externe Speicher- und Lesegeräte, Scanner, Ausgabegeräte (Laserdrucker, Tintenstrahldrucker, digitale Proofgeräte) u. a.

dual
Zweiwertig. Aus zwei Zeichen bestehendes System.

Dualismus
Physik: Wechselbeziehung, Wechselwirkung.
Beispiel: Licht verhält sich je nach Art des Experiments und der Beobachtung als Teilchen oder als Welle.

Dualsystem
Binäres Zahlensystem mit der 2 als Basis. Es gibt in der Darstellung einzelner Stellen nur die Ziffern 0 und 1.
Elektronische Datenverarbeitungsanlagen arbeiten mit Daten, die im Dualsystem dargestellt sind. > Zahlensystem

dublieren
Druckschwierigkeit.
Beim Druck von Bildstellen, z. B. Rasterpunkten, zeigt sich ein schattenförmiger, meist kleinerer Farbpunkt neben dem auf der Druckplatte vorhandenen und gedruckten Rasterpunkt.
Die Druckschwierigkeit kann im Offsetdruck durch eine falsche > Druckabwicklung entstehen.
Im Offsetdruck kann das Dublieren auch durch nicht deckungsgleiche Rückübertragung von Druckfarbe auf das nachfolgende Gummituch beim > Nass-in-Nass-Druck in Mehrfarben-Offsetdruckmaschinen auftreten.

Dublierfeld
> Druckkontrollstreifen

Duftlack
Lack, der motiv-bezogen partiell oder flächig möglichst kräftig aufgedruckt wird. Im Lack eingearbeitet sind mikroverkapselte Duftöle, die durch Reiben oder Rubbeln auf dem Druckprodukt zerstört werden und das Duftöl freisetzen.
Gedruckt wird mit Dispersionslack fast ausschließlich im Offsetdruck.

Duktor
Druckmaschinen:
Die Farbdosiereinrichtung einer Bogen-Offsetdruckmaschine besteht aus einem Farbkasten mit einer Farbdosiereinrichtung und einem Farbduktor. Es wird eine hochviskose, zähflüssige Druckfarbe verdruckt. Der Duktor überträgt die Druckfarbe fein dosiert an eine Heberwalze oder eine Filmwalze im > Farbwerk.

Duktus
Charakteristische Linien- bzw. Strichführung einer Schrift, die früher durch das Schreibwerkzeug bestimmt wurde.

Dummy
1. Engl.: Attrappe.
   Exemplarisches Muster für verschiedene Aufgaben, z. B. Probelayout für eine Präsentation, Heftplanung u. a.
2. Buchbinderei:
   Buch als > Blindband. Ein Buch, das im Papier, im Umfang, im Format und in der Ausstattung (Einband) dem herzustellenden Originalband entspricht. Die Seiten sind jedoch unbedruckt.
   Der Kunde kann die Ausführung beurteilen und genehmigen. In der Arbeitsvorbereitung ist das für die Produktion benötigte Material zu berechnen. Ebenso ist das Gewicht des fertigen Buches zu ermitteln.

Dumping-Preis
Preis einer Ware oder Leistung, der deutlich unter ihrem Wert bzw. den Kosten liegt.

Dunkeln der Druckfarbe
Mischen einer Druckfarbe mit neutralem Schwarz.

Dunkelstufe
Nach DIN 5033: > Helligkeit, d. h. die Stärke der Lichtempfindung einer Farbe als optische Erscheinung.

Dünndruckausgabe
Bücher, die auf Dünndruckpapier gedruckt werden, damit eine bestimmte Dicke des Buchblocks nicht überschritten wird.

Dünndruckpapier
Leichtgewichtiges, dünnes Papier mit hoher > Opazität und Festigkeit.
Flächenbezogene Masse zwischen 25 und 60 g/m^2.

Duoformer
> Doppelsiebformer in der Papiermaschine.

Duotone
> Duplexdruck

Duplex
1. Allgemein: Vorsilbe für doppelt.
2. EDV: Gleichzeitiges Übertragen von Daten zwischen zwei Datenverarbeitungsanlagen über das Fernmeldenetz in beiden Richtungen.
3. Drucktechnik: Bezeichnung für den beidseitigen Druck in Laser- oder Tintenstrahldruckern.
4. Bildwiedergabe: Druck eines Schwarz-Weiß-Bildes mit einer weiteren Farbe, um die Wirkung des Bildes zu verstärken.
   > Duplexdruck

Duplexdruck
Reproduktion und Druck: Die Wiedergabe einer einfarbigen Reproduktionsvorlage wirkt durch den Duplexdruck farbig und wesentlich plastischer als eine Wiedergabe in einem einfarbigen Druck. Durch wirtschaftliches Reproduzieren von Farbvorlagen zu Farbsätzen sowie den Mehrfarbendruck hat der Duplexdruck keine große Bedeutung mehr, er bietet aber trotzdem eine kostengünstige, interessante Alternative in der Bildwiedergabe.
Man unterscheidet zwischen dem unechten und dem echten Duplexdruck.
1. Unechter Duplexdruck: Farbiger Druck von einer Druckform.
   In zwei Druckgängen wird die gleiche Druckform mit zwei unterschiedlichen Druckfarben gedruckt, dabei wird der Stand des Bildes beim zweiten Druckgang minimal diagonal verschoben.
2. Echter Duplexdruck: Farbiger Druck mit zwei unterschiedlichen Druckformen, die sich in Tonwertabstufungen und Rasterwinkelung unterscheiden.
   Die Grundform ist ein weiches, wenig kontrastreiches Bild. Sie wird vielfach

in einer dunkleren Tonfarbe gedruckt. Die zweite Druckform ist ein sehr kontrastreiches, hartes Bild, das die Zeichnung (Konturen, Kontrast) wiedergibt. Diese Druckform wird allgemein in Schwarz gedruckt.

Duplexkarton
Einseitig glatter, aus zwei Lagen bestehender > Faltschachtelkarton. Aufbau:
- Vorderseite (obere Seite):
  Meistens holzstofffreie oder leicht holzstoffhaltige Decke aus Zellstoff, z. T. mit Holzstoff und/oder Altpapier.
- Rückseite: Altpapier, evtl. mit Zusatz an Zellstoff.

Duplikat
Wiedergabe der Vorlage: das Zweitstück, das Doppel, die Abschrift, der Durchschlag.

Duplikatfilm
Direkt positiv arbeitendes Filmmaterial.

Duplikatvorlage
Reproduktionsvorlage als fotografische Vervielfältigung eines Originals. Die Herstellung einer Duplikatvorlage bringt reproduktionstechnische Vorteile:
Das > Original wird geschont, es ist auf verarbeitungstechnisch günstiges Format zu vergrößern bzw. zu verkleinern, Farbstiche und ähnliche Bildmängel lassen sich beseitigen, mehrere Vorlagen sind zu einer Kombination (> Composing) zusammenzustellen und als Gesamtvorlage wiederzugeben.

Durchdruck
Hauptdruckverfahren. Oberbegriff für alle Druckverfahren, bei denen die Druckfarbe mithilfe von farbdurchlässigen Schablonen durch die Druckform auf den Bedruckstoff übertragen wird.
Zu den Durchdruckverfahren gehören:
> Siebdruck, > Serigrafie und > Filmdruck.

Durchforstung
Maßnahme zur Waldpflege. Ziel ist die Verbesserung der Wachstums- und Lebensbedingungen des Waldes und damit die Wirtschaftlichkeit. Dabei werden u. a. kranke und abgestorbene Bäume sowie Bäume, die wertvolle Nachbarbäume schädigen, abgeholzt.
Das im Allgemeinen geringwertige Holz wird von der Zellstoff- und Papierindustrie abgenommen.

Durchhang
Reproduktionstechnik:
In der > charakteristischen Kurve, auch Gradations- oder Schwärzungskurve genannt, geben Hersteller von Filmmaterial typische Eigenschaften der Tonwertwiedergabe einer Vorlage durch den Film in einem > Koordinatensystem an. Auf der > Abszisse (waagrechte Achse) werden die Dichtewerte der Vorlage, auf der > Ordinate die Dichtewerte der Reproduktion eingetragen.
Jeder Film besitzt einen sehr leichten Grundschleier, der eine geringe Dichte ergibt. Bei einer minimalen Lichtmenge, dem Bereich der Unterbelichtung, ergibt sich nach diesem Grundschleier eine Kurve mit einer ansteigenden Dichte, die zu einem geradlinigen Teil führt. Diese Kurve wird Durchhang genannt.

Durchleuchtung
Reproduktionstechnik: Reprotechnische Arbeiten mit Durchsichtsvorlagen. Licht transmittiert durch die Vorlage zum Fotomaterial.

Durchlicht
Ein Material wird von der Rückseite her beleuchtet. Das durchgestrahlte Licht macht die (Bild-)Informationen auf der Vorderseite sichtbar.

durchscheinen
Bedruckstoff-Problem: Durch eine zu geringe Opazität des Bedruckstoffes ist das

Druckbild auf der Rückseite sichtbar. Die Opazität ist abhängig von der Flächenmasse, der Stoffzusammensetzung und dem Füllstoffgehalt.

durchschlagen
Verarbeitungstechnische Schwierigkeit.
1. Druck: Druckfarbe oder Bestandteile der Druckfarbe durchdringen den Bedruckstoff und sind auf der Rückseite sichtbar.
2. Druckweiterverarbeitung: Klebstoff durchdringt störend sichtbar das Papier, > Adhärent oder Klebling genannt.

Durchschlagpapier
Dünnes, meist holzstofffreies, gut geleimtes Schreibmaschinenpapier mit einer Flächenmasse von 30–40 g/m^2.

durchschossener Satz
Lesbarkeit: Vergrößern des normalen Zeilenabstandes, um die Lesbarkeit des Textes zu verbessern. Kompress gesetzte Zeilen, d. h. ohne zusätzlichen Zeilenabstand, sind im Allgemeinen weniger gut lesbar. Die Bezeichnung durchschossener Satz stammt noch aus der Bleisatzzeit.
> Durchschuss

Durchschreibepapier
> SD-Papier

Durchschreibesatz
Formularsatz mit eingelegtem Kohlepapier oder mit selbst durchschreibenden Papieren. > SD-Papier

Durchschuss
Begriff aus der Bleisatzzeit: Aneinanderstehende Kegel (Metallklötzchen) einer Bleiletter ergeben den minimalsten Abstand der Buchstaben zwischen zwei Zeilen.
Durch Blindmaterial, sogenannte Regletten, ist der Abstand zwischen den Zeilen zu vergrößern. Das Maß der Reglettendicke wird auch Durchschuss genannt.
Beispiel:
Es wird eine Schrift mit der Angabe 10/12 p eingesetzt. Dies bedeutet, dass zwischen den Zeilen einer 10-p-Schrift ein Durchschuss von 2 p als Reglette eingefügt werden muss. Stehen diese (Bleisatz-)Zeilen ohne einen zusätzlichen Abstand untereinander, so nennt man dies „kompress gesetzt“. Fälschlicherweise wird die Bezeichnung Durchschuss auch für den > Zeilenabstand verwendet.

Durchsichtsvorlage
Transparente (Bild-)Vorlage, deren Daten im > Durchlicht erfasst werden müssen.

Durchzeichnung
Bildvorlagen, die in Dreivierteltönen und Tiefen eine gute, detailreiche Zeichnung (Bildwiedergabe) besitzen.

Duroplaste
> Kunststoffe mit räumlich vernetzten, eng verknüpften Makromolekülen. Duroplaste sind nach der Herstellung nicht mehr plastisch zu verformen.

DVD
Engl. Abk. für Digital Versatile Disc.
Spezifische Speichermedien für unterschiedliche Einsatzbereiche. Die DVD entspricht in ihrem Aussehen und ihrer Größe mit 12 cm Durchmesser einer „normalen“ CD. Sie besitzt aber eine bis zu 25-fach größere Speicherkapazität. Die zu übertragenden Daten (Informationen) werden als winzige Vertiefungen, sogenannte Pits, in die Aluminiumschicht der DVD übertragen.

Dye Tinten
> Digitaldruck: Farbmittel. Wasserbasierte Tinten. Farbmittel sind Farbstoffe (keine Pigmente).

Dynamik
Allgemein: Kraft, Schwung, Triebkraft.

dynamisch
Voller Kraft, (trieb-)kräftig bewegt. Eine innere Kraft, Entwicklung, Initiative u. Ä. aufweisend. Gegensatz: statisch.

dynamischer Druck
Typisches Merkmal des > Digitaldrucks: Bei jeder Umdrehung des Druckformzylinders wird eine temporäre (flüchtige) Druckform (= Bildträgertrommel) mit sämtlichen Druckbildelementen der Druckseiten (Texte, Bilder, Grafiken) neu bebildert. Durch dieses Verfahren ist es möglich, einzelne Druckbildelemente (z. B. zu einer Personalisierung des Druckproduktes) oder die gesamten Druckseiten zu ändern.

E

E
Physik: *E* = Kurzzeichen für die Beleuchtungsstärke. Die Einheit der Beleuchtungsstärke ist Lux (lx).

EAN-Code
Früher die engl. Abk. für: European Article Number (Europäische Artikel-Nummerierung). Heute: International Article Number zur Produktkennzeichnung von Handelsartikeln. Der EAN-Code besteht aus einem maschinenlesbaren Strichcode mit hellen und dunklen Balken auf einem geeigneten Untergrund. Die einzelnen Balken stehen in Gruppen für das Herkunftsland, das Herstellerunternehmen und deren interne Artikelnummern.
> Balkencode

E-Book
Engl.: elektronisches Buch.
Sammelbegriff für sogenannte digitale Bücher (Daten), die in einem speziell geeigneten (dezidierten) elektronischen Lesegerät oder im Browser gelesen werden können.

E-Business
Automatisierte und vernetzte Geschäftsbeziehungen unter Abarbeitung einer bestimmten Prozesskette, die sich bei jeder Bestellung wiederholt. Bei diesen Geschäftsbeziehungen unterscheidet man
- B2B
  Business-to-Business: Geschäftsprozesse zwischen Unternehmen
- B2C
  Business-to-Customer: Geschäftsprozesse zwischen Unternehmen und Endverbrauchern
- C2C
  Customer-to-Customer: Geschäftsprozesse zwischen privaten Endverbrauchern untereinander

Gemeinsame Ziele (u. a.):
- neue Märkte
- neue Kundengruppen
- keine regionalen Begrenzungen
- automatische Abwicklung
- schlankere Verwaltungsprozesse

EBV-System
Abk. für Elektronische Bildverarbeitung.
Früher eingesetzte professionelle Systeme mit hochwertigster Qualität in der Druckvorstufe zur Bildbearbeitung, Bildkombination bzw. -integration, Text-/Bild-Integration und die (Ganz-)Seitengestaltung nach Layout. Die Erfassung von zu verarbeitenden Bilddaten erfolgte im Scanner. Texte wurden in Textverarbeitungssystemen erfasst, typografisch bearbeitet und über Datenleitung bzw. Datenträger in das EBV-System zur Integration übertragen. Die Ausgabe erfolgte auf einem separatem Ausgabesystem, z. B. Belichter.
Produkt: Professionelle High-End-Qualität. Diese sehr teuren Systeme wurden vollständig durch einfacher zu bedienende, integriert arbeitende DTP-Systeme abgelöst.

ECF
Abk. für elementarchlorfrei. Papiere mit dieser Kennzeichnung sind mit Chlorverbindungen oder Wasserstoffperoxid gebleicht.
> Bleiche, > TCF

echte Bünde
Handwerkliche Buchbinderei: Bei manuellem Binden des Buchblocks kann der Buchblock so geheftet werden, dass Hanfkordeln oder Lederschnüre erhaben auf dem Rücken des Buchblocks liegen und später als Wülste im Einband des Buches sichtbar sind.

Echtheiten der Druckfarbe
Qualitätseigenschaften der Druckfarbe, die anwendungs- und produktspezifisch gefordert werden. Sie beziehen sich auf

die Widerstandsfähigkeit der getrockneten Druckfarbe gegen chemische und physikalische Einflüsse. Allgemeine Echtheiten sind auf dem Etikett der Farbdose aufgeführt: > Lichtechtheit, > Lackierfähigkeit (daneben sind die Bezeichnung der Druckfarbe, die > Deckfähigkeit und die > Trocknungsart aufgeführt).

Je nach Druckprodukt können bestimmte Echtheiten verlangt werden, z. B. Echtheiten für Lebensmittelverpackungen (Käseechtheit, Beständigkeit gegenüber Fetten u. a.), Echtheiten für sonstige Füllgüter (Waschmittel-, Seifen-, Alkali-, Paraffinechtheit u. a.) sowie Echtheiten für bestimmte Verarbeitungen (spezielle Lackierungen, Heißkalandrierung, Glanzfolienkaschierung u. a.).

Echtzeitverarbeitung
Englisch: realtime.
Eine Bezeichnung für eine so hohe Verarbeitungsgeschwindigkeit eines Computersystems, dass der Anwender keinen merkbaren zeitlichen Unterschied zwischen der Eingabe von Befehlen und der Anzeige des Ergebnisses bemerkt.

ECI
Engl. Abk. für > European Color Initiative.

ECI-RGB
Spezielles RGB-Profil der ECI mit einer eindeutigen Umrechnung nach > CIELAB. Es ist als Teil der Normenreihe ISO 22028 genau spezifiziert.

ECMA
Abkürzung für European Carton Makers Association.
Die ECMA erarbeitete einen internationalen Code, mit dem die überwiegende Zahl von Faltschachtelzuschnitten und Faltschachteln zu beschreiben sind.

E-Commerce
Online-Shopping, Handel über das Internet. Sammelbegriff für verschiedene Formen des Geschäftsverkehrs zwischen Unternehmen und Privatkunden über das Internet oder andere Datennetze.
Vorteile für den Käufer: Direkter, schneller Einkauf, Vergleichsmöglichkeit mit anderen Anbietern des Produktes.
Vorteile für den Anbieter: Aktuelles Angebot, kostengünstige Information.

editieren
Erfassen, Bearbeiten, Verändern von Daten. In der EDV verwendeter Fachbegriff für das Aufbereiten von Daten durch Hinzufügen, Entfernen oder Ändern.

Education
Engl. Bezeichnung für Erziehung, Bildung, Bildungseinrichtungen.

EduCommerce
Sammelbegriff für Kundenschulungen über das Internet.

Edutainment
Aus den engl. Worten Education (Erziehung) und Entertainment (Unterhaltung) gebildetes neues Wort, das für die spielerische multimediale Wissensvermittlung durch den Einsatz verschiedener Mittel wie Text, Audio, Animation und Interaktion per Computer verwendet wird.

EDV
Abkürzung für > elektronische Datenverarbeitung.

Effekt
Wirkung, Erfolg, Einfluss, Resultat.
Beispiel: Auf eine Wirkung abzielende Gestaltungsmittel.
> Effektlack, > Effektretusche

Effektivität
Wirksamkeit, Leistungskraft, Zielorientierung, erfolgreiche Entscheidungsfindung.
Beispiel zu Geschäftsprozessen bzw. dem Erreichen von Zielen: „Die richtigen Dinge tun."

Effektlack
Speziell eingefärbte Lacksorten für Effekte an der Oberfläche und als Hintergrundtönung, die vollflächig oder partiell und motivbezogen (Spot-Lackierung) gedruckt werden.
Neben unterschiedlichen Farbpigmenten, die Licht absorbieren, werden auch reflektierende Pigmente im Lack eingesetzt.
Farbpigmente unterscheiden sich in der Form und Größe der Partikel und ergeben dadurch optische Variationsmöglichkeiten.
Metallische Effekte ergeben Bronzepigmente (Gold), Aluminiumpigmente (Silber) und sogenannte Metallicfarben.
Je nach Betrachtungswinkel ergeben Perlmuttpigmente besondere Lichteffekte.
Durch unterschiedliche Einfärbung des Lacks sind verschiedene Glanzreflexe zu realisieren.

Effektretusche
Bildvorlagen: Teilretusche, bei der Lichter eingesetzt und Schattenpartien verstärkt werden.

Effizienz
Wirksamkeit, Tätigkeitsorientierung.
Beispiel zu Geschäftsprozessen bzw. dem Erreichen von Zielen: „Die Dinge richtig tun."

Egoutteur
Papierherstellung:
> Wasserzeichenwalze auf dem Langsieb einer Papiermaschine, die mit einem zylindrischen Metallgewebe eine Struktur in den Papierstoff einpresst. Dabei werden Fasern verdrängt, dadurch entsteht im Papier ein echtes Wasserzeichen.
> Wasserzeichen

Egyptienne
Vielfach eine allgemeine Bezeichnung für eine Gruppe von Antiqua-Schriften.
In der Schriftklassifikation werden diese Schriften serifenbetonte Linear-Antiqua genannt. Alle Schriften weisen optisch gleich starke Strichstärken in den Grundstrichen und den Serifen auf.
Typische Vertreter sind die Schriften Rockwell und American Typewriter.
> Klassifikation der Schrift

Eichstandard
Für die Grundeichung des Densitometers liefert der Hersteller einen Eichstandard als Keramikplatte oder Druck mit dem Gerät aus.

Eichung
Nach DIN EN ISO 8402 die Qualitätsprüfung einer Messeinrichtung in Bezug auf die Forderung der Eichvorschrift und Erfüllung dieser Forderungen.

Eierkuchen
Scherzhafte Bezeichnung für einen zusammengefallenen Bleisatz aus Einzelbuchstaben.

Einband
Druckweiterverarbeitung:
Manuell oder maschinell gefertigte > Buchdecken für Bücher oder > Umschläge für Broschuren, die mit dem Buchblock bzw. Broschurenblock zu fertigen Produkten gebunden werden.
> Bucheinband, > Einbandarten

Einbandarten
Druckweiterverarbeitung:
Jedes Buch erhält eine gegliederte Buchdecke als Einband, jede Broschur erhält einen einfacheren Umschlag.
Wichtige Einbandarten für Broschuren sind die kartonierte Broschur, Steifbroschur, Englische Broschur, Schweizer Broschur, Spiral-, Ring- und Kammbroschur.
Einbände für Bücher sind nach Art und Verarbeitungsverfahren zu unterscheiden:
- Bezugsstoffart,
- Halb- und Ganzeinbände,
- mit oder ohne überstehende Deckelkante,
- fest oder flexibel.

Als Bezugsstoff für die Buchdeckel werden Papier, Gewebe, Kunststoffe und für besonders wertvolle Einbände Leder oder Pergament verwendet.
Der Bezugsstoff ist bei einem Halbband nur über den Rücken und einen schmalen Streifen des Buchblocks verarbeitet, die anderen Teile der Deckel bestehen aus günstigerem Material.

Jeder Einband ist das optische Erscheinungsbild eines Buches und soll in Art und Aufmachung dem Inhalt entsprechen.

Einbanddecke
> Buchdecke, die aus mehreren Teilen besteht; mindestens aus zwei Deckelpappen, einer Rückeneinlage und einem Bezugsstoff.
> Ganzband, > Halbband

einbetten
Integrieren in ein anderes Objekt.
Beispiele aus der Druckindustrie: Einbetten von Schriften oder Profilen in eine Datei.

einbinden
Druckweiterverarbeitung:
Sämtliche Arbeiten des Buchbinders zur Herstellung eines > Buches oder einer > Broschur.

einbrennen
1. Druckformherstellung:
   Bei der Herstellung einmetallischer Offsetdruckplatten mit einer > Diazobeschichtung das Härten der nach dem Entwickeln als Druckschicht auf der Platte verbliebenen Kopierschicht.
   Die Auflagenbeständigkeit (> Standzeit) der Bildstellen auf der Druckplatte wird dadurch um ein Mehrfaches erhöht.
2. Druckweiterverarbeitung:
   Thermisches Formen des Buchfalzes.

einbringen
Satztechnik: Verringern des Textumfanges, damit der Satz typografisch korrekt in der vorgesehenen Fläche (Satzspiegel, Spalte, Zeile) zu positionieren ist.
Das Einbringen ist je nach Menge durch eine mögliche Kürzung im Textumfang oder Verringern der Wortabstände möglich.

Einbruchfalz
Ein Blatt oder ein Bogen wird nur einmal gefalzt. Das neue Falzprodukt hat danach zwei Blätter mit vier Seiten (Vorder- und Rückseiten).
Die fachliche Bezeichnung Einbruchfalz ist irritierend, da die Bezeichnung Bruch letztlich ein Falz ist.

eindrucken
Vorgedruckte Produkte in Bogen oder Rollen erhalten nachträglich oder während der Druckens (> Eindruckwerk) einen spezifischen Eindruck.
Beispiel: Werbeprospekte für eine Kaufhausgruppe werden in einer Rollen-Rotationsdruckmaschine gedruckt. Die jeweilige Anschrift, spezielle Angebote oder sonstige regionale Ergänzungen werden in sonst gleichen Prospekten eingedruckt.

Eindruckwerk
Zusätzliches Druckwerk in einer > Akzidenz-Rollen-Offsetdruckmaschine für variable Eindrucke, z. B. spezielle Informationen (Firmeneindrucke, Anschriften von unterschiedlichen Filialen, Aktualisierungen, regionale Informationen, Preise u. a.) und andere Sprachen.
Das sogenannte „fliegende Eindruckwerk" ist in Akzidenz-Rollen-Offsetdruckmaschinen vor den eigentlichen Druckwerken angeordnet.
Ein Eindruckwerk besteht beispielsweise aus zwei voneinander unabhängigen Teil-Druckwerken (Druckplatten- und Gummituchzylinder), die abwechselnd gegen einen Druckzylinder drucken.
Während eines der Druckwerke in Betrieb ist, erfolgt an dem stehenden Druckwerk der Druckplattenwechsel.

Das Wechseln der beiden Druckwerke erfolgt entsprechend der vorgegebenen Auflage bei voller Druckproduktion automatisch.

einfache Produktion
Drucktechnik:
Bei jeder Zylinderumdrehung einer Rollen-Rotationsdruckmaschine wird ein Exemplar hergestellt. > Sammelproduktion, > doppelte Produktion

Eingabe
EDV: Das Übernehmen von Daten (Text, Bild, Grafik) in das Computersystem.

Eingabeprofil
Bilddatenerfassung:
Um Bildvorlagen farbverbindlich zu digitalisieren, müssen Eingabegeräte wie Digitalkameras oder Scanner ein genaues Eingabeprofil besitzen.Das Eingabeprofil beschreibt die charakteristische Farbwiedergabe des jeweiligen Gerätes.
Um das Eingabeprofil zu erstellen, wird ein Testchart mit Farben eingelesen, deren Lab-Werte bekannt sind.
Eine Profilierungssoftware vergleicht die durch das Eingabegerät erfassten Farbwerte mit einer Datei, in der die exakten Lab-Werte des Testcharts stehen.
Aus den Differenzen wird das gerätespezifische Eingabeprofil berechnet.
Dieses beschreibt die Umrechnung der erfassten RGB-Werte in (geräteunabhängige) Lab-Farben.
Die im Profil enthaltenen Korrekturwerte können sofort in das aufgenommene Bild eingerechnet werden oder als Korrekturprofil angehangen werden.
> ICC-Profile, > Rendering Intent

eingebettetes Profil
Farbmanagement:
Alle Farbinformationen in einem digitalen Bild sind in einem eingebetteten Profil gespeichert, das die Farbausgabe in einem Ein- bzw. Ausgabegerät beschreibt.

eingebundene Grafik
Die Grafik ist bei einer Text-/Bild-Integration zusammen mit dem Text in einer Datei integriert und abgespeichert. Dadurch ist die Grafik bei den meisten Programmen nicht mehr zu bearbeiten. Besser ist demnach eine Verknüpfung mit der Original-Datei.

einhängen
Druckweiterverarbeitung:
Das Verbinden eines Buchblocks mit der Buchdecke durch > Anpappen der Vorsatzblätter des Buchblocks an die Innenseiten der Buchdecke.
Bei industrieller Fertigung erfolgt das Einhängen in Einhängemaschinen.

Einheit
Physikalische Größe als quantitative Festlegung zu einer vereinbarten Basis- bzw. Vergleichsgröße, z. B. Meter als Einheit der Länge.

Einheitensystem
> SI-Einheiten

einkleben
Buchbinderei: Mit Klebstoff spezielle Bogenteile, Werbematerial o. Ä. an bestimmte Stellen in einem Falzbogen, einer Broschur (z. B. Zeitschrift) oder einem Buch fest einfügen.

einkopieren
> auskopieren

einlagig
Druckweiterverarbeitung:
Produkt, das aus einem einzelnen gefalzten Bogen oder aus mehreren Falzbogen besteht, die ineinandergesteckt und durch Rückstichheftung verbunden sind.
Beispiel: Hefte, Illustrierte.
> Sammeldrahthefter

einloggen
Anmelden des Users (Anwender) im Netzwerk,

um Zugriff auf bestimmte Seiten und Dienstleistungen zu bekommen.
Dazu sind in der Regel ein Benutzername und ein Kennwort erforderlich.

Einmetall-Offsetdruckplatten
Druckformherstellung:
Heute ausschließlich eingesetzte Offsetdruckplatten aus Aluminium.
Die Oberfläche der Aluminiumplatte ist durch eine > Körnung für die Informationsübertragung (Kopie, Bebilderung in CtP-Systemen u. a.) und den Offsetdruck geeignet. > elektrolytisch anodisierte Offsetdruckplatten

Einrichtemitte
Formatmitte in der Breite der Druckform auf analogen Kopiervorlagen oder in einem digitalen Datensatz, die durch Passzeichen festgelegt ist.

einrichten
Rüsten von Maschinen und Anlagen (siehe > Rüsten) d. h. alle vorbereitenden Arbeiten an Maschinen für die Produktion.
Beispiel in der Drucktechnik:
Im Offsetdruck alle vorbereitenden Arbeiten vom Einspannen der Druckplatte bis zur Druckfreigabe zum Fortdruck.
Dies gilt entsprechend auch für alle anderen Druckverfahren.

einschweißen
Druckweiterverarbeitung: Fertige Produkte werden mit einer Schrumpffolie überzogen, die durch Einwirken von Hitze schrumpft und so das Paket fest umhüllt.

Einsiegelung
Unlösbares, beidseitiges Umhüllen eines Druckproduktes mit einer Hart-PVC-Folie (paper-safe®) oder einer Polyesterfolie.
Zum Einsiegeln eignen sich absolut holzstofffreie Bilderdruck- oder Kunstdruckpapiere, die im Offsetdruck mit einer hitzebeständigen, heißkalandrierfähigen, lösemittel- und alkaliechten Druckfarbe bedruckt sind. Das Druckprodukt darf nicht bestäubt oder lackiert und die Druckfarbe muss intensiv getrocknet sein.

einspaltig
Satzspiegel, der in seiner Breite nur aus einer Spalte besteht. > Satzspiegel

einstecken
1. Buchbinderischer Fachbegriff (auch > Sammeln genannt) für das Ineinanderlegen mehrer Falzbogen zu einer gesamten Lage, die durch den Rücken mit Draht geheftet wird. Es entsteht ein > einlagiges Produkt. Bei industrieller Produktion erfolgt das Ineinanderlegen und Heften automatisch in > Sammelheftmaschinen.
2. Beilagen in fertige Produkte (Zeitungen, Zeitschriften u. a.) einlegen. > Einsteckmaschine

Einsteckmaschine
Maschine, die Beilagen automatisch in fertige Produkte, z. B. Zeitungen, einfügt. Diese Maschinen stehen im Versandraum. Die aus der Druckerei über ein Transportsystem kommenden Zeitungen werden automatisch geöffnet und eine oder mehrere Beilagen eingefügt. Die Produkte werden danach zum Verpacken bzw. Versand weitertransportiert. > Versandraum

Einstich
Im Druckwerk von Offsetdruckmaschinen die Höhendifferenz zwischen den Messringen (äußere Ringe an beiden Zylinderseiten) und der Zylinderoberfläche. Teilweise auch Unterschnitt genannt.

Einstrichbogen
Druckweiterverarbeitung: Ein einmal gefalzter Bogen.

Einteilungsbogen
Druckformherstellung: Verbindlich gezeichnete Vorlage für den genauen Stand von Texten und Bildern zur Montage von > Kopiervorlagen für einen kompletten Druckbogen im Endformat.
Auf dem Einteilungsbogen ist außerdem der Stand aller sonstigen Bildelemente (Hilfszeichen, Druckkontrollstreifen u.a.) für den Druck und die Druckweiterverarbeitung eingezeichnet.

Einzelantrieb
Elektrischer Antrieb einzelner Motoren, Baugruppen oder Elemente in einer Maschine.
Beispiel: digital gesteuerte Einzelantriebe der Druckwerke. Leistungsstarke Einzelantriebe ohne mechanische Getriebestufen sind die Voraussetzung für eine hohe Passergenauigkeit beim Auflagendruck wie auch in Beschleunigungs- und Bremsphasen. Schwankungen in der Bahnspannung werden damit ausgeregelt. Systembezogene Regelalgorithmen synchronisieren die einzelnen Druckwerksantriebe und das Vorregister.

Einzeletikett
In Form und Größe gestanzte gebrauchsfertige Etiketten auf einem Trägermaterial, die von einem Bogen oder von einer Rolle abgelöst werden.

Einzelkosten
Kalkulation: Einzelkostenmaterial für einen Auftrag, z.B. Papier, Druckfarben, Lacke, Filme, Druckplatten.
Die Verrechnung ist problemlos, da das benötigte Material mit den Kosten bewertet wird.
Einzelkostenmaterial = Menge × Kosten

Einzug
Einrücken eines Textes von einem Rand.
Varianten:
1. Einzug der ersten Zeile:
   Die erste Zeile eines Absatzes ist bei einem linksbündigen Satz um einen bestimmten Wert (etwa ein Geviert, d.h. ca. das Quadrat der Schriftgröße) nach rechts eingerückt. Dadurch ist ein neuer Absatz leichter zu erfassen bzw. zu erkennen.
2. Hängender Einzug:
   Die erste Zeile eines Absatzes in der vollen Zeilenbreite gesetzt, die folgenden Zeilen werden durch einen Einzug der linken Kante verkürzt. (Vereinzelt wird der hängende Einzug auch Auszug genannt.)
3. Linker Einzug:
   Der gesamte Absatz oder Text einer Seite wird um ein bestimmtes Maß nach rechts versetzt bzw. eingezogen.
4. Rechter Einzug:
   Der gesamte Absatz oder Text einer Seite wird um ein bestimmtes Maß nach links versetzt bzw. eingezogen.

Einzugwerk
Drucktechnik: Aggregat zur Regelung einer konstanten Bahnspannung in Rollen-Rotationsdruckmaschinen vor dem Einlauf in die Druckwerke.

Eisen(III)-chlorid
Chemisches Kurzzeichen: $FeCl_3$.
Salz, das zum Ätzen von Kupfer in der Druckindustrie eingesetzt wird.

elastisch
In seiner Form ist ein Material beim Einwirken von Kräften zu verändern: Federnd, beweglich, biegsam.
Die Veränderung der Form geht nach der Krafteinwirkung wieder zurück.

Elastizität
Nicht bleibende Form- und Volumenänderungen von Materialien oder Körpern.
Im Allgemeinen das Bestreben von Stoffen, die durch das Einwirken von Kräften aufgetretenen Deformationen rückgängig zu machen.

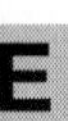

Elastomere
Auch Elaste genannt. Polymere Stoffe (Natur- oder Kunststoffe) mit einer gummiähnlichen > Elastizität.

E-Learning
Das Lernen mithilfe elektronischer Medien in verschiedenen Formen als einführendes, unterstützendes oder weiterführendes Lernangebot.
> CBT, > WBT, > Virtuelle Seminare

elementar
Allg.: Grundlegend, wesentlich.

Electronic Banking
Das computergesteuerte Abwickeln verschiedener Bankgeschäfte und Bankdienstleistungen über das Internet.

Electronic Commerce
> E-Commerce

Electronic-Publishing-System
Auch: DTP-System.
Computergestütztes System zur Herstellung von Publikationen, speziell eingesetzt für alle Arbeiten in der gesamten Druckvorstufe.
Das gesamte System besteht aus Eingabe-, Verarbeitungs-, Speicher- und Ausgabekomponenten mit jeweils geeigneter professioneller Software.

Elektrochemie
Technologie, die sich mit den Wirkungen von elektrischen und chemischen Vorgängen beschäftigt, z. B. Galvanoplastik,
> Elektrolyse

Elektroden
Elektrische Leiter, die Strom in Flüssigkeiten, festen Stoffen, Gasen oder im Vakuum zu- oder abführen.

Elektrofotografie
Ein fotografisches Verfahren, bei dem auf einer elektrostatisch aufgeladenen Fotohalbleiterschicht durch Strahlung ein latentes, elektrostatisches Bild erzeugt wird, das durch Anlagerung gegenpolig elektrisch geladener Teilchen (Toner) sichtbar gemacht wird.

elektrofotografische Druckformherstellung
Veraltetes Verfahren: Druckformherstellung für den Offsetdruck. Eine elektrisch aufgeladene Fotohalbleiterschicht auf einer Aluminiumdruckplatte wird direkt in der Reproduktionskamera belichtet. Durch die Belichtung fließt Ladung ab.
Die Platte wird mit einem thermoplastischen Puder eingestäubt. Es haftet an den noch geladenen Bildstellen. Durch Einbrennen verbindet sich das Puder fest mit der Metallplatte.

Elektrolyse
Auflösung durch elektrischen Strom.
Verfahren der Elektrochemie, bei dem durch elektrischen Strom Stoffe in einem > Elektrolyten chemisch zerlegt oder umgesetzt werden. Zwei mit einer Gleichstromquelle verbundene Elektroden, die Katode (negativer Pol) und die Anode (positiver Pol), werden in den Elektrolyten eingetaucht. Elektrischer Strom fließt durch Verschiebung von Ionen, die in der Lösung wandern. Negative und positive Ionen wandern zu den jeweils gegenpoligen Elektroden, wo sie sich entladen und als neutrale Moleküle (Gase oder Metalle) abscheiden.
Durch die Elektrolyse lassen sich Leichtmetalle (z. B. Aluminium) gewinnen, Metalle reinigen oder galvanisch überziehen (z. B. Verchromen im Tiefdruck). Außerdem lässt sich die natürliche Oxidschicht von Aluminium durch Elektrolyse verstärken und anfärben. > elektrolytisch anodisierte Offsetdruckplatten

Elektrolyt
Flüssigkeiten mit Salzen, Säuren oder Basen, die durch elektrolytische Dissoziation

(= Aufspaltung von Molekülen) Ionen bilden und Strom leiten. In gewissem Maß kann auch durch Umwelteinflüsse die Luftfeuchtigkeit als Elektrolyt wirken und beispielsweise Materialien (Werkstoffe) zersetzen.

elektrolytisch anodisierte Offsetdruckplatten
Für den Offsetdruck werden Aluminiumdruckplatten mechanisch oder elektrochemisch gekörnt (aufgeraut). Die qualitativ besten Druckergebnisse bei geringster Wasserführung und hoher Haltbarkeit der Druckplatte sind mit elektrolytisch anodisierten Druckplatten zu erreichen.
Verarbeitet werden in einem aufwendigen Prozess nicht einzelne Platten, sondern Aluminium von der Rolle.
Durch Einwirken von Strom in einem > Elektrolyten wird die Aluminiumoberfläche elektrochemisch aufgeraut.
Das elektrochemische Verfahren arbeitet wesentlich genauer und präziser als mechanische Verfahren und erzeugt eine gleichmäßige, richtungslose Kapillarstruktur auf der Metalloberfläche.
Damit sind optimale Eigenschaften für die Verankerung der Kopierschicht sowie die Wasserführung im Druck zu erzielen. Die Schicht ist allerdings noch relativ weich und kratzempfindlich.
In einem weiteren Produktionsschritt wird durch Anodisierung (Elektrolyse) die natürliche Oxidschicht des Aluminiums mit einer sehr dünnen, extrem widerstandsfähigen Aluminiumoxidschicht verstärkt.
Dabei bleibt die elektrochemisch erzeugte Aufrauung in ihrer feinen Kapillarstruktur erhalten.

elektromagnetisches Feld
Bildschirmarbeitsplatz: Feld, das vor allem durch Spulen, die die Bildschirmröhre umgeben, entsteht. Die Feldstärke wird in Tesla (T) gemessen. Nach dem derzeitigen Kenntnisstand der Arbeitsmedizin ist das elektromagnetische Feld nicht gesundheitsschädlich. Diese These soll durch Langzeituntersuchungen überprüft werden.

elektromagnetisches Spektrum
Optik: Wichtigster Energiespender ist die Sonne. Aus dem sehr großen Spektrum elektromagnetischer Wellen ist nur ein winziger Teil als Licht sichtbar.
Sichtbar ist ein Wellenbereich von ca. 380 nm bis 780 nm. Wird dieses gesamte Spektrum in gleicher Energie abgestrahlt, sieht der Mensch ein weißes Licht, das aus den Grundfarben Blau, Grün und Rot besteht.
Wirken nur bestimmte Bereiche des Spektrums als Reize im menschlichen Auge, so „sehen" wir verschiedene Farben (die tatsächliche Farbempfindung erfolgt im Gehirn).
- 380 nm – 430 nm: Violett
- 430 nm – 490 nm: Blau
- 490 nm – 570 nm: Grün
- 570 nm – 600 nm: Gelb
- 600 nm – 640 nm: Orange
- 640 nm – 780 nm: Rot

Nicht sichtbar aus dem elektromagnetischen Spektrum sind die Wellenbereiche unter 380 nm (UV-Bereich) sowie über 780 nm (Infrarot-Bereich).
> additive Grundfarben, > Auge, > Licht

elektromechanische Gravur
Druckformherstellung:
Gravieren von Druckformzylindern für den Rakel-Tiefdruck. Die zu druckenden Informationen der gesamten ausgeschossenen Druckform werden heute direkt vom Computer in das Graviersystem übertragen (Computer-to-Cylinder). Durch die elektronisch gesteuerte mechanische Gravur mit einem Diamantstichel entstehen tiefen- und flächenvariable Näpfchen in der verkupferten Oberfläche des Zylinders.
> elektronisch-mechanische Gravur

Elektromotor
Maschine, die elektrische Energie in me-

chanische Energie umwandelt und zum Antrieb anderer Maschinen eingesetzt wird.

Elektronen
Elektronen sind negativ geladene Elementarteilchen der Materie. Ein Atom besteht aus einem Kern und einer Elektronenhülle. Der positiv geladene Kern setzt sich aus elektrisch positiv geladenen Protonen und elektrisch neutralen Neutronen zusammen.
Um diesen Kern bewegen sich in hoher Geschwindigkeit Elektronen auf einer kreis- bzw. ellipsenförmigen Bahn. Atome sind im Normalzustand elektrisch neutral.

Elektronenmikroskop
Ein Elektronenmikroskop benutzt zur Abbildung eines Objektes anstelle von Licht Elektronen in einem Vakuum. Die Elektronik zeichnet das Bild mit höchster Auflösung bei sehr starker Vergrößerung auf einem Leuchtschirm oder auf Fotomaterial auf.

Elektronik
Die Elektronik beschäftigt sich mit dem Verhalten und der physikalischen Nutzanwendung freier Elektronen im Vakuum, in Gasen und in Halbleitern. Mit kleinsten Bauelementen der Elektronik ist zuverlässig und unvorstellbar schnell zu messen, zu zählen, zu rechnen, zu speichern, zu steuern und zu regeln.
Diese Bauelemente (Kondensator, Diode, Transistor u. a.) werden zu vollständigen Schaltungen zusammengesetzt, die aus Tausenden Elementen bestehen können. Durch die Halbleitertechnologie sind solche Schaltungen, Chip genannt, auf wenigen Quadratmillimetern zu realisieren. Eine größere Gruppe von Chips bildet komplette Einheiten für elektronische Datenverarbeitungsanlagen.

elektronische Datenverarbeitung
Verarbeitung von Informationen mit elektrischem Strom und elektronischen Bauelementen. Informationen nennt man Daten, d. h. konkrete Zeichen zu bestimmten Sachverhalten.
Je nach Art der Zeichen unterscheidet man alphabetische, numerische und alphanumerische Daten.
> Elektronik, > EVA-Prinzip

elektronisches Papier
Engl.: E-Paper, ePaper. Technische Entwicklungen flexibler Materialien, die die Vorteile des Papiers mit denen der Computertechnik verbinden sollen.
Das elektronische Papier, ein dünner flexibler Bildträger, wird elektronisch angesteuert. Derzeit konkurrieren verschiedene Techniken, z. B. enthält bei einer Variante das elektronische Papier winzige, auf verschiedenen Seiten unterschiedlich gefärbte Kugeln, die sich mithilfe elektrischer Felder drehen und so verschiedene Farben sichtbar machen.
Ein anderes elektronisches Papier enthält kleine, durchsichtige, mit Farbstoff und weißen Partikeln gefüllte Kapseln. Wenn ein elektrisches Feld angelegt wird, schwimmen diese Partikel nach oben und lassen die Papieroberfläche weiß erscheinen.
Das E-Paper soll für verschiedene Einsatzbereiche genutzt werden können: Zeitungen, Werbetafeln, Bücher u. a.

elektronische Rasterung
Umwandlung > analoger Bildinformationen einer Halbtonvorlage in > binäre, druckfähige Bildinformationen.
> Rastervorlage

elektronische Welle
Druckmaschinentechnik: Für den Antrieb einzelner Druckwerke oder Aggregate im Druckmaschinenbau werden heute anstelle mechanischer Wellen weitgehend elektronische Wellen (virtuelle Leitsysteme) eingesetzt.
Die elektronische Welle überträgt dabei keine Kräfte oder Drehmomente, sondern

exakte Daten an Einzelantriebe der Baugruppen oder Direktantriebe.
Beispiel: Eine Rollen-Offsetdruckmaschine wird durch einzelne Motoren, die über eine Prozesselektronik synchron miteinander verbunden sind, exakt gesteuert. Es entfallen damit mechanische Längswellen mit vielen einzelnen Elementen, die alle Druckwerke von einem einzigen Hauptmotor aus antreiben.

elektronisch-mechanische Gravur
Druckformherstellung Tiefdruck:
Elektronisch-mechanische Herstellung von Druckformzylindern im Tiefdruck mit tiefen- und flächenvariablen Näpfchen. Das Verfahren wird heute anstelle der früher üblichen Kopie und Ätzung fast ausschließlich eingesetzt.
Das bekannteste Graviersystem ist der Helio-Klischograf, er besteht aus einem > Abtastzylinder, einem elektronischen Rechner (Datenverarbeitungsanlage) und einem Gravurzylinder. Zur Übertragung der Bildinformationen wurden früher überwiegend positive Aufsichtsvorlagen, sogenannte Opale, standgerecht auf dem Abtastzylinder positioniert.
Opale sind spezielle Fotopapiere, auf die einzelne > Farbauszüge (hergestellt in einem Scanner), Strichzeichnungen oder Schriften stand- und passergerecht zusammenkopiert sind. Sämtliche Bildinformationen auf einem Opal sind schwarzweiß.
Heute wird das Graviersystem durch digitale Daten aus dem Rechnersystem gesteuert.
Der rotierende Abtastzylinder läuft unter einem Abtastkopf, der einen sehr hellen Lichtpunkt aussendet. Dieses Licht wird von der rotierenden Bildvorlage > analog zu den Tonwerten (Grau- bzw. Helligkeitswerten) reflektiert. Der durch die Bildvorlage modulierte analoge Lichtimpuls wird durch eine > Fotozelle in elektrische Energie umgewandelt und gelangt über einen > Fotomultiplier (Elektronenvervielfacher bzw. -verstärker) in den elektronischen Rechner.
Entsprechend eingestellter Daten und einem Verarbeitungsprogramm steuert der Rechner durch Stromimpulse ein elektrisch-mechanisch arbeitendes Graviersystem, unter dem der Gravurzylinder (Druckformzylinder) > synchron zum Abtastzylinder läuft. Vom Rechner kommende Stromimpulse steuern einen pyramidenförmigen Gravierstichel in zweifacher Weise:

1. in einer konstanten > Frequenz, die einer > Rasterung (Anzahl von Näpfchen pro cm; allgemein 70 Näpfchen/cm) entspricht,
2. in einer variablen Einstichstärke, die zu den Tonwertimpulsen der Bildvorlage proportional ist.

Die Mittelpunkte der quadratischen Näpfchen sind somit alle gleich weit voneinander entfernt (Rasterweite), jedoch entsprechend der analogen Tonwerte unterschiedlich tief und flächenmäßig groß.
Nach der Abtastung und Gravur einer positiven Bildvorlage ergeben sich folgende Zusammenhänge:
Die minimale Graviertiefe liegt in sehr hellen Tönen (Lichtern) bei 7 µm, die maximale Graviertiefe in sehr dunklen Tönen (Schatten, Tiefen) bei 40 µm. Je nach Zylinderbreite wird mit bis zu 8 Abtast- und Gravier köpfen gearbeitet.

Elektrostatik
Lehre von ruhenden elektrischen Ladungen und deren Wirkungen.
In der Drucktechnik spielt besonders die statische Aufladung von Bedruckstoffen und anderen Werkstoffen durch Kontakt (evtl. mit zusätzlicher Reibung) und anschließendes Trennen eine wichtige Rolle.
Bei der Wareneingangskontrolle ist eine elektrostatische Aufladung nicht vorhanden, also nicht messbar.
Sie tritt erst bei der Produktion auf und verursacht Störungen wie Kleben der Bogen, einen schlechten Transport einzelner

Bogen oder der Bahn, Passerschwierigkeiten, Dublieren, Faltenschlagen, Neigung zum Einrollen und Ablegen.
Durch Ionisatoren sind elektrostatische Aufladungen in der Druckmaschine zu verringern oder ganz auszuschalten. Beim Druck im Tiefdruck- und Flexodruckverfahren auf Kunststoffe kann die Farbübertragung gestört sein. Durch Funkenbildung kann es sogar zu Bränden im Druckwerk einer Tiefdruckmaschine kommen. Eine elektrostatische Aufladung ist bei normalfeuchten Druckpapieren und Arbeitsräumen geringer als bei trockenen Bedruckstoffen oder Räumen mit zu geringer Luftfeuchtigkeit.

elektrostatisches Feld
Bildschirmarbeitsplatz: Der Elektronenstrahl des Bildschirmgerätes streicht über die Phosphorschicht und regt dort bestimmte Teile zum Leuchten (Lichtpunkte, z. B. Buchstaben) an.
Um die Elektronen auf eine exakte Geschwindigkeit zu bringen, ist eine hohe elektrische Spannung auf der Metallschicht vor der Phosphorschicht notwendig. Diese Hochspannung erzeugt dann unter anderem ein elektrostatisches Feld vor dem Bildschirm.
Geladene Luftteilchen, z. B. Staub, werden durch das elektrostatische Feld je nach Ladung entweder angezogen oder in eine andere Richtung gelenkt.
Die Feldstärke (kV/m) ist bei einer relativen Luftfeuchtigkeit von 50 % ohne große Bedeutung.
Bei geringer Luftfeuchtigkeit steigt der Wert an.
Das elektrostatische Feld wirkt sich nicht gesundheitsschädlich auf den Menschen aus, es kann jedoch störend sein.

Elektrotechnik
Teilgebiet der Physik, das sich mit dem Verhalten und der Nutzanwendung freier Elektronen in festen Leitern beschäftigt. Man unterscheidet allgemein Energietechnik, Nachrichtentechnik, Messtechnik sowie Steuer- und Regeltechnik.
> Elektronik

Elemente
Grundstoffe der Materie, die durch chemische Methoden nicht weiter in noch einfachere Stoffe zerlegt werden können. Elemente werden in drei große Gruppen eingeteilt: Nichtmetalle, Metalle und Edelgase.

Elfenbeinkarton
Ein- oder meist mehrlagiger hochwertiger holzstofffreier Karton mit einer klaren Durchsicht. Bei einem mehrlagigen Karton sind alle Lagen miteinander verklebt. Der Karton ist glatt, gehämmert oder auch in Leinenprägung in weiß oder leichten Farbtönen im Handel.

elliptischer Rasterpunkt
Rasterpunkt mit einer elliptischen statt mit einer runden Punktform. Mit dieser Rasterpunktform sind in einigen Fällen bessere Farbverläufe bzw. Farbtonabstufungen zu erreichen.
Durch konventionelle, autotypische Rasterung werden runde Punkte gebildet, die bei ansteigender Größe ihre Form in Richtung zu einem Quadrat verändern. Ein Mittelton (50%iger Rasterpunkt) ergibt demnach ein Schachbrettmuster.
> Kettenpunktraster ergeben dagegen einen elliptischen (rautenähnlichen) Rasterpunkt, bei denen sich im Mitteltonbereich eine Verkettung mit anderen Punkten in einer Richtung ergibt. Dadurch ergeben Raster mit einem elliptischen Punktaufbau im Mitteltonbereich einen glatteren, nicht abgerissenen Übergang.

Elrepho-Gerät
Gerät von Datacolor zur Prüfung der Weiße bzw. Färbung des Papiers. Der optische Weißgrad ist immer noch eine wichtige Eigenschaft des Papiers.
Ermittelt wird der ISO-Weißgrad (ISO

2469 und 2470) durch die Bestimmung des CIELab-Farbortes.

E-Mail
Electronic Mail. Elektronisches Kommunikationssystem zum Senden und Empfangen von elektronischer Post über Datennetze (z. B. T-Online, AOL).

Die elektronische Post, zumeist Texte, werden in einem elektronischen Briefkasten (Datenspeicher, Server) gespeichert und können von dort abgerufen werden. Als Attachment (Anhang) können z. B. Text-, Bild-, Grafik- und Sounddateien mit einer E-Mail versandt werden.

EMAS
Engl. Abk. für Eco-Management and Audit Scheme.
Gemeinschaftssystem für das freiwillige Umweltmanagement und die Umweltbetriebsprüfung.
Das 1993 von der EU entwickelte Instrument wurde für Unternehmen entwickelt, die ihre Umweltleistungen verbessern wollen.
Der Aufbau des Umweltmanagementsystems und die Abläufe entsprechen seit 2001 der ISO 14001.
Bei EMAS ist eine erste eigene Untersuchung, die Umweltprüfung, und nachfolgend eine wiederkehrende Umweltbetriebsprüfung durchzuführen.
Die internen Dokumente sowie die Umwelterklärung werden von einem unabhängigen staatlich zugelassenen Umweltgutachter beurteilt.
Die Erklärung wird bei positiver Prüfung für gültig erklärt (validiert).
Nach der Validierung wird der Teilnehmer in ein öffentliches Register eingetragen und erhält eine europaweit einmalige Registrierungsnummer. Die Registrierung berechtigt dazu, das EMAS-Logo zu benutzen.

Emission
1. Physik allgemein: Das Aussenden einer Strahlung (Welle, Teilchen).
   Bei einer spontanen Emission erfolgt das Aussenden ohne einen äußeren Einfluss.
   Eine induzierte Emission erfolgt durch äußere Einwirkung (Laser, Mikrowellen).
2. Umweltschutz: Die von einem Verursacher in die Atmosphäre gelangende Ausstrahlung, Aussendung und der Ausstoß luftverunreinigender gasförmiger, flüssiger oder fester Stoffe.
   Zu Emissionen gehören auch Geräusche, Erschütterungen, Lichtstrahlen, Wärme und radioaktive Wirkungen sowie feste und flüssige Stoffe, die nicht in die Atmosphäre, sondern in andere Bereiche der Umwelt gelangen.
   Emissionen führen je nach Art in der benachbarten oder auch weiter entfernten Umwelt zu > Immissionen.
3. Ausgabe von Wertpapieren.

Emissionsbilanz
Umweltschutz bei der Druckproduktion: Berechnung von CO_2-Emissionen.
Für > klimaneutrales Drucken ist eine Emissionsübersicht und -berechnung von einzelnen Druckprodukten unter Berücksichtigung der hierbei relevanten Faktoren erforderlich.
Dazu gehören allgemein im Unternehmen z. B. Energieverbrauch, Logistik, Verwaltung oder Reinigungsmittel.
Für jeden Druckauftrag kommen spezifische Parameter hinzu: Auflage, Farbigkeit, Druckfarben, Druckplatten u. a. Besonders zu berücksichtigen ist der Bedruckstoff, das Papier. Bei der Papierherstellung fallen sehr unterschiedliche CO_2-Emissionen an. So gibt es Papiere, bei deren Herstellung weniger als 500 kg CO_2 pro Tonne anfallen, und Papiere, die mehr als 2 000 kg CO_2 pro Tonne verursachen. Verbände und flexible Unternehmen (z. B. bvdm, VSD, ClimatePartner) haben die Problematik erkannt und unterstützen ihre Mitglieder bzw. Kunden mit individuellen Lösungen.

Sie bieten Informationen zur ganzheitlichen Betrachtung im Umfeld der Druckproduktion sowie spezifische Berechnungen für den gesamten Druckprozess an.

Emotion
Gemütsbewegung, seelische Erregung.
> Mediendesign

emotional
Gefühlsmäßig anregend, bewegend.

Empathie
Einfühlung, Einfühlungsvermögen, Verständnis, Mitgefühl. Sich in die Rolle eines Anderen versetzen können.

Empfänger
Geräte oder technische Anlagen in der Nachrichtentechnik, die bestimmte analoge oder digitale Informationen aufnehmen und diese als akustische oder optische Signale (Hörfunk, Fernsehen, Steuerungs- und Regeltechnik u. a.) wiedergeben können.

Empfindlichkeit
Optik, Druckformen:
Sensibilität bestimmter Materialien auf eine Lichteinwirkung.
Fotografie:
Reaktion des Fotomaterials, eine bestimmte Strahlung in entsprechender Schwärzung wiederzugeben.
Je nach Strahlungswirkung unterscheidet man:
1. Allgemeine Empfindlichkeit
2. Spektrale Empfindlichkeit

Die allgemeine Empfindlichkeit ist die Wirkung auf eine bestimmte Lichtintensität (Lichtstärke).
Man unterscheidet dabei beispielsweise Fotomaterial für Kontaktaufnahmen von Fotomaterial für Reprokameraarbeiten. Arbeiten mit der Reprokamera erfordern durch den längeren Lichtweg ein Fotomaterial mit höherer Allgemeinempfindlichkeit als Kontaktarbeiten. > ASA.
Filmbasierte Reproduktion (heute nicht mehr bedeutend):
Die spektrale oder > Farbempfindlichkeit war für die Reproduktion zur Verarbeitung unterschiedlichster Bildvorlagen und auch für Fotomaterialien des Fotosatzes (Art, Lichtquelle des Satzsystems) ein wichtiges Kriterium zur Auswahl des geeigneten Filmmaterials.
Je nach > Sensibilisierung unterscheidet man:
1. Blauempfindliches Fotomaterial
2. Orthochromatisches Fotomaterial
3. Panchromatisches Fotomaterial
4. UV-empfindliches Fotomaterial
5. Rotempfindliches Fotomaterial (Belichtung mit Helium-Neon-Laser)

Emulation
Spezielle Programme, die es ermöglichen, auf einem Rechner ein anderes als das für ihn konzipierte Betriebssystem einzusetzen, z. B. Windows-Programme auf einem Macintosh-Rechner).

Emulator
Nachbildung bestimmter Eigenschaften eines anderen Computersystems durch spezielle Software.

Emulsion
1. Physik: Feinste kolloidale Verteilung zweier sich nicht ineinander auflösender Flüssigkeiten.
   Ein typisches Beispiel ist die Milch: Fetttröpfchen lösen sich in Wasser nicht auf.
   Emulsionen treten auch beim Waschvorgang auf: Schmutzteilchen werden in der Waschlauge emulgiert.
2. Fotomaterial: Die lichtempfindliche Schicht wird fälschlicherweise Emulsion genannt.
   Korrekt ist die Fotoschicht jedoch eine Suspension aus Silberhalogeniden und Gelatine.
   In der Praxis benutzte Bezeichnung für

die Schichtseite (lichtempfindliche Seite) von Filmmaterial.
> seitenrichtig, > seitenverkehrt

Emulsionsbildung im Offsetdruck
Die Druckfarbe nimmt eine zu große Menge Feuchtmittel auf. Es bildet sich eine Emulsion, die den Druckprozess negativ beeinflusst. Die Druckfarbe-Feuchtmittel-Balance ist gestört:
Der Transport der Druckfarbe vom Farbkasten zu den Farbauftragswalzen verläuft unzureichend durch Veränderung der Adhäsions- und Kohäsionskräfte, dadurch baut die Druckfarbe auf den Walzen auf. Das Druckbild wirkt flau und kraftlos.

EN
Abk. für Europäische Norm.

Encoder
Gerät zur Verschlüsselung von Daten (Komprimierung).

Endfilm
Kopierfertiger Film mit bestimmten Eigenschaften: randscharfe Bildstellen, schleierfrei, optimale Deckung (Dichte) bzw. Transparenz.

Endformat
Fertig beschnittenes Format (Länge × Breite) eines Druckproduktes.

Endlosdruck, Endlosformulardruck
Druck- und Druckverarbeitungstechnik für den Formulardruck, d. h. Inline-Produktion in einer Maschinenanlage.
Ein weiteres Merkmal ist der Druck von Rollenpapier, das nach dem Druck wieder aufgerollt, in einzelne Nutzen geschnitten oder zick-zack-gefalzt ausgelegt wird.
Gedruckt wird überwiegend im Offsetdruck.
Es sind bei entsprechenden Aufgabenbereichen aber auch Druckwerke anderer Druckverfahren (z. B. Buchdruck, Lettersetdruck, Flexodruck) in einer Endlosdruckmaschine zu integrieren.
Produkte sind überwiegend Formulare und Formularsätze, die in Datenverarbeitungsanlagen verarbeitet werden.
Dazu sind Führungslochungen, Abheftlochungen, Stanzungen, Längs- und Querperforationen, Falzungen sowie spezielle Verbindungen zwischen den einzelnen Blättern eines Formularsatzes einzurichten und sachgerecht auszuführen.
Neben einfachen Formularen werden in schmalformatigen Rollen-Offsetdruckmaschinen auch qualitativ anspruchsvolle, werblich hervorragende Produkte in mehreren Farben hergestellt.

Endlosformular
Formular oder Formularsatz, der im Endlosdruck hergestellt ist.
Für Formularsätze werden im Allgemeinen selbst durchschreibende Papiere eingesetzt.
Die Bedeutung von gedruckten Formularen ist durch die Datenverarbeitungstechniken stark rückläufig.
> Endlosdruck

Energie
Begriff mit verschiedenen komplexen Bedeutungen, z. B.
1. Physiologie: Lebensvorgänge, Kraft als körperliches Arbeitsvermögen eines Menschen
2. Psychologie: Leistungsbereitschaft, Antriebskraft des Menschen im Denken, Wollen, Handeln
3. Physik, Technik: Fähigkeit eines Systems, Arbeit zu verrichten

Energieeffizienz
Möglichst optimal wirksames Nutzen vorhandener Energie, um die Umwelt zu schonen und in erheblichem Maße Energiekosten zu sparen.
Die Forderung, Energie effizient einzusetzen, betrifft nicht nur die Industrie, sondern ebenso die privaten Haushalte.

In rund 70 % der deutschen Haushalte werden Computer mit mehreren Zusatzgeräten wie Drucker und Scanner eingesetzt.
Für diese Informations- und Kommunikationstechniken wird in Deutschland mittlerweile fast ebenso viel Energie benötigt wie für die Beleuchtung.
Energiesparen ist möglich durch energieeffiziente Geräte und eine durchdachte Nutzung.
Beispiele für den privaten Bereich:

- Rechnertyp und -ausstattung:
  Leistungsaufnahme zwischen 75 und 300 Watt; je höher die Rechenleistung oder der Einsatz von leistungsstarken Grafikkarten, desto höher der Stromverbrauch.
- Flachbildschirme:
  Bis zu 75 % geringerer Stromverbrauch als bei Röhrenbildschirmen.
- Zusatzgeräte:
  Beim Einkauf auf energieeffiziente Geräte mit einem niedrigen Stand-by-Verbrauch achten.
- Weitere Hinweise:
  - Beim Neukauf auf Energieverbrauch achten.
  - Geräte auf Energiesparfunktionen testen und diese optimal nutzen.
  - Bildschirmschoner, insbesondere animierte, verursachen einen höheren Energieverbrauch als der Stand-by-Modus oder das Abschalten des Bildschirms.
  - Rechner und Zusatzgeräte nur einschalten, wenn sie gebraucht werden. > Effizienz

Energiebedarf: Druckplatten-Bebilderung

Der Energiebedarf wird in Joule pro Flächeneinheit angegeben.
Beispiel: mJ/cm^2 = Millijoule pro Quadratzentimeter.
Der Energiebedarf für die Laserbebilderung liegt je nach Bebilderungsschicht bei etwa 100 bis 500 mJ/cm^2.
Beispiel zu Angaben eines Hersteller: „Diese CtP-Druckplatten zeichnen sich durch einen sehr geringen Energiebedarf von nur 150 mJ/cm^2 aus.“

Energieformen

Physik: Energie wird „erzeugt“, umgewandelt, transportiert, gespeichert und „verbraucht“.
Energie wird in vielfältiger Weise im Alltag so selbstverständlich genutzt, als wenn diese jetzt und auch in Zukunft in ausreichender Menge vorhanden sei. Viele heute genutzte Energieträger sind jedoch endlich, d. h. sie stehen für eine begrenzte Zeit zur Verfügung, wenn sie weiterhin wie bisher genutzt werden.
Energie kommt in verschiedenen Energieformen vor, wie

- mechanische Energie, z. B. Bewegungsenergie aus Wasser, Wind
- Wärmeenergie, z. B. Erdwärme und andere thermische Energiequellen
- elektrische Energie, z. B. Generator, Stromnetz der Energieversorger
- chemische Energie, z. B. Brennstoffe und andere in Substanzen gespeicherte Energie
- Strahlungsenergie, z. B. Sonnenenergie
- Kernenergie, z. B. Atomkraft

> erneuerbare Energie

Endseitenlauf

In der elektronischen Bildverarbeitung das Berechnen aller einzelnen Elemente einer Druckseite zu einer ganzheitlichen Einheit. Grafische Elemente, Bild- und Textelemente bilden danach eine neue, geschlossene Datei.

Englische Broschur

Eine klebegebundene, seltener auch fadengeheftete > Broschur mit einem unbedruckten, vierfach gerillten Kartonumschlag. Das fertige Produkt wird dreiseitig beschnitten. Am Rücken wird danach zusätzlich ein bedruckter Schutzumschlag aus einem festen, strapazierfähigen Papier angeklebt, die beiden Vorderklappen werden links und rechts breit eingeschlagen.

Englische Linie
Zierlinie, die in der Mitte anschwillt.

Enrichment
Englische Bezeichnung für > Anreicherung, Erweiterung, Förderung. Die Bezeichnung wird in der Pädagogik auch verwendet für die Begabtenförderung.

Ente
Ältere, in der Druckindustrie gebräuchliche Bezeichnung für eine bewusste Falschmeldung in der Zeitung.

entpacken
Bezeichnung für das De-Komprimieren von Daten. > Datenkompression

entrastern
Zu reproduzierende Bildvorlagen, die bereits gerastert sind, lassen sich ohne reproduktionstechnische Optimierung nur in unzureichender Qualität drucktechnisch wiedergeben. Durch das Entrastern sind Rasterpunkte während dem Scannen oder danach durch Defokussierung (Unscharfaufnahme) zu beseitigen.
Das Bild wird als > Halbton, d. h. in Grau- bzw. Farbstufen aufgezeichnet und anschließend wieder neu aufgerastert.
Durch dieses Verfahren sind ein > Moiré-Effekt und Farbverschiebungen weitgehend zu vermeiden. Die Wiedergabequalität hängt sehr stark von der Qualität der Bildvorlage ab. Eine sehr gute Qualität ist bei der nochmaligen Rasterung nicht zu erreichen. > Raster, > AM-Rasterung, > FM-Rasterung

entrinden
Der erste Arbeitsgang zur Herstellung von > Faserstoffen aus Holz. Da die Baumrinden für die Papierherstellung unbrauchbar sind, werden sie vor dem Arbeitsprozess maschinell entfernt.

Entsorgung
Umweltschutz: Das sachgerechte Beseitigen von Abwasser, Abfällen und Abgasen. In weiteren Sinne gehören ebenfalls dazu: Abgasreinigung, Kläranlagen, Recyclingsysteme, Müllverbrennungsanlagen.

entwickeln
1. Reproduktion: Sichtbarmachen des belichteten, latent vorhandenen Bildes auf Fotomaterialien. Der > Entwickler ist auf das Fotomaterial und die Art der Bildinformationen (> analog = Halbton oder > binär = Strich, Raster) abzustimmen. Entwickelt wird für einfache Arbeiten in Schalen. Für gleichmäßige Entwicklungsbedingungen eignen sich Tankentwicklungsgeräte, die entwickeln und anschließend fixieren, ggf. auch wässern. Weitgehend standardisierte, automatische Entwicklungsabläufe erfordern eine ständige Prüfung und erforderlichen falls eine Regenerierung (Auffrischung, Erneuerung) des Entwicklers. Solche steuerbaren Abläufe leisten nur > Entwicklungsmaschinen.
2. Druckformherstellung: Ablösen aller Nichtbildstellen von Druckplatten. Auf der Druckform entstehen dadurch binäre Elemente: Bildstellen (druckend) und Nichtbildstellen.

Beispiel: In der Druckformherstellung für den Offsetdruck werden > binäre Bildinformationen durch Druckplattensysteme mit einer > Druckschicht wiedergegeben, d. h. nach dem Verarbeitungsprozess auf der Druckplatte verbleibende Kopierschichtreste bilden Druckbildelemente (Bildstellen).
Für die Positivkopie werden positive > Kopiervorlagen benötigt. Gespeicherte Bildinformationen sind ausschließlich zweiwertig: Bildstellen sind lichtundurchlässig geschwärzt, Nichtbildstellen sind transparent. An transparenten Nichtbildstellen zersetzt sich die Kopierschicht durch Einwirken von UV-Licht. An diesen Stellen löst der Entwickler die Kopierschicht vom

Druckplattenmetall ab. Dadurch entstehen auf der Druckplatte Nichtbildstellen, d. h. Stellen, die keine Druckfarbe übertragen.

Entwickler

1. Reproduktion: Wässrige Lösungen, die durch chemische Reaktionen das belichtete, latente Bild auf Fotomaterialien sichtbar machen. Dabei werden belichtete Silberhalogenidkristalle zu metallischem Silber reduziert. Entwickler bestehen aus einem Lösungsmittel (Wasser), Reduktionsmittel als Entwicklersubstanzen (z. B. Hydrochinon, Metol), Aktivierungsmitteln zur Beschleunigung der Reduktion (Kaliumhydroxid und andere Alkalien), Konservierungsmitteln als Schutz vor rascher Oxidation (z. B.Natriumsulfit) und Klärungs- bzw. Verzögerungsmittel zur Verhinderung von Entwicklungsschleiern.
2. Druckformherstellung: Wässrige Lösungen, die nicht gehärtete oder chemisch zersetzte Kopierschichten vollständig von Druckplatten ablösen. Das Verfahren ist eine Lösungsentwicklung.Vielfach werden leicht alkalische Entwickler verwendet.

Entwicklungsmaschinen

Reproduktion, Druckformherstellung: Technische Anlagen für standardisiertes > Entwickeln.

Entwurf

Gestaltung, (erstes) Visualisieren einer Botschaft, Information für digitale Medien oder Druckprodukte. Verschiedene Arbeitsphasen in der Gestaltung von Druckprodukten. Sie beginnen in der Regel mit einfachen Schmier- oder Ideenskizzen.
Beispiel Printprodukt: Typografische Gestaltung eines Druckauftrages. Endprodukt ist ein > verbindliches Layout für die Gestaltung des Druckprodukts. > Grafik-Design, > Typografie, > Layout.
Beispiel digitale Medien: Screen-Design.

E-Paper

1. > elektronisches Papier
2. > elektronische Zeitung oder Zeitschrift

Epoxidharz

Wichtiger Bestandteil in kationisch härtenden UV-Druckfarben und -Lacken, der bei UV-Bestrahlung in Verbindung mit Fotoinitiatoren hochreaktiv wirkt und den Härtungsprozess bewirkt.

EPROM

Abk. für Erasable PROM.
Der EPROM ist ein Festwertspeicher. Die gespeicherten Informationen sind durch UV-Licht zu löschen.
> Speicher

EPS

Engl. Encapsulated PostScript.
Ein Standard-Datenformat zum Austausch von PostScript-Bilddaten zwischen verschiedenen Programmen.
Die Datei enthält einen PostScript-Code und ein Pict-Bild mit niedriger Auflösung. EPS-Dateien können Pixel- oder Vektordateien oder eine Kombination von beidem sein. Geeignet ist das Datenformat insbesondere für Bilder, Strichabbildungen, Grafiken und ein komplettes Seitenlayout. Eine EPS-Datei besteht aus einem Header (Kopf) und einem PostScript-File.
Im Header stehen u. a. eine Bildschirmdarstellung als niedrig aufgelöstes Bild (Bitmap) zur Bildschirmdarstellung und elektronischen Bearbeitung sowie Informationen zur Rasterweite, Rasterwinkelung, Punktform, Druckkennlinie u. a.
Eine EPS-Datei eignet sich für die Integration in andere Dokumente.
> PostScript, > Bitmap, pixelorientiert,
> vektor-orientiert

Equipment

Geräteausstattung eines gesamten Systems.

erase
Engl. Bez. für das Löschen von Daten oder Programmen in einem Computersystem.

Erfassung
Datenerfassung. Dateneingabe in ein System, z. B. Texterfassung durch Eingeben der Zeichen mit der Tastatur, Scannen von Bildvorlagen.

Ergonomie
Wissenschaft der Arbeitsplatzgestaltung, der Arbeitsbedingungen und der optimalen Anpassung an anatomische, physische und psychologische Bedingungen für den Menschen.
Teilgebiet der Arbeitswissenschaften.
Unter Berücksichtigung anatomischer, physiologischer, psychologischer, soziologischer und technischer Erkenntnisse die menschengerechte Anpassung von Arbeitsmitteln und der Arbeitsumwelt an den Menschen.
Zweck ist eine optimale Gestaltung, um die Leistungsfähigkeit und Belastbarkeit des Menschen bei entsprechenden Geräten, Systemen und Arbeitsbedingungen zu fördern.

Erkennungsmerkmale der Druckverfahren
Produkt- und drucktypische Merkmale, an denen Druckverfahren zu erkennen sind. Im Folgenden sind einige Erkennungsmerkmale für wichtige Druckverfahren zusammengestellt.
Übersicht siehe Anhang: 7 – Druck Erkennungsmerkmale von Druckverfahren

erneuerbare Energie
Auch: regenerative Energie.
Im wissenschaftlichen Sinne kann Energie nicht erzeugt werden, verloren gehen, regeneriert bzw. erneuert werden:
Vorhandene Energie wird entnommen und umgewandelt in eine andere Energieform wieder eingefügt.
Allgemein wird der Begriff für alle Energiequellen verwendet, die sich durch einen natürlichen Prozess ständig erneuern (> Nachhaltigkeit).
Zu den erneuerbaren Energien zählen z. B. Sonnenlicht und Sonnenwärme (Fotovoltaik bzw. Solarenergie), Windenergie, Wasserkraft (Nutzung der Gezeiten, Energieumwandlung an Talsperren), Biomasse (Faul- und teilweise Deponiegas) und Erdwärme (geothermische Energie).
Diese Energien basieren nicht auf Kohlenstoff und tragen zur Senkung der CO_2-Emissionen bei. Daher sind fossile Energiequellen wie Steinkohle und Erdöl ausgenommen, sie erneuern sich zudem erst nach Millionen von Jahren.
Ebenso ist die Energiegewinnung aus der Kernspaltung nicht eingeschlossen, da hier nicht regenerierbare Rohstoffe benötigt werden, die zudem durch Abfallstoffe die Umwelt sehr stark belasten.

ERP-System
Abk. für: Enterprise-Resource-Planning. Ein umfassendes, Datenbank-gesteuertes System zur Planung der internen Organisationen, zu > Ressourcen und Prozessen. Ziel ist es, Ge-schäftsprozesse transparenter und effizienter zu gestalten. Unternehmen erhalten damit die Möglichkeit, schnell an betriebliche Informationen zu Kapital, Betriebsmitteln und Mitarbeitern zu gelangen und diese zu verarbeiten. Beispiel: Zu einem bestimmten Produkt sind automa-tisch und schnell die Kosten für Produktionsvarianten und geeignetsten Verfahrenswege zu ermitteln.

Erscheinungsbild
> Corporate Identity

Erweiterung
> Systemerweiterung

erzwungener Blocksatz
Die letzte Zeile eines Absatzes wird bis zum rechten Rand gestreckt (ausgedehnt), unabhängig von der freien Fläche.

Dies kann zu einem sehr unschönen Schriftbild führen.

Espartogras
Einjahrespflanze. Verschiedene Gräser des westlichen Mittelmeerraumes, die zur Papierherstellung von voluminösen Papieren (z. B. Dickdruckpapier) verwendet werden.

Ethernet
Weitverbreitetes, lokales Netzwerk zur Verbindung zwischen Computern und Peripherie innerhalb eines bestimmten Bereiches.
Es wurde entwickelt von Xerox, Intel und DEC. Das Bus-Netzwerk kann beliebige Verzweigungen haben und ist so flexibel an neue Gegebenheiten anzupassen. In diesem System sind alle Computer gleichberechtigt miteinander verbunden.
Für den Aufbau eines Ethernet-LAN eignen sich zwei Arten: Busnetz mit einer Koaxialverkabelung (ältere Variante) und eine > Twisted-Pair-Verkabelung mit einem > Hub. > LAN

ethisch
Moralisch, sittlich.

Ethylen-Vinylalkohol-Copolymer
Abk.: EVOH. Spezielle Barriereschicht in > Lebensmittelverpackungen.
> Verbundfolien

Etikett
Allgemein: Kleines Schildchen.
Eine Vielzahl unterschiedlichster Produktlösungen, die als einzelne Etiketten oder in Rollenform gedruckt sind.
Die Produktpalette reicht von einfachen Aufklebern, Verpackungs- und Warnetiketten, wasserlöslichen Etiketten und Eigentumsetiketten bis zu Etiketten mit variablen Barcodes und fälschungssicheren Sicherheitsetiketten, Thermoetiketten, Etiketten mit fortlaufender Nummerierung, Etiketten auf unterschiedlichsten Papieren, Kunststoffen und Geweben.

Etikettendruck
In speziellen Etikettendruckereien werden schmalformatige Etikettendruckmaschinen im Rollen-Rotationsdruck für verschiedene Produkte eingesetzt.
Eingesetzte Druckverfahren:
Offsetdruck, Flexodruck, Digitaldruck, Siebdruck.
Zusätzlich können Einrichtungen für Nummerieren, Heißprägung und Kaltfolienprägung eingesetzt werden.
In sogenannten Hybrid-Druckmaschinen können bei Bedarf gleichzeitig mehrere Druckverfahren bei einem Druckvorgang eingesetzt werden.

ET-Prüfzeichen
Im Jahr 2008 eingeführtes Euro-Test-Zeichen für Sicherheitsanforderungen an Maschinen und Geräte.
Das ET-Prüfzeichen wird von zz. 16 EU-Prüfstellen vergeben und löst das nationale GS-Prüfzeichen ab.

Et-Zeichen
Zeichen „&“ z. B. in Firmennamen.
Aus der Ligatur des lateinischen Wortes Et (= und) entwickelte sich die Zeichenform.

Euklid
Griechischer Mathematiker, 300 v. Chr. Er entwickelte u. a. bis in die heutige Zeit geltende, wesentliche Grundlagen der Geometrie und der geometrischen Optik.

EULA
Englische Abkürzung für End User Licence Agreement.
Nutzervertrag zu einer Software, die der Anwender unterzeichnen (genehmigen, akzeptieren) muss, um die gekaufte Software einsetzen zu können.

Europalette
> Europoolpalette aus dem Europoolverband.

Europa-Skala DIN 16539
Inzwischen zurückgezogene Farbskala für den Offsetdruck (1956), die die Farborte der Prozessfarben Cyan, Gelb und Magenta auf einem speziellen Prüfpapier festlegte.
Diese Farbskala wurde ersetzt durch die Norm nach DIN ISO 2846-1 für den Offsetdruck (weitere Druckverfahren 2846-x). Beim Einsatz verschiedener, in der Praxis üblichen Papiersorten sind die zu erzielenden Farborte sowie die dabei typischen Tonwertzunahmen in der Normserie DIN ISO 12647-1 und folgende festgelegt.
> Normdruckfarben

European Carton Makers Association
> ECMA

European Color Initiative
Die European Color Initiative (ECI) ist eine Vereinigung von Experten aus der Wirtschaft, von Forschungsinstituten, Verbänden und Systemlieferanten sowie von einzelnen Personen, die sich mit der medienneutralen Verarbeitung von Farbdaten in digitalen Publikationssystemen beschäftigen.
Ziele sind u. a.: Medienneutrale Aufbereitung und Verarbeitung sowie der Austausch von Farbdaten auf der Basis der Color Management Standards des International Color Consortiums (> ICC), Festlegung von Richtlinien (z. B. Farbraum, Datenformat) zum Austausch von Farbdaten für Printmedien.
> ECI-RGB

Europoolpalette
Genormte Holzpalette als Ablage- und Transportfläche für verschiedene zu transportierende Werkstoffe und Produkte, z. B. Papier, Prospekte, Kataloge.
Die Palette hat die Maße von 800 mm × 1200 mm × 144 mm (L × B × H).
Transportgeräte wie Flurfördersysteme und Gabelstapler sind auf die Maße abgestimmt.

Evaluation
Überprüfung der Wirksamkeit von Plänen oder getroffener Maßnahmen im Hinblick auf das gesetzte Ziel.

EVA-Prinzip
Abkürzung für Eingabe, Verarbeitung und Ausgabe:
> Daten werden eingegeben (input, Datenerfassung), Daten werden durch ein Programm verarbeitet und Daten werden ausgegeben (output, Datenausgabe).
> Elektronische Datenverarbeitung,
> Elektronik

EVOH
Abk.: > Ethylen-Vinylalkohol-Copolymer

Evolvente
Bei Zahnrädern die Form der Zahnflanke, die nach einer Rollkurve (Konstruktion mit Fadenlinie) gearbeitet ist.
Die Evolventenverzahnung wird überwiegend im Maschinenbau eingesetzt.
Sie ist mechanisch leicht herzustellen. Zahnflanken rollen ineinandergleitend aufeinander ab. Die Evolventenverzahnung ist unempfindlich gegen geringe Veränderungen des Achsabstandes, verschleißarm und läuft weitgehend geräuschlos.
> Zahn

Excel
Weit verbreitetes Tabellenkalkulationsprogramm von Microsoft.

Exlibris
Früher gebräuchliches, meist künstlerisch gestaltetes Bucheigentumszeichen.
Es enthält den Namen des Bucheigentümers und meistens ein Bild als Wappen oder Symbol.

Experiment
Systematische, planmäßig herbeigeführte Beobachtung, wissenschaftlicher Versuch.

Expertensystem
Programm (künstliche Intelligenz) zur Entwicklung umfassender Strategien zur Lösung komplexer Aufgaben mit allen denkbaren Verknüpfungen und technischen, wirtschaftlichen, sozialen und anderen Parametern im System.

Explorer
Dateimanager in Personalcomputern zum Verwalten von Dateien (ab Windows 95).

Exponent
Mathematik:
Bei Potenzen eine hochgestellte Zahl, die angibt, wie oft eine (Basis-)Zahl mit sich selber multipliziert werden muss.
Beispiel: $2^4 = 2 \times 2 \times 2 \times 2 = 16$

exponieren
Reproduktionstechnik: Das Belichten.

exportieren
Datenverarbeitung:
Text-, Grafik- oder Bilddaten werden in ein anderes (Datei-)Format umgewandelt und gespeichert. Damit können die Daten in verschiedenen Anwenderprogrammen verarbeitet werden.

Extended
Engl. Bez. für eine breit laufende Schrift.

Extension
Druckindustrie: Durch einen Punkt vom Dateinamen getrennte Erweiterung bzw. Dateiendung für ein bestimmtes Anwenderprogramm. Auch > Suffix genannt.
Beispiele:
Dateiname.psd = Photoshop-Datei
Dateiname.docx = Microsoft Word-Datei
Dateiname.tif = Bild im TIF-Format
Dateiname.pdf = Datei im PDF-Format

externe Speicher
Sämtliche Datenspeicher außerhalb der Zentraleinheit des Computers.

Extranet
Ein erweitertes > Intranet, mit dem Kunden in das unternehmensinterne Netzwerk eingebunden werden können.

Extruder
Anlagen zur Herstellung thermoplastischer Kunststoff-Folien mit einer formgebenden Öffnung zur Herstellung von Blasfolien oder Gießfolien.

Exzenter
Mechanik: Kreisförmige Scheibe, deren Antriebspunkt außerhalb der Kreismitte liegt. Eine Drehbewegung ist damit in eine ungleichförmige Hin- und Herbewegung („eirig-runde“ Bewegung) umgewandelt.

Eye-Catcher
Blickfänger für eine Werbebotschaft, z. B. erotische Bilder, Baby- oder Kindergesichter, Tierkinder.

F

Facelift
Mediengestaltung: Verschönernde Neugestaltung, z. B. optische Aufbesserung oder Umgestaltung eines Logos, einer Internetpräsenz (Website)

Fächerklebebindung
Auch nach dem Erfinder Lumbeck Verfahren genannt. Bindung einzelner Blätter durch Klebstoff zu einem Buch- oder Broschurenblock. Beim Auftragen des Klebstoffes wird der Bund zu beiden Seiten leicht aufgefächert.
Der minimal zwischen die Blattkanten eindringende Klebstoff verbessert die Haftung (Adhäsion). Das Verfahren wird heute nur für wenige, hochwertige Produkte mit geringeren Auflagen eingesetzt.
> Blockklebebindung

Facility Management
Umfassende Betreuung, Verwaltung und Bewirtschaftung von Gebäuden, Anlagen und Einrichtungen.

Factoring
Engl.: factor = Agent, Vertreter.
Wirtschaft, Betriebswirtschaft: Ein Unternehmen verkauft seine Forderungen aus der Lieferung von Waren oder Dienstleistungen an ein Finanzierungsinstitut (Factor, Factoring-Gesellschaft). Dieses Institut zahlt die Kosten sofort an das Unternehmen.
Der Factor treibt die Kosten ein (einschließlich Mahnwesen, Inkasso) und übernimmt meist auch das volle Kreditrisiko. Dafür zahlt das Unternehmen bestimmte Gebühren und Zinsen für die vorzeitige Zahlung der Forderungen. Vorteil für das Unternehmen: Das Unternehmen erhält sofort sein Geld und kann mit diesem bereits wieder arbeiten.
> Liquidität

Faden
1. Siebdruck: Gewebe-, Kunststoff- oder Metallfaden zur Herstellung von > Siebdruckgeweben.
2. Druckweiterverarbeitung: Bindematerial (engl.: thread) für die Fadenheftung.

Fadendicke
Siebdruck: Dicke der Gewebefäden bei monofilen > Siebdruckgeweben.
Es wurden bisher vier Gewebegruppen unterschieden:
S = leichte Qualität (small)
M = leichte bis mittelschwere Qualität (medium)
T = mittelschwere Qualität (thick)
HD = schwere Qualität (heavy duty)
Die Farbdurchlässigkeit ist bei gleicher Fadenzahl pro Zentimeter mit der S-Qualität am größten, mit der HD-Qualität am geringsten. Die Farbdicke ist jedoch bei gleicher Fadenzahl pro Zentimeter bei einem HD-Gewebe am größten und bei einem S-Gewebe am geringsten.
Eine neue Bezeichnung verwendet zur Typenbezeichnung der Siebdruckgewebe die Fadenzahl (Fn) pro cm und die Fadendicke (dn).
Der Hinweis „n“ bezieht sich auf den Fadendurchmesser oder die Fadendicke des rohen Fadens vor dem Verweben.
Beispiel: 120-34 = 120 Fäden/cm mit einem Fadendurchmesser von 34 µm.
Bisherige Bezeichnung: 120 T
Neue Bezeichnung: 120-34.
> monofil, > Siebdruckgewebe

Fadenheftmaschine
Druckweiterverarbeitung: Maschine für halbautomatisches oder automatisches Fadenheften.
> Fadenheftung

Fadenheftung
Qualitativ hochwertigste Bindetechnik zur Herstellung von Buchblocks. Einzelne Heftlagen (z. B. Falzbogen mit 16 Seiten) werden durch Rückstichheftung mit Fäden

zu einem Buchblock vernäht. Bei den meisten Verfahren werden die Fäden zur größeren Stabilität und Haltbarkeit durch eine Gaze, ein grobes Gewebe, gezogen. Der Rücken kann zusätzlich durch Gaze (Gewebe) oder Krepp-Papier verstärkt werden.
> Fadenheftmaschine

fadenlose Klebebindung
> Klebebindung

Fadensiegelung
Bindeverfahren für Bücher und hochwertigere Broschuren, das Vorteile einer hochwertigen Fadenheftung und einer preisgünstigeren Klebebindung vereinigt.
In einem Zusatzaggregat einer speziellen Falzmaschine wird ein Faden durch den Falzbogenrücken gestoßen. Der Faden wird umgelegt und auf einer beheizten Schiene zusammengeschmolzen (versiegelt). Die einzelnen Lagen (gefalzte Bogen) sind nicht miteinander verbunden und müssen zur Herstellung des Broschuren- oder Buchblocks im Rücken geleimt werden.

Fadenstärke
> Fadendicke

Fadenzähler
In der Druckindustrie eingesetzte spezielle Lupe mit 4- bis 10-facher Vergrößerung zur Beurteilung von Details aus Arbeitsprodukten, z. B. Rasterfilmen, Passer in der Montage und im Druck, Wiedergabe von Feldern mit Mikroanzeigen eines Druckkontrollstreifens.

Fahne, Fahnenabzug
Satzherstellung: Korrekturabzug von noch nicht umbrochenem, d. h. zu einer Druckseite gestaltetem Satz. Es ist der erste Ausdruck bei einer „endlosen" Texterfassung. Danach wird der Text nach einem Layout bzw. Gestaltungsraster in einem Satzspiegel angeordnet (= umbrochen).

Fahrplan
Druckformherstellung:
Manuelle oder elektronische Aufzeichnung der Belichtungspositionen (Steuerungsdaten) in vertikaler und horizontaler Richtung zur Druckformkopie einer Offsetdruckplatte in (früher eingesetzten) Montage-Kopiermaschinen.
Aus dem Fahrplan sind außerdem sämtliche auftragsbezogene Informationen zu ersehen:
Auftraggeber, Auftragsnummer, Auftragsbezeichnung und -beschreibung, Druckplattengröße, unbeschnittenes Druckformat, beschnittenes Format, Nutzenanzahl, Nutzenstellung (Stand der Kopiervorlagen) usw. Die einzelnen Belichtungspositionen (Angabe mit Koordinaten) sind auf einem magnetischen Datenträger gespeichert.
Die Montage-Kopiermaschine wird automatisch nach diesem elektronisch gespeicherten Fahrplan gesteuert.
Durch heute vollständig digitalisierte Prozesse in der Druckvorstufe hat die analoge Kopiertechnik keine Bedeutung mehr.

Fake
Engl. für: vortäuschen, Falschmeldung. Synonym verwendet für Fälschungen, Betrug, Schwindel, gezielte Desinformationen in den Medien.

Faksimile
Originalgetreue, drucktechnische Wiedergabe, z. B. einer Handschrift, einer Urkunde, eines Gemäldes, eines > Wiegendruckes.
Für einen Faksimiledruck ist optimal der > Lichtdruck geeignet, aber auch im Offsetdruck ist mit einer umfangreicheren Farbenskala eine gute Wiedergabe zu erzielen.

Faktencheck
Belegbare, wahre Tatsachen. Begriff, der in verschiedenen Bereichen verwendet wird, z.B. im Journalismus und der Medizin. Dabei werden Aussagen sehr sorgfältig

und objektiv auf ihren Wahrheitsgehalt geprüft. Nur umfassend und rational recherchierte Informationen entsprechen der Wahrheit.

Falten
Fehlerhafte Deformationen im Papier, z. B. umgeknickte Ecken, Quetschfalten bei Falzen, Faltenbildung auf verklebten Materialien.

Faltschachtel-Karton
Für die Herstellung von Faltschachteln geeigneter ungestrichener oder gestrichener Karton aus Primärfasern oder Sekundärfasern, der gut zu falzen, ritzen, rillen, nuten und kleben sowie zu bedrucken ist. Die Flächengewichte reichen von 200 bis 600 g/m². In der Praxis wird nicht nur Karton zur Herstellung von Faltschachteln eingesetzt.
Für spezielle Produkte werden zudem Vollpappen, Wellpappen und teilweise auch Verbundmaterialien (verschiedene Materialien kombiniert, z. B. PE- oder alukaschiert) eingesetzt.
Faltschachtel-Karton wird in Kartonmaschinen (ähnlich einer Papiermaschine) in einem Arbeitsgang aus verschiedenen Faserstoffbahnen, sogenannten Lagen, hergestellt:
1. obere Decklage (Oberseite)
2. eine oder mehrere Einlagen (nicht sichtbare Faserstoffbahn)
3. rückseitige Decklage (Rückseite).

Die Gesamtmasse der Lagen zueinander beträgt etwa: Vorderseite 20 %, Einlage(n) 65 %, Rückseite 15 %.
Sortenübersicht für Faltschachtel-Karton siehe Anhang.

Faltschachtel-Karton: Faserstoffklassen, Bezeichnungen und Eigenschaften
Faltschachtel-Karton ist ein Oberbegriff für Kartonsorten mit eindeutig definierten Qualitätsmerkmalen und einer Flächenmasse zwischen etwa 200 bis 600 g/m².
Zur Charakterisierung werden folgende Angaben verwendet:
- Holzstofffrei weiß (h'fr weiß): Der Faserstoff besteht aus gebleichtem Zellstoff mit max. 5 % Holzstoffanteil, Farbe weiß
- Leicht holzstoffhaltig weiß (leicht h'h weiß): Der Faserstoff besteht aus Zellstoff mit einem Anteil von max. 30 % Holzstoff.
- Zellstoffkarton: Alle Lagen des Kartons bestehen zu 100 % aus gebleichtem Zellstoff.
- Weiß: Bei Sekundärfaserkarton besteht der Faserstoff aus gebleichten Frischfasern und/oder ausgewählten recycelten Fasern.
- Hell: Mischung aus ungebleichtem Zellstoff oder Holzstoff oder nur aus Holzstoff. Bei Sekundärfaserkarton besteht die Lage aus ausgesuchten hellen (recycelten) Faserstoffen.
- Grau: Die Lage besteht aus recyceltem Papier oder Karton.
- Braun: Bei ungebleichtem Zellstoffkarton: ungebleichter Zellstoff mit max. 5 % Holzstoff;
  bei Primärfaserkarton: Mischung aus ungebleichtem oder gebleichtem Primärfaserstoff;
  bei Sekundärfaserkarton: Mischung mit zusätzlich ausgewählten recycelten Faserstoffen.
- Flächenbezogene Masse (g/m²) = Bogengewicht (g) : Bogenformat (m²)
- Dicke in µm, Messung mit einem genormten Dickemessgerät
- Spezifisches Volumen (cm³/g) = Dicke (µm) : flächenbezogene Masse (g/m²)

Faltschachteln
Verpackungen aus speziellem Faltschachtelkarton oder geeigneter Wellpappe, die für Lebensmittel (> Cerealien), Süßwaren, Fertiggerichte, Kosmetik, Haushaltsartikel, Autozubehör, Elektrotechnik, Pharmaprodukte u. v. a. eingesetzt werden.

F

Besondere Vorteile von Faltschachteln:

- leicht an Gewicht, praktisch, einfach zu öffnen und wieder zu schließen
- effizient für den Transport und die Lagerung
- preisgünstig und recyclingfähig.

Je nach Zielen (Kommunikation, Marketing, Image, Handhabbarkeit u. a.) des Herstellers oder Lieferers eines Produktes kann zwischen einer Vielzahl unterschiedlicher Schachteltypen gewählt werden. Die Faltschachtelindustrie kreiert zudem immer neue Varianten.

Wesentliche Vorteile einer Faltschachtel gegenüber anderen Verpackungen:

Schutz des verpackten Produktes oder der Ware, Werbeträger für das Produkt (Inhalt), Stapelfähigkeit der Produkte. Ist der Druck der plan liegenden Faltschachtel erfolgt und ist diese verarbeitungstechnisch und faltbar (z. B. veredeln, stanzen, rillen, ritzen, nuten) fertig, wird sie flach liegend an den Kunden versandt. Erst vor dem Abpacken des Füllgutes wird die Faltschachtel manuell oder überwiegend maschinell aufgerichtet und zu einer befüllbaren Schachtel geformt. > Faltschachtelkarton

Faltschachtelzuschnitt

Für das Befüllen von Faltschachteln werden dem Kunden verarbeitungsfertige, flach liegende Falzschachtelzuschnitte angeliefert. Vorteile: geringes Transportvolumen und kleiner Lagerraum. In den Verarbeitungsmaschinen des Kunden entstehen aus den verarbeitungsfertigen Zuschnitten die zu befüllenden Faltschachteln.

Falz

In der Buchbinderei ein scharfkantiges Umbiegen (synonyme Begriffe: „Bruch" = Falzbruch) bei Papieren. Aus einem Rohbogen (plan liegender Druckbogen) entsteht durch das Falzen ein > Falzbogen.

Die Seiten bei mehrseitig bedruckten Bogen sind so angeordnet, dass durch das Falzen ein Produkt (Prospekt, Werk u. a.) mit fortlaufenden Seitenzahlen entsteht.

In der industriellen Buchbinderei werden gedruckte Bogen mit Falzmaschinen gefalzt.

Gefalzt wird ebenfalls in Rollen-Rotationsdruckmaschinen in speziellen Falzapparaten (Falzsysteme).

Die Laufrichtung des Papiers sollte mit dem letzten Falz parallel laufen.

> Falzarten

Falzanlage

Beim Falzen liegen Druckanlage und buchbinderische Anlage an einem gemeisamen Winkel des Druckbogens.

Nur wenn beide Anlagewinkel identisch sind, ist standgerecht und registergenau zu falzen. In der Regel wird an der in der Tabelle aufgeführten Falzanlage angelegt.

Druckbogen mit	Falzanlage bei Hochformat an Seiten	Querformat an Seiten
4 Seiten	3+4	3+4
8 Seiten	3+4	3+4
16 Seiten	5+6	3+4
32 Seiten	3+4	5+6

Falzapparat

Baugruppe an Rollen-Rotations-Druckmaschinen, die nach den Druckwerken angeordnet ist.

Der Falzapparat verarbeitet die zugeführte bedruckte Papierbahn zu einem gefalzten Endprodukt. Je nach Maschinenkonfiguration arbeiten Falzapparate mit Falztrichter für den ersten Längsfalz, Schneidzylinder, Punktur- und Falzmesserzylinder sowie Falzklappenzylinder für einen Querfalz, Heftzylinder, weiteren Falzeinheiten und einem Schaufelrad zur Auslage.

Diese Grundausstattung ist vielfältig zu erweitern oder zu ändern. Der Falzapparat ist entscheidend für die Produktionsleistung der Rollen-Rotations-Druckmaschinen, z. B. Akzidenz-Rollen-Offsetdruckmaschine.

Falzapparatüberbau
Der Falzapparatüberbau in Rollen-Rotationsdruckmaschinen transportiert die Papierbahnen zum Falzapparat.
Wichtige Funktionen:
Längsschneiden der Papierbahn, Teilstränge (Teile aus der Bahnbreite) mit Wendestangen zu Strangpaketen zusammenführen, die Bahnspannung konstant zu halten und über den Falztrichter (evtl. auch mehrere Falztrichter) den ersten Längsfalz ausführen.

Falzarten
Beim Falzen unterscheidet man im Akzidenzdruck und Werkdruck prinzipiell zwischen Kreuzfalz- und Parallelfalzarten. Ein nur einmal gefalzter Bogen wird Einbruchfalz genannt.
Die Anzahl möglicher Falzungen ist im Wesentlichen abhängig von der Flächenmasse der Bogen (g/m^2), der Steifigkeit und der Dicke des Papiers.
Bei einem Kreuzfalz erfolgt der nachfolgende Falz immer im rechten Winkel, bei einem Parallelfalz immer parallel zum vorhergehenden Falz.
Allgemein unterscheidet man z. B. Einbruchfalz, Parallelfalz, Kreuzfalz, Wickelfalz, Altarfalz, Zickzackfalz und Kombinationen dieser Falzarten.
Ein Falz im Kreuzbruch mit zwei, drei oder vier Falzungen erfolgt grundsätzlich über die jeweils volle Bogenbreite oder -länge. Daraus ergibt sich bei jedem Falz eine Verdoppelung der vorhergehenden Blattzahl (Beachten: ein Blatt = zwei Seiten).
Bei Parallelfalzungen kann symmetrisch jeweils gleich über die gesamte Bogenbreite (Mittenfalz) oder asymmetrisch über ein Drittel oder zwei Drittel des Bogens gefalzt werden.
Damit sind z. B. 12- oder 24-seitige Falzbogen herzustellen.
> Falz, > Falzartenbezeichnungen

Falzartenbezeichnungen
In der Reihenfolge des Falzens werden angegeben: Seitenzahl und Hoch- oder Querformat, Anzahl der Falzungen in der folgenden Falzart.
Werden mehrere Falzarten eingesetzt, so werden diese in der Reihenfolge der Fertigung genannt.
Eine Richtungsänderung (z. B. von parallel zu rechtwinklig) wird mit dem Zusatz „kreuz“ gekennzeichnet. Beispiele:
- 8 Seiten/2 Mittenkreuzfalz
- 16 Seiten/3 Mittenkreuzfalz
- 6 Seiten/2 Zickzackfalz
- 6 Seiten/2 Wickelfalz
- 6 Seiten/Fensterfalz
- 12 Seiten/2 Zickzackfalz/1 Mittenfalzkreuz.

Falzbogen
Produkt des Falzens: Ein plan liegender > Rohbogen, der einmal oder mehrmals gefalzt worden ist.

Falz einbrennen
Formen der Falze einer Buchdecke durch eine beheizte Schiene oder Rolle zur Verbesserung des Scharniers (Beweglichkeit beim Aufklappen) und zur Verzierung.

Fälzel
Ein Streifen aus Papier oder einem Gewebe, der zur Verstärkung oder zur Verbindung des Broschuren- oder Buchblockrückens im Rücken aufgeklebt wird.

falzen
> Falz, > Falzarten

Falzfeuchten
Durch einen sehr feinen Feuchtigkeitsauftrag im Kontakt oder auch kontaktlos wird bei Rollen-Offsetdruckmaschinen die Papierbahn vor dem Falzen gefeuchtet.
Dadurch wird die Biegesteifigkeit reduziert und das Falzen erleichtert.

Falzformat
Bogengröße, die für das Falzen erforderlich oder technisch geeignet ist.

Falzkleben

Eine Kombination des Falzens mit einem gleichzeitigen Kleben in Falzmaschinen (Bogendruck) und in Falzapparaten von Rollen-Offsetdruckmaschinen und in Tiefdruckmaschinen (beim Akzidenzdruck wie Mailings). Beim Falzen von Bogen wird im Bund eine sehr feine Leimspur aufgetragen, die die einzelnen Blätter nach dem Beschneiden zusammenfügt. Das Verfahren eignet sich besonders für leichte Papiere und ist kostengünstiger als eine > Drahtrückstichheftung.

Falzmaschine

Anlage für das automatische Falzen bedruckter Bogen. Man unterscheidet prinzipiell > Taschenfalzmaschinen und > Schwertfalzmaschinen sowie Kombinationsmaschinen. Falzmaschinen können mit Zusatzeinrichtungen schneiden, perforieren, rillen oder kleben.
> Falzartenbezeichnung, > Falzkleben

Falzmuster

Blindmuster für ein Falzprodukt, das in richtiger Reihenfolge gefalzt und nummeriert ist. Das Falzmuster ist ein Hilfsmittel zum > Ausschießen.

Falzreihenfolge

> Falzartenbezeichnung, > Falzschema

Falzschema

Einfache, durch Linien dargestellte Ablauffolge für das Falzen von (Roh-)Bogen d. h. eine grafische Darstellung der Falzreihenfolge in der Falzmaschine.
> Falzartenbezeichnung
Beispiele:

8 Seiten/2 Mittenkreuzfalz
(= Zweibruch-Kreuzfalz)

8 Seiten/Mittenfalz
(= Zweibruch-Parallelfalz)

16 Seiten/3 Mittenkreuzfalz
(= Dreibruch-Kreuzfalz)

Falztrichter

Rollen-Rotationsdruck: Die Papierbahn erhält an der Spitze des Falztrichters den ersten Längsfalz. Um ein Abschmieren der frischen Druckfarbe zu verhindern, ist der Falztrichter mit Druckluft umspült. Dadurch gleitet die Papierbahn auf einem leichten Luftpolster. > Falzwerküberbau

Falzwerküberbau

Rollen-Rotationsdruck: Nach dem Druck ist es beispielsweise bei Zeitungsdruckmaschinen erforderlich, Teile der Papierbahn zu trennen, zu wenden, zu mischen und zu > Büchern übereinanderzuführen. Dies erfolgt vor dem Falzapparat in einem Falzüberbau mit verschiedenen > Wendestangen. Danach folgen der > Falztrichter für den ersten Längsfalz sowie Einlaufwalzen und Zuggruppen zu der erforderlichen Bahnspannung.

Falzzahl

Festigkeitsprüfung: Die Falzzahl gibt an, wie oft ein Papier gefalzt werden kann, bevor es reißt.

Falzzylinder

Drucktechnik: In Rollen-Rotationsdruckmaschinen ein Teil des Falzapparates für den ersten Querfalz der Papierbahn.

Fan-out-Effekt

Rollen-Rotationsdruck: Bezeichnung für das Breiterwerden der Papierbahn im Druckprozess von Druckkontakt zu Druckkontakt.
Die Verbreiterung führt zu Passerschwierigkeiten an den äußeren Seiten. Bei einem solchen Papierbahnverzug in der Breite (= Dehnrichtung des Papiers) kann der Passer z. B. durch mechanische Bildregler minimiert werden.

FAQ

Abkürzung für Frequently Asked Questions. Menüpunkt auf vielen Internetseiten mit Antworten auf häufig gestellte Fragen.

Diese Informationen sollen von dem Nutzer einer Software oder ähnlichen Produkten vor einem Kontakt zu einer Hotline des Herstellers gelesen werden.

Farbabfall

Im Offsetdruck das Nachlassen der Farbschichtstärke (Farbdichte) vom Druckanfang zum Druckende auf einem Druckbogen.

Farbabstand

In der Farbmetrik die Entfernung und damit der messtechnisch ermittelte Unterschied zwischen zwei > Farborten in einem Farbraum, z. B. CIELAB.

Farbannahme

Drucktechnik: Die Annahme einer Druckfarbe (2) auf einer vorher gedruckten Druckfarbe (1) > im Nass-in-Nass-Druck. Das Farbannahmeverhalten (*FA nach Preucil*) bezieht sich messtechnisch auf die Dichte im Vollton (D_V). Alle Farbdichten werden mit dem Farbfilter der Farbe 2 gemessen. (D_{V1+2} = Übereinanderdruck)

$$FA\ (\%) = \frac{(D_{V1+2}) - D_{V1}}{D_{V2}} \times 100$$

Farbart

Farben mit gleichem Buntton und gleicher Buntheit, die sich nur durch die Helligkeit unterscheiden.

Farbaufnahmeverhalten

Bedruckstoffe: Das Farbaufnahmeverhalten beschreibt, wie schnell und in welcher Menge ein Papier Druckfarbe während des Druckvorganges aufnimmt. Dies ist abhängig von der Verdichtung und der sich daraus ergebenden Porosität der Oberfläche sowie der Zügigkeit und Viskosität der Druckfarbe.

Farbauszug

Einfarbige Teilfarbenbilder einer farbigen Bildvorlage. Das Farbbild wird in der Reproduktion in Farbanteile für den Druck mit den Farben CMYK (> Prozessfarben) zerlegt. Die Teilfarben erhält man prinzipiell mithilfe von komplementärfarbigen Farbfiltern. Der Vorgang selbst wird Farbseparation genannt.
Für Cyan ist ein Rotfilter, für Magenta ein Grünfilter und für Yellow ein Blaufilter einzusetzen. Jedes Filter lässt jeweils nur ein Drittel des Spektrums passieren.
Alle bunten Grund- und Mischfarben (Y, M, C, R, G, B) werden in dieser Weise bei jeder Teilfarbe in drei nichtdruckende Weißfarben und drei druckende Schwarzfarben separiert. Im Cyan-Auszug sind Cyan, Grün und Blau druckende Farben (Schwarzfarben), Yellow, Magenta und Rot hingegen Weißfarben. Allgemein gilt, dass die Weißfarben immer aus den beiden anderen Grundfarben des Farbsatzes bestehen und aus der eigenen Komplementärfarbe.
Die anderen drei Buntfarben bilden jeweils die Schwarzfarben.

Farbauszugsfilter

Auf die Farbskala abgestimmte transparente Filter in den Farben Rot, Grün, Blau zur Herstellung eines > Farbauszuges (Farbseparation) für den Druck mit den Prozessfarben Cyan (C), Magenta (M), Gelb (Y, Yellow) und zusätzlich Schwarz (K). Die Farbauszugsfilter sind nur für eine bestimmte Wellenlänge transparent, alle anderen Wellenlängen werden absorbiert.

Farbbalance

Messtechnik: Visuelle Beurteilung einer gleichmäßigen Farbsättigung aller drei Buntfarben bei Farbdrucken, auch > Graubalance genannt.
Verglichen wird ein spezielles Graubalancefeld im dreifarbigen Zusammendruck der Grundfarben Cyan, Magenta und Gelb an einem > Druckkontrollstreifen.
Bei dem Graubalancefeld wird zur Abstimmung eines neutralen Grautones die > Farbdichte und standardisierte Tonwertzunahme berücksichtigt.
> Graubalance bzw. Farbgleichgewicht

F

Farbbalancefelder
Kombination von Kontrollfeldern in einem Druckkontrollstreifen, die visuell beurteilt werden. > Graubalance
Die Kombination der drei Prozessfarben C + M + Y soll bei entsprechender Tonwertzunahme ein neutrales Grau ergeben.
Als Kontrolle dienen ein danebenstehendes Feld mit Schwarz (K) als Vollton und ein Rasterton.
Die Flächendeckungen in den drei Prozessfarben sind dabei nicht gleich.
1. Fogra: Schwarz = 80 % (Vergleichsfeld), C 75 % + M 64 % + Y 64 %
2. Brunner: Mittelton C 50 %, M und Y 41 %

Farbbezeichnungen
Für den Vierfarbdruck mit Prozessfarben gelten nach DIN 16549 die Farbbezeichnungen S = Schwarz, C = Cyan, M = Magenta und Y = Yellow (Gelb).
Sonderfarben sind auszuschreiben.
In der Praxis ist durch die aus dem Englischen kommenden DTP- und Bildbearbeitungsprogramme die Abkürzung CMYK international eingeführt. Dabei wird anstelle der Abkürzung S für das Schwarz das K (Key = Schlüssel, „Schlüsselfarbe") verwendet. Damit ist eine Verwechslung zwischen den Abkürzungen für Blue und Black zu vermeiden.

Farbbild
Beliebige farbige Bildvorlage, z. B. Farbdiapositiv, Farbnegativ, farbige Zeichnung als analoge Bildvorlagen oder ein Datensatz mit digital gespeicherten Bildinformationen.
> Farbdruck, > farbiger Druck

Farbdiapositiv
Fotografische, farbige Aufnahme auf einem transparenten Schichtträger (Film); Durchsichtsvorlage oder auch Durchlichtvorlage.

Farbdichte
Messtechnisches Kurzzeichen: > D (vielfach nur Dichte genannt). Bei der Messung einer lasierenden Druckfarbe an einem Druckkontrollstreifen o. Ä. zeigt das > Densitometer als Messgröße die Farbdichte an.
Zur Messung wird eine bestimmte Lichtintensität durch das Densitometer auf das Messfeld gestrahlt. Die Farbdichte ist der logarithmische Wert der Absorption. Sie gibt das Verhältnis zwischen dem „Absolutweiß" (remittiertes Licht an einer weißen Bezugsfläche) und der lasierenden Druckfarbenschicht auf dem Bedruckstoff an. Die Übersicht zeigt Zusammenhänge dazu auf.
Der Messwert wird bei unbunten Druckfarben auch Schwärzung genannt. Farbdichten bunter lasierender Druckfarben einer > Farbskala sind durch Vorschalten des komplementärfarbigen Farbfilters ebenfalls als „Schwärzung" zu messen. Die Farbdichte steigt mit wachsender > Farbschichtdicke bis zu einem maximalen Sättigungswert an.
> Densitometer

Zusammenhänge: Lichtintensität, Absorption und Farbdichte

aufgestrahlte Lichtintensität	100%	100%	100%	100%
gemessene Lichtintensität	50%	10%	5%	1%
Absorption	2	10	20	100
lg Absorption = Farbdichte D	0,30	1,00	1,30	2,00

Farbdichtemessung
Messung lasierender Druckfarben mit einem > Densitometer.
Bei den im Offsetdruck üblichen Farben und Schichtdicken liefern Farbdichtewerte konkrete Aussagen über die gedruckte Farbschichtdicke. Übliche Farbschichtdicken im Offsetdruck liegen zwischen 1 bis 2,5 µm.
> Farbdichte, > Farbmessung

Farbdosiersysteme
Stellsystem im Farbwerk einer Offsetdruckmaschine, das ein nebenwirkungsfreies, exaktes Einstellen aller Zonen in der Druckbreite ermöglicht. Bei konventionellen Messerfarbkästen ist ein präzises, partielles Einstellen durch die Spannung des Farbmessers nicht zu erreichen.

Farbdruck
Drucktechnische Wiedergabe einer > Farbvorlage durch den > Vierfarbdruck mit einer bestimmten > Farbskala, > farbiger Druck.

Farbe
Allgemein: Sinneseindruck durch sichtbare Strahlung. Empfindung, die beim Menschen bei der Betrachtung z. B. eines Objektes ausgelöst wird. Der Begriff Farbe beschreibt also das, was man mit den Augen sieht und im Gehirn als farbigen Eindruck empfindet. Farbe ist unter verschiedenen Gesichtspunkten zu betrachten: Physik (Wellen, Teilchen), Chemie (Wirkungen in der Materie, auf Stoffe u. a.), Physiologie (Wahrnehmung mit den Augen) und Psychologie (Empfindungen, Gefühle, Assoziationen u. a.). Das Sehen von Farben steht im Gegensatz zu Begriffen wie z. B. Druckfarbe, die Substanzen kennzeichnen. Farben lassen sich verbal ohne konkrete Zahlenangaben oder Werte nicht eindeutig beschreiben, es ist nur eine ungefähre Vorstellung zu vermitteln.
> Farbe: Merkmale

Farbeindruck
Farbempfindung (Sinnesempfindung), die der Betrachter einer Körperfarbe je nach Beobachtungsbedingungen und anderen Einflüssen (Umwelteinflüsse, Beleuchtung, persönliche Stimmung u. a.) hat.

Farbe: Merkmale
Eine systematische Betrachtung der Farben führt zu einer ersten Unterscheidung nach dem Buntton (früher: Farbton). Sortiert man verschiedene Farben nach dem Buntton, so gelangt man bei differenziertem Anordnen wieder zum Beginn der Reihe. Demzufolge sind alle Munttöne auf einem Kreis anzuordnen. Der Abstand von einem zu einem anderen Buntton ist demnach durch den Bunttonwinkel zu beschreiben. Die Farben liegen auf dem äußeren Rand des Farbkörpers. Farben mit gleichem Buntton können sichjedoch ebenfalls unterscheiden: Sie können sehr leuchtend und rein oder stumpf und gräulich sein. Es gibt z. B. ein knalliges, brillantes Rot und ebenso ein schmutziges, verschwärzlichtes Rot. Dieses Merkmal einer Farbe wird als Buntheit (auch Sättigung) bezeichnet. Entsprechend der Buntheit liegen die Farben in einer bestimmten Helligkeitsebene in einem Abstand zur Grauachse. Der Farbe wird ein Grau mit gleicher Helligkeit zugefügt. Die > Helligkeit ist auf der senkrechten Achse in der Mitte des Farbkörpers angeordnet; sie geht von Schwarz zu Weiß und bildet demnach eine sogenannte Grauachse.
Eine Sonderstellung nehmen die Farben Schwarz, Grau und Weiß ein, denen die Buntheit Null („unbunt“) zugeordnet wird. Ausgehend von einem unbunten (neutralen) Grau im Mittelpunkt eines (Farb-)Körpers weisen Farben nach außen hin eine immer höhere Buntheit auf. Entsprechend der Buntheit sind Farben bei gleichem Buntton in ihrer Helligkeit zu unterscheiden.
Unterscheidungsmerkmale:
- Buntton: Rot, Grün, Blau, ...
- Buntheit: leuchtend rein, schmutzig, unbunt, ...
- Helligkeit: hell, dunkel ....

Farbempfindlichkeit
Reproduktion: > Sensibilisierung bzw. spektrale Empfindlichkeit des Fotomaterials gegenüber den verschiedenen Wellenlängen des Lichtes. Fotomaterial ist grundsätzlich unsensibilisiert, d. h. nur für den kürzerwelligen Blaubereich empfindlich. Durch den Zusatz von Sensibilisierungsfarbstoffen ist

eine Empfindlichkeit auch für die Wellenbereiche Grün und Rot zu erreichen.

Farbempfindung
Sinneseindruck, der durch Nervenreize hervorgerufen wird. Eine Lichtquelle sendet sichtbare Strahlungen aus, die mit dem Auge visuell wahrgenommen werden und durch Nervenleitungen an das Gehirn weitergeleitet eine Farbempfindung bewirken. Farbe übt auf den Menschen eine sehr starke Wirkung (Reize) aus und beeinflusst so Stimmungen, Emotionen und Verhalten. > Farbe, > Farbwirkung

Farbenfehlsichtigkeit
Abweichung der individuellen Sehleistungen von einem „Normalbeobachter".
> Auge, > Farbe

Farbfilter
Kunststofffolien oder Glasplatten (transparente Werkstoffe), die bestimmte Wellenlängen absorbieren und nur für eine bestimmte Wellenlänge transparent sind.
Dadurch können Farben einer Farbvorlage separiert werden.
> Farbauszugsfilter

Farbfluss
Drucktechnik:
Stärker wirkende Übertragungsrichtung zähflüssiger Druckfarben aus dem Farbkasten über Walzen des Farbwerks zur Druckform. Der Farbfluss entsteht durch Farbspaltung von einer zur nächsten Walze und ist von der Anordnung der Walzen eines Farbwerkes abhängig.

farbiger Druck
Drucktechnische Wiedergabe einer Vorlage mit beliebigen bunten Farben in der gewünschten Anzahl.
Beispiele: Druck einer Grafik, die mit verschiedenen Farbflächen im Vollton angelegt ist.
Hierzu gehören zudem Tonunterdruck, > Duplexdruck, > Triplexdruck

Farbkalibrierung
Kalibrierung: Justieren, abstimmen, exakt angleichen.
Ein exaktes Abstimmen aller Geräte und Prozesskomponenten, z. B. Bildschirm, Grafikkarte und Ausgabesysteme wie Digitalproof, Farbdrucker und Belichter, ist eine wesentliche Voraussetzung für eine korrekte Reproduktion.
Dabei müssen numerisch festgelegte Daten für die Prozessfarben Cyan, Magenta und Gelb übereinstimmend wiedergegeben werden.

Farbkörper
Darstellung eines Farbraumes, begrenzt durch die optimal wiederzugebenden Farben.

Farbkorrektur
Verfahren zur Änderung der Bildinformationen in der Reproduktion. Diese Korrekturen, im Allgemeinen Ton- und Farbwertkorrekturen, können zu ändernde Mängel in der Bildvorlage sein, technische Ursachen haben (Scannerfehler, Fehler des Ausgabesystems) oder durch den Kunden gefordert sein.
Beispiele für Korrekturen:
Licht und Tiefe, Farbstich, Kontrast, Farbsättigung, Detailkorrekturen im Bild.
> Farbauszug, > UCR, > GCR

Farbkreis
Kreisförmige Anordnung von Farben (> Buntton). Bei dem bekannten sechsteiligen Farbenkreis liegen folgende Farben im Kreis nebeneinander:
Gelb – Rot – Magenta – Blau – Cyan – Grün.
Bei dieser Anordnung bleiben die Buntheit und die Helligkeit unberücksichtigt.
Die im Farbenkreis jeweils gegenüberliegenden Farben nennt man Komplementärfarben. Diese ergänzen sich in der additiven Mischung zu Weiß, in der subtraktiven Mischung zu Schwarz.

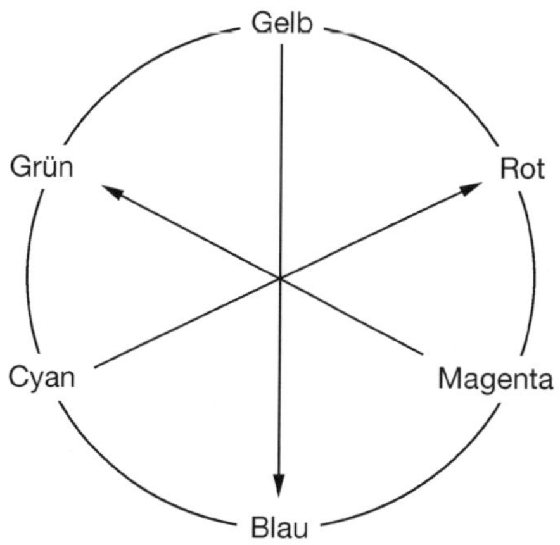

Farblacke
Druckfarbenherstellung: Auf ein weißes Pigment, dem sogenannten Substrat, gefällte (niedergeschlagene) lösliche > Farbstoffe. Farblacke sind als Farbmittel zur Herstellung von Druckfarben einzusetzen.

Farbmaßsysteme
Spektralfotometrische Messung von Farben. Die > Farbvalenz ist die messtechnische Bewertung eines > Farbreizes.
Mit den ermittelten drei Empfindlichkeitskurven (Normfarbwerte) ist eine Farbe exakt als Punkt in einem dreidimensionalen Körper zu bestimmen.
> Farbmischsysteme

Farbmaßzahlen
Maßzahlen zur eindeutigen Kennzeichnung einer Farbe, z. B. Normfarbwerte XYZ.
> CIEL*a*b*, > Farbmerkmale

Farbmerkmale
Beschreibung einer Farbe. Dies ist verbal sehr schwierig zu definieren, da über das Auge im Gehirn ca. 4 bis 5 Millionen verschiedene Farben unterschieden werden können.
Mit den Kennzeichnungen > Buntton (Farbton), > Buntheit (bzw. Sättigung) und > Helligkeit ist jedoch der erste Farbeindruck, der Farbton, und dann die Stärke des Farbeindrucks und die Abstufung der Helligkeit sprachlich und auch messtechnisch für die Verarbeitung von Farben zu definieren. > Farbe: Merkmale

Farbmessung
Spektralfotometrische Bestimmung der exakten Größen einer Farbe, zum Beispiel im CIELAB-System. > Farbe und Messtechnik, > Spektralfotometer

Farbmetrik
Lehre zur eindeutigen, messtechnischen Bewertung und Definition von Farben und deren Beziehung zwischen den verschiedenen farbmetrischen Größen.

Farbmischsysteme
Systeme zur Herstellung einer beliebigen bunten Farbe. Beispiele:
> Hickethier, > Itten, > HKS, > CMYK.

Farbmischungen
1. Additive Farbmischung: Zusammenfügen farbiger Lichter, d. h. Mischung von Farbreizen in den drei Rezeptoren des > Auges. Additive Grundfarben sind Blau, Grün und Rot.
2. Subtraktive Farbmischung: Mischung von Körperfarben. Grundfarben sind Gelb, Cyan, Magenta.
3. Autotypische Farbmischung: Beim Betrachten eines autotypisch gerasterten Vierfarbdrucks verschmelzen im Auge visuell nicht zu erkennende, teils über- oder nebeneinander stehende Rasterpunkte zu einer Einheit.

Das Auge erfasst die reflektierten Strahlen additiv. Im Druck wirken dagegen subtraktive Gesetzmäßigkeiten.

Farbmittel
Sammelbegriff für alle farbgebenden Bestandteile von Druckfarben. Als Farbmittel werden eingesetzt:
1. Anorganische Pigmente
   Weißpigmente, Mineralfarbenpigmente, Metallpigmente, reine Kohlenstoffpigmente (Ruß).

2. Organische Pigmente
   Verschiedenste Buntfarbenpigmente, die aus Steinkohlenteer und Erdöl gewonnen werden.

Farbmodell
Systematisches Modell, das die Zusammenhänge der menschlichen Farbwahrnehmung veranschaulichen soll.
Erste einfache Modelle entwickelten Newton und Goethe.

Farbmodus
Der Farbmodus beschreibt das Farbsystem, in dem ein digitales Bild gespeichert ist, z. B. RGB-Modus.

Farbordnungssystem
Prinzip, Einteilung nach bestimmten Kriterien, mit denen „Farbe" beschrieben werden kann. Man unterscheidet
1. Farbmischsysteme, die sich an herstellungstechnischen Kriterien orientieren, z. B. Hickethier, RGB, CMYK, sowie
2. Farbmaßsysteme, die auf valenzmetrischen Messungen von Farben beruhen. Hierzu gehört das CIE-System.
   > Spektralfotometer

Farbort
Farbmesstechnik, Farbmetrik: Der Farbort beschreibt in einem Farbordnungssystem jede sichtbare Farbe. Für die exakte, messtechnische Bestimmung eines Farbortes (z. B. in einem Normfarbenraum) genügen dabei drei Kenngrößen: > Farbton (T), > Sättigung (S) und > Helligkeit (Y).
> Farbe

Farbpipette
Mit der Farbpipette sind digitale Farben als Füll- oder Strichfarben auf dem Bildschirm aufzunehmen und auf andere Objekte (Layouts) zu übertragen.

Farbprägung
> Prägedruck

Farbprofil
Charakteristik der Farbwiedergabe eines bestimmten Systems, z. B. Scanner, Bildschirm, Drucker. Jedes dieser Farbe verarbeitenden Systeme verändert und verfälscht die wiederzugebenden Farben in einem bestimmten Maß. Diese Veränderung ist abhängig vom Gerätetyp, von der Technik und Art der Farbwiedergabe, von Sensoren, Farbstoffen u. a. Mit einem Farbprofil lassen sich die speziellen Farbeigenschaften eines Systems darstellen. Diese gerätespezifischen Daten sind mit einem > Color-Management-System (CMS) nach einem Standard aufeinander abzustimmen. Dieses Abstimmen wird Farbkalibrierung genannt. > ICC-Profil

Farbproof
Farbiger „Prüfdruck" (Digitalproof) für die Beurteilung digital verarbeiteter Daten für den Auflagendruck. Die Qualität soll möglichst dem späteren Druckprodukt entsprechen. Die verschiedenen Proofverfahren schwanken jedoch sehr stark in der Wiedergabequalität, daher ist ein Color Management und ein Arbeiten nach Standards erforderlich. > Proof, > Kontrakt-Proof, > ProzessStandard Offsetdruck

Farbprüfleuchte
Genormte Lichtquelle zur Abmusterung mit einer bestimmten > Farbtemperatur (K) und Beleuchtungsstärke (Lux = lx). Verwendet wird nach der Norm:
D 50 = 5 000 K bei 2 000 lx.

Farbprüfverfahren
Sämtliche Verfahren zur Prüfung von > Farbauszügen oder zur Kontrolle von Ton- und Farbkorrekturen. Man unterscheidet allgemein zwischen > Proof und > Andruck. Zu dem Proof zählen verschiedene Verfahren von einfachen Farbkopien bis zu hochwertigen, fortdruckgerechten Produkten. Der Andruck wird im Gegensatz zu einem Proof drucktechnisch nach vorhandenen Kopiervorlagen bzw.

Datensätzen und Druckplatten auf Auflagendruckpapier hergestellt. Aus Kostengründen hat der Andruck im Allgemeinen seine Bedeutung verloren.

Farbraum

1. Farbmetrik: Dreidimensionale Darstellung der durch Farbmessung bestimmten Farbwerte. Schwierig ist dabei eine Übereinstimmung der Messgröße mit der visuellen Bewertung von Abständen. Bei einem „empfindungsgemäß gleichabständigen Farbraum" entsprechen gleich groß gemessene Farbabstände auch dem visuell empfundenen Farbabstand in gleicher Größe. Dies ist beim CIE-Farbraum annähernd der Fall. > CIE
2. Beschreibung darstellbarer Farben in Ein- und Ausgabegeräten. Das sichtbare Spektrum des Lichtes enthält Millionen von Farben. Jedes in der Medien- und Drucktechnik eingesetzte Gerät kann aus diesem Spektrum nur einen bestimmten Bereich, den sogenannten Farbraum, wiedergeben.
   Selbst wenn sich die Farbräume verschiedener Geräte überschneiden, sind sie doch nie völlig identisch. So ist es zu erklären, dass Farben, die beispielsweise auf einem Bildschirm dargestellt werden, nicht im Druckprozess wiedergegeben werden können. Ein geräteunabhängiger Farbraum erfasst alle Farben des sichtbaren Spektrums und bewertet diese mit Farbwerten (Daten). Dagegen gibt ein geräteabhängiger Farbraum nur die Farben wieder, die mit diesem Gerät unter bestimmten Bedingungen bzw. dem Einsatz bestimmter Materialien wie Bedruckstoff, Toner oder Druckfarbe wiedergegeben werden können.
   > Color Management System, > Spektralfotometer, > Farbumfang

Farbregelung

Korrektur der Farbdosierung auf Basis der gemessenen Farbdichte oder farbmetrischen Werte gegenüber dem Sollwert.

Farbreihenfolge

Im Druckprozess die nacheinander gedruckten Farben. Im standardisierten Offsetdruck festgelegte Reihenfolge im Druck: Schwarz (K), Cyan (C), Magenta (M) und Gelb (Y).
Druckfarben sind in ihrer > Zügigkeit auf diese Farbreihenfolge abgestimmt. Eine Änderung der Farbreihenfolge kann sich auf die Farbwiedergabe auswirken, daher ist das Einhalten der im ProzessStandard festgelegten Farbreihenfolge wichtig.
Bei besonderen Bildvorlagen kann auch eine andere Farbreihenfolge im Druck erforderlich sein.
Beispiel: Bei großen Volltonflächen in einer Druckfarbe gilt die Faustregel:
Raster- vor Flächendruck.

Farbreiz

Physikalische Reaktion im Auge (Zapfen, Stäbchen), die durch Lichtstrahlen verursacht wird. Die dadurch erzeugten Nervenreize werden über Nervenleitungen an das Gehirn weitergeleitet und erzeugen dort eine > Farbempfindung.

Farbsatz

Durch Farbauszugsfilter hergestellte Teilfarbenbilder als Negativ- oder Positivfilme oder Datensatz von einer Farbvorlage. Einzelne Farbauszüge für die Druckfarben Cyan, Gelb, Magenta und Schwarz geben im Zusammendruck die Farbvorlage innerhalb eines Farbraumes wieder.
Übersicht zum Farbsatz siehe Anhang.

Farbschichtdicke

Messtechnik: Farbauftrag im Druck.
Zwischen der Farbschichtdicke und der > Farbdichte besteht ein enger Zusammenhang. Das Absorptionsverhalten einer Farbschicht ist abhängig vom > Farbton, der Farbschichtdicke sowie der Art und Konzentration der > Pigmente der Druckfarbe.

Der Farbton (farbmetrisch: Farbort) für Skalenfarben ist genormt und auch die Pigmentkonzentration ist verarbeitungstechnisch weitgehend festgelegt.
Der Drucker beeinflusst den Farbton und damit das visuelle Bild in der Farbwiedergabe durch die Farbschichtdicke. Ist eine gewisse Farbschichtdicke erreicht, nimmt die Farbdichte kaum mehr zu.

Eine übermäßige Farbschichtdicke führt zu starkem > Vollerwerden der Raster sowie zu Druckschwierigkeiten, z. B. > Abliegen.
Im Offsetdruck wird im Farbdruck mit Farbschichtdicken von 0,7 bis 1,1 µm gedruckt. Ein Vollflächendruck erfordert eine deutlich höhere Farbschichtdicke.
Messtechnischer und visueller Zusammenhang im Vergleich der Farbschichtdicke und Farbdichte.

Kriterium	Druck 1	Druck 2
Farbführung	unterfärbt	korrekt eingefärbt
Farbschicht-dicke	gering	hoch
Absorption	gering	hoch
Remission	hoch	gering
Farbdichte D	niedrig	hoch
Farbton	hell	prozessgerecht kräftig

Farbschnitt
Auch Buchschnitt genannt.
Einfärben der Schnittfläche eines Buches im Kopf, seltener an allen drei Außenseiten mit Farben oder Metallfarben.
Der Farbschnitt schützt vor Vergilben des Papiers und Schmutzflecken, er dient gleichzeitig auch als Schmuck.
In der handwerklichen Buchbinderei wird der Farbschnitt von Hand mit einem Pinsel oder einem Schwamm aufgetragen.
Ein von Hand gefertigter Goldschnitt erfordert einen hohen Arbeitsaufwand und geeignete Materialien.
In der Industrie wird der Goldschnitt maschinell mit Heißsiegelfolien gefertigt.

Farbseparation
Reprotechnische bzw. digitale Verfahren, mit denen Farbvorlagen in Anteile der vier Teilfarben (Prozessfarben) Cyan, Magenta, Gelb und Schwarz (CMYK) zerlegt werden.
Die Reproduktionsfotografie verwendet dazu komplementärfarbige Filter zu den einzelnen Prozessfarben (C = R, M = G, Y = B, K mit verschiedenen Filtern bzw. berechnet).
Im vierfarbigen Zusammendruck mit den subtraktiven Grundfarben CMY und Schwarz (K) ist die Farbvorlage drucktechnisch wiederzugeben.
> Farbauszug

Farbskala
1. Druckfarbe: Prozessfarben (Druckfarben) für einen Vierfarbdruck.
   Die früher eingesetzte Europaskala nach DIN 16539 legte nur die Farborte auf dem Prüfpapier APCO II/II fest, die Farbskala wurde inzwischen zurückgezogen.
   Die Farbskala nach DIN ISO 2846-1 (Offsetdruck) legt die auf Praxispapieren zu erzielenden Farborte fest.
   Die weiteren Teile der DIN ISO 2846 geben die gleichen Informationen für alle anderen Druckverfahren an.
2. Andruck, Prüfdruck: Der Druck der einzelnen Farben des Farbauszuges und der Zusammendrucke für die Beurteilung des Druckausfalls durch den Kunden und als verbindliche Vorlage für die korrekte Farbführung im Auflagendruck. Auch Andruckskala genannt.

Farbspaltung
Die Übertragung von pastösen Druckfarben im Offsetdruck erfolgt im Farbwerk über in Kontakt stehende Walzen.
Eine eingefärbte Walze überträgt dabei Druckfarbe an die jeweils folgende Walze.
Dieser physikalische Effekt wird Farbspaltung genannt.
Es erfolgt ein Auseinanderreißen der Druckfarbenschicht in verschiedenen

Übertragungsphasen:
- im Walzenspalt zwischen Farbauftragwalzen und Druckform,
- Druckform und Gummidrucktuch sowie zwischen
- Gummidrucktuch und Bedruckstoff.

Eine optimale Farbspaltung der Druck-farbe ist in einem Probedruckgerät zu prüfen.

Farbstand

Bedruckstoffe: Der Farbstand beschreibt die gleichmäßige Farbverteilung auf dem Papier.
Er wird im Wesentlichen vom > Farbaufnahmeverhalten des Papiers bestimmt.
Hinzu kommt noch die Abhängigkeit von der > Oberflächenglätte und der Gleichmäßigkeit (Blattprofil) des Papiers.

Farbstich

Verfälschte, fehlerhafte Farbwiedergabe in einer Bildvorlage.
Je mehr homogene Farbtöne in einem Bild vorhanden sind, desto stärker fällt ein Farbstich auf. Bei sehr bunten Bildern ist die Wirkung geringer.

1. Ursachen bei Bildvorlagen:
   Fehler oder Mängel bei der Aufnahme, z. B. durch ungeeignete Lichtbedingungen oder in der Reproduktion.
   > Farbtemperatur
2. Ursachen im Druckprozess:
   Fehlerhaftes Farbgleichgewicht beim Druck der einzelnen Prozessfarben (CMY), deutlich sichtbar in einer mangelhaften
   > Graubalance bei Messfeldern.
   > Graubalance

Farbstoff

Farbstoffe sind Farbmittel, die in einem Bindemittel oder ähnlichen Stoff völlig löslich sind. Daher werden Farbstoffe als Farbmittel für Druckfarben nicht eingesetzt, da sie den Bedruckstoff mehr oder weniger durchfärben.
Für die Herstellung von farbigem Papier wird dem > Ganzstoff, der Papiermasse, eine bestimmte Menge an Farbstoffen für eine durchgehende Färbung zugefügt. Für > gestrichene Papiere werden Farbstoffe der Streichmasse zugegeben. Damit bleibt jedoch die Färbung auf die gestrichene Oberfläche des Papiers beschränkt.

Farbsublimation

Proofverfahren, bei dem durch kleinste Heizelemente Farbpigmente auf einem Trägerfilm verdampft werden.
Der Vorgang ermöglicht ein stufenloses Übertragen der Farben auf ein geeignetes Papier.

Farbtafeln

Grafische Darstellung einer Farbe mit dem Buntton (Farbton) und der Sättigung. Die Helligkeit wird dabei nicht berücksichtigt.
> Buntton, > Buntheit, > Farbe, > Farbwertmesstafeln, > Helligkeit, > Sättigung

Farbtemperatur

Charakterisierung einer Lichtquelle in einer Zahl, die die spektrale Verteilung ihrer Strahlung beschreibt.
Basis für die Kennzeichnung der Farbtemperatur einer Lichtquelle ist die Temperatur des sogenannten „Schwarzen Strahlers“, die in Kelvin (K) angegeben wird.
Werden alle Wellenlängen des sichtbaren Spektrums annähernd in gleicher Intensität von einer Lichtquelle (z. B. Mittagssonne) abgestrahlt, so haben wir den Farbeindruck „weißes Licht“.
Lichtquellen strahlen jedoch ein so kontinuierliches, gleichartiges Licht in den einzelnen Wellenbereichen im Allgemeinen nicht ab.
Die Farbtemperatur beschreibt die spektrale Energieverteilung bzw. > Emission einer Lichtquelle.
> Farbe ist ein durch das Auge vermittelter Sinneseindruck.
Körperfarben sind nach der Definition des Begriffes „Farbe“ nicht bestimmte Objekte oder Substanzen, sondern Licht, das von

F

diesen Objekten oder Substanzen reflektiert oder transmittiert wird.
Fällt Energie in Form von Licht auf ein Objekt, so findet ein Energieaustausch statt, d. h. ein Teil der Energie wird von dem Objekt aufgenommen, ein anderer Teil wieder abgestrahlt.
Diese Vorgänge sind durch > Absorption und > Reflektion bzw. > Remission an dem Objekt zu erklären.
Die stärkste Absorption und damit die geringste Reflexion zeigt ein schwarzes Objekt.
Das bedeutet: Wir sehen kein Licht und damit auch keine Farbe, weil kein Licht von diesem Körper in unser Auge gelangt!
Unter „Farbtemperatur" versteht man nun die Temperatur, auf die man einen „schwarzen Körper" erhitzen muss, damit das von ihm ausgestrahlte Licht in seiner Energieverteilung der zu charakterisierenden Lichtquelle entspricht. Der „schwarze Körper" ist ein hypothetisches Objekt, das alle möglichen sichtbaren und unsichtbaren Strahlen absorbiert und bei Erhitzung wieder abstrahlt. Die Temperatur, auf die der „schwarze Körper" erhitzt werden muss, um die Energie einer bestimmten Farbe abzustrahlen, ist die Farbtemperatur in > Kelvin. 0 Kelvin entsprechen –273 °C.

Farbtiefe
Auch Bit-Tiefe genannt. Anzahl möglicher Bunttöne in unterschiedlicher Buntheit (Sättigung) und Helligkeit, die mit einem Scanner erfasst und im Rechner gespeichert oder von einem Farbmonitor mit dazugehörender Videokarte wiedergegeben werden können. Beispiele für die Farbtiefe in Bit und die Anzahl darstellbarer Farben:
1 Bit = 2 Farben,
2 Bit = 4 Farben,
3 Bit = 8 Farben,
4 Bit = 16 Farben,
6 Bit = 64 Farben,
8 Bit = 256 Farben,
24 Bit = 16,7 Millionen Farben.
Hat demnach ein Bild eine Farbtiefe von 8 Bit pro Farbkanal (RGB), so ergibt dies 3 × 8 Bit = 2^{24} = ca. 16,7 Millionen darstellbare Farben.
> Abtastauflösung, > Bit

Farbtoleranz
Der zwischen Druckfarbenhersteller und Druckerei bzw. Auftraggeber vereinbarte zulässige > Farbabstand (Farbunterschied), der visuell mit Grenzmustern (Druckmustern) oder messtechnisch festgelegt werden kann.

Farbton
Eigenschaft, die eine bunte Farbe von einer unbunten Farbe unterscheidet.
Umgangssprachlich ist es der Name einer bestimmten Farbe, z. B. Blau, Gelb, Rot oder auch helles Grün, rötliches Blau.
Farbmesstechnik, Farbmetrik:
Die Wellenlänge des Lichts einer Farbe in ihrer reinsten Form. Der Farbton (T), in der Messtechnik, heute > Buntton genannt, gibt auf einer Normfarbtafel die Lage des > Farbortes auf der Außenlinie an.
Diese Eigenschaft ist eine der drei Größen, mit denen eine > Farbe gekennzeichnet werden kann.
> Farbe: Merkmale

Farbumfang
1. Farbmessung:
   Grafisch dargestellter Bereich des sichtbaren Spektrums:
   Bestimmte Systeme wie Bildschirm, Prüfdruck (Laser-, Inkjet-, Thermosublimationsdrucker u. a.) oder Druckprozess können nur bestimmte Farben aus dem gesamten Spektrum wiedergeben. Der Farbumfang zeigt grafisch im CIELAB-System die maximal wiederzugebenden Farben auf.
   > Gamut
2. Drucktechnik:
   Der Farbumfang gibt an, welche Farbtöne durch Prozessfarben, Sonderfarben und/oder Mischfarben in einer

bestimmten Kombination wiedergegeben werden können.
Beispiel: Im Sieben-Farben-Druck kann ein erheblich größerer Farbumfang (auch: Farbraum) wiedergegeben werden als vergleichsweise mit Prozessfarben.

Farbumfangsanpassung
> Rendering Intent

Färbung
Druck: Allgemeine Bezeichnung für die von der Schichtdicke der Druckfarbe abhängige Farbsättigung im Druck.

Farbunterschied
> Farbabstand, > Farbtoleranz

Farbvalenz
Die physiologische Wirkung eines Farbreizes im Auge (visuelle Wahrnehmung), beschrieben durch drei Maßzahlen.
> Auge, > Farbe, > Farbempfinden

Farbverlauf
Farbige Fläche, deren Farbintensität zu einer Seite hin nachlässt.
Beispiel: Eine schwarze Fläche, die stufenlos über dunkle und helle Grautonwerte bis (fast) zum Papierweiß verläuft.

Farbverreibewalzen
Walzen in einem > Farbwerk, die zur gleichmäßigeren Farbverteilung zusätzlich axial (seitlich) hin- und herbewegt werden. Diese Bewegung wird „changieren“ genannt.

Farbwalzen
> Farbwerk

Farb-Wasser-Gleichgewicht
Drucktechnik: Beim Druck mit Feuchtmittel und Druckfarbe eine für den Offsetdruck geeignete, stabile Emulsion, die eine einwandfreie Benetzung der Nichtbildstellen mit Feuchtmittel und eine intensive Einfärbung der Bildstellen mit Druckfarbe ermöglicht.
> Feuchtmittel

Farbwerk
Einfärbesystem für zähflüssige Druckfarben, z. B. in Offsetdruck- und Buchdruckmaschinen.
Farbwerke bestehen aus einem Farbbehälter (Farbkasten) mit einer Farbdosiereinrichtung, einer Übertragungswalze (> Farbheber, > Filmwalze) sowie einer größeren Zahl von > Farbverreibewalzen, Übertragewalzen sowie mehreren > Farbauftragswalzen, die die Druckform einfärben. Mit der Farbdosiereinrichtung ist die Druckfarbe zonenweise über die Druckbreite sowie in der Gesamtmenge zu steuern.
Stehen Walzen im Kontakt miteinander, erfolgt die Übertragung der Druckfarbe durch Farbspaltung auf den Walzen.
Durch die größere Zahl von Walzen mit unterschiedlichen Durchmessern wird die Druckfarbe fein verteilt und mit einer sehr geringen Schichtdicke von wenigen µm auf die Farbauftragswalzen übertragen.
Mehrere Farbauftragswalzen übertragen Druckfarbe auf die Druckform.
> Anilox-Farbwerk, > Filmfarbwerk,
> Filmwalze

Farbwert
Reproduktion: Bestimmter Dichtewert einer Bildstelle in einem Farbauszug.
Der Farbwert ergibt sich aus der Dichte des Graufeldes eines mitaufgenommenen Graukeils.
Die Farbwiedergabe ist farbwertrichtig, wenn die Dichte des Graukeils der Dichte des Farbauszuges, d. h. der Schwärzung der Bildstelle, entspricht.

Farbwertmesstafel
Auch: Tonwertatlas, Farbtafeln. Farbwertmesstafeln sind visuelle Arbeitshilfsmittel, um bestimmte Farbtöne für die Wiedergabe im > Farbdruck sicher zu bestimmen und

die Rasterpunktgröße zu ermitteln.
Zu diesen Farbwertmesstafeln gehören auch ähnliche Drucke von Farbskalen.

Farbwirkungen
Typografie, Mediendesign, Werbung:
Farben wirken auf jeden Menschen, wenn auch nicht bei allen in gleicher Weise.
Jeder kann Gefühle und Eigenschaften mit Farbe verbinden. Wir erleben Farbe, assoziieren Farbe mit besonderen Ereignissen, mit Alltagserfahrungen, der Umwelt und auch mit Produkten. Farben gelten als Warn- oder Signalfarben, wirken nah oder fern, sind eine Hausfarbe oder wirken mit einem typischen Markenzeichen.
Jeder Farbe können verschiedene positive wie auch negative Wirkungen (vgl. Farbpsychologie) zugeordnet werden, die unbewusst Reaktionen und Assoziationen auslösen. Unterschiedliche Lebensweisen in anderen Kulturen bedingen unterschiedliche Farbwirkungen (z. B. Europäer sehen im Grün eine Landschaft, Wüstenvölker die Farbe des Paradieses).
Farben können Begriffe zugeschrieben werden. Selbst im politischen Bereich charakterisieren Farben Parteien oder Länder (Flaggen).

Farmer'scher Abschwächer
> Abschwächer

Faserholz
Im Sinne der Papierindustrie jede Holzart, die Faserstoffe (> Holz) für die Papierherstellung liefert. Bevorzugt werden Nadelhölzer als Primärrohstoff eingesetzt.
Diese ergeben u. a. längere Fasern als Laubhölzer.

Faserorientierung
Die überwiegende Ausrichtung von (Papierstoff-)Fasern in der Papierbahn.
Ursache für die Ausrichtung ist unter anderem der Stoffauflauf und die Fließrichtung auf dem Langsieb einer Papiermaschine.

Faserstoffe
Für die Papierherstellung eingesetzte pflanzliche Faserstoffe unterscheiden sich in Primär- und Sekundärstoffen.
Primärfaserstoffe: Holz, Einjahrespflanzen (Gräser, Stroh), Hadern (Lumpen).
Sekundärfaserstoffe: Recyclingstoff (entfärbtes Altpapier). Die winzig kleinen Faserstoffe besitzen sehr feine Fibrillen (Härchen), die im Zusammenwirken mit Wasserstoffbrücken ein Verfilzen zu einem festen Papier ermöglichen.
> Papierherstellung

Faserstoffklassen
Nach DIN 827 werden Naturpapiere (ungestrichene Papiere) je nach Zusammensetzung in Faserstoffklassen eingeteilt.
Beispiele:
- H 100: 100 % Hadern
- H 50: mindestens 50 % Hadern, Rest Zellstoff
- H 10: mindestens 10 % Hadern, Rest Zellstoff
- Z 100: 100 % Zellstoff
- Z 50: mindestens 50 % Zellstoff, Rest Holzstoff (verholzte Fasern)
- ZVF: weniger als 30 % Zellstoff, Rest Holzstoff

Favoriten
Im Internet-Explorer von Microsoft eine persönliche Sammlung von gespeicherten Internet-Adressen, die bei Bedarf angeklickt und damit direkt aufgerufen werden können.
In anderen Browsern heißen diese Favoriten oft Lesezeichen.

Feature
Besonders aufgemachter, kurzer Bericht; auch: Besonderheit, typisches Merkmal.

Feedback
Engl.: Rückmeldung

FEFCO
Abkürzung für: Fédération Européenne

des Fabricants de Carton Ondule, die europäische Vereinigung der Wellpappenhersteller.
Diese Vereinigung erarbeitete einen internationalen Code als eindeutige Beschreibung für Versandverpackungen aus Wellpappe und Vollpappe.

Fehler
In der Qualitätsprüfung die unzulässige Abweichung eines bestimmten Merkmals, z. B. über eine festgelegte Toleranz hinausgehende Abweichung des gedruckten Farbtons von dem Vorgabemuster.

Fehleranalyse
Qualitätsmanagement.
Qualitätsbeurteilung nach Vorgaben.
Ziel ist es, mit einer systematischen Fehleranalyse der betrieblichen Qualität die kritischen Schwachstellen in der Organisation und Produktion sachlich und detailliert aufzuzeigen.
Wesentliche Maßnahmen dazu sind
- Zusammenfassung der Prüfergebnisse
- bestimmen und zuordnen von Fehlerorten, Fehlerarten und Fehlerklassen
- Ermittlung der betrieblichen Qualität
- Aufzeigen von betrieblichen Schwachstellen
- Darstellung der Zusammenhänge zwischen Fehlern und Fehlerkosten

> Fehler

Fehlremissionen
Optimalfarben zeigen keine Mängel in den Remissionen der einzelnen Farbbereiche.
In einer grafischen Darstellung ergeben sich dadurch rechtwinklige Sprungstellen in den Wellenbereichen für Blau, Grün und Rot.
Diese optimalen (idealen) Farben gibt es in der Druckpraxis nicht. Reale Druckfarben (C, M, Y) weisen teilweise erhebliche Mängel in der Remission auf.
Dies führt in einem Zusammendruck mit gleichen Anteilen nicht zu einem neutralen Grau oder Schwarz, sondern zu einem verschmutzt wirkenden Braunton.

Feindaten
Hochaufgelöste digitale Daten von fertig bearbeiteten (Druck-)Seiten zur High-End-Ausgabe mit Belichtern auf Film (> CTF) oder auf Druckplatten (> CTP) bzw. zur Datenübertragung in eine Digitaldruckmaschine.
Beispiel: Feindaten eines Farbbildes benötigen ca. 40 MB; > Grobdaten dagegen nur etwa 2,5 MB.
> OPI

feine Linie
Auch Haarlinie genannt; Linienstärke von etwa 0,1 mm bzw. 0,3 pt.
> Linien

Feinpapiere
Allgemeine Bezeichnung für eine Gruppe hochwertiger holzstofffreier Papiere, evtl. mit einem Hadernzusatz hergestellt oder auch reine Hadernpapiere. Diese Qualitätspapiere genügen höchsten Ansprüchen in Bezug auf gleichmäßige Durchsicht, Oberflächenbeschaffenheit sowie Alterungs- und Lichtbeständigkeit.

Fenster
EDV: Im Bildschirm dargestellte Ausschnitte eines Programms zur Steuerung von Funktionen oder zu Eingaben.

Fensterfalz
Auch Altarfalz genannt; ein asymmetrischer Falz. Falzart für ein Falzprodukt mit beidseitig parallel eingeschlagenen „Klappen“ als 6-Seiten-Fensterfalz (2-Bruch-Falz). Durch einen zusätzlichen Falz in der Mitte entsteht ein 8-Seiten-Fensterfalz (3-Bruch-Parallel-Falz).
> Falz, > Falzarten

fertigmachen
Druckweiterverarbeitung:
Das > Einhängen des > Buchblocks in die > Buchdecke.

Festmeter
Papierherstellung: Maßeinheit für Holz.
1 Festmeter (fm) entspricht 1 m^3 fester Holzmasse, d. h. ohne Zwischenräume in der Schichtung gedacht. Eine andere Maßeinheit für Holz ist > Raummeter.

Festplatte
Auch: hard disk. Fest installierter elektromagnetischer Datenspeicher in Personalcomputern. Die Angabe in Megabyte (MB) gibt den maximalen Speicherplatz (Speicherkapazität) an.

Feststoffgehalt
Anteil an festen, unlöslichen Stoffen in einer Suspension oder Dispersion.
Beispiel: Anteil an festen, nicht flüchtigen Bestandteilen in Klebstoffen. Bei Druckfarben nennt man den Feststoffgehalt
> Pigmentvolumenkonzentration

Festwertspeicher
Ein fest programmierter Halbleiterspeicher im Computer.
> Speicher

fette Schrift
Engl.: Bold. Bezeichnung für eine breitere Strichstärke einer Schrift im Vergleich zur Grundschrift.
> Duktus

fettfreundlich
Substanzen oder Stoffe, die sich leicht mit Fetten und chemisch ähnlichen Stoffen verbinden. Man nennt diese Eigenschaft
> lipophil.

Feuchtdehnung
Faserstoffe des Papiers sind hygroskopisch. Sind sie trockener als die umgebende Luft, nehmen sie Feuchtigkeit aus der Luft auf. Dadurch dehnen sich die Fasern insbesondere in ihrer Breite. Das Papier wird (minimal) größer.
> Klima, > Randwelligkeit, > Tellern

Feuchtigkeitsmesser
Gerät zur Messung > der relativen Luftfeuchtigkeit, der Stapelfeuchte bei Bedruckstoffen u. a. > Hygrometer

Feuchtmittel
Im Offsetdruck ist die Druckplatte vor dem Einfärben zu feuchten. Das Feuchtmittel besteht aus Wasser, Feuchtmittelzusätzen und ggf. Alkohol (Isopropanol) bzw. Alkoholersatz. Der pH-Wert soll im leicht sauren Bereich bei 5,5 liegen.
> Wasser, > Härte des Wassers

Feuchtmittelzusätze
Im Offsetdruck verbessern Feuchtmittelzusätze die Benetzung der Nichtbildstellen (Netzmittel, Alkohol u. a.), halten den pH-Wert konstant (Pufferlösungen) und besitzen antimikrobielle Eigenschaften.
Alkokolzusätze und ähnliche Ersatzstoffe verringern vor allem die Oberflächen- und Grenzflächenspannung.
Dadurch ist ein direktes Feuchten mit unbezogenen Feuchtauftragswalzen oder ein indirektes Feuchten über das Farbwerk möglich.

Feuchtprobe
Papierprüfung: Das Papier wird leicht befeuchtet.
Parallel zur > Laufrichtung rollt sich das Papier deutlich ein.

Feuchtwerk
Drucktechnik: Bauteil des Druckwerks einer Flachdruckmaschine.
Im Offsetdruck (u. a. Flachdruckverfahren) ist die Druckform vor dem Einfärben zu feuchten.
Das Feuchtwerk überträgt die drucktechnisch erforderliche Feuchtmittelmenge aus einem Vorratsbehälter (sogenannter Wasserkasten) über Feuchtwalzen direkt im Kontakt oder indirekt über das Farbwerk auf die Offsetdruckplatte.
> Offsetdruck

Fiberglasoptik
Glasfaserkabel. System sehr dünner Glasfasern, das digitale Signale (Daten) als Lichtsignale (Impulse) in sehr hoher Übertragungsgeschwindigkeit weiterleitet.
Diese Technik ist die Basis für eine wesentlich schnellere Telekommunikation.
> ISDN

Fibrillen
Zellstoff entsteht durch einen chemischen Aufschluss (Aufbereitung, Gewinnung) von Holz und anderen Pflanzen aus Cellulose. Fibrillen sind winzig kleine Celluloseteilchen aus der Zellwand von Pflanzen, die im Zellstoff enthalten sind. Ihre Struktur ist u. a. wichtig für Festigkeitseigenschaften des Papiers.

File
Englisch: Datei.
In der Datenverarbeitung die Bezeichnung für eine Datei. Systematisch angelegte Sammlung von Daten, die mit einer bestimmten Kennzeichnung als Datei gespeichert sind.

File Hosting
Web-Dienstleistung für die Übertragung von Daten. Primärer Zweck ist dabei nicht das dauerhafte Speichern auf einem Server oder das Teilen von Daten, sondern der Versand großer Dateien an einen oder mehrere Empfänger (Upload-Service). Dateien werden dazu über das Internet oder ein internes Netzwerk auf einem zentralen Datenspeicher gespeichert. Nur ein bestimmter Empfänger kann darauf zugreifen. Für die Dienstleistungen müssen die Datenschutzerklärungen und Nutzungsbedingungen genau geprüft und beachtet werden.

File-Server
Ein zentrales Speichersystem, das in einem Netzwerk alle angeschlossenen peripheren Geräte (Speicher) verwaltet. Der File-Server ermöglicht Netzwerkbenutzern den Zugriff auf gemeinsam genutzte Anwendungen und Daten.

File-Sharing
Gemeinsamer Zugriff auf Daten in einem Netzwerk.

File-Transfer-Protocol
> FTP

Film
1. Allg.: Kurzbezeichnung für eine flexible, transparente Kunststoff-Folie.
2. Reproduktion, Fotografie: Transparentes Trägermaterial, das mit einer lichtempfindlichen Schicht beschichtet ist bzw. auf dem Informationen durch Licht gespeichert sind.
3. Kurzbezeichnung für transparente Kopiervorlagen (positiv oder negativ).

Filmdruck
Drucktechnik: Bezeichnung für ein spezielles Durchdruckverfahren auf Textilien (Stoffdruck).

Filmfarbwerk
Heberlos arbeitendes Farbwerk.
Die Druckfarbe wird vom Duktor aus dem Farbkasten transportiert.
Eine Filmwalze, die ständig in einem sehr geringen Abstand zum > Duktor läuft, übernimmt die Druckfarbe kontinuierlich und überträgt diese an eine Verreibewalze im Farbwerk.

Filmfeuchtwerk
Heberlos arbeitendes Feuchtwerk in Offsetdruckmaschinen.
Vergleiche > Filmfarbwerk.

Filmnegativ
Ein Film, der die Ton- und Farbwerte der Bildvorlage umgekehrt (komplementär) wiedergibt. Beispiel: Weiß der Bildvorlage wird Schwarz auf dem Filmnegativ aufgezeichnet.

Filmpositiv
Ein Film, der die Ton- und Farbwerte der Bildvorlage ton- und farbwertgleich wiedergibt.

Filmwalze
Drucktechnik: Walze in einem heberlosen Farbwerk einer Offsetdruckmaschine, die ohne direkten Kontakt mit dem > Duktor (Walze im Farbkasten) Druckfarbe je nach eingestellter Schichtdicke abnimmt und an das Farbwerk überträgt. Die Filmwalze ist in ständigem Kontakt mit einer Walze im Farbwerk.

Filter
Technische Hilfsmittel zur Verarbeitung.

1. Reproduktion: Materielle oder immaterielle (elektronisch wirkende) Hilfsmittel für die Verarbeitung in der Reproduktion. Materielle Filter sind beispielsweise die Farbfilter R, G und B für die Farbseparation (Farbauszug). Bei der elektronischen Bildverarbeitung werden immaterielle Filter für verschiedene Aufgaben und Arbeiten eingesetzt, z. B. als Weichzeichner, zur Steigerung der Schärfe, zur Maskierung und für bestimmte Effekte.
   > Farbfilter , > Interferenzfilter
2. Elektronische Datenverarbeitung: Konvertierungsmodule bei Anwenderprogrammen, die automatisch Texte, Bilder und Grafiken aus einem anderen Dateiformat in das eigene Format übertragen (konvertieren).

Filzseite
Bei der Papierherstellung in > Langsiebpapiermaschinen die dem Sieb entgegengesetzte Seite der Papierbahn.
Die Seite ist in der Regel füllstoffreicher und dadurch glatter als die > Siebseite.
> Doppelsiebformer, > Papierherstellung

Finder
Wichtiger Bestandteil der Systemsoftware bei Apple-Macintosh-Rechnern, der den Schreibtisch organisiert sowie Anwenderprogramme und Ordner mit Dokumenten verwaltet.

Fingerabdrucksensor
Biometrischer Sensor, der den persönlichen Fingerabdruck erfasst und den Nutzer, z. B. beim Entsperren eines Smartphones, automatisch identifiziert.

Fingernagelprobe
Papierprüfung zur Feststellung der Laufrichtung. Dabei zieht man die Längs- und die Querseite des Blattes unter starkem Druck zwischen zwei Fingernägeln durch. Entlang der Laufrichtung bleibt die Papierkante glatt, in der Dehnrichtung wellt sich das Papier.
> Papierprüfungen

Finishing
Veredelung von Druckprodukten im Druckprozess bzw. in der Druckweiterverarbeitung, z. B. Lackieren von Druckprodukten.

Firefox
Webbrowser von Mozilla.

Firewall
Digitales Sicherheitssystem für spezielle Rechner in einem Netzwerk, das ein Eindringen von nicht autorisierten Personen verhindert.
Damit ist ein unbefugter Zugang von außen auf den Server oder ein internes Netzwerk zu wichtigen Daten, ein Datendiebstahl, ein Verändern von Daten, das Einschleusen von Viren u. a. (weitgehend) zu verhindern.

Firmware
Softwarekomponenten zur Ergänzung oder zur Funktionsbereitschaft eines Systems (Computer, Smartphone u. a.).
Sie sind funktional direkt mit der Hardware verbunden, d.h. sie ermöglichen einen Einsatz nur im Zusammenwirken der Komponenten.

FireWire
Schnittstelle (IEEE-1394-Schnittstelle, i. Link, auch Firewire genannt) zur Übertragung digitaler Daten, die Daten mit einer Rate von etwa 100 MBit/s übertragen können.

Firnis
Für die Druckfarbenherstellung aufbereitete > Bindemittel.

fixe Kosten
Fixe Kosten sind unabhängig von der Produktionsmenge.
Sie entstehen einem Unternehmen bei vollem Beschäftigungsgrad ebenso wie auch bei Stillstand. Hierzu zählen Mieten, Zinsen, Versicherungsprämien und teilweise die Abschreibungen. > Kosten

Fixierbad
Im fotografischen Prozess eine Salzlösung, mit der unbelichtetes Silberhalogenid nach dem > Entwickeln aus der lichtempfindlichen Schicht herausgelöst wird. Fixierbäder bestehen aus Fixiersalz, Säure, Konservierungsmittel, Härter und > Pufferlösungen. Das Silber ist aus dem im Fixierbad abgeschiedenen Silberhalogenid zurückzugewinnen. > fixieren

fixieren
Ein chemischer Vorgang im fotografischen Prozess, bei dem unbelichtete Silberhalogenid-Partikel nach dem Belichten und Entwickeln aus der fotografischen Schicht herausgelöst werden. Das belichtete Bild wird dadurch „haltbar". Da aber zurückbleibende Salze das Bild nach einiger Zeit angreifen, ist die somit erzielte Haltbarkeit begrenzt. Deshalb ist nach dem Fixieren noch ein gründliches Wässern in fließen-dem Wasser erforderlich.
> Fixierbad

Flachbettbelichter
> CTP-Belichter

Flachbettscanner
Scanner, bei dem Bilddaten der Vorlagen plan liegend erfasst und digitalisiert werden. Gesteuert wird der Flachbettscanner durch einen Rechner mit entsprechender Scanner-Software.
Die beleuchtete Vorlage wird zeilenweise abgetastet. Das entsprechend der Helligkeit bzw. Farbigkeit remittierte Licht wird über Spiegel, Filter und Linsen gebündelt auf CCD-Zeilensensoren projiziert, die aus tausenden winzigen Halbleiter-Fotoelementen bestehen. Die Bildvorlage moduliert das Licht, d. h. remittiert mehr oder weniger Licht je nach Tonwert. In den CCD-Sensoren wird einfallendes Licht in elektrischen Strom umgewandelt. Die so entstandenen analogen Ladungspakte pro Zeile werden taktweise nacheinander ausgelesen und im D/A-Wandler digitalisiert. Die digitalen Daten werden danach zur Speicherung und Verarbeitung in den Rechner übertragen.
CCD-Elemente können nur Helligkeiten, nicht aber Farben erfassen. Deshalb muss das von einer farbigen Bildvorlage remittierte Licht in einzelnen Rot-, Grün- und Blau-Signalen auf die CCD-Elemente projiziert werden. Hierzu wird beispielsweise das Licht durch ein Prisma geleitet und jeweils einer separaten CCD-Zeile zugeführt.
Anstelle von CCD-Elementen werden heute auch LED-Leuchtdioden eingesetzt.
Flachbettscanner gibt es für verschiedene Einsatzbereiche und Qualitätsanforderungen, z. B. Formate von DIN A4 bis DIN A0, Film-Scanner, Scanner mit Durchlichteinheit. Bei Scannern ist die tatsächliche optische Auflösung und nicht die interpolierte (hochgerechnete) Auflösung entscheidend.
> Auflösung, > CCD-Zeilensensoren

Flachbildschirme
Bildschirmtechnik mit > LCD-Anzeige oder Plasma-Display. Vorteilhaft für einen LCD-Bildschirm am Arbeitsplatz

gegenüber einem CRT-Bildschirm sind: geringe Tiefe, geringes Gewicht, völlig flimmerfreies, scharfes Bild, hoher Kontrast.
Jeder gute Bildschirm sollte das GS-Zeichen oder sogar das BG-PRÜFZERT-Zeichen (BG = Berufsgenossenschaft) tragen. > LCD-Bildschrm

F

Flachdruck
Hauptdruckverfahren.
Bildstellen und Nichtbildstellen der Druckform liegen praktisch auf einer Ebene. Das Einfärben der Druckform ist durch physikalische Wechselwirkungen an Grenzflächen möglich. Grundsätzlich ist die Druckform vor dem Einfärben zu feuchten. Drucktechnisch entscheidend ist ein bestimmtes Feuchtmittel-Druckfarbe-Gleichgewicht bzw. -verhältnis. Nichtbildstellen nehmen Feuchtmittel an, Bildstellen stoßen Feuchtmittel ab. Beim nachfolgenden Einfärben nehmen gefeuchtete Nichtbildstellen keine Druckfarbe an, Bildstellen werden eingefärbt. Das erste Flachdruckverfahren war der > Steindruck. Weitere Flachdruckverfahren sind der > Lichtdruck, der > Blechdruck und das heute bedeutendste Druckverfahren, der > Offsetdruck.
> wasserloser Offsetdruck

flächenbezogene Masse
Nach DIN 1301 die auf die Fläche bezogene Masse von Bedruckstoffen in g/m^2.

Flächendeckung
> Flächendeckungssumme, > Tonwertsumme

Flächendeckungssumme
Bedruckter Flächenanteil in %. Der Begriff bezieht sich auf den geometrischen Flächenanteil. Dagegen beschreibt der Tonwert die optische Gesamtwirkung eines Bildes im Rasterdruck, Dabei werden bedruckte und unbedruckte Flächenanteile sowie durch Lichtstreuung im Bedruckstoff verursachte Einflüsse berücksichtigt. > Bildstellen, > Tonwertsumme

Flächendruck
Ein vollflächiger Druck, der eine besonders intensive, starke Farbführung erfordert.

Flächengewicht
Nach SI-Einheiten die flächenbezogene Masse. > Flächenmasse

Flächenmasse
Bedruckstoffe: Das sogenannte „Papiergewicht".
Nach SI-Einheiten: > flächenbezogene Masse bzw. Flächenmasse in g/m^2.

Flächensensor
Auch: Arraysensor. Bildsensor mit zweidimensional angeordneten CCD-Zellen als optoelektronischer Wandler in digitalen Aufnahmegeräten (Digitalkamera, Buchscanner u. a.).
Das durch das Objektiv projizierte Licht des Bildes wird durch den Flächensensor, mit CCD-Chips bzw. CMOS-Sensoren erfasst und in elektrische Signale umgewandelt und danach gespeichert.

flachere Hierarchie
> Betriebshierarchie

Flachlage
> Planlage des Papiers

Flammpunkt
Maß für Feuergefährlichkeit einer Flüssigkeit. Lösemittel verdunstet und bildet Dämpfe. Der Flammpunkt ist die niedrigste Temperatur eines Lösemittels, bei der so viel Lösemittel verdampft, dass dieser Dampf im Gemisch mit Luft entflammt werden kann.
Brennbare Flüssigkeiten werden in bestimmte Gruppen und Gefahrenklassen eingeteilt: (Auszug)

Gruppe A: Flüssigkeiten, die nicht in Wasser löslich sind		
Gefahren-klasse	Eigen-schaften	Beispiel
I	Flüssigkeiten mit einem Flammpunkt unter 21 °C	Toluol, Spezial-benzin
II	Flüssigkeiten mit einem Flammpunkt von 21 bis 55 °C	Testbenzin, Xylol
III	Flüssigkeiten mit einem Flammpunkt von über 55 bis 100 °C	Heizöl
Gruppe B: Flüssigkeiten mit einem Flammpunkt unter 21 °C		
	in jedem Verhältnis bei 15 °C in Wasser löslich	Äthanol (Spiritus), Isopropanol, Aceton

Gefahrensymbol: Das Flammensymbol bedeutet „leicht entzündlich" und weist darauf hin, dass das Lösemittel einen Flammpunkt unter 21 °C hat und deshalb jederzeit bei Raumtemperatur entzündlich ist. Das Gefahrensymbol „gesundheitsschädlich", das Andreaskreuz, weist auf bestehende Gesundheitsgefahren hin.
> MAK-Wert. Abbildungen zu wichtigen Sicherheitskennzeichen im Anhang.

Flankensteilheit
Fotografische Reproduktion: Schwärzung einer Rasterpunktfläche.
Im Idealfall ist der Rasterpunkt über die gesamte Fläche gleichmäßig stark geschwärzt. Der Grad des Schwärzungsabfalls wird Flankensteilheit genannt.
Je steiler die Flanke, desto gleichmäßiger ist die Schwärzung und desto exakter ist der Rasterpunkt zu kopieren.
> Punkthof, > Punktkern

Flash Card
Kleine Speicherkarte für Text-, Bild-, Audio- und Videodaten, die in mobilen Geräten einzusetzen sind. Inzwischen ist eine Vielzahl unterschiedlicher Speicherkarten mit Kapazitäten von mehr als 32 Gigabyte in einer immer geringeren Größe auf dem Markt.

F

Flatrate
Engl. Bez. für einen monatlichen Pauschalpreis eines Anbieters zur Nutzung von Telefonverbindungen und des Internets.

Flattermarke
Druckweiterverarbeitung: Im Falz (Bund) zwischen der ersten und der letzten Seite eines Falzbogens gedruckte fette Linie, die vom ersten Falzbogen zu jedem weiteren um eine Stufe heruntergerückt wird.
Die Flattermarke ermöglicht visuell ein leichtes Kollationieren, d. h. eine rasche Kontrolle der richtigen Reihenfolge bei einem zusammengetragenen Buch- oder Broschurenblock. Sind die gefalzten Bogen in fortlaufender Reihenfolge richtig zusammengetragen, so verläuft die Anordnung der Flattermarke ohne Sprünge von rechts oben nach links unten. Teilweise wird die Flattermarke im Bund ergänzt durch die > Bogensignatur (Nummer des laufenden Bogens) und die > Bogennorm (Kurztitel).

Flattersatz
Asymmetrische Satzausrichtung, bei der entweder die linke oder die rechte Satzkante (Zeilenanfang oder Zeilenende) bündig ist, die andere Kante jedoch aufgefüllt wird, bis das nächste Wort (bei ausgeschalteter Silbentrennung) oder die nächste Silbe nicht mehr in die vorgegebene maximale Zeilenbreite passt.
Der bündigen Kante nach unterscheidet man zwischen linksbündigem Flattersatz und rechtsbündigem Flattersatz.
> Rausatz

Fleisch
Nichtdruckende Teile einer Bleiletter bzw. eines Buchstabens.

Flexibilität in der Arbeitswelt
Wortbedeutung: Anpassungsfähig, biegsam. Die Fähigkeit, sich auf neue, unbekannte Anforderungen und Bedingungen schnell und problemlos einstellen zu können.

Flexibilität im Beruf bedeutet, den technologischen Wandel möglichst frühzeitig zu erkennen, dem Wandel gegenüber aufgeschlossen sowie fähig und bereit zu einer raschen Veränderung zu sein.

Flexodruck
Hochdruckverfahren mit dem größten Marktanteil. Die Bedeutung hat durch Entwicklungen in der Druckmaschinetechnik, der Druckformherstellung, der Druckfarben u. a. in Verbindung mit einer unkomplizierten Drucktechnik deutlich zugenommen.
Typische Merkmale sind
- flexible Druckformen: weich- bis hartelastisch, als Druckplatten oder Sleeve (Druckformhülse)
- direkter Rollen-Rotationsdruck (Ausnahme: Druck einzelner Bogen für das Bedrucken von Wellpappe)
- niederviskose Druckfarbe, die durch das Verdunsten von Lösemittelanteilen trocknet
- Einfärbung (fast ausschließlich) mit einem > Kammerrakelsystem

Druckformen sind Original-Hochdruckplatten (> fotopolymere Auswaschdruckplatten) oder für einfache Qualitäten auch Hochdruckplatten-Nachformungen (Gummidruckplatten).
Druckelemente bestehen im Allgemeinen aus flächigen Druckelementen wie größeren Schriften, Strichzeichnungen und Farbflächen sowie Rasterbildern mit einer geringeren Rasterfrequenz bzw. Rasterweite.
Gedruckt werden Weichverpackungen, Etiketten und Vordrucke (z. B. Lottoscheine) in größeren Auflagen. Bedruckstoffe sind Papier, Kunststoff-, Metall- und Verbundfolien auf Rollen.
Das bedruckte Produkt wird in der Regel wieder aufgerollt und in weiteren Arbeitsgängen zu einem Endprodukt verarbeitet. Aber auch Inline-Produktionsanlagen (Druck, Druckweiterverarbeitung, Veredeln u. a.) sind im Einsatz.
Ein besonderes Gebiet ist der Druck auf Wellpappe in speziellen Bogen-Rotationsdruckmaschinen.
Entwickelt wurden auch Flexodruckmaschinen für den Zeitungsdruck.

Flextest
Buchbinderei: Blattwendetest zur dynamischen Prüfung der Festigkeit klebegebundener Buch- oder Broschurenblocks.
> Pulltest

fliegendes Blatt
Druckweiterverarbeitung: Bei der Buchherstellung wird durch das Vorsatz, ein zähes, festes Papier, der Buchblock mit der Buchdecke verbunden.
Das Vorsatzpapier hat das doppelte Format einer Buchseite.
Es wird mit einer Hälfte (Spiegel genannt) auf die innere Seite der Buchdecke angeklebt.
Die andere Hälfte, das sogenannte fliegende Blatt, bleibt frei stehen.

fliegendes Eindruckwerk
> Akzidenz-Rollen-Offsetdruckmaschine

Fliegenkopf
Im Bleisatz absichtlich auf den Kopf gestellte Buchstaben zum Anzeichnen, dass der verlangte Buchstabe nicht im Setzkasten vorhanden ist.
Auch > Blockade genannt.

Fließdreischneider
Buchbinderei, Druckweiterverarbeitung:
In Fließfertigungsanlagen zur Herstellung

von Broschuren integrierte Schneidemaschine (vielfach Trimmer genannt), die das Produkt dreiseitig in zwei Schnittfolgen bei zwei zu durchlaufenden Stationen beschneidet.
1. Station: Kopf- und Fußbeschnitt,
2. Station: Außenbeschnitt
(auch in anderer Reihenfolge möglich).

Fließsatz
Frühere Bezeichnung: Glatter Satz.
Der laufende Text in einem Druckprodukt in der > Grundschrift ohne > Auszeichnungen wie fett, kursiv oder eine andere Schrift.

Fließsatzanzeigen
Gleichartig aufgebaute, einspaltige Kleinanzeigen in Zeitungen und Zeitschriften.

Fließtext
Endlos erfasster Text. Dabei werden keine satztechnischen Vorgaben (Schriftart, Schriftschnitt, Schriftgröße, Zeilenlänge, Einzug u. a.) oder Auszeichnungen (fett, kursiv, andere Schrift u. a.) berücksichtigt.
> Fließsatz

flimmerfreier Bildschirm
Für ein ergonomisches, augenschonendes Arbeiten an einem Röhrenmonitor ist eine hohe Bildwiederholfrequenz > 72 Hz erforderlich. Nur damit ist der Bildschirm flimmerfrei.
Flachbildschirme sind aufgrund ihrer Bildwiedergabetechnik immer flimmerfrei.

Florpostpapiere
Satinierte, holzstofffreie Durchschlagpapiere mit einer flächenbezogenen Masse von 30 bis 39 g/m^2.

Flotation
Umwelttechnik:
Verfahren zum Abtrennen von Schweb- und Schwimmstoffen aus dem Abwasser mithilfe von Gasbläschen.
Flotationsverfahren:
Altpapieraufbereitung. Verfahren zur Ablösung und Entfernung von Druckfarben bei der Altpapieraufbereitung.
> Deinking

Flow-Chart
Ablaufplan, Datenflussdiagramm

Fluoreszenz
Charakteristische Leuchterscheinung (Emission) von festen Körpern, Flüssigkeiten oder Gasen nach dem Bestrahlen mit einer geeigneten Lichtquelle.
Dazu eigenen sich insbesondere UV-Lampen, deren Licht (Energie) von unserem Auge nicht wahrgenommen wird.
Unmittelbar nach dem Ende des Bestrahlens ist die Emission nicht mehr sichtbar.

Flussdiagramm
Grafische Darstellung zur Veranschaulichung komplexer Abläufe, z. B. Fertigungsstufen eines Buches vom Falzbogen bis zum Endprodukt in allen Phasen; Programmablauf.

fluten
Siebdrucktechnik: Rakeln des Siebes mit Druckfarbe vor dem Druck, um die Gewebemaschen mit Druckfarbe zu füllen.
Danach kann mit der Rakel im Druck eine einwandfreie, gleichmäßige Farbübertragung erfolgen.

f:mp
Fachverband Medienproduktioner, D-Zell (Mosel).

FM-Rasterung
Frequenzmodulierte Rasterung, die auf Stochastiken beruht (Stochastik = Zufall, Wahrscheinlichkeit).
Gleich große Rasterelemente (Punkte, Druckelemente) werden danach bei der Stochastik ersten Grades (theoretisch) vollkommen zufällig auf der Fläche entsprechend den Tonwerten der Bildvorlage platziert. In den Lichtern von Bildern ist

die Anzahl der Punkte gering, der Abstand zueinander ist groß. In Bildtiefen steigt die Zahl der Rasterpunkte bei immer geringer werdendem Abstand.
Bei der Stochastik zweiten Grades werden dem gegenüber durch „Spotverknüpfungen“ kleine Punktmengen so nebeneinander durch mathematische Berechnungen positioniert, dass unterschiedliche Spotgrößen entstehen. Dies führt zu einer sichereren Druckformherstellung und zu einer verringerten Tonwertzunahme im Druck. (vgl. hierzu > AM-Rasterung)

F

Fogra
Forschungsgesellschaft Druck e.V. in München.
Ziel ist die Förderung der gesamten Druckindustrie durch Forschung, Entwicklung und Anwendung und die Veröffentlichung der gewonnenen Erkenntnisse.
Die Fogra ist maßgeblich in internationalen Vereinigungen und Normenausschüssen für die Druckindustrie aktiv.
In Zusammenarbeit mit der > Ugra und dem Bundesverband Druck und Medien e.V. (bvdm) werden u.a. der > Prozess-Standard Offsetdruck und ein komplettes > Kontrollmittelsystem für den Produktionsprozess herausgegeben.

Fogra-Kontrollmittelsystem
> Kontrollmittelsystem für den Produktionsprozess

Fogra-Measuring-Bar
Messtafel für die Tonwertbestimmung auf Offsetdruckplatten.
Eine Musterplatte im Format 13 cm × 20 cm zeigt Rasterstufenkeile mit einer Rasterfeinheit von 60 L/cm (heute: 60/cm) und mit einer nichtperiodischen Rasterung bei 22 µm Punktgröße. Die Flächenbedeckung in den zwei mal 16 Rasterfeldern steigt von 2 % bis 98 %. Die Daten sind in einem Auswerteprotokoll festgehalten.

Folien
1. Digitale Präsentation:
   Eine Seite in einer Präsentationsgrafik (z.B. in PowerPoint).
2. Material aus Kunststoff.
   > Kunststofffolien

Folien-Heißprägung
Folien-Heißprägungen auf Druckprodukten werden heute insbesondere für Verpackungen der Schmuck- und Kosmetikbranche, hochwertigen Süßwarenverpackungen u.a. Produkte eingesetzt, um die Werbewirksamkeit zu erhöhen.
Hergestellt werden Folien-Heißprägungen auf speziellen Tiegel-Druckmaschinen.
Der Drucktiegel dieser Maschinen besitzt ein heizbares Fundament, auf das eine Prägeplatte montiert ist. Druckform für die Prägung ist ein gravierter Messingstempel oder auch eine Metallätzung in einer Stärke von ca. 7 mm.
Als Prägewerkstoff wird eine dünne Folie aus Blattgold, Silber, gemusterten Kunststoffen u.a. verwendet, die „endlos“ auf eine Trägerfolie aufkaschiert ist.
Beim Prägedruck wird die Prägefolie, die entsprechend der Druckbreite mit einem Vorschub nach jedem Druck weitertransportiert wird, gegen die Prägeplatte gepresst.
Durch Einwirken von Druck und Hitze werden Bildstellen der Prägegravur aus der Folie herausgetrennt und mit dem Druckbogen verschweißt.

Folienkaschierung
Schützender oder verstärkender Überzug aus Glanz-, Matt- oder strukturierter Folie bei Buchumschlägen oder ähnlichen Produkten, die starken Belastungen (z.B. Handhabung, Schweiß an Händen, Staub) ausgesetzt sind. Eine Folienkaschierung kann auch zur Veredelung des Produktes und für bestimmte Effekte eingesetzt werden. Verwendet werden Acetat-Folien, matte oder glänzende Polypropylenfolien, vorgeprägte Folien.

Druckfarben müssen gut durchgetrocknet sowie lösemittel- und alkaliecht sein.
Die Farbwiedergabe des Drucks kann sich durch das Lackieren verändern. Empfehlenswert ist eine Musterkaschierung.

Folienlayout
Vorlagen zur grafischen Gestaltung von > Folien einer Präsentation z. B. als Titelmaster und Folienmaster.
Diese können individuell bearbeitet und angepasst werden.

Folientastatur
Anstelle einzelner Tasten wird bei diesem Verfahren zur Eingabe eine wasserdichte, schmutzabweisende Folie mit einer gedruckten Tastenimitation verwendet.
Unter den einzelnen Zeichen befinden sich in der Regel Sensoren, die auf leichten Druck reagieren und Informationen übertragen.

Font
Allgemein: Schriftbildträger. Umsetzung einer bestimmten Schrift des Schriftdesigners in einen Satz von Bleilettern bzw. heute die Darstellung (gebrauchsfähige Form) als digitale Schrift.
Beispiele: Der Anwender kauft den Font Frutiger von Adrian Frutiger oder den Font Zapfino von Hermann Zapf bei einem Unternehmen.
Im erweiterten Sinne im DTP-Bereich: Bezeichnung für einen bestimmten Schriftschnitt (Ausprägung) einer > Schriftfamilie. Beispiele: normal (auch: Roman), fett (Bold), kursiv (Oblique), fett-kursiv. Bei der Weitergabe von Dateien an andere Systeme müssen ggf. die verwendeten Schriften (Bildschirm- und Druckerfonts) mitgeliefert werden. Diese dürfen aber nur für den einen bestimmten Auftrag verwendet werden.

Fontmanager
Bezeichnung für Dienstprogramme zur Schriftenverwaltung und -organisation.

Forest-Stewardship-Council
Abkürzung: FSC.
Internationale Organisation mit Sitz in Oaxaca, Mexiko, gegründet 1993.
Ziel der FSC ist die Förderung einer umweltverantwortlichen, sozialverträglichen und ökonomisch tragfähigen Bewirtschaftung der internationalen Wälder.
Die Vereinigung verleiht ein weltweit gültiges Gütesiegel für Holz, das gemäß ihren Grundsätzen produziert wurde.
Zu den Mitgliedern der FSC zählen Vertreter von Umwelt- und Menschenrechtsgruppen sowie Experten aus der Forstwirtschaft und der Holzindustrie.

Formalziele
> Ziele

Format
1. Allgemein:
   Rechteckige Größe eines Blattes, eines Bogens, einer Druckseite, einer Reprovorlage, eines Druckproduktes u. a.
   Bei einem Seitenformat von Bildvorlagen oder bei Druckseiten unterscheidet man zwischen Hochformat und Querformat. Grundsätzlich wird zuerst die Basislänge genannt, die parallel zur Schrift läuft. Beispiele:
   Hochformat 21 cm × 29,7 cm,
   Querformat 29,7 cm × 21 cm.
2. EDV:
   In der Computertechnik der Aufbau und die Struktur von bearbeiteten und gespeicherten Daten.
   > Dateiformat

formatieren
EDV: Das Anlegen von Spuren und Sektoren auf einem neuen > Datenträger, damit eine Datenverwaltung durch das > Betriebssystem möglich ist.
Befehl: FORMAT.

Formation
Papierqualität: Anordnung und Struktur der Papierfasern und anderer Komponen-

ten in einem Papier (Blatt).
Die Verteilung der Fasern kann im Durchlicht beurteilt bzw. gemessen werden.
Bei einer ungleichmäßigen Formation wirkt das Papier in der Durchsicht wolkig und flockig. Die Qualität der Formation wirkt sich in der Bedruckbarkeit (z. B. im Digitaldruck) aus.

Formatklassen
Bogen-Offsetdruck: Gebräuchliche Einteilung der Druckmaschinen, bezogen auf das maximale Druckbogenformat.
Die Einteilung ist nicht genormt, daher gibt es bei verschiedenen Herstellern von Druckmaschinen geringe Abweichungen von den Formatangaben.
Entscheidend für die Druckmaschinenkonstruktion ist der in der Praxis überwiegend zu bedruckende Bogen (DIN-Formate, erforderlicher Beschnitt usw.). Daher haben heute manche der Formatklassen nur eine geringe Bedeutung.

Formatklasse	max. Druckbogenformat in cm
01	46 × 64
0b	52 × 72
1	56 × 83
2	61 × 86
3	64 × 96
3b	72 × 102
4	78 × 112
5	89 × 126
6	100 × 140
7	110 × 160
8	124 × 180
9	140 × 200

Formatpapier
Papier, das überwiegend für grafische Zwecke, z. B. in Druckereien eingesetzt wird. Im Gegensatz zum Rollenpapier ist das Formatpapier bereits „ab Werk“ auf das vom Auftraggeber bestimmte Format zugeschnitten.
Dazu wird die Papierbahn auf einem > Rollenschneider der Länge nach und auf einem > Querschneider in der Querrichtung rechtwinklig geschnitten. Die fertigen Bogen werden anschließend in bestimmten Stückzahlen in Riese abgepackt.

Formatvorlage
In einem Programm unter einem Namen gespeicherte Gruppe von Informationen zur Formatierung von Texten.
Zu einer Formatvorlage gehören: Schriftart, Schriftgröße, Satzart (Blocksatz, links- oder rechtsbündig, Mittelachse), Gestaltung von Absätzen, Einzüge, Tabulatoren, Rahmen, Nummerierungen. Wird systematisch bei der Textverarbeitung gearbeitet, sind durch eine Änderung einer bestimmten Formatvorlage Variationen der Gestaltung im gesamten Text einfach und schnell durchzuführen.

Formensatz
Die Schrift wird nicht auf einer Linie als rechteckiger Textblock, sondern einer Formenlinie oder einem Umriss angepasst gesetzt. Diese Satzart wird auch Konturen- oder Figurensatz genannt.

Formular
Alle Arten von schriftlichen Mitteilungen mit wiederkehrenden und variablen Bestandteilen.
Die wiederkehrenden Mitteilungen sind für alle Empfänger bestimmt, die variablen nur für den Einzelnen. Formulare werden zur Informationsübermittlung und zur Informationsgewinnung benötigt.
Wichtige Kriterien für die visuelle Gestaltung eines Formulars sind das einfache, schnelle Erfassen und Bearbeiten der vorgedruckten Texte (Daten), auffällige Gestaltung wichtiger Daten mit dem Einsatz von Farbe und/oder Rasterfeldern, die Lesbarkeit und eine gute „Benutzerführung“ (einfaches Handhaben).

Formulardruck
Druck von speziellen Formularen unter Beachtung von produkt- bzw. weiterverar-

beitungstechnischen Erfordernissen, z. B. mehrfarbiges Drucken, Perforieren, Stanzen, Führungs- und Abheftlochung, Kleben, Zusammenführen, Herstellen von Durchschreibesätzen auf selbstdurchschreibende Papiere.
Überwiegend wird im Offsetdruck produziert.
> Endlosdruckmaschinen, > SD-Papier

Fortdruck
Auch: Auflagendruck. Druck der > Auflage nach dem Einrichten (Rüsten) der Druckmaschine und der Druckfreigabe durch den OK-Bogen.

Foto
Zweidimensionale Wiedergabe von Personen, der Natur oder von Objekten auf lichtempfindlichem Papier oder Filmmaterial (analoge Fotografie) bzw. einem digitalen Speicher einer Digitalkamera (Digitalfotografie).

Fotoelement
Ein Fotoelement verwandelt Licht direkt in elektrische Energie (= Spannungsquelle). Eine Schicht aus Halbleitermaterial, die auf einem Trägermetall angebracht ist, schickt bei Lichteinwirkung Elektronen in eine metallische Deckschicht.
Diese ist so dünn, dass sie Licht durchlässt. Während der Lichteinwirkung lässt sich die elektrische Leistung entnehmen.
Anwendung: verschiedene Sensoren, Fotobelichtungsmesser; als Sonnenbatterie z. B. für Satelliten.

Fotolithografie
Verfahren der fotografischen Druckvorlagenherstellung zur Reprovorbereitung (> Vorlagenherstellung und -korrektur) und Reproretusche (> Farbwertkorrektur). Heute durch digitale Prozesse überholt.

Fotomaterial
Lichtempfindliches Material für die Reproduktionsfotografie. Träger ist ein spezielles Papier oder eine transparente Kunststofffolie (Film).

Fotomultiplier
Fotomultiplier sind Fotozellen mit Sekundärverstärker.
Sie wandeln Lichtenergie in elektrischen Strom um und verstärken diesen um den Faktor 10^2 bis 10^5.

F

Fotopolymer-Druckplatte
Druckplatte mit einer fotopolymeren Schicht welche kopiertechnisch oder digital hergestellt werden kann.
Beispiel: Druckplatte für den Flexodruck.

Fotopolymere
Kunststoffe, die durch Einwirken bestimmter Strahlen (aktinisches Licht, z. B. UV-Licht, Laser) polymerisieren.

Fotosatz
Vor den heute eingesetzten digitalen Produktionssystemen die reine Satzherstellung von materiell oder immateriell gespeicherten Zeichen mithilfe von Strahlen (z. B. CRT-Röhre, Laser) auf ein Fotomaterial. Zuvor wurden für spezielle Arbeiten einfache Titelsetzgeräte eingesetzt.
Alle anderen Satzarbeiten konnten mit Fotosetzsystemen in hoher Qualität von zufriedenstellenden bis relativ hohen Leistungen gefertigt werden.
Fotosetzmaschinen erforderten ein manuelles Eingeben des Textes, sie waren untereinander nur selten kompatibel, konnten keine Bilder verarbeiten und erforderten eine lange Einarbeitungszeit für den Schriftsetzer.

Fotoschablone
Druckformherstellung: Fotomechanisch hergestellte Schablone für den Siebdruck.
Bildstellen von positiven > Kopiervorlagen werden bei der direkten Fotoschablone kopiertechnisch auf das lichtempfindlich beschichtete Siebgewebe übertragen.
Positive Bildstellen sind lichtundurchlässig,

Nichtbildstellen sind lichtdurchlässig. Stark UV-haltiges Licht härtet die Kopierschicht. Nicht belichtete Bildstellen sind beim Entwickeln durch Abbrausen mit Wasser vom Siebgewebe zu entfernen. Das Siebgewebe ist an diesen Stellen farbdurchlässig. Bei einer indirekten Fotoschablone wird ein lichtempfindlicher Kopierfilm erst nach dem Belichten und Entwickeln auf das Siebgewebe übertragen. Eine weitere Methode ist das direkt-indirekte Verfahren mit einer Kombischablone. Ein Kopierfilm wird nass auf das Siebgewebe übertragen, danach wird zusätzlich mit einer lichtempfindlichen Schicht beschichtet. Nach dem Belichten und Entwickeln wird der Schichtträger des Kopierfilms abgezogen.
> aktinisches Licht

Fotowiderstand
Fotowiderstände bestehen aus einer dünnen Schicht mit einem Halbleitermaterial, dieses ändert bei Lichteinwirkung seinen spezifischen Widerstand.
Beispiel: Dunkelwiderstand.
Anwendung von Fotowiderständen: Lichtelektrische Wandler, die Lichtgrößen in elektrische Größen umwandeln.

Fotozelle
Eine Fotozelle besteht aus einer Anode und einer Katode in einem luftleeren oder gasgefüllten Glaskolben. Die Katode besteht aus einem Metall, das Elektronen aussendet, wenn es vom Licht getroffen wird (z. B. Caesium, Kalium). Die Zelle leitet bei Lichteinfall Strom, weil die aus der Katode austretenden Elektronen zur positiv geladenen Anode gezogen werden.
Am Außenwiderstand entsteht dann ein Spannungsabfall, der einen Verstärker steuern kann. Anwendung von Fotozellen: Lichtelektrische Wandler, die Lichtgrößen in elektrische Größen umwandeln.
> Fotowiderstand, > Fotoelement

Fragmentierung
Fragment: Bruchstück.
Informationstechnik, EDV: Speicherung einer Datei auf einem Datenträger in nicht zusammenhängenden Speicherorten (> Clustern) oder Spuren.
Beim ersten Speichern einer Datei sucht das Betriebssystem einen freien Speicherplatz. Reicht dieser nicht aus, werden weitere freie Speicherplätze genutzt.
Dadurch liegt die gesamte Datei an verschiedenen Speicherplätzen.
Bei umfassenden Arbeiten kommt es zu einer starken Fragmentierung, die das Lesen einer Datei erheblich verzögert.
Durch Hilfsprogramme ist es möglich, Dateifragmente zusammenzuführen und damit die Arbeitsgeschwindigkeit des Rechners zu erhöhen. > Defragmentierung
Wirtschaft: Zersplitterung eines Marktes in unterschiedliche Ausprägungen

Fraktur
Lat.: Bruch. Gebrochene Schrift, die im 16. Jahrhundert entstand und ihren Höhepunkt in der Barockzeit hatte. Typisches Merkmal sind die „Elefantenrüssel“. In der Schriftklassifikation ist die Fraktur in der Klasse X „Gebrochene Schriften“ im Abschnitt d geführt.

Frames
Frames teilen ein Webbrowser-Fenster in Abschnitte ein, die separate Seiten bzw. eine separate Datei enthalten. Das Seitenlayout ist damit visuell interessanter zu gestalten, das Navigieren ist einfacher.

Franzband
Hochwertige Einbandtechnik aus der handwerklichen Buchbinderei. Typisches Merkmal sind starke, erhabene Bünde im Buchrücken.

Fräsrand
Bei einer Block- und Fächer-Klebebindung wird der Bund der zusammengetragenen Falzbogen aufgefräst, ggf. zusätzlich noch

eingekerbt und anschließend mit Klebstoff bestrichen.
Für das Fräsen ist im Bund ein Rand von 3 bis 4 mm je Seite zu berücksichtigen.

Freehand
Ursprünglich von Aldus (Übernahme durch Macromedia und danach Adobe) entwickeltes, hochwertiges Illustrationsprogramm zur Datenaufzeichnung mit Vektoren und Bezier-Kurven, das zu einem Standard geworden ist.

Freelancer
Freiberuflicher Mitarbeiter, z.B. bei einer Werbeagentur.

Freeware
Engl. Bezeichnung für urheberrechtliche geschützte Programme (Software), die für alle – teilweise nur – nichtkommerziellen Zwecke kostenlos genutzt werden dürfen. Zumeist im Internet zum Download angebotene (Hilfs-)Programme.

freier Journalist
Nicht fest gebundene Mitarbeiter einer Redaktion, die gegen Honorar Manuskripte (Berichte, Informationen) und/oder Fotos an die Redaktion liefern.

Freigabe
Erlaubnis zur Durchführung einer Arbeit mit einem festgelegten Inhalt.
Druckindustrie: Erlaubnis zur Ausführung des Drucks nach genehmigten Vorgaben.
> Imprimatur

freistellen
Bildbearbeitung: Bei einem Bild werden der Hintergrund oder unwesentliche Bildbestandteile aus dem Gesamtbild entfernt, um die optische Wirkung zu erhöhen oder Bildmontagen durchzuführen.

Fremddaten
Alle nicht in (haus-)eigenen Systemen erfassten Text-, Bild- und Grafikdaten, die ein Kunde zur weiteren Verarbeitung der Produktion zur Verfügung stellt. Zu einer rationellen, qualitativ einwandfreien und wirtschaftlichen Produktion ist eine genaue Abstimmung über die Art und Form der gelieferten Daten und der Datenträger erforderlich. Für eine störungsfreie Kommunikation zwischen dem Auftraggeber und der Produktion eignen sich z.B. Checklisten, in denen technische Daten und Vorgaben zweifelsfrei beschrieben und erfasst werden können.
> Datenlieferung

Fremdleistung
Kalkulation: Kosten, die zur Auftragsdurchführung nötig sind, jedoch nicht im eigenen Unternehmen erstellt werden können.

Frequently Asked Questions
> FAQ

Frequenz
Anzahl periodisch wiederkehrender Vorgänge innerhalb einer bestimmten Zeit, z.B. die Anzahl der Schwingungen des Stroms innerhalb einer Sekunde. Die Einheit wurde nach dem deutschen Physiker Hertz benannt: Hertz = Hz bzw. 1/s.
Größere Einheiten erhalten den Vorsatz Kilo (k) bzw. Mega (M).
1 Hz = 1 Schwingung/s
1 kHz = 1 000 Schwingungen/s
1 MHz = 1 000 000 Schwingungen/s

frequenzmoduliertes Rastern
> FM-Rasterung

Friktion
Mechanische Reibung.

Friktionskupplung
Antrieb: Reibungskupplung.

Frischfasern
Papierrohstoffe, die unmittelbar aus primären Rohstoffen, z.B. Holz, gewonnen

F

werden. Daher wird auch die Bezeichnung Primärfasern für diese Stoffe benutzt.
> Sekundärfasern

Front
Buchbinderei: Seitliche Außenkante bei einem Buch oder einer Broschur.

Frontaldruck
Druck auf der Vorderseite eines transparenten Bedruckstoffes (Kunststoff-Folie).

Frontispiz
Bezeichnung für ein > Titelbild in der > Titelei.

Frostbeständigkeit
Buchbinderei: Kälteempfindlichkeit.
Ein Klebstoff gilt prinzipiell als frostbeständig, wenn er im nicht verarbeiteten Zustand Temperaturen von 0 °C bis –20 °C unbeschadet übersteht.

Frühdrucke
Auch > Inkunabeln oder Wiegendrucke genannt.
Drucke aus der Zeit Gutenbergs von 1450 bis ca. 1500.

FSC
> Forest-Stewardship-Council, > Umweltzeichen

FTP
Engl. Abk. für: file transfer protocol.
Protokoll (Kommunikationsvorschrift), das auf TCP/IP basiert und zur Übertragung von Dateien verwendet wird.
Möglich ist das Übertragen von binären Dateien oder Textdateien.
Das Einwählen in ein Netz erfordert zumeist ein Passwort.
Grundsätzlich sind Dateien oder Ordner auf den Server zu transferieren (upload) oder vom Server herunterzuladen (download). FTP bezeichnet sowohl das Protokoll als auch das Programm für den ftp-Dienst im Internet.

fügen
Buchbinderei, Druckweiterverarbeitung: Grundverfahren und dazugehörende Arbeitsverfahren bei der Verarbeitung
1. Formschlüssiges Fügen, z. B. Binden, Heften, Nähen, Klammern
2. Stoffschlüssiges Fügen, z. B. Kleben, Klebebindung, Siegeln, Schweißen
3. Kraftschlüssiges Fügen, z. B. Klemmen
4. Offenes, schlussloses Fügen, z. B. Zusammentragen, Sammeln.

Full-Service
Rundum-Kundendienst. Ein einziger Ansprechpartner für den Kunden organisiert, bearbeitet und fertigt allein oder im Team mit anderen Unternehmen einen kompletten Auftrag.

Füllstoffe
Papierherstellung: Hilfsstoffe für die Papierherstellung, um bestimmte Eigenschaften zu erzielen.
Sie dienen dazu, die winzigen Zwischenräume zwischen den verfilzenden Fasern auszufüllen. Als Füllstoffe werden weiße Mineralien wie z. B. Kaolin eingesetzt. Der Gehalt an Füllstoffen in der Stoffmasse (> Ganzstoff) kann bis zu 30 % betragen. Ein zu hoher Einsatz von Füllstoffen verursacht ein > Stauben des Papiers im Druck.
Vorteile durch den Einsatz von Füllstoffen: Glattere Oberfläche, höhere > Opazität, höhere Flächenmasse, kostengünstigeres Papier (weniger Faserstoffe bei gleicher Flächenmasse).

Fusion
Lat.: Verschmelzung.

Fußnote
Erläuternde Texte bzw. Anmerkungen, z. B. Worterläuterungen und Quellenhinweise, in kleinerem Schriftgrad als die Grundschrift im Fuß des Satzspiegels einer Druckseite, am Ende eines Kapitels oder gesammelt am Ende eines Buches.

G

G
Einheiten, Vorsätze: Abk. für > Giga, z. B. GB.

galvanisieren
Elektrolytisches Verfahren zur Metallabscheidung.

Galvano
Hochdruckplatten-Nachformung, die auf galvanischem Weg hergestellt wurde. Das Verfahren ergab eine gute Qualität und eine hohe > Standzeit. Heute ist diese Druckform ohne Bedeutung.

Gamma
1. Übertragungsfunktion. Früher in der Sensitometrie verwendeter Begriff zur Beschreibung von Eigenschaften des Filmmaterials in der Fotografie, heute unter verschiedenen Aspekten verwendet und daher nicht eindeutig benutzt.
2. Bildverarbeitung: Kenngröße der > Gradation. Der Wert ergibt eine Information über die Tonwertabstufungen in Graustufenbildern. In der Gradationskurve, die einen geradlinigen Teil besitzt, ist der Gammawert der Tangens des Steigungswinkels. Ein Steigungswinkel von 45° entspricht dem Gammawert 1.
3. Bildschirmeinstellung: Gammakurven bzw. Einstellungen zur Kalibrierung, mit denen die Tonwertwiedergabe (Helligkeiten) auf die Vorgabe (Referenz) abgestimmt werden kann.

Gammakorrektur
Bearbeiten der Tonwertwiedergabe eines Graustufenbildes durch das Verdichten oder Erweitern von Bereichen mit dunklen oder hellen Grau-(Ton-)werten oder Farbtönen. Das Auge empfindet Helligkeitsänderungen in dunklen Bildbereichen stärker als in hellen Bildbereichen. Durch eine Gammakorrektur wird die nicht lineare Intensitätswahrnehmung des menschlichen Auges ausgeglichen.
Auch bei elektrischen Sensoren, Bildschirmen und anderen Geräten sollen durch die Gammakorrektur die menschlichen Sehgewohnheiten berücksichtigt werden.

Gamut
Auch: Color-Gamut. Farbraumumfang, der in einem bestimmten System wiedergegeben werden kann, z. B. durch einen Bildschirm, bei einem Proof oder mit Prozessfarben im Druck.

Gamut-Mapping
Anpassung der Farbräume unterschiedlicher Eingabe- und Ausgabesysteme, um die einheitliche Farbdarstellung und -wiedergabe zu optimieren.
Beispiel: Angleichung des RGB-Bildschirm-Farbraums an den CMYK-Farbraum der Druckfarben.

Ganzband
Buchbinderische Bezeichnung für ein Buch, dessen Buchdecke vollständig (= ganz) mit einem Überzugsmaterial aus einem Stück bezogen ist. Bei einem Ganzgewebeband sind die beiden Buchdeckel sowie der Rücken mit Gewebe überzogen, das außerdem an den Kanten jeweils eingeschlagen ist.
> Buch, > Halbband

ganzheitlich
Umfassende, übergreifende, weitsichtige Betrachtung eines einzelnen Prozesses im Umfeld eines gesamten komplexen Systems.
Beispiel aus dem Umweltschutz:
Es werden nicht nur die eigenen Leistungen innerhalb des Unternehmens, sondern auch die für die Produktion erforderlichen übergreifenden Faktoren berücksichtigt. Dies sind Umweltbelastungen im Zusammenhang mit der Druckproduktion, z. B.

- Herstellung von Druckplatten, Druckfarben, Hilfsstoffen und Papier (Rohstoffe, Produktion, Energiebedarf u. a.)
- Papier- und Materialbeschaffung
- Verpackung und Transport der Materialien
- Planung einer optimalen Auflagenhöhe
- Lieferung bzw. Verteilung der erzeugten Produkte an den Kunden

ganzheitliches Denken
Jeder noch so kleine Arbeitsvorgang ist Teil eines größeren Prozesses. Diese wiederum sind Teile eines Gesamtsystems.
Prozesse und komplexe Systeme erfordern von jedem Mitarbeiter und Verantwortlichen ein Denken in Zusammenhängen, Erkennen von Verflechtungen sowie das Einbeziehen sämtlicher Teilergebnisse in die Betrachtung und Beurteilung des geforderten Endergebnisses.
Ganzheitliches Denken und Handeln ist eine unabdingbare Forderung an das Qualitäts- und Umweltmanagement.
Es besagt, dass die Qualität von Erzeugnissen materieller und immaterieller Art grundsätzlich von den vier großen M geprägt wird:
- Menschen, die planen und die Planung umsetzen
- Materialien, die bezogen und eingesetzt werden
- Methoden der Behandlung und Produktion, der Weiterverarbeitung und der Auslieferung
- Maschinen zur Bearbeitung und Produktion.

Ganzseite
Druckseite mit allen Texten, Grafiken, Bildern und sonstigen Elementen als Kopiervorlage (Film) oder elektronisch gespeicherte Daten.

Ganzseitenausgabe
Bei computergesteuerten Systemen werden bei der Text-Bild-Integration alle Elemente einer (Druck-)Seite elektronisch am Bildschirm positioniert und auf einem Datenträger gespeichert. Die Ganzseite ist direkt auf Film (Computer-to-Film) oder ein anderes Ausgabemedium (z. B. Computer-to-Plate) auszugeben. Dabei können auch mehrere Ganzseiten druckformgerecht ausgeschossen ausgegeben werden.

Ganzseitenmontage
> Ganzseitenausgabe, > Ganzseitenumbruch

Ganzseitenumbruch
Manuelles oder heute digitales Zusammenstellen einzelner Texte, Grafiken und Bilder zu einer fertigen Druckseite (> Ganzseite). Bei digitaler Verarbeitung der Daten erfolgt der Umbruch am Bildschirm.
Gespeicherte Texte und Bildelemente werden nach einem Schema (Layout, Gestaltungsraster u. Ä.) positioniert und wieder digital abgespeichert. Eine manuelle Seitenmontage mit Kopiervorlagen (Filmen) ist nicht mehr zeitgemäß.

Ganzstoff
Papierherstellung: Verarbeitungsfertiges Stoffgemisch (Suspension) aus Wasser, verschiedenen Halbstoffen, Füllstoffen, Leimen und sonstigen Zusätzen.

Ganzzeug
Früher verwendeter Ausdruck für > Ganzstoff.

Gap
Spalt, Lücke.
1. Datenverarbeitung: Zur Strukturierung der Daten eine Leerstelle bei der Datenspeicherung oder -übertragung.
2. Computertechnik: Abstand des Schreib-/Lesekopfes von einem Speichermedium.
3. Drucktechnik: > Minigap.

Garnitur
Druckschriften:
Mit einer Garnitur werden sämtliche Grade (Größen) einer bestimmten Schrift in einem bestimmten Duktus bezeichnet.

Beispiele für Garnituren:
Garamond gewöhnlich; Garamond halbfett; Helvetica leicht; Helvetica kursiv.

Gateway
Englisch: Eingangstor.
Verbindung bzw. Übergang zwischen verschiedenen Netzwerken.

gaufrieren
Prägen der Papieroberfläche, um eine bestimmte Musterbildung zu erhalten.

Gautschbrief
Urkunde über eine traditionelle Taufe im grafischen Gewerbe.
> gautschen

gautschen
1. Tradition:
   Bezeichnung für die traditionelle „Buchdruckertaufe", der sich jeder Lehrling des grafischen Gewerbes bzw. der Druckindustrie nach Abschluss der Ausbildungszeit unterwerfen muss. Ist er traditionell gegautscht worden, erhält er eine Urkunde, den Gautschbrief.
2. Papierherstellung:
   - Mechanisches Entwässern des Papierstoffes bei manueller Herstellung nach dem Schöpfen bzw. bei industrieller Herstellung nach der Siebpartie mit Nasspressen.
   - Zusammenpressen zweier oder auch mehrerer noch feuchter Faserstoffbahnen zur Herstellung von dicken Papieren oder Karton in kombinierten Langsiebpapiermaschinen.
     Dabei werden keine Klebstoffe eingesetzt.

Gaze
Gewebe, das bei der Buchherstellung zu einer höheren Festigkeit der Bindung mit den einzelnen Bogen geheftet wird.

GB
Abk. für > Gigabyte (auch: Gbyte).

GCR
Engl. Abk. für Grey-Component-Replacement bzw. Grey-Scale-Reduction.
Farbbildverarbeitung:
Im > Unbuntaufbau der Austausch einer Buntfarbe bei dreifarbig erfassten Farbwerten durch einen entsprechenden Grauwert mit der Druckfarbe Schwarz. Bei neutralen Grautönen, die überwiegend durch die drei Prozessfarben Cyan, Magenta und Gelb entstehen, sind Farbschwankungen im Druckprozess sehr leicht zu erkennen.
Durch GCR ist insbesondere bei schwierig zu druckenden Bildern eine visuell gleichmäßiger erscheinende Druckqualität durch die Graustabilisierung (Grau- bzw. Farbbalance in Tertiärfarbtönen) mit Schwarz zu erreichen.
Der Schwarzanteil durch GCR ist dabei je nach Bildvorlage variabel einzusetzen.
Man spricht bei (konventionell) bunt aufgebauten Farbsätzen von einem Skelett-Schwarz, da es nur in den Tiefen des Bildes druckt. Bei Farbsätzen mit GCR werden unbunte Tertiärfarben mehr oder weniger stark durch Schwarz ersetzt, es entsteht ein dementsprechend „langes" Schwarz mit erheblich mehr Tonwerten.
Der Schwarzauszug wirkt deutlich voller. Er enthält Druckelemente von Lichtern bis zu Tiefen eines Bildes.
Im Druck wird zudem die maximale Flächendeckung (Tonwertsumme durch Übereinanderdruck aller Druckfarben) reduziert. Das verringert Farbannahmeprobleme und reduziert die benötigte Farbmenge bei Buntfarben.

gebrochene Farben
Eine Körperfarbe (Druckfarbe, Malerfarbe u. a.) wird mit der entsprechenden > Komplementärfarbe gemischt.
Die Farbigkeit bleibt im Gegensatz zu einer Mischung mit Schwarz erhalten.

gebrochene Schriften
Schriften, die ursprünglich zwischen dem 11. und 15. Jahrhundert entstanden und

keine oder nur sehr geringe Rundungen aufweisen.
> Klassifikation der Schriften

Gedankenstrich
Satzzeichen, das einen eingeschobenen Satz (Gedanke, Ergänzung, Hinweis) deutlicher als durch ein Komma abtrennt und hervorhebt. Er wird außerdem genutzt als Streckenstrich, Strich bei Währungsangaben und Strich anstelle von „bis" und „gegen".
Der Gedankenstrich hat die Länge eines Halbgeviertes.
> Striche auf der Tastatur, > Striche in der Satztechnik

gedruckte Elektronik
Durch Drucktechniken hergestellte elektronische Bauelemente für verschiedenste Anwendungen in Bereichen wie Energie, Elektronik, Medizintechnik, Automobilbau sowie Luft- und Raumfahrt. Vielfach könnten diese Anforderungen mit konventioneller Elektronik nicht umgesetzt werden. Gedruckt werden elektronische Funktionsmaterialien in flüssiger oder pastöser Form. Auf geeigneten Trägermaterialien werden Sensoren, Schaltkreise, Displays, Leiterbahnen, RFID´s u.a. gedruckt. Diese Funktionsmaterialien können elektrisch leiten, isolieren, speichern, Farben und Zustände ändern oder Licht emittieren.
Besondere Vorteile sind u.a.: Äußerst präzise, federleicht, hauchdünn, elastisch und flexibel anzupassen.

Gefahrenklassen
Sicherheitsangaben, zu veröffentlichen auf Sicherheitsdatenblättern, für den Umgang mit gefährlichen Stoffen z. B. Lösemitteln.
> Flammpunkt

Gefahrstoffverordnung
Ermittlungspflicht und Beurteilung von Gefahrstoffen durch den Arbeitgeber.
Gefahrstoffe sind möglichst durch geeignetere Stoffe zu ersetzen.
In der Gefahrstoffverordnung sind Anforderungen an die Druckereien festgelegt: Überwachung, Schutzmaßnahmen, Betriebsanweisung, Unterweisung, Vorsorgeuntersuchungen, Beschäftigungsbeschränkungen, besondere Vorschriften für den Umgang mit krebserzeugenden und erbgutverändernden Gefahrstoffen.

gegenkaschieren
Buchbinderei: Beidseitiges Bekleben eines Materials, um Zugspannungen auszugleichen.
Beispiel: Buchdeckenherstellung.

Geisterbild, Geisterdruck
Druckfehler: Geistereffekt, Druckschatten. Schwache, schattenartige Bildstellen zeichnen sich in Nichtbildstellen oder in flächigen Bildstellen ab. Ursache sind z. B. Kontakterscheinungen, die durch das Trocknen der Druckfarbe entstehen können.

geklebter Karton
Aus mehreren fertigen (trockenen) Faserstofflagen in Klebemaschinen hergestellter Karton. Geklebte Kartons sind besonders steif. Durch die Brennprobe (Anzünden einer Kante) ist festzustellen, ob ein Karton > gegautscht oder geklebt ist. Bei einem geklebten Karton spalten sich die einzelnen Lagen.

Gel
Gallertartig ausgeflockter Niederschlag aus kolloidalen Lösungen.
> Sol

Gelb
Grundfarbe der subtraktiven Farbmischung, Prozessfarbe (Y) für den Vierfarbdruck.

Gel-Sol-Gel-Umwandlung
Druckfarbenreaktion durch speziellen Bindemittelaufbau. Eine thixotrope Druckfarbe verringert durch mechanische Einwirkung, (z. B. Durchrühren mit einer Spachtel, Verteilen und Verreiben durch Walzen

des Farbwerkes einer Druckmaschine) die Viskosität.
Sobald diese Einwirkung nachlässt, erhöht sich die Viskosität wieder. Die dünnerflüssige Druckfarbe wird leichter im Farbwerk gespalten und zur Druckform transportiert. Auf den Bedruckstoff übertragen, also in Ruhe, wird der Farbfilm zähflüssiger und damit in der Oberfläche fester. Diese Reaktion ist eine wesentliche Voraussetzung für einen > Nass-in-Nass-Druck. > Thixotropie

GEMA
Gesellschaft für musikalische Aufführungs- und mechanische Vervielfältigungsrechte in Deutschland mit den Hauptsitzen in München und Berlin.
Die GEMA ist eine sogenannte Verwertungsgesellschaft. Sie nimmt die urheberrechtlichen und wirtschaftlichen Interessen ihrer Mitglieder wahr, indem sie Gebühren für die Nutzung und Verwertung einzieht.

Gemeine
Bezeichnung für Kleinbuchstaben, früher Minuskeln genannt. Großbuchstaben sind > Versalien (Majuskeln).

Gemeinkosten
Gemeinkosten sind alle anfallenden Kosten, die einem Kostenträger nur indirekt zuzurechen sind.
Für eine Verrechnung solcher Kosten ist ein Betrieb in Kostenstellen gegliedert.
Die Kostenarten sind dann auf die Kostenstellen nach dem Verursachungsprinzip zuordnen.

generell
Allgemein, allgemein gültig.

generieren
Lat.: erstellen, hervorbringen.

generisch
Lat.: die Gattung betreffend.
In der digitalen Bildbearbeitung vorgefertigte Profile für das Color-Management.

generisches Profil
Simulationsprofil zur Herstellung eines Proofs, das auf Basis einer Drucknorm oder über gemittelte Charakterisierungsdaten erstellt worden ist.

geometrische Mitte
Eine Fläche, z. B. ein Satzspiegel, ist exakt vertikal und horizontal in der Mitte geteilt. Werden Linien, Zeilen oder Flächen auf der geometrischen Mitte angeordnet, wirkt dies beim Betrachten optisch „durchgehangen“, d. h. leicht tiefer stehend.
> optische Mitte

gerade Seite
Druckseite mit einer Seitenzahl, die ohne Rest durch 2 teilbar ist.
Eine gerade Seite steht im Endprodukt immer rechts vom > Bundsteg.

geräteabhängiger Farbraum
Mit einem Gerät unter bestimmten Bedingungen oder unter Einsatz eines bestimmten Materials wiederzugebender > Farbraum. Im Gegensatz zu dem geräteunabhängigen Farbraum ist nur ein Teilbereich der in der Natur vorkommenden Farben im Prozess zu realisieren. Im digitalen Workflow eingesetzte Geräte sowie im Druckprozess haben alle Komponenten einen eigenen, also geräteabhängigen Farbraum. Um eine möglichst optimale Farbübertragung im gesamten Prozess zu gewährleisten, ist ein > Color-Management erforderlich.

geräteunabhängiger Farbraum
Farbraum, der den gesamten sichtbaren Spektralbereich umfasst und in dem jeder Farbton datenmäßig genau beschrieben werden kann. > CIELAB

geruchsarm, geruchsneutral
Für Lebensmittelverpackungen und Sekundärverpackungen (Faltschachteln) geforderte sensorische Eigenschaften von Druckfarben. > Migration

Gesamtfarbauftrag
Bei einem Farbdruck die Menge der übereinander liegenden Druckfarbenschichten in Prozent. Theoretisch kann dieser beim Druck der Prozessfarben Cyan, Magenta, Gelb und zusätzlich Schwarz 400 % betragen. Dies würde nicht nur einen nicht erforderlichen hohen Verbrauch an Druckfarbe bedeuten, sondern erhebliche Druckschwierigkeiten verursachen.

Je nach Drucktechnik und Bedruckstoff wird daher ein maximaler Gesamtfarbauftrag empfohlen, der bereits in der Druckvorstufe als maximale > Tonwertsumme im Bildaufbau berücksichtigt wird. Beispiele für empfohlene maximale Tonwertsummen nach dem > MedienStandard Druck 2010:

- Bogen-Offsetdruck: ≤ 340 %
- Rollen-Offsetdruck
  Akzidenz: ≤ 300 %
  Zeitung: ≤ 260 %
- Rakel-Tiefdruck: ≤ 340 %
- Endlosdruck
  (ohne Trocknung): ≤ 280 %

geschlossene Datei
Zu den geschlossenen Dateien gehören PostScript-, PDF- und EPS-Daten.
Diese Dateien können prinzipiell nicht mehr verändert werden.
Sie werden mit den vom Kunden voreingestellten Parametern 1 : 1 übernommen und gedruckt.
Nachträgliche Änderungen können in der Regel nur vom Kunden durchgeführt werden.
Ebenso muss der Kunde gewisse Richtlinien für das Schreiben der Dateien einhalten, ohne die eine Datenübernahme und ein Drucken nicht problemlos möglich ist.

geschützte Datei
Eine Datei, die gelesen, in die aber nicht geschrieben und die nicht gelöscht werden kann.
Diese Art des Zugriffs wird auch Nur-Lese-Zugriff genannt.

geschütztes Leerzeichen
Ein mit einem Layoutprogramm eingegebenes Leerzeichen, das bei allen Änderungen im Satz bzw. Umbruch erhalten bleibt.

Gesichtsfeld
Das Gesichtsfeld ist der Bereich, den der Mensch mit beiden Augen (binokuläres Sehen genannt) gleichzeitig überblicken kann, ohne die Augen dabei zu bewegen.
Bei zusätzlicher Bewegung der Augen wird ein wesentlich größerer Bereich erfasst, diesen Bereich nennt man Blickfeld.
Das Gehirn bildet aus den Bildern der beiden Augen, die sich in der Mitte überschneiden, ein Gesamtbild:
Wir sehen und nehmen unsere Umwelt wahr. Nur in dem Bereich der Überschneidung ist eine Tiefenwahrnehmung möglich. Das Gesichtsfeld erfasst mit beiden Augen in der Horizontalen etwa 140 bis 175 Grad, in der Vertikalen jedoch nur etwa 110 Grad.
Die optimale Leistungsfähigkeit im Sehen liegt dabei jedoch nur in der Mitte der Netzhaut. Nur hier sehen wir scharf, zum Rand hin fällt die Schärfe auf bis zu 30 % ab.
> Auge

gesperrt
Auszeichnung im Text.
Hervorhebung eines Wortes durch einen vergrößerten Zeichenabstand (Abstand zwischen den Buchstaben und sonstigen Zeichen).
> Auszeichnung

Gestalt
Äußere Erscheinung, Beschaffenheit, Aussehen, z. B. einer Person, eines Gegenstandes.

Gestaltgesetze
Psychologie der Wahrnehmung:
Erkenntnisse zu Phänomenen, auf welche Weise und aus welchem Grund Funktionen und Eigenarten einer Gestaltung von Menschen wahrgenommen werden.

Gestaltung

1. Allgemein:
   Kreative Prozesse in verschiedenen persönlichen Lebensbereichen, der Gesellschaft, der Politik, der Umwelt u. a. zur Beeinflussung, Entwicklung oder Veränderung.
2. Design, Typografie:
   Entwurf, „Formgebung".
   Kreative Arbeit zwischen Kunst und handwerklichem Können.
   Entwurf von Produkten für Printmedien und digitale Medien, bei denen je nach Zielsetzung Kriterien wie Lesefreundlichkeit, Funktionalität und Ästhetik mehr oder weniger bedeutend sind.
   Der Betrachter erkennt vor allem das Gesamtkonzept und die Harmonie der eingesetzten Mittel – weniger das Detail.
   > ästhetisches Gleichgewicht

Gestaltung mit Schrift
> Typografie

Gestaltungsraster
Ordnungssystem für eine einheitliche, durchgängige Gestaltung (Grafik-Design). Systematisch aufgebautes horizontales und vertikales Liniensystem in einem Layout für die Gestaltung von Druckseiten eines Produktes, nach dem alle Texte, Bilder, Grafiken und Flächen angeordnet werden.
> Grundlinienraster

gestrichene Bedruckstoffe
Bedruckstoffe: Veredelung eines Rohpapiers oder -kartons durch Auftragen einer pigmentierten Streichdispersion, dem sogenannten Strich.
Durch einen gleichmäßigen Auftrag von Streichdispersion ist eine gleichmäßige und geschlossene Oberfläche bei Druckpapieren zu erzielen. Dadurch wird die drucktechnische Wiedergabe feinster Details (> Raster) wesentlich verbessert.
Der Markt unterscheidet bei gestrichenen Papieren zwischen holzhaltigen, leicht holzhaltigen und holzstofffreien Qualitäten des ungestrichenen Rohpapiers sowie der Art und Dicke der aufgetragenen Strichmenge.
Grundsätzlich gilt: Je besser das Papier und seine Oberfläche ist, desto besser kann der Druck sein.
Der Bedruckstoff kann ein- oder beidseitig, matt oder glänzend, weiß oder farbig gestrichen werden. Die Qualitäten unterscheiden sich in der Zusammensetzung der Streichdispersion, der Menge des Strichauftrages und der Streichtechnik. Eine Normung der Qualitäten und einheitliche Angaben bestehen dazu weitgehend nicht. In der einfachsten Streichtechnik wird in einem Streichaggregat der Papiermaschinen (Leimpresse) gestrichen. Bei allen besseren Qualitäten werden jedoch separate Streichmaschinen eingesetzt. Je nach Qualität des Produktes erfolgt zuerst ein Vorstrich und danach der Deckstrich („Top-Strich").
Das gestrichene Papier wird zur Erzielung eines guten Glanzes mehr oder weniger stark > satiniert.
Gussgestrichene Bedruckstoffe werden jedoch nie satiniert.
> Satinage, > gussgestrichen, > LWC-Papier, > Streichmaschinen.
Übersicht Qualitäten und Streichtechniken siehe Anhang.

gestürzte Zeile
Schriftzeile, die senkrecht zur normalen Leserichtung steht und überwiegend vom Fuß zum Kopf verläuft. Eingesetzt bei Titelzeilen auf einem Buchrücken, in Tabellenköpfen, als besonderer Blickfang bei Plakaten und Prospekten.

Getriebe
Maschinenbauteil zur Übertragung oder zur Veränderung von Kräften.

Geviert
Im Bleisatz ein quadratisches Stück Blindmaterial (nicht druckendes Teil) in der Länge der Kegelgröße der Schrift.

Es wurde zum Ausschließen (Füllen) einer Zeile benutzt. Bei einer Schriftgröße von 10 p hat das Geviert eine Ausdehnung von 10 × 10 p. Die Bezeichnung wird heute noch für eine immaterielle quadratische Fläche der Schriftgröße in der Satztechnik verwendet.
> Geviertstrich

Geviertstrich

Während im Bleisatz das > Geviert eine feste Größe war, ist es in der digitalen Textverarbeitung bei einigen Layoutprogrammen variabel.
Das Standard-Geviert entspricht noch immer der Schriftgröße (wie ein Bleisatzkegel).
Im digitalen DTP-Satz gelten:
Geviert = Breite von zwei Ziffern,
Halbgeviert = Breite einer Ziffer,
Viertelgeviert = halbe Breite einer Ziffer.
> Striche im Satz

Gewebe

Aus einzelnen Fasern werden Fäden gesponnen, die zu Geweben weiterverarbeitet werden. Jedes Gewebe besteht dabei aus Längs- und Querfäden. Die Längsfäden sind stabile durchgehende Fäden, man nennt sie Kettfäden.
Querfäden laufen je nach Bindungsart unterschiedlich über und unter die Längsfäden, man nennt sie Schussfäden.

Gewebedicke

> Fadendicke in µm bei einem Siebdruckgewebe.

GIF

Graphics-Interchange-Format.
Bilddatenformat für elektronisch publizierte Bilder im Internet. Durch entsprechende Software sind aus Einzelbildern Animationen für Webseiten zu erzeugen.
Besonderer Vorteil: Geringe Dateigröße.

Giga

1. Naturwissenschaft: Das Milliardenfache (10^9) einer Einheit. Abk.: G.
   Beispiel: 1 Gigameter = 10^9 m
   = 1 000 000 000 m
2. EDV: Hier gilt nicht der Faktor 1 000, sondern 1024. Danach ist z. B.:
   1 Gbyte = 1024 Mbyte = 1 048 576 Kbyte = 10^9 Byte = 1024 × 1024 × 1024 = 1 073 741 824 Byte

Gigabyte

Abkürzung: GB, auch Gbyte.
1024 Megabyte bzw. 1 048 576 Kilobyte (ca. 1 Million Byte).
> Byte, > Giga

Gigantografie

Rasterprojektion: Starke Vergrößerung gerasterter Filme, z. B. für den Druck von Plakaten. Es wird in einem kleineren Format reproduziert und angedruckt.
Bei Druckerlaubnis erfolgt die Reproduktion auf das Endformat durch proportionales Vergrößern.
Beispiel für die Veränderung der > Rasterweite:
Hat der Andruck eine Rasterweite von 60 Linien/cm, so hat das Endformat bei 3-facher Vergrößerung nur noch 20 Linien/cm.

GIMP

Engl. Abk. für GNU-Image-Manipulation-Program. „The Gimp“ ist eine frei verfügbare Software zur Bildbearbeitung.

Glanzfolienkaschierung

Überziehen eines Druckproduktes mit einer glänzenden Folie.
Das Druckprodukt wird optimal geschützt vor mechanischen Einflüssen, Fingerabdrücken u. Ä., die Druckfarbe wirkt brillant und leuchtend.

Glasfaserkabel

Auch: Lichtwellenleiter.
System sehr dünner Glasfasern, das digitale Signale (Daten) als Lichtsignale (Impulse) in sehr hoher Übertragungsgeschwindigkeit weiterleitet. Diese Technik

ist die Basis für eine wesentlich schnellere Telekommunikation.
> ISDN

glatter Satz
Gesetzter Text, der nur aus der > Grundschrift gesetzt ist.

Glattschnitt
Randbeschnitt an Bogen bzw. Papierstapeln.

Gleichgewichtsfeuchte
Feuchte innerhalb des Papiers, die im Normalfall der Umgebungsluft entspricht. Die Luft, die sich zwischen den einzelnen Bogen befindet, steht so mit dem absoluten Wassergehalt des Papiers in einem Gleichgewicht. Die Gleichgewichtsfeuchte ist mit einem (Stech-)Hygrometer zu messen.
> Papierverzug, > Tellern, > Randwelligkeit

Glitterlack
UV-härtende Lacke, in die Polyesterteilchen oder sogenannte Glitter (Teilchengröße 50–400 µm) eingemischt sind.
Glitter ergeben einen glitzernden Effekt, bilden jedoch bei Schriften und Flächen unscharfe Ränder.

Glyphe
1. In der Datenverarbeitung wird ein (Schrift-)Zeichen codiert. Das „Bild" des Buchstaben oder Zeichen wird deshalb Glyphe genannt.
2. Schriftzeichen, das in einer Schrift in verschiedenen Formen vorkommt. Beispiel: Das „s" in einer gebrochenen-Schrift.

Goldener Schnitt
Schönheitsgesetz für die Harmonie der Proportionen in der Gestaltung, der Kunst und vielen anderen Bereichen, das ein ästhetisches Seitenverhältnis ergibt.
Dabei verhält sich der kleinere Teil einer Strecke zu dem größeren Teil, wie der größere Teil zur Gesamtstrecke.
Basis: 1 : 1,618.
Danach ergeben sich folgende Seitenverhältnisse: 3 : 5; 5 : 8; 8 : 13; 13 : 21.

Gotik
Stilepoche der europäischen Kunst ab Mitte des 12. bis Ende des 15. Jahrhunderts in der Baukunst, der Plastik, der Malerei und der Mode. In diese Zeit fällt auch die Erfindung der Buchdruckerkunst durch > Gutenberg.

gotische Schrift
1. Handschrift:
   Schriftarten, die bis zur Erfindung der Buchdruckerkunst, vor allem in Urkunden und wichtigen Dokumenten, verwendet wurden. Wie auch in der Baukunst entwickelten sich Größe, Kraft und Zierlichkeit im Schriftbild.
2. Druckschriften: Gebrochene Schrift.
   > Schriftklassifikation

„Gott grüß die Kunst"
Historischer Gruß der Druckerzunft im deutschsprachigen Raum.

Gradation
1. Reproduktion, Bild:
   Tonwertabstufungen. Wiedergabe von Tonwertabstufungen einer Bildvorlage in ein anderes Produkt, z. B. als Kopiervorlage und im Druck.
2. Filmbasierte Reproduktionstechnik:
   Wiedergabefähigkeit eines Fotomaterials für Tonwertabstufungen einer Bildvorlage unter bestimmten Verarbeitungs bedingungen (Belichtung, Entwicklung, Chemikalien).
   Die Bezeichnung bezieht sich auf den Kontrast eines entwickelten Fotomaterials. Der Wert der Gradation ist aus der Steilheit des geradlinigen Teils der charakteristischen Kurve, > Gamma genannt, abzulesen.

Man unterscheidet bei Fotomaterialien Gradationsstufen zwischen weich und ultrasteil. Eine ultrasteile (sehr harte) Gradation

bildet nur zwei Tonwerte ab, z. B. Schwarz und Weiß.
Je weicher die Gradation ist, desto mehr unterschiedliche Helligkeitswerte liegen zwischen Schwarz und Weiß.

Grafik
1. Allgemein:
   Zeichentechniken.
   Heute ist der Begriff durch manuelle und gerätebezogene Verfahren zu ergänzen, mit denen Ideen in Zeichen oder Bilder umgesetzt werden.
2. Original-grafische Techniken sind manuell-künstlerische Verfahren der Druckformherstellung, z. B. Holzschnitt, Linolschnitt, Lithografie, Radierung, Kupferstich.

Grafik-Designer
Kreativer Beruf in der > visuellen Kommunikation mit den Tätigkeitsbereichen:
Planung einer Werbemaßnahme, produktbezogene Gestaltung einer Fläche durch Text, Bild, Farbe und grafische Elemente. Zu der gestalterischen Umsetzung gehören die Bereiche Typografie, Schriftgrafik, Fotografie und Medientechnik.
Häufig ist der Grafik-Designer auch für die Ausführung der Werbemaßnahme zuständig. Dies erfordert gute Kenntnisse in der gesamten Verfahrenstechnik der Druckmedien und in den einzusetzenden Materialien.
> Checkliste für ein umweltbewusstes Design
Der Tätigkeitsbereich des Grafik-Designers ist durch neue Medien in einem starken Wandel zu einem multimedialen Gestalter.
> Mediendesign

Grammatur
Flächenmasse in g/m^2 von Papieren, Kartons und Pappen.

Grau
Unbunte Farbe.
Ein neutrales Grau besteht aus einer Mischung von Schwarz und Weiß, im weiteren Sinne auch aus einer Aufrasterung einer schwarzen Fläche in unterschiedliche Tonwerte.
Ein Grau kann aber auch aus den Prozessfarben Cyan, Magenta, Gelb und Schwarz aufgebaut sein.
Im Druckprozess ist ein solcher aus Buntfarben aufgebauter grauer Farbton sehr schwer ohne sichtbare (Farb-)Schwankungen zu drucken.
Diese prozessbedingten Schwankungen wirken sich insbesondere bei Bildvorlagen mit visuell homogenen neutralgrauen Farbtönen aus.
Je bunter eine Bildvorlage ist, desto weniger sind Farbschwankungen im Druckergebnis zu erkennen. Reproduktionstechnisch ist das Problem durch den Unbuntaufbau des Farbsatzes zu verringern oder zu beseitigen.
> GCR, > Unbuntaufbau
Weil das Grau sehr sensibel auf Farbschwankungen reagiert, werden Graufelder in Kontrollmitteln für den Druckprozess (Druckkontrollstreifen oder -leisten) zur Prozesskontrolle eingesetzt.
> Graubalance

Graubalance
Farbdruck, Prozesskontrolle, Druckqualität: Bestimmte Tonwerte der Prozessfarben Cyan, Magenta und Gelb ergeben bei korrekten Druckbedingungen und optimaler Farbführung (Volltonfärbung, Tonwertzunahme, Farbannahme auf dem Bedruckstoff) ein neutrales Grau.
Diese sogenannte Graubalance zwischen den Prozessfarben > CMYK ist dann erreicht, wenn es gelingt, bestimmte Messfelder mit neutralen Grautönen ohne > Farbstich zu drucken.
In Graufeldern, die aus den Prozessfarben Cyan, Magenta und Gelb aufgebaut sind, werden Farbschwankungen sehr deutlich sichtbar, da das menschliche Auge auf Schwankungen in der Graubalance besonders empfindlich reagiert.

Inzwischen ist das Einhalten der Graubalance bei der Farbsteuerung im Druckprozess ein wichtiges Kriterium. (Eurostandard System Brunner, Prozess Standard Offsetdruck.)
Ein neutrales Grau erhält man, wenn die Buntfarben Cyan, Magenta und Gelb in unterschiedlichen Prozentwerten gerastert sind. Beispiele:

- ProzessStandard Offsetdruck
  (* vgl. Hinweis)
  Viertelton: C 25 %, M 19 %, Y 19 %
  Mittelton: C 50 %, M 40 %, Y 40 %
  Tiefenton: C 75 %, M 64 %, Y 64 %
- Eurostandard System Brunner
  Mittelton: C 50 %, M 40 %, Y 39 %

* Hinweis nach MedienStandard Druck 2010: Die vorgegebenen Werte gelten nicht bei Vorliegen von Referenzdruckbedingungen (Charakterisierungsdaten und ICC-Profile). Hier sind die konkreten Graubalance-Bedingungen zu verwenden.

Graukeil
Helligkeitsverlauf („Halbton“) auf Fotopapier, Film oder in einem digitalen Datensatz, dessen Dichte von Weiß bis Schwarz stufenlos ansteigt.

Grauskala
Helligkeitsverlauf auf Fotopapier, Film oder in einem digitalen Datensatz, dessen Dichten in bestimmten Stufen (Flächen) von Weiß bis Schwarz ansteigen.
Beispiel:
Anstieg jeweils um 10 % Flächendeckung.

Graustufen
> Ton(wert)stufen.
Optische Erscheinung der Grauwerte zwischen Schwarz und Weiß.

1. Ein bestimmter elektronisch erfasster oder gespeicherter Wiedergabewert von unterscheidbaren Bildinformationen (optisch wirksamen „Halbtönen“) zwischen Schwarz und Weiß in einer > Rasterzelle, z. B. von 0 bis 255 Werten.
2. Tonwertabstufungen in einer Halbton Bildvorlage (analoge Bildinformationen), die digital gespeichert werden.

> Datentiefe, > Tonstufen, > Auflösung,
> Rasterelement, > Rasterpunkte

Graustufenbild
Auch Halbtonbild genannt.
Eine Bildvorlage, die aus optisch unterschiedlichen, stufenlos verlaufenden Grauwerten von Schwarz bis Weiß besteht.

Grauwertauflösung
Die Grauwertauflösung (auch Abtast- oder Farbtiefe genannt) bezeichnet die Genauigkeit der Bildwiedergabe analoger Vorlagen bei der Digitalisierung. Sie gibt die Zahl der Graustufen für jedes einzelne Bildelement, die sogenannte Bit-Tiefe, an.
> Auflösung, > Quantisierung

Grauwertreduktion
> UCR, Unbuntaufbau

Gravur
> elektronische Gravur,
> Tiefdruckzylinder

Greifer
Im Bogendruck eingesetztes System zum Bogentransport durch die Druckmaschine. Greifer erfassen den Bogen am Anlegetisch an seiner Vorderkante und führen ihn zum Greifersystem des Druckwerks.
Weitere Greifersysteme transportieren den Bogen bis zur Auslage. Greifersysteme werden ebenfalls zum Transport von Produktteilen bei Greiferfalzapparaten im Rollen-Rotationsdruck eingesetzt.

Greiferrand
Schmaler Streifen an der Druckbogenvorderkante, ca. 10 mm breit.
Im Bogendruck wird der einzelne Druckbogen an der Vorderkante durch Greifer (Greifersysteme) erfasst und durch die Druckmaschine geführt. Der Greiferrand kann nicht bedruckt werden.

Greiffalz
Überstand an einem Falzbogen vorne (Vorfalz) oder hinten (Nachfalz) durch einen außerhalb der Mitte gelegenen letzten Falz.
Der Greiffalz wird ggf. zum Öffnen eines Falzbogens bei einem automatischen Sammeln (Ineinanderstecken) mehrerer Falzbogen zur Herstellung von einlagigen Broschuren mit Rückenheftung benötigt.
Produktbeispiele: Hefte, Illustrierte.

Grenzfläche
Kontaktfläche zweier verschiedener Stoffe, z. B. Luft –Wasser, fettige Fläche – Wasser, Bildstelle einer Offsetdruckplatte – Druckfarbe. > Grenzflächenspannung

grenzflächenaktive Stoffe
Im Allgemeinen synthetische, organische Verbindungen, die sich an > Grenzflächen (z. B. Walzenoberflächen und Feuchtmittel, Gefäßwand und Wasser, Schmutzteilchen und Wasser) anreichern und die Oberflächen- bzw. Grenzflächenspannung des Wassers herabsetzen.

Grenzflächenspannung
An Grenzflächen durch > Kohäsion, > Adhäsion, > Oberflächenspannung usw. wirkende molekulare Kräfte.
Das Feuchten und Einfärben der Druckplatte im Offsetdruck beruht auf unterschiedlichen Grenzflächenspannungen.
Beispiele: Reaktionen zwischen
- Druckplatte mit Bildstellen und Nichtbildstellen und Feuchtmittel,
- gefeuchteten Nichtbildstellen bzw. trockenen Bildstellen und Druckfarbe.

griechische Schrift
Das griechische Alphabet entstand um etwa 900 v. Chr. aus dem phönizischen Alphabet.
Es wurde aber durch die Griechen um Zeichen für Vokale ergänzt.
Alle abendländischen Schriftformen haben ihren Ursprung im griechischen Alphabet und in den daraus entwickelten römischen Schriften.

Griff
Bedruckstoffe:
Subjektive, manuelle Qualitätsprüfung für die Summe der Merkmale Dicke, Härte und Steifigkeit (Griffigkeit).

Griffregister
Auch: Daumenregister genannt.
Auf der rechten Seite eines Buches ein ausgestanztes, eckiges oder halbrundes Register.
Griffregister dienen zum raschen Aufschlagen einer alphabetischen oder numerischen Einteilung.

Grobdaten
Bilddaten mit geringer Auflösung, die für die Bildbearbeitung und das Layout verwendet werden. Vor der endgültigen Ausgabe werden sämtliche Grobdaten durch > Feindaten ersetzt. > OPI

Großbuchstaben
Versalien. Kleinbuchstaben werden > Gemeine genannt.

Großformatdruck
Auch: Large-Format-Printing (LFP) oder XXL-Druck bezeichnet. Druck großformatiger Texte und Bilder auf Papier (matt, glänzend, „Fotopapier"), Folien, Textilgewebe, Planen (auch durchscheinend), beschichtete Stoffe u. Ä.
Druckverfahren:
Digitaldruck (überwiegend Tintenstrahldruck), teilweise auch Bogen-Offsetdruck (Druck auf Papier).
Beispiele für
- Druckprodukte: Plakate, Poster, Banner, Messedisplays, Fassaden- und Gebäudeverkleidungen, Gerüst-, Werbe- und Messeplanen, Fahnen.
- Druckformate von DIN A0 bis zu Drucklängen von 8 m und mehr in der Arbeitsbreite der Druckmaschine.

Die Drucke werden überwiegend durch Laminieren mit verschiedenartigen Schutzfolien veredelt.
Je nach Produkt werden Licht- bzw. UV-Beständigkeit, eine schmutzabweisende Oberfläche, Matt- bzw. Glanzeffekte, Vermeiden von mechanischen Schäden, Verbessern der Planlage und ähnliche Eigenschaften dadurch erreicht. Bilder können auch zwischen zwei Folien eingeschweißt werden. Außerdem lassen sich Produkte auf verschiedene Materialien wie PC-Tafeln, Hartschaum-Tafeln, Holzplatten kaschieren.

Grotesk-Schriften
Ursprünglich abwertend benutzte Bezeichnung für alle serifenlosen Schriften, die zu der Zeit nicht als ästhetisch schön galten.

Grundfarben
Farben, die grundsätzlich nicht aus anderen Farben zu ermischen sind.
> additive Farbmischung, > subtraktive Farbmischung

Grundlinie
Waagerechte Basislinie bei der Herstellung eines Einteilungsbogens.
Sie ist identisch mit dem Abstand Plattenkante zu Papierbeginn in der Druckmaschine.
Auf der Grundlinie und der darauf rechtwinklig errichteten Mittelsenkrechten baut ein > Einteilungsbogen auf. Alle Maße (Format, Zwischenschnitt, Beschnitt) werden von diesen Linien abgetragen.

Grundlinienraster
Nichtdruckbares Rastersystem für die Registerhaltigkeit, das in einem Layoutprogramm für alle Druckseiten voreingestellt werden kann.
Es dient zum Ausrichten von Textzeilen und Textspalten. Ist in einer Formatvorlage zur einer Schrift die Einstellung „Am Raster ausrichten“ gewählt, so werden alle Zeilen – auch bei unterschiedlichen Schriftgraden – jeweils automatisch an einer Rasterlinie ausgerichtet.
Schriftzeilen in mehreren Spalten auf einer Druckseite und im Vorder- und Rückseitendruck stehen auf gleicher „Linie“ (Höhe).

Grundmontage
Filmmontage für Farbdrucke (heute durch digitale Verfahren ersetzt). Montage der Kopiervorlagen mit der deutlichsten, bildbestimmenden Zeichnung, die für Herstellung einer > Farbfolienkopie (Anhaltskopie) verwendet wird. Mithilfe der Grundmontage konnten alle weiteren Montagen passgenau montiert werden.

Grundschrift
Schriftart und -größe, in der der allgemeine fließende Text eines Druckproduktes (Werke, Zeitungen, Zeitschriften, Akzidenzen u. a.) gesetzt ist.

GS-Kennzeichen
Abk. für „Geprüfte Sicherheit“.
Nationales Sicherheitskennzeichen an Maschinen, herausgegeben von der Berufsgenossenschaft. Im Jahr 2008 ersetzt durch das > ET-Kennzeichen.

GSM
Abkürzung für Global System for Mobile Communications. Übertragungsstandard und -technik bei digitalem Mobilfunk.

Guillochen
Feinste geometrische Linienmuster, Ornamente oder abstrakte Muster, die auf Banknoten, Wertpapiere, Urkunden etc. gedruckt werden, um das Fälschen zu erschweren.

Gummiarabicum
Stoff, der aus Rinden bestimmter Akazienarten gewonnen wird. Gummiarabicum wird u. a. zum > Gummieren von Offsetdruckplatten verwendet.

G

Gummidrucktuch
Drucktechnik: Gummidecke mit mehreren Gewebeschichten und sonstigen Zwischenlagen, die für den Offsetdruck geeignet ist. Vereinfacht unterscheidet man zwischen inkompressiblen Gummitüchern, die in der Druckzone durch Anpressdruck ausweichen, und kompressiblen Gummitüchern, die zusammendrückbar sind.

gummieren
Offsetdruck: Das Aufbringen einer Lösung aus Gummiarabicum oder anderen geeigneten Stoffen. Gummieren schützt Offsetdruckplatten vor farbannehmenden Ablagerungen (fälschlicherweise bei Aluminiumdruckplatten „Oxid" genannt) und verbessert die Feuchtmittelführung im Offsetdruck. Heute ist Gummiarabicum durch verschiedene synthetische Stoffe ersetzt worden.

Gummi-Gummi-Druckwerk
Rollen-Offsetdruck: Druckwerk mit zwei Druckplattenzylindern und zwei Gummituchzylindern.
Die zu bedruckende Papierbahn läuft zwischen beiden Gummituchzylindern hindurch und wird gleichzeitig beidseitig bedruckt. Dabei dient ein Gummituchzylinder dem anderen jeweils als Druckzylinder.
Bei Akzidenz-Rollen-Offsetdruckmaschinen wird die Papierbahn horizontal durch die Druckwerke geführt, bei Rollen-Offsetdruckmaschinen für den Zeitungsdruck dagegen vertikal.
> Achterturm, > Rollen-Offsetdruck

Gummituch
> Gummidrucktuch

Gummituchzylinder
Übertragungszylinder mit einem Gummidrucktuch für indirekt arbeitende Druckverfahren, z.B. Offsetdruck, Blechdruck.
Vom Druckformzylinder werden Bildstellen über den Gummituchzylinder auf den Bedruckstoff übertragen.

gussgestrichen
Höchste Stufe der Oberflächenveredelung von Papier und Karton im Produktionsprozess. Merkmale:
Hochglänzend gestrichen, nicht satiniert (daher relativ voluminös), spiegelnde, völlig geschlossene Oberfläche.

gussgestrichene Bedruckstoffe
Papier- und Kartonsorten, die mit einem speziellen Streichverfahren, hochwertigen Streichdispersionen und dickem Strichauftrag ohne Satinage gestrichen sind.
Sie besitzen einen hervorragenden Glanz und sind relativ voluminös. Im Allgemeinen sind diese Papiere und Kartons nur einseitig gestrichen. Sie werden z. B. für hochwertige Etiketten und Faltschachteln (Verpackungen) eingesetzt

Gutenberg
Johannes Gensfleisch zum Gutenberg, um 1397 in Mainz geboren, gest. 3. Februar 1468, erfand um 1440 die Buchdruckerkunst: Ein geeignetes Schriftsystem und das Gießen einzelner Lettern (Buchstaben), Druckfarbe, Einfärbeballen und die Druckpresse.
Damit war es erstmals möglich, mechanisch zu „schreiben", d. h. Informationen durch Drucken in gleicher Qualität und mit vergleichsweise hoher Leistung (Abschreiben zu Drucken) zu vervielfältigen und so einem großen Kreis der Bevölkerung zukommen zu lassen.
Das bekannteste Druckwerk Gutenbergs ist die 42-zeilige Bibel. Sie wurde in der Textura, einer gebrochenen gotischen Schrift, gedruckt.
Alle farbigen Elemente (Initialen, farbige Zeichnungen) wurden von Hand nachträglich zum gedruckten Text gemalt.

Gut-zum-Druck
Fachbegriff: Imprimatur.
Druckfreigabe durch den Kunden oder seinen Beauftragten.

H
In der Farbmetrik die Abk. für Hue, den > Buntton (früher: Farbart, Farbton genannt) einer Farbe.
> LCH-Farbraum

Haarhygrometer
Messgerät zur Bestimmung der > relativen Luftfeuchtigkeit.
Ein Menschenhaar, heute auch bestimmte Kunstfasern, ist in der Länge mit einer Skala verbunden.
Feuchtigkeitsaustausch bewirkt ein Dehnen oder Schrumpfen des Haares entsprechend der relativen Luftfeuchtigkeit. Der Messwert ist auf der Skala in Prozent relativer Luftfeuchtigkeit (% rL, rF) abzulesen.

Haarlinien
Diese sehr feinen Linien mit etwa 0,3 pt bzw. 0,1 mm sind die dünnsten auflösbaren Linien, die ein Bildschirm oder ein Ausgabegerät noch darstellen kann.
Bei einigen Anwenderprogrammen werden diese Linien durch einzelne feine Pixel erzeugt.
Bei der Ausgabe in einem Laserdrucker mit 600 dpi sehen die Linien noch gut aus, nicht aber in einem professionellen Ausgabesystem mit 2000 und mehr dpi.
Haarlinien sollte für diese Ausgabe nicht verwendet werden.

Haarstriche
Schriftmerkmale: Bezeichnung für feine Striche eines Buchstabens im Gegensatz zu den stärkeren Grundstrichen.
Besonders ausgeprägt ist der Gegensatz in der Strichführung bei der klassizistischen Antiqua: Grundstriche sind kräftig und wirken optisch stark gegenüber den sehr feinen, verbindenden waagerechten Strichen und den fast rechtwinklig abgesetzten Serifen.

Hacker
Bezeichnung für einen Computerfreak, der unbefugt in EDV-Netze von Computersystemen bzw. Großrechneranlagen eindringt.

Hackschnitzel
Papierherstellung:
Zur Zellstoffgewinnung ist das entrindete Holz mechanisch in kleine Stückchen zu zerkleinern.
Diese Hackschnitzel gelangen über eine Sortiertrommel, die grobe Holzteile entfernt, in den Zellstoffkocher.

Hadern
Hadern (= textile Lumpen aus pflanzlichen Fasern) waren bis im 18. Jh. das einzige in Europa eingesetzte Rohfasermaterial für die Papierherstellung.
Heute stellen solche Textilfasern aus Abfallstoffen oder von Altkleidern weniger als 2 % der eingesetzten Faserrohstoffe.
Eingesetzt werden Hadern teilweise noch für Papiere, an die besondere Ansprüche gestellt werden, wie Banknoten- oder Dokumentenpapiere, Bibeldruck und Dünndruckpapiere.

Haftvermittler
> Primer

Halbband
Buchbinderische Bezeichnung für eine Einbandart der Buchdecke, bei der der Rücken mit einem hochwertigeren Einbandstoff als die beiden Buchdeckel überzogen ist.
Beispielsweise ist bei einem Halbgewebeband nur der Rücken mit Gewebe, die beiden Deckel mit (unbedrucktem oder bedrucktem) Papier überzogen. Je nach Rückenüberzug unterscheidet man z. B. Halbgewebeband, Halblederband, Halbpergamentband.

halbfette Linien
Linien mit einer Bildstärke von 1 Punkt.

halbfette Schrift
Engl.: semibold. Schrift aus einer bestimmten > Schriftfamilie in einem Schriftschnitt, der in der Strichführung zwischen der normalen und der fetten Schrift liegt. Halbfette Schriften werden als > Auszeichnungsschrift verwendet.
Beispiel: Univers halbfett.

Halbgewebeband
> Halbband

Halbgeviert
Satztechnik: Die halbe Breite der Schriftgröße.

Halbgeviertstrich
> Gedankenstrich, > Striche in der Satztechnik

Halblederband
> Halbband

Halbleinenband
> Halbband

Halbleiter
Halbleiter sind Stoffe, die im reinen Zustand und bei sehr tiefen Temperaturen elektrische Nichtleiter sind.
Eine besondere Eigenschaft der Halbleiter ist, dass ihre elektrische Leitfähigkeit abhängig ist von Temperatur, Lichteinwirkung und Dotierung (Zusatzstoffe, die in geringen Mengen beigefügt werden).
Die bekanntesten Halbleiter sind die drei Elemente Silizium, Germanium und Selen. Auch bestimmte Verbindungen haben Halbleitereigenschaften, z. B. die Verbindung aus Gallium und Arsen, das Galliumarsenid. Halbleiter sind technisch wichtige Materialien für elektronische Bauelemente, z. B. Transistoren, Dioden, integrierte Schaltungen, LEDs.

Halbstoff
Papierherstellung: Aufbereitete Faserrohstoffe wie Holzstoff, Holzzellstoff und Altpapier. Durch Verarbeiten der Faserhalbstoffe und Zugabe von Füllstoffen, Leimen, Farbstoffen und sonstigen Hilfsstoffen entsteht der Ganzstoff.

Halbton
Allgemeine Bezeichnung für die analoge Tonwertwiedergabe eines Bildes durch stufenlose Grauwerte zwischen Schwarz und Weiß bzw. Tonwerten mit unterschiedlicher Helligkeit und Buntheit (Sättigung) einer Farbe.
Bei solchen Wiedergaben handelt es sich um sogenannte echte Halbtöne bei einer Bildvorlage.
> unechte Halbtöne

Halbtonvorlage
Halbton-Bildvorlage, Graustufen-Bildvorlage.
Übergreifende Bezeichnung für Vorlagen mit analogen Bildinformationen, d. h. mit stufenlos verlaufenden einfarbigen Tonwerten (Helligkeitswerten) oder auch stufenlos verlaufenden farbigen Tonwerten.

Halbunziale
Eine aus der frühchristlich-römischen Schrift (> Versalien) abgeleitete Schreibschrift, die bei einigen Zeichen unseren heute gebräuchlichen Kleinbuchstaben bereits ähnelt.

Halogen
Chemie: Salzbildner.
Chemische Elemente, die mit Metallen sehr leicht reagieren und ein Salz bilden. Halogene sind Fluor, Chlor, Brom, Jod. Verbindungen von Silber und einem Halogen, z. B. Silberbromid, Silberjodid, werden als lichtempfindliche Substanz im Fotomaterial eingesetzt.

Halogenlampe
Hochbelastbare Glühlampe mit Halogendampffüllung, die auch nach längerem Einsatz eine konstante Farbtemperatur und Intensität abstrahlt.

In der Druckformherstellung für den Offsetdruck ist für die Kopie die Metall-Halogenid-Lampe optimal auf die Empfindlichkeit der Kopierschicht abgestimmt und deshalb hochwirksam (aktinisch).

Halogensilber
Lichtempfindliche Verbindung zwischen einem Halogen (z. B. Brom) und Silber, die für Fotomaterialien eingesetzt wird.
> Halogen

Halslinie
In einer > Tabelle die unterste Linie des Tabellenkopfes.

Handling
Handhabung, Umgang mit einem Gerät.

Handlung
Psychologie:
Ein durch Einsicht, Erfahrung und Motivation gesteuertes, zielgerichtetes Verhalten des Menschen.
Mitarbeiterkompetenz im Kreislauf einer sogenannten vollständigen Handlung:
Dazu gehören

1. Informieren: Welches Ziel soll erreicht werden? Was soll getan werden?
2. Planen: Wie muss ich zielgerecht vorgehen?
   Mit welchem Plan kann ich das Ziel erreichen?
3. Entscheiden: Welcher Weg ist der richtige? Was benötige ich zum Erreichen des Ziels?
4. Ausführen: Wie ist der Arbeitsplan unter den gegebenen Bedingungen umzusetzen und das Ziel entsprechend der Vorgaben (Zeit, Wirtschaftlichkeit, Qualität u. a.) zu erreichen?
5. Kontrollieren: Ist das Ziel den Vorgaben des Kunden entsprechend sachlich, fachlich und wirtschaftlich in der vorgegebenen Qualität erreicht?
6. Bewerten: Aufgetretene Probleme erkennen, analysieren und dokumentieren. Was kann verbessert werden?

Handlungskompetenz
Umfassende Bezeichnung für Mitarbeiterkompetenzen wie Fachkompetenz, Methodenkompetenz und Sozialkompetenz.
> Handlung

Handout
Informationsunterlagen, Vortragsunterlagen als verkleinerter, ggf. zusammengefasster Druck.

Handregister
Organisationshilfe in einem Druckprodukt: Alphabetisches, numerisches oder sonstige Ordnung für Verzeichnisse, Namen, Begriffe, Kapitel.
> Register.
Ein Handregister wird als ordnender Begriff (alphabetische Reihenfolge, Kapitelnummer o. ä.) mitgedruckt und im Endformat seitlich angeschnitten.
Damit ist ein rascher Zugriff auf zu suchende Bereiche in einem Sachbuch möglich.

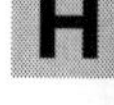

Handsatz
Ursprünglich von Gutenberg erfundene manuelle Technik des Setzens mit Bleibuchstaben.
Diese Satzherstellung blieb fast 400 Jahre weitgehend unverändert, bis die ersten Bleisetzmaschinen erfunden wurden und diese Technik ergänzten, jedoch nie ganz verdrängten.
Noch heute wird für kleine Satzmengen oder grafische Übungen – soweit Bleisatzschrift mit entsprechenden Schriftarten und Garnituren vorhanden ist – in diesem manuellen Verfahren gesetzt.

Handschriftliche Antiqua
> Schriftklassifikation

hängender Einzug
Die erste Zeile eines Absatzes ist nach links von dem folgenden Text herausgerückt, d. h. der folgende Text in dem Absatz ist eingezogen.
> Einzug

Haptik
Alle menschlichen Empfindungen, die mit den Hautsinnen zu tun haben:
Tasten, Begreifen, Anfühlen.

haptisch
> Haptik

Hardcopy
Datenausgabe, auf einem materiellen Träger, z. B. Papier, allgemein in einfacherer Qualität

H

Hardcover
Allgemeine Bezeichnung für jedes Buch mit einer festen Einbanddecke.
> Deckenband

Harddisk
Engl. Bez. für einen Festplattenspeicher. Magnetisches Speichermedium auf einem festen Trägermaterial (z. B. Aluminium) mit hoher Speicherkapazität und sehr schnellem Zugriff.
Zu einer weiteren Erhöhung der Speicherkapazität kann mit mehreren Platten gearbeitet werden.

Hard Skill
> Skill

Hardware
EDV: Gerätetechnik einer Datenverarbeitungsanlage, die materiell vorhanden ist. Durch die > Software (Programme) ist der Computer betriebsfähig und zu steuern.

Hardware-RIP
Spezielle Hardware mit besonderen Chips als > RIP. Diese Systeme sind sehr leistungsfähig. Weiterentwicklungen erfordern jedoch eine neue Hardware. Dagegen kann ein > Software-RIP mit handelsüblicher Hardware betrieben werden.

Härte
Widerstandsfähigkeit eines Stoffes gegen das Eindringen eines anderen Stoffes.

Härte von Gummi
Nach DIN 53505 wird die Härte als relativer Widerstand der Oberfläche gegen das Eindringen eines Körpers von unbestimmten Abmessungen unter bestimmten Belastungen definiert.
Die Gummihärte wird in Grad Shore (° Shore) gemessen.
Die Messskala reicht von 0 bis 100, dabei entsprechen 0° Shore weichem Schmierfett, 100° Shore Glas.

Härte von Metallen
Für Werkstoffe aus Metall eignen sich verschiedene Messverfahren nach Brinell, Rockwell, Vickers u. a., die genormt sind.
Ein Prüfkörper, bei der Vickers-Härte beispielsweise eine vierseitige, regelmäßige Diamantpyramide, wird mit einer definierten Kraft und Zeit in das Metall eingedrückt. Mit einem Messmikroskop ist die Härte nach Prüfvorschrift zu bestimmen.

Härte von Wasser
Wasser ist ein gutes Lösemittel, selbst Regenwasser nimmt eine gewisse Menge an Fremdstoffen auf.
Calcium- und Magnesiumsalze sind die Härtebildner des Wassers. „Weich" nennt man ein Wasser, das nur geringe Mengen gelöster Stoffe enthält.
Ein „hartes" Wasser enthält dagegen eine größere Menge dieser Erdalkaliionen.
Ihre Menge wird gemessen und als Gesamthärte angegeben.
Unterschieden werden die temporäre Härte und die permanente (bleibende) Härte.
Der Gehalt an Carbonaten und Hydrogencarbonaten, Carbonathärte genannt, bildet die temporäre Härte.
Sie kann beispielsweise durch Kochen beseitigt werden. Bestandteil der permanenten Härte sind Erdalkalisalze, vorwiegend Calciumionen.
Die Härte des Wassers wurde bisher in Grad deutscher Härte (°dH) gemessen.
1 °dH entspricht einem Anteil von 10 mg Calciumoxid pro Liter (Magnesiumanteile

werden dabei in Calciumoxid umgerechnet). Gemessen werden kann einfach mit Teststäbchen. An einem Farbumschlag ist die Wasserhärte abzulesen.
Durch ein Gesetz (01.02.2007) wurden die Härtebereiche und Bezeichnungen an europäische Standards angepasst. Die Angabe „Grad deutscher Härte" wird danach durch die Angabe „Millimol Calciumcarbonat je Liter" (mmol/l) ersetzt.
Die Wasserhärte spielt beispielsweise beim Waschen eine wichtige Rolle.
Aber auch im Offsetdruck führt ein zu hoher Anteil von Carbonaten zur Seifenbildung und damit zu Druckschwierigkeiten sowie schwankendem > pH-Wert.

Wasserhärteskala

Härtebereich	Gesamthärte mmol/l	°dH	Bezeichnung	Verwendung im Offsetdruck
1	bis 1,3	0 – 7	weich	nicht empfohlen
2	1,3 – 2,5	7 – 14	mittel	empfohlen
3	2,5 – 3,8	14 – 21	hart	nicht empfohlen
4	über 3,8	über 21	sehr hart	nicht empfohlen

harter Punkt
Reproduktion: Rasterpunkte, die exakte, scharfe Kanten mit einer gleichmäßigen Dichte aufweisen.

Hartpostpapier
Festes, zähes und klanghartes Schreibmaschinenpapier mit guter Leimung.
Besonders hochwertige Papiere haben ein > Wasserzeichen.

Harz
Natürliche Harze sind Absonderungen von Pflanzen, besonders von Nadelbäumen. Hauptbestandteile sind die Harzsäure und ätherische Öle.
Harze werden beispielsweise in der Druckindustrie zur Herstellung von Lacken und Bindemitteln eingesetzt.
Anstelle der Naturharze eignen sich wesentlich besser synthetisch hergestellte Harze mit eindeutiger und immer gleicher Zusammensetzung.
Kunstharze werden außerdem für die Papierindustrie eingesetzt zur Gewinnung von Harzleimen und zur Herstellung von Hilfsstoffen für wasser- und laugenfeste Etikettenpapiere.

Hashtag
Engl.: hash = Rautezeichen und tag = Strukturzeichen
Allgemein vorangestelltes Rautezeichen (#), um Schlüssel- oder Schlagwörter in elektronischen Texten hervorzuheben.

Hauptdruckverfahren
Übergeordneter Begriff zur systematischen Einteilung der verschiedenen Druckverfahren.

Hauptdruckverfahren	Wichtige Druckverfahren bzw. Technoligien
Hochdruck	Buchdruck, Flexodruck*, Lettersetdruck
Flachdruck	Steindruck, Lichtdruck, Offsetdruck*, Blechdruck
Tiefdruck	Kupferstich, Radierung u. a. Rakeltiefdruck*, Stichtiefdruck, Tampondruck
Durchdruck	Siebdruck*, Serigrafie Filmdruck
Digitaldruck	Prüfdruck, farbverbindlich – Inkjet (Flüssigtinte) Produktionsdruck – Elektrofotografie (Trockentoner) – ElectroInk (Flüssigtoner) – Inkjet (Flüssigtinte) Großformatdruck (LFP) – Inkjet (Flüssigtinte)

Entscheidende Ordnungsmerkmale sind die Art und Funktion der Druckform bzw. der

Informationsübertragung sowie das damit zusammenhängende Einfärbungsprinzip der Bildinformationen.
Den fünf Hauptdruckverfahren werden die verschiedenen Druckverfahren bzw. Technologien zugeordnet.
(* bezeichnet das derzeit bedeutendste Druckverfahren der Gruppe.)
Aufgeführt werden auch historische Druckverfahren, die in der industriellen Produktion ohne Bedeutung sind.

Hauptspeicher
Arbeitsspeicher (> RAM) in einem Computersystem, der direkt von der > CPU angesteuert wird.
Die Größe des Hauptspeichers entscheidet über die Leistungsfähigkeit des Systems. Dies gilt besonders für Grafik- und Bildbearbeitung.
Der Hauptspeicher speichert alle benötigten Programmteile und zu bearbeitenden Daten.
Fertig bearbeitete Daten, sogenannte Dateien, werden danach auf einer Festplatte o. ä. Datenträgern dauerhaft gespeichert.

Hauptstromkreis
Elektrische Energieversorgung aus dem Netz für alle Betriebsmittel (Maschinen, Geräte, Anlagen, Steuertransformatoren u. a.).

Haupttitel
Seite der > Titelei eines Buches, die den Verfasser, den Buchtitel, den Verlag u. a. angibt.

Hausfarbe
Bezeichnung für einen bestimmten Farbton, der in der Werbung einen Signalcharakter für ein Unternehmen oder ein besonderes Produkt hat. Hausfarben sind in der Regel Farbtöne, die nicht im Farbenraum des Vierfarbdrucks liegen.
Daher ist zu den Prozessfarben Cyan, Magenta, Gelb und Schwarz der Druck einer Sonderfarbe erforderlich.

Hauskorrektur
Die erste Korrektur nach dem Herstellen des Satzes.
Nach dem Lesen und der Ausführung der Korrekturen folgt eventuell noch eine zusätzliche Autoren- oder Bestellerkorrektur.

Hausschrift
Unternehmen wählen im Rahmen des > Corporate Designs neben Logo und Farben vielfach eine ganz bestimmte (Haus-) Schrift für ihren Auftritt in der Öffentlichkeit.
Printprodukte und Internetauftritt vermitteln einen einheitlichen Eindruck und so ein Wiedererkennen des Unternehmens oder der Marke.
Auch hausinterne Publikationen im gleichen Design vermitteln eine Identifikation mit dem Unternehmen und somit ein Wir-Gefühl.
> Erscheinungsbild

Hautresorption
Gesundheitsschutz:
Aufnahme eines Stoffes über die Haut in den Körper.

HD
EDV: Abk. für High Density = hohe Dichte.
Bezeichnung für Laufwerke mit hoher Speicherdichte.

H-Druckeinheit
Druckmaschinenbau im Rollen-Offsetdruck:
Druckmaschinenkonstruktion in einem > Achterturm mit zwei > Gummi-Gummi-Druckeinheiten, einer > Brücken-Druckeinheit und einer > U-Druckeinheit.
Der gesamte Achterturm für den 4/4-Druck besteht aus zwei übereinander gestapelten H-Druckeinheiten.

HDTV
Engl. Abk. für: High Definition Television = hochauflösendes Fernsehen.
Sammelbezeichnung für Fernsehnormen, die gegenüber der bisherigen Standardnorm eine deutlich höhere Auflösung bieten.

Headcrash
Computertechnik: Der Schreib-Lese-Kopf setzt unbeabsichtigt hart auf die Festplatte (Magnetplatte) auf. Dies kann zu Datenbeschädigungen oder -verlusten führen.

Header
Engl. Bez. für den Datenkopf (Vorspann) einer Datei. Bei einer Datenfernübertragung enthält der Header alle wichtigen Informationen zur Sendung, z. B. Sender, Empfänger, Absendedatum.

Headline
Engl.: Überschrift, Titelzeile.
Überschrift als Blickfang in einer Tageszeitung oder sonstigen Publikation.

Heatset-Druckfarbe
Spezielle Druckfarben, die in Akzidenz-Rollen-Offsetdruckmaschinen mit einem Heatset-Trockner für hochwertige Druckprodukte eingesetzt werden. Die Druckfarben enthalten als Lösemittel mittel- bis hochsiedende Mineralöle mit einem Anteil zwischen 30 und 40 %.
Der Siedebereich der Mineralöle liegt zwischen 200 und 270 °C. Die Trocknung der Druckfarben erfolgt überwiegend physikalisch durch ein Verdampfen der Mineralöle, ein kleiner Teil schlägt in den Bedruckstoff weg.
Die im Nass-in-Nass-Druck beidseitig bedruckte Papierbahn läuft durch einen Heatset- bzw. Heißluft-Trockner.
Durch sehr hohe Hitzeeinwirkung von ca. 200 °C wird der Druckfarbenfilm durch das Austreiben der Mineralöle nur plastisch fest.
Erst durch ein anschließendes schockartiges Abkühlen auf Kühlwalzen trocknet die Druckfarbe nagelhart auf dem Bedruckstoff. Damit sind hochwertige Druckprodukte auf ungestrichenen und gestrichenen Papiersorten inline in der Druckmaschine unmittelbar weiterzuverarbeiten (z. B. falzen, zusammenführen, heften, schneiden, stapeln).
Nach dem Trocknen zeigt die Farbschicht auf gestrichenem Papier einen hohen Glanz.
> Heißlufttrockner

Heatset-Trockner
> Heißlufttrockner

heavy
Engl.: schwer.
Bei Schriften die Bezeichnung für besonders fette Schriften.

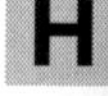

Heber
Drucktechnik: Walze im Farbwerk einer Druckmaschine, die Druckfarbe vom Duktor (Farbkastenwalze) übernimmt und in das Farbwerk weiterleitet.
Die Farbmenge ist zonenweise am Duktor und radial (umfangsbezogen) durch den Kontakt zwischen Duktor und Heber zu dosieren.

Heft
Buchbinderei: Einlagiges, durch den Rücken (Falz) mit Draht oder Faden geheftetes Produkt ohne oder mit einem leichten Umschlag.

Heftapparat
Gerät in der Druckweiterverarbeitung oder in Falzapparaten von Rollendruckmaschinen integrierte Anlage zum Heften.
Einfache Heftapparate werden für die Heftung durch den Block oder den Rücken (Rückstichheftung) eingesetzt. Im Falzapparat integrierte Anlagen arbeiten gegen den Falzmesserzylinder im Rückstichverfahren. Heftdraht von der Rolle wird während der laufenden Produktion abgeschnitten, geformt und angedrückt. Es entsteht ein einlagiges Falzprodukt, z. B. Prospekt, Illustrierte.

Heftdraht
Hochwertiger Rund- oder Flachdraht auf Rollen, der gegen Rosten durch Verzinken oder auch durch Verzinnen und Verkupfern

geschützt ist. In der Druckweiterverarbeitung und handwerklichen Buchbinderei wird Runddraht, in der Verpackungs- bzw. Kartonagenindustrie Flachdraht verwendet.

heften

Buchbinderei: Allgemeine Bezeichnung für Bindeverfahren.
Gefalzte Bogen oder Einzelblätter werden miteinander durch Faden, Draht oder Klebstoffe bzw. besonderes Bindematerial in verschiedenen Formen wie Spirale oder Kunststoffkamm miteinander zu einem Produkt verbunden.

Heftgaze

Gewebematerial aus Baumwolle oder Zellwolle in verschiedenen Qualitäten, das zur Verstärkung des Buchblockrückens eingesetzt wird. Bei der Fadenheftung werden die einzelnen Lagen daran geheftet.

Heftmaschine

> Heftapparat

heißkalandrieren

Ein Heißkalander ist ein elektrisch heizbares Walzensystem, das mit einem bestimmten Anpressdruck gegeneinander läuft.
Nach dem Lackieren in speziellen > Lackiermaschinen bringt ein zusätzliches Heißkalandrieren einen Hochglanz, eine stärkere Steifigkeit durch das Verdichten des Bedruckstoffes und eine größere Widerstandsfähigkeit der bedruckten und lackierten Fläche.

Heißleim

Engl. Hotmelt. Leimsorten, die nur bei Erhitzung zu verarbeiten sind, z. B. lösungsmittelfreier Schmelzklebstoff, der bei Temperaturen von ca. 150 bis 180 °C verarbeitet wird.

Heißlufttrockner

Auch Heatset-Trockner genannt. Rollen-Offsetdruck: Im Akzidenzdruck werden Papierbahnen mit > Heatset-Druckfarben in Geschwindigkeiten bis zu 50 km/h (ca. 15 m/s) bedruckt. Zur Inline-Verarbeitung muss die Druckfarbe vollständig auf dem Bedruckstoff getrocknet sein. Beispiel für den Aufbau eines Trockners:

- Brennkammer mit erdgasbetriebenen Brennern: Außenluft wird auf bis zu 800 °C aufgeheizt.
- Umluftventilatoren: Bilden einen Luftstrom, der zur berührungslosen Führung der Papierbahn ein Luftpolster in allen Sektionen des Trockners erzeugt.
- Heißluftsektion: Der Luftstrom wird durch die heiße Brennerluft auf eine Temperatur von ca. 200 °C erhitzt, dadurch wird die durchlaufende Papierbahn auf etwa 140 °C aufgeheizt.
- Kühlsektion: Durch kältere Luft (ca. 80 °C) wird die Papierbahn auf ca. 100 °C abgekühlt.

Die vollständige Trocknung der Druckfarbe erfolgt in zwei Phasen:
In dem Heißlufttrockner verdampfen mittel- bis hochsiedende Mineralöle in etwa 1 Sekunde bei 170 bis max. 250 °C aus der Druckfarbe, geringe Anteile schlagen in das Papier weg.
Das bedruckte Papier wird dabei kurzzeitig auf etwa 140 °C je nach Papierqualität, Flächenmasse und Farbbedeckung erhitzt. Die Druckfarbe ist danach plastifiziert fest, aber nicht trocken und ausgehärtet.
Die in der Druckfarbe enthaltenen Mineralölbestandteile (Anteil von 30–40 % in der Druckfarbe) werden dabei zu etwa 85 % ausgetrieben.
Um ein ausreichendes Verdampfen der Mineralöle zu erreichen, muss die Papierbahn ca. eine Sekunde lang – und das ohne mechanischen Kontakt und nur auf Luftpolstern schwebend – den Trockner durchlaufen.
Läuft beispielsweise die Druckmaschine mit einer Druckgeschwindigkeit von 12 m/s, muss der Trockner demnach 12 m lang sein. Nach dem Verlassen des Trockners hat die Papierbahn immer noch eine Temperatur von ca. 100 °C.

In der zweiten Phase wird die Papierbahn über einen Kühlwalzenständer (wassergekühlte Walzengruppe geführt.
Die bisher nur plastisch feste Druckfarbe erhält durch den „Temperaturschock“ ihre endgültige Festigkeit, sie wird durchgehärtet und ist trocken. Die Papierbahn erreicht am Ende des Prozesses eine Temperatur von ca. 30 °C.
Durch die hohen Temperaturen im Trockner wird der Papierbahn viel Feuchtigkeit entzogen.
Die Papierfasern werden spröde und damit sensibel für ein Brechen beim Falzen. Das Austrocknen der Papierbahn kann zur Wellenbildung führen.
Durch eine Rückbefeuchtungsanlage wird auf die Papierbahn ein Wasser-Silikon-Gemisch aufgetragen. Die im Trockner entzogene Feuchtigkeit wird dadurch weitgehend wieder zugeführt, Silikon ergibt zudem einen Gleitfilm auf der Papieroberfläche und erhöht die Kratzfestigkeit.
Die Rückbefeuchtung verhindert zudem statische Elektrizität und kompensiert das Schrumpfen der Papierbahn in der Breite (> Dehnrichtung).
Abgasreinigung der Abluft:
Die im Trockner ausgetriebenen Mineralöle kondensieren zu einem nebelartigen Öldunst. Diese flüchtigen organischen Verbindungen (VOC) sind umweltbelastende Stoffe, die eine Abgasreinigung durchlaufen müssen, bevor sie in die Atmosphäre abgegeben werden dürfen.
In thermischen Nachverbrennungsanlagen werden Kohlenstoffverbindungen bei Temperaturen von etwa 700–750 °C zerstört.
Die Abgase werden komplett in Wasser und Kohlendioxid umgesetzt.
Inzwischen sind Verbrennungsanlagen auf dem Markt, die keine zusätzliche Energie für die Nachverbrennung benötigen.
Sie arbeiten mit Wärmetauschern und Abwärmerückgewinnungssystemen und gewinnen ihre Energie aus der Abluft.
Besonders wirtschaftlich und wirkungsvoll ist die Rückführung der Abluft in die Brennkammern, sodass eine externe thermische Nachverbrennung entfällt.
Heatset-Trockneranlagen sind genehmigungspflichtig, wenn sie mehr als 25 kg/h Lösemittel in der Druckfarbe verbrauchen.
Zu beachtende Vorschriften sind u. a.:
TA-Luft – Technische Anleitung zur Reinhaltung der Luft, 31. BImSchV – Bundesimmissionsschutzverordnung (Lösemittelverordnung).
> Kühlwalzen

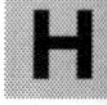

Heißprägedruck
> Heißfolienprägedruck

heißsiegeln
Ein aufgetragener Klebstoff wirkt erst durch Wärmeeinwirkung.

Heliogravüre
Vom Griech. abgeleitete Bezeichnung: helios = Sonne; Sonnengravur bzw. durch Licht gravieren.
Erstes fotomechanisches Verfahren zur Druckformherstellung für den Tiefdruck, 1878 von Karl Klietsch in Wien erfunden.
Ein Halbtondiapositiv wird auf ein Pigmentpapier kopiert. Es entsteht durch Lichteinwirkung entsprechend der Tonwerte der Kopiervorlage ein Härtungsrelief.
Auf einer glatten Kupferplatte wird eine dünne Schicht Asphaltstaub angeschmolzen. Einzelne Staubpartikel bilden eine feine Körnung.
Das belichtete Pigmentpapier wird feucht auf diese Schicht aufgequetscht und das Trägerpapier abgezogen. Ein Gelatinerelief des Pigmentpapiers entsteht durch Entwickeln mit warmem Wasser. Bildstellen werden nun mit Eisen(III)-chlorid geätzt. Nach mehreren Ätzgängen ist die Platte druckfertig.

Helligkeit
Im optischen Sinn ist die Helligkeit die Stärke der Lichtempfindung, wie sie mit einer beliebigen Farbempfindung unmittelbar verbunden ist (hell – dunkel). In einem

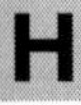

Vergleich erscheint eine Farbe heller oder dunkler, indem mehr oder weniger auftreffendes Licht absorbiert wird.

1. Farbmetrik allgemein:
   Die Helligkeit wird bei farbmetrischer Bestimmung von Körperfarben durch den Hellbezugswert (Normfarbwert Y in der CIE-Normfarbtafel; siehe auch DIN 5033) angegeben.
   Mit der Helligkeit Y und den Farbwertanteilen x und y sind bestimmte Farborte auf der sogenannten „Schuhsohle", der zweidimensionalen Darstellung der Farbtafel, zu definieren.
   Der Farbkörper nach DIN 6164 kennzeichnet eine Farbe durch Buntton (T), Sättigung* (S) und Dunkelstufe (D).
   (*Der Begriff Sättigung sollte nur für Farbtafeln verwendet werden, bei denen die Helligkeit der Farben unberücksichtigt bleibt, z. B. „Schuhsohle".
   Bei visuell gleichabständigen Systemen ist der Begriff > Buntheit zu verwenden.)
2. CIELAB-System:
   Im > CIELAB-Farbordnungssystem ist die Helligkeit (Luminanz), abgekürzt mit der Koordinate L*, jeweils eine bestimmte Ebene im Farbkörper.

Helligkeitskontrast
Gestaltung: Verhältnis zwischen der optisch dunkelsten und hellsten Stelle.
Beispiel: Schwärzung von Schriftzeichen und dem Papierweiß.
Bildvorlagen:
Skala der Helligkeit vom hellsten bis zum dunkelsten Bilddetail.
Beispiele: Eine Landschaft bei trübem Wetter hat einen wesentlich geringeren Helligkeitskontrast als die gleiche Landschaft bei sonnigem Wetter.

Hellraummaterial
Für UV-Licht sensibilisiertes Aufnahmematerial, das bei normaler Raumbeleuchtung (ohne direkte Tageslichteinstrahlung) verarbeitet werden kann.
Erforderlich ist ein Belichtungssystem mit einer im UV-Bereich emittierenden Lichtquelle. Fälschlicherweise wird ein Hellraumfilm auch Tageslichtfilm genannt.
> Fotomaterial, > Sensibilisierung,
> Emission, > Farbempfindlichkeit

help
Engl.: Hilfe.

Helvetica
Serifenlose Linear-Antiqua, entworfen von Max Miedinger (1910-1980, CH-Zürich), Schriftsetzer, Typograf, Schriftkünstler.

HeNe-Laser
Abkürzung für Helium-Neon-Laser.
> Laser

Heraldik
Wappenkunde.

herauswachsen
Papierverzug: Sichtbarer Mangel an beschnittenen mehrlagigen Broschuren.
Bei im Rollen-Offsetdruck gedruckten Signaturen für Broschurenblocks (sogenannte „Taschenbücher") wird allgemein auf einem Papier mit geringerer Gleichgewichtsfeuchte als im Bogendruck gedruckt.
Bei einer Heatset-Trocknung wird der Papierbahn zudem Feuchtigkeit entzogen, die auch durch eine Rückbefeuchtung nicht ausgeglichen werden kann.
Beide Faktoren führen dazu, dass das Papier später Feuchtigkeit aufnimmt, um sich dem umgebenden Klima anzupassen.
Problem: Die Broschuren wurden einwandfrei an allen drei Seiten beschnitten. Nach einiger Lagerzeit in normal klimatisierten Räumen kann es zu einem Auswachsen des Papiers, primär in der Dehnrichtung der Fasern, kommen. Der Broschurenblock wächst dadurch minimal über den Umschlag aus und steht über.

Hermann, Caspar
Deutscher Pionier im Bau von Offsetdruckmaschinen, geb. 9. März 1871 in Königsberg,

gest. 6. November 1934 in Leipzig. Hermann konstruierte in den USA nach W. Rubel einen Vorläufer der Offsetdruckmaschine. Er baute 1907 in Deutschland die erste deutsche Bogen-Offsetdruckmaschine und erhielt ein Patent für die weltweit erste Rollen-Offsetdruckmaschine.

Hersteller
Auch: Produktioner, Producer.
Speziell geschulter Mitarbeiter in einem Verlag, der die Fertigung von Büchern oder Zeitschriften koordiniert, steuert und überwacht. Zu den Aufgaben des Herstellers für Bücher gehören:
- Konzeptionelle Gestaltung der Verlagsobjekte (ggf. unter Mitarbeit eines Grafik-Designers),
- Terminplanung und -überwachung,
- Kalkulation der technischen Herstellkosten,
- Einholen und Prüfen von Angeboten für die technische Fertigung,
- Vergabe von Aufträgen für Vorlagen- und Reproherstellung, Satzherstellung, Druck und Druckweiterverarbeitung,
- Kalkulation des Verkaufspreises,
- Qualitätskontrolle der Teil- und Fertigprodukte.

Herstellungskosten für Druckprodukte
Die Gesamtkosten sind prinzipiell nach auflagenfixen und auflagenvariablen Kosten zu unterteilen. Auflagenfixe Kosten fallen unabhängig von der Auflagenhöhe immer an. Hierzu gehören Kosten für Grafikdesign/Gestaltung, für Satz und Reproduktion, für die Druckformherstellung und das Einrichten der Druckmaschinen und Buchbindereimaschinen. Bei geringeren Auflagen wirken sich auflagenfixe Kosten stark auf die gesamten Herstellkosten aus. Auflagenvariable Kosten sind immer abhängig von der Auflage (Anzahl der Produkte). Zu diesen gehören u. a. Kosten für Bedruckstoffe, Druckfarben, Bindematerial, Kosten für den Auflagendruck, das Binden und das Verpacken.

Hertz
SI-Einheit der Frequenz mit dem Einheitenzeichen: Hz.
1 Hz ist die Frequenz eines periodischen Vorgangs in 1 Sekunde, d. h.
1 Hz = 1 Schwingung/Sekunde.
Größere Einheiten sind:
1 kHz (Kilohertz) = 1000 Hz = 10^3 Hz
1 MHz (Megahertz) = 1000 kHz = 10^6 Hz

heterogen
Ungleichartig. Aus ungleichartigen Teilen aufgebaut, Stoffe mit verschiedener Struktur, anderen Eigenschaften.
Gegensatz: homogen.

Hexachrome
Separationsverfahren für den Farbdruck mit sechs Druckfarben, entwickelt von der Firma Pantone.
Neben Cyan, Magenta, Gelb und Schwarz werden zusätzlich ein Grün und ein Orange verwendet.
Dabei wurden auch die subtraktiven Grundfarben Cyan, Magenta und Gelb modifiziert.
Ziel ist es, den mit den Prozessfarben erreichbaren Farbraum deutlich zu erweitern. Nach Angaben von Pantone sind mit dieser Farbserie und Separationstechnik 90 Prozent der Farben aus der Pantone-Farbskala zu drucken. Damit ist beispielsweise im Verpackungsdruck nach Herstellerangaben eine Farbwiedergabe ohne zusätzliche Sonderfarben möglich.
> HiFi-Druck

Hexadezimalsystem
Zahlensystem mit der Basis 16. Die einzelnen Stellenwerte werden mit den Ziffern 0 bis 9 sowie darüber hinaus mit den Buchstaben A bis F angegeben.
A = 10, B = 11, C = 12, D = 13, E = 14, F = 15.
Die Stellen einer Hexadezimalzahl werden jeweils einzeln gesprochen, z. B.
23 = zwei-drei, F8 = eff-acht. Bei einer Umrechnung ist die Stelle von rechts nach links (wie beim Dezimalsystem) zu beachten.

1. Stelle = 16^0,
2. Stelle = 16^1,
3. Stelle = 16^2 usw.

Demnach ist die hexadezimale Zahl 3A im dezimalen Zahlensystem:
3A = 3 × 16 + 10 = 58.
Um eine Hexadezimalzahl in eine Dezimalzahl umzuwandeln, sind die einzelnen Ziffern mit der Potenz der jeweiligen Basis zu multiplizieren.
Bei der Umwandlung einer Dezimalzahl in eine Hexadezimalzahl sind die jeweiligen Reste zu beachten, die entstehen, wenn die Zahl durch 16 geteilt wird:

1278_{10} : 16 = 79 Rest 14 = E
79 : 16 = 4 Rest 15 = F
4 : 16 = 0 Rest 4
Daraus ergibt sich, von unten nach oben gelesen, die Hexadezimalzahl 4FE.
Umrechnung dieser Dezimalzahl in die entsprechende Hexadezimalzahl:
$4 \times 16^2 + 15 \times 16^1 + 14 \times 16^0 = 1278_{10}$
Weitere Beispiele:

Hexadezimal:	9	1F	6A	2E	AF
Dezimal:	9	31	106	46	175

Die Hexadezimalzahl 1F ist rascher in der Digitaltechnik zu erfassen als die Dualzahl 11111.

Hexagon
Sechseck

Hexagon mit Bildkontrast-Klassen
> System Brunner

HF
Abkürzung für > Hochfrequenz.

h'fr
Papierqualität. Abkürzung für > holzstofffrei; verkürzt: holzfrei.

h'h
Papierqualität. Abkürzung für > holzstoffhaltig; verkürzt: holzhaltig.

Hickethier-Farbenordnung
Farbordnungssystem mit einem dreidimensionalen Farbwürfel nach Alfred Hickethier. Bei diesem > Farbmischsystem liegen an den Eckpunkten des Würfels die subtraktiven Grundfarben (Primärfarben) Gelb, Magenta und Cyan und deren Komplementärfarben (Sekundärfarben) Blau, Grün und Rot sowie diagonal gegenüber Schwarz und Weiß.

Hickethier-Farbwürfel
Jede Würfelkante ist in 10 Stufen von 0 bis 9 unterteilt. Damit sind dreidimensional (Würfel!) mit Zahlenkombinationen 10 × 10 × 10 = 1000 Farbtöne anzugeben.
Die erste Ziffer steht für den Farbanteil Gelb, die zweite für Magenta und die dritte für Cyan. Die Ziffer 9 bedeutet volle Sättigung (Vollton der Farbe), die 0 Weiß. Alle Zwischenstufen geben die Anteile der vollen Farbe und Weiß an. Die Ziffer 3 bedeutet beispielsweise ca. 33 % Farbanteil und 67 % Weißanteil. An den Eckpunkten liegen sich die subtraktiven Grundfarben und ihre Komplementärfarben sowie die Unbuntfarben Weiß und Schwarz gegenüber.
In der Mitte des Würfels liegt der Neutralgrauwert 555.
Basis- und Beispielangaben:

900 = Gelb	333 = helles Grau
090 = Magenta	777 = dunkles Grau
009 = Cyan	404 = helles Grün
990 = Rot	642 = Hautton
909 = Grün	736 = Oliv
009 = Blau	388 = Blaugrau

Hieroglyphen
Ägypt. Bilderschrift (ab ca. 4000 v. Chr.), die in der Ursprungsform eine Wortbildschrift mit einer Vielzahl von Zeichen war. Die Entwicklung über mehrere tausend Jahre führte zu einer starken Abstrahierung der Zeichen und damit zu einem wichtigen Vorläufer der Phonetisierung und unserer Buchstabenschriften.
> Stein von Rosette

HiFi-Druck
Abk. für High-Fidelity-Colour-Druck.

Der Farbumfang bei der Bildwiedergabe mit den Prozessfarben Cyan, Magenta und Gelb sowie Schwarz ist beschränkt.
Um dem menschlichen Sehempfinden möglichst nahe zu kommen, werden für spezielle Druckaufträge zusätzliche Druckfarben (im Zusammenhang mit der entsprechenden Farbseparation) eingesetzt.
Bekannt ist der ursprünglich durch Küppers entwickelte Siebenfarbendruck.
Dabei werden neben den Prozessfarben CMYK zusätzlich Rot (R), Grün (G) und Blau (B) gedruckt.

High-Colour
In der Computertechnik und Digitalfotografie verwendete Bezeichnung für die Bildwiedergabetechnik mit einer Farbtiefe von mindestens 2^{15} = ca. 32 000 Farben.

High-Density
Engl.: Hohe Dichte, Abk. > HD.

High-End
Meist als Vorsilbe verwendete Bezeichnung für eine professionelle, leistungsstarke und qualitativ hochwertige Technologie.

High-End-System
Professionelles, digital arbeitendes System in der höchsten Qualitäts- und Leistungsklasse, z. B. für die Bilddatenerfassung, Bildverarbeitung, Text-/Bildintegration und Datenausgabe.

High-Key-Vorlagen
Sehr helle Bildvorlagen mit geringen Kontrasten, vor allem mit Lichtern und Mitteltönen. Beispiel für ein High-Key-Bild wäre ein Eisbär im Schnee.
> Low-Key-Vorlagen

HighRes
Engl. Abk.: high = hoch, Resolution = Auflösung. Die Bezeichnung wird für eine hochauflösende Bildwiedergabe verwendet.
Beispiel aus der Druckindustrie:
Bilder werden als hochaufgelöste Daten (HighRes) importiert. Vielfach wird von diesen Bildern im Server automatisch ein niedrig aufgelöstes Bild (> LowRes) erzeugt.
Die Bildbearbeitung wie Korrekturen, Beschneiden und Skalieren sowie die Integration in das Layoutprogramm erfolgen an diesem Grobbild (LowRes).
Diese gespeicherten Änderungen und Anweisungen im LowRes-Bild werden dann erst im Ausgabesystem in das HigRes-Bild übertragen.
Vorteile dieser Verarbeitung: Verarbeiten kleinerer Dateigrößen im Layoutprogramm, Datentransfer mit geringen Dateigrößen.
> OPI

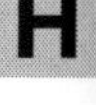

High-Resolution
> HighRes

High-Speed
EDV: Höchste Geschwindigkeit bzw. Leistung.

Hilfsstoffe
Betriebswirtschaft:
Unmittelbar in die Produktion eingehende Nebenbestandteile des späteren Fertigprodukts.
Beispiele für Hilfsstoffe (additives): Bei der Ganzstoffaufbereitung zur Papierherstellung eine Zugabe von Entschäumungsmittel. Bei Druckfarben die Zugabe von Gleitmitteln, Trockenstoffen u. a.

Hilfszeichen
Druckformtechnik: Druckformen mit Markierungen, die das Einrichten und Verarbeiten der gedruckten Bogen erleichtern, z. B. Anlegemarke, Mitten-, Falz-, Schneidezeichen, Bogennorm, Bogensignatur.

Hilfszeiten
Betriebswirtschaft:
Das Herbeiführen bzw. Aufrechterhalten der Betriebsbereitschaft von Anlagen und Maschinen sind Hilfszeiten, die keinem

Kostenträger direkt zugerechnet werden können.
Hilfszeiten werden untergliedert in: arbeitsplatzbedingte Störungen, organisatorische Störungen, und technische Störungen.
> Fertigungszeit, > Ausfallzeit

Hintergrund
EDV: Automatisch ablaufende Bearbeitung eines Vorgangs in einem Computersystem, z. B. das Drucken einer Datei. Währenddessen wird im Vordergrund an einer anderen Aufgabe gearbeitet.

hinterkleben
Buchherstellung: Das Verstärken und Versteifen des Buchblockrückens durch einen Materialstreifen aus Papier, Krepp-Papier oder leichtem Gewebe auf den Buchblockrücken.

Histogramm
Grafische Darstellung der Tonwertverteilung innerhalb eines Bildes.
Es wird quantitativ die Menge der jeweiligen Tonwerte im Bild dargestellt.

HKS-Farben
Mischfarbensystem für Druckfarben.
Die Anfangsbuchstaben der drei Unternehmen Hostmann-Steinberg, Kast+Ehinger und Schmincke bezeichnen das Mischfarbensystem.
Die gemeinsam entwickelten Farben können in gleichem Farbton als Schmuckfarben für grafische Entwürfe und als Sonderdruckfarben im Offsetdruck verwendet werden.
Farbmischfächer auf Natur- und gestrichenem Papier ermöglichen das definierte Mischen verschiedenster Farbtöne nach Mischrezepten aus bestimmten Grundfarben.
Zu den Mischfarben sind entsprechende Anteile der Basisfarben angegeben.
Grafiker haben bei Entwürfen die Möglichkeit, eine gewünschte Druckfarbe zu bestimmen.
Der Drucker kann dazu die entsprechende Druckfarbe anfordern oder sie mit Basisfarben nach dem angegebenen Farbmischrezept selbst mischen.

Hobbock
Zylinderförmiger Behälter aus Blech mit abnehmbarem Deckel und seitlichen Fallgriffen. Inhalt bis 60 Liter.
Beispiel:
Verpackungsmittel für große Mengen Druckfarbe.

Hochdruck
Hauptdruckverfahren, bei dem alle Bildstellen höher als alle Nichtbildstellen stehen. Bildstellen liegen auf einer Ebene, sie werden eingefärbt und übertragen die Bildinformationen durch > Anpressdruck auf einen > Bedruckstoff.
Zu den Hochdruckverfahren gehören:
> Buchdruck, > Flexodruck und > Lettersetdruck. Der Buchdruck war bis ca. 1970 das bedeutendste Druckverfahren überhaupt. Gute Chancen im Wettbewerb bietet der > Flexodruck mit einer innovativen Entwicklung. Insbesondere durch den Offsetdruck und auch den Flexodruck hat der Buchdruck seine Bedeutung verloren. Der Flexodruck ist zum wichtigsten Druckverfahren für flexible Verpackungen geworden.

Hochformat
Druckformat, bei dem die waagerechte Seite kürzer ist als die senkrechte Seite.
Die Angabe der Maße erfolgt grundsätzlich in dieser Reihenfolge:
waagerechte Seite (Breite) zu senkrechte Seite (Höhe). Eine Druckseite im Hochformat DIN A4 hat dementsprechend die Maßangabe: 210 mm × 297 mm.
Der normal lesbare Text läuft parallel zur kurzen Seite.

Hochfrequenz
Abk.: HF. Frequenzen von elektromagnetischen Wellen und von elektrischen Wechselströmen, die zwischen 10 kHz und 300 GHz

liegen. Durch Umsetzung der Energie, die durch einen Hochfrequenzgenerator erzeugt wird, entsteht Wärme, die für verschiedene Aufgaben in der Druckindustrie genutzt wird.

1. HF-Schweißen: Thermoplastische Kunststoffe lassen sich mit Hochfrequenz schweißen. Dabei ist auch ein Prägen möglich. Genutzt wird dieses Verfahren z. B. für Kunststoff-(Plast-)Buchdecken. Zwischen zwei Kunststofffolien ist eine Pappe zur Verstärkung und Versteifung der Buchdecke eingelegt. Ein Elektrodenstempel enthält alle erforderlichen Werkzeuge für das Schweißen und Trennen der Werkstoffe, ggf. auch Gravuren für eine Blindprägung. Hochfrequenzschweißpressen arbeiten in einem Frequenzbereich von 20 bis 40 MHz.
2. HF-Trocknung in der Druckweiterverarbeitung: Trocknung von Dispersionsklebstoffen bei der Klebebindung. Der Klebstoff trocknet rasch und ohne Hautbildung an der Oberfläche. Die Temperatur sollte 100 °C nicht überschreiten.

hochgestellte Zeichen
Schriftzeichen in kleinerer Schriftgröße als die Grundschrift, die über der Grundlinie stehen bzw. nach oben verschoben sind.
Diese werden vor allem verwendet für Zahlen, Indizes (Plural von > Index), Symbole, eingetragene Markenzeichen (Markenrecht) u.ä.
Beispiele: 2^4, 100 m^2, 1 m^3, $^{©}$ (Copyright), $^{®}$ (Registered)
Textverarbeitungs-, Layout- und andere Programme lassen sich benötigte Zeichen oder Zahlen durch das Betätigen einer Taste bzw. einer Tastenkombination hochstellen.
> tiefgestellt

Hochglanzpapier
Bedruckstoffe mit sehr glatter Oberfläche, von der auftreffendes Licht sehr gleichmäßig reflektiert. Das Papier ist grundsätzlich nur einseitig gussgestrichen. Es wird nicht satiniert (verdichtet) und ist daher sehr voluminös. > gussgestrichene Bedruckstoffe

Hochlaufkurve
Offsetdruck. Eine gute Voreinstellung der Druckmaschine ist die wichtigste Voraussetzung für eine geringe Anlaufmakulatur beim Rüsten der Druckmaschine.
Ein wichtiges maschinentechnisches Hilfsmittel dazu sind die Hochlaufkurven für Feuchtmittel und Druckfarbe.
Bei jeder Änderung der Maschinendrehzahl (Druckgeschwindigkeit) erfolgt entsprechend der Hochlaufkurve eine dynamische und drehzahlabhängige Dosierung der Druckfarben- und Feuchtmittelmenge. Hochlaufkurven sind editierbar, z. B. für bestimmte Kombinationen von Bedruckstoff und Druckfarbe.

Hochlicht
Der hellste Bereich in einer Bildvorlage, auch Spitzlicht genannt.

Hochstapelanleger
In Bogendruckmaschinen ein automatisch arbeitendes Bogenanleger-System für Stapel mit mindestens 1 m Höhe.

Hochstapelausleger
In Bogendruckmaschinen werden bedruckte Bogen automatisch durch ein Auslegersystem zu einem Stapel ausgelegt.
Ein Hochstapelausleger fasst eine mindestens gleich große Menge an Bogen wie der Anlegestapel.

Hochzeit
Fachausdruck für ein versehentlich doppelt gesetztes Wort.

Hohlkopie
Fehler in der fotografischen bzw. kopiertechnischen Informationsübertragung durch unzureichenden Kontakt zwischen der (Bild-)Vorlage und der lichtempfindlichen Schicht (Fotomaterial, Film, Druckplatte).

Dadurch fallen Bildelemente (Rasterpunkte, Linien, Schriftzeichen) in diesem Bereich heraus. Hervorgerufen wird dieser Fehler durch Staub, Schmutz, Filmkleber, fehlerhaftes Montieren u. a.

Hologramm
Auch: Holografie.
Spezielle Bildwiedergabetechnik für ein dreidimensional wirkendes Bild, dass optisch durch Interferenz (Überlagerung von Lichtwellen) bei speziellen Folien entsteht.
Das Verfahren wird u. a. genutzt als Sicherheitsmerkmal bei Banknoten und Wertpapieren und die grafische Gestaltung und Dekoration von Verpackungen.
Neben dem dreidimensionalen Effekt kann die Oberfläche beispielsweise auch in Regenbogenfarben schillern.

Holz
Nachwachsender Rohstoff, der vielfältig genutzt wird.
Papierherstellung: Als Faserrohstoff wurde Holz erstmals Mitte des 19. Jahrhunderts eingesetzt. Heute ist Holz der wichtigste > Primärfaserrohstoff (bisher ungebrauchter Stoff) für die Papierherstellung.
Bevorzugt werden Nadelhölzer, weil sie längere Fasern als Laubhölzer liefern. Aber auch Laubhölzer werden für Druckpapiere sowie für Chemie- und Kunstfaserzellstoff eingesetzt.

holzfreie Papiere
Bezeichnung für Zellstoffpapiere.
Faserrohstoff ist – trotz der Bezeichnung holzfrei – das Holz.
Die Bezeichnung holzfrei ist somit irritierend; korrekter ist die Angabe > holzstofffreie Papiere bzw. ligninfreie Papiere.

holzhaltig
> holzstoffhaltige Papiere

holzhaltige Papiere
Korrekte Bezeichnung: > holzstoffhaltige oder auch ligninfreie Papiere.

Holzschliff
Produktbezeichnung für mechanisch aufbereitetes Holz, das für die Papierherstellung als Halbstoff eingesetzt wird.
Neuere Bezeichnung: > Holzstoff.

Holzschnitt
Ältestes Verfahren zur Illustration, das schon vor der Erfindung des Buchdrucks verwendet wurde. Hergestellt wird eine Hochdruckform. Mit einem Messer, später auch mit einem Stichel (Holzstich), werden alle Nichtbildstellen eines Bildes seitenverkehrt aus der Holztafel geschnitten.
Stehengebliebene Bildstellen bilden Hochdruckelemente, sie werden eingefärbt und in Reiberpressen auf Papier gedruckt.
Frühere Verfahrensbezeichnung des Holzstichs: Xylografie.

Holzstich
> Holzschnitt

Holzstoff
Produktbezeichnung für mechanisch aufbereitetes (aufgeschlossenes) Holz.
Vor allem Nadelhölzer werden entrindet und unter Zugabe von Wasser auf Schleifsteinen geschliffen.
Dabei bleiben außer den Zellstofffasern auch sämtliche anderen Holzbestandteile wie Lignin und Harze in dem gewonnenen Faserstoff enthalten. Die Stoffausbeute beträgt fast 100 %, die Gewinnung ist einfacher und kostengünstiger als eine chemische Aufbereitung.
Nachteilig sind die geringere Reißfestigkeit und das leichte Vergilben des Faserstoffes durch Ligninanteile.
Holzstoffhaltige Papiere werden daher vor allem für kurzlebige Druckprodukte, z. B. Zeitungen, eingesetzt. > Holzschliff

holzstofffreie Papiere
Abkürzung: h'fr Papier, in der Praxis vielfach nur holzfrei genannt. Ein hochwertiger Bedruckstoff aus Zellstoff, der bis auf einen Anteil von maximal 5 % keinen ligninhal-

tigen Holzstoff enthält. Durch chemische Aufbereitung ist aus dem Holz eine fast reine Zellulose ohne Gerüstbaustoffe (Lignin, Inkrusten) und sonstige Bestandteile zu gewinnen. Produkt ist der Zellstoff, der als Halbstoff zur Papierherstellung eingesetzt wird.

holzstoffhaltige Papiere
Abkürzung: h'h Papier, in der Praxis vielfach nur holzhaltig genannt. Bezeichnung für Papiere mit einem höheren Anteil als 5 % verholzten Fasern.
Alle Zwischenstufen von 5 % bis 100 % sind nicht genau bezeichnet. Mittelfeines Papier ist eine beliebige Mischung von verschiedenen Faserstoffen.
Neben einem mehr oder weniger großen Anteil an gebleichtem oder ungebleichtem Zellstoff enthält holzstoffhaltiges Papier > Holzstoff.
Dieser Faserstoff wird aus mechanisch zerfasertem Holz als Holzschliff, TMP (thermomechanischer Holzstoff) u. a. gewonnen. Stark holzstoffhaltige Papiere vergilben durch einen hohen Ligninanteil unter dem Einfluss von Licht und Sauerstoff relativ rasch. Daher sind sie nur für kurzlebige Produkte geeignet.

Holztafeldruck
Drucke von Holzschnitten, die vor der Erfindung der Buchdruckerkunst in Reiberdruckpressen gedruckt wurden.

Homepage
Basisseite eines Anbieters im Internet. Durch Links (Verbindungen) sind weitere Informationen bzw. Unterthemen abzurufen.

homogen
Stoffe: Aus gleichen Stoffteilchen aufgebaut, gleichartig in der inneren Struktur, gleiche Eigenschaften.
Gegensatz: > heterogen.

horizontal
Waagerechte Richtung.

horizontale Bahnführung
Die zu bedruckende Papierbahn läuft horizontal durch die Druckwerke.
> Akzidenz-Rollen-Offsetdruckmaschine

Horizontalfrequenz
Bilddarstellung im CRT-Bildschirm, auch Zeilenfrequenz genannt. Das Monitorbild wird zeilenweise aufgebaut. Die Horizontalfrequenz gibt die Anzahl der Zeilen in Kilohertz (kHz) an, die in einer Sekunde geschrieben werden. Aus der Horizontalfrequenz und der Anzahl der dargestellten Zeilen kann die > Vertikalfrequenz berechnet werden.
Beispiel: Horizontalfrequenz
80 kHz : 768 Zeilen = 100 Hz.

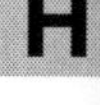

Host
1. Weltweiter Verbund von Rechnern in einem Netzwerk (Internet).
2. Großrechner(-system). Heute auch eine Bezeichnung für den Hauptrechner in einem Netzwerk zur Steuerung und Überwachung aller anderen Rechner und Peripheriegeräte.

> Server

Hotline
Direkte Hilfe bei Problemen, z. B. mit einer Software, per Telefon.

Hotmelt-Klebstoff
Lösemittelfreier, thermoplastischer Schmelzklebstoff, der bei bestimmten Temperaturen fließend ist und verarbeitet werden kann. Eingesetzt für die Klebebindung von Büchern und Broschuren sowie für Verpackungen. > Schmelzklebstoff

HP
Abkürzung für das Unternehmen Hewlett-Packard.

hp-Höhe
Die größte vertikale Ausdehnung eines Schriftzeichens vom obersten Punkt (Oberlänge) bis zum untersten Punkt (Unterlänge).

HQS
Engl. Abk. für High-Quality-Screening. Bezeichnung der Linotype-Hell AG für ein Hochleistungs-Rastersystem mit einem speziellen Raster-Algorithmus.
> FM-Rasterung

HSB
Farbmodell, das auf den drei Koordinaten Farbton (Hue), Helligkeit (Luminanz) und Farbsättigung (Saturation) aufgebaut ist. Basis ist die menschliche Farbwahrnehmung. Das HSB-System wird zur Definition von Farbe in Programmen wie z. B. Adobe Photoshop, Adobe Illustrator eingesetzt.

HSE
Engl. Abk.: Health, Safety and Environment = Gesundheitsschutz, Arbeitssicherheit und Umweltschutz.
Verwendet wird die Angabe für ein grundlegendes Handeln in einem Unternehmen (HSE-Management), das die Sicherheit von Mensch und Umwelt in den Vordergrund stellt. Dementsprechend optimierte Abläufe sichern dem Unternehmen Wirtschaftlichkeit, Effektivität und Qualität.

HSL
Bezeichnung für ein Farbordnungssystem mit den drei Koordinaten:
Farbton (Hue), Sättigung (Saturation) und Helligkeit (Lightness). > CIE, CIELAB.

HTML
Engl. Abk. für Hypertext-Markup-Language, eine Standardsprache (Dokumentenformat) für das elektronische Publizieren im World Wide Web (WWW). Mit dieser textbasierten Auszeichnungssprache sind multimediale Daten wie Texte, Bilder, Audio und Video sowie > Hyperlinks in Dokumenten zu strukturieren.

HTTP
Engl. Abk. für Hypertext-Transfer-Protocol. Das im World Wide Web verwendete Datenübertragungsprotokoll, d. h. die Kommunikationsvorschrift für den Datenaustausch.

Hub
Netzwerkknoten zur Übermittlung von (Daten-)Paketen an alle angeschlossenen Ports.

Hue
Koordinate für den > Farbton im Munsell-Farbraum.

Hülse
1. Buchherstellung: Zu einem Schlauch gefalztes oder geklebtes Papier, das auf den Rücken des Buchblocks geklebt wird. Es wird zusätzlich an die Rückeneinlage der Buchdecke geklebt und verstärkt den Buchrücken in Halt und Form.
2. Rollenpapier: Das Papier für Rollendruckmaschinen wird auf einer sehr stabilen Hülse aus Hartpapier- bzw. Kartonlagen aufgewickelt. Eine gute Hülsenqualität ist Voraussetzung für ein störungsfreies Abwickeln des Papiers beim Druck.

Hülsen
Druckform im Flexodruck: Sogenannte Hülsen bestehen in der Regel aus Epoxid- oder Polyesterharzen, die mit einem speziellen Glasfasergewebe verstärkt sind. Die Wandstärke der Hülsen beträgt, je nach Art und Anzahl der Gewebelagen, 1 bis 2 mm. Die mit elastomeren Werkstoffen Gummi oder Polyurethan beschichtete Hülse bezeichnen man als > Sleeve.

Hülsenschrauben
Auch: Loseblattschrauben.
Unterschiedlich lange Schrauben mit einem breiten Fuß und breitem Kopf, die für Loseblattsammlungen, Fotobüchern u. ä. Produkte zum Binden (Zusammenhalten der Einlagen) verwendet werden.
Die Dicke der Hülse ist an den Lochungsdurchmesser der Blätter angepasst.

Hurenkind
Fachausdruck für die Ausgangszeile (letzte Zeile) eines Absatzes am Anfang einer Textspalte oder einer Seite. Ein Hurenkind gilt als Verstoß gegen die Regeln des > Seitenumbruchs. > Schusterjunge

Hybrid
Latein: aus Verschiedenem zusammengesetzt, z. B. bei Pflanzenkreuzungen (Hybridzüchtung) oder im Automobilbau bei kombiniertem Verbrennungs- und Elektroantrieb (Hybridmotor).

Hybriddrucktechnik
Drucktechniken im Bogen-Offsetdruck, die sowohl für den Druck mit Hybriddruckfarben und UV-Endlackierung als auch für den Druck mit mineralöl- und pflanzenölbasierenden Offsetfarben und Dispersionslack ausgestattet sind.
Hybriddruckfarben ihrerseits vereinigen in sich zweierlei Trocknungsprinzipen:
Wie konventionelle Druckfarben können sie in den Bedruckstoff wegschlagen und oxidativ trocknen.
Sie reagieren jedoch ebenfalls wie UV-härtende Druckfarben auf die Wirkung eines UV-Strahlers.

Hybridsystem
Ein aus mindestens zwei verschiedenartigen Teilen bestehendes (Druck-)System, z. B. Offsetdruck und Flexodruck in einer Druckmaschine. Eingesetzt u. a. im Etiketten- und Wertpapierdruck.

Hydrodynamik
Teilgebiet der Strömungslehre, die sich vor allem auf Flüssigkeiten bezieht, z. B. Verhalten von Druckfarben bei Bewegungen im Farbkasten oder durch Walzen.

hydrophil
Wasseranziehend, feuchtigkeitsliebend.

hydrophob
Wasserabstoßend, nicht löslich in Wasser.

Hydrostatik
Lehre vom Gleichgewichtszustand bei ruhenden Flüssigkeiten.

Hydroxide
Abgespaltene (dissoziierte) Teile einer chemischen Verbindung mit der OH-Gruppe, die in einer Lösung basisch reagieren.

Hygienepapier
Im Haushalt, in der Industrie und im Gesundheitswesen weit verbreitete Papiere zur einmaligen Verwendung.
Vielfach sind diese Papiere voluminös und saugfähig.
Beispiele: Windeln, Taschen- und Reinigungstücher und Toilettenpapier. Diese Papiere sind nicht zu recyclen.

Hydraulik
Allg.: Lehre des Strömungsverhaltens von Flüssigkeiten in verschiedenen Bauteilen, z. B. Rohren.
Technik: In der Technik wird die Hydraulik u. a. zur Kraft- und Energieübertragung eingesetzt.
Flüssigkeiten sind dichtebeständige, inkompressible Stoffe ohne feste Form oder Gestalt.
Sie nehmen immer die Form des Gefäßes an, in dem sie sich befinden.
Flüssigkeiten geben einen auftretenden Druck in gleicher Stärke in alle Richtungen weiter.
Kleine hydraulische Kräfte (Drücke) lassen sich in Pressen, Hubwagen, Pumpen und sehr vielen anderen Maschinen in sehr große, gleichmäßig wirkende Kräfte umwandeln.
Beispiel: Bei einer hydraulisch arbeitenden Presse arbeiten Kolben mit unterschiedlicher Querschnittsfläche in einer Flüssigkeit zusammen.
Wird der Kolben mit der kleineren Querschnittsfläche mit kleiner Kraft in die Flüssigkeit gedrückt, bewegt sich der Kolben mit der größeren Querschnittsfläche mit großer Kraft nach außen.

hydraulisch
Mit Flüssigkeitsdruck arbeitend.

Hygrometer
Feuchtigkeitsmesser. Die relative > Luftfeuchtigkeit wird in Prozent angegeben.
> Haarhygrometer.
Exakte Messungen sind beispielsweise mit einem Aspirations-Psychrometer möglich.

hygroskopisch
Eigenschaft von Stoffen, aus der Luft Feuchtigkeit anzuziehen.
Papier ist ein hygroskopischer Stoff mit einem bestimmten Feuchtigkeitsgehalt. Ist der Feuchtigkeitsgehalt der umgebenden Luft höher, so nimmt ein Papierstapel Feuchtigkeit an den Randzonen der Bogen auf.
Dies führt zum Quellen der Fasern und zur Bildung von Randwellen. Ist die umgebende Luft trockener, so gibt der Papierstapel an den Randzonen Feuchtigkeit ab. Die Fasern schrumpfen: Das Papier tellert.
> Papier, > Planlage, > Hysteresis, > relative Luftfeuchtigkeit, > Randwelligkeit, > tellern

Hype
Reklamerummel. Übertreibung. Inszenierte Täuschung. Oberflächliche Begeisterung.

Hyperlink
Querverweis auf Internetseiten zu anderen Informationen bzw. Informationsanbietern im World Wide Web. Durch das Anklicken gelangt der Nutzer zu der mit dieser Webseite verknüpften Information.
Hyperlinks können auch in Textdokumenten als Verweis auf ein anderes Textdokument eingesetzt werden.
Wird z. B. ein farbig gekennzeichneter Begriff, der mit einem Verweis (Adresse der Datei) auf ein anderes Dokument hinterlegt ist, angeklickt, so öffnet sich dieses Dokument mit dem entsprechenden Begriff.

HyperText Markup Language
Abk. > HTML

Hyphenation
Engl. Bez. für Silbentrennung.

Hysteresis
Bedruckstoffe:
Ungleiches Verhalten des Papiers beim Angleichen auf eine bestimmte relative Feuchte von einem zu niedrigen bzw. einem zu hohen Feuchtigkeitswert aus.
Durch den Feuchtungs- und Trocknungsprozess auf den gleichen relativen Wert hat das Papier danach nicht den gleichen absoluten Feuchtigkeitsgehalt.

Hz
Abk. für > Hertz.

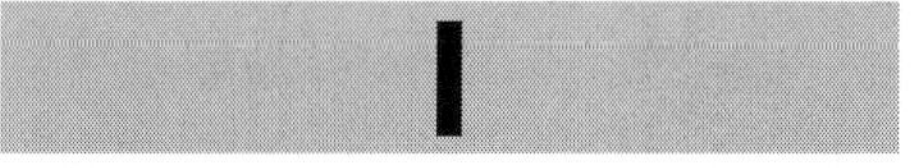

I
Römisches Zahlzeichen = 1.

IC
Abkürzung für Integrated Circuit,
> integrierte Schaltung.

ICC
International Color Consortium, ein internationales Komitee der weltweit wichtigsten Hersteller von Betriebssystemen und Anwenderprogrammen, welches unter der Leitung der > Fogra an der Standardisierung im Umgang mit Farben, Farbbildern und Farbprofilen arbeitet. Mit einem entwickelten ICC-Profil sind das Farbverhalten und die Farbwiedergabe von Ein- und Ausgabegeräten exakt zu beschreiben. Dies ist die Voraussetzung für den Einsatz von > Color-Management-Systemen.

ICC-Profile
Um ein durchgängiges Farbmanagement zu erreichen, einigte sich das > ICC auf Standards für > Color-Management-Systeme. Diese sind die sogenannten ICC-Profile für Eingabegeräte, Bildschirme und Ausgabegeräte. Basis des ICC ist als farbmetrisches Referenzsystem der CIELAB-Farbraum. Die Umrechnung der gerätespezifischen Werte in den L*a*b*-Farbraum oder umgekehrt vom L*a*b*-Farbraum in Geräteinformationen erfolgt über Tabellen mit standardisierten Informationen:
- Art des Gerätes, das dieses Profil charakterisiert (Scanner, Bildschirm, Proof, Druck)
- Quell- und Zielfarbraum
- Weißpunkt
- Color-Matching-Method (CMM = präzise Methode zur Farbraumtransformation)
- Rendering-Intents (voreingestellt)

Ziel ist eine plattformunabhängige (plattformübergreifende) Umsetzung des Color-Managements im gesamten Produktionsprozess. Geräteprofile werden in drei Gruppen eingeteilt:
1. Eingabeprofile für Scanner, Digitalkameras u. a.
2. Bildschirmprofile für Röhren- (CRT) und Flachbildschirme
3. Ausgabeprofile für Proofsysteme, konventionelle Drucktechniken und Digitaldruck

> Rendering-Intents

Icon
Nach dem Engl.: Bildzeichen. Bezeichnung für ein Symbol bzw. > Piktogramm in einer grafischen Benutzeroberfläche, das eine Software auf dem Bildschirm anzeigt. Ein bestimmtes Piktogramm ist das Erkennungszeichen dieses Programms oder es weist auf bestimmte Funktionen der Software hin, die nach dem Anklicken als interne Befehlsfolge ablaufen.
> ikonische Zeichen

Idealfarben
Optimale Druckfarben im Modell: Dabei werden alle drei subtraktiven Grundfarben – bezogen auf die Wellenlänge und die Reflexion in % – durch einen rechtwinkligen Spektralverlauf dargestellt.
Modellhafte Beispiele bei jeweils 100 % Reflexion:

Farbe	Wellenlängen in nm
Cyan	400–600 nm
Magenta	400–500 sowie 600–700 nm
Gelb	500–700 nm

Tatsächlich weisen alle Farben Fehlremissionen und -absorptionen auf. Die daraus resultierenden realen Farbverläufe weisen erhebliche Unterschiede zu den Optimalfarben auf. Daraus leitet sich ein wesentlich geringerer > Farbumfang im Druckprozess als theoretisch (idealerweise) möglich ab.

Ideenfindung
Grundlegende Überlegungen in der Mediengestaltung für Print- und digitale Medien,

mit welchen Mitteln und welchen textlichen und bildlichen Inhalten das Ziel und die Zielgruppe erreicht werden können.
> AIDA, > Brainstorming, > Erscheinungsbild, > Zielgruppe

Ideenskizze
Auch Scribble oder Schmierskizze genannt. Einfache, skizzenhafte Darstellung als Vorstufe für einen grafischen Entwurf bzw. ein > Layout.

Ideografie
> Ideogramm

I

Ideogramm
Ideenschrift, Wortbildschrift:
Ein bestimmtes, eindeutiges Zeichen für ein ganzes Wort, einen Begriff oder einen Begriffszusammenhang.
Wie > Piktogramme beziehen Ideogramme sich nicht auf eine konkrete Lautsprache. Im Gegensatz zu Piktogrammen sind Ideogramme jedoch abstrakter, es fehlt eine bildmäßig gesteuerte Verknüpfung (Assoziation). Deshalb sind die Zeichen und ihre Bedeutung zu lernen.
Eingesetzt werden Ideogramme z. B. im Eisenbahnbetrieb, in der Kartografie und der Seefahrt sowie als grafische Begriffszeichen.

IEEE
> i.Link, > Firewire

IFRA
Internationale Organisation für Zeitungs- und Medientechnik, Darmstadt.

iLife
Multimediapaket von Apple mit dem Schwerpunkt Audio- und Videobearbeitung.
Das Paket enthält > iPhoto, > iMovie, > iDVD, > iWeb und GarageBand.

i.Link
IEEE-1394-Schnittstelle, > Firewire.

ikonische Zeichen
Durch das Auge wahrnehmbare Zeichen, die entsprechend zu realen Gestalten gebildet bzw. gezeichnet dargestellt werden. In der Computertechnik ein Sinnbild für bestimmte Funktionen und Auswahlmöglichkeiten. > Icon

illegal
Unberechtigt, nicht befugt, ungesetzlich.

Illusion
Fehlerhafte oder trügerische Information.

Illustration
Abbildung: Bildliche Darstellung in einem Produkt (z. B. Druckprodukt) zur Ergänzung oder visualisierten Erläuterung eines Textes.

Illustrator
1. Kreativer, künstlerisch arbeitender Zeichner. Illustratoren fertigen u. a. Zeichnungen für Literatur, Zeitungen und Zeitschriften, Werbung und Verpackungen an.
2. Software: Grafik- und Zeichenprogramm von Adobe.

Illustrationsdruckmaschine
Drucktechnik: Rollen-Offsetdruckmaschine mit speziellem Heißluft-Trockner und Falzapparat für verschiedene Produkte.

Illustrationsdruckpapier
Mehr oder weniger holzstoffhaltige, ungestrichene Papiere mit einem relativ hohen Füllstoffgehalt, sehr stark satiniert, schwach bis halb geleimt, Flächenmasse zwischen 55 und 80 g/m^2.

Image
1. EDV: Das Speicherabbild als exakte Kopie eines Datenträgers, einer Festplatte oder einer Partition von einer Festplatte, das alle Rohdaten und nicht nur die Dateien wie bei einer normalen Kopie wiedergibt.

2. Druckvorstufe: Bezeichnung für ein gerastertes Bild bzw. eine Grafik im Bitmap-Format, die 1 : 1 gedruckt werden.
3. Gesamtbild bzw. der Gesamteindruck sowie die Vorstellung oder Meinung einer Person zu einer anderen, zu einem Unternehmen u. a. Der Betrachter setzt sich in vielen Fällen nicht mit dem Gegenstand der Beurteilung oder einer Person sachlich auseinander. Sein Bild wird stark von äußeren Wahrnehmungen und Informationen geprägt. Dadurch ist für den Betrachter das gefühlsbetonte, assoziierte Gefühl für ein negatives oder positives Image entscheidend.

Image-Datei
Bei der Kopie einer CD oder DVD wird der gesamte Inhalt zuerst in der sogenannten Image-Datei auf der Festplatte des Rechners gespeichert. Von dieser Datei wird danach die neue CD bzw. DVD gebrannt. Diese Möglichkeit bietet sich nur an, wenn bloß ein Laufwerk zur Verfügung steht. Schneller ist das Brennen direkt auf den neuen Datenträger „one the fly“.

Imagesetter
> Belichter

immateriell
Nicht stofflich vorhanden, geistig, im Hintergrund wirkend.

Immissionen
Negative Umwelteinflüsse auf Menschen, Tiere und Pflanzen durch Verunreinigungen der Umwelt (z. B. Stoffe, chemische Verbindungen in der Luft und im Wasser) sowie durch Lärm, Strahlen u. a.
Rechtliche Vorschriften zu Immissionen sind dazu: Bundes-Immissionsschutzgesetz (BISchG), Technische Anleitung Luft (TA Luft). > Emissionen

iMovie
iMovie ist ein einfach zu bedienendes Programm zur Herstellung von Videos mit dem Mac-OS-X-Betriebssystem von Apple. Das Programm ist ein Teil des > iLife Pakets. Für den privaten Bereich bietet das Programm viele Möglichkeiten zur Gestaltung von Videos und zur Integration von Musik durch > iTunes.

Impact
1. Gestaltung, Grafik-Design: Eindrucksintensität einer Werbemaßnahme, Auswirkungen, produktbezogene Eindrucksstärke.
2. Schriftart: Serifenlose Schrift mit breiter Strichstärke (fett wirkend).

I

Impact-Verfahren
Englische Bezeichnung für die Informationsübertragung durch ein Druckverfahren, bei dem die Druckform bzw. der Druckkopf eines Druckers das zu bedruckende Material (z. B. Papier, Karton, Folie) berührt. Im Gegensatz dazu werden Informationen bei Non-Impact-Verfahren berührungslos übertragen (z. B. Tintenstrahldruck).

Implementierung
Bezeichnung für die Programminstallation und -anpassung an eine bereits installierte Software und den Rechner.

Import
1. Allgemein: Einfuhr von Waren.
2. Digitale Druckvorstufe: Übernahme von Daten aus anderen Programmen zur weiteren Verarbeitung.

importieren
EDV: Wichtige Funktion eines Anwenderprogramms, eine Fremddatei in das eigene Datenformat umzuwandeln, d. h. zu konvertieren und damit zu integrieren.

Imposition-Proof
Bezeichnung für einen einfachen, nicht farbverbindlichen (Layout-)Proof.
Zweck ist es, die Inhalte auf Korrektheit sowie auf die Platzierung, den Stand und

die Vollständigkeit aller Elemente einer Druckseite zu überprüfen. > Proof

Imposition-Software
Software zum elektronischen > Ausschießen einzelner Seiten für einen Druckbogen.

imprägnieren
Einen Stoff wasserabstoßend bzw. wasserundurchlässig machen.

Impressum
Lateinisch: Druckvermerk. Vorgeschriebener Druckvermerk in Büchern, Zeitungen und Zeitschriften. Es enthält das > Copyright (Urheberschutz), bei Übersetzungen den ausländischen Verlag und Titel, Angabe der Auflage, Printed in Germany (oder Land des Druckortes), Angaben zum Satz, Druck und zur Druckweiterverarbeitung, teilweise auch Angaben zur verwendeten Schrift und zum Papier. > ISBN-Buchnummer. In Zeitschriften und Zeitungen zusätzlich Angaben zum Herausgeber, dem Verlag und den Verantwortlichen für den Druck und den Inhalt sowie die Internationale Standard-Seriennummer (ISSN).

Imprimatur
Nach Lateinisch: „Es werde gedruckt", d. h. > „Gut-zum-Druck" oder „OK-Bogen" für die Produktion. Rechtsverbindliche Druckreiferklärung (Druckfreigabe) des Auftraggebers mit Datum und Unterschrift.

Imprinter
Drucktechnik: Eindruckwerk. Einsatzbeispiel: In Rollen-Rotationsdruckmaschinen für den Akzidenzdruck werden während der Produktion einer Gesamtauflage unterschiedliche Texte und/oder Bildelemente für eine bestimmte Auflage – bei voller Produktion wechselnd – eingedruckt.

Inch
Maßeinheit für die Länge im angelsächsischen Raum. 1 Inch = 1 Zoll = 2,54 cm.

InDesign
Professionelles, weit verbreitetes Layoutprogramm von Adobe.

Index
Lat.: Anzeiger, Verzeichnis, Register. Bezeichnung für verschiedene Sachverhalte, z. B.:
1. alphabetisches Stichwortverzeichnis,
2. Kennzeichnung von mathematischen, physikalischen, chemischen oder anderen Größen,
3. Liste verbotener Bücher,
4. Maß- bzw. Basiszahl, die Änderungen verdeutlicht (Preisindex u. a.).

Indigo
Blauer natürlicher Farbstoff, der chemisch auch als synthetisches Pigment hergestellt werden kann.

Indigo E-Print
Digitaldruckmaschine, heute von HP geliefert: Digital-Offset-Color-Printing.
Das Computer-to-Print-Drucksystem ist eine Kombination von Elektrofotografie und indirektem Druck für Druckprodukte bis zum Format DIN A3. Die Ansteuerung des Drucksystems erfolgt digital über Post-Script-Dateien und Scitex-Datenformate. Die > dynamische Druckform, der Druckbildträger, ist eine Kunststoffplatte, die mit einem organischen Halbleiter beschichtet ist. Von dieser Bildträgertrommel, die dem Druckformzylinder an einer Offsetdruckmaschine entspricht, wird Flüssigtoner über einen Gummituchzylinder auf den Bedruckstoff übertragen. Ein einzelnes Druckwerk überträgt nacheinander alle gewünschten Farben (Skalenfarben und Sonderfarben) auf unterschiedliche Bedruckstoffe.
> Computer-to-Technologien

Indikator
Anzeiger für bestimmte physikalische Größen.
> UGRA-Farbtemperatur-Indikator

Indikatoren
Lateinisch: Anzeiger. Farbstoffe oder auch andere Substanzen zur Erkennung chemischer Vorgänge oder Zustände, die bei einem Kontakt durch typischen Farbumschlag die Eigenschaft anzeigen. Mit Indikatoren sind beispielsweise der > pH-Wert und der > dH-Wert anzuzeigen.

Indikatorpapier
Ein Papier, das mit > Indikatoren getränkt ist. Ein solches Reagenzpapier eignet sich z. B. für die colorimetrische Bestimmung des pH-Wertes. An einer Farbskala kann der pH-Wert (Wasserstoff-Ionen-Konzentration) durch Farbvergleich abgelesen werden.

indirekter Druck
Bildinformationen der Druckform werden über einen Zwischenträger, z. B. beim Offsetdruck über einen Gummituchzylinder, auf den Bedruckstoff übertragen.

indirekter Hochdruck
Druckverfahren, bei dem die Bildinformationen von einer Hochdruckform (z. B. Auswaschdruckplatte) über ein Gummituch auf den Bedruckstoff übertragen werden. Das Verfahren wird korrekt > Lettersetdruck genannt.

indirekter Tiefdruck
> Tampondruck

indirekte Schablone
Fotoschablone für den Siebdruck: Bildinformationen einer positiven > Kopiervorlage (Film) werden auf einen speziellen lichtempfindlichen Pigmentfilm kopiert. Licht härtet die Pigmentschicht, somit werden Nichtbildstellen (nicht druckende Partien) wasserunlöslich. Bildstellen sind in der Kopiervorlage lichtundurchlässig, sie bleiben deshalb wasserlöslich. Beim Entwickeln lösen sich Bildstellen von dem Schichtträger des Pigmentfilms. Der noch feuchte, entwickelte Film wird auf die Rückseite des Siebs aufgezogen und angewalzt. Nach leichtem Antrocknen ist der Schichtträger abzuziehen, die Schablone bleibt auf dem Gewebe haften. Die indirekte Schablone wird für hochwertige Druckarbeiten mit feinen Details eingesetzt.

indizierte Farbe
Farbauswahlsystem mit maximal 256 (2^8) Farben. Kann ein Ausgabesystem nicht den vollen Farbumfang einer Datei wiedergeben, wird aus dieser großen Menge eine Auswahl von physikalisch wiederzugebenden Farben getroffen. Diese Auswahl wird „indizierte Farben“ genannt.

Induktion
Kommunikation: Logischer Schluss von einem Einzelfall auf das Allgemeine.
> Deduktion

Industrie 4.0
Die Digitalisierung stellt heute völlig neue Anforderungen an die Menschen und die Wirtschaft. Experten kennzeichnen in vier Stufen den Wandel vom Handwerk zur Industrie und danach die weiteren wesentlichen Marksteine im Wandel in der Industrie.

- 1. Industrielle Revolution
  Einführung mechanischer Produktionsanlagen mit Hilfe der Wasser- und Dampfkraft.
  Exemplarisches Beispiel: Erster mechanischer Webstuhl, 1784
- 2. Industrielle Revolution
  Einführung einer arbeitsteiligen Massenproduktion mit Hilfe elektrischer Energie.
  Exemplarisches Beispiel: Erstes Fließband, um 1870
- 3. Industrielle Revolution
  Einsatz von Elektronik und IT-Systemen zur weiteren Automatisierung der Produktion
  Exemplarisches Beispiel: Speicherprogrammierbare Steuerung, um 1969
- 4. Industrielle Revolution
  Einsatz von vernetzten Systemen in komplexen Prozessen

Kurze beispielhafte Beschreibung:
Komplexe Fertigungsprozesse und Systeme aus miteinander vernetzten Geräten und Maschinen, die mittels IT und kontinuierlichem Datenaustausch – zum Beispiel über das Internet – gesteuert werden. Zu dieser umfassenden digitalen Vernetzung gehören u.v.a. Planung, Steuerung, Fertigungs- und Logistikprozesse.
Lit.: Bundesministerium für Wirtschaft und Energie, Berlin, www.bmwi.de. „Industrie 4.0 und digitale Wirtschaft“, April 2015

Industrierestholz
Holzreste wie Schwarten, Schnitzel, Sägemehl, Hobelspäne, die bei der Verarbeitung von Rohholz zu Schnittware anfallen. Das Material kann in der Zellstoff- und Papierindustrie als Rohstoff eingesetzt werden.

infizierte Datei
Eine Datei, die einen Virus enthält.

Informatik
Kunstwort aus Information und Technik: Die Wissenschaft und Lehre von der elektronischen Informationsverarbeitung durch Computertechnik und Datenverarbeitung.

Informationen
Daten wie Zeichen, Buchstaben, Ziffern, Steuerinformationen, Bilder und Grafiken in unterschiedlichen Helligkeits- und Farbwerten u. a. in einer festgelegten Verschlüsselung. Die Nachricht ist der Träger von Informationen. > Signale sind im physikalisch-technischen Sinn akustische, optische oder elektrische Darstellungen einer Nachricht.
Arten von Informationen in der Druckvorstufe als Beispiele:

1. Menschliche Kommunikation durch Schrift: Buchstaben, Ziffern, Sonderzeichen
2. Bildinformationen: Bildart, Helligkeiten, Farben
3. geometrische Informationen, z. B. Größen, Form, Stand/Position auf der Druckseite, Kombinationen mit Bildern und Texten
4. technische Informationen: Prozessablauf, technische Daten oder Messwerte für Teilprozesse, z. B. Soll-Werte, Zeiten, Dichte

Informationsdarstellung
Menschliche Kommunikation:
Die menschliche Sprache zu „konservieren“ führte über bildhafte Zeichen (Bilderschrift), Wort- und Silbenschriften zu Lautschriften. Das Alphabet ist die Grundlage der „bildlosen“, geschriebenen Schrift. Es nutzt Buchstaben (A, B, C, ... a, b, c ...), Ziffern (1, 2, 3, 4 ...) und Sonderzeichen (+, -, :, –, %, &, @...). > Informationen

Informationsgehalt einer Nachricht
Maß für die Menge an Bits, die zur Codierung einer Nachricht benötigt werden.

Informationsgesellschaft
Heutige Gesellschaft, die durch die Informations- und Kommunikationstechnik geprägt ist. Die permanente rasante Weiterentwicklung und Nutzung dieser Technologien gilt als entscheidender Faktor für die Zukunft, um international konkurrenzfähige Produkte und Dienstleistungen anbieten zu können.
Dies stellt auch hohe Anforderungen an die Leistungsfähigkeit und Flexibilität der Unternehmen und der Mitarbeiter.
Für den einzelnen Bürger können daraus persönliche Probleme entstehen wie die Verschlechterung sozialer Kontakte, Stress durch höhere Anforderungen bezüglich Leistung, Flexibilität und Effizienz sowie gesundheitliche Probleme. Problematisch ist ebenso das Überangebot an Informationen, das ein kritisches Auswählen, Erfassen und Bewerten erschwert. Persönliche oder betriebliche Daten können an Unbefugte geraten.
> IuK-Technik

Informations-Highway
Ein in den USA geprägter Begriff für ein Hochgeschwindigkeits-Datennetz.

Informationstechnik
Verfahren der Verarbeitung von > Informationen durch technische Systeme.
> IuK-Technik, > Signale

Informationstiefe
Menge und Detailreichtum an Informationen. Beispiel für Dienstleistungen oder Handel im Internet: Art und Umfang von Produktinformationen für eine spezifische Zielgruppe von Kunden. > Informationen

Informationsübertragung
In der EDV die Datenübertragung auf ein anderes System.

Infotainment
Kunstwort aus den englischen Bezeichnungen Information and Entertainment (Information und Unterhaltung), verwendet für multimediale Anwendungen, die auf unterhaltsame Weise Informationen vermitteln.

Infrarot
Abk.: IR. Elektromagnetische, langwellige Strahlung, die über den Rotbereich (ca. 600–750 nm) hinausgehen und für das menschliche Auge daher nicht sichtbar sind. Infrarote Strahlen werden nur als Wärmeenergie wahrgenommen.
In der Druckindustrie werden IR-Systeme in Trocknern, Belichtern u. a. Geräten eingesetzt.

Infrarot-Sensibilisierung
> Empfindlichkeit eines Materials für unsichtbare, infrarote Strahlen durch einen geeigneten > Sensibilisator-Farbstoff.

Infrarot-Trocknung
Druckfarbentrocknung durch Infrarot-Strahlung (IR-Strahlung), vor allem im Bogen-Offsetdruck und auch im Siebdruck eingesetzt. Mit IR-Druckfarben frisch bedruckte Bogen laufen auf dem Weg zur Auslage unter IR-Strahlern (Quarzlampen u. a.) durch. Wärmestrahlungen verringern die > Viskosität der Druckfarbe, dünnflüssige Mineralölanteile der Bindemittel schlagen sehr rasch weg. Dadurch verfestigt sich der Harzanteil und bindet die Pigmente an der Bedruckstoffoberfläche. Die bedruckte Fläche ist daher wischfest und klebfrei, aber nicht intensiv trocken. Die Wärmespeicherung bewirkt aber ein schnelleres oxidatives Durchtrocknen als beim Druck mit normal oxidativ trocknenden Farben. IR-Druckfarben sind auch ohne IR-Bestrahlung zu verdrucken. Sie sind nur für saugfähige Bedruckstoffe, die ein Wegschlagen ermöglichen, geeignet. Nachteilig ist die Wärmeabgabe an den Bedruckstoff.

INIT
> Systemerweiterung

Initial
Anfangsbuchstabe in Hand- oder Druckschriften, der durch Form, Größe, Farbe und/oder Verzierungen hervorgehoben ist. Am Zeilenanfang über mehrere Zeilen hinweggehende Buchstaben.

initialisieren
Voreinstellungen beim Start eines Computers, die für die Betriebsbereitschaft des Betriebssystems und der Anwenderprogramme erforderlich sind.

Inkjet
Eine Computer-to-Paper-Technologie zur direkten Bebilderung eines Bedruckstoffs. Es wird keine Druckform benötigt. Digitale Auftragsdaten steuern eine Bebilderungseinheit mit Farbdüsen in dem Drucksystem an. Diese übertragen flüssige Farben im Allgemeinen direkt auf den Bedruckstoff.
Die bekanntesten Verfahren für die Bebilderung im Inkjet-Druck sind: > Continuous-Inkjet und > Drop-on-Demand Inkjet.

Inkjet-Drucker

1. Farbstrahlverfahren. Kontaktlos und sehr schnell arbeitendes Vervielfältigungsverfahren. Texte werden durch einen elektronisch modulierten Farbstrahl aus gespeicherten Daten mit hoher Leistung aufgesprüht. Eingesetzt wird das Verfahren derzeit zum Beschriften bzw. Adressieren, z. B. von Zeitungen, Zeitschriften, Direkt-Mail-Produkten.
2. Professionelle Tintenstrahldrucker für hohe Qualitätsanforderungen:
   Ein Drucker, der digital gespeicherte Text- und Bildinformationen durch winzige Farbtröpfchen auf einen Bedruckstoff überträgt. Je nach eingesetzter Technik der Farbübertragung und Auflösung sind einfache bis sehr gute Qualitäten im Druck zu erzielen. Qualitativ hochwertige Proofsysteme arbeiten im Inkjet-Verfahren.
   > Inkjet, > Proof

Inkjet-Papier

Inkjet-Papier muss die durch einen Tintenstrahldrucker (Inkjet-Drucker) in hoher Frequenz und in Form winziger Tropfen auf das Papier geschleuderte Tinte sehr rasch aufnehmen. Dabei darf die Tinte nicht verlaufen und muss rasch trocknen.

inkompatibel

Unterschiedliche Hardware und/oder Software sind in ihren Funktionen nicht aufeinander abgestimmt und dadurch nicht gemeinsam funktionsfähig.

Inkrusten

Papierherstellung: Verkrustende Gerüstbausubstanzen im > Holz.
Im mechanisch aufbereiteten Faserstoff verbleibende Inkrusten verfärben das Papier, insbesondere unter Lichteinwirkung, gelblich. Bei chemischer Aufbereitung des Holzes werden im Arbeitsprozess Inkrusten und alle anderen Bestandteile entfernt. Das Faserprodukt ist reiner Zellstoff.
> Lignin

Inkunabeln

Früh- oder auch Wiegendrucke. Die ersten Druckwerke aus der Zeit Gutenbergs von 1450 bis etwa 1500.

Inline-Produktion

Drucktechnik: Integration von zusätzlichen Verarbeitungs- und/oder Veredelungssystemen nach dem Drucken in der Druckmaschine. Beispiele:

- Bogen-Offsetdruck: Veredelung durch unterschiedliche Lackierungen, Stanzung mit einem Inline-Stanzwerk
- Rollendruck: Herstellen von Falzprodukten

Inline-Sicherheitslösungen

Zum Schutz vor Markenpiraterie (Produktfälschungen) werden versteckte Bilder und Prägungen auf Etiketten oder Verpackungen mitgedruckt, die nur mithilfe eines speziellen Decoders zu erkennen sind. Das patentierte Spezialverfahren (Fa. Saueressig, Vreden) erstellt reprotechnisch Sicherheitsmerkmale, die in dem Farbauszug für den Druck unsichtbar integriert sind.

Inmould-Label

Engl.: mould = Form, Abguss; label = Etikett, Schildchen. Einsatzbereich: Integrierte Etiketten für innovative Kunststoff-Verpackungen.
Auf Thermoplasten (z. B. OPP = gereckte Polypropylenfolie) gedruckte Etiketten, die zur hochwertigen Dekoration von Kunststoffbechern, Kästen für die Brau- und Getränkeindustrie, Kunststoffwerbegeschenke und -verpackungen (Eis, Margarine, Fertigsalate, Farbeimer u. a.) verwendet werden.
Bedruckte Thermoplaste werden vor dem Einspritzen des Kunststoffes in die Spritzgussform eingelegt und ergeben nach dem Guss ein fest mit dem Material verbundenes Dekor.
Das Etikett ist gegen äußere Einflüsse geschützt, absolut wasser- und kratzfest und kann nicht entfernt werden.

Innentrommelbelichter
> CTP-Belichter

innere Form
Druckbogen mit vier oder mehr Seiten werden beidseitig bedruckt und anschließend gefalzt. Der gedruckte Bogen wird > Falzbogen genannt. Die Seitenanordnung auf dem Druckbogen ergibt sich durch das > Ausschießen. Alle Druckseiten, die mit der Seite 2 auf einer Bogenseite stehen, bezeichnet man als innere (Druck-)Form.
Im gefalzten Produkt steht die Seite 1 immer außen, die Seite 2 auf der Rückseite immer innen. Bei einem 16-seitigen Falzbogen bilden die Seiten 2, 3, 6, 7, 10, 11, 14 und 15 die innere Form. > ausschießen

Innovation
Lat.: innovare = erneuern. Wirtschaftswissenschaft, Technik: Erneuerung.
Anwenden neuer Technologien und Verfahren, vor allem bedingt durch den permanenten Wandel in technischen, wirtschaftlichen und sozialen Bereichen.

Input
Eingabe. In der Computertechnik die Eingabe von Befehlen und Daten.

In-RIP-Separation
Die für den Druckprozess erforderliche Farbseparation in die Prozessfarben Cyan (C), Magenta (M), Yellow (Y) und Schwarz (K) erfolgt nicht in der Druckvorstufe, sondern erst im > RIP.
In der > Composite-Datei werden zuvor alle für den Druckprozess erforderlichen Parameter erfasst, z. B. > Profile, > Druckfarbenverwaltung, > In-Rip-Trapping, > UCR, > Raster

Inserat
Anzeige in einer Tageszeitung, Illustrierten.

Insetting
Standgerechter Texteindruck in mehrfarbige und umfangreich vorgedruckte Papierbahnen (Rollen), die anschließend im Falzapparat einer Rollen-Rotationsdruckmaschine zu einem Endprodukt verarbeitet werden.

Insider
Person, die Kenntnisse von internen Vorgängen verschiedener Art besitzt.

Insolvenz
Vergleichsverfahren oder Konkurs eines Unternehmens durch Zahlungsunfähigkeit oder Überschuldung.

Inspiration
Einfall, plötzliche Eingebung.

Instrument-Flight-inline/ Color-Control-System
Automatische bildbezogene Farbwerkregelung mit der Priorität < Graubalance an Rollen-Offsetdruckmaschinen (z. B. Lithoman, manroland).
Das System wurde in Zusammenarbeit von Quad Tech Inc. und > System Brunner entwickelt. Es beinhaltet eine integrierte Prozessdiagnostik, Eurostandard Referenzwerte (nach Brunner), einen Balance Navigator, (Qualitäts-)Sternebewertung sowie statistische Auflagenprotokolle.
Die Papierbahn wird über die gesamte Bahnbreite mit einer digitalen Videokamera gemessen. Der laufende Druck wird permanent in jeder Farbzone nach Graubalancen, Tonwertzunahmen, Volltonfärbung und weiteren Parametern analysiert. Priorität ist die Regelung nach der Graubalance. Das System regelt nach diesen Daten die Farbschieber während des gesamten Auflagendrucks und dokumentiert zusätzlich die Qualität.
> System Brunner

integral
1. Ein Ganzes ausmachend, vollständig, für sich bestehend.
2. Mathematische Bezeichnung für die Lösung einer Differenzialgleichung.

integrale Dichte

Messung der optisch gesamt wirkenden Schwärzung einer gerasterten Fläche mit einem Densitometer. Einzelne Bildstellen, z. B. Rasterpunkte (> binäre Bildinformationen) und Nichtbildstellen, z. B. transparenter Film oder weißes Papier, werden als Ganzes erfasst, als Gesamtbetrag der Schwärzung gemessen und als Dichtewert angezeigt. Das Densitometer muss ein ausreichend großes Messfeld besitzen, um eine große Anzahl von Rasterpunkten einer Fläche zu erfassen. Bei einem Rasterdiapositiv ergeben sich folgende Zusammenhänge zwischen Rastertonwert und integraler Dichte:

Eine visuelle Verdoppelung der > Dichte (Schwärzung) entspricht einer Zunahme der gemessenen Dichte um 0,3.

Rastertonwert in %	integrale Dichte im Raster
0	0,00
10	0,05
20	0,10
30	0,15
40	0,22
50	0,30
60	0,40
70	0,52
75	0,60
80	0,70
90	1,00
100	2,00

Integralmessung

Fotografie: Mittenbetonte Helligkeitsmessung. Die Helligkeit über das gesamte Bild wird mit eingerechnet. Man geht davon aus, dass sich bildwichtige Elemente allgemein in der Mitte befinden. Für Gegenlichtaufnahmen ist die Messmethode beispielsweise ungeeignet.

Integration

Eingliederung, Vervollständigung.

1. Verbindung einzelner Teile, Vorgänge, Abläufe bzw. Bauelemente, Baugruppen oder Ähnlichem zu einem Ganzen (z. B. aus den Bereichen Gesellschaft, Politik, Umwelt, Technik).
2. Elektronik: Einbeziehen einzelner, sogenannter > diskreter Bauelemente in eine konstruktive Einheit. Bei integrierten Schaltungen sind Integrationsdichten von mehr als 50 000 Transistorfunktionen auf einem > Chip erreicht. Für die Zukunft sind bis zu 10 Millionen solcher Funktionen realisierbar.

integrieren

Zusammenfassen, eingliedern, einfügen, eine Einheit bilden.
> Integration

integrierte Schaltung

Abkürzung: IS; engl.: IC. Elektronische Schaltung, die aus miniaturisierten Bauelementen besteht. Halbleiterkristalle, auf denen sich integrierte Schaltungen befinden, werden > Chip genannt. Sie werden unterschieden nach der > Integration und der Funktion, mit der integrierte Schaltungen Informationen verarbeiten. Nach den Grundfunktionen logisches Verknüpfen und Speichern unterscheidet man Elektronik-Bauelemente als Logikschaltungen und Speicherschaltungen. Außerdem unterscheidet man Schaltungen mit einer fest verdrahteten Logik und programmierbare Schaltungen, wie den > Mikroprozessor.

Intention

Absicht, Vorhaben, Beweggrund.

Interaktion

Der Begriff beschreibt Wechselwirkungen in der Kommunikation, der Soziologie, der Psychologie und neuerdings auch in den Beziehungen zwischen Mensch und Technik.

Interaktionen finden zwischen zwei oder mehreren Personen (vgl. auch Lernen, Marketing) oder auch der Kommunikation zwischen Mensch und Maschine (z. B. Computer: Handling, Nutzung u. a.) statt.

interaktiv
Dialog, Wechselbeziehung, gegenseitige Beeinflussung.

1. Allg.: Wechselseitige Beziehungen zwischen mindestens zwei Menschen, wobei sich die Personen am Verhalten des/der anderen orientieren.
2. EDV, Multimedia: Eine Arbeitsweise an einem Personalcomputer, die durch einen Dialog zwischen Bediener und Rechner abläuft. Umfangreiche Programme werden dabei in einzelne Programmteile reduziert, die einfach über Tastatur und Bildschirm abgearbeitet werden können und den Nutzer Schritt für Schritt weiter führen. Für den Anwender besteht so die Möglichkeit, mit dem System aktiv zu kommunizieren. Beispiele: Installation von Programmen, Online-Bestellungen.

Interface
Engl.: Schnittstelle. Anpassungselektronik oder -programme, welche die Möglichkeit zum Austausch der Information von außen (z. B. Peripherie) auf das jeweilige innere System (Rechner) und umgekehrt ermöglichen.
Prinzipiell sind dabei die technischen Einrichtungen anzupassen, also die Verbindungsstecker müssen zueinander passen, die Art der gegenseitig übertragenen Signale sowie die Festlegung, welche Bedeutung die Signale haben sollen. Im übertragenen Sinne ist auch eine elektrische Steckdose ein Interface. Stecker und Steckdose müssen passend sein, die Voltzahl mit 220 V und die Frequenz von 50 Hz sind festgelegt. Dies ist nicht in allen Ländern gleich. In einem solchen Fall benötigt man ggf. einen Adapter zur Anpassung der Stecker.

Interferenz
Optik: Wellenüberlagerung. Zwei oder mehrere gleichartige (kohärente) Wellen können sich dabei verstärken oder auslöschen.

Internet
Abk. für International-Network, internationales Netzwerk.
Internationaler Verbund von Datenverarbeitungssystemen und Netzwerken zu einem kommerziellen und nichtkommerziellen Verbund mit einem nicht zu überblickenden Informationsangebot.
Weltweit bereitgestellte Informationen sind jederzeit von beliebigen Teilnehmern abrufbar.
Anwender benötigen einen Computer, einen DSL- oder ISDN-Anschluss und einen Internet-Provider für den Zugang zum Internet, um an der globalen Kommunikation teilzunehmen.
Einen Zugang ermöglichen Provider (Dienstleister) gegen eine bestimmte Gebühr.
Für die eigentliche Nutzung sind danach nur noch die Telefongebühren zum nächsten Einwahlknoten zu bezahlen, den es in jeder größeren Stadt bereits gibt.
Das Verschicken einer elektronischen Post (E-Mail) gehörte anfangs zu den wichtigsten Einsatzbereichen zwischen Universitäten, Forschungsinstituten, Behörden, Unternehmen und privaten Nutzern.
Inzwischen stellt das World Wide Web (WWW) nicht nur Text, sondern alle Multimedia-Elemente wie Bild, Ton und Video. Dadurch bestehen verschiedenste Möglichkeiten der Kommunikation und Information, z. B.:
Vorstellung und Präsentation eines Unternehmens, elektronisches Warenhaus oder Reisebüro, wissenschaftliche Veröffentlichungen, Diskussionsforen, weltweite Kontakte zu beliebigen Themen u. v. a.
Mit dem Anklicken eines Buttons können die auf einer Homepage gespeicherten Audiodaten und Videofilme eines Anbieters aktiviert werden.

Internet-Adresse
Eine erforderliche, weltweit gültige Kennung eines Computers, der an das Internet angeschlossen ist.

Interpolation
Hochrechnen eines Wertes durch näherungsweises Bestimmen eines nicht gemessenen, z.B. digital erfassten Wertes zwischen zwei bekannten Werten in der unmittelbaren Umgebung.
Derartige Interpolationen werden angewendet, wenn digitalisierte Bilddaten in einem Computer-Publishing-System vergrößert werden. Vergrößert man auf das Doppelte, so bleibt die Auflösung erhalten.
Die fehlenden Pixel werden durch Interpolationsverfahren hochgerechnet.
Man kann im Bildverarbeitungsprogramm Photoshop zwischen drei Interpolationsverfahren wählen:
Pixelwiederholung, Bilinear und Bikubisch.
Das letztgenannte Verfahren ist das genaueste, aber auch das langsamste.

Interpreter
Übersetzungsprogramm.
Ein Quellprogramm in einer höheren Programmiersprache ist damit in die Sprache des Computers zu übersetzen.

Intervall
Zeitlicher oder auch räumlicher Abstand zwischen zwei Ereignissen oder Reizen.

Intranet
Internes Netzwerk, z.B. ein Netzwerk innerhalb eines Unternehmens, das mit der gleichen Technik wie das Internet arbeitet. Dabei ist der Zugang nur auf eine bestimmte interne Personengruppe beschränkt.
Das Intranet kann einen Zugang zum weltweiten Internet besitzen.

Intuition
Instinktives Erfassen, plötzliche Eingebung.

invers
Umgekehrt, entgegengesetzt.

invertieren
Umkehren. Einen Vorgang, ein Produkt oder sonstiges in sein Gegenteil verkehren. Beispiele: Ein positives Bild in ein negatives Bild umwandeln, binäre Einsen zu Nullen und Nullen zu Einsen umwandeln.

Investition
Langfristige Anlage von Kapital zur Erhaltung, Verbesserung und Vermehrung von Produktionsmitteln (z. B. Druckvorstufensystem, Druckmaschine).

I/O
EDV: Abk. für Input/Output. Mit Eingabe/Ausgabe wird der Datenaustausch zwischen dem Computer und der Peripherie bezeichnet.

Ion
Ein elektrisch geladenes Teilchen eines Atoms oder Moleküls mit grundlegend anderen chemischen und physikalischen Eigenschaften als das neutrale Atom oder Molekül. Ionen entstehen aus neutralen Teilchen durch Ionisation (z.B. Fotoionisation durch kurzwellige Strahlung) oder > Dissoziation.
Beispiel: In Wasser aufgelöste Säuren, Basen oder Salze werden in Ionen gespalten (dissoziiert). Es entstehen positiv geladene Kationen. In einem elektrolytischen Bad wandern Kationen zur negativen Katode (auch: Kathode) und negativ geladene Anionen zur positiv geladenen Anode. Ionen sind die eigentlichen Träger des elektrischen Stroms bei der > Elektrolyse, der chemischen Umsetzung. Sie scheiden sich an der entsprechenden Elektrode als neutrale Moleküle, als Gas oder als Metall ab.

Ionisatoren
Drucktechnik:
Geräte zur kontaktlosen Abführung elektrostatischer Aufladungen bei Bedruckstoffen (Papier, Kunststoffe u.a.). Ionisatoren sind Entladesysteme, die Ionen (elektrisch geladene Atombestandteile) zuführen oder ableiten, um die Ladung

wieder zu neutralisieren. Die abgegebene Ladungswolke besteht aus positiven und negativen Teilchen, die sich auf dem aufgeladenen Material ausgleichen. Um elektrisch neutral zu werden, ziehen die positiven die negativen Teilchen an und umgekehrt. Dadurch wird eine elektrostatische Aufladung abgebaut und das Energiegleichgewicht wiederhergestellt.

iOS
Betriebssystem für mobile Apple-Geräte wie iPhone, iPod, iPad

IPA
> Isopropanol

IP-Adresse
Die im Internet miteinander verbundenen Teilnetze wachsen ständig weiter. Trotzdem muss zwischen den unterschiedlichen Netzen eine einwandfreie Kommunikation möglich sein. Dies erfolgt über sogenannte Router.
Für die Kommunikation in einem Netzwerk ist eine Adressierung erforderlich. Innerhalb eines > Hosts in einem Teilnetzwerk ist die Adressierung dieses Teilnetzwerkes ausreichend.
Für eine Kommunikation im Internet ist dagegen ein einheitliches Adress-Schema erforderlich, das Internet-Protokoll (IP).
Jeder weltweit angeschlossene Rechner ist einer eindeutigen IP-Adresse zugeordnet. Eine internationale Dachorganisation verteilt IP-Adressen an andere Organisationen.
> Router

iPhoto
Teil des Software-Paketes > iLife von Apple zum Import von Bildern aus der Digitalkamera und zur Bilddatenverwaltung (Organisation).
iPhoto bietet eine Vielzahl von Möglichkeiten an, die Bilder zu optimieren oder zu retuschieren, z. B. Entfernen roter Augen, Bildverbesserungen (Kontrast, Ton- und Farbwerte, Sättigung, Helligkeit, Farbbalance, Schärfe), freistellen, Rahmen anlegen, Effekte einfügen und begradigen.
Daneben lassen sich Kalender, Karten oder ganze Bücher zusammenstellen und drucken. Neue Version: „Foto“.

IQ
Abkürzung für Intelligenzquotient, der ein Maß für eine allgemeine intellektuelle Leistungsfähigkeit nach einem standardisierten Test erfasst.

IR
Abkürzung für > Infrarot.

Iriodin
Druckfarben mit Perglanzpigmenten:
Kleinste Effekt-Pigmente in unterschiedlicher Art und Größe.
Drucke sind damit mit metallischen Effekten, perlmuttartigem Glanz oder seidigem Schimmer vollflächig oder partiell zu veredeln.

Irisblende
Fotografie, Reproduktion:
Variable Öffnung für den Lichteinlass an fotografischen Apparaten (Fotoapparat, Reproduktionskamera). Die Irisblende besteht aus einer Anzahl von sichelförmigen Metall-Lamellen.
Diese Lamellen lassen sich stufenlos (kontinuierlich) öffnen und schließen, sodass immer eine annähernd kreisrunde Öffnung entsteht.

Irisdruck
Farbiger Druck mit ineinander verlaufenden verschiedenen Farben, die in einem Druckgang gedruckt werden.
Die verschiedenen Druckfarben liegen im Farbkasten so nebeneinander, dass sie ineinander fließen.
Im Farbwerk wird durch eine geringe Verreibung (seitliches Ausgleichen) ein gleichmäßiger, kontinuierlicher Farbverlauf begünstigt.

irrationaler Tangentenwinkel
Bei der digitalen Rasterungstechnik werden einzelne Rasterpunkte in > Rasterzellen generiert. Bei den Rasterwinkelungen 00 und 450 schneiden die Eckpunkte jeder Rasterzelle die Belichtermatrix.
Die Position ist mit einer Funktion aus zwei ganzen Zahlen genau zu definieren.
Die zudem üblichen konventionellen Rasterwinkelungen mit 150 und 750 sind dagegen irrationale Tangentenwinkel, da sie die Belichtermatrix nicht in gleichmäßiger Weise schneiden.
Um den Rechenaufwand für die Ausgabe zu minimieren und die Ausgabequalität zu optimieren, werden verschiedene Verfahren (Superzelle, Tangentenwinkel runden u. a.) eingesetzt.
> rationaler Tangentenwinkel

irreversibel
Nicht umkehrbar, nicht rückgängig zu machen, nicht wieder auf den ursprünglichen Zustand zu bringen.

ISBN
Internationale Standardbuchnummer mit Angabe der Sprachgruppe, der Nummer des Verlages, der verlagsinternen Titelnummer und einer Prüfziffer. Die ISBN ist immer 13-stellig.
Beispiel:

Deutschland (↓ 3), Buchnummer (↓ 1234)
978
979 – 3 – 7325 – 1234 – 6
↑ Präfix (979), ↑ Verlagsnummer (7325), ↑ Prüfziffer (6)

ISDN
Abkürzung für: Integrated Services Digital Network. Digitales Kommunikationsnetz, mit dem Sprache, Texte, Grafiken und Bilder in optimaler Qualität zu übertragen sind.
Das konventionelle Telefonnetz mit zweiadrigem Kupferdraht war ausschließlich für die Übertragung von Sprache konzipiert. Zum Zweck der Datenübertragung, z. B. Telefax, wurde es so gut wie möglich adaptiert. Durch ISDN, ein Glasfasernetz, wird das analoge Telefonnetz zu einem digitalen Datennetz mit einer einfachen, sicheren und sehr schnellen Datenübertragung. ISDN bietet universelle, individuelle Kommunikationsmöglichkeiten für jeden Teilnehmer.
Möglich ist auch eine parallele Kommunikation über einen Anschluss, d. h. Kanäle können gleichzeitig und unabhängig voneinander genutzt werden, z. B. für unterschiedliche Dienste mit dem gleichen Partner.
Damit sind Kommunikationen von PC-Bildschirm zu PC-Bildschirm möglich, gleichzeitig können die Partner über Telefon die Ergebnisse abstimmen und ggf. Änderungen veranlassen.

ISO
Abkürzung für: International Organization for Standardization = internationale Organisation für Normung.
Der internationalen Standard-Organisation mit Sitz in Genf gehören die nationalen Normenausschüsse von über 50 Ländern an, z. B. DIN (Deutschland), ANSI (USA), AFNOR (Frankreich).
Wichtige ISO-Normen für die Druckindustrie sind:
- ISO 2846: Druckfarben
- ISO 3664: Standardbeleuchtung
- ISO 12646 Monitor, Proof
- ISO 12647-1: Grundlagen
- ISO 12647-2: Offsetdruck
- ISO 12647-3: Zeitungsdruck
- ISO 12647-4: Tiefdruck
- ISO 12647-5: Siebdruck
- ISO 12647-6: Flexodruck
- ISO 12647-7: Digitaldruck
- ISO 14981: Densitometrie
- ISO 15930 Datenaustausch mit PDF

ISO 12647-1
Grundlagen: Definition von Parametern und Messmethoden für die Wiedergabe von Farben

ISO 12647-2
Standards für Druckprozesse und Produktionssicherheit im Offsetdruck mit Sollwerten und Toleranzen. > ProzessStandard Offsetdruck (PSO), > Qualität, > Standardisierung

ISO 12647-7 – ISO 15311
ProzessStandard Digitaldruck (PSD) für eine produktbezogene Qualität. Eine Standardisierung im Digitaldruck im Sinne einer internationalen Normung der Druckverfahren hat erst begonnen. Der erste Schritt besteht in der Initiierung eines Normdokumentes bzw. einer Normfamilie mit der Nummer ISO 15311. Im Gegensatz zu ISO 12647-x basiert ISO 15311 auf einer Gliederung nach repräsentativen Anwendungsfällen und nicht nach Drucktechnologien.
Als vorläufige Dokumente erarbeitet der „Digitaldruck Arbeitskreis der Fogra“ technische Spezifikationen nach der folgenden Struktur:
- Normteil 1: Grundlegende Parameter und Dokumentation
- Normteil 2: Digitaler Produktionsdruck
- Normteil 3: Großformatiger Digitaldruck

Die Fogra hat dazu umfangreiche aktuelle Informationen herausgegeben: „ProzessStandard Digitaldruck, Handbuch 2014, Schritt für Schritt zu einem vorhersehbaren Druckergebnis“. Das Handbuch ist als kostenloser Download herunter zu laden. www.fogra.org

ISO 14000
In der Norm ISO 14000 und folgende sind Standards für das Umweltmanagement zusammengefasst.

ISO 9000
Qualitätsmanagement- und Qualitätssicherungsnormen. Leitfaden zur Auswahl und Anwendung der DIN ISO 9001 bis 9004. Die deutsche Fassung der Norm wurde mit Österreich und der Schweiz abgestimmt.

Isodensiten
Reproduktion: Messtechnische Kurven, aus denen für Negative oder Positive die richtige Belichtung und Entwicklung abgelesen werden kann.

Isokonturen-Diagramm
Grafische Darstellung von Druck-, Proof-, Film- und Druckplattenkennlinien. Auf der horizontalen X-Achse sind die Flächendeckungen von 0 % bis 100 % aufgetragen, die vertikale Y-Achse zeigt die Rasterpunktzunahme oder -abnahme bei der Übertragung in Prozent.
> System Brunner

Isolator
Elektrischer Nichtleiter.

Isopropanol
Drucktechnik: Abk. IPA, ein technischer Alkohol (ungenießbar!). Für die Handhabung und Lagerung sind entsprechende Sicherheitsdatenblätter zu beachten.
Im Offsetdruck als Zusatzstoff zum Feuchtmittel eingesetztes Netzmittel. Durch Isopropanol wird die Grenzflächenspannung zwischen dem Feuchtmittel und der Aluminiumoberfläche (> Offsetdruckplatten) verringert und die Benetzung der Nichtbildstellen verbessert. Schon geringe Mengen von 5–10 % Isopropanol als Zusatz senken die Oberflächenspannung erheblich.
Zu beachten ist u. a., dass Alkohol in offenen Feuchtwerken relativ rasch verdunstet. Trotz aller drucktechnischen Vorteile ist eine sehr deutliche Reduzierung oder sogar ein völliger Verzicht auf IPA erforderlich. Gründe dazu sind vor allem die Verringerung der Umweltbelastungen durch verdunstende organische Verbindungen sowie die Verringerung gesundheitlicher Belastungen der Mitarbeiter. Hinzu kommen die hohen Kosten. Viele Länder haben inzwischen Richtlinien oder Verbote erlassen, die den Einsatz begrenzen, mit Strafabgaben belegen oder verbieten.

Eine fast gleichartige grenzflächenaktive Wirkung ist auch durch bestimmte > Tenside (oberflächenaktive Stoffe) zu erzielen, die anstelle von Alkohol in Feuchtmittelzusätzen verwendet werden.
Möglichkeiten zur Reduzierung von IPA:
- IPA-Anteil im Feuchtmittel laufend mit geeignetem Messgerät (Infrarot- oder Ultraschallmessung) kontrollieren,
- zentrale Feuchtmittelaufbereitung,
- Verwenden von Feuchtmittelzusätzen, die den IPA-Anteil reduzieren können,
- stabile Temperaturen an der Druckmaschine und im Drucksaal,
- Einsatz von Keramikwalzen im Feuchtwerk.

> Alkoholfeuchtung

Isoprophyl-Alkohol
> Isopropanol

Ist-Wert
Bei einer Produktion ein tatsächlicher, momentan gemessener Wert.
Beispiel: Bei der Farbdichtemessung während der Druckproduktion ist die Vorgabe bzw. der Soll-Wert für die Farbführung der abgezeichnete verbindliche Druckbogen. Der bei jeder Prüfung gemessene Druckbogen ergibt den Ist-Wert.
Ziel der Produktionsregelung ist das Angleichen des Ist-Wertes an den Soll-Wert.

IT
Abk. für Informationstechnologien

IT8-Kontrollchart
Messfeldtableau nach ISO 12642 mit einer umfangreichen Anzahl von Primär-, Sekundär- und Tertiärfarbfeldern, die für die Profilherstellung der Color-Management-Systeme verwendet werden.

Italic
Englische (Kurz-)Bezeichnung für eine kursive Schrift.

Italienne
Serifenbetonte Linear-Antiqua, bei der die waagerechten Striche erheblich stärker als die senkrechten Striche ausgeprägt sind. Typische Schrift dieser Gruppe ist die Playbill.

ITC
Engl. Abk.: International Typeface Corporation.
Künstlerische Gestaltung und Herstellung von digitalen Schriften.

iTunes
Kostenloses umfangreiches Programm von Apple für die Musikverwaltung, das Laden und Speichern von Musik (iTunes-Store u. v. a.) in einer Mediathek, Erstellen von Wiedergabelisten, Brennen von Wiedergabelisten.

IuK-Technik
Abk. für Informations- und Kommunikationstechnik. Hierzu gehören u. a. Elektronik, Mikrosysteme, Softwaresysteme, Wissensverarbeitung, Kommunikationstechnik, Netze.
> Informationsgesellschaft

IVW
Abk. Informationsgemeinschaft zur Feststellung der Verbreitung von Werbeträgern e. V.
Presse: Auflagenkontrolleinrichtung für Presseerzeugnisse. Beispiel: Kontrolle der verkauften Auflage einer Fachzeitschrift.

IWT
Satztechnische Abkürzung für „immer wiederkehrender Text“. Häufig auftretende schwierige Textteile oder Befehlsfolgen (z. B. zur Satzgestaltung) lassen sich bei entsprechender Programmierung durch einen Tastenanschlag oder eine Kombination von wenigen Tastenanschlägen abrufen.

J

J
Abkürzung für > Joule.

Japanpapier
Aus Japan oder auch China importierte Langfaserpapiere, meist handgeschöpft aus einheimischen Maulbeerbaum-, Bastfasern o. ä. Die Papiere sind sehr dünn, saugfähig und besonders reißfest. Sie eignen sich insbesondere für exklusive, haptisch anspruchsvolle Druckaufträge.

JArbSchG
Abk. für > Jugendarbeitsschutzgesetz

Java
Objektorientierte Programmiersprache für multimediale Anwendungen. Software, die es ermöglicht, HTML-Dokumente mit zusätzlichen Funktionen (interaktive Animation, 3-D-Modelle u. a.) auszustatten.

JavaScript
Eigenständige Programmiersprache (Scriptsprache) zur Erweiterung des HTML.
Eingesetzt z.B. für Animationen in WWW-Seiten, dynamische Web-Seiten, Projektsteuerungen.

Jaz-Laufwerk
Spezielles Laufwerk für einen elektronischen, externen Datenspeicher (Wechselmedium) mit 1 Gigabyte oder 2 Gigabyte Kapazität.
Das Laufwerk hat eine sehr hohe Leistungsfähigkeit, die nahe an die Festplattengeschwindigkeit heranreicht.
Technisch durch optische Datenspeicher oder separate, mobile Festplattenspeicher inzwischen überholt.

JDF
Engl. Abk. für Job Definition Format.
Umfassendes, herstellerunabhängiges Datenaustauschformat für die Beschreibung des gesamten Prozesses eines Druckauftrages vom Auftragseingang über die gesamte technische Fertigung, die (technische) Kommunikation zwischen allen am Auftrag Beteiligten bis zum Auftragsausgang, der Dokumentation einzelner Prozesse und der erforderlichen Datenerfassung für alle betriebswirtschaftlichen Berechnungen. Je nach Ausbaustufe kann auch der Kunde in den Prozess mit eingebunden werden (Korrekturen, Druckfreigabe, Sachstand der Produktion).
> vernetzte Druckerei

JDF-Jobticket
Digitale Informationen zum gesamten Produktionsablauf von der Gestaltung über die Vorstufe, den Druck und die Druckverarbeitung bis hin zu einem Management-Informationssystem.
Exemplarisches Beispiel: In einem digitalen Workflow werden alle Aufgaben und Arbeitsabläufe automatisiert. Mit einer PDF-Datei kann ebenfalls eine JDF-Datei erstellt werden. Diese begleitet den gesamten Auftrag in einzelnen Produktionsstufen. Dabei werden wichtige Informationen zum Prozess weitergegeben und gespeichert, z. B.
- Administrative Daten
  Sachbearbeiter, Auftragsnummer
- Planungsdaten
  Termine
- Lieferdaten
  Auflage, Lieferanschrift
- Ausschießparameter
  Papierformat, Anzahl der Seiten pro Bogen, Bindung u. a.
- Überfüllungsparameter
- Ausgabeparameter für die Ausgabe
  Rasterweite, Rastertyp
- CIP4-Parameter für die Farbzonenvoreinstellung
- Weiterverarbeitungsparameter
  Falzen, Schneiden, Binden
- Job-Historie
  Datenerfassung, Nachkalkulation

Job

1. Allgemein: Arbeit, Tätigkeit, Auftrag.
2. Textverarbeitung: Text, der als einheitliche Datei gespeichert ist.
3. Computertechnik, Arbeitsablaufsteuerung: Aktuell auszuführende Arbeiten. Zusammengestellte Kette von Programmen bzw. Modulen, die nacheinander im System ablaufen.
   Jobticket: Sammlung verschiedener digitaler Informationen zu einem Auftrag, die angeben, wie ein bestimmter Job (Auftrag) weiter zu verarbeiten ist.
   Die meisten Workflow-Konzepte setzen Jobtickets in der digitalen Druckvorstufe zur weitgehenden Automatisierung ein.
   Eine Steuerzentrale sorgt dafür, dass einzelne Prozesse wie > Farbseparation, > Trapping, Rippen, Proofen und Belichten selbsttätig erledigt werden.

J

Job-Enlargement
Arbeitsgestaltung:
Aufgabenerweiterung des Mitarbeiters mit einem breiteren Spektrum beherrschter Arbeitsaufgaben auf gleichem Qualifikationsniveau. Damit wird eine einseitige Belastung verringert.

Job-Enrichment
Arbeitsgestaltung:
Aufgabenbereicherung mit erhöhter Qualifikation.
Dabei ist eine höhere Belastung durch anspruchsvollere Arbeitsinhalte möglich. Minderung einer einseitigen Belastung.

Job Optimizer
Prozess-, Arbeitsplatz-Optimierung. Bezeichnung für einen Software-basierten Workflow mit einem ganzheitlichen Konzept.
Technische Möglichkeiten und Vorteile sind beispielsweise: zentrale Einstellungen und Kontrollen, stabile Produktionsprozesse, intelligente Automatisierung und Fernwartung.

Joboptions
Abgeleitet aus engl. Worten:
job = Arbeit, option = Alternative, Einstellung, Auswahlmöglichkeit.
Druckvorstufe, automatisierter Workflow: Digitale Texte, Grafiken und Bilder werden in einem Layoutprogramm zu kompletten Seiten verarbeitet.
Im folgenden Workflow wird mit PDF-Dateien gearbeitet. Eine korrekte Layoutdatei ist dabei die Voraussetzung für eine produktionsreife PDF-Datei. Für ein automatisches Konvertieren der Layoutdatei in eine PDF-Datei werden spezielle, prozessbezogene Joboptions-Dateien verwendet, die die erforderlichen Einstellungen für die Konvertierung (z. B. Offsetdruck, Digitaldruck) ausführen. Mit einem > Preflight-Check sollte die PDF-Datei auf Produktionsfähigkeit überprüft werden.

Job-Pilot
Offsetdruckmaschinen von manroland:
Anwendungssoftware zur Auftragsverwaltung, -planung und -vorbereitung.

Job-Rotation
Arbeitsgestaltung: Arbeitswechsel mit einem breiteren Spektrum beherrschter Arbeitsaufgaben auf gleichem oder auch höherem Qualifikationsniveau.
Eine einseitige Belastung wird verringert. Dagegen ist eine höhere Belastung durch anspruchsvollere Arbeitsinhalte möglich, die ggf. immer wieder eine Einarbeitungszeit erfordern.

Job-Sharing
Arbeitsgestaltung: Partner-Teilzeitarbeit, bei dem sich mindestens zwei Mitarbeiter einen vollen Arbeitsplatz teilen.

Job-Ticket
Bezeichnung für eine > digitale Auftragstasche anstelle der üblichen > Auftragstasche, bei der Auftragsdaten auf Papier erfasst und Arbeitsunterlagen beigefügt werden. Es nimmt u. a. Anweisungen zum

Ausschießen, Über-/Unterfüllen und OPI sowie Ausgabeparameter oder Informationen für Druck, Veredelung und Druckweiterverarbeitung auf. > Auftrag

Job-Ticket-Format
Datenformat (> JDF) für eine rechnerintegrierte Produktion von Druckprodukten mit dem Ziel, Prozesse zu verbessern und zu automatisieren.

Jod-Quarz-Lampe
Halogenlampe, die zu Belichtung in der Reproduktion eingesetzt wird.

Joint Venture
Kooperation eines einheimischen und eines ausländischen Partners mit gemeinschaftlichen Interessen und Investitionen.

Joule
Abgeleitete SI-Einheit der Arbeit, Energie und Wärmemenge.
1 Joule (J) = 1 Newton (N) · Meter (m)
= 1 Volt (V) · 1 Coulomb (C)
= 1 Watt (W) · Sekunde (s).
Umrechnung der früher für die Wärmeenergie verwendeten Einheit Kalorie (cal) in Joule: 1 J = 0,238 cal bzw. 1 cal = 4,19 J.

Jour fixe
Regelmäßiges, fest vereinbartes Treffen, zu dem nicht immer wieder eingeladen werden muss.

Journal
Zeitschrift mit besonderem Schwerpunkt und von besonderer Qualität in einem Sachgebiet, wie Mode, Reisen, Wissenschaft und Technik.

Journalist
Berufstätiger in der Kommunikationswirtschaft, allgemein als freier Mitarbeiter bei Agenturen, Presse, Funk, Fernsehen.

JPEG
Abkürzung für Joint Photographic Experts Group (Vereinigte Fotoexperten-Gruppe). Diese Gruppe entwickelte eine Kompressionsmethode für digitale Bilder und Grafiken.
Die Kompressionsmethode eignet sich für Farb- und Graustufenbilder, erzeugt aber – je nach Kompressionsstufe – keinen oder einen mehr oder weniger großen Informationsverlust.
Bei der Speicherung erhalten die Dateien die Endung .jpg. Bei Kompressionen von 4:1 bis 5:1 ist die Bildqualität mit bloßem Auge kaum von der Original-Vorlage zu unterscheiden.
Ebenso ergeben Kompressionsfaktoren von 5:1 bis ca. 20:1 noch sehr gute bis gute Qualitäten.
Dagegen zeigen sich bei Kompressionen von 20:1 und größer sichtbare Vergröberungen oder eine „Klötzchengrafik".
JPEG ist neben dem GIF-Format das typische Grafikformat für Bilder im Internet.

jpg
> JPEG

Jugendarbeitsschutzgesetz
Abk.: JArbSchG.
Das Gesetz gilt in der Bundesrepublik Deutschland für die Beschäftigung von Personen, die noch nicht 18 Jahre alt sind

1. in der Berufsausbildung,
2. als Arbeitnehmer oder Heimarbeiter,
3. bei sonstigen Dienstleistungen, die der Arbeitsleistung von Arbeitnehmern oder Heimarbeitern ähnlich sind,
4. in einem der Berufsausbildung ähnlichen Ausbildungsverhältnis.

(Hinweis: Das Gesetz regelt ebenfalls die Beschäftigung von Kindern.)
Es regelt rechtlich verbindliche Schutzmaßnahmen in vier hauptsächlichen Bereichen:

- Arbeit und Freizeit
- Beschäftigungsverbote und -beschränkungen
- Sonstige Pflichten des Arbeitgebers
- Gesundheitliche Betreuung

Jungfer
Fachwort für fehlerfrei gesetzte Seite.

justieren
1. Nach DIN ISO 8402 (3) das Minimieren einer Messabweichung durch Veränderung der Messeinrichtung.
   Diese Abweichung ist durch das Kalibrieren zu ermitteln. > Eichen
2. Druck, Qualitätsmanagement:
   Allgemein verwendet für die Einstellung von Geräten, Maschinen und komplexen Systemen auf Standardwerte zur Erzielung geplanter, reproduzierbarer Ergebnisse. Dabei werden Abweichungen von einem Vorgabewert minimiert.

J

Beispiele:
- Genaues Abstimmen auf eine bestimmte Höhe oder auf eine sonstige Einstellung. (z.B. Seitenhöhe, Position der Marken).
- Color-Management:
  > Monitor-Kalibrierung. Die Einstellung der Farbwiedergabe eines Bildschirms, damit die angewählten bzw. angezeigten Farben dem Druck mit bestimmten Skalendruckfarben entsprechen.
- Justieren der Farbauftragswalzen zu den Farbverreibern im Farbwerk und dem Druckplattenzylinder.

Just-in-Time-Systeme
Optimal wirtschaftlicher Materialfluss:
Früher zur Produktion vorhandene große Lager für alle zur Fertigung erforderlichen Materialien (z.B. in einer Zeitungsdruckerei Bedruckstoffe, Druckfarben) entfallen bei diesem System.
Disponenten oder Rechnersysteme erfassen laufend den unbedingt für die Produktion erforderlichen (Mindest-)Bestand und fordern rechtzeitig Material an.
Die Materialien treffen ein, wenn sie benötigt werden (just-in-time).
Bei Bedruckstoffen ist eine frühzeitige Lieferung für eine ausreichende > Klimatisierung in den Produktionsräumen zu beachten.

K

K

1. Physik: Nach den > SI-Einheiten die Abkürzung für > Kelvin, die Maßeinheit für die absolute Temperatur.
2. Drucktechnik: Internationales Kurzzeichen für die Druckfarbe Schwarz (K = Key Ink) im Vierfarbdruck mit Prozessfarben. Durch diese Abkürzung ist ein Verwechseln mit der Sekundärfarbe Blau (Blue = B) zu vermeiden.

k

Physik: Abk. für Kilo, das 10^3-fache bzw. 1000-fache einer Einheit.

Kabelfernsehen

Verbreitung von Fernseh- und Hörfunkprogrammen über Kupferkoaxialkabel oder zukünftig über Glasfaserkabel im Gegensatz zur drahtlosen Ausstrahlung. Der Netzaufbau entspricht etwa einer Großgemeinschaftsantennenanlage.
Es können jedoch viele weitere Programme als ortsüblich empfangen werden. Außerdem können zusätzliche Dienstleistungen ins Kabelnetz eingespeist werden. Der Empfang ist nicht in mobilen Empfängern wie Autoradios, tragbaren Rundfunk- und Fernsehgeräten möglich.

Kaizen

Managementmethoden:
Kontinuierliche Verbesserungen.

Kalander

Papierherstellung: In der > Ausrüstung eingesetzte Glätt- oder Prägemaschine zur Veredlung der maschinenglatten Papieroberfläche.
Zum speziellen Glätten, Satinieren genannt, wird Rollenpapier in s-förmigen Windungen durch das Walzensystem des Kalanders geführt. Bei dem Walzensystem wechseln „harte" Walzen (Hartguss) und „weiche" Walzen nacheinander ab, die einen hohen Druck auf die durchlaufende Papierbahn ausüben. Angetrieben wird nur die unterste Walze, die übrigen laufen mit einem gewissen Schlupf durch Reibung mit. Druck, Reibung und Wärme wirken glättend auf die Papieroberfläche ein. Das Papier wird durch das Satinieren zusätzlich verdichtet.
Voraussetzung für eine gute Glätte des Papiers ist ein bestimmte Menge an > Füllstoffen, die das Papier weicher und geschmeidiger machen sowie Hohlräume zwischen den Fasern ausfüllen.
Maschinenglattes Papier, das im Kalander geglättet ist, nennt man satiniert (Abk. im Papierhandel: sat.). Für Oberflächenstrukturen bei Papieren oder Karton, z. B. durch Granulieren, setzt man anstelle glatter Walzen entsprechende Prägewalzen ein.

kalibrieren

1. Nach DIN ISO 8402 (3) das Ermitteln der systematischen Messabweichung ohne Veränderung der Messeinrichtung. Das Minimieren der Messabweichung wird Justieren genannt.
2. Terminologie in der Drucktechnik:
   Aufeinander abstimmen. Beispiel: In einem Color-Management-System das aufeinander Abstimmen aller in einem Prozess zusammenwirkender Geräte und Systeme (z.B. Datenerfassung, Datenumwandlung, Proof, Datenausgabe, Druckprozess) auf einen Standardwert, um gleichmäßige Ergebnisse zu erhalten. > Kalibrierung.
   Vgl. Druckformherstellung im CtP-System: > Standardisierte Druckformherstellung CtP,
   > Linearisierung, > Prozesskalibrierung

kalibrierte Papiere und Kartons

Materialien, die durch ein starkes Satinieren eine optimale gleichmäßige Dicke über die gesamte Bogenfläche aufweisen. Kalibrierte Papiere und Kartons eignen sich besonders gut als Unterlagematerial für Aufzüge.

Kalibrierung
Qualitätsmanagement, Definition nach DIN 1319: Ermitteln der Richtigkeit der Messgröße eines Messgerätes, Herstellen des Zusammenhangs zwischen Eingangs- und Ausgangsgröße. Es werden Fehler eines Messsystems oder Messgerätes festgestellt, aber nicht beseitigt. Das Beseitigen oder Minimieren der Fehler erfolgt durch das Justieren der Messeinrichtung. Der Begriff Kalibrieren wird vielfach auch für das > Justieren verwendet.
> Monitorkalibrierung

Kaliko
Feines, dichtes Gewebe mit einer Leinwandbindung aus Baumwolle oder Zellwolle, das mit einer Appreturmasse versteift ist. Kaliko wird als Material für Bucheinbände verwendet.

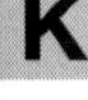

Kalk
Bezeichnung für das in der Natur vorkommende > Calciumcarbonat, den Kalkstein und durch Verarbeitung (brennen, löschen) gewonnene Produkte.

Kalkschleier
Weiße Flecken, die durch Wasser mit einem hohen Härtegrad entstehen.
Mit Essigsäure können die Flecken entfernt werden.

Kalkstein
> Solnhofener Kalkstein. Für lithografische Arbeiten verwendeter, fein poröser Stein, der überwiegend aus Calciumcarbonat besteht.

Kalkulation
Berechnung, Ermittlung der Kosten für einen Auftrag. In der Druckindustrie sind im Wesentlichen zu unterscheiden:

1. Vorkalkulation
   Die Vorkalkulation ermittelt die voraussichtlichen Kosten für die technische Herstellung eines Produktes einschließlich der Materialkosten sowie aller Nebenkosten und des (geplanten) Gewinns. Sie ist die Basis für das Angebot an den Kunden.
2. Nachkalkulation
   Erfolgsberechnung. Durch die exakte Nachkalkulation ist festzustellen, ob die Berechnungen der Vorkalkulation tatsächlich bei der Herstellung und im Vertrieb eingehalten werden konnten und alle Kosten durch Erlöse abgedeckt sind.

Erteilte Aufträge bezeichnet man als Kostenträger.
Durch eine Kostenträgerrechnung lässt sich feststellen, wofür Kosten entstehen. Deshalb werden die Kosten verursachungsgerecht verteilt.
> mengenfixe Kosten

Kostenarten	Zurechenbarkeit zum Kostenträger	Abhängigkeit von der Auflage
Einzelkosten	direkt	mengenfix/ mengenvariabel
Gemeinkosten	indirekt	mengenfix/ mengenvariabel

Kalligrafie
Griech.: Kalligraphia, kalós = schön, graphein = schreiben.
Schönschreibkunst mit Breitfeder, Pinsel und ähnlichen Werkzeugen.

Kaltfolienveredelung
Inline-Produktion im Offsetdruck:
Benötigt werden zwei „konventionelle" Offsetdruckwerke und eine Zusatzausstattung zur Folienübertragung. Im ersten Druckwerk wird über das Farbwerk und mit einer Offsetdruckplatte partiell oder vollflächig Kleber auf den Bedruckstoff gedruckt.
Das über dem zweiten Druckwerk eingesetzte Kaltfolienwerk verfügt über eine Abrollung zum Auftrag der Folie.
Beim Druck wird die Folie mit dem Druckbogen zwischen Gummituch- und Druckzylinder geführt.

Der Anpressdruck überträgt die Folie auf den vorgedruckten Kleber. Die Trägerfolie wird danach abgelöst, zurück bleibt auf dem Druckbogen eine dünne Metallschicht. Diese kann überdruckt werden.

Kaltleim
Klebstoff, der im kalten Zustand verarbeitet wird.

Kaltlichtlampe
Künstliche Lichtquelle mit hoher Farbtemperatur und niedriger Eigenwärme.

Kaltnadelradierung
Original-Grafik:
Manuelle künstlerische Technik der Tiefdruck-Formherstellung, bei der Bildstellen anstelle der bei Radierungen verwendeten Säure mechanisch entstehen.
Mit einer Graviernadel werden Zeichnungen direkt in eine Kupferplatte eingeritzt. Im Gegensatz zum Kupferstich ist die Linienführung feiner und freier. Ein winziger Grat, wie er durch das Einritzen entsteht, verschwindet nach wenigen Drucken.

Kaltstart
Einschalten des Computers oder ein Neustart durch das Betätigen der Resettaste, die den Rechner in den Anfangszustand zurückversetzt.
Bei diesem Verfahren werden alle wesentlichen Systemkomponenten getestet und initialisiert.

Kamera
Fotografisches Aufnahmegerät mit analoger (filmbasiert) oder digitaler Speicherung der Bilder.
> Digitalkamera, > Reproduktionskamera

Kammerrakelsystem
Einfärbesystem für Druckformen mit dünnflüssigen Druckfarben, eingesetzt im Flexodruck und in Lackwerken.
Es besteht aus einer Rasterwalze, einer Kammerrakel und dem Druckformzylinder. Die > Rasterwalze besitzt winzige Näpfchen (Vertiefungen) in unterschiedlicher Geometrie. Aufgabe der Kammerrakel ist es, die Rasterwalze mit der dünnflüssigen Druckfarbe oder dem Lack einzufärben und unmittelbar danach die überschüssige Farbe von der Oberfläche abzurakeln. Die Menge der Druckfarbe oder des Lacks wird allein durch die Art und die Tiefe der Rasterwalze – Schöpfvolumen genannt – bestimmt. > Flexodruck, > Anilox-Farbwerk, > Rasterwalze

Kanadabalsam
Harzart mit gleichem Lichtbrechungsvermögen und gleicher Lichtdurchlässigkeit wie Glas. Es wird daher zum Verkitten von Glasplatten, z. B. bei früher eingesetzten Glasgravurrastern, verwendet.

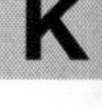

Kanal
1. Allgemeine Technik. Engl.: Channel. Übertragungsweg für Informationen. Beispiel: Fernsehkanal.
2. EDV: Channel. Übertragungsweg zur Datenkommunikation zwischen der Zentraleinheit und der Peripherie.
3. Drucktechnik: > Gap, > Minigap.
   An Bogen- und Rollen-Offsetdruckmaschinen ein nicht als Druckfläche zur Verfügung stehender Teil des Zylinderumfangs, der am Plattenzylinder zum Einspannen der Druckplatte und am Gummituchzylinder zum Einspannen des Gummituches dient.

Kaolin
Aluminiumsilikat, Porzellanerde. Bei der Papierherstellung eingesetzte weiße Mineralien, die als > Füllstoff und Streichpigment verwendet werden.

Kapazität
1. Allg.: Aufnahmefähigkeit, Fassungsvermögen.
2. Betriebswirtschaft: Leistungsvermögen eines Betriebes in einer Zeiteinheit.

Kapillaren
Sehr enge, feine Haarröhrchen in speziellen Stoffen. Beispiel: Pflanzenwurzeln ziehen das lebenswichtige Wasser durch Kapillaren in die gesamte Pflanze.
> Kapillarwirkung

Kapillarwirkung
Stark wirksame Adhäsion durch Kapillaren, auch Kapillarkraft genannt.
Wirkungsvorgang prinzipiell am Beispiel des Offsetdrucks: Eine starke Kapillarwirkung ermöglicht eine hervorragende Benetzung einer elektrolytisch anodisierten > Offsetdruckplatte mit Feuchtmittel.
> Adhäsionskräfte zwischen den Kapillaren und dem Feuchtmittel sind größer als die > Kohäsionskräfte innerhalb des Feuchtmittels.

Die Flüssigkeit wird durch diese Kraft so stark angezogen, dass sie in dem Haarröhrchen an den Randzonen hochsteigt.
Somit ist eine geringe, gleichmäßige Feuchtmittelführung möglich.
Ebenso haftet die Kopierschicht optimal in den schmalen, tiefen Kapillaren und ist vor mechanischem Abrieb beim Druck geschützt. Dadurch erreichen diese Druckplatten eine hohe > Auflagenbeständigkeit (Standzeit).

Kapital
1. Betriebswirtschaft:
   Die Summe der einem Unternehmen zur Verfügung stehenden Mittel an Geld und Gütern, die neben Boden und Arbeit der Produktion dienen.
   Es wird unterschieden in Eigenkapital und Fremdkapital.
2. Druckweiterverarbeitung:
   Auch Kaptal genannt. Bezeichnung für die Ober- und Unterseite des Rückens eines Buchblocks. > Kapitalband

Kapitalband
Gewebestreifen, auch Kaptalband.
Gewebtes, schmales Stoffband mit einem farbigen Wulst.
Das Kapitalband verziert die obere und untere Seite des Buchblocks, verdeckt den freien Raum zwischen Buchblock und Einbanddecke und verstärkt die Lagenkanten im Bund. > Kapital

Kapitälchen
In der Typografie und in der Satztechnik die Bezeichnung für einen speziellen Schriftschnitt, bei dem anstelle der Gemeinen (Kleinbuchstaben) Großbuchstaben auf der Höhe der Gemeinen gesetzt werden.
Beispiel: KAPITÄLCHEN.

Karbondruck
Druck mit Spezialfarbe, die ein Durchschreiben bei Formularen ermöglicht.

Karikatur
Übertriebene, oft witzige grafische Darstellung, häufig als gesellschaftliche oder politische Kritik.
Dabei wird sowohl einleuchtend Typisches als auch subjektiv Empfundenes verdeutlicht.

karolingische Minuskel
Die karolingische Minuskel, am Hofe Karls des Großen entwickelt, zeigt erstmals klar vollendete Kleinbuchstaben.
Sie ist die Ausgangsform aller Kleinbuchstaben späterer Antiquaschriften.

Karte
1. Allgemeine Bezeichnung für ein rechteckiges, meist genormtes Blatt aus festem Papier oder starkem Karton, z. B. Landkarte, Postkarte.
2. Spezielle Bezeichnung für eine verebnete, maßstäblich verkleinerte und generalisierte Abbildung, z. B. der Erdoberfläche oder eines Teiles von ihr.
3. Kurzbezeichnung für elektronische Schaltkarte aus nicht leitendem Material, die auch Board, Platine, Leiterplatte genannt wird.
   Auf diesen Karten, die heute allgemein

als Steckkarten auswechselbar sind, befinden sich Steuerungen sämtlicher Funktionen des Computers als elektronische Bauelemente oder Baugruppen, z. B. gedruckte Schaltungen oder > Chips.
4. Kurzbezeichnung für eine Kunststoffkarte mit einem magnetisierten Streifen, in dem Daten gespeichert werden. Eingesetzt als billiger Minidatenspeicher, als Scheck- oder Kreditkarte.

Kartei
Nach Stichworten in verschiedenen Arten und Formen geordnete Sammlung von Informationen.

Karteikarton
Zäher, holzstofffreier oder auch holzstoffhaltiger Karton, der je nach Dicke ein- oder mehrlagig ist. Der Karton darf sich nicht spalten, muss gut geleimt und satiniert sein.
Er wird in verschiedenen Farben mit einer Flächenmasse zwischen 180 bis 200 g/m^2 geliefert. Bei Karteikarten ist die Laufrichtung des Kartons zu beachten.
Grundsatz:
Laufrichtung parallel zur Stehrichtung.

Kartellamt
Das (Bundes-)Kartellamt ist eine unabhängige Wettbewerbsbehörde, deren Aufgabe der Schutz des Wettbewerbs in Deutschland ist.
In einer freien Marktwirtschaft gibt es prinzipiell ein Zusammenspiel zwischen Angebot und Nachfrage. Dieses entscheidet, welche Waren und Dienstleistungen zu welchen Qualitäten und Prisen angeboten werden. In einem Wettbewerb konkurrieren verschiedene Unternehmen um die Gunst der Kunden. Die Kunden haben die Möglichkeit, in diesem Wettbewerb einen anderen Anbieter zu wählen.
Von diesem Wettbewerb am Markt profitiert der Kunde.
Für den einzelnen Unternehmer kann sich der Wettbewerb mit der Konkurrenz aber auch als anstrengend und unbequem erweisen. In der Folge kommt es immer wieder dazu, dass Unternehmen versuchen, den Wettbewerb zu behindern oder auszuschalten. Mittel dazu können Absprachen mit Konkurrenten, missbräuchliches Verhalten oder auch die Übernahme von anderen Unternehmen sein.
(Information: www.Bundeskartellamt.de)

Kartografie
Lehre vom Entwurf und der Herstellung von Landkarten, Atlanten und ähnlichen Karten. Besondere Probleme bereitet es, die topografischen Höhen und die Krümmungen der Erde auf einer ebenen Fläche darzustellen.

Karton
Bedruckstoff, der in der Flächenmasse zwischen Papier und Pappe liegt.
Einlagiger Karton hat nur eine relativ geringe Flächenmasse und besteht aus einer einzigen Schicht, der Lage.
Mehrlagiger Karton besteht aus mehreren Lagen, die zusammengegautscht oder -geklebt sind.
Ein gegautschter Karton besteht aus mehreren, nicht unbedingt gleichartigen Faserschichten, die auf Langsieb- oder Rundsiebpapiermaschinen bzw. kombinierten Rundlangsiebpapiermaschinen einzeln gebildet und im nassen Zustand zusammengeführt werden.
Dabei verfilzen die Fasern der einzelnen Schichten miteinander (> Gautschen) zu einer Kartonbahn, die anschließend nochmals gepresst und getrocknet wird.
Bei geklebten Kartonsorten werden fertige Endlosbahnen durch einen speziellen Klebstoff miteinander verbunden.

Kartonagen
Allg. Bez. für Karton und Pappe, die z. B. zu Faltschachteln verarbeitet, als Verpackungsmaterial eingesetzt werden.

kaschieren
Druckweiterverarbeitung:
Vollflächig mit Klebstoff beschichtete Teile miteinander verkleben.
Beispiel:
Überziehen von Karton oder Pappen mit Papier, Gewebe, Metall- oder Kunststoff-Folien.

kaschiertes Papier
Papier, das mit aufgeklebter gleicher oder andersartiger Deckschicht versehen ist.

Kasein
Eiweißbestandteil der Milch, der kein einheitlicher Stoff, sondern ein kompliziertes Gemisch ist. Eingesetzt wird Kasein neben Kunststoffdispersionen für bestimmte gestrichene Papiere als Bindemittel in Streichdispersionen sowie als > Klebstoff.

Katalysator
Chemie: Stoff, der eine chemische Reaktion auslöst oder beschleunigt, ohne sich selbst dabei zu verändern.

katalytische Abluftreinigung
Verfahren zur Reinigung der Abluft mit Hilfe von Katalysatoren. Diese Verfahren eignen sich besonders für stark schwankende Kohlenwasserstoffkonzentrationen und einen geringen Abwärmebedarf.
Durch den Einsatz eines geeigneten Oxidationskatalysators kann die Reaktionstemperatur gegenüber thermischen Verfahren erheblich reduziert werden.
Dadurch wird Primärenergie gespart.
Eingesetzt wird das Verfahren in Tiefdruckereien und Flexodruckereien. > Katalysator, > thermische Nachverbrennung

Kathode
Auch: Katode. Negative Elektrode in Batterien, Elektronenröhren, Gasentladungslampen, bei der Elektrolyse u. a.

Kathodenstrahlröhre
Abk.: CRT-Röhre, ursprüngliche Bezeichnung: Braun'sche Röhre.
Elektronische Hochvakuumröhre mit > Elektroden.
Von einer Glühkathode (teilweise auch mehreren) werden Elektronen ausgestrahlt.
Sie erzeugen einen gebündelten, scharfen Lichtstrahl mit hoher Intensität, der durch elektrische und/oder magnetische Felder zu steuern ist.
Eingesetzt wurden CRT-Röhren in vielen Bereichen, u. a. in der Fernsehtechnik und der Datentechnik, früher auch in Fotosetzanlagen.

KB
Abkürzung für Kilobyte.
Angabe für die Kapazität bzw. Maßeinheit in der EDV. Ein Byte besteht aus 8 Bit.
1 KB = 2^{10} Byte = 1 024 Byte

KByte
> KB

Kegel
Im Bleisatz die gesamte feststehende Höhe einer Letter, der Drucktype.
Die Kegelhöhe wird Schriftgrad genannt und in typografischen Punkten (p) angegeben.
Die Schriftgröße ist aber nicht identisch mit der tatsächlich gedruckten Größe des Buchstabens, es kommen Ober- und Unterlängen hinzu. Eine Norm für die (Kegel-) Größe digitaler Zeichen gibt es nicht und somit können Schriftbilder bei gleicher (Schrift-)Größe in Punkt optisch erheblich voneinander abweichen.

Keilschrift
Vorstufe unserer Schrift in einfachen Bildzeichen, die vor 5000 Jahren in Mesopotamien (Zweistromland zwischen Euphrat und Tigris) entstand.
Sumerer, Babylonier, Assyrer und andere Völker verwendeten diese Schrift bis etwa 500 v. Chr.

Das Schreibwerkzeug und der Beschreibstoff prägten die Formen der Zeichen: Einfache Bildzeichen wurden mit einem scharfkantigem Schreibholz in feuchten Ton gedrückt.

Keller, Friedrich Gottlob
Geb. 27. Juni 1816, gest. 8. September 1895 in Sachsen. Keller gilt als der Erfinder des Holzschliffs.

Kelvin
Abkürzung: K. SI-Maßeinheit für die Temperatur, daneben ist die Einheit Grad Celsius (°C) zugelassen. Der Nullpunkt der Kelvin-Skala ist gleich dem „absoluten Nullpunkt", das entspricht –273,16 °C. Die > Farbtemperatur einer Lichtquelle wird u. a. in Kelvin (K) angegeben.

Kennlinien
Grafische Darstellung physikalischer Zusammenhänge in einem Koordinatensystem. > Druckkennlinie

keramischer Druck
Anbringen von Verzierungen und Mustern auf Tongefäßen, Steingut und Porzellan mit > Abziehbildern, die mit hitzebeständigen Druckfarben gedruckt werden müssen. Nach dem Übertragen und Abziehen des Trägerpapiers werden die Produkte eingebrannt.

Kerning
Engl. Bez. für das Unterschneiden (Reduzieren) der normalen, vom Schriftdesigner vorgegebenen Abstände von Buchstaben, Ziffern und Zeichen.
Durch ein > Ästhetikprogramm erfolgt ein Reduzieren der > Laufweite bestimmter Buchstaben- und Zeichenkombinationen z. B. Ta, Vi, LA, automatisch, um optisch zu groß wirkende Abstände (Lücken) zu vermeiden.

Kernschwärzung
Rasterung: > Dichte im Zentrum eines Rasterpunktes.

Kettenpunktraster
Reproduktion: Raster mit > elliptischer Punktform, mit dem > analoge Bildinformationen in > binäre Bildinformationen reprotechnisch umgewandelt werden.
Ein Kettenpunktraster ergibt bei der Rasterreproduktion im Mitteltonbereich glattere Übergänge ohne Abrisse vom hellen zum dunklen Tonwertbereich.

Kettfäden
Jedes Gewebe besteht dabei aus Längs- und Querfäden.
Die Längsfäden sind stabile, durchgehende Fäden, man nennt sie Kettfäden.
> Gewebe

Key
Engl.: Schlüssel. Die Abkürzung > K ist das internationale Kurzzeichen für die Druckfarbe Schwarz im Vierfarbdruck mit Prozessfarben. K = „Schlüssel-Farbe" im Vierfarbdruck.

kHz
Abkürzung für Kilohertz.
1 kHz = 1 000 Hz. > Hertz

KI
Abk. für > künstliche Intelligenz.

Kick-off
Engl.: to kick off = wegstoßen, wegschlagen
In der Wirtschaft, der Projektplanung, im Marketing: Anstoß, Start, Beginn.
Projektstart, bei dem für alle Beteiligten die Zielsetzung (Vision) und damit auch die gleiche Linie in der Vorgehensweise (Planung, Ablauf) festgelegt wird.

Kilobyte
Abkürzung: > KB.

Kinematik, Kinetik
Lehre von Bewegungen starrer Körper und deren Zusammenwirken.
Beispiel: Abläufe bei Getrieben.

Kiss-Print
Abgeleitet aus dem Engl.: leichter Druck beim Kuss.
In der Druckindustrie die Bezeichnung für eine „leichte Berührung", also einen geringen Anpressdruck im Druckprozess.

Kit
Zusammenstellung verschiedener Einzelteile zu einem kompletten Bausatz bzw. als Verbrauchspaket.

Klammeraffe
Bezeichnung für das At-Zeichen (@), das für die Kommunikation per E-Mail verwendet wird.

Klammerheftung
Druckweiterverarbeitung:
> Rückstichheftung mit Drahtklammern.
Maschinell erfolgt das Heften in > Sammeldrahtheftern.

Klammerwirkung
Druckweiterverarbeitung:
Bei klebegebundenen Buch- oder Broschurenblocks eine zusätzliche Verstärkung im Rücken.
Das flachliegende Aufschlagen wird dadurch leicht erschwert, die Haltbarkeit der einzelnen Blätter im Buchblock ist jedoch wesentlich verbessert.

Klappentext
Informationen auf den eingeschlagenen Klappen eines Schutzumschlages über den Inhalt des Buches, den Autor oder weitere Verlagsobjekte.
Der Text informiert den Buchhändler und den Käufer.

Klassifikation
Einteilung von Werkstoffen, Produkten, Verfahren u.a. nach bestimmten Merkmalen in Klassen.
Beispiele: > Klassifikation der Schrift, > gestrichene Papiere

Klassifikation der Schrift
Einteilung der Druckschriften nach DIN 16518. Die Einteilung erfolgt nach den kulturhistorischen Epochen, in denen die ersten Formen dieser Schriften entstanden. Später entstandene Schriften reiht man nach gleichen typischen Merkmalen wie > Duktus, Grund- und Verbindungsstriche, > Serifen, > Symmetrieachse und Querstrich des „e" in die entsprechenden Gruppen ein. Diese Klassifikation ist in ihrer Einteilung umstritten, da es nicht möglich ist, moderne heutige Schriften sinnvoll danach einzuordnen.
Eine aktualisierte Klassifikation scheitert an vielen Einwänden, vor allem von Schriftherstellern und Schriftkünstlern.
Übersicht im Anhang.

Klassizistische Antiqua
Druckschrift, die in der Zeit von 1750 bis 1859 entstanden ist.
Das Schriftbild ist stark geprägt durch einen sehr starken Kontrast zwischen kräftigen Grundstrichen und sehr feinen Verbindungsstrichen, den waagerechten Linien. Serifen sind ebenfalls sehr fein und überwiegend rechtwinklig angesetzt. Die Symmetrieachse liegt senkrecht.
> Klassifikation der Schrift

Klebebindemaschine
Maschinensystem für die Blockklebebindung. > Klebebindung

Klebebindung
Fadenloses Heften von Buch- und Broschurenblocks. Es sind prinzipiell zwei buchbinderische Verfahrenstechniken mit spezifischen Qualitätseigenschaften unter Berücksichtigung der Wirtschaftlichkeit (Kosten) zu unterscheiden:
1. Fächerklebebindung,
2. Blockklebebindung.
Bei der Fächerklebebindung, nach dem Erfinder auch Lumbeck-Verfahren genannt, wird der Bund des zusammengetragenen Buchblocks glatt aufgeschnit-

ten. Die einzelnen Seiten des Buchblocks werden auf etwa zwei Drittel der Fläche fest zusammengepresst. Der herausragende Rücken des Buchblocks lässt sich zu beiden Seiten auffächern. Dabei wird jeweils Klebstoff aufgetragen und der Rücken mit Gaze oder Papier überklebt.
Durch dieses Fächern kann Klebstoff relativ weit zwischen die einzelnen Blätter des Buchblocks eindringen. Dies fördert die intensive Haftung der einzelnen Blätter zu einem stabilen, gut haltbaren Buchblock. Wegen hoher Kosten und geringer Leistung eignet sich das Verfahren nur für besonders hochwertige Klebebindungen, beispielsweise Bildbände.
Die Blockklebebindung ist das überwiegend eingesetzte Bindeverfahren in der industriellen Broschuren- und Buchherstellung. Produziert wird in kompletten Klebebindestraßen.
Broschuren- oder Buchblocks werden in Klebebindern automatisch aus gefalzten Lagen (Falzbogen) zusammengetragen. Dieser Rohblock wird im Rücken (Bund) gerüttelt, zu einzelnen Blättern aufgefräst, evtl. zusätzlich eingekerbt und mit Klebstoff eingestrichen.
Dazu werden synthetische Dispersionsklebstoffe oder synthetische, thermoplastische Schmelzklebstoffe verwendet.
Bei Broschuren (z. B. sogenannten Taschenbüchern) wird auf den noch nicht verfestigten (abgebundenen) Klebstoff der zwei- oder vierfach gerillte Kartonumschlag um den Rohblock umgelegt und an den Rücken angepresst. Das Endprodukt wird in einem Dreimesserautomaten im Kopf und Fuß sowie außen (Front) beschnitten und danach auslegt.

Klebelack
Lösemittelkleber. Die Rohstoffe des Klebstoffes sind in organischen Lösemitteln gelöst.

Kleben der Druckbogen
Druckschwierigkeit im Bogendruck.

1. Kleben der Druckbogen im Stapel: Die ausgelegten Bogen kleben ganz oder stellenweise zusammen, beim Umsetzen oder Auflockern reißen Faser- oder Strichteilchen aus dem Bedruckstoff.
   Mögliche Ursachen:
   zu hohe Farbführung, Papiere mit geringer Wegschlagfähigkeit (Saugfähigkeit für Druckfarbe), zu hohe Auslegestapel, zu hohe Flächendeckung im Farbdruck, zu geringes Bestäuben oder Bestäuben mit ungeeignetem Puder.
2. Kleben der Druckbogen am Gummituch im Offsetdruck. Mögliche Ursachen: Druckfarbe am Gummituch angetrocknet, zu hohe Zähflüssigkeit der Druckfarbe.

Klebeumbruch
Typografie, Gestaltung:
Bei schwierig aufgebauten Seiten von Werken oder Akzidenzen das standrichtige Kleben von Texten, Grafiken, Tabellen, Bildunterschriften und Bildern (Fotopapier) als Gestaltungsgrundlage und Basis für die Seitenmontage, d. h. manuelle oder elektronische Text- und Bildverarbeitung zu einer Druckseite.

Klebstelle
Bei allen Rollendruckmaschinen die Verbindung mit einem Klebestreifen zwischen der auslaufenden Papierrollenbahn und der neuen Papierrollenbahn.

Klebstoffe
Sammelbegriff für natürliche und synthetische Stoffe zur Verbindung gleicher oder verschiedener Materialien durch Fügen.
Durch Adhäsion haftet der Klebstoff an einer Fläche, durch (innere) Kohäsion erreicht der Klebstoff seine Festigkeit.
Das Abbinden, also Verfestigen, kann durch Verdunsten von Lösemittelanteilen, durch chemische Reaktionen (z. B. Härtung, Vernetzung) u. a. erfolgen.
Klebstoffe nach Stoffgruppen:

- Klebstoffe aus nachwachsenden Rohstoffen: Stärkekleister, Dextrinklebstoff
- Klebstoffe aus Knochen- und Lederabfällen: Glutinleim (tierische Leime)
- Mischleime: Stärke, Dextrin und Kunstharz
- Synthetische Klebstoffe: Dispersionsklebstoff, Schmelzklebstoff (Hotmelt), Polyurethan-Klebstoff (PUR).

Klebstoffe auf Basis von Naturprodukten sind für den industriellen Einsatz nur noch eingeschränkt einzusetzen. Anwendungsbereiche sind zum Teil noch Kaschierungen sowie die Herstellung von Tüten, Beuteln, Säcken, Briefumschlägen.

Dispersionsklebstoffe, aus synthetischen Kunststoffteilchen und einem Dispergiermittel (meist Wasser) bestehend, sind heute die wichtigste Klebstoffgruppe in der Druckweiterverarbeitung.

Neben vielen Vorteilen in der Verarbeitung und Beständigkeit gibt es aber auch Nachteile: lange Trockenzeit durch Feuchtigkeitsentzug, hohe Energiekosten für eine zusätzliche thermische Trocknung, Faserstoffe können durch den Wasseranteil quellen.

Schmelzklebstoff (Hotmelt) ist ein lösemittelfreier Klebstoff auf der Basis von Kunststoffen (z. B. Polyethylen). Bei hoher Temperatur zwischen 150–180 °C wird der Klebstoff flüssig und damit erst verarbeitungsfähig. In dieser sogenannten „offenen Zeit“ können die zu verklebenden Materialien benetzt werden. Nach dem Abkühlen bildet sich rasch ein fester, dauerelastischer Klebstofffilm.
> Schmelzklebstoff

Polyurethan-Klebstoff (PUR) ist ein lösemittelfreier Klebstoff aus dem vorvernetzten Kunststoff Polyurethan sowie Zusatzstoffen, die bestimmte Eigenschaften verbessern. PUR bringt u. a. erhebliche Qualitätsverbesserungen in der Klebebindung. > Polyurethan-Klebstoff

Kleinauflage
Produktionsmenge: Auflagen von etwa 50 bis 2 000 Drucken.

Kleinbuchstaben
Gemeine; auch Minuskeln genannt.

kleine Bindequote
Herstellung von gedruckten und gebundenen Kleinauflagen.
> Printing on Demand

Kleinstauflage
Produktionsmenge:
Auflagen von einem Exemplar bis zu 50 Exemplaren bzw. Drucken.

Kleister
Druckweiterverarbeitung: > Klebstoff auf der Basis von Stärke (Mais, Kartoffel, Weizen u. a.). Stärkekleister hat durch moderne Kunstharzdispersionen, die gleichmäßigere Eigenschaften aufweisen und leicht zu verarbeiten sind, weitgehend an Bedeutung verloren.

Klickkosten
Kosten für einen Druck (Klick).
Beim Digitaldruck sind die Kosten für die Druckvorstufe und die Druckverarbeitung prinzipiell wie in anderen Druckverfahren zu berechnen. Dagegen wird der Auflagendruck allgemein nach den sogenannten Klickkosten (Kosten pro Druck) berechnet und mit dem Hersteller der Digitaldruckmaschine abgerechnet.
Diese Kosten sind vom Hersteller, der Wahl des Druckmaschinensystems, von Leasing, Miete, Wartungsvertrag und dem Produktionsvolumen abhängig. Die Klickkosten liegen bei ca. 1,5 bis 5 Cent (€).

Klima
1. Umweltbedingungen. Mit dem Begriff Klima beschreibt man die durchschnittlichen Witterungsbedingungen an einem bestimmten Ort bzw. einer Region der Erde über einen längeren Zeitraum. Maßgeblich für das Klima sind meteorologische Einflüsse wie Temperatur, Niederschlag, Luftdruck und Bewölkung.

Das Leben auf der Erde ist sehr stark klimaabhängig. Daher ist der Lebensraum für Mensch und Natur vor negativen Auswirkungen durch Klimaänderungen zu schützen. Nach Erkenntnissen von Meteorologen sind primär nicht natürliche Entwicklungen, sondern Eingriffe des Menschen in die Natur die Ursache für die Erwärmung des Erdklimas.
> Klimawandel, > Treibhausgase

2. Bedeutung in der Druckindustrie:
Papiere haben eine bestimmte Eigenfeuchtigkeit (Gleichgewichtsfeuchte), zudem sind sie hygroskopisch, d. h. sie nehmen Feuchtigkeit aus der Luft auf und verändern dadurch die Dimensionen. Ist die > relative Luftfeuchtigkeit im Raum zu hoch, nimmt das Papier Feuchtigkeit vor allem an den Rändern auf: Es wird randwellig. Bei zu trockener Luft gibt Papier mit einer normalen > Gleichgewichtsfeuchte (Feuchtigkeit im Papier) geringe Mengen an Feuchtigkeit an den Rändern ab: Es tellert.
Zu beachten ist, dass durch steigende Temperatur die relative Luftfeuchtigkeit sinkt und durch fallende Temperatur ansteigt. Für die Druckindustrie und Papierverarbeitung ist ein Raumklima mit einer Temperatur von 18–22 °C und einer relative Luftfeuchtigkeit zwischen 50–60 % günstig.

Klimaanlage
Anlage, die das eingestellte > Klima selbsttätig regelt und konstant hält.

Klimagase
> Treibhausgase

klimaneutrales Drucken
Die Druckindustrie ist bereits seit Jahren im Umweltschutz aktiv.
Das Geschäftsmodell „Klimaneutrales Drucken“ erweitert nun die Möglichkeiten für Druckereien, sich verstärkt im freiwilligen Klimaschutz zu engagieren und diese Aktivität in einem intensiven Kundendialog zu dokumentieren.
Der Prozess berücksichtigt u. a.
- Materialien und Rohstoffe:
  Papier, Druckfarben, Feuchtmittel, Reinigungsmittel, Chemikalien
- Druckprozess:
  Druckvorstufe, Druck, Druckweiterverarbeitung, Verpackung, Energiebedarf
- Personaleinsatz
- Logistik, Auslieferung.

Druckereien, die ihre gesamte Produktion durch einen professionellen Partner (z. B. bvdm, VSD, ClimatePartner) analysieren lassen, werden von diesem durch eine konkrete, zertifizierte Neutralisierung unterstützt. Dies bringt dem Unternehmen erhebliche Einsparungen. Eine gezielte Öffentlichkeitsarbeit und eine Produktkennzeichnung mit dem Qualitätszeichen „Klimaneutral“ bewirkt einen Imagegewinn für das Unternehmen.
> Checkliste für ein umweltbewusstes Design, > Treibhausgase

Klimaneutralität
Emissionsausgleich.
Oberstes Ziel im Klimaschutz ist die Vermeidung von klimaschädlichen Emissionen, danach erfolgt die Reduzierung und dann erst die Kompensation, also der Emissionsausgleich.
Das bedeutet:
Der Ausstoß von Treibhausgasen soll bereits im Ansatz vermieden oder möglichst effektiv reduziert werden. Trotz aller Bemühungen sind jedoch nicht alle klimaschädlichen Emissionen zu vermeiden.
Klimaneutralität bedeutet daher den Ausgleich von Treibhausgasen (z. B. bei der Druckproduktion), also eine Neutralisation durch Einsparung einer bestimmten Menge an einer anderen Stelle.
Da > Treibhausgase eine weltweite (globale) Wirkung haben, können Emissionen durch Klimaschutzmaßnahmen an einem anderen Ort neutralisiert werden. Die Umsetzung geschieht durch den Ankauf und

die Löschung oder Stilllegung von ökologisch bedeutenden Emissionsminderungszertifikaten aus anerkannten, zertifizierten Klimaschutzprojekten.

Klimaschutz durch Wald und Holz
Holz ist nicht nur ein nachwachsender Rohstoff, sondern auch ein bedeutender Faktor für den weltweiten Umweltschutz.
Zahlen zu Wald und Holz in Deutschland:
- Landesfläche Deutschland: 35720780 ha
- Waldfläche gesamt 11419124 ha = 32 %

Geschätzte Zahlen zum Klimaschutz
- In den deutschen Wäldern sind derzeit 1,2 Milliarden Tonnen Kohlenstoff gespeichert. Das entspricht in etwa 4,4 Milliarden Tonnen CO_2.
  1 ha Wald speichert pro Jahr ca. 13 Tonnen CO_2.

Wald im Zusammenhang mit Umweltschutz und Treibhauseffekt
- Der Wald entzieht der Atmosphäre Tonnen CO_2.
- In verarbeitetem Holz (Bau, Möbel u. a.) wird der enthaltene Kohlenstoff „festgesetzt“, d. h. er bleibt gespeichert
- Holz ersetzt energieintensiv hergestellte Materialien wie Stahl oder Beton, die auf Basis endlicher Rohstoffe hergestellt werden.
- Heimische Wälder werden nachhaltig bewirtschaftet.

> Klima, > Nachhaltigkeit, > nachhaltige Forstwirtschaft, > Treibhausgase

Klimatisierung
Anpassen von Materialien, z. B. Bedruckstoffen, an das vorgegebene Klima.
Beispiel: Anpassen der Gleichgewichtsfeuchte des Papiers an das > Klima im Drucksaal.

Klimawandel
Die Konzentration der > Treibhausgase in der Atmosphäre hat sich seit Beginn der Industrialisierung im 19. Jahrhundert drastisch erhöht.
Die Folge ist ein immer stärker werdender Wandel der klimatischen Bedingungen auf der Erde mit teilweise verheerenden Folgen.
> Klima, > Emissionsbilanz

Klirrfaktor
Der Klirrfaktor gibt an, wie stark Töne im Vergleich zum Original verzerrt werden. Angegeben wird der Klirrfaktor in Prozent (%).

Know-how
Engl. Begriff für: Spezielle Kompetenz und das Wissen um die optimale Verwirklichung einer Aufgabe bzw. die Lösung eines (technischen) Problems.
> Technologietransfer

Koagulation
Lat.: coagulation = das Gerinnen.
Auch: Ausflocken
Chem. Bezeichnung für das Zusammenballen kleinster Teilchen einer kolloidalen Lösung zu einem größeren Teil (Ausflockung). Der Effekt kann u. a. durch Erhitzen oder ein angelegtes elektrisches Feld ausgelöst werden.
Im Digitaldruck gab es dazu Versuche mit der sogenannten Elcography. Durch ein bildabhängiges elektrisches Feld auf dem Bebilderungszylinder koagulierte flüssige Farbe, die danach direkt auf den Bedruckstoff übertragen wurde.

Kodierung
Die menschliche Sprache wird durch Schriftzeichen mit einem bekannten Zeichensatz (Code) wiedergegeben.
Bei technischen Informationen wird ein vorhandener Zeichensatz durch einen anderen ersetzt.
Beispiel: Das Umwandeln von Buchstaben in einen ASCII-Code.
> Kryptografie

Koenig, Johann Friedrich Gottlob
Geb. 17. April 1774 in Eisleben, gest. 17. Januar 1833 in Würzburg.

Koenig ist der Erfinder der sogenannten Schnellpresse, einer Flachform-Zylinder-Druckmaschine für den Buchdruck.
Gedruckt wird demnach erstmals Fläche gegen Zylinder. Die Druckmaschine gilt als erste wesentliche Weiterentwicklung der Drucktechnik seit Gutenberg. Ende 1806 ging Koenig nach London und entwickelte dort 1811/12 die Zylinderdruckmaschine, die später für den Druck der *Times* eingesetzt wurde.

kognitiv
Psychologie: Das Denken, Wahrnehmen, Erkennen, Erinnern, Schlussfolgern, Urteilen u. Ä. betreffend.
Zu den sich daraus ergebenden Fähigkeiten des Menschen gehören u. a. das Lernen, das Speichern von Informationen, die Kreativität sowie die Befähigung zum Planen und Organisieren.

Kohäsion
Molekulare Kraft zwischen Molekülen eines Stoffes. Sie bewirkt den inneren Zusammenhalt eines Stoffes. Feste Stoffe besitzen eine mehr oder weniger starke, flüssige Stoffe eine mehr oder weniger geringe Kohäsion. Gasförmige Stoffe expandieren, d. h., einzelne Teilchen breiten sich aus, es ist keine Kohäsion zwischen den Stoffteilchen festzustellen.
> Adhäsion

Kohlenbogenlampe
Künstliche Lichtquelle, bei der zwischen zwei (oder drei) Kohlestäben elektrisch ein Lichtbogen erzeugt wird, der sehr intensives weißes Licht mit hohem UV-Anteil abstrahlt.
Durch den offen brennenden Lichtbogen wird sehr viel Sauerstoff verbraucht. Abbrandrückstände entwickeln Staub und Schmutzpartikel. Die Lampe wird seit langem nicht mehr eingesetzt.

Kohlendioxid
Abk.: CO_2, > Klima, > Treibhausgase

kollationieren
Druckweiterverarbeitung: Das Überprüfen der richtigen Reihenfolge zusammengetragener, gefalzter Bogen auf Vollständigkeit und richtige Reihenfolge anhand der > Flattermarke.

Kolloide
Kleinste Teilchen bestimmter Stoffe in einer Größe von etwa 10^{-9} m bis 10^{-6} m.
Kollodiale Lösungen sind klar, bei schräger Beleuchtung erscheinen sie jedoch trübe (Nachweis durch den sogenannten Tyndall-Effekt). In Verbindung mit Sensibilisatoren sind Kolloide als Kopierschicht einzusetzen, die unter Lichteinwirkung härtet. Natürliche Kolloide wie Eiweiß, > Gummiarabikum, Dextrin und Gelatine sind in der Kopiertechnik durch das synthetische Kolloid > Polyvinylalkohol (PVA) u. a. völlig ersetzt. Gelatine wird in Fotoschichten noch verwendet.

kolorieren
1. Allg.: Mit Farben ausmalen.
2. Bildvorlagen: Farbiges Anlegen von Fotos, Zeichnungen o. Ä. Dabei wird meist eine Lasurfarbe verwendet.

Kolorimeter
Messgerät zur Bestimmung von Farbtönen. > Spektralfotometer

Kolumne
1. Druckfertige Seite im Bleisatz.
2. Heute allgemein: Druckseite mit Satz und Bildern, umbrochen (zusammengestellt) auf den vorbestimmten Satzspiegel.

Kolumnentitel
Oberhalb oder unterhalb angeordnete separate Zeile auf einer Druckseite in zwei Versionen:
1. Toter Kolumnentitel (Pagina): Seitenzahl, die im Kopf oder im Fuß steht. Der tote Kolumnentitel wird nicht zur Fläche des Satzspiegels gezählt.

2. Lebender Kolumnentitel: Seitenzahl und zusätzliche inhaltliche Vermerke zum Inhalt der Seite, zum Kapitel oder die Angabe der Kapitelnummer.
   Der lebende Kolumnentitel steht in der Regel im Kopf der Kolumne und zählt zur Fläche des Satzspiegels.

Kolumnenziffer
Seitenzahl zur Nummerierung der Druckseite, auch Pagina genannt.

Koma
Haarfehler. Abbildungsfehler bei optischen Systemen (Linsen, Objektiven).

Kombinationsfalz
Falzart mit Parallel- und Kreuzfalzen.
> Falzen

Kombinationsfirnis
Druckfarben: Mischungen verschiedener Hartharze und trocknender Öle, aufgelöst in dünnflüssigen Mineralölen.

Kombinationsvorlage
Bildvorlage, die aus mehreren einzelnen gleichartigen Vorlagen zu einem standgerechten Tableau zusammenmontiert wurde. Sie ist in einem einzigen Arbeitsgang zu reproduzieren. Sind Texte oder sonstige, artfremde Bildvorlagen zu kombinieren, so sind mehrteilige Kombinationsvorlagen anzufertigen.
Beispiel: Einzufügende Schrift liegt standgerecht auf einem transparenten Deckblatt über der Bildvorlage.

Kommunikation
Austausch von Informationen durch ein Kommunikationsmittel (Medium, Medien) und ein gemeinsames Zeichensystem.
Man unterscheidet:
- Kommunikation zwischen Menschen
- Kommunikation zwischen Menschen und einer Maschine und umgekehrt
- Kommunikation zwischen Maschinen.

Es ist auch zu unterscheiden nach Art der Kommunikationsform:
- Kommunikation durch Laute, Sprache, Töne und andere Sinnesempfindungen (> nonverbale Kommunikation)
- Kommunikation durch Zeichen, z. B. Texte, Piktogramme, Ideogramme, Signale
- Kommunikation durch Daten wie Bits und Bytes
- Kommunikation durch Bilder, z. B. Fotos, digital veränderte, verfremdete oder produzierte Bilder.

Bei zwischenmenschlicher Kommunikation reagieren je nach Art der Kommunikationsmittel Sinnesorgane des Menschen. Prinzipiell unterscheidet man deshalb Kommunikation durch Sprache, durch Bild sowie durch Sprache und Bild.
Übersicht im Anhang.

Kommunikations-Highway
Umfassende, sehr leistungsstarke elektronische Verbindung (Netz) zwischen verschiedenen Kommunikationsmitteln.
> Digital-Highway

Kommunikationstechnik
1. Verfahren der Gesprächsführung.
2. Verfahren zur Fernübermittlung von Informationen wie Zeichen (Buchstaben, Ziffern u. Ä.) und Zustände (bildliche Darstellungen, Töne u. Ä.).

Die bedeutendsten Kommunikationssysteme (elektronische Massenkommunikation) für Sprache bzw. Sprache und Bild sind Hörfunk und Fernsehen sowie heute das Internet.

kompatibel
Komponenten miteinander verträglich, zu vereinigen, zusammenpassend.

Kompatibilität
Verträglichkeit. Technik (Bauweise, Konstruktion, Organisation), die einen problemlosen Austausch von Daten zwischen Systemkomponenten oder Geräten ermöglicht.

Kompendium
Bezeichnung für ein Handbuch oder kurz gefasstes Lehrbuch über einen zusammenfassenden Abriss eines bestimmten Wissensgebietes.

Kompensation
Ausgleichen gegensätzlicher Wirkungen.

Kompetenz
Sachverstand, Zuständigkeit, Fähigkeit.

kompilieren
EDV: Übersetzen des Quelltextes aus einer Quelldatei mit einem Übersetzungsprogramm (Compiler) in einen Zieltext.

Komplementärfarbe
Gegenfarben, Ergänzungsfarben.
Farben, die sich in einem Farbenkreis gegenüberliegen.
Beispiel: Cyan – Rot, Magenta – Grün, Gelb – Blau.
Additive Komplementärfarben ergänzen sich zu Weiß, subtraktive Komplementärfarben zu Schwarz.
> Farben, > Farbenkreis

Komplementärfilter
Filter zur Farbseparation.
Für jeden > Farbauszug ist bei der Bilddatenerfassung der Farbvorlage das komplementärfarbige Filter einzusetzen:
Cyan-Auszug = Rot-Filter,
Magenta-Auszug = Grün-Filter,
Gelb-Auszug = Blau-Filter.

Kompositionsfirnis
Druckfarben:
Bindemittel aus Hartharzen, die in dünnflüssigen Mineralölen gelöst sind.

kompress
Ohne Abstand, auf minimal möglichen Abstand.

kompress gesetzter Satz
Begriff aus der Bleisatzzeit:
Satz, dessen Zeilen ohne zusätzlichen Zeilenabstand (Bleisatz: Durchschuss) direkt untereinander stehen.
Die Zeilen stehen optisch so eng aneinander, dass die Lesbarkeit verringert wird.
Ein Vergrößern des minimalen Zeilenabstandes verbessert bei vielen Schriften und Schriftgrößen die Lesbarkeit.
> durchschossener Satz

kompressibel
Ein Stoff ist zusammendrückbar bzw. zu verdichten.

Kompressibilität
1. Allg.: Zusammendrückbarkeit eines Werkstoffes.
2. Papier: Eigenschaft von Papieren und Kartons, sich in der Dicke zusammendrücken zu lassen.
   Diese Eigenschaft gewährt bei Druckpapieren für den > Rakeltiefdruck neben einer saugfähigen Oberfläche einen gewissen Schwammeffekt, der die Druckfarbe aus den Näpfchen herausholt.
3. Offsetdruck: > kompressibles Gummituch.

kompressibles Gummituch
Im Offsetdruck eingesetztes Gummituch, das zusammendrückbar ist, ohne in der Druckzone zur Seite auszuweichen und einen Wulst zu bilden.

Kompression
Lat.: compressio = das Zusammendrücken. Die Bezeichnung wird in verschiedenen Zusammenhängen verwendet, in denen es um eine Verringerung des Ausgangszustandes geht. Beispiele dazu
1. Physik: Verdichtung, Verringern des Volumens eines Körpers (Feststoff, Flüssigkeit, Gas) durch Erhöhen des Drucks.
2. EDV: Verringern der Größe einer Datei durch verschiedene Verfahren mit komplexen Algorithmen.
   Praxisbegriff: Die Datei wird „gepackt“.

3. Fotografie, Bilddatenerfassung
4. digitale Bildverarbeitung: Reduzierung der Dateigröße durch verschiedene Verfahren der Datenkompression.
   Prinzipiell unterscheidet man verlustbehaftete und verlustfreie Kompressionsverfahren.
   > Kompression, verlustbehaftet,
   > Kompression, verlustfrei

Kompression: Fotografie, Bildverarbeitung und Druck
Mängel bzw. Informationsverluste entstehen durch geringere Tonwertwiedergabe des tatsächlichen Objektumfanges (z. B. Ton- und Farbwertumfang einer Landschaft) bei der Fotografie. Beispiele (Vergleichswerte nur exemplarisch):

- In der Natur wird ein Objektumfang von 1 : 10 000 und mehr Tonwerten durch das Auge wahrgenommen.
- Ein optimales Farbdiapositiv (analoges Bild) oder digitales Bild gibt vergleichsweise einen Objektumfang von 1 : 1 000 wieder,
- ein Farbdruck dagegen nur etwa 1 : 100 bzw. 1 : 200

Die vergleichenden Zahlen sollen auf den sehr hohen Verlust an feinsten Tonwertabstufungen (Differenzierungen bei Lichtern, Tiefen, Farben) hinweisen, die verloren gehen. Um die Mängel bei der Fotografie deutlich zu verringern, nutzen Fotografen das > RAW-Format.

Kompressionskurve
Grafische Darstellung der > Kompression durch repro- und drucktechnische Bildwiedergabe.

Kompressionsverfahren, verlustbehaftet
Bilder benötigen je nach Art, Auflösung und Bildformat einen hohen Speicherbedarf.
Wesentlich wichtiger als für die Druckvorstufe bei einer Printproduktion ist der Speicherbedarf bei Web-Anwendungen. Durch verschiedene Kompressionsverfahren kann – je nach Qualitätsanforderungen und Einsatzbereich – der benötigte Speicherplatz von Bildern mehr oder weniger stark verringert werden. Das bekannteste Verfahren einer verlustbehafteten Kompression ist das JPEG-Verfahren. Grundsätzlich ist nur die Art der Komprimierung festgelegt, nicht aber beispielsweise der Farbraum oder die Möglichkeit der Speicherung der Bilddaten.
Das Verfahren ermöglicht wesentlich höhere Kompressionsraten als Verfahren einer verlustfreien Kompression.
Grundsätzlich ist zu beachten: Je höher die Kompression, desto geringer ist die Bildqualität. Einmal „verlorene“ Bildinformationen sind nicht mehr hervorzubringen.

Kompressionsverfahren, verlustfrei
Verfahren zur Bildkompression, bei denen grundsätzlich alle Bilddaten des Originals zurückgewonnen werden können. Diese Verfahren nutzen den > LZW-Algorithmus. Das bekannteste Bilddatenformat ist das TIF-Format.

Kompressor
Verdichter. Baugruppe an einer Druckmaschine zur Erzeugung von Blas- und Saugluft.

komprimieren
Zusammenpressen, auf ein Minimum verdichten oder reduzieren.

komprimierte Datei
Eine Datei, die mit einem speziellen Datenspeicherformat komprimiert wurde, damit sie weniger Platz auf einem Datenträger, z. B. der Festplatte, oder für die Datenübertragung benötigt.
Beispiel: Speicherung und Komprimierung der Datenmenge einer Bilddatei durch verschiedene verlustfreie oder verlustbehaftete Verfahren.
Erforderlich ist dies z. B. für Bilder im WWW, für Vorschaubilder, für die Kommunikation über Korrekturen oder die Bildmontage bzw. den Seitenumbruch mit

niedrig aufgelösten Bildern. Je nach Verfahren ist mit einem gewissen Qualitätsverlust zu rechnen.
> Datenkomprimierung, > Kompression, > OPI, > Packer

Komprimierung
Reduktion. Verringern einer Größe (z. B. Datenmenge).

Konditionen
Wirtschaft, Geschäftsverkehr:
Lieferungs- und Zahlungsbedingungen.

konditionieren
Angleichen der Bedruckstoffe an das > Klima (Temperatur, Luftfeuchtigkeit) im Papierlager, Drucksaal bzw. anderen Verarbeitungsräumen.

Konfiguration
EDV: Zusammenstellung einzelner Bauelemente zu Baugruppen und zu komplexen Systemen mit erforderlicher Software.
Beispiel: In der computergesteuerten Druckvorstufe wird ein System den Anforderungen des Kunden entsprechend zusammengestellt.
Beispiel: > Workstation (Zentraleinheit, Hochleistungsarbeitsplatz), Arbeitsplatzspeicher, Groß-Bildschirm, Vernetzung mit > Server, weiteren Arbeitsplätzen, Scannern und Ausgabesystemen (z. B. Drucker, Belichter).

konkave Linsen
Zerstreuungslinsen, die in der Mitte dünner sind als oben und unten.
> Linsen

Konkordanz
Typografisches Maß aus der Bleisatzzeit:
4 Cicero = 48 Punkt.

Konsistenz
Sammelbezeichnung für verschiedenste rheologische Eigenschaften von Druckfarben wie > Viskosität, > Zügigkeit (= Tack), > Thixotropie, Oberflächenspannung, Fließgrenze.
Nach DIN 16515 kann die Konsistenz vereinfacht in der Druckpraxis durch die Begriffe „dünn – dick“ und „kurz – zügig“ definiert werden.
Die Eigenschaft „dünn – dick“ beschreibt die Viskosität, das Fließverhalten. Eine dünne oder dicke Druckfarbe ist an der Ablaufgeschwindigkeit von einer Spachtel zu erkennen. Eine dünne Druckfarbe fließt schnell von der Spachtel, eine dicke langsam oder gar nicht.
Die Eigenschaft „kurz – zügig“ beschreibt die Zügigkeit oder Klebrigkeit der Druckfarbe, auch Tack genannt.
Die Klebkraft ist durch die Fingerprobe vereinfacht festzustellen. Eine geringe Menge Druckfarbe ist mit dem Finger auf einen Bedruckstoff zu tupfen. Eine kurze Farbe reißt kurz ab, eine zügige Farbe zieht dagegen lange Fäden beim Anheben des Fingers. Damit bieten sich vier einfache Möglichkeiten für die Bezeichnung der „Konsistenz“:
- dünn – kurz
- dünn – zügig
- dick – kurz
- dick – zügig

Für den Druckfarbenhersteller reichen diese relativ einfachen Beschreibungen und Tests nicht aus. Zur Produktionsüberwachung sind durch präzise Messungen exakte Daten über die einzelnen Eigenschaften der Konsistenz zu ermitteln.

Konstante
Fester Wert, unveränderliche Größe in einem System.

Kontaktfilm
Fotografischer Film in verschiedener Gradation und Farbempfindlichkeit mit relativ niedriger allgemeiner > Empfindlichkeit.

Kontaktkopie
Direktes Übertragen von Bildstellen einer Vorlage 1 : 1.

Beispiel:
Fotografische Reproaufnahme, bei der die Vorlage und das zu belichtende Fotomaterial im direkten Kontakt zueinander liegen. Grundsätzlich wird Schicht-auf -Schicht reproduziert, d. h. Bildseite der Vorlage und die Schichtseite des Fotomaterials liegen zusammen. Dadurch erfolgt eine Seitenumkehrung, d. h. eine seitenrichtige Vorlage ergibt eine seitenverkehrte Reproduktion und umgekehrt.

Kontaktkopiergerät
Fotografische Reproduktion:
Aufnahmegerät mit einer Punktlichtquelle für die > Kontaktkopie von transparentem Filmmaterial. Aufnahme 1 : 1.

Kontaktraster
Fotografische Reproduktion: Der Raster wird immer im direkten Kontakt Schicht-auf-Schicht mit dem zu belichtenden Fotomaterial eingesetzt. Analoge Bildinformationen sind bei der Aufnahme durch einen solchen Raster in binäre Bildinformationen (Rasterpunkte) umzuwandeln. Der Raster besteht aus einer Kunststoff-Folie mit schachbrettartig angeordneten Punkten, die in der Dichte (Schwärzung) verlaufen: Das Zentrum eines jeden Punktes hat die größte Dichte, nach außen wird die Dichte immer geringer. Je nach Helligkeit einzelner Stellen reflektiert mehr oder weniger Licht von der Bildvorlage und gelangt zu dem Raster. Eine größere Lichtmenge durchdringt eine größere Punktfläche und erzeugt größere Rasterpunkte. Eine kleine Lichtmenge ergibt dementsprechend kleinere Rasterpunkte.
Das Produkt ist flächenvariabel gerastert.
> Raster

Konterdruck
Druck auf der Rückseite eines transparenten Bedruckstoffes, seitenrichtig von der Vorderseite aus zu sehen.
> Frontaldruck

kontern
Reproduktion: Seitenumkehrung bei der Bildwiedergabe. Seitenverkehrte Aufnahmen sind in seitenrichtig oder seitenrichtige in seitenverkehrt zu ändern.

Kontext
Sprache: Zusammenhang, „Umgebung", Hintergrund.

1. sprachlicher Kontext: Stellung eines Wortes oder Satzes im Textzusammenhang.
2. außersprachlicher Kontext: Situation, in der eine Äußerung gemacht und verstanden wird.
   Auch: Hintergrundwissen, ohne dass eine Äußerung (Gespräch, Rede) nicht eingeordnet oder in seiner vollständigen Bedeutung verstanden werden kann.

kontinuierlich
Lückenlos, zusammenhängend, fortdauernd, stetig, durchlaufend.

Kontrakt-Proof
Der farbverbindliche Prüfdruck (Proof), der vom Auftraggeber (Kunde) rechtsverbindlich für die Druckproduktion freigegeben wird. Ein Kontrakt-Proof ist nur dann rechtlichsverbindlich, wenn bestimmte Anforderungen nach dem MedienStandard Druck erfüllt sind. > Prüfdruck, farbverbindlich.

Kontrast
Gegensatz, Spannung, starker bzw. auffallender Unterschied zwischen zwei oder mehreren Elementen.

Kontraste

1. Bild, Grafik: Unterschiede in der Fläche, Form, Größe, Farbe, Helligkeit, Struktur usw. Ohne Kontraste gäbe es nur homogene Erscheinungen ohne Spannung in einem Bild.
2. Farbe: Farbe ist in der Gestaltung eine optische Erscheinung. Nicht bedeutend ist dabei die Physik der Farbe, vielmehr sind es visuelle Phänomene,

die das Erleben von Farben beeinflussen. Farben verändern ihre optische Wirkung (Aussage, Gewichtung, Leuchtkraft u. a.) auf den Betrachter durch unterschiedliche Kontraste.
Beispiele: Gegenfarbenkontrast, Bunt-Unbunt-Kontrast, Warm-Kalt-Kontrast, Simultankontrast, Quantitätskontrast, Intensitätskontrast (rein – trüb), Hell-Dunkel-Kontrast.
3. Kontraste in der Gestaltung: Je nach Zielsetzung des Produktes können bewusst gewählte Spannungen auf einer Fläche die Botschaft unterstützen. Für den Typograf oder Designer ist es wichtig, diese Gestaltungsmittel zu kennen und zielgerecht einzusetzen. Beispiele:
- Hell-Dunkel-Kontrast
- Viel-Wenig-Kontrast
- Positiv-Negativ-Kontrast
- Symmetrie, Asymmetrie
- Kontrast Linie – Fläche.

Kontrollmittelsysteme im Druckprozess
Kontrollmittel sind für eine standardisierte digitale Produktion in allen Prozessstufen erforderlich, um entsprechend den technischen Vorgaben (z. B. > ProzessStandard Offsetdruck) eine geplante, vorhersehbare Qualität zu erreichen.
> Druckkontrollstreifen, > Fogra, > Ugra, > System Brunner
1. Ugra/Fogra-Kontrollmittel
   - Scanner: Ugra/Fogra-Reproduction Test Chart 1999
   - Digitalproof: Ugra-Farbtemperatur-Indikator (Beleuchtung), Ugra/Fogra-Medienkeil CMYK (Abmusterung)
   - Analoge Druckformherstellung:
     a) Filmbelichter: Ugra/Fogra-Post-Script-Kontrollstreifen,
     b) Kopierrahmen oder Kopiermaschine: Ugra-Offset-Testkeil 1982, Fogra-Kontakt-Kontrollstreifen
   - Digitale Druckformherstellung (CtP): Ugra/Fogra-Digitalplattenkeil, > Fogra-Measuring-Bar
   - Offsetdruckmaschine: Ugra/Fogra-Digital-Druckkontrollstreifen, Fogra-Druckkontrollleiste
   - Digitaldruckmaschine: Ugra/Fogra-Digital-Print-Scale
   - Zeitungsdruck: Ugra/FOGRA-Mini-Target
2. System Brunner (u. a.)
   - Print Expert 2000 (komplettes Systempaket)
   - Instrument-Flight-inline/online (> Instrument-Flight-inline)
   - okBalance mit Print-Consult
   - Eurostandard-Profile

Kontur
Bildvorlagen: Umrisslinie, Begrenzungslinie.

Konturensatz
Satztechnik, bei der der Text ein- oder beidseitig um eine Kontur (freigestelltes Bild, Grafik) herumfließt.

konturierte Schrift
Schrift, bei der nur die Umrisslinien der einzelnen Zeichen sichtbar sind.
Auch > Outline-Schrift genannt.

Konversionsverfahren
Übertragungsverfahren von einem Produkt in ein anderes Produkt mit neuen Eigenschaften.

Konverter
Fotografie: Ein Vorsatzgerät mit entsprechenden Objektiven, mit dem die Brennweite verlängert oder verkürzt werden kann.

Konvertierung
Umwandlung eines Mediums oder Systems in ein anderes Medium oder System.
Beispiel: Daten eines bestimmten PC-Textverarbeitungsprogramms werden maschinell durch ein Konvertierungsprogramm in lesbare Daten für die weitere Verarbeitung mit einer anderen Software umgewandelt.

konvexe Linsen
Sammellinsen, die in der Mitte dicker sind als oben und unten. > Linsen

Konzentration
Psychologie: Persönliches Verhalten, z. B. Lernen, Beteiligtsein mit höchster Aufmerksamkeit.
Chemie: Anteil eines Stoffes an der gesamten Lösung oder einem Gemisch.
Wirtschaft: Zusammenschluss von Unternehmen, um z. B. eine noch bedeutendere, herausragende Stellung am Markt zu erreichen. Über den Zusammenschluss zu marktbeherrschenden Großunternehmen (vielfach „Elefantenhochzeit" genannt) wacht das > Kartellamt.

Kooperation
Zusammenarbeit verschiedener Unternehmen, privater oder öffentlicher Einrichtungen oder sonstiger Organisationen, z. B. in der Entwicklung, Forschung und Produktion.
Beispiele aus der Druckindustrie:
- Zusammenarbeit im Druckmaschinenbau, um das Angebot und die Leistungsfähigkeit durch mehrere Partner zu erhöhen, am Markt erfolgreich sowie effektiv und kosteneffizient zu sein.
- Zusammenarbeit zwischen Druckerei, Druckveredlern und Druckverarbeitungsunternehmen.

Koordinaten
Wertepaare. Zahlen, die die Lage eines Punktes auf einer Fläche oder in einem Raum exakt bestimmen.

Koordinatensystem
Mathematisch definiertes, grafisches Darstellungssystem, mit dem durch > Koordinaten ein bestimmter Punkt auf einer Fläche oder in einem Raum bestimmt ist. Bei einem zweidimensionalen, rechtwinkligen Koordinatensystem schneiden sich die Abszisse (x-Achse, waagerechte Achse) und die Ordinate (y-Achse, senkrechte Achse) im Nullpunkt. Es entstehen damit vier Quadranten (Flächen), auf denen sich durch Angabe der x- und y-Koordinaten Punkte exakt bestimmen lassen. > Kennlinie

Kopf
1. Typografie: Der obere Beginn des Satzspiegels auf einer Seite.
2. Druckseite: Breite der Fläche oberhalb des Satzspiegels bis zum Papierrand.
3. Zeitungen: Der Titel.
4. Druckweiterverarbeitung: Der obere Teil eines Buchrückens bzw. einer Buchseite. Der untere Teil wird Schwanz bzw. Fuß genannt.

Kopflinie
Tabelle: Oberste waagerechte Linie des Tabellenkopfes.

Kopfschnitt
Druckweiterverarbeitung:
Der fertige Buchblock wird an der oberen Schnittfläche mit geeigneten Farben (Körperfarben, früher echtes Gold) eingefärbt. Heute erfolgt die Farbübertragung meist indirekt über Folien, mit denen eine Farbschicht in einem Trockenprozess übertragen wird. Der Kopfschnitt, auch Farbschnitt genannt, macht Staub auf der Oberseite beim Stehen im Bücherschrank nicht so leicht sichtbar und verziert den Kopf.

Kopfzeile
Überschriftzeile über eine oder mehrere Spalten in Zeitungen, Zeitschriften u. a.

Kopie
1. Allgemein:
   Informationsübertragung, Wiedergabe, Nachbildung, Nachahmung.
2. Reproduktion:
   Duplikat eines Films oder eines Datensatzes.
3. Druckformherstellung:
   Teilbereich der Druckformherstellung, in dem Druckplatten belichtet und druckfertig verarbeitet werden.

kopieren
1. EDV: Übertragen von Daten auf einen weiteren Datenträger bzw. in eine andere Datei.
2. Fotografische Reproduktion: > Kontaktkopie.
3. Druckformherstellung: Übertragen geeigneter Kopiervorlagen durch Strahlung (Licht einer Kopierlampe) auf eine lichtempfindlich beschichtete Druckplatte.

Kopierlampen
Künstliche Lichtquellen, deren abgestrahlte spektrale Energie auf die spektrale Empfindlichkeit der zu belichtenden Materialien (Fotomaterialien, Kopierschichten) abgestimmt ist.
Die Wirksamkeit wird „aktinisch" genannt. Die Aktinität ist umso größer, je intensiver eine Lichtquelle auf das zu belichtende Material einwirkt.
Beispiel: Die Kopierlampe für die Kopie vorbeschichteter Offsetdruckplatten ist sehr stark aktinisch wirksam, wenn sie einen hohen Anteil an UV-Licht abstrahlt.

Kopiermaschine
Analoge Druckformherstellung (Basis: Filme, Kopiervorlagen), die durch digitale Prozesse ihre Bedeutung verloren hat.
Kopiermaschinen wurden zum direkten Kopieren beliebig vieler Nutzen, d. h. positiver oder negativer Kopiervorlagen, für die Druckformherstellung im Offsetdruck eingesetzt.
Eine Bogenmontage für die gesamte Druckplatte war nicht erforderlich. Belichtet wurde eine bestimmte Fläche (z. B. 50 cm × 50 cm) in einzelnen Kopierschritten nach einem berechneten Fahrplan, der die einzelnen Koordinaten der bestimmten Standpositionen der Nutzen festlegte. Die Kopiermaschine wurde vor allem für den Verpackungsdruck, besonders bei mehrfarbigen Druckarbeiten mit vielen Nutzen im Großformat, bei denen höchste Passergenauigkeit gefordert ist, eingesetzt.

Kopierrahmen
Analoge Druckformherstellung:
Belichtungsanlage für plan liegende Druckformen, z. B. Offsetdruckplatten, Hochdruckplatten und Siebdruckformen. Die Montage der Kopiervorlagen wird durch eine einzige Belichtung (parallele Belichtung, d. h. alle Teile gleichzeitig) auf die Druckform kopiert. Dabei liegen die Montage und die Kopierschicht der Druckform Schicht-auf-Schicht und durch ein Vakuum in absolut direktem Kontakt. Belichtet wird mit einer UV-Lichtquelle, deren Licht aktinisch (wirksame Strahlung) für die entsprechenden Kopierschichten ist.

Kopierschichten
Lichtempfindlich sensibilisierte kolloidiale Stoffe für eine Lösungsentwicklung, d. h., Teile der Kopierschicht bleiben nach dem Entwicklungsprozess vollständig auf der Druckplatte, andere werden völlig abgelöst.
Kopierschichten bestehen aus einem Schichtgrundstoff (Kolloide), Sensibilisatoren (lichtempfindliche Substanzen), bestimmten Farbstoffen und Wasser als Lösemittel.
Als Sensibilisatoren werden heute fast ausschließlich synthetische Stoffe (Diazoverbindungen, Fotopolymere) eingesetzt. Je nach chemischer Struktur der Diazoverbindung ist eine > Positivkopie oder eine > Negativkopie möglich. Damit ergeben sich folgende Reaktionen auf UV-Licht bei der Belichtung:
- Positivkopie: Licht zersetzt die Kopierschicht. Dadurch werden belichtete Partien löslich für den Entwickler.
- Negativkopie: Licht härtet die Kopierschicht. Dadurch werden belichtete Partien unlöslich für den Entwickler.

Fotopolymere sind nur für eine Negativkopie einzusetzen.
Belichtete Fotopolymere polymerisieren zu unlöslichen Makromolekülen, unbelichtete Partien werden beim Entwickeln von der Druckplatte ausgewaschen.

Kopierschutz
Eine vom Hersteller eingesetzte Schutzfunktion, die ein unberechtigtes Kopieren von Software (Programme), von Filmen auf DVD u.Ä. verhindert bzw. verhindern soll.

Kopierverfahren
Prinzipiell unterscheidet man Kopierverfahren nach der Art der Beschichtung in Vorbeschichtungsverfahren und Selbstbeschichtungsverfahren.
Die industrielle lichtempfindliche Vorbeschichtung der Druckformen wird vor allem eingesetzt für Offsetdruckplatten und Auswaschdruckplatten (Hochdruckverfahren).

Selbstbeschichtet werden nur noch direkte Schablonen für den Siebdruck. Dabei wird die lichtempfindliche Kopierschicht manuell oder mit dem Beschichtungsgerät auf das Gewebe übertragen.
Eine weitere Unterscheidung ergibt sich durch die Reaktion der Kopierschicht auf Lichteinwirkung. Man unterscheidet: Positivkopie und Negativkopie.
Bei den positiv arbeitenden > Kopierschichten werden die Bildinformationen der Kopiervorlage in gleichen Tonwerten auf der Druckform wiedergegeben.
Es werden positive Kopiervorlagen oder ein entsprechender Datensatz benötigt.
Die Negativkopie kehrt die Tonwerte um, es werden negative Kopiervorlagen oder ein entsprechender Datensatz benötigt.

Kopiervorlagen
Analoge Druckformherstellung:
Für das jeweilige Druckverfahren und die Kopie der Druckplatten geeignete positive oder negative Durchsichtsvorlagen mit bestimmten technischen und tonwertbezogenen Eigenschaften.
Die technischen Eigenschaften beziehen sich auf die Kopierfähigkeit und die tonwertbezogenen Eigenschaften auf die reprotechnische Qualität im Vergleich zur Bildvorlage.
Beispiel zu geforderten technischen Eigenschaften von Kopiervorlagen für die Positivkopie im Offsetdruck:
positive, seitenverkehrte Durchsichtsvorlage (Film), Bildstellen gleichmäßig lichtundurchlässig geschwärzt (mindestens 2,5 lg Dichte) und randscharf, Nichtbildstellen schleierfrei und hochtransparent (maximal 0,06 lg Dichte).

Korn
Reproduktion: Bei unentwickelten Fotoschichten die Größe der Silberhalogenid-Kristalle in der Schicht.
Bei entwickelten Fotoschichten die Größe der Silberkörner, die aus den Silberhalogenid-Kristallen entsteht.
> Körnigkeit

körnen
Druckformherstellung:
Einmetallische Offsetdruckplatten (auch: Monometallplatten) aus Aluminium erfordern auf der Oberfläche eine gleichmäßig raue Fläche, um die Kopierschicht zu verankern und eine gleichmäßige Führung des Feuchtmittels im Druck zu ermöglichen. Bei optimaler Körnung bilden sich feinste > Kapillaren.
Druckplattenmetalle sind deshalb in der Oberfläche zu körnen, d.h. aufzurauen.
Man unterscheidet:
- mechanisches Körnen, z.B. Kugelkörnen, Trocken- und Nassbürsten (heute ohne Bedeutung)
- elektrochemisches Körnen und elektrolytisches Anodisieren.

> elektrolytisch anodisierte Offsetdruckplatten, > Kapillarwirkung

Körnigkeit
Fotografie: Struktur des fotografischen Bildes, die bei einem entwickelten Bild mehr oder weniger stark zu erkennen ist.
Es handelt sich um Kornzusammenballungen unterschiedlich großer Silberkörner.
Allgemeine > Empfindlichkeit und Körnigkeit stehen in einem Zusammenhang:

Je größer das Silberhalogenid-Kristall ist, desto höher ist die Lichtempfindlichkeit des Materials. Bei Reproaufnahmen fällt die Körnigkeit besonders ins Gewicht, wenn Bildvorlagen stark vergrößert werden müssen.

Korona
(Lat.): Strahlenkranz der Sonne; es werden freie Elektronen und Ionen sichtbar. Das schwache Leuchten ist mit bloßem Auge nur bei einer totalen Sonnenfinsternis zu sehen.

Koronabehandlung
Elektrochemisches Verfahren zur Veränderung der Oberfläche von Kunststoffen mit einer elektrischen Hochspannung.
Diese erzeugt eine Vielzahl feinster elektrischer Durchschläge zwischen zwei Elektroden. Das Verfahren erhöht die Oberflächenspannung des Kunststoffes und verbessert dadurch die Benetzung.
Einsatz im Druck und der Weiterverarbeitung: Vorbehandlung von Kunststoffen, die eine wasserabweisende, elektrisch isolierte und unpolare Oberfläche aufweisen. Zu diesen Kunststoffen gehören z. B. Polyethylen-, Polypropylen- und Polyesterfolien. Diese Oberflächen sind sehr schlecht zu benetzen. Daher ist ein Bedrucken, Kleben oder Kaschieren kaum oder gar nicht möglich.
Eine Benetzung (Haftung) zwischen zwei Materialien bringt dann ein gutes Ergebnis, wenn beide Materialien polar sind.
Mit einer Koronabehandlung, die dem Druckprozess vorgeschaltet ist, wird die Polarität der Kunststoffoberfläche erhöht und dadurch die Benetzung wesentlich verbessert.

Körperdruck
Druckverfahren, die nicht planliegende Gegenstände (gewölbte oder beliebig geformte Oberflächen, Körper) auf verschiedensten Werkstoffen bedrucken können, z. B. Flaschen, Spielzeug, Gläser, Sportgeräte, Bälle, Werbemittel wie Kugelschreiber, Messer, Modelle u. v. a.
Für den Druck eignen sich entsprechend konstruierte Druckmaschinen verschiedener Druckverfahren:
Siebdruck, Tampondruck, Digitaldruck.
Insbesondere der > Tampondruck ist für den Druck auf unebene, wellige und beliebige Formen geeignet. Dabei muss die sich ergebene Verzerrung der zu bedruckenden Oberfläche bei der Druckformherstellung bereits berücksichtigt und eingerechnet werden.

Körperfarbe
Farbe eines Nichtselbstleuchters, d. h., ein nicht selbst leuchtender Körper (Stoff, Material, Gegenstand) wird durch ein Licht beleuchtet und reflektiert teilweise das auftreffende Licht. Körperfarben sind demnach alle materiellen Farben, z. B. Malerfarben, Druckfarben. Bei Mischungen und dem Übereinanderdrucken wirken die Gesetze der subtraktiven Farbmischung.
> Lichtfarbe, > additive Farbmischung, subtraktive Farbmischung

Körpersprache
Nonverbale Kommunikation.
Die „Sprache" des Körpers zeigt sich in Haltung, Gang, Gestik, Mimik (Gesichtausdruck und Augenbewegungen), Tonfall und Lautstärke der Sprache, Distanz zum Kommunikationspartner u. a. In Sekundenschnelle bilden sich Menschen aus diesen „Signalen" ein Urteil über einen anderen – selbst wenn dieser noch kein Wort gesprochen hat.
Wissenschaftler haben herausgefunden, dass über 90 Prozent des ersten Eindrucks durch nonverbale Kommunikation bestimmt wird.
Auch bei Kundenkontakten, Teambesprechungen, Bewerbungsgesprächen u. a. kann das Verhalten eines Gesprächspartners Signale senden, die der andere Partner „übersetzen" kann.
Beispiele:

- Schultern hochgezogen: Anspannung, Nervosität
- Stirnrunzeln: Anspannung, Verärgerung
- Gerade Sitzhaltung, Beine rechtwinklig: Ruhe, Aufmerksamkeit
- Arme vor der Brust verschränkt: Abstand zum Partner, Unsicherheit, auf Konfrontationskurs
- Hände in den Hosentaschen: Ablehnung, Uninteressiertheit

Korrektor
Speziell geschulter Fachmann (früher: Schriftsetzer), der gesetzte Texte auf Fehlerfreiheit im Vergleich zum Manuskript prüft.

Korrektur
Überprüfen einer Arbeit auf Fehlerfreiheit.
1. Prüfverfahren für gesetzte Texte:
   Lesen eines (Korrektur-)Abzuges, Anstreichen von Fehlern oder Mängeln, Beseitigen der Fehler oder Mängel.
   > Korrekturzeichen
2. Prüfverfahren der Reproduktionstechnik: Prüfen und Beurteilen der Ton- und Farbwerte von Reproduktionsprodukten, Farbprüfverfahren und Andrucken.
3. Auch: Retusche.
   Ton- und Farbwertänderungen an Reproduktionsprodukten durch manuelle, chemische, fotografische oder digitale Verfahren.

Korrektur der Druckbildlänge
Drucktechnik: Im Offsetdruck ist beispielsweise die Abdrucklänge des gesamten Druckbildes durch Verringern oder Verstärken des Druckplattenzylinder-Aufzuges zu verändern.
Dies kann erforderlich sein, um beispielsweise bei mehrfarbigen Druckprodukten ein Dehnen des Papiers beim Druckprozess auszugleichen und einen optimalen Passer zu erreichen.
Für die Korrektur der Druckbildlänge auf dem Druckbogen gilt:
Druckplattenzylinderaufzug stärker (+) = Druckbild kürzer (–).
Druckplattenzylinderaufzug schwächer (–) = Druckbild länger (+).

Korrekturmaßnahmen
Nach DIN ISO 8402 (3) eine Tätigkeit zur Beseitigung der Ursachen vorhandener Fehler oder Mängel.

Korrekturzeichen
Genormte Zeichen für die Angabe von auszuführenden Korrekturen bei Texten und Bildern (Beispiel siehe Anhang).

Korrelation
Wechselbeziehung zweier miteinander in Beziehung stehender Aussagen.

Korrosion
Werkstoffe: Chemische Wirkung auf Metalle, die durch Feuchtigkeit und Einwirken von Chemikalien zersetzt bzw. zerstört werden.

Kosten
Kosten sind der betriebsbedingte Aufwand für Güter und Dienstleistungen.
Die Kostenartenrechnung eines Unternehmens erfasst und ordnet die Kosten nach der Art der verbrauchten Güter und Dienstleistungen, nach Art der Zurechenbarkeit zu den hergestellten Produkten und nach dem Verhalten bei Beschäftigungsänderungen.
Zu Kosten nach der Art des Güterverzehrs gehören u. a. Kosten für Arbeitsleistungen (Löhne, Gehälter, Sozialaufwendungen), Materialverbrauch (Roh- und Hilfsstoffe), Abnutzung für Anlagegüter (Abschreibungen auf Maschinen, Geräte und Einrichtungen), Kapitalbeschaffung (Zinsen), Fremdleistungen, Provisionen, Strom- und Wasserkosten, Telefon- und Portokosten, staatliche Abgaben (Steuern, Gebühren), Unternehmerleistung (kalkulatorischer Unternehmerlohn).
Zu den Kosten nach der Zurechenbarkeit zu den hergestellten Produkten ist die Verrechnung auf den Kostenträger direkt

möglich. Kosten, die für ein bestimmtes Produkt genau vorauszuberechnen sind, sind Einzelkosten (z. B. Produktionszeiten und -kosten in der Druckvorstufe, im Druck und in der Druckweiterverarbeitung sowie Materialien, Werkstoffe, Versand). Sonstige Kosten, die dagegen nur in einer bestimmten Rechnungsperiode zu erfassen sind, werden Gemeinkosten genannt. Hierzu gehören Abschreibungen vom Anschaffungswert, Raumkosten, Reparaturkosten, Energiekosten.
Fixe Kosten sind unabhängig von der Höhe der Leistung (Ausbringung). Hierzu gehören z. B. Mieten, Zinsen, Abschreibungen. Variable Kosten ändern sich dagegen mit der Höhe der Leistung. Hierzu gehören z. B. Löhne für Arbeitsleistungen, Materialverbrauch, Energieverbrauch.

Kostenträger
Erteilte Aufträge, > Kalkulation.

Kraftliner
Festes Papier ab 120 g/m², eingesetzt für die Deckschichten von Wellpappe. Die Faserstoffe bestehen überwiegend aus gebleichtem oder ungebleichtem Sulfatzellstoff.

Kraftpapier
Hoch reißfestes, gut bedruckbares Druck- und Einschlagpapier, einseitig glatt, holzstofffrei weiß, gebleicht und vollgeleimt.

Kreativität
Schöpferisch, offenes Denken und Handeln, Fähigkeit zur Lösung von Problemen.

Kreidelithografie
Manuelle Original-Grafik mit Fettkreide auf einem Solnhofener Kalkstein (Lithografiestein).
> Lithografie, > Steindruck

Kreismesser
In der Papierverarbeitung und Buchbinderei eingesetzte rotierende Rundmesser für den Längsschnitt.
Technisch sind zwei Systeme zu unterscheiden
- Messerschnitt-Prinzip
  Das Kreismesser schneidet durch Druck auf einer Gegendruckwalze.
- Scherschnitt-Prinzip
  Das System besteht aus zwei Messern, einem Ober- und einem Untermesser. Das Obermesser wird randscharf an das Untermesser gedrückt. Der Schnitt erfolgt durch Scherung.

In Falzmaschinen können auf Messerwellen verschiedenartige Formen von Kreismessern eingesetzt werden. Je nach Oberflächengeometrie der Schneide sind die Kreismesser zum Schneiden sowie auch für unterschiedliche Perforationen oder zum Rillen einzusetzen.

Kreuzfalz
Druckweiterverarbeitung: Nacheinanderfolgende Brüche stehen rechtwinklig zueinander. Auch: Kreuzbruchfalz.

Kreuzleger
Im Verbund mit mittleren und großen Sammelheftanlagen werden im Kreuzleger fertige Produkte (drahtgeheftete Broschuren) zu Paketen gestapelt.
Um die Steigung im Bund (größere Dicke durch den Falz und die Heftung) auszugleichen, wird der Stapel nach einer vorgewählten Anzahl von Produkten in einem Drehtisch um 180° gedreht.

Kryptografie
Geheimverschlüsselung. System zur Verschlüsselung von Texten und Daten nach einem komplexen Krypto-Algorithmus, der eine Entschlüsselung fast unmöglich macht.
Daten können damit bei einer Datenfernübertragung sicher übermittelt werden.
Je nach eingesetzten Verfahren ist es auch Computern nur in jahrelanger Arbeit möglich, diese Informationen zu entschlüsseln.

Bei bestimmten Verfahren können übermittelte Daten als solche gar nicht wahrgenommen werden.

Kühlwalzen
Rollen-Offsetdruck: Im Heatset-Offsetdruck ist der Druckfarbenfilm nach dem > Heißlufttrockner nur plastisch fest. Durch das schockartige Abkühlen auf den Kühlwalzen bekommt der Druckfarbenfilm seine endgültige Festigkeit und Durchhärtung.
Die auf ca. 100 bis 140 °C aufgeheizte Papierbahn wird dabei auf ca. 30 °C abgekühlt. Um dem Papier die im Trockenofen fast vollständig entzogene Feuchtigkeit zurückzugeben, ist im Anschluss an die Kühlwalzen vielfach eine elektrostatisch arbeitende Wiederbefeuchtungsanlage integriert.
> Heißlufttrockner

Kunde
Auftraggeber, Besteller, Käufer von Waren und Dienstleistungen.
Oberstes Ziel eines Unternehmens muss es sein, den Kunden mit den betrieblichen Leistungen zufrieden zu stellen. Decken sich die Erwartungen des Kunden mit den Leistungen des Unternehmens, wirkt sich dies maßgeblich auf eine gute Geschäftsbeziehung und den wirtschaftlichen Erfolg des Unternehmens aus. > Kundenorientierung, > Kundenzufriedenheit

Kundenbindung
> Kunde

Kundenorientierung
Der wichtigste Erfolgsfaktor eines Unternehmens ist seine Kundenorientierung, d.h. die Wahrnehmung und Qualität der Beziehung zwischen dem Kunden und dem Unternehmen.
Nicht nur neue Technologien, Innovationen, Produkte, Qualität u.a. sind für eine Kundenzufriedenheit wichtig, sondern
- „Mit dem Kopf des Kunden denken", das heißt: Anforderungen erkennen und spezifische Lösungen für den Kunden anbieten, Angebote für einen > Mehrwert im Druck
- individuelle, persönliche Kommunikation, Service
- Glaubwürdigkeit, Verlässlichkeit

In der Regel sind die niedrigsten Kosten nicht das entscheidende Verkaufsargument.
> Kunde, > Kundenreklamation

Kundenreklamation
Die Zufriedenheit des Kunden muss das oberste Ziel einer jeden Produktion sein.
Dies setzt ein Verständnis für die Wünsche und Anforderungen des Kunden, eine eindeutige Kommunikation sowie eine optimale Auftragsplanung und Produktionssteuerung voraus.
Die systematische Auswertung einer Kundenreklamation hat das Ziel, Mängel zu erkennen, z.B. zu
- Kommunikation bei der Beratung
- Produktionsplanung und -steuerung
- qualitative Leistungsfähigkeit des Unternehmens
- Schwachstellen.

Maßnahmen zur Auswertung von Kundenreklamationen sind
- Reklamationen sammeln, ordnen und auswerten
- Gliedern z.B. nach Erzeugnisart, Fehlerart, Anzahl, Verursacher, Kosten
- Dokumentation, um Wiederholungsfälle zu vermeiden
- Erstellen einer Reklamationsstatistik mit dem Ziel, die Summe aller Beanstandungen als betriebliche Schwachstellen und Fehlerquellen zu erkennen

Kundenzufriedenheit
> Kunde

Kunstdruckpapier
Original-Kunstdruckpapier oder -karton ist die Spitzenqualität bei gestrichenen Bedruckstoffen.

Ein holzstofffreies oder leicht holzstoffhaltiges Rohpapier ist mit einem sehr gleichmäßigen Strich von mindestens 20 g/m² und Seite gestrichen. Sie eignen sich für eine optimale Bildwiedergabe mit feinsten Rastern. Glänzende Sorten sind zusätzlich satiniert. > Kalander

Kunstleder
Echtes Leder ist teuer, das Narbenbild ist von Natur aus unregelmäßig. Daher wird in vielen Bereichen und auch in der Buchbinderei ein sogenanntes Kunstleder eingesetzt.
Basis dazu ist ein Textilgewebe, das einseitig oder auch beidseitig mit einem Kunststoff (z. B. PVC, PUR) beschichtet ist. Die Oberflächen werden mechanisch geprägt, um eine ähnliche Narbenstruktur wie bei echtem Leder zu erhalten. Allerdings entsteht immer eine gleichförmigere Oberfläche. Bei sehr starker Hitzeeinwirkung schmilzt Kunstleder, echtes Leder dagegen glimmt nur.

künstliche Intelligenz
Abk.: KI. Mit künstlicher Intelligenz bezeichnet man die Fähigkeit von Computersystemen, menschliche Intelligenz in bestimmten Bereichen mit hoher Leistungsfähigkeit nachzuvollziehen.
Dies wird insbesondere dann eingesetzt, wenn eine sehr hohe Zahl von Informationen zu verarbeiten, zu kombinieren und daraus entsprechende logische Schlussfolgerungen zu ziehen sind.

Kunststoffe
Makromolekulare „Werkstoffe nach Maß“, d. h. durch synthetische Verfahren ist der Kunststoff den speziellen Anforderungen entsprechend herzustellen.

Kupferstich
Der Kupferstich ist das älteste manuelle Tiefdruckverfahren (Druckformherstellung), der zur Zeit Gutenbergs bereits bekannt war.
Er wird heute nur noch in geringem Umfang als künstlerische Original-Grafik eingesetzt.
Die Druckform besteht aus einer Metallplatte, in die mit Sticheln die Bildstellen manuell eingraviert werden. Durch geringes oder stärkeres Gravieren, durch eng beieinanderstehende oder weiter auseinanderstehende Linienführung ist eine Vielzahl von Abstufungen zu erreichen. Gedruckt wird in Kupferdruckpressen. Einfärben und alle weiteren Arbeiten sind manuelle Tätigkeiten des Druckers. > Radierung

kursive Schrift
Engl. Bezeichnung: italic. Schräglaufende Schrift. Dabei ist qualitativ zu unterscheiden zwischen einer originalen, d. h. durch den Schriftkünstler entworfenen, und einer lediglich elektronisch schräg gestellten Kursivschrift.

kurze Skala
Veraltete Bezeichnung für den Vierfarbdruck anstelle von Mehrfarbendrucken mit 6, 8 und mehr Druckfarben wie zum Beispiel beim Steindruck zur Herstellung von Lithografien.

Kurzfarbwerktechnologie
Eine aus dem Flexodruck übernommene Technologie für den „wasserlosen“ Offsetdruck.
Die Druckfarbe wird im Farbwerk dabei nicht über eine große Zahl von Walzen feinst verteilt auf die Druckform übertragen. Statt des Farbkastens wird eine zonenschraubenlose Rakelkammer, statt einer temperierbaren Aniloxwalze wird ein Duktor, eine oder auch mehrere Farbauftragswalzen (Gummi-bezogen) und statt einem Farbheber und mehreren Reibzylindern und Zwischenwalzen werden wenige Gummiwalzen eingesetzt. Für den wasserlosen Offsetdruck ist ein temperierbarer Druckplattenzylinder erforderlich.
Das System ermöglicht durch permanente Farbzufuhr eine schablonierfreie

Einfärbung der Druckform. Wichtig ist das gleichmäßige Füllen und Entleeren der Rasternäpfchen.

Küvette
Analoge Druckformherstellung:
Früher eingesetzter Behälter zur Entwicklung kopierter vorbeschichteter Offsetdruckplatten.

kW
Abk. für Kilowatt.
Physikalische Einheit der Leistung.
1 kW = 1 000 Watt

K-Wert
Abkürzung für Kopierwert.
Mikrolinienanzeige in Druckkontrollstreifen zur Prüfung der Kopie im Offsetdruck.

kWh
Abk. für Kilowattstunde.
Physikalische Einheit der Arbeit bzw. Energie-Einheit: Energie, die ein System (z. B. Maschine, Heizung) mit einer Leistung von einem Watt in einer Stunde aufnimmt oder abgibt.
1 kWh = 1 000 Wh

Kybernetik
Wissenschaft, die sich mit der Steuerung, Regelung, Informationsübertragung und -verarbeitung beschäftigt.
Kybernetisches Denken versucht, komplizierte Zusammenhänge in Strukturen zu erfassen.
Einem einseitig gerichteten Ursache-Wirkung-Denken wird die Vorstellung von allseitigen Beziehungen in einem (kybernetischen) System entgegengesetzt.
Die Kybernetik beschäftigt sich vor allem mit der Informatik, der Ökologie und verschiedenen anderen Ebenen, z. B. politischer Planung.

Kyoto-Protokoll
Rechtsverbindliche Begrenzungs- und Verringerungsverpflichtung der Industrieländer zum Klimaschutz.
Das Kyoto-Protokoll, benannt nach dem Konferenzort Kyoto in Japan, ist ein im Dezember 1997 beschlossenes Zusatzprotokoll der Vereinten Nationen.
Die Vereinbarung sollte in Kraft treten, sobald mindestens 55 Staaten, die zusammengerechnet mehr als 55 % CO_2-Emissionen im Jahr 1990 verursachten, das Abkommen ratifiziert hatten. Daran scheiterte lange das Inkrafttreten des Abkommens.
Daher konnte das Abkommen erst am 16. Februar 2005 in Kraft treten. Das 2012 auslaufende Abkommen schreibt erstmals verbindliche Zielwerte für den Ausstoß von Treibhausgasen fest, die die hauptsächliche Ursache des Klimawandels sind.
Ziel ist die Absenkung der Treibhausgase bis zum Jahr 2012 um mindestens 5 % im Vergleich zum Jahr 1990. Alle Länder haben dazu spezifische Vorgaben erhalten. Einige Länder müssen ihren CO_2-Ausstoß mehr oder weniger stark senken, andere dürften danach ihre Emissionen sogar noch steigern.
Auf der > UN-Klimakonferenz in Paris 2015 hat sich die Weltgemeinschaft erstmals auf einen Klimavertrag geeinigt, der alle zum Handeln verpflichtet. Das Abkommen soll 2020 in Kraft treten.
> Klima, > Treibhausgase, > Emissionsbilanz

L
Engl. Abk. für Lightness = Helligkeit.
In einem Farbwürfel oder Farbraum verläuft die Helligkeit senkrecht von Schwarz nach Weiß in einer Grauachse.
Farbmaßzahl für die > Helligkeit im CIE-L*a*b*- und im CIE-L*u*v*-System sowie im > LCH-Farbraum.

Label
Engl. Bezeichnung für Etikett, Aufkleber.

LAB
Kurz für > CIELAB.

Lack
Veredelungsstoffe für Druckprodukte.
Echte oder kolloidale Lösungen von festen Stoffen in flüchtigen Lösungsmitteln, die nach dem Auftragen (flächiger oder partieller Druck) und Trocknen einen geschlossenen, gut haftenden Film bilden.
Grundsätzlich unterscheidet man Öldrucklacke, Dispersionslacke und UV-Lacke.
> lackieren

lackieren
Druckveredelung:
Druckobjekte werden mit verschiedenen Lackarten (Mattlack, Nitrolack, Glanzlack, Dispersionslack, Metalleffektlack etc.) versiegelt, um haltbarer, schmutzunempfindlich oder optisch aufgewertet zu werden.
Sehr hoher Oberflächenglanz und eine große Schichtdicke ist beim Beschichten mit speziellen Lackiermaschinen möglich. Dazu müssen die Druckfarben bestimmte Lackierechtheiten für die entsprechende Lacksorte aufweisen.
Wirtschaftlicher ist jedoch das direkte Lackieren in Druckmaschinen. Dies geschieht heute fast ausschließlich inline, d.h., die Druckmaschine ist mit einem Lackierwerk oder auch mehreren Lackierwerken ausgestattet. Lackiert wird unmittelbar im Anschluss an den Druckprozess, z.B. im Bogen-Offsetdruck.
Für das partielle Lackieren wird vielfach der Flexodruck eingesetzt.

Lackvergleiche
Jede Lacksorte hat spezifische Vor- und Nachteile. Prinzipiell gilt:

Lacksorte	Glanz	Schutz	Trocknung
Öldruck-lacke	mittel	mittel	langsam
Dispersions-lacke	gut	gut	schnell
UV-Lacke	sehr gut	sehr gut	sofort nach UV-Bestrahlung

Lage
Zur Heftung vorbereitete Falzbogen.

Lagenfalz
Bereits gefalzte Produkte, z.B. mehrere übereinander liegende Bogen oder Hefte werden nochmals gefalzt.

Lager
1. Unternehmen: Raum mit entsprechender Einrichtung zur Vorratshaltung oder Bereitstellung von Rohstoffen und Teil- oder Fertigprodukten.
2. Technik: Im Maschinenbau tragen oder führen Lager Maschinenteile, insbesondere Achsen und Wellen. Man unterscheidet nach Art der Reibung zwischen Gleitlagern und Wälzlagern.
   Bei einem Gleitlager laufen Zapfen direkt in Lagerschalen oder im Lagerkörper. Durch die hier wirkende Gleitreibung sind die Reibungsverluste höher als bei der Rollreibung. Gleitlager sind relativ unempfindlich gegen mechanische Belastungen, erfordern jedoch eine laufende, sorgfältige Schmierung,

um ein Trockenlaufen durch Trockenreibung zu vermeiden. Bei Wälzlagern wirkt die Rollreibung. Die Lager bestehen aus Rollbahnkörpern (Innen und Außenring), Wälzkörpern und einem Abstandshalter (Käfig).
Der Wälzvorgang läuft nur im Lager selbst ab. Sie laufen sehr leicht an und eignen sich für einen ruhigen Lauf bei hoher Umdrehungsleistung.
Wälzkörper sind Rollen, Kugeln, Tonnen, Nadeln und andere Rollkörper.

Lagerbeständigkeit
Zeit zwischen der Herstellung (z. B. einer Druckfarbe, eines Klebstoffes) und dem Zeitpunkt, bis das Material unter Einhaltung bestimmter Lagerbedingungen (Verpackung, Klima) für die Produktion geeignet ist.

Lagerhaltung
Unternehmen: Alle mit einer wirtschaftlichen Vorratshaltung verbundenen Maßnahmen, z. B. Planungs-, Dispositions- und Verwaltungstätigkeiten.

Lambda
Physikalische Bez. für Wellenlänge.
Zeichen: λ.

laminare Strömung
Ohne Wirbelbildung aneinander vorbeigleitende Luft-(Gas-) oder Flüssigkeitsschichten.
Beispiel: Laminare Luftströme in einer Heißlufttrocknungsanlage im Rollen-Offsetdruck, die die durchlaufende Papierbahn tragen.

Laminat
Allgemein: Ein aus mehreren Lagen bestehender duroplastischer Kunststoff. Dabei werden mindestens zwei Schichten miteinander verklebt oder verpresst. Früher wurde die Bezeichnung Schichtpressstoff für diese Produkte verwendet. Bekannt sind Laminate für Fußbodenbeläge.
Druckindustrie: Übertragen einer selbstklebenden Folie. > laminieren

Laminator
Gerät oder Maschine für das > Laminieren.

laminieren
Druckweiterverarbeitung:
Ein Produkt oder Material (z. B. Layouts, Vorlagen, Schutzumschläge, Druckbogen, Einbandstoffe, Poster, Display) zum Schutz und/oder Veredelung der Oberfläche mit einer transparenten Kunststofffolie überziehen.
Laminiert werden kann u. a. mit einer matten Polyesterfolie, mit einer Strukturfolie oder einer UV-Schutzfolie. Eingesetzt werden zwei Verfahren:
- Kaltlaminierung: Das Übertragen von selbstklebenden, druckempfindlichen Laminaten (Folien)
- Heißlaminierung: Das Übertragen von hitzeaktivierbaren Laminaten (der Klebstoff wird durch Hitze aktiviert).
  > kaschieren

LAN
Abkürzung für Local Area Network.
Räumlich begrenztes Netzwerksystem, eingesetzt z. B. in einem Unternehmen oder einer Behörde. Eine Gruppe von Computern, die verbunden sind, um Ressourcen gemeinsam zu nutzen und Daten auszutauschen. Die Computer in einem Local Area Network (LAN) befinden sich normalerweise alle in einem relativ kleinen „lokalen" Bereich wie einem Gebäude oder dem Teil eines Gebäudes.

Landkartenpapier
Stabiles, reißfestes Papier mit sehr hoher Bruch- und Falzfestigkeit und guter Dimensionsstabilität.

Langsiebpapiermaschine
Papiermaschine, in der die Siebpartie aus einer endlos umlaufenden flachen Siebbahn aus Bronze oder Kunststoff besteht,

die von einer Reihe von Walzen getragen wird. Die Langsiebpapiermaschine ist die zurzeit meisteingesetzte Konstruktion zur Papierherstellung. Arbeitsbreite bis 10 m, Produktionsgeschwindigkeit bis 30 m/s.
Produktion:
Beim Stoffauflauf auf das Langsieb hat der Ganzstoff eine Stoffdichte von 2 bis 3 %. Der Faserstoff verfilzt leicht durch nach unten abfließendes und abgesaugtes Wasser. Eine seitliche Schüttelbewegung des Siebs fördert das Verfilzen und verhindert ein einheitliches Ausrichten der Faserstoffe in die Fließrichtung. Trotzdem entsteht eine vorwiegende Ausrichtung der Fasern in Siebumlaufrichtung. Man nennt diese Richtung bei dem fertigen Papier Maschinenrichtung oder Laufrichtung. Am Ende der Siebpartie ist der Stoff so weit entwässert, dass der nasse, noch sehr empfindliche Papiervlies vom Sieb in die Nasspressen übergeführt werden kann. Die hier erreichte Stoffdichte von 20 % wird durch mechanisches Pressen zwischen Walzen und umlaufenden Filztüchern auf ca. 40 % erhöht. In der folgenden Trockenpartie wird die Papierbahn über umlaufende Filztücher geführt, weitere Feuchtigkeit wird durch Verdampfen entzogen. Am Ende der Trockenpartie hat die Papierbahn eine Stoffdichte von ca. 95 %, sie wird in einem Walzenwerk geglättet und auf eine Trommel, den Tambour, aufgerollt. Das Produkt ist maschinenglatt. Da es ein ungestrichenes Papier ist, nennt man es allgemein Naturpapier.Nachteilig ist die entstehende Zweiseitigkeit des Papiers. Auf der Siebseite werden bei der Entwässerung mehr Füllstoffe als auf der Gegenseite (= Filzseite) entzogen. Dadurch ist diese Seite ein wenig rauer. Neue Papiermaschinenkonstruktionen arbeiten mit einem > Doppelsiebformer (auch Duoformer genannt), der diesen Nachteil vermeidet und zwei gleichartige Seiten erzeugt. > Laufrichtung, > Leimpresse, > Rundsiebpapiermaschine

Langsiebpapiermaschine: Erfindung
Louis Robert erfindet 1799 die erste Langsiebpapiermaschine, die das bisherige manuelle Schöpfen des Papiers mechanisiert.

Laptop
Mobile Personalcomputer mit einem sehr geringen Stromverbrauch. Diese Geräte arbeiten mit einem nur wenige Zentimeter breiten Flüssigkristall-Bildschirm (> LCD, Liquid-Cristal-Display). Die verarbeiteten und auf einer Festplatte gespeicherten Daten sind durch eine Schnittstelle auf jeden Personalcomputer zu übertragen.

Large-Format-Printing
Engl. Begriff; Abk.: LFP.
Bezeichnung für > Großformatdruck, auch XXL-Druck genannt.

Large-Scale-Integration
> LSI

Lärm
Lärm ist ein störendes oder sogar schädigendes Schallereignis und eine besondere Art der Umweltverschmutzung.
Lärm ist ein subjektiver und kein physikalischer Begriff. > Lärmemission, > Schall

Lärmemission
Druckereien: Alle Druckmaschinen und Druckweiterverarbeitungsmaschinen erzeugen Lärm. Der Lärm in der Umgebung kann für den Menschen störend, belästigend oder sogar gesundheitsschädigend sein. Die Lärmempfindung hängt von der Einstellung des jeweils betroffenen Menschen ab. Das Maß für den Schall ist der Schallpegel. Er wird angegeben und gemessen in Dezibel (dB). Um dieses Maß dem von der Tonhöhe abhängigen Hörempfinden des Menschen anzupassen, wird in dem Messgerät eine bestimmte Korrektur durch ein Frequenzfilter „A" vorgenommen. Die Messgröße ist daher das dB (A). Ab 85 dB (A) muss ein Gehörschutz zur Verfügung gestellt werden, ab

90 dB (A) besteht für den Arbeitnehmer die Pflicht, diesen Gehörschutz zu tragen. Vorschriften hierzu u. a.: Arbeitsstättenverordnung, Unfallverhütungsvorschrift „Lärm“, Technische Anleitung zum Schutz gegen Lärm (TA Lärm).

Laser
Englische Abkürzung: Light Amplification by Stimulated Emission of Radiation, d. h. Lichtverstärkung durch angeregte (stimulierte) Emission von Strahlung.
Physikalisch-mechanischer Prozess, der einen extrem scharf gebündelten Lichtstrahl von sehr hoher Intensität mit spezifischer, gleichbleibender Frequenz (monochromatisch, farbrein) bei geringster Streuung erzeugt.
Die Emission (Aussendung) der Lichtquanten wird bei diesem Vorgang von außen beeinflusst.
Diese Lichterzeugung und Lichtverstärkung ist durch Zuführung von Energie (z. B. Lichteinwirkung, Elektronenstoß) zu beeinflussen.
Mit den so erzeugten monochromatischen, scharf gebündelten Lichtpunkten sind exakte Informationen zu übertragen.
Licht gleicher Wellenlänge und Schwingungsart wird kohärentes Licht genannt.
In der Druckindustrie werden verschiedene Lasersysteme u. a. in Belichtern (Rekordern), Laserdruckern und in der digitalen Druckformherstellung (Computer-to-Plate) eingesetzt.
In der grafischen Industrie eingesetzte Laser bzw. Laserköpfe:

- Laserdiode, 410 nm, violett
- Argon-Ionen-Laser, 488 nm, blau
- ND-YAG-Laser (Neodym-Yttrium-Aluminium-Granat), frequenzverdoppelt, 532 nm, grün
- Helium-Neon-Laser, 543 nm, grün
- Laserdioden, 670 nm, rot
- Infrarot-Laserdioden, 830 nm
- Infrarot-YAG-Laserdioden, nicht frequenzverdoppelt, 1064 bis 1080 nm.

Für die Belichtung von Druckplatten auf Silber- bzw. Fotopolymerbasis werden in Computer-to-Plate-Anlagen meist der grüne frequenzverdoppelte ND-YAG-Laser mit 532 nm, der Argon-Ionen-Laser mit 488 nm und die Laserdiode mit 630 nm eingesetzt.
Thermoplatten werden überwiegend mit Infrarot-YAG-Laserdioden und Infrarot-Dioden (auch als Diodenkamm oder Matrix) mit 830 nm bebildert.

Laserbelichter
Ausgabesystem für digitale Daten (Text, Bild, Grafik) durch einen Laser auf ein auf die Emission des Lasers abgestimmtes sensibles Material, z. B. Fotomaterial, Druckformen.
Ist eine digital gespeicherte Seite für die Ausgabe fertig umbrochen, ermittelt ein Raster-Image-Prozessor (RIP) die Bildwerte der schwarzen und weißen Belichtungsteilstücke (Pixel) einer einzigen waagerechten Bildlinie. Die ermittelten Werte steuern den Laserstrahl.
Somit werden komplette Seiten mit allen Elementen (Text, Bild, Grafik) jeweils durch horizontale Bildlinien (vereinzelt auch vertikale Bildlinien) in der vollen Breite der Arbeitsfläche von oben nach unten aufgezeichnet. Dabei sind bei den meisten Laserbelichtern verschiedene Auflösungsstufen einzustellen, z. B. 250, 500 oder 1 000 Linien/cm.
Ein Laserbelichter arbeitet z. B. mit Wiedergabefeinheit (Auflösung) von 1 000 Pixel/cm bzw. 3 600 Pixel/cm.
Bei einer Auflösung oder Adressierung mit 1 000 Pixel/cm wird ein Quadratzentimeter aus 1 000 000 Pixeln und die Seite DIN A4 aus ca. 630 Millionen Pixeln aufgebaut.
Der Pixeldurchmesser beträgt bei dieser Auflösung (Adressierung) nur 1 : 1 000 = 0,001 mm = 10 µm.
Maßangaben in Belichtern:
Pixel/cm, dots per inch (dpi)
Die Auflösung von 1 000 Pixel/cm gewährleistet nicht nur die Wiedergabe aller Graustufen der Bildvorlage, sondern optimiert auch die Rasterpunktform.

> Rasterlinien, > Rasterzellen, > Laserstrahl bei Belichtern
Bei der Laserbelichtung ist ein Belichterpixel (Laserspot, Durchmesser des Belichtungspunktes auf dem Aufzeichnungsmaterial, z. B. Film) größer als ein Rasterelement. Dies führt zu einer geringen Tonwertzunahme, die durch Kalibrierung (= exaktes Einstellen) korrigiert werden muss. > Pixel

Laserbeschriftungen
Durch einen exakt fokussierten, energiereichen Laserstrahl wird ein transparenter Kunststoff an der Oberfläche oder im Inneren so stark erhitzt, dass sich eine Farbveränderung ergibt oder das Material verdampft. Dadurch sind die aufgebrachten Beschriftungen sichtbar. Verwendet wird das Verfahren beispielsweise für Messwerkzeuge, Skalen und andere permanente Beschriftungen auf Kunststoff.

Laserdiode
Laserdioden sind Halbleiterlaser, die beispielsweise in Computer-to-Plate-Anlagen eingesetzt werden.
Im Unterschied zu den üblichen Gas- und Festkörperlasern ist bei der Belichtung bzw. Bebilderung kein Modulator zur Ablenkung des Laserstrahls erforderlich, da Laserdioden selbst zu modulieren sind.
Laserdioden sind kostengünstiger als Gas- und Festkörperlaser, sie haben zudem eine höhere Lebensdauer. > Laser

Laserdot
Belichterpixel in einem > Laserbelichter.

Laserdrucker
Anschlagfrei arbeitender Drucker für mittlere bis hohe Druckqualität (300 bis 1200 dpi). Das gesamte auszugebende Druckbild einer Seite wird im Speicher des Laserdruckers zuerst vollständig aufbereitet und über einen Laserstrahl bzw. eine LED-Laserzeile in einzelnen Punkten auf eine magnetisierte Bildtrommel übertragen. Die an allen belichteten Stellen entstandene elektrische Ladung nimmt gegenpolig geladenen Toner (Farbpartikel) auf, der auf das durchlaufende Papier übertragen wird. Durch kurzzeitig wirkende Hitze (bis zu 200 °C) wird der Toner auf dem Papier fixiert und damit fest verankert.

Laserdruckpapier
Papiere werden stark durch das umgebende Klima sowie durch die Hitzeeinwirkung beim Fixieren im Druck beeinträchtigt.
Laserdruckpapiere sind hochwertige Papiere, die trockner gefertigt sind (30 % ± 5 % relative Feuchte) als Offsetdruckpapiere. Die Papiere benötigen möglichst eine Klimaschutzverpackung, um negative Klimaeinflüsse zu vermeiden.
Ebenso ist eine Klimatisierung im Lager und in der Produktion erforderlich, um Verarbeitungsschwierigkeiten zu vermeiden.

Lasergravur
Neue Technologie in der Druckformherstellung für den Rakeltiefdruck, bei dem die Druckformzylinder nicht elektronisch-mechanisch, sondern mit einem Lasersystem graviert werden.
Dabei können unterschiedliche Näpfchenformen sogar in Kombinationen gewählt werden: tiefenvariabel, tiefen- und flächenvariabel sowie flächenvariabel. Im Gegensatz zu einem Stichel, der bei der Gravur leicht abnutzt, arbeitet die Lasergravur verschleißfrei.

Laser-Imagesetter
Bezeichnung für > Laserbelichter bei verschiedenen Herstellern.

Laserspot
Technisch übertragenes Belichtungselement: Laserpixel, Belichtungspixel.
> Rasterelement

Laserstrahl bei Ausgabesystemen
Belichtungssystem mit Laserstrahlen.

Je nach Belichter hat der Laserstrahl (auch Laserspot genannt) einen Durchmesser von 0,006 mm bis 0,03 mm.
Bei einer Änderung der Laserstrahlintensität ändert sich auch die Größe der belichteten Pixel. Hohe Intensität ergibt einen großen Pixeldurchmesser, geringe Intensität ergibt einen kleineren Pixeldurchmesser (Softspot-Methode). Bei der Hardspot-Methode wird die Laserspotgröße mit Blenden auf den geforderten Durchmesser reguliert. Bei der Laserbelichtung ist ein Belichterpixel (Laserspot, Durchmesser des Belichtungspunktes auf dem Aufzeichnungsmaterial, z. B. Film) größer als ein Rasterelement.
Dies führt zu einer Tonwertzunahme, die durch Kalibrierung korrigiert werden muss. > Laser

lasierend
Durchscheinend.

lasierende Druckfarbe
Transparente Druckfarbe, die den Untergrund durchscheinen lässt. Eine wichtige Voraussetzung für einen Vierfarbdruck sind sehr hohe Lasureigenschaften der Druckfarben.

latent
Vorhanden, aber nicht sichtbar.

latentes Bild
Auf einem lichtempfindlichen Material belichtete Bildinformationen, die noch nicht entwickelt und daher nicht sichtbar sind.

Latex-Tinten
> Digitaldruck: Farbmittel

Lauflängenkodierung
Engl.: Run Length Encoding, Abk.: RLE.
Verfahren zu einer verlustfreien Kompression von Daten, dabei werden fortlaufend Bereiche gleicher Art zusammengefasst.
Das Verfahren bringt hohe Kompressionen bei Bildern mit einfarbigen, flächigen bzw. gleichartigen Bereichen. > Kompression, verlustbehaftet, > Kompression, verlustfrei

Laufrichtung
Bedruckstoffe: Die Laufrichtung, auch Maschinenrichtung genannt, ist die Fließrichtung, in der das Papier durch die Papiermaschine läuft.
Faserstoffe aus dem dünnflüssigen Ganzstoff liegen durch die Bewegung des Langsiebes überwiegend parallel zur Laufrichtung. Dies ist auch durch leichtes seitliches Schütteln des Siebs nicht zu verhindern. Bei fertigem Papier wird die Richtung rechtwinklig zur Laufrichtung Dehnrichtung genannt.
Faserstoffe sind hygroskopisch, d. h. sie nehmen Feuchtigkeit auf und quellen vor allem in der Faserbreite, kaum in der Faserlänge.
Kommen Papiere im Druck- und sonstigen Verarbeitungsprozess mit Feuchtigkeit in Kontakt, so dehnt sich das Papier stärker in der Dehnrichtung (Faserbreite) als in der Laufrichtung.
Für die Auswahl und die folgende Verarbeitung von Papier und Karton ist die Laufrichtung zu beachten, da der Bedruckstoff in dieser Richtung meist eine größere Festigkeit bzw. Steifigkeit sowie bessere Dimensionsstabilität (d. h. geringeren Papierverzug) aufweist.
Beispiel: Beim Werkdruck ist die Laufrichtung des Papiers so zu wählen, dass der letzte Falz parallel zum Buchrücken liegt.
Der Bogen lässt sich problemloser falzen, es gibt keine Wellenbildung im Rücken nach dem Leimen und einzelne Blätter lassen sich leichter aufschlagen bzw. umlegen.
Rollenpapier hat produktionstechnisch bedingt die Laufrichtung immer parallel zur Abrollrichtung.
Bei Bogenpapieren unterscheidet man nach dem Herausschneiden der Bogen aus der Papierrolle Papier mit der Bezeichnung Breitbahn oder Schmalbahn.

– Breitbahn:
Die kurze Seite des Bogens läuft parallel zur Laufrichtung; die breitere Seite wurde aus der laufenden Papierrolle geschnitten. Kennzeichnungsbeispiele: 61 cm x 86 cm BB (Breitbahn) oder 61 M x 86.
(Die Maßeinheit cm entfällt dabei, M = Maschinenrichtung.)
– Schmalbahn:
Die lange Seite läuft parallel zur Laufrichtung; die schmalere Seite wurde aus der laufenden Papierbahn geschnitten. Kennzeichnungsbeispiele: 61 cm x 86 cm SB (= Schmalbahn) oder 61 x 86 M.

Laufweite
Länge eines Alphabetes (auch: ein Wort, ein Satz u. a.) bei einer bestimmten Schrift in einer bestimmten Schriftgröße. Die normale Laufweite ist durch den Schriftkünstler zu einer optimalen Schriftästhetik festgelegt: Breite der Zeichen sowie dazu die Abstände vor (Vorbreite) und nach (Nachbreite) den einzelnen Buchstaben. Im Bleisatz waren die Dickten der Buchstaben durch den metallischen Kegel festgelegt. Die Laufweite konnte nur durch Sperren erweitert werden.
Elektronisch lässt sich der Abstand zwischen den Buchstaben vergrößern (Fachausdruck: sperren) oder verringern (Fachausdruck: unterschneiden). Ein zu starkes Sperren oder Unterschneiden beeinträchtigt die Lesbarkeit der Schrift.
Beispiele:
Die Laufweite einer Schrift ist ein entscheidendes Merkmal für die Lesbarkeit.
Die Laufweite einer Schrift ist ein entscheidendes Merkmal für die Lesbarkeit.
Die Laufweite einer Schrift ist ein entscheidendes Merkmal für die Lesbarkeit.
Die Laufweite einer Schrift ist ein entscheidendes Merkmal für die Lesbarkeit.
Die Laufweite einer Schrift ist ein entscheidendes Merkmal für die Lesbarkeit.
Die Laufweite einer Schrift ist ein entscheidendes Merkmal für die Lesbarkeit.

Lauge
Wässrige Lösungen von Basen mit einem > pH-Wert größer als 7. Bei der Papierherstellung werden Laugen u. a. zum chemischen Aufschluss des Holzes eingesetzt. Im Druck verwendet man Laugen u. a. als Wasch- und Reinigungsmittel.

Layer
Engl.: Schicht, Ebene. Bei Grafik-, CAD- und anderen Programmen bestimmte Zeichen- bzw. Arbeitsebenen, die in Schichten übereinander liegen. Die Arbeit in verschiedenen Ebenen erleichtert insbesondere bei komplexen Darstellungen das Anlegen und Bearbeiten von Zeichnungselementen. Die Darstellung des Gesamtbildes ist mit dem Übereinanderliegen einzelner Folien zu vergleichen, die ein- und ausgeblendet und separat bearbeitet werden können.

Layout
Verbindlicher typografischer bzw. grafischer Entwurf für die Gestaltung und Produktion eines Druckproduktes.
Das Layout, gestaltet z. B. von einem Mediengestalter oder Grafik-Designer, ist das Endprodukt aller Ideen in Form von Scribbles, Skizzen und (Roh-)Entwürfen. Der Kunde erhält mit dem Layout ein „Muster“ zur Begutachtung und Genehmigung.
Den technischen Arbeitsbereichen wie Vorlagenherstellung, Reproduktion, Satz und Text-/Bildintegration dient das Layout als verbindliche Arbeitsunterlage.
Dem Layout sind alle exakten Positionen und Maße sämtlicher Bildinformationen (Texte, Bilder, Grafiken; einfarbig oder farbig) zu entnehmen.

Layoutprogramm
Digitale Druckvorstufe: Programm, mit dem alle Elemente einer Seite zu einer Druckseite zusammengestellt werden können.

L

Digitale Elemente sind z. B.: typografisch aufbereiteter Text (Satz), erfasste und bearbeitete Bilder und Grafiken, grafische Elemente (Linien, Rasterflächen, Volltonflächen u. a.).

LCD-Anzeige
Abk. für Liquid-Crystal-Display, d. h. Flüssigkristallanzeige.
Das Verfahren wird zur Anzeige von Daten in Taschenrechnern, Messgeräten, bei Uhren u. a. sowie der Anzeige in Flachbildschirmen eingesetzt. Ein Wert oder eine Information ist durch digitale Anzeige direkt abzulesen.
Flüssigkristalle befinden sich in bestimmter Anordnung zwischen zwei Glasplatten. Sie sind unsichtbar, solange sie in einer bestimmten Ausrichtung verharren. Durch ein elektrisches Feld verändert sich ihre Lage und die Zeichen werden lesbar.
> LED-Diode

LCD-Flachbildschirm
Flachbildschirme liefern ein völlig flimmerfreies und scharfes Bild. Daher ist für das menschliche Auge die Arbeit mit einem Flachbildschirm weniger ermüdend.
Vorteilhaft ist auch die geringere Tiefe des Bildschirms, sodass er auch auf einer kleineren Fläche mit dem notwendigen Sehabstand von ca. 50 cm aufgestellt werden kann.
Weitere Vorteile: Hoher Kontrast, geringes Gewicht, geringerer Strombedarf im Vergleich zu CRT-Monitoren.

LCH
Engl. Abk.: Lightness – Chroma – Hue.
Farbe im Prozess: Von Linotype-Hell entwickelte Bedieneroberfläche in Bildverarbeitungsprogrammen.
Sie leitet aus dem CIE-LAB-Farbraum die Einstellwerte für die Helligkeit (L = Helligkeit, Luminanz), Buntheit (C = Chroma, auch: Sättigung) und den Farbton (H = Hue) ab. Die Bedieneroberfläche LCH orientiert sich am Farbeneindruck des Anwenders, der unterschiedliche Farben nicht nach ihren Rot-, Grün- oder Blauanteilen (CIE-LAB) oder den entsprechenden CMYK-Werten erkennt, sondern nach Helligkeit, Buntheit und Farbton unterscheidet.
Möglichkeiten der Bildkorrekturen auf der Basis CIE-L*a*b* sind
- Luminanz (L) = Helligkeitskorrektur ohne Einfluss auf Sättigung und Farbton
- Chroma (C) = Korrektur der Farbsättigung ohne Einfluss auf Helligkeit und Farbton
- Hue (H) = Farbtonkorrektur ohne Einfluss auf Helligkeit und Sättigung. Dabei entsteht kein Verlust in der Zeichnung beim Umfärben d. h. Ändern der Farben.

L/cm
Linien pro Zentimeter.
Angabe für die Rasterweite bzw. Rasterfrequenz bei autotypisch gerasterten Halbton- bzw. Graustufenbildvorlagen oder die Auflösungsstufen bei Ausgabesystemen (z. B. Belichter).

Leading
Engl.: Zeilenabstand.

Leasing
Wirtschaft: Ein Leasinggeber (z. B. Hersteller) ist und bleibt der rechtliche Eigentümer eines Leasingobjekts (z. B. Fahrzeug, Druckmaschine).
Der Leasingnehmer kann diesen Vermögensgegenstand für eine vereinbarte Zeit gegen Zahlung von Leasingraten nutzen.
Der Leasinggeber ist verpflichtet, das Leasingobjekt nach Ablauf der Vertragslaufzeit zurück zu nehmen.
Ein Leasingvertrag enthält in der Regel Vereinbarungen zu
- Höhe der Zahlung bei Überlassung
- Vertragslaufzeit
- Höhe der monatlichen Leasingraten

lebender Kolumnentitel
Ein > Kolumnentitel, der neben der Kolumnenziffer (Seitenzahl) weitere Informationen enthält, z. B. einen Hinweis auf das jeweilige Kapitel auf dieser Seite.

Lebensmittelverpackungen
Lebensmittelverpackungen sollen das Produkt vor schädigenden äußeren Einflüssen wie Verunreinigungen und Mikroorganismen, vor der Aufnahme von Sauerstoff und Feuchtigkeit und/oder vor Lichteinwirkungen schützen.
Die Verpackung ist aber allgemein nicht nur ein Schutz, sondern gleichzeitig auch ein Werbeträger zur Absatzförderung.
Außerdem enthält jede Lebensmittelverpackung allgemein gesetzlich vorgeschriebene Pflichtangaben wie Nährwert, Herkunft, Zutaten und Haltbarkeit.
Für Lebensmittelverpackungen geltende Normen und gesetzliche Bestimmungen gelten für die Druckereien. Unter normalen Verhältnissen dürfen Lebensmittelverpackungen keine Bestandteile abgeben, die die menschliche Gesundheit gefährden.
Als Material für Verpackungen (Packstoffe) werden verschiedene Papier- und Kartonsorten, Kunststoffe, Metalle und Glas eingesetzt. Mit Ausnahme von Glas können alle Verpackungsmaterialien Substanzen an die verpackten Lebensmittel abgeben. Dies ist jedoch von verschiedenen Faktoren wie „wandernde“ Substanzen (z. B. Fette, Säuren), der Lagerdauer und der Lagertemperatur abhängig.
Ein weiteres Problem ergibt sich durch verwendete Mineralöle. Diese können aus Papier, Karton und Pappe auf Recyclingbasis oder auch das Bedrucken der Verpackung mit mineralölhaltigen Druckfarben auf das Lebensmittel übergehen.
Für Verpackungen werden heute mineralölfreie und migrationsoptimierte Druckfarbensysteme eingesetzt.
Nicht jede Kunststofffolie ist für das Verpacken von Lebensmitteln geeignet.
Neben der allgemeinen Lebensmittelverträglichkeit sind insbesondere bestimmte > Barriereeigenschaften für die Verwendung entscheidend.
Beispiele für mögliche Probleme
– Papier, Karton:
Druckfarben mit einem Anteil von Mineralölen, Mineralölrückstände im Bedruckstoff (Recyclingstoff), Migration, klimatische Einflüsse
– Kunststoffe:
Wechselwirkungen mit flüssigen und gasförmigen Stoffen, thermische Einflüsse, Druckfarben, Weichmacher, Weiternutzung gebrauchter Kunststoffe (Recycling)
> Barriereeigenschaften von Kunststoffen, > Convenience-Food, > Migration, > Verbundfolien, > Verpackungen

Leckwalze
Walze, die Druckfarbe vom Duktor (Farbkastenwalze) an das Farbwerk überträgt, ohne direkten Kontakt mit diesem.
Einsatz in heberlosen Farbwerken.

LED
Abk. für Light-Emitting Diode; Leuchtdioden, Licht-emittierende Diode.
Die Diode, ein Halbleiter-Bauelement, leuchtet bei angelegter Spannung auf. Es können mit einer LED beliebige Informationen (aus Licht gebildet) erzeugt werden, je nachdem, welche Diode mit Energie versorgt wird.

Leder
Lange vor dem Papier war Leder als Beschreibstoff bekannt. Im alten Ägypten wurden bereits über 200 Jahre v. Chr. Texte auf Leder geschrieben. Israeliten schreiben bis heute das mosaische Gesetz (Thora-Rollen) auf Leder.
In der Buchbinderei zählt das Leder seit Hunderten von Jahren zu den wertvollsten Einbandstoffen. Heute wird Leder nur noch für hochwertigste Bucheinbände oder zur Restaurierung in der handwerklichen Buchbinderei eingesetzt.

Leder ist eine durch chemische Behandlung mit Gerbstoffen konservierte Tierhaut. Sie ist dadurch vor Fäulnis geschützt und gut zu verarbeiten. Die verwendeten Tierhäute für Buchbinderleder stammen von Kälbern, Rindern, Ziegen, Schafen und Schweinen. Jede Sorte hat ihre bestimmten charakteristischen Eigenschaften. Die Ledersorten können ihren Namen nach der Tierart (Kalb, Rind, Ziege...), dem Herkunftsland (Nigeria, Marokko...) der Art der Gerbung (Lohengerbung, Brühengerbung, Sämischgerbung, Chromgerbung...), der Narbung oder Zurichtung (Voll-Leder, Spaltleder) erhalten. Sehr häufig wird Ziegenleder verarbeitet.Beispiele zu Herkunftsländern: Oasenziegenleder aus Zentralafrika und Nigeria; Kapziegenleder aus Südafrika; Saffianleder mit feinen Narben von europäischen Ziegen (früher Marokko); Kalb-, Rind- und Schafleder überwiegend aus Deutschland, Schafleder auch aus Argentinien und Australien. > Kunstleder

L

LED-UV-Trocknung

Die im Licht enthaltene Energie wird in unterschiedlichsten Bereichen eingesetzt. In der Druck-industrie werden strahlungshärtende Anlagen mit hochintensivem UV-Licht, um beispielsweise Druckfarben, Lacke und Klebstoffe zu härten (chemische Vernetzung).

Der Einsatz von > UV-Systemen in der Druckerei erfordert neben technischer Ausstattung und geeigneten, hochreaktiven Druckfarben oder Lacken auch eine Schulung des Personals.

Im Vergleich zu UV-Lampen benötigen LED-basierte UV-Lampen keine Anlaufzeit, sie sind sofort betriebsbereit. Eine geringere Wärmeentwicklung ist besonders vorteilhaft beim Druck auf temperaturempfindlichen Materialien.

Weitere Vorteile sind u.a.: kein Quecksilber in der Anlage, keine Emission von Ozon, lange Lebensdauer, hohe Effizienz, kompakte Bauweise. Hinweis: Quecksilberdampflampen für klassische UV-Anlagen sollen verboten werden.

Legende

Erläuternde Texte bei Landkarten, Diagrammen und sonstigen grafischen Abbildungen, die die in der Darstellung verwendeten grafischen Elemente, Farben, Abkürzungen u. Ä. erklären.

Leiche

Fachwort für ein versehentlich beim Setzen eines Textes ausgelassenes Wort, ggf. auch Wörter, Satzzeichen, Zeilen oder Sätze.

Leim, Leimstoffe

Allgemeine, ungenaue Bezeichnung für Klebstoffe, z. B. Stärkeleime, pflanzliche oder tierische Leime, modifizierte, synthetische Harzleime.

Papierleimung: Papiere bestehen aus hygroskopischen Faserstoffen, die durch Feuchtigkeitsaufnahme quellen. Harzleimkombinationen werden dem Ganzstoff, der sehr dünnflüssigen Papiermasse, zugefügt, um bestimmte Eigenschaften des Papiers zu erreichen bzw. zu verbessern.

Leime

- steuern die Feuchtigkeitsaufnahme,
- vermindern die Saugfähigkeit,
- machen Papiere tinten- und tuschefest,
- verbessern die Fasergefügefestigkeit,
- binden Pigmente (weiße Füllstoffe bzw. farbige Pigmente).

Bei der Papierherstellung ist eine zusätzliche Oberflächenleimung in der > Leimpresse der Papiermaschine mit Stärke-, Tier- oder Pflanzenleim möglich. Damit wird die Saugfähigkeit nochmals reduziert und die Festigkeit an der Oberfläche verstärkt. Auf Zeichenpapiere ist dadurch beispielsweise randscharf mit Tusche zu zeichnen; es ist zu radieren oder zu schaben, ohne dass die Oberfläche des Papiers stark sichtbare Schäden erhält.

> Leimung von Papieren

leimen

1. Papierherstellung: Zugabe von Leim bei der Ganzstoff-Aufbereitung. > Leimung von Papier
2. Druckweiterverarbeitung: Festigen und Versteifen des gehefteten Buchrückens durch das Auftragen von Leim.

Leimpresse

Das Papier kann in der Trockenpartie einer > Papiermaschine ein integriertes Walzensystem durchlaufen. Dieses Walzenpaar kann verschiedene Stärkefilme mit speziell ausgewählten Zusätzen (Chemikalien) auftragen, um bestimmte Eigenschaften einer Papiersorte zu optimieren:

- Oberflächenfestigkeit durch Oberflächenleimung
- Inkjet-Eignung
- Tonerfixierung
- Leitfähigkeit
- Farbwiedergabe

Verwendet werden Leime auf Basis von Mais-, Weizen- oder Kartoffelstärke bzw. Kombinationen daraus sowie produktbezogen entsprechende chemische Zusätze.

Leimschablone

Drucktechnik: Einfache Schablone für Durchdruckverfahren, z. B. Siebdruck, zum Abdecken von Nichtbildstellen direkt auf dem Sieb.

Leimungsgrad

Maß für die Widerstandsfähigkeit von Papier gegen Feuchtigkeit. Eine einfache Prüfung ist mit der Tintenstrichprobe möglich. Dabei wird das Auslaufen gerader Linien und bei sich kreuzenden Strichen die Stärke des Durchschlagens der Tinte auf der Rückseite des Papiers bewertet.

Leimung von Papieren

Zugabe von > Leimstoffen in die Fasermasse zur Herstellung von Papier.
Der Leimungsgrad ist ein Maß für die Abnahme der Saugfähigkeit des Papiers gegenüber wässrigen Flüssigkeiten, er ist mit der Federstrichprobe (nach DIN 53126) zu testen.
Dazu ist eine Ziehfeder, Strichbreite 0,8 mm, und geeignete Prüftinte zu verwenden. Man zeichnet auf der Probe mehrere waagerechte und senkrechte Linien übereinander und bewertet visuell das Ergebnis. (Der Papierhersteller setzt dazu hochwertige Prüfgeräte ein.)
Je nach Leimungsgrad unterscheidet man:

1. Ungeleimte Papiere: Prüftinte wird aufgesaugt, schlägt stark durch und läuft sehr stark aus.
2. Viertelgeleimte Papiere: Prüftinte wird aufgesaugt, schlägt durch und läuft stark aus.
3. Halbgeleimte Papiere: Prüftinte schlägt nur sehr schwach durch und läuft geringer aus.
4. Dreiviertelgeleimte Papiere: Prüftinte schlägt nur an Kreuzungsstellen durch und läuft kaum sichtbar aus.
5. Vollgeleimte Papiere: Prüftinte läuft nicht aus und bleibt randscharf.

Ungeleimt sind z. B. Lösch-, Filter- und andere saugfähige Papiere.
Schwach geleimt sind Tiefdruck- und Zeitungsdruckpapiere. Dagegen sollen Offsetdruckpapiere dreiviertel- bis vollgeleimt sein, um einem Papierverzug entgegenzuwirken.
Schreib-, Zeichen-, Dokumenten- und bestimmte Offsetdruckpapiere werden vollgeleimt und zusätzlich oberflächengeleimt. > Leimpresse

Leineneinband

Druckweiterverarbeitung: Buchdecke, die ganz (= Ganzband) oder nur im Rücken (= Halbband) mit einem Leinengewebe bezogen ist.

Leinölfirnis

> Bindemittel für Druckfarben, das in reiner Form heute nur noch geringe Bedeutung hat.

Je nach Erhitzungsgrad steigt der Polymerisationsgrad und damit die Zähflüssigkeit (> Viskosität). Besonders stark polymerisiert ist der Blattgoldfirnis, mit dem die Zügigkeit (Klebkraft oder Tack) einer Druckfarbe erhöht werden kann.

Leistung

1. Physik: Die Leistung (*P*) ist der Quotient aus Arbeit (*W*) und der dazu benötigten Zeit (*t*).

$$\text{Leistung} = \frac{\text{Arbeit}}{\text{Zeit}}; \qquad P = \frac{W}{t}$$

   Die abgeleitete SI-Einheit der Leistung ist Watt.
2. Betriebswirtschaft (engl.: output): Menge der von einem Betrieb erzeugten Dienste und Güter.

Leiter

Physik: Stoff mit guter elektrischer Leitfähigkeit. > Halbleiter

Leitfähigkeit

Fähigkeit eines Stoffes, Energie weiterzuleiten. Metalle leiten beispielsweise Wärme und elektrische Energie sehr gut. > Elektrolyse

Leitstand

Die Automatisierung der Druckproduktion erfordert einen zentralen, rechnergestützten Arbeitsplatz zur Steuerung der gesamten Druckmaschine mit Mess-, Steuer- und Regeltechnik. Am Bildschirm lassen sich über Haupt- und Untermenüs Informationen der Auftragsdaten, Maschinenvoreinstellungen, auftragsbezogene Einstellungen vom Anleger bis zur Auslage, Einstellungen von Zusatzaggregaten, Informationen zu Störungen, Wartungsintervallen usw. anzeigen bzw. steuern. Immer mehr solcher Arbeitsplätze sind mit anderen technischen Bereichen oder bereits durch Management-Informations-Systeme mit dem gesamten Unternehmen vernetzt.

Lektor

Lat.: lector = Leser. In einem Verlag ist der Lektor ein sprachwissenschaftlich oder fachwissenschaftlich ausgebildeter Mitarbeiter (Angestellter oder freier Mitarbeiter), der die von Autoren eingereichten Manuskripte auf Verwendbarkeit für das Verlagsprogramm prüft und beurteilt und ggf. in Zusammenarbeit mit dem Autor redigiert (überarbeitet). Der Lektor besitzt eine Mittelposition. Er betreut einerseits den Autor und vertritt dessen Interessen gegenüber dem Verlag, andererseits vertritt er den Verlag bei der gesamten Produktion und übernimmt vielfach das Projektmanagement.

Lektorat

Arbeitsbereich des > Lektors.

Lentikulardruck

Lentikularfolien erzielen spezielle Flip- (Wackel-/Wechseleffekt), Motion- (Bewegungseffekt), Morphing- (Verwandlungseffekt) oder 3D-Effekte. Verwendung finden die Lentikularbilder für extravagante Produkte wie Magazinumschläge, Verpackungen, Audio- und Videohüllen, Mousepads, Postkarten oder Luxusverpackungen. Der dreidimensionale spezielle Effekt entsteht durch eine Lentikularfolie, die aus schmalen, parallel angeordneten Halblinsenstreifen besteht.
Sollen Lentikularfolien bedruckt werden, ist ein hohes Prozess-Know-how erforderlich: Neben der Beherrschung des UV-Druckprozesses sind spezielle Vorstufen- und Materialkenntnisse gefragt. Zudem ist eine hohe Passergenauigkeit auch im Hundertstelbereich erforderlich, da sonst unerwünschte Effekte im Lentikularbild auftauchen.
Das Druckbild wird seitenverkehrt auf die glatte Rückseite einer Linsenfolie gedruckt. Zuerst werden die Prozessfarben im UV-Druck aufgebracht und anschließend mit einem opaken UV-Deckweiß vollflächig bedruckt. Zum Schutz wird

abschließend ein UV-Glanzlack vollflächig aufgetragen.

Leonardo da Vinci
Genialer italienischer Künstler und Naturwissenschaftler (1452–1519): Maler, Bildhauer, Zeichner, Naturforscher und Baumeister.
Leonardo da Vinci konstruierte auch die > Camera obscura.

Leporellofalz
Druckweiterverarbeitung:
Zickzackfalz. Parallelfalz mit mehr als drei Blättern, die in wechselnden Richtungen zickzack-artig gefalzt sind.
> Falz

Lesbarkeit
Ein wesentliches Kriterium in der typografischen Gestaltung ist die Lesbarkeit der Informationen. Zu beachten sind die Zielgruppe und das Produkt.
Beim Lesen werden nicht einzelne Buchstaben erfasst. Damit wäre ein Text kaum rasch zu lesen. Wir prägen uns das Bild (Formen) von Wörtern ein, denen wir rasch einen Begriff zuordnen.Daher ist die Lesbarkeit eines Produktes von besonderer Bedeutung. > Lesen

Lesbarkeit und Typografie
Die Lesbarkeit wird beeinflusst durch Satzspiegel (Zeilenlänge, Spaltenbreite), Schriftart, Schriftschnitt, Schriftgröße, Zeilenanordnung, Zeilenabstand, Wortabstand sowie dem Bedruckstoff.
Schriften müssen zu einer optimalen Informationsübertragung gut lesbar sein. Dies gilt besonders für umfangreiche Texte und die dabei verwendete > Grundschrift.
Die Wahl der geeigneten Schriftart und -größe sowie > der Auszeichnungsschriften richtet sich nach dem Inhalt und Zweck des Druckprojektes, dem Leserkreis und der Textmenge.
Für die typografische Qualität und die Lesbarkeit sind außerdem die Größe und Anordnung von Texten (symmetrisch, asymmetrisch) und Bildern auf einer Buchseite, die Gliederung langer Texte in Absätze, der Wortabstand, die Zeilenlänge und der Zeilenabstand und die Laufweite der Schrift bedeutend. Dazu einige grundlegende Hinweise:
1. Bei Grundschriften sind Schriftgrößen zwischen minimal 8 Punkt und maximal 12 Punkt die Grenzwerte.
2. Ein kräftiger, klarer > Duktus der Schrift ist leichter zu lesen als eine zu magere oder zu fette Schrift.
3. Das Bilden klar erkennbarer Wortgruppen mit großen Anfangsbuchstaben und das Wechseln von Ober- und Unterlängen erleichtern die Lesbarkeit.
4. Bei ausschließlich in Versalien (Großbuchstaben) gesetztem Text lässt die Lesegeschwindigkeit rasch nach, weil Ober- und Unterlängen fehlen.
   Wörter mit Gemeinen (Kleinbuchstaben) sind leichter zu lesen.
5. Ein Zeilenabstand von etwa einem Drittel der Schrifthöhe fördert den Lesefluss, die Textzeilen sind dadurch leichter zu erfassen als bei kompress gesetztem Satz.
6. Der Kontrast zwischen Bedruckstoff und Druckfarbe hat Auswirkungen auf die Lesbarkeit. Beispielsweise ist eine schwarze Schrift auf einem weißen Papier, insbesondere bei hochglänzender Oberfläche, nicht optimal zu lesen.

Lesefehler
In der Computertechnik ein Fehler, der bei der Übertragung von Daten eines externen Speichers in den Arbeitsspeicher auftreten kann.

Lesemaschine
Aus dem Engl. abgeleitete Abk.: OCR-Maschinen, d. h. Maschinen zur optischen Zeichenerkennung.
Früher eingesetzte optisch-elektronisch arbeitende Maschinen, die Zeichen (Druck- und Schreibmaschinenschriften)

erkennen und in kodierter Form digital speichern konnten.
Die Texte (Daten) waren danach am Computer mit einem Textverarbeitungsprogramm zu bearbeiten.
Heute werden vorhandene gedruckte Texte mit einem Flachbettscanner eingescannt und mithilfe einer professionellen Zeichenerkennungssoftware (> OCR-Programm) digital zu einzelnen Zeichen umgesetzt.

Lesen
Das Aufnehmen und Verstehen geschriebener, gedruckter oder elektronisch dargestellter Texte. Ist ein Text verständlich formuliert, gut gegliedert und gut lesbar gestaltet, so ist der Inhalt leichter zu erfassen; er ist lese(r)freundlich.
Lesen ist u. a. Training des Gehirns, hilft die Welt zu verstehen und ist eine wichtige Voraussetzung für eine umfassende Bildung.

Leseranalyse
Wissenschaftliche Untersuchung über die Nutzung von Printmedien, z. B. Zeitungen, Zeitschriften.
Dabei werden die Leser nach soziodemografischen Merkmalen (Alter, Geschlecht, Einkommen, Familienstand u. a.) in Gruppen eingeteilt.
Weitere Kriterien können sein:
Hauptleser, Mitleser, Zufallsleser, Leser mit einem Abonnement, Leser, die nur diese eine Zeitung oder Zeitschrift lesen.

Lesetechniken
Wer viele geschriebene oder gedruckte Texte lesen will oder muss, entwickelt und verbessert bestimmte Techniken, um das Wesentliche eines Textes herauszufinden.
1. Diagonales Lesen: Ein rasches „Überfliegen" des Textes; anzuwenden bei einem bekannten Sach-/Fachgebiet.
2. Eiliges Lesen: Vollständiges, schnelles Lesen, Konzentration auf wichtige Stellen im Text.
3. Verweilendes Lesen: Sehr gründliches Lesen. Die Inhalte oder Gedanken des Autoren sollen nachvollziehbar, ggf. kritisch hinterfragt werden. Es werden Anmerkungen (Marginalien) und Markierungen am Text angebracht.
4. Selektives Lesen: Nur interessant erscheinende Absätze oder Kapitel werden intensiv gelesen, ggf. dabei markiert.

Lesezeichen
1. Unbedruckter oder bedruckter schmaler Kartonstreifen, der als Markierung in Bücher eingelegt werden kann.
2. Beim Surfen im Internet eine persönliche Sammlung von gespeicherten Internet-Adressen, die bei Bedarf angeklickt und damit direkt aufgerufen werden können. Lesezeichen werden in manchen Browsern auch Favoriten genannt.

Lesezone
Postversand: Bereich auf der Anschriftenseite, der zur Angabe der Anschrift und für Hinweise zur Versendeart zur Verfügung stehen muss.

Letter
Buchstabe, Ziffer oder Zeichen einer (Bleisatz-)Schrift.

Lettersetdruck
Indirektes Hochdruckverfahren im Rotationsprinzip. Verfahrenstechnik, die im Verpackungsdruck und speziell im > Becherdruck eingesetzt wird. Druckform ist eine seitenrichtige > Auswaschdruckplatte.

Lettershop
Unternehmen, die personalisierte Werbesendungen herstellen oder verarbeiten. Hierzu gehören auch das Einschweißen von Produkten (Kataloge u. Ä.), das Kuvertieren und das Aufdrucken von Adressen, die der Kunde zur Verfügung stellt. Dabei müssen Datenschutzbedingungen eingehalten werden.

Leuchtdichte
Maß für die Helligkeit eines Selbstleuchters.

Leuchtintensität
Helligkeit einer Lichtquelle bzw. einer Farbe.

Level
Ebene, Niveau, Schwierigkeitsstufe in Computerspielen; auch: Zugriffsrechte.

LFP
Engl. Abk. für Large Format Printing.
> Großformatdruck

Library
Engl.: Bücherei, Bibliothek, Datenbibliothek. In der Computertechnik die Sammlung von gespeicherten Programmen oder Dateien, die über ein Dateiverzeichnis (directory) aufzurufen sind.

Licht
1. Allgemein: Teil der elektromagnetischen Strahlung, die das menschliche Auge wahrnehmen kann. Dieser sichtbare Teil der Strahlung umfasst den Wellenbereich von ca. 380 bis 780 nm.
   > Farbtemperatur.
2. Reproduktion: In Bildvorlagen mit analogen Bildinformationen (Halbton) die hellen Partien. Die hellsten Bildteile werden Spitzlichter genannt.
3. Physik: Licht nehmen wir mit unseren Augen wahr. Es ist ein unterschiedlich zu erklärendes und doch wesensgleiches Phänomen, denn es besteht aus elektromagnetischen Wellen und winzigen Teilchen, den Photonen.
   Licht verhält sich in seinen Wirkungen bei Beugung, Brechung, Interferenz, Polarisation und anderen Erscheinungen einmal wie eine Welle, bei anderen Betrachtungen wie ein „Strahl“ feinster Teilchen.
   Die Wellentheorie ist überwiegend bekannt. Die Quantentheorie beschreibt das Licht als einen feinen „Stoff“, der von einer Lichtquelle ausgesendet wird. Die einzelnen Lichtteilchen (Korpuskeln) sind sogenannte Photonen, d. h. mikroskopisch kleinste Teilchen. Heute ist nur durch beide Theorien das Phänomen Licht in seiner Vielfalt zu erklären.
   Nach der Wellentheorie ist Licht der durch das menschliche Auge sichtbare Teil elektromagnetischer Energiestrahlung in einem Wellenbereich von ca. 380 nm bis 750 nm. Werden alle Wellenlängen in gleicher Intensität vom Auge wahrgenommen, so sehen wir weißes Licht. Sehen wir nur bestimmte Wellenbereiche, erkennen wir Farben. Vereinfacht unterscheidet man drei Wellenbereiche:
   400–500 nm Blaubereich, 500–600 nm Grünbereich, 600–700 nm Rotbereich. Wellenbereiche unter 400 nm (Ultraviolettbereich) bzw. Wellenbereiche über ca. 700 nm (Infrarotbereich) sind für das menschliche Auge nicht sichtbare Strahlungen.

Übersicht: „Spektraler Verlauf“ siehe Anhang.

Lichtart
Bezeichnung für eine Strahlung mit bestimmter relativer spektraler Verteilung, soweit sie die Farbe von Objekten beeinflussen kann.
Mathematisch wird jede Wellenlänge der ausgestrahlten Energie einer Lichtquelle beschrieben.
Lichtquellen nach CIE:
- Lichtart A
  Licht einer Glühlampe gelb-oranger Farbe mit einer entsprechenden Farbtemperatur von 2856 K im Wellenlängenbereich von 380 bis 770 nm.
- Lichtart C
  Wolfram-Lichtquelle, die durchschnittliches Tageslicht simuliert, bläulich in der Farbe, mit einer Lichttemperatur von ca. 6770 K.
- Lichtarten D
  Tageslicht-Lichtquellen. Sie emittieren

L

Wellenlängen von 300 bis 830 nm. Der Anteil im UV-Bereich von 300 bis 380 nm ist notwendig, um fluoreszierende Farbstoffe oder Pigmente zu beschreiben. Diese Lichtarten sind mit einem D (für Daylight = Tageslicht) sowie mit einem Zusatz, der die Farbtemperatur angibt, gekennzeichnet. Die Messung der spektralen Lichtverteilung des Tageslichts ist die Grundlage für diese Lichtarten.
Die Lichtart D65 wird häufig eingesetzt, sie hat eine Farbtemperatur von 6500 K, ähnlich der Lichtart C.
Nach dem ProzessStandard Offsetdruck wird in der Druckindustrie die Lichtart D50 mit 5000 K für das Abmustern verwendet.

L

Lichtbeständigkeit
Widerstandsfähigkeit eines Stoffes, sich bei Lichteinwirkung in seiner Färbung nicht zu verändern. > Lichtechtheit

Lichtbrechung
Auch: Refraktion. Die Lichtbrechung tritt auf bei Eintritt des Lichtes von einem Medium in ein anderes, zum Beispiel Luft-Glas, Luft-Wasser.
Der Lichtstrahl und das Einfallslot bilden bei einem schrägen Lichteinfall in einem optisch dichteren Medium einen kleineren Winkel als in einem optisch dünneren Medium.
Beispiel: Aus der Luft schräg auf eine Glasplatte auftreffendes Licht wird zum Lot hin gebrochen, beim Austritt aus der Glasplatte vom Lot weg.
Bei schrägem Durchgang durch eine planparallele Glasplatte wird der Lichtstrahl parallel verschoben.
Dispersion: Das Licht ist durch unterschiedliche Brechung bestimmter Wellenlängen in Farbanteile zu zerlegen.
Ein dreikantiger Glaskörper, das Prisma, lenkt einen auftreffenden Lichtstrahl mehr oder weniger stark zur Basis ab und zerlegt ihn dabei in ein kontinuierliches Spektrum mit den spektralen Farben Rot, Orange, Grün, Gelb, Blau, Indigo und Violett (sogenannte „Regenbogenfarben“, da sie durch Brechung des Sonnenlichtes an Wassertröpfchen ebenfalls entstehen).
Spektrale Grund- oder Hauptfarben sind: Rot, Grün und Blau.
Spektralfarben lassen sich nicht in weitere Farben zerlegen.
Durch ein Doppelprisma entsteht aus weißem Licht bei der ersten Brechung farbiges Licht, bei der nächsten Brechung jedoch wieder weißes Licht.

Lichtdosiergerät
Mess- und Steuergerät für Belichtungen in Reproduktion und Druckformherstellung.
Auftreffende Lichtenergie trifft auf eine Fotozelle, die Licht in elektrische Energie umwandelt und damit ein Messwerk steuert.
Ist ein eingestellter Zählerstand – Takte genannt –, erreicht, schaltet das Steuerwerk die Belichtung ab.
Je höher die aufgestrahlte Lichtenergie ist, desto schneller laufen die Takte ab. Schwankungen in der Lichtintensität (z. B. durch Stromabfall) werden somit selbsttätig ausgeglichen. > Lichtelektrizität

Lichtdruck
Flachdruckverfahren. Druckverfahren mit hervorragender, faksimilegetreuer Wiedergabe von farbigen Bildvorlagen und Originalen. Alte Handschriften, Inkunabeln oder Werke von Malern lassen sich so originalgetreu durch rasterlose Reproduktion und den vielfarbigen Druck vervielfältigen, dass der Druck kaum von der Vorlage zu unterscheiden ist.
Druckform ist eine mit lichtempfindlicher Chromatgelatine beschichtete starke Glasplatte. Durch das Trocknen der flüssigen Kopierschicht bei höherer Temperatur entwickeln sich Dampfbläschen in der Schicht, die an der Oberfläche entweichen wollen.

Dabei entsteht ein extrem feines, kaum sichtbares „Runzelkorn“ auf der Platte. Bei der Belichtung unter einem negativen Halbtonfilm entstehen unterschiedliche Härtungsstufen in der Gelatine, die dem Grad der Lichteinwirkung bzw. den Tonwerten auf der Halbtonvorlage entsprechen.
Nach dem Druckfertigmachen nehmen im Druck die Härtungsstufen mehr oder weniger Feuchtmittel an: Stark gehärtete Partien nehmen wenig Feuchtigkeit; dementsprechend nehmen sie beim Einfärben viel Druckfarbe an.
Schwach gehärtete Partien nehmen eine größere Menge Feuchtigkeit auf und quellen. Dadurch nehmen sie weniger Druckfarbe an. Durch das Runzelkorn erhält das Bild einen dem Rastern ähnlichen, jedoch wesentlich feineren Bildaufbau. Die Weichheit und Feinheit der Tonwertwiedergabe kommt Fotografien nahe. Gedruckt wird in „Lichtdruck-Schnellpressen“ (Flachform-Zylinder-Druckmaschinen) mit Leistungen von etwa 80 Druck pro Stunde. Von der Druckform können maximal 2 000 Exemplare gedruckt werden. Der Lichtdruck ist ein sehr gutes, aber andererseits zeitaufwendiges, kostspieliges Verfahren mit geringen Druckleistungen. Die hohe Qualität ist nur noch für Liebhaberdrucke gefragt.

Lichtechtheit
Farbgebende Bestandteile der Druckfarbe sind Pigmente. Sie erscheinen deshalb farbig, weil sie einen bestimmten Teil des auftreffenden Lichtes absorbieren, einen anderen – entsprechend ihrer molekularen Zusammensetzung – wieder reflektieren.
Durch längeres Einwirken von Licht verändert sich die Struktur der Moleküle und damit ihre Absorptions- und Reflexionseigenschaft.
Das bedeutet: Der Farbton bleicht aus.
Lichtechtheit bedeutet Widerstandsfähigkeit von Druckfarben gegen Einwirken von Licht ohne direkten Einfluss der Witterung.
Entscheidend für die Lichtechtheit ist die Art der Pigmente und die Pigmentvolumenkonzentration (Anteil der Pigmente an der > Druckfarbe). Eine mit Weiß aufgehellte Druckfarbe bleicht schneller aus als eine konzentrierte Druckfarbe.
Messtechnisch wird die Lichtechtheit durch die Wollskala, einen Maßstab, der in der Textilindustrie seit langem eingeführt ist, erfasst. Gemessen wird in speziellen Testgeräten und standardisierter UV-Lichtquelle. Die Wollskala, abgekürzt nur WS bezeichnet, ist in 8 Klassen eingeteilt.
Dabei hat eine Druckfarbe mit WS 1 die geringste und eine Druckfarbe mit WS 8 die höchste Lichtechtheit.
Mischfarben haben immer die Lichtechtheit des niedrigsten Messwertes.
Eine Mischung gleicher Anteile zweier Druckfarben mit WS 8 und WS 6 ergibt eine Mischfarbe mit WS 6, da sich der Farbton unter Lichteinwirkung im Anteil WS 6 ändert.

lichtemittierende Diode
Abkürzung: > LED. Ein Halbleiter-Bauelement, das bei angelegter Spannung aufleuchtet.

lichtempfindliche Schichten
> Fotomaterial, > Kopierschichten

Lichter
Bildvorlage: Die hellen Tonwerte in einem positiven Bild und die entsprechenden Stellen in einem negativen Bild.

Lichterzeichnung
Die Feinheit in der Wiedergabe von Tonwerten in den Lichtern, d. h. hellen Partien im Bild.

Lichtfang
Drucktechnik: Zusätzliche Absorption des auftreffenden Lichtes beim Rasterdruck. Bei densitometrischem Messen einer Rasterfläche wird nicht die exakt

geometrische Flächendeckung (flächenmäßiges Verhältnis von Rasterpunkten zum Papierweiß) gemessen, sondern die optische Flächendeckung. Bei visuellem Betrachten wie auch beim densitometrischen Messen ist die gleiche Erscheinung wirksam. Ein Teil des auftreffenden Lichtes gelangt unter die Rasterpunkte und wird dadurch, anstatt zu remittieren, zusätzlich absorbiert. Optisch und messtechnisch erscheint deshalb die Fläche dunkler. Der Messwert der optischen Flächendeckung ist größer als die tatsächliche geometrische Flächendeckung. Die Größe des Lichtfanges ist abhängig vom Streuverhalten des Bedruckstoffes, von der Farbschichtdicke, der Rasterwinkelung und ggf. der Messgeometrie bei densitometrischem Messen.
> densitometrische Messung, > Tonwertzunahme

Lichtfarbe
Farbe, die ein Selbstleuchter abstrahlt.
Selbstleuchter sind z. B. die Sonne, eine brennende Flamme, das Fernsehbild, das Bild auf einem Bildschirm. Bei der Mischung der Lichtfarben gelten die Gesetze der additiven Farbmischung.

Lichtgeschwindigkeit
Licht bewegt sich in einem luftleeren Raum mit einer Geschwindigkeit von rund 300 000 km/h.

Lichthof
Reproduktion: Fehlerhafte Unschärfe bei der Belichtung von Fotomaterial, wenn Licht von der Rückseite des Materials reflektiert. Fotomaterialien sind deshalb auf der Rückseite des Schichtträgers mit einer Lichthofschutzschicht beschichtet.
> Reflexionslichthof

Lichthofschutzschicht
Beschichtung der Rückseite bei Fotomaterialien, die auftreffendes Licht absorbiert, d. h. diffuse Reflexionen vermeidet.

Lichtjahr
Ein Lichtjahr entspricht einer Entfernung von rund 9,46 Billionen km.
Beispiel: Ein Satellit, der die Erde in 90 Minuten umrundet, müsste ca. 40 410 Jahre um die Erde kreisen, bis er die Strecke eines Lichtjahres zurückgelegt hätte.
Ein exemplarisches Zahlenspiel: Würde ein Personenkraftwagen diese Strecke bei ununterbrochener Fahrt, d. h. Tag und Nacht mit einem Durchschnitt von 120 km pro Stunde, zurücklegen, so würde er dazu ca. 8 999 238 Jahre benötigen. Läge der Benzinverbrauch bei 10 Litern pro 100 km, dann würden ca. 94,6 Milliarden Liter Benzin verbraucht. Diese Menge Treibstoff entspricht einem Volumen von rund 94,6 Millionen Kubikmetern oder etwa einem Kubikkilometer. Mit dieser Treibstoffmenge könnte man im Auto bei 120 km/h am Äquator 236 Millionen Mal die Erde umrunden.

Lichtmenge
Produkt aus Lichtstrom und Zeit.
Einheit: Lumensekunde (lm s).

Lichtquant
Elementarteilchen des Lichts, auch Photon genannt. > Licht

Lichtquelle
Eine Lichtquelle ist der Körper, der Licht aussendet. Erzeugt eine Lichtquelle selbst das Licht, so ist es ein Selbstleuchter oder Primärstrahler. Ein beleuchtetes Objekt, das auftreffende Lichtstrahlen reflektiert, ist ein Sekundärstrahler. Dem Licht, das von einem Sekundärstrahler (z. B. bedruckte Fläche) reflektiert wird, sind im allgemeinen Teile des gesamten Spektralbereiches entzogen.
Farbreize, die über unser Auge in das Gehirn gelangen, signalisieren eine Farbempfindung, die wir als Farbe dieses Objekts (Druckbogen) oder eines Körpers empfinden. Wir nennen diese Farbe Körperfarbe. Lichtquellen senden im All-

gemeinen ein Gemisch verschiedener Wellenlängen aus. Steckbrief für diese unterschiedliche spektrale Energieverteilung (auch: Strahldichteverteilung) ist ein Diagramm, in dem die jeweiligen Intensitäten eingetragen werden.
In der Druckindustrie sind besonders Lichtquellen für die Reproduktionstechnik, für die Druckformherstellung und die Beleuchtung von Bedeutung.
Diagramm siehe Anhang.

Lichtsatz
Bezeichnung für den früher eingesetzten Fotosatz. Buchstaben und Zeichen wurden dabei mithilfe von Licht auf Filmmaterial belichtet.

Lichtschranke
Berührungslose Objekterkennung, Steuertechnik.
Ein optisch-elektronisches System, das einen Lichtstrahl auf ein Objekt aussendet. Wird dieser Lichtstrahl unterbrochen, gibt die Lichtschranke diese Information elektronisch an die Steuerung weiter und es erfolgt eine Schaltung.

Lichtsensoren
> CCD

Lichtstärke
Lichtstrom, der je Einheit des Raumwinkels in einer bestimmten Richtung ausgesandt wird. Einheit: Candela.

Lichtstrahlen
Prinzipieller Vorgang bei der Lichtausbreitung:
Licht breitet sich in einem optisch homogenen Medium geradlinig aus. In diesem Sinne kann man von Lichtstrahlen sprechen.
Aus verschiedenen Richtungen kommende Lichtstrahlen schneiden sich dabei ohne eine gegenseitige Beeinflussung.
> Licht

Lichtstrom
Der Lichtstrom ist die von einer Lichtquelle pro Sekunde ausgehende Strahlung.
Beurteilt wird nur die Lichtempfindung nach der Empfindlichkeit des menschlichen Auges bzw. nach der Strahlung im sichtbaren Bereich des Spektrums.
Einheit: Lumen (lm).
1 Lumen ist der Lichtstrom, der von einer Lichtquelle mit 1 Candela Lichtstärke in den Raumwinkel von 1 Steradiant abgestrahlt wird. 1 Steradiant ist eine Fläche von 1 m^2 in 1 m Abstand.

Lichtwellenleiter
Glasfaserkabel.
Moderne Kabeltechnik zur Übermittlung von Daten in Form von Lichtimpulsen in einem sehr dünnen Glasstrang.
Besondere Vorteile gegenüber anderen Kabeltechniken (Kupferkabel): sicheres System, sehr hohe Übertragungsrate, billiger Rohstoff, wesentlich geringeres Gewicht.

Ligatur
Durch den Schriftkünstler bereits zusammengestellte Buchstabenpaare, die näher zusammenstehend ein harmonisches Schriftbild mit gleichmäßig wirkenden Zeichen ergeben.
Beispiele: ch, ck, fi, ff, fl. Ebenso gelten zusammengesetzte Buchstaben bei bestimmten Schriften als Ligaturen, z. B. Æ oder Œ. Ligaturen sind auch in guten digitalisierten Schriften vorhanden.

Lignin
Papierherstellung: Harzähnliche Gerüstsubstanz, die neben der > Zellulose und weiteren Bestandteilen (organische und anorganische Extrakte) im Holz enthalten ist. Sie umhüllen die Fasern und bewirken dort eine Verkrustung und damit eine zusätzliche Versteifung der Fasern.
Lignin vergilbt sehr leicht durch Lichteinwirkung.
Im Papier ist es deshalb unerwünscht.

Durch chemische Aufbereitung, d. h. Kochen von > Hackschnitzeln in Säuren oder Laugen, ist die Zellulose weitgehend von sonstigen Bestandteilen des Holzes zu trennen. Aus der Zellulose entsteht Zellstoff. Reine Zellstoffpapiere nennt man > holzstofffrei (allgemein nur: holzfrei).
Bei der mechanischen Aufbereitung verbleiben alle Bestandteile des Holzes im Faserstoff. Papiere aus ligninhaltigem Faserstoff werden > holzstoffhaltig (allgemein nur: holzhaltig) genannt.

Like-Button
Frei übersetzt: „Gefällt-mir-Knopf". Schaltfläche mit einem Symbol auf einer Internetseite oder in sozialen Netzwerken. Durch das Anklicken bestätigt der Nutzer auf einfache Weise, dass ihm etwas gefällt oder er das Anliegen unterstützt.

L

Line
Engl.: Linie, Reihe, Zeile.

linear
Geradlinige Beziehung zwischen zwei Variablen, auf einer geraden Linie verlaufend.

Linear-Antiqua-Schriften
Schriften mit geometrisch klaren, gleichstarken Linienformen, die früher Grotesk bzw. Egyptienne genannt wurden. Nach der > Klassifikation der Schriften unterscheidet man heute die Schriftgruppen in serifenbetonte Linear-Antiqua und serifenlose Linear-Antiqua.

Linearisierung
Die Wiedergabe der Tonwerte aus einem Datensatz (Kontrollelemente) 1 : 1 auf der Druckplatte. Die dazu erforderlichen Korrekturdaten werden im RIP zur Steuerung der Bebilderung hinterlegt. > Standardisierte Druckformherstellung CtP

Linearisierungskennlinie
> Linearisierung

Line-Film
Reproduktionsfilm mit steiler Gradation für Strich- und Rasteraufnahmen; vor allem für die Kontaktkopie und Laserbelichtungen eingesetzt. Relativ unempfindlich gegen Oxidation des Entwicklers durch Aufnahme von Luftsauerstoff.
Heute ebenso wie der > Lith-Film durch digitale (Reproduktions-)Techniken ohne Bedeutung.

Linework
Engl. Bezeichnung für Strichzeichnungen, Strichgrafik.

Lingo
Skriptsprache zur Programmierung von Interaktionen und Abläufen bei der Multimediasoftware Macromedia Director.

Linguistik
Sprachwissenschaft.

Linie
Streckenstrich als grafische Darstellung in unterschiedlichen Stärken, z. B. fein, halbfett, fett und speziellen Arten, z. B. punktiert, kombiniert.

Linie halten
Position aller Buchstaben, Ziffern und Sonderzeichen auf einer imaginären optischen Linie im > Grundlinienraster.

Liniendiagramm
Grafische Darstellung von zwei (2D) oder auch drei (3D) Wertepaaren, bei der die einzelnen Werte durch Linien in einem Diagramm miteinander verbunden dargestellt werden.
Mit Liniendiagrammen könne beispielsweise Trends (Kosten- bzw. Preisentwicklungen, Toleranzen u. v. a.) grafisch dargestellt werden.

Linienglättung
Deutsche Bezeichnung für > Antialiasing.

Linienpositionierung
Sollen starke Linien an einer Grundlinie oder in einem Rahmen ausgerichtet werden, gibt es verschiedene Möglichkeiten zur Positionierung auf einer Bezugslinie.

1. Normal: Die Linie wird innen an die Bezugslinie angesetzt.
   Bei einer dickeren Linie wächst die Linie nach innen.
2. Zentriert: Die Mitte der Liniendicke steht auf der Bezugslinie, somit wächst eine stärkere Linie zur Hälfte nach außen und innen.
3. Invers: Die Linie wird außen an die Bezugslinie angesetzt, somit wächst die Linie von innen nach außen.

Linien pro Zentimeter
Bezeichnung für die sogenannte > Rasterweite bzw. Rasterfrequenz.
Die Angabe Linien pro Zentimeter (Abkürzung: L/cm) gibt bei > autotypischer Rasterung die Zahl der Rasterpunktreihen (Linien) auf einem Zentimeter an.

Linienrahmen
> Linienpositionierung

Linienstärke
Dicke einer Linie in Punkt (pt) oder mm.

Link
Englische Bezeichnung für Verbindungen, Verknüpfungen und Verweise.
Mit Links lassen sich im Internet per Mausklick andere Stellen einer Datei, weitere Dateien und verschiedene Anwendungen direkt ansteuern und öffnen.

linksbündig
Textanordnung auf einem Satzspiegel:
Satzart, bei der alle Zeilenanfänge an der linken Kante senkrecht untereinander stehen. Die Zeilenenden laufen dagegen frei aus. > Flattersatz

Linolschnitt
Manuelle, künstlerische Original-Grafik für den Buchdruck. In einer Linoleumplatte entstehen Bildelemente durch Herausschneiden von Nichtbildstellen (nicht druckenden Partien) bis zur Unterlage (Jute o. a. Gewebe).

Linotype
Unternehmen: vormals Linotype-Hell AG, Hersteller für Produkte der Druckvorstufe (Satztechnik, Belichter, Scanner, Software u. a.); heute: Linotype GmbH (umfangreiche Schriftbibliothek, die Linotype Library; Lieferung professioneller Schriften).

Linotype-Setzmaschine
Bleisetzmaschine für den Satz von Matrizen und den Zeilenguss. Anfangs wurde die Setzmaschine von Hand über eine Tastatur bedient, später lochbandgesteuert.
Über 400 Jahre nach Gutenberg wurde noch in gleicher manueller Technik von Hand gesetzt.
Die Mechanisierung des Setzens gelang dem Deutsch-Amerikaner Ottmar Mergenthaler, der 1886 in den USA die erste Bleisetzmaschine erfand.
Die Arbeitstechnik dieser Setzmaschine war bis etwa 1970 bei der Satzherstellung dominierend. Mit der Setzmaschine wurden keine Buchstaben, sondern Matrizen zu Zeilen zusammengesetzt, automatisch ausgeschlossen, d. h. auf Zeilenbreite gebracht, und zu einer kompletten Zeile ausgegossen.
Dazu verwendete Matrizen wurden automatisch in das entsprechende Magazinfach zurückbefördert und in das richtige Fach abgelegt.

Linsen
Lichtdurchlässige Glaskörper, die durch Lichtbrechung optische Abbildungen ermöglichen. > Linsenformen

Linsenfehler
Mängel in der Abbildung durch Linsen, die bei fehlerhafter Brechung auftreten.

Bei guten Objektiven sind die Linsenfehler kaum mehr bedeutend. Teilweise sind vorhandene Fehler durch Abblenden zu beseitigen.

Linsenformen
Je nach Wölbung unterscheidet man prinzipiell zwei Linsenformen.

1. Konvexlinsen: Sammellinsen.
   Diese Linsen sind in der optischen Mitte immer dicker als oben und unten.
2. Konkavlinsen: Zerstreuungslinsen.
   Diese Linsen sind in der optischen Mitte immer dünner als oben und unten.

Diese Grundformen unterscheiden sich nochmals durch die Art der beiden Flächen, die beidseitig gleich (Bi...), einseitig plan oder auf einer Seite „konvex“ und der anderen „konkav“ sind bzw. umgekehrt.
Ob es sich um eine Sammel- oder Zerstreuungslinse handelt, zeigt der zweite Wortteil.

Linters
Papierherstellung:
Bezeichnung für kurze Baumwollfasern mit winzigen Samenhaaren.
Linters werden als Faserstoff für Papiere mit besonderer Weichheit, hoher Dauerhaftigkeit und Saugfähigkeit eingesetzt.

Linux
Kostenlos als Freeware im Internet erhältliche Betriebssoftware auf der Basis von Unix, die ursprünglich von dem Finnen Linus Torvald entwickelt wurde.
Durch vielfältige weltweite Weiterentwicklungen ist inzwischen ein sehr stabiles, hochwertiges System entstanden.

lipoid
Fettähnlich.

lipophil
Fett annehmend, fettfreundlich reagierend.

Liquidität
Betriebswirtschaft: Fähigkeit eines Unternehmens, jederzeit allen Zahlungsverpflichtungen nachzukommen.

liquidus
Abk.: liq. Bezeichnung für einen flüssigen Stoff.

Literaturverzeichnis
Verzeichnis der von einem Autor für das eigene Werk verwendeten Literatur sowie auch weiterführende Literatur, z. B.:
Helmut Teschner, Druck- & Medien-Technik, 13. Auflage, 2010, D-Konstanz;
Peter A. Henning, Taschenbuch Multimedia, 1. Auflage 2000, Carl Hanser Verlag München. > Quellenverzeichnis

Lith-Film
Reproduktion: Ultrasteil arbeitender Film für Strich- und Rasteraufnahmen mit hohem Kontrast, größter Schärfe und sehr hoher Dichte. Er wird vor allem für Rasterreproduktionen in der Reprokamera eingesetzt.
Der erforderliche Lith-Entwickler ist sehr empfindlich gegen > Oxidation und deshalb bei der Verarbeitung nicht lange haltbar. Der Film ist für die meisten Arbeiten durch den Line-Film zu ersetzen, der problemloser zu verarbeiten ist.

Lithografie
Manuelle, künstlerische Original-Grafik, mit der Druckformen für den > Steindruck hergestellt werden. Die Lithografie (lithos = Stein; graphein = schreiben, zeichnen, d. h. auf Stein schreiben) wurde 1798 von Alois Senefelder erfunden. Er entwickelte bereits verschiedene Techniken (Manier genannt) zu einer solchen Vollkommenheit, dass Künstler auch heute noch in gleicher Weise arbeiten, z. B. die Kreide-, Feder-, Spritz- und Tangiermanier.
Die Chromolithografie (Farbenlithografie) wird in verschiedenen lithografischen Techniken ausgeführt.
Mit bis zu 18 Druckfarben und dementsprechenden Steindruckplatten wurden hervorragende farbige Bilder gedruckt.

Tiere und Pflanzen, später auch farbige Etiketten und Landkarten waren bevorzugte Objekte. Senefelder verwendete als Lithografiestein einen kohlensauren, feinporigen Kalkschiefer, der vor allem in Solnhofen im Fränkischen Jura (Bayern) vorkommt. Solche Steine, in unterschiedlicher Härte für eine bestimmte lithografische Technik ausgewählt, werden auch heute noch verwendet.

Lithoman
Rollen-Offsetdruckmaschine von manroland web systems für den Illustrationsdruck mit sehr hohen Auflagen, die früher im Rakeltiefdruck gedruckt wurden (High-Volumen-Offsetdruck).
Produktbeispiele: Kataloge, Bücher, Telefonbücher, und andere hochauflagige Druckprodukte.
Technische Daten: > stehendes Format oder > liegendes Format, maximale Bahnbreite Lithoman S 2860 mm, bis zu 96 Seiten DIN A4, Zylinderumfang bis 1240 mm, Leistung max. 50000 Zylinderumdrehungen/Stunde, > Heatset-Produktion, automatisierter Druckplattenwechsel, > Filmfarbwerke, automatische Gummituchwaschanlagen, Farb- und Schnittregister, Farbdichteregelung von Quad Tech Inc. (QTI) auf Basis der > Graustufenregelung nach > System Brunner.
> Instrument-Flight-inline

Lizenz
Rechtsverhältnis, das die Nutzung eines Produktes für einen bestimmten Nutzungsbereich festlegt. Eine unberechtigte Nutzung oder Weitergabe des Produktes an Dritte ist nicht erlaubt und strafbar.
Beispiel: Der Erwerb und die Verwendung von Software oder Schriften unterliegt den Lizenzbestimmungen.
Ein unberechtigtes Kopieren (Raubkopie) oder Nutzen ist verboten.

Lizenzausgabe
Verlagsrecht:
Der (Erst-)Verleger eines Werkes gibt einem anderen Verleger das Recht, ein bestimmtes Werk in einer festgelegten Auflage – evtl. auch Ausstattung – nachzudrucken.

Load
Engl. Bezeichnung für den Beginn einer Eingabe in ein Computersystem, z. B. das Laden einer Software.

Loader
Automatischer Plattenwechsler für industrielle Fließfertigung, z. B. in Belichtungssystemen.

Local-Area-Network
> LAN

LocalTalk
Netzwerk für Apple Computer.

Lochkamera
Ursprungsform der Kamera:
Ein lichtdichter Kasten mit einer transparenten Rückwand. Das durch ein winzig kleines Loch fallende Licht erzeugt auf der Rückwand ein auf dem Kopf stehendes, seitenverkehrtes Bild der Natur. Die sogenannte Camera obscura verwendete vermutlich bereits > Leonardo da Vinci für Abbildungen der Natur.

Logik
Lehre von den Gesetzen, der Struktur, dem folgerichtigen Denken. > logisch

Logikschaltungen
In der Mikroelektronik eingesetzte logische Schaltungen.
Durch die Kombination und Reihung weniger Grundschaltungen lassen sich beliebige Funktionen aufbauen, z. B.:
Addierwerke, Zähler, Speicher, Mikroprozessoren. Durch duale Ein- und Ausgangssignale sind komplexe Funktionen zu steuern.

Login
Anmeldung eines Benutzers (Users) in ein System, Netzwerk, Datenbank u. a.

logisch
Folgerichtig, selbstverständlich.

Logistik
Planung, Steuerung und Kontrolle der Material- und Produktbewegung in einem Unternehmen und im externen Verbund mit anderen Unternehmen oder Lieferanten.

Logo
1. Grafisches Zeichen.
   Unverwechselbares, markantes Symbol als Firmen oder Markenzeichen als Teil des Erscheinungsbildes eines Unternehmens. Das Zeichen kann evtl. auch mit oder als Text (Buchstaben, Wort) dargestellt sein, das ein Unternehmen (vgl. T-Mobile), eine Institution, einen Verein o. Ä. charakterisiert.
2. Früher eingesetzte Programmiersprache.

Lokalzeitung
Tages- oder Wochenzeitung als wichtiges Informationsmedium für einen regionalen Bereich. Der überregionale Teil der Zeitung, der Mantel, ist im Wesentlichen bei allen Ausgaben gleich. Dazu gehören Politik (Land, Bund Welt), Kultur, Feuilleton, Sport, regionale Werbung u. a.
Die lokalen Seiten beziehen sich auf wohnortnahe Berichte, Ereignisse und Informationen sowie veröffentlichen lokale Werbung. Lokalredakteure produzieren am Bildschirm die lokalen Seiten der Zeitung komplett und senden diese digital an die zentrale Planung und Prozesssteuerung. Hier werden Mantel- und lokale Seiten zusammengestellt und digital an die Druckerei zur Druckformherstellung (CtP) oder zum digitalen Druck gesendet.

Look-and-Feel
Auch: Look-and-feel, Look & Feel.
Nach dem Englischen: Look = Blick, Aussehen und Feel = fühlen, empfinden.
Die Bezeichnung wird u. a. in der Gestaltung (Publishing) für die Anmutung und das optische Erscheinungsbild sowie andererseits die Handhabung bzw. die Bedienereigenschaften verwendet.
Beispiele: Das Aussehen (Schrift, Farbe, Grafik, Layout) einer App und die Qualität der Bedienung (Eingaben von Nutzern).

löschbare Druckform
1. Die Informationen auf der Druckform können nach dem Ausdrucken der Auflage in der Druckmaschine entfernt werden. Damit kann die Druckform mit einer neuen Information für den nächsten Druckauftrag bebildert werden.
   Das Verfahren wurde im Computer-to-Press-System, z. B. bei der DICO-WEB, eingesetzt.
2. Computer-to-Print: Bei Digitaldruckmaschinen, die mit elektrostatischem Tonersystem drucken, entsteht für einen Druck eine temporäre „Druckform“ auf der Bebilderungstrommel. Daher muss die Bebilderungstrommel für jeden Druck neu bebildert werden.

Löschpapier
Ungeleimtes, rösch gemahlenes und voluminöses Papier, das zum Abtrocknen flüssiger Tinte geeignet ist.

Loseblattwerke
Für laufend zu aktualisierende oder zu erweiternde Druckwerke bietet sich die Herstellung von Loseblattwerken an. Das Grundwerk oder Einführungsprodukt ist nicht fest, sondern in einer lösbaren Mechanik (ordnerartig) gebunden. Ergänzungslieferungen oder Aktualisierungen lassen sich insbesondere wirtschaftlich und in den gewünschten (kleinen) Auflagen drucken und durch den Nutzer in das vorhandene Produkt einfügen.
Produktbeispiele: Lehrbücher, Handbücher, technische Dokumentationen.

Lösemittel
Verdunstende Flüssigkeiten, die andere Substanzen ohne chemische Umsetzung auflösen. Eingesetzt für Rakeltiefdruckfarben und als Reinigungsmittel.
> Gefahrenklassen

Lösung
Chemie: Homogene Gemische von zwei oder mehreren Stoffen, die je nach Teilchengröße der gelösten Stoffe in 1. echte Lösungen, 2. kolloidale Lösungen und (im weitesten Sinne) 3. Suspensionen unterteilt werden.
Bei echten Lösungen sind die einzelnen Teilchen optisch nicht zu erkennen.
Die Teilchen sind bei kolloidalen Lösungen bei schräger Beleuchtung unter einem Elektronenmikroskop zu erkennen (Tyndall-Effekt). Suspensionen sind im engeren Sinne keine Lösungen, sondern grob disperse Systeme.

Low-Key-Vorlagen
Dunkle Bildvorlagen mit geringen Kontrasten, vor allem Mitteltöne und Tiefen. Ein Beispiel dazu wäre ein Wald in der Dämmerung. > High-Key-Vorlagen

LowRes
> Low-Resolution

Low-Resolution
Engl. Bez. für eine niedrige Auflösung von Bilddaten.
Abk.: LowRes. Diese niedrig aufgelösten „Grobbilder" werden für digitale Korrekturen und Änderungen am Bild und die Integration in ein Layoutprogramm (Seitenmontage, Text-/Bild-Integration) genutzt.
Vorteil ist eine schnellere Bearbeitung und Integration durch die geringere Datenmenge. Bei einem > OPI-System werden die niedrig aufgelösten Bilddaten in der Ausgabe automatisch durch die hochaufgelösten Bilddaten ersetzt.
Hochauflösung:
> HighRes, > High-Resolution.

lpi
Engl. Abk. für lines per inch. Bezeichnung für die > Rasterweite bzw. Rasterfrequenz.

lpm
Engl. Abk. für lines per minute. Bezeichnung für die Leistung eines Druckers in (Text-)Zeilen pro Minute.

LSI
Mikroelektronik: Abk. für Large Scale Integration, d. h. Groß-Integration einzelner Bauelemente, z. B. ein > Chip mit mehreren tausend Transistoren.

Luft
Gasgemisch aus ca. 21 % Sauerstoff, 78 % Stickstoff sowie geringen Mengen von Edelgasen.

Luftfeuchtigkeit
Wasserdampf in der Luft.
Die relative Luftfeuchtigkeit ist wichtig für das Wohlbefinden des Menschen. Aber auch Werkstoffe, z. B. Papier, Gewebe, Klebstoffe, reagieren auf Änderungen der Luftfeuchtigkeit.
> Dimensionsstabilität.

1. Die absolute Luftfeuchtigkeit gibt den Wasserdampf an, der in 1 m^3 Luft tatsächlich in Gramm pro Kubikmeter (g/m^3) vorhanden ist.
2. Die maximale Luftfeuchtigkeit gibt die Menge an Wasserdampf an, die die Luft bei einer bestimmten Temperatur höchstens aufnehmen kann. Sie wird in g/m^3 angegeben.
3. Die relative Luftfeuchtigkeit (rL) ist das prozentuale Verhältnis zwischen der absoluten Luftfeuchtigkeit und der maximalen Luftfeuchtigkeit von einer bestimmten Temperatur an.
   Der Sättigungsgrad wird in Prozent (%) angegeben.

$$\text{rel. LF} = \frac{\text{abs. LF}}{\text{max. LF}} \cdot 100\ \%$$

L

Bei unterschiedlicher Temperatur kann die Luft pro Kubikmeter folgende maximale Wasserdampfmenge enthalten:

Temperatur °C	Wassergehalt in g/m^3 Luft (ca.)
10	9,3
15	12,8
20	17,9
25	23,0
30	30,4

Lufttisch
Druckweiterverarbeitung:
Das Schneiden von schweren Papierstapeln erfordert einen großen Kraftaufwand für das Drehen und Verschieben. In modernen Schneidmaschinen werden daher Lufttische eingesetzt.
Der Lufttisch besitzt eine Vielzahl kleiner Rundlöcher, die durch Blasluft von unten mit kleinen Stahlkugeln verschlossen bleiben. Durch Belastung dieser Stahlkugeln beim Auflegen eines Papierstapels kann die Luft unter den Papierstapel strömen und es bildet sich ein Luftpolster, auf dem der Stapel leicht bewegt werden kann.

Lumbeck-Verfahren
Fadenlose > Klebebindung, bei der der Buchblock beim Leimen zu beiden Seiten jeweils aufgefächert wird. Daher wird das Verfahren technisch korrekt nach der buchbinderischen Verarbeitung Fächerklebebindung genannt.

Luminanz
Bezeichnung für die > Helligkeit einer Farbe in einem Farbordnungssystem.
> CIELAB

Lux
Abkürzung: lx. Maßeinheit der > Beleuchtungsstärke (Kurzzeichen: *E*).
Die Beleuchtungsstärke in Lux ist ein Maß für das senkrecht auf eine Fläche auftreffende Licht (Lichtstärke > Candela).
Gemessen wird die Beleuchtungsstärke mit einem Luxmeter.
Zur Erhaltung der Leistungsfähigkeit am Arbeitsplatz ist je nach Sehaufgaben eine bestimmte Beleuchtungsstärke (nach DIN 5033) empfohlen.
Neben der Beleuchtungsstärke sind auch Kontraste und die Größe der zu bearbeitenden Objekte zu berücksichtigen.
Beispiele für Beleuchtungsstärken:
Sonnenlicht im Hochsommer bis 100 000 lx, Sonnenlicht im Winter bis 10 000 lx, Arbeitsplatz für grobe Tätigkeiten 50–100 lx, Arbeitsplatz mit schwierigen Sehaufgaben, z. B. technisches Zeichnen, Montage, Druckerei 1 000–5 000 lx.
Die Beleuchtungsstärke nimmt im Quadrat der Entfernung zwischen Lichtquelle und beleuchteter Fläche ab.
> Belichtung

Luxmeter
Gerät zur Lichtmessung. > Lux

LWC-Papier
Engl. Abk. für light weight coated.
Ein leichtgewichtiges, zweiseitig gestrichenes holzstoffhaltiges (h'h) Rollendruckpapier mit ca. 10 g/m^2 Strichauftrag je Seite und einer flächenbezogenen Masse (Flächengewicht) bis zu 72 g/m^2.
LWC-Papier wird für illustrierte Großauflagen wie Kataloge, Zeitschriften, Werbematerial u. Ä., die im > Rollen-Offsetdruck und > Rakel-Tiefdruck gedruckt werden, eingesetzt. > gestrichene Papiere

LZW
Verfahren zu einer verlustfreien Kompression digitaler Daten nach den Softwareentwicklern Lempel, Ziv und Welch (Anfangsbuchstaben = LZW), die diesen Algorithmus entwickelt haben.

M

M

1. Abk. in der Mathematik für Mega = 10^6. Faktor: 1 000 000.
2. EDV, datentechnische Maßeinheiten: Bei Bit und Byte entspricht der Vorsatz M nicht 1 000 000 sondern korrekt dem Faktor 2^{20} = 1 048 576.
3. Druckindustrie: Abk. für die Prozessfarbe > Magenta.

Mac

> Macintosh

Macintosh

Kurz Mac genannt.
Bezeichnung für Computersysteme des Unternehmens Apple Computer, USA, die vor allem im grafischen Bereich, im Desktop-Publishing sowie im Multimediabereich eingesetzt werden.

Macintosh-Oberfläche

Komfortable grafische Benutzeroberfläche, die bereits lange vor anderen Betriebssystemen Mausbedienung, Menütechnik, Drag and Drop u. a. Funktionen besaß.

Magazin

Zeitschrift.

Magazinpapier

Leichtgewichtige Rollendruckpapier in verschiedenen Sorten, z. B. scharf satiniert (super-kalandriertes Naturpapier), beidseitig leicht gestrichenes > LWC-Papier.

Magenta

Neben Cyan (C) und Gelb (Y = Yellow) die dritte subtraktive Grundfarbe.
Die Bezeichnung wurde mit der Europa-Farbskala anstelle von Purpur (griech. = hochrot) eingeführt.
Fälschlicherweise wird die Druckfarbe Magenta aus der Vierfarbdruckskala immer noch von Druckern Rot genannt. Diese Bezeichnung steht jedoch im Gegensatz zu der Mischfarbe aus Magenta und Gelb, die ebenfalls Rot genannt wird, und der additiven Grundfarbe Rot.

Magenta-Kontaktraster

In der fotografischen Reproduktion verwendeter Raster. Die Punktformen des > Kontaktrasters ist aus roten Farbstoffen und nicht aus Silberdichten aufgebaut.
Durch die Einfärbung mit Magentafarbstoffen ist eine Kontrastregelung bei der Aufnahme durch eine kombinierte Belichtung mit Gelb- und Magentafiltern möglich.

Magisches Dreieck

Auch: Magisches Viereck oder Sechseck.
Wesentliche Ziele wirtschaftlichen Handelns lassen sich in „Eckpunkten“ (Dreieck u. a.) festmachen.
Diese Ziele (Eckpunkte) stehen in unmittelbaren Wechselwirkungen zueinander.
Das Adjektiv „magisch“ zeigt an, dass ein optimales Erreichen aller Ziele ist in der Realität nahezu unmöglich ist.
Exemplarisches Beispiele aus Druckindustrie: Ziele sind Kosten – Qualität – Zeit.

- Ein Verringern der Kosten, kann zu höherer Produktivität führen, aber auch zu Lasten der Qualität gehen.
- Eine höhere Qualität kann bei gleicher Zeit höhere Kosten verursachen.

Magnetband

Datenträger in der EDV:
Magnetisiertes Kunststoffband, das früher in Großrechenanlagen als Massenspeicher eingesetzt wurde.
Informationen werden durch Magnetisierung aufgezeichnet, dabei werden Daten durch einen Schreib-Lese-Kopf auf parallele Spuren geschrieben.
Die Zugriffszeit zu den Daten ist relativ langsam, da alle Daten seriell, d. h. fortlaufend nacheinander, von einem bestimmten Platz auf dem Band gelesen werden.

Magnetbänder wurden auch in Videogeräten eingesetzt. Diese Technik hat jedoch mehr und mehr durch digitale Aufzeichnungsmöglichkeiten an Bedeutung verloren.
> Speicher

Magnetbandlaufwerk
Ältester externer Datenspeicher mit einer Datenspeicherung auf magnetisiertem Kunststoffband.
Vorteile: Sehr geringe Kosten, sehr hohe Speicherkapazität.

Magnetblasenspeicher
Veraltetes System: Kompakter, magnetischer Datenspeicher mit hoher Informationsdichte und schnellem Zugriff.

Magnetplatte
Magnetischer Datenspeicher mit sehr schnellem Zugriff.
Häufig als Magnetplattenstapel mit mehreren übereinander angeordneten Magnetplatten eingesetzt, bei denen jeweils die Ober- und Unterseite zu beschreiben sind.

Mahlung des Stoffes
Papierherstellung: Aufbereiten der Faserstoffe auf eine bestimmte Faserlänge (lang – gekürzt bzw. kurz) und ein gewünschtes Faservolumen.
Bei schneidender Mahlung (auch rösch genannt) wird das Faservolumen nicht beeinträchtigt, bei fibrillierender Mahlung (auch schmierig genannt) wird die Faser gequetscht.
Die Volumenverringerung bewirkt eine Verdichtung und damit ein geringeres Aufnahmevermögen für Feuchtigkeit. Grundsätzlich ergeben langfaserige, schneidend gemahlene Papiere saugfähige, weiche, elastische und reißfeste Papiere. Bei gleichem Faservolumen und kurzer Faser entsteht ein voluminöses, weiches, saugfähiges und nicht sehr festes Papier (z. B. Filterpapier, Löschpapier).
Fibrillierend gemahlene Faserstoffe nehmen Feuchtigkeit langsamer auf, geben sie aber auch langsamer wieder ab. Bei einer langen Faser entsteht ein wenig saugfähiges Papier.
Es ist dicht, hart, zäh, falz- und reißfest (Schreibmaschinen-, Buchungs-, Zeichen- und Druckpapiere).
Fibrillierend kurz gemahlener Stoff ergibt wenig saugfähige, dichte, harte, mehr oder weniger transparente Papiersorten (Pergament, Pergamin Transparentpapier, u. a.).
Je nach Verwendungszweck werden Faserstoffe verschiedener Art mit bestimmten Mahlungen kombiniert.

Mailbox
Elektronischer Briefkasten in einem Rechnersystem zur (Daten-)Kommunikation.

Mailing
Werbesendungen, Postwurfsendungen an unbekannte Zielgruppe, z. B. alle Haushalte.

Mainframe
Bezeichnung für Großrechnersysteme.

Mainstream
Engl.: Hauptstrom. Folgen einer Massenströmung, bei der der einzelne Mensch nicht mehr selbstständig nachdenken muss bzw. nachdenkt, sondern dem Strom der Meinungsmacher folgt.

Majuskeln
Großbuchstaben; heute allgemein Versalien genannt.

makro
Bestimmungswort für groß, lang.

Makro-Befehl
Vordefinierter, zusammengefasster Befehl für gleichartige, wiederkehrende Abläufe oder Einstellungen, die mit einem Kurzaufruf (z. B. Tastendruck) abgerufen und

automatisch ausgeführt werden. Dies ermöglicht einen rationellen Arbeitsablauf und verringert Eingabefehler.
Beispiel: Formatvorlagen bzw. Stilvorlagen in einem Layoutprogramm.

Makrofotografie
Fotografie im Nahbereich um 1 : 1.

Makromoleküle
Großmoleküle, die durch chemische Prozesse entstanden sind.
> Monomere

Makroobjektiv
Ein speziell für Nah- bzw. Makroaufnahmen korrigiertes Objektiv.

Makros
> Makro-Befehl

Makrotypografie
> Typografie, die sich mit dem Gestaltungsraster (Flächenaufteilung einer Seite), mit Grundlinienraster, Gliederungen, Kontrasten, Platzierung von Überschriften und Bildern u. a. befasst.

Makulatur
Beschädigte, fehlerhafte Drucke.
Im Druck entsteht Makulatur beim > Einrichten (Rüsten) der Druckmaschine und während des Fortdrucks (Ausführung) durch Mängel in der Farbführung, im Stand und im Passer, durch Verschmutzen, durch Beschädigungen u. a.
Die Druckweiterverarbeitung benötigt ebenfalls für das Einrichten und den Fertigungsprozess eine zusätzliche Menge an Druckbogen als Zuschuss, da auch bei diesen Verarbeitungen Druckbogen unbrauchbar werden.
Der > Zuschuss ist bei der Kalkulation (Kosten!) und der Papiermengenberechnung zu berücksichtigen.
Weniger Makulatur (Abfall) bedeutet weniger Umweltbelastungen und weniger Kosten für die Produktion.

MAK-Wert
Abk. für: Maximale Arbeitsplatz-Konzentration.
Der MAK-Wert ist die höchstzulässige Konzentration eines Arbeitsstoffes als Gas, Dampf oder Schwebstoff in der Luft am Arbeitsplatz, die nach dem derzeitigen Stand bei täglich achtstündiger Arbeitszeit im Allgemeinen die Gesundheit der Beschäftigten nicht beeinträchtigt oder diese nicht unangenehm belästigt.
Der MAK-Wert wird gemessen in ppm (Abk. für parts per million), d. h. Anzahl der Teile pro 1 Million Teile.
Toluol hat beispielsweise einen MAK-Wert von 200 ppm. Ein MAK-Wert von 200 ppm für ein Lösemittel bedeutet, dass sich von dem betreffenden Stoff nur maximal 200 cm^3 Dampf in 1 m^3 Luft (= 1 000 000 cm^3) befinden dürfen.

Malware
Malware, eine zusammengesetzte Bezeichnung aus dem lateinischen Wort Malus (schlecht) bzw. den englischen Wörtern malicious (bösartig) und ware (Software).
Mit Malware werden alle schädlichen Programme (Codes) bezeichnet, die beim Benutzen unerwünschte, schädigende Funktionen im Computersystem ausführen.
Malware ist der Oberbegriff für unterschiedliche Schadprogramme wie > Virus, > Wurm, Trojaner > Trojaner (Trojanisches Pferd) und > Spyware.
Verbreitet wird die Schadsoftware über Kommunikationsprogramm wie E-Mail, Webseiten und infizierte Dateien sowie auch über Schwachstellen in Computersystemen.
Schutz bieten vor allem ein vorsichtiges persönliches Verhalten, ein aktuelles Betriebssystem, laufende Sicherheitsupdates sowie Virenschutzprogramme und eine regelmäßige Prüfung, insbesondere sogar komplette Internet-Security-Pakete.
> Schutz vor Schadprogrammen

Management

1. Unternehmensführung mit allen Teilaufgaben, die im Zusammenhang mit der Steuerung und Lenkung von Organisationen (z. B. Betrieben) zu leisten sind. Hierzu gehören u. a.:
   Ziele des Unternehmens formulieren und durchsetzen, Strategie und Planung, Führung, Organisation, Personalwirtschaft.
2. Institution: Personen, die Managementfunktionen ausüben.

Management-Informationssystem
Abkürzung: MIS.
EDV-gestützte Informationsverarbeitung in der Verwaltung und Produktion.
Mit solchen Systemen lassen sich große Datenmengen zur Steuerung verschiedener komplexer Aufgaben, abgestimmt auf die Betriebsstrukturen, unterstützen, lenken und automatisch organisieren.

Die Unternehmen der Druckindustrie unterscheiden sich betriebswirtschaftlich und produktionstechnisch mehr oder weniger stark, daher sind Softwarelösungen als Komplettpaket wenig geeignet.
Vielmehr werden modulare Systeme mit „maßgeschneiderten" Lösungen für die Abwicklung eines Druckauftrages in einem Unternehmen eingesetzt.
Je nach Anforderungen werden beispielsweise Module eingesetzt für

- Kalkulation
  (Angebots-, Nachkalkulation)
- Rechnungsstellung
  (Fakturierung)
- Vertrieb, Verkaufsaußendienst
- Verkaufsinnendienst, Sachbearbeitung
- Materialwirtschaft
- Unternehmenskommunikation
- Produktionsplanung und -steuerung
  (elektronische Auftragstasche:
  > Job-Ticket)

Manometer
Messgerät zur Messung des Drucks von Gasen und Flüssigkeiten.

Mantisse
Ziffern eines Logarithmus hinter dem Komma.
Die Zahl vor dem Komma – die Kennziffer – gibt den Stellenwert, die Mantisse die Zahlenfolge an.

Manual
Engl. Bezeichnung, die in der Computertechnik für Handbuch, Leitfaden, Bedienungsanleitung u. Ä. benutzt wird.

manuell
Von lat.: manus = Hand.
Mit der Hand gemacht, von Hand erstellt.

Manuskript
Ursprüngliche Bezeichnung:
manus = hand, scriptum = geschrieben, d. h. von Hand geschrieben.
Das Manuskript ist die Textvorlage für die Satzherstellung. Heute haben von Hand geschriebene Manuskripte keine Bedeutung mehr.
Texte für einen Druckauftrag werden der Druckerei als immaterielles Manuskript geliefert, d. h., Texte sind bereits digital auf einem Datenträger erfasst und gespeichert. Wenn bei diesem Erfassen bestimmte Regeln (ggf. Absprache mit der Druckerei) beachtet werden, ist eine zeitaufwendige Bearbeitung bei der Übernahme in ein Layoutprogramm nicht erforderlich. Sinnvoll kann es sein, dem Datenträger einen Ausdruck der Textseiten beizufügen. > Auszeichnungen

Manuskriptbearbeitung
> Manuskriptvorbereitung

Manuskriptberechnung
Berechnen der Seitenzahl eines Druckproduktes nach dem Manuskript.

Manuskriptvorbereitung
Alle prüfenden, klärenden, verbessernden und sonstigen Arbeiten mit dem Ziel, Texte des Manuskriptes der Satzherstellung pro-

duktionsgerecht zu liefern, um Kosten zu vermeiden.
Ziel ist eine störungsfreie Erfassung und Verarbeitung der Daten.

Marginalien
Randbemerkungen. Neben dem eigentlichen Satzspiegel stehende Wörter oder kurze Texte, die in speziellen Fachbüchern, bei Fachartikeln u. a. ein rasches Auffinden wichtiger Textstellen ermöglichen. Eventuell können auch kleine Grafiken, Piktogramme, oder Bilder zur Information eingesetzt werden.

Marke
Wirtschaft: Rechtsschutz an einer eigenen, unverwechselbaren Ware (Produkt) oder Dienstleistung eines Unternehmens, der amtlich registriert (mit ® gekennzeichnet) werden kann.
Das Recht an einer Marke unterliegt dem gleichen Schutz wie ein Patent oder Urheberrecht.

Markenpiraterie
Fälschung, zum Verwechseln ähnliche Nachahmung einer Marke.
Beispiele: Produktfälschungen von Uhren, Kosmetika, elektronischen Geräten, Kleidung, Medikamenten und Accessoires.
> Inline-Sicherheitslösungen

Marketing
Denkhaltung, Unternehmensphilosophie, Strategie. Sämtliche Aktivitäten eines Unternehmens zur Optimierung der Stellung und Bedeutung auf dem Markt und der Absatzleistungen bzw. das Orientieren an den Bedürfnissen und Anforderungen des Kunden. Hierzu gehören
- Marketing-Analyse:
  Diagnose, Prognose,
- Marketing-Konzeption:
  kurz- und langfristige Planung,
- Marketing-Konzept-Kontrolle:
  Angebot, Vertrieb, Werbung
- Marketing-Aktion und -Kontrolle.

Marketing-Mix
Kombination von aufeinander abgestimmten, marktbezogenen bzw. absatzwirtschaftlichen Maßnahmen.

Markt
Grundprinzip: Angebot und Nachfrage, die aufeinander treffen.
Verbraucher: Örtlicher Treffpunkt von Händlern, die zu bestimmten Zeiten Waren für den täglichen Gebrauch verkaufen.
Wirtschaft: Bereich, in dem Angebot und Nachfrage für bestimmte Produkte oder Güter zusammentreffen.
Beispiele:
- Druckprodukte
  Druckerei „vor Ort“ – Online-Druckerei
- Elektronik-Produkte
  Einzelhändler mit Fachberatung „vor Ort“ – Elektronik-Großmarkt – Versandhandel
- Wertpapierbörse
  Aktienhandel

M

Marktwirtschaft
Eine Wirtschaftsordnung, bei der die Produktion und Verteilung aller Güter und Dienstleistungen über Angebot und Nachfrage ohne Einwirkungen durch den Staat oder sonstige Einflüsse frei gehandelt werden können.

Maschenöffnung
Druckformherstellung: Im Siebdruckgewebe sich ergebende offene, farbdurchlässige Fläche. Sie ergibt sich aus der Anzahl der Gewebefäden pro Zentimeter (= Gewebefeinheit bzw. Gewebenummer) und der Fadenstärke (auch Qualität genannt). > Gewebe

Maschinenanbindung
> CIP3, > CIP4, > Industrie 4.0, > Vernetzung

maschinengestrichene Papiere
Heute: Bilderdruckpapier.
Sammelbegriff für gestrichene Massendruckpapiere in verschiedenen Qualitäten.

Früher wurden diese Papiersorten direkt in einer einfachen Streichanlage innerhalb der Trockenpartie einer Papiermaschine gestrichen.
Daher stammt die Bezeichnung „maschinengestrichen".
Heute werden diese Papiere überwiegend in separaten Streichmaschinen gestrichen. Bei manchen Sorten erfolgt ein leichter Vorstrich in der Papiermaschine.

maschinenglattes Papier
Abkürzung: m'gl.
Bezeichnung für alle Papiersorten, die bei der Papierherstellung in der Trockenpartie getrocknet und ausschließlich mit dem Glättwerk in der Papiermaschine geglättet worden sind.
Man nennt diese Papiere allgemein Naturpapiere, d. h., sie wurden nicht mit einem Strich (Oberflächenbeschichtung) versehen oder auf externen Anlagen veredelt.

Maschinenkopie
In der analogen Druckformherstellung die Belichtung der Druckplatte in mehreren Teilschritten in einer > Kopiermaschine.

Maschinenpappe
Spezielle Pappe, die in Endlosbahnen auf einer Kartonmaschine wie Karton aus mehreren (Stoff-)Lagen gefertigt wird.
Gegensatz: Wickelpappen.

Maschinenrichtung
Bedruckstoffe: Nach DIN die hauptsächliche Orientierungsrichtung der Faserstoffe bei der Papierherstellung in Langsiebpapiermaschinen.
Sie entspricht der Arbeitsrichtung der Papiermaschine.
Die Maschinenrichtung wird auch > Laufrichtung genannt.

Maschinensatz
Bezeichnung für den Bleisatz mit Setzmaschinen; im Gegensatz zu früher üblichem Handsatz. Konstruktiv unterscheidet man Bleisatzmaschinen für Zeilensatz (z. B. Linotype) und für Einzelbuchstabensatz (z. B. Monotype).

Maschinensprache
EDV: Programmiersprache, die nur aus den dualen Zeichen 0 und 1 besteht und direkt maschinenverständlich ist.
Im Gegensatz dazu sind andere Programmiersprachen nicht direkt maschinenverständlich, sie müssen in die Maschinensprache „übersetzt" werden.

Maske
1. Mikroelektronik: Glasplatten mit einer dünnen Metallschicht. In diese Schicht sind die mikroskopisch kleinen Strukturen der einzelnen Bauelemente einer Schaltung eingeätzt.
   Die Masken dienen zur Übertragung der Schaltungsstrukturen als Negativ, um Fotolack auf das Silizium-Kristall zu belichten.
2. Reproduktion: Manuell, fotografisch oder digital hergestellte Abdeckung für bestimmte Bildteile.
- Freistellmaske: Lichtundurchlässige Schablone zur Bildbegrenzung.
- Ton- und Farbwertkorrektur: Manuell oder fotografisch hergestellte Negative, Positive oder Decker, die passgerecht auf ein anderes fotografisches Material direkt oder im Strahlengang der Reprokamera eingesetzt werden.
  In der digitalen Bildverarbeitung sind diese Masken elektronisch herzustellen und ebenso einzusetzen.
3. Digitale Reproduktion: Der inaktive Teil eines (Bitmap-)Bildes, an dem keine Änderungen vorgenommen werden können.

maskieren
Abdecken bestimmter Bereiche einer Bildvorlage in der Bildbearbeitung zu Ton- und Farbwertkorrekturen und zum Freistellen. Die dazu erforderlichen Masken werden digital erstellt.

Masseleimung
Papierherstellung:
Der Fasermasse, dem Stoff, werden vor der Blattbildung in der Papiermaschine Harzleime zugegeben, um die Saugfähigkeit des Papiers zu verringern bzw. dem Papier bestimmte Eigenschaften (Bedruckbarkeit, Tintenfestigkeit) zu verleihen.
Auch Stoffleimung genannt.

Maßhaltigkeit
Beständigkeit eines Werkstoffes wie z. B. Papier, Montagefolien und Fotomaterial gegen Dehnung und Schrumpfung.

Maßsystem
> typografisches Maßsystem

Material
Werkstoffe, die für eine Produktion (Herstellung von Gütern) benötigt werden.

Materialwirtschaft
Versorgungssystem für notwendige Materialien in einem Unternehmen:
Bedarfsermittlung, Einkauf, Kosten, Bereitstellung, Entsorgung, Lagerung, Wirtschaftlichkeit.
> Just-in-Time

Materialzuschlag
Kalkulation:
Zuschlag für Materialeinkauf und -verwaltung.
Hier entstehen erhebliche Kosten, z. B. Lagerhaltung, Telefonate, Klimatisierung, Korrespondenz, Eingangsprüfung, innerbetriebliche Transporte, spezielle Lagerbedingungen, Verzinsung des lagergebundenen Kapitals.
Diese Kosten können nicht direkt dem Auftrag zugerechnet werden.

Materialzuschuss
Zusätzliche erforderliche Materialmenge, die zum Rüsten von Maschinen benötigt wird sowie Ausschuss oder Makulaturen während der Produktion ausgleicht.

Matrix
Mathematische Zusammenstellung von Größen in einem System mit waagerechten und senkrechtern Spalten.
Daraus ergeben sich kleinste, ausfüllbare oder ansteuerbare Informationseinheiten.
Eine zweidimensionale Anordnung mit 16 × 16 Feldern (Informationseinheiten) bietet die Möglichkeit zur Wiedergabe von 256 unterschiedlichen Elementen, z. B. Graustufen.

Matrixdrucker
EDV: Drucker, die einzelne Zeichen durch eine Matrix winziger Einzelelemente erzeugen.
Die Bezeichnung wird vor allem für früher eingesetzte Nadeldrucker verwendet.
Aber auch heute eingesetzte Tintenstrahldrucker erzeugen Zeichen grundsätzlich nach dem gleichen Prinzip.

Matrize
Metallkörper mit einem vertieft liegenden Bild, der z. B. in Bleisetzmaschinen zum Ausgießen der Buchstaben oder zum Prägen eingesetzt wird.

mattgestrichene Papiere
Gestrichene Papiere, die nicht oder nur sehr gering satiniert wurden.
Nicht geglättete, ungleichförmige Streichpigmente remittieren Licht (= diffuse Reflexion) nicht spiegelartig wie von glatten Oberflächen, daher ergibt sich der matte Charakter.

Mattscheibe
Fotografie: Aufnahmeebene.
Die Stellung bei der Betrachtung des aufzunehmenden Bildes entspricht der Belichtungsebene.

Maus
EDV: Frei bewegliches elektronisches Steuergerät zur Befehlseingabe bei Personalcomputern.
> Menü

Maus-Menü-Technik
Bedienerführung bei der Arbeit mit einem Computersystem durch Texte oder Piktogramme zur Auswahl aus einem Bildschirmformular für die Lösung einer bestimmten Aufgabe bzw. die Eingabe eines Befehls.
Das Ansteuern erfolgt durch einen Pfeil, ein Fadenkreuz oder ein ähnliches Symbol mithilfe der > Maus.
Durch die Technik ist eine einfache, leicht zu erlernende Eingabe von Befehlen möglich.
(Befehle können, wenn gewünscht, auch über die Tastatur eingegeben werden.)
Das zeitaufwendige Lernen von Befehlen und eine umständliche Eingabe entfallen somit. > Menü

maximal
Abgeleitet aus dem Lat.: maximus = das Größte.
Beispiel: Maximalleistung = Höchstleistung.

Maximum
Höchsterreichbarer Wert, Höchstleistung, das Beste.

MB
Abk. für > Megabyte. > M

MBit
Abk. für Megabit. > M

MDN
Abk.: Message Disposition Notification.
Nach dem Versand einer E-Mail eine angeforderte Rückmeldung als Lesebestätigung durch den Empfänger.

Mechanik
Lat., griech. (sinngemäß): „Die Kunst, Maschinen zu erfinden und zu bauen".
Allgemein die Lehre von der Bewegung der Körper unter dem Einfluss dabei einwirkender Kräfte.
Technik: Konstruktion und Funktion von Maschinen und Geräten.
Druckmaschinen früherer Generationen bestanden technisch gesehen nur aus mechanischen Bauelementen (z. B. Grundgestell, Anleger, Druckwerk, Zahnräder im Druckwerk, Bogenauslage, Stapelsteuerung), die elektrisch angetrieben wurden.
Moderne Druckmaschinen bestehen dagegen aus einem System aus Mechanik, Elektronik und Informatik.
> Mechatronik

Mechatronik
Maschinensysteme, bei denen drei Komponenten zusammenwirken:
Mechanik, Elektronik, Informatik.

Mediatisierung mobil
Ausbreitung der elektronischen Medien in allen Lebensbereichen ohne eine räumliche, zeitliche oder soziale Begrenzung.
Die Nutzung des Handys und mobilen Internets – insbesondere die Kommunikation mit Gleichaltrigen – nimmt sehr stark zu.
Eine Untersuchung zeigt negative und positive Seiten der immer stärkeren Mediennutzung.
Die wichtigsten erlebten Risiken der Kinder und Jugendlichen
- Ablenkung durch Handy (z. B. bei Hausaufgaben)
- unüberlegt Daten preisgeben
- Nachrichten von Fremden bekommen
- hohe Kosten verursachen
- Kommunikationsstress empfinden
- Kontakt mit nicht kinder-/jugendfreien Seiten
- schulische Probleme durch zu starke Handynutzung.

Daneben gibt es andererseits auch viele positive und gewinnbringende Aspekte, wie
- Erleichterung der Kommunikation (Bescheid geben, nachfragen u. a.)
- leichtere Alltagsorganisation (Verabredungen, Termine u. a.)
- Erreichbarkeit in Notfällen.

Lit.-Hinweis zur Vertiefung: Landesanstalt für Medien Nordrhein-Westfalen (LfM),

Handy- und mobile Internetnutzung von Kindern und Jugendlichen.

Mediäval
Veraltete Bezeichnung für Druckschriften, die auf Formen der Renaissance-Schriften zurückgehen.
> Schriftklassifikation

Mediävalziffern
Ziffern mit unterschiedlicher Höhe in der Schriftlinie, die aus den Mediävalschriften (> Mediäval, Schriftklassifikation) sind.
Diese Ziffern werden wegen ihrer guten Lesbarkeit häufig in Anzeigen und im Werksatz verwendet. Sie eignen sich weniger für Tabellen.

Medien
In der > Kommunikation die unterschiedlichsten Mittel zur Weitergabe und Verbreitung von Informationen.

Mediendesign
Produktbezogene, zweckdienliche Gestaltung für ein bestimmtes Medium.
Die Aufbereitung der Informationen für eine Zielgruppe muss die typischen Vorteile dieses Mediums (Printmedien und elektronische Medien wie Internet, CD-ROM, E-Learning, Fernsehen) optimal nutzen.

Mediengestalter Digital und Print
> Ausbildungsberufe in der Druck- und Medienindustrie
Aktuelle Informationen über Anforderungen, Ausbildungspläne und -inhalte sowie Prüfungen siehe www.zfamedien.de/Ausbildung

Medienkeil
Ugra/Fogra-Kontrollmittel. Auf jedem als farbverbindlich zu betrachtenden Digital-Prüfdruck muss der Ugra/Fogra-Medienkeil stehen. Der als Datensatz gelieferte Kontrollblock enthält in der „Version 3.0 Proof" 59 ein- und mehrfarbig aufgebaute Farbfelder. Zusätzlich sind ein Buntgraukeil, ein Echtgraukeil sowie ein unbedrucktes Feld vorhanden.
Wenn ein Prüfdruck farbverbindlich für Druckbedingungen sein soll, dann müssen die CIELAB-Farbwerte der Felder des Medienkeils CMYK mit den Feldern auf einem standardisiert erstellten Referenzdruck übereinstimmen. Dieser entspricht in seinen Bedingungen dem geplanten Auflagendruck.
> Kontrollmittel

Medienkompetenz
Die Fähigkeit, alle heutigen Medien wie Fachliteratur, Bücher, Zeitungen, Zeitschriften, Internet, Foren, Podcasts, Hörfunk und Fernsehen zielgerichtet auszuwählen und so verantwortungsvoll zu nutzen, dass damit die eigenen Bedürfnisse und Anforderungen erfüllt und Mitmenschen nicht geschädigt werden.

medienneutrale Daten
Digitale Daten wie Texte, Bilder, Grafiken, Video u. a., die in allen multimedialen Produktionen genutzt werden können.
Voraussetzung ist die Speicherung der Daten in einer neutralen Form (z. B. Texte in SGML, Bilder in CIELAB) oder die Möglichkeit einer einfachen, verlustfreien Konvertierung in jedes benötigte Format.

medienneutrale Datenbank
Datenbank zur Verwaltung von verschiedenen Informationsbausteinen (Texte, Bilder, Grafiken, Audio, Video u. a.) für multimediale Produktionen: Print, Online und Offline (z. B. CD-ROM).
Für die Medienneutralität bei der Datenablage ist eine strikte Trennung von Inhalt und Layout erforderlich. Funktionen, Möglichkeiten:
- Medienneutrale Verwaltung aller Produktdaten in einem zentralen System
- Bildverwaltung (mit Indexierung bzw. Verschlagwortung zur Organisation und Suche)

- Automatische Erzeugung aller Ausgabemedien für Print, Online, CD-ROM u. a. aus einer Datenbank
- Integration von Übersetzungsmodulen für international tätige Unternehmen

> medienneutrale Daten

Medienpädagogik
Kinder und Jugendliche wachsen mit einer Vielzahl unterschiedlicher Medien auf. Die Medienpädagogik befähigt zu einem selbstbestimmten, reflexiven Umgang mit Medien aus ethischer, politischer, kritischer und erzieherischer Sicht.
Prinzipielles Ziel ist die Entwicklung einer Medienkompetenz. Dazu ist die Rolle und Bedeutung der Medien zu verstehen, d.h. es sind die erforderlichen Kenntnisse zu gewinnen, eine Verantwortungshaltung zu berücksichtigen und einen sicheren Umgang mit unterschiedlichen Medien aufzubauen.

In der Medienpädagogik wird über die Möglichkeiten informiert, verschiedene analoge und digitale Medien in die Bildungsarbeit einzubeziehen.

Medienproduktioner
Der Medienproduktioner ist verantwortlich für die einwandfreie kaufmännische, qualitative und terminliche Abwicklung von Aufträgen.
Die Hauptaufgaben des Medienproduktioners sind: Beratung, Organisation, Vergabe von Aufträgen an Hersteller/Dienstleister, Koordination aller Beteiligten.
> f:mp

Medienrecht
Schutz des geistigen Eigentums.
Das Nutzen fremder Texte, Bilder, Töne, Software (Computerprogramme) und Filme sowie Kombinationen dieser Medien, z. B. CD, DVD, Videoclips, Spiele, Fernsehsendungen, unterliegen dem Medienrecht.
Entscheidend ist das öffentlich Zugänglichmachen dieser Medien.
Im Urheberrecht sind zulässige oder auch eingeschränkte Nutzungen geregelt. Dabei ist jedoch grundsätzlich die Quelle anzugeben. > Plagiat.
Bedeutende Rechtsgrundlage ist das Urheberrecht. Hinzu kommen im weiteren Sinne beispielsweise das Presserecht, Recht am eigenen Bild und Markenrecht.
In vielen Fällen ergeben sich daraus bei einem Nichtbeachten der Rechtsgrundlagen strafrechtliche Konsequenzen.
In Werken (Bücher), Zeitschriften, Zeitungen ist die Verantwortung und Haftung für das Veröffentlichen anzugeben.
Eine grundlegende rechtliche Auskunft zum Urheberrecht bietet die offizielle Seite des Bundesjustizministeriums:
www.gesetze-im-internet.de/urhg

MedienStandard Druck
Seit 1997 gibt der Bundesverband Druck und Medien e. V. (bvdm) den MedienStandard Druck heraus und aktualisiert ihn regelmäßig. Dieser Standard bietet eine Grundlage zur reibungslosen technischen Zusammenarbeit zwischen Auftraggeber, Vorstufendienstleister und Druckbetrieb und steigert so Attraktivität und Wettbewerbsfähigkeit der Druckmedien. Der MedienStandard bezieht sich auf internationale Normen für den standardisierten Druck nach ISO 12647 ff.

Medientechnologe Druck
Aktuelle Informationen über Anforderungen, Ausbildungspläne und -inhalte sowie Prüfungen siehe www.zfamedien.de/Ausbildung
> Ausbildungsberufe in der Druck- und Medienindustrie

Medientechnologe Druckverarbeitung
Aktuelle Informationen über Anforderungen, Ausbildungspläne und -inhalte sowie Prüfungen siehe www.zfamedien.de/Ausbildung
> Ausbildungsberufe in der Druck- und Medienindustrie

Medium
Lat.: das Mittlere. Die Bezeichnung wird in verschiedensten Zusammenhängen benutzt, u. a.:

1. Träger physikalischer oder chemischer Vorgänge, z. B. Luft als Träger von Schallwellen.
2. Satztechnik, Schrift: Englische Bez. für Schriften mit einer mittleren Strichstärke.

Mega
Vorsatz zu mathematischen und physikalischen Einheiten: > M.

Megabit pro Sekunde
Abk.: Mbit/s, Mbps; Dateneinheit pro Zeiteinheit. Häufig verwendeter Begriff für die Übertragungsgeschwindigkeit (Datenübertragungsrate) in Computernetzen oder Telekommunikationsleitungen.
Nächsthöhere Einheiten:
Gigabit pro Sekunde, Terabit pro Sekunde.
Umrechnung:
1 Mbit/s = 1 000 Kbit/s = 1 000 000 Bits/s

Megabyte
1 MB (Megabyte) = 2^{10} Kilobyte (KB)
= 2^{20} Byte = 1.024 KB
= 1 048 576 Byte.
Wichtige Maßeinheit für die Informationsmenge bzw. die Kapazität von Datenspeichern.

Megahertz

1. Abk.: MHz. In der Physik die Maßeinheit für elektrische Schwingungen.
2. EDV: Die Leistungsfähigkeit eines Computers und damit die Geschwindigkeit von verschiedensten Abläufen wird durch die Anzahl der Taktimpulse pro Sekunde, der Taktfrequenz, in Megahertz gemessen.

mehlen
Druckschwierigkeit: > abmehlen.

Mehrfarbdruck
> Farbdruck, auch Vierfarbdruck. Drucktechnische Wiedergabe realer oder virtueller Bilder in einem Druckverfahren durch die vier Prozessfarben Cyan (C), Magenta (M), Yellow (Y) sowie zusätzlich Schwarz (K). Die Bildinformationen sind dabei grundsätzlich gerastert.
Eine Bildvorlage, z. B. Farbdiapositiv, besteht aus einer Vielzahl kontinuierlich verlaufender Ton- und Farbwerte.
Durch reprotechnische Verfahren (früher analog, heute digital) und unter Einsatz von Farbauszugsfiltern wird je ein > Farbauszug für die Druckfarben Cyan, Magenta und Gelb sowie für Schwarz hergestellt.
Von den Daten werden > Teildruckplatten für jede Druckfarbe hergestellt, die mit den entsprechenden Druckfarben zusammengedruckt das Farbbild ergeben.
Im Unterschied zu einem > mehrfarbigen Druck wird ein Farbdruck immer mit den drei transparenten subtraktiven Grundfarben Cyan, Magenta und Gelb (Primärfarben) sowie Schwarz gedruckt.
Beliebige Mischfarben (Sekundärfarben, Tertiärfarben) ergeben sich durch mehr oder weniger übereinander gedruckte, flächenvariable > binäre Bildinformationen (= Rasterpunkte – keine Rasterpunkte bzw. Papierweiß) in verschiedenen > Rasterwinkelungen, die auftreffendes Licht teilweise absorbieren bzw. remittieren.
Das durch das Auge empfangene Restlicht erzeugt im Gehirn den Farbeindruck entsprechend der Bildvorlage.
> Sehen, > Farbreproduktion

Mehrfarben-Offsetdruck
Offsetdruckmaschine mit mehr als einem Druckwerk. In der Praxis werden Zweifarben-, Vierfarben-, Fünf-, Sechs- und Achtfarben-Offsetdruckmaschinen eingesetzt. Druckbogen oder eine Papierbahn werden ohne Zwischentrocknung nach einzelnen Druckwerken hintereinander mit mehreren Druckfarben bedruckt.
Die Druckfarben liegen noch „feucht“

übereinander: Sie sind durch den Bindemittelaufbau (> Thixotropie) der Druckfarbe zwar wischfest, aber nicht trocken. Man nennt dieses Verfahren Nass-in-Nass-Druck (N-i-N-Druck). Im Gegensatz dazu erfolgt beim Nass-auf-Trocken-Druck (N-a-T-Druck) ein weiterer Druckgang erst nach mehr oder weniger langer Trockenzeit der einmal bedruckten Bogen.

mehrfarbiger Druck
Ein farbiger Druck mit beliebig vielen bunten Druckfarben.
Dagegen ist ein Farbdruck die Wiedergabe einer Farbvorlage im Druck mit den Prozessfarben CMYK.

mehrlagig
Buchbinderisches Produkt, das aus mehreren zusammengetragenen (= übereinandergelegten) verschiedenen Falzbogen besteht, die im Bund geheftet werden. Das Produkt ist z. B. ein Buchblock.

mehrlagige Produkte
Druckweiterverarbeitung:
Broschuren-, Buchblock oder ähnlicher Block, der aus mehreren zusammengetragenen einzelnen Lagen, d. h. gefalzten Bogen, besteht.
Beispiel: Lage 1 mit den Seiten 1 bis 16, Lage 2 mit den Seiten 17 bis 32 usw. hintereinander angeordnet.

mehrlagiger Karton
Bedruckstoff, der aus mehreren gleichen oder verschiedenen Faserstofflagen besteht, die bei der Herstellung > gegautscht oder zusammengeklebt wurden.

Mehrmetallplatten
Druckformherstellung:
Früher im Offsetdruck eingesetzte Druckplatten, die aus zwei oder drei unterschiedlichen übereinanderliegenden Metallschichten bestanden.
Zwei der Metalle verhalten sich gegensätzlich zu Wasser.
Beispiel: Bimetall-Druckplatte = galvanisch verchromte Kupferplatte. Das Chrom muss an allen Bildstellen durchgeätzt werden. Beim Feuchten nimmt Chrom Feuchtigkeit an, das Kupfer nicht. Beim anschließenden Einfärben nehmen nur die trockenen Kupferbereiche (Bildstellen) Druckfarbe an.

Mehrwert im Druck
Bezeichnung für eine individuelle, intensive Kundenorientierung, d.h. die Bedürfnisse erkennen und dem Kunden mehr bieten, als nur einen sehr guten Druck.
Beispiele:
- Full-Service-Partner
- Kreativität bei der Gestaltung neuer Druckprodukte, Design- und Layout-Service
- optisch Reizvolles, z. B. Veredelungen, kunstvolle Prägungen, Laserstanzungen, fotochromatische Druckfarben (sichtbar bei UV- bzw. Sonnenlicht)
- Druck beliebiger Auflagen, variabler Druck
- Perfekte Endfertigung und Logistik

> Kunde

Mehrwertsteuer
Abk.: MwSt. Eine Steuer nach dem Umsatzsteuergesetz, die in zwei unterschiedlichen Sätzen (19 %, ermäßigter Satz 7 %) auf Waren und Dienstleistungen erhoben wird.

Meilenstein
Projektplanung: Wesentliche Zwischenschritte bzw. Zwischenergebnisse in einem Projekt bzw. Ablauf.

Meisenbach, Georg
(1841–1912)
Erfinder der Autotypie (1881) zur drucktechnischen Wiedergabe eines Halbtonbildes durch flächenvariable Rasterelemente. Meisenbachs erste Rasterätzung für den Buchdruck, das Porträt eines Mannes, ist noch erhalten.

Melamin
Kunstharz, der zur Gruppe der Duroplaste gehört.

meliertes Papier
Papier, das in der Oberfläche oder im Querschnitt feinst verteilte, andersartige Faserstoffe einschließt, die sich in der Art und Färbung oder der Farbintensität von der übrigen Papieroberfläche optisch unterscheiden.

Memory
Speicher, z. B. Arbeitsspeicher in einem Computersystem.

Mengenfixe und mengenvariable Kosten
Kalkulation: Betrachtet man die Kosten von Kalkulationspositionen (z. B. Medienvorstufe: Text, Bild, Druckform) in Abhängigkeit von der Auflage eines Auftrags, so bleiben trotz unterschiedlicher Auflagenhöhe bestimmte Kalkulationspositionen gleich. Sie sind demnach unabhängig von der Auflage, also mengenfix.
Andererseits gibt es Kalkulationspositionen, die sich bei unterschiedlicher Auflagenhöhe verändern.
Sie sind abhängig von der Auflage, also mengenvariabel.

Menü
Benutzerführung der Programme durch am Bildschirm angezeigte Auswahlmöglichkeiten von Befehlen und Optionen, die durch Tastendruck, den Mausklick oder durch Kurzbefehle zu steuern sind.
Menüs sind heute zumeist in einer Menüleiste unter themenbezogenen Oberbegriffen angeordnet. Die Bedienung eines Computersystems mit einem entsprechenden Programm ist dadurch wesentlich einfacher und bedienungsfreundlicher geworden.

Menütechnik
Systemgeführter > Dialog, d. h. wechselseitiger und schrittweiser Austausch von Informationen zwischen dem Rechner und dem Benutzer.
Benutzerführung durch ein Programm, das Auswahlmöglichkeiten von Befehlen oder Abläufen am Bildschirm anzeigt, die durch Tastendruck, mit einem elektronischen Zeichenstift, mit einer Fadenkreuzlupe, mit der > Maus u. a. aufgerufen werden.

Mergenthaler, Ottmar
Deutscher Erfinder (1854–1899) der ersten Zeilensetz- und -gießmaschine, der „Linotype“.
Die Setzmaschine produzierte eine komplette Bleisatzzeile und legte die dazu benötigen Matrizen automatisch in das entsprechende Fach zurück.
Mit dieser Setzmaschine wurde das Setzen – bisher ausschließlich im Handsatz möglich – erstmals mechanisiert. Die bisherige Domäne der Schriftsetzer, nur manuell Satz herstellen zu können, wurde dadurch umwälzend verändert.

Message
Werbeaussage, Botschaft, Mitteilung.

Messbügelschraube
Dickenmessgerät mit einer Genauigkeit von 0,01 mm.
Die Messfläche ist für den Offsetdruck vielfach durch sogenannte Teller vergrößert, damit Papiere, Kartons, Gummitücher und Aufzüge sicher gemessen werden können.

Messerfalzmaschine
Auch Schwertfalzmaschine.
> Falzmaschine in der Druckweiterverarbeitung, bei der ein vertikal bewegtes Falzmesser den zu falzenden Bogen zwischen zwei Falzwalzen drückt, die das Produkt falzen.

Messerschnitt
> Schneidetechniken

Messgeometrie
Anordnung der Beleuchtungs- und Beobachtungswinkel bei der Farbmessung und Dichtemessung.
Die CIE empfiehlt:
Beleuchtung 45°, Beobachtung 0° (d. h. senkrecht zur Beobachtungsebene), abgekürzt 45°/0°.
Möglich ist aber auch die umgekehrte Anordnung.

Messing
Metalllegierung aus Kupfer und Zink.

Metadaten
Als Metadaten bezeichnet man zusätzlich gespeicherte Daten, die in strukturierter Form vorliegen und Informationen über Merkmale anderer Daten liefern, z. B. bei einem Foto zusätzliche Informationen über Standort (Geo-Tags), Blendenzahl, Verschlusszeit.

Metallpigmente
Drucktechnik: Anorganische Pigmente, die aus feinsten Metallplättchen bestehen.
Sie werden in der Drucktechnik für Bronzedruckfarben und zum Bronzieren eingesetzt. Goldbronzen bestehen aus Messing, einer Legierung aus Kupfer und Zink.
Durch unterschiedliche Legierung erhalten Goldbronzen verschiedene Farbtönungen.
Ein geringer Zinkanteil ergibt einen rötlichen Farbton (Bezeichnung: Bleichgold), ein höherer Zinkanteil ergibt einen gelblichen (Reichbleichgold) und ein sehr hoher Zinkanteil einen grünlichen Farbton (Reichgold).

Metalure®
Hochbrillante Aluminium-Pigmentdispersion in Druckfarben oder Lacken, die eine optimale Lichtreflexion und damit brillante, metallische Optik ergeben.
Die Qualität ist mit konventionellen Metallpigmenten nicht zu erreichen.

metamere Farben
Bedingt-gleiche Farben. Farben, die für das Auge gleich aussehen, aber aus verschiedenen Farbreizen (= unterschiedlich zusammengesetzte Lichtstrahlen) erzeugt werden.
Daraus folgt: Nicht alle gleichen Farbempfindungen haben unbedingt die gleichen Farbreize als physikalische Ursache.
Demnach sind die auftretenden, objektiven Farbreize vielfältiger als die durch sie ausgelösten, subjektiven Farbempfindungen.

Metamerie
Farbtonabweichung von bedingt-gleichen Farben bei wechselndem Licht.
Metamere Farben erscheinen nur bei der Betrachtung bei einer bestimmten Lichtart (z. B. einer Leuchtstofflampe oder einer Lampe D 50 oder einer Glühlampe) gleich.
Bei der Betrachtung unter einer anderen Lichtart unterscheiden sich die zu vergleichenden Farben aufgrund ihrer spezifischen Zusammensetzung.

Methan
Chemisches Kurzzeichen: CH_4.
Ein bis zu 30-mal stärkeres Treibhausgas im Vergleich zu Kohlendioxid (CO_2).
Etwa 40 % der Methan-Emissionen stammen aus natürlichen Quellen, der andere Teil entsteht u. a. durch Energieproduktion und Energienutzung, Mülldeponien, vermehrtem Reisanbau, Verbrennung von Biomasse und dem Anwachsen der Rinderzucht.
Auch große Herden von Wildtieren tragen zu Methan-Emissionen bei.
So berichtet der Spiegel, Wissenschaft 01/2012, über 1,2 Millionen wild lebende Kamele in Australien: Kamele sollen im Jahr rund 45 kg Methan ausstoßen.
Das entspricht etwa einer Tonne Kohlendioxid. Alle Kamele in Australien stoßen damit im Jahr so viel Treibhausgase aus wie ca. 300 000 Autos.
> Klima, > Treibhausgase

Methode
Ablauf. Beschreibung eines Prozesses zu einer Fertigung (Produktion) von einem Anfangszustand bis zu einem Endzustand in allen einzelnen Schritten.

MHz
Abkürzung für > Megahertz.
1 MHz = 1 000 000/s.
Hertz: Maßeinheit für die Frequenz = Anzahl von Schwingungen pro Sekunde.

MIDI
Engl. Abk. für Musical Instrument Digital Interface.
Eine standardisierte digitale Schnittstelle (Soundkarte) für die Verbindung elektronischer Musikinstrumente untereinander und mit dem Computer.
Mit diesem System ist die Musik von Synthesizern aufzunehmen und digital zu speichern. Danach ist ein umfassendes Bearbeiten und Kombinieren der Klänge verschiedener Musikinstrumente möglich.

Miedinger, Max
Schweizer Grafiker und Schriftsetzer (1910 bis 1980) entwarf zwischen 1957 und 1959 die Haas-Grotesk, eine serifenlose Linear-Antiqua, die seit 1960 mit dem neuen Namen Helvetica auf dem Markt ist. Die Helvetica ist neben der Times eine der am meisten eingesetzten Schriften.

Migration, migrieren
Lat.: Wanderung, wandern.
Kunststoffe: Sogenannte Weichmacher werden Polymerwerkstoffen zugesetzt, um bestimmte mechanische Materialeigenschaften zu erhalten.
Die zugesetzten Stoffe können durch Wechselwirkungen zwischen verschiedenen Stoffen in einen anderen Werkstoff übertreten. Damit verändern sich die ursprünglichen Materialeigenschaften.
Beispiel: Ein weicher, flexibler Kunststoff wird durch Migrationsprozesse spröde, brüchig oder hart.

Mikrocomputer
Sehr kleine oder kleinste Computer aus nur wenigen Halbleiterschaltungen und einem Mikroprozessor als zentrales Rechen- und Steuerwerk.
Die Grenze zu einem Minicomputer ist nicht klar definiert.

Mikroelektronik
Elektronik im Kleinstformat, die sich auf integrierte Schaltungen bezieht.
1. Gesamte Technik zur Herstellung von > integrierten Schaltungen.
2. Gesamtbegriff für die Anwendungsbereiche integrierter Schaltungen.

Mikrofiche
Planfilm als > Mikrofilm.

Mikrofilm
Rollfilm oder Planfilm (Mikrofiche), auf den visuelle Informationen (Texte, Bilder) extrem verkleinert zu speichern sind.
Für umfangreiche Datensammlungen von Archiven, Behörden, Banken, Bibliotheken u. a., die auch über sehr lange Zeit aufbewahrt werden sollten, ist die fotografische Speicherung auf Mikrofilm platz- und kostensparend. Auf einer Mikrofilmrolle können über 10 000 Seiten DIN A4 reproduziert werden. Lesbar sind aufgezeichnete Informationen von Mikrofilmen mit geeigneten Lesegeräten.
> Speicher

Mikrolinienanzeige
Analoge Druckformherstellung (Kopie):
Als Mikrolinienanzeige, dem sogenannten K-Wert, gilt die feinste Strich- bzw. Spaltenbreite des auf der Druckform wiedergegebenen Mikrolinienfeldes eines Testkeils oder Präzisionsmessstreifens (z. B. der Ugra-Offset-Testkeil 1982).
Die Zahlenangaben beziehen sich auf die Breite der Linien bzw. Spalten auf dem Testkeil bzw. Präzisionsmess-Streifen in Mikrometer (0,001 mm).

Mikrometerschraube
Fälschlich verwendeter Ausdruck für > Messbügelschraube.

Mikroorganismen
Wasser, Feuchtmittel im Offsetdruck: Winzige Organismen wie Bakterien, Pilze, Algen u. Ä. im Leitungswasser.
Anti-bakterielle Zusätze zum Feuchtmittel verhindern negative Auswirkungen durch Schleim, Pilz- oder Algenbildung und damit auf die Feuchtung im Druckprozess.

Mikroprozessor
EDV: Der zentrale Baustein in einem > Mikrocomputer. Er entspricht der Zentraleinheit eines größeren Computers.

Mikrosekunde
Abgeleitete SI-Einheit.
1 Mikrosekunde (µs) =
1 Millionstel Sekunde = 10^{-6} Sekunden.

Mikrotypografie
Typografie im Detail, die Feinheiten im Satzbild bei Buchstaben, Ziffern und Zeichen beachtet, die Laufweite, Wortbilder, Wortabstände (vgl. Blocksatz), Zeilenbreite, Zeilenfall, Silbentrennungen, u. a. prüft und ggf. optimiert.
> Makrotypografie, > Typografie

Millimol
Einheitenzeichen: mmol, 1/1 000 mol.
Der früher übliche Härtegrad des Wassers in „Grad deutscher Härte" (°dH) ist durch die Angabe „Millimol Calciumcarbonat je Liter" ersetzt worden.
> Mol

Millions of Instructions per Second
> MIPS

Millisekunde
Abgeleitete SI-Einheit.
1 Millisekunde (ms) =
1 Tausendstel Sekunde = 10^{-3} Sekunden.

MIME
Abkürzung für Multipurpose Internet Mail Extensions, d. h. Vielzweck-Internet-Mail-Erweiterung.
Dieser Standard ermöglicht es, an E-Mails beliebige binäre Dateien anzuhängen und an einen Empfänger über die Internet-Datenleitung zu senden.

Mindmap
Bildhafter, rasch einprägsamer „Gedächtnisplan". In einer großflächigen grafischen Übersicht mit Schlagwörtern oder kurzen Beschreibungen lassen sich verschiedene Sachverhalte in ihren Zusammenhängen darstellen. Einzelne Begriffe oder Hinweise werden dabei in ihrem Zusammenhang mit Verbindungslinien verbunden.

Miniaturisierung
Elektronik: Extreme Verkleinerung.
Herstellung von diskreten Bauelementen der Elektronik zu kompletten Baugruppen und integrierten Schaltungen.
Durch Miniaturisierung ist die > Mikroelektronik entstanden.

Minicomputer
> Mikrocomputer

Minigap
Drucktechnik: Spalt, Lücke. Im Rollen-Offsetdruck der nicht druckende Streifen, der zum Einspannen der Druckplatte bzw. des Gummituches erforderlich ist.
Je schmaler dieser Streifen ist, desto geringer ist der Papierabfall. Im Allgemeinen ist dieser > Kanal 10 mm breit. Bei der neuartigen Minigap-Technologie wird dieser Streifen auf 6 mm reduziert.

minimale Dichte
Der niedrigste vorhandene Dichtewert einer Reproaufnahme.

MiniTarget
> Ugra/Fogra MiniTarget

Minuskeln
Früher übliche Bezeichnung für Kleinbuchstaben; heute > Gemeine genannt.

Minuskorrektur
Verringern. Beispiele: Verringern der Dichte bei Halbtonvorlagen. Verkleinern der Rasterpunktgröße bei Raster-Reproduktionen (betrachtet vom Positiv aus).
Verringern der Näpfchentiefe im Tiefdruck bei zu dunkel gedrucktem Tonwert.

MIPS
Abkürzung für: Millionen Instruktionen pro Sekunde. Maß für die Rechnergeschwindigkeit.

MIS
> Management-Informations-System

Mischweiß
Mehr oder weniger leicht deckende, farblose Druckfarbe mit Kalziumkarbonat und ähnlichen Füllstoffen.

Mittelachsensatz
Typografie: Zentrierter Satz.
Symmetrische Textanordnung auf einem Satzspiegel.
Der Text einer Zeile steht immer auf der Mitte der Zeilenbreite, auf Mitte des Satzspiegels. Worttrennungen sind dabei zu vermeiden.
Mittelachsensatz ist nur für bestimmte, kleine Textmengen geeignet, da die Lesbarkeit durch ungünstigen Lesefluss nicht so gut ist. Mittelachsensatz eignet sich für den Gedichtsatz, für Titel (Headlines), Urkunden u. Ä.

mittelfeines Papier
Papier mit einer Mischung aus Zellstoff und Holzstoff.

Mittellänge
Bei einer Schrift die sichtbare Höhe der Kleinbuchstaben ohne Ober- und Unterlängen. Vielfach wird das x oder m zur Angabe ausgewählt.
Bei einer Bleisatzschrift waren alle Maße eines Buchstabens durch den (Blei-)Kegel bestimmt, der > Schriftgrad also klar bestimmt.
Im computergesteuerten Satz ist diese eindeutige Bestimmung nicht mehr gegeben. Ein Hilfsmittel zu einer genaueren Höhenangabe ist die Mittellänge.

Mitteltöne
Tonwerte einer Bildvorlage oder einer Reproaufnahme, die zwischen Lichterpartien (hellste Töne im Bild) und Schattenpartien liegen.

mmol
> Millimol, > Mol

MOD
Magneto-Optical-Disk.
Eine wiederbeschreibbare, magnetisch-optische Speicherplatte, bei der die Daten im Gegensatz zu einer Diskette berührungslos mit einem Laserstrahl geschrieben, gelesen und gelöscht werden.

Modell
Muster, Entwurf, Nachbildung, vereinfachte Abbilder der Wirklichkeit. Modelle dienen z. B. als Anschauung für mögliche Funktionen und Gebrauchseigenschaften und als Orientierungshilfen, um Entscheidungsprozesse zu unterstützen.

Modem
Abk. für Modulator – Demodulator. Das Modem moduliert und demoduliert elektrische digitale Signale in analoge Signale.
Beispiel: Ein Modem ermöglicht die Datenübertragung bzw. Kommunikation zwischen zwei digital arbeitenden Computersystemen.
Digitale Datensignale werden durch das Modem in analoge (akustische) Signale umgewandelt und über die Telefonleitung zu dem bestimmten Teilnehmer gesandt.

Dort erfolgt die Rückumwandlung analoger Signale in digitale Signale und die Speicherung auf einen Datenträger (> Speicher) oder direkt in die Zentraleinheit des Computers. Ein mobiles Modem wird Akustikkoppler genannt.

Modifikation
Typografie: Optisches oder elektronisches Verändern einer vorhandenen Schrift in Titelsatzgeräten durch Einsatz spezieller Optiken sowie in Fotosetzsystemen mit digitaler Schriftspeicherung durch elektronische Variationen.
Möglichkeiten: Rund-, Wellenlinien- oder sonstiger Formensatz, Verzerren (ausschließlich mit Titelsatzgeräten), Erweitern oder Verringern der Zeichenbreite, Schrägstellen (kursivähnlich) mit beliebigem Neigungswinkel, Negativbelichtungen u. a.

M

Modul, das
Allgemein verwendete Bezeichnung für einen Baustein bzw. ein bestimmtes Element in einem größeren System, z. B. Hardwaremodul, Softwaremodul, Maschinenmodul, Textmodul, Ausbildungsmodul.
Technik, EDV:
Zu einer Baugruppe oder Schaltungseinheit zusammengefasste einzelne Elemente.

Modul, der
1. Verhältniszahl bei mathematischen oder technischen Größen.
2. Physik: Materialkonstante.
3. Maschinenbau:
   Eine konstante „Kenngröße".

Beispiel: Zusammenlaufende Zahnräder müssen im Modul (*m*) und im Eingriffswinkel der Zähne übereinstimmen. Der Modul ergibt sich aus dem Quotient von Durchmesser (*d*) und Zähnezahl (*z*).

$$\text{Modul} = \frac{\text{Durchmesser}}{\text{Zähnezahl}}$$

= Teilung im Bogenmaß *d*

modular
Aus einzelnen Elementen bestehend bzw. aufgebaut. In der Technik das Integrieren verschiedener (kleiner) Bauelemente oder Komponenten zu einem funktionierenden Gesamtsystem.

Modulation
Technik: Beeinflussung einer charakteristischen physikalischen Größe (z. B. Wellen, Lichtstrahlen, Impulsfolge) zum Zweck der Übertragung von Signalen oder Informationen.

Moiré
(Frz.; gespr.: Moaree). Störende Musterbildung in einem Druckbild, die durch ungünstige Rasterwinkelung der einzelnen Prozessfarben im Druck entsteht.
Ursache sind Interferenzerscheinungen.

Moirélinien
Sicherheitslinien. Mehrere nebeneinanderliegende, zumeist farbige Linien, bei denen sich die Strukturen wiederholen.
Diese feinen wellenartigen Linien sollen Fälschungen erschweren oder verhindern.

Mol
SI-Einheit für die Stoffmenge.
> Millimol

Molekül
Kleinstes Teilchen einer chemischen Verbindung.

Molette
Franz.: Rändelrad, Rasterwalze, Prägewalze, Stempel.
> molettieren

molettieren
Werkstoff oder Gegenstand mit einer Molette bearbeiten.
Beispiel: Im Briefmarkendruck verwendete gehärtete und verchromte Prägestahlrolle, die als Prägedruckform dient.

Monitor
Monitore wandeln elektrische Signale in optische Signale um.
Als Ausgabegerät eines Computersystems erzeugen sie Ton- und Farbwerte im RGB-Modus. Für den professionellen Einsatzbereich sollten Monitore eine Größe von mindestens 21 Zoll Bildschirmdiagonale (53,34 cm) aufweisen.
Damit lassen sich zwei Seiten DIN A4 noch gut lesbar darstellen. Zudem ist noch eine Arbeitsfläche neben dem Layout für Dokumentationselemente und Arbeitsdateien vorhanden.
Um eine ruhige, flimmerfreie Bildwiedergabe zu erreichen, ist beispielsweise bei LCD-Monitoren eine Bildwiederholfrequenz von 60 Hz zu erreichen.
Allgemein empfohlen werden 85 Hz.
Wichtig sind neben der Flimmerfreiheit eine geringe elektrostatische und elektromagnetische Strahlung sowie ein niedriger Energieverbrauch im Standby-Modus.
Monitore weisen allgemein ein Gütesiegel der TCO oder auch des TÜV auf.
Die schwedische Organisation Tjänstemännens Central Organisation (TCO) verlangt mit dem Gütesiegel ebenso wie der TÜV hohe ergonomische und ökologische Standards.
> Horizontalfrequenz, > Vertikalfrequenz

Monitorkalibrierung
Grundlegende Basis-Farbeinstellung bei Monitoren zu einer optimalen Farbwiedergabe.
Die Farbwiedergabe wird wesentlich beeinflusst durch Kontrast- und Helligkeitseinstellungen am Monitor, das Monitorprofil, die Einstellungen des Gammawertes und des Druckprofils sowie – extern wirkend – die Umgebungsbeleuchtung.
> Kalibrierung, Abstimmung

mono...
In Zusammensetzung mit einem anderen Wort auftretendes Bestimmungswort mit der Bedeutung: allein, einzeln, einmalig.

monochrom
Einfarbige Darstellung, z. B. einfarbige Bildvorlage, einfarbige Bildschirmdarstellung.

Monochromasie
Völlige Farbenblindheit, d. h., der fehlsichtige Mensch sieht seine Umwelt nur einfarbig.

monochromatisch
Strahlung, die aus einer Wellenlänge besteht.

Monochromator
Vorrichtung zu einer spektralen Zerlegung von > polychromatischen Strahlungen.
Eine einfache Vorrichtung ist ein Prisma.

monofil
Bezeichnung für einen Faden in einem Siebdruckgewebe, der aus einem einzigen Stück besteht, z. B. Polyamidfaden.
Im Gegensatz dazu besteht zum Beispiel der Faden bei einem Seidengewebe aus mehreren sehr feinen Fasern (= multifiler Faden).

Monomere
Einzelne Moleküle eines Grundstoffes.
> Makromoleküle

Monotype
Bleisatz: Von Tolbert Lanston 1897 erfundene Einzelbuchstaben-Setz- und Gießmaschine.
> Linotype

Montage
In der Drucktechnik mehrfach verwendeter Begriff für einen Arbeitsbereich und auch für einen Raum in der Druckvorstufe sowie das hergestellte Arbeitsprodukt.
Arbeitsprodukt:
Zusammenstellen von Texten, Bildern und sonstigen Bildelementen nach einem Layout zu einem Gesamtprodukt in verschiedenen Arbeitsbereichen:

1. Vorlagenherstellung, Bildmontage: Zusammenstellen einzelner Bildteile oder ganzer Bilder zu einer Reproduktionsvorlage oder einem „neuen“ Bild.
2. Analoge Druckformherstellung: Stand- und passgerechtes Zusammenstellen sämtlicher Kopiervorlagen, z. B. Druckseiten eines Druckbogens, nach einem Einteilungsbogen oder einer anderen Standvorlage auf einer transparenten Montagefolie.
   Diese Bogenmontage wird für die Kopie der Druckform verwendet.
3. Digitale Druckvorstufe: Standgerechtes Zusammenstellen einzelner Bildteile, ganzer Bilder und/oder Schriften zu einer Ganzseite (= Seitenmontage).

Montagetechniken für den Offsetdruck

1. Analoge Druckformherstellung: manuelle Montage und Kopie auf die Druckplatte in einem Kopierrahmen.
2. Digitale Druckformherstellung: Montage aller Seiten am Bildschirm, Ausschießen und digitale Ausgabe:
   > Computer-to-Film (CtF), > Computer-to-Plate (CtP) oder > Computer-to-Press.

Die analoge Druckformherstellung hat ihre frühere Bedeutung durch die Digitalisierung aller Prozesse verloren.
Beispiel: Druckformmontage für analoge Druckformherstellung
Es werden > Kopiervorlagen mit bestimmten Eigenschaften benötigt:
- Durchsichtsvorlagen mit binären Bildinformationen, d. h. Strich- oder Rasterfilme
- Positiv- oder Negativfilme, je nach Kopierverfahren (siehe Tabelle)
- seitenverkehrt
- einwandfreie, kopierfähige Dichte und schleierfreie Transparenz
- ton- und farbwertrichtige Reproduktion.

Montiert wird seitenverkehrt auf einer transparenten Montagefolie nach einem Einteilungsbogen oder sonstiger Standvorlage.
Als Hilfsmittel wird vielfach zusätzlich eine Millimeterfolie zur waagerechten und senkrechten Positionierung benutzt.
Mehrfarbige Druckprodukte erfordern eine sehr genaue, sorgfältige Montagearbeit der einzelnen Farben, damit im Zusammendruck ein exakter Passer erreicht werden kann.
> Parallaxe

Montagezeichen
Druckformherstellung:
Zusätzlich zu den Kopiervorlagen bzw. den digitalen Daten (Texte, Bilder) montierte Hilfszeichen für den Druck und die Druckweiterverarbeitung, die je nach Druckprodukt (Prospekt, einlagige Broschur, Buch) eingesetzt werden.
Beispiele für Druck:
  Anlegemarke,
  Mittenzeichen,
  0-Marken,
  Druckkontrollstreifen;
Druckweiterverarbeitung:
  Anlegemarke,
  Schneidezeichen,
  Falzmarken,
  Flattermarke,
  Bogensignatur und Bogennorm.

Morphing
Bei Computeranimationen der unmerkliche Übergang von einem zu einem anderen Bild (neue Objekte, Personen u. a. und auch deren Verwandlung).

MOS-Technologie
Abk. für Metall Oxide Semiconductor bzw. Metall Oxid Silizium (= MOS-Transistor).
Die MOS-Technologie befasst sich mit dem schichtweisen Aufbau eines Halbleiterbauelementes, bei dem ein Ladungsstrom über eine bestimmte Steuerkapazität geleitet wird.
Diese Technik ist eine wesentliche Grundlage für die Miniaturisierung integrierter Schaltungen.

Motherboard
Engl. Bez. für die Hauptplatine mit der > Zentraleinheit eines Computers.

Mottling
Engl.: mottled = gefleckt, gesprenkelt.
Fleckiges Aufliegen der Druckfarbe im Farbdruck. Diese Erscheinung tritt beim Nass-in-Nass-Druck in Bogen- und Rollen-Offsetdruckmaschinen durch ein ungleichmäßiges Wegschlagen der Druckfarbe in den Bedruckstoff und damit verbundener ungleichmäßiger Rückspaltung auf die folgenden Gummitücher auf.

MPEG
MPEG: Engl. Abk. für Moving Picture Experts Group. Ursprünglich ein Verfahren zur Video-Kompression mit einer Spezifikation zur Audio-Komprimierung, das inzwischen zu einem eigenständigen standardisierten Komprimierungsverfahren für Musik geworden ist. > MP3

MP3
Format zum Kopieren von Musikdaten.
Das Verfahren wurde unter Führung des Fraunhofer Institutes in Erlangen entwickelt. Bei diesem Verfahren werden u. a. alle nicht hörbaren Elemente der Musik zur Reduktion der Datenmenge entfernt.
Die Datenmenge ist bis zu einer Kompression von 1 : 12 bei CD-Qualität zu reduzieren. So können auf einer herkömmlichen CD bis zu 15 Stunden Musik gespeichert werden.

MP3-Encoder
Engl.: Encoder = Kodierer.
Programm zur Umwandlung von Audiodateien in MP3-Dateien.

MP3-Player
Gerät zum Abspielen von MP3-Dateien.

MS-DOS
Abk.: Microsoft Disk Operating System.
1981 eingeführtes Betriebssystem für Personalcomputer, heute durch Betriebssysteme (z. B. Windows XP, Vista, 7) mit grafischer Oberfläche abgelöst. > DOS

MultiChannel
Engl.: multi = viel, channel = Kanal.
Sinngemäß im Medienbereich für die Verwendung in unterschiedlichen Kanälen.
Beispiel: Die Werbemittelproduktion (Verfahren, Ablauf) lässt die Veröffentlichung in verschiedenen Ausgabeformen in Web und Print zu.

Multi-Chip-Kamera
Bezeichnung für Digitalkameras oder -rückteile, die statt eines Flächensensors über meist drei Flächensensoren verfügen, wobei das vom Motiv reflektierte Licht über ein optisches Prisma in seine Farbbestandteile RGB zerlegt wird.
Diese auch in hochwertigen Videokameras eingesetzte Technik ermöglicht es, die verschiedenen Farbinformationen während des Aufnahmemoments simultan zu erfassen und so bei Aufnahmen von bewegten Motiven auf eine qualitätsmindernde Farbinterpolation ganz oder zumindest teilweise zu verzichten.

Multicode
Auch: Multikode oder Makro genannt.
Speicherung von Befehlsketten in einen einzigen Befehl.

Multi-Deflecting-Verfahren
> Continuous Inkjet

multifil
> monofil

MultiFinder
Der Finder ist ein Teil der Macintosh-Systemsoftware für die Verwaltung des Schreibtisches (Arbeitsbereich auf dem Bildschirm). Der MultiFinder ermöglicht das gleichzeitige Verwalten mehrerer Programme.

Multifunktionstasten

Programmierbare Tasten einer Tastatur, die je nach Programmierung unterschiedliche Funktionen ausführen können.
Es lassen sich beispielsweise Sonderzeichen, bestimmte Formate zur Formatierung von Texten und Multicodes für häufig genutzte Programmfunktionen programmieren und auf diesen Tasten (F = Funktionstasten) abspeichern.

Multimedia

Verwendung unterschiedlicher Medien als digitale Kombination von Text, Grafik, Bild und Ton, die zusammen völlig neue Möglichkeiten durch elektronische Medientechniken ermöglichen. Ein wesentliches Ziel ist es, Informationen aus allen Quellen zu integrieren und als Gesamtheit für die Kommunikation zu nutzen.
Basis für die Multimedia-Techniken ist der Computer und die Digitalisierung der Informationen.

Einige der Möglichkeiten:
- Aus einzelnen Bildern werden Computeranimationen mit Bewegtbildern erzeugt.
- Digitalisierte Töne erzeugen Musik und Geräusche durch ein Soundsystem. Diese sind zu speichern, zu bearbeiten und zu verfremden.
- Es können Audio- und Videodateien in professioneller Qualität für verschiedene Zwecke erstellt und über das Internet angeboten werden.
- Informationen und Präsentationen aus Sprache, Musik, Grafik und Video.

Computersysteme, bestehend aus einer geeigneten Hardware und entsprechende Software sowie einem leistungsfähigen Telekommunikationsnetz (z. B. > ISDN, > DSL), werden das Dienstleistungsangebot, die Märkte und Aufgabenbereiche der Druckindustrie erheblich beeinflussen.
Durch die ständige Erweiterung der technischen Möglichkeiten gewinnt Multimedia in vielen Bereichen an Bedeutung und ist somit die Basis für viele unterschiedliche Anwendungen:
- für ein neues, interaktives Lernen: Wissensvermitlung, Fachinformationen, Vorlesungen
- zum Aufbau von Informationssystemen aller Art, z. B. Reise und Verkehr: interaktive Städteführer, Karten, Wegbeschreibungen mit Bildern, Reiseinformationen u. v. a.;
- Industrie: interaktive Kataloge zur Herstellung, Bedienung, Wartung, Steuerung von Geräten, Maschinen, Systemen; Qualitätssicherungssysteme
- Multimedia-Kommunikation, bei der gleichzeitig gesprochene und digitale Daten ausgetauscht werden können
- Videokonferenzen, bei denen weltweit miteinander gesprochen, Präsentationen, Grafiken und Bilder ausgetauscht und Vorgänge demonstriert werden können.

Die Entwicklung weiterer technischer Möglichkeiten verläuft sehr rasch.
Den Vorteilen stehen aber auch daraus erwachsende gesellschaftliche und wirtschaftliche Probleme und Konsequenzen gegenüber. > Podcast

multipel

Lat.: vielfältig.

Multiple-Choice-Verfahren

Prüfungsaufgaben, bei denen aus mehreren vorgegebenen Antworten die richtigen Antworten zu kennzeichnen (durch Ankreuzen, Anklicken) sind.
> Single-Choice-Verfahren

Multiple-Shot-Kamera

Digitalkamera, die für die Aufnahme unbewegter Motive geeignet ist.
Das Bild besteht bei der Aufnahme aus drei Teilbildern in den Grundfarben Blau, Grün und Rot.

Multiplexer

Hardware-Komponente in einem Netzwerk, mit der Aufgabe aus einem Übertragungskanal für Daten, Sprache und Bilder mehrere

Kanäle zu bilden oder einen Kanal mehreren Benutzern zur Verfügung zu stellen.

Multiprocessing
Arbeitsweise besonders leistungsfähiger Computer. Diese sind mit mehreren Mikroprozessoren ausgerüstet, die unabhängig voneinander verschiedene Aufgaben ausführen können.

Multitasking
Fähigkeit eines Computersystems, mehrere Aufgaben gleichzeitig ausführen zu können.
> Makro-Befehle

Munsell-Farbordnungssystem
Ein von dem Maler und Professor Albert H. Munsell Anfang des 20. Jahrhunderts entwickeltes System zur Farbkommunikation (Veröffentlichungen 1905: A Color Notation; 1915: The Atlas of the Munsell Color System).
Es ist das älteste und immer noch genutzte Farbordnungssystem.
Munsells Ordnungssystem basiert auf dem System der gleichen Abstände, das dem menschlichen Sehen entspricht. Alle Farben können in diesem System voneinander unabhängig in einem dreidimensionalen Raum (= Farbbaum) ausgerichtet werden.
Die fünf Hauptfarben sind Rot (R), Gelb (Y), Grün (G), Blau (B), Purpur (P).
Daraus ergeben sich optisch gleichabständige Zwischenwerte:
YR (Gelb-Rot), GY (Grün-Gelb), BG (Blau-Grün), PB (Purpur-Blau) und RP (Rot-Purpur).
Das Farbordnungssystem benutzt zur genauen Bestimmung einer Farbe die drei Attribute
- Hue
  H = Farbton, Anzahl der Stufen: 40
- Chroma
  C = Buntheit (Sättigung), Anzahl der Stufen: max. 16
- Value
  V = Helligkeit, Anzahl der Stufen: 10

Die neutralen Farben werden an einer vertikalen Grauachse von Schwarz (unten) und Weiß (oben) ausgerichtet. Die verschiedenen Farbtöne liegen rechtwinklig zur Grauachse, die Buntheit nimmt nach außen zu. Durch einen visuellen Abgleich der Probe, d. h. der zu bestimmenden Farbe, mit einer Vergleichsfarbe im Munsell-Farbmusterbuch ist die Farbe numerisch zu definieren. Ein leuchtendes, kräftiges Rot ist beispielsweise definiert mit den Munsell-Angaben HV/C (Farbton, Helligkeit, Chroma): 5R 6/14.
5R ist der Farbton (rot), 6 ist die Helligkeit (mittlere Helligkeit) und der Chromawert von 14 zeigt an, dass es sich um eine Farbe mit einer hohen Buntheit handelt.
In Farbmusterbüchern werden 1270 matte und 1564 glänzende Farbtöne wiedergegeben. Das System ist nicht in den > CIELAB-Farbraum umzurechnen.

M

Murray-Davies-Gleichung
Messtechnik im Druck:
Formel zur Berechnung der prozentualen Flächendeckung aus reflektierter Lichtintensität an Vollton- und Rasterflächen.
Moderne Densitometer ermitteln die Flächendeckung automatisch. Das Messverfahren besteht aus zwei Messungen, die nacheinander ausgeführt werden.
Dabei werden das Volltonfeld und das zu ermittelnde Rasterfeld einer Farbe gemessen. Als Ergebnis erhält man die prozentuale Flächendeckung des Rasterfeldes.
Die Berechnung der Flächendeckung erfolgt nach der Formel von Murray-Davis und beschreibt die wirksame Flächendeckung nach DIN.
Dieses Messverfahren ist besonders für die Aufnahme der Kopierkennlinien von Druckplatten und der Druckkennlinien von Druckbogen geeignet.

$$FD\,(\%) = \frac{1 - 10^{-DR}}{1 - 10^{-DV}} \cdot 100$$

DR = Farbdichte im Raster
DV = Farbdichte im Vollton

Musical Instrument Digital Interface
Engl. Abkürzung: > MIDI

Musterband
Einband zur Ansicht und Grundlage der späteren Einbandtechnik sowie maßgebend für Formate, Materialien, Ausstattung, Aufdruck, Prägung, Farbe usw.

Mustererkennung
Engl.: pattern recognition.
Digitale Verfahren zur Identifizierung eines bestimmten Musters nach Merkmalen, die mit gespeicherten Mustern verglichen werden (vgl. Bildanalyse, Bildinterpretation). Ziel ist es, das komplexe Wahrnehmungsvermögen des Menschen mit digitalen Systemen nachzuahmen. Dabei müssen aus einer Vielzahl von Informationen wesentliche Elemente extrahiert und für einen Wiedererkennungsprozess gespeichert werden.

Mögliche Komponenten sind hochauflösende (Farb-)Kameras, Sensoren und ein digitales Rechnersystem mit entsprechender Software (Bildverbesserung und -optimierung, Algorithmen zur Klassifikation und Analyse von Mustern).
Verfahren zur Mustererkennung werden vielfältig in unterschiedlichsten Bereichen der Wissenschaft, der Technik und des täglichen Lebens eingesetzt.
Beispiele zur Mustererkennung:
- Bildanalyse in der Medizin
- Charakteristische Merkmale von Gesichtern
- Erkennen von Handschriften
- Erkennen von Bildelementen im Druckprozess zur Passerregelung
- Sortierung von Altpapier

Musterseite
Eine in einem Layoutprogramm, z. B. InDesign, angelegte Standardseite für die Gestaltung der Seiten in einem Dokument. Basis für die nicht druckende Musterseite ist das Seitenformat. Die Musterseite enthält die zu bedruckende Fläche („Satzspiegel“) auf einer Druckseite und ggf. die Anzahl der Spalten und die Abstände zwischen den Spalten. Ebenso sind alle auf jeder Seite wiederkehrenden Elemente eingesetzt, z. B. Kopf, Seitennummerierung. Für ein Dokument können verschiedene Musterseiten angelegt und verwendet werden.

N

n
Mathematik, Physik: Vorsatzzeichen für > Nano mit dem Faktor 10^{-9}.
Beispiel: 1 Nanometer (nm) = 10^{-9} m = 1 Milliardstel Meter

N
1. Chemie: Zeichen für Stickstoff.
2. Physik: Abk. für Newton, SI-Einheit der Kraft.

Nachfalz
> Vor- und Nachfalz

nachhaltige Forstwirtschaft
Ökologische Waldwirtschaft mit dem Ziel, die biologische Vielfalt, Produktivität, Regenerationsfähgkeit u. a. zu erhalten sowie umweltrelevante, wirtschaftliche und soziale Funktionen zu erfüllen, ohne dabei andere Ökosysteme zu beeinträchtigen.
> Nachhaltigkeit

Nachhaltigkeit
Umweltwissenschaft:
In der Natur vorkommende Ressourcen werden durch den Menschen nicht mehr genutzt („ausgebeutet"), als sie sich regenerieren können.
Beispiel aus der Papierindustrie: Es darf dem Wald nicht mehr Holz entnommen werden, als nachwächst.
Dabei sind außerdem Schutz-, Nutz- und Erholungsfunktionen des Waldes zu berücksichtigen.
> erneuerbare Energie

nach hinten stellen
Bei der Arbeit mit bestimmten Programmen (z. B. Photoshop, Illustrator, InDesign) besteht die Möglichkeit, markierten Text bzw. eine markierte Grafik hinter überlagernden Text oder andere Bildelemente in die hintere Ebene zu stellen.

Nachkalkulation
Die Nachberechnung aller Kosten nach endgültigem Abschluss eines Auftrages. Sie zeigt einen Gewinn oder Verlust insgesamt und in Teilbereichen der Produktion auf.

Nachricht
1. Allg.: Mitteilung, Meldung, Information.
2. Publizistik: Eine Mitteilung oder eine Information über einen Sachverhalt oder ein Ereignis, über die die Öffentlichkeit informiert werden sollte.
3. Technik: Im physikalisch-technischen Sinn der Träger von > Informationen für den Menschen oder ein Nachrichten verarbeitendes System.
   Nach DIN 44300 handelt es sich um Zeichen oder Zustände wie Buchstaben, Ziffern, Ton- und Farbwerte sowie Töne, die durchphysikalische > Signale dargestellt werden.
   Beispiel: Die Noten eines Musikstückes sind Nachrichten, das Musikstück selbst ist die Information.

Nachrichtenagentur
Unternehmen, die > Nachrichten sammeln, sichten und sortiert an Abonnenten (Redaktionen von Zeitungen, Zeitschriften, Online-Anbietern u. a.) unmittelbar und permanent weiterleiten.
> Nachricht, > Redaktion
Beispiele für Nachrichtenagenturen:
dpa = Deutsche Presseagentur,
ddp = Deutscher Depeschendienst,
vwd = Vereinigte Wirtschaftsdienste,
SID = Sport-informationsdienst,
KAN = Katholische Nachrichtenagentur,
epd = Evangelischer Pressedienst,
AP = Associated Press (USA),
AFP = Agence France Presse.

Nachverbrennungsanlage
Rollen-Offsetdruck: Die im Akzidenz-Rollen-Offsetdruck verwendeten > Heatset-Druckfarben trocknen durch Heißluft.
Die dabei entstehenden Gase enthalten

umweltbelastende Bestandteile, die durch Verbrennung beseitigt werden.

nach vorne stellen
Bei der Arbeit mit bestimmten Programmen (z. B. Photoshop, Illustrator, InDesign) besteht die Möglichkeit, markierten Text bzw. markierte Grafik vor überlagernden Text bzw. andere Bildelemente in die vordere Ebene zu stellen.

Nagelprobe
1. Bedruckstoff-Prüfung:
   Manuell-mechanische Prüfung der > Laufrichtung.
   Zwischen den Fingernägeln von Daumen und Zeigefinger zieht man die lange und die kurze Seite eines Bogens durch. Es bilden sich mehr oder weniger starke Wellen an beiden Kanten.
   Die glattere Papierkante liegt parallel zur Laufrichtung, der hauptsächlichen Faserrichtung.
2. Manuell-mechanische Prüfung der Farbtrocknung: Mit dem Fingernagel wird über eine bedruckte Fläche gestrichen. Die Druckfarbenfläche einer nagelhart getrockneten Druckfarbe darf nicht beschädigt sein.

N

Nahaufnahmen
Fotografische Aufnahmen in den Maßstäben zwischen 1 : 1 und 1 : 20 (nicht einheitlich festgelegt!).

Nano...
In der Physik der Vorsatz „n“ vor einer Einheit. Die SI-Einheit ist mit dem Faktor 10^{-9} zu multiplizieren.
Beispiele:
1 Nanometer (nm) = 10^{-9} m =
0,000 000 001 Meter (m) = 1 Milliardstel Meter.
1 Nanosekunde (ns) = 10^{-9} Sekunden =
1 Milliardstel Sekunden.

Nanometer
Abk.: nm. > Nano. Wellenbereiche elektromagnetischer Strahlungen werden z. B. in Nanometern angegeben.

Nanosekunde
Abk.: ns. > Nano.
Zugriffszeiten auf gespeicherte Daten werden z. B. in Nanosekunden angegeben.

Näpfchen
1. Rakel-Tiefdruck:
   Bezeichnung für die in der Druckform vertieft liegenden Bildstellen (druckende Elemente).
2. Rasterwalze bzw. Aniloxwalze:
   Gleichmäßiges Netz von Vertiefungen auf der Walze, die den Transport einer niederviskosen (dünnflüssigen) Druckfarbe zum Beispiel im Flexodruck oder von Lack bei der Inline-Lackierung in Lackwerken einer Offsetdruckmaschine ermöglichen.

Näpfchenprofil
Tiefdruckform: Die geometrische Ausdehnung und Form der Näpfchen eines Tiefdruckzylinders zur drucktechnischen Wiedergabe unterschiedlicher Tonwerte.
Prinzipiell unterscheidet man drei unterschiedliche Tiefdruckformen
- konventionell
  Alle Näpfchen sind gleich groß, jedoch unterschiedlich tief.
- halbautotypisch
  Alle Näpfchen sind unterschiedlich groß und unterschiedlich tief.
- autotypisch
  Alle Näpfchen sind unterschiedlich groß, jedoch gleich tief

Nass-auf-Trocken-Druck
Abk.: N-a-T-Druck. Mehrfarbiger Druck, bei dem die vorhergehende Druckfarbe bereits getrocknet ist, bevor die folgende gedruckt wird. Beispiel: Farbdruck auf einer Einfarben-Druckmaschine.

Nassfarbdichte
Densitometrischer Wert, welcher bis zu

30 Sekunden nach dem Druck an einem Messfeld gemessen wird.
> Volltondichte

nassfeste Papiere
Spezielle Papiere für Etiketten u. Ä., die durch Imprägnieren mechanisch widerstandsfähiger gegen Feuchtigkeit sind als sonstige Papiere.

Nass-in-Nass-Druck
Abk.: N-i-N-Druck. Im Druckprozess in Mehrfarben-Offsetdruckmaschinen ist beim Drucken der einzelnen Farben die davor gedruckte Farbe noch nicht getrocknet, wenn bereits die folgende Farbe aufgedruckt wird. Dieser Vorgang wird Nass-in-Nass-Druck genannt.

Nasspressenpartie
Papierherstellung: Am Ende der Siebpartie einer Papiermaschine ist der noch sehr feuchte Papiervlies als flächige Bahn abzunehmen und in die Nasspressenpartie zu überführen. Die Baugruppe besteht aus mehreren großen Walzen, die mit einem gewissen Anpressdruck gegeneinanderlaufen, und Filztüchern.
Durch mechanischen Druck wird die Papierbahn auf eine Stoffdichte von ca. 20 % entwässert.
> Papiermaschine

N-a-T-Druck
> Nass-auf-Trocken-Druck

nativ
Lat. für: natürlich, unverändert.

natives Format
Programmeigenes (Daten-)Format, z. B. „*.psd" = natives (programmeigenes) Photoshop-Format. > Dateiformate

Natriumthiosulfat
Chemische Abkürzung: $Na_2S_2O_3$. Hauptbestandteil des Fixierbades und Teil des Farmer'schen Abschwächers.

Natronzellstoff
Papierherstellung: Zellstoff, der durch Kochen pflanzlicher Faserrohstoffe mit Natronlauge (NaOH = wässrige Lösung von Natriumhydroxid) gewonnen wird.
Man nennt dieses Verfahren Sulfatverfahren, d. h. alkalischer Aufschluss des Holzes.

Naturkunstdruckpapier
Veraltete Bezeichnung für ein holzstofffreies, hochsatiniertes, aber ungestrichenes Papier.

Naturpapier
Bezeichnung für sämtliche ungestrichenen Papiere, die maschinenglatt oder satiniert sein können. Die Oberfläche ist nicht gestrichen (beschichtet).

NC
Engl. Abk. für numerical controlled: Numerisch gesteuerte Maschinen.

NCR
Engl. Abk. für no carbon required: Selbstdurchschreibende Papiere, die kein Kohlepapier zum Durchschreiben benötigen.

ND-Drucker
Abk. für Nicht-mechanische Drucker wie Laser- und LED-Drucker, die Daten zeilenorientiert aufbereiten und drucken.

nebeln
Druckschwierigkeit: Bei schnelllaufenden Offsetdruckmaschinen neigen einige Druckfarben zum Nebeln, das heißt, durch unzureichende Benetzung (Haftung) werden Farbpartikel von den Farbwalzen weggeschleudert. Folge ist ein Verschmutzen der Druckmaschine.

Nebenfarbenabsorptionen
Farbreproduktion, Farbdruck: Bei der Farbreproduktion und im Druck ist mit spektral unzureichenden, realen Stoffen zu arbeiten. Dies führt zu Farbabweichungen

zwischen der Bildvorlage und dem Druckprodukt, die durch chemische, fotomechanische oder elektronische Korrekturen zu beseitigen sind.
Vorlagen- und Druckfarben weisen Fehlremissionen, die Farbauszugsfilter eine fehlerhafte Transparenz und das Fotomaterial eine Fehlsensibilisierung auf.
Hauptursache für Farbabweichungen sind jedoch Nebenabsorptionen der Druckfarben.
Druckfarben sind Körperfarben. Sie absorbieren im idealen Fall Licht einer bestimmten Wellenlänge und remittieren einen bestimmten anderen Teil, der der Grundfarbe komplementär gegenüberliegt. Cyan müsste beispielsweise vollständig den gesamten Wellenbereich von 400 nm bis 600 nm zu 100 % remittieren. Dies wäre eine Optimalfarbe.
Tatsächlich wird der Wellenbereich von 400 nm bis 600 nm nur unzureichend stark remittiert und zudem auch der Bereich von 600 nm bis 700 nm schwach remittiert.

Es wird weniger Licht im eigenen Wellenbereich, dazu noch eine geringe Menge der Komplementärfarbe (Wellenbereich 600 nm bis 700 nm = Rot) remittiert.
Die Druckfarbe Cyan wirkt deshalb verschmutzt oder verschwärzlicht.
Man nennt Abweichungen von den idealen Kurven der > Optimalfarben zu den realen Kurven der Realfarben Nebenabsorptionen.

Nebenfarbendichten
Farbreproduktion, Farbdruck:
Mängel an einem gescannten, aber unkorrigierten Farbsatz. > Nebenabsorptionen

Nebenwirkungsfreiheit
Drucktechnik: Eine Dosierung der Druckfarbe in einzelnen Zonen der Druckbreite erfolgt bei konventionellen Farbkästen mit Zonenschrauben.
Weniger Druckfarbe wird zugeführt, wenn eine Zonenschraube gegen das Farbmesser wirkt. Das Farbmesser ist ein durchgehendes Stahlband, das bei Druckeinwirkung nicht nur direkt an einer bestimmten Stelle allein bewegt werden kann. Die Nachbarzonen werden zwangsläufig bei einer Stellbewegung der Zonenschrauben mit beeinflusst.
Durch neue Stellelemente, z. B. Stellexzenter (Heidelberg) und Farbschieber (manroland), ist eine exakte Dosierung an einer ganz bestimmten Zone ohne Beeinflussung der Nachbarzonen zu erreichen.
Solche Stellelemente bieten eine optimale Nebenwirkungsfreiheit.

Negativ
Die Ton- und Farbwerte einer Bildvorlage oder eines Films sind bei diesem Produkt in entgegengesetzten Werten (Helligkeit, Farbe) wiedergegeben.

Negativdruckplatte
Bezeichnung für eine Druckplatte mit einer negativ arbeitenden lichtempfindlichen Schicht. Analoge oder digitale Tonwerte werden nach der Bildübertragung umgekehrt als Bildstellen (Druckelemente) wiedergegeben.

negatives Ausdrucken
Drucktechnik:
Anstelle der Näpfchen (Bildstelle) drucken im Rakeltiefdruck die Stege.
Ursache können ungünstige Oberflächen- und Grenzflächenspannungen zwischen Druckfarbe, Näpfchen und Bedruckstoff sein.
Es bildet sich vermutlich ein Bläschen in einer Bildstelle, die beim Druck platzt und den Steg mit Druckfarbe benetzt.

Negativkopie
Die lichtempfindliche Schicht auf der Druckform arbeitet negativ, d. h., sämtliche Tonwerte auf dem Informationsträger (analog = Kopiervorlage, Film; digital = Daten) werden in entgegengesetzten Tonwerten auf der Druckform wiedergegeben.

Negativmontage
Analoge Druckformherstellung: Manuelle > Montage mit negativen > Kopiervorlagen für die > Negativkopie.

Negativplatte
Verkürzte Bezeichnung für eine Druckplatte mit einer negativ arbeitenden Kopierschicht, d.h., die Tonwerte auf der Kopiervorlage werden nach der Bildübertragung umgekehrt als Bildstellen (Druckelemente) wiedergegeben.

Negativschrift
Die Schrift erscheint hell bzw. transparent auf einem dunklen Hintergrund, z.B. weiße Schrift auf einer schwarzen Fläche.

Netiquette
Ein Kunstwort aus den Worten Network (Netzwerk) und Etiquette (Etikette), mit dem korrekte Verhaltensregeln für das Internet bezeichnet werden.

Nettokapazität
EDV: Tatsächlich für die Anwendung zur Verfügung stehender Teil der Speicherfähigkeit eines Datenträgers.

Network
Engl. Bez. für Netzwerk, ein Verbund von Computern zu einem gemeinsamen Kommunikationssystem.

Netz
> Netzwerk

Netzhaut
Auch Retina genannt (lat.: rete = Netz). Die Netzhaut des Auges ist eine licht- und farbempfindliche Schicht im hinteren Teil des > Auges, die Lichtreize in Nervenimpulse umwandelt.
Dazu besitzt die Netzhaut zwei Arten von Empfängern (Rezeptoren):
> Zapfen und > Stäbchen.
Durch den optischen Nerv ist die Netzhaut mit dem Gehirn verbunden, das die Nervenreize in ein sichtbares „Bild“ (Empfindungen wie Formen, Farben, Strukturen, harmonisch, angenehm) verarbeitet.

Netzmittel
1. Physik: Oberflächenaktive Stoffe, die die Oberflächenspannung und die Grenzflächenspannung einer Flüssigkeit verringern. Damit ist eine bessere Benetzung des mit der Flüssigkeit in Berührung kommenden Materials zu erreichen.
2. Drucktechnik: Zum Feuchtmittel im Offsetdruck werden als Zusatzstoff Netzmittel – vor allem > Isopropanol-Alkohol und bestimmte Tenside – eingesetzt.
   > Alkoholfeuchtung

Netzneutralität
Netzbetreiber senden alle Datenpakete gleichberechtigt durch ihre Leitungen.
Dabei wird nicht berücksichtigt, woher die Daten stammen oder welchen Inhalt sie haben. Nur einzelne EU-Länder hatten dazu bisher Regeln. Die stark wachsende Datenflut wird die EU veranlassen, ein „Verkehrsmanagement“ und damit gültige Regeln für alle EU-Staaten einzuführen. Mögliche Gefahr: Der Datenverkehr ist ggf. nicht mehr für alle Nutzer gleich schnell, d.h. Netzbetreiber bieten unterschiedliche Geschwindigkeiten mit entsprechenden Kosten an.

Netzplantechnik
Planung: Komplexe Arbeitsabläufe, Fertigungsprozesse oder Projekte werden analysiert, strukturiert und in einem grafisch zu verfolgenden Zeitplan dargestellt. Aus dem Netzplan sind sogenannte kritische Wege, d.h. zeitlich problematische Bereiche, und die gesamte Prozessdauer zu ersehen.

Netzwerk
Verbindung zwischen mehreren Computern (Rechnern), die auf dieselben Grunddaten

zurückgreifen und miteinander kommunizieren können.
Einfache Netze eignen sich nur für Verbindungen zwischen wenigen Arbeitsplätzen, die als Arbeitsgruppe miteinander verbunden sind. Über das Netzwerk stehen die Informationen und die Hardware mehreren Benutzern gleichzeitig zur Verfügung.
Bei größeren Netzwerken für eine Vielzahl von Arbeitsplätzen ist ein zentraler Steuercomputer (Server) erforderlich.
Die Grundform der Verkabelung des eingesetzten Verbundsystems im Netzwerk wird Netzwerktopologie genannt.

Netzwerk-Server
Spezieller Computer, der ein Netzwerk organisiert, steuert und überwacht.

Netzwerk-Topologie
Die Art und Anordnung der Verbindungen innerhalb von Netzwerken.
> Token-Ring

Neuauflage
Die gesamte Zahl hergestellter Exemplare eines vergriffenen Werkes, das ggf. inhaltlich wesentlich überarbeitet oder verändert wurde.

9-Zylinder Satelliten-Druckwerk
Druckwerk in Zeitungsdruckmaschinen (Offsetdruck): Je ein Druckplatten- und ein Drucktuchzylinder (Gummituchzylinder) für die Druckfarben Cyan (C), Magenta (M), Gelb (Y) und Schwarz (K) liegen an einem zentralen Druckzylinder. Die Papierbahn läuft um diesen Druckzylinder und wird unmittelbar nacheinander mit den Druckfarben C,M, Y und K einseitig bedruckt.
Für den Druck der Rückseite wird die Papierbahn zu einem weiteren, darüber liegendem 9-Zylinder Satelliten-Druckwerk geführt.

neutral
1. Nicht zugeordnet, unabhängig, unparteiisch, nicht gebunden.
2. Chemie: Ein Stoff ist chemisch neutral bei gleicher Anzahl von positiven und negativen Ladungsträgern.

Neutralisation
Allgemein: Die Überführung eines Zustandes oder Systems in einen neutralen Zustand, bei dem sich alle gegensätzlichen Einflüsse aufheben.
Der Begriff wird in verschiedenen Bereichen verwendet.
Beispiele dazu:
- Chemie: Reaktion zwischen bestimmten Anteilen von Säuren und Basen, die in dieser Verbindung ein neutrales Salz und Wasser ergeben.
- Physik: Ausgleich elektrischer Ladungen, dabei werden Ladungsträger elektrisch neutral.

Newtonringe
Interferenzerscheinungen, sichtbar durch eine Folge heller und dunkler bzw. farbiger Ringe.
Diese Erscheinung tritt zwischen Glasflächen und darauf nicht absolut plan- und vakuumdicht liegenden Medien auf.
Sichtbar werden die Newtonringe durch Interferenz des Lichtes.
Senkrecht auftreffendes Licht wird an der vorderen und an der hinteren Glasfläche reflektiert, dabei kommt es zu einer Überlagerung verschiedener Wellenbereiche.

Nibble
Bez. für ein Halbbyte, also eine Einheit mit nur 4 Bit.

Nichtbildstellen
Nichtdruckende Stellen einer Druckform.
Eine Bildvorlage ist nur durch > binäre Bildinformationen drucktechnisch zu vervielfältigen. Schrift und Strichzeichnungen bestehen bereits aus binären Informationen.
Analoge Bildinformationen, beispielsweise beliebige Hell-Dunkel-Werte einer Halbtonvorlage, sind reproduktionstechnisch in Binärsignale umzuwandeln. Es entstehen

Bildstellen und Nichtbildstellen, d. h. druckende oder nichtdruckende Elemente.
An Nichtbildstellen wird der Bedruckstoff nicht bedruckt und reflektiert auftreffendes Licht stark zurück. Bildstellen absorbieren auftreffendes Licht. Das Zusammenwirken moduliert für das Auge je nach Intensität der Reflexion und Absorption des Lichtes ein Bild, das der Bildvorlage entspricht.
> Bildstellen

nichtdruckende Elemente
> Nichtbildstellen

nichtperiodischer Raster
Frequenzmodulierter Raster ohne feste Struktur, Rasterfrequenz (Rasterweite) und Rasterwinkelung.
> FM-Raster, vgl. > AM-Raster

Nichtschmitzringläufer
Offsetdruckmaschine, bei der der Druckplattenzylinder und der Gummituchzylinder beim Druck ohne Pressung der > Schmitzringe aufeinander abrollen.

Niederspannung
Spannungsbereich zwischen 50 V – 1000 V Wechselspannung und 75 V – 1500 V Gleichspannung.

N-i-N-Druck
> Nass-in-Nass-Druck

NIP
Engl.: impact = Einwirkung, Stoß.
Drucktechnik: Kurzbezeichnung für Non-Impact-Technologien oder Non-Impact-Printing (NIP-Verfahren).
Beim Digitaldruck hat der Anpressdruck, der bei klassischen Druckverfahren (Offsetdruck, Flexodruck, Rakeltiefdruck) für die Informationsübertragung von der Druckform auf den Bedruckstoff erforderlich ist, keine Bedeutung.

nm
Kurzbezeichnung für > Nanometer.

Nomogramm
Grafische Darstellung funktionaler Zusammenhänge, die bei unterschiedlichen Parametern immer wieder angewendet (z. B. abgelesen) werden können.

No-name-Gerät
Gerät, z. B. Computer, Fernsehgerät, das nicht unter dem Herstellernamen (Markennamen) vertrieben wird.

Non-Impact-Drucker
Ausgabesystem: Drucker, die Informationen berührungslos ohne mechanischen Anschlag auf Papier o. ä. Materialien übertragen. Hierzu gehören Laserdrucker, Thermodrucker, LED- und Tintenstrahldrucker.

Nonpareille
Schriftgrad in der Größe 6 Punkt (p), das entspricht ca. 2,25 mm.
> typografisches Maßsystem

Non-stop-Anleger
Drucktechnik: Anlegetechnik an Bogen-Druckmaschinen, die einen Wechsel des Anlegestapels mit zu bedruckendem Papier bei laufender Druckproduktion ermöglicht.

Non-stop-Ausleger
Drucktechnik: Auslegetechnik an Bogen-Druckmaschinen, die einen Wechsel des Auslegestapels mit gedruckten Bogen bei laufender Druckproduktion ermöglicht.

Nonverbale Kommunikation
> Körpersprache

Norm
1. Allgemein: Vorgabe, Richtmaß, Muster, ggf. zulässige Toleranz.
   > Standardisierung, > Qualität
2. Drucktechnik: Im Werkdruck ein Mitdrucken des gekürzten Buchtitels zur Identifizierung der Druckbogen.
   Korrekter > Bogennorm genannt.

Normalbeobachter
Farbmetrik: Farbmessung ist die Bestimmung einer > Farbvalenz und nie einer Farbempfindung. Jeder Mensch sieht Farben leicht unterschiedlich.
Um allgemeingültige Farbmaßzahlen zu erhalten, wurde der sogenannte Normalbeobachter eingeführt und definiert.
Die > CIE-Normalspektralwertkurven liegen den spektralen Empfindlichkeitskurven des Normalbeobachters zugrunde. Dabei unterscheidet man Normalbeobachter mit einem 2°- und einem 10°-Gesichtsfeld.

Normbeleuchtung
Nach ISO 3664:
2009 festgelegte Beleuchtung zur Abmusterung. Kurzbezeichnung: D50.
Farbtemperatur: 5000 K bei einer Lichtstärke von 2000 lx.
Anforderungen an neue Lampen:
Verringerung der Toleranz der Lampen zu D50, Erhöhung des UV-Gehalts.
Die internationale Beleuchtungskommission (CIE) novellierte die ISO 3664, um eine bessere Voraussetzung für das Abmustern optisch aufgehellter Papiere zu erreichen. Der Anteil der UV-Strahlung der Beleuchtung spielt bei der visuellen Übereinstimmung von Proof und Auflagendruck eine zentrale Rolle.
> Abmusterung

Normdruckfarben
Druckfarbenserie (Prozessfarben für den Vierfarbdruck) nach der Norm ISO 2846, die die koloristischen Eigenschaften der Druckfarben für den Offsetdruck (ISO 2846-1), Zeitungsdruck (ISO 2846-2), Tiefdruck (ISO 2846-3), Siebdruck (ISO 2846-4) und Flexodruck (ISO 2846-5) festlegt.
(Hinweise: Zeitungsdruck = Coldset-Rollen-Offsetdruck; Tiefdruck = Illustrations-Tiefdruck).
Offsetdruckfarben müssen mit ihren Farborten – mit festgelegten Toleranzen – farbmetrisch der ISO 2846-1 entsprechen.
Geprüft werden die Farborte im Labor mit einem Probedruckgerät auf Normdruckpapier APCO II/II.
Im Unterschied zum Druckprozess besitzt das Normdruckpapier keine optischen Aufheller. Auch andere Parameter wie Druckmaschinenkonfiguration, Gummitücher, Feuchtmittel, Farbreihenfolge u. a. entfallen bei dieser Prüfung. Daher liefern Druckfarbenhersteller ihren Kunden Druckfarbenserien nach ISO 2846, die jedoch nicht zwangsläufig der ISO 126647 entsprechen müssen, da alle drucktechnischen Bedingungen von Druckerei zu Druckerei mitunter stark differieren. Sie sollen aber die farblichen Eigenschaften und die Lasur (Transparenz) aufweisen.
Das heißt: Bei Normdruckfarben nach ISO 12647 sind keine Farborte oder Tonwerte für den praktischen Druck festgelegt, die an der Druckmaschine zu erreichen oder einzustellen wären.

Normdruckpapier
Für Prüfzwecke speziell hergestelltes Kunstdruckpapier APCO II/II ohne optische Aufheller.
Hersteller: Scheufelen, Lenningen.
Das Papier wird im Zusammenhang mit dem ProzessStandard Offsetdruck nicht mehr benötigt, da hierbei in der Praxis gebräuchliche > Papiertypen eingesetzt werden. Das Papier wird jedoch für die Ermittlung der Farborte bei den > Normdruckfarben verwendet.

Normfarbort
In der CIE-Normfarbtafel durch Koordinaten festgelegte Orte der Normfarben.

Normlicht
> Normbeleuchtung

Notebook
Tragbarer Computer mit eigener Stromversorgung (Akku) im Kleinformat, der aufgrund seiner Bildschirm- und Festplattentechnik sehr klein und leicht ist.

Notenstich
Bezeichnung für ein früher eingesetztes Verfahren zur Druckformherstellung für Musiknoten.
Dabei wurden mit speziellen Werkzeugen (Sticheln u. ä.) Linien, Noten und sonstige musikalische Zeichen in eine Bleiplatte vertieft.
Eingefärbt mit grüner Farbe und leicht gedruckt, ergab die fertige Notenstichplatte pro Seite einen sogenannten Grünabzug, an dem Korrektur gelesen wurde.
Nach der erfolgten Korrektur wurde die Platte schwarz eingefärbt und exakt auf ein glattes Papier gedruckt.
Dieser Druck diente als Reproduktionsvorlage zur Druckformherstellung für den Offsetdruck.

Nozzles
Engl. Bez. für: Düsen, Nasen.
Digitaldruck: Düsen in einem > Druckkopf

ns
Kurzbezeichnung für > Nanosekunde.

NTSC
Fernsehnorm, die vor allem in den USA verwendet wird.
> PAL-System

Null-Abgleich
Messtechnik:
Bei densitometrischem Messen von transparenten Druckfarben ist das Densitometer zuvor auf das vorhandene Papierweiß mit dem Wert 0,00 abzueichen.

nullen
> Null-Abgleich

Null-Nummer
Testausgabe einer Fachzeitschrift, einer Illustrierten, einer Zeitung oder eines ähnlichen Produktes.

Nullpunkt
Basismesspunkt für das Ermitteln der X- und Y-Position, z. B. in einem Layout. Der Nullpunkt wird zur exakten Messung und Positionierung von Abständen, Zeilen u. a. genutzt.

numerisch
Aus Ziffern bestehend, zahlenmäßige Angabe.

Nummergliederungen
> Zahlengliederungen

Numerus
Zahl, deren Logarithmus bestimmt werden soll.

nummerieren
Fortlaufend mit Nummern versehen.

Nummerierwerk
Gerät für den Buchdruck, mit dem fortlaufend nummeriert werden kann.
Beispiel: Ziffernkränze für jede Stelle werden durch mechanische Einwirkung (Druck auf einen hoch stehenden „Plunger" = Schaltmechanismus) um eine Ziffer bzw. Stelle weiterbewegt.

Nur-Lese-Speicher
Engl.: Read Only Memory, Abk.: > ROM.
Festwertspeicher in der Betriebssoftware des Computers, aus dem Daten gelesen werden können. Ein Verändern der Informationen ist durch den Anwender nicht möglich.

Nur-Lese-Zugriff
Ein Datenträger, ein Ordner oder eine Datei mit dieser Zugriffsart enthält Daten, die nur gelesen werden können.
Es sind keine Daten hinzuzufügen oder zu löschen. Oft spricht man auch von geschützten oder schreibgeschützten Daten.

Nut
Vertiefung oder Furche, die in einem Werkstoff durch das Heraustrennen eines Materialspans entsteht.

nuten
In der Druckweiterverarbeitung das Heraustrennen eines Materialspans aus einem dicken Karton (z. B. Faltschachtelkarton) oder Pappe, um das Umlegen bzw. Biegen eines Werkstoffes zu ermöglichen, ohne dass das Material bricht.

Nutzen
1. Wirtschaft: Die auf subjektive Werteinschätzung beruhende Eigenschaft eines Gutes (Bedürfnisbefriedigung). Jedes Produkt ist für einen bestimmten Zweck hergestellt worden. Dieser entspricht dem Grundnutzen. Darüber hinaus kann das Produkt einen Zusatznutzen besitzen, der über den Grundnutzen hinausgeht.
   Beispiel: Hochwertig gedruckte Geschäftsberichte informieren sachlich über das Unternehmen (Grundnutzen). Ein hervorragendes Design repräsentiert das Image des Unternehmens (Zusatznutzen).
2. Druck: Anzahl gleicher Exemplare.
   Beispiele:
   - Anzahl der aus einem Druckbogen zu schneidenden einzelnen Exemplare
   - Anzahl der Etiketten auf einem Druckbogen
   - Anzahl gleicher Kopiervorlagen (= Nutzenfilme)

Nutzenformat
Größe eines einzelnen Teils oder Exemplars.
> Nutzen

Nutzer
Digital- und Printmedien: Leser, Anwender, (End-)Kunde, der digitale und gedruckte Medien verwendet.

Nutzholz
In der Forstwirtschaft das technisch verwertbare Holz. Gegensatz: Brennholz u. Ä.

Nutzungsgrad
Allg.: Das Verhältnis zwischen einer maximal möglichen und einer tatsächlich erreichten Größe.
Beispiele: Energienutzung, Flächennutzung, Materialverbrauch (Makulatur, Abfall), Geräte- und Maschinennutzung, Betriebswirtschaft:
Nutzungsgrad in %

$$= \frac{\text{Fertigungsstunden} \times 100\,\%}{\text{Gesamtarbeitszeit}}$$

Nutzungsrecht
Befugnis, den Nutzen aus einem zur Verfügung gestellten bzw. erworbenen Produkt zu ziehen. Das Nutzungsrecht kann persönlich, räumlich, zeitlich oder inhaltlich beschränkt eingeräumt werden.
Beispiel: Kauf einer Layoutsoftware.
Damit wird gleichzeitig eine persönliche Nutzungslizenz (vgl. Lizenzvereinbarung) erworben.
> Lizenz, > Urheberrecht

Nyloflex
Fotopolymere Druckplatte (BASF) mit erhaben stehenden Druckbildelementen für den Flexodruck.

Nylograv
Fotopolymere Druckplatte (BASF) mit vertieft liegenden Druckbildelementen für den Tiefdruck. Durch ein spezielles Verfahren wird bei der auf den Druckformzylinder aufgespannten Druckplatte der Kanal (Öffnung zwischen den Spannschienen am Plattenanfang und -ende) absolut gleichmäßig verschlossen.

Nylon
Kunststoff (Polyamidfaser), der sich durch hohe Reiß- und Scheuerfestigkeit auszeichnet.

Nyloprint
Fotopolymere Auswaschdruckplatte für Hochdruckverfahren, z. B. den Flexodruck.

O
1. Chemie: Symbol für Sauerstoff (Oxygenium).
2. Kurzeichen für > Opazität.

O_2
Chem. Formel für molekularen Sauerstoff.

O_3
Chem. Formel für Ozon.

Oberflächenenergie von Feststoffen
Für das Bedrucken, Lackieren und Kleben ist die Oberflächenenergie (Oberflächenspannung) der Materialien bedeutend. Diese hat einen wesentlichen Einfluss darauf, wie gut eine Flüssigkeit (Druckfarbe, Lack, Klebstoff) ein Trägermaterial benetzen kann. > Benetzung, > Corona-Vorbehandlung, > Randwinkel

Oberflächengeschwindigkeit
> Geschwindigkeit, > Umfangsgeschwindigkeit

Oberflächenglätte
Bedruckstoffe:
Geschlossenheit, Gleichmäßigkeit. Messtechnisch ermittelter Grad der Gleichmäßigkeit von Papierbestandteilen an der Oberfläche des Bedruckstoffes.
> Naturpapier, > satiniertes Papier, gestrichenes Papier

Oberflächenleimung
Bedruckstoffe: Dünner Leimauftrag auf die Oberseiten der Papierbahn innerhalb der Trockenpartie einer Papiermaschine.
Die Oberflächenleimung erhöht die Wasserfestigkeit, macht tuschefest, radierfähig, staubfrei und rupffest. Eingesetzt vor allem für Schreib-, Zeichen-, Banknoten-, Dokumentenpapier sowie bestimmte Offsetdruckpapiere.

Oberflächenspannung
An Oberflächen von Flüssigkeiten wirkende molekulare Kräfte, die die Oberfläche wie eine elastische Haut zusammenziehen.
Entscheidend für die Oberflächenspannung sind die Kohäsionskräfte zwischen den jeweiligen Molekülen. Im Innern einer Flüssigkeit heben sich die Kräfte gegenseitig auf, nicht aber an der Oberfläche.
Hier wirken die Kräfte nur zum Innern der Flüssigkeit.
Durch die nach innen gerichteten Kräfte ist jedes Oberflächenmolekül bestrebt, eine möglichst kleine Oberfläche zu bilden. Je nach Kohäsionskräften ist die Oberflächenspannung bei verschiedenen Flüssigkeiten unterschiedlich.
Im engen Zusammenhang dazu stehen: > Adhäsion, > Grenzflächenspannung und > Benetzung.

Oberflächenveredlung
Druckprodukte sind durch Lackauftrag oder Überziehen mit Folien zu veredeln.
Beide Verfahren bieten einen Schutz vor mechanischen oder chemischen Einwirkungen und vor Verschmutzen, sie erhöhen vielfach den Glanz und die Brillanz der Druckfarben.

Oberlänge
Bei Schriften die Bezeichnung für die Länge der Kleinbuchstaben, die über die Mittellänge bis zur obersten Kante hinausragt, z. B. bei b, d, f, h, k.

oblique
Engl. Bezeichnung für kursive Schriften, auch italic genannt.

Objekt
Allg.: Gegenstand einer Betrachtung, einer Untersuchung, einer Messung u. a.

objektiv
Sachlich, unvoreingenommen, von der Sache her bestimmte Sicht bzw. Beurteilung.

Objektiv
Linsensystem mit verschiedenen Linsenformen für optische Geräte. Hochwertige Objektive ergeben ein randscharfes, unverzerrtes, farblich korrektes Bild.

objektorientiert
Auch: objektorientiertes Dokument, objektorientierte Grafik.
Objekte oder Dokumente, die durch eine mathematische Formel definiert sind, bezeichnet man als objektorientiert.
Im Gegensatz dazu setzen sich Bitmap-Grafiken bzw. -Dokumente vollständig aus einer Vielzahl einzelner Pixel zusammen (Beispiel: Adobe Photoshop).
Objektorientierte Grafiken bestehen aus gezeichneten Objekten wie Linien, Rechtecken, Kreisen und komplexen Kurven, sogenannten Pfaden. Diese Objekte können verschiedene Strichstärken und Füllmuster aufweisen. Objektorientierte Bilder sind dabei nur durch Punkte definiert.
Mithilfe von Ankerpunkten lassen sich Elemente verschieben und modifizieren sowie Kurven beliebig manipulieren.
Da ein objektorientiertes Bild auf Formeln und mathematischen Beschreibungen basiert, lässt sich seine Größe ohne Qualitätsverlust verändern (> Vektoren).
Beispiele dazu sind:
1. PostScript-Schriften. Mathematische Basis sind Bezier-Kurven. Diese können gedehnt, gedreht oder sonst beliebig modifiziert werden. Die Schrift wird erst bei der Ausgabe in Pixel umgewandelt, und erst dann wird die Auflösung in der Ausgabe festgelegt.
2. Illustrationen, die z. B. mit der Software Freehand oder Illustrator hergestellt worden sind.

OCR
Engl. Abkürzung für Optical Character Recognition, d. h. optische Zeichenerkennung. Ein gescannter Text wird durch ein OCR-Programm (z. B. Omnipage, Readiris) in einen editierbaren Text (Textformat z. B. ASCII-Zeichen, Word) umgewandelt. .
Danach ist der Text beliebig zu gestalten und zu bearbeiten.

OCR-Technik
Ein komplettes System zur optischen Zeichenerkennung mit speziellen Lesemaschinen oder mit einem Flachbettscanner und einem geeigneten Zeichenerkennungsprogramm.
1. Optisch arbeitende > Lesemaschinen erfassen durch Abtasten mit Licht Schriftzeichen einer OCR-Schrift, teilweise auch übliche Schreibmaschinenschriften, und speichern sie. Heute hat diese Technik ihre Bedeutung verloren.
2. Flachbettscanner erfassen beim Einscannen Schriftzeichen als bildliche Darstellung (= Strichzeichnung). Diese Daten werden durch das Zeichenerkennungsprogramm als einzelne Buchstaben und Zeichen analysiert und dann in einen bearbeitbaren digitalen Text umgewandelt.

ODBC
Abk. für Open Database Connectivity.
Eine von Microsoft entwickelte Schnittstelle, die den Datenaustausch zwischen Anwenderprogrammen und Datenbanken gewährleisten soll.

OEM
Abk. für: Original Equipment Manufacturer (= Original-Gerätehersteller).
Hersteller von Produkten, der entweder Geräteteile, Geräte oder komplette Systeme von einem anderen Unternehmen für bestimmte eigene Produkte übernimmt und diese unter eigenem Namen verkauft.

offene Datei
Programmabhängige Datei. Alle Dateien, die in ihrem Ursprungsprogramm wieder zu öffnen und zu bearbeiten sind.
Vorteil: Diese Dateien können problemlos geöffnet und bearbeitet (korrigiert, verändert, neu umbrochen) sowie für andere

Aufträge verwendet werden. Nachteilig kann es sein, wenn die verwendeten Programme nicht mit den hauseigenen Programmen kompatibel sind. Daher muss eine Datei auf Kompatibilität geprüft werden. Ebenso müssen alle eingesetzten Daten (Schriften, Bilder, Grafiken, Logos) mitgeliefert werden.
> geschlossene Datei

offenes System
EDV: Ein System mit weitgehendem Einsatz von Standardprodukten, -schnittstellen und -protokollen.
Eigenschaften sind u. a.:
- Kooperation mit offenen Systemen anderer Hersteller
- Hard- und Softwarekomponenten verschiedener Hersteller können gemischt eingesetzt werden
- Anwenderprogramme sind zwischen offenen Systemen zu übertragen.

offene Tabelle
Tabelle, die seitlich nicht durch Linien umrandet ist.

offene Zeit
Werkstoffe: Zeit der Verarbeitungsfähigkeit von Werkstoffen wie Druckfarbe, Klebstoffe u. a. vor dem Trocknen oder Verfestigen.

Offerte
Schriftliches Angebot für Waren, Geräte, Maschinen u. a.

Offizin
Alte Bezeichnung für Druckerei, Druckwerkstatt.

offline
1. Der Computer arbeitet (evtl. auch nur vorübergehend) ohne Verbindung zu einem Peripheriegerät oder einem Netzwerk.
2. Der Datentransfer zu einem anderen Rechner erfolgt über Datenträger.

Offline-Farbmessung
Drucktechnik: Der Druckbogen wird auf dem Messtisch bzw. Steuerstand der Druckmaschine ausgemessen (Ist-Wert).
Die ermittelten Daten werden mit dem Soll-Wert verglichen.
Soweit erforderlich ist die Farbgebung durch manuelle oder automatische Steuerung bzw. Fernsteuerung der Farbzonen zu optimieren.

Offline-Verarbeitung
Indirekte Verarbeitung; d. h., einzelne Komponenten (Geräte) eines Systems stehen nicht in direkter, unmittelbarer Verbindung miteinander.
Eine Kommunikation zwischen den Systemkomponenten erfolgt über Datenträger.
> Online-Verarbeitung

Offline-Veredelung
Gedruckte Bogen mit einwandfrei getrockneten Druckfarben werden in speziellen Veredelungsmaschinen weiterverarbeitet.
Dieses Verfahren verursacht höhere Kosten als eine Inline-Veredelung, bietet jedoch auch größere Variabilität in der Anwendung unterschiedlichster Veredelungsmaterialien.

Offsetdruck
Flachdruckverfahren, das indirekt im Rotationsprinzip auf einzelne Bogen oder auf Rollenpapier druckt. Der Offsetdruck ist das heute dominierende, sehr vielseitig eingesetzte Druckverfahren.
Ein Druckwerk besteht aus einem Plattenzylinder, einem Gummituchzylinder und einem Druckzylinder sowie einem Feuchtwerk und einem Farbwerk.
Die Offsetdruckplatte ist auf dem Plattenzylinder zu befestigen und standgerecht einzurichten. Nach dem Feuchten und Einfärben der Druckplatte werden Bildstellen auf einen mit einem Gummituch bespannten Übertragungszylinder, Gummituchzylinder genannt, und von dort auf

den Bedruckstoff gedruckt.
Die Druckmaschinen unterscheiden sich grundsätzlich in
- Bogen-Offsetdruckmaschinen und
- Rollen-Offsetdruckmaschinen.

Im Bogen-Offsetdruck werden Einfarben-, Mehrfarben- sowie Schön- und Widerdruckmaschinen eingesetzt.
Bei einem Durchlauf durch die Druckmaschine druckt eine Einfarben-Druckmaschine eine Druckfarbe auf eine Bogenseite, eine Mehrfarben-Druckmaschine druckt Nass-in-Nass mehrere Druckfarben (entsprechend der Anzahl der Druckwerke von zwei bis acht Farben) nacheinander auf eine Bogenseite.
Schön- und Widerdruckmaschinen bedrucken beide Seiten des Bogens, die meisten dieser Druckmaschinen sind umstellbar und damit als Mehrfarben-Druckmaschine einzusetzen.
Im Rollen-Offsetdruck wird eine „endlose“ Papierbahn – von einer Rolle abgewickelt – beidseitig mehrfarbig in einem Maschinendurchlauf bedruckt.

O

Das Druckwerk arbeitet bei Akzidenz-Druckmaschinen nach dem Gummi-Gummi-Prinzip. Zwei Plattenzylinder und zwei Gummituchzylinder bilden eine Einheit für den beidseitigen Druck, dabei dient ein Gummituchzylinder dem anderen gleichzeitig als Druckzylinder. Die Papierbahn läuft zwischen beiden Gummituchzylindern durch und wird beidseitig mit einer Druckfarbe (Heatset-Druckfarbe) bedruckt.
Nach dem Druck ist bei Druckmaschinen für hochwertigen Qualitätsdruck (Akzidenzen, Werbung, Kataloge, Bildbände u. a.) vor dem Falzapparat ein Heißlufttrockner mit anschließender Kühlung integriert.
Die Papierbahn wird verarbeitungsfähig getrocknet und gekühlt, dadurch erhält der Druck einen typischen Glanz.
Durch einen zusätzlichen Silikonauftrag wird die Kratz- und Scheuerfestigkeit der Drucke verbessert. Viele mehrfarbige Akzidenz- und Werkdruckaufträge in mittleren und größeren Auflagen lassen sich im Rollen-Offsetdruck wirtschaftlich und in hervorragender Qualität produzieren.
Vorteile des Rollen-Offsetdrucks gegenüber dem Bogen-Offsetdruck:
- sehr hohe Druckleistung,
- beidseitig mehrfarbiger Druck in einem Durchlauf,
- hohe Brillanz beim Druck mit Heatset-Druckfarben und Einsatz eines Heatset-Trockners,
- Druck auf Papiere mit geringerer Flächenmasse möglich (Papiergewichte ab etwa 50 g/m^2),
- produziert wird ein gefalztes, ggf. auch geheftetes Endprodukt (je nach Art und Seitenzahl).

Einsatzbereiche des Bogen-Offsetdrucks: Akzidenzdrucksachen aller Art wie Geschäftspapiere, Formulare, Werbedrucksachen, Prospekte, Plakate; außerdem Landkarten, Ansichtskarten, Etiketten, Verpackungen (Papier, Karton) und Noten. Im Rollen-Offsetdruck mit integrierter Druckweiterverarbeitung werden gedruckt:
Broschuren und Bücher aller Art z. B. Taschenbücher, Telefonbücher, Romane, Bildbände; mehrfarbige Prospekte, Kataloge und Zeitschriften (sehr hohe Auflagen und Seitenumfänge werden im Tiefdruck produziert), Zeitungen.

Offsetdruck: Druckformherstellung
Druckformen werden in analogen Verfahren (Offsetdruckkopie) und heute überwiegend in digitalen Verfahren hergestellt.
Digitale Verfahren: > Computer-to-Film, > Computer-to-Plate, > Computer-to-Press.

Offsetdruckkopie
Analoge Druckformherstellung: Übertragen von seitenverkehrten > Kopiervorlagen mit > binären Bildinformationen durch Strahlen (UV-haltiges Licht) auf eine lichtempfindlich beschichtete Offsetdruckplatte.
Bildinformationen der Kopiervorlagen werden auf der Offsetdruckplatte kopiertechnisch als Bildstellen und Nichtbild-

stellen gespeichert. Heute ist dieses Verfahren weitgehend durch die Druckformherstellung > Computer-to-Plate verdrängt worden.
> Druckformherstellung im Offsetdruck, > Offsetdruckplatten

Offsetdruckpapier
Vollgeleimtes, festes Papier mit guter Dimensionsstabilität, rupffest, holzstofffrei (h'fr) oder holzstoffhaltig (h'h), maschinenglatt oder leicht satiniert.

Offsetdruckplatten
Druckformherstellung: Druckbildspeicher für die drucktechnische Informationsübertragung im Offsetdruckverfahren.
Verfahrenspezifische Merkmale der Druckplatten: > Bildstellen und > Nichtbildstellen liegen auf einer Ebene.
(Tatsächlich besteht je nach Druckplattenart und Beschichtung eine äußerst geringe Differenz, die jedoch für den Druckprozess unwesentlich ist.)
Die > Druckplatten sind flexible Metallplatten. Für den kleinformatigen Offsetdruck werden als Träger der Informationen auch geeignete Kunststofffolien verwendet.
Metallplatten sind heute ausschließlich Aluminiumdruckplatten.
Früher verwendete Mehrmetall-Druckplatten werden nicht mehr auf dem Markt angeboten.
Einmetallische Offsetdruckplatten bestehen aus Aluminium.
Um eine sehr gut hydrophil reagierende Oberfläche des Aluminiums zu erreichen, werden die Platten gekörnt, z. B. elektrochemisch aufgeraut und elektrolytisch anodisiert.
Dadurch entsteht eine schwammartige, sehr widerstandsfähige Metalloberfläche mit hoher > Kapillarkraft.
Durch das industrielle Vorbeschichten mit einer lichtempfindlichen Kopierschicht sind Informationen der Kopiervorlage auf die Druckplatte zu kopieren. Durch den Verarbeitungsprozess der kopierten Druckplatte löst sich an allen Nichtbildstellen die Kopierschicht. Die auf der Druckplatte verbleibende Restschicht, Druckschicht genannt, bildet Bildstellen.
Druckschichtplatten sind einfach, schnell und sicher in sehr guter Qualität herzustellen.
Grundsätzlich unterscheidet man entsprechend der Druckplattenart zwischen
- konventionellen Offsetdruckplatten, d. h. Druckplatten mit einem zweistufigen Einfärbeprozess (feuchten und einfärben) sowie
- wasserlos arbeitenden Offsetdruckplatten.

Offsetdruckprinzip
Indirekt arbeitendes Flachdruckverfahren im Rotationsdruckprinzip. Die Druckform, eine Metallplatte, speichert Bildinformationen als Bildstellen (druckend) und Nichtbildstellen (nichtdruckend).
Sämtliche Bildinformationen liegen praktisch auf einer Ebene der Druckplatte.
Das Verfahren, auf einer Ebene liegende Bildstellen und Nichtbildstellen einzufärben, beruht vor allem auf physikalischen Wechselwirkungen an > Grenzflächen.
Physikalische Wirkungen wie Kohäsion, Adhäsion, Oberflächenspannung, Benetzung u. a. wirken zwischen Bildstellen, Nichtbildstellen, Feuchtmittel und Druckfarbe und ermöglichen bei bestimmten Bedingungen ein einwandfreies Einfärben und Übertragen der Bildinformationen.
Vereinfachte Erläuterung des Farbübertragungsprozesses beim Druck mit konventionellen Offsetdruckplatten:
Die Druckplatte muss vor der Farbübertragung gefeuchtet werden.
Nichtbildstellen reagieren > hydrophil. Sie nehmen deshalb Feuchtmittel an und stoßen beim Einfärben Druckfarbe ab.
Bildstellen reagieren > oleophil. Sie stoßen deshalb beim Feuchten das Feuchtmittel ab und nehmen beim Einfärben Druckfarbe an.
> Offsetdruckplatten

Ohm
Einheit des elektrischen Widerstandes Ω.

Ohm'sches Gesetz
In einem geschlossenen Stromkreis ist die Stromstärke *I* der Spannung *U* proportional, sofern sich der im Stromkreis vorhandene Widerstand *R* nicht ändert.
Daraus ergeben sich folgende Zusammenhänge:

$$I = \frac{U}{R}, \qquad U = I \cdot R, \qquad R = \frac{U}{I}$$

$$1\,\text{Ohm} = \frac{1\,\text{Volt}}{1\,\text{Ampere}}$$

OHT
Abk. für Original Heidelberger Tiegel, eine früher bedeutende Buchdruckmaschine in den Druckformaten DIN A4 und DIN A3.
Druckprinzip: Fläche-gegen-Fläche.
Die Druckmaschine wird von der Heidelberger Druckmaschinen AG nicht mehr gebaut, ist aber immer noch für Arbeiten wie Stanzen, Prägen und Nummerieren im Einsatz.

OHZ
Abk. für Original Heidelberger Zylinder, eine früher bedeutende Buchdruckmaschine in dem Druckformat DIN A2.
Druckprinzip: Fläche-gegen-Zylinder. Die Flachform-Zylinder-Druckmaschine wurde allgemein Schnellpresse genannt.
Die Druckmaschine wird von der Heidelberger Druckmaschinen AG nicht mehr gebaut, ist aber immer noch für Arbeiten wie Stanzen, Prägen und Nummerieren im Einsatz.

okBalance®
Messtechnik und Qualitätssteuerung nach Brunner, CH-Locarno. Das Qualitätssteuerungssystem wird bei Druckmaschinen von manroland eingesetzt. Die Qualitätssteuerung erfolgt mit einer kombinierten Graubalance-Regelung nach den Werten des OK-Bogens. > System Brunner

Öko-Audit
Seit 1995 geltendes Umwelt-Audit-Gesetz, nach dem sich Unternehmen einer freiwilligen Umweltprüfung unterziehen können und daraufhin ein Zertifikat erwerben.
Ziel ist es, den Umweltschutz in den Unternehmen laufend zu verbessern.
Durchführungsphasen sind:

1. Ist-Soll-Vorgaben des Unternehmens.
   Unternehmensinterne Prüfung, ob alle betreffenden Umweltvorschriften eingehalten werden.
   Es wird ein Umweltmanagementsystem entwickelt und dokumentiert.
   Dabei werden konkrete Ziele, die Organisation und Handlungsgrundsätze definiert.
2. Zertifizierung. Ein zugelassener Gutachter kontrolliert die internen Prüfungen sowie das Umweltmanagementsystem und erteilt ggf. das Zertifikat.
3. Veröffentlichung: Die Zertifizierung kann veröffentlicht werden.

Ökologie
Griech.: Haushaltung.
Ökologie ist die Lehre von den Wechselbeziehungen, die ein Organismus zu seiner organischen und anorganischen > Umwelt unterhält.

ökologisch
Die Umwelt betreffend.

Ökonomie
Wirtschaftswissenschaft.
Wirtschaftlichkeit, sparsame Lebensführung.

ökonomisch
Wirtschaftlich, sparsam. Die Eigenschaft, vorhandene Güter oder Mittel sparsam und vernünftig einzusetzen.

ökonomisches Prinzip
Wirtschaftlichkeitsprinzip, d.h. das Streben, mit einer gegebenen Menge an Produktionsfaktoren den größtmöglichen Gü-

terertrag zu erwirtschaften oder für einen bestimmten Gütertrag die geringstmögliche Menge an Produktionsfaktoren einzusetzen.
- Maximalprinzip: Mit den gegebenen Mitteln ist eine möglichst hohe Leistung zu erzielen.
- Minimalprinzip: Eine geforderte Leistung ist mit möglichst geringen Mitteln zu erreichen.

Ökosteuern
Bezeichnung für sämtliche Abgaben an den Staat, die für die Verwendung umweltschädigender Stoffe und Gegenstände erhoben werden.

Ökostrom
Elektrische Energie, die aus regenerativen Quellen (Wasserkraft, Windenergie, Biogas, Solarenergie u. a.) umweltfreundlich gewonnen wird.

Ökosystem
Wechselbeziehungen zwischen Lebewesen und Lebensraum.

Oktalsystem
Zahlensystem auf der Basis 8.

Oktav
Ältere Bezeichnung für einen Druckbogen mit 8 Blättern = 16 Seiten.

Okular
Teil der Optik oder eines Linsensystems, das dem Auge zugewandt ist.

OLE
1. Abk. für Object Linking and Embedding. Objektverknüpfung und -einbettung von z. B. Bildern, Grafiken, Tabellen mit Texten aus unterschiedlichen Programmen.
   Beispiel: Einfügen eines Diagramms aus einem Tabellenkalkulationsprogramm (z. B. Excel) in ein Textverarbeitungsprogramm (z. B. Word).
   Änderungen an dem Diagramm können direkt aus dem Textverarbeitungsprogramm heraus gemacht werden. Das Textverarbeitungsprogramm übernimmt die Änderungen danach automatisch.
2. Gestaltung: Abk. für Obere Linke Ecke, auch OLE-Prinzip. Leittexte sollten z. B. bei auszufüllenden Formularen in der oberen linken Ecke stehen.

oleophil
Fettfreundlich, fettliebend.

oleophob
Fettmeidend.

Ölfirnis
Bindemittel für > Druckfarben auf der Basis chemisch trocknender Öle.

One-pass-Technik
Auch Single-pass-Technik genannt.
Bei der Bilddatenerfassung farbiger Vorlagen mit einem Flachbettscanner werden bei einem Scandurchlauf alle drei Filterkanalfarben Rot, Grün und Blau erfasst.
Geräte mit der Three-pass-Technik erfassen die zur Farbseparation erforderlichen einzelnen Filterfarben in jeweils einem separaten Scandurchlauf, sie benötigen also die dreifache Zeit zur Bilddatenerfassung.

One-Shot-Kamera
Digitale Kamera, die bei einer Belichtung gleichzeitig alle drei additiven Grundfarben Rot, Grün und Blau sowie die Lichtmenge (Helligkeit) erfasst.

One-to-One-Marketing
Zusammengefasste Aktivitäten aus Marketing, Werbung und Vertrieb, die sich gezielt an einen bestimmten Kunden wenden.
Durch das Internet ist es möglich geworden, individuelle Wünsche der Kunden beim Besuch der eigenen Internetseiten auszuwerten und gezielt ein individuelles Angebot zu erstellen.

online
Der Computer arbeitet in direkter Verbindung zu einem Peripheriegerät oder einem Netzwerk.
Dabei steuert der Computer sämtliche Datenübertragungen und die Kommunikation im Netzwerk.
Beispiele: Bildschirm und Laserdrucker arbeiten direkt mit dem Rechner zusammen. Zum Surfen im Internet ist eine Online-Verbindung erforderlich. Bei längeren Pausen kann das System > offline geschaltet werden.

Online-Dienste
Unternehmen, die gegen eine Gebühr den Zugang zu ihrem Netzwerk gestatten, in dem sie verschiedene Angebote wie Kultur, Politik, Wirtschaftsinformationen, Politik, Wissenschaft, Unterhaltung, elektronische Post (E-Mail) und verschiedene Serviceangebote (Online-Banking, Home-Shopping u. a.) anbieten.
Bekannte Online-Dienste in Deutschland sind u. a. T-Online, America Online (AOL), CompuServe.

O

Online-Verarbeitung
EDV: Direkte Verarbeitung; d. h. einzelne Komponenten (Geräte) eines Systems stehen in direkter Verbindung.
Beispiel: Peripheriegeräte eines EDV-Systems sind mit der Zentraleinheit durch Datenkabel verbunden.

on the fly
1. EDV:
   Änderungen bei der Arbeit am Rechner werden unmittelbar bei der Eingabe des Befehls so rasch ausgeführt, dass der Anwender den Ablauf nicht bemerkt.
2. Brennen von CD/DVD:
   Die Daten werden direkt von dem Original auf den Rohling geschrieben.
   Jedoch können schon kleine Störungen im System zum Abbruch des Brennvorganges führen.

opak
Lichtundurchlässig.

Opale
Druckformherstellung: Abtastvorlagen für die elektronisch-mechanische Tiefdruck-Zylindergravur. Opale sind Reproduktionen auf Fotomaterial mit einem mattweißen Polyester-Schichtträger.

Opazität
Undurchsichtigkeit.
Lichtundurchlässigkeit an transparenten Werkstoffen. Eine Fläche ist dann 100%ig opak, wenn kein Licht hindurchgelassen wird. Das Gegenteil der Opazität ist die Transparenz.
1. Bedruckstoffe: Undurchsichtigkeit des Papiers. Diese Eigenschaft ist für Druckpapiere wichtig, die z. B. auf beiden Seiten bedruckt werden sollen. Je höher die Opazität ist, desto undurchsichtiger ist das Papier. Zellulose hat eine niedrigere Opazität als Holzstoff.
   Bei der Papierherstellung ist die Opazität außer durch die Faserart durch die Menge an Füllstoffen (Titandioxid, Talkum oder Kaolin) zu erhöhen.
2. Messtechnik: Die Opazität ist der Grad der Lichtundurchlässigkeit, der messtechnisch erfasst werden kann. Die Opazität bezieht sich demnach grundsätzlich auf Durchsichtsvorlagen.
   Aus den Werten der Opazität bzw. der > Absorption (bei Aufsichtsvorlagen und Drucken) wird der dekadische Logarithmus abgeleitet. Man nennt diesen logarithmischen Wert > Dichte

$$\text{Opazität } (O) = \frac{\text{auftreffende Lichtintensität}}{\text{durchgelassene Lichtintensität}}$$

Open-Prepress-Interface
> OPI

Open-Source
Frei zu kopierende Software mit offenliegendem Quellcode, der auch bei weiterer Bearbeitung offen bleiben muss.

OpenType
Von Adobe und Microsoft entwickeltes plattformübergreifendes Format für Schriftfonts mit einer Unicode-Kodierung.
Damit können Fonts mit über 65 000 verschiedenen länderspezifischen Buchstaben und Zeichen codiert werden. Schriften erhalten die Kennung „.otf“, z. B. GaramondPremrPro-It.otf

Operating-System
Allg. Bez. für das Betriebssystem einer EDV-Anlage.

Operation
EDV: Anweisung, Befehl, Daten verarbeitender Vorgang.
Befehl für arithmetische und logische Folgen, die im Rechenwerk der Zentraleinheit ausgeführt werden.

Operations-Research
Wissenschaftliche Untersuchungen soziotechnischer Systeme. Diese Systeme umfassen die Gesamtheit der Beziehungen zwischen Menschen und technischen Einrichtungen.
Die Untersuchungen haben das Ziel, die Beziehungen durch Untersuchungen, Planungen und Steuerungen zu optimieren.

Operator
Allg.: Bediener eines Computers oder Rechnersystems.

OPI
Open-Prepress-Interface. Schnittstellensystem zum Einsatz von OPI-Servern.
Beispiel: Ein digital hoch aufgelöstes Bild wird in einem leistungsfähigen Rechner eingelesen, eine niedrig auflösende Kopie an die Arbeitsstation weitergegeben und dort bearbeitet und mit anderen Objekten auf einer Seite positioniert.
Für die High-End-Ausgabe ersetzt der OPI-Server automatisch das Bild durch das hoch aufgelöste, gespeicherte Originalbild.

OPP-Folie
Abk. für Orientierte Polypropylen Folie.
Eine Polypropylen-Folie wird in Längs- oder Querrichtung gereckt, um bestimmte Eigenschaften zu verbessern. Vorteile vgl. > biaxial gereckte Polypropylen-Folie

Optical-Character-Recognition
Abk.: > OCR. Software zur optischen Zeichenerkennung, z. B. Omnipage, Readiris.

Optical-Disk
Engl. Abk. für optische Speicherplatte mit sehr hoher Speicherkapazität. Für mittlere bis langfristige Speicherung großer Datenmengen.

Optik
Lehre vom Licht und allen zusammenhängenden Bereichen und Wirkungen. > Optische Begriffe, > optische Grundgesetze

Optikebene
Reproduktion: Eine Reproduktionskamera ist prinzipiell in drei Arbeitsebenen eingeteilt: Vorlagenebene, Optikebene und Aufnahmeebene. Zur Optikebene gehören das Objektiv mit Blende und Verschluss, ein Filterrad und evtl. ein Spiegelsystem.
> Reproduktionskamera

optimal
Sehr gut, bestmöglich.

Optimalfarben
Optimalfarben sind ideale Körperfarben (nur in einem theoretischen Modell), deren spektraler Remissionsgrad zwischen 0 % und 100 % (bzw. 0 und 1) verläuft und höchstens zwei Sprungstellen von 0 % auf 100 % oder umgekehrt aufweist. Reale Druckfarben (Realfarben) weisen jedoch erhebliche Mängel in der Remission und Absorption auf, die zu erheblichen Farbabweichungen im Vergleich zwischen Bildvorlage und Druck führen. Die Reproherstellung berücksichtigt diese Mängel im Voraus durch entsprechende Farbkorrekturen.

optimieren
Verfahren, die fertigungsgünstigsten, wirtschaftlichsten Arbeitsabläufe, Verfahren, Werkstoffe u. a. unter Berücksichtigung aller Wechselwirkungen zu ermitteln.

Option
Wahlmöglichkeit, Auswahl.

optisch aufgehelltes Papier
Ein Papier mit einem > optischen Aufheller reflektiert (remittiert) auftreffendes Licht stärker als Papier ohne diesen Zusatz. Dabei wird kurzwelliges, unsichtbares Licht in sichtbares Licht umgewandelt. Daher erscheint das Papier heller. Die im Druckprozess eingesetzten Messgeräte können den Einfluss optischer Aufheller auf die Papierweiße und damit auch auf die gesamte Farbwirkung nicht korrekt erfassen.

optische Aufheller
Optische Aufheller sind Fluoreszenzfarbstoffe, die nicht sichtbares UV-Licht in sichtbares, blaues Licht umwandeln. Das von der Papieroberfläche reflektierte Licht hat so einen verstärkten Blau-Anteil, der einen gelblichen Stich der Papierfasern überdeckt und die Reflexion über das gesamte Spektrum erhöht. Das Papier erscheint weißer.

O

Optische Auflösung
Angabe bei der maximal möglichen Bilddatenerfassung: Ein System (z. B. Flachbettscanner) hat eine optische Auflösung von 600 ppi x 600 ppi. Horizontal erfasst das System Bildinformationen mit maximal 600 CCDs pro Inch. Die zweite Angabe bezieht sich auf die Schrittweite des Motors. Hier werden ebenfalls 600 Schritte pro Inch abgetastet. > Interpolation

optische Begriffe und Kurzbezeichnungen

1. Blende und Objektiv:
   Die Blende begrenzt den lichtdurchlässigen Querschnitt des Objektivs. Sie steuert die durchgelassene Lichtmenge, begrenzt die Randstrahlen und verbessert die Tiefenschärfe.
2. Die Bildgröße *y*' ist die Größe der Reproaufnahme.
3. Die Gegenstandsgröße *y* ist die Größe der Vorlage.
4. Die Bildweite *a*' ist die Entfernung zwischen der Hauptebene des Objektivs und der Aufnahmeebene. Auch: Kameraauszug.
5. Die Gegenstandsweite *a* ist die Entfernung zwischen der Hauptebene des Objektivs und der Vorlage.
6. Der Brennpunkt F ist der Punkt, in dem sich achsenparallele Strahlen durch Brechung des Lichtes an einer Sammellinse vereinigen.
7. Die Brennweite *f* ist der Abstand zwischen der Hauptebene und dem Brennpunkt.

In der Reproduktion werden wichtige Begriffe nach DIN 1335 verwendet, die zur Berechnung von Abbildungsverhältnissen und Aufnahmen benötigt werden. Gebräuchlich sind daneben inzwischen veraltete Bezeichnungen. > optische Grundgesetz

Optische Begriffe	Kurzbezeichnungen DIN	frühere Angabe
Abbildungsmaßstab	*V*	*m*
Bildgröße	*y*'	*B*
Bildweite	*a*'	*b*
Gegenstandsgröße	*y*	*G*
Gegenstandsweite	*a*	*g*
Brennpunkt	*F*	*F*
Brennweite	*f*	*f*

optische Grundgesetze
Angaben der Abkürzungen bei den verwendeten Formeln. > optische Begriffe

$$V = \frac{y'}{y} \qquad V = \frac{a'}{a}$$

$$a = \frac{a'}{V} \qquad a' = V \cdot a$$

$$y = \frac{a \cdot y'}{a'} \qquad a = \frac{y \cdot a'}{y'} \qquad y' = \frac{a' \cdot y}{a} \qquad a' = \frac{y' \cdot a}{y}$$

optische Datenspeicher
> Optical-Disk (OD). Sammelbegriff für verschiedene Datenspeicher, die Lichtstrahlen und optische Systeme zur Informationsaufnahme und -wiedergabe einsetzen. Systeme der älteren Generation sind nur einmal zu beschreiben und beliebig oft zu lesen.
Bei neueren Systemen gibt es löschbare und wiederbeschreibbare Platten, die ähnlich wie Disketten und Festplatten eingesetzt werden können. Gespeicherte Informationen sind mit einem Laserstrahl berührungsfrei zu lesen.
Auf die gespeicherten Daten kann sehr schnell zugegriffen werden.

optische Mitte
Ästhetische Empfindung für die Mitte bei der Gestaltung: Imaginäre waagerechte Achse auf einer Druckseite, die dem Betrachter von Textzeilen, Linien oder anderen Bildelementen als geometrische Mitte erscheint. Sie liegt jedoch minimal (ca. 5 %) über der geometrischen Mitte. Bei der Gestaltung und Platzierung von Texten, Grafiken und Bildern muss die optische Mitte berücksichtigt werden.

optischer Bildstabilisator
Digitalfotografie: Bildstabilisatoren verringern die Gefahr des Verwackelns bei großen Brennweiten oder langen Verschlusszeiten.
Opto-elektronisch messen Bildstabilisatoren leichte Kamerabewegungen und gleichen diese durch ein bewegliches Linsensystem aus.

optischer Weißgrad
Wichtige Eigenschaft des Papiers.
Ermittelt wird der ISO-Weißgrad (ISO 2469 und 2470) durch die Bestimmung des CIE-Lab-Farbortes in der Papierindustrie mit einem > Elrepho-Gerät.

optische Zeichenerkennung
System zur elektronischen Erkennung, datentechnische Erfassung und Speicherung von (Schrift-)Zeichen.
Beispiel eines Arbeitsablaufs von einer gedruckten Seite zu einzelnen Zeichen:

1. Erfassung:
   Abtastung der Druckseite als Strichreproduktion.
2. Erkennen:
   Programmgesteuerte Zuordnung von Buchstaben und Zeichen nach bestimmten Erkennungskriterien.
3. Ausgabe:
   Darstellung und Speicherung von einzelnen Buchstaben und Zeichen. Damit kann der Text elektronisch in einem Textverarbeitungsprogramm oder Layoutprogramm weiterverarbeitet und neu gestaltet werden.
   > OCR-Programm

Optoelektronik
Bezeichnung für alle Systeme oder Bauelemente, in denen optische und elektronische Signale zusammenwirken. Dabei werden anstelle von elektrischem Strom Lichtwellen (Strahlen) zur Informationsübertragung, -verarbeitung und -speicherung eingesetzt.
Besondere Vorteile sind: Die wesentlich höhere Schnelligkeit und die geringere Störanfälligkeit bei der Übertragung.

Ordinate
Senkrechte Achse (Y-Achse) in einem rechtwinkligen > Koordinatensystem.

Ordner
EDV: Darstellung einer Gruppe von zusammengehörenden Dateien oder auch Verzeichnissen in einem entsprechenden Symbol, z. B. auf der Benutzeroberfläche des Rechners.

Organigramm
Schaubild, Übersicht. Grafische Organisationsstruktur eines Unternehmens, einer Behörde, einer Vereinigung o.ä., aus der Hierarchien, Zuständigkeiten und Aufgabenverteilungen zu ersehen sind.

Organisation
Organisieren bedeutet allgemein:
Ordnen, festlegen, Teile zu einem sinnvollen Ganzen zusammenfügen, Kompetenzen in einem Unternehmen festlegen.
Bei einem Unternehmen bedeutet der Begriff
- Das Unternehmen wird organisiert.
- Das Unternehmen hat eine Organisation.
- Das Unternehmen ist eine Organisation

> Betriebshierarchie, > Betriebsorganisation, > Hierarchie, > Organigramm

organische Chemie
Chemie der Kohlenstoffverbindungen. Organische Verbindungen sind aus wenigen Elementen aufgebaut, dies sind vor allem Kohlenstoff, Wasserstoff, Sauerstoff und Stickstoff. Daneben sind Schwefel, Phosphor und Halogene, weitere Elemente aber nur selten beteiligt.
Durch die Vielzahl von Bindungsmöglichkeiten des Kohlenstoffs, mit anderen Stoffen beliebig lange Ketten oder Ringe zu bilden, kennt man über 2 Millionen organische Verbindungen.

O

organische Pigmente
Natürliche und synthetische Farbmittel.
Die natürlichen Pigmente sind heute ohne Bedeutung für die industrielle Druckfarbenherstellung.
Die meisten bunten Pigmente werden durch chemische Verfahren aus organischen Rohstoffen wie Erdöl und Steinkohlenteer gewonnen.

Original
Urschrift, Urbild, Erst-Vorlage. In der Reproduktion wird als Original die Ursprungsvorlage für die fotografische oder elektronische Bilddatenaufnahme bezeichnet.

Original-Grafik
Von einem Künstler manuell hergestellte Druckform, die im Handdruck mit manuell zu bedienenden Pressen gedruckt wird. Es werden keine Kopierverfahren oder automatisch arbeitenden Druckmaschinen eingesetzt.
Original-Grafiken sind den verschiedenen > Hauptdruckverfahren zuzuordnen.
Beispiele:

Hochdruck:	Holzschnitt, Holzstich, Linolschnitt, Materialdruck
Tiefdruck:	Kupferstich, Radierung, Kaltnadelradierung, Aquatinta
Flachdruck:	Lithografie (gedruckt im Steindruck)
Durchdruck:	Serigrafie

Original-Kunstdruckpapier
Hochwertigstes, gestrichenes Papier, das für anspruchsvolle Druckprodukte (z. B. repräsentative, hochwertige Werbung, Kunstreproduktionen, Bildbände, Uhren- und Schmuckkataloge) eingesetzt wird.
Strichmenge zwischen 25 bis 30 g/m² und Seite. Daher sind diese Papiere ab ca. 115 g/m² im Handel.
(Hinweis: Strichmenge 2 × 30 g/m² = 60 g/m², Streich-Rohpapier 55 g/m².
Ein leichteres Streich-Rohpapier ergäbe eine zu geringe Stabilität.)
Es gibt matte und glänzende, weiße und farbige Sorten. Das Papier besitzt eine hervorragende Glätte in der Oberfläche und die besten Druckeigenschaften.

Original-Software
Programm, das direkt vom Hersteller stammt.
Programme sind grundsätzlich rechtlich geschützt. Ein Kopieren und Weiterverbreiten von sogenannten Raubkopien ist danach strafbar.

Ornament
Ausrüstung, Zierde. Verzierung eines Gegenstandes, z. B. einer Buchdecke, mit

geometrischen Formen, die vielfach aus dem pflanzlichen Bereich stammen.

orthochromatisch
> Farbempfindlichkeit eines Reprofilmes: Empfindlich für alle Farben des sichtbaren Spektrums außer Rot.

Oser-Verfahren
Prüfverfahren für die Scheuerfestigkeit gedruckter Farben. Dazu werden zwischen zwei mit Schaumgummi bezogene Scheiben ein bedrucktes und ein unbedrucktes Papier gelegt; die zu prüfenden Seiten aufeinander. Die untere Scheibe ist angetrieben und wird gleichmäßig gedreht. Indem die obere Scheibe belastet wird, reiben beide Scheiben aufeinander. Beurteilt wird nach der Belastung und der Dauer des Scheuerns.

Ostwald-Farbenordnung
Dreidimensionale Farbenordnung (nach W. Ostwald, 1853–1932) in einem Doppelkegel. Geordnet wird nach Farbton sowie Weiß- und Schwarzgehalt einer Farbe.

Oszillograf
Schwingungsschreiber.
Elektronisches Gerät zum Sichtbarmachen und Beobachten des zeitlichen Verlaufs elektrischer Schwingungen.

Outline
Kontur, Umriss der äußeren Form, z. B. einer Schrift oder Zeichnung.

Outline-Schrift
Auch: Outline-Fonts. Alle digital gespeicherten Schriftzeichen sind nur durch charakteristische Umrisslinien (Vektoren, Bézierkurven) definiert. Erst in der Ausgabe wird das Zeichen auf die gewünschte Größe skaliert (berechnet) und in ein Bitmuster umgesetzt.
Damit sind beliebige Schriftgrößen ohne Verzerrung des Schriftbildes zu setzen. Diese Darstellung wird bei PostScript-Schriften verwendet, die dadurch nur einen geringen Speicherplatz benötigen.

Output
Allgemein: Ausstoß, Ausgabe; im weiteren Sinne alle hergestellten Güter eines Produktionsprozesses.
EDV: Ausgabe (Art, Verfahren, Technik) eines Computersystems, z. B. Bildschirm, Drucker, Proof, Ausgabesysteme CtF, CtP u. a.

Outsourcing
Engl.: out = aus, hinaus, außerhalb; source = Quelle, Ursprung.
Begriff aus der Betriebswirtschaft:
Arbeiten bzw. Aufgabenbereiche werden aus dem eigenen Unternehmen in ein anderes Unternehmen (externer Dienstleister) verlagert, der nur für diese Arbeit bezahlt wird.
Beispiele: Reinigung von Unternehmensbereichen; Schreibbüros, Datenverarbeitung, Arbeiten im Papierrollenlager, die von einem Fremdunternehmen durchgeführt werden.

Overflow
Überlauf, Datenüberlauf. Vielfältig verwendeter Begriff für das Überschreiten von Grenzen bzw. maximalen Grenzwerten.

Overhead-Projektor
Tageslichtprojektor für die Wiedergabe von Texten und Abbildungen auf transparenten Folien.

Overlay
Vorlagenherstellung: Transparenter Decker auf einer Bildvorlage aus Transparentpapier oder Folie. Auf dem Decker wird die Zeichnung ergänzt oder koloriert, es werden Teile abgedeckt oder verändert und es werden Anmerkungen für die Bearbeitung angebracht.

Oxid
Chemie: Die Verbindung eines Elementes mit Sauerstoff. > Oxidation

Oxidation
Chemie: Reaktionen chemischer Elemente oder Verbindungen mit Sauerstoff (z. B. bei einer Verbrennung).
Eine umfassendere Bedeutung geht von der Elektronentheorie aus: Abgabe, Entzug von Elektronen aus Elementen oder Verbindungen.
Damit ist unmittelbar die Aufnahme der Elektronen durch ein anderes Element oder eine Verbindung gekoppelt. Man nennt diesen Vorgang Reduktion. Beide Vorgänge sind immer miteinander gekoppelt.
Abgabe von Elektronen = Oxidation;
Aufnahme von Elektronen = Reduktion;
Elektronenverschiebung = Redoxvorgang.

oxidative Trocknung
Chem. Trocknungsverfahren bei Druckfarben. Beispiele:
1. Öle trocknen durch Aufnahme von Luftsauerstoff.
2. UV-Druckfarben trocknen durch Bestrahlen mit UV-Licht.

O

„Oxidbildung“ auf einmetallischen Offsetdruckplatten
Im Offsetdruck die unkorrekte Bezeichnung für fehlerhaft mitdruckende Pünktchen in Nichtbildstellen auf Aluminiumdruckplatten.
Alle eingesetzten Aluminiumdruckplatten haben immer auf der Oberfläche eine natürlich vorhandene oder elektrolytisch verstärkte Aluminiumoxidschicht.
Tatsächlich handelt es sich deshalb um ein > Tonen.

oxidieren
Stoffliche Verbindung mit Sauerstoff.
> Oxidation

Ozalidkopie
> Lichtpause, die beispielsweise zur Montagekontrolle bei Filmmontagen verwendet wurde (heute ohne Bedeutung).
Die Lichtpause wurde entsprechend der Bildwiedergabefarbe häufig auch Blaupause genannt. Heute spricht man von einer > digitalen Blaupause und meint damit ein einfaches Proofverfahren von digitalen Daten.

Ozon
Ozon (O_3) ist die dreiatomige Form des Sauerstoffs. Es ist als Gas blau, als Flüssigkeit fast schwarz.
Die Lufthülle der Erde besitzt in Höhen von ca. 15 bis 50 km eine starke Konzentration von Ozon, die die Erde vor den energiereichen ultravioletten Strahlen der Sonne schützt.
Tritt Sauerstoff atomar auf, bildet sich aus molekularem Sauerstoff Ozon. Stadtluft mit vielen oxidierbaren Verunreinigungen ist dagegen fast ozonfrei. Ozon entsteht bei verschiedensten technischen Vorgängen und ist daher häufig an Arbeitsplätzen anzutreffen.
Bereits in großer Verdünnung ist Ozon ein sehr toxisches (stark giftiges) Reizgas.
Schon geringe Konzentrationen können bei Menschen eine starke Reizung der Schleimhäute und Schädigungen des Zentralnervensystems verursachen.
Die lebensnotwendige Ozonschicht in der oberen Erdatmosphäre ist durch vielerlei Einflüsse, die der Mensch verursacht, bereits stark geschädigt.
Vor allem Fluor-Chlor-Kohlenwasserstoffe (FCKW), die als Kühlmittel verwendet werden, und die zur Oberflächenreinigung eingesetzten Chlorkohlenwasserstoffe sind mitverantwortlich für die Zerstörung der Ozonschicht.
Ozon ist ein sehr starkes Oxidationsmittel. Es oxidiert viele Metalle, zerstört organische Stoffe und wirkt schon in geringer Konzentration giftig.
Ozon in Konzentrationen über 0,2 mg/m^3 reizt die Augen und die Schleimhäute.
Bei höheren Konzentrationen verursacht es Atembeschwerden.
Technisch wird Ozon u. a. zur Entkeimung von Trinkwasser und als Bestandteil von Bleichmitteln für Faserstoffe eingesetzt.

P

p

1. Abk. für den > typografischen (Didot-) Punkt.
   1 p = 0,375 mm (gerundeter Wert, genauer 0,376 mm).
   In computergesteuerten Systemen gilt: > pt (DTP-Point).
2. Abk. für das Vorsatzzeichen Piko... (auch Pico...),
   Vorsatzzeichen p; bezeichnet das 10^{-12}-Fache einer Einheit.

packen
> Packer

Packer
In der Datenverarbeitung die Bezeichnung für Programme, die Dateien komprimieren können (ZIP-Datei u. a.).
Ein einfaches Beispiel für Mac OS X zum Erstellen einer ZIP-Datei ist folgende Funktion: Anklicken der Datei mit gedrückter Taste „ctrl" oder der rechten Maustaste, „Archiv erstellen" aus dem Kontextmenü wählen. Es wird eine komprimierte neue Datei mit der Dateierweiterung .zip erstellt.

Packgut
Verpackte Ware.

Packmittel, Packhilfsmittel
Verpackung = Packstoff + Packhilfsmittel. Aus einem Material, dem Packstoff, und Packhilfsmitteln wird ein Packmittel hergestellt. Packhilfsmittel sind z. B. Metallklammern, Klebstoff, Klebstoffstreifen.

Page
Engl.: Seite, Buchseite, Druckseite, Blatt.

Page-Preview
Engl.: Seitenvorschau.
Darstellung der in einem Computersystem verarbeiteten Seite auf dem Bildschirm, die der Ausgabe (z. B. im Druck) entspricht.

Pager
Engl. Bezeichnung für Funkrufempfänger.

Pagina
Seitenzahl, Kolumnenziffer in einem Druckprodukt.

paginieren
Nummerieren mit fortlaufenden Seitenzahlen.

Paket
Begriff aus der EDV. > Datenpaket

Paketausleger
Ausleger an Rollen-Rotationsdruckmaschinen, bei dem aus dem Schuppenstrom des Falzapparates kommende Druckprodukte (z. B. Zeitungen) gesammelt und als gesamtes Paket mit einer bestimmten Stückzahl verpackt ausgelegt werden. Dabei kann ggf. eine Folie umgelegt und das Paket mit Packstreifen eingebunden sein.

Paketvermittlung
Datenübertragungstechnik im Internet, bei der eine Datei in mehrere gleich große Pakete zerlegt und auf verschiedenen Wegen zum Empfänger transportiert wird.
> Datenpaket, > TCP/IP

PAL
Engl. Abk. für: Phase Alternating Line.
Fernsehnorm für die Bildwiedergabe, eingesetzt vor allem in Westeuropa.

panchromatisch
Analoge Reproduktion:
Fotoschicht von Filmmaterial, welche für alle Farben des sichtbaren Spektrums empfindlich ist. Silberhalogenid-Kristalle sind dazu mit zusätzlichen Farbstoffen zu sensibilisieren. Panchromatische Fotomaterialien sind zur Reproaufnahme von

Farbvorlagen geeignet. Sie müssen bei Dunkelheit verarbeitet werden. Manche Sorten erlauben jedoch ein Verarbeiten bei sehr schwach grünem Licht.

Panoramadruck
Das Drucken von Doppelseiten über den Bund hinweg, sodass der weiße, unbedruckte Mittelstreifen entfällt. Bei Tageszeitungen oder Illustrierten erscheint eine Werbung dadurch auf zwei nebeneinanderliegenden Seiten.

Panoramadruckplatte
Druckplatte für den > Panoramadruck.

Pantone-Farbmischsystem
Engl.: Pantone Matching System.
International weit verbreitetes System aus Farben, Grafikmaterialien wie Papiere, Marker, Folien u.a. Basis ist eine Skala von über 1000 Schmuckfarben, die für grafische Entwürfe oder als Sonderdruckfarben im Offsetdruck verwendet werden. Die Mischungsverhältnisse sind genau festgelegt, sie können teilweise auch mit CMYK-Farben nachgemischt werden. Zur Farbauswahl bestimmter Farbtöne werden entsprechende Referenzbücher angeboten. Hersteller ist die Pantone, Inc. aus New Jersey, USA. > HKS-Farben

Paperback
Buchhändlerische Bezeichnung für klebegebundene > Broschuren mit einem Kartonumschlag, vor allem > Taschenbücher.

paper-safe®
> Einsiegelung (Marke der Fa. Achilles) von Druckprodukten.

Papier
Flächiger Werkstoff aus pflanzlichen Fasern, Wasser, Füllstoffen, Leimen, Farbstoffen und chemischen Hilfsmitteln.
Papier wurde 105 v. Chr. in China erfunden und kam über Mittelasien, arabische Länder und den Mittelmeerraum erst im 12. Jahrhundert nach Europa. Faserstoffe werden aus Primärrohstoffen wie Holz, Einjahrespflanzen (Stroh, Gräser), Hadern und Kunststofffasern und Sekundärrohstoffen (Recyclingstoff: Altpapier) gewonnen. Wichtigster Primärrohstoff ist das Holz, aus dem Faserstoffe mechanisch durch Schleifen (Produkt: Holzstoff, auch Holzschliff) oder chemisch durch Kochen in Säuren oder Laugen (Produkt: Zellstoff) zu sogenanntem Halbstoff aufbereitet werden. Altpapier ist in Deutschland und auch weltweit als Rohstoff für die Papierherstellung bedeutend. Deutsche Papierfabriken setzen zur Papierherstellung zwischen 50–60 % Sekundärrohstoffe ein.
Sortenrein gesammelt eignet er sich vor allem zur Herstellung von Verpackungspapier, Karton, Zeitungsdruckpapieren, Hygienepapieren u.a. Für besondere Qualitäten und Produkteigenschaften sind zusätzlich Primärfaserstoffe hinzuzufügen.
> Füllstoffe sind weiße, mineralische Stoffe, die Halbstoffen zugesetzt werden, um bestimmte Papiereigenschaften zu erreichen oder zu verbessern: Faserzwischenräume werden ausgefüllt, Papier wird oberflächlich glatter, es wird lichtundurchlässiger (opak), geschmeidiger und weißer. Leime verringern die Saugfähigkeit der Papierfasern, verfestigen zusätzlich das Fasergefüge und ermöglichen das Beschreiben oder Zeichnen mit Tinten und Tusche. Mit > Farbstoffen ist das Papier vollständig in der gewünschten Färbung durchzufärben. Chemische Hilfsmittel werden benötigt, um eine störungsfreie Produktion zu erreichen. Hergestellt wird eine große Zahl von Papier- und Kartonsorten für unterschiedlichste Bereiche und verschiedenste Anwendungen. > Mahlung des Stoffes, > Papiermaschine, > Papiersorten

Papierbahn
Papier wird in einer endlosen, mehrere Meter breiten Bahn in der Papiermaschine hergestellt und am Ende der Anlage aufgerollt. Die Durchlaufrichtung ist die soge-

nannte Maschinenrichtung oder > Laufrichtung des fertigen Papiers. In der Ausrüstung wird das Rollenpapier in Rollenschneideeinrichtungen in schmalere Papierbahnrollen geschnitten. Ist Bogendruckpapier in einem bestimmten Format zu schneiden, werden die Bahnen in einem Rollenquerschneider in Formatbogen geschnitten.

Papierbahnspannung
Wirkung von Zugkräften auf Rollenpapier, das in Rollen-Rotationsdruckmaschinen bedruckt wird. Damit eine Papierbahn mit genügender Präzision durch die gesamte Druckmaschine geführt werden kann, muss sie dauernd unter einer positiven und möglichst gleichbleibenden Zugspannung stehen. Nur so ist es möglich, einen guten Passer im Druckbild zu erreichen. Ist die Bahn nicht überall gleichmäßig gespannt (gestreckt), kann es zu sogenannten Säcken (beulenartigen Durchhängern), zum Flattern oder gar zum Reißen der Papierbahn kommen.
Die Bahnspannung kann durch den Drucker unter anderem an folgenden Aggregaten beeinflusst und eingestellt werden: Rollenwechsler, Vorspannwerk, Auszugswerk nach dem Druck, Zugwalzen im Überbau, Trichterwalzen, Zugwalzen im Falzwerk.

Papierberechnungen
Grundberechnungen für Bogendruckpapier:

1. Papierbedarf in Bogen =

$$\frac{\text{Auflage}}{\text{Nutzen (pro Bogen)}} + \text{Zuschuss in \%}$$

2. 1000-Bogen-Gewicht (kg) =

$$\frac{\text{Länge (cm)} \cdot \text{Breite (cm)} \cdot \text{Flächenmasse (in g/m}^2\text{)}}{10\,000}$$

3. Papierkosten =

Papierbedarf · 1000-Bogen-Gew. (kg) · Preis/kg

4. Papiervolumen =

$$\frac{\text{Papierdicke in mm} \cdot 1000}{\text{Flächenmasse in g/m}^2}$$

Übersicht Papierberechnung siehe Anhang.

Papierbeutel
Aus stabilen, reißfesten Packpapieren in Spezialmaschinen gefertigte Verpackungen in Beutel- oder Tütenform. Vielfach sind die Papiere im Flexodruck mehrfarbig bedruckt.

Papierdicke
Stärke des Papiers in Millimetern (mm).
> Papiervolumen

Papiereigenschaften
1. Optische Eigenschaften
   - Weißgrad: Weiße des Papiers
   - Opazität: Maß für die Undurchsichtigkeit
   - Glanz: Reflexion an der Papieroberfläche
   - Weiße: Verwendung optischer Aufheller
2. Physikalische Eigenschaften
   - Flächenmasse in g/m^2
   - Dicke: Stärke in µm
   - Volumen: Verhältnis der Flächenmasse zur Dicke
3. Mechanische Eigenschaften
   - Bruchwiderstand: Festigkeitseigenschaften
   - Biegesteifigkeit: Widerstand gegen Verformung
4. Bedruckbarkeit:
   - Rupffestigkeit: Widerstand gegenüber dem Herausreißen von Faser oder Strichteilchen
   - Wegschlagen der Druckfarbe: Eindringen von Bindemitteln der Druckfarbe in die Papieroberfläche
     > Bedruckbarkeit
5. Verdruckbarkeit:
   - Planlage.
     > Verdruckbarkeit

Papierfeuchtigkeit
Papiere, genauer die Faserstoffe, sind hygroskopisch, d. h., sie passen sich dem jeweils umgebenden Klima (Temperatur und Luftfeuchtigkeit) an.
Ein zu trockenes Papier beeinflusst die

ursprünglichen Papiereigenschaften und kann in nachfolgenden Produktionsprozessen zu verschiedenen Schwierigkeiten führen.
Beispiele: statische Aufladung, Schrumpfen, Brechen im Falz, Auswachsen von Innenseiten einer Broschur aus dem Umschlag, mangelhafte Planlage.

- Absolute Feuchte: Tatsächlich in dem Papier enthaltene Feuchtigkeitsmenge (z. B. 6 bis 10 % Wasseranteil).
- Relative Feuchte: Prozentualer Anteil der Feuchte in einem Papier in Abhängigkeit zu der möglichen Feuchtigkeitsaufnahme bei einer bestimmten Temperatur.

> Gleichgewichtsfeuchte, > Planlage, > Wassergehalt von Papier

Papierformat
Flächige Größe von Formatpapieren nach DIN 476 in der Länge und Breite.
In Deutschland und vielen anderen Ländern anerkannte Norm zur Herstellung und Verwendung von Formatpapieren.
Die DIN-A-Reihe ist die Basis für Fertig- (End-)Formate.
Die Reihen B, C, und D sind abhängige Größen für Verpackungen (Briefumschläge, Hüllen u. Ä.) sowie Mappen. Die DIN-Formate einer Reihe gehen durch Halbieren, Vierteln, Achteln und weitere stetige Teilung hervor.

Beim Halbieren ergeben sich weitere Teilungen als Potenzen zu der Basis 2. Basis aller Formate ist das Verhältnis $1 : \sqrt{2}$, also das Verhältnis der Seite eines Quadrates zu seiner Diagonalen. Das ergibt ein Verhältnis von 1 : 1,414, erweitert etwa 5 : 7.
Der Flächeninhalt eines Bogen im Format DIN A0 ist 1 m^2.
Unbeschnittene Formate sind flächenmäßig ca. 5 % größer als das jeweilige DIN-Format.
Ausgangsformate der weiteren Reihen:
DIN-B-Reihe: 1000 mm × 1414 mm,
DIN-C-Reihe: 917 mm × 1297 mm,
DIN-D-Reihe: 771 mm × 1091 mm.
Übersicht DIN-A-Formate siehe Anhang.
> RA, > SRA

Papiergewicht
In der Praxis übliche Bezeichnung für die > flächenbezogene Masse des Bedruckstoffes in Gramm pro Quadratmeter (g/m^2).

Papierherstellung
Manuelle und vor allem industrielle Produktion von > Papier.
Die manuelle Papierherstellung ist heute nur noch für Liebhaber handgeschöpfter Papiere bedeutend.
> Mahlung des Stoffes, > Papiermaschine

Papierkosten
Papier wird bei Formatpapieren nach verkaufter Bogenzahl oder nach dem Gewicht für 1 000 Bogen verkauft.
Das 1 000-Bogen-Gewicht wird branchenüblich auf halbe oder volle kg gerundet, bevor das Gesamtgewicht für die benötigte Auflage errechnet wird. Rollenpapier wird nach Gewicht verkauft.
> Papierberechnungen

Papiermaschine
Zentrale Produktionsstätte jeder Papierfabrik: Auf bis zu 10 Metern Breite und bis zu 200 Metern Länge sind unter dem Sammelbegriff Papiermaschine sehr unterschiedliche Aggregate hintereinander- geschaltet: Stoffauflauf, Siebpartie, Pressenpartie, Trockenpartie und Aufrollung sind – bei sehr variablen Konstruktionsmöglichkeiten – die Standardelemente.
Im Stoffauflauf wird durch Düsen der Faserbrei (mit bis zu 99 % Wasser aus der Aufbereitung) gleichmäßig auf ein äußerst feines, endloses Sieb aufgebracht, das sich ständig fortbewegt und – außer bei sehr schnellen Maschinen – auch seitlich geschüttelt wird.
Hier verfilzen sich die Fasern zu einem einheitlichen, noch nassen Papiervlies (Phase der Blattbildung zu einer Papierbahn).

In dieser Siebpartie läuft überschüssiges Wasser durch das Sieb ab, am Ende liegt der Wassergehalt noch bei etwa 80 %.
> Duoformer
Die Bahn ist dann bereits fest genug, um sie vom Sieb abzunehmen und mithilfe von Filzbändern in die anschließenden Nasspressen zu leiten. Nach der mechanischen Entwässerung, die den Wassergehalt auf gut 50 % reduziert, beginnt der längste Teil der Papiermaschine, die Trockenpartie. Auf bis zu 100 dampfbeheizten Trockenzylindern wird der Papierbahn der Rest der überschüssigen Feuchtigkeit entzogen. Im Papier bleibt ein absoluter Feuchtgehalt (Restfeuchte) zwischen 5 und 7 %. Im Anschluss an die Trockenpartie können sich bis zum Aufrollen der Bahn auf einen Tambour noch verschiedene, nicht obligatorische Arbeitsgänge anschließen. So kann ein einfaches Streichwerk integriert sein, in dem die Papierbahn auf halbem Weg zur endgültigen Trocknung noch leicht > gestrichen wird. Ebenso kann die Papierbahn oberflächengeleimt werden.
Für bestimmte Verwendungszwecke wird das Papier außerhalb der Papiermaschine noch besonders geglättet (> satiniert) bzw. veredelt. Beachtlich sind die Geschwindigkeiten, mit denen moderne Papiermaschinen arbeiten. So kann z. B. eine Zeitungsdruck-Papiermaschine mit einer Arbeitsbreite von 9 Metern Geschwindigkeiten von 900 Meter pro Minute (ca. 54 km/h) und mehr erreichen und so in 24 Stunden 600 Tonnen Papier mit einem Flächengewicht von 52 g/m^2 erzeugen. Zum Vergleich: Eine mittelalterliche Papiermühle fertigte mit 24 Papiermachern in 16 Stunden etwa 100 kg Büttenpapier.

Papiermühle
Bezeichnung für einen Handwerksbetrieb zur Herstellung von Papier. Die erste Papiermühle in Deutschland war die Gleismühle, gegründet von Ulman Stromer 1390 in der Nähe von Nürnberg.
Die handwerkliche Papierherstellung verlor Mitte des 19. Jahrhunderts durch die maschinelle Produktion immer mehr an Bedeutung.

Papierrohstoffe
> Faserstoffe, > Papier

Papiersorten – allgemein
Papier- und Kartonsorten lassen sich prinzipiell unterscheiden nach eingesetzten Faserstoffen, Zusammensetzung, Oberfläche, Veredelung, Papiergewicht, Farbe, Einsatzbereiche, Laufrichtung, Kosten u. a.
Allgemein wird unterschieden in ungestrichene Papiere (sogenannte Naturpapiere) und gestrichene Papiere sowie Spezialpapiere.
Ungestrichene Papiere können maschinenglatt oder satiniert sein.
Durch das Satinieren wird durch Druck, Reibung und Wärme die Oberfläche glatter und der gesamte Stoff verdichtet.
Gestrichene Papiere können in unterschiedlichen Qualitäten, Arten/Verfahren und Strichstärken, ein- oder beidseitig beschichtet sein.
Spezialpapiere sind beispielsweise Banknotenpapiere, selbst durchschreibende Papiere, Metallpapiere, kaschierte Papiere.
Allgemeine europäische Klassifizierung von Papiersorten:
- HWC schwergewichtig gestrichen (High Weight Coated)
- INP Aufgebessertes Zeitungspapier (Improved News Print)
- LWC leichtgewichtig gestrichen (Light Weight Coated)
- MF maschinenglatt (Machine Finish)
- MFC maschinenglatt gestrichen (Machine Finish Coated)
- MWC mittelschwergewichtig gestrichen (Medium Weight Coated)
- SC superkalandriert (Super Calendered)
- ULWC ultraleichtgewichtig gestrichen (Ultra Light Weight Coated)

- UMI Ungestrichen, satiniert; aufgebessertes Zeitungspapier (Uncoated Mechanical Improved)
- WFC holzstofffrei gestrichen (Wood Free Coated)
- WFP holzstofffrei pigmentiert (Wood Free Pigmented)
- WFU holzstofffrei ungestrichen (Wood Free Uncoated)

Übersicht Papiersorten siehe Anhang.

Papierstabilität
Dimensionsstabilität und Widerstandsfähigkeit gegen Verformung durch klimatische oder mechanische Einflüsse.
Papier ist als hygroskopischer Werkstoff besonders empfindlich gegen direkte Feuchtigkeitseinwirkungen und starke Schwankungen der relativen Luftfeuchtigkeit. Die Faserstoffe quellen bei Feuchtigkeitsaufnahme, dies verursacht eine Längenänderung (Dimensionsveränderung) besonders in der > Dehnrichtung des Papiers (rechtwinklig zur Laufrichtung).
Papierverzug entsteht aber auch in der Druckphase und beim Transport in der Druckmaschine durch Zugspannungen.

> Papierbahnspannung, > Papierverzug, > Planlage

Papierstaub
Mängel an einem Bedruckstoff, der durch qualitativ geringwertige Faserstoffe (z. B. Recyclingstoff) oder übermäßige Füllstoffzugabe in die Papiermasse (Ganzstoffherstellung) verursacht wird.
Füllstoffe (weiße, mineralische Stoffe) sind ggf. nicht ausreichend im Fasergefüge eingebunden. > Papier

Papiertypen – ISO 12647-2
Das farbige Erscheinungsbild eines Offsetdrucks wird maßgeblich beeinflusst durch die Druckvorstufe sowie bestimmten Druckbedingungen mit möglichen Toleranzen:

- Druckvorstufe (gezielte Aufbereitung der Daten: Farbwiedergabe im Prozess)
- Bedruckstoff (Papier, Substrat = PS)
- Prozessfarben (Farbmittel)
- Bildcharakteristik (Rasterpunktform, Rasterfrequenz/Rasterweite)
- Druckprozess: Farbreihenfolge, Tonwertzunahme

Einige früher übliche Papiertypen nach ISO 12647-2:1996 sind nicht mehr am Markt. Die Veränderungen ergaben sich vor allem durch die Papierfärbung sowie den höheren Anteil an optischen Aufhellern. Dies erforderte eine Änderung der bisherigen Druckbedingungen.
Vertiefende Literatur:
MedienStandard Druck, Prozess Standard Offsetdruck, bvdm, Bundesverband Druck und Medien e.V.

Papierverzug
Das Papier verzieht sich insbesondere in der Dehnrichtung (rechtwinklig zur Laufrichtung).
Ursachen für einen Papierverzug können sein: Zu trocken bzw. zu feucht geliefertes Papier, zu hohe oder zu niedrigere Temperaturen, unzureichende Klimatisierung im Papierlager und in den Produktionsräumen, zu kurze Zeit für eine ausreichende Klimatisierung des gelieferten Papiers.
Probleme im Druck und in der Druckverarbeitung: Für eine störungsfreie Produktion und einen passerhaltigen Druck muss das Papier glatt und ohne Verspannungen liegen.
> Gleichgewichtsfeuchte, > herauswachsen, > Papierfeuchtigkeit, > Papierstabilität, > Planlage, > Randwelligkeit, > Tellern

Papiervolumen
Dimensionslose Zahl für das Verhältnis zwischen der Papierdicke in Millimetern (mm) und dem Papiergewicht in Gramm pro Quadratmeter (g/m^2 = flächenbezogene Masse). Nach üblicher Formel gilt bei normalen Papieren mit einem einfachen Papiervolumen:

$$\frac{\text{Papiergewicht in g/m}^2}{1000}$$

> Papierberechnungen

Pappband
Druckweiterverarbeitung: Auch Kartoneinband genannt.
Deckel und Rücken eines Bucheinbandes bestehen allgemein aus Pappe, die mit einem Bezugsstoff bezogen ist. Bei einem sogenannten Pappband ist der Bezugsstoff ein meist bedrucktes, festes und zähes Papier. Verwendet wird diese Einbandform für preiswerte Bücher.

Pappe
Aus Faserstoffen bestehender, flächiger Werkstoff mit einem Gewicht > 400 g/m^2.
Pappe ist schwerer, steifer und fester als Karton.
Sie wird als Vollpappe z. B. als Deckelmaterial für Bucheinbände eingesetzt. Wellpappe besteht aus mehreren Lagen; die obere und die untere Lage ist eine normale, plan liegende Pappe, die innere Lage ist wellenförmig. Wellpappe wird für die Verpackung empfindlicher Güter eingesetzt.

Pappschere
Schneidegerät mit Schrägschnitt für (einzelne) starke Kartons oder Pappen. In der Duckweiterverarbeitung werden größere Mengen Pappe, z. B. Deckel für Bucheinbände, in > Kreisscheren geschnitten.

Papyrus
Beschreibstoff, der bereits 4000 v. Chr. bekannt war und fast 5000 Jahre verwendet wurde. Vorläufer des Papiers, der aus dem Papyrus, einer schilfartigen Sumpfpflanze aus Ägypten und anderen tropischen Ländern Nordafrikas sowie Sizilien, hergestellt wurde. Papyrus war bei dem trockenen Klima dieser Regionen ein sehr haltbarer Beschreibstoff; wichtige Dokumente aus der frühen Geschichte sind auf Papyrus aufgezeichnet und erhalten geblieben.
Das Mark der Stängel wurde in dünne, breite Streifen geschnitten, kreuzweise übereinandergelegt und gepresst. Anschließend wurde der feuchte Stoff gehämmert. Austretender Pflanzensaft wirk-te wie Leim und machte den Papyrus mit flüssigen Tinten beschreibbar. Nach dem Glätten mit Muscheln oder Tierzähnen wurden die Bogen getrocknet und zu bis zu 10 m lange Bahnen zusammengeklebt. Papyrus konnte nicht gefalzt werden, deshalb rollte man beschriebene, längere Bahnen.

Parallaxe
Abweichung.

1. Fotografie: Unterschiedliche Winkel zwischen den Sehstrahlen von zwei unterschiedlichen Betrachtungsstandorten aus zu demselben Betrachtungspunkt ergeben eine scheinbare Verschiebung des Betrachtungspunktes. Zu beachten ist die Abweichung bei Nahaufnahmen und Fotoapparaten mit Sucher.
2. Filmbasierte Druckformherstellung: Die Problematik ist bei Montagen für mehrfarbige Druckprodukte zu beachten.

Bei nicht genau senkrechter Blickrichtung des Montierers beim Einpassen der Kopiervorlagen nach einer Grundmontage oder Farbfolie ergeben unterschiedliche Blickwinkel eine andere Standposition.
Die Wirkung der Parallaxenverschiebung wird verstärkt, wenn der Abstand zwischen den Schichtseiten der Standvorlage und der zu montierenden Kopiervorlage durch Folien vergrößert wird.

parallel
Nebeneinander, in gleichem Abstand laufend. In der Datenverarbeitung: Gleichzeitig ablaufend.

parallele Bildübertragung
Alle Bildinformationen werden gleichzeitig miteinander auf ein anderes Medium übertragen.

Gegensatz: serielle Bildübertragung (in Reihen nacheinander).
> Bildübertragung

parallele Schnittstelle
> Schnittstelle

Parallelfalz
Druckweiterverarbeitung:
Der nachfolgende Falz liegt parallel zum vorhergehenden Falz, z. B. > Parallel-Mittenfalz, > Wickelfalz, > Leporello- oder Zickzackfalz.

Parallel-Mittenfalz
Beim Falzen wird ein Bogen mehrfach in einer Richtung jeweils in der Mitte (parallel) gefalzt.

Parallelperspektive
Zeichnerische Darstellung von Räumen und Körpern, bei der in der Wirklichkeit parallel laufende Kanten auch in der Zeichnung parallel laufen.
Die Darstellung ergibt eine zwar visuell weniger richtig erscheinende Information, dafür aber eine technisch aufschlussreiche, klare Wiedergabe. Parallelperspektivische Darstellungen sind die Kavalliersperspektive, die isometrische und die dimetrische Projektion. Alle anderen Darstellungsformen projizieren Räume, Körper u. a. mit Fluchtpunkten.

Parallelwendung
Rollen-Rotationsdruck: > Wendung.

Parameter
1. Charakteristische Konstante, Größe, von der eine Funktion abhängig ist.
2. Druckindustrie: Einflussfaktoren bzw. veränderliche Größen in einem Arbeits-prozess, z. B. auf den Druckprozess einwirkende Komponenten wie Druckverfahren, Bedruckstoff, Druckform, Druckfarbe, drucktechnische Einstellungen.

Paritätsbit
Engl. Paritybit. EDV: Prüfbit. Eine zusätzliche Information, die nicht zur Datenübertragung, sondern zur rechnerinternen Kontrolle, Fehlererkennung bzw. Sicherung dient.

Pariti
Engl. Parity: Prüfmethode vor der Speicherung, Datenübertragung u. Ä. durch die Kontrolle von Prüfbits.
> Paritätsbit

partiell
Teilweise, in bestimmten Bereichen.

Partikel
Technik: Allgemeine Bezeichnung für sehr leichte, kleinste Teilchen eines Stoffes, beispielsweise Feinstaub.

Partikelfilter
Hilfsmittel, Schutzeinrichtung o. ä., mit denen eine schädliche Wirkung von Partikeln reduziert oder vermieden wird, z. B. Atemschutzmaske, Rußpartikelfilter in Dieselfahrzeugen.

Partition
Teilbereiche auf einer Festplatte, die mit einem speziellen Hilfsprogramm erstellt wurden und sich so verhalten, als wären sie selbst eine separate Festplatte. Dementsprechend können Betriebssysteme oder Daten getrennt auf unterschiedlichen Partitionen gespeichert werden.
Wenn Partitionen auf dem Desktop des Rechners aktiviert werden, wird jede Partition durch ein eigenes Symbol dargestellt.

parts per million
> ppm

Passepartout
Bildvorlage, Fotografien: Abnehmbare Karton- oder Papperahmen mit einer Ausschnittsöffnung, der über ein Bild gelegt wird, um beispielsweise

- einen bestimmten Ausschnitt des Bildes zu zeigen und
- unwesentliche Teile des Bildes abzudecken.

Passer
Bildpasser. Im Farbdruck oder beim Druck mit beliebigen mehreren Farben das exakte, gleichmäßige (positionsgenaue) Übereinander- oder Nebeneinanderdrucken der einzelnen Druckfarben.
Mit bloßem Auge sollten Passerdifferenzen nicht erkannt werden.
Das Auflösungsvermögen des Auges reicht nicht aus, um in einem Rasterdruck mit 60 Linien/cm einzelne Rasterpunkte deutlich zu erkennen. Passerfehler wurden bei Druckversuchen erst bemerkt, wenn die Abweichung größer als 0,1 mm (100 µm) war.
Nach dem „bvdm MedienStandard Druck 2007“ sollten Passerdifferenzen nicht größer sein als ein 1/2 der Rasterweite.
Beispiel: Raster mit 60 L/cm;
1 (Raster-)Linie = 10 mm : 60 = 0,1666 mm breit;
max. Abweichung: 0,0833 mm = 83 µm.

Passerregelung
Automatisches Einhalten des Passers durch laufenden Soll-Ist-Vergleich und Korrektur bei Abweichungen. Sollwert = Vorgabe für den Passer (z. B. Stand einer Passmarke).
Ist-Wert = tatsächlich erreichter Passer (Stand der folgenden Passmarke). Fälschlicherweise wird die Technik auch Registerregelung genannt.

Passkreuze
Auf Farbauszügen bzw. bei der Montage für einen Mehrfarbendruck angebrachte, vielfach kreuzförmige feine Linien oder ähnliche feine Strichelemente, die ein exaktes Einpassen der einzelnen Farben erleichtern. Im Druck liegen Passkreuze im Beschnitt; sie ermöglichen bildunabhängig ein visuelles Prüfen des Passers. Entscheidend in der Druckproduktion ist jedoch das Passen innerhalb des Druckbildes.

Passmarken
Drucktechnik: Markierungen auf einer Vorlage (Bild, Montage, Druckform u. a.), nach denen bei folgenden Arbeitsvorgängen die genaue Position kontrolliert bzw. eingehalten werden kann.

Passstifte
Aufeinander abgestimmtes Stifte- und Lochungssystem als Hilfsmittel zum Übereinanderpassen gelochter Filme oder Montagefolien.
Gelocht wird mit einer speziellen Stanze.

pastöse Druckfarbe
Druckfarben:
Zähflüssig, pastenartig fest.
Druckfarben für den Offsetdruck, Buchdruck, Siebdruck u. a. sind pastös, d. h. höherviskos. Tiefdruck- und Flexodruckfarben dagegen dünnflüssig. > Viskosität

Pay-per-View
Der Konsument von Fernsehprogrammen bezahlt für von ihm ausgewählte Sendungen, die er anschaut.

Pay-TV
Fernsehkanal, der ein verschlüsseltes Programm sendet.
Durch das Bezahlen von Gebühren erhält der Konsument eine Zugangsberechtigung.

PC
> Personalcomputer

PC-Card
Früher als PCMCIA-Karte bezeichnetes Wechselspeichermedium, das in vielen mobilen Digitalkameras zur Bildspeicherung eingesetzt wird.
Neben den recht teuren Flashmemory- und SRAM-Karten (Typ I und Typ II), bei denen Halbleiter die Speicherung

übernehmen, werden zunehmend auch Festplattenkarten (Typ III) eingesetzt, die mehr Speicherplatz bei geringeren Kosten bieten.
Da die meisten Kameras eine Standardformatierung der Karten verwenden, lassen sich diese über ein entsprechendes Kartenlaufwerk von jedem Computer aus wie eine normale Festplatte ansprechen und so zur Bildübertragung verwenden.

PCP

Abkürzung für: > Picture Contrast Profile.

PDF

Engl. Abk. für Portable Document Format. Plattformunabhängiges Datenformat.
PDF-Dateien können mit einem kostenlos gelieferten Reader des Softwareunternehmens Adobe gelesen werden.
Professionelle PDF-Dateien können über PostScript mit der Software Adobe Distiller erzeugt werden. Bevorzugt wird heute der direkte Export aus dem Anwenderprogramm in eine PDF-Datei. Dazu sind prozessgerechte und druckspezifische Parameter über sogenannte > Joboptions voreinzustellen.

Diese Programmeinstellungen (Settings) stellen Druckereien vielfach auf ihrer Homepage für High-End-PDFs zur Verfügung.
Ausgegeben werden einzelne Seiten oder ausgeschossene Bogen als PDF-Datei mit allen Hilfszeichen und Kontrollelementen für die Produktion.
Für einfache private Zwecke oder für Informationen und Korrekturen ist eine PDF-Datei auch aus Anwenderprogrammen mit „Adobe PDF-Vorgaben“ oder dem Druckmenü mit „Drucken nach PDF“ zu erstellen.
> PDF-Boxen, > PDF/X

PDF-Boxen

Informationen über Seitengröße, Beschnitt und Papiergröße werden in professionellen PDF-Dateien über sogenannte Boxen verwaltet.

- Media Box = Papierformat
- Bleed Box = unbeschnittenes Seitenformat
- Trim Box = beschnittenes Seitenformat
- Art Box = beliebiger Ausschnitt aus der Druckseite
- Crop Box = Beschnitt einer Seite, bei der die beschnittenen Elemente nur ausgeblendet werden, aber datentechnisch noch vorhanden sind.

PDF-Standards

> PDF/X

PDF/X

Der ISO-Standard 15930-3:20202 wurde im April 2002 verabschiedet.
Das Regelwerk beschreibt die Übermittlung digitaler Daten auf der Grundlage von PDF.
Der Bundesverband Druck und Medien (bvdm) beschreibt in seinem „Medien-Standard Druck 2010 – Technische Richtlinien für Daten, Filme, Prüfdruck und Auflagendruck“ (S. 29) wichtige Grundlagen dazu:
„Auf der Basis von PDF (Adobe Acrobat) wurde in der ISO die Normenreihe 15930 (PDF/X) entwickelt.
Die Normteile ISO 15930-4:2003 (PDF/X-1a: CMYK-Daten, Sonderfarben, basierend auf PDF 1.4) und ISO 15930-7:2008 (PDF/X-4: geräteunabhängige Daten (RGB), Transparenzen, basierend auf PDF 1.6) werden aktuell zur Erzeugung und Übernahme von Daten empfohlen.
Andere Normenteile von ISO 15930 dienen z. B. der unvollständigen Datenübernahme oder repräsentieren ältere Versionen.
PDF/X-4 unterstützt Transparenzen und farbmanagement-basierte als auch klassische Workflows (CMYK) für alle Druckprodukte und Druckverfahren.
Mit der Nutzung der PDF/X-Normen in den Applikationen ist die korrekte, druckmediengerechte Erzeugung, Überprüfung und Weiterverarbeitung einer PDF-Datei gewährleistet.

Hinweis:
Das plattformübergreifende Dateiformat PDF wurde von Adobe in die ISO-Normung eingebracht und soll noch 2008 als internationaler Standard ISO 32000 vorliegen“

PDF/X-1a
Erster, im Jahr 1999 veröffentlichter Standard zum PDF/X-1, der auf PDF 1.2 basierte. Dieser Standard ist ausschließlich auf geräteabhängige Prozessfarben und Schmuckfarben ausgerichtet. Geräteunabhängige Farbräume sind nicht erlaubt.

PDL
Engl. Abk. für Page Description Language. Seitenbeschreibungssprache, mit der eine komplette Seite mit allen Elementen (Text, Grafik und Bild) geräteunabhängig für ein Ausgabesystem beschrieben werden kann.

PE
Abk. für > Polyethylen

PECOM
Prozess-Elektronik, Leitstandtechnik der manroland AG mit verschiedenen Systemkomponenten, die modular ausgebaut werden können. PECOM steht für:
Process Electronic Control, Process Electronic Organisation, Process Electronic Management

Peergroup
Engl. sinngemäß für: Bezugsgruppe.
Bezeichnung für eine Gruppe etwa gleichaltriger Kinder und Jugendlicher, in der ein Einzelner Orientierung sucht. Die Gruppe prägt das Verhalten aller Mitglieder und die Entwicklung der Persönlichkeit.

PEL
Auch: pel oder Pel.
Engl. Abk. für Picture Element bzw. Printed Element.

1. Scanner, Bilddatenausgabe: Kleinstes ansteuerbares Bildelement bei einem Scanner oder Belichtungssystem in der Ausgabe. Das PEL ist abhängig von der Auflösungsfeinheit. Vergleiche: REL.
   Durch das Belichtungssystem eines Ausgabesystems anzusteuernde Fläche in einem Rasterelement (REL).
   Diese Fläche wird mit einem oder mehreren Belichterspots ausgefüllt.
2. Drucker (Non-impact-Drucker):
   Kleinstes zu druckendes Element (Fläche), das der Druckerauflösung entspricht. Das Element wird physikalisch durch einen Druckpunkt (Tinte, Toner) ausgefüllt. Dabei ist der Druckpunkt allgemein minimal größer als das PEL.

pelzen
Druckschwierigkeit:
Aufbauen zähflüssiger Druckfarben auf den Walzen eines Farbwerkes durch eine Störung der > Farbspaltung.

Pendelwalze
Drucktechnik: Walzensystem an Rollen-Rotationsdruckmaschinen, das für verschiedene Aufgaben ausgerüstet sein kann.
Beispiele: Konstanthalten der Papierbahnspannung. Regelung des Passers in Längsrichtung der Papierbahn.
(Fälschlicherweise Längsregisterregelung genannt, es handelt sich jedoch nicht um das selbsttätige Einstellen des Registers, sondern um das des Passers.)

Penetration
Durchdringen, eindringen, durchsetzen.

perceptual
Engl. Bezeichnung für die wahrnehmungsbezogene Transformation.
> ICC-Profile, > Rendering-Intent

Perfector
Englische Bez. für eine Schön- und Widerdruckmaschine, die in einem Bogendurchlauf beidseitig druckt.

Perforation
Perforationen gehören zum Grundverfahren Trennen.
Es ist eine spezielle Art einer Stanzung: Durchtrennung von Bedruckstoffen, z. B. Papier, Karton, durch aneinandergereihte kleine Löcher oder Schlitze.
Technisch unterscheidet man daher Lochperforationen und Schlitz- oder Strichperforationen. Perforationen erleichtern das Abtrennen oder das Umlegen eines Teils des Druckproduktes.
Lochperforationen werden mit Spezialkämmen in der Druckweiterverarbeitung (Perforiermaschinen) oder in Endlosdruckmaschinen gestanzt.
Strich- oder Schlitzperforationen können dagegen teilweise auch in Druckmaschinen gestanzt werden.
Eine besondere Perforationseinrichtung ist im Falzapparat von Rollen-Rotationsdruckmaschinen einzusetzen, um bei mehrfachen Falzungen ein leichtes, faltenfreies Falzen zu ermöglichen.
Beispiele für Produkte mit Perforationen: Briefmarkenblätter, Formularsätze, Eintrittskarten.

perforieren
> Perforationen in Papier, Karton oder andere Werkstoffe ausführen.

Performance
Engl.: In der EDV eine Bezeichnung für die Leistungsstärke eines Computersystems.

Pergament
1. Animalisches Pergament: Speziell bearbeitete, präparierte Tierhaut.
   In der Frühzeit als hervorragender, sehr haltbarer Beschreibstoff verwendet.
   Heute ein sehr wertvoller Werkstoff für außergewöhnliche Einzeldrucke (z. B. Urkunden) und kostbare Einbände (Bezugstoff für Pergamenteinbände).
2. Vegetabilisches Pergament, Pergamentpapier und „Echt-Pergament“ genannt:
   Kochfestes, fett- und wasserdichtes Papier.
   Hergestellt wird Pergament aus einem saugfähigen Papier, das in Schwefelsäurebädern behandelt wird.
   Dadurch erhält das Pergament seine Faserstruktur und eine geschlossene Oberfläche.

Pergamentersatz
Zellstoff-Papier mit hoher Glätte und Transparenz. Die holzstofffreien Faserstoffe sind stark fibrillierend (auch: schmierig) gemahlen. Pergamentersatz wird für fettdichte Verpackungen eingesetzt („Butterbrotpapier“).

Pergamentpapier
> Pergament

Pergamin
Zellstoffpapier mit stark fibrillierend gemahlenem Faserstoff. Durch sehr starkes Satinieren wird es transparent bis glasig.

Periodensystem
Chemie: Systematische Anordnung aller Elemente in einer tabellarischen Übersicht.

Periodika
In regelmäßigen Zeitabständen unter gleichem Titel erscheinende Druckprodukte, die nach Inhalt, Erscheinungsrhythmus und Gestaltung zu unterscheiden sind.
Man unterscheidet im Wesentlichen:
- Zeitungen: Tageszeitungen, Wochenzeitungen
- Zeitschriften: Illustrierte, Funk-/Fernsehprogrammzeitschriften, Mode-, literarische, Fach- und wissenschaftliche Zeitschriften
- Jahrbücher

Peripherie
Lat., griechisch: Umgebung, Umkreis, Umfangslinie, Rand.

Peripheriegeräte
Computertechnik: Sämtliche Geräte, die direkt (online) mit der Zentraleinheit verbunden sind oder indirekt (offline) über Datenträger mit der Zentraleinheit kommunizieren. Beispiele: Eingabegeräte (Bildschirmterminal, Maus, Scanner), Speicher (externe Festplatte, CD-/DVD-Laufwerk), Ausgabegeräte (Bildschirm, Drucker, Plotter).

perlen
Druckschwierigkeit: Beim Druck von Flächen liegen Druckfarben nicht glatt auf dem Bedruckstoff. Flächen drucken unruhig aus und haben eine perlenartige Struktur.

Perlglanzeffektpigmente
Druckfarben: Interferenzpigmente.
Aus Glimmerschiefer präparierte Pigmente von BASF/Ciba, Eckart (Pearlstar, Phoenix), Merck (Iriodin, Pearlets) u. a. Je größer die Pigmentteilchen und je glatter die Oberfläche des Bedruckstoffes ist, desto höher ist der Glanzeffekt.

permanent
Dauernd, ununterbrochen.

Permeation
Das Eindringen eines gelösten, molekularen Stoffes durch nicht poröse Körper.
> Barriereeigenschaften

Personalcomputer
Persönlicher Computer (kurz: PC). Ein Rechnersystem für eine ursprünglich geringere Leistungsklasse für den privaten Bereich. Heute ist der PC der Standard für vielfältigste Einsatzbereiche im privaten Bereich, in der Bildung und in Unternehmen.
Eine Vielzahl von Anwenderprogrammen erlaubt den Einsatz für verschiedenste Bereiche: Textverarbeitung, Kalkulation, Buchhaltung, Lagerverwaltung, Warendisposition, Datenbankverwaltung, Erstellen von Tabellen und Übersichten usw. Damit ist der Personalcomputer ein umfassender, intelligenter Arbeitsplatz.
Alle Personalcomputer sind grafikfähig. Sie ermöglichen eine integrierte Text- und Bildverarbeitung, z. B. mit einem Layoutprogramm.

personalisiertes Drucken
Ein Druck, der für eine bestimmte Person dem Inhalt nach angepasst ist. Die einfachste Form ist ein Werbeschreiben mit der persönlichen Anschrift und Anrede.
Werbung, Fachinformation u. Ä. können individuell auf das Interessen-Profil eines Kunden abgestimmt sein.
Ebenso sind z. B. individuelle Einladungen, (Foto-)Bücher, Bedienungsanleitungen für ein Auto mit spezifischer Sonderausstattung und Reiseangebote zu drucken.
> Digitaldruck

Personalisierung
Im Digitaldruck die drucktechnisch mögliche Anpassung von Druckprodukten an die Bedürfnisse des Adressaten.
Briefe oder Mailings können z. B. mit einer persönlichen Anrede und einem individuellen (Brief-)Text gedruckt werden.

P

personenbezogene Daten
Digital gespeicherte Informationen, die sich auf eine bestimmte Person beziehen.

Perspektive
Zweidimensionale Darstellung von Räumen, Körpern u. Ä., aus der die räumliche Tiefe, Ausdehnung, Anordnung und Ähnliches hervorgeht.
Die perspektivische Darstellung kann so gezeichnet sein, dass sie dem menschlichen Sehen und Wahrnehmen entspricht (Formen der Perspektive mit Fluchtpunkten u. a.). Formen der Parallelperspektive geben dagegen mehr technisch orientierte Informationen.

Petit
Typografische Schriftgröße mit 8 p.

Pfad

- Datentechnik: Genaue Angabe der Position einer Datei in einem hierarchisch organisierten Dateisystem, z. B.: System/Library/Fonts/HelveticaLight.ttf
- Bildgestaltung, Grafik: Konstruierter Kurvenzug (> Bezier-Kurven) mit offenen oder geschlossenen Pfaden. Ein Pfad besteht aus Segmenten und Scheitelpunkten. Segmente sind die Linien oder Kurven, die Scheitelpunkte verbinden. Scheitelpunkte definieren, wo ein Pfadsegment beginnt und endet. > Vektorgrafik.
- Bild, Grafik: Mit Hilfe von Beschneidungspfaden sind unerwünschte Bildteile auszublenden.

Pflichtenheft

Auch Anforderungsliste oder Lastenheft genannt. Ein Ablaufplan, der die Aufgaben des zu erstellenden oder zu entwickelnden Produkts klar und verbindlich aufzeigt sowie in dem einzelne Termine (Meilensteine) und der Endtermin der Fertigstellung festgelegt sind.

Pflugfalz

In Rollen-Offsetdruckmaschinen eingesetzter Längsfalz im Falzüberbau, bei dem die Papierbahn in der Breite nur teilweise umgelenkt und eingeschlagen (gefalzt) wird. Dies ist an beiden Seiten der Papierbahn und auch wechselseitig möglich. Damit ergeben sich Varianten und Kombinationen der Standard-Falzmöglichkeiten.

pH

> pH-Wert

Phishing

Engl. Abk. für: password fishing. Hacker fragen per E-Mail nach Zugangsdaten der Onlinekunden einer Bank. Sie tarnen sich dabei als Bank. Links führen den Nutzer auf gefälschte Bank-Webseiten.

Phloroglucin-Lösung

Papierprüfung zum Nachweis von Holzstoff. Enthält das Papier Holzstoff, färbt sich das Papier mehr oder weniger stark rot.
Zusammensetzung der Lösung: 1 g Phloroglucin gelöst in 50 ml Alkohol sowie eine anschließende Zugabe von 25 ml konzentrierter Salzsäure.
Farbige Papiere sind mit einer Anilinsulfat-Lösung (2 g Anilinsulfat in 100 ml Wasser gelöst, zusätzlich 2 Tropfen Schwefelsäure) zu prüfen. Bei Holzstoffgehalt reagiert das Papier mit einer mehr oder weniger gelben Färbung.

phon..., phono...

Griech.: laut... = Vorsilbe bei Wörtern im Zusammenhang mit dem Ton.

Phon

Maßeinheit der Lautstärke (Lautstärkepegel). Beispiele für den Lautstärkepegel in phon für verschiedene Schallquellen:
Hörschwelle = 0; Flüstern in 1 m Entfernung = 30; mittlere Sprachlautstärke = 50; Verkehrslärm = 70; Presslufthammer = 90; Schmerzschwelle = 130 phon (Angaben ca. bei gehörmäßig normal empfindenden Menschen).

phonetisierte Schrift

Laut- bzw. Buchstabenschrift: Zeichen (Buchstaben) stehen für einen bestimmten Laut in der Sprache. Auch > Phonografie genannt. > phönizische Schrift

Phönikien, Phönizien

In vorchristlicher Zeit besiedelte historische Landschaften in syrisch-libanesisch-israelischem Gebiet. Die Phönizier trieben einen regen Handel mit den umliegenden Ländern, aber auch im gesamten Mittelmeerraum.
> phönizische Schrift

phönizische Schrift

Die Phönizier entwickelten das erste phonetisierte Alphabet (Lautschrift, Buchstabenschrift) um ca. 1300 v. Chr. Das Alphabet kannte noch keine Vokale, ermöglichte aber eine wesentlich einfachere und schnellere Kommunikation als dies mit Bilderschriften möglich war. Ursprünglich wurden die Zeichen auf Stein gezeichnet, danach auf Holz-, Ton- und Wachstafeln geschrieben. Damit konnten Informationen einfacher und ökonomischer erfasst und weitergegeben werden.

Phonografie
Laut- bzw. Buchstabenschrift, bei der ein Zeichen einen bestimmten Laut einer Sprache repräsentiert.

Photo-CD
Von Kodak entwickelte Compact Disk für die Speicherung von Fotos.
Die digital gespeicherten Bilder können in hervorragender Qualität über ein CD-Abspielsystem auf dem Fernsehbildschirm angeschaut werden.
Mit zusätzlicher Software sind die Bilder in eine bestimmte Reihenfolge zu bringen und beliebig zu bearbeiten, z. B. vergrößern, retuschieren, trennen, Ausschnitt wählen.

Photomultiplier
Engl.: Photomultiplier Tube, Abk.: PMT.
Bauelement zur Lichtverstärkung (Sensor). Elektronenvervielfacher, der beispielsweise in einem Trommelscanner die punktförmig abgetasteten Bildinformationen (abgetastete reflektierte Lichtenergie der Bildvorlage) zur Verarbeitung im Rechner um ein Vielfaches verstärkt.

Photoshop
Professionelles Bildbearbeitungsprogramm von Adobe Systems, USA, das zum Standard geworden ist. Dateiendung: psd
Photoshop arbeitet grundsätzlich pixelorientiert, möglich ist aber auch der Import vektororientierter Daten.
Eine einfache Handhabung und eine Vielzahl von Funktionen erlauben auf relativ einfache Weise, Bildbearbeitungen durchzuführen und Bildkombinationen zu erstellen sowie Texte zu integrieren.

PHP
Engl. Abk. für Hypertext Preprocessor.
Scriptsprache, die eine schnelle, unkomplizierte Erstellung von dynamischen Webseiten ermöglicht.

pH-Wert
Maßzahl für die Stärke einer Säure oder Lauge. Säuren haben einen Überschuss an Wasserstoffionen, Laugen einen Überschuss an Hydroxilionen.
Der pH-Wert (Abkürzung für potentia Hydrogenii, d. h. Stärke des Wasserstoffs) ist demnach die Maßzahl für die Konzentration an Wasserstoffionen in einer Lösung, das heißt für die Stärke der sauren oder alkalischen Reaktion.
Wird eine der beiden Reaktionen angegeben, so ergibt sich der Anteil der anderen. Man gibt danach nur die Wasserstoffionen-Konzentration an: Der pH-Wert ist der negative dekadische Logarithmus der Wasserstoffionen-Konzentration.
Es wird nie die Art, sondern nur die Stärke einer Säure oder Lauge angezeigt.
Die Maßskala reicht von 0 bis 14.
Eine Flüssigkeit mit pH 7 ist chemisch neutral. pH-Werte kleiner als 7 reagieren zunehmend stark sauer, d. h. ein pH-Wert 1 zeigt eine sehr starke saure Reaktion an. pH-Werte größer als 7 reagieren zunehmend alkalisch.
Da die Skala der pH-Werte logarithmisch ist, bedeutet eine Steigerung bzw. Abnahme um einen Wert jeweils eine Änderung um das Zehnfache.
Eine Säure mit dem pH-Wert 4 ist danach 100-fach (10×10 bei zwei Stufen) stärker als eine Säure mit dem pH-Wert 6.
Der pH-Wert ist elektrometrisch oder einfacher mit Universal-Indikatoren zu messen. Indikatoren zeigen durch Farbumschlag bei Vergleich mit einer Farbskala den entsprechenden pH-Wert an.

pH-Wert: Druckindustrie
Beispiele für die Bedeutung des pH-Wertes im Druck: Druckfarbe trocknet auf

einem Papier mit einem zu niedrigen pH-Wert schlecht oder gar nicht.
Oberflächen von Offsetdruckplatten werden bei zu saurem Feuchtmittel angegriffen, die Auflagenfestigkeit sinkt.

physikalische Trocknung
Druckfarbe besteht aus Festkörpern (Pigmente und Harze) und einem flüssigen Mittel (Mineralöle oder Lösemittel).
Die Trocknung erfolgt durch Entzug des flüssigen Mittels ohne chemische Reaktion.
Physikalische Trocknungsverfahren sind: Wegschlagen, Verdunsten und Verdampfen.
Für das Wegschlagen ist ein saugfähiger Bedruckstoff erforderlich.
Das flüssige Mittel dringt durch Kapillarkräfte in den Bedruckstoff ein.
Feste Körper bleiben auf der Oberfläche haften.
Das Verdunsten und Verdampfen erfolgt durch Luft- oder Wärmeeinwirkung.
Im Gegensatz zu physikalischen Trocknungsverfahren erfolgt bei chemischer Trocknung immer eine Umwandlung flüssiger Stoffe in Feststoffe durch chemische Reaktionen.
In der Praxis kommen beide Verfahren auch kombiniert vor.

Pica-Point
Maßeinheit, die in den USA und anderen angelsächsischen Ländern anstelle des typografischen Maßsystems verwendet wird.
1 Pica Point (Pica-Punkt) = 0,35147 mm
1 Pica = 12 Pica Point (Pica-Punkt)
1 Pica Point (Pica-Punkt) =
0,93457 Didot-Punkt
1 Pica = 4,2176 mm
1 PostScript Point (DTP-Punkt) =
1,00375001 Pica Point
1 mm = 0,237 Pica = 2,845 Pica Point
> typografischer Punkt

Pico
Vorsatzzeichen einer Einheit.
Es bezeichnet das 10^{-12}-Fache (= Billionste Teil) der Einheit.
Beispiel: 1 Pikosekunde = 10^{-12} Sekunden.
> Piko

Pict-Format
Engl. Abk. für eine Grafikdatei, die in Vektorgrafik erstellt ist.
Das Pict-Datenformat behandelt Zeichnungen als mathematische Objekte, die als Ganzes aktiviert und editiert werden können.
PICT ist das Macintosh-interne Format, mit dem die meisten Programme, z. B. Bilder und Grafiken in die Zwischenablage übertragen werden.

Picoliter
Maßeinheit für das Volumen: 1 Picoliter = 1 Billionstel Liter (10^{-12})

Picture Contrast Profile
Ein von Felix Brunner, Locarno/Schweiz, entwickeltes Verfahren zu einer Bildanalyse (Vorlagenbeurteilung) und zu einer Regelstrategie für die Farbregelung im Offsetdruckprozess.
Die Zuordnung von Bildern zu Bildkontrast-Klassen ist die Basis. Der Mensch nimmt je nach Bildkontrast-Klasse Farbabweichungen unterschiedlich stark wahr.
Daraus leitet Brunner die Erkenntnis ab, dass Schwankungen im Offsetdruckprozess zuerst als eine Verschiebung der Farbbalance (> Graubalance) sichtbar werden.
Je kontrastärmer Bildvorlagen sind, desto leichter werden Farbabweichungen – vor allem in den Mitteltönen – sichtbar.
Je bunter Bildvorlagen sind, desto geringer fallen Farbschwankungen im Druckprozess ins Gewicht.
> Bildkontrast-Klassen, > System Brunner

Piezoelektrizität
Auch: Piezoelektrischer Effekt, Piezoeffekt. Elektrische Wechselfelder erzeugen mechanische Schwingungen mit äußerst konstanter Frequenz.
Diese elektrischen Impulse werden auch in Druckköpfen von Inkjet-Drucksystemen

zur Zerstäubung von Flüssigdruckfarbe durch sehr feine Düsen genutzt.
> Continuous Inkjet, > Drop-On-Demand-Technik, > Digitaldruck

Piezoverfahren
Verfahren der Informationsübertragung im Digitaldruck durch > Piezoelektrizität.

Pigment
Farbmittel, d. h. farbgebender Bestandteil von Körperfarben. Pigmente sind unlöslich in Bindemitteln oder Lösemitteln, sie können bunt oder unbunt, pulver- oder blättchenförmig sein.
Man unterscheidet anorganische und organische Pigmente.
Zu anorganischen Pigmenten gehören: natürliche (Erdpigmente), synthetische (Mineralpigmente), metallische (Bronzen) sowie reine Kohlenstoffpigmente (Ruß).
Organische Pigmente: natürliche (aus tierischen und pflanzlichen Stoffen gewonnen) und synthetische Pigmente (Erdöl-, Teerprodukte).

Pigmentkopie
Druckformherstellung Tiefdruck:
Früher gebräuchliches Verfahren der Text- und Bildinformationsübertragung auf Tiefdruck-Formzylinder. Das Verfahren ist durch elektronische Zylindergravur (optisch-elektronisch-mechanisches Verfahren) ersetzt.

Pigment-Tinte
> Digitaldruck: Farbmittel

Piktogramm
Auch Icon bezeichnet. Grafisches Bildzeichen, Sinnbild. Ursprünglich primitive archaische Bilderschrift.
Piktogramme visualisieren in international verständlicher Weise Gegenstände, Vorgänge, Sachverhalte u. v. a.
Die neuen Formen der Bilderschrift sind heute bedeutende grafische Zeichen zur Kommunikation. Sie ermöglichen eine schnelle, zuverlässige und international verständliche Informationsübermittlung.
Piktogramme sind abstrakte Zeichen in Symbolform, die eine Lautübertragung in beliebige Sprachen zulassen und deshalb international verständlich sind. Sie zeigen immer eine bildmäßig gesteuerte Verknüpfung (Assoziation) zu einem dargestellten Sachverhalt oder Hinweis. Über konkrete Sachverhalte und Hinweise (Zuordnung, Anweisung, Gebot, Verbot) ist damit rasch und international, d. h. ohne Kenntnis der Sprache, eindeutig verständlich zu informieren.
Piktogramme zur Information sind überall zu finden: an öffentlichen Plätzen, im Verkehrswesen und Gebäuden, Sportstätten, Flughäfen, Krankenhäuser, Museen, Kongresszentren, u. a.
Beispiele: Sportzeichen, Hinweiszeichen, Verkehrszeichen.

Piktografie
Bilderschrift. > Piktogramm

Pinfeed
Führungslöcher für den Papiertransport.

Pishing
Angelehnt an das englische Fishing, also Angeln. > Cyberkriminalität.
Cyberkriminelle versuchen über das Internet mit einer gefälschten E-Mail oder SMS Nutzer auf gefälschte Internetseiten von Banken, Online-Shops o.ä. zu locken. Dabei sind diese Seiten zumeist täuschend echt zu dem „Original“ (Logo, Schriften u.a.) aufgebaut. Bei Eingabe persönlicher Daten oder dem Anklicken von Links werden Benutzerkennungen und Passwörter aus dem System „gefischt“ und für kriminelle Handlungen, z.B. Bank- und Kreditkartenbetrug, genutzt.
Wichtig ist es daher, Pishing-Mails an bestimmten Merkmalen zu erkennen und danach richtig zu handeln.

PitStop
Ein professionelles Plug-In für Adobe

Acrobat Professional. Es bietet einen weit reichenden Preflight-Check zur Überprüfung von PDF-Dokumenten, listet erkannte Problemstellen in der Datei auf und ermöglicht eine direkte Korrektur.
Ebenso bietet das Plug-In umfangreiche Editiermöglichkeiten von Texten, geometrischen Einstellungen (Seitengrößen, Beschnitt), Umwandlung von RGB-Bildern in den CMYK-Farbraum, automatische Korrekturfunktionen (z. B. Haarlinien ausgabegerecht optimieren, Seitenrahmen ändern) usw. Die Änderungen sind zu speichern und stehen dann für andere Aufträge automatisch zur Verfügung.
> PDF

PIV-Getriebe
Maschinenbau, Druckmaschinen:
Stufenlos regelbares Getriebe.

Pixel
Engl. Abkürzung für Picture Element = Bildelement. Informationen des digitalisierten Bildes (Helligkeiten und auch Farben) sind in Pixeln gespeichert. Ein Pixel ist z. B. die kleinste Einheit eines vom Scanner erfassten Bildpunktes. Die Wiedergabe von Halbtonbildern erfordert diese Datenstruktur, weil jedes einzelne Pixel einen anderen Wert wiedergeben kann. Somit können sämtliche Informationen (Tonwerte für Helligkeiten und Farben) des Bildes dargestellt werden.

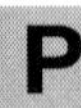

Man unterscheidet prinzipiell:
1. Bildpixel: Im Computer verarbeitete Bits und Bytes für die Ausgabe auf dem Monitor.
2. Ausgabepixel: Elemente (aktive Informationsträger), die auf den Film bzw. direkt auf eine Druckplatte übertragen werden und Bildelemente (Text, Linie, Rasterpunkt) bilden.

Bei der Laserbelichtung ist ein Belichterpixel (Laserspot = der Durchmesser des Belichtungspunktes auf dem Aufzeichnungsmaterial) größer als ein Rasterelement. Dies führt zu einer Tonwertzunahme, die durch Kalibrierung korrigiert werden muss.

Pixelgrafik
Software für das Erstellen von Grafiken.
Bei einer Pixelgrafik (auch Rastergrafik) besteht das Bild aus winzigen Bildelementen. Diese Pixel sind kleine Quadrate, aus der die gesamte Bildfläche besteht.
Dabei kann eine Pixelfläche geschwärzt oder ungeschwärzt sein. Nachteilig ist die begrenzte Auflösung von Details, die ggf. durch einen Sägezahneffekt an Bildkanten zu erkennen ist sowie ein sehr hoher Speicherplatzbedarf. Vorteilhaft ist dagegen die leichtere Bearbeitung gegenüber einer Vektorgrafik. > Vektorgrafik

Plagiat
Bezeichnung für den Diebstahl geistigen Eigentums. Das Urheberrecht schützt geistiges Eigentum, z. B. die Rechte eines Autors. Wer sein Werk oder auch Teile daraus unberechtigt nachdruckt (Raubdruck) oder Auszüge ohne Quellennachweis wiedergibt, macht sich eines Vergehens gegen das Urheberrecht schuldig.

Plakat
Öffentlicher Anschlag, großflächiges Werbemittel. Drucktechnisch hergestellt im Offsetdruck bei mittleren und großen Auflagen. Für kleinere Auflagen, Spezial-Bedruckstoffe und -Druckfarben eignet sich der Siebdruck.

Plakatpapier
Vollgeleimte, intensiv gefärbte Papiere mit hoher Lichtbeständigkeit, teilweise mit Leuchtfarbe gestrichen.

Planlage: Bedruckstoffe im Digitaldruck
Die Auswahl geeigneter Bedruckstoffe ist besonders für mehrseitige Druckprodukte, z. B. Broschuren und Bücher, sehr wichtig. Durch die erforderliche Wärmefixierung nach dem Druck bei Temperaturen von

120 bis 150 °C wird dem Papier relativ viel Feuchtigkeit entzogen (> Planlage).
Papiere mit einer Gleichgewichtsfeuchte von 50 % haben danach nur noch eine Feuchte von 15 bis 20 %. Der Feuchtigkeitsverlust kann zu verschiedenen Mängeln führen. Sind die Broschuren- bzw. Buchblöcke dem normalen Raumklima ausgesetzt, wirkt Feuchtigkeit auf die außen liegenden Flächen ein. Die ungleich im Papier je nach Faserrichtung wirksame Feuchtigkeit führt zu einer inhomogenen Feuchtigkeitsaufnahme und damit zu unterschiedlichen Dehnungen. Die Folge ist eine mangelhafte Planlage durch Welligkeit oder Tellern, insbesondere der oberen Lagen. Ein Abdecken des Stapels verringert die Wirkung.
Die Probleme treten besonders bei holzstoffhaltigen Papiersorten auf. Holzstofffreie und gestrichene Papiere mit einer guten Faserqualität und einem elastischen Strich verhalten sich dagegen weniger empfindlich.
Zu empfehlen ist es, Papiere mit einer geringeren Papierfeuchte als üblich (ca. 30 % Gleichgewichtsfeuchte) in klimatisierten Räumen zu verarbeiten.

Planlage des Papiers

Allgemeine Bezeichnung für einen glatten, unverzogenen und gleichmäßig eben liegenden Bedruckstoff. Eine einwandfreie Planlage ist eine wichtige qualitative Voraussetzung für den Druckprozess und die Druckweiterverarbeitung. Die Planlage kann durch Fehler bei der Produktion (ungleicher Zug, Prozessschwankungen beim Trocknen u. a.), beim Transport bzw. der Lagerung (Klimaschwankungen: Temperatur, Luftfeuchtigkeit) oder durch mechanischen Druck beeinträchtigt sein und dadurch Probleme in der Produktion und Mängel im Endprodukt bereiten.

1. Planlage im Druck: Die Planlage des Bedruckstoffes wird stark durch das Klima (Temperatur und relative Luftfeuchtigkeit) und durch die Faserstoffqualität beeinflusst. Durch starke Wärmeeinwirkung vor und/oder nach dem Druck wird dem Papier Feuchtigkeit entzogen. Nach Untersuchungen der Fogra kann dies bis zu 90 % der relativen Feuchte bewirken. Absolut sind dies zwischen 30 % und 70 % Wasserentzug, je nach Papiersorte.
   Dabei können irreversible Schädigungen der Faserstruktur auftreten. Durch den Feuchtigkeitsentzug schrumpft das Papier aufgrund der Faserstruktur quer zur Faserorientierung (= Dehnrichtung) 2- bis 3-fach stärker als in der Faserrichtung (= Laufrichtung). Die Schrumpfung ist stark abhängig von der Papierqualität. Bei guten Papierqualitäten ist sie deutlich geringer als zum Beispiel bei Recycling-Papieren.
   Die Probleme sind insbesondere beim Digitaldruck durch hohe Temperaturen bei der Wärmefixierung und beim Rollen-Offsetdruck mit Heatset-Druckfarben (Hitzetrocknung) zu beachten.
   Ein großflächiger Farbauftrag reduziert das Entfeuchten, kann aber auch zu Blasenbildung führen, da die Feuchtigkeit unter der Farbschicht nicht entweichen kann. Ein einmal stark verspanntes, wellig liegendes Papier bleibt auch nach Aufnahme von Feuchtigkeit und dem dann gleichen Feuchtegehalt mehr oder weniger stark verzogen (> Hysteresis).
2. Planlage in der Weiterverarbeitung und beim Endprodukt:
   In der Weiterverarbeitung und ggf. auch noch in der Folgezeit nimmt das Papier wieder Feuchtigkeit bis zum Erreichen der normalen Gleichgewichtsfeuchte (Zusammenhang von Temperatur im Stapel und der relativen Feuchtigkeit von ca. 50 bis 60 %) aus der Luft auf.
   Es kann längere Zeit (Tage, Wochen) dauern, bis das Papier wieder im Gleichgewicht zu seiner Umgebung steht.
   Bei Feuchtigkeitsaufnahme dehnt sich das Papier jedoch nicht gleichmäßig,

da die Feuchtigkeit langsam von außen nach innen eindringt.
Beispiel zu einer möglichen Auswirkung: Der Inhalt einer Broschur (Taschenbuch) wurde im Rollen-Offsetdruck (Heatset-Druck) gedruckt, der Umschlag im Bogen-Offsetdruck. Hat das Papier des Innenteils eine deutlich geringere Gleichgewichtsfeuchte, nimmt es nach dem Beschneiden und anschließenden Lagern eine höhere Menge Feuchtigkeit auf als der Umschlag aus Karton. Dadurch dehnt sich der Broschurenblock (gedruckter Inhalt auf Papier) stärker als der Umschlag.
Und so wächst der Inhalt aus dem (Karton-)Umschlag leicht heraus und steht an den Kanten über.

Planoauslage
Baugruppe an Rollen-Druckmaschinen für das Schneiden des Rollenpapiers und die Auslage in > Planobogen.

Planobogen
Flachliegender, ungefalzter Bogen, z. B. Druckpapier.

P

Planschneider
Papierschneidemaschine mit schräg schwingendem Messerschnitt für planliegende Produkte. Ein (Ober-)Messer schneidet dabei auf eine Schneidleiste aus Kunststoff.
Einfache Planschneider werden manuell gesteuert, d.h. sämtliche Schnitte müssen nacheinander durchgeführt werden. Das erfordert einen erheblichen Zeitaufwand.
Schnellschneider sind in der Schnittfolge zu programmieren.
Beim Schneiden einer Einheit (z. B. eines entsprechenden Stapels von Druckbogen) fährt der Sattel (hinterer Anschlag) in die folgende Schneidposition.
Der Stapel wird manuell neu angelegt und bis zum Endformat weiter geschnitten.
Einsatz in der Druckverarbeitung für das Anwinkeln von Planobogen und Formatschneiden von Papier und Karton sowie das Schneiden auf Endformat von Druckprodukten und Druckverarbeitungsprodukten.

Planung
Systematisches Ermitteln und Festlegen von Zielen sowie die Vorbereitung von Aufgaben, die zum Erreichen der Ziele erforderlich sind.

Plasmabildschirm
Plasma-Bildschirme und -Fernseher in einer sehr flachen Bauweise galten bis vor wenigen Jahren noch als schneller, kontrastreicher und langlebiger als LCD-Bildschirme. Mittlerweile sind diese stromfressenden Bildschirme aus dem Handel verschwunden.

Plastikbinderücken
Sonderbindung einzelner Blätter zu einem Buchblock mit kammartigen, ring- oder spiralförmigen Kunststoffteilen.

Plastikeinband
Buchdecke, die teilweise oder ganz aus Kunststoffen (z. B. PVC) besteht. Ein einteiliger Plastikeinband ist je nach Kunststoff weich oder steif. Der Plastikeinband kann auch sandwichartig aufgebaut sein:
Steife Buchdeckel aus Pappen sind zwischen zwei Kunststoffflächen eingeschweißt.
Es entstehen langlebige, abwaschbare Einbände, die für Mappen, Taschen- und Terminkalender, Nachschlagewerke u. Ä. verwendet werden.

Platine
In der Elektronik eine Trägerplatte für einzelne Bauelemente.

Platte
1. EDV: Kurzbezeichnung für einen Datenspeicher bzw. Datenträger in Plattenform.
2. Drucktechnik: Kurzbezeichnung für eine > Druckplatte.

Plattenabnutzung
> Druckplattenabnutzung durch mechanische oder chemische Einflüsse.

Plattenkante
Bereich an Druckplatten, der nicht zur Wiedergabe von Bildinformationen genutzt werden kann, sondern zum Einspannen auf den Druckplattenzylinder einer Druckmaschine erforderlich ist.

Plattenkopie
Herstellen von Druckplatten in der analog arbeitenden Druckvorstufe, z. B. im Computer-to-Film-Verfahren. Die zu kopierenden Informationen werden als Filmmontage oder Ganzbogenfilm vorbereitet und durch eine einzige Belichtung gleichzeitig (parallel) mit geeignetem Licht auf die Druckplatte kopiert.

Plattenkorrektur
Minuskorrekturen an druckfertigen Buchdruck- und Offsetdruckplatten.
Beispiel: Entfernen von mitkopierten Schnitt- bzw. Filmkanten, die im Druckbild als Fehlstelle erscheinen würden.

Plattenspannschienen
Einspannvorrichtung für Druckplatten am Druckformzylinder einer Offsetdruckmaschine.

Plattenzylinder
Korrekte Bezeichnung:
Druckplatten- oder auch Druckformzylinder. Zylinder, auf den eine flexible Druckplatte aufgespannt wird, z. B. Auswaschdruckplatten in Rollen-Rotationsdruckmaschinen für den Flexodruck oder Offsetdruckplatten in allen Offsetdruckmaschinen.

Plattform
- Allg. (nach Duden):
  Basis. Standpunkt, von dem bei Überlegungen, Planungen und Zielsetzungen ausgegangen wird.
- Wirtschaft:
  Personenkreis, Anwenderforum
- EDV: Basis für Entwicklungen.
  Computersystem mit typischer Ausstattung wie CPU, Hardware-Komponenten (z. B. Grafikkarten, Speicher), Betriebssystem.
  Beispiele: PC-Plattform unter Windows, Mac OS X. Mobile Betriebssysteme wie Android oder iOS

plattformübergreifend
Auf verschiedenen Rechnersystemen zu lesen und zu bearbeiten. > Plattform

plattformübergreifende Datenformate
Bezeichnung für ein Datenformat, das auf unterschiedlichen > Plattformen funktionsfähig ist, d. h., gelesen und bearbeitet werden kann. Beispiel: PDF.

plattformübergreifendes Geräteprofil
Zu einer farbmetrischen Kalibrierung aller am Prozess beteiligter Geräte zur Eingabe, Verarbeitung und Ausgabe hat das > ICC plattformübergreifende Geräteprofil-Formate, sogenannte ICC-Profile, definiert.

Platzhalter
In der computergesteuerten, digitalen Reproduktion ein niedrig aufgelöstes Bild im richtigen Bildausschnitt und Vergrößerungsmaßstab.
Das Bild wird in einem Dokument positioniert, um anzugeben, wo und wie das hoch aufgelöste, endgültige Bild bei der Ausgabe positioniert wird.

Platzkostenrechnung
Kosten, die ein bestimmter Arbeitsplatz verursacht. Aus diesen Kosten werden die Kosten einer Fertigungsstunde berechnet.

Playback
Aufzeichnung, Wiedergabe
1. Eine Bilderfolge (Video, Präsentation) ist mit einer separat aufgenommenen Tonaufnahme (Musik) hinterlegt.

2. Gesang zu einer bereits aufgezeichneten Musik

Plotter

1. Ausgabegerät (Inkjet-System) für ausgeschossene Druckseiten im Bogenformat zur Kontrolle der digitalen Montage und der Seitenanordnung.
2. Rechnergesteuertes Zeichen- oder Maskenschneidegerät, das nach digitalen Daten mit x- und y-Koordinaten in höchster Präzision Zeichnungen und Konstruktionen bzw. Masken erstellt. Plotter arbeiten mit verschiedensten Techniken, z. B.:

- mechanische Plotter: Tusche-, Faser- oder Kugelschreiberstifte
- elektrostatische Plotter: Metallnadeln und elektrostatisches Puder
- Tintenstrahlplotter: Spritzdüsen mit Tinte
- Laserplotter mit Laserstrahlen
- Schneidesystem mit Schneidemessern.

Plug-In

Zusätzlich ladbare Programmergänzungen, die kein fester Bestandteil eines Programms sind und nur bei Bedarf aktiviert werden. Beispiele: Filter in Photoshop, PitStop als Plug-In für Adobe Acrobat.

P

Plunger

Hochdruck: Schaltwerk an Nummerierwerken, die z. B. auf Druck ein Weiterschalten um eine Ziffer bewirken.

Pluskorrektur

Verstärken der Ton- und Farbwerte bei Reproprodukten und Druckformen.
Beispiel: Eine Bildstelle im Tiefdruck soll dunkler (farbkräftiger) ausdrucken. Dazu sind die > Näpfchen tonwertbezogen mechanisch oder – überwiegend eingesetzt – chemisch minimal durch Ätzen weiter zu vertiefen.

PMT

Abk. für: > Photomultiplier.

Pneumatik

Die Pneumatik umfasst alle Steuerungstechniken durch lufterzeugende Systeme mit Druck- und Saugluft. Die Pneumatik nutzt die Luft (Gas) in verschiedenen Einsatzgebieten. Besonders geeignet sind pneumatische Systeme für Anlagen, deren Arbeitsfunktionen mit kleiner Kraft sehr schnell und gut steuerbar ausgeführt werden sollen.
Einsatzbereiche an Druck- und Verpackungsmaschinen:

- Saug- und Blasluft in der Anlage und Auslage,
- pneumatische Seitenmarke, Wendestangen,
- elektropneumatisch gesteuerten Siebdruck- und Tampondruckmaschinen,
- Abfüll- und Verpackungsanlagen, bei denen es auf höchste Sauberkeit ankommt

pneumatisch

Durch Druck- und Saugluft gesteuert.

POD

Abk. für: > Printing on Demand.

Podcast

Engl., zusammengesetzter Begriff aus: iPod = Apple MP3-Player und broadcasting = senden.
Möglichkeit, TV- oder Radiosendungen aus dem Internet zu laden und zu beliebiger Zeit am Computer oder MP3-Video-Player anzuhören bzw. anzusehen.

Point

Maßeinheit, die in den USA anstelle des typografischen Maßsystems verwendet wird.
1 Foot = 12 Inch (Zoll) = 304,8 mm
1 Inch (Zoll) = 6 Pica = 25,4 mm
1 Pica = 12 Pica-Point = 4,2176 mm
1 Pica-Point = 0,351 mm > Pica-Point

Point-of-Sale (POS)

Engl.: Ort des Verkaufs

Marketing: Auch Point of Purchase (POP) Bezeichnet den Ort, an dem der Konsument die Ware erwirbt, also die Einkaufsstelle aus der Sicht des Konsumenten bzw. Verkaufsstelle aus Sicht des Anbieters.
Zahlungssystem:
Im Rahmen dessen der Kunde beim Händler mit seiner EC- oder Kreditkarte bezahlt.
Die Legitimation des Kunden erfolgt dabei durch Unterschrift oder Eingabe seiner PIN.

Point-to-Point-Protocol
Internetstandard für die Übertragung von Daten über serielle Verbindungen zwischen Computern.

Polarisation
1. Darstellen, Herausstellen oder Hervortreten von Gegensätzen; entgegengesetzt wirkend.
2. Optik: Spezielle Schwingungen von Lichtwellen, die durch Doppelbrechung, Reflexion u. a. auftreten und unterschiedliche Schwingungsebenen verursachen.

Polarisationsfilter
Kurzbezeichnung: Polfilter. In der Optik und Densitometrie eingesetztes Filter mit einer gitterartigen Struktur. Ein Polarisationsfilter schaltet verschiedenste Schwingungsebenen (Streuungen, Reflexe) des auftreffenden Lichts aus.
1. Fotografie:
   Durch Einsatz des Polarisationsfilters lassen sich Reflexe, verursacht durch nicht metallische Spiegelungen an Grenzflächen, wie Wasser, Luft und Glas, bei der Aufnahme ausschalten.
2. Densitometrische Messungen:
   Beim Messen der Farbdichte treten unterschiedliche Oberflächenstreuungen bei frischen, nassen bzw. bereits getrockneten Druckfarbenschichten auf. Der nasse Farbfilm reflektiert Licht relativ stark (Einfallswinkel = Ausfallswinkel), damit trifft weniger Licht auf die Messzelle auf. Je weniger Licht erfasst wird, desto höher ist der Messwert, die Dichte. (Diese Erscheinung entspricht vergleichsweise einer höheren Absorption.) Eine trockene Farbschicht liegt nicht so glatt auf und ist weniger stark glänzend. Dadurch wird auftreffendes Licht stärker gestreut und diffus zurückgestrahlt. Man nennt dieses diffuse Zurückstrahlen Remission. Bei einer Messanordnung von Lichtstrahl zu Messzelle im Winkel 0° zu 45° bzw. 45° zu 60° wirkt das remittierte Licht stärker. Der Messwert, die Dichte als logarithmischer Wert der Absorption, ist höher. Durch Einsatz eines Polarisationsfilters ist der Messwertunterschied zwischen frischer und getrockneter Druckfarbe nur noch minimal.

Polarität
1. Gegensätzlichkeit in bestimmter Sicht bzw. Abhängigkeit, z. B. in einem Organismus, bei der Elektrizität, bei chemischen Reaktionen.
2. Typografie, Gestaltung: Auch in der Gestaltung von Druckprodukten werden bewusst Gegensätzlichkeiten als gestalterische Elemente oder als leitendes, durchgängiges Gestaltungsprinzip eingesetzt.

Polfilter
Kurzbezeichnung für > Polarisationsfilter.

poly...
Vorsilbe im Sinne von viel, mehr u. ä.

Polyaddition
Kunststoffe entstehen bei der Polyaddition aus verschiedenen Molekülen (Monomeren) durch Umlagerung von Molekülbestandteilen ohne Abspaltung irgendwelcher Stoffe.
Sie unterscheidet sich dahingehend von der Polymerisation, dass keine Doppelbindungen aufgelöst werden, und von der Polykondensation, dass keine niedermolekularen Stoffe abgespalten werden.
Produktbeispiele: Polyurethane.

polychromatisch
Strahlungen, die aus vielen Wellenlängen bestehen.

Polyester-Folie
Duroplastische Kunststofffolie, die durch Polykondensation entsteht.
In der Druckindustrie als maßbeständige, zähe, kratzfeste und hochtransparente Folie vielfach eingesetzt.
Beispiele: Schichtträger für Fotomaterial („Film"), Montagefolie und Bedruckstoff.

Polyethylen
Abk.: PE. Thermoplastischer Kunststoff aus der Gruppe der Polyolefine. Geeignet zur Herstellung von Folien für den Verpackungsbereich (PE-Folie, Verbundfolie, Schrumpffolie) sowie zur Herstellung von Flaschen, Flaschenkisten, Dosen, Schalen u.a. > Anhang – 1 Bedruckstoffe

Polykondensation
Kunststoffe entstehen durch gleiche oder verschiedene Moleküle (ohne das Aufbrechen von Doppelbindungen) unter Abspaltung von niedermolekularen Stoffen, z. B. Wasser und Alkohol.
Produktbeispiele: Polyester, Polyamide, Phenolharze.

Polymerisation
Kunststoffe entstehen durch bestimmte Reaktionsbedingungen (Druck, Temperatur u. a.) unter Mitwirkung von Katalysatoren (Reaktionsbeschleunigern) aus einer Molekülart.
Monomere mit reaktionsfähigen Doppelbindungen verbinden sich zu kettenförmigen Makromolekülen. In der Regel sind solche Fadenmoleküle nicht oder nur gering miteinander vernetzt.
Sie lassen sich deshalb erweichen und/oder sogar schmelzen, dadurch werden sie fließfähig. Beim Abkühlen erstarren sie wieder und nehmen die neue Form an. Man nennt solche Makromolekülarten > Thermoplaste.
Produktbeispiele: Polyethylen (PE), Polypropylen (PP), Polyvinylchlorid (PVC), Polystyrol (PS).

Polypropylen
Abk.: PP. Thermoplastischer Kunststoff aus der Gruppe der Polyolefine. Geeignet zur Herstellung von Folien für den Verpackungsbereich sowie zur Herstellung von Flaschen, Bechern, Verpackungsbändern u.a. > Anhang – 1 Bedruckstoffe

Polyurethan-Klebstoff
Abk.: PUR. Lösemittelfreier Klebstoff, der aus dem vorvernetzten Kunststoff Polyurethan sowie Zusatzstoffen, die bestimmte Eigenschaften verbessern, besteht. Diese Klebstoffe bringen besonders in der Klebebindung erhebliche Verbesserungen in der Qualität und sind wirtschaftlich im Verbrauch.
Für die Verarbeitung ist der Klebstoff auf ca. 120 °C zu erhitzen. Durch Erstarren der Klebstoffschmelze und die Vernetzung des vorvernetzten Kunststoffes bindet der Klebstoff sehr rasch in einigen Sekunden ab.
Weitere Vorteile: für alle Papiersorten sehr gut geeignet, beständig gegen Druckfarben, hohe Alterungsbeständigkeit. Wärme-, kälte- und witterungsbeständig, kein Quellen der Papierfasern, sehr gute Klammerwirkung, kein Brechen der Klebung, hohe mechanische Festigkeit, sparsamster Verbrauch.
Zu beachten sind die Sicherheitsdatenblätter und Informationen der Berufsgenossenschaft, die auf mögliche Gefahren im Umgang mit dem Klebstoff hinweisen. Bei der Verarbeitung ist eine genaue Temperatur einzuhalten, flüchtige Bestandteile sind im Verarbeitungsprozess abzusaugen.

Polyvinylalkohol
Abkürzung: PVA. Kunststoff, der durch Verseifung von Polyvinylacetat entsteht.
Unlöslich in organischen Lösemitteln, je-

doch löslich in Wasser. PVA wird in der Druckformherstellung als Kolloid in Kopierschichten eingesetzt.

Polyvinylchlorid
Abk.: PVC. Thermoplastischer Kunststoff. Man unterscheidet allgemein Weich-PVC, der bestimmte Weichmacher enthält, sowie Hart-PVC. Durch verschiedene Zusatzstoffe entstehen für unterschiedliche Einsatzbereiche spezifische Eigenschaften.

Ponydruckwerk
Einrichtung an Rollen-Rotationsdruckmaschinen im Tiefdruck, die es ermöglicht, mit einem Druckformzylinder eine Papierbahn beidseitig zu bedrucken (> Schön- und Widerdruck).
Es ist einzusetzen, wenn für das Druckprodukt nur eine Hälfte des Druckformzylinders benötigt wird und entsprechende Ponywendestangen vorhanden sind.
Die Bahn wird einseitig gedruckt, über das Wendestangensystem gewendet und wieder aus der gleichen Richtung zur anderen Hälfte des Druckformzylinders mit den Rückseiten zum Widerdruck geführt.

Ponywendung
Rollen-Rotationsdruck: > Wendung.

Popel
Druckschwierigkeit: Auch Butzen genannt. Schmutzteilchen as Druckfarbe oder Papier auf der Druckform (z. B. einer Offsetdruckplatte) oder dem Gummituch, das als Fehlstelle mitgedruckt wird.

Popup-Menü
Benutzerfreundliches Element vieler Publishing-Programme. Beim Anklicken eines bestimmten Symbols am Bildschirm mit der Maus öffnen sich erweiterte Optionen, die als Befehl zur Bearbeitung eines Dokumentes aktiviert werden können.
Beispiele: Kopieren, Einfügen, Sichern, Drucken.

porös
Durchlässig, löchrig, mit tiefen Poren an der Oberfläche eines Stoffes durchsetzt.
\> Kapillaren

Port
Engl. Bez. für eine Stelle zur Datenübergabe in einem Netzwerk und auch eine Schnittstelle zur Peripherie.

Portable Document Format
\> PDF

Portfolio
Aus dem Lateinischen zusammengesetzter Begriff: portare = tragen, folium = Blatt.
Ursprüngliche Bedeutung:
Mappe mit wichtigen Unterlagen.
Der Begriff wird heute in verschiedenen Bereichen verwendet, z. B.:

1. Bildung: Mappe mit wichtigen persönlichen Unterlagen wie Präsentationen (z. B. Modelle, gestalterische oder künstlerische Arbeiten), Arbeitsergebnisse, Dokumente, Zertifikate, Leistungsnachweise, gesammelten Lernerfahrungen und -erfolge, erreichte Kompetenzen.
   Das in der Schule eingesetzte Portfolio ermöglicht Gespräche mit Schülerinnen und Schülern über Lernen und Leistungen nach zuvor festgelegten Kriterien.
   Lehrer können über ein Portfolio ihre eigene laufende Fortbildung und Qualifizierung in Unterrichtsfächern, Schulpädagogik, Bildungs- und Erziehungsaufgaben, Arbeitsorganisation u. Ä. nachweisen.
2. Management, Marketing: Angebotsbreite eines Unternehmens an Produkten, Dienstleistungen u. a. sowie dazu eingesetzte Analysetechniken zur Optimierung der Palette der Angebote.
   Ziel ist ein bestimmter Marktanteil bzw. ein geplantes Wachstum.
3. Finanzen: Strategien, durch eine breite Streuung der Investitionen oder Finanzmittel die Risiken zu senken.

Porzellanerde
Aluminiumsilikat, > Kaolin.

Position
Bestimmte Stellung, Standpunkt, Anordnung.

positionieren
In eine bestimmte Position bringen, z. B. das Einpassen von Kopiervorlagen bei der Montage.

positiv
Erkenntnis, Verhalten:
Gut, günstig, bejahend, zustimmend.

Positiv
1. Bildvorlagen: Im Vergleich zur (Bild-) Vorlage die tonwertrichtige Abbildung in einem Ausgabemedium.
   Abbildung der Natur, eines Objektes, von Personen usw., d. h., die Helligkeitswerte entsprechen der Wirklichkeit.
2. Bezeichnungen bei Bildern mit einem Schichtträger Papier:
   Aufsichtsvorlage, Aufsichtsbild; bei Schichtträger Film:
   Diapositiv.

positiv arbeitendes Material
Lichtempfindlich sensibilisiertes Material, das ein Aufnahmeobjekt positiv, d. h. in gleichen Helligkeiten, wiedergibt.
Beispiele: Fotografie (Diafilm), Druckformherstellung (tonwertgleiche Wiedergabe der zur Bebilderung verwendeten Daten).

Positivfilm
Reproduktionsprodukt:
Das Filmmaterial gibt als Produkt die Bildvorlage in gleichen Tonwerten wieder.

Positivkopie
Das Übertragen einer positiven Kopiervorlage durch Strahlen (Licht) auf eine lichtempfindlich beschichtete, positiv arbeitende Kopierschicht einer Druckform.
Positivkopie heißt in diesem Sinn:
Eine beliebige Kopiervorlage wird mit gleichen Tonwerten auf die Druckplattenkopierschicht übertragen.
Das Produkt ist beispielsweise bei einer positiven Kopiervorlage eine Offsetdruckplatte mit positiven Bildstellen.

Positivmontage
Manuelle Montage von positiven Vorlagen (Fotopapier, Film) auf ein Trägermaterial. Für die kopiertechnische Druckformherstellung werden Positivfilme auf eine transparente Montagefolie standgerecht montiert.

Positivplatte
Unkorrekte Bezeichnung für eine Druckplatte mit einer positiv arbeitenden Kopierschicht: Nach der Belichtung und Verarbeitung erscheint auf der fertigen Druckplatte eine positive (tonwertgleiche) Wiedergabe der Kopiervorlage.
> positiv arbeitendes Material

Positivretusche
Überarbeiten, Verbessern oder Ergänzen der Bildinformationen an positiven Aufsichtsvorlagen, selten an Durchsichtsvorlagen.

Postkarte
Offene Mitteilungskarte, auch als Ansichtskarte.

Postkartenformat
DIN A6: 14,8 cm × 10,5 cm.

Postpress
Arbeitsbereiche der Druckweiterverarbeitung und Buchbinderei, die nach dem Druck folgen. Beispiele: Buch- und Broschurenproduktion, Fertigmachen von Akzidenzen mit Falzen, Binden, Beschneiden, Verpacken u. v. a.

PostScript
Professionelle Programmier- und Seitenbeschreibungssprache von Adobe Systems

zur Ansteuerung von unterschiedlichen Ausgabegeräten wie Laserdrucker und Computer-to-Systeme.
Mit PostScript wird eine digitale Seite exakt und positionsgenau mit allen Elementen (Text, Bild, Grafik) beschrieben.
PostScript ist zudem die mathematische Grundlage für Grafik- und Layoutprogramme wie Illustrator, Freehand und InDesign. Grafische Elemente und Schriften werden unabhängig von der Auflösung durch Vektoren beschrieben, Pixelgrafiken werden dagegen gerastert.
Für die Ausgabe wird dem Ausgabesystem mitgeteilt, wie eine auf dem Bildschirm zu sehende Seite mit Texten, Grafiken und Bildern ausgegeben (z. B. Laserdrucker, Proof, Bebilderung der Druckplatte) werden muss.
Die Befehle definieren sämtliche Elemente einer Ganzseite sowie den Platz, an dem diese Elemente auf der Seite stehen.
PostScript Level 1 wurde inzwischen durch zusätzliche Funktionen erweitert, mit denen sich Seiten effizienter beschreiben lassen. Hierzu gehören u. a. geräteunabhängige, CIE-definierte Standards für Farbdefinitionen, Datenverdichtung und Dekomprimierungsfilter sowie eine umfassende Bestandsverwaltung.
Verbessert wurden Rasteralgorithmen für Farbauszüge, die Speicherverwaltung sowie druckerspezifische Funktionen.

PostScript-Schriften
Auch: PostScript-Fonts. Beliebig skalierbare High-End-Schriften, die immer aus einem Bildschirm- und einem Ausgabefont bestehen.
Alle Ausgabefonts werden durch Vektoren mithilfe von PostScript-Befehlen beschrieben.
Zur Darstellung auf dem Bildschirm dienen sogenannte Screenfonts, die als separate Datei vorhanden sein müssen.

Potenz
Mathematik: Ist eine Zahl mehrfach mit sich selbst zu multiplizieren, so ist dies durch eine verkürzte Schreibweise darzustellen. Die zu multiplizierende Grundzahl (Basis) wird durch eine kleine Hochzahl, den Exponenten, ergänzt.
Er gibt an, wie oft die Grundzahl mit sich selbst zu multiplizieren ist. Das Ergebnis ist eine Potenz.
Jede beliebige Zahl mit dem Exponenten 0 ist gleich 1.
Beispiele:
$2 \times 2 \times 2 \times 2 \times 2 = 2^5 = 32$
$3 \times 3 \times 3 = 3^3 = 27$

Potenzial
1. Bildung: Fähigkeit, Talent, Stärke, als Möglichkeit vorhanden
2. Physik: Leistungsfähigkeit, Energie

potenziell
Möglich, denkbar.

Potenziometer
Elektrischer Widerstand als stufenlos zwischen Null und Maximum einstellbarer Spannungsteiler.

Pottasche
Kaliumkarbonat, chemische Abkürzung: K_2CO_3. Weißes, kristallines Pulver, stark hygroskopisch, leicht in Wasser zu lösen, reagiert in Lösungen alkalisch (basisch). Wird in fotografischem Entwickler zur Beschleunigung und Aktivierung eingesetzt.

PowerBook
Leistungsstarker portabler Computer (Notebook, Laptop) von Apple.

PowerMac
Computerfamilie von Apple, hohe Leistung, netzwerkfähig, als Desktop oder Tower.

PP
Abk. für > Polypropylen

P

PPD-Datei
Abk. für PostScript Printer Description. Datei, die den Funktionsumfang eines bestimmten Ausgabegerätes mit einem PostScript-Interpreter beschreibt.
Dazu gehören z. B.: Seitenformate, Art des Ausgabemediums (Papier, Film, Druckplatte), Verfügbarkeit von Schriften.

PPF
> Print Production Format

ppi
Engl.: Pixel per Inch.
Bezeichnung für die Scan-Auflösung, kleinste Bilddateneinheit.

PPP
> Point-to-Point Protocol

PPS
Engl. Abk. für Production Planning and Steering. Produktionsplanung und -steuerung über den gesamten Fertigungsprozess von der Angebotsbearbeitung bis zur Auslieferung.

PR
Engl. Abk.: > Public Relations

Präferenz
Bevorzugung einer persönlichen, räumlichen oder zeitlichen Alternative.

Prägefoliendruck
Im Hochdruckverfahren wird die Form eines Prägestempels (Messinggravur) unter einer starken Wärmeeinwirkung (ca. 80 bis 160 °C) von einer dünnen Farbfolie auf Papier, Karton, Gewebe oder Kunststofffolien übertragen.

Präfixe
Vorsilben. In der Mathematik: Vorsätze für sehr kleine und sehr große Zahlen mit negativen oder positiven Zehnerpotenzen oder für Binärpräfixe.
> Anhang – 10 Zahlensysteme

pragmatisch
Handlungs-, sachbezogen.

Prägen, Prägung
Bezeichnung für verschiedene Verfahren, die ein Muster in ein Material eindrücken oder ein Relief erzeugen.
Einsatzbereiche: Hochwertige Verpackungen und Geschäftspapiere, Braille-Schrift (z. B. gesetzlich vorgeschrieben auf Pharmaverpackungen), Sicherheitselemente als Plagiatschutz, Titel auf Buchdecken u. a.
Mit Prägeformen aus Texten, Linien, Flächen, Zierstücken oder beliebigen Motiven wird in einen Bedruckstoff oder einen Einbandstoff eine elastisch-dauerhafte Tiefen- (vertiefte) oder Reliefwirkung (erhabene Verformung) gepresst.
Prägestempel werden allgemein durch eine Gravur hergestellt.
Bei Blindprägungen, die im Buchdruck oder in Prägemaschinen der Druckweiterverarbeitung ausgeführt werden, wird ohne Farbe geprägt.
In der Druckweiterverarbeitung lassen sich Kalt-, Heiß- und Hochfrequenzprägungen auf Buchdecken ausführen. Die Farbübertragung erfolgt durch den Transfer einer Farbschicht von Prägefolien, z. B. Aluminium-, Farb- und Echt-Gold-Folien.

Präsentation
Form der geplanten Darstellung von Informationen bzw. Inhalten zu verschiedensten Themenbereichen vor einer bekannten (festgelegten) Personengruppe in einem bekannten Raum.
Vor jeder Präsentationsplanung sind zu klären: Zielsetzung, Zuhöreranalyse, Situationsanalyse (Rahmenbedingungen).
Grundlegendes Ziel ist es, die Zuhörer verständlich zu informieren und dabei das Wesentliche herauszustellen, ggf. zu überzeugen und zu motivieren.
Im Unterschied zu einem Referat spielt bei einer Präsentation die Visualisierung eine bedeutende Rolle.

Daher sind die Auswahl und der gezielte Einsatz geeigneter visueller Präsentationshilfsmittel und die Visualisierungsart neben einer umfassenden Stoffsammlung und -aufbereitung (Ziele, Absichten, Kernaussagen) wichtige Voraussetzungen.
Bei der Planung ist ein ausgewogenes Verhältnis zwischen verbaler Aussage und visueller Unterstützung zu beachten.

Präsentationsgrafik
Informationsdarstellung in grafischer Form von Statistiken, Tabellen und Diagrammen zur visuellen, quantitativen Gliederung von Sachverhalten und Abläufen.
Dazu gehören Kreisdiagramme, Balkendiagramme, Flächendiagramme, Liniendiagramme.
Daten aus Tabellenkalkulationen können direkt in eine Präsentationsgrafik umgewandelt werden.

Präzisionsmessstreifen
Kontrollelemente mit exakt definierten Formen, Flächen, Rasterfrequenzen.

Preflight-Check
- Prüfung im Layoutprogramm:
  Grundlegende Qualitätsprüfung der wichtigsten Elemente einer Layoutdatei mit Hilfe eines erstellten und aktivierten Preflight-Profils (z. B. InDesign LivePreflight). Diese Prüfung ersetzt aber nicht den Preflight-Check an einer PDF-Datei für die Produktion.
- Prüfung im Workflow:
  Für einen durchgehenden Workflow ist eine technische Simulation des Ausgabeprozesses mit Hilfe von digitalen Profilen erforderlich, um Probleme im Druck auszuschließen.
  Zu diesem Check sind spezifische Vorgaben für einen bestimmten Produktionsprozess, sogenannte Preflight-Profile, als Download herunterzuladen und als „Werkzeug“ zu installieren.

Eine erstellte PDF-Datei ist damit im Detail zu prüfen, z. B.
- sind alle Seitenelemente vorhanden
- sind alle benötigten Schriften vorhanden (eingebettete Fonts)
- liegen Bilder im richtigen Farbmodus und der erforderlichen Auflösung vor
- sind keine nichtdruckbaren feinsten Linien (Haarlinien) vorhanden

Rückmeldungen erfolgen in einem detaillierten Protokoll und ggf. farbigen Angaben: Fehler = rotes Kreuz, Warnung = gelbes Dreieck, Info = blauer Kreis.

Preflighting
> Preflight-Check

Preis
Der in Geld ausgedrückte Tauschwert eines Gutes oder Wert einer Leistung. > Kosten

Pre-Press
Druck- und Medienvorstufe.
Gesamtbezeichnung für alle Verfahrenstechnologien in der Druck- und Medienvorstufe, wie Vorlagenherstellung und -bearbeitung, Satzherstellung, Reproduktion, Bildbearbeitung, Text-/Bild-Integration, Druckformherstellung.

Prescan
Vorabscan einer Bildvorlage mit einer niedrigen Auflösung.
Das Bild wird im Gegensatz zu einem Feinscan in einem Schnelldurchlauf erfasst, um Bildbegrenzungen, grobe Korrekturen u. Ä. vor dem Scannen mit geforderter Auflösung einzustellen.

Presseagenturen
> Nachrichtenagenturen

Pressenpartie
> Papiermaschine

Presseur
Druckzylinder des Tiefdrucks. Ein Druckkörper, der den notwendigen Anpressdruck

erzeugt und den Bedruckstoff gegen den Formenzylinder presst.

Press-Span
Sehr feste, zähe Feinpappe.

Preview
Voransicht. Vorschau eines Objektes als niedrig aufgelöstes Bild auf dem Bildschirm.

Primärfarben
Grundfarben, Erstfarben, die nicht aus anderen Farben zu ermischen sind.
Additive Grundfarben sind Blau, Grün und Rot.
Subtraktive Grundfarben sind Cyan, Magenta und Gelb (Yellow).
Durch das Mischen von zwei Grundfarben entstehen bei gleichen Mischungsanteilen Sekundärfarben der 1. Ordnung, bei ungleichen Anteilen Sekundärfarben der 2. Ordnung.
Werden alle drei Grundfarben in beliebig ungleichen Anteilen gemischt, entstehen Tertiärfarben.

Primärvalenzen
Farbenlehre, Farbmetrik: Primärvalenzen sind monochromatische Strahlungen einer bestimmten Wellenlänge.
Jede beliebige Farbe ist als additive Farbmischung der einzelnen Spektralbereiche zu definieren, d. h. mit den drei additiven Primärfarben (Grundfarben) lassen sich alle Farben mischen.
Eine Primärvalenz ist nicht aus den beiden anderen zu mischen.
Von der > CIE festgelegte Primärvalenzen: Rot 700,0 nm, Grün 546,1 nm, Blau 435,8 nm.

Prime
Druckformherstellung, Druckweiterverarbeitung:
Bezeichnung für die erste Seite einer > äußeren Druckform.

Primer
Haftvermittler. Werkstoff zur Grundierung.

1. Drucklackierung:
   Grundierungslack, der beispielsweise zur Vorbereitung einer Veredelung mit UV-Lack aufgetragen wird.
2. Druck auf Kunststofffolien:
   Haftgrundierung mit Primerlack.
   Beim Druck auf Polyolefinen ist dadurch eine Farbhaftung zu erzielen.
   > Corona-Vorbehandlung
3. Druckweiterverarbeitung:
   Dünnflüssige Klebstoffe, die bei der Klebebindung die Benetzung verbessern und die Einzelblatthaftung erhöhen.

Print-Buyer
Produktioner für Druckprodukte, Einkäufer von Druckprodukten. Kompetenzen: Beratung interner und externen Kunden, produktspezifische Kenntnisse, professionelle Auftragsabwicklung, Kommunikation und Verhandlungsgeschick, kaufmännisches sowie produkt- und produktionsbezogenes Know-how, Beherrschen produktionstechnischer Abläufe.

Printer
Allgemeine Bezeichnung für verschiedene > Drucker als Ausgabegeräte in der Datenverarbeitung, z. B. > Tintenstrahl-, > Laser- und > Thermosublimationsdrucker.

Printing-on-Demand
Drucken nach Bedarf bzw. Anforderung in beliebigen Auflagen.
Der Begriff wird im Zusammenhang mit dem Digitaldruck verwendet, bei dem auch kleine oder Kleinstauflagen in der jeweils gewünschten Menge wirtschaftlich gedruckt werden können.
Für Nachauflagen ist wirtschaftlich zu beachten, dass die Ausgabedaten archiviert sein müssen (Kosten). > Digitaldruck

Printmedien
Gedruckte Produkte aller Art. Sie unterscheiden sich u. a. nach der Art des Pro-

duktes, der zeitlichen Erscheinungsweise, dem Bedruckstoff und dem Produktionsverfahren. Die folgenden Beispiele zeigen dazu eine prinzipielle Einteilung.

- Medienarten: Bücher, Zeitungen, Zeitschriften, Illustrierte, Kataloge, Broschuren, Plakate, Kalender, Etiketten, Mailings, Geschäftsdrucksachen, Verpackungen.
- zeitliche Erscheinungsweise: Akzidenzen = nicht periodisch erscheinende Druckprodukte (Bücher, Geschäftsdrucksachen, Mailings u. a.), Periodika = in regelmäßigen Zeitabständen erscheinende Druckprodukte (Zeitungen, Zeitschriften u. a.)
- Bedruckstoffe: Papier, Karton, Kunststoff, Folie, Textil, Metall
- Druckverfahren: Offsetdruck, Digitaldruck, Tampondruck, Flexodruck, Rakel-Tiefdruck, Siebdruck, Blechdruck

Printmedien vermitteln Informationen, erfüllen vom Kunden und Anwender geforderte Funktionen und Nutzwerte.
Bei verschiedenen Druckprodukten stehen Druckverfahren miteinander im Wettbewerb wie auch in vielen Bereichen im Wettbewerb mit Online- und Offline-Medien.

Print Production Format
Abk.: PPF. Hersteller übergreifender Standard für den Datenaustausch in der Druckindustrie.
PPF wurde vom Fraunhofer Institut für Grafische Datenverarbeitung in Zusammenarbeit mit dem sogenannten CIP3-Konsortium (heute CIP4) entwickelt.
Das Print Production Format erfasst alle Daten, die zu automatischen Voreinstellungen der Maschinen benötigt werden, z. B.

- administrative Informationen zu einem Auftrag
- Vorschaubilder zu jedem Farbauszug und damit eine Farbzonenvoreinstellung an der Druckmaschine
- Passer-/Registermarken
- Schneide- und Falzinformationen

> CIP3, > CIP4

Print Substrates
Engl. Bezeichnung für > Bedruckstoff.
Abk.: PS

Prisma
Ein von gegeneinandergeneigten ebenen Flächen für den Lichtdurchtritt begrenzter Körper aus einem lichtbrechenden Stoff (allg. Glas). Der Winkel zwischen den Flächen heißt brechender Winkel, die Schnittgerade der Flächen brechende Kante. Je nach Verwendungszweck unterscheidet man: Dispersionsprisma zur Erzeugung eines Spektrums; Reflexionsprisma für eine Richtungsänderung von Lichtstrahlen bzw. für eine Seitenvertauschung. > seitenrichtig

Problem
Allgemeine Bezeichnung für theoretische, technische oder sonstige Fragestellungen, wobei Lösungsmöglichkeiten ganz oder teilweise vorliegen oder auch vollständig fehlen.
Die Bezeichnung wird auch für eine zu lösende Aufgabe verwendet.

Produkt
Erzeugnis, Ertrag. Ergebnis von Tätigkeiten und Prozessen.

Produktdatenbank
Datenbank in einem Unternehmen für den Interessenten- und Kundenbereich.
Vielfach sind diese Datenbanken in einen allgemein zugänglichen Bereich und einen geschützten Kundenbereich (z. B. mit Kunden-, Auftragsdaten, Archivierung) unterteilt.

Produktdesign
Künstlerisch-kreative Gestaltung von technisch hergestellten Produkten, auch: (Gebrauchs-)Industriedesign.

Produktion
Erzeugnis, Hervorbringung, Fertigung.
Herstellung von Gütern. Im engeren Sinne das Herstellen von Gütern zur Befriedigung

des Bedarfs. Im weiteren Sinne auch das Herstellen von Gütern und das Erbringen von Dienstleistungen durch den Einsatz und die Kombination von > Produktionsfaktoren und > Produktionsprozessen.

Produktioner
Mitarbeiter einer Agentur oder eines Dienstleistungsunternehmens, der beispielsweise Printprodukte konzipiert und produktionsreif herstellen lässt.

Produktionsablauf
Herstellung eines Produktes in den einzelnen Fertigungsstufen.

Produktionsfaktoren
Ökonomische Leistungselemente, auf die jeder Produktionsprozess aufbaut: Boden, Arbeit, Kapital.
Das heißt: Alle Güter, die nicht herzustellen und die Voraussetzungen für die Produktion von Gütern sind. Teilweise wird auch die unternehmerische Leistung als weiterer Faktor einbezogen.

Produktionsprozess
Beispiel Offsetdruckerei: Gesamte Herstellung eines Druckproduktes. Ziel des Produktionsprozesses ist das Erreichen und Halten eines bestimmten Qualitätsniveaus. Voraussetzung dazu ist eine eindeutige Definition der Anforderungen und eine gemeinsame Sprache (eindeutige Kommunikation) zwischen dem Auftraggeber und der Druckerei.
> ISO 12647-2, > Prozess Standard Offsetdruck

Produktionssicherheit
Beispiel Offsetdruckerei: Produktionssicherheit ist zu erreichen, wenn alle Ergebnisse im gesamten Produktionsprozess systematisch erfasst, dokumentiert und bewertet werden und zudem nach vereinbarten Regeln, einem Standard, produziert wird.
> Produktionsprozess

Produktionsziele
Druckproduktion: Minimale Produktionszeiten (Auftrags-Durchlaufzeiten), maximale Flexibilität, höchste Prozesssicherheit, optimale Prozessleittechnik, Vernetzung vom Dateneingang, über Qualitätsmanagement und Produktion bis zur Rechnungsstellung, ggf. eine Vernetzung mit dem Kunden. > Ziele

produktiv
Lat.: schöpferisch, Ertrag bringend, fruchtbar: Produktiv ist jede Tätigkeit mit dem Ziel, Bedürfnisse zu befriedigen.

Produktivität
Schaffenskraft, Ergiebigkeit, Nutzen (im wirtschaftlichen Sinne).
Betriebswirtschaft:
Erfolg des Wirtschaftsprozesses als Verhältnis des mengenmäßigen bzw. wertmäßigen Produktionsergebnisses zur Menge der eingesetzten Produktionsfaktoren bzw. der Herstellkosten.

Produzent
Erzeuger, Hersteller.

Profil
1. Ansicht, charakteristisches Erscheinungsbild.
2. Druckvorstufe: Im Color-Management werden zur Farbraumtransformation > ICC-Profile eingesetzt.
   Beispiel zur Farbraumseparation:
   - Quellprofil = Eingabesystem, z. B. Scanner, Digitalkamera
   - Zielprofil = Druckprozess, z. B. Offsetdruck auf gestrichenem Papier.

   Zusätzlich wird ein > Rendering-Intent benötigt, das die Methode der Umrechnung festlegt, sowie ein > CMM (Color Matching Method, Softwaremodul), das die Berechnung durchführt.

Profilierung
Digitaldruck: Verfahren zur Optimierung (Korrektur) der Farbwerte im Druck. Zur

Einstellung des Drucksystems wird ein Testchart gedruckt und spektralfotometrisch ausgewertet. Korrekturen werden über die Bediensoftware des Drucksystem vorgenommen.

Programm
Engl.: Software. Eine in der Computersprache sinnvolle, logische Aufeinanderfolge von Befehlen an den Computer (Hardware) zur Verarbeitung von Daten und zur Lösung von Aufgabenstellungen sowie die Speicherung von Daten (Informationen).
Programme leisten in der Regel spezifische Aufgaben, z. B. Textverarbeitung, Bildbearbeitung, Layoutherstellung, Tabellenkalkulation. Der Computer versteht nur eine > Maschinensprache mit den Ziffern 0 und 1.
Der Mensch erstellt in einer bestimmten Programmiersprache mit dem dabei üblichen Wortschatz ein Programm, das in die Maschinensprache übersetzt werden muss.
> Betriebssystem, > Anwenderprogramm, > Datenverarbeitung

Programmablauf
Reihenfolge der Ausführung der Arbeiten eines Programms.

Programmablaufplan
Hilfsmittel, Übersicht, Lösungsentwurf zur Erstellung von Programmen.
Nach DIN 44300 die grafische Darstellung aller möglichen Wege des Programms mit sämtlichen einzelnen Teilvorgängen.
Die verwendeten grafischen Symbole sind nach DIN 66001 festgelegt.

Programmautomatik
Fotografie: Die Automatik wählt selbsttätig für ein Motiv ein Zeit/Blende-Paar, das allgemein zu gut belichteten Bildern führt.

programmieren
EDV: Das Erstellen eines > Programms.

Programmiersprache
Künstliches Sprachsystem für die Kommunikation mit elektronischen Datenverarbeitungsanlagen. Es handelt sich um spezielle Sprachen mit festgelegten Begriffen und Regeln zur Erstellung von > Programmen.
Ziel ist die Erschaffung einer Sprache, bei der der Programmierer ohne Programmierkenntnisse arbeiten kann.
Er formuliert die Aufgabe, das WAS, und die Anlage übernimmt es, das WIE (den Weg) zur Lösung selbst zu erstellen.

Projekt
Vorhaben, Planung, Entwurf. Arbeitsauftrag mit vorgegebenen Zielen und Ergebnissen, mit festgelegtem Anfangs- und Endzeitpunkt und bestimmten finanziellen Mitteln.
> Budget, > Projektmanagement

Projektion
1. Allg.: Darstellung auf einer Fläche. Beispiel: Die Darstellung der Erde auf einer Karte.
2. Reprotechnische Vergrößerung von gerasterten Reproaufnahmen, z. B. zur Herstellung von großformatigen Plakaten. Man nennt diese Rasterprojektion auch Gigantografie.

Projektmanagement
Kleine interdisziplinäre, am Projekt arbeitende Arbeitsgruppen erarbeiten und entscheiden bei allen kleineren und mittleren Problemen selbstständig, um eine optimale Lösung (Wirtschaftlichkeit, Termine, Disposition, Qualität u. a.) zu erreichen.

Prokura
Handlungsvollmacht für ein Unternehmen.

PROM
EDV: Festwertspeicher, der einmal vom Anwender zu programmieren ist (programmierbares ROM).
> Speicher

Proof
Farbprüfverfahren für Farbreproduktionen als interne Kontrolle für die Reproduktion, als externe Qualitätskontrolle für den Kunden und als verbindliche Vorgabe für den Auflagendruck. Hergestellt werden Proofs mit verschiedenen digitalen und vereinzelt auch noch analogen Techniken für verschiedene Einsatzbereiche in unterschiedlichen Qualitäten:

- Softproof: Kontrolle der verarbeiteten Informationen am Bildschirm
- Standproof: Wiedergabe einzelner Seiten oder als ausgeschossener Druckbogen einfarbig ohne Farbverbindlichkeit zur Kontrolle der Seitenanordnung, zur Korrektur u. a.
- Farbproof: Zumeist digitaler Prüfdruck als Farbprüfverfahren für Farbreproduktionen als interne Kontrolle für die Reproduktion, als externe Qualitätskontrolle für den Kunden oder als verbindliche Vorgabe für den Auflagendruck. Ein solcher Contract-Proof wird nach dem ProzessStandard Offsetdruck gefertigt. Dabei werden die Bedingungen der Druckproduktion und die im ProzessStandard vorgesehenen Toleranzen simuliert. Damit die Basis für eine standardisierte Produktion gegeben. In vielen Fällen reichen die Pigmente der Prüfdrucksysteme für eine vierfarbige Wiedergabe in Prozessfarben C, M, Y und K nicht aus. Daher werden auch weitere Sekundär- und Tertiärfarben zur Beurteilung herangezogen. Die Qualität des Prüfdrucks ist messtechnisch und visuell durch den Ugra/Fogra-Medienkeil CMYK-Tiff zu kontrollieren.
  Die Ugra/Fogra-Digitaldruckskala dient zur Kontrolle der Stabilität des Prüfdrucksystems.
  Ein konventioneller Andruck ist aus Zeit- und Kostengründen in einem digitalen Workflow nicht mehr akzeptabel.

Proof, farbverbindlich
> Prüfdruck, farbverbindlich

Propaganda
Sehr dominante, massiv beeinflussende Werbung, insbesondere für politische Zwecke.

Proportion
Lat.: Verhältnis. Verhältnisse von Größen und Maßen.
In der Mathematik gilt:
Ist das Verhältnis der Zahl a und b gleich dem Verhältnis der Zahlen c und d, so liegt die Proportion $a : b = c : d$ vor, dabei sind a und d die Außen-, b und c die Innenglieder.
Sowohl die Innenglieder als auch die Außenglieder dürfen jeweils unter sich vertauscht werden.
Das Produkt der Innenglieder ist gleich dem Produkt der Außenglieder, aus $a : b = c : d$ folgt $a \cdot d = b \cdot c$.

Proportionalabstand
In der computergesteuerten Satztechnik eine Funktion, durch die einzelne Buchstaben und Zeichen in einem ihrer ästhetischen Breite entsprechenden Abstand gedruckt werden.

Proportionalgröße
Bildverarbeitung: Größenveränderung eines Bildes unter Beibehaltung der Seitenverhältnisse.
> Proportion

Proportionalschrift
Schrift, bei der einem einzelnen Zeichen die individuell erforderliche optische Breite zugeordnet ist. Danach erhält beispielsweise ein „M" eine entsprechend größere Zeichenbreite als ein „I".
Proportionalschriften wirken dadurch ästhetisch ausgeglichen und bilden ein harmonisches, ausgeglichenes Schriftbild. Bei Schriften mit einer feststehenden Zeichenbreite erhält jedes Zeichen die gleiche Breite (vgl. Schriftbild auf einer früher eingesetzten Schreibmaschine mit Typenhebel).

Proportionsrechnung
Verhältnisrechnung, z. B. für das Berechnen der Maße bei der Reproduktion.
Die bekannten Bilddaten werden nach dem Schema eingetragen:
Breite der Vorlage : Höhe der Vorlage = Breite der Reproduktion : Höhe der Reproduktion.
Die fehlende Größe ist mathematisch einfach zu berechnen:
Produkt der Innenglieder = Produkt der Außenglieder.

proprietär
Spezifische Eigenschaft eines Systems (z. B. Objekt, Gerät, Hardware) oder einer Software, die zu keinem anderen vergleichbaren System kompatibel ist.
Bei allen proprietären Systemen ist der Nutzer gezwungen, die Systemkomponenten eines bestimmten Herstellers zu verwenden.

Prospekt
Werbeblatt, bebilderte Werbeschrift ein- und mehrseitig. Die Qualitäten reichen von einfachen, einfarbigen Drucken auf preiswerten Bedruckstoffen bis zu hervorragenden Farbdrucken auf gestrichenen Papieren.

Prospektpapier
Papier für geringere Qualitätsansprüche: Mittelfeines, satiniertes Papier, meist halbgeleimt, mit hohem Füllstoffanteil, 50–60 g/m^2.

Protokoll
In der Elektronik eine Kommunikationsvorschrift in Computer- und Telekommunikationsnetzen.

Provider
Engl.: Ernährer, Lieferant, Versorger.
Unternehmen, das anderen Unternehmen oder einzelnen Personen seine Standleitung und seine Dienste für die Nutzung des Internets gegen Gebühr zur Verfügung stellt.

Prozess
Nach DIN, die Gesamtheit von aufeinander einwirkenden Vorgängen in einem System, durch das Materie, Energie oder Information umgeformt, transportiert oder gespeichert wird. Grundsätze eines technischen Prozesses:

1. Ein Prozess besteht oft aus mehreren gleichzeitig ablaufenden und logisch miteinander verknüpften Vorgängen.
2. Jeder Prozess hat einen optimalen Zustand.
   Er besitzt jedoch die Eigenschaft, sich zu verschlechtern. Deshalb muss rechtzeitig eingegriffen werden.
3. Gleichzeitig ablaufende Vorgänge haben oft eine unterschiedliche Wichtigkeit, die von der jeweiligen Situation abhängt.
4. Zur Beurteilung eines Prozesses ist sein Zustand ständig zu messen, es ist der Ist-Wert zu erfassen. Zur Korrektur bzw. zum Eingreifen sind Stellglieder erforderlich.
5. Der optimale Prozesszustand (Soll-Wert) ist einer mehr oder weniger intelligenten Einheit bekannt, die die Mess- und Stellmöglichkeiten einsetzt.

P

Prozessdaten
Sämtliche Daten zur Darstellung der mit technischen Mitteln erfassbaren oder beeinflussbaren Größen (z. B. Menge, Leistung, Geschwindigkeit, Dichte) eines Prozesses.
> Prozess, > Prozessdatenverarbeitung

Prozessdatenverarbeitung
Verarbeitung mit Computereinsatz, um technische Prozesse zu erfassen, zu steuern oder zu regeln.

Prozessfarben
Subtraktive Grundfarben zur drucktechnischen Wiedergabe von Farbbildern.
Die Druckfarbenskala für den Vierfarbdruck besteht aus Cyan (C), Gelb (Y für Yellow), Magenta (M) sowie zusätzlich Schwarz

(K für Key). Mit dieser Farbmischung ist eine Vielzahl aller vorkommenden Helligkeiten (Tonwerte) und Farben (Buntton, Buntheit) in einer Bildvorlage drucktechnisch wiederzugeben. Das Farbsystem wird CMYK-System genannt.
> Farbraum, > subtraktive Grundfarben

prozessfreie Druckplatten
> CTP-Druckplatten – spezielle Bezeichnungen

Prozesskalibrierung
Druckformherstellung Offsetdruck in einem Computer-to-Plate-System (CtP): Unterschiedliche Druckbedingungen erfordern für eine standardisierte Druckformherstellung eine Korrektur bei der Tonwertübertragung.
> Standardisierte Druckformherstellung CtP

prozesslose Druckplatten
> CTP-Druckplatten – spezielle Bezeichnungen

Prozessoptimierung
Führung eines Prozesses in der Weise, dass sämtliche Zielvorgaben für diesen Prozess optimal erfüllt werden.
> Qualitätssicherung

P

Prozessor
Baustein in der Zentraleinheit des Computers, der Befehle nach Programm abwickelt und Daten verarbeitet.
> Mikroprozessor

Prozessplanung
Systematisches Vorbereiten eines Prozesses (Ablaufplanung) in zeitlicher Reihenfolge mit allen benötigten Informationen und Materialien.
> Prozess, > Prozessdaten,
> Prozessoptimierung

Prozessprüfung
Qualitätsprüfung eines Prozesses an Merkmalen des Prozesses oder des Ergebnisses (Produktes).

Prozesssicherung
> Qualitätssicherung

ProzessStandard Digitaldruck
Abk.: PSD, der ProzessStandard Digitaldruck, der unter Federführung der Fogra entwickelt worden ist.
Mit den verschiedensten Digitaldrucktechnologien, unterschiedlichsten Bedruckstoffen (Substraten), produktbezogenen Anforderungen (z. B. Beständigkeiten), erforderlicher Produktivität und dabei möglichen Druckkosten ist es nicht möglich, einen auf der Drucktechnologie basierenden „statisch festen“ Qualitätsstandard festzulegen.
Grundgedanke:
Es gibt nicht die Qualität. Vielmehr geht es um eine verfahrens- und technikbezogenen Definition einer Qualität. Die Bildqualitätsbewertung basiert auf dem, was der Kunde sieht und nicht, wie es entstanden ist.
PSD-Ziele und Prüfungen
- Ausgabe-Prozesskontrolle
  Konstanz im Großformat (LFP), Kleinformat
- Farbtreue
  Übereinstimmung
- Workflow
  Datenprüfung, PDF/X-Creation, PDF/X-Output, Altona Test Suite V1 & V2, Profil-Handhabung, Licht-Audit

Im PSD-Handbuch wird der Praxis Rechnung getragen, in dem Anwendungsfälle die Bildqualität vergleichsweise beschreiben. Für den digitalen Produktionsdruck definiert ISO/WD 15311-2 gegenwärtig drei solcher Anwendungsfälle (die Norm ist noch nicht verabschiedet).
Kleinformatdruck:
- A Akzidenzprodukte – vergleichbar Offsetdruck auf Bilderdruckpapier,
- B Akzidenzähnliche Produkte, engl. Semicommercials und

- C Zeitungsähnliche Produkte wie z. B: Flyer oder Beilagen.

Großformatdruck nach geplanter Norm ISO 15311-3:

- A Fineart – hohe Bildqualität
- B Poster und Banner
- C Werbedrucksachen wie z. B. Pylonen, Stelen, Baustellenschilder

Die Bezeichnungen „A“, „B“ und „C“ müssen stets im Kontext der Verwendung interpretiert werden, d. h. hier entweder als Grad der Farbnachstellung oder als Auswahl der Referenz-Anwendung.

Das PSD-Handbuch gibt es kostenlos auf der Homepage der Fogra unter www.fogra.org

ProzessStandard Offsetdruck (PSO)

Abk.: PSO. Standard für die Druckproduktion von der Datenerzeugung bis zum Druck der Auflage.

Wesentliches Ziel ist das Beherrschen aller Prozessschritte und Schnittstellen und damit die erforderliche Produktionssicherheit im Offsetdruck.

Basis dazu ist die ISO 12647-2:2013.

Der zuvor im Jahr 2003 erarbeitete ProzessStandard Offsetdruck ist, unter Berücksichtigung weiterer internationaler Normen, vom Bundesverband Druck und Medien (bvdm) in Zusammenarbeit mit den Forschungsinstituten Fogra (München) und Ugra (St. Gallen, Schweiz) vollständig überarbeitet und in dem neuen ProzessStandard Offsetdruck (Stand 2013) ausführlich und praxisgerecht umgesetzt worden.

Der gesamte Produktionsprozess wird damit von den Vorlagen bis zum Endprodukt systematisch erfasst, dokumentiert und bewertet.

Der ProzessStandard Offsetdruck bietet dazu geeignete Mittel und Kontrollen zur Überwachung und Steuerung der Produktion, er legt Soll-Werte und mögliche Toleranzen in den einzelnen Prozessstufen fest und ermöglicht so, dass Zwischen- und Endergebnisse eine vorhersehbare (Farb-)Qualität aufweisen.

Vertiefende Literatur: ProzessStandard Offsetdruck, bvdm Bundesverband Druck und Medien e.V.

Prozess-Steuerung

Die Steuerung technischer Prozesse durch einen Computer, der mit dem ablaufenden Prozess direkt verbunden ist.

Sensoren übermitteln Daten einzelner Prozessfunktionen, der gespeicherte > Soll-Wert wird im Computer mit dem ermittelten Ist-Wert verglichen.

Bei Abweichungen greift das System steuernd in den Prozess ein.

Da bei diesem System eine Rückmeldung auf den vorgegeben Soll-Wert erfolgt, handelt es sich korrekterweise um eine > Regelung.

Prüfbit

> Paritibit

Prüfdruck

Nach DIN ISO 12647-1:

„Ein nicht mit einer Druckmaschine hergestellter Druck mit dem Zweck, das Ergebnis des Farbauszugsvorgangs in einer Weise darzustellen, welches das Ergebnis auf einer Auflagendruckmaschine nahezu nachbildet.“

> Proof

Prüfdruck, farbverbindlich

Ein farbverbindlicher Prüfdruck dient zur Druckfreigabe des Auftraggebers und zur Steuerung der Druckproduktion im Auflagendruck. Für die Herstellung des Prüfdrucks eignen sich spezielle Inkjetdrucker, die in exakt definierbarer Qualität kostengünstig und schnell einen Prüfdruck erstellen. > Kontrakt-Proof.

Anforderungen und Vorgaben für einen farbverbindlichen Prüfdruck

- Farbliche Simulation einer Vorgabedruckbedingungen (Referenz):
  Absolut farbmetrische Transformation, Papierweißsimulation

- Vorgaben:
  MedienStandard Druck (neuste Ausgabe), ISO 12647-7
- Ugra/Fogra-Medienkeil CMYK V3, vollständige Statuszeile mit Name des Datensatzes, Datum und Uhrzeit der Druckausgabe, zu simulierende Druckbedingungen, benutzte Farbeinstellung (ICC-Profil), Bezeichnung des Druckers und der Software, Bezeichnung des Substrats und der Farbmittel (Tinte)

prüfen
Feststellen, ob der Werkstoff und das Werkstück oder sonstige Produkt die vorgeschriebenen Bedingungen erfüllt.
Beispiel:
Prüfen des Druckergebnisses auf Ton- und Farbwertrichtigkeit im Vergleich zur Bildvorlage.

Prüfplan
Plan, der die Reihenfolge von Qualitätsprüfungen festlegt.

PS
Engl. Abk. für > Print Substrates, in der ISO-Norm die Bezeichnung für den Bedruckstoff.

Pseudonymisierung
Laut § 3 Abs.6a BDSG: „Das Einsetzen des Namens und anderer Identifikationsmerkmale durch ein Kennzeichen zu dem Zweck, die Bestimmung des Betroffenen auszuschließen oder wesentlich zu erschweren."
Veränderung in der Datenkommunikation z.B. durch ein selbst gewähltes oder zugewiesenes Pseudonyms oder ein spezielles digitales Verschlüsselungsverfahren, dass die persönlichen Daten nur unter Zuhilfenahme zusätzlicher Daten einer bestimmten Person zugeordnet werden können.
Beispiel zu einer Pandemie:
Daten der Mobilfunknutzer sind anonym. Ist ein Nutzer jedoch erkrankt, sollten alle Kontaktpersonen möglichst zeitnah ermittelt und informiert werden können. Bei einer > Anonymisierung der Daten wäre dies nicht möglich.

PSO
> ProzessStandard Offsetdruck

psychische Belastungen
> Belastungen, psychisch

pt
Abk. für die heute bei der Gestaltung und in Publishing-Systemen verwendete Maßeinheit, den DTP-Punkt.
1 pt = 1/72 Inch = 0,353 mm (ca.).
1 Inch = 72 pt = 25,4 mm.
> Punkt, > typografischer Punkt (p)

PTL
Abk. bei Digitaldrucksystemen für Papiertransport Traktorlos.

Public Relations
Abk.: PR. PR-Abteilung:
Öffentlichkeitsarbeit.

Publikation
Herausgabe, Veröffentlichung.
Im weitesten Sinne Vervielfältigungen aller Art, z. B. Druckprodukte.

Publisher
Verleger, Hersteller.
Auch: Verarbeiter von digitalen Daten.

pudern
Drucktechnik:
Bestäuben frischer Drucke im Auslagesystem, um ein > Abliegen zu verhindern.
Je nach Bedruckstoffgewicht und Bedruckstoffart werden unterschiedliche Bestäubungspuder genutzt.
Diese dienen als Abstandshalter zwischen den aufeinanderliegenden Bogen und verbessern so auch eine chemische Trocknung der Druckfarbe.

Puffer

1. Chemie:
   Substanzen, die in wässrigen Lösungen den pH-Wert konstant halten, z. B. bei Verarbeitungschemikalien in der Reproduktion, bei Feuchtmittel im Offsetdruck.
2. EDV:
   Bei der Datenübertragung von einer Funktionseinheit zu einer anderen ein Speicher, der Daten vorübergehend aufnimmt.

Pufferzeit

Zeit, um die sich der Arbeitsablauf verzögern kann, ohne dass der vereinbarte Endtermin des Projekts gefährdet ist.
> Projekt

Pull-down-Menü

Engl.: pull = ziehen, down = nach unten.
Wichtiger Bestandteil der grafischen Benutzeroberfläche.
Eine Menüführung in einem Computer, die bei der Anwahl eines Oberbegriffes in der Menüleiste eine Reihe von Unterbegriffen erscheinen lässt, die weitere Funktionen durch einfaches Anklicken mit der Maus zugänglich macht.

Pulltest

Buchbinderei: Zugtest zur statischen Festigkeitsprüfung klebegebundener Buch- oder Broschurenblocks. > Flextest

Pulper

Papierherstellung: Stoffauflöser.
Eingedickte oder in Tafeln vorhandene Faserstoffe werden im Pulper unter Zugabe großer Mengen Wasser für den weiteren Misch- und Verarbeitungsprozess zu einer sehr dünnen Suspension aufgelöst.

Punkt

1. Typografisches Maßsystem.
   - Didot-Punkt (aus der Bleisatzzeit), Abk. p. Ursprüngliche Umrechnung im Bleisatz:
     1 m = 2660 p, 1 p = 0,376 mm.
     Gerundete Umrechnung seit Einführung des Fotosatzes:
     1 p = 0,375 mm, 1000 mm = 2666 p.
   - Point-System in USA, GB:
     Basis ist ein Zoll bzw. Inch.
     1 Pica-Point (pp) = 0,351 mm.
   - DTP-Point (PostScript-Vorgabe)
     1 Inch = 72 PostScript-Points,
     1 pt = 0,352778 mm, ca. 0,353 mm.
2. Reproduktion:
   Kurzbezeichnung für einen Rasterpunkt.

Punktform

In der Reproduktion von Graustufen- bzw. Halbtonvorlagen verwendete > Raster dienen zur Umwandlung analoger Tonwerte in binäre Druckelemente.
Bei einem sogenannten amplitudenmodulierten Raster entstehen so je nach Tonwert flächenvariable Rasterpunkte.
Alle Raster unterscheiden sich in der Art und der geometrischen Form. Eingesetzt werden Raster mit runden, schachbrettartigen Punkten, mit elliptischen Kettenpunkten und anderen Formen.
> Kettenpunktraster, > FM-Raster

Punktgröße

- AM-Rasterung > Rasterpunktgröße in % (Prozent) zur Fläche.
- Engl.: spot size. Bei einer digitalen Bebilderung in einem Ausgabesystem (Belichter) der Durchmesser des Lichtpunktes.

Punkthof

Filmverarbeitung, rastern:
Unzureichende > Flankensteilheit der Randzonen eines Rasterpunktes durch unzureichende, verlaufende Schwärzung.
Die Rasterpunkte sind nicht randscharf gedeckt.
Zum Punktkern nimmt die Schwärzung zu. Ein solcher Punkt entsteht im Allgemeinen beim Rastern.
Er ist in dieser Form nicht einwandfrei

kopierfähig, sondern muss auf hart arbeitendes (Line-)Filmmaterial als Kopiervorlage umkopiert werden, um eine gleichmäßige Dichte zu erhalten.

Punktkern
Filmverarbeitung, rastern: Zentrum, Mitte eines Rasterpunktes.

Punktleimung
Spezieller Leim, der in Inline-Systemen (z. B. Rollen-Offsetdruckmaschinen, Falzmaschinen-Systemen) für das punktförmige Kleben von Produkten eingesetzt wird.

Punktlicht
Gerichtetes Licht bestimmter Lichtquellen mit einer sehr geringen Streuung.
Punktlicht wird z. B. in der Kontaktkopie und bei der Druckplattenkopie eingesetzt.
Gegensatz:
Diffuses Licht oder Streulicht, z. B. bei Leucht-stofflampen.

Punktschluss
Raster: Die Position, bei der sich nebeneinanderliegende Rasterpunkte in einem Bild (Film, Datensatz, Druck) berühren.

Punktur
Im Falzapparat einer Rollen-Rotationsdruckmaschine eingesetzte kleine, spitz zulaufende Stahlstifte mit kleinen Haken, die den von der Papierbahn durch Querschneiden abgetrennten Bogen durch Einstechen in das Papier in das Falzwerk führen.
Bei einfachen Druckprodukten, z. B. Tageszeitungen, sind die Löcher, die die Punktureinstiche hinterlassen, am Fertigprodukt noch zu sehen.
(Blätter der Zeitung werden dadurch auch zusammengehalten.
Bei Qualitätsdrucken liegen die Punkturen im Beschnitt und sind dadurch im fertigen Produkt nicht mehr zu sehen.

Punktzuwachs
Als Punktzuwachs oder – fachlich korrekter – > Tonwertzunahme bezeichnet man die Abweichung zwischen Rastertonwerten in der Kopiervorlage bzw. den Daten und den Rastertonwerten im Druck. Diese Abweichung ist technisch durch die Druckfarbenübertragung bedingt.
> Tonwertzunahme im Druckprodukt bei Vergleich mit der Reproduktion.

Punzen
Auch Punzenweite:
Nicht druckende Innenfläche von Buchstaben, z. B. n, m, e, O. Die Punzenbreite des kleinen „n“ gilt als Basis für den Wortabstand. Ist die Punzenbreite einer Schrift sehr eng, so ist die Schrift schwerer zu lesen; ist die Punzenbreite dagegen zu weit, wirkt die Schrift breit laufend.

PUR
Abk. für > Polyurethan-Klebstoff.

Purpur
Druckfarbe aus dem bläulich-roten Farbenbereich, die in alten Farbskalen anstelle der heutigen Prozessfarbe > Magenta verwendet wurde.

Purpurgerade
Im CIE-Farbendreieck sind auf einem Spektralkurvenzug alle Spektralfarben aufgetragen.
Auf der sogenannten Purpurgeraden liegen alle Purpurtöne, die als Spektralfarben nicht vorkommen.

PVA
Abk. für > Polyvinylalkohol

PVC
Abk. für > Polyvinylchlorid

QM-System
Die Organisationsstruktur, Verantwortlichkeiten, Verfahren, Prozesse und erforderlichen Mittel für die Verwirklichung des Qualitätsmanagements.
> Qualitätsmanagementsystem

QR-Effekt
> Quick-release-Effekt

QS-Handbuch
> Qualitätshandbuch

Quadrate
Bleisatz: Füllmaterial (= Ausschlussstückchen, auch Quadraten genannt) von 2 bis 4 Cicero Länge und einer Höhe von 54 Punkt. Mit diesem Material lassen sich größere freie Räume in einer Zeile füllen. Da dieses Material nicht die Schrifthöhe aufweist, gehört es zu dem sogenannten > Blindmaterial.
> typografisches Maßsystem

Quadratmetergewicht
> Flächenbezogene Masse bei Bedruckstoffen in g/m².

Qualifikation
Bildung: Gesamtheit aller Kenntnisse, Fertigkeiten und Fähigkeiten, über die eine Person zur Ausübung ihres Berufes verfügen muss. Die Ausbildungsqualifikation wird durch einen Bildungsprozess erworben, Arbeitsqualifikationen sind dagegen aus der Analyse der Arbeitstätigkeiten abzuleiten. Eine wichtige Bedeutung haben außerdem gesellschaftspolitische Aspekte.
> Schlüsselqualifikation

Qualität
Qualität ist die Zweckeignung eines Produktes: Die Gesamtheit von Merkmalen einer Einheit bezüglich ihrer Eignung, festgelegte und vorausgesetzte Erfordernisse zu erfüllen (nach DIN EN ISO 9000 ff).
Qualität ist demnach kein absoluter Begriff, sondern immer nur auf die Forderungen des Kunden (Auftraggeber) bezogen.
Wenn die Anforderungen des Kunden und das Ergebnis übereinstimmen, ist das Ziel „Qualität“ erreicht. Voraussetzung dazu ist eine gemeinsame Sprache (Kommunikation) und eine eindeutige Definition der Anforderungen. > Qualitätsmanagement, > Standardisierung, > ISO 12647

Qualität – Parameter im Offsetdruck
Grundlegende Parameter, die der Offsetdrucker an der Druckmaschine steuern und beeinflussen kann.
- Drucktechnische Einstellungen und Bedingungen: Druckabwicklung, Druckspannung, Aufzüge, Gummidrucktuch, Druckfarbe, Feuchtmittel, Temperatur in der Druckmaschine
- Farbreihenfolge: Standard K–C–M–Y, evtl. K–M–C–Y
- Farbton, Farbskala, Druckfarbentyp: Auswahl, Abstimmung auf den Bedruckstoff
- Volltonfärbung
- Tonwertzunahme
- Farbbalance, Graubalance
- Passer

Qualitätsaudit
Begutachtung der Wirksamkeit eines Qualitätssicherungssystems oder seiner einzelnen Teile (Befragung, Prüfung) durch ein unabhängiges Institut (z. B. Deutsche Gesellschaft für Qualität, TÜV).
> ISO 9000

Qualitätsbeurteilung, Qualitätsbewertung
Druckprozess: Aussagen über den Ist-Zustand eines Druckproduktes durch Vergleich mit vorgegebenen „Kennwerten“. Basis dazu ist das Gewinnen von Daten für die Güte der Produktionsergebnisse sowie technische Aussagen zur Beeinflussung

der Produktionstechnik (Technologie). Hierzu gehören: Erkennen von Fehlern, Ermitteln von Fehlerursachen, Beseitigung von Fehlerquellen.

Qualitätsfaktor
Elektronische Reproduktion: Ein Faktor zwischen 1 und 2, der zur Berechnung einer optimalen Scan-Auflösung auf die Rasterweite in der Ausgabe berücksichtigt wird.

1. Regel für konventionellen, autotypischen Rasterdruck:
   Scan-Auflösung = Rasterweite × Qualitätsfaktor (QF) × Skalierungsfaktor (*)
   - QF = 2 bei Rasterweiten bis 60 L/cm,
   - QF = 1,5 bei Rasterweiten > 60 L/cm

   (* Skalierungsfaktor = gewünschte Bildgröße : Größe der Bildvorlage)
2. Regel für frequenzmodulierten Rasterdruck:
   Scan-Auflösung = vergleichbare Rasterweite × Qualitätsfaktor (QF) × Skalierungsfaktor

Qualitätshandbuch
QS-Handbuch.
Dokument, in dem die Qualitätspolitik eines Unternehmens erläutert und das Qualitätsmanagement in seiner Organisation beschrieben wird.

Qualitätskosten
Sämtliche Kosten, die durch Qualitätssicherungsmaßnahmen und Qualitätsanforderungen entstehen.

Qualitätskreis
Modell, das ein Ineinandergreifen aller qualitätswirksamen Maßnahmen und Ergebnisse in der Entwicklung, Entstehung und der Anwendung eines Produktes oder einer Tätigkeit aufzeigt. > Handlung

Qualitätsmanagement
Gesamte Organisation der Verantwortlichkeiten in einem Unternehmen zur Steuerung und Sicherung der Qualität. Das QS-Management umfasst die verschiedenen Organisationsebenen (Leitungsebene, Führungsebene, operative Ebene) und auch die erforderlichen Hilfsmittel (QS-Handbuch, Verfahrensanweisungen, Arbeitsanweisungen).

Qualitätsmanagementsystem
Abkürzung: QM-System.
Eine festgelegte Aufbau- und Ablauforganisation zur Durchführung der Qualitätssicherung. Das Qualitätsmanagement hat im Rahmen des QM-Systems die Aufgabe, alle Tätigkeiten, Führungsaufgaben, Ziele und Verantwortungen festzulegen sowie diese durch Mittel wie Qualitätsplanung, Qualitätslenkung, Qualitätssicherung und Qualitätsverbesserung im QM-System darzulegen.

Qualitätsmerkmale
Eindeutig definierte Merkmale, die die Qualitätseigenschaften eines Produktes kennzeichnen bzw. beschreiben. Einflüsse auf die Qualitätsmerkmale haben: Mensch – Maschine – Material – Methode – Umwelt.
Diese Einflüsse können zu Schwankungen führen. Dabei unterscheidet man prinzipiell

- Toleranzen: Innere Schwankungen, die aus technischen und/oder wirtschaftlichen Gründen nicht zu beseitigen sind.
- Fehler: Äußere Schwankungen, die mit entsprechendem Aufwand zu beseitigen sind.

Qualitätsprüfung
Festgelegte Verfahren, die ermitteln, ob die Produkte oder Leistungen die an sie gestellten Qualitätsanforderungen (Qualitätsmerkmale) erfüllen.

Qualitätssicherung
Sämtliche Maßnahmen zur Erzielung einer Qualität. Wesentliches Unternehmensziel zur optimalen Berücksichtigung der Anforderungen und Erwartungen der Kun-

den sowie der Anliegen und Interessen des Unternehmens. Das Unternehmen beschreibt in einem Qualitätssicherungssystem (QS-System) alle Aktivitäten zur Steuerung und Überwachung der Qualität und der Verfahren zur Feststellung des Zustandes der Qualität (Qualitätsstandard).

Qualitätssicherungssystem
> Qualitätssicherung. > ISO 9000

Qualitätsstandard
Leistungsfähigkeit der Produktion, Qualitätsmerkmale während der Produktion konstant bzw. mit einer vorgegebenen Toleranz einzuhalten. Dies erfordert die Beherrschung des Prozesses.
> Qualität

Quantisierung
Bildverarbeitung:
Analoge Signale (z. B. einer Bildvorlage mit kontinuierlich verlaufenden Grau- oder Farbwerten) müssen zur Verarbeitung im Computer digitalisiert werden.
Dazu werden die analogen Signale in regelmäßigen Abständen mit der Abtastrate abgetastet (Sampling) und zu jedem dieser Abtastzeitpunkte wird ihr Spannungswert in einen Digitalwert umgewandelt. Diese Umwandlung in Zahlen (ganzzahlige Binärwerte) und messbare Größen nennt man Quantisierung.
Die Bezeichnung ist ebenso in der Nachrichtentechnik (z. B. Audiotechnik: Codierung von Lautstärkewerten) gebräuchlich.

QuarkXPress
Bekanntes Layoutprogramm des amerikanischen Softwareherstellers Quark.

Quart
Früher gebräuchliche Bezeichnung für einen Falzbogen mit 4 Blättern = 8 Seiten.

Quellcode
Grundlegendes Programm, das in einer Programmiersprache geschrieben ist und erst durch eine „Übersetzung“ in ein Maschinenprogramm am Computer ausführbar ist.

Quellenangabe
Angabe der verwendeten Literatur aus Buch, Zeitschrift, Zeitung, Websites u. a., aus denen Informationen (einschließlich Grafiken und Bilder) für die eigene Arbeit entnommen werden.
Für das Zitieren in verschiedenen Medien gelten grundlegende Regeln.
Zu einer Quellenangabe gehören grundsätzlich
- Name des Autors
- Titel der Quelle
- Jahr der Veröffentlichung

Werden Informationen ohne Genehmigung und/oder eine Quellenangabe übernommen, ist dies ein > Plagiat.

Quellenverzeichnis
Nach bibliografischen Regeln erstelltes Verzeichnis, dass die Herkunft von Zitaten, Abbildungen u. Ä. aus einem anderen Werk angibt.

Quellfarbraum
Farbraum einer (Bild-)Vorlage, z. B. ECI-RGB.
> Zielfarbraum, > ICC-Profil

Quellprofil
> ICC-Profil

Quellreliefdruckform
Druckform für den > Lichtdruck, die durch lichtempfindlich sensibilisierte Gelatine hergestellt wurde und nach dem Belichten und Verarbeiten in unterschiedlichen, tonwertbezogenen Höhen aufquillt.
Dementsprechend wird mehr oder weniger gefeuchtet und eingefärbt.

Quelltext
Eine in einer Programmiersprache vorliegende Anweisung für ein Programm bzw. einen Programmablauf.

Querformat
Druckprodukt, bei dem normale Schriftzeichen parallel zur langen Seite des Papierformates laufen. Zu einer eindeutigen Kommunikation wird bei der Angabe von Formaten (Format des Endprodukts) grundsätzlich zuerst die waagerechte Länge, Breite genannt, und danach die senkrechte Länge, Höhe genannt, angegeben. Beispiele:
DIN A4 Querformat = 297 mm x 210 mm;
DIN A4 Hochformat = 210 mm x 297 mm.

Querperforation
Perforation parallel zur Leserichtung bei Formularen oder rechtwinklig zur Zylinderachse im Druckprozess bei Rollendruckmaschinen.

Querrichtung
Bedruckstoffe: Andere Bezeichnung für die rechtwinklig zur > Laufrichtung (primäre Faserausrichtung) liegende > Dehnrichtung.

Querschneider
Schneideanlage für Rollenpapiere, die die Bahn quer zur Laufrichtung in einzelne Bogen schneidet.

Querverweise
Hinweise des Autors einer Publikation auf andere Stellen im gleichen oder einem anderen Dokument (z. B. Fachbuch, wissenschaftliches Werk).

Quetschrand
Erkennungsmerkmal bei allen Hochdruckverfahren: An Randzonen von Bildstellen wird die Druckfarbe stark belastet und quetscht leicht nach außen. Dadurch entsteht eine schärfere Kante, nach innen ein sehr schmaler, lichterer Hofrand und danach eine gleichmäßige Einfärbung.

Quickmaster-DI
Kleinformatige Offsetruckmaschine der Heidelberger Druckmaschinen AG (Produktion eingestellt). Die Abkürzung DI bedeutet: Direct Imaging.
Voraussetzung für diese Technologie ist eine sichere, digital arbeitende Druckvorstufentechnik. Sämtliche Bildinformationen (Texte, Bilder, Grafiken) für die Druckformen aller vier Druckwerke (> Satellitensystem) werden direkt aus dem Datenspeicher heraus über einen RIP und eine Bebilderungseinheit (Lasersystem) auf eine Druckfolie übertragen.
Für einen neuen Druckauftrag und einer dazu erforderlichen neuen Bebilderung sind neue Druckfolien von Vorratsrollen auf die Druckformzylinder abzuspulen.

Quick-Release-Effekt
Abk: QR-Effekt
Offsetdruck: Bei Gummitüchern das schnelle Freigeben des Druckbogens nach der Druckzone durch geringe(re) Adhäsionskräfte des Gummituches.
Neben Eigenschaften des Gummituches ist vor allem die drucktechnische Abstimmung zwischen Bedruckstoff und Druckfarbe für das Freigeben entscheidend.
Die Auswirkungen des QR-Effekts werden unterschiedlich beurteilt.

Quick Time
Betriebssystemerweiterung für Windows, Macintosh u. a., die das Abspielen und Bearbeiten von digitalen Videofilmen mit dreidimensionaler Technologie ermöglicht.
Es lassen sich Höhe, Breite und Zeit verwalten und verarbeiten.

Quotient
Das Ergebnis einer Division, auch Bezeichnung für eine unausgerechnete Divisionsaufgabe in Form eines Bruches.

QWERTZ
Anordnung der Zeichen auf der deutschen Standard-Tastatur.
Dabei beginnt die oberste Buchstabenreihe von links nach rechts mit den Buchstaben Q, W, E, R, T, Z.

R

R
Elektrotechnik:
Kurzeichen für elektrischen Widerstand.

RA
> Papierformat. Abk. für: R = Roh, A = Normreihe DIN A. Ein Überformat zu der genormten Format-Reihe DIN A. > SRA

Rabatt
Nachlass vom Kaufpreis, der unter bestimmten Voraussetzungen (z.B. Menge-, Treue-, Sonderrabatt) gewährt wird.
In der Regel wird der Rabatt in Prozent (%) angegeben.

radial
Allg. Bez. für: den Radius betreffend.
In der Druckpraxis vielfach verwendet für die Zylinderumfangsrichtung.
Gegensatz: axial, die Achse bzw. die Zylinderbreite betreffend.

Radierfestigkeit
Papiereigenschaft bei Zeichen- und Schreibpapieren.
Die höhere mechanische Festigkeit in der Oberfläche wird durch Zusätze von Harzen und Leimen in der Stoffmasse erreicht.

Radierung
Original-Grafik.
Im 16. Jahrhundert bekannt gewordene Tiefdrucktechnik zur Bildwiedergabe. In eine ätzfeste Schicht, mit der eine Kupferplatte beschichtet ist, wird mit einer Radiernadel eine Zeichnung eingeritzt.
Dabei freigelegte Kupferpartien werden mit Eisen(III)-chlorid tiefgeätzt.
Dieses Verfahren ermöglicht wesentlich feinere Linienführungen als der bis dahin als Tiefdrucktechnik bekannte Kupferstich, bei dem Linien mechanisch mehr oder weniger vertieft wurden. Gedruckt wird in Kupferdruckpressen.

Radio Frequency Identification
> RFID

rahmenorientiertes Programm
Layoutprogramme arbeiten prinzipiell seitenorientiert (z. B. Pagemaker) oder rahmenorientiert (z. B. QuarkXPress, InDesign). Bei seitenorientierter Arbeitsweise ist die Seite wie ein leeres Blatt mit einem äußeren Rahmen des Satzspiegels aufzufassen. Alle Elemente (Text, Grafik, Bild) sind so lange auf der Seite beliebig zu positionieren und zu verändern, bis die Seite fertiggestellt (umbrochen) ist.
Bei einem rahmenorientiert arbeitenden Programm gibt ein äußerer Rahmen ebenfalls den Satzspiegel an.
Auf der Seite sind jedoch weitere spezielle Rahmen in bestimmten Größen für die Gestaltung des Textes als Textfläche sowie für Grafiken und Bilder als Bildfläche (Platzhalter) zu definieren bzw. genau zu positionieren.
Damit sind umfangreichere Dokumente, z. B. Akzidenzen, Zeitschriften, Werke, rationeller und besser zu verarbeiten.
> QuarkXPress, > InDesign

Rakel
Drucktechnisch erforderliches Werkzeug in Durchdruck- und Tiefdruckverfahren sowie im Flexodruck.

1. Durchdruckverfahren: Werkzeug mit einer Gummikante, mit dem Druckfarbe durch die Schablone (= Maschenöffnungen im Siebgewebe) auf den Bedruckstoff übertragen wird. Die Gummikante ist in der Regel rechtwinklig geschliffen.
   Für spezielle Druckarbeiten, z. B. Textildruck und Körperdruck, werden auch andere Rakelprofile eingesetzt.
2. Rakeltiefdruck: Nichtbildstellen und vertieft liegende Bildstellen werden vor

dem Druck mit dünnflüssiger Druckfarbe eingefärbt.
Vor der Druckzone wird die Druckfarbe von der Oberfläche (Nichtbildstellen) durch eine Rakel entfernt. Die Rakeleinrichtung besteht aus einer stabilen Rakelhalterung, in die eine sehr feine, scharf geschliffene Rakel (ähnlich einem Stahllineal) eingesetzt ist.

3. Flexodruck: Niedrig viskose (dünnflüssige) Druckfarbe wird mit einer > Rasterwalze direkt auf die Druckform übertragen.
Ein > Kammerrakelsystem überträgt Druckfarbe auf die Rasterwalze und entfernt überschüssige Farbe.

Rakelstreifen
Druckschwierigkeit im Rakeltiefdruck, die sich durch schmale Streifen in Zylinderumfangsrichtung zeigt. Hat die Rakel eine mechanische Beschädigung (Scharte), so entstehen dunkle Streifen durch nicht entfernte Druckfarbe. Bei Fremdkörpern (Schmutz, Popel u. a.), die sich unter der Rakel festgesetzt haben, entstehen helle Streifen in Umfangsrichtung.

Rakeltiefdruck
Tiefdruckverfahren. Der Rakeltiefdruck ist das industriell genutzte Tiefdruckverfahren mit herausragender Bedeutung für Großauflagen wie Versandhauskataloge, Illustrierte u. Ä. sowie für (Weich-)Verpackungen aus Papier, Kunststoffen und Metallfolien.Gedruckt wird – heute ausschließlich – im direkten Rollen-Rotationsdruck mit flüssigen (= niederviskosen) Druckfarben, die durch Verdunsten von Lösemittelanteilen trocknen. Zu bedruckende Papiere sollen saugfähig (nicht stark geleimt), glatt und reißfest sein. Aber auch nicht saugfähige Bedruckstoffe wie Kunststoff- und Metallfolien sind einwandfrei zu bedrucken. Die Druckform ist ein elektronisch-mechanisch gravierter Druckformzylinder mit tiefen- und flächenvariablen Bildstellen. Eingesetzt wird inzwischen auch erfolgreich die Lasergravur, mit der unterschiedliche Näpfchenformen zu gravieren sind.
Für jede Druckfarbe ist ein separater Druckformzylinder herzustellen, der komplett für einen neuen Auftrag zu wechseln ist. Einzelne Bildstellen liegen immer von anderen durch einen sehr dünnen, auf gleicher Höhe liegenden Steg getrennt. Dadurch entsteht ein vollständiges Stegnetz auf dem gesamten Zylinder.
Auf dieser Höhe liegen ebenfalls sämtliche Nichtbildstellen. Das Einfärben ist unproblematisch: Der Druckformzylinder läuft beispielsweise direkt in einer Farbwanne und wird vollständig eingefärbt. Durch das gleichmäßig hohe Stegnetz des Zylinders ist eine kontinuierliche, exakte Rakelführung über den Formzylinder möglich.
Auf Nichtbildstellen bzw. Stegen haftende Druckfarbe wird abgestreift und läuft in die Farbwanne zurück. Nach der Druckzone läuft die bedruckte Papierbahn in einen Warmlufttrockner. Die Druckfarben trocknen physikalisch durch das Verdunsten von Lösemittelanteilen.
Danach erfolgt der Druck der nächsten Druckfarbe auf die Bahn. Bei beidseitig vierfarbigem Druck sind insgesamt 2 × 4 Farben = 8 Druckwerke mit Trocknern erforderlich.
Im Illustrationsdruck, Rollenbreiten der Druckmaschine teilweise über 240 cm, wird die bedruckte Papierbahn im Falzapparat weiterverarbeitet und als Teil- oder Fertigprodukt ausgelegt.
Verpackungsdruckmaschinen arbeiten mit Rollenbreiten bis maximal 150 cm. Diese Maschinen rollen die bedruckte Bahn wieder auf.
Eine weitere Verarbeitung wie Längsschneiden (schmalere Rollen), Fertigen von Verpackungen usw. erfolgt in speziellen Maschinen in der Druckerei oder direkt beim Auftraggeber.

RAL-Farben
Farbenstandard, der vom Deutschen Institut für Gütesicherung und Kennzeichnung

e. V. (früher: Reichsausschuss für Lieferbedingungen = RAL) entwickelt wurde und vor allem in der Bauwirtschaft angewendet wird.
Das grundlegende System mit 196 festgelegten Farben wurde inzwischen durch ein RAL-Design-System mit 1688 Farben erweitert.

RAM
Engl. Abk. für Random Access Memory. Bezeichnung für den sehr schnellen, flüchtigen Haupt- oder Arbeitsspeicher in Computern, in dem Daten geschrieben, gelesen und gelöscht werden können. Der Inhalt aus dem RAM muss vor dem Ausschalten des Systems gespeichert werden, sonst gehen die Daten verloren.

randabfallend
Bezeichnung für die in einem Endformat angeschnittenen Bilder oder Flächen.

Random-Access
Engl. für wahlfreier > Zugriff. Ein direkter, unmittelbarer Zugriff auf beliebige Daten eines Speichers.

Randschärfe
Wiedergabequalität bei einem Rasterpunkt auf Film.
> Flankensteilheit, > Punkthof

Randwelligkeit
Bedruckstoffe: Papier nimmt an den Randzonen Feuchtigkeit auf, dadurch quellen die Fasern.
Die Papiermitte bleibt dabei jedoch weitgehend unverändert. Das Quellen ist in der Faserbreite, der Dehnrichtung, stärker als in der Laufrichtung, der Faserlänge.
Dadurch entstehen unterschiedlich starke Wellen. Die Laufrichtung liegt parallel zu der Papierkante mit den längeren, schwächeren Wellen. Gegensatz: Tellern, d. h., Papier gibt an den Randzonen Feuchtigkeit ab.
> Planlage

Randwinkel
Anzeige des Benetzungsverhaltens an Grenzflächen von Feststoffen und Flüssigkeiten, z. B. Druckplatte und Feuchtmittel im Offsetdruck oder Klebstoff und Substrat (z. B. buchbinderisches Material).
Je größer der Randwinkel, desto geringer ist die Benetzung. Bei Randwinkeln unter 90° wird der Untergrund benetzt. Bei sehr geringem Randwinkel spreitet die Flüssigkeit, der Feststoff wird vollständig benetzt.
Für dieses Verhalten, das bei jeder Kombination Feststoff/Flüssigkeit anders aussieht, sind Molekularkräfte und ihre Wirkungen (Kohäsion, Adhäsion, Oberflächenspannung u. a.) an Grenzflächen entscheidend.
Hinweis zur buchbinderischen Verarbeitung: Ein zu großer Randwinkel des Klebstoffes (Flüssigkeit) ergibt eine schlechte Benetzung auf der Materialoberfläche und damit eine mangelhafte Adhäsion.
Dagegen benetzt eine Flüssigkeit mit einem kleinen Randwinkel die Materialoberfläche besser. Dies ergibt prinzipiell eine gute Adhäsion zum Material.

Rapport
Ständig wiederkehrendes, gleiches (Druck-)Muster, z. B. nach einer Zylinderumdrehung im Druck.
Beispiele: Dekordruck, Tapetendruck.

Raster
1. Allg.: Gleichmäßige Anordnung, Struktur.
2. Reproduktion: In der Reproduktion verwendetes Hilfsmittel bzw. eine digitale Technik, um > analoge Bildinformationen einer Halbtonvorlage in > binäre Bildinformationen einer Rasteraufnahme umzuwandeln und dadurch drucktechnisch vervielfältigen zu können.
   > Rasterfrequenz, > Rasterpunkte,
   > Rasterweite
3. Typografie:
   > Gestaltungsraster als Einteilungssystem.

Der gesamten Druckseite (Papierfläche einer Druckseite) wird ein ästhetisch ausgewogener Satzspiegel zugeordnet. Alle Texte und Bilder sind nach einer harmonischen, systematischen Teilung, insbesondere bei mehrseitigen Produkten, zu einem gleichartigen Erscheinungsbild angeordnet.

Rasterbild
Bild, das optisch den Eindruck eines (analogen) Halbtonbildes vermittelt.
Im Druckprozess ist bei fast allen Druckverfahren nur eine binäre Bildwiedergabe möglich: Drucken oder nicht drucken. Das Bild muss daher aus diesen drucktechnischen Gründen in viele sehr kleine Druckbildelemente zerlegt werden.
Das optische Zusammenwirken von Papierweiß und mit Rasterpunkten bedruckter Fläche täuscht dem Auge einen bestimmten Helligkeitswert (Grauwert) vor.
Je nach Feinheit der Rasterpunkte (Anzahl pro cm, Art der Rasterung) und einem bestimmten > Betrachtungsabstand kann das menschliche Auge die gedruckten Rasterpunkte einzeln nicht mehr erkennen, es erkennt nur die gesamte reflektierte Helligkeit.
Grundprinzip: Eine weiße, unbedruckte Fläche reflektiert auftreffendes Licht vollständig. Eine völlig schwarz bedruckte Fläche absorbiert das gesamte auftreffende Licht. Die optisch wahrnehmbare Helligkeit ergibt sich bei einem entsprechenden Betrachtungsabstand aus dem Anteil der unbedruckten und der bedruckten Fläche, also zwischen Weiß und Schwarz und allen dazwischen liegenden Grautonwerten.

Rasterdichte
Integrale Dichte: An Rastermessfeldern gemessene Dichte (*D*) als Verhältnis von Farbstärke, Weißfläche und gedeckter (bedruckter) Fläche.

Rasterdrehung
> Rasterwinkelung

Rasterelektronenmikroskop
Spezielles Mikroskop, bei dem ein Objekt im Vakuum von einem Elektronenstrahl zeilenweise abgetastet wird. Es sind damit wesentlich andere Kontraste und Ansichten im Vergleich zu üblichen (Licht-) Mikroskopen zu erkennen. Das Rasterelektronenmikroskop wird z. B. in Forschung für die Druckindustrie eingesetzt.

Rasterelement
Auch: Recorderelement, abgek.: Rel.
Größe des einzeln ansteuerbaren Belichtungselementes = Belichtungspixel.
Seine Größe ergibt sich aus der Belichterauflösung, sie entspricht dem Durchmesser des Laserspots. Je höher die Belichterauflösung, umso kleiner die Rels.
Beispiel:
Belichterauflösung 2400 dpi = 945 d/cm.
Das heißt: Auf 1 cm werden von dem Belichter 945 Pixel (Dot) nebeneinander gesetzt. Die Kantenlänge eines Rels beträgt demnach ca. 1 Rel = 1 cm : 945 = 0,001 cm bzw. 0,01 mm.
In der Regel ist ein Laserpixel (Laserspot genannt) größer als die Kantenlänge des Rels, z. B. 0,03 mm. Dadurch erfolgt eine Überlappung in benachbarte Pixel.
Je kleiner der Durchmesser des Laserspots, desto geringer ist die Tonwertzunahme, bedingt durch die Überlappung.
Eine Abhilfe dieser negativen Erscheinung erfolgt durch eine Tonwertkalibrierung.
Durchmesser bei Laserspots: ca. 0,01 mm bis 0,03 mm.

Rasterfeinheit
> Rasterfrequenz. Einheit nach DIN ISO 12647-1: cm^{-1}.

Rasterfilm
Rasterbild auf Filmmaterial, wie es für die analoge Druckformherstellung benötigt wird.

Rasterfrequenz
Technische Bezeichnung für die Raster-

feinheit. Anzahl von Druckbildelementen wie Rasterpunkte und -linien pro Länge in jener Richtung, bei der sich der höchste Wert ergibt. Einheit: cm^{-1}. (nach DIN ISO 12647-1)
Die Anzahl der (Raster-)Linien pro Zentimeter gilt nur bei amplitudenmodulierter (autotypischer) Rasterung.
Abkürzung in der Praxis allgemein: L/cm (auch: Linien pro Inch).
> Rasterweite

Raster-Image-Processor
Engl. Abk.: RIP. „Pixelflächenrechner".
Computergesteuertes System, das sämtliche Post-Script-Befehle ausführt, konvertiert und dabei eine digitalisierte Seite elektronisch in eine Bitmap (Bitmuster) „rastert" und in gerätespezifische Steuerdaten für das jeweilige Ausgabegerät übersetzt. Der RIP empfängt die Daten einer am Macintosh oder PC gestalteten Seite. Diese setzen sich aus den verschiedenen Elementen wie Text, Grafik und Bild zusammen. Der RIP bereitet diese verschiedenen Daten für die Ausgabe auf.
Dazu „übersetzt" er Zeile für Zeile die auf der Seite enthaltenen Buchstaben, Grafiken und Bildercodes in ein Rasternetz von Punkten (Pixeln), wie sie für die Steuerung des Lasers in dem Ausgabesystem zur Bebilderung erforderlich sind.

Rasterkeil
Kontroll- und Prüfelement mit aneinandergereihten Feldern. Die Felder geben abgestuft und gerastert einzelne Tonwerte (z. B. von 0 % bis 100 % in Abstufungen von jeweils 5 %) wieder.

Rasterlinienzähler
Transparentes Hilfsmittel mit einer Linienstruktur, mit dem die > Rasterweite abzulesen ist.

rastern
Das Zerlegen einer Bildvorlagen mit kontinuierlich verlaufenden Tonwerten (auch: analoge Bildvorlage, Graustufen-, Halbtonvorlage) in druckbare Bildelemente, die Rasterpunkte.
In der digitalen Druckformherstellung erfolgt das Rastern in einem Raster-Image-Processor.
> Rasterpunkte, > RIP

Rasternäpfchen
Bildstellen, Druckelemente im > Rakeltiefdruck.

Rasternegativ
Film, der alle Bildelemente gerastert und negativ im Vergleich zur Bildvorlage wiedergibt.

Rasterpositiv
Film, der alle Bildelemente gerastert und positiv im Vergleich zur Bildvorlage wiedergibt.

Rasterprojektion
Auch: Gigantografie. Reprotechnische Vergrößerung von Rasterdiapositiven oder -negativen, verwendet für großflächige Druckprodukte mit Rasterungen, vor allem Plakate.
Bei entsprechendem Betrachtungsabstand sind sehr stark vergrößerte Rasterpunkte nicht mehr einzeln zu erkennen und wirken nicht störend.
> Projektion

Rasterpunktbildung in einem Laserbelichter
Unterschiedlich große Rasterpunkte bzw. Flächendeckungen werden innerhalb einer > Rasterzelle durch eine bestimmte Anzahl von Belichterpixeln, auch Laserdots genannt, belichtet.
Dabei ist eine Flächendeckung innerhalb einer Rasterzelle von 0 % bis 100 % auszugeben.
> Rasterelement, > Rasterzelle, > Spotgröße

Rasterpunkte
Bildstellen (Druckelemente), die eine Halbtonvorlage in Schwarz-Weiß-Informationen (binäre Darstellung) umsetzen.
Man unterscheidet prinzipiell
- autotypische Rasterung: flächenvariable Rasterpunkte, deren Mittelpunkte in Richtung der Rasterwinkellage (Vorzugsrichtung) alle gleich weit auseinanderliegen, ergeben unterschiedliche Tonwerte (Graustufen).
  Je größer ein Rasterpunkt ist, desto größer ist die bedeckte Fläche (Flächendeckung in %), desto dunkler erscheint optisch diese Bildstelle.
  Mit der Bezeichnung Rasterweite oder Rasterfrequenz wird die Anzahl der (Rasterpunkt-)Linien pro Zentimeter (L/cm) angegeben.
  Gezählt wird in Richtung der geringsten Abstände der Rastermittelpunkte (Vorzugsrichtung).
- frequenzmodulierte (stochastische) Rasterung: gleichgroße Rasterpunkte in unterschiedlicher Anhäufung ergeben unterschiedliche Tonwerte.

Rasterpunktverbreiterung
Engl.: > dot gain

Rastersteg
Nichtbildstellen, die netzartig die Druckform im > Rakeltiefdruck überziehen und zur Rakelführung sowie Begrenzung einzelner Rasternäpfchen dienen.

Rasterton
Ein Ton in einem gerasterten Bild, der durch die Größe von Bild- und Nichtbildstellen entsteht.

Rastertonwert
An gerasterten Bildvorlagen gemessener Wert, der den Prozentsatz des absorbierten Lichtes an der gemessenen Fläche angibt.
Beispiel: Ein 10%iger Rastertonwert auf einem Rasterfilm absorbiert (geometrisch entsprechend der bedeckten Fläche durch Rasterpunkte) 10 % des auftreffenden Lichtes.

Rastertonwertzunahme
Tonwertzunahme.
Veränderung der Rasterpunktgröße, die durch den Druckprozess gegenüber dem geometrisch bekannten oder ermittelten Rastertonwert auftritt, z. B.: Ein Rastertonwert von 40 % im Rasterfilm ergibt durch den Druckprozess bedingt beispielsweise einen visuell (optisch) wirkenden Rastertonwert von 52 %, d. h. eine Rastertonwertzunahme von 12 %.

Rastervergrößerung
> Rasterprojektion

Rasterwalze
Teil eines hochwertigen Einfärbesystems für die Druckformen im Flexodruck oder für Lackdruckformen in Inline-Lackierwerken. Durch die Rasterwalze wird kontinuierlich und gleichmäßig die gesamte Druck- oder Lackform mithilfe eines > Kammerrakelsystems eingefärbt. Die Rasterwalze mit einer Oberfläche aus Chrom oder Keramik besitzt eine gleichmäßige Näpfchenstruktur mit Rasterfrequenzen von 150 bis 300 L/cm in einer einheitlichen „Tiefe“.
Die Menge der in den Näpfchen aufzunehmenden Druckfarbe wird Schöpfvolumen genannt (Beispiel zur Größenordnung: 4 cm^3/m^2). Die Kammerrakel überträgt dünnflüssige Druckfarbe (oder Lack) auf die Rasterwalze, die Rakel sorgt danach für immer gleichmäßig gefüllte Näpfchen und eine gleichmäßige Farbübertragung.
Die zu übertragende Farbmenge wird durch das Schöpfvolumen (Näpfchenvolumen mal Näpfchenanzahl pro m^2), der Näpfchentiefe und -geometrie bestimmt.
> Flexodruck

Rasterweite
Auch > Rasterfrequenz oder Rasterfein-

heit bezeichnet. Die Rasterweite ist der Kehrwert der Rasterfeinheit.
Bei autotypischer Rasterung die Angabe der (wie auf einem gleichmäßigen Gitternetz stehenden) Rasterlinien pro Zentimeter (abgekürzt: L/cm). Bei einem Raster mit 60 L/cm stehen 60 Rasterpunkte auf einer Strecke von 1 cm nebeneinander.
Diese können flächenvariabel sein, die jeweiligen Mittelpunkte sind jedoch gleich weit voneinander entfernt. Gemessen wird die Rasterweite in Vorzugsrichtung des Rasters.
Das ist diejenige Richtung, bei der die Rastermittelpunkte den geringsten Abstand zueinander aufweisen. In dieser Richtung verläuft auch die jeweilige Rasterwinkellage des betreffenden Rasters.
Bei der quadratischen Punktform verläuft die Vorzugsrichtung entlang der Diagonalen der Rasterpunkte, bei elliptischen Rasterpunkten, sogenannten Kettenpunkten, entlang der längeren Ausdehnung der Ellipse.
Die Rasterweite richtet sich vor allem nach der Oberflächenstruktur des Bedruckstoffes, d.h. eine grobe Rasterweite auf rauen, „groben" Papieroberflächen, eine feine Rasterweite auf feinen, gleichmäßig geschlossenen Papieroberflächen.
Hinweis: Ein Raster mit 60 cm (L/cm) hat auf einem Quadratzentimeter
60 × 60 = 3600 Rasterpunkte.
Rasterweiten für unterschiedliche Bedruckstoffe

30–48 L/cm	Zeitungspapiere
40–54 L/cm	satinierte Illustrationsdruckpapiere
54–70 L/cm	Bilderdruckpapiere
> 70 L/cm	Original-Kunstdruckpapiere, gussgestrichene Papiere
> 120 L/cm	Spezialarbeiten auf hochwertigsten Papieren

Rasterwinkelung

Verändern der Rasterlinienanordnung von der senkrecht-waagerechten Stellung durch ein Drehen des Rasters, gemessen in Grad.
Um eine störende Musterbildung (= Moiré) zu vermeiden, sind bei Farbdrucken die Rasteranordnungen für jede Druckfarbe anders zu winkeln.
Nach DIN 16547 sind dazu die Winkelgrade 0, 15, 45 (bzw. 135) und 75 zu wählen.Grundsätzlich liegt die optisch hellste Druckfarbe Gelb auf 0°, die bildwichtigsteDruckfarbe auf 45°. Gewinkelt werden kann bei dominierendem Schwarz nach A (Standard) oder nach Winkelung B z. B. bei einem Modekatalog mit vielen Hauttönen.

Druckfarbe	Rasterwinkelung in Grad	
	A	B
Gelb	0	0
Schwarz	45	15
Magenta	15	45
Cyan	75	75

Rasterzähler

Kunststoff-Folie mit einer bestimmten Lineatur, mit der die Rasterweite von Bildern auf Filmen und Drucken zu messen ist.
Durch das Auflegen und Drehen des Rasterzählers auf dem zu prüfenden Rasterbild entsteht zwischen den Linien und der Rasterung eine Interferenz, die bei einer bestimmten Winkelung ein Moiré ergibt. An dieser Stelle ist auf dem Rasterzähler die Rasterweite abzulesen.

Rasterzelle

Einteilung einer Rasterlinie bei der Laser-Belichtung als flächiges Element (Bitmap).
Virtuelles (materiell also nicht vorhandenes) Pixelgitter, in dem bei der Belichtung eines Rasterpunktes in einem Laserbelichter einzelne Rasterelemente (Pixel) genau positioniert werden.
Die Breite einer Rasterzelle errechnet sich aus dem Kehrwert der Rasterweite, z. B. bei einem Raster mit 60 L/cm ergibt dies 1 : 60 = 0,01666 cm. Eine solche Raster-

zelle besteht wiederum aus einer großen Zahl von einzeln ansteuerbaren Rasterelementen (Rel) bzw. Pixeln (vgl. auch: Tonstufen).
Zur Umsetzung von 256 Graustufen in 256 entsprechende Rastertonwerte wird eine Rasterzelle aus 16 × 16 = 256 Rels benötigt.
Für die Belichtung eines Rasters mit 60 L/cm benötigt man folglich einen Belichter mit 60 × 16 = 960 L/cm oder 2438 dpi Belichterauflösung. Für die Belichtung eines Rasters mit 80 L/cm wäre dieser Belichter schon nicht mehr optimal geeignet, weil die dabei realisierbare Rasterzelle kleiner als aus 16 × 16 Rels aufgebaut werden müsste.
Deshalb könnten nur dementsprechend weniger Rastertonwerte dargestellt werden.
> Rasterelement

Ratio
Lat.: Verstand, Vernunft.

rational

1. Allg.: Erkenntnis zum Handeln durch logisches Denken, danach werden vernünftige Schlüsse abgeleitet.
   Gegensatz: irrational.
2. Mathematik: Rationale Zahlen sind alle Zahlen, die sich als Brüche ganzer Zahlen darstellen lassen.
   Beispiele: 0,33333 = 1/3;
   0,25 = ¼; Winkelfunktion tan 45° = 1.
   Irrationale Zahlen lassen sich nicht als Brüche ganzer Zahlen darstellen.

rationaler Tangentenwinkel
Rationaler Tangens (RT).
Elektronische Rasterung:
Rastertechnik auf PostScript-Basis, bei der die rationellen Tangentenwinkel von 0 bzw. 90° sowie 45° exakt wiedergegeben werden und näherungsweise durch rationale Tangentenwinkel oder spezielle Rastertechniken die > irrationalen Tangentenwinkel von 15° und 75° erreicht werden.

Rationalisierung
Wirtschaftliche Maßnahmen zur optimalen, zweckmäßigen Gestaltung verschiedenster Arbeitsabläufe einschließlich der benötigten Werkstoffe zur Steigerung der Produktivität eines Unternehmens zu größtmöglichem Nutzen bei kleinstmöglichem Einsatz.

Raubkopie
Unberechtigte Kopie und/oder Nutzung von Software.
> Lizenz

Raumklima
Physikalischer Zustand, der durch Temperatur und Feuchtigkeit in Lager- und Verarbeitungsräumen gegeben ist.
> Klima, > relative Luftfeuchtigkeit

Rausatz
Linksbündige Satzart mit gleichbleibenden Wortabständen auf der gesamten Druckseite, bei der die rechte Seite mehr oder weniger breit ausläuft. Trennungen werden weitgehend unterdrückt.
Das optische Bild ist aber nicht so ausgeglichen, der Zeilenrhythmus nicht so harmonisch wie beim Flattersatz.
Auch der Lesefluss ist vergleichsweise weniger gut. Daher empfiehlt sich die Anwendung nur für den Werksatz, bei dem Blocksatz nicht gewünscht wird, der gesamte Umfang aber auch nicht zu groß werden soll.

RAW-Format
Engl.: raw = roh.
Bei der digitalen Fotografie werden Bilder direkt vom Bildsensor der Kamera ohne weitere Bearbeitung oder Komprimierung durch die Software der Kamera gespeichert.
Wichtige fotografische Parameter können dadurch optimal – im Gegensatz zum JPEG-Format – nachträglich an den Originaldaten (Rohdaten) im Rechner bearbeitet werden, z. B. Weißabgleich, Farbsättigung, Kontrast, Schärfe.

Reaktionspapier
Präparierte Papiere, die ein Durchschreiben ohne Kohlepapier ermöglichen.

reale Farbe, Realfarbe
Eine > Optimalfarbe absorbiert und reflektiert ideal das auftreffende Licht.
Tatsächlich vorhandene Körperfarben, sogenannte Realfarben, weisen dagegen erhebliche Mängel in der Remission und Absorption auf, die zu einer Verschwärzlichung und Verweißlichung führen.
Die drucktechnische Wiedergabe von reinen Farben ist dadurch erheblich gestört.

Realtime
Echtzeit. Echtzeitverarbeitung, in der sämtliche Verfahrensschritte ohne sichtbare Zeitverzögerung ablaufen.

rechter Einzug
> Einzug

rechtsbündig
> Flattersatz, bei dem alle Zeilenenden bzw. Zahlen rechts untereinander angeordnet sind, während die Zeilenanfänge auf der linken Seite flattern.

Rechtschreibprüfung
1. Optische Prüfung einer Vorlage durch das Korrekturlesen.
2. Programmunterstützte Prüfung der Rechtschreibung. Dies kann bereits bei der Dateneingabe oder durch eine nachfolgende Rechtschreibprüfung erfolgen.
   Da diese Programme nicht fehlerlos arbeiten, ist eine zusätzliche Kontrolle erforderlich. Nicht erkannte Fehler lassen sich manuell korrigieren und in Korrektur-Wörterbüchern speichern.
   Damit wird der Fehler bei einer weiteren Prüfung erkannt. Einige dieser Programme, z. B. DUDEN-Korrektor, erkennen auch grammatikalische Fehler.

Rechtsformen der Unternehmen
Bei der Gründung eines Unternehmens in Deutschland stellt die Rechtsform ein wichtiges Unterscheidungsmerkmal dar, da hierin die juristischen Rahmenbedingungen festgelegt sind. Die Wahl der Rechtsform hat persönliche, finanzielle, steuerliche und rechtliche Folgen.
Grundsätzliche Rechtsformen:
Einzelunternehmen, Gesellschaftsunternehmen mit Personengesellschaften (z. B. KG, OHG) und Kapitalgesellschaften (z. B. GmbH, AG) sowie Sondergesellschaften (z. B. Genossenschaften) unterschieden.

Recorder
Druckvorstufe, Ausgabe:
Bezeichnung für das Belichtersystem.

Recorderelement
Abkürzung: Rel, > Rasterelement.

Recycling
Im weitesten Sinne die Wiederverwendung von (Grund-)Stoffen aus bereits gebrauchten Produkten, Geräten, Maschinen usw.

Recyclingpapier
Sekundärfaserstoff. Altpapier, das wieder als Faserstoff zur Herstellung neuen Papiers aufbereitet werden kann. Dazu ist ein sortenreiches Sammeln erforderlich, um bestimmte Eigenschaften und Qualitätsbedingungen für das neue Papier zu erhalten.
In einer EU-Vereinbarung aus dem Jahr 2000 sind Altpapiere in 5 Standardsorten und ihren Unterscheidungsmerkmalen (mit Untergruppierungen) definiert:
1. Untere Sorten, 2. Mittlere Sorten,
3. Bessere Sorten, 4. Krafthaltige Sorten,
5. Sondersorten.

Redakteur
Mitarbeiter bei Verlagen, Rundfunk, Zeitschriften, Zeitungen, Fernsehen sowie Online-Diensten im Internet, der Manu-

skripte erarbeitet und bearbeitet oder von Presseagenturen, freien Journalisten, einzelnen Personen, von Kommunen, Verbänden u. a. gelieferte Materialien sichtet, auswählt und für die Redaktion bearbeitet. Er redigiert die Artikel und beseitigt ggf. Stil-, Rechtschreib- und Grammatikfehler.

Redaktion
Redakteure eines Medienbetriebes bilden unter der Leitung eines Chefredakteurs die Redaktion. Je nach Medienprodukt arbeiten Redaktionen in unterschiedlichen Arbeitsbereichen (Ressorts).
Bei einer Tageszeitung sind dies hauptsächlich die Bereiche Politik, Wirtschaft, Sport, Kultur (auch: Feuilleton genannt) und Lokales. Hinzu kommt immer noch die Anzeigen-Redaktion, die über den möglichen Einsatz und die Gestaltung von Anzeigen berät und Anzeigen aufnimmt. Je nach Qualifikation und Interessensbereich bearbeiten ein oder mehrere Redakteure ein bestimmtes Gebiet:
Sie schreiben Leitartikel, Kommentare, Hintergrundberichte oder Glossen, besprechen Bücher, empfehlen oder kommentieren kulturelle Veranstaltungen oder Fernsehsendungen u. a.
Der Chef vom Dienst ist verantwortlich für einen reibungslosen Ablauf zwischen der Redaktion und der (drucktechnischen) Herstellung der > Zeitung.
Immer häufiger arbeiten Redakteure nicht nur für die klassischen Medien Zeitung, Radio und Fernsehen, sondern auch für digitale Medien (Online-Redaktion, Online-Journalisten).

Redaktionskonferenz
Besprechung mit allen Redakteuren unter der Leitung des Chefredakteurs zu aktuellen Ereignissen und dem vorhandenen Text- und Bildmaterial.
Dabei wird entschieden, was ausgewählt und wie darüber berichtet werden soll. Eventuell ist danach eine weitere Recherche zum einem ausgewählten Thema erforderlich oder es ist Bildmaterial bei einer Agentur anzufordern.

Redaktionsschluss
Spätester Termin, an dem die Redaktion die Arbeiten für die aktuelle Ausgabe abschließt und die Daten (z. B. digital aufbereitete Seiten als Daten) an die Produktion weiterleitet.

Redaktionssystem
Auch > Content-Management-System (CMS). Computergesteuerte Systeme mit aufgabenbezogenen Schwerpunkten zur Erfassung, Speicherung (Datenbank), Bearbeitung, Verwaltung und Veröffentlichung von strukturierten Informationen (Inhalte: Texte, Grafiken, Bilder), z. B. Zeitungen, Zeitschriften, technischen Dokumentationen, Katalogen und Onlineauftritten.
Dabei werden Inhalte und die benötigten Strukturen der Ausgabe (Datenstruktur) und das erforderliche Layout vollständig getrennt. Gleiche Inhalte können so für verschiedene Medien bzw. Produkte zur Verfügung gestellt werden.
Beispiel Tageszeitung: Redaktionen (z. B. Regionales, Politik, Wirtschaft, Landesüberblick, Sport) und Anzeigenabteilungen erstellen mit ihrer jeweiligen Zugriffsberechtigung die Inhalte (Texte, Bilder) sowie auch Hintergrundinformationen, Quellenangaben, Kontaktadressen und andere wichtige Informationen.
Benutzer haben für alle Medien die gleiche Oberfläche im System für ein crossmediales Publizieren.
Artikel werden so „automatisch“ richtig in der Tageszeitung oder mit dem entsprechenden Template (Gestaltungsvorlage für das System) auch im Internet veröffentlicht.
Weitere Beispiele:
- International agierendes Großunternehmen: Präsentationen in verschiedenen Sprachen bzw. Re-Design einer vorhandenen Präsentation.
- Technische Dokumentationen: Erstellen

von Ersatzteilkatalogen und Wartungshandbüchern in verschiedenen Varianten und Sprachen als Print- und Onlineprodukt.

redigieren
In einer Redaktion das Überarbeiten von Meldungen (z. B. von Presseagenturen oder einzelne Berichte) zu einem druckreifen Manuskript oder Datensatz.

Redigitalisierung
Für einen digitalen Arbeitsprozess in der Druckvorstufe sind digitale Daten erforderlich. Es gibt aber immer noch gerasterte Bilder und Farbsätze, die für einen neuen Auftrag verwendet werden müssen.
Obwohl diese analogen Vorlagen einmal digital hergestellt worden sind, fehlen diese Daten. Die Druckvorstufe muss also die analogen Farbsätze bzw. Bilder in digitale Daten umwandeln.
Dazu sind zwei Verfahren üblich:
1. CopyDot-Verfahren:
   Dabei wird die Vorlage mit der höchstmöglichen Auflösung im Format 1 : 1 eingescannt, damit jeder Rasterpunkt oder jedes Bildelement exakt als Bitmap wiedergegeben werden kann. Der Bildinhalt kann bei diesem Verfahren nicht verändert bzw. manipuliert werden.
2. Descreening-Verfahren: Bei diesem Verfahren wird die Bildvorlage zu einer Halbtondatei gescannt.
   Ton- und Farbwertkorrekturen sowie Größenveränderungen sind möglich.
   Es wird eine gute Farbqualität erreicht, Kanten bei Schriften oder Grafiken neigen jedochzur Unschärfe.

Reduced-Instruction-Set-Computer
> RISC-Prozessoren, > Central-Processing-Unit

Reduktion
1. Allg.: Zurückführung, Verringerung.
2. Chemie: Vorgang, bei dem ein Stoff Elektronen an einen anderen Stoff abgibt. Der aufnehmende Stoff wird reduziert, da er Elektronen aufnimmt; der abgebende Stoff wird oxidiert.
   Man nennt diesen zusammenwirkenden Vorgang von Reduktion und Oxidation Redoxsystem.
3. Reproduktion: Verringern von Ton- und Farbwerten;
   auch: die Verkleinerung in einem bestimmten Maßstab.

Redundanz
Kommunikation: Überladen einer Rede, eines Gesprächs, einer Information o. Ä. mit überflüssigen Angaben oder Informationen, die das Verständnis erschweren oder vom eigentlichen Problem ablenken.

Referenz
Beziehung, Empfehlung.

Refiner
Papierherstellung: Stoff- oder Kegelmühle zur Bearbeitung der Faserstoffe.
> Papier, > Mahlung

Reflektor
Flächen oder Hohlkörper aus Metall (Aluminium) u. a., welche auftreffendes Licht gleichmäßig verteilen und gerichtet auf eine zu belichtende Fläche reflektieren.
Dadurch ist ebenfalls die Lichtausbeute zu steigern.

Reflex
1. Allg.: Rückstrahlung.
2. Durch äußere Reize ausgelöste, nicht durch den Verstand gesteuerte Reaktion.
   Beispiel: Das Zusammenzucken bei einem lauten Knall.

Reflexion
1. Optik: Zurückstrahlen von auftreffendem Licht. Im engeren Sinne das gerichtete Zurückstrahlen an Spiegelflächen, bei denen das Reflexionsgesetz gilt:
   Einfallswinkel = Ausfallswinkel.

In der Druckindustrie wurde für ein diffuses Zurückstrahlen, zum Beispiel an Papieroberflächen oder auf getrockneten Druckfarbenschichten, der Ausdruck Remission verwendet.
2. Psychologie: Bezeichnung für das Zurückwenden der Aufmerksamkeit nach „innen“ bzw. auf gemachte Erfahrungen in der Umwelt und das Berücksichtigen bei zukünftigen Beziehungen, Handlungen u. a.

Reflexionsdensitometer
Gerät zum Messen der Menge des reflektierten Lichts im Vergleich zum aufgestrahlten Licht, welches von einer Oberfläche eines Bedruckstoffs zurückgeworfen wird. Beispiel: Je höher die Farbschichtdicke einer (lasierenden) Druckfarbe auf dem Papier ist, desto weniger Licht wird reflektiert. Im Densitometer wird ein höherer Dichtewert angezeigt. > Densitometer

Reflexionsfaktor
Messtechnik, Densitometer:
Das Verhältnis der reflektierten Strahlung zur Strahlung eines ideal reflektierenden und matten Körpers.

Reflexionslichthof
Fotomaterial: Überstrahlungserscheinung. Bei der Belichtung dringen Lichtstrahlen durch die Fotoschicht bis an den Schichtträger, werden an dessen Rückseite reflektiert und gelangen nochmals in die Fotoschicht.
Dadurch entstehen Informationsverluste im Bild durch Reflexe, d. h. fehlerhafte Belichtung. Um diesen Fehler zu verhindern, sind Schichtträger auf der Rückseite mit einer Lichthofschutzschicht versehen, die auftreffendes Licht absorbiert.

Refraktion
Lichtbrechung bei Eintritt des Lichtes von einem dünneren Medium in dichteres Medium und umgekehrt, z. B. an Grenzflächen von Luft und Glas, Luft und Wasser.

Regelkreis
Prozessablauf einer > Regelung.
Durch laufenden Soll-Ist-Vergleich, d. h. Erfassen, Rückmelden und Angleichen, entsteht ein ständiger Kreislauf, der Regelkreis genannt wird.

Regeln
> Regelkreis, > Regelung

Regelung
Automatisch erzwungener Ablauf. In der Technik das Vergleichen und Angleichen einer vorgegebenen physikalischen Größe (Soll-Wert) an eine zu regelnde Größe in der laufenden Produktion (Ist-Wert).
Beispiele: Einrichtungen für das Konstanthalten einer bestimmten Temperatur und Luftfeuchtigkeit, automatisches Regulieren der Passer im Mehrfarbendruck, Konstanthalten der Bahnspannung in Rollen-Rotationsdruckmaschinen u. a. durch permanenten Soll-/Ist-Wert-Vergleich und die entsprechende Anpassung an den Soll-Wert.

Regenbogen
Durch Brechung, Beugung und Reflexion des Sonnenlichtes an Wasser-(Regen-)tropfen und Interferenz erzeugte farbige Lichterscheinung, die sich bogenförmig am Horizont zeigt. Die sichtbaren Regenbogenfarben zeigen ein Spektrum von Blau (innen) nach Rot (außen).

Regenbogenhaut
Iris. > Auge

regenerative Energie
> erneuerbare Energie

Region
Räumlich zusammenhängendes Gebiet mit geringerer Größe, z. B. Region Bodensee-Oberschwaben, Region Münsterland

Regionalzeitung
Zeitung, die nur in einer bestimmten Region

periodisch erscheint. Neben internationalen und landesweiten, überregionalen Informationen im „Mantel“ der Zeitung informieren, berichten und kommentieren diese Zeitungen das Geschehen aus dieser Region und speziell einer bestimmten Stadt (Lokalausgaben).

Register

Bezeichnung für unterschiedliche Bereiche:

1. Typografie, Satztechnik:
   Das deckungsgleiche Aufeinanderstehen des Vorder- und Rückseitendrucks z. B. bei Büchern, Broschüren, Zeitschriften.
   Siehe > Register halten.
2. Sachbuch:
   Stufenförmige Ausstanzungen an der Buchvorderkante für jeden Buchstaben oder ein Sachgebiet. Damit sind Informationen sehr rasch zu finden.
3. Stichwortverzeichnis als Ergänzung eines Inhaltsverzeichnisses im Allgemeinen am Ende einer Publikation (z. B. Fachbuch).
   Die alphabetische Reihenfolge wichtiger Themen und Begriffe mit Angabe der Seitenzahl ermöglicht ein einfaches und schnelles Auffinden.
4. Drucktechnik:
   Die Bezeichnung wird auch für den > Passer übereinandergedruckter Farben im Farbdruck verwendet.

Register halten

Typografische Bezeichnung für das Einhalten der gleichen > Schriftlinie bei mehreren nebeneinander und untereinander stehenden Textzeilen im Satzspiegel.
Die Textzeilen in Spalten und auch auf den Doppelseiten eines Produktes sind einheitlich auf einem > Grundlinienraster positioniert.
Der Fließtext in der > Grundschrift liegt immer auf dem Grundlinienraster. Bei unterschiedlichen Schriftgrößen von Bildunterschriften sowie bei Zwischen- oder Hauptüberschriften soll ein ästhetisches Gesamtbild gestaltet werden, dazu liegen diese unterschiedlichen Schriftgrößen in periodischen Abständen ebenfalls auf dem Grundlinienraster.

registerhaltig falzen

Ein exakter Falz, durch den die Druckseiten (Satzspiegel) deckungsgleich übereinander stehen.

Registerregelung

Fachlich unkorrekte Bezeichnung für > Passerregelung.

Registerstanze

Spezialgerät zum Einstanzen der Löcher für standgerechtes Einpassen.
Beispiele:

- Reproduktion: Einpassen von Filmen.
- Manuelle Montage: Einpassen von Kopiervorlagen, standgerechtes Herstellen der gesamten Montage auf einer im > Registersystem gelochten Montagefolie.
- Druck: Exaktes Positionieren der Druckplatte auf dem Druckformzylinder beim > Einrichten (Rüsten) der Druckmaschine.

Registersystem

Hilfssystem für die Reproduktion, die Montage, die Kopie und den Druck, das bei mehrfarbigen Arbeiten mit genauem > Passer aus rationellen Gründen eingesetzt wird.
Es besteht aus einer > Registerstanze für Lochungen des Materials und Pass-Stiften sowie entsprechenden Spannleisten in der Druckmaschine.
> Register

Reihenbauweise

Drucktechnik: Bei Mehrfarben-Offsetdruckmaschinen das Hintereinanderanordnen kompletter Druckwerke.
Eine Vierfarben-Offsetdruckmaschine besteht demnach neben dem Anleger und Ausleger aus vier vollständigen Druckwerken.

Reinlayout
Verbindliches > Layout für die Produktion

Reinzeichnung
Reprotechnische Bildvorlage in exakter, technisch einwandfrei zu verarbeitender Form. Strichzeichnungen müssen randscharfe Bildstellen mit einwandfreier Deckung und transparenten Nichtbildstellen aufweisen.
Manuelle Zeichnungen haben durch digital hergestellte Zeichnungen bzw. Grafiken ihre Bedeutung verloren. Grundsätzlich sind Reinzeichnungen nicht farbverbindlich, da sie nicht auf den Druckprozess abgestimmt sind. Ein genaues Farbmuster ist daher erforderlich.

Reißfestigkeit
Die maximale Belastung, die ein Papier aushält, bevor es reißt. Geprüft wird die Einreiß- und die Weiterreißfestigkeit sowie die Zugfestigkeit.

Reißlänge
Bedruckstoff, Papierfestigkeit:
Länge einer frei hängenden Papierbahn, die erforderlich ist, damit sie durch ihr eigenes Gewicht (= Masse) reißt. Der Festigkeitsgrad wird durch die Anzahl der Meter bis zur Reißlänge angegeben. In der Praxis werden zur Bestimmung der Reißlänge spezielle Zugfestigkeitsprüfgeräte eingesetzt.
Die Prüfung erfolgt nach ISO 1924-2 mit Papierstreifen in bestimmten Maßen und angehängten Gewichten. > Zugfestigkeit

Reißprobe
Papierprüfung: Probe zur Feststellung der > Laufrichtung durch Einreißen an zwei rechtwinklig zueinander liegenden Papierkanten. In der Laufrichtung ist der Widerstand geringer, es wird parallel zur hauptsächlichen Faserrichtung gerissen.
Dadurch ist der Riss in der Laufrichtung glatter als in der > Dehnrichtung.
Hier ist der Widerstand quer zu den Fasern größer, der Riss wird dadurch unregelmäßiger, ausgezackt.

Reiterlehre
Messgerät mit Anzeigeuhr zur Ermittlung des Zylinderumfanges bzw. Zylinderdurchmessers. Im Tiefdruck zur exakten Messung des Druckformzylinders eingesetzt.

Reiz
Stimulierung des Nervensystems eines Menschen durch innerlich oder äußerlich einwirkende Veränderungen, die einen Reflex bewirkt, eine Erregung auslöst oder eine Empfindung verursacht. > Reizüberflutung, > Sinne, > Wahrnehmung

Reizüberflutung
Überfülle an Eindrücken, die der Mensch nicht mehr bewusst wahrnehmen und verarbeiten kann.
Folgen können sein: Abstumpfung, soziale Probleme in der Kommunikation und im Verhalten sowie Störungen im Denken, Entscheiden und Handeln.
> Sinne, > Wahrnehmung

Rel
Abkürzung für Rasterelement bzw. Recorder-(Belichter-)element, d. h. die kleinste ansteuerbare Einheit eines Ausgabesystems.
> Rasterelement, > Rasterzelle

Relais
Elektrisches Schaltgerät, das durch einen schwachen Hilfsstrom eine stärkere Energie schaltet.

Relation
Beziehung, zweidimensionales Verhältnis, u. a. bei Zeilen und Spalten.
Der Begriff wird in der Datenverarbeitung verwendet für Beziehungen und Abhängigkeiten von Daten zueinander, z. B. in Datenbanken.

relationale Datenbank
Datenbank, bei der (vereinfacht) alle gleichartigen Daten strukturiert als Datensätze in Tabellen gespeichert sind. Diese Datensätze stehen in Relation zueinander. Die Datenadressen ergeben sich aus ihrem Informationsinhalt.
Felder der Datenbank stehen damit bei allen Operationen (Abfragen, Änderungen) in Beziehung zu Datenfeldern in anderen Dateien.
Zum Suchen und Abfragen dienen bestimmte Regeln. Vorteil dieses (Standard-) Datenbanktyps ist die hohe Flexibilität in der Anwendung.

relative Luftfeuchtigkeit
Der Sättigungsgrad an Wasserdampf in der Luft, der das Verhältnis zwischen absoluter Luftfeuchtigkeit und der maximalen Luftfeuchtigkeit (Sättigungsmenge) in Prozent angibt. Dabei ist die absolute Luftfeuchtigkeit die tatsächlich im Raum vorhandene Wasserdampfmenge, und die maximale Luftfeuchtigkeit ist die Wasserdampfmenge, die bei einer bestimmten Temperatur ohne Niederschlag aufgenommen werden kann.
Abk. für relative Luftfeuchtigkeit in Prozent: rL %. Gemessen wird die relative Luftfeuchtigkeit mit einem > Hygrometer.
> Luftfeuchtigkeit
relative Luftfeuchtigkeit in Prozent

$$= \frac{\text{absolute Luftfeuchtigkeit}}{\text{maximale Luftfeuchtigkeit}} \times 100\ \%$$

relativ-farbmetrische Wiedergabe
Engl.: relative colorimetric.
> Rendering Intent

Release
Computertechnik: Die Freigabe eines neuen oder überarbeiteten Produktes, z. B. einer Software.

Relief
Über einer Fläche erhaben stehend.

Relieflack
UV-härtende, hochauftragende Lacke, sogenannte Pseudoprägungslacke.
Die Lacke ergeben ein „fühlbares“ Ergebnis und ähneln einer echten Farbprägung.

Remaliner-Lochung
Randlochung an Endlosformularen zur exakten Führung des Formularsatzes durch den Drucker.
Die Lochung wird direkt bei der Produktion (Druck) der Endlosformulare gestanzt.

Remission
In der Messtechnik verwendeter Begriff für eine diffuse Rückstrahlung von Licht an einer Oberfläche.
Heute wird auch hier der Begriff Reflexion verwendet.

Remissionsgrad
Neuere Bezeichnung: > Reflexionsfaktor.

Remissionskurven
Druckfarbe: Grafische Darstellung der Remission realer Druckfarben. > Realfarben

Remote-Zugriff
Engl.: Remote = fern, entfernt.
Auch: Remote-Betrieb, Remote-Control bezeichnet. Fernsteuerung bzw. Fernbetrieb oder auch Fernwartung von Systemen und Anlagen über öffentliche Kommunikationsnetze.
Der Bediener arbeitet dabei auf dem dezentralen Gerät, als wenn er direkt davor sitzen würde. Interaktive Remote-Funktionen gestatten auch die gleichzeitige Bearbeitung von Daten durch mehrere Nutzer.

Remote-Proofing
Farbverbindliches Proofen der Layoutdaten direkt bei Kunden.
> Remote-Zugriff

Remote-Servicediagnose
Fehlersuche und direkte Bedienerunter-

stützung durch computergestützte Ferndiagnose, z. B. bei Druckmaschinen.
> Wartung

Renaissance-Antiqua
> Schriftklassifikation

Rendering
Engl.: Rendering = Übertragung, Übersetzung, Interpretation zu einem bestimmten Wiedergabeziel.
1. Drucktechnik:
   Teilweise verwendete Bezeichnung für das Rastern von Bildvorlagen.
2. Farbmanagement:
   Digitale Farbraumanpassung für ein bestimmtes Ausgabesystem.
   > Rendering-Intent
3. Multimedia, Grafikverarbeitung:
   Das Übertragen dreidimensionaler Körper in wirklichkeitsnahe, fotorealistische zweidimensionale Bilder am Computer (früher auch manuell erarbeitet).

Das Rendering ist für Animationen und Multimediasysteme von großer Bedeutung. Beispiel: Das Anlegen einer Weltkugel, einzelne Linien oder Strukturen werden unsichtbar, Felder mit Grautönen oder Farben angelegt, Schatten eingefügt. Auch bei Bewegtbildern u. Ä. wird jedes einzelne Bild gerendert.

Rendering-Intent
Bilddatenverarbeitung und Farbmanagement: Farbraumanpassungsmethoden zur Beschreibung der gewünschten Wiedergabe in der Ausgabe. > ICC-Profile.
Rendering-Intents in ICC-Profilen:
- Absolute colorimetric (absolut-farbmetrische Wiedergabe)
  Alle darstellbaren Farben aus dem Quellfarbraum werden im Zielfarbraum farbmetrisch korrekt wiedergegeben.
  Nicht darstellbare Farben werden durch die nächstliegende darstellbare Farbe ersetzt.
  Weißpunkte werden dabei nicht berücksichtigt, d. h., das Weiß des Quellfarbraumes wird simuliert.
  Verwendung: Prüfdruck, Softproof.
- Relative colorimetric (relativ-farbmetrische Wiedergabe)
  Bei dieser Methode erfolgt ebenfalls eine exakte farbmetrische Umsetzung der Farben wie bei der absolut-farbmetrischen Anpassung. Im Unterschied dazu wird hierbei ein neutrales Weiß der Vorlage auf das Papierweiß angebildet.
  Verwendung:
  Prüfdruck auf Original-Papier.
- Perceptual (fotografische, empfindungsgemäße bzw. wahrnehmungsbezogene Wiedergabe)
  Empfindungsgemäße Anpassung des Vorlagenfarbraumes (Quellfarbraum) an den Ausgabefarbraum (Zielfarbraum).
  Das Neutralweiß wird auf das Papierweiß abgebildet. Die extremsten, nicht im Zielfarbraum darstellbaren Farben aus dem Rand des Quellfarbraumes werden auf den Rand des Zielfarbraumes projiziert. Alle dazwischenliegenden Farben werden zusammen mit den darstellbaren Farben gleichmäßig gestaucht. Dadurch behalten die Farben ihre Beziehungen zueinander, d. h., das optische Verhältnis der Farben bleibt für das menschliche Auge erhalten.
  Verwendung:
  Farbseparation von Bildern.
- Saturation (sättigungsorientierte Wiedergabe)
  Die Farben werden stärker gesättigt (= höhere Buntheit) und brillant dargestellt. Es entsteht eine plakative Wirkung. Für die Reproduktion von Bildern ist diese Methode ungeeignet, weil die Farbtreue beeinträchtigt wird.
  Verwendung: Farbseparation von Grafiken, Diagrammen, Präsentationen; für die Druckindustrie nicht geeignet.

Rentabilität
In der Betriebswirtschaft ein Maß für das Verhältnis des Gewinns zum eingesetzten Kapital. > Wirtschaftlichkeit

Rentabilität in Prozent

$$= \frac{\text{Gewinn}}{\text{Kapital}} \times 100\ \%$$

repetieren
Wiederholen eines Vorganges.

Report
Bericht, Mitteilung, Liste, Auswertung eines Sachverhaltes.

Repräsentation
Verschiedene Bedeutungen im Sinne von: Würdige Vertretung, standesgemäßes Auftreten, z. B.
- Vertretung einer Gemeinschaft mit vielen Personen durch eine einzelne Person oder eine kleine Personengruppe
- Vertretung eines Unternehmens durch einen Beauftragten

Reprint
Unveränderter Nachdruck eines aktuell vergriffenen oder antiquarischen Buches sowie auch eines ähnlichen Produktes (Handschrift, Urkunde).

Reproduktion
1. Allgemein:
   Aus dem Lateinischen producere (= hervorbringen) abgeleitet:
   Nachbildung, Wiedergabe, Bildwiedergabe.
2. Teilbereich der Druckvorstufe:
   Wiedergabe von Bildvorlagen mit technischen Geräten, Maschinen und Systemen auf geeigneten Materialien zur Herstellung von Druckformen.

Reproduktionskamera
Technisch überholte fotografische Aufnahmegeräte, die ausschließlich für Reproarbeiten mit zweidimensionalen Vorlagen konstruiert sind.
Jede Kamera besteht aus der Vorlagenebene, der > Optikebene und der Aufnahmeebene.
Die Bildvorlage liegt plan in einem Vorlagenhalter und wird zur Aufnahme gleichmäßig ausgeleuchtet.
Die Vorlage moduliert das Licht, d. h., je nach Tonwert (Helligkeit, Farbe) werden Teile des auftreffenden Lichtes absorbiert, andere Teile reflektiert bzw. remittiert.
Dieses Licht gelangt durch die Optikebene (Linsensystem, Blende, Verschluss) und einen lichtdichten Kamerabalgen zur Aufnahmeebene und belichtet das Fotomaterial.

Reproduzierbarkeit
Wiederholgenauigkeit, z. B. bei der Ausgabe von Druckformen.

reprofähig
Bezeichnung für eine materielle Bildvorlage, die erst nach bestimmten Vorbereitungen (z. B. Retusche) reproduziert werden kann.

reproreif
Auch: reprofertig.
Bezeichnung für eine materielle Bildvorlage, die ohne weitere Vorbereitung oder Bearbeitung reproduziert werden kann.

Reset
EDV: Zurücksetzen des Systems in die Grundstellung durch Ausschalten aller > Parameter, z. B. Löschen aller Befehle durch eine Eingabetaste.

resident
In der Computertechnik verwendeter Begriff für: vorhanden und ständig verfügbar.

Response
In verschiedenen Bereichen verwendeter Begriff für Reaktionen, z.B. Rücksendung, Rücklauf

Resolution
Engl.: > Auflösung. Abk.: Res.
Begriff, der für die Angabe Pixel per Inch verwendet wird.

Ressort
Amts- oder Geschäftsbereich.
In einem Medienbetrieb, z. B. einer Zeitung, der Arbeitsbereich der Redakteure.

Ressourcen
Franz.: Rohstoff-, Erwerbsquelle, Reserve; auch natürliche Rohstoffe.
Beispiel: Vorhandene Waldflächen, Menge an Erdöl.
Wirtschaft: Umfassende Bezeichnung für immaterielle und materielle Güter wie Betriebsmittel, Geld, Energie, Rohstoffe und Menschen.

Restart
Neustart eines datenverarbeitenden Gerätes oder Systems.

Restaurierung
Wiederherstellung, z. B. von hochwertigen Büchern, Kunstwerken oder Gebäuden.

Restfeuchte im Papier
Absolute Feuchtigkeitsmenge, die bei der Papierproduktion nach der Trockenpartie im fertigen Papier vorhanden ist.
Die Restfeuchte beträgt ca. 5 %.
> Papiermaschine

Restholz
Holz, das in Sägewerken nicht verwertet werden kann.
Es wird in Zellstoff- und Papierfabriken genutzt.
Über ein Drittel des in Sägewerken eingesetzten Holzes ist Restholz.

Retina
Lat.: rete = Netz. > Netzhaut des Auges

Retusche
Verbessern einer Bildvorlage und das Bearbeiten positiver oder negativer Filme bzw. der digitalen Informationen am Bildschirm.

reversibel
Umkehrbar.

Revision
Prüfen und ggf. Korrigieren einer Druckform oder eines Drucks nach dem Vergleich mit einem Korrekturbogen, dem Andruck oder einer Vorlage. Revision wird auch die letzte Kontrolle vor dem Auflagendruck genannt.

Reziprozität
Wechselbeziehung, aufeinander bezogene Gesetzmäßigkeiten. Mathematisch ist der Kehrwert einer Größe reziprok.

Reziprozitätsgesetz
> Reziprozität. In der Reproduktion:
Belichtung = Lichtintensität × Belichtungszeit.
Daraus folgt: Je größer die Lichtintensität, desto kleiner die Belichtungszeit und umgekehrt.

RFID
Abk.für: Radio Frequency Identification.
Ein technisches System, das über Funk Daten lesen und speichern kann. Ein implementierter (eingefügter) Transponder übermittelt ohne Kontakt Informationen an ein Lesegerät. Dabei spielt es keine Rolle, wo sich der Transponder befindet.
Er kann selbst Menschen oder Tieren unter deren Haut angebracht werden, um Informationen zu speichern.

RGB
Abk. für Rot, Grün und Blau.
Additiver Farbaufbau, wie er beispielsweise für die Bildschirmdarstellung von Farben benötigt wird. Der Farbaufbau erfordert für den Druck eine Umrechnung in CMYK.

Rheologie
Lehre des Fließens, Fließverhalten.
In der Druckindustrie die Eigenschaften der Druckfarbe, die mit der Fließfähigkeit (> Viskosität) zusammenhängen.
> Thixotropie

Rhythmus
Darstellende Kunst, Gestaltung:
Gleichklang, harmonische Wechselbeziehung durch Auswahl geeigneter Gestaltungselemente.

Riemen
Fachwort: Veraltete Bezeichnung für eine sehr lange Satzspalte.

Ries
Verpackungseinheit für Bedruckstoffe. Die Menge ist variabel. Je nach Papiersorte, Papiergewicht und Papierformat sind in einem Ries 100, 250, 500 oder auch 1000 Bogen verpackt.

rillen
Eindrücken von linienförmigen Vertiefungen in Papier, Karton oder Pappe durch Rilllinien (parallel) oder Rillrollen (seriell, d. h. rotativ nacheinander ablaufend).
Das Material wird nur verdrängt und dabei stark verdichtet. Das Rillen verhindert das Platzen oder Brechen des Materials beim Umlegen oder Aufschlagen.
Beispiel: Kartonumschläge von Taschenbüchern werden zwei- oder viermal gerillt.
Im Rücken des Broschurenblocks ist der Umschlag exakt einzupassen, umzulegen und anzukleben. Durch die zwei weiteren Rillen ist ein leichteres Aufschlagen des Taschenbuches möglich. Fälschlicherweise wird das Rillen oft mit dem > Nuten verwechselt: Beim Nuten wird immer ein Materialspan herausgetrennt.

Ringbuch
Druckweiterverarbeitung: Heftart, bei der einzelne Blätter durch eine Ringmechanik gebunden sind.

Ringösenklammern
Bei einer Rückendrahtheftung werden spezielle Klammern mit einer Öse im Rücken verwendet.
Die Öse ermöglicht das Abheften eines Heftes oder einer Broschüre.

RIP
> Raster-Image-Processor

RISC
Engl., Abk. für Reduced Instruction Set Computer.
Rechner mit einem eingeschränkten Befehlsvorrat.
Durch Reduktion von Instruktionsabläufen in dezidierten Mikrochips können Rechnerleistungen und -geschwindigkeiten bei hohen Datenbeständen erheblich gesteigert werden.
Wichtig ist diese neue Technologie vor allem für die Bildbearbeitung.
> CICS

ritzen
In der Druckweiterverarbeitung ein leichtes Einschneiden von Karton und Pappe an vorgesehenen Biegestellen, z. B. bei der Herstellung von Faltschachteln.

rL
Abkürzung für > relative Luftfeuchtigkeit.

RLE
Abk. für engl. Bezeichnung: Run Length Encoding, > Lauflängenkodierung.

Robert, Nicolas-Louis
Erfinder der ersten > Langsiebpapiermaschine 1799, die das bisher manuelle Herstellen des Papiers durch Schöpfen erstmals mechanisierte.

Roh...
Druckindustrie: Vorsilbe für zu verarbeitende, noch nicht fertige Produktstufen oder Produkte, z. B. Rohlayout, Rohbogen, Rohblock.

Rohblock
Falzbogen eines Produktes (z. B. Buch), die zum Heften oder Klebebinden zusammengetragen sind.

Rohbogen
Unbeschnittener, ungefalzter Druckbogen, der im Druck oder in der Druckweiterverarbeitung zu verarbeiten ist.
Unbeschnittene Druckbogen im DIN-Format sind flächenmäßig 5 % größer, um ein Beschneiden auf DIN-Format in der Druckweiterverarbeitung zu ermöglichen.
Bei Bedarf ist der Rohbogen auch größer zu wählen, dies ist beispielsweise zum Falzen und Beschneiden oder bei angeschnittenen Flächen oder Bildern erforderlich. Beispiel:
Rohbogen DIN A1 = 61 cm × 86 cm,
DIN A1 = 59,4 cm × 84 cm.

Rohpapier
Papier, das in weiteren Verfahren wie Satinage und Streichen veredelt wird.

Rohstoff
Grundstoff. Alle natürlich vorkommenden, unbearbeiteten Stoffe aus tierischen, pflanzlichen und mineralischen Bereichen.
Durch das Bearbeiten dieser (Grund-) Stoffe entstehen neue Stoffe mit veränderten Eigenschaften.
Beispiele für Rohstoffe: Milch, Fell, Holz, Getreide, Kohle, Erdöl, Salz, Stein. Viele Rohstoffe sind „endlich", d.h. sie stehen nicht permanent und auf lange Dauer zur Verfügung.
Ebenso sind der Schutz der Umwelt und die Nachhaltigkeit bei der Nutzung von Rohstoffen zu beachten.
Eine wichtige Voraussetzung zum Einsparen von Rohstoffen ist das Recyceln verarbeiteter Stoffe.

Rolle
1. Antike Buchform (Buchrolle) aus einseitig beschriebenem Papyrus.
2. Bedruckstoff in Bahnen, der auf Rollen aufgewickelt ist. Lieferform für den Bedruckstoff.
3. In der Drucktechnik eine Kurzbezeichnung für Rollendruck, speziell für die Rollen-Offsetdruckmaschine.

Rollendruck
Drucktechnik, bei der der Bedruckstoff als Papierbahn von Rollen abgewickelt und gedruckt wird.
Nach dem Druck kann wieder auf einer Rolle aufgewickelt oder direkt weiterverarbeitet, z. B. gefalzt, geheftet und geschnitten werden. Tiefdruck- und Flexodruckmaschinen arbeiten beispielsweise fast ausschließlich im Rollendruck, der Anteil an Rollendruckmaschinen im Offsetdruck nimmt ständig zu.
> Rotationsdruck

Rollendruckmaschine
Eine Druckmaschine, auf der endlose Papierbahnen von einer Rolle ablaufend bedruckt und im Allgemeinen auch weiterverarbeitet werden.
> Rollendruck, > Rollen-Offsetdruck

Rollendruckpapier
Druckpapiere, die für den Rollendruck in einem bestimmten Druckverfahren und unterschiedlichen Druckmaschinen geeignet sind.
Das Papier ist auf > Hülsen aufgewickelt. Dabei ist eine gleichmäßige Wickelhärte für eine störungsfreie Produktion erforderlich. Die Hülsendurchmesser sind genormt.

Rollenhaftetiketten
Selbstklebeetiketten unbedruckt oder in schmalformatigen Rollendruckmaschinen in verschiedenen Druckverfahren bedruckt und wieder aufgerollt.

Rollenlänge
Die Bedruckstofflänge in Meter ist bei Rollenpapier relativ genau durch folgende Formel zu berechnen.
Der Wickelkern, die Hülse, ist zuvor abzuziehen.
Rollenlänge in m

$$= \frac{\text{gesamtes Rollengewicht (– Hülse)}}{\text{(Rollenbreite} \times \text{Flächenmasse in g/m}^2\text{)}}$$

Rollen-Offsetdruck
Produktionstechnik des > Offsetdrucks, bei dem der Bedruckstoff in Rollen der Druckmaschine zugeführt wird.
Eingesetzt werden Druckmaschinen für den Akzidenzdruck (Prospekte, Werbung, Kataloge, Bücher, Taschenbücher, Fachzeitschriften u. ä. Produkte), für den Zeitungsdruck und den Formulardruck.
Die bedruckten Papierbahnen werden in der Druckmaschine weiterverarbeitet, z. B. gefalzt, geschnitten und ausgelegt.
Exemplarische Merkmale von Akzidenz-Rollen-Offsetdruckmaschinen:
- Horizontale Bahnführung
- Gummi-Gummi-Druckwerke
- Heatset-Druckfarben
- Heatset-Trockner
- Kühlwerk/Nachbefeuchtung (Silikonwerk)
- Falzüberbau
- Falzwerk
- Auslage (Produkt oder Teilprodukt für die weitere Verarbeitung).

Exemplarische Merkmale von Zeitungs-Rollen-Offsetdruckmaschinen:
- Vertikale Bahnführung
- Druckwerke in verschiedener Ausstattung und Anordnung
- nur wegschlagende Druckfarben
- Falzüberbau
- Falzapparat
- Auslage
- Transport in den Versandraum
- Speichern der Produkte oder Einstecken von Beilagen und versandfertig verpacken.

Rollen-Querschneider
In der Ausrüsterei der Papierherstellung eingesetzte Anlage, die Rollenpapier in (Format-)Bogen schneidet. In die Anlage laufen im Allgemeinen mehrere gleiche Papierbahnen ein, die gleichzeitig geschnitten werden.

Rollenspeicher
> Versandraum

Rollenwechsler
Aggregat an Rollendruckmaschinen mit den wesentlichen Funktionen:
- Aufnehmen der Papierrolle (Bedruckstoff)
- Abrollen und Zuführen in die Druckwerke
- Vorbereiten einer neuen Rolle für den Druck
- Automatisches Wechseln von der auslaufenden Rolle zur neuen Rolle beilaufender Produktion

Roll-Up
Bezeichnung für eine aufrollbare Werbung auf einem mobilen Aufsteller mit einer Aufrolleinrichtung. Ein Roll-Up wird als Werbeträger für die mobile Außenwerbung eingesetzt. Das Roll-Up-Gestell ist leicht auf- und abzubauen

ROM
Abkürzung für Read Only Memory.
Bezeichnung für einen nicht flüchtigen Nur-Lesespeicher, der direkter Bestandteil der Hardware ist.
In einem ROM sind spezielle Systemfunktionen, z. B. für den Startablauf, in elektronischen Bausteinen gespeichert, die nicht verändert werden können.

Roman
Engl. Bez. für Schriften in normalem > Schriftschnitt, die für den Fließtext z. B. bei Büchern und Broschuren eingesetzt werden.
Häufig wird dieser Schrifttyp auch „Book" genannt.

rösche Mahlung
Papierherstellung:
Faserstoffe werden produktspezifisch durch Mahlen aufbereitet. Die rösche oder schneidende Mahlung verändert das Faservolumen nicht, die Faser bleibt saugfähig und voluminös.
Sie wird lediglich auf eine bestimmte Länge geschnitten.
> Papier

Rosette

1. Raster: Eine Musterbildung in einem vierfarbig gedruckten, autotypisch gerasterten Bild. Sie entsteht durch die > Rasterwinkelung.
2. > Stein von Rosette

Rotationsdruck

Allgemeine Bezeichnung für ein Druckprinzip, bei denen sowohl die Druckform und der Druckkörper (auch: „Gegendruck“ genannt) zylindrisch sind.
Eingesetzt wird dieses Druckprinzip bei allen schnell laufenden Druckmaschinen in verschiedenen Druckverfahren.
Bei einem direkten Druck überträgt der Druckformzylinder die Bildinformationen unmittelbar (direkt) auf den Bedruckstoff.
Es ist eine seitenverkehrte Druckform erforderlich.
Bei einem indirekten Druck überträgt der Druckformzylinder das Druckbild auf einen Übertragzylinder (allg. nur Gummituchzylinder genannt) und von diesem auf den Bedruckstoff.
Die Druckform ist seitenrichtig, die Übertragung auf den Gummituchzylinder ergibt ein seitenverkehrtes Bild, auf dem Bedruckstoff ist das Bild wieder seitenrichtig.
Der Offsetdruck druckt in einem indirekten Rotationsprinzip.

Für das Übertragen der Bildinformationen auf den Bedruckstoff werden ein Druckformzylinder mit der Druckform, ein Gummituchzylinder und ein Druckzylinder benötigt.

rotieren

In der rechnergestützten Grafikverarbeitung das Drehen eines Objektes um eine bestimmte Achse.

Router

Spezieller Computer als Basis bzw. Teil in einem (Internet-)Netzwerk, der Daten von verschiedenen Teilnetzen empfangen und weiterleiten kann. Service-Provider für Telekommunikation und Internet nutzen Router zum Aufbau ihrer riesigen Daten- und Multimedianetze.

Routing

Paketvermittlung. Bezeichnung für die Eigenschaft des im Internet verwendeten TCP/IP-Kommunikationsprotokolls, bei dem sich in Datenpakete aufgeteilte Teilmengen einer Datei selbst den Weg durch das Netzwerk suchen und am Empfangsort wieder zusammengefügt werden.

Rubbelfarbe

Durch Kratzen oder starkes Reiben mit einem harten Gegenstand (rubbeln) wiederablösbare opake lösemittelhaltige Druckfarbe.
Eingesetzt werden Rubbelfarben für Werbemittel, Gewinnspielkarten oder Rubbellose.

Rubrik

Bezeichnung für eine Überschriftzeile im Satz.

Rücken

Kurzbezeichnung für den Buchrücken.
Die Abschnitte nennt man Kopf (oben), Bauch und Schwanz (unten).

Rückenbeleimen

Buchfertigung: Nach dem Heften das Auftragen von Leimstoffen auf dem Buchblockrücken.

Rückendrahtheftung

Buchbinderische Verarbeitung zu einlagigen Broschuren, z. B. Illustrierten.
Es werden gefalzte, am Bund geschlossene Bogen ineinander geführt und im Rücken mit zwei oder drei Drahtklammern geheftet.
Die Verarbeitung erfolgt rationell und wirtschaftlich durch Inline-Fertigung in Sammelheftmaschinen-Systemen mit dem Sammeln (Ineinanderstecken) der Falzbogen und dem Umlegen des Umschlags,

dem Drahtheften, dem dreiseitigen Beschneiden und der Auslage. Geheftet wird mit Runddraht durch den Bund aller ineinandergesteckten Falzbogen.
> Sammeldrahthefter

Rückeneinlage
Materialteil aus einer dünnen Pappe im Rücken eines Bucheinbandes zwischen den beiden Deckeln.
Die Rückeneinlage dient zur Versteifung des Einbandrückens, sie gibt dem Buchrücken eine stabile Form und ermöglicht einen hohlen Rücken beim Aufschlagen.

Rückenfälzel
Druckweiterverarbeitung:
Gewebestreifen, der bei einfachen Broschuren um den Rücken geklebt wird.

Rückentitel
Auf dem Einband und/oder dem Schutzumschlag eines Buches, einer Broschur oder einer Zeitschrift stehender Titel oder Kurztitel des Werkes.
Man verwendet Quertitel (waagerecht laufend) und Längstitel. Bei diesen sollte die Schrift von unten nach oben verlaufen.

Rückenweite
Buchblockstärke als Maß für die Einbanddecke bzw. das Maß zwischen dem Vorder- und dem Hinterdeckel einer Buchdecke.

Rückgewinnung von Lösemittel
Beim Trockenprozess im > Rakeltiefdruck werden in der Druckfarbe enthaltene, leicht flüchtige Lösemittel abgesaugt.
In einer Rückgewinnungsanlage lassen sich alle verdunsteten schnellflüchtigen Lösemittel (z. B. Toluol) zurückgewinnen.
Damit wird nicht nur die Umwelt geschont, sondern auch ein wirtschaftlicher Erfolg erzielt:
Lösemittel können wieder in den Produktionsprozess eingesetzt werden oder an den Druckfarbenhersteller verkauft werden (Kostenersparnis).

Rückstichheftung
In der Druckweiterverarbeitung das Heften mit Faden oder Drahtklammer durch den Rücken. Es entsteht ein Heft bzw. eine einlagige Broschur.

Rührwerkskugelmühle
Druckfarbenherstellung:
Geschlossene Maschinenanlage, die Pigmente mit Bindemitteln und Druckhilfsmitteln (Additiven) intensiv vermischt und homogen benetzt.

Runabillity
Engl. Bezeichnung für die > Verdruckbarkeit von Papier, Karton und anderen Bedruckstoffen.

runden
In der Druckweiterverarbeitung das manuelle oder das maschinelle Rundbearbeiten des Buchrückens, um die Form zu stabilisieren und ein gutes Aufschlagverhalten zu erzielen.

Rundsiebpapiermaschine
Papiermaschine zur Herstellung starker Kartons und Pappen, die mit Siebzylindern arbeitet.
Dabei rotieren die Siebe im > Ganzstoff.
Entwässert wird beim Rundlauf zum Innern des Siebs. Die laufend gebildete (endlose) Papierbahn wird mithilfe von Filzen angenommen und durchläuft die gleichen Stationen wie bei einer > Langsiebpapiermaschine.
Zur Herstellung stärkerer Produkte sind mehrere Rundsiebe hintereinanderzustellen. Die feuchten Papierbahnen werden zusammengeführt und gegautscht, d. h., aufeinandergepresst und dadurch verbunden.

Runen
Älteste germanische Schriftzeichen.

Run Length Encoding
Engl. Bez. für: Lauflängenkodierung, ein

einfacher verlustfreier Kompressionsalgorithmus für digitale Bilddaten.

Runzelkorn
Charakteristisches Erkennungsmerkmal des Lichtdrucks, das sich im Druckbild wie eine sehr feine, unregelmäßige Körnung zeigt. Das Runzelkorn entsteht durch das Trocknen der lichtempfindlichen Gelatineschicht (= Kopierschicht).

rupfen
Druckschwierigkeit: Herausreißen kleiner oder größerer Faserteilchen, Teilchen von Füllstoffen oder dem Strich aus der Oberfläche des Bedruckstoffes durch zu hohe Adhäsionskräfte und zu geringe innere Gefügefestigkeit. Drucktechnische Ursache ist vielfach ein zu starker Zug (> Zügigkeit, Tack) der Druckfarbe auf den Bedruckstoff.

Rupffestigkeit
Widerstandsfähigkeit des Bedruckstoffes gegen Adhäsionskräfte, die messtechnisch zu ermitteln sind.

Rupftest
Testverfahren im Labor, mit denen die Rupffestigkeit (= Oberflächenfestigkeit) von Papieren zu testen ist.

Allgemein werden dazu Probedruckgeräte (Prüfbau, IGT) eingesetzt, mit denen unter definierten Standard-Prüfbedingungen Papiersorten getestet werden.
Parameter sind u.a.
- Druckfarbe (Testfarbe)
- Farbmenge, ggf. Feuchtmittelmenge
- Druckgeschwindigkeit
- Druckform
- Anpressdruck

Für einfache, schnelle Prüfungen wird auch der > Dennison-Wachs-Test eingesetzt.

Ruß
Druckfarbenherstellung: Reiner Kohlenstoff, der durch unvollständige Verbrennung aus Erdöl, Gas u. a. entsteht und als Pigment für schwarze Druckfarben eingesetzt wird. Um die notwendige Farbtiefe zu erreichen, werden schwarze Druckfarben vielfach durch Zusatz geringer Mengen dunklen Blaus geschönt.

Rüsten
Auch: Einrichten. Sämtliche vorbereitenden Arbeiten für die Produktion, z. B. für das Scannen, den Auflagendruck, die Klebebindung in der Klebebindestraße.
Ein wichtiges Ziel aller technischen Entwicklungen ist die Reduzierung der Rüstzeiten, da diese erhebliche Kosten verursachen.

Rüstzeit
Zeit für das > Rüsten. Die Rüstzeit für Produktionsanlagen, z. B. eine Offsetdruckmaschine, ist ein Teil der gesamten Fertigungszeit. Die Rüstzeit umfasst sämtliche vorbereitenden Arbeiten für die Produktion eines Auftrages.

Rüstzeitanteil
Prozentualer Anteil der Rüstzeit an der Summe aus Rüstzeit und Ausführungszeit. Im Druck hängt beispielsweise der Rüstzeitanteil von der durchschnittlichen Auflagenhöhe, der Einrichtezeit je Druckplatte sowie der Art des Druckauftrags ab.
Rüstanteil in Prozent

$$= \frac{\text{Rüstzeit}}{\text{Rüstzeit} + \text{Ausführungszeit}} \times 100\ \%$$

Rüttelautomat
Druckverarbeitung, Schneidsystem:
Maschine für das kantengenaue Ausrichten eines Druckbogenstapels vor dem Schneiden. Durch eine Ausstreichwalze wird zusätzlich die Luft aus den oberen Lagen ausgepresst.

S

s
Einheitenzeichen für Sekunde (s).

S
Das S wird für verschiedene Abkürzungen benutzt, u. a.:
1. Symbol für Schwefel
2. Einheitenzeichen für Siemens

SaaS-Anbieter
Abkürzung für: Software as a Service. Anbieter stellen ihren Kunden ihre Software und ihren Service über die Cloud zur Verfügung.

Sachwortregister
Bezeichnung für ein alphabetisch geordnetes Stichwortverzeichnis am Ende eines Buches. Sach- bzw. Fachbegriffe lassen sich so rasch finden.

Sägezahneffekt
Erkennungsmerkmal an Schriften, die im Rakel-Tiefdruck gedruckt worden sind.
Alle Bildelemente, also auch Schriften und Grafiken (Strichzeichnungen) werden durch winzige Näpfchen in der Druckform wiedergegeben. Dadurch entstehen feine, schachbrettartige Effekte an den Bildrändern.

Sakkaden
Lesbarkeit: Fließendes Lesen ist nicht durch das Erfassen einzelner Buchstaben möglich. Das Auge erfasst den Text vielmehr durch mehr oder weniger große „Augensprünge", sogenannte Sakkaden. Je nach Text (bekannt, unbekannt, Fremdsprache u. a.) werden nur einige oder auch mehrere Buchstaben oder sogar Buchstabengruppen und ganze Wörter fixiert und erfasst. Aus dem Sinnzusammenhang und der syntaktischen Struktur der Sprache können auch Buchstaben übersprungen werden und trotzdem wird der Text korrekt gelesen. Die größten Sakkaden erfordert das Springen in die nächste Zeile. Dieses Springen beansprucht die Augen stark, deshalb sollte die > Zeilenlänge nicht zu groß sein. > Syntax

SAL
Abk. für > Social Augment Learning

Sammelauflage
Druckbogen mit unterschiedlichen Produkten.
Beispiel: Auf einem Druckbogen werden unterschiedliche Etiketten-Aufträge zusammengefasst gedruckt.

Sammeldiapositiv
Analoge Druckformherstellung von Mehrfachnutzen:
Eine Kopiervorlage für die Belichtung einer Offsetdruckplatte in einer früher eingesetzten Kopiermaschine. Das Sammeldiapositiv bestand aus mehreren, standgerecht zusammenkopierten positiven Kopiervorlagen. Diese größere Anzahl der jeweils gleichzeitig kopierten Nutzen verkürzte die Belichtungszeit bei dem Belichten der Nutzen auf die Druckplatte.

Sammeldrahthefter
Verarbeitungssystem, in dem gefalzte Druckbogen aus mehreren Stationen (Anlagen für je einen Falzbogen), ineinandergesteckt und mit Rückstichheftung (Drahtklammern) geheftet werden. Es entsteht ein einlagiges Produkt, z. B. Illustrierte, umfangreiche Prospekte.
Vielfach ist das System zu einer kompletten Verarbeitungsstraße ausgebaut, das die gehefteten Produkte automatisch dreiseitig in einem Fließdreischneider (= Trimmer) beschneidet und in Stapeln bündelt oder verpackt.

Sammelheften
Verarbeitung gefalzter Bogen in der Druckweiterverarbeitung bzw. Buchbinderei.
Die gefalzten Bogen werden manuell (nur

bei sehr kleinen Auflagen wirtschaftlich) oder maschinell in Sammelheftmaschinen in der Mitte geöffnet und zu einer Lage ineinandergesteckt und durch Rückendrahtheftung geheftet.

sammeln
In der Druckweiterverarbeitung das Ineinanderstecken von gefalzten Bogen zu einer Lage. Das Produkt wird durch den Rücken geheftet, z. B. Schulheft (Faden), Illustrierte (Drahtklammer).

Sammelproduktion
Drucktechnik: Bei der Sammelproduktion stehen im Zylinderumfang einer Rollen-Rotationsdruckmaschine zwei verschiedene Bogenteile eines mehrseitigen Produktes. Im Falzapparat wird die Bahn bei halbem Zylinderumfang quer geschnitten. Beide Bogenteile werden gesammelt. Für das daraus entstehende einzelne Exemplar sind weniger Falzvorgänge notwendig.
> doppelte Produktion

Sampling
Elektronische Reproduktion: Die von einer Halbtonvorlage erfassten analogen Bilddaten werden von einem > Analog-Digital-Wandler mit einem als Sampling bezeichneten Verfahren in eine bestimmte Anzahl von Stufen zerlegt.
> Supersampling

S

Sampling-Faktor
Verhältnis zwischen der (Bild-)Auflösung und der Rasterweite (Rasterfrequenz) im Druck. Für eine optimale Wiedergabe der Informationen eines Bildes muss die Auflösungsfeinheit eines digitalisierten Bildpixels das Doppelte der Rasterfeinheit betragen. Die Rasterweite muss demnach mit 2 multipliziert werden. Soll ein Bild im Format 1 : 1 mit einer Rasterweite von 60 L/cm gedruckt werden, so gilt demnach:
60 L/cm × 2 (Pixel/Linie) = 120 Pixel/cm = 305 ppi. Ein Sampling-Faktor über 2 bringt keine Verbesserung der Qualität, kostet jedoch erheblich mehr Speicherkapazität. Um Speicherplatz zu sparen, kann ohne wesentlichen Verlust ein Sampling-Faktor zwischen 1,4 und 2 gewählt werden.

Sandwich-Druck
Zwischenlagendruck, z. B. im Siebdruck oder Tiefdruck. Es wird auf eine Folie oder einen anderen Bedruckstoff gedruckt. Auf den fertigen Druck wird eine transparente Folie geklebt.

Satellitenprinzip
Konstruktionsprinzip von Bogen- und Rollen-Offsetdruckmaschinen mit einem zentralen Druckzylinder, um den mehrere Druckwerke mit Druckformzylinder, Gummituchzylinder sowie dazugehörenden Farb- und Feuchtwerken angeordnet sind. Bei Vierfarbdruckmaschinen wird die Konstruktion auch Neun-Zylinderprinzip genannt. Alle Druckfarben werden in einem Umlauf des Bogens oder der Papierbahn nass-in-nass gedruckt.

Satinage
Papierherstellung: Das zusätzliche Glätten des maschinenglatten, leicht gefeuchteten Papiers in einem separaten > Kalander durch Druck, Reibung und Wärme. Das Papier wird dadurch verdichtet, es erhält ein geringeres Volumen. Die gleichmäßig glattere Oberfläche reflektiert auftreffendes Licht stärker als bei unsatinierten Papieren. Voraussetzung für das Satinieren ist ein bestimmter > Füllstoffanteil, der Faserhohlräume ausfüllt. Je nach Grad und Art der Satinage unterscheidet man leicht, stark und scharf satiniertes Papier. Matte Papiere werden gar nicht oder nur sehr leicht satiniert.

satinieren
Glätten des Rohpapiers durch > Satinage. Produktbezeichnung: satiniertes oder auch kalandriertes Papier. Abk.: sat. Papier.

Sättigung
> Buntheit, Intensität oder Reinheit einer Farbe. Eine voll gesättigte Farbe besitzt keinen unbunten Anteil, sie hat 100 % Sättigung. Verringert sich die Sättigung, so nimmt der Unbuntanteil in einer Farbe zu. Reine, gesättigte Farben liegen in einer farbmetrischen flächigen Darstellung (z. B. Kreisform) auf dem äußeren Rand.
Der Prozentwert nimmt zur Mitte der Darstellung hin von 100 % zu 0 % ab.

sättigungsorientierte Wiedergabe
Saturation.
> Rendering-Intent

Saturation
Sättigungsorientierte Wiedergabe.
> Rendering-Intent

Satz
Text, der für die drucktechnische Vervielfältigung (Produktion) in einem Druckverfahren typografisch und technisch zu Druckseiten in einem Setz- bzw. DTP-System verarbeitet ist.

Satzanordnungen
Optischer Eindruck einer Satzseite, der durch die Anordnung der Schrift bestimmt ist. Man unterscheidet:
1. Symmetrische Anordnung
   Gleichmäßige Anordnung der Zeilen. Das optische Bild wirkt präzise, statisch, manchmal auch gezwungen.
   Hierzu gehören:
   – Satz auf Mittelachse
   – Blocksatz
2. Asymmetrische Anordnung
   Ungleichmäßige Anordnung der Zeilen entsprechend der typografischen Aussage. Das optische Bild wirkt freier, lebendiger und spannungsvoller.
   Hierzu gehören:
   – Rausatz
   – Flattersatz linksbündig
   – Flattersatz rechtsbündig
3. Sonderformen
   – Formensatz
   – Figurensatz

Satzanweisung
Korrekter > Setzanweisung, da nach dieser Anweisung gearbeitet, d. h. gesetzt wird. Der Satz ist das Produkt, die Tätigkeit ist das Setzen.

Satzfahne
Ein Abzug oder die erste Ausgabe in einem elektronisch gesteuerten System von dem erfassten und typografisch bearbeiteten Text (Produkt: Satz), um Korrektur zu lesen. Dabei ist der Satz noch nicht druckseitengerecht umbrochen.

Satzherstellung
Teilbereich der Druckvorstufe, in dem der > Satz typografisch aufbereitet und produktionsreif hergestellt wird.
Die früher bedeutenden Techniken des Bleisatzes und des Fotosatzes spielen heute keine Rolle mehr.
Für das Erfassen und Bearbeiten von Texten sowie für den Umbruch zu kompletten Seiten mit Texten und Bildern werden heute ausschließlich computergesteuerte Systeme mit einer entsprechenden Software eingesetzt.
Historische Fotosatztechniken zur Satzherstellung:
Titelsetzgeräte: Einsatz für kleine Satzmengen, typografische Variationen, > Headlines.
Rechnergesteuerte Fotosetzsysteme: Herstellen sämtlicher Satzarbeiten. Prinzipiell sind Fotosetzsysteme anwenderbezogene EDV-Anlagen mit Texterfassung, Textverarbeitung, Bildschirm (Arbeits- und Gestaltungsbildschirm) und Textausgabe (Drucker für Korrekturen, Fotosatzbelichter). Belichtet wird mit Kathodenstrahlröhren (CRT) oder Laser. Die verschiedensten Schriften sind digital gespeichert. Das Endprodukt ist Satz auf Fotopapier oder Film (seitenverkehrt oder seitenrichtig).

Satzparameter
Auftragsbezogene, veränderliche Größen wie Schriftart, Schriftgröße, Wortabstand, Satzart (Block-, Flattersatz u. a.), Zeilenbreite, Zeilenabstand, Satzspiegel.
> Parameter

Satzspiegel
Bedruckte Fläche einer Seite, die in einem ästethischen Verhältnis zur Fläche des Druckformates stehen soll.
Zum Satzspiegel gehört grundsätzlich die gesamte bedruckte Fläche der Seite mit Texten und Abbildungen.
Der tote > Kolumnentitel (Pagina, Seitenzahl) in einem Buch gehört grundsätzlich nicht zum Satzspiegel. Dagegen werden der lebende Kolumnentitel und Fußnoten zum Satzspiegel gerechnet.

Satzspiegelkonstruktion
Eine Methode zur Konstruktion einer ästhetisch ansprechenden Buchseite.
Als Basis für die Größe des Satzspiegels und ihre Anordnung auf der Druckseite dienen hierbei Diagonalen einer Doppelseite und der beiden Einzelseiten. Diese Konstruktion gilt als ein ideales Verhältnis, das in der Praxis so nicht einzuhalten ist.

Saugfähigkeit
Bedruckstoffe:

Eigenschaft der Fasern, durch Kapillarwirkung Feuchtigkeit aufzunehmen.
Die Saugfähigkeit ist durch mehr oder weniger starke > Leimung des Papierstoffes (> Ganzstoff) und durch zusätzliche Oberflächenleimung bei der Papierherstellung zu steuern.

Saughöhe
Papierprüfung nach DIN 53106. Es ist die Höhe, bis zu der bei festgelegter Zeit eine Flüssigkeit beim Eintauchen eines Probestreifens aufsteigt.
> Saugfähigkeit

Säurefraß
Allmählicher Zerfall von Papieren, die noch das sauer reagierende Aluminiumsulfat als Füllstoff enthalten. Nur durch einen erheblichen Aufwand sind hochwertige Bücher – vor allem aus der Zeit von 1860 bis 1970 – durch Neutralisation vor einem vollständigen Zerfall zu retten.

Säuren
Chemische Verbindungen, deren Moleküle in Wasser aufbrechen (dissoziieren) und dabei Wasserstoff-Ionen (H^+) freisetzen.
Ihre Stärke hängt vom Dissoziationsgrad ab.

Saxa loquuntur
Lateinischer Text im Lithografie-Wappen: Steine werden reden. Hinweis auf die Druckformen im Steindruck.

Scan-Auflösung
> Abtastauflösung. Die Scan-Auflösung beim Erfassen (Einscannen) der Daten von Halbtonbildern in ein Computer-Publishing-System richtet sich nach der gewünschten Rasterweite bei der Ausgabe, dem gewünschten Abbildungsmaßstab und dem sogenannten Sampling-Faktor.
Für eine professionelle Qualität soll der Sampling-Faktor dem Doppelten der Rasterweite entsprechen.
Um Speicherplatz zu sparen, kann auch nur der Faktor 1,4 gewählt werden.
Die Scan-Auflösung berechnet sich nach der Formel:
Scan-Auflösung =
gewünschte Rasterweite × 2 × gewünschter Abbildungsmaßstab.
Beispiel 1:
Ein Bild soll mit einer Rasterweite von 60 L/cm, 450 % vergrößert, reproduziert werden.
Scan-Auflösung =
60 L/cm × 2 (Sampling-Faktor) × 4,5 (450 %)
= 540 P/cm
540 P/cm × 2,54 = 1372 ppi.
Beispiel 2:

Wurzel aus dem Quadrat der Ausgabeauflösung dividiert durch Anzahl der gewünschten Graustufen.
Beispiel:
- Ausgabeauflösung = 2540 dpi
- Graustufen (nach einer Rastermatrix von 16 × 16, PostScript) = 256
- ergibt eine Scan-Auflösung von ca. = 158 dpi (= 62 L/cm)

Scanner
Opto-elektronisch arbeitende Geräte bzw. Systeme zur Erfassung, Digitalisierung und Verarbeitung von Bildvorlagen sowie zur Ausgabe von Bildinformationen.
Technisch ist zu unterscheiden zwischen
- Trommelscannern und
- Flachbettscannern.

Trommelscanner erfassen die Bildinformationen von flexiblen Auf- und Durchsichtsvorlagen punktweise.
Das von einem winzigen Punkt des Bildes durchgelassene oder reflektierte Licht tritt in die Sensoreinheit ein, die an der Außenseite der schnell rotierenden Acrylglastrommel vorbeiläuft. Das Licht wird durch spezielle Spiegel geleitet, die es spektral aufsplitten. Die jeweiligen Lichtanteile passieren jeweils einen Rot-, Grün- oder Blaufilter und gelangen jeweils in optische Verstärker, die Fotomultiplier.
Die elektronisch verstärkten analogen Signale werden durch einen Analog-Digital-Wandler (A/D-Wandler) in digitale Signale (Daten) umgewandelt.
Trommelscanner galten in der Zeit von etwa 1960 bis zum Jahr 2000 als High-End-Systeme, die eine Spitzenqualität mit sehr hoher Auflösung erzeugen konnten.
Flachbettscanner haben sich im Computer-Publishing-Bereich und auch in professionellen Fertigungsbereichen durchgesetzt.
Die Bilddatenerfassung erfolgt zeilenweise mit CCD-Zeilen. Besondere Vorteile sind u. a.: einfache Bedienung, Verwenden beliebiger Bildvorlagen, kostengünstig.
Die Bilddaten sind extern am Computer durch spezielle Software zu bearbeiten, in verschiedenen Datenformaten zu speichern und auszugeben.
> Abtastauflösung, > Abtastsysteme, > One-pass-Technik, > Scan-Auflösung

Schablonen
1. Bildteiler, Abdeckflächen.
2. Druckformelemente für alle Durchdruckverfahren:
   Eine Schablone deckt das Siebgewebe an allen Nichtbildstellen farbundurchlässig ab.
3. Hilfsmittel bei der Vorlagenherstellung durch Spritztechnik (Airbrush):
   Bestimmte Bildteile werden durch eine Folienschablone geschützt.

schablonieren
Drucktechnisches Problem in Bogen-Offsetdruckmaschinen:
Bildstellen am Druckanfang „spiegeln“ sich schattenhaft in flächigen Bildelementen am Druckende des Bogens. Diese Erscheinung tritt vor allem durch unzureichende Farbverteilung im Farbwerk bei ungünstiger Farbabnahme auf.

Schall
Physikalischer Begriff:
Schall ist die von einem schwingenden Körper ausgehende Druckschwankung des übertragenden Stoffes, meistens in der Luft. Nur Schallwellen von gleichmäßiger Schwingungsform empfinden Menschen als Ton, in anderen Fällen hören wir Schallwellen als Geräusch (z. B. Fahrzeug-, Druckmaschinengeräusch).
Ein störend empfundener Schall wird als Lärm bezeichnet.
Das Lautstärkeempfinden des Menschen reicht von ganz leise bis schmerzhaft laut. Um diese riesige Bandbreite zu erfassen, wurde der Begriff Schallpegel eingeführt. Mathematisch ausgedrückt ist dies der Zehnerlogarithmus des Verhältnisses von vorhandener Schallintensität zu derjenigen bei der Hörschwelle. Das Maß für den Schallpegel ist das Dezibel (dB).

Beispiele: absolute Stille = 0 dB (A), normale Radiomusik, Sprechen in 1 m Entfernung = 60 dB (A), Vorbeifahren schwerer LKWs mit 80 km/h in 5 m Entfernung = 90 dB (A), Musik in einer Diskothek = 110 dB (A). > Lärm

Schalldruckpegel
Der Schalldruckpegel beschreibt in der Akustik die Größe der Lautstärke. Der Eindruck, wie laut ein Schall ist, ist abhängig von der Größe der Luftdruckschwankungen: Je größer diese Schwankungen, desto lauter wird ein Schall empfunden.
In der Arbeitssicherheit (vgl. Informationen der BG ETEM) bezieht sich der Schalldruckpegel auf die Stärke der Geräusche bzw. des Lärms am Arbeitsplatz. Für den Arbeitnehmer ist ab einem durchschnittlichen Schalldruckpegel von 80 dB(A) ein Gehörschutz bereitzustellen.
Wird ein durchschnittlicher Schalldruckpegel von 85 dB(A) überschritten so hat der Arbeitgeber das Tragen eines Gehörschutzes sicherzustellen.
> Schall

Schärfe
Reproduktion:
Bezeichnung für die Genauigkeit in allen Details der Bildvorlage bzw. der Bildreproduktion.

scharfzeichnen
Bildverarbeitung:
Verfahren zur Erhöhung des Kontrastes an Hell-Dunkel-Bereichen eines Bildes.

Schatten
In Bildvorlagen alle dunklen Töne (hohe Schwärzung bzw. Dichte).
Im Negativ haben dementsprechend die Schatten aller Bilddetails die niedrigste Dichte.
Gegensatz: > Lichter.

Schattierung
Erkennungsmerkmal des Buchdrucks.
Durch den Druckprozess entstehendes, leichtes Relief auf der Rückseite des bedruckten Bogens, das bei schräg einfallendem Licht gesehen werden kann.

Schaugröße
> Schriftgrad

Scherensschnitt
> Schneidetechniken

Scheuerfestigkeit
Auch: Abriebfestigkeit. Widerstandsfähikeit gedruckter Farben gegenüber mechanischen Beanspruchungen durch zwei miteinander in Kontakt stehende Oberflächen. Die Scheuerfestigkeit ist messtechnisch mit geeigneten Geräten, z. B. Ugra-Scheuerprüfgerät System Huber, Oser-Scheuerprüfer, zu prüfen. Dazu muss die Druckfarbe gut getrocknet sein.

Schicht
1. Kurzbezeichnung für die Beschichtung eines Materials.
   Beispiele:
   Beschichtung einer Druckform mit einer lichtempfindlichen Schicht.
2. Reproduktion:
   Bestimmte Zeichnungs- und Bearbeitungsebenen in der digitalen CAD-, Grafik- und Bildbearbeitung.
   Engl.: > Layer.

Schichtseite
Lichtempfindlich beschichtete Seite eines Fotomaterials. Bei unbelichteten Filmen ist die Schichtseite in der Regel heller und matter als die Schichtträgerseite. Bei allen Kopiervorgängen ist zu einer tonwertrichtigen Bildübertragung Schicht-auf-Schicht zu kopieren. > Seitenlage, > seitenrichtig, > seitenverkehrt

Schichtträger
Basismaterial als Träger lichtempfindlicher Stoffe, z. B. Papier, Karton, Kunststofffolie.

Schiebemarke
Seitliche Anlegemarke in einer Bogen-Druckmaschine, die den auf den Anlegetisch laufenden Bogen bis zu einem bestimmten Anschlag schiebt. Überwiegend werden heute für leichte und mittelschwere Bedruckstoffe Ziehmarken eingesetzt.
Dagegen sind Schiebemarken für sehr schwere oder empfindliche Bedruckstoffe besser geeignet.

schieben
Druckschwierigkeit: Verzerren gedruckter Rasterpunkte in eine Richtung. Ein kreisrunder Punkt wird z. B. dadurch oval wiedergegeben.

Schimmel, Schimmelbogen
Bezeichnung für einen versehentlich nur einseitig bedruckten Bogen.

Schleier
Analoge Reproduktion: Eine Grunddichte, die jede Filmunterlage aufweist.
> charakteristische Kurve. Ist der Schleier auf einem verarbeiteten Film übermäßig stark, so sind verschiedene Ursachen möglich:
Film überlagert, ungeeignete Dunkelkammerbeleuchtung, Streulicht, unvorschriftsmäßige chemische Behandlung.

Schleife
EDV: Programmierung einer Anweisungsfolge, die mehrfach in einer bestimmten Anzahl wiederholt werden soll.

Schleuderfeuchtwerk
Kontaktlos arbeitendes Feuchtwerk, das vor allem in Rollen-Offsetdruckmaschinen (Coldsetdruck, Zeitungsdruck) eingesetzt wird. Das Feuchtmittel wird durch Bürsten, Rotoren oder sehr feine Düsen in feinsten Tröpfchen in das Walzensystem übertragen und dort verrieben. Feuchtauftragswalzen übertragen das Feuchtmittel danach auf die Druckform.

Schlüsselqualifikationen
Bildung: Berufsqualifikationen, die den spezifischen Fertigkeiten und Kenntnissen übergeordnet sind, wie Kooperationsfähigkeit, Teamarbeit, Problemlösefähigkeit, Selbstständigkeit, Eigen-Motivation, Fremdsprachen, Belastbarkeit, Flexibilität. Hierzu gehört auch die Fähigkeit und Bereitschaft zu ständigem (lebenslangem) Lernen.
> Qualifikation

Schmalbahn
Hauptsächliche Faserausrichtung in einem Bedruckstoff: Die Laufrichtung bzw. Maschinenrichtung (M) des Druckbogens (Faserausrichtung) liegt parallel zur langen Papierseite.
Das Papier ist beim Verpacken dementsprechend gekennzeichnet.
Beispiel: 61 cm × 86 cm SB (Schmalbahn), 61 × 86 M (Maschinenrichtung).
Früher war das Unterstreichen der kurzen Länge üblich, danach lautete die Angabe: 61 cm × 86 cm. > Breitbahn.
Drucktechnischer Hinweis: Bei mehrfarbigen Druckprodukten wird im Bogen-Offsetdruck in der Regel Schmalbahnpapier verwendet.
Entscheidend sind jedoch immer die Anforderungen der Druckweiterverarbeitung und des Endproduktes.

Schmelzklebstoff
Schmelzklebstoff, vielfach Hotmelt genannt, ist ein lösemittelfreier Klebstoff auf der Basis von Kunststoffen (z. B. Polyethylen). Erst durch hohe Temperaturen zwischen 150–180 °C wird der Klebstoff flüssig und damit verarbeitungsfähig
In dieser sogenannten „offenen Zeit“ können die zu verklebenden Materialien benetzt werden. Nach dem Abkühlen und Erstarren bildet sich rasch ein fester, dauerelastischer Klebstofffilm.
Wichtige Einsatzbereiche:
Klebebindung, Vorsatzklebung, Klebungen von Faltschachteln und Verpackungen.

Besondere Vorteile:
- Kurze Abbindezeit durch das Abkühlen des Klebstoffes,
- gute Benetzung,
- kein Quellen der Papierfasern,
- gute Klammerwirkung.

Nachteilig sind u. a.
- hohe Temperatur zur Verarbeitung,
- geringere Wärme- und Alterungsbeständigkeit,
- Empfindlichkeit gegenüber Staub und Druckfarben (z. B. bei angeschnittenen Flächen in der Klebestelle).

> Klebstoff

schmierige Mahlung
Quetschende, fibrillierende Mahlung von Faserstoffen bei der Papierherstellung. Aus diesem Stoff entstehen feste, zähe, relativ transparente Papiere.

Schmitz
Druckschwierigkeit: Unsauberes, streifiges oder doppeltes Drucken an einzelnen Bildstellen.

Schmitzring
Druckmaschinen:
Seitliche Ringe am Platten- und Gummituchzylinder von Offsetdruckmaschinen, die exakt auf > Teilkreishöhe liegen.
Sie bilden die messtechnische Basis für die Einstellung der Zylinder zueinander.
> Schmitzringläufer, > Teilkreis

S

Schmitzringläufer
Druckmaschinen:
Bei diesen Offsetdruckmaschinen laufen die Schmitzringe des Platten- und Gummituchzylinders beim Druck mit einer bestimmten Vorspannung (Kraftwirkung) gegeneinander.
Die Stellung der Zylinder zueinander kann nicht verändert werden.
> Nichtschmitzringläufer

Schmuckfarben
Beliebige Buntfarben mit Ausnahme der genormten Prozess- oder Skalenfarben Cyan (C), Magenta (M) und Yellow (Y) sowie Schwarz (K).
Diese Druckfarben werden entweder nach einer beliebigen Farbvorlage des Kunden in der Druckerei selbst gemischt oder es werden aus einem Farbmischsystem (z. B. HKS, Pantone) bestimmte, bereits fertig angemischte Farben ausgewählt.

Schmutztitel
In einem Buch eine dem Haupttitel vorangestellte Seite, die nur den Namen des Verfassers und den Buchtitel – meist in kleinerer Schrift – enthält. > Titelei

Schneidemaschinen
Druckweiterverarbeitung, Buchbinderei:
Unterschiedliche Maschinen für das Schneiden (Trennen) von plan liegenden Materialien oder den Dreiseitenbeschnitt von Buchblocks, Broschuren u.a. für den Format- bzw. Endbeschnitt.

schneiden
Formatbezogenes Trennen eines flexiblen Materials (Werkstoff) mit einem Schneidemesser. > Schneidemaschine

Schneideplotter
Die Bezeichnung > Plotter leitet sich aus dem Englischen ab: plott = zeichnen. Ein > Plotter ist allgemein ein digital arbeitendes Zeichen- oder Druckgerät (> Großformatdrucker, LFP).
Ein Schneideplotter zeichnet jedoch nicht mit einem (Tinten-)Stift. Mit einem digital gesteuerten klassischem Messer oder mit einem Laser sind verschiedene Materialien präzise zu schneiden. Verarbeitet werden Papier, Selbstklebefolie auf einem Trägermaterial oder andere Ausgabematerialien. Laserplotter eignen sich besonders für das Schneiden feinster Details.
Produkte sind einzelne Buchstaben, Schriftzüge, Grafiken, Zeichnungen, Logos u.ä.

Produktbeispiel: Eine selbstklebende Folie wird so präzise und fein durchschnitten, ohne dabei das Trägermaterial zu durchtrennen. > Selbstklebefolie

Schneidetechniken
Arbeitsverfahren in systematischer Übersicht siehe Anhang.

Schneideverfahren
Beim Schneiden in der Buchbinderei sind zwei Grundtechniken zu unterscheiden:

- Messerschneiden: Messerschnitt
- Scherenschneiden: Scherenschnitt

Beim Messerschnitt schneidet ein Schneidmesser gegen eine feststehende Unterlage, die Schneidleiste. Eingesetzt wird diese Technik in > Planschneidemaschinen und in > Dreimesserautomaten.
Beim Scherenschnitt trennen zwei Messer, ein Ober- und ein Untermesser, das Material (Schneidgut genannt).
Dabei kommt es zu mehr oder weniger starken Faserverformungen, die einen abquetschenden Schnitt (vgl. Handschere) ergeben. Eingesetzt wird diese Technik in Pappscheren, Pappenkreisscheren, Rollenkreisschneidern und in > Fließdreischneidern, sogenannten Trimmern.

Schneidezeichen
Auch: Schneidemarken. Auf den Druckbogen gedruckte Zeichen, die das zu schneidende Endformat markieren. Meistens handelt es sich um feine Linien als Winkel mit ausgesparten Ecken, die außerhalb des Endformates positioniert sind.

Schnellpresse
Historisch entstandene Bezeichnung für Flachform-Zylinderdruckmaschinen des Buchdrucks, die im Vergleich zum damaligen Handpressendruck „schnell" waren (heute für den Druck ohne Bedeutung).

Schnittkante
Druckformherstellung: Fehlstelle bei der Kopie. Kanten von Kopiervorlagen oder Klebefilmen sind auf der kopierten Druckplatte (auch beim Kopieren auf Reprofilme) sichtbar. Sie müssen manuell durch Abdecken entfernt werden.

Schnittmarken
Hilfslinien, die die exakten Maße eines Bildes oder einer Seite anzeigen und zum Positionieren und zum Beschnitt verwendet werden.

Schnittstelle
EDV: Anschlussmöglichkeit.
Übergangsstelle zwischen Computer und peripheren Einheiten wie Bildschirm, Menütablett, Maus, Drucker.

Schöndruck
Der erste Druck auf eine Seite eines bisher unbedruckten Bogens. Der Druck der Bogenrückseite > Widerdruck.

schönen
Die Farbtiefe schwarzer Druckfarben ist in der Regel nicht ausreichend. Deshalb setzte man dem > Ruß (wichtigstes Schwarzpigment) dunkle Blaupigmente zu und „schönt" damit die Druckfarbe.

Schönseite
Papierherstellung: Langsiebpapiermaschinen entwässern den Ganzstoff grundsätzlich nur einseitig. Dadurch entstehen leicht unterschiedliche Papieroberflächen: Die untere Seite (> Siebseite) ist minimal rauer als die Oberseite (Filzseite).
Die Filzseite wird Schönseite genannt.

Schön- und Widerdruck
Druck der Vorder- und der Rückseite eines Druckbogens. Bei einem 16-seitigen Druckbogen kann z. B. mit zwei verschiedenen Druckplatten gedruckt werden.
Dabei stehen je 8 Seiten auf einer Druckplatte. Ausgeschossen werden auf einer Bogenseite die Seiten 1, 4, 5, 8, 9, 12, 13, und 16, auf der anderen Bogenseite die Seiten 2, 3, 6, 7, 10, 11, 14 und 15.

Schöpfvolumen
> Kammerrakel, > Rasterwalze, > Flexodruck

Schraubheftung
Spezielle Bindung, bei der die einzelnen Seiten eines Produktes in richtiger Reihenfolge zusammengetragen, gelocht und mit Buchbinderschrauben geheftet werden. Diese Art der Bindung erlaubt ein Ergänzen oder Wechseln von Blättern.

Schreibpapier
Meistens holzstofffreie, voll geleimte, glatte Papiere; tintenfest, stark satiniert. Im Handel vielfach kurz SM-Papier genannt. > satinieren

Schreibschriften
Druckschriften, die aus der Handschrift entwickelt worden sind.
> Klassifikation der Schrift

Schreibschutz
1. Schutzfunktion an einem Datenträger, der ein unabsichtliches Löschen der gespeicherten Daten verhindert.
2. Einstellung des Autors, z. B. bei erstellten PDF-Dateien, dass eine solche Datei nicht verändert werden darf bzw. kann.
   Die Einstellungen der Datei zeigen an, dass eine Änderung nicht zulässig ist.
   > Kopierschutz

Schrenz
Zähe, dünne Pappen oder starke Kartons, die als > Rückeneinlage bei Bucheinbänden verwendet werden.

Schrenzpapier
Einfachstes > AP-Papier, das ausschließlich aus unsortiertem Altpapier hergestellt wird.
Es ist meistens grau, manchmal bräunlich eingefärbt und hat ein Flächengewicht von 80 g/m^2 und mehr. Es dient vorwiegend als Ausgangsstoff für verschiedene Wellpappen und bei der Buchdeckenherstellung als Einlagematerial im Rücken.

Schrift
Informationsträger, Informationssystem: Festgelegtes System von abstrakten grafischen Zeichen für bestimmte Laute (Buchstabenschrift), um Informationen (Gedanken, Sprache) visuell zu speichern und zu übermitteln. Schrift ist die „Konserve" der Sprache und damit Basis für eine visuelle, eindeutige Kommunikation und Informationsübertragung.
Phonetisierte Schriften: Zeichen (Buchstaben) stehen für einen bestimmten Laut in der Sprache. > Anhang – 2 Schrift

Schrift: Anwendungen
Jede Schrift hat ihrem Charakter entsprechend bestimmte Wirkungen, die jedoch nicht bei jedem Betrachter identisch sind. Trotzdem gibt es Kriterien, mit denen sich der Anwender intensiv auseinandersetzen muss, um bewusst entscheiden zu können. Aspekte zu einer Beurteilung einer Schrift sind
- Form: weich, weiblich, hart, männlich, eckig, lesefreundlich, weniger lesefreundlich u. a.,
- Zeitgeist: konservativ, modern, avantgardistisch, traditionell u. a.,
- Auffälligkeit und Dynamik:
  ruhig, lebendig, schreierisch, auffällig, statisch, dynamisch.

Das Produkt, die Zielgruppe, der Zweck und die zu vermittelnde Botschaft sind entscheidend für die Auswahl einer Schrift und möglichen Schriftmischungen, z. B.: Geschäftsausstattungen, Bildband, Roman, Werbung für Kosmetika, Werbung für ein Bauunternehmen, Lexikon, Kinderbuch, Lesetext und Überschriften in einer Zeitung oder Zeitschrift, Plakat, Verpackung, Schrift auf dem Bildschirm.
Beispiele siehe > Anhang – 2 Schrift.

Schriftart
Engl.: typeface. Eine spezifische Schrift

mit charakteristischen Merkmalen aus einer Schriftgruppe (> Klassifikation der Schrift).
Beispiel:
- Schriftgruppe VI: Serifenlose Linear-Antiqua
- Schriftarten: Frutiger, Helvetica, Univers

> Schriftgruppe, > Schriftfamilie

Schriftbildträger
Früher in der Fotosatztechnik eingesetzte materielle negative Schriftzeichen auf rechteckigen Platten, runden Scheiben u. Ä., mit denen jedes einzelne Schriftzeichen belichtet wird.
Sie werden auch Grid, Font oder Schriftscheibe genannt. Fotosetzsysteme arbeiteten mit immateriellen, digital gespeicherten Schriften. Belichtet wurde mit einer Kathodenstrahlröhre oder mit einem Laser.

Schriftcharakter
Auch: Duktus. Typische Gestaltungsmerkmale als Summe aller Formelemente einer bestimmten Schrift wie Strichstärken, Grund- und Haarstriche, Rundungen, mit oder ohne Serifen, Art der Serifen u. a.

Schriftfamilie
Gesamtheit aller > Schriftschnitte (Ausprägungen), die für eine ganz bestimmte Schrift entworfen wurden.
Sie unterscheiden sich nach der Strichstärke, Laufweite und Strichlage.
> Schriftschnitt
Beispiele zur Helvetica:
leicht, mager, normal, halbfett, fett, kursiv, Kapitälchen usw.

Schriftgarnitur
Sämtliche Schriftgrößen eines bestimmten Schriftschnittes, z. B. Univers halbfett von 6 p bis 60 p. Diese Bezeichnung ist aus dem Bleisatz abgeleitet, bei dem für jede Schriftgröße eine materielle Menge Bleibuchstaben vorhanden sein musste.
> Anhang – 2 Schrift

Schriftgrad
Bezeichnung für die Größenangabe einer Schrift, früher in Didot-Punkten (p), heute in DTP-Points (pt) angegeben. Optisch können Schriften mit gleichem Schriftgrad je nach > Schriftart nach unterschiedlich groß wirken. > Schriftgröße

Schriftgröße
Basis für die Angabe der Schriftgröße war die Kegelgröße einer Bleisatzletter.
Alle Bleisatzlettern in einem bestimmten Schriftgrad waren gleich hoch. Die Kegelgröße berücksichtigt sowohl die notwendigen Oberlängen (Versalbuchstaben, ggf. auch Kleinbuchstaben) als auch Unterlängen (bei bestimmten Kleinbuchstaben) einer Schrift unterhalb der > Schriftlinie. Der sogenannte vertikale Flächenbedarf einer Bleisatzletter („Raumbedarf" genannt) ist der Mindestabstand, der erforderlich ist, damit > kompress (direkt) untereinanderstehende Zeilen nicht im Schriftbild aneinanderstoßen. Bei elektronisch gespeicherten Schriften ist ein materieller Kegel nicht sichtbar. Daher sind Angaben der Schriftgröße nicht exakt eindeutig. Zur annähernden Messung der Schriftgröße in DTP-Punkt (pt) wird ein Typometer eingesetzt.
Typografisch unterscheidet man bei Schriftgrößen prinzipiell
- Konsultationsgrößen:
  Schriftgrößen zwischen 6 und 8 pt, d. h. 2,1 bis 3,0 mm.
  Einsatzbereich: Umfangreiche Texte in Lexika, Nachschlagewerken, Telefonbüchern u. Ä., bei denen nur kurze Informationen gelesen werden.
- Lesegrößen:
  Schriftgrößen zwischen 9 und 12 pt, d. h. 3,1 bis 4,5 mm.
  Einsatzbereich: Lesen umfangreicher Texte bei normalem Leseabstand.
- Schaugrößen:
  Schriftgrößen über 14 pt bzw. 5,0 mm.
  Einsatzbereich: Schlagzeilen, Überschriften (Akzidenzen, Zeitschriften,

Zeitungen u. a.), Buchtitel, Präsentationen (mindestens 14 pt);
Schriftgrößen über 10 mm eignen sich für Plakate, Hinweistafeln u. Ä.
> Anhang 2 Schrift

Schriftgruppe
Bezeichnung für eine zusammengehörende Gruppe von Schriften mit gleichem Charakter, die in der gleichen kulturgeschichtlichen Epoche oder mit gleichen typischen Merkmalen zu späterer Zeit entstanden sind. Alle Schriften sind in einer > Schriftklassifikation nach DIN 16518 zu Schriftgruppen zusammengefasst.

Schrifthöhe
Im Bleisatz beträgt die genormte Höhe einer Bleiletter 62 $^2/_3$ p = 23,566 mm.

Schriftkegel
Ausdehnung einer Bleiletter (Buchstabe) in der Höhe. Der Schriftkegel entspricht dem > Schriftgrad bzw. der Schriftgröße.

Schriftklassifikation
> Klassifikation der Schrift

Schriftlinie
Optisch die unterste Begrenzungslinie von Versalien und der Kleinbuchstaben ohne Unterlänge. Bei der Gestaltung, Arbeitsvorbereitung und bei der Satzherstellung ist die Schriftlinie die Basis für die Positionierung der Buchstaben und Zeichen einer Zeile.

S

Schriftmischungen
Der Einsatz verschiedener Schriftschnitte einer bestimmten Schrift oder die Kombination verschiedener Schriftfamilien für die Gestaltung eines Druckproduktes und die Auszeichnung innerhalb des Textes.
Wichtige Grundregeln sind u. a.: Schriften einer gleichen Stilrichtung (Schriftklasse) dürfen nicht gemischt werden. Es ist mit möglichst wenig unterschiedlichen Schriften und Schriftschnitten zu gestalten.
Im Allgemeinen sind für alle typografischen Arbeiten eine Schriftfamilie und maximal zwei weiteren Schriften ausreichend.
Es gilt: Je sparsamer, desto besser.

Schriftmodifikation
> Modifikation

Schriftsatz
Erfassen und typografisches Verarbeiten von Texten durch das Zusammenstellen von Schriftzeichen (Typen) zu einer Satzseite.
Entwicklung: Die Erfindung des Handsatzes mit beweglichen, einzelnen Bleilettern durch Johannes Gutenberg (um 1450) löste das langwierige Abschreiben von Texten zur Vervielfältigung ab.
Über 400 Jahre später brachte die Erfindung der Setzmaschine durch Ottmar Mergenthaler (1882) die erste große Umwälzung in der Satzherstellung:
Der Schriftsatz wurde mechanisiert. Etwa 100 Jahre behielt der maschinelle Bleisatz neben dem Handsatz seine Bedeutung, bevor der Fotosatz (insbesondere durch den Bedarf an Kopiervorlagen für den Offsetdruck gefordert) rasch an Bedeutung gewann und die Bleisatzära ablöste.
Deutsche Unternehmen entwickelten einen weltweit bedeutenden Standard von einfachen Fotosatzgeräten bis zu rechnergesteuerten Fotosatzsystemen.
Keine 30 Jahre danach war auch diese Zeit – beginnend durch einen kleinen Macintosh mit entsprechender Software zur Text- und Bildverarbeitung sowie Text- und Bild-Integration – beendet. Computer und Software haben die „klassische" Satztechnik und die Bildreproduktion und ebenso die beruflichen Aufgaben und Tätigkeitsbereiche der Druckvorstufe vollständig abgelöst.

Schriftschnitt
Verschiedene Ausprägungen innerhalb einer > Schriftfamilie durch Strichstärke, Laufweite und Strichlage sowie dazugehörende Sonderformen.
Beispiel für Schriftschnitte der Times:

Times (normal), Times Italic, Times Bold. Schriftkünstler haben einige Schriften sehr stark ausgebaut und variiert:
- Schriftbreite (Laufweite), z. B. extraschmal, schmal, normal, breit, extrabreit;
- Schriftstärke (Strichstärke), z. B. ultraleicht, leicht, mager, Buch, normal, halbfett, fett, extrafett;
- Schriftlage (Strichlage), z. B. normal, kursiv (in der Regel nach rechts geneigt).
- Sonderformen, z. B. Kapitälchen.

Schriftschnitte siehe Anhang.

Schriftsetzer
Frühere Bezeichnung für einen Ausbildungsberuf in der Druckvorstufe.
Es wurden ausschließlich Texte erfasst (gesetzt) und typografisch gestaltet.
Hinzu kam der Seitenumbruch:
das Zusammenstellen und Positionieren von Texten mit Bildern zu einer fertigen Druckseite.

Schuber
Schutzhülle für Bücher oder Broschuren aus sehr starkem Karton oder kaschierten Pappen, bedruckt oder unbedruckt.

Schulter
Reproduktion: > charakteristische Kurve.

schummern
Bildvorlage: Zeichnung bzw. Darstellung mit weichen Bleistiften, Farbstiften oder mit elektronischen Techniken bei immaterieller Herstellung, um weich verlaufende (schummrige) Übergänge im Bild zu erzielen.

Schusterjunge
Fachwort für einen typografisch unzulässigen Umbruch: Die (eingezogene) erste Zeile eines neuen Absatzes steht als unterste Zeile einer Satzseite bzw. Spalte. Die folgende Seite beginnt demnach mit der zweiten Zeile des Absatzes.
> Hurenkind

Schüttelmarke
Kontrollmarke für den Stand, die beim Schütteln der Bogen sichtbar wird.

schütteln
Glattstoßen der Bogen von Hand oder mit speziellen Rüttelmaschinen.

Schutzlackierung
Druckveredelung mit Dispersionslack auf wässriger Basis in geringer Schichtdicke.
Der Lack wird hauptsächlich zur Erhöhung des Scheuerschutzes und zur Reduzierung der Pudermenge in der Bogenauslage eingesetzt.

Schutzleiter
Elektrische Geräte: Bei einem technischen Fehler leitet der Schutzleiter gefährliche elektrische Spannungen von dem Metallgehäuse eines Elektrogerätes ab, um Unfälle durch elektrischen Strom zu vermeiden. Farbe des Schutzleiters (Kabel): grün-gelb.

Schutzschicht
Auf > Fotomaterial eine spezielle Beschichtung der lichtempfindlichen Schicht, die vor (leichten) mechanischen Verletzungen bei unbelichteten Filmen schützt.

Schutzumschlag
Bedrucktes, vielfach lackiertes Papier, das um den Einband eines Buches gelegt und seitlich um die Vorderkanten der Buchdecke eingeschlagen wird.
Die „Klappen" (eingeschlagene Seitenstreifen) werden als sogenannter Klappentext zur Information und Werbung verwendet.

Schutz vor Schadprogrammen
Voraussetzung ist das richtige Verhalten des Nutzer im Umgang mit Daten, insbesondere Daten aus dem Internet.
Beispiele: Öffnen von Mail-Anhängen unbekannter Absender. Download von

unsicheren Websites. Grundsätzlich sollten Schutzprogramme, die es von verschiedenen Anbietern gibt, eingesetzt werden.
> Malware, > Spyware

Schwankungen
Nach > ISO 12647-2:
Unterschiede zwischen dem OK-Bogen (Vorgabe für den Druckprozess) und den Exemplaren im Auflagendruck.

Schwankungstoleranz
Druckqualität, nach > ISO 12647-2:
Maximal zulässige Abweichungen eines Fortdruckbogens aus der Gesamtauflage im Vergleich zum OK-Bogen (Vorgabe für den Druckprozess, Gut-zum-Druck-Bogen). Höchstens 32 % der Exemplare einer Auflage dürfen ±8 % und höchstens 5 % außerhalb von ±16 % liegen.
Die Abweichungen in Prozent beziehen sich auf die Farbdichte zum OK-Bogen, sie sind u. a. von der Druckbogengröße und der Auflagenhöhe abhängig.

Schwanz
Druckweiterverarbeitung: Der unterste Teil des Buchrückens.

Schwarz
Unbunte Körperfarbe, die theoretisch alle auftreffenden Lichtstrahlen absorbiert. Es gelangt demnach von der mit Schwarz bedruckten Stelle kein Licht in unser Auge: Wir sehen „nichts". Das Auge empfängt keine Strahlung, deshalb empfinden wir Schwarz. > Auge
Bei einem Vierfarbdruck wird mit den Prozessfarben Cyan (C), Gelb (Y) und Magenta (M) gedruckt, zusätzlich ist Schwarz als vierte Druckfarbe erforderlich, um den notwendigen Kontrast und die gewünschte Brillanz im Druckbild zu ergeben.
In diesem Prozess wird das Schwarz mit der Abkürzung K (engl. Key = Schüssel, Schlüsselfarbe) angegeben.
Damit ist eine Verwechslung mit Blue (Blau = B) auszuschließen.

Schwarzaufbau
Ein Digitalfoto besteht aus RGB-Daten.
Bei der Farbseparation von RGB (Rot-Grün-Blau) zu CMYK (Cyan-Magenta-Gelb-Schwarz) muss ein weiterer Farbkanal in der Reproduktion hinzugefügt werden.
Die Buntfarben sind dementsprechend anzupassen.
Das Schwarz beeinflusst den Farbverbrauch der Buntfarben, insbesondere aber die Einhaltung der Grau- bzw. Farbbalance im Auflagendruck.
> GCR, > UCR

schwarzer Körper
> Farbtemperatur

schwarze Volltonfläche im Druck
Eine schwarze Volltonfläche wirkt nicht ausreichend farbkräftig und intensiv.
Deshalb soll eine Volltonfläche im Druck mit ca. 40 % Rastertonwert im Cyan unterlegt werden.
Damit wirkt das Schwarz plastischer und satter.

Schwarzfarben
Reproduktion: Die bei der Farbreproduktion auszufilternden Farben, die im Idealfall transparent wie das Schwarz sein sollten. In diesem Fall liegt eine gute Farbsättigung vor.
> Weißfarben sind demnach die im Negativ geschwärzten und im Positiv transparenten (weißen), nicht druckenden Farben.

Schwarzfilter
Bez. für ein Infrarotfilter. Tiefrot gefärbtes Filter für die Infrarot-Fotografie.

Schwarzlicht
Optische Erscheinung, bei der durch das menschliche Auge Wellenlängenbereiche der UV-Strahlungen an fluoreszierenden Stoffen wahrgenommen werden.
Dabei werden diese Strahlungen kurzzeitig in den sichtbaren langwelligeren Bereich verschoben.

Schwarzpunkt
Reproduktion: Ein als dunkelster Punkt eines Bildes definierter Bereich, nach dem andere Bereiche bei der Bilddatenerfassung eingestellt werden.

Schwärzung
Auf Fotomaterial durch Belichtung und Entwicklung erzeugtes Silberbild. Densitometrisch wird die Stärke der Schwärzung bei Aufsichtsvorlagen als Auflichtdichte, die Stärke der Schwärzung bei einem Film als Durchlichtdichte gemessen.

Schwärzungskurve
Reproduktion: Grafische Darstellung der Schwärzung des lichtempfindlichen Materials in Zusammenhang mit der Belichtung. Die Form der Kurve wird durch das Fotomaterial und die Entwicklung bestimmt. > charakteristische Kurve, > Gradation, > Sensitometrie

Schwärzungsumfang
> Dichteumfang

Schweizer Broschur
Der aus Falzbogen bestehende Rohblock (Innenteil) wird fadengeheftet oder klebegebunden, er wird gefälzelt und nur auf der dritten Seite des Umschlags eingehängt (angeklebt).
> Broschur, > einhängen, > Fälzel

Schweizerdegen
In früheren Buchdruckereien ein Mitarbeiter, der sowohl eine Ausbildung als Schriftsetzer wie auch als Drucker hatte.

Schwellwert
Punkt, bei dem ein bestimmter Vorgang beginnt oder sich ändert. Beim Scannen einer Bildvorlage entsteht an einem bestimmten Schwellwert ein Pixel in Schwarz oder Weiß.

SC-Papier
SC: Engl. Abk. für Super Calandered. Holzstoffhaltiges, füllstoffreiches und sehr scharf satiniertes Rollendruckpapier, das u. a. für den Zeitschriftendruck eingesetzt wird.

Screen
Engl. Bez. für den Bildschirm sowie auch für einen Raster.

Screendesign
Mediengerechte Aufbereitung der Daten (Texte, Bilder, Grafiken) und zielgruppengerechte Gestaltung.
Zu beachten ist, dass viele Schriften oder Schriftschnitte auf dem Bildschirm wesentlich schlechter zu lesen sind als auf Papier. Für den Nutzer sind ein schneller Seitenaufbau, eine klare Struktur der Seiten und ein rasches Navigieren wichtige Kriterien. „Je komplexer die Datenstruktur, desto anspruchsvoller wird die Anforderung an die Navigation. Eine Grundregel besagt, dass man nicht mehr als sieben Elemente (z. B. Buttons) auf einer Seite platzieren soll. Mehr als sieben kann der Nutzer nicht mehr gleichzeitig ordnen." (nach R. Turtschi)

screen fonts
> Bildschirmschrift

Screenshot
Abbildung als „Bildschirmfoto". Digitale Aufzeichnung und Speicherung der Informationen auf dem aktuellen Bildschirm durch verschiedene Tastenkombinationen, so genannte > Shortcuts.
Dabei können ein Bildschirmfoto des gesamten Bildschirms oder mit Hilfe eines Fadenkreuzes Teile daraus aufgezeichnet und gespeichert werden
Das gespeicherte Produkt wird ebenfalls Screenshot genannt.

Scribble
Gestaltung: Skizzenartige, flüchtige Ideenskizze für die Gestaltung und das Layout eines Druckproduktes.

Aus einem Scribble sollte die Stellung der Satzgruppe(n) auf der Seite, die Randverhältnisse, die Gliederung der Texte, die Satzanordnung und die Schriftabstufungen zu ersehen sein.

scrollen
Das Vor- und Rückwärtsbewegen der Darstellung auf einem Bildschirm.

SCSI
Engl. Abk. für Small Computer System Interface. Schnittstelle zur Steuerung von Festplatten, CD-ROMs, Wechselplatten, Streamer, Scanner, Drucker und andere Peripheriegeräte.
Ein Kontroller ist im Gerät eingebaut, das Verbindungskabel enthält Befehls- und Datenleitungen.
Plattformübergreifende Norm für PCs und Apple-Computer.

SD-Papier
Abkürzung für > selbstdurchschreibende Papiere.
In Mikrokapseln eingebettete Farbstoffe werden durch Druck zerstört und bewirken auf einer chemisch behandelten „Nehmerschicht" eine farbige Reaktion.
Man unterscheidet drei unterschiedliche Papierarten:
CB = coated backside (Oberblatt),
CFB = coated front and back (Mittelblatt),
CF = coated front (Unterblatt).

S

Secure-Socket-Layer-Verfahren
> SSL-Standard

Segment
1. Allg.: Abschnitt, Teilbereich.
2. Druckmaschinen: Teil eines Kreises als Maschinenteil, z. B. Ziehmarkensegment.

Sehen
> Auge.

Seidenpapier
Sehr dünne Packpapiere mit einer Flächenmasse von 8–25 g/m^2 in unterschiedlichen Qualitäten, z. B. für Flaschen- und Blumenverpackungen.

Seifenoper
Nach dem Engl.: soap opera.
Billig produzierte Fernsehserien, die regelmäßig täglich oder wöchentlich ausgestrahlt werden.
Inhalte der Sendungen und das Drehbuch werden oftmals kurzfristig zusammengestellt. Der Zuschauer erkennt keinen eindeutigen Anfang oder ein vorhersehbares Ende.
Die erzeugte hohe Spannung am Ende der Sendung soll zum Konsum der folgenden Sendung anregen.
Ziel ist es, in vielen langen Werbepausen für verschiedenste Produkte zu werben.

Seitenbeschreibungssprache
Spezielle Programmiersprache (> PDL, Page Description Language), mit deren Hilfe unterschiedlichste Schriftarten und Schriftgrößen (bestehend aus Linienzügen oder Kurven) sowie digitalisierte Abbildungen und Grafiken (z. B. aus einzelnen Punkten) auf einer Seite positioniert werden können.
Die Seitenbeschreibungssprache ermöglicht die gemeinsame Ausgabe in einem einheitlichen Datenformat auf Ausgabesystemen (Laserdrucker, Belichtungssysteme). Die bearbeiteten Daten werden durch einen > RIP für die Ausgabe durch ein Lasersystem aufbereitet. Eine der wichtigsten Seitenbeschreibungssprachen ist zurzeit > PostScript.

Seitenmontage
Zusammenfügen einzelner Text-, Bild- und sonstiger Teile zu einer dem Layout entsprechenden (Druck-)Seite. Bei dem Setzen der Texte sind dazu sämtliche Vorgaben des Layouts (z. B. Schriftart, Zeilenabstand, Spalten) und typogra-

fische Gesetzmäßigkeiten und Regeln zu beachten. Grafiken und Bilder müssen den Vorgaben entsprechend reproduziert sein.

1. Manuelle Seitenmontage (heute keine Bedeutung mehr): Einzelne Seitenelemente auf Fotopapier oder Filmmaterialien werden manuell zusammengefügt.
2. Elektronische Seitenmontage: Digital gespeicherte Seitenelemente werden am Bildschirm positioniert und als Ganzseite abgespeichert.
   Dabei können Text- und Bilddaten noch bearbeitet werden.

seitenrichtig
Bildorientierung: Begriff, der zur Kennzeichnung von Bildvorlagen und von Filmmaterial bzw. Kopiervorlagen verwendet wird. Seitenrichtig ist das Produkt, wenn die Schichtseite (Informationsträger, Bildseite im Gegensatz zur Trägerseite) nach oben zum Betrachter zeigt und die Bildinformationen seitengleich mit der Vorlage abgebildet sind. Beispiel für eine seitenrichtige Kopiervorlage mit Text: Die Schichtseite des Films (Kopiervorlage) ist oben zum Betrachter weisend, der Text ist dabei „normal" zu lesen. > seitenverkehrt

Seitenumbruch
Ältere Bezeichnung für die komplette > Seitenmontage.

Seitenumkehrung
Abbildungen von seitenverkehrt in seitenrichtig oder umgekehrt umwandeln.
Fachwort: > Kontern.

Seitenverhältnis
Verhältnis von Breite zu Höhe. Beispiele: Papierformate nach DIN haben ein festes Seitenverhältnis von $1:\sqrt{2}$, CCD-Sensoren meistens ein Seitenverhältnis von 4:3.

seitenverkehrt
Bildorientierung. > seitenrichtig.
Beispiel für eine seitenverkehrte Kopiervorlage mit Text: Schichtseite des Film ist oben, der Text ist „nicht normal" zu lesen (spiegelverkehrt, d. h., die Schrift läuft bei normaler Betrachtung von rechts nach links).

Sekundärfarben
Mischung von zwei bunten Druckfarben einer Farbskala, z. B. Cyan + Gelb = Grün, Magenta + Gelb = Rot, Cyan + Magenta = Blau. Bei der Mischung der ersten Ordnung sind die Mischungsanteile beider Druckfarben gleich. Alle anderen Mischungen zählen zu Sekundärfarben der zweiten Ordnung.

Sekundärfaserstoff
Faserstoff für die Papierherstellung, der aus Altpapier gewonnen wird.
> Deinking, > Recycling

selbstdurchschreibende Papiere
Die Gruppe der sogenannten SD-Papiere ermöglicht ein Durchschreiben ohne das Zwischenlegen von Kohlepapier. Bekannt sind unterschiedliche Verfahren, von denen das chemische Reaktionspapier die größte Bedeutung am Markt hat.
Winzige Mikrokapseln, gefüllt mit Farbstoffen, werden durch Druck (Kugelschreiber, Schreibmaschinenanschlag u. a.) zerstört und bewirken auf einer chemisch behandelten Oberseite (Nehmerschicht) des folgenden Papiers eine Farbübertragung. Bezeichnungen für die verwendeten Blattsorten:
CB = coated backside (erstes Blatt mit nur einer Geberschicht unten)
CF = coated frontside (unterstes Blatt mit nur einer Nehmerschicht oben)
CFB = coated front- and backside (Mittelblatt mit einer Nehmerschicht oben und einer Geberschicht unten)

Selbstklebefolie
Eine Vielzahl von verschiedenen sehr dünnen Folien aus PVC (Polyvinylchlorid) oder PET (Polyester). Eine der Folienseiten ist

selbstklebend, die andere sehr glatt und brillant zu bedrucken. Die Klebeschicht ist entsprechend dem Anwendungsbereich in ihren Klebeeigenschaften und der Klebkraft zu modifizieren. Selbstklebefolien sind kostengünstig und flexibel für verschiedene Werbemaßnahmen einzusetzen, z.B. Werbung in Schaufenstern, auf Fahrzeugen, auf Werbeplanen oder als Aufkleber auf verschiedenen Produkten.
> Schneideplotter

Selbstklebepapier
Ein grundsätzlich aus zwei Schichten aufgebautes Papier mit einer dazwischenliegenden Klebstoffschicht. Die oberste Schicht kann bedruckt werden. Trägermaterial ist die unterste mit Silikon beschichtete Papierschicht. Der Klebstoff haftet nur fest an der oberen Schicht, nicht aber an der unteren Trägerschicht.

Selected-commercial-Druckmaschinen
Drucktechnik: Produktionsbereich des Rollen-Offsetdrucks, der qualitativ zwischen dem Zeitungsdruck und dem Illustrationsdruck (Akzidenzdruck) liegt.
Für diesen erweiterten Produktionsbereich sind die Zeitungs-Rollen-Offsetdruckmaschinen mit zusätzlichen Aggregaten und Einrichtungen ausgestattet. Die Technik wird auch Semi-commercial genannt.

selektieren
Auswählen, auslesen.

Selektion
Aussonderung. Druckindustrie: Zerlegung einer Farbvorlage durch > Selektionsfilter in einen > Farbauszug, der im späteren Zusammendruck mit den subtraktiven Grundfarben die Bildvorlage gleichfarbig wiedergibt.

Selektionsfilter
Farbauszugsfilter.

selektive Bindung
Engl.: selective binding. Individuelle Bindung einer Publikation (Buch, Katalog, Zeitschrift, Anleitung u. a.) für eine Zielgruppe oder eine bestimmte Person.

Selektive Farbkorrektur
Verfahren zur Farbkorrektur im Detail.
Es werden sehr gezielte und feine farbliche Veränderungen im digitalen Bild vorgenommen.

Selenzelle
Selen ist ein chem. Element, Zeichen Se. Physikalische Eigenschaften: Nichtmetall mit mehreren Modifikationen, darunter eine metallische. Die metallähnliche kristalline Modifikation ist ein Halbleiter und ändert bei Belichtung ihre elektrische Leitfähigkeit. Das heißt: Bei Lichteinfall wird Selen elektrisch leitend.
> Fotozelle

Self-Check
Selbstüberprüfung aller wichtigen Funktionen beim Einschalten eines Gerätes (Rechners).

Semantik
Bez. aus dem Griechischen. Sprache: Bedeutung sprachlicher Zeichen und Zeichenfolgen. Teilgebiet der Sprachwissenschaft (Linguistik), das die Bedeutung von Wörtern, Sätzen und Texten untersucht.

semi...
Vorsilbe für: halb...

semi-automatic
Halbautomatisch.

Semi-commercial
> Selected-commercial-Druckmaschinen

Semikolon
Strichpunkt zur Interpunktion.
Das Semikolon steht zwischen Sätzen oder Wortgruppen. Es zeigt eine geringere

Trennung als der Punkt, aber eine stärkere als das Komma an

Sender
Kommunikation: Übermittler einer Botschaft, Information u. a. über die Sprache oder ein Medium (Kanal) an einen Empfänger. Entscheidend für die Verständigung ist grundsätzliche dieselbe Sprache. Beeinflusst wird das Verstehen durch verschiedene Störungen und Einflüsse, z. B.

- Seite des Senders:
  Absicht (Manipulation, Beeinflussung), Einstellung zum Empfänger (Sympathie, Vorurteil, Schüler – Lehrer, Lehrer – Schüler), Kompetenz in Sprache und Stil
- Seite des Empfängers:
  Erfahrungen (Kenntnisstand, Wissen), Persönlichkeit des Senders (Bekanntheit, persönliche Beziehung, Glaubwürdigkeit), Motivation und Interesse, persönliche Situation (Zeit, Stress), Kompetenz in Sprache und Stil
- Art der Kommunikation:
  Form der Darbietung und Information (Übermittlungsmedium, Schrift, Verständlichkeit, Lesbarkeit, Gliederung), Sprache (Klarheit, Verständlichkeit, Fachsprache), äußere Einflüsse beim Empfang der Informationen (Zeit, Ruhe, Lärm, Bewegung, Licht)

Hinzu kommen bei einer persönlichen, direkten Kommunikation sogenannte nonverbale Einflüsse wie Gestik, Mimik, Tonfall.

Sensibilisatoren
Farbstoffe, die lichtempfindliche Schichten, z. B. der fotografischen Aufnahmematerialien, für bestimmte Strahlungen (Lichtfarben) empfindlich machen.

Sensitometrie
Wissenschaftliche Methoden und Verfahren, mit denen die chemischen und physikalischen Wirkungen der Belichtung und Entwicklung von Fotomaterialien untersucht wird. Ziel ist es, die fotografische Charakteristik zu ermitteln, mathematisch zu erfassen und zu beschreiben. > Densitometrie.
Zur Messung der verschiedenen Einflüsse wird ein Graukeil auf die lichtempfindliche Schicht belichtet, der mit einem Densitometer ausgemessen wird. Nach diesen Daten kann die > Schwärzungskurve gezeichnet werden, die Informationen über den Verarbeitungsprozess visualisiert.

Sensor
Fühler. Übergeordneter Begriff für alle Wandler, die physikalische Größen wie Helligkeit (Licht), Druck, Temperatur, Bewegung u. a. in elektrische Signale bzw. entsprechende Größen umsetzen, erfassen und weiterleiten. > Aktor.

Sensortasten
Tasten zur Bedienung von Geräten der Elektronik, die auf Berührung ansprechen und ohne bewegliche Teile arbeiten.

sequentiell
EDV: > Zugriff.

seriell
EDV: Aufeinanderfolgend. Alle Daten werden nacheinander in einzelnen Bits über Leitungen weitergeschickt und verarbeitet. Serielle Programme bearbeiten alle Anweisungen der Reihe nach.

serielle Bildübertragung
> Bildübertragung.

Serifen
Charakteristische An- und Abstriche.
Waagerechte, senkrechte oder schräg laufende Abschlussstriche oder Begrenzungen von Grundstrichen an Buchstaben einer Schrift. > Klassifikation der Schrift

Serigrafie
Künstlerischer Durchdruck.

seriös
Ehrlich, glaubwürdig, ernsthaft, vertrauenswürdig

Seriosität
Vertrauenswürdigkeit.
Beispiel: Für das Bewerten einer Veröffentlichung im Internet ist vor allem die Seriosität zu beachten.
Das Beachten einiger Prüfkriterien bewahrt vor unseriösen Informationen, z. B.
- Verfasser, Autor; ggf. Qualifikation, Impressum
- Betreiber des Servers
- Datum der Veröffentlichung, Aktualität
- Übersichtlich strukturierte Webseite
- Umfangreiche und verständliche (Sach-) Informationen
- Rechtschreibung und Zeichensetzung stimmen
- Quellenangaben, ggf. weiterführende Literatur

Server
Computer, der Netzwerkdienste für andere Computer anbietet, z. B. Datenverwaltung, zentrale Dienste wie Drucker, Fax, Internetzugang.
Der Server, auch „host" genannt, ist ein spezieller (dezidierter) Computer in einem Netzwerk.
Beispiele für den Einsatz:

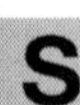

- Printserver: Abwicklung zur Steuerung von Dateien an den Drucker.
- Fileserver: Dateitransfer und zentrale Dateiverwaltung. Bereitstellung von Programmen und Daten innerhalb eines Netzwerkes zur Entlastung angeschlossener Computer.
- Mailbox-Server: elektronische Post.
- OPI-Server: Zentrale Feinbilddatenverwaltung für die Ausgabesysteme.

Service-Provider
Kommerzielle Anbieter, die einen Zugang zum Internet ermöglichen.
> Provider

Session
Sitzung, Tagung, Konferenz. In der Technik verwendet für kurzzeitige Kommunikationen.

Setzanweisung
Vordruck mit genauen, detaillierten Angaben für die Satzherstellung.
Beispiele: Auftraggeber, Auftrag, Datum, Bearbeiter; Satzherstellungsverfahren, herzustellendes Endprodukt, Satzspiegelformat, Blocksatz/Flattersatz, Schriften, Schriftgröße(n), Zeilenabstand, Auszeichnungen, Überschriften, lebender/toter Kolumnentitel, Marginalien usw.; Rechtschreibung nach Duden, Abkürzungen; Fahnen, Umbruch, Termine.

Setzer
Kurzbezeichnung für > Schriftsetzer.

SGML
Abk. für Standard Generalized Markup Language.
Internationaler Standard (ISO) für Auszeichnungen in technischen Dokumentationen.

Shareware
Im Netzwerk zur Verfügung stehende Software, für die der Nutzer freiwillig eine Nutzungsgebühr an den Entwickler oder Autor bezahlt.

Shore-Härte
Härtemessung bei Gummi nach
DIN 53505.
Messwert in Grad Shore;
0 °Shore = geringste Härte,
100 °Shore = größte Härte (Vergleich: Glas).

Shortcut
Engl. für: Abkürzung. In der EDV einfache, rasch auszuführende Tastenkombinationen gleichzeitiges Betätigen oder unmittelbar nacheinander folgende Eingaben (Tastenfolgen), die einen Steuerbefehl ausführen.

Short run
Engl. Bez. für den Druck von Kleinst- und Kleinauflagen.

Short-run-color
Bezeichnung für das wirtschaftliche Drucken farbiger Kleinauflagen im > Digitaldruck.

Sicherheitsdatenblatt
Ein nach DIN genormtes Blatt, das der Hersteller von chemischen Produkten ausstellen muss.
Anzugeben sind der Hersteller des Produktes, die Produktbezeichnung (Handelsname), chemische Charakterisierung, physikalische und sicherheitstechnische Angaben, Hinweise zum Transport, Schutzmaßnahmen, Lagerung und Handhabung, Maßnahmen bei Unfällen und Bränden, Angaben zur > Toxikologie und zur > Ökologie.

Sicherheitsfaden
Sicherheitsmerkmal bei Banknotenpapieren zum Schutz gegen Fälschungen. Der Sicherheitsfaden wird allgemein bereits bei der Papierherstellung in das Papier eingebettet.
Er besteht aus einem feinen durchgängigen oder unterbrochenen Metall- oder Kunststoffstreifen, der bei der Betrachtung im Gegenlicht zu sehen ist.
Der Sicherheitsfaden kann zudem bestimmte Merkmale enthalten oder bedruckt sein.

Sicherheitsstufen, auftragsbezogen
Sicherheitsstufen beschreiben interne Maßnahmen zur (Daten-)Sicherheit, die mit dem Kunden vereinbart werden können.
(Hinweis: Das nachfolgende Beispiel stammt aus der Praxis, vgl.: www.elanders-germany.com)
Stufe 1
Die Basis für eine vertrauensvolle Partnerschaft, die unter sicherheitsrelevanten Aspekten zu sehen ist. Denn der wirtschaftliche Erfolg unserer Kunden hängt wesentlich davon ab, dass ihr Know-how und ihre Informationen garantiert geschützt bleiben.
Stufe 2
Für Aufträge, deren Vertraulichkeit über die Stufe 1 hinausgeht, folgen im nächsten Schritt weit reichende zusätzliche Maßnahmen.
Umfassende Sicherheitsmaßnahmen für lückenlose Kontrolle, z. B.
- Passwortschutz der Daten
- abschließbarer Sicherheitsraum
- exakte Dokumentation der Aufträge
- Entsorgung der Makulatur
- Durchlaufzeiten im Betrieb so gering wie möglich
- Unkenntlich machen der Druckplatte
- Versiegelung der Datenträger

Stufe 3
Die höchste Stufe der Sicherheit ergänzt und verschärft die bereits umfassenden Sicherheitsvorkehrungen der Stufe 2.
- Koordination und Überwachung aller Prozesse durch einen Sicherheitsbeauftragten
- Auftragsbearbeitung hat höchste Priorität
- keine Archivierung
- keine Datenfernübertragung
- Vernichtung aller Unterlagen wie Druckplatten, Makulatur etc.
- gesamte Daten und Unterlagen gehen zurück zum Kunden
- zertifizierte Lieferanten

Sicherheits- und Gesundheitsschutzkennzeichnung
Kennzeichnung, die – bezogen auf einen bestimmten Gegenstand, eine bestimmte Tätigkeit oder eine bestimmte Situation – jeweils durch ein Sicherheitszeichen, eine Farbe, eines Leucht- oder Schallzeichens, verbaler Kommunikation oder eines Handzeichens eine Sicherheits- und Gesundheitsschutzaussage (Sicherheitsaussage) ermöglicht. (Nach: Technische Regeln für Arbeitsstätten – ASR)

Sicherheitszeichen
Zeichen, das durch Kombination von geometrischer Form, einer Farbe sowie einem grafischem Symbol eine bestimmte Sicherheits- und Gesundheitsschutzaussage ermöglicht. (Nach: Technische Regeln für Arbeitsstätten – ASR)
Wichtige Informationen gibt es dazu im Betrieb und bei der Berufsgenossenschaft BG ETEM. Übersicht Sicherheitszeichen siehe Anhang.

sichern
Das > Speichern von Daten bzw. Dateien auf permanente > Speicher in einer Datenverarbeitungsanlage.

Sieb
Verkürzt verwendete Bezeichnung für das in einen Siebdruckrahmen gespannte > Siebdruckgewebe.

Siebdruck
Durchdruckverfahren, das handwerklich manuell, gewerblich oder industriell für vielfältigste Druckarbeiten eingesetzt wird.
Druckform ist ein > Siebdruckgewebe aus Kunststoff- oder Metallfäden.
Durch eine > Siebdruckschablone ist das Sieb an allen Nichtbildstellen farbundurchlässig, an Bildstellen farbdurchlässig. Die Druckfarbe wird mit einer > Rakel durch die Maschenöffnungen des Siebdruckgewebes auf den Bedruckstoff gerakelt. Im Allgemeinen hat der Bedruckstoff nur in der unmittelbaren Druckzone durch den Rakeldruck einen Kontakt mit dem Sieb. Durch einen geringen Abstand, dem so- genannten Absprung, löst sich der Bedruckstoff nach der Druckphase leichter von dem Sieb.
Druckprinzipien:
- Fläche – Fläche,
- Fläche – Zylinder,
- Zylinder – Zylinder

sowie spezifische, dem Druckobjekt angepasste Formen.
Überwiegend wird das Druckprinzip Fläche gegen Fläche eingesetzt. Die Technik reicht von einfachen Handdrucktischen bis zu Vollautomaten mit hohen Druckleistungen.
Im Siebdruck werden plan liegende Bedruckstoffe aller Art (Papier, Karton, Pappe, Holz, Metall, Glas, Kunststoff usw.) sowie auch beliebig geformte Körper (mit angepassten Siebformen, z. B. Ski, Behälter, Kerzen, Glasballon) bedruckt.
Typische Druckprodukte sind: Werbetafeln, Schilder, Displays, Glastafeln, Großplakate, Skalen, gedruckte Schaltungen, Glasflaschen, Kugeln, Verkehrs- und Straßenschilder usw.
Bei bestimmten Druckprodukten steht der Siebdruck in Konkurrenz zum Digitaldruck (z. B. großformatige Drucke) und zum Tampondruck (Körperdruck auf kleinen Gegenständen). > Dekordruck

Siebdruckgewebe
Das Siebdruckgewebe trägt die Siebdruckschablone. Es ist dazu fest in einen Rahmen aus Holz oder Metall eingespannt. Die Gewebefäden bestehen fast ausschließlich aus Kunststoffen, die eine hohe mechanische Widerstandsfähigkeit, eine gewisse Elastizität und lange Haltbarkeit besitzen. Metallgewebe ergeben ein hervorragend scharfes, präzises und passgerechtes Druckbild.
Sie sind aber für normale Druckarbeiten zu teuer und außerdem sehr empfindlich gegen Stöße, Knicke u. ä. mechanische Beanspruchungen.
Das Gewebe wird je nach Druckarbeit in entsprechender Feinheit, der sogenannten Gewebenummer, ausgewählt.
Die Nummern geben die Anzahl der Fäden pro Zentimeter an. Allgemein setzt man Gewebe mit 80–120 Fäden/cm ein. Ein weiteres Merkmal des Gewebes sind unterschiedliche Fadenstärken. Eine dünne Fadenstärke ergibt beispielsweise einen dünnen Farbauftrag.

Siebdruckschablone
Druckformträger, Informationsträger. Die

Schablone muss so hergestellt sein, dass Bildstellen einwandfrei farbdurchlässig und Nichtbildstellen absolut farbundurchlässig sind.
Für einfache Druckarbeiten werden immer noch manuelle Schablonen, z. B. Schnittschablonen, hergestellt. Aus einem festen Material wird das zu druckenden Bild herausgeschnitten und die fertige Schablone am Sieb befestigt.
Für Texte und detaillierte Bildinformationen werden Fotoschablonen eingesetzt, die nach einer Kopiervorlage fotomechanisch auf eine lichtempfindliche Schicht übertragen werden.

Sieben-Farben-Druck
Bei Einsatz der normalerweise verwendeten Euroskala für den 4-Farbendruck sind bestimmte Farbmischungen, vor allem die Sekundärfarben Orangerot, Violett und Grün relativ schmutzig.
Ein leuchtendes Orange, z. B. HKS 7, wird bei der Nachmischung aus Magenta und Gelb aus der Euroskala mehr ein Braun als ein Orange. Leuchtende Violett-Töne sind ebenfalls nicht zu finden.
Gerade für diese Sekundärfarben stehen nun aber Farbpigmente zur Verfügung, die erheblich mehr Leuchtkraft und Reinheit zeigen.
In Zusammenarbeit mit der Druckfarbenfabrik BASF K+E-Druckfarben, Stuttgart, wurde eine 7-Farben-Skala erarbeitet, die weitgehend aus > HKS-Grundfarben besteht. Nur für Violett und Grün werden Sonderfarben verwendet.
Vorteil: Sehr reine Farben mit hoher Brillanz.
Nachteil: Hoher Aufwand bei der Reproduktion sowie erhöhte Druckkosten.
> HKS, > Prozessfarben

Siebseite
Papierherstellung: > Langsiebpapiermaschinen entwässern den Ganzstoff vielfach nur einseitig.
Dadurch entstehen leicht unterschiedliche Papieroberflächen: Die untere Seite, die Siebseite, ist minimal rauer als die Oberseite, die Filzseite.
Dadurch entsteht eine sogenannte Zweiseitigkeit, also ein Papier mit unterschiedlich glatten Seiten.
> Papierherstellung, > Doppelsiebformer

SI-Einheiten
Intern. Einheiten für das Messwesen.

Basisgröße	Basiseinheit
Länge	Meter
Masse	Kilogramm
Zeit	Sekunde
Stromstärke	Ampere
Lichtstärke	Candela
Temperatur	Kelvin, Celsius
Stoffmenge	Mol

Siemensstern
Kontrollelement zur Bestimmung der Auflösung des Ausgabesystems, insbesondere in Abhängigkeit der Orientierung.
Es handelt sich um einen kreisrunden Strahlenkranz aus schwarzen und weißen Linien, die zum Strahlenmittelpunkt laufen. Ein Test ergibt, bis zu welchem kleinsten Radius man die Linien noch sauber voneinander getrennt sehen kann.
Zur Bewertung wird zweckmäßigerweise ein Fadenzähler oder ein Digitalmikroskop (z. B. SpectroPlate) benötigt.

Signale
Physikalische (z. B. optische, elektrische, akustische) Darstellung einer Nachricht; sie sind das technisch-physikalische Abbild. Eine Folge von Signalen ermöglicht Information und Kommunikation.
Je nach Art der Signale sind zwei Arten von Signalen zu unterscheiden:
1. Analoge Signale,
2. Digitale Signale.
Ein analoges Signal liegt vor, wenn ein kontinuierlicher Vorgang (z. B. Sprache, Musik, Messwerte) auf ein entsprechendes physikalisches Signal (z. B. Wellenzug, Zeigerstellung) abgebildet wird.

S

Solche Signale sind relativ empfindlich gegenüber von außen einwirkenden Störungen.
Bei digitalen Signalen besteht das physikalische Abbildung aus einer beschränkten Anzahl von Elementen, z. B. Schrift, Noten. Im extremsten Fall treten nur zwei verschiedene Signalwerte auf, Null oder Eins. In diesem Fall handelt es sich um ein Binärsignal.
Vergleiche: > analog, > binär, > dual.

Signatur

1. Druckweiterverarbeitung: Im Fuß oder im Beschnitt der ersten Seite eines jeden Druckbogens mitgedruckte kleine Ziffer, die fortlaufend die Bogennummer eines Werkes angibt, fachlich Bogensignatur genannt.
2. Druckweiterverarbeitung: Kurzbezeichnung für einen bestimmten Falzbogen, z. B. die erste Signatur mit den Seiten 1 bis 16.
3. Bleisatz: Halbrunde Einkerbung an der unteren Vorderseite einer Bleiletter.
4. Angaben am Ende einer E-Mail. Diese geben Auskunft über den Absender

Signet

Grafisch gestaltetes Zeichen als Marken-, Firmen- oder Personenzeichen.
Früher das individuelle Zeichen des Druckers eines Buches.

Sikkativ

Flüssige Trockenstoffe für oxidativ trocknende Druckfarben.

Silbentrennprogramm

Textverarbeitung: Ein für die Leistung und die Satzqualität wichtiger Bestandteil eines Textverarbeitungsprogramms oder eines Layoutprogramms.
Das Silbentrennprogramm arbeitet beispielsweise nach deutschen Trennungsregeln und berücksichtigt – wenn entsprechend eingestellt – die neue deutsche Rechtschreibung.
Um alle Trennungen der (üblichen) Fremdwörter korrekt durchführen zu können, wird zuerst im > Ausnahmewortlexikon geprüft, ob das zu trennende Wort enthalten ist.
Wenn ja, wird es nach dort angegebenen Regeln getrennt.
Ansonsten gelten die deutschen Regeln.
Eine absolut richtige Trennung aller vorkommenden Wörter ist trotzdem nicht zu erreichen. Daher ist ein Korrekturlesen immer noch erforderlich.

Silber

Chem. Element, Kurzzeichen Ag, Edelmetall, weich, dehnbar, gutes elektrisches Leitvermögen. Silbersalze, d. h. Verbindungen mit den Halogenen Brom, Jod und Chlor sind lichtempfindlich und werden für Fotomaterialien eingesetzt.

Silberrückgewinnung

Anlagen, die aus Fixierbädern der Fotografie und Reprofotografie das Edelmetall Silber durch Fällung oder elektrolytische Verfahren zurückgewinnen.

Silikonauftrag

Rollen-Offsetdruck: Im Heatset-Rollen-Offsetdruck wird im Anschluss an die Kühlwalzengruppe bzw. integriert eine leichte Silikonschicht auf die Papierbahn aufgetragen.
Der Auftrag erhöht die Kratz- und Scheuerfestigkeit der Druckprodukte.
> Heißlufttrockner, > Kühlwalzen

Silikone

Wichtige Gruppe organischer Verbindungen, die neben Kohlenstoff, Sauerstoff und Wasserstoff Silizium enthalten; sie sind gasförmig, flüssig oder fest, bilden Öle, Fette, gummi- oder harzartige Stoffe, sind wärmebeständig, ungiftig und wasserabweisend.
Einige Silikonöle behalten unabhängig von der Temperatur ihre Viskosität unverändert bei (z. B. Getriebeöl, Hydrauliköl, Brems-

flüssigkeit). Silikongummi ist besonders temperaturbeständig.
Silikonharze werden als Lack zum Isolieren von Elektromotorenwicklungen eingesetzt. In der Druckindustrie werden Silikone (hydrophob reagierend) bei wasserlos arbeitenden Offsetdruckplatten verwendet.

Silizium
Chemischer Grundstoff (Si), der in reiner Form als Kristall ein Nichtleiter ist und erst durch bestimmte Zusätze zu einem Halbleiter wird. Silizium ist heute das wichtigste Halbleitermaterial zur Herstellung elektronischer Bauelemente.
> Mikroelektronik, > integrierte Schaltung

Siliziumkristall
Reinstes Silizium, das durch einen speziellen Prozess eine absolut regelmäßige Anordnung der Atome besitzt. Nur solche Kristalle sind für mikroelektronische Schaltungen zu verwenden.

Silk
Engl.: Seide. Bezeichnung in der Papierindustrie für (seiden-)mattgestrichene Bilderdruckpapiere.

simultan
Gleichzeitig, zeitgleich, gemeinsam

Simultanbetrieb
EDV: Mehrbenutzer eines Systems, gleichzeitige Nutzung, z.B. simultane Benutzung des zentralen Datenbestandes einer Datenbank durch mehrere Personen.

Simultankontrast
Der Simultankontrast ist nicht der Unterschied zwischen Farben, sondern der wechselseitige Einfluss gleichzeitiger Farbempfindungen.
Zu jedem Farbton entsteht eine Gegenfarbe, die objektiv nicht vorhanden ist. Sie entsteht bei der Farbempfindung im Gehirn des Betrachters.
Beispiel: Ein grauer Kreisring erscheint in einer grünen Fläche rötlicher und in einer roten Fläche grünlicher.

Single-User-System
EDV: Technik, bei der an einem Rechner jeweils nur ein Benutzer arbeiten kann.

Sinne
Fähigkeit bei Menschen und Tieren, Reize über > Sinnesorgane oder über den Körper wahrzunehmen bzw. zu empfinden.

Sinnesorgane
Mithilfe von Sinnesorganen nehmen Menschen und Tiere Informationen aus ihrem Körper und der sie umgebenden Welt wahr. Sinnesorgane ermöglichen das Sehen, Hören, Schmecken, Riechen und Tasten. Neben diesen typischen Sinnesorganen gibt es aber auch weitere Empfänger, zum Beispiel der Gleichgewichtssinn im Innenohr, der uns die Wahrnehmung für oben und unten vermittelt, sowie die Schmerzwahrnehmung.
Die > Wahrnehmung der Umwelt wird im Gehirn jedoch selektiert, d. h., wir nehmen besonders wahr, was uns interessiert.
Dabei beeinflussen uns u. a. das allgemeine Interesse, der Grad des Bekannten, die Auffälligkeit, die Größe, Form und Farbe.

Skala
1. Bezeichnung für Einteilung nach Zahlen, Ziffern u. a.;
   Stufenfolge.
2. Andrucke eines Farbdruckes, die sowohl einzelne Drucke als auch alle Zusammendrucke umfassen:
   Andruckskala.
3. Ein Hilfsmittel für Reproaufnahmen ist die Grauskala. Tonwerte von Weiß über Graustufen bis zum Schwarz stehen stufig auf Fotomaterial.
   Bei der Reproduktion ist ein Vergleich der Bildvorlage und der Grauskala auf dem Fotomaterial zur optimalen Tonwertwiedergabe möglich.

Skalenfarben
> Prozessfarben. Genormte Druckfarben Cyan (C), Magenta (M) und Gelb (Y), die für einen Vierfarbdruck eingesetzt werden. Zusätzlich wird für einen höheren Kontrast Schwarz als vierte Druckfarbe benötigt.

skalieren
Funktion eines Grafik- bzw. Bildbearbeitungsprogramms, die ein Vergrößern oder Verkleinern von Grafiken und Bildern ermöglicht.
Bei einem linearen Skalieren bleiben die Proportionen der Seiten gleich, bei einem ungleichmäßigen Skalieren werden die horizontale und die vertikale Länge mit unterschiedlichen Prozentwerten eingegeben. Dadurch wird das Objekt verzerrt wiedergegeben. Grundsätzlich ist diese Funktion auch für Schriften zu einer Pseudo-Modifikation einzusetzen.

Skalierung
Die lineare Veränderung des Abbildungsmaßstabs, vielfach als Faktor bzw. in % angegeben. > skalieren

Skelettschwarz
Farbauszug eines Farbsatzes im > Buntaufbau für die Druckfarbe Schwarz (K), bei dem nur Kontrast und Details in den Tiefen der Abbildungen hinzugefügt werden. Daher ist relativ wenig Schwarz – skelettartig im Bild wirkend – im Farbauszug enthalten.

S

Skill
Engl.: Fähigkeit, Fertigkeit, Fachkönnen.
Man unterscheidet zwischen
- Soft-Skills: persönliche, soziale und methodische Kompetenzen (z. B. Selbstwertgefühl, Interaktion mit anderen Menschen, Kommunikationsfähigkeit, Teamfähigkeit)
- Hard-Skills: fachliche Kompetenzen (objektivesichtbare, „messbare“ Leistungen)

Skizze
Typografie: > Scribble. Visualisierung von Ideen als einfache Handzeichnungen, die einer endgültigen Ausarbeitung (z. B. Reinzeichnung, Layout) vorausgehen.

Slash
Computertechnik: Von links unten nach rechts oben laufender Schrägstrich: /.

Sleeve
Engl.: Ärmel; technisch: Hülse, Buchse.
Die Sleevetechnologie wird im Flexodruck und im Tiefdruck, teilweise auch im Rollen-Offsetdruck eingesetzt.
Eine mit einem elastomeren Werkstoff, z. B. Gummi oder Polyurethan, beschichtete > Hülse bezeichnet man als Sleeve.
- Flexodruck, Tiefdruck:
  Sleeves werden als Träger der Druckform eingesetzt, weil sie ein schnelles Wechseln ermöglichen. Je nach Einsatzgebiet werden konische oder zylindrische Hülsen verwendet.
- Offsetdruck:
  Im Rollen-Offsetdruck werden am Gummituchzylinder teilweise Sleeves in Form einer Hülse mit einem Gummituch eingesetzt.
  Der Vorteil: Der kanallose Gummituchzylinder sowie der Druckplattenzylinder mit einem extrem schmalem Spannkanal ergeben einen sehr kleinen druckfreien Bereich von nur 2,3 Millimetern und damit ein relativ ruhiges, schwingungsfreies Abrollen.

Slogan
Werbung: Kurze, eingängige Werbebotschaft, oft mit einer Melodie verbunden.

Slot
Steckleiste auf der Grundplatine der Zentraleinheit (Motherboard) im Computer, auf die Erweiterungskarten für das Aufrüsten oder Ändern des Systems gesteckt werden können.

SMART, Smart
Die Abkürzung wird in unterschiedlichen Bereichen mit verschiedenen Bedeutungen verwendet. Beispiele:
Projektmanagement:
Abk. für S = Spezifisch, M = Messbar, A = Attraktiv, R = Realistisch, T = Terminiert. Im Projektmanagement das Festlegen und Formulieren klarer, eindeutiger Ziele. Dabei ist nicht nur ein übergeordnetes Ziel zu beachten, sondern ebenso auch Zwischenziele und Meilensteine auf dem Weg dorthin.
Datenkommunikation:
Bezeichnung (= Synonym) für vernetzte, intelligente Geräte (z. B. Smart-Phone, Smart-TV, Smart-Watch).
EDV, Smart-Prüfung:
Automatische Prüfung der internen Festplatte in einem Computersystem.

Smog
Mit Abgasen gemischter Dunst über Industriegebieten oder großen Städten.
> Umweltschutz, > Klima

SM-Papier
Abk. für > Schreibmaschinenpapier.

Social Augment Learning
Abk.: SAL. E-Learning-Projekt.
Dabei werden Lernprozesse digital visualisiert. Sie müssen danach nicht mehr direkt an Geräten, Maschinen im Detail erklärt werden.
Dies ist vielfach auch gar nicht mehr möglich, da wichtige Elemente hinter Geräte- und Maschinenverkleidungen nicht mehr sichtbar sind. Die visualisierten Informationen sind auf einem Smartphone oder einem Tablet jederzeit aufzurufen.
Vertiefende Informationen:
www.social-augmented-learning.de
„Social Augmented Learning visualisiert Druckprozesse. Partner in diesem Projekt, das im September 2013 gestartet wurde, sind der Zentral-Fachausschuss Berufsbildung Druck und Medien (ZFA), Kassel, das Fraunhofer-Institut für Graphische Datenverarbeitung Rostock, die Bergische Universität Wuppertal (Fachrichtung Druck- und Medientechnik), das MMB-Institut für Medien- und Kompetenzforschung in Essen sowie die Heidelberger Druckmaschinen AG.
Im Projekt werden neuartige Lernanwendungen für Medientechnologinnen und Medientechnologen Druck entwickelt.
Technologisches Fundament dieser Anwendungen stellt die Augmented Reality dar, mit der Abläufe an der laufenden Druckmaschine für die Lernenden visualisiert werden, um ein tieferes Prozessverständnis zu ermöglichen.
Interaktive Übungen an der Maschine unterstützen die Ausprägung von Handlungskompetenzen mit Bezug zu Arbeitsprozessen, Instandhaltung und Qualitätsanforderungen."

Softproof
Bildschirmdarstellung erfasster, bearbeiteter oder gespeicherter digitaler Daten, die dem im Auflagendruck erreichbaren farblichen Eindruck möglichst nahe entspricht.
> Prüfdruck, > ICC-Profil

Soft-Skill
> Skill

Software
Sammelbezeichnung für Programme, die eine Datenverarbeitungsanlage für bestimmte Aufgabenstellungen funktionsfähig machen.
Man unterscheidet prinzipiell zwischen Systemsoftware (auch: Systemprogramme, Betriebssystem) und Anwendersoftware (auch: Anwenderprogramme).
Die Systemsoftware ist ein wesentlicher Bestandteil des Computers, sie steuert sämtliche Grundfunktionen der Datenverarbeitungsanlage. Anwenderprogramme werden für bestimmte Aufgaben (z. B. Textverarbeitung, Tabellenkalkulation, Datenbank, Layout) zusätzlich benötigt.

Software-RIP
Raster-Image-Processor (RIP), zur Aufbereitung der produktionsfertigen PostScript oder PDF-Dateien für die Ansteuerung digitaler Ausgabesysteme (Proof, CtP-Belichter).
Der „Pixelflächenrechner" kann bei diesem Prozess ebenfalls CIP3- bzw. CP4-Daten (z. B. Voreinstelldaten) erzeugen.
Im Vergleich zu einem Hardware-RIP, der mit handelsüblicher Hardware arbeitet, sind bei Weiterentwicklungen Änderungen einfacher und kostengünstiger möglich.
Software-RIPs haben sich in der Praxis durchgesetzt. > Raster-Image-Processor

Sol
Kolloiddisperses System (> Kolloide).
In einer kolloidalen Lösung befinden sich kleinste Stoffteilchen als Makromoleküle oder in feinsten Stoffzusammenballungen. Die Lösung ist klar, nur bei seitlichem Lichteinfall ist eine Trübung zu erkennen.
Es können zwei Zustandsformen auftreten: Sol und Gel.
Das Sol ist eine kolloidale Lösung, in der sich Teilchen frei bewegen können.
Das Gel ist eine gallertartige Masse, die raumnetzartig verbunden ist und deshalb relativ steif ist. Bei reversiblen Kolloiden ist eine Umwandlung von Sol in Gel und umgekehrt möglich.
Drucktechnik: Druckfarben für den > Nass-in-Nass-Druck besitzen thixotrope Eigenschaften der Bindemittel. Diese sind auf > Gel-Sol-Gel-Umwandlungen zurückzuführen. > Thixotropie

Solid Ink
Wachsdruck. > Digitaldruck: Farbmittel

Soll
Wirtschaft, Buchführung:
Linke Seite eines Kontos. > Soll-Wert

Soll-Ist-Vergleich
Gegenüberstellung von geplanten (Soll-) Daten (Ergebnissen, Produktionsmengen u. Ä.) zu den tatsächlich aktuell erreichten (Ist-)Daten.

Soll-Wert
Technik: Vorgabewert, vorgeschriebenes Maß in einem Prozess oder in einem Produkt. Der tatsächliche Wert wird als Ist-Wert bezeichnet.

Solnhofener Kalkstein
Druckträger für die > Lithografie; Druckform für den Steindruck. Dieser kohlensaure, feinporöse Stein wird in Steinbrüchen bei Solnhofen (Altmühltal) gewonnen.

solvent
Allg.: Flüssig, zahlungsfähig.

Solvent-Tinte
Lösemittelhaltige Tinte. > Digitaldruck: Farbmittel

Solvenz
Zahlungsfähigkeit eines Unternehmens.

Sonderfarben
Sämtliche Druckfarben, die zusätzlich zu den > Prozessfarben Cyan, Magenta, Gelb und Schwarz (CMYK) als Schmuckfarben, Hausfarben u. a. gedruckt werden.
Sonderfarben, auch Echtfarben genannt, sind z. B. alle außerhalb des CMYK-Farbraums liegenden Buntfarben sowie Metallfarben und Effektfarben. Für alle Sonderfarben sind spezielle Farbauszüge zu reproduzieren. > HKS, > Pantone

Sonderzeichen
In einer Schrift eingesetzte Zeichen, die weder zu den Buchstaben noch zu den Ziffern gehören.

Soundkarte
Spezielle Steckkarte für den Computer, die mit verschiedenen Schnittstellen ausgestattet ist.
Damit können digitale Soundsignale als

Audiosignal (Ton, Musik) über Kopfhörer oder Lautsprecher wiedergegeben werden.

Source-File
Quelldatei, Ausgangsdatei.

sozial
Allg.: die Gesellschaft, die Gemeinschaft betreffend, gemeinnützig, wohltätig, z. B.
- Beziehungen und Verhalten zwischen Menschen
- richtiges Handeln für alle sowie für einzelne Menschen
- Verhalten, das auf das Wohl der Allgemeinheit bedacht ist

soziales Lernen
Lernen in der Gemeinschaft, für die Gemeinschaft und mit der Gemeinschaft. Voraussetzung: Lernen, sich selbst zu verstehen und verantwortungsvoll zu handeln.

Sozialkompetenz
Fähigkeit eines Menschen, aktiv Beziehungen zu anderen positiv zu gestalten.

Space
Leerzeichen. Bereich in einem Text, der nicht durch ein Zeichen belegt ist.

Spacing
Engl. Bez. für den Buchstabenabstand.

Spalte
1. Unterteilung des Satzspiegels in zwei oder mehrere vertikale Blöcke, die durch eine unbedruckte Fläche oder zusätzlich durch eine feine Linie von einander getrennt sind.
   Mehrspaltig sind vor allem Zeitungen, Zeitschriften und Lexika gesetzt, um die Lesbarkeit durch eine kürzere Zeilenlänge oder die Übersichtlichkeit zu vebessern. Nach Anzahl der Spalten unterscheidet man zwei-, drei- und mehrspaltigen Satz.
2. Zusammengehörende Teile einer Tabelle, deren Inhalte (Texte, Zahlen oder sonstige Daten) vertikal angeordnet sind. Die Abgrenzung kann durch Längslinien oder Tonflächen erfolgen.

Spaltenzwischenschlag
Abstand der unbedruckten Breite zwischen zwei Spalten.

Spaltstelle
Druckmaschinen: In einem Farbwerk die Berührungslinie zweier farbführender Walzen. An dieser Stelle erfolgt die Farbübertragung von einer Walze auf die andere durch Spaltung (Aufteilung). Diese Wirkung ist beeinflusst durch Adhäsionskräfte zwischen der Druckfarbe und der Walzenoberfläche und durch Kohäsionskräfte, die den Zusammenhalt der Druckfarbe bewirken.

Spannung
1. Mechanik: In einem Körper auftretende Kräfte bei äußerer Einwirkung, z. B. Druckspannung (auch > Anpressdruck genannt).
2. Elektrik: Spannung ist das Produkt aus Kraft und Verschiebung in Richtung der Kraft, mit der Elektronen entgegen der Anziehungskraft des Atomkerns von diesem weg bewegt werden.
   Maßeinheit: Volt (V).

Spannungsreihe
Elektrochemische Spannung zwischen zwei in einen Elektrolyten eingetauchten Metallen; die Größe der Spannung ist abhängig von der Tendenz der Reaktionspartner, Elektronen aufzunehmen oder abzugeben.
Dementsprechend werden Metalle und Nichtmetalle sowie als Bezugsbasis der Wasserstoff (H) in einer Tabelle angeordnet.

Speicher
EDV: Datenspeicher, Datenträger.
Sammelbezeichnung für verschiedenste Arten von Komponenten und Medien zur elektronischen Speicherung von Daten in

einer Datenverarbeitungsanlage.
Man unterscheidet grundsätzlich zwischen flüchtigen und permanenten Speichern.
Ein flüchtiger Speicher behält die Daten nur bei angelegter Spannung, er dient als interner Arbeitsspeicher des Computers und besteht aus sehr schnellen > RAM-Bausteinen. In permanenten Speichern bleiben Daten auch ohne angelegte Spannung erhalten.
Sie unterscheiden sich durch verschiedene Eigenschaften voneinander, z. B.

- interne oder externe Speicher
- Speichersystem: Lese- und Schreibspeicher, Nur-Lese-Speicher
- Kapazität: speicherbare Datenmenge
- Zugriffszeit: adressierbarer Direktzugriff z. B. bei einer Festplatte, serieller Zugriff z. B. bei einem Magnetband.

Interne Speicher sind ROM- und PROM-Bausteine, die permanent wesentliche Funktionen des Computersystems beinhalten sowie flüchtige Speicher wie SRAM und DRAM und Speicher wie EPROM, die eine Änderung der fest gespeicherten Informationen erlauben.
Die wichtigsten externen Speicher sind integrierte und mobile Festplatten, Magnetplatte, CD, DVD und USB-Massenspeicher.

Speicherkapazität
Maximale Aufnahmemenge für Informationen (Daten) in einem > Speicher (Arbeitsspeicher, externe Speicher). Die Einheit für die Speicherkapazität ist das Byte.

speichern
Das Sichern der erfassten und bearbeiteten Daten (Informationen) oder Dateien auf einem permanenten, nicht flüchtigen > Speicher (Datenträger).

Speicherplatzbedarf
Menge der Bytes, die zur Speicherung von digitalen Daten (z. B. Text, Bild, Grafik) benötigt wird. Dateien gespeicherter Bilder können mehr als 100 MB betragen.
Beispiel für Grafiken: Der Speicherplatzbedarf einer > Pixelgrafik ist wesentlich höher als der einer > Vektorgrafik, da jedes einzelne Element in einer Bitmap gespeichert werden muss. Um Speicherplatz bei Grafiken bzw. Bildern zu reduzieren, ist ein geeignetes Komprimierungsverfahren einzusetzen. > Auflösung

speicherresident
Direkt für die Anwendung zur Verfügung stehende Programme und Daten im Arbeitsspeicher.

Speicher-Rollenwechsler
Drucktechnik: Ein spezielles System zur Rollenabwicklung an Rollen-Offsetdruckmaschinen mit einem Bahnspeicher.
Bei einem Rollenwechsel läuft die Bahn aus dem Speicher weiter, die Restrolle bleibt stehen.
Die neue Rolle wird im Stillstand an das Rollenende geklebt.
> Rollenwechsler

spektral
Das > Spektrum betreffend; abhängig von der Wellenlänge.

spektrale Empfindlichkeit
> Farbempfindlichkeit bei lichtempfindlichen Materialien (Filme, Druckplatten u. a.).

Spektralfarben
Farben des > Spektrums, die für das Auge stufenlos von Violett über Blau, Grün, Gelb, Orange bis Rot wahrnehmbar sind.
Dies entspricht einem Wellenlängenbereich von etwa 380 nm bis 780 nm.
> Spektrum

Spektralfarbenzug
Geometrischer Ort der Spektralvalenzen in einer Farbtafel.

Spektralfotometer
Gerät zur Farbmessung.
Die farbmetrische Messung liefert Farbwerte, die den visuellen Eindruck einer

Farbe mit Farbmaßzahlen eindeutig beschreiben und quantifizieren. Gemessen wird zumeist im Farbkoordinatensystem CIELAB. Bei der Messung wird Licht durch einen Monochromator (z. B. ein Beugungsgitter) oder durch schmalbandige Spektralfilter in seine einzelnen Wellenlängen zerlegt.
Sensoren messen die einzelnen Wellenlängen beispielsweise in 10-nm-Schritten. Damit ist der genaue Farbort einer Farbe mit eindeutigen Kenngrößen exakt anzugeben.
Einsatz in der Praxis
- Bestimmung von Farborten
- Ermitteln von Farbräumen
- Messen von Sonderfarben (Farbort)
- Berechnen von Farbrezeptierungen

Spektrogramm
Grafische Darstellung der spektralen Empfindlichkeit eines lichtempfindlichen Materials.

Spektrum
Bereich sichtbarer Strahlung. Das durch Lichtbrechung erzeugte regenbogenfarbige Band aus dem weißen Tageslicht.
Für das menschliche Auge ist der Wellenbereich von 380 nm (Blau) bis 780 nm (Rot) sichtbar. Bei einer allgemeinen Betrachtung wird der Bereich gerundet auf 400 nm bis 700 nm. Mit der Spektralanalyse lassen sich die farbigen Bestandteile beliebiger Lichtquellen bestimmen.
Beispiele für ein sichtbares Lichtband, das Spektrum:
1. Das durch Lichtbrechung an Wassertropfen erzeugte, regenbogenfarbige Band bei Sonnenlicht.
2. Lichtbrechung (Dispersion) an einem Prisma, das weißes Licht in > Spektralfarben zerlegt.

sperren
Typografie, Satzherstellung:
Ein Wort durch Einfügen größerer Buchstabenabstände in der Breite erweitern.
Das Sperren wird zum > Auszeichnen verwendet.

spezifisches Volumen
Bedruckstoffe: Nach DIN 53 105 der Quotient aus der Dicke des Bedruckstoffes (in mm) und dem Flächengewicht (g/m²).
Bedruckstoffe: Nach DIN 53105 der Quotient aus der Dicke des Bedruckstoffes (µm) und dem Flächengewicht (g/m²) in g/cm³. > Volumen bei Bedruckstoffen

Spiegel
1. Reproduktion: Absolut plan liegende, reflektierende Flächen, die versilbert sind. Spiegel wurden zur Umkehrung der Seitenlage in der konventionellen Reproduktion in einer Reprokamera eingesetzt.
2. Druckweiterverarbeitung: Bezeichnung für das auf die Innenseite einer Buchdecke geklebte Vorsatzpapier, das die Einschläge des Deckenmaterials und die Deckelpappe überdeckt.

spiegeln
Datenverarbeitung: Zur Datensicherheit werden alle zu speichernden Daten zeitgleich auf zwei verschiedene Datenspeicher (Festplatten) geschrieben.

Spinnenpapier
Transparentes Papier aus > Pergamin mit einer Spinnenmuster-Prägung, Flächenmasse von ca. 30 bis 42 g/m². Das Papier wird als Zwischenlagepapier bei Fotobüchern mit Papierbildern verwendet.

Spiralbindung, Spiralbroschur
Sonderbindeverfahren zur Herstellung von Einzelblattbroschuren. Die Spiralbindung lässt sich nur auf halb- oder vollautomatisch arbeitenden Spezialmaschinen wirtschaftlich herstellen. Einzelne Blätter werden durch ein mechanisches Hilfsmittel, die Spirale, lose miteinander verbunden.
Das Binden erfolgt grundsätzlich in zwei Arbeitsgängen:

das Stanzen von Löchern für die Spirale und das Binden. Bei dem Binden wird die Spirale in die ausgestanzten Löcher eingeschraubt. Vorteile dieser Bindung: volle Planlage, volles Umschlagen der Blätter, hohe mechanische Belastung.

Spitzlichter
Die hellsten Tonwerte in einer Bildvorlage, im Allgemeinen ohne eine klare Detailzeichnung.

spitz werden
Das Hellerwerden von feineren Tonwerten auf der Offsetdruckplatte im Fortdruck. Ursachen sind u. a.: Zu saures Feuchtmittel, zu saurer Bedruckstoff, kratzende Bestandteile auf der Druckform, Puderablagerungen, zu starkes Ätzen der Druckplatte.

Spooler
Abk. für Spool = Simultaneous Peripheral Operations Online. Programm, das als Zwischenspeicher Daten für Druckaufträge in einer Warteschlange aufnimmt, die danach einzeln in der gewünschten Reihenfolge abgearbeitet werden. Dieses Verfahren ermöglicht ein Drucken im Hintergrund. Der Nutzer kann währenddessen weitere Arbeiten am Rechner ausführen.

Spot
Fleck, Punkt.

Spotfarbe
Sonder- oder Schmuckfarbe.

Spotgröße
Belichtungstechnik in der Ausgabe digitaler Daten: Größe des Lichtpunktes, der das Ausgabematerial belichtet.
Man unterscheidet:

1. Feste Spotgrößen, deren Durchmesser bei allen Auflösungsstufen unverändert bleibt.
2. Variable Spotgrößen, deren Durchmesser sich synchron zur Auflösung verändert.

Die Spotgröße beeinflusst die exakte Wiedergabe feinster Details, z. B. die Wiedergabe feinster Serifen sehr kleiner Schriftgrade. Die Spotgröße ist immer minimal größer (2–3 µm) als die Adressierung in einzelnen Schritten.
Damit ist eine Verbindung zu Nachbarpixeln gewährleistet und es entstehen keine Detailverluste. Ist der Spot zu groß, entsteht eine überproportionale Tonwertzunahme im Detail.

Spotmessung
Fotografie: Belichtungsmessung auf einer sehr eng begrenzten Messfläche.

Spreadsheet
Engl. Bezeichnung für ein Arbeitsblatt.
In der Datenverarbeitung eine Tabelle in einem Tabellenkalkulationsprogramm, in diesem Sinne ein elektronisches Arbeitsblatt.

spritzen
Vorlagenherstellung oder Überarbeitung von Vorlagen durch das Übertragen eines feinen Farbnebels durch komprimierte Luft mit einer Spritzpistole (auch: Airbrush genannt).
Damit sind feinste Verläufe und detaillierte Tonwertabstufungen, ein- und mehrfarbig, zu erreichen. Heute vielfach durch digitale Verfahren ersetzt.

Spritzpistole
Durch Druckluft betriebenes Gerät zum > Spritzen.

SPS
Abkürzung für Speicherprogrammierbare Steuerung.

Spur
EDV: Datenspeicher wie Disketten (früher genutzt) oder Magnetplatten sind in konzentrische Kreise, sogenannte Spuren, aufgeteilt. Alle Daten (> Bits) liegen auf einer solchen Spur > seriell hintereinander.

Alle Spuren sind in Sektoren (Teilstücke) aufgeteilt.

Spyware
Nach dem engl.: spy = Spion, -ware = Software. Bez. für eine Spionagesoftware, die ungewollte Aktionen auf dem Computer ausführt, Programme installiert oder Benutzerdaten ausliest und so die Surfgewohnheiten ausspioniert. Damit kann beispielsweise dem Profil des Nutzers eine entsprechende Werbung eingeblendet werden. Spyware kann durch Installation von frei verfügbarer Software aber auch durch kommerzielle Software auf den eigenen Rechner gelangen.

SQL
Abk. für Structured Query Language.
Weit verbreitete standardisierte Abfragesprache für Datenbanken, mit der der Nutzer vorhandene Daten suchen, ausgeben, eingeben, verändern, löschen oder sichern kann.

SRA
> Papierformat. Abk. für: S = sekundäres, R = Rohformat, A = Normreihe DIN A.
Ein Überformat zu der genormten Format-Reihe DIN A. Das Format wird z. B. dann im Digitaldruck eingesetzt, wenn das (End-)Produkt in einem DIN-A-Format beschnitten sein soll. Ein Beschneiden ist bei gefalzten Produkten und angeschnittenen Bildern oder Flächen zwingend erforderlich. Dazu werden auf dem Druckbogen Schneide- und Falzzeichen mitgedruckt.

SSL-Standard
Abk. für Secure-Socket-Layer-Verfahren = Sicherheitsstandard.
Dieser hohe Sicherheitsstandard verfügt über eine Verschlüsselungsstärke von mindestens 128 Bit. Dadurch können Informationen, z. B. bei einem Login, nicht von Dritten eingesehen werden.

Stäbchen
Rezeptoren (Zellen) im > Auge, die Helligkeitseindrücke vermitteln.
Sie sind hochempfindlich und ermöglichen ein Sehen in der Dämmerung in Grauwerten.
Im Gelben Fleck des Auges befinden sich ca. 120 Mio. Stäbchen, aber nur ca. 7 Mio. Zapfen. > Zapfen

Stabilität
Beständigkeit, Dauerhaftigkeit, (Stand-) Festigkeit.

Stahlstich
Tiefdruckverfahren: Druckform ist eine gestochene bzw. gravierte Stahlplatte, die eine sehr feine Linienführung und strukturreiche, detaillierte Ornamente (z. B. Sicherheitslinien) erlaubt.
Gedruckt wird im Stahlstich bzw. Stichtiefdruck mit höher viskosen (zäher fließenden) Druckfarben als im > Rakeltiefdruck; die Druckfarbe wird von der Oberfläche durch spezielle Wischer und nicht durch eine Rakel entfernt. Der Stahlstich wird nur noch ergänzend zu anderen, gleichzeitig eingesetzten Druckverfahren für Banknoten, Wertmarken u. Ä. eingesetzt.

Stahlstichprägedruck
Tiefdruckverfahren: Druckform und Druck entsprechen dem > Stahlstich.
Im Gegensatz dazu wird allgemein mit hochglänzenden Lackfarben gedruckt und Bild- bzw. Schriftelemente gleichzeitig hervorgehoben geprägt. Eingesetzt wird das Verfahren für repräsentative Geschäftspapiere, Wertpapiere u. Ä.

Stakeholder
Interne und externe Personen bzw. gesellschaftliche oder unternehmerische Personengruppen, für die es wichtig zu wissen ist, welche Position und Bedeutung ein Unternehmen am Markt hat, z. B. Mitarbeiter, Aktionäre, Lieferanten, Kunden.

Standardbeleuchtung
> Normbeleuchtung

Standard-Generalized-Markup-Language
> SGML

Standardisierte Druckformherstellung: CtP
Druckformherstellung Offsetdruck in einem Computer-to-Plate-System (CtP).
Die Informationsübertragung auf die Druckplatten erfolgt direkt aus den digitalen Daten der Druckvorstufe. Einzelne Rasterpunkte bestehen dabei aus einer bestimmten Anzahl oder Form von einzelnen > Pixeln. Je nach > Auflösung des Belichters (Wiedergabefeinheit) ergeben sich entsprechende Pixeldurchmesser die der Laser auf die Druckplatte überträgt.
Eine standardisierte Produktion erfordert zwei grundlegende Prozessschritte bei der Bebilderung (Tonwertübertragung) auf die Druckplatte:

1. Linearisierung der Bebilderung im > RIP
   Ziel ist es, identische Tonwerte (in %) von einem Datensatz auf der Druckplatte zu erzeugen. Diese Wiedergabe nennt man lineare Ausgabe. Nach einer Linearisierung sind im Idealfall die Tonwerte aus dem Datensatz identisch zu den Tonwerten auf der Druckplatte.
   - Tonwerte in % auf dem Datensatz = Tonwert in % auf der Druckplatte
   - Soll-Werte = Ist-Werte

   Tabellarisch werden Soll- und Ist-Werte in den jeweiligen Tonwertstufen gegenüber gestellt. Gemessen wird der Tonwert auf der Druckplatte durch ein > Bildanalysegerät. Abweichungen vom Soll-Wert lassen sich durch Korrekturen im RIP kompensieren. Die erforderlichen Korrekturen ergeben grafisch eine > Linearisierungskennlinie, die im RIP hinterlegt wird. Mit dieser Vorgabe modifiziert der RIP die Tonwerte.
   Die Tonwertübertragung ist von dem Belichter im CtP-System und der CtP-Druckplatte abhängig.
2. Prozesskalibrierung im RIP
   Durch eine nachfolgende Prozesskalibrierung erfolgt das Anpassen der Tonwerte im Datensatz an die im Standardisierungskonzept festgelegten Zielkennlinie im Offsetdruck. Dazu wird ein Testchart gedruckt.
   Ziel ist es, die in der Standardisierung geforderten Tonwertzunahmen als Soll-Wert im Druck zu erreichen. Die Tonwertzunahme ist die Differenz zwischen Daten im Datensatz und den Tonwerten im Druck.
   Den Daten aus der digitalen Tonwertskala (z. B. 5 %, 10 %, 20 %, 30 % … 95 %) werden die in einem Testdruck gemessenen > Flächendeckungen (Ist-Wert in %) zugeordnet.
   Eine Korrektur im RIP ergibt sich aus den zu erreichenden Soll-Tonwerten (Flächendeckung in %) und den gemessenen Ist-Werten. Die Differenzen müssen in einem bestimmten Toleranzbereich liegen.
   Die Prozesskalibrierung ist von der Druckmaschine (Wartung, Einstellungen, Aufzüge, Druckabwicklung, Drucktücher) sowie von Druckfarben, Feuchtmittel und besonders stark vom Bedruckstoff abhängig.

Beide ermittelten Kennlinien werden im RIP zur Aufbereitung der Daten verwendet und steuern die Bebilderung mit dem Datensatz.

Standardisierung
Allgemeingültig festgelegte, verbindliche Vorgaben bzw. Normen, z. B. zur Herstellung jederzeit reproduzierbarer (wiederholbarer), qualitativ gleichwertiger Produkte. Ziele sind Produktionssicherheit, Kostenreduzierung, Qualitätssteigerung bzw. Produktion in einer konstanten Qualität.
> Druckbedingungen

Standardisierung des Offsetdruckverfahrens
Präzise Anleitungen vom Dateneingang bis zum Auflagendruck (Informationen bei bvdm, Fogra, Ugra; System Brunner AG).
Zu einem optimalen Produktionsprozess gehört eine sachgerechte Beratung und eine eindeutige Kommunikation mit dem Kunden. Vielfach fertigt die Druckerei mit den Daten des Kunden das gewünschte Produkt. Unstimmigkeiten und Mängel lassen sich durch einen gemeinsam vereinbarten Standard (> ProzessStandard Offsetdruck) bereits ab den gelieferten Vorlagen vermeiden.
In jedem Prozessschritt der Fertigung ist eine Veränderung der Bildinformationen möglich.
Ziele der Standardisierung sind u. a.:
- eindeutige Verständigung durch gleiche Sprache und Zielsetzung in der Druckvorstufe, bei Prüfverfahren und im Auflagendruck,
- gezielte Fertigung der Kopiervorlagen oder Datensätze in der Druckvorstufe,
- gezielte Tonwertübertragung bei der Druckformherstellung,
- verkürzte Abstimmzeiten an der Druckmaschine,
- enge Toleranzen im Auflagendruck
- höhere Produktivität und Wirtschaftlichkeit.

Vorteile gegenüber dem Kunden sind z. B.:
- weniger Reklamationen
- Vertrauen und Kundenbindung
- Gewinnoptimierung.

> ProzessStandard Offsetdruck,
> ISO 12647-2, > Qualität
Vertiefende Literatur:
ProzessStandard Offsetdruck, bvdm Bundesverband Druck und Medien e.V., u. a.

Standbogen
Druckbogen, der zur Prüfung des genauen Standes aller Druckseiten oder Bildstellen beim Einrichten (Rüsten) der Druckmaschine ausliniert wird.

Standleitung
Eine permanent aktive Telefon- oder Datenkommunikationsverbindung zwischen zwei Kommunikationspartnern.
Sie wird von einem Netzbetreiber zur Verfügung gestellt. Dafür zahlt der Nutzer eine Gebühr. Wenn laufend Informationen oder Daten ausgetauscht werden, rechnet sich diese Art der Verbindung.
Bei einer normalen Leitung muss zu jeder Übertragung die Verbindung erst aufgebaut werden.
Je nach Art der Datenleitung sind Datentransferraten ab ca. 100 bit/s bis zu mehreren Gbit/s zu mieten.
Kupferbasierte Standleitungen übertragen in der Regel bis zu 2 Mbit/s.
Beispiel aus einer Tageszeitung:
Datentransfer zwischen Lokalredaktionen – zentrale Redaktion – Produktionssteuerung – Druckerei (Druckformherstellung); Datentransferrate 2 Mbit/s
(= 1 048 576 bit/s)

Standzeit
Die Zeit, in der eine Maschine, ein Gerät, ein Werkzeug oder Arbeitsmaterial einwandfrei (ohne mechanischen Schaden, ohne Wartung, Reinigung u. a.) für die Produktion eingesetzt werden kann.
Beispiele:
- Schneidemaschine in der Druckweiterverarbeitung: Einsatzdauer eines Schneidemessers
- Druckverfahren: Auflagenbeständigkeit der Druckform
- Digitaldruck: Erforderliche Wartung der Druckeinheit

Stangenanleger
Die Produktion gefalzter Produkte von der Rollen-Rotationsdruckmaschine zur Weiterverarbeitung, z. B. in einer Sammelheftmaschine, wird immer stärker automatisiert. Die Abnahme gedruckter und gefalzter Produkte aus der Druckmaschine kann in gestapelten Paketen erfolgen, die dann zumeist manuell in die jeweiligen

Stationen einer Sammelheftmaschine zur Weiterverarbeitung zu einem Endprodukt eingesetzt werden müssen.
Einen raschen Produktionsfluss und eine höhere Wirtschaftlichkeit wird durch einen Stangenausleger erreicht.
Gefalzte Bogen einer > Signatur (z. B. Seiten 1 bis 32, Seiten 33 bis 64 usw.) werden in großer Menge senkrecht stehend in einer langen Reihe auslegt und zu einer „Stange" gepresst.
Je nach Typ lassen sich Stangen von 50 cm bis über 120 cm auslegen und in die entsprechende Station der Sammelheftmaschine einfahren.

Stanzautomat
Bogenstanze im Format über DIN A3 mit automatischem Anleger, Stanzstation, Ausbrechstation und Ablage auf einem Palettenstapel.
In der Stanzstation liegt der Bogen auf der Stanzplatte (Stanzform). Der bewegliche Obertisch erzeugt nach dem Stanzen einen Unterdruck, der den Bogen von der Stanzplatte abhebt. Über ein Luftpolster wird der Bogen in die Ausbrechstation transportiert. Hier werden die Abfallstücke zwischen den einzelnen Nutzen mithilfe von Ausbrechwerkzeugen entfernt. In der Ablage werden die Nutzen ausgelegt.

S

stanzen
Druckweiterverarbeitung: Das Durchtrennen bzw. Ausschneiden von Teilen des Bedruckstoffes in beliebigen Formen mithilfe von Stanzlinien oder Stanzformen.
Gestanzt wird in speziellen Stanzmaschinen vor allem für die Verarbeitung von gedruckten, plan liegenden Verpackungen (Faltschachteln, Fensterbriefumschläge u. a.), für Etiketten und Druckprodukte, die kein rechtwinkliges, sondern ein beliebig geformtes Endformat aufweisen. Auch das Lochen von Druckprodukten ist technisch ein Stanzen.
> Schneidtechniken

Stanzform
Druckweiterverarbeitung: Werkzeuge für das Stanzen von Druckprodukten, z. B. Etiketten, Faltschachteln. Zum Stanzen werden einfache Stanzeisen, bei industrieller Produktion > Bandstahlschnitte eingesetzt. > stanzen

Stanztiegel
Maschine, die im Prinzip Fläche-gegen-Fläche mit einer Stanzform bis max. DIN A3 Materialteile aus einem größeren Bogen heraustrennt. > Schneidetechniken

Stapelbetrieb
> Stapelverarbeitung

Stapelstauchdruck
Eigenschaft von Faltschachteln:
Beim Stapeln von Faltschachteln trägt die unterste die größte Last und könnte sich dadurch verformen. Eine sehr wichtige Eigenschaft von Faltschachteln ist daher eine ausreichende Stapelstauchfestigkeit.

Stapelverarbeitung
EDV: Arbeitsablauf in einer Datenverarbeitungsanlage nach einem Stapelverarbeitungs- bzw. Batch-Programm.
Der Rechner sammelt alle eingegebenen Daten und bearbeitet sie nach dem Programm nacheinander ab. Ein Eingriff in den Ablauf während des Bearbeitens durch den Rechner ist durch den Bediener nicht möglich.

Start-up
Neugründung von innovativen, meist kleinen Wirtschaftsunternehmen.
Merkmale sind u. a.:
- Geschäftsmodelle und/oder Produkte, die es bisher so nicht gab
- kreative Ideen, technologieorientiert
- geringere finanzielle Ressourcen als Startkapital

starten
Eine Anwendung beginnen oder ausführen.

Startseite
Eine vom Nutzer des Internets definierte Seite mit einer Internetadresse (> URL), die beim Start eines Web-Browsers automatisch als Erstes angezeigt wird.

Startvolume
Ein Volume ist ein Datenspeicher (interne oder externe Festplatte, evtl. auch CD-ROM oder DVD), auf dem sich alle wichtigen Programmdateien befinden, die der Computer zum Starten benötigt (z. B. der Finder und die Systemdateien im Systemordner).
Auch Systemvolume genannt.

Statik
Ruhe, Stillstand, ohne Bewegung.
Mechanik: Das messtechnische Erfassen von Zug-, Druck-, Biegungs- oder Drehungskräften und ihre Wirkungen auf ruhende Körper.

statische Aufladung
Elektrische Aufladung verschiedener Stoffe z. B. Papier, Kunststofffolien) durch ungünstige Klimaverhältnisse und Bedingungen, d. h. vor allem geringe Luftfeuchtigkeit, elektrische Leitfähigkeit der Materialien, Materialart, Trenngeschwindigkeit und Oberflächenbeschaffenheit der Materialien.
Auswirkungen im Druck: Bogen „kleben" aneinander oder auf dem Anlagetisch, unsaubere Auslage u. a. Abhilfe durch eine anpassende Klimatisierung des Papiers an den Drucksaal, Erhöhen der Luftfeuchtigkeit, Anti-Elektrat-Spray oder Entelektrisatoren verwenden.

statische Druckform
Feste, unveränderbare > Druckform, von der die gesamte (Druck-)Auflage ohne jede Änderung gedruckt wird.

stauchen
Bei der Vorbereitung flachliegender Zuschnitte für Verpackungen, z. B. Faltschachteln, wird starker Karton, vor allem aber Pappe derart mechanisch verformt, dass sich einzelne Faserlagen lösen.
Dadurch wird ein leichteres Umbiegen ermöglicht.

Stauchfalz
In > Taschenfalzmaschinen eine Falztechnik, bei der das Falzen zwischen zwei Falzwalzen durch ein Stauchen des Bogens an der Vorderkante ausgelöst wird.

Stauchfalzmaschinen
Falzmaschinen, die ohne ein mechanisch arbeitendes Falzschwert bzw. Falzmesser plan liegende Bogen falzen.
> Taschenfalzmaschinen

Stechhygrometer
Feuchtigkeitsmessgerät, mit dem die Gleichgewichtfeuchte in Papierstapeln oder -rollen (entsprechend der relativen Luftfeuchtigkeit) gemessen werden kann.

Steg
Heute noch verwendeter Begriff aus der Zeit des Bleisatzes für freibleibende, unbedruckte Ränder auf einer Druckseite.
Man bezeichnet die freien Ränder je nach Stand zum Satzspiegel und der Seite (linke bzw. gerade und rechte bzw. ungerade Seite bei mehrseitigen Produkten) als Kopfsteg, Fußsteg, Bundsteg (jeweils der Rand vom Satzspiegel zum Bund) und Außensteg.

Stege
Im Tiefdruck ein auf Höhe der Nichtbildstellen liegendes, gleichmäßiges „Netz" in Längs- und Querrichtung zur Begrenzung einzelner > Näpfchen und zur Rakelführung.

stehende Seiten
Druckform, Druck:
Die Schrift der einzelnen Seiten bzw. die kurze Kante einer Druckseite läuft parallel zur Zylinderachse der Druckmaschine.

Steindruck
Flachdruckverfahren, Original-Grafik:
Erstes, von Alois Senefelder 1798 erfundenes Flachdruckverfahren. Druckform ist ein kohlensaurer Kalkstein (> Solnhofener Kalkstein), der für das manuelle Zeichnen präpariert werden muss. Druckformherstellung ist die > Lithografie (lithos = Stein, graphein = zeichnen). Die im Steindruck gedruckten Produkte (Original-Grafik) werden ebenfalls Lithografie genannt.

Stein von Rosette
Auf einer Basaltplatte danken ägyptische Priester schriftlich dem Pharao Ptolemäus V. für dessen Geschenke in einem Text, der darauf in drei Sprachen (Schriften) verfasst ist: in Hieroglyphen, in der daraus abgeleiteten demotischen Schrift und in griechischer Schrift.
1822 gelingt es dem Franzosen Jean-François Champollion mithilfe dieses Steines die Hieroglyphen zu entziffern. Basis dazu war die bekannte griechische Schrift.

Stetigschleifer
Papierherstellung: Schleifmaschine, mit der etwa 1 m lange Rundhölzer an großen, walzenförmigen Schleifsteinen zerfasert werden. > Papierherstellung, > Stoff

Steuermarken
Mitgedruckte Markierungen als Kontrollelement.
Einsatzbereiche: Visuelle Kontrolle oder automatische Regelung des Passers (fälschlicherweise „Registerregelung" genannt).

Steuerstromkreis
Elektrischer Stromkreis für die Steuerung einer Maschinen oder Anlage und zum Schutz des > Hauptstromkreises.

Steuerung
Technik: Vorgang in einem > System, bei dem eine oder mehrere Eingangsgrößen (Steuerbefehl) über eine Kette von Übertragungsgliedern (Steuerkette) eine oder mehrere Ausgangsgrößen (Steuerwirkung) beeinflussen.
Beispiel: Nach dem Rüsten (Einrichten) das Starten der Druckmaschine für den Auflagendruck.
Im Gegensatz zu einer Regelung laufen Steuerungen nicht in einem geschlossenen System ab.

Stich
Produkt:
In einer künstlerischen Stichdrucktechnik hergestelltes Original-Blatt.
Drucktechniken:
Herstellung einer manuellen, künstlerisch erarbeiteten Druckform mit Gravier- bzw. Grabsticheln für
- Hochdruck
  Holzstich in hartes Hirnholz, im Vergleich zum Holzschnitt eine sehr feine Linienführung
- Tiefdruck
  Kupferstich:
  Zeichnung mit Grabsticheln o.Ä. in eine glatt polierte Kupferplatte
  Kaltnadelradierung: Zeichnung mit feinen Graviernadeln in eine glatt polierte Kupferplatte, daher feinere, freie Details als beim Kupferstich
  Stahlstich: in Stahlplatten gestochene oder gravierte Zeichnung (heute mechanisch hergestellt, eingesetzt für den Druck von Banknoten, Wertpapieren und hochwertigen Geschäftsdrucksachen).

Stichtiefdruck
Tiefdruckverfahren. Drucktechnik, bei der > Stahlstiche als Druckform verwendet werden. > Stich

Stichwortregister
Auch Sachwortregister genanntes alphabetisch geordnetes Wörterverzeichnis in Sach- und Fachbüchern am Ende eines Buches.

Das Stichwortregister erleichtert das rasche Auffinden und Lesen bestimmter Sachverhalte.

Stickoxide
Sammelbezeichnung für verschiedene gasförmige Verbindungen, die aus den Atomen Stickstoff (N) und Sauerstoff (O) aufgebaut sind. Sie sind für eine große Zahl vom Umweltschädigungen (Luft, Pflanzen, und gesundheitlichen Belastungen mit verantwortlich.
Bedeutende Emittenten sind der Straßenverkehr (Verbrennungsmotoren) und das Verbrennen von Kohle, Öl, Holz, Gas und Abfällen in Heizungsanlagen bzw. Kraftwerken.

Stilvorlagen
In einem DTP-Programm ein durch den Bediener erstellter Befehl zur Gestaltung (Sammlung von Attributen zur Formatierung, z. B. Schriftart, -größe, Ausrichtung, Absätze, Einzug, Zeilenabstand) eines > Absatzes.
Wird eine erstellte Stilvorlage nachträglich geändert, ändern sich automatisch alle Absätze in einem Dokument mit der gleichen Stilvorlage.
Stilvorlagen werden auch > Absatzformat genannt.

stochastische Rasterung
> FM-Rasterung

Stoff
1. Fasergewebe.
2. Kurzbezeichnung für die zur Papierherstellung aufbereiteten Fasern und Hilfsmittel. Je nach Verarbeitungsgrad unterscheidet man Faserstoff (Rohstoff), Halbstoff und Ganzstoff.

> Papierherstellung

Stoffauflauf
Überführen des Papierstoffes (Ganzstoff) als sehr dünnflüssige Suspension auf das Sieb der Papiermaschine. > Papierherstellung

Stoffklassen
Einteilung von Papieren nach der Art, Qualität und der Zusammensetzung des Fasermaterials. > Faserstoffklassen

Stoffleimung
Bedruckstoffe: Der Leimstoff wird bereits bei der Ganzstoffherstellung in sehr dünnflüssiger Phase dem Papierstoff zugegeben (Masseleimung). Dagegen wird bei der Oberflächenleimung der Leim nach der Blattbildung auf die Oberseiten aufgetragen.

Störgröße
Parameter in einem Ablaufprozess:
Alle Faktoren, die einen normalen Ablauf negativ beeinflussen und verändern. Bei einer automatischen Regelung eines Prozesses sind dies alle auftretenden Einflüsse auf die Regelstrecke.
Beispiel: Soll die Temperatur im Farbwerk einer Offsetdruckmaschine konstant gehalten werden, wird ein Soll-Wert vorgegeben.
Bei der Produktion wird laufend gemessen und der Ist-Wert (tatsächlich erreichte Temperatur) mit dem Soll-Wert verglichen.
Durch Sonneneinstrahlung und Temperatursteigerung im Farbwerk beim Auflagendruck wirken äußere Einflüsse (Störgrößen) auf die vorgegebene Temperatur im Farbwerk ein.
Bei Abweichungen vom Soll-Wert setzt die (automatische) Regelung ein.

Storyboard
Multimediaproduktion: Visuelle Vorlage zur Planung und zum zeitlichen Ablauf eines Multimediaproduktes (Film, Video, auch professionell gestaltete Veranstaltungen u. Ä.), ergänzt durch skizzenhafte Darstellungen. Es vermittelt einen ersten Eindruck zu dem Produkt.
Basis für ein Storyboard ist das Drehbuch mit dem gesamten Konzept und der inhaltlichen Gliederung.

Storytelling
Englische Bezeichnung für: Geschichten erzählen.
In der Unternehmenskommunikation (Management, Marketing) geht es darum, Inhalte über das Unternehmen oder eine seiner Marken dem Kunden erfolgreich zu vermitteln. Der Kunde soll dazu eine begeisternde, ansprechende Geschichte – zielgerichtet – aufgreifen.
Damit sollen Emotionen geweckt, ein bestimmtes Lebensgefühl vermittelt und/oder zu Handlungen angeregt werden.

Strahlengang
Reproduktion: Der Lichtweg in einer Reprokamera von der Vorlagenebene über die Optikebene zur Aufnahmeebene.

Strahlung
Energie in Form elektromagnetischer Wellen oder Elementarteilchen.

Strategie
Langfristig genau geplantes, zielgerichtetes Vorgehen.

Streamer
Magnetbandlaufwerk einer neuen Generation. Elektronischer Datenspeicher, der besonders zur Datensicherung von Festplatten geeignet ist. Dabei werden Daten in kürzester Zeit kontinuierlich übertragen.

Streaming
Engl.: stream = Wasserlauf, Strom, Strömung. Der Begriff wird in unterschiedlichen Bereichen verwendet.
Bezeichnung für eine Datenübertragung: Das kontinuierliche Übertragen von Audio- und Videodateien in einem permanenten Datenstrom, um sich Musik oder Filme (Videos, TV-Serien o.ä.) auf dem eigenen PC störungsfrei anzusehen.

Stream-Inkjet-Technologie
Hochleistungsdruckkopf für Digitaldruckmaschinen, der nach dem > Continuous-Inkjet-System arbeitet.

Streichdispersion
Papierherstellung: Streichfarbe aus einer Suspension von Pigmenten und Bindemitteln zur Herstellung > gestrichener Papiere.

streichen
> gestrichene Papiere.

Streichrohpapier
Papier, das in einem anschließenden Arbeitsgang in speziellen Streichmaschinen ein- oder beidseitig gestrichen, d. h., mit einer Streichdispersion beschichtet wird.

Streifenprobe
Prüfung zur Feststellung der > Laufrichtung bei Papieren. Zwei Streifen von zwei rechtwinklig zueinander liegenden Kanten einer Papierprobe werden senkrecht nach oben gehalten.
Der steifer nach oben stehen bleibende Streifen ist aus der zur Laufrichtung parallelen Seite geschnitten.

Stress
Stress wird allgemein definiert als ein Ungleichgewichtszustand zwischen den Anforderungen der Umwelt und den individuellen Leistungsvoraussetzungen, Zielen und Bedürfnissen einer Person.

Stressvermeidung
Stress ist nicht naturgegeben, sondern durch eigenes Verhalten und dem Bewusstmachen von Problemen zu mindern oder gar auszuschalten.
Beispiele dazu: Änderung der Arbeitsstrategie (Pausen einlegen, Druck herausnehmen), Abwechslung in der Arbeit, Erwerb neuer Kompetenzen, Kommunikation und direkte Aussprache bei Konflikten, Änderung der Arbeitsorganisation und Verteilung von Aufgaben, Anforderung von Hilfe, z. B. Gespräch mit Vorgesetzten, eigene Einstellungen ändern („Ich darf auch ein-

mal einen Fehler machen", „Ich nehme mir Zeit zum Durchatmen" u. v. a.)

Streulicht
Diffus abgestrahltes oder zurückgestrahltes Licht. > Reflexion

Streuung
Richtungsänderung. Beispiel: Auftreffende Lichtstrahlen werden nicht gerichtet, sondern diffus zurückgestrahlt.

Strich
1. Reproduktion:
   Kurzbezeichnung für Bildvorlagen sowie positive oder negative Reproaufnahmen auf Film oder Fotopapier, die nur aus vollständig geschwärzten und vollständig transparenten (bzw. weißen) Linien, Flächen und sonstigen Bildelementen bestehen.
   Beispiele: Federzeichnung, technische Zeichnung, Schrift. Die Vorlagen bzw. Produkte enthalten keine > Raster oder Tonwertabstufungen.
2. Papier: Kurzbezeichnung für die Beschichtung der Papieroberfläche(n) mit Streichdispersionen.

Strichaufnahme
Reproduktion einer > Strichvorlage durch fotografische oder elektronische Verfahren.

Strichcode
Weitere Bezeichnungen:
Barcode, EAN-Code.
Grafisches Kennzeichnungssystem für Transportgüter, Verpackungen (Päckchen, Pakete, Paletten, Container), für Werkstoffe und sonstige Produkte zur eindeutigen, maschinenlesbaren Identifizierung. Ein solches Codesystem besteht beispielsweise aus einer Anzahl von dunklen Elementen (Striche), die sich mit hellen Elementen (Lücken) abwechseln.
Lesbar sind die Informationen mit elektronischen Lesestiften, mit Scannern und mit CCD-Kameras.

Striche auf der Tastatur
Waagerechte Striche
1. Geviertstrich (—)
   - Apple: Umschalttaste + Wahltaste + Trennungsstrich
   - Windows: Alt-Taste + 0151 (im Ziffernblock)
2. Halbgeviertstrich (–)
   - Apple: Wahltaste + Trennungsstrich
   - Windows: Alt-Taste + 0150 (im Ziffernblock)
3. Divis (-)
   Trennungsstrich (Minuszeichen auf der Tastatur)

Striche in der Satztechnik
Nach dem Duden ist der Gedankenstrich (—) als Streckenstrich (ohne Zeichen- bzw. Wortabstand), als Strich bei Währungsangaben nach dem Komma bei glatten Beträgen (direkt nach dem Komma, mit einem Wortabstand zur Währungsangabe) sowie als Strich für „gegen" und „bis" zu verwenden.
In der Satztechnik weicht man aus optischen Gründen im Allgemeinen davon ab und verwendet den Halbgeviertstrich (–). Bei Währungsangaben in Tabellen wird dagegen der Geviertstrich verwendet, da Ziffern dann exakt untereinander stehen.
Beispiele:
- Halbgeviertstrich mit Wortabstand:
  Wir steigen – trotz eines leichten Regens – zur Hütte hinauf.
- Halbgeviertstrich ohne Wortabstand:
  Die Strecke Konstanz–Zürich ist blockiert.
- Halbgeviertstrich bzw. Geviertstrich:
  100,– Euro bzw. 100,— Euro
- Halbgeviertstrich bzw. Geviertstrich:
  HSV – Schalke 04 bzw. HSV — Schalke 04;

Allgemein wird nur der Halbgeviertstrich verwendet.

Strichfilm
Analoge Fotografie: Lith- oder Linefilm.
Fotomaterial zur Reproduktion von > Strichvorlagen.
> Gradation, > Fotomaterial

Strichstärke
CtP-Technik, > Auflösung, Auflösungskontrolle. Druckplattenherstellung für den Offsetdruck: Eingesetzte Signalfelder für das Prüfen der Datenübertragung, z.B. > Siemensstern und Mikrolinienfelder verwenden feinste Strichelemente zur Ermittlung der Auflösungsfeinheit des Ausgabegerätes. Je höher die eingestellte Auflösung im Ausgabegerät ist, desto feiner und detaillierter sind die Strichelemente zu erkennen.
Beispiele für Auflösungen und minimale Strichstärken:
2540 dpi > 10,0 µm; 1270 dpi > 20,0 µm; 600 dpi > 33,8 µm

Strichvorlage
Eine Strichvorlage besteht nur aus zwei (binären) Zeichnungselementen, die scharfkantig voneinander getrennt sind: 100 % bzw. 0 % Flächendeckung bzw. Schwarz und Weiß.
Beispiele für Strichvorlagen sind Texte, Linien, Flächen sowie grafische Zeichnungen.
Für die elektronische Reproduktion von Strichvorlagen ist eine sehr viel höhere > Auflösung als für die Graustufen- oder Farbvorlagen erforderlich.
Eingestellt werden sollte die maximal mögliche Auflösung.

Stroboskop
Drucktechnik: Gerät zur Beobachtung der laufenden, bedruckten Bahn an Rollendruckmaschinen (z. B. im Tiefdruck).
Eine Gasentladungslampe sendet in konstanten Zeitintervallen Lichtblitze auf die durchlaufende Bahn. Bei übereinstimmender Frequenz zwischen laufender Bahn und Lichtblitzen scheint das Druckbild auf der Bahn stillzustehen. Damit ist eine Beurteilung, z. B. des Passers, während der Druckproduktion möglich.

Stroh
Einjahrespflanzen, die als Faserstoff für die Papierherstellung verwendet werden.

Struktogramm
Übersichtlich grafische Darstellung eines Programmablaufplans in seinen Grundstrukturen. Für das Zeichnen werden spezielle Symbole verwendet.

Struktur
Innere Gliederung, Aufbau, Ordnung nach bestimmten Gesetzmäßigkeiten.
Beispiele: Aufbau eines komplexen Systems; Gliederung der Unternehmungsführung; Anordnung von Atomen, Aufbau von Kunststoffen u. a.

Struktur der Printmedien im Wandel
Gedruckte Medien befinden sich in einem rasanten Wandel, vor allem bedingt durch digitale Technologien, Vernetzungen und die Automatisierung von Prozessen.
Unternehmen müssen die Forderungen des Marktes vorausschauend bei allen unternehmerischen Planungen und betrieblichen Entwicklungen im Blick haben.
Besondere Merkmale und Anforderungen des Marktes
- höhere Aktualität durch kleinere Auflagen und kürzere Auftragsdurchlaufzeit
- Drucken-nach-Bedarf (Printing on Demand), elektronisches Verteilen der Daten, Druck vor Ort
- digitale Vernetzung von der Auftragsdatenerfassung bis zur Auslieferung an den Kunden
- Zeitung u. Ä. Produkte: Integration von Redaktion, Druckvorstufe, Druck, Versandraum und Logistik, personalisierte Ausgabe
- nutzen gleicher digitaler Daten für Print- und Nonprint-Medien
- digitale Informationsaufbereitung (content provider)
- Mehrwert der Druckprodukte durch Haptik, Farbe, Veredelungen

Strukturlack
Lacke, die bei der Aushärtung durch UV-Licht eine Struktur an der Oberfläche bilden.

stufenlose Getriebe
Antriebe von Maschinen, bei der sich die Drehzahlen stufenlos verändern lassen, z. B. PIV-Getriebe.

stumpfer Anfang
Typografie, Satztechnik: Eine stumpf beginnende Zeile hat keinen Einzug von der Kante des Satzspiegels, sie beginnt linksbündig, z. B. nach einem Titel oder einer Überschrift.

Stylesheets
Engl. Bez. für Stilvorlagen, mit denen der Web-Designer die Darstellung von Web-Seiten steuern kann.
Stylesheets weisen Daten wie Texte, Bilder, Grafiken, Tabellen u. a. bestimmte Formatierungen (Schriften, Stilattribute, Farben, Positionen u. a.) nach vorgegebenen Regeln zu.

Sublimation, sublimieren
1. Chemie: Unmittelbarer Übergang eines festen Stoffes in den Gaszustand oder umgekehrt. Der flüssige Zustand wird bei diesem Prozess übersprungen.
2. Drucktechnik: Die Technik wird z. T. in Proofsystemen zur Farbübertragung eingesetzt. > Thermosublimation

Subset
Untermenge oder Auszug aus einem System, Programm o. Ä.
Beispiel: Der Ugra/Fogra-Medienkeil CMYK ist ein Subset aus dem ECI-2002-Farbchart.

Substrat
Technik: Materielle Grundlage.
1. Buchbinderei:
   Material, das zu verkleben ist.
2. Druckfarbenherstellung:
   Unbunte Substanzen (Pigmente), auf die lösliche Farbstoffe niedergeschlagen werden.
   Produkt ist ein farbiges Pigment bzw. ein in Bindemitteln und Lösemitteln un löslicher Farblack.

Subsystem
Übergeordnetes > System bzw. Teil dieses Systems.

subtraktive Farben
Körperfarben, materielle Farben:
Farbwirkung aller nicht selbst leuchtender Stoffe.
Der Farbeindruck entsteht durch auffallendes Licht, das zum einen Teil absorbiert (verschluckt) und zum anderen Teil reflektiert (zurückgestrahlt) wird.
Die reflektierte Strahlung verursacht Farbreize, die im Gehirn einen Farbeindruck ergeben.
Daraus folgt: Ohne Licht ist keine Körperfarbe sichtbar.

subtraktive Farbmischung
Basis: Materielle Farben (Körperfarben) und deren Farbmischungen, d. h. materielle Mischung von Substanzen wie Druckfarbe, Malerfarben, Aquarellfarben. Durch das Mischen mehrerer Komponenten wird die Lichthelligkeit verringert.
Grund- oder Primärfarben sind Cyan, Gelb (Yellow), Magenta. Theoretisch ergibt die Mischung der subtraktiven Grundfarben bei gleichen Anteilen Schwarz. Da keine Optimalfarben, sondern reale Farben mit optischen Mängeln vorhanden sind, ist für den Vierfarbdruck zusätzlich Schwarz erforderlich.
Subtraktive Farbmischungen entstehen bei Durchgang des Lichtes durch einen Stoff oder bei Reflexion des Lichtes an Farbstoff- oder Pigmentschichten.
Die Wirkung ist zu beobachten beim:
1. Mischen von Farblösungen oder Pigmentdispersionen (Körperfarben),
2. Übereinanderdrucken von (transparenten) Farbschichten,
3. Hintereinanderschalten von Farbfiltern.

subtraktive Grundfarben
Körperfarben, die nicht aus anderen Farbstoffen oder Pigmenten gemischt werden können.

Subtraktive Grundfarben absorbieren auftreffendes Licht sehr stark in einem Drittel des Spektrums, die beiden anderen Drittel werden weitestgehend durchgelassen.
Subtraktive Grundfarben sind: Gelb, das blaue Lichtstrahlen absorbiert, Magenta, das grüne Lichtstrahlen absorbiert und Cyan, das rote Lichtstrahlen absorbiert.
In der Drucktechnik ist mit transparenten subtraktiven Grundfarben ein > Farbdruck nach einer reprotechnisch aufbereiteten Farbvorlage herzustellen.
Durch flächenvariable, binäre Bildinformationen (Offsetdruck, Buchdruck, Siebdruck u. a.) sowie unterschiedliches Näpfchenvolumen (Rakeltiefdruck) werden verschiedene Farbtöne in unterschiedlichen > Helligkeiten und > Sättigungsgraden drucktechnisch wiedergegeben.

suchen und ersetzen
Funktion eines Programms, das das Suchen eines Begriffes, eines Zeichens oder einer Zeichenfolge erlaubt und danach ein manuell oder automatisch gesteuertes Ersetzen durch einen eingegeben Begriff oder eingegebene Zeichen ermöglicht.
Die Funktion wird vor allem für die Textverarbeitung eingesetzt.

Suffix

1. Allgemein, Sprache: Lat. Fachausdruck für angehängte Nachsilben an einen Wortstamm, z. B. -ung, -heit, -keit.
2. Druckindustrie: Dateierweiterung.
   > Extension

Sulfatzellstoff
Chemischer Aufschluss des Holzes für die Zellstoffherstellung.
Faserstoffgewinnung aus Hack-(Holz-) Schnitzeln, die in alkalischen Schwefelsalzlösungen gekocht werden. Das Verfahren eignet sich für den Aufschluss fast aller Rohstoffe, es ergibt einen Stoff mit hohen Festigkeitseigenschaften. Der Einsatz dieses Verfahrens ist in Deutschland nicht erlaubt, jedoch darf Sulfatzellstoff zu Papier verarbeitet werden.

Sulfitzellstoff
Chemischer Aufschluss des Holzes für die Zellstoffherstellung. Der Faserstoff wird aus Hack-(Holz-)Schnitzeln von Nadelhölzern (Fichte, Tanne) und auch einigen Laubhölzern (Buche) gewonnen, die in sauren Chemikalien (z. B. Schwefelsäure) gekocht werden. Sulfitzellstoff ergibt eine weiche, kurze Faser.

SUN
SUN Microsystems ist ein Hersteller von schnellen UNIX-Rechnern (> Workstation).

Supersampling
Zusätzliche Bilddaten.
Computergesteuerte Reproduktion:
Viele Farbscanner erfassen erheblich mehr Tonstufen, als tatsächlich in Ausgabegeräten genutzt werden können. Diese zusätzlichen Daten ermöglichen eine bessere Wiedergabe in der Schattenzeichnung.
Dies ist insbesondere bei Diapositiven mit hoher Dichte wichtig.

Superzelle
Computergesteuerte Reproduktion:
Eine Superzelle besteht aus einer Matrix kleinerer Rasterzellen. Beispielsweise besteht eine 3×3-Superzelle aus 9 kleinen Rasterzellen.
Mit dieser Methode ist bei der PostScript-Rasterung eine höhere Winkelgenauigkeit als bei der > rationalen Tangentenrasterung zu erzielen.

Supplement
Engl.: Ergänzung, Nachtrag, Beilage.
Beispiele:
- Buchwesen: Ergänzungsband zu einem Buch
- Tageszeitung: Wochenendbeilage, Beilage zu Reisen, Wohnen, Bauen, Umwelt u. Ä.

Support
Engl.: Stütze, Unterstützung. Im weiteren Sinne allgemein verwendet für Dienstleistung, Kundendienst, technische Unterstützung. Der Kundendienst übernimmt z. B. die Wartung (auch Fernwartung) von Geräten und Anlagen. Bei einem technischen Support erhält der Kunde Antworten auf Fragen oder Unterstützung zur Lösung technischer Probleme. Zur Beantwortung von Fragen zu dem gelieferten Gerät, System oder einer Software stellt das Unternehmen eine (Wissens-) Datenbank zum Beispiel mit häufig gestellten Fragen (FAQ = Frequently Asked Questions) zur Verfügung, bietet Downloads, Handbücher, Diskussionen oder technische Daten an. Ziel ist Kundenzufriedenheit durch ein optimales Nutzen des Produktes.

Suspension
Aufschwemmung unlöslicher kleiner Teilchen in einer Flüssigkeit, z. B. ist die Fotoschicht eine Suspension (keine > Emulsion).

sw
Abk. für > Schön- und Widerdruck als Bezeichnungen für Druckmaschinen oder den beidseitigen Druck.

Switch
Engl.: Schalter, Weiche. Gerät in einem lokalen Netzwerk zur Verbindung mehrerer Computer. Die Funktion eines Switches entspricht grundsätzlich einem Hub, es kann den Verkehr im Netz jedoch analysieren und logische Entscheidungen treffen.

SWOP
Engl. Abk. für Specification for Web Offset Publications. Amerikanischer Standard für Druckfarben. Für die Bildverarbeitung und den Produktionsprozess gibt es ICC-Profile mit bestimmten Charakterisierungsdaten: Gesamtfarbauftrag bei der Separation 300 %, maximales Schwarz 98 %, sehr starkes GCR auf der Grauachse und ein mittelstarkes GCR in Richtung gesättigter Farben.

Symbol
Kennzeichen, Zeichen.

1. Allgemein: Wahrnehmbares Zeichen oder Sinnbild (Gegenstand, Handlung, Vorgang), das stellvertretend für etwas nicht Wahrnehmbares oder Gedachtes steht. Im engeren Sinne sind Symbole Schrift- oder Bildzeichen mit verabredeter oder unmittelbar einsichtiger Bedeutung. Diese werden zur verkürzten oder bildhaften Kennzeichnung und Darstellung verwendet.
   Früher vor allem in Religion, Kunst und Literatur eingesetzt, werden heute Symbole in verschiedensten Bereichen wie Naturwissenschaft (z. B. chemische und mathematische Zeichen, physikalische Größen), Technik (z. B. Schaltzeichen) und im täglichen Leben (z. B. > Piktogramme, Verkehrszeichen) verwendet.
   Buchstaben sind beispielsweise Symbole für bestimmte Laute, das grüne Licht der Ampel ein Symbol für „Freie Fahrt“.
2. In der Computertechnik ein grafisches Sinnbild, das eine Datei, einen Ordner, ein Volume oder eine andere Einheit repräsentiert.

Symbolik
Sinnbildliche Darstellung. Durch Symbole dargestellter Sinngehalt.

Symmetrie
Spiegelbildliches Gleichmaß; harmonische, regelmäßige Anordnung mehrerer Teile eines Ganzen; regelmäßige Zuordnung.
Gegenteil: > Asymmetrie.
> symmetrische Textanordnung.

symmetrisch
Spiegelbildlich gleiche Anordnung.

symmetrischer Falz
Druckweiterverarbeitung: Falz auf Mitte des (Teil-)Produktes. Der sogenannte Kreuzbruch ist in der Regel ein symmetrischer Falz: Der erste Falz erfolgt auf der Mitte, jeder nachfolgende erfolgt rechtwinklig dazu ebenfalls auf der Mitte.

symmetrische Textanordnung
Typografie: Satz, der von der Mittelachse aus gleichmäßig angeordnet ist: Blocksatz, Satz auf Mittelachse. Beide Anordnungen wirken statisch, konventionell, steif und wenig reizvoll.
Gegenteil:
> asymmetrische Textanordnung.

Symposium
Tagung, auf der in Vorträgen und Diskussionen bestimmte Fragen (wissenschaftlich) erörtert werden.

synchron
Gleichlaufend, zeitlich deckungsgleich, taktgenau ablaufend.

Synchronisation
Zeitlich aufeinander abgestimmte Abläufe bei beliebigen Vorgängen, bei zusammenwirkenden Maschinen oder Geräten.

S

Synergie
Zusammenwirken, Zusammenschluss, Energie für das Lösen neuer Aufgaben.

Syntax
Griech.: Zusammenstellung.
1. Allg.: Lehre vom Bau des Satzes. Die Syntax ist ein Teilgebiet der Grammatik und erforscht die in einer Sprache zulässigen Verbindungen von Wörtern zu Wortgruppen und Sätzen bezüglich der äußeren Form, der inneren Struktur und ihrer Funktion und Bedeutung.
2. Computertechnik: Regeln zur Bildung einwandfreier, datenverarbeitungsgerechter Befehle.

Synthese
1. Zusammenführung einzelner Teile zu einem Ganzen.
2. Aufbau komplizierter Substanzen aus einfacheren Stoffen oder Verfahren zur künstlichen Darstellung anorganischer oder organischer Verbindungen.

System
Allgemein: Gliederung, Aufbau, Ordnungsprinzip, einheitliches Ganzes.
Ein in sich geschlossener Fertigungsbereich, eine Funktionseinheit oder auch eine technische Anlage, die aus mehreren Bauelementen (Aggregaten, Modulen) besteht, die gemeinsam eine bestimmte Funktion erfüllen bzw. Aufgabe ausführen. Zu unterscheiden ist dabei zwischen komplexen Großsystemen, Kleinsystemen und miniaturisierten Mikrosystemen.
Beispiele:
1. Großsystem: Gesamter Workflow in einem Druckereiunternehmen.
2. System: Computergesteuerte Technik zur Datenerfassung, Datenbearbeitung, Datenausgabe in der Druckvorstufe, z. B. Computer mit entsprechender Software, Datenspeicher, Laserdrucker, und weiterer Peripherie, ggf. auch Netzwerk.
3. Kleinsystem: Ein einzelner Computer.
4. offenes System: Ein Rechnersystem, bei dem Komponenten verschiedener Hersteller miteinander über geeignete, leistungsfähige Schnittstellen eingesetzt werden können.

Systemabsturz
Unvorhergesehener Ausfall des > Systemprogramms durch fehlerhafte Anweisungen oder inkompatible Funktionen der Software. Durch einen erforderlichen Neustart gehen alle Daten im Hauptspeicher verloren.

Systemadministrator
Person, die in einem Unternehmen für die Funktionsfähigkeit des Netzwerkes und der Computersysteme verantwortlich ist.

Systemanalyse
Basis der Entwicklung von (Computer-) Systemen bzw. Programmen für einen bestimmten Anwendungsbereich in einzelnen logischen Schritten.
Wesentliche Aufgaben sind die Systemplanung mit der Anforderungsanalyse, die Programmierung, die Implementierung der Anwendung in den Rechner und die Funktionsprüfung.

Systematik
Ganzheitliche Betrachtung beliebiger Vorgänge, Ordnungsprinzip, planmäßige, geordnete Darstellung, Gestaltung u. a.
Beispiele: Klassifikation der Druckschriften, alphabetische Ordnung.

systematisch
Planmäßig, folgerichtig handelnd; nach einem System geordnet; Elemente in ein > System gebracht.

System Brunner
Allgemein:
System Brunner AG, CH-Locarno, Unternehmen für Standardisierung und Qualitätssteuerungen im Druckprozess.
Standardisierung: Ein von Felix Brunner entwickeltes Standardisierungskonzept für den Offsetdruckprozess. Brunner erkannte den Zusammenhang zwischen den unterschiedlichen Kontrasten der Bildvorlagen und einer konstanten Qualität im Druckprozess. Er entwickelte u. a. eine bildbezogene Qualitätssteuerung, Eurostandard System Brunner, > Instrument Flight inline.

System Brunner Bildanalyse: Picture Contrast Technology
Bilder bestehen aus einer Vielzahl von Farbtönen in unterschiedlicher Helligkeit. Betrachtet man ein buntes Bild, so wird das Auge durch mehrere unterschiedliche Farbtöne beeinflusst und irritiert.
Brunner nennt diese Unterschiede Kontraste.
Seine Erkenntnis: Diese Kontraste bestimmen die Wahrnehmung von Farbverschiebungen in einem Bild.
Jedes Bild ist ein Gefüge von Kontrasten, z. B. Farb- bzw. Bunt-Kontrast, Hell-Dunkel-Kontrast, Simultan-Kontrast, Gegenfarben-Kontrast, Intensitäts-Kontrast.
Die Bildanalyse zeigt auf, wie der Mensch Farbabweichungen bei verschiedenen Bildern empfindet. Daraus wird abgeleitet, dass Schwankungen im Produktionsprozess zuerst als Verschiebungen der Farbbalance im Mitteltonbereich sichtbar werden.
Diese entstehen im Druck durch gegenläufige Abweichungen in der Tonwertzunahme der Prozessfarben CMY.
Andere Einflussgrößen wie die Helligkeit (Bildgradation) oder der Gesamtkontrast (Sättigung der Druckfarben) werden weniger stark wahrgenommen.
Je stärker die Bildkontraste in einem Bild sind, desto geringer empfindet der Betrachter Schwankungen in der Bildwiedergabe durch die Reproduktion oder im Druck.
Bei Bildern mit schwachen Kontrasten reagiert dagegen die menschliche Farbwahrnehmung wesentlich empfindlicher.
Daher ist bei diesen Bildvorlagen die Toleranzgrenze in der Reproduktion und im Druck wesentlich geringer.
> System Brunner Bildkontrast-Klassen

System Brunner Bildkontrast-Klassen
Nach System Brunner erfolgt durch eine Bildanalyse mit der Picture Contrast Technology die Einteilung von Bildern in vier Klassen:
- Bildkontrast-Klasse 0:
  Homogene, dreifarbig aufgebaute Flächen. Diese sind im Offsetdruck nicht ohne sichtbare Farbschwankungen zu drucken.
- Bildkontrast-Klasse 1:
  Bilder mit geringen Kontrasten mit vorwiegend grauen und braunen Farbtönen sowie auch großflächigen Haut-

tönen. Toleranzgrenze im Mitteltonbereich ± 2 %.
- Bildkontrast-Klasse 2:
  Bilder mit normalen Kontrasten, diese sind die Mehrzahl aller Bildvorlagen. Toleranzgrenze im Mitteltonbereich ± 4 %.
- Bildkontrast-Klasse 3:
  Bilder mit sehr starken Buntkontrasten. Toleranzgrenze im Mitteltonbereich ± 6 %.

> System Brunner Graubalance-Hexagon

System Brunner Graubalance-Hexagon
Basis der Bildkontrastlehre von System Brunner, die erstmals Bildkontraste quantitativ untersucht und Bildvorlagen in Kontrastklassen unterschieden hat.
Das Hexagon mit 37 wabenförmigen Farbflächen hat im Zentrum die Klasse 0 (optimal neutrales Graufeld). Die unmittelbar angrenzenden 6 Wabenflächen haben die Bildkontrastklasse 1 (Abweichung ± 2 %), die danach folgenden 12 Wabenflächen die Bildkontrastklasse 2 (Abweichung ± 4 %) und die äußeren 18 Wabenflächen die Bildkontrastklasse 3 (Abweichung ± 6 %).
Das menschliche Auge reagiert sehr stark auf Schwankungen bei homogen dreifarbig aufgebauten Flachen (C+M+Y).
Daher sind Bildvorlagen der Klasse 0 nicht ohne sichtbare Abweichungen zu drucken.
Die Untersuchungen haben zu bildabhängigen Qualitätsmerkmalen zur Farbbalance im Druckprozess geführt.
Je geringer die Bildkontrast-Klasse ist, desto stärker fallen Schwankungen in der Farbbalance (im Hexagon Graubalance genannt) im Farbdruck als Abweichung auf.

Systemdatei
Eine Datei, die sich im Systemordner befindet und zum Starten des Rechners vorhanden sein muss.
Die Datei beinhaltet alle wichtigen Grundfunktionen für das Zusammenspiel zwischen Rechner, Software und Peripheriegeräten.

Systemerweiterung
Ein Programm, das beim Starten eines Computers in den Speicher geladen wird.

Systemordner
Ein Ordner auf dem Startvolumen, der die Dateien enthält, die ein Computersystem benötigt.
Beim Macintosh sind das z. B. Systemdatei, Finder, Systemerweiterungen, Schreibtischprogramme, Kontrollfelder.

Systemprogramm
> Systemsoftware. Basis für die Benutzung eines Rechnersystems, das sämtliche Grundfunktionen und Abläufe für Anwenderprogramme steuert. Zur Wahl stehen heute z. B. Windows, Unix, Linux, OS/2 sowie das Apple-System OS X.
Windows-Programme setzen heute eine ähnliche Benutzeroberfläche wie das Apple-System ein.

Systemsoftware
> Systemprogramm.

Systemstart
Der Vorgang, durch den der Computer aktiviert wird.
Dabei werden die Betriebssoftware und benötigte Systemerweiterungen in den Arbeitsspeicher geladen.

Systemtheorie
Wissenschaft. Ein Teilgebiet der > Kybernetik, das sich mit Regelungsvorgängen in technischen Geräten, Organismen und gesellschaftlichen Strukturen beschäftigt. Grundmodell ist der Regelkreis.

S

TA
Abkürzung für: Technische Anleitung.
Von der Bundesregierung für den Umweltschutz herausgegebene Verwaltungsvorschriften für genehmigungsbedürftige Anlagen, z. B. > TA Luft.

Tab
1. Abk. für > Tabulator.
   - Taste auf einer Tastatur,
   - Befehl für Stellung und Ausrichtung des Tabulators,
   - Sprungfunktion von einem Datenfeld zu dem folgenden Datenfeld durch das Betätigen der Tabulatortaste.
2. Organisation: hervorstehende Kennmarke mit einer Kurzinformation zum folgenden Inhalt als sogenannter Reiter, z. B. an einer Kartei.

Tabelle
Systematische, übersichtliche Zusammenstellung verschiedener, in Zusammenhang stehender Daten aller Art auf einer Fläche in Zeilen und Spalten.
Eine Tabelle besteht grundsätzlich aus einem Tabellenkopf und einem Tabellenfuß. Im Kopf sind die zu unterscheidenden Merkmale angegeben.
Der Tabellenfuß, die größte Fläche, besteht aus einer Vorspalte und einzelnen senkrechten Spalten.

Tabellenkalkulation
Ein Programm für die tabellarische Verarbeitung von Zahlen mit immer wiederkehrenden Rechenvorgängen.
Gearbeitet wird nach dem Prinzip eines Rechenblattes, das in Zeilen, Spalten und Feldern aufgeteilt ist. In die Felder können Texte, Zahlen und bestimmten Rechenoperationen eingegeben werden.
Alle bedeutenden Formeln sind dabei bereits programmiert, sodass der Benutzer diese nur auszuwählen und in das entsprechende Feld einzusetzen hat. Der Rechenvorgang läuft danach automatisch ab. Tabellenkalkulationsprogramme bieten darüber hinaus die grafische Darstellung von erfassten und berechneten Daten in Diagrammen, z. B. Linien-, Balken-, Tortendiagrammen, in zwei- oder auch dreidimensionaler sowie ein- oder mehrfarbiger Darstellung.

Tableau
Mehrere, in gleichem Maßstab zu reproduzierende Vorlagen werden zu einer Gesamtvorlage zusammengestellt.

Tabloid-Format
Zeitung in halber Größe des üblichen Ganzseitenformates. > Zeitungsformate

Tabulator
1. Gliederungsfunktion:
   Festgesetzte Punkte zum Schreib- bzw. Satzbeginn bei Texten, tabellarischen Übersichten u. Ä. zur Gliederung oder besseren Übersichtlichkeit. Um Text-, Daten- oder Währungsspalten in einer Fluchtuntereinander zu setzen, sind Tabulatoren linksbündig, zentriert (Mittelachse), rechtsbündig oder als Dezimaltabulator zu setzen.
2. Sprungfunktion: Durch eine programmierte Funktion kann durch Betätigen der Tabulatortaste in auszufüllenden digitalen Tabellen am Monitor von einem Eingabefeld zum folgenden Eingabefeld gesprungen werden.

Tack
Druckfarbe: Messgröße für die Zügigkeit der Druckfarbe. Gemessen wird in einem Messgerät die Spaltfähigkeit eines dünnen Farbfilms auf zwei Farbwalzen.
Je höher der Tack ist, desto besser haftet der Farbfilm auf dem Bedruckstoff.
Dies ergibt auch einen randschärfer ausgedruckten Rasterpunkt und einen höheren Kontrast. Ein zu hoher Tack kann

bei sensiblen Papieren zum Rupfen, d. h. Herausreißen von Partikeln oder auch Fasern aus der Papieroberfläche führen.
Der Energieaufwand für das Spalten des Farbfilms auf den Walzen ist ebenfalls höher. Damit entsteht mehr Wärme im Farbwerk.

Tag
Internet: Steuerbefehle in HTML-Dokumenten. Sie werden in spitzen Klammern eingeschlossen, z. B. <Tag>.

Tagesleuchtfarben
Druckfarben, die Spezialpigmente enthalten, die die für das menschliche Auge unsichtbaren UV-Strahlen in sichtbare Strahlen umwandeln.
Dadurch wird eine verstärkte Reflexion, d. h. Leuchtwirkung der Druckfarbe erzeugt.

Tageslicht
Kurzbezeichnung für die Tageslichtfarbe, deren > Farbtemperatur in > Kelvin (K) angegeben wird. Je nach Jahreszeit und Witterung schwankt die Farbtemperatur zwischen 3000 und bis zu 20000 K.
Das mittlere Tageslicht hat ca. 5000 K bis 6500 K. Für das Abmustern von Vorlagen, Proof und Drucken werden Lichtquellen mit D50, entsprechend 5000 K, verwendet.
> Farbtemperatur

Tageslichtfilm
Unkorrekte Bezeichnung für > Raumlichtfilm bzw. Hellraumfilm. Kontaktfilm, der bei Raumlicht (ohne UV-Anteile) außerhalb der üblichen Dunkelkammer verarbeitet werden kann.
Der Film ist für UV-Licht empfindlich und muss mit einer entsprechenden Lichtquelle belichtet werden.

Tageslichtverarbeitung
Lichtempfindliche Materialien können bei Raumlicht ohne UV-Anteile verarbeitet werden.

Takte
Druckformherstellung:
Einheiten zur Belichtungssteuerung mit einem > Lichtdosiergerät.

Taktfrequenz
Grundfrequenz, mit der alle Vorgänge in einem Computersystem durch einen Taktgenerator gesteuert werden.
Daraus ist in der Computertechnik die Angabe der Verarbeitungs- bzw. Rechengeschwindigkeit in MHz (Megahertz) abzuleiten. Zentraleinheiten besitzen z. B. 25, 40, 66 und mehr MHz als Taktfrequenz.
Werden bei einem Computer mit 66 MHz beispielsweise für die Ausführung eines Befehls 6 Takte benötigt, leistet das System 66 Millionen Hz: 6 Takte/Sekunde = 11 Millionen Befehle/Sekunde = 11 MIPS.
> MIPS

Taktgeber
Bauelemente in der Computertechnik zur Steuerung und Synchronisation der Abläufe in einem Computersystem.

TA Lärm
Abk. für Technische Anleitung Lärm.
Immissionsrichtwerte nach Gebiet und Tageszeit für genehmigungspflichtige Anlagen.

TA Luft
Abk. für: Technische Anleitung zur Reinhaltung der Luft. Verwaltungsvorschrift, Grundlage dazu ist das Bundes-Immissionsschutzgesetz, 2002.
Diese Technische Anleitung dient dem Schutz der Allgemeinheit und der Nachbarschaft vor schädlichen Umwelteinwirkungen durch Luftverunreinigungen und der Vorsorge gegen schädliche Umwelteinwirkungen durch Luftverunreinigungen, um ein hohes Schutzniveau für die Umwelt zu erreichen.
Im Sinne dieser Vorschriften bedeuten:
- Immissionen
  Auf Menschen, Tiere, Pflanzen, den

Boden, das Wasser, die Atmosphäre oder Kultur- und Sachgüter einwirkende Luftverunreinigungen

- Abgase
  Trägermassen mit festen, flüssigen oder gasförmigen Emissionen
- Emissionen
  Von einer Anlage ausgehende Luftverunreinigungen.

Die Vorschriften gelten für alle in der Druckindustrie eingesetzten Anlagen, z. B. bei Gasen, die bei der Produktion entstehen (z. B. IPA), durch Abluft bei Heatset-Rollen-Offsetdruckmaschinen und Tiefdruckwerken.

Tambour
Papierherstellung: Stahlzylinder, der mit fertigem Papier am Ende der Papier- oder Streichmaschine bzw. am Kalander umwickelt ist. Das verarbeitungstechnisch fertige Papier wird im > Rollenquerschneider in einzelne schmale Bahnen geschnitten und auf Kernhülsen zu den entsprechenden Druckrollen gewickelt.

Tampon
Im > Tampondruck das Übertragungselement aus Silikonkautschuk für den indirekten Druck. Der Tampon übernimmt das Druckbild von der Druckform und überträgt es auf dem Bedruckstoff.

Tampondruck
Indirektes Tiefdruckverfahren. In speziellen kleinen Tampondruckmaschinen können mit einem Tampon aus Silikonkautschuk kleine Gegenstände bedruckt werden.
Bedrucken lassen sich alle Materialien, die plan liegend oder beliebig geformt (rund, eckig, oval, konisch, flach, rau, glatt, mit verschiedenen Ebenen usw.) sein können. Der Tampon ist der zu bedruckenden Form anzupassen. Er besteht aus mehr oder weniger weichem Silikonkautschuk in verschiedenen Grundformen.
Die Druckform wird mit einer zähflüssigen Druckfarbe eingefärbt. Eine Rakel entfernt die Druckfarbe von der Oberfläche der Druckplatte (Nichtbildstellen). Der Tampon drückt auf die Druckplatte und übernimmt die Druckfarbe aus den Vertiefungen und überträgt sie auf den zu bedruckenden Gegenstand. Je nach Form des zu bedruckenden Gegenstandes ist der Tampon zu bewegen, er „rollt" auf dem Produkt ab.
Beispiele für geformte Druckprodukte: Armaturen, Anstecker, Buttons, Kugelschreiber, Bälle, kleine Bauelemente, Elektronik-Kleingeräte (z. B. MP3-Player, Mini-Radio, USB-Sticks), Modelle, Spielzeug, Werbemittel. > Dekordruck

Tapeten
Tapeten wurden bereits im 17. Jahrhundert erstmals zur Wandbekleidung anstelle von Teppichen genutzt. Heute werden unterschiedlichste Tapeten auf verschiedenen Trägermaterialien in allen Druckverfahren bedruckt. > Dekordruck

Tarif

1. Arbeitsrecht, Tarifvertrag: Verbindliche Vereinbarung zwischen Arbeitsgebern (Unternehmerverband) und Gewerkschaften (Arbeitnehmervertreter) zu Löhnen und Gehältern.
   Allgemeine Rechte, Pflichten und Vereinbarungen (Tages- und Wochenarbeitszeit, Urlaub, Zuschläge, Kündigungsfristen u.ä.) regelt ein längerfristig abgeschlossener Manteltarifvertrag.
   > Tarifautonomie
2. Wirtschaft: Preis für eine Dienstleistung

T

Tarifvertragsparteien
Arbeitsgebern (Unternehmerverband) und Gewerkschaften (Arbeitnehmervertreter).
> Tarif, > Tarifautonomie

Tarifautonomie
Das Recht der Tarifpartner (Arbeitgeber und Arbeitgeber), ihre Vereinbarungen über Arbeitsbedingungen und -entgelte selbstständig ohne Einwirkung des Staates zu treffen.

Taschenbuch
Das Taschenbuch ist technisch betrachtet kein Buch, sondern eine > Broschur.
Merkmal einer Broschur ist ein Umschlag als Einband. Dieser besteht grundsätzlich aus einem Material, z. B. Karton. Der unbeschnittene Broschurenblock wird in den im Rücken zwei- oder mehrfach gerillten Umschlag eingepasst und angeklebt.
Danach wird das Produkt dreiseitig beschnitten und ist fertig.

Taschenfalzmaschine
Auch: Stauchfalzmaschine. Der einlaufende Bogen wird durch drei Walzen in eine enge Falztasche befördert. Stößt der Bogen an einen Anschlag, so wird er gestaucht und weicht nach unten in einen Stauchraum aus. Dabei wird er von den unteren beiden Falzwalzen erfasst und gefalzt. > Falzmaschine

Tastatur
EDV: Sämtliche Tasten eines Eingabegerätes für Daten oder Befehle.

Tauenpapier
Scharf satiniertes, sehr reißfestes, zähes Papier, das früher aus Faserrohstoffen wie Seil- und Schiffstauen hergestellt wurde.

Taupunkt
Sättigungspunkt eines Gas-Dampf-Gemisches, z.B. Luft und Wasserdampf.
Die Luft ist ein Gasgemisch, das nur in einem begrenzten Maß Feuchtigkeit in Form von Wasserdampf aufnimmt.
Diese Aufnahmefähigkeit der Luft für Wasserdampf nimmt mit steigender Temperatur zu. Wird der Luft jedoch immer mehr Wasserdampf zugeführt, kommt es nach dem Erreichen des Sättigungspunktes (maximale Aufnahmekapazität), dem Taupunkt, zu einem tröpfchenförmigen Niederschlag. Wird die Luftmasse unter dem Taupunkt abgekühlt, bilden sich Wolken, Nebel oder Niederschlag.
> Klima, > Luftfeuchtigkeit

TCF
Engl. Abk. für totally chlorine free; d. h. total bzw. absolut chlorfrei. Papiere mit dieser Kennzeichnung sind mit chlorfreien Bleichmitteln gebleicht.
> AOX-Wert = 0,0 bezogen auf 1000 kg Faserstoff.
> Bleiche, > ECF

TCO
Abk. für die schwedische „Tjänstemännens Central Organisation".
Der Gewerkschaftsverband vergibt Prüfsiegel für ergonomisch geprüfte Geräte wie > Monitore, Mobiltelefone und Büroeinrichtungen.

TCP/IP-Protokoll
Engl. Abk. für Transmission Control Protocol/Internet Protocol, zwei > Protokolle für die Internet-Nutzung.
Im Internet wird zu einer sicheren Datenübertragung als Standardsprache das TCP/IP-Protokoll eingesetzt.
Ein Protokoll bezeichnet eine standardisierte Handlungsanweisung für interne Abläufe in der Datenkommunikation und stellt sicher, dass alle gesendeten Daten korrekt empfangen werden.
> Datenpaket

Team
Soziale Gemeinschaft als zusammengehörende Gruppe von Menschen, die für ein gemeinsames Ziel bzw. an einer gemeinsamen Aufgabe arbeiten.
Dabei ergänzen sich die Fähigkeiten und Fertigkeiten einzelner zu einer Leistung, die jeder alleine nicht erbringen könnte.

Teamarbeit
Arbeiten eines Teams an einem gemeinsamen Projekt. > Team

Technik
1. Im weiteren Sinne: Entwicklung, Herstellung und sinnvolle Anwendung von Werkzeugen aller Art.

2. Im engeren Sinne: Konstruktion und Anwendung von Geräten und komplexen Maschinen und alle Maßnahmen und Verfahren, die sich unter Ausnutzung der Naturgesetze und -prozesse bei einer Arbeit anwenden lassen. Damit sind durch den Einsatz von geeigneten Werkzeugen, Geräten und Maschinen Fertigungsprozesse einfacher, schneller, sicherer, effektiver und wirtschaftlicher sowie ökologischer zu gestalten.

Technische Dokumentation
Konzeption, inhaltlich strukturierte Erarbeitung und Gestaltung von sämtlichen internen und externen Dokumenten sowie Gebrauchs- bzw. Bedienungsanleitungen, Service- und Reparaturhandbüchern, Computer-based-trainings und technischen Informationen im Internet für verschiedenste technische Erzeugnisse und Industrieprodukte u. a. aus den Bereichen Maschinen- und Anlagenbau, Fahrzeug- und Motorenbau, Soft- und Hardware, Elektrotechnik, Elektronik.
Grundlage für eine fachsprachliche Klarheit und Eindeutigkeit in der Kommunikation in einem Unternehmen ist ein Terminologiemanagement, das die Leistungsfähigkeit in Prozessabläufen verbessert.
Mitarbeiter in der Technischen Dokumentation sind > technische Redakteure, technische Illustratoren und technische Übersetzer sowie Ingenieure und Wissenschaftler aus verschiedenen Fachbereichen.

Technische Redakteure
In unserer Informationsgesellschaft haben technische Redakteure vielfältige Aufgabenbereiche, z. B. komplexes Wissen leicht zugänglich machen, Print- und Online-Dokumente gestalten, Dokumente standardisieren, in Datenbanken verwalten und aus Modulen automatisch generieren, Übersetzungsprojekte managen.
Technische Redakteure erstellen Bedienungsanleitungen, Schulungsunterlagen und Produktionsinformationen ebenso wie Websites und Multimedia-CDs, betreiben Öffentlichkeitsarbeit und sind Ansprechpartner bei der Kundenbetreuung.
Sie arbeiten u. a. mit Textverarbeitungs- und Layoutprogrammen, Grafik- und Bildverarbeitungsprogrammen, SGML, HTML-/XML-Editoren, Datenbank-Software, Multimedia-Autorensystemen und Übersetzungswerkzeugen.

Technologie
Wissenschaft und Lehre von der > Technik.
Allgemein das Zusammenwirken bzw. die Gesamtheit der Arbeitsvorgänge.
Anwendung der Technik zur Lösung bestimmter Aufgaben, z. B. Gewinnung und Verarbeitung von Rohstoffen, Fertigung eines Produktes, technische Prozesse im Zusammenspiel von Kommunikation und Information.

Technologietransfer
Übertragen des eigenen technischen Wissens auf andere.

Teerfarbstoffe
Organische Farbstoffe, die durch chemische Prozesse aus Steinkohlenteer gewonnen werden.
Durch Verlacken sind daraus bunte Pigmente für Druckfarben herzustellen.

Teilfarbenbild
Das aus einem bunten Bild ausgefilterte Teilbild eines Farbsatzes für den Druck mit einer bestimmten (Prozess-)Farbe.
> Farbauszug

Teilkreis
Druckmaschinen: Messtechnisch bedeutende Größe bei Zahnradgetrieben in der Mitte zwischen Zahnkopf und Zahnfuß.
Der Teilkreis ist die ideale Eingriffslinie bei gegenseitigem Abrollen (> Abwicklung) der Zahnräder. Im Offsetdruck ist der Teilkreis die Basis für die Stellung der

Zylinder des Druckwerkes zueinander. Hiervon ausgehend werden die Stärke der Aufzüge, der > Anpressdruck und die Zylinderstellung berechnet. In der Praxis ist der Teilkreis zu einem Teilkreisbereich erweitert, um gewisse Bewegungen der Zylinder zu ermöglichen, ohne die ideale Abwicklung zu verlassen. Die seitlichen Ringe am Platten- und Gummituchzylinder einer Offsetdruckmaschine werden Schmitzringe genannt, sie liegen exakt auf Teilkreishöhe. Die seitlichen Ringe am Druckzylinder liegen unter dem Teilkreis, hier liegt die Zylinderoberfläche auf Teilkreishöhe, um ein Verstärken des Drucks zu ermöglichen. > Nichtschmitzringläufer, > Schmitzringläufer

Teilkreisdurchmesser
Druckmaschinen: Der wirksame Durchmesser der Zahnräder an Zylindern. Es ist eine genau berechnete, optimale Eingriffslinie für die Übertragung der Antriebskraft von einem Zahnrad zu einem anderen.

Telearbeit
Ein durch Kommunikations- und Informationstechniken mögliches dezentrales Arbeiten.
Beispiel: Rechnerbezogenes Arbeiten in der eigenen Wohnung für ein Unternehmen, zu dem eine Datenverbindung besteht.

Telefax
Übertragen von Texten über das Telefonnetz, z. B. der deutschen Post.

Telekommunikation
Sammelbezeichnung für alle Formen der Kommunikation, die über elektronische Übertragungs- und Speichermedien laufen. Technische Hilfsmittel ermöglichen die Informationsübertragung (Sprache, Texte, Bilder, Daten) und den Informationsaustausch über größere Entfernungen, z. B. Telefon, Fernschreiben, Fernsehen. Elektromagnetische Signale können durch Leitungen (leitergebunden) oder über den freien Raum (Rundfunk, Richtfunk, Satelliten u. a.) übertragen werden.

Telelearning
Lernen über Telekommunikationssysteme mit entsprechender Software (Programme, Datenbanken u. a.). Mit diesem dezentralen Lernen ist nicht nur eine computergestützte Aus- und Weiterbildung, sondern auch ein umfassendes Studium (z. B. an Fernuniversitäten) über lokale und globale Netze möglich. > Teletutor

Teleshopping
Ein System, das via Fernsehgerät über Angebote verschiedener Unternehmen informiert und einen direkten Einkauf (Bestellung) per Telefon ermöglicht.

Teletutor
Persönlicher Ansprechpartner eines Kurses, der über E-Mail ständig erreichbar ist und eine Person oder ein Forum betreut.
> Telelearning

Teletypesetter
Bleisatzmaschine, die durch Lochstreifen gesteuert wurde, heute ohne Bedeutung.

tellern
Papier ist nie vollständig trocken, sondern hat einen bestimmten Feuchtigkeitsgrad. Günstig ist eine relative Stapelfeuchtigkeit (vergleichbar mit der > relativen Luftfeuchtigkeit), auch Gleichgewichtsfeuchte bezeichnet, von 45–60 %.
Tellern tritt auf, wenn Bedruckstoffe eine höhere relative Stapelfeuchte im Vergleich zur umgebenden Raumluft aufweisen.
Der Feuchtigkeitsausgleich führt zur Abgabe von im Papier enthaltener Feuchtigkeit an die Luft. Dadurch trocknet das Papier an den Randzonen, in der Mitte wird die Feuchtigkeit dagegen nicht geändert. Auftretende Spannungen im Papier bewirken ein Wölben in der Stapelmitte, das tellern genannt wird.
Das Tellern verursacht einen mehr oder

weniger starken Papierverzug (Dimensionsänderung) und Schwierigkeiten beim Verdrucken der Bogen. > Randwelligkeit

Temperafarben
Deckende (Mal-)Farben, die sich leicht mit Wasser verdünnen und damit aufhellen lassen.

Temperatur
Wärmezustand eines Körpers, einer Flüssigkeit oder eines Gases.
Die SI-Einheit der Temperatur ist das Kelvin (K), zugelassen ist außerdem die Einheit Grad Celsius (°C). 0 K = –273 °C entspricht dem absoluten Nullpunkt (Molekülenergie gleich Null).

Template
Gestaltungsvorlage für ein Printprodukt oder für Internetseiten.

temporär
Kurzzeitig, zeitweilig, vorübergehend.

temporäre Daten
Daten bzw. Dateien, die nur für eine bestimmte kurzzeitige Aufgabe (z. B. Zwischenspeichern von Dateien) programmgesteuert erzeugt werden.
Bei der Beendigung der Arbeit werden temporäre Daten gelöscht.

temporäre Druckform
Im engeren Sinne keine Druckform, sondern nur eine kurzzeitige Übertragung der zu druckenden Informationen auf eine spezielle Bildtrommel.
Für jeden Druck muss die Bildtrommel wieder neu bebildert werden.
> Laserdrucker, > Digitaldruck

Tenside
Grenzflächenaktive Stoffe, die die Oberflächenspannung einer Flüssigkeit verringern und die Grenzflächenspannung zwischen zwei Stoffen herabsetzen. Tenside werden als Feuchtmittelzusätze für einen alkoholreduzierten oder alkoholfreien Offsetdruck eingesetzt.
> Isopropanol-Alkohol

Termin
Vereinbarter Zeitpunkt, Frist, Stichtag.

Terminal
EDV: Bildschirmgerät zur Eingabe und Ausgabe von Informationen in einem Computersystem.
Ein Terminal mit einer Tastatur ist als Datenerfassungsgerät nicht selbstständig arbeitsfähig, sondern an einen zentralen Rechner angeschlossen.

Terminologie
Fachsprache. Zusammenfassung der in einem Wissensgebiet bzw. Fachbereich gebräuchlichen Fachbegriffe.

terrestrisch
Erdgebunden, zur Erde gehörend.

terrestrische Frequenzen
Rundfunkprogramme, die in einem begrenzten Radius mit elektromagnetischen Wellen durch die Luft übertragen werden. Der Empfang ist durch Hausantennen möglich. Bei größeren Entfernungen vom Sender ist mit Qualitätseinbußen zu rechnen. > Kabelfernsehen

Tertiärfarben
Mischung von drei bunten Druckfarben einer Farbskala oder die Mischung einer bunten Druckfarbe mit Schwarz in beliebigem Mischungsverhältnis.

Tesatest
Prüfverfahren: Bei einer Druckveredelung darf der getrocknete Lackfilm nicht durch selbstklebende Etiketten oder Folien beschädigt werden.

Test
Untersuchung, Probe, Prüfung auf das Einhalten bestimmter (Güte-)Kriterien.

Testat
Bescheinigung, Zeugnis, Beglaubigung.

Testkeile
> Druckkontrollstreifen

Text
Gesamtheit der in einer Sprache vorkommenden Äußerungen, die durch Schrift visualisiert, d. h. durch Zeichen grafisch dargestellt und optisch gespeichert werden.

Textausgabe
EDV: Sichtbarmachen elektronisch gespeicherter und verarbeiteter, immaterieller Daten in Ausgabegeräten wie Drucker, Belichter.

Text-Bild-Integration
Zusammenstellen einer Seite aus verschiedenen digital vorhandenen Elementen wie Texten, Linien, Bildern und Grafiken mit einem Layoutprogramm (QuarkXPress, InDesign u. a.) am Bildschirm.
Texte erhalten die gewünschte Schriftart und -größe in der vorgesehenen > Satzanordnung und Zeilen- bzw. Spaltenbreite. Bilder und Grafiken sind ton- und farbwertrichtig in der richtigen Größe und Auflösung vorhanden. Die fertige Seite wird digital unter einem auftragsbezogenen Dateinamen gespeichert.
> OPI

T

Texterfassung
Eingabe von Texten in den Computer mit einer Tastatur und Speicherung in einem Textverarbeitungsprogramm o. Ä. Im weiteren Sinne gehört auch die Eingabe von Texten über ein OCR-Programm dazu.

Textildruck
Stoffdruck. Textilien können in verschiedenen Druckverfahren (Offsetdruck, Tiefdruck, Siebdruck, Filmdruck) bedruckt werden. Ein ausschließlich Stoffe in Bahnen oder Rollen druckendes Verfahren ist der Filmdruck, ein rotativ arbeitendes Durchdruckverfahren. Sind dagegen einzelne fertige Produkte, z. B. T-Shirts, zu bedrucken, wird der Siebdruck eingesetzt. Dabei können auch sehr starke, licht- und waschechte Farbschichten sowie Flockdruckfarben aufgedruckt werden.

Textur
Computergrafik: Die programmgesteuerte Oberflächenstruktur grafisch erzeugter Objekte.

Textura
Die erste Druckschrift aus Bleilettern: Gotische Schrift im Spätmittelalter, die Johannes Gutenberg um 1450 in Metallschnitt und mit einer flüssigen Bleilegierung ausgoss. Er und seine nachfolgenden Drucker verwendeten diese gebrochene Schrift, z. B. für den Druck der Bibel.

Textverarbeitung
Eingabe und Verarbeitung von umfangreichen Texten in einem computergestützten System mit einem Textverarbeitungsprogramm, um diese in der geforderten Art auszugeben. Heute sind Textverarbeitung und Bildverarbeitung sowie eine Text-Bild-Integration zu einem Endprodukt (Druckseite) in fast allen computergestützten Systemen mit entsprechender Software gemeinsam möglich.

Textverarbeitungsprogramm
Programm, mit dem Texte zu erfassen, typografisch zu gestalten, automatisch am Zeilenende zu trennen, zu gliedern, umzuordnen, zu nummerieren oder links- und rechtsbündig zu verarbeiten, zu speichern oder auszudrucken sind.

Textvorlage
Manuskript. Als Vorlagen für Texte werden immer weniger materielle Datenträger (Papier) verwendet. Allgemein liefern Kunden immaterielle Manuskripte, d. h. digital gespeicherte Texte auf Datenträgern.
Für eine problemlose, rationelle Verarbei-

tung ist es sinnvoll, mit der Druckerei die Art und Weise des Erfassens von Texten abzusprechen und ggf. einen Ausdruck beizufügen.

thermisch
Die Wärme betreffend.

thermische Bebilderung
> Computer-to-Plate (CtP). Druckplattenbebilderung in einem CtP-Belichter durch geeigneten Laser. Die thermische Bebilderung der Druckplatte kann je nach Aufbau der strahlungsempfindlichen Schicht durch unterschiedliche chemisch-physikalische Reaktionen erfolgen, z. B.:

- thermisch löslich
- thermisch vernetzend (Polymerisation)
- thermisch ablativ
- thermisch nicht ablativ (ThermoFuse)
- thermisch umkehrbare Polymere

> Ablation, > Polymerisation, > ThermoFuse

thermische Nachverbrennung
Chemische Reinigung von Abgasen durch Hitze. Die in der Abluft des Trockners einer Rollen-Offsetdruckmaschine enthaltene Ölkonzentration wird vor dem Austritt in die Atmosphäre auf ca. 750 bis 900 °C erhitzt.
Die in der Abluft enthaltenen Schadstoffe reagieren mit Sauerstoff und werden dabei in CO_2 und H_2O umgewandelt.

thermische Strahlung
Wärmestrahlung.

Thermodruckplatten
Druckplatten für den Offsetdruck, die in einem > Computer-to-Plate-System bebildert werden. Dabei werden Bildinformationen durch hohe Temperatur auf die Druckplatte übertragen. > Laser

Thermodurverfahren
Druckformherstellung:
Das Einbrennen der Bildstellen, die als Druckschicht (Kopierschichtrest) auf der Offsetdruckplatte nach dem Entwickeln, Abspülen und Trocknen stehen geblieben sind. Dadurch wird die erreichbare Druckauflage um etwa das Doppelte gesteigert.

ThermoFuse
CtP-Druckplattensystem von Agfa.
Schichtträger ist eine elektrochemisch aufgeraute und anodisierte Aluminiumdruckplatte. Die thermisch empfindliche Schicht besteht aus einer mikrofeinen Emulsion aus

- farbannehmenden Latexkügelchen,
- wasserlöslichem Bindemittel,
- kontrastierendem Pigment und einem
- IR-Sensibilisator.

Die IR-Energie des Lasers wird von der Emulsion absorbiert. Durch die Wärmeenergie verschmelzen die Latexkügelchen und härten beim Bestrahlen. Nicht belichtete Bereiche werden nicht verschmolzen und bleiben löslich. Das Auswaschen der nicht gehärteten Schichtpartikel erfolgt durch das nachfolgende Gummieren.

- Bildstellen: gehärtete Latexschicht
- Nichtbildstellen: elektrochemisch aufgerautes, anodisiertes Aluminium.

Thermo-Mechanical-Pulp
Abk.: > TMP

Thermoplaste
Kunststoffe, die überwiegend aus fadenförmig vernetzten Makromolekülen bestehen. Sie sind durch Wärmezufuhr mehrfach verformbar. > Kunststoffe, > Duroplaste, > Elastomere

thermoplastische Druckfarben
Druckfarben, die im Siebdruck bei höheren Temperaturen verdruckt werden und sich auf dem Bedruckstoff bei normalen Temperaturen sehr rasch verfestigen. Für den Druck mit diesen Farben ist ein Sieb mit aufgeheiztem Metallgewebe erforderlich. Bedruckt werden z. B. Glasflaschen.

Thermostat
Temperaturregler.

Thermosublimation
Rechnergesteuertes Thermografie-Verfahren. Die qualitativ hochwertige Technik wird u. a. in sogenannten Fotodruckern und zur Herstellung von Proofs eingesetzt.
Elektronisch gespeicherte Bildinformationen erzeugen eine analoge, tonwertgerechte elektrische Spannung an einem Druckkopf. Dadurch werden Farbstoffe von einer Trägerfolie in einen gasförmigen Zustand überführt und partiell ton- und farbwertgerecht auf einen Bedruckstoff (Papier, Folie) übertragen. Sie diffundieren (durchdringen) bei Temperaturen zwischen 100 und 400 °C den Bedruckstoff.
Durch die Temperatur ist die Farbmenge variabel zu steuern, es entstehen unterschiedliche Farbdichten auf einem speziell beschichteten Bedruckstoff.
Die Informationsübertragung von Bildern erfolgt ohne Rasterung.

Thermotransfer
1. Direktes Thermografie-Verfahren:
   Kein Druck-, sondern ein Kopierverfahren. Es wird keine Farbe bei der Informationsübertragung eingesetzt.
   Verwendet wird ein speziell beschichtetes Papier, das sich unter Wärmeeinwirkung verfärbt. Die erreichbare Schwärzung ist oft nicht ausreichend.
   Zudem verblasst die übertragene Information relativ rasch.
2. Indirektes Thermografie-Verfahren, das im Digitaldruck bzw. zur Proofherstellung eingesetzt wird. Die zu druckenden Informationen werden über einen mit Wachs oder Polymeren beschichteten, wärmeempfindlichen Zwischenträger (farbige Transferfolien in Rollenform) auf den Bedruckstoff übertragen. Durch den Rechner gesteuerte Heizelemente des Thermodruckkopfes erzeugen eine Temperatur von ca. 70 bis 90 °C, bei der die geschmolzene Farbe auf den Bedruckstoff übertragen wird. Kühlt der Wachs oder das Polymer ab, bleibt die Farbe auf dem Bedruckstoff haften. Der Vorgang muss für jede Farbe wiederholt werden.
   Daher eignet sich das Verfahren nur für den Druck weniger Exemplare.

Thesaurus
Elektronisch gespeichertes Wörterbuch in einem Textverarbeitungsprogramm für Synonyme von Wörtern. Die Auflistung von Wörtern mit gleicher bzw. gleichartiger Bedeutung kann als Hilfe zur Verbesserung des Textes verwendet werden.

Thiosulfat
Schwefelverbindung.
Natriumthiosulfat wird als Fixiersalz verwendet.

Thixotropie
Eigenschaft von Druckfarben, die auf Gel-Sol-Gel-Umwandlungen zurückzuführen ist.
Voraussetzung für den > Nass-in-Nass-Druck. > Gel, > Sol

Three-shot-Kamera
Digitalkamera oder -kamerarückteil, das die drei für jeden farbigen Bildpunkt erforderlichen Farbwerte Rot, Grün und Blau in drei aufeinanderfolgenden Teilbelichtungen erfasst. Dadurch sind solche Systeme nur für Aufnahmen unbewegter Motive einzusetzen.

Thumbnail
Engl.; wörtlich übersetzt: Daumennagel. Der Begriff wird allgemein für einen ersten Entwurf einer Grafik verwendet, heute vor allem jedoch als Bezeichnung für eine informative, stark verkleinerte Darstellung einer Seite. Diese Minidarstellung, von einigen Programmen automatisch erzeugt, gibt neben einer Seite im Originalformat

einen Überblick über die gesamten Seiten eines Dokumentes (z. B. einer PDF-Datei). Der Anwender hat durch den Überblick in den Seitenaufbau die Möglichkeit zu einem schnellen Auswählen bestimmter Seiten.

Tiefdruck
Hauptdruckverfahren.
Charakteristisches Merkmal: Bildstellen liegen in der Druckform vertieft, Nichtbildstellen liegen höher und auf einer Ebene.
Tiefdruckverfahren sind manuelle Tiefdrucktechniken, Rakeltiefdruck, Stahlstich, Stahlstichprägedruck, Tampondruck.
Manuelle Verfahren der Druckformherstellung sind z. B. Kupferstich, Radierung, Kaltnadelradierung, Aquatinta und die Heliogravüre, der Vorläufer des modernen Rakeltiefdrucks. Gedruckt werden manuell hergestellte Druckformen in handwerklichen Kupferdruckpressen, Druckprinzip Fläche gegen Zylinder. Heute ist als Originalgrafik vor allem noch die Radierung bedeutend.
Die heute bedeutende industrielle Tiefdrucktechnik ist der > Rakeltiefdruck.
Tiefdruckformzylinder > Hauptdruckverfahren

Tiefdruckfarbe
Die Druckfarbe für den Rakeltiefdruck besteht aus Farbmitteln (Pigmente), Bindemitteln und leicht flüchtigen Lösemitteln. Die Druckfarbe trocknet physikalisch durch das Verdunsten der Lösemittel.
Für das Trocknen wird in der Druckproduktion ein Trockner mit Warmluft eingesetzt, Lösemitteldämpfe werden abgesaugt. Spezialtiefdruckfarben für den Verpackungsdruck, Tapetendruck, Dekordruck u. a. sind produktspezifisch nach geforderten Echtheiten und Verarbeitungsbedingungen aufgebaut.
Anstelle von chemischen Lösemitteln wird teilweise auch Wasser verwendet. Der Einsatz erfordert aber u. a. erhöhte Energiekosten für die Trocknung.

Tiefdruckformzylinder
Informationsträger im Rakeltiefdruck ist ein Druckformzylinder, der aus einem Stahlkern mit einer Verkupferung besteht.
Die Verkupferung kann massiv (aus einer festen Dicke) oder als > Ballardhaut aufgalvanisiert sein. Der Zylinder ist außerhalb der Druckmaschine herzustellen und druckfertig vorzubereiten.
Übertragungsverfahren der Bildinformationen:

1. Kopie und Ätzung:
   Bildstellen und Rasterstege (Verhältnis der Breite z. B. 3 : 1) bilden je nach Tonwert tiefenvariable Näpfchen.
   Die Fläche der Näpfchen ist immer gleich groß. Das Verfahren ist heute nicht mehr bedeutend.
2. Zylindergravur: Ein elektromechanisch gesteuerter Stichel graviert je nach Tonwert tiefen- und flächenvariable Näpfchen ins Kupfer des Tiefdruckzylinders. Je größer das Volumen eines Näpfchens (Bildstelle) ist, desto mehr Druckfarbe kann aufgenommen und auf den Bedruckstoff übertragen werden.
   Im Rakeltiefdruck wird bei dieser Technik mit unterschiedlich dicken Farbschichten gedruckt. Dadurch ergib sich eine sehr gute, halbtonartige Bildwiedergabe.
   Am fertigen Druckformzylinder sind Pluskorrekturen durch Vergrößern des Volumens oder Minuskorrekturen durch Verringern des Volumens möglich.
   Jeder bearbeitete Druckformzylinder wird zur Erhöhung der Standzeit (Auflagenbeständigkeit) verchromt.
   Die elektronische Zylindergravur wird heute überwiegend eingesetzt.
3. Lasergravur: Mit der Lasergravur lassen sich sehr feine Details in den Druckformzylinder übertragen.
   Das Verfahren ermöglicht die Kombination verschiedener Näpfchenformen (tiefenvariabel, flächenvariabel).
   Eine mechanische Abnutzung, wie sie bei der elektromechanischen Zylindergravur zu beachten ist, scheidet aus.

Tiefdruckpapier
Ungestrichenes Papier (Naturpapier) oder gestrichenes Papier, das in der Stoffzusammensetzung und Oberflächenbeschaffenheit für den Tiefdruck geeignet ist.
Verlangt werden u. a.: für den Illustrationsdruck geringe bis mittlere Leimung (aber auch stark geleimte Papiere oder Folien sind im Verpackungsdruck einwandfrei zu bedrucken!), hohe Festigkeit, relativ weiche, anpassungsfähige Oberfläche, sehr gute Glätte durch scharfes Satinieren oder bei hochwertigen Produkten durch Streichen, kein Stauben, keine kratzenden Bestandteile in der Oberfläche.

Tiefe
1. Reprotechnische Bez. für dunkelste Stellen (> Schatten) in einer Graustufen- bzw. Farbvorlage.
2. Bez. für die Druckfarbe Schwarz bei einem Vierfarbdruck.

Tiefenschärfe
Fotografie: Bereich bei einer Aufnahme, der scharf abgebildet werden kann bzw. in einem Bild scharf abgebildet ist.

Tiefenzeichnung
Die eindeutige Differenzierung von Tonwerten bzw. Detailzeichnung in dunklen Partien (> Schatten) bei positiven Bildern.

Tiefgefrierlack
Ein spezieller Dispersionslack zur Druckveredelung auf wässriger Basis, der den besonderen Beanspruchungen der Tiefkühlung von z. B. Lebensmittelverpackungen (Feuchtigkeit, Zusammenfrieren, Ausdehnung usw.) gewachsen ist.

tiefgestellt
Schriftzeichen in kleinerer Schriftgröße als die Grundschrift, die unter die > Grundlinie versetzt sind.
Diese werden vor allem verwendet für Zahlen zur Angabe der Zahlenbasis und für Indizes (Plural von > Index).
Beispiele: H_2O, Al_2O_3, CO_2; $13_{10} = 1101_2$ (vgl.: Dezimalzahl – Dualzahl).
Bei allen Textverarbeitungs-, Layout- und andere Programme lassen sich benötigte Zeichen oder Zahlen durch das Betätigen einer Taste einfach tiefstellen.
> hochgestellt

Tiegel-Druckmaschine
Buchdruckmaschinen, die im > Druckprinzip Fläche-gegen-Fläche drucken.
Die Bildstellen der Druckform werden parallel (insgesamt gleichzeitig) auf den Bedruckstoff gedruckt.Der hierzu erforderliche sehr hohe Anpressdruck bedingt, dass nur Druckmaschinen bis zum maximalen Format DIN A3 eingesetzt werden können.

TIFF
Engl. Abk.: Tagged Image File Format.
Rechnerunabhängiges Bildformat für DTP-Systeme:
Halbtonvorlagen werden eingescannt, elektronisch bearbeitet und als TIFF-Datei gespeichert.
Eine TIFF-Datei besteht aus einem Datenvorspann (Datenkopf, Header), dem Bildverzeichnis (Informationen, die das Bild beschreiben) mit Eintragszähler, Bildverzeichniseinträgen und der Adresse des nächsten Bildverzeichnisses. Diese Angaben ergeben eine exakte Bildbeschreibung. TIFF ist das zurzeit gängigste Datenformat im Bildverarbeitungsbereich am PC oder Mac, es eignet sich zum Austausch von Bitmap-Bildern zwischen verschiedenen Anwenderprogrammen.

Tinte im Digitaldruck
> Digitaldruck: Farbmittel

Tinten
> Digitaldruck: Farbmittel

Tintenstrahldrucker
Auch: Inkjet-Drucker, Non-impact-printer.
Berührungslos arbeitendes Ausgabegerät

eines Computersystems, das sämtliche Informationen (Schriftzeichen, Linien, Punkte u. a.) aus Einzelelementen einer Matrix aufbaut.
Der Druckkopf besitzt feinste Düsen, die einzeln anzusteuern sind. Während sich der Druckkopf Zeile für Zeile über das Papier bewegt, spritzen die Düsen flüssige Tinte in einem Durchmesser von ca. 0,1 mm kontaktlos auf das Papier. Es entstehen Bildelemente in relativ hoher Auflösung bei guter Druckqualität. Auf dem Markt sind neben einfarbig druckenden Geräten unterschiedliche Tintenstrahldrucker für mehrfarbiges Drucken, ausgestattet mit entsprechenden Farbpatronen für Cyan, Magenta und Gelb. Schwarz wird bei guten Farbdruckern nicht aus den drei Buntfarben Cyan, Magenta und Gelb, sondern auch einem reinen Schwarz gedruckt.
Das Drucken erfolgt mit hoher Geschwindigkeit und nahezu lautlos.
> Digitaldruck

Tintenstrichprobe
Einfache Prüfung zur Ermittlung des Leimungsgrades bei Papieren.
Mit einer Ziehfeder werden Tintenstriche mit immer größer werdender Breite auf das Papier gezeichnet, um zu sehen, ob und wie stark die Tinte ausläuft oder sogar durchschlägt, d. h. das Papier durchdringt.
> Leimung des Papiers, > Leimungsgrad, > Wasseraufnahme bei Papieren

Tipptaster
Steuerungseinrichtung mit selbstständiger Rückstellung für den Kurzbetrieb einer Maschine. Die Funktion ist nur so lange in Betrieb, wie das Stellglied betätigt wird.

Tissue
Seidenpapiere aller Art aus rösch gemahlenen Faserstoffen für Hygienezwecke aller Art, teilweise gekreppt, Flächengewichte von 8–40 g/m^2.

Titandioxid
Weißes Mineralpigment mit sehr hoher Deckkraft, das zur Herstellung von Druckfarben und als Pigment in Streichfarben eingesetzt wird.

Titelbild
In der Titelei eines Buches nach dem Haupttitel gedrucktes Bild; häufig auch als Bild eingeklebt. Fachwort: Frontispiz.

Titelei
Vorspann eines Buches mit allen Seiten vor dem eigentlichen Text.
Dazu gehören je nach Werk: Schmutztitel, Haupttitel, Impressum, Widmung, Vorwort, Inhaltsverzeichnis, Einleitung sowie Vakatseiten (unbedruckt).

Titelsatz
Satz von Überschriften mit produktbezogenen, speziellen Schriften.

TM (™)
Hochgestelltes Zeichen für „Trademark", ein Markenrechtszeichen, dass in den USA für eine angemeldete Marke, nicht aber für eine bereits rechtlich eingetragene Marke verwendet wird.

TMP
Abk. für Thermo Mechanical Pulp = Thermomechanischer Holzstoff.
Zum Aufschluss der Faser-Rohstoffe für die Papierherstellung werden vorgewärmte Holzschnitzel bei Temperaturen von ca. 130 °C gemahlen.
Das TMP-Verfahren ermöglicht eine schonendere Zerlegung des Holzes in Einzelfasern als bei normaler Holzstoffherstellung ohne Erwärmung.

toasten
Kopieren bzw. Brennen einer CD-ROM oder DVD mit Text- und Bild-Daten bzw. Audio- und Videodaten.
Ebenso können vorhandene Datenträger 1 : 1 kopiert werden.

Token-Ring
Netzwerkstruktur in einem geschlossenen Ring, bei der Datenpakete „einbahnig“ an intelligente Schnittstellen oder Knoten abgeliefert werden.

Toleranz
Zulässige Abweichung zwischen zwei Größen.
Toleranz = Höchstwert – Mindestwert.
Beispiele: Farbdichtetoleranz beim Auflagendruck, zulässiger Bereich der Abweichung bei einer Produktion.

Toluol
Aromatischer Kohlenwasserstoff, der im Rakeltiefdruck als Lösemittel eingesetzt wird. > Gefahrenklasse, > Flammpunkt

Ton
1. Akustik, Hörempfindung: Schallwellen zwischen 20 und 20 000 Hz für den Menschen hörbar.
2. Bildvorlagen, Druck: Optischer Eindruck einer einheitlich aussehenden Fläche, z. B. auf einer Bildvorlage. Der Wert des Tons kann in der Drucktechnik durch die Schwärzung, die Dichte, den Transmissionsgrad oder den Remissionsgrad (Strahldichtefaktor) angegeben werden. Bei gerasterten Bildvorlagen wird der > Rastertonwert an gegeben.

Tondruckfarbe
Stark aufgehellte, bunte Druckfarbe, eine gering gesättigte Druckfarbe.

Tonen
Druckschwierigkeit im Offsetdruck: Nichtbildstellen nehmen in Form kleiner Pünktchen Druckfarbe an und drucken partiell oder über größere Flächen mit. Das Tonen bei Aluminiumdruckplatten wird fälschlicherweise auch oxidieren genannt.

Toner
Feste oder auch flüssige, elektrisch geladene Farbmittel (farbige Teilchen), mit denen ein elektrofotografisch aufgebautes Ladungsbild sichtbar gemacht wird. Das System zur Übertragung des Toners auf Normalpapier besteht prinzipiell aus einer Abtasteinheit (Kopierer) oder einer direkten Ansteuerung durch den Datenspeicher, einer elektrostatisch aufladbaren Trommel und einer Fixiereinheit.
Die Trommel wird bebildert, es entsteht ein latentes Bild. Der Toner haftet auf einer elektrisch entgegengesetzt geladenen Bildträgertrommel und wird von dort durch das Einwirken von leichtem Druck und/oder Wärme auf der Oberfläche des Bedruckstoffes in der nachfolgenden Fixiereinheit wischfest fixiert. Toner werden in Kopierern, Laserdruckern und Digitaldruckmaschinen eingesetzt. > Digitaldruck

Tonfarbe
> Tondruckfarbe

Tonfläche
Mit einer > Tondruckfarbe gedruckte Fläche. > Tonunterdruck

Tonstufen
Helligkeitswerte einer Bildvorlage.
Reproduktion, Drucktechnik: Wiedergabe einer analogen (Halbton-)Bildvorlage in unterschiedlichen Graustufen, die bei der elektronischen Reproduktion in einer Rasterzelle wiedergegeben werden können.
Die Berechnung der möglichen Tonstufen ergibt die folgende Formel (Möglichkeit 1):

$$\text{Tonstufenzahl} = \frac{\text{Pixel/cm}^2}{\text{Rasterzellen/cm}^2}$$

Beispiel für die Berechnung der Tonstufen in der Ausgabe:

Belichterauflösung 1 000 Pixel/cm
= 1 000 000 Pixel/cm²
Rasterlinien 60 L/cm
= 3600 Rasterzellen/cm²
Tonstufen = 1 000 000 : 3 600
= 277,8
= ca. 278 Tonstufen

Hätte ein Ausgabesystem (z. B. Laserdrucker) nur eine Ausgabeauflösung von 500 Pixel/cm, so könnten bei einem Raster mit 60 L/cm nur 70 Tonstufen wiedergegeben werden. Ein Standard-Laserdrucker ermöglicht z. B. eine Ausgabe von 300 dpi = 118 L/cm (ca. 120 L/cm)
Bei einem Raster mit 28 L/cm (etwa eine mindere Zeitungsdruckqualität) ergäbe dies (gerundet):

Ausgabeauflösung 120 Pixel/cm
= 14 400 Pixel/cm²
Rasterlinien 28 L/cm = 784 Rasterzellen/cm²
Tonstufen = 14 400 : 784
= 18 Tonstufen

Selbst ein hochauflösender Drucker mit 600 dpi oder 236 Pixel/cm (gerundet auf 250 Pixel/cm) erreicht nur

250 Pixel (cm × 250 Pixel/cm)
= 62 500 Pixel/cm²
Anzahl der
Rasterlinien bei = 28 L/cm 40 L/cm 60 L/cm
ergibt jeweils ...
Rasterzellen = 784 = 1 600 = 3 600
und eine
Tonstufenanzahl von = 80 = 39 = 17

Vergleiche hierzu: PostScript ermöglicht nur die Wiedergabe von – jedoch völlig ausreichenden – 256 Graustufen.
Die Anzahl möglicher Graustufen (Tonstufen), die Rasterweite und die Ausgabeauflösung hängen voneinander ab.
Berechnung (Möglichkeit 2):
Anzahl der Graustufen =

$$\left(\frac{\text{Auflösung der Ausgabeeinheit}}{\text{Rasterweite}}\right)^2$$

Beispiele:

1. Ein Laserdrucker mit 300 dpi kann bei einer Rasterweite von 60 lpi (= 24 L/cm) nur 25 Graustufen wiedergeben.
2. Ein Laserbelichter mit 2 540 dpi kann bei einer Rasterweite von 158 lpi (ca. 62 L/cm) 256 Graustufen wiedergeben.

Tonunterdruck
Flächiger Druck mit einer sehr hellen Tondruckfarbe, auf die eine Strichzeichnung oder ein Rasterbild gedruckt wird.

Tonwert

1. Allg.: Beliebiger, visuell wirkender Grauton zwischen Weiß und Schwarz. Lichter geben die hellen, Tiefen die dunklen Tonwerte einer Bildvorlage wieder.
   Alle Zwischentonwerte bei einer > analogen (Halbton-)Bildvorlage entsprechen verschiedenen Schwärzungsgraden.
2. Druck: Prozentanteil der Fläche *A*, welche mit einer Druckfarbe bedeckt ist.
   Für die drucktechnische Wiedergabe, z. B. im Offsetdruck, sind analoge Bildinformationen durch Rastern in > binäre Bildinformationen umzuwandeln.
   In einem gerasterten Bild gibt der Tonwert den prozentualen Anteil der mit Rasterpunkten bedeckten Fläche zur Gesamtfläche an.
   Beispiele für mögliche Tonwerte:
   Spitzlichter (hellster Ton) = unter 5 %,
   Lichter (heller Ton) = 5 %,
   Mittelton = 50 %,
   Tiefe = 90 % (und größer) Rastertonwert.
   Exakt ist der Tonwert durch ein densitometrische Messung zu ermitteln.
   Die entstandenen flächenvariablen Rasterpunkte wirken bei entsprechendem Betrachtungsabstand visuell wie Grautöne. Tatsächlich bestehen sie aus mehr oder weniger großen bedruckten und unbedruckten Flächen.
   Unterschiedliche Tonwerte in farbigen Bildvorlagen werden Farbwerte genannt.

Tonwertabstufungen
Differenzierte Wiedergabe unterschiedlicher Helligkeiten im Film bzw. im Druck.

Tonwertanzahl
Die Anzahl unterscheidbarer Tonwerte, die technisch wiedergegeben werden können, errechnet sich nach folgender Formel:
Tonwertanzahl

$$= 1 + \left(\frac{\text{Ausgabefrequenz}}{\text{Rasterfrequenz}}\right)^2$$

Tonwertkorrektur
Änderung der Tonwerte in Lichtern, Mitteltönen und Tiefen in der Bildverarbeitung. Dabei wird bei einer Pluskorrektur an einem Positivbild der Tonwert verstärkt (dunkler), bei einer Minuskorrektur verringert (heller). Ebenso ist das Bild an die Druckbedingungen anzupassen.

Tonwertkorrekturkennlinie
Druckformherstellung Offsetdruck mit einem CtP-System: Für eine standardisierte Druckformherstellung sind Korrekturen bei der Tonwertübertragung der Daten auf die Druckplatte erforderlich. In der ersten Phase werden Korrekturdaten ermittelt, mit denen Tonwerte der Vorla-gendaten linear auf der Druckplatte wiedergegeben werden. In der zweiten Phase werden zusätzliche Korrekturdaten für die unterschiedlichen Druckbedingungen (Tonwertzunahme nach Standard für die entsprechenden Druckbedingungen) ermittelt.
Beide ermittelten Kennlinien werden im RIP hinterlegt und steuern die Datenaufbereitung bei der Bebilderung der Druckplatten. > Linearisierung, > Prozesskalibrierung, > Standardisierte Druckformherstellung CtP

T

Tonwertsumme
> Flächendeckungssumme:
Die Addition aller vier übereinanderliegenden Prozessfarben im Datensatz bzw. im Druck in Prozent (%).
Maximale Tonwertsumme im Bildaufbau (nach MedienStandard Druck 2010)
- Rollen-Offsetdruck:
  300 %, möglichst 270 %
- Bogen-Offsetdruck:
  340 %, möglichst 330 %
- Rollen-Offsetdruck (Zeitung):
  260 %, möglichst 240 %
- Endlosdruck mit UV-Trocknung:
  300 %
- Endlosdruck ohne Trocknung:
  280 %
- Rakeltiefdruck:
  340 %

Tonwertumfang
Messtechnisch ermittelte Differenz zwischen der dunkelsten und der hellsten Stelle in einer Bildvorlage (Graustufen- oder Farbvorlage).
Bei einem zu geringem Tonwertumfang wirkt das Bild kontrastarm.

Tonwertverlust
Verringerung der Bildinformation durch Wegfall einzelner Tonwertstufen.
Beispiel: Alle im Datensatz vorhandenen hellsten Tonwerte (kleinsten Rasterpunkte) können nicht auf die Druckform übertragen werden.
> Tonwert

Tonwertzunahme
Zunahme bzw. das Vollerwerden der Bildinformationen bzw. der Bildwiedergabe im Vergleich zu einer bestimmten Vorgabe bzw. im Druck.
1. Laserbelichtung: Geometrische Punktverbreiterung durch die Größe des Laserspots bei Rasterungen von Bildern.
2. Drucktechnik, Messtechnik: Optische oder/und mechanische Punktverbreiterung bei gerasterten Bildelementen durch Material und drucktechnische Einflüsse. Fläche A, Größe der Tonwertzunahme A_r, Einheit der Tonwertzunahme %. Differenz zwischen dem Tonwert im Druck (A) und dem entsprechenden Tonwert in der Kopiervorlage (Film A_F) oder dem gleichen Tonwert im Datensatz. $A_r = A - A_F$ (in %)

Beispiel:
Tonwert im Druck: 58 %
Tonwert im Film bzw. Datensatz: 40 %
Tonwertzunahme?
A = 58 % – 40 % = 18 %
Je besser die Qualität der Materialien ist und diese Materialien aufeinander abgestimmt sind, desto geringer ist die Tonwertzunahme.
Beispiel:
Ein glattes und gestrichenes Papier hat eine geringere Tonwertzunahme als ein Papier mit einer rauen Oberfläche.
Die Tonwertzunahme, allgemein nur abgekürzt TZ, ist u. a. abhängig von:

- Raster: AM-Raster mit 60 L/cm, 70 L/cm, 80 L/cm; FM-Raster (nicht periodischer Raster)
- Volltondichte
- Bedruckstoff: Oberflächenglätte, Strichqualität und -dicke (> Lichtfang)
- Druckfarbe: und Druckhilfsmittel
- Druckplatten und Bebilderung/Kopie: positiv, negativ
- Drucktuchtyp, Anpressdruck, Zylinderaufzüge
- Druckgeschwindigkeit
- Klima: Luftfeuchtigkeit, Temperatur
- Farbwerktemperierung
- Feuchtmittel: Härtegrad, pH-Wert, Leitwert, Temperatur, Feuchtmittelzusätze, Isopropanol-Alkohol

Tool
In der Datenverarbeitung verwendeter englischer Begriff für spezielle Werkzeuge, die als Hilfsprogramme (Testhilfen, Editoren u. a.) oder als Programm-Module für bestimmte Anwendungen (z. B. in der Bildbearbeitung: Retusche, Maske, Filter, Füllungen, Farbe) eingesetzt werden.

Topfzeit
Zeit, in der ein Klebstoff verarbeitungsfähig ist.

Topografie
Griech.: topos = Ort, graphein = schreiben). Grafische Beschreibung eines Geländes mit allen wesentlichen Elementen wie Flächen, Straßen, Bebauung, Flüssen, Pflanzenbedeckung und Höhenlagen.

Topologien
Netzwerkarchitektur; d. h. die Grundform, nach der die Hardware eines Verbundsystems miteinander verkabelt ist. > Netz

Toray-Offsetdruckplatte
Wasserlos einzufärbende Offsetdruckplatte, die die Wiedergabe feinster Raster und Bilddetails ermöglicht.
Für den Druck ist eine Spezialdruckfarbe erforderlich. > wasserloser Offsetdruck

Touch-Screen-Monitor
Spezieller Bildschirm, der durch Berührung sichtbarer Menüpunkte auf der Bildschirmseite Befehle ausführt.

Toxikologie
Lehre von Giften und Vergiftungen.

toxisch
Giftig, Giftstoffe enthaltend.

Toxizität
Bezeichnet die Giftigkeit eines Stoffes für den Menschen (Humantoxizität) oder die Umwelt (Ökotoxizität).

Track
Spuren bzw. Spuren auf Datenträgern, in denen die Daten geschrieben (aufgezeichnet) werden.
Eine Festplatte hat z. B. viele konzentrisch angeordnete Spuren, eine CD nur eine Spur. Die Zwischenspeicherung von MIDI-Daten erfolgt auf mehreren Spuren (virtuelle Tracks).

Tragwalzenroller
Papierherstellung:
Rollenschneidemaschinen-Typ, bei dem

die aufzuwickelnden einzelnen Papierrollen aneinander anstoßend auf zwei durchgehenden, parallel laufenden Tragwalzen aufliegen. Die Masse der geschnittenen Papierrollen wird demnach von den Tragwalzen aufgenommen.

Trägerpapier
Silikonbeschichtetes, festes Spezialpapier. Es wird als Träger für selbstklebende Folien verwendet. Die Silikonbeschichtung verhindert ein Ankleben an das Trägerpapier und ermöglicht ein leichtes Ablösen der Folie.

Transaktionsdruck
Das Drucken von kundenbezogenen Dokumenten, z. B. Angebote, Lieferscheine, Rechnungen, Mahnungen, Kontoauszüge, Gebührenbescheide. Diese Informationen sind für einen bestimmten Adressaten bestimmt. Bisher wurde der große Teil dieser Dokumente auf im Offsetdruck vorgedruckten Formularen (Anschrift des Unternehmens, Logo u. a.) individuell eingedruckt. Inzwischen erobert der Digitaldruck diesen Marktbereich, indem das gesamte Dokument variabel, d. h. individuell für jeden Adressaten, gedruckt wird.
> Digitaldruck, > Transpromodruck

Transfer
Allg. Übertragung, Wechsel.

Transferdruck
Drucktechnik:
Druckbilder mit Spezialdruckfarben, die durch Wärmeübertragung von einem (z. B. im Tiefdruck) vorgedruckten Material auf Stoffe u. a. Materialien übertragen werden.

Transformation
Umwandlung. Veränderungsprozess.
Beispiel: Digitale Transformation, digitaler Wandel. Der Wandel von der analogen zu einer digitalen Technologie.

Transistor
Elektronisches Halbleiter-Bauelement mit drei oder mehreren Anschlüssen zum Verstärken oder Schalten elektrischer Signale.
> Halbleiter, > integrierte Schaltung

Transmission
Durchgang von Lichtstrahlen durch ein Medium ohne Frequenzänderung bzw. Lichtbrechung.

transparent
Durchscheinend, durchsichtig.

Transparentweiß
Hochtransparente, farblose Druckfarbe. Sie dient zum Aufhellen einer Druckfarbe, ohne die Konsistenz der Druckfarbe zu verändern.

Transparenz
Maß für die Lichtdurchlässigkeit von Werkstoffen, z. B. Fotomaterial, Filter, Papier.
Die Transparenz (T) ist das Verhältnis des durchgelassenen Lichtes zum aufgestrahlten Licht.
Transparenz

$$= \frac{\text{durchgelassene Lichtintensität}}{\text{aufgestrahlte Lichtintensität}}$$

Transponder
Verschiedenartige Kommunikationstechniken, die per Funk Signale aufnehmen und abgeben. Sie dienen beispielsweise zur eindeutigen Identifizierung von Objekten, zur Diebstahlssicherung oder als Funkschlüssel bei einem Kraftfahrzeug. Bekanntestes Transpondersystem ist das RFID (Radio Frequency Idenfication).

Transponderetikett
Spezielle Etiketten mit einem speziellen Chip, auf denen Informationen und produktbezogene Daten im Gegensatz zu einem Barcode veränderbar gespeichert sind. Das Einschreiben und Auslesen von Daten erfolgt durch Funkübertragung zwi-

schen einem Schreib-/Lesegrät und dem Transponderetikett.
Transponderetiketten dienen beispielsweise zur Sicherung und Buchung von Medien: Ein Medienbestand ist exakt zu identifizieren, ebenso ist die Ausgabe und Rückgabe von Medien (Bücher, Videos u. a.) zu speichern.

Transpromodruck
Auch: TransPromo-Druck. Im > Transaktionsdruck zu produzierende Dokumente erhalten zusätzlich auf den Empfänger individuell abgestimmte Angebote (Informationen, Werbung u. Ä.). Dies ist nur im > Digitaldruck wirtschaftlich möglich.

Trapping
1. Farbannahmefähigkeit einer nachfolgenden Druckfarbe im Nass-in-Nass-Druck auf eine bereits gedruckte Farbe, d. h. beim Übereinanderdruck noch nicht getrockneter Druckfarben.
   Die nachfolgend gedruckten Farben haben in der Regel eine geringere Zügigkeit, um das Annehmen zu fördern.
2. Engl. Bez. für das Überlappen zweier benachbarter Farben (Flächen, Druckelemente) im Druck. Ziel dieser Überlappung ist es, feinste weiße, also nicht bedruckte Lücken (Blitzer) zwischen zwei benachbarten Farben zu vermeiden.
   Nur dadurch ist ein problemloser Druck der Auflage bei leichtesten Passerdifferenzen oder Papierverzug möglich.

Treibhauseffekt
Bezeichnung für den Klimawandel auf der Erde, der vor allem durch > Treibhausgase verursacht wird. > Klima, > Klimaschutz durch Wald und Holz

Treibhausgase
Treibhausgase, auch Klimagase genannt, sind unterschiedliche, gasförmige Stoffe in der Luft, die wesentlich zum Treibhauseffekt beitragen. Sie können sowohl einen natürlichen als auch einen durch den Menschen verursachten, sogenannten anthropogenen Ursprung haben.
Hauptursachen sind die Verbrennung fossiler Energieträger wie Holz, Kohle, Erdöl und Erdgas (z. B. in privaten Haushalten, durch Straßen- und Luftverkehr, Industrie, Brandrodung u. v. a.), die Veränderung der Flächennutzung und die Abholzung von Wäldern (vor allem Tropenwälder). Aber auch die landwirtschaftliche Nutzung von Flächen (Anbau von Reis, Nutztierhaltung) verursacht teilweise erhebliche Mengen an Treibhausgasen. Alle Treibhausgase kommen nur in geringen Konzentrationen in der Lufthülle der Erde vor.
Aufgrund ihrer charakteristischen physikalischen Eigenschaften spielen sie eine wichtige Rolle für das gesamte Erdklima. Treibhausgase lassen die kurzwellige Sonnenstrahlung nahezu ungehindert durch die Atmosphäre zur Erdoberfläche gelangen, sie halten aber die von der Erde abstrahlende Wärmestrahlung zurück, die sonst ins Weltall entweichen würden. Die Erde erwärmt sich dadurch immer mehr und die Folgen der Erderwärmung sind bereits zu spüren.
Die folgenden Treibhausgase bzw. Treibhausgasgruppen werden durch das > Kyoto-Protokoll geregelt. Es sieht vor, den Ausstoß insgesamt bis 2012 um 5,2 % im Vergleich zu 1990 zu reduzieren.
Daneben sind weitere Gase wie Stickoxide, Kohlenmonoxid und flüchtige organische Verbindungen bei der Bildung von Ozon (O_3) beteiligt, das treibhauswirksam ist. Die Klimawirksamkeit der einzelnen Gase ist sehr unterschiedlich, in manchen Fällen ist sie einige tausendmal so hoch wie CO_2. Meistens werden jedoch nur CO_2-Emissionen genannt, obwohl alle Treibhausgase gemeint sind.
Mit spezifischen Faktoren werden diese Emissionen in sogenannte CO_2-Äquivalente umgerechnet.
> Klima, > Klimaneutralität, > Methan

T

Treibhausgas	Entstehung bzw. möglicher Einsatz u. a.
Kohlendioxid (CO_2)	Verbrennung von Kohle, Gas, Erdöl, Holz
Methan (CH_4)	Umwandlung von Biomasse: Viehzucht, Reisanbau, Deponien
Distickstoffoxyd, Lachgas (N_2O)	Umwandlung von Biomasse: Stickstoffdüngung, Deponien
Perfluorierte Kohlenwasserstoffe (PFKW)	Aluminium- und Halbleiterproduktion
Halogenierte Fluorkohlenwasserstoffe (H-FKW)	Kühlmittel, Klimaanlagen, chemische Industrie
Schwefelhexafluorid (SF_6)	Wärmedämmung, Isolatoren, Stabilisierung in Autoreifen

trennen
Grundverfahren in der Buchbinderei und Druckweiterverarbeitung:
Arbeitsverfahren sind u. a. das Schneiden, Bohren, Perforieren, Stanzen.
Im weiteren Sinne gehören auch das Ritzen und das Nuten dazu.
Bei diesen Verfahren wird das Material jedoch nicht vollständig durchtrennt.
> Schneidetechniken

T

Trennschnitt
Das Durchschneiden eines gedruckten Rohbogens an einer bestimmten Stelle.
Beispiel: Ein mehrseitiger Druckbogen ist mit einer Druckform zum Umschlagen gedruckt worden.
Vor dem Falzen ist der Bogen in der Bogenmitte mit einem Trennschnitt auseinanderzuschneiden, dadurch ergeben sich zwei gleichartige Falzbogen.

Treppeneffekt
> Aliasing

Trichter
Rollen-Druckmaschinen: Bauelement für den ersten Längsfalz der Papierbahn.
> Trichterfalz

Trichterfalz
In Rollen-Druckmaschinen läuft die bedruckte Papierbahn in der Regel über einen spitz zulaufenden Trichter in den Falzapparat.
Um ein Abschmieren der frisch bedruckten Bahn zu vermeiden, ist der (Metall-) Trichter luftumspült und trägt so die Papierbahn auf einem leichten Luftpolster.
In der Trichterfalznase wird die Papierbahn in der Einlauflänge einmal längs gefalzt.

Trichterwalze
Eine direkt über den Falztrichter angebrachte Walze mit einem Antrieb, die die Papierbahn über den Trichter und in den Falzapparat einführt.

trilineare Scannerzeile
Eine aus drei mit unterschiedlichen Farbfiltern versehenen Reihen von CCD-Elementen bestehende Scannerzeile.
Diese erfasst in einem Scanner-Durchgang die Rot-, Grün- und Blauanteile des Motivs bei der Aufnahme mit einer Digitalkamera bzw. der Bildvorlage bei der Reproduktion im > Flachbettscanner.

Trimetall-Offsetdruckplatte
Früher eingesetzte, dreimetallische Offsetdruckplatte für den Druck sehr hoher Auflagen.
Beispiel für einen Aufbau:
Basis = Blech, Druckschicht = Kupfer, Deckschicht (Feuchtmittel führend) = Chrom. > Offsetdruckplatten

Trimmer
In buchbinderische Fertigungsstraßen,

z. B. Sammeldrahtheftmaschinen, integrierter Fließdreischneider für den Kopf-/Fußbeschnitt sowie den Außenbeschnitt in zwei aufeinander folgenden Schneidestationen (Takten). Ein Trimmer arbeitet im Scherenschnittprinzip.
Eingesetzt wird der Trimmer für das dreiseitige Beschneiden von Zeitschriften, Broschuren u. ä. Produkten auf das Endformat. Die Schneidequalität ist geringer als bei Dreimesserautomaten, die im Messerschnittprinzip arbeitet.

Triplexdruck
Farbiger Druck: Die reproduktions- und drucktechnische Wiedergabe einer einfarbigen Bildvorlage (Schwarzweiß-Foto, Graustufenvorlage) mit einer Basisfarbe sowie zwei weiteren Farben zur Verstärkung des Kontrastes, der Brillanz und des Tonwertumfangs.
Um einen höheren Tonwertumfang und spezielle Effekte zu erzielen, werden drei in der Gradation, dem Tonwertumfang und der Rasterwinkelung unterschiedliche Kopiervorlagen bzw. Datensätze von der gleichen Bildvorlage reproduziert und mit bildbezogen ausgewählten Farben gedruckt.

Trockenfarbdichte
> Volltondichte

Trockengehalt
Papierprüfung: Eine Probe wird mit einer Präzisionswaage gewogen und unter festgelegten Prüfbedingungen getrocknet.
Das Verhältnis des Gewichtes der Probe vor und nach dem Trocknen in Prozent ist der Trockengehalt.

Trockenoffsetdruck
Falsche Bezeichnung für ein indirektes Hochdruckverfahren im Rotationsdruckprinzip, den > Lettersetdruck.
Die Bezeichnung wird fälschlicherweise auch für den > wasserlosen Offsetdruck verwendet.

Trockenpartie
Bei der Papierherstellung in der Langsiebpapiermaschine besitzt die Papierbahn nach dem Verlassen der Nasspressenpartie noch einen Feuchtigkeitsgehalt von ca. 50 %.
Das weitere, gleichmäßige Trocknen der Papierbahn auf die Endfeuchte von ca. 5–8 % erfolgt durch eine große Zahl dampfbeheizter Zylinder in der Trockenpartie.

Trockenstoffe
Pastöse oder flüssige Druckfarbenhilfsmittel für oxidativ trocknende Druckfarben, die als Katalysator wirken.
Sie fördern eine höhere Sauerstoffaufnahme und damit eine raschere, intensivere Trocknung des Druckfarbenfilms.

Trockner
In Druckmaschinen integrierte oder separate Anlage, die bedruckte Materialien durch Luft, Temperatur oder Strahlung trocknet.

Trocknung: Druckfarben
Verfestigen von Druckfarben auf der Oberfläche des Bedruckstoffes.
Man unterscheidet prinzipiell die physikalische Trocknung, die chemische Trocknung oder die physikalisch-chemische Trocknung.
Beispiele:

1. Physikalische Trocknung:
   Zeitungsdruckfarben trocknen nur durch Wegschlagen der Bindemittel (Kapillarkraft) in das Papier.
   Rakeltiefdruckfarben trocknen durch Verdunsten der Löse mittelanteile.
2. Chemische Trocknung:
   Auf nicht saugfähigen Folien trocknen Offsetdruckfarben ausschließlich chemisch durch Oxidation, d. h. Bindemittelanteile vernetzen sich zu einem Feststoff, der die Pigmente bindet. Der Trocknungsprozess dauert relativ lange.

3. Physikalisch-chemische Trocknung: Offsetdruckfarben für den Nass-in-Nass-Druck trocknen in zwei Phasen: Sehr rasches Wegschlagen und danach ein langsames, intensives Trocknen durch Oxidation.

Trocknung: Klebstoffe
Klebstoffe sollen durch Adhäsionskräfte an den zu verklebenden Materialien anhaften und danach einen festen Film bilden. Das Verfestigen des Klebstoffes wird abbinden genannt.
Beispiele:
1. Physikalisch trocknende Klebstoffe
   - Dispersionsklebstoff:
     Wegschlagen und Verdunsten der flüssigen Bestandteile (Wasser), Bilden eines festen Klebstofffilms mit dem Material. Durch Energieeinsatz (Ventilation, Heizung, Hochfrequenz) ist der Trockenprozess zu reduzieren.
   - Schmelzklebstoff (Hotmelt):
     Durch starkes Erhitzen wird der Klebstoff flüssig und ist dann zu verarbeiten („offene Zeit").
     Das Abbinden erfolgt rasch beim Erkalten des Klebstoffes. Die zu verklebenden Materialien müssen möglichst temperaturunempfindlich sein.
2. Chemisch härtender Klebstoff:
   - Polyurethan-Klebstoff (PUR):
     Klebstoffe trocknen nur unwesentlich durch physikalische Vorgänge, entscheidend ist die chemische Vernetzung durch zwei Komponenten, die in wenigen Sekunden erfolgt.

Trocknungsanlagen
> Trockner

Trocknungsverzögerer
Druckhilfsmittel für den Tiefdruck und Siebdruck mit langsamer flüchtigen Lösemitteln. Diese sollen ein Antrocknen der Druckfarbe in der Druckform verhindern.

Trojaner, Trojanisches Pferd
Eine Anwendung, die auf den ersten Blick nützlich oder interessant erscheint (z.B. ein Spiel). In Wirklichkeit kann diese aber Dateien auf einem Computer beschädigen oder löschen, wenn sie ausgeführt wird. Trojanische Pferde sind keine Viren, da sie sich nicht vermehren und andere Dateien nicht angreifen.

Trommelscanner
Analoger Arbeitsprozess.
Trommelscanner wurden für die High-End-Produktion in der Zeit von etwa 1960 bis 2000 eingesetzt. Durch digitale Technologien (> DTP-Systeme) mit der Integration von elektronischer Bild-/Text-Verarbeitung und kompletter Seitenmontage sind diese sehr teuren, hochkomplexen Scannersysteme nicht mehr im Einsatz.
> Scanner
Technik:
Scanner mit Zylindern, sogenannten Trommeln, für das Abtasten und Aufzeichnen flexibler Auf- und Durchlichtvorlagen.
Technische Besonderheit:
Sämtliche Systemkomponenten arbeiteten in einem geschlossenen System mit dem gleichen Primärfarbensystem (CMYK).
Prinzipielle Arbeitsweise des Trommelscanners:
Die eingespannte farbige Bildvorlage wird seriell, das heißt spiralförmig zeilenweise mit einem Lichtstrahl mit einem optisch-elektronischen System abgetastet.
Je nach Helligkeit der Vorlage gelangt mehr oder weniger Licht zu einer Fotozelle (Fotomultiplier).
Die minimale Lichtenergie wird in elektrische Energie umgewandelt und durch den Fotomultiplier elektronisch verstärkt.
In dem elektronisch arbeitenden Rechner werden elektrische Signale der Bildinformationen nach Programm und Ein-

stelldaten verarbeitet und modifiziert. Farbkorrekturen, Unterfarbenreduzierung (UCR) u. a. sind optimal elektronisch zu steuern. Für das Ein- und Auskopieren wurden Steuermasken eingesetzt.
Farbseparationen waren von reinem Buntaufbau auf Unbuntaufbau mit allen Zwischenstufen umzuschalten.
Gerastert werden konnte sowohl autotypisch als auch frequenzmoduliert.

Tsai Lun
Chinesischer hoher Beamter, erfand um 105 n. Chr. die Herstellung von Papier aus Hanf, Bastschichten des Maulbeerbaumes sowie Lumpen.
Neuzeitliche Funde belegen, dass es auch schon mehr als 100 Jahre v. Chr. Papiervorläufer in China gegeben hat.

TTL-Messung
Engl. Abk: TTL = Trough The Lens.
Die Kamera misst bei diesem System das einfallende Licht nur durch das Objektiv. Damit sind Fehlmessungen der Helligkeit ausgeschlossen.

Tubendruck
Tuben, Becher und andere Hohlkörper werden je nach Anforderungen in verschiedenen Druckverfahren mit bis zu acht Farben bedruckt. Überwiegend eingesetzt wird der Lettersetdruck, ein indirektes Hochdruckverfahren.
Da indirekt gedruckt wird, bezeichnen viele Unternehmen das Verfahren auch fälschlicherweise als Offsetdruck.
Gedruckt wird ebenfalls im Siebdruck.
Durch Veredelungen wie Lackieren und Prägen kann der optische Wert der Tube zusätzlich gesteigert werden.

- Druckprozess im Lettersetdruck:
  Alle seitenrichtigen Druckformen, sogenannte Klischees, übertragen die Informationen nacheinander auf ein einziges Gummituch.
  Das Gummituch überträgt dann alle ineinanderliegenden Druckfarben auf die Tube bzw. andere konische Hohlkörper.
- Druckprozess im Siebdruck:
  Der Siebdruck bietet die volle Deckkraft der Druckfarben auf einer bereits eingefärbten Tube. Gerade bei dunklem oder metallischem Hintergrund entfaltet diese Dekorationsart eine bestechende Wirkung. Für besondere Relief-Effekte, die fühlbar wahrgenommen werden, lassen sich Tuben mit speziellen Effektfarben und -lacken bedrucken.

Tutor
Betreuender.
Beispiel: Eine Person, die beispielsweise Schüler, Auszubildende oder Studienanfänger betreut oder eine Lerngruppe leitet.
Als Tutor kann auch ein erfahrener, fachkompetenter Schüler oder Student eingesetzt sein. Im erweiterten Sinne gehören auch internet-basierte Tutorials o. Ä. mit einer Betreuung durch einen Tutor dazu.

Tutorial
Anleitung, Hilfe zum eigenständigen Lernen. Beispiel: „Elektronisch publizieren im PDF-Format – Ein Online-Tutorial“.

Typografie
Gestaltung von Druckprodukten mit Schriften, Bildern, Zeichen und anderen Gestaltungsmitteln mit dem Ziel Lesbarkeit, Funktionalität und Ästhetik zu vereinigen.
Typografie vermittelt nicht nur eine Botschaft oder Information, Typografie ist ein Ausdruck des Schönen.
Der Einsatz und die Anordnung der Gestaltungsmittel erfordern Kreativität, das Beherrschen wesentlicher Grundregeln, Schriftbewusstsein und Erfahrung im Umgang mit den Gestaltungsmitteln.
Wesentliche Gestaltungsmittel sind: Schriften, Linien, grafische Zeichen und Schmuckelemente unter Einbeziehung von Format, Satzspiegel, Flächenaufteilung, Kontrast, Farbe, Papier und Falz des Druckproduktes.

Typografie: Gestalten mit Schrift
Jeder Text, der produziert wird, soll gelesen werden.
Die typografische Gestaltung und die Wahl der Schriften richten sich nach der Kategorie des Textes.
Mengentexte
- Verwendung: Bücher, Zeitungen, Zeitschriften, Lexikon
- Kommunikationsziel: Texte sollen einfach und flüssig zu lesen sein.

Schautexte
- Verwendung: Plakate, Titelzeilen in der Zeitung, der Werbung, bei Anschlagtafeln
- Kommunikationsziel: Texte haben einen Signalcharakter, dienen als Blickfang.

Werbetexte
- Verwendung: Werbung als Flyer oder Prospekt, Anzeigen in Zeitungen und Zeitschriften, Markendesign
- Kommunikationsziel:
  Texte sollen Aufmerksamkeit erregen, das Zielpublikum ansprechen, Botschaften vermitteln, visuelle Reize bieten, Unternehmen durch ein Erscheinungsbild und/oder ein unverwechselbares Zeichen, Piktogramm repräsentieren.

Private und geschäftliche Texte
- Verwendung: Einladungen, besondere Informationen, Flyer
- Kommunikationsziel: Persönliche Ansprache, Aufmerksamkeit auf bestimmte Textinhalte lenken.

typografischer Punkt
Kleinste Maßeinheit des typografischen Maßsystems, mit der heute noch Schriftgrößen, Zeilenabstände und sonstige Angaben zur typografischen Gestaltung angegeben werden. Zu beachten ist heute, dass neben dem klassischen typografischen Punkt (sogenannter Didot-Punkt, gerundet: 1 p = 0,375 mm) Angaben in DTP-Punkt (1 pt = 0,353 mm) und Pica-Point (1 pp = 0,351 mm) verwendet werden.

typografisches Maßsystem
Maßsystem, das Schriftsetzer, Typografen und Gestalter (entgegen dem Gesetz über die Einheiten im Messwesen vom 26. Juni 1979) für Maßangaben bei der typografischen Gestaltung einsetzen. Ursprünglich stammt das Maßsystem von Körpermaßen ab, als Bezugsgröße verwendete der französische Schriftgießer Didot den französischen Fuß (= 324,9 mm) für die Einteilung. In das metrische Maßsystem von dem deutschen Schriftgießer Hermann Berthold übertragen, ergab sich das Verhältnis:
1 m = 2666 p, 1 p = 0,376 mm.
Auf Vorschlag des Bundesverbandes Druck wurden gerundete Umrechnungswerte eingeführt, bei denen die Millimeterstellen auf 0 oder 5 enden:
1 m = 2660 p, 1 p = 0,375 mm.
Bekannte typografische Maßeinheiten sind danach gerundet:

1 Nonpareille	=	6 p	=	2,25 mm
1 Petit	=	8 p	=	3,00 mm
1 Cicero	=	12 p	=	4,50 mm
1 Konkordanz	=	48 p	=	18,00 mm

Typometer
Meist transparentes, 30 cm langes Messlineal mit verschiedenen typografischen Maßen sowie einer metrischen Skala.
Daneben sind Messskalen für Schriftgrößen (Bezug auf die Versalhöhe), Zeilenabstände, Linienstärken (Beispiele) u. a. vorhanden.

Typosignet
Ein > Signet, das aus Buchstaben, Linien oder Schmuckelementen gesetzt und nicht gezeichnet ist.

Überbau
Rollendruckmaschinen:
Verschiedenartig konstruierte Baugruppen vor dem Falzapparat, in der die Papierbahn (bzw. auch mehrere Papierbahnen) produktbezogen geschnitten, gewendet, umgelenkt und/oder zusammengeführt werden kann, um im Falzapparat danach ein Endprodukt herzustellen.

überblenden
Stufenloser, weicher Übergang zwischen zwei Bildern oder Bildfolgen in Filmen, bei Videos oder bei Präsentationen.

Überdruck
Physik: Anlagen, Maschinen, Maschinenelemente.
Differenz zwischen dem Innendruck (in einer Anlage, einem System) und dem Außendruck (Umgebung).
Ist der Innendruck größer als der Außendruck, bezeichnet man diesen Zustand als Überdruck.
> Unterdruck

überdrucken
Eine Druckfarbe wird auf eine andere gedruckt. > aussparen

Übereinstimmung
Einigkeit, Harmonie.
In diesem Sinne beispielsweise keine Differenzen oder Meinungsverschiedenheit.
> visuelle Übereinstimmung

Überfalz
> Vor- und Nachfalz

Überfüllung
Minimale elektronische Vergrößerung von Zeichen, Linien oder Flächen, um beim Mehrfarbendruck Blitzer (= nicht vollständiges Ausfüllen der Fläche oder des Rahmens) zu vermeiden. Solche Blitzer entstehen im Druckprozess als kleine weiße Lücken, z. B. zwischen zwei Farbflächen, die aneinanderstoßen. Ist eine der aneinanderstoßenden Flächen minimal größer, sind technisch bedingte Passertoleranzen oder ein minimaler Papierverzug nicht sichtbar. Einige Grundregeln für das Überfüllen:
- hellere Farben grundsätzlich unter dunklere Farben überfüllen
- alle Buntfarben immer über Schwarz überfüllen
- Gelb immer unter Cyan, Magenta und Schwarz überfüllen.

Übersatz
Bei Zeitungen oder Zeitschriften hergestellter Satz (Text), der in einer zur Verfügung stehenden Spalte oder Seite oder in einer Ausgabe nicht mehr untergebracht werden kann.
Soll der gesamte Text inhaltlich untergebracht werden, muss der Redakteur den Text bearbeiten und kürzen.

überstrahlen
> Blooming

Übertragungsverfahren
Verfahren, mit denen ein Produkt mit einer bestimmten Eignung in ein anderes Produkt mit anderer Eignung umgeändert wird.
> Konversion

Überziehen
Druckweiterverarbeitung:
Überkleben einer Pappe oder eines Kartons mit einem Überzugmaterial, z. B. bedrucktes Papier, Gewebe, Leinen, zur Herstellung von Bucheinbänden, Schubern o. Ä.

Überzug
Material zum > Überziehen, das auf das erforderliche Maß des Produktes zugeschnitten ist.

UCA
Abk. für Under Color Addition (Buntfarbenaddition).
Bei unbunt aufgebauten Farbsätzen das Erhöhen der Sättigung, d. h. der Farbstärke, in neutralen Bildstellen (Grautöne) durch eine geringe Zugabe bunter Farben.
> Unbuntaufbau, > GCR

UCR
Abk. für Under Color Removal, Unterfarben-Korrektur.
Bei einem Farbsatz in reinen Buntaufbau kann in den Tiefen theoretisch eine Flächendeckung bis zu 400 % entstehen.
(C 100 % + M 100 % + Y 100 % + K 100 %)
Dies würde zu erheblichen Druckschwierigkeiten und einem hohen Farbverbrauch führen. Durch das UCR im Buntaufbau eines Vierfarbdrucks werden reprotechnisch die drei bunten Prozessfarben (C, M, Y) in neutrale Graubereiche bei Dreivierteltönen und Tiefen reduziert.
Eine Tiefe im Druckbild entsteht beispielsweise dann nur noch durch C 70 % + M 70 % + Y 70 % + K 100 %.
Durch die geringere Flächendeckung von 310 % lassen sich Druckschwierigkeiten vermeiden:
- geringere Gefahr des Ablegens,
- besseres Wegschlagverhalten der Druckfarbe,
- Verbessern der Farbannahme,
- schnelleres Trocknen der Druckfarbe,
- geringerer Verbrauch an Druckfarbe.

U

U-Druckeinheit
Druckmaschinenbau im Rollen-Offsetdruck: Druckmaschinenkonstruktion in einem > Achterturm.
Die beiden Gummituchzylinder liegen auf gleicher Höhe, die beiden Druckplattenzylinder sind höher versetzt angeordnet.
> Gummi-Gummi-Druckwerk, > Brücken-Druckeinheit, > H-Druckeinheit

Ugra
Verein zur Förderung wissenschaftlicher Untersuchungen im grafischen Gewerbe in St. Gallen, Schweiz.

Ugra-Farbtemperatur-Indikator
Prüfung der Normbeleuchtung:
Mit diesem einfachen Test ist die Eignung einer Lichtquelle zu testen. Bei einem Licht D50 zeigen alle sechs farbigen Testflächen visuell die gleiche olive Farbe auf. Bei rötlicherem oder bläulicherem Licht zeigen die Testflächen deutliche Farbunterschiede.
> Metamerie

Ugra/Fogra-Kontrollmittel
> Kontrollmittel im Druckprozess (Übersicht).

Ugra/Fogra-MiniTarget
Sehr kleines Kontrollmittel (10 mm × 13 mm) für die Prozess- und Qualitätskontrolle im Zeitungsdruck.
Zu messen sind die Prozessgrößen Passergenauigkeit, Vollton- und Rastertondichte der Prozessfarben, Tonwertzunahmen, Schieben und Dublieren und die Farbannahme im zweifarbigen Übereinanderdruck sowie die Qualitätsgrößen Graubalance und Farbabweichungen.

Ugra-Metameriekarte
Die Ugra-Metameriekarte hat ein Format von DIN A5 und wird zur Überprüfung der Beleuchtung eingesetzt.
Sie funktioniert auf die gleiche Weise wie der > Ugra-Farbtemperatur-Indikator.

Ultraviolett
Strahlung unterhalb des Violetts, die nicht mehr im sichtbaren Spektrum liegt.
Wellenlängen unter 400 nm.
> UV-Licht

umbrechen
Anordnen von typografisch aufbereitetem Text (Satz) sowie platzierten Grafiken und Bildern zu einer Druckseite (Kolumne) entsprechend dem vorgegebenen Satzspiegel

bzw. Layout. Eingesetzt wird dazu ein Layoutprogramm.

umbrochene Seite
> umbrechen

Umbruch
Tätigkeit des Umbrechens. > umbrechen

umdrehen
Druckformherstellung, Druck:
Das Wenden eines Druckbogens um den Mittelpunkt. Die gleiche Druckseite bleibt oben, die Anlage in der Druckmaschine wechselt vollständig.

Umfang
1. Allgemein:
   Die Länge der Begrenzungslinie(n) einer Fläche, z. B. der Kreisumfang ($2r \cdot \pi$).
2. Druckproduktion, Buchbinderei:
   Bei mehrseitigen Druckprodukten die Anzahl der Druckseiten oder Anzahl der Falzbogen eines Druckproduktes.
3. Arbeitsvorbereitung:
   Druckseiten im Werkdruck.
   > Umfangsberechnung

Umfangsberechnung
Arbeitsvorbereitung Werkdruck:
Anzahl der Druckseiten im Werkdruck, die sich nach der Manuskriptberechnung oder einem Probesatz ergibt.
Zu berücksichtigen sind die Schriftart, die Schriftgröße, die Laufweite der Schrift und der Satzspiegel.
Beispiel: Es werden mehrere Zeilen des Manuskriptes oder eine normale Probeseite in der vorgesehenen Schrift abgesetzt. Manuskript und Satz können in ein Verhältnis gesetzt werden, aus dem der Umfang annähernd genau zu bestimmen ist.

Umfangsregister
1. Druckmaschinen: Position der Zylinderstellung, ausgehend von der 0-Postion.
2. Fälschlicherweise wird die Bezeichnung auch für das exakte Einpassen der einzelnen Druckfarben eines mehrfarbigen Druckproduktes in der Papierlaufrichtung durch die Druckmaschine (radial zur Zylinderachse der Druckwerke) verwendet.
   > Passer, > Register

Umfeldbedingungen
Einflussfaktoren. Alle auf eine Person, eine Kommunikation, einen Prozess, u.a. einwirkenden Parameter.
Beispiele
> CtP: Parameter wie Raum, Klima, Fertigungsablauf.
Qualität, Abstimmung: Ein Bild wird bei unterschiedlichen Lichtbedingungen beurteilt.

umformen
Materialveränderung.
Grundverfahren in der Buchbinderei und Druckweiterverarbeitung:
Arbeitsverfahren sind u. a. das Prägen, Pressen, Abkanten, Falzen, Rillen, Runden, Stauchen.

Umkehrfilm
Direkt positiv arbeitendes Filmmaterial.

Umkehrosmose
Physikalisches Verfahren der Wasseraufbereitung zur Entsalzung durch Membrantechnologie. Dazu werden einseitig durchlässige Membranen verwendet, die wie Filter im Molekularbereich arbeiten.
Bei diesem Verfahren wird ein höherer Druck – als er dem osmotischen Druck der Wasserlösung entspricht – angewandt, um das Lösungsmittel Wasser von der konzentrierten Lösung durch die Membran in die weniger konzentrierte Lösung zu transportieren.
Für das Verfahren sind keine chemischen Regenerationen und keine Regenerierungsmittel erforderlich.

Umlaufvermögen
Vermögenswerte in einem Unternehmen, die ständigen Veränderungen unterliegen, z.B. Betriebsstoffe und Material (Papier, Druckfarben, Kunststoffe, Klebstoffe u.ä.), Forderungen, geleistete Anzahlungen, Kassenbestand, Bankguthaben.

Umroller
Papierherstellung: Das Schneiden der gefertigten Papierrolle (Bahn = Rollenpapier) in schmalere Rollenbreiten für die Druckproduktion.

Umsatz
Wertmäßiger Ausdruck für die abgesetzten Erzeugnisse und/oder erbrachten Leistungen.
Der Umsatz ist eine wichtige betriebliche Kennzahl und z. B. die Basis für die Ermittlung der Wirtschaftlichkeit, Rentabilität.
Beispiel:
Umsatz = abgesetzte Erzeugnisse (Leistungen) · Preis (Einheit).

Umschlag
1. Leichter, zwei- oder viermal gerillter Einband einer Broschur, allgemein aus Karton.
2. Schutzumschlag mit zwei eingeschlagenen Seiten um die Buchdecke eines Buches.

umschlagen
Im Bogendruck das Wenden des Bogens nach dem Druck einer Seite um die kurze Achse.
Die Seitenanlage des Bogens in der Druckmaschine wechselt, die Vorderanlage bleibt an der gleichen Bogenkante.
Das Umschlagen ist die häufigste Art des Wendens für zweiseitig zu bedruckende Bogen.

umstellbare Schön- und Widerdruckmaschine
Druckmaschine, die für einseitigen und beidseitigen Druck umgestellt werden kann.
Beispiel: Eine Druckmaschine mit acht Druckwerken besitzt eine Wendeeinrichtung nach dem vierten Druckwerk.
In diesem Fall ist die Druckmaschine einzustellen auf den Druck einseitig achtfarbig (8/0) oder beidseitig vierfarbig (4/4).

umstülpen
Im Bogendruck das Wenden des Bogens nach dem Druck einer Seite um die lange Achse. Die Vorderanlage des Druckbogens in der Druckmaschine wechselt, die Seitenanlage bleibt an der gleichen Bogenkante.
Druckbogen müssen exakt in der kurzen Seite geschnitten sein, um Schwierigkeiten im Register zu vermeiden.
Bei der Druckformherstellung ist das Druckbogenformat sehr genau zu beachten.
Im Bogendruck auf > umstellbaren Schön-und Widerdruckmaschinen wird der Druckbogen beim Durchlauf durch die Druckmaschine zuerst auf einer Seite bedruckt, anschließend automatisch gewendet und auf der Rückseite bedruckt.
Dabei wirken sich geringe Formattoleranzen in Umfangsrichtung der Zylinder nicht störend aus.

Umwelt
Belebte und unbelebte Welt auf der Erde, die in gegenseitiger Wechselwirkung steht.

Umweltaudit
Auch: > Öko-Audit.
Die Umweltbetriebsprüfung bzw. das Umweltaudit dient im Rahmen der Umsetzung eines Umweltmanagements nach EG-ÖKO-Audit-Verordnung bzw. ISO 14001 als übergeordnetes Kontrollinstrument des Umweltmanagements.
Das gesamte System umfasst systematische, dokumentierte, regelmäßige und objektive Bewertungen der Leistung der Organisation, des Managements und der Abläufe zum Schutz der Umwelt.

Umweltmanagement
Teil des Managements eines zukunftsorientierten Unternehmens, dass dem Umweltschutz im eigenen Unternehmen eine hohe Priorität einräumt.
Ziel ist eine strategische Ausrichtung des Unternehmens in Planung und Steuerung aller Prozesse zu einer kontinuierlichen Verbesserung der betrieblichen Umweltbilanz.

Umweltschäden
Alle nachteiligen Beeinflussungen der belebten und unbelebten Welt, vor allem innerhalb von menschlichen Großansiedlungen und Industriezentren.
Diese schädigen mehr oder weniger stark die Luft (Abgase, Rauch, Staub u. a.), das Wasser (Abwässer) und den Boden (Verseuchung durch chemische Stoffe).
Pflanzen nehmen Schadstoffe wie Kohlendioxid und Ozon aus der Luft auf und wandeln sie in pflanzliche Stoffe (Zellulose) um.
Umweltschäden verursachen – ggf. mit anderen Faktoren gemeinsam – Zivilisationskrankheiten und -schäden.

Umweltschutz
Alle Maßnahmen, die einer Umweltgefährdung entgegenwirken, um das Leben von Menschen, Tieren und Pflanzen in der sie umgebenden Welt gesund und dauerhaft lebensfähig zu erhalten.
Grundsätzlich zu vermeiden sind > Emissionen und störende Eingriffe in die Natur. Unvermeidliche Eingriffe sind auf ein Minimum zu begrenzen bzw. durch geeignete Maßnahmen zu kompensieren sowie Schäden zu beseitigen.

Umweltzeichen bei Papieren
Papier und Karton sind die wichtigsten Materialien der Druckindustrie.
Für die Herstellung sind vor allem wertvolle (Faser-)Rohstoffe, Wasser und Energie erforderlich.
Mehr oder weniger große Umweltbelastungen entstehen bei der Gewinnung der Faserstoffe und der Energieerzeugung sowie der Wasserverunreinigung.
Vorallem in Westeuropa und in Kanada konnten die Umweltbelastungen erheblich reduziert werden.
Ein sehr großer Teil des benötigten Faserstoffes stammt in Deutschland aus dem Recycling-Kreislauf, ein anderer großer Teil aus Forstwirtschaften, die mit sozialen und ökologischen Zielsetzungen arbeiten.
Immer noch werden Faserstoffe aber auch aus Ländern (Indonesien, Brasilien, Russland u. a.) importiert, die in einem beträchtlichen Maße Raubbau an wertvollen Naturwäldern (z. B. Regenwald) betreiben.
Eine umweltbewusste Druckproduktion erfordert für Papiere ein Zertifizierungssystem für nachhaltige Holzbewirtschaftung, für die Gewinnung der Papierfasern und die gesamte Herstellung der Papiere (Rohstofflogistik, Produktionsverfahren, Energiebedarf, Emissionsbilanz) sowie den Transport.
Die derzeit bekannten Zertifizierungssysteme machen zu einem vollständigen Papierprofil (z. B. ein spezifischer Papierpass) noch keine Angaben.
Bedeutende Zertifizierungssysteme in Europa sind:

- FSC: Forest Stewardship Council
  Von Umweltfachleuten entwickelter Standard für eine nachhaltige Waldbewirtschaftung.
  Zehn Prinzipien und 56 Kriterien wurden dazu für die Forstwirtschaft festgelegt. Wer diese kontrolliert und erfüllt, erhält das Zertifikat. Es berechtigt zum Vermarkten des Holzes unter dem Logo aus FSC-zertifizierten Wäldern.
- PEFC: Programme for the Endorsement of Forest Certification Schemes
  Bei der Ministerkonferenz 1993 in Helsinki wurden Beschlüsse zum Schutz der Wälder Europas gefasst.
  Eine Initiative skandinavischer, französischer, österreichischer und deutscher Waldbesitzer setzte diese Initiative um:

Erhaltung der biologischen Vielfalt, Produktivität und Vitalität der Waldflächen.
Holz und Holzprodukte, die nachweislich, aus ökologisch, ökonomisch und sozial nachhaltiger Forstwirtschaft stammen, erhalten da PEFC-Zertifikat.
- Blauer Engel:
  Das in Deutschland bekannteste Umweltzeichen ist der Blaue Engel. Seit 1978 zeichnet es unterschiedlichste Produkte und Dienstleistungen aus, die besonders umweltfreundlich sind.
  Wichtiges Kriterium bei der Papierherstellung ist eine ganzheitliche Betrachtung von der Herstellung bis zur Entsorgung. Druckpapiere mit diesem Logo müssen grundsätzlich aus 100 % Altpapier bestehen.
  Ein geringer Anteil aus Frischfasern, z. B. bei Zeitungspapieren, ist erlaubt.
  Hohe Anforderungen werden bei der Fertigung auf die Umweltverträglichkeit der eingesetzten Chemikalien gestellt.

Weitere bekannte Zeichen sind die Europäische Blume (EU-Eco-Label) und der Nordische Schwan (Nordic-Swan-Label).

unbeschnitten
Bogen, Buchblocks oder sonstige zu verarbeitende Materialien in der Drucktechnik, die größer als das Endformat sind.

Unbuntaufbau
Verfahrenstechnik im Aufbau der Reproduktion von Farbbildern.

Prinzipiell entstehen Primär- und Sekundärfarben wie beim > Buntaufbau eines Farbsatzes durch die bunten Prozessfarben Cyan, Magenta und Gelb.
Im Unterschied dazu entstehen im Unbuntaufbau jedoch alle neutralen Bildtiefen (nur) durch die Druckfarbe Schwarz.
Tertiärfarben entstehen immer nur aus drei Druckfarben; nämlich Schwarz und zwei Buntfarben. Schwarz dient dabei wie die dritte Buntfarbe bei bunt aufgebauten Farbsätzen zur Verschwärzlichung und der Verstärkung der Schatten- und Tiefenzeichnung.
Anstelle dieser reinen Form des Unbuntaufbaus wird heute das > GCR-Verfahren eingesetzt, mit dem der Schwarzanteil im Druckbild variiert werden kann.
> Grau

unbunte Farben
Farben von Weiß in verschiedenen Graustufen bis zum Schwarz, die sich nur durch ihre Helligkeit unterscheiden.
Der spektrale Remissionsgrad ist unabhängig von der Wellenlänge.
> Grau

Under-Color-Removal
> UCR

unecht
Künstlich, nachgemacht, nachgeahmt

unechte Halbtöne
Simulation von sogenannten > Halbtönen in einem Bild (alle stufenlos verlaufenden Tonwerte zwischen hell und dunkel) durch unterschiedliche Rasterungstechniken.
Dadurch entstehen optisch unterschiedliche Helligkeitswerte (vgl.: Licht, Sehen, Nervenreize, erkennen und beurteilen des Eindrucks im Gehirn).
Beispiel: Druck auf einem weißen Papier
- Weiß = Papierweiß reflektiert das gesamte auftreffende Licht
- Schwarz = das gesamte auftreffende Licht wird absorbiert (verschluckt)
- Grau (variable Helligkeits- oder Farbwerte) = je größer (bzw. auch intensiver) die Rasterelemente sind, desto stärker ist die Absorption des Lichtes; es entstehen variable Tonwerte, so genannte „unechte“ Halbtöne.

ungebleichter Halbstoff
Papierherstellung:
Ein Halbstoff mit einem Faserstoff, dessen natürliche Färbung nicht durch Bleichprozesse verändert ist.

ungeleimte Papiere
Papiersorten, die nur eine sehr geringe Menge oder gar keine Leimstoffe enthalten. Die Fasern behalten so ihre natürliche Saugfähigkeit. Dadurch sind die Papiersorten mehr oder weniger stark feuchtigkeitsannehmend.

ungerade Seite
Druckseite mit einer Seitenzahl, die nicht durch 2 teilbar ist. Eine ungerade Seite steht im Endprodukt immer rechts vom Bund. (> Bundsteg)

ungestrichene Papiere
Allg. Bezeichnung: Naturpapiere.
Papiersorten ohne zusätzlichen Auftrag einer Streichdispersion auf die Oberflächen. Ungestrichene Papiere sind in der Oberfläche rauer, ungleichmäßiger.
Beim Druck nehmen sie mehr Druckfarbe auf. Dadurch wird die Bildgradation, d.h. der Kontrast, mehr oder weniger stark verringert.
Bei der Reproduktion ist dementsprechend eine Kompensation erforderlich.

Unicode
Abk. für: Universal Character Encodierung. Unicode ist ein einheitlicher internationaler Standard für die Kodierung aller bekannten Schriftzeichen in einem binären System:
Ein 16-Bit-Code mit einer universellen Zeichentabelle für mehrsprachige Texte.
16 Bit (2^{16}) ergeben die Möglichkeit zur Darstellung von 65.536 Zeichen.
Damit sind alle speziellen Zeichen aus den wichtigsten Sprachen darzustellen. > ASCII

Universal-Serial-Bus
> USB

UNIX
Modernes, geräteunabhängiges Computer-Betriebssystem für 32-Bit-Rechner.
Es ist vor allem als Mehrbenutzer-Betriebssystem geeignet.

Unscharfmaskierung
Bezeichnung für einen Prozess bei der Bildbearbeitung, mit dem Bildinformationen „geschärft" werden.
Die Kanten innerhalb eines Bildes werden mehr oder weniger stark verstärkt und die Kontraste motivabhängig erhöht.
Diese ungewöhnliche Bezeichnung beruht auf früher eingesetzten, fotografisch erstellten unscharfen Maskenfilmen, mit denen der Kontrast verstärkt werden konnte. Heute erfolgt das Schärfen der Bildinformationen softwaregesteuert mit Bildverarbeitungsprogrammen.

unsensibilisiert
Blauempfindliches Fotomaterial, das nicht mit zusätzlichen Farbstoffen für den grünen und roten Wellenbereich sensibilisiert wurde.

Unterdruck
Physik: Anlagen, Maschinen, Maschinenelemente.
Auch negativer Druck genannt.
In einem geschlossenen System die Differenz zwischen dem Innendruck (in einer Anlage) und dem Außendruck (Umgebung). Ist der Innendruck geringer als der Außendruck, bezeichnet man diesen Zustand als Unterdruck. > Überdruck

Unterfarbenreduktion
> UCR

Unterfüllung
Um Blitzer bei aneinander stoßenden farbigen Flächen nicht sichtbar werden zu lassen, wird die Größe eine der beiden Flächen minimal vergrößert.
Liegt eine dunkle auf einer hellen Fläche, wird der Grenzbereich dieser Fläche minimal vergrößert.
> Überfüllung

Unterlänge
Länge eines Schriftzeichens unterhalb der > Schriftlinie, z.B. bei g, j, p, q, y.

Unternehmen
Ein Unternehmen ist eine organisatorisch-rechtliche Einheit, die eine wirtschaftliche Tätigkeit ausübt. Dagegen ist ein Betrieb eine Produktionsstätte eines Unternehmens. Ein Unternehmen kann demnach aus mehreren Betrieben bestehen.

Unternehmenskultur
Mit dem Begriff Unternehmenskultur wird ein inneres, positives Bewusstsein der Mitarbeiter in einem Unternehmen beschrieben, das die Menschen miteinander verbindet.
Die „Seele“ (Grundhaltung) des gesamten Unternehmens kennzeichnen Begriffe wie Verantwortung, Vertrauen, Miteinander und Treue, die sich in einer einheitlichen Haltung und in typischen Verhaltensmustern zeigen.
Ein solch positives Umfeld ist über das Klima und die Atmosphäre im Unternehmen zu spüren.
Es ist u.v.a. durch eine positive, arbeitsintensive Atmosphäre, Engagement, konstruktive Kritik sowie Leistungsbereitschaft durch Anerkennung und Lob geprägt.

unterschneiden
Satztechnik: Für jede Schrift legt der Schriftkünstler einen bestimmten Zeichenabstand fest. Durch das Unterschneiden wird dieser Abstand verringert.
Unterschnitten wird aus typografischen Gründen, um störend große Buchstabenabstände bei bestimmten Buchstabenkombinationen zu verringern, z. B: AT, LA, Ta, Ve.

Wird jedoch der gesamte Text (Fließsatz) unterschnitten, kann darunter die Lesbarkeit der Schrift leiden.
(Hinweis: Im Bleisatz war ein Unterschneiden durch den starren Bleikegel der Letter nicht möglich.)

Unterschneidungsprogramm
Ästhetikprogramm.
Satztechnisches Anwenderprogramm, das Buchstabenkombinationen mit störenden Abständen speichert und automatisch beim Setzen unterschneidet.

Update
Engl. Bez. für die Aktualisierung von Programmen (Software) auf den neuesten Stand.

Upgrade
Engl. Bez. für das Ausbauen, Erweitern oder Verbessern einer vorhandenen Software auf eine neue Version mit zusätzlichen Leistungsmerkmalen.

Upload
In der Computertechnik das Hochladen von Programmen oder Dateien im Netzwerk. Gegensatz dazu ist der > Download, das Herunterladen.

Upstream
Datenübertragung im Internet:
Downstream bezeichnet die Datenübertragung vom Internet auf den Rechner des Nutzers, z. B. Downloads.
Upstream bezeichnet den Datenfluss in umgekehrter Richtung, also vom Rechner ins Internet (> Upload).

Urheberrecht
Das absolute Recht an einem Werk, das dem geistigen Urheber (Autor, Schöpfer) für eine gewisse Zeit das alleinige Verwertungsrecht gewährt.
Gegenstände des Urheberrechts sind literarische Werke, musikalische Werke, Werke der bildenden Kunst. Das Urheberrecht beginnt mit der Schaffung des Werkes und endet grundsätzlich 70 Jahre nach dem Tod des Urhebers. Das Recht an diesem Eigentum kann übereignet werden. Verletzungen des Urheberrechts sind strafbar und können zu Schadensersatz führen.

Urhebervermerk
In einem Werk und anderen Publikationen gesetzter Vermerk im > Impressum – bei

einem Buch auf der Rückseite des Haupttitels: „Copyright by ...“ bzw. „Nachdruck verboten“.

URL
Abk. für Unifom Resource Locator. Standardisierte Adressierung im > WWW.
Mit einer URL ist auf eine bestimmte Homepage auf einem WWW-Server zuzugreifen.

USB
Engl. Abk. für Universal Serial Bus.
Verbindungstechnik für den Anschluss von Peripheriegeräten an den Computer.
Dabei verwenden alle externen Geräte, die hintereinandergeschaltet werden können, den gleichen Steckertyp.

USB-Stick
Engl. Abk. für Universal Serial Bus Stick.
Kleine USB-Geräte mit einem eingebauten Massenspeicher, die direkt an den USB-Anschluss des Rechners anzuschließen sind.
Sie eignen sich für eine schnelle Speicherung von Daten und einen raschen Datenaustausch.
Beispiel zu einem USB-Stick mit 1 GB Speicherplatz:
Ein solcher Stick enthält den kompletten Textbestand der Brockhaus-Enzyklopädie in 30 Bänden inklusive Quellentexten, Schlüsselbegriffen, Länderartikeln und anderen Zusatztexten.

User
Engl.: Benutzer, Anwender, Verwender.
Nutzer eines Computers, Internetnutzer und Nutzer von Diensten aller Art, z. B. Mailbox, Online-Banking.

User-Group
Nutzergruppe, die Informationen im Internet austauscht.
Dabei können Fragen gestellt werden, die andere Nutzer beantworten.

User-ID
Benutzeridentifikation, Zugangsberechtigung für bestimmte Dienste im Internet, z. B. Online-Banking, E-Mail.

Utility
Werkzeug.
Zusätzliches Programm, das mit verschiedenen Hilfen das Arbeiten mit dem Computer erleichtert.

UV
Kurzbezeichnung für Ultraviolett.

UV-Druckfarbe
Die speziellen Druckfarben bestehen aus einer Mischung von Monomeren, Prepolymeren und Fotoinitiatoren.
Durch UV-Belichtung (besser: Bestrahlung) wird der Fotoinitiator aktiviert.
Die Energie wird auf das Bindemittel (Monomere, Prepolymere) übertragen und führt zur Polymerisation und damit zur Trocknung. Das UV-Licht dient somit als > Katalysator.
Druckfarben trocknen sofort nagelhart durch; dies ist ausschließlich durch chemische Reaktionen möglich.
UV-Druckfarben werden vor allem im Offsetdruck und Siebdruck eingesetzt.
Ein Deinken (Entfernen von Druckfarbe bei > Recyclingverfahren) ist problematisch.
Bei der Verarbeitung sind besondere Sicherheitsvorschriften zu beachten.

UV-empfindlich
Fotomaterial, Kopierschicht, Druckfarbe u. a., die UV-Licht absorbieren und dadurch chemisch reagieren, d. h. belichtet bzw. getrocknet werden.
> UV-Druckfarbe.

UV-Lack
Lack zur Druckveredelung, der zu 100 % aus Festkörpern besteht.
Das Wegschlagverhalten ist gering.
Trocknung: Die Moleküle des UV-Lacks verbinden sich beim Einwirken energie-

reicher UV-Strahlung schlagartig innerhalb eines Sekundenbruchteils zu einem ausgehärteten Lackfilm.
Niedrigviskoser (dünnflüssiger) UV-Lack kann über Lackwerk, Lackiereinheit oder Lackiereinrichtung verarbeitet werden.
Hochviskoser (zähflüssiger) UV-Lack ist über ein Farbwerk aufzutragen.

UV-Licht
Strahlungen unterhalb des Violett mit Wellenlängen kleiner ca. 400 nm, die nicht im sichtbaren Spektrum liegen.
> UV-Strahlung

UV-Strahlung
Strahlung, bei der die Wellenlänge kleiner ist als die sichtbare Strahlung.
Festgelegt sind die Grenzen der Wellenbereiche verschiedener UV-Strahlungen: UV-A von 315 nm bis 380 nm, UV-B von 290 nm bis 315 nm, UV-C von 100 nm bis 290 nm.

UV-Tinten
> Digitaldruck: Farbmittel

V
Abkürzung, u. a.:
1. Abbildungsmaßstab in der Reproduktion
2. Einheitenzeichen für Volt
3. physikalisches Zeichen für Volumen (*V*)
4. chemisches Kurzzeichen für Vanadium

vakat
Unbedruckt, leer.

Vakatseite
Unbedruckte Seite.

Vakuum
Luftleerer Raum.

Vakuum-Kopierrahmen
Analoge Druckvorstufe:
Kopiergerät, das durch ein Vakuum einen sehr engen Kontakt zwischen flächigen Materialien gewährleistet. Grundsätzlich wird zu einer korrekten Übertragung der Bildinformationen > Schicht-auf-Schicht gearbeitet. Die Übertragung der Bildinformationen ist nur 1 : 1 möglich. Kopierrahmen mit entsprechenden Lichtquellen wurden in der Reproduktion und der Druckformherstellung (Kopie) eingesetzt.

Vakuummeter
Messgerät, das in der Vakuumtechnik den Grad des Vakuums (z. B. in %) anzeigt.

Vakuumpumpe
Pneumatisch arbeitendes Gerät zur Erzeugung eines Vakuums, das nach Einsatzbereich und Anforderungen unterschiedlich konstruiert ist.

Vakuumröhre
Allg. Bez. für Elektronenstrahlröhren, z. B. Kathodenstrahlröhre (CRT, cathode ray tube).

Vakuumverpackung
Verpackung von Waren, vor allem Lebensmitteln, in Klarsichtfolien, bei der ein Unterdruck das Verpackungsgut eng umschließt.

Valenz
Chemie: Wertigkeit. Fähigkeit zur chemischen Bindung durch Außenelektronen.

Validation
Engl. sinngemäß für: Prüfung, ob ein Nutzungsziel (Zweckbestimmung) erreicht ist – im Sinne der Gebrauchstauglichkeit effizient und zufriedenstellend.
> Validierung

Validation Print
Bezeichnung im ProzessStandard Digitaldruck (PSD) für eine gedruckte Vorlage, die allen am Entstehungsprozess Beteiligten eine schnelle und verlässliche Auskunft über den Stand und die Farbanmutung des späteren Druckproduktes ermöglicht.
Ein Validation Print ist demnach kein farbverbindlicher Prüfdruck mit einer definierten und reproduzierbaren Qualität für den Produktionsdruck.
In der Statuszeile eines Validationsprints ist die Bezeichnung „Validations Print accordings ISO 12647-8“ zwingend aufzunehmen. Damit ist ein Verwechseln mit den Vorgaben für einen „Contract Proof“ nach der ISO-Norm 12647-7 nicht möglich.
Beispiel für die Anwendung:
Korrekturexemplar, Verarbeitungsmuster.
Nach Vereinbarung kann ein Validation Print auch als Referenz für den Produktionsdruck verwendet werden.
> Validation, > Validierung

Validierung
1. Allgemein:
   Gültigkeit und Zuverlässigkeit eines Versuchs.
2. Qualitätssicherung:
   Bestätigung aufgrund einer Untersuchung

und Führung eines Nachweises, dass die besonderen Forderungen für einen speziell vorgesehenen Gebrauch erfüllt worden sind.

Value
Im > Farbordnungssystem nach Munsell die spezielle Bezeichnung für die Helligkeit (H).

variabel
Wandelbar, veränderlich, unterschiedlich zu gestalten.

Variable
Mathematik: Veränderliche Größe, deren Wert nicht festgelegt ist.
Beispiel: Durch einen festgelegten Namen bezeichnete stellvertretende Größe, der ein Wert zur weiteren Verarbeitung zugewiesen werden kann.

variable Kosten
Variable > Kosten ändern sich mit dem Beschäftigungsgrad und der Ausbringungsmenge.
Hierzu gehören Materialverbrauch, Löhne, Energieverbrauch, Transportkosten.

variable Punktdichte
Ein im Digitaldruck benutztes Rasterdruckverfahren, bei denen die Bildauflösung (Druckdichte, Tonwertwiedergabe) durch Variieren der für jeden Rasterpunkt aufgebrachten Druckfarben- bzw. Tonermenge erhöht werden kann.

variabler Falzapparat
Falzapparate an Rollen-Druckmaschinen, mit denen (fast) beliebige Formate zu falzen sind.
Gegensatz: Festformatige Falzapparate, die eine bestimmte Produktpalette von Falzarten und -formaten fertigen können.

variabler Druck
Digitaldrucktechniken ohne feste, statische Druckform.
In diesen Druckverfahren ist eine Änderung der Informationen von einem Druck zum nächsten Druck möglich.

Variation
Abänderung, Abwechslung, Abwandlung, Veränderung, Neugestaltung, Neubearbeitung.

Variationsbreite
Spannweite. Mögliche Differenz zwischen dem untersten und obersten Wert eines bestimmten Merkmals.

VDE
Abk. für: Verband der Elektrotechnik, Elektronik und Informationstechnik e. V..

VDE-geprüft
Sicherheitsprüfung durch den VDE.

VDI
Abk. für: Verein Deutscher Ingenieure.

vegetabilisch
Pflanzlich, Stoffe pflanzlichen Ursprungs.

vegetabilisches Pergament
Pergamentpapier, das aus Zellstoff und nicht aus Tierhaut hergestellt ist.
> Pergament

Vektor
Eine in der Mathematik, Physik und Technik verwendete geometrische Größe.
Vektoren geben eine bestimmte Richtung bei physikalischen Größen, z. B. einer Strecke, an. Sie eignen sich besonders für die datentechnische Beschreibung von Grafiken und Schriften, die in ihren Umrissen erfasst und gespeichert werden, da sie einen geringen Speicherplatzbedarf beanspruchen.

Vektor-orientierte Grafikprogramme
Mathematisch definierte Text- und Grafikdaten im Computer.
Exakt definierte Koordinatenpunkte im Bild von Zeichnungen und Grafiken (z. B. Eck-

punkte oder Rundungen eines Buchstabens oder grafischen Zeichens) werden direkt verbunden und ergeben erst bei der Ausgabe das „ausgefüllte“ vollständige Zeichen.
Die Daten enthalten auch Angaben zu Linienstärke, Linienfarbe und Füllfarben.
Vektordaten sind beliebig zu skalieren (vergrößern, verkleinern), da nur die Konturen durch mathematische Formeln beschrieben sind.
Gegensatz: Bitmap-Grafik, pixelorientierte Grafikprogramme. > objektorientiert

Venezianische Renaissance-Antiqua
Druckschriften, die entsprechend der Klassifikation der Schrift zur Gruppe I gehören. Unterschiede in der Strichstärke sind gering, leichte An- und Abschwellungen in der Strichführung, schräge Anstriche und gerundete Übergänge bei den Serifen.
Die senkrechte Achse bei Rundungen ist leicht nach links geneigt.
Im Gegensatz zur Französischen Renaissance-Antiqua (Gruppe II) ist der Mittelstrich beim kleinen e nicht waagerecht, sondern verläuft leicht schräg von links nach rechts.

Verantwortung
1. Fähigkeit, das eigene Handeln frei zu bestimmen und dessen Folgen für sich selbst, die Mitmenschen und die Umwelt abzusehen.
2. Übernahme von Pflichten und Verpflichtungen, Aufgaben u. Ä. mit vollem Einsatz und unter Berücksichtigung von Vorgaben.

Verarbeitung
Herstellen eines Produktes oder einer Sache durch das Bearbeiten, Umbilden oder Veredeln von Stoffen.

Verarbeitungslinie
Komplexes System zur Herstellung von Teil- oder Fertigprodukten, das aus mehreren miteinander verbundenen Bauelementen bzw. -aggregaten für einzelne Produktionsschritte besteht.
Beispiel: Taschenbuchfertigung vom Sammeln der Falzbogen über das Klebebinden, Umschlaganlegen und dreiseitige Beschneiden bis zum Auslegen und Verpacken. > Buchfertigungsstraße

veraschen
Papierprüfung, mit der der Anteil an Füllstoffen im Papier nachgewiesen werden kann.

verbal
Sprachliche Information:
Mit Worten, wörtlich bzw. durch Verben ausgedrückt.

verballhornen
Fachausdruck für ein sogenanntes „Verschlimmbessern“, d. h., durch eine Korrektur oder Änderung wird das Ergebnis nicht verbessert, sondern verschlechtert.

Verbände der Arbeitgeber
Verbände in deutschsprachigen Ländern:
- bvdm Bundesverband Druck und Medien, Wiesbaden
- Schweizerischer Verband für visuelle Kommunikation (VISCOM), Zürich
- Verband der Schweizer Druckindustrie VSD, Bern
- Verband Druck und Medientechnik, Wien

Verbindungen in der Chemie
Chemische Reaktion zwischen zwei oder mehreren Stoffen mit bestimmten Eigenschaften, aus denen ein neuer Stoff mit neuen Eigenschaften entsteht.
Die Zusammensetzung von Stoffen zu einem neuen Stoff heißt Synthese.
Das Molekül ist das kleinste Teilchen einer chemischen Verbindung. Beispiele:

Silber	+ Brom	= Silberbromid
Ag	+ Br	= AgBr
Aluminium	+ Sauerstoff	= Aluminiumoxid
2 Al	+ 3 O	= Al_2O_3

verblocken
Druckschwierigkeit:
Zusammenkleben von Druckprodukten im Stapel oder in Rollen.

Verbraucher
Auch: Konsument.
Verwender von Produkten für den eigenen Verbrauch, Nutzer von Dienstleistungen.

Verbraucherschutz
Alle Maßnahmen, die den Verbraucher vor Schäden schützen sollen, die durch mangelnde Information, durch Täuschung oder Ähnliches entstehen können.

Verbrauchertypologie
Werbung: Einteilung von Verbrauchern in (Ziel-)Gruppen.
Kriterien dazu sind beispielsweise:
Alter, Geschlecht, Familienstand, Kinder, Beruf, Einkommen, Hobbys, Wohnort.
Mit dieser Typologie lassen sich Zielgruppen für ein Produkt bestimmen.
Dementsprechend werden Werbemaßnahmen ausgerichtet.

Verbundfolien
Bedruckstoff, der aus zwei oder mehreren Schichten unterschiedlicher Kunststoff- und/oder Metallfolien auf einem Trägermaterial, z. B. Papier oder einer anderen Folie, besteht.
Das Trägermaterial wird ggf. bedruckt.
Verbundfolien werden sehr häufig für das Verpacken von unterschiedlichen Lebensmitteln benötigt.
Dazu wird bei Bedarf eine zusätzliche Barriereschicht, vielfach Ethylen-Vinylalkohol-Copolymer (EVOH), in den Folienverbund eingebracht.

Ein weiteres Anwendungsgebiet sind Folien, die innen und außen andere Eigenschaften (z. B. gleitfähig, rutschfest) aufweisen müssen.
Herstellungsverfahren
- Trockenkaschierung durch das Verbinden mit Klebstoffen
- Extrusionsverfahren, bei dem der Verbund in flüssiger Form aufgetragen wird.

> Barriereeigenschaften von Kunststoffen,
> Lebensmittelverpackungen

Verbundsystem
EDV: Mehrplatzanlage mit unterschiedlichem Aufbau (Konfiguration).
Beispiel: Mehrere, selbstständige Erfassungs- und Verarbeitungsplätze haben einen direkten Zugriff zu einem (zentralen) Rechner und einem Ausgabesystem.

verchromen
Tiefdruck: Der > Tiefdruckformzylinder (Druckform) erhält vor dem Druck der Auflage einen abriebfesten Verschleißschutz durch galvanisches Verchromen.

Ver:di
Vereinte Dienstleistungsgewerkschaft. Arbeitnehmervertretung. > Zentral-Fachausschuss Berufsbildung Druck und Medien

Verdruckbarkeit
Engl.: runability.
Druckeignung: Sämtliche Eigenschaften des Bedruckstoffes, die den Transport in der Druckmaschine und das störungsfreie Verhalten beim Druckprozess betreffen, z. B. Planlage, Stabilität, Rupffestigkeit, Staubfreiheit, Reißfestigkeit.
Manche Eigenschaften beeinflussen sowohl die Verdruckbarkeit als auch die > Bedruckbarkeit.
> Papiereigenschaften

Verdünner
Tiefdruck: Lösemittelzusatz zur Druckfarbe, der eine Änderung der > Konsistenz oder Trocknungsgeschwindigkeit bewirkt.
Damit ist ein Anpassen an den Bedruckstoff und die Druckgeschwindigkeit zu erreichen. Der Farbton wird durch den Zusatz nicht beeinflusst.

Verdunstung
Das Verdampfen von Flüssigkeiten an der

Oberfläche. Druckfarben des Rakeltiefdrucks trocknen physikalisch durch Verdunsten von Lösemitteln.
> Verdunstungszahl, > Tiefdruckfarbe

Verdunstungszahl
Maß für die Geschwindigkeit des Verdunstens eines Lösemittels, bezogen auf Äther (auch: Ether, Diethylether) mit der schnellsten Verdunstungsgeschwindigkeit, der Verdunstungszahl 1.
Höhere Zahlenwerte zeigen eine immer langsamere Verdunstung an. In der Übersicht im Anhang sind einige Lösemittel beispielhaft aufgeführt.
Übersicht siehe Anhang.

Veredelung
Qualitätsverbesserung durch eine zusätzliche Bearbeitung, z. B.:
1. Bedruckstoffherstellung:
   Papieroberflächen sind durch Satinieren und Streichen zu veredeln.
   > Satinage, > gestrichene Papiere
2. Oberflächenveredelung von Drucken:
   Lackieren einer Teilfläche oder der gesamten Fläche mit verschiedenen Lacken sowie Kaschieren (Aufkleben) von transparenten Folien.

> lackieren, > Duftlack, > Drip-off, > Kaltfolienveredelung, > Metalure

Verfasser
Dem Urheberrecht nach der Autor, dem die Rechte an dem geistigen Eigentum eines Werkes zustehen.

Verfasserkorrekturen
Änderungen (Korrekturen) des Verfassers am Satzprodukt, die nicht dem Manuskript entsprechen.

Verfilzung
Papierherstellung:
Alle Papierstoff-Suspensionen bestehen zu über 95 % aus Wasser sowie zu ca. 2 bis 5 % aus Faserstoffen und Hilfsstoffen. Auf dem Sieb der Papiermaschine wird der Stoff seitlich leicht geschüttelt und stark entwässert. Dadurch verfilzen die fibrillierten, winzigen Faserstoffe zu einem dichten Stoff, der Papierbahn.
(Fibrillen = Fäserchen.)
Durch mechanisches Pressen und Wärme wird der Papierbahn weiteres Wasser bis zu dem gewünschten Feuchtigkeitsgrad entzogen. Das Papier erreicht dadurch die geforderte Festigkeit und Stabilität.

verfischen
Bleisatz: Buchstaben, Zeichen, Ziffern, Blindmaterial u. a. werden nach dem Druck in einen falschen Schriftkasten oder in ein falsches Fach des Schriftkastens abgelegt.
Ein „verfischter Schriftkasten" erforderte sehr viel zusätzliche Zeit bei der Satzarbeit und nachträgliche Korrekturen.

verflachen
Bildvorlage, Reproduktion: Verringern des Kontrastes in der Bildwiedergabe.

Verfremdung
Das teilweise oder vollständige Verändern von Bildinformationen einer Bildvorlage in Form und Farbe durch grafische (manuelle), fotografische oder elektronische Verfahren.

Vergilben des Papiers
Papier mit hohem Holzstoffanteil verändert unter Einwirken von Tageslicht die Färbung und wird mehr oder weniger stark gelblich. > Holzstoff

vergrauen
Bei einem Farbdruck mit den Prozessfarben CMYK hat bei einem starken > UCR die Stärke von Schwarz (K) einen bedeutenden Einfluss auf die Bildwiedergabe und den Kontrastumfang. Je geringer der Gesamtfarbauftrag der Buntfarben in einem Bild ist, desto stärker muss das Schwarz sein. Dies kann zu Farbtonverschiebungen und vor allem zu einem

Vergrauen von dunklen Tertiärfarbenbereichen kommen.
Ebenso bewirkt im > Unbuntaufbau bei einem geringen Gesamtfarbauftrag und einem „breiten Schwarz“, das bis in gesättigte Farbtöne hinein wirkt, ein Vergrauen der Bildwiedergabe in (hellen) Buntfarben.

vergriffen
Ein bestimmter Buchtitel ist bei dem Verlag nicht mehr vorhanden.

Vergrößerung
Verändern des Maßstabes der Vorlage. Das Verhältnis von Breite zu Höhe eines Bildes bleibt beim Vergrößern gleich. Daher sind mit einer einfachen Verhältnisgleichung die neuen Maße zu berechnen. Grundsätzlich ist immer zuerst die Breite (waagrechte Kante) und dann erst die Höhe (rechtwinklig zur waagrechten Kante) anzugeben.
> Abbildungsmaßstab, > optische Grundgesetze
Es gilt daher folgendes Verhältnis:

Vorlage	=	Reproduktion
Breite : Höhe	=	Breite : Höhe

Vergrößerungsfaktor
Bei der Reproduktion die Änderung des Abbildungsmaßstabes.
Vergrößerungsfaktor =

$$\frac{\text{gewünschte Reproduktionsgröße}}{\text{Größe der Bildvorlage}}$$

> Abbildungsmaßstab, > Skalierung

Vergrößerungsgerät

Analoge Fotografie:
Spezielles Reprogerät für die Aufnahme von Durchsichtsvorlagen.
Im Prinzip entspricht der Aufbau einer Reprokamera.
Die gesamte Anordnung steht vertikal untereinander. Die Vorlagenebene liegt waagrecht unter dem Gerätekopf mit der Lichtquelle. Darunter liegen Optikebene und Aufnahmeebene, deren Abstand die Vergrößerung bestimmt. Die Geräte wurden früher sehr häufig für Farbauszüge nach Farbdiapositiven eingesetzt.
Durch elektronische Geräte für die Reproduktion (Scanner) haben diese Geräte keine Bedeutung mehr.
Ähnliche Geräte werden auch in Fotolaboren eingesetzt.

Vergütung
Oberflächenbehandlung von Objektiven an allen Flächen der Linsen mit einem Glas-Luft-Übergang.
Dadurch werden Reflexe und Nebenbilder weitgehend verhindert, die Lichtausnutzung sowie die Brillanz und Schärfe bei Aufnahmen verbessert.

Verifizierung
Bestätigung bzw. Nachweis, dass durch eine Prüfung die festgelegten (Qualitäts-) Anforderungen erfüllt sind.

Verkauf
Absatz von Gütern und Dienstleistungen sowie alle Maßnahmen und Vorgänge dazu.

Verkaufsaußendienst
Medien: Umfassend geschulter Mitarbeiter eines Medienunternehmens, der Kunden vor Ort berät.
Exemplarisches Beispiel zum Aufgabenverständnis für die Tätigkeit:
„Unser Mitarbeiter zeigt dem Kunden Möglichkeiten auf, mit unserem Service seine Kompetenz innerbetrieblich und am Markt zu optimieren und so erfolgreicher zu sein. Er zeigt ihm dazu Lösungen von Problemen auf, die er bisher gar nicht beachtete oder kannte.“

Verkaufsinnendienst
Medien: Umfassend geschulter Mitarbeiter eines Medienunternehmens, der einen Auftrag vom Eingang bis zur Lieferung und Rechnungsstellung (Fakturierung) durch das Unternehmen steuert und in

allen Phasen der direkte Ansprechpartner für den Kunden ist.

verkleinern
Maßstabsänderung des Bildformates im gleichen, linearen Verhältnis. Die Angabe erfolgt allgemein prozentual zum Originalformat oder der Angabe einer neuen Seitenlänge.
Ein ungleiches Verhältnis bei der Verkleinerung verzerrt die Bildvorlage.

Verkleinerung
> verkleinern

verkupfern
Das galvanische Aufbringen einer Kupferschicht auf den Tiefdruckzylinder. Man unterscheidet die Massivaufkupferung und das Ballardverfahren. Ausgedruckte Tiefdruckzylinder lassen sich bei der Massivaufkupferung mehrfach wieder um etwas mehr als die maximale Graviertiefe abdrehen und so wieder für eine Druckformgravur einsetzen.
Beim Ballardverfahren ist eine dünnere Kupferhaut nach dem Druck abzureißen, für die neue Druckform ist der Zylinder wieder zu verkupfern.

Verlag
Herstellender Buchhandel.
Aufgabe ist das Herstellen und Verbreiten von Büchern, Zeitschriften und Zeitungen. Die technische Fertigung eines Produktes wird in der Regel im Auftrag des Verlages ausgeführt.

Verlagsrecht
Ein aus dem Urheberrecht abgeleitetes Nutzungsrecht, das dem Verleger das ausschließliche Nutzungs- und Verbreitungsrecht für ein Werk (Literatur, Musik u. a.) gewährt. Grundsätzlich gilt ein gegenseitig vereinbarter Verlagsvertrag.

Verlagsvermerke
> Impressum

Verlauf
Eine allmähliche Änderung des Farbtons bzw. einer Farbe über eine bestimmte Fläche auf einer Druckseite oder auf dem Bildschirm.

Verlaufsraster
Gerasterte Fläche mit an- und/oder abschwellender Dichte.
Dadurch ergeben sich stufenlos verlaufende Änderungen in der Helligkeit (Tonwertänderungen).

Verleger
Unternehmer, Inhaber eines > Verlages.

Verlegerzeichen
> Signet eines Verlages.

Vernetzte Druckerei
Ziel ist eine durchgängige Vernetzung aller Aufgaben, Planungen und Prozesse vom Auftragseingang bis zur Auslieferung der fertigen Produkte. Darin eingeschlossen ist die Erfassung und Verarbeitung aller benötigten betriebswirtschaftlichen und produktionstechnischen Daten, der ständige Zugriff auf alle aktuellen Vorgänge und Daten im Produktionsprozess sowie die Kommunikation im Unternehmen.
Online ist so eine umfassende Produktionsüberwachung möglich.
In bestimmten Produktionsbereichen kann auch der autorisierte Kunde Einsicht nehmen, die Fertigung freigeben oder ggf. aktiv eingreifen (z. B. bei Korrekturen).
> JDF-Format, > Workflow, > Workflow-Management-System

Vernis mou
Tiefdruck: Manuelle Druckformherstellung, ähnlich der Radierung.
Es wird jedoch mit einem Weichgrund (klebrige Wachsschicht als Ätzgrund) gearbeitet.
Darauf wird ein Zeichenpapier gelegt.
Durch den manuellen Druck beim Zeichnen bleibt der Weichgrund mehr oder

weniger an dem Papier haften. Die Restschicht bildet den Ätzgrund.
Mit diesem Verfahren sind weiche, kreideähnliche Zeichnungen zu drucken.
Heute nur noch als Original-Grafik eingesetzt.

Verpackung
Verpackungen umhüllen ein hergestelltes Produkt und bieten einen Schutz des Produktes bzw. Füllgutes gegen äußere Einflüsse aller Art.
Sehr gut gestaltete edle Verpackungen wirken aber auch verkaufsfördernd.
Das Angebot an Verpackungsmaterialien reicht von einfachsten Packpapieren und Papiertüten über hervorragende Einwickelpapiere, Weichverpackungen (Kunststoffe, Folien, Folienverbund) bis zu hochwertigen Faltschachteln. Je nach Einsatzbereich sind spezielle Anforderungen an Verpackungen zu stellen. Diese reichen z. B. von der Geschmacksneutralität (Lebensmittelgesetze!) bis zur Lichtundurchlässigkeit, Luftdurchlässigkeit, Feuchtigkeitsdichte, die Stoßunempfindlichkeit, die Stapelfähigkeit und der Forderung zu leichtem Lagern.
Gefordert wird eine spezifische Füllgutbeständigkeit, z. B. Öl- und Fettdichtigkeit, Geschmacksneutralität (Lebensmittel), Alkaliechtheit (Seifen, Waschmittel).
Außerdem wird bei bestimmten Produkten ein einfaches Verpacken (manuell bis vollautomatisch) sowie ein leichtes Lagern bzw. Aufstellen im Handel gefordert.
Hochwertige Verpackungen (Faltschachteln, Dosen, Holz, Glas u. a.) dienen zudem der Präsentation des Füllgutes und damit der Werbung für das Produkt.

Primärverpackungen umhüllen das Pack- oder Füllgut teilweise oder vollständig.
Sekundärverpackungen umhüllen ihrerseits die Primärverpackung oder eine weitere Sekundärverpackung (z. B. einzeln eingewickelte Pralinen, die von einem Tiefzieheinsatz aufgenommen werden, der in einer Faltschachtel steckt).

Verpackungsdruck
Spezialisierte Druckereien, die mit unterschiedlichen Bedruckstoffen für die verschiedenartigen Verpackungen und mit bestimmten Druckverfahren arbeiten.
Besonders hochwertige Verpackungen werden im mehrfarbigen Druck oder im Vierfarbdruck mit zusätzlichen Schmuckfarben gedruckt. (Beispiele: Pralinenverpackungen, Spitztüten für Eis, Kosmetikverpackungen) Die Übersicht im Anhang zeigt dazu beispielhaft einige wichtige Einsatzbereiche und mögliche Druckverfahren im Verpackungsdruck.

Verpackungsmittel
Für die > Verpackung eingesetzte Druckprodukte aus Papier, Karton, Pappe, Metall, Kunststofffolien, Metallfolien und Verbundfolien.

verramschen
Auflagen von Werken, die nicht mehr zu normalen Ladenverkaufspreisen über längere Zeit verkauft werden können, kann der Verleger unter Auflösung der Preisbindung zu einem niedrigeren Preis verkaufen.

Verreibewalzen
Allgemein kunststoffbeschichtete Walzen im Farbwerk einer Druckmaschine, die im direkten Kontakt mit gummibezogenen Walzen laufen und Druckfarbe übertragen. Dabei bewegen sich die Verreibewalzen zusätzlich „changierend“, d. h. seitlich bewegend.
Dadurch sind ein gleichmäßigeres Verteilen und ein verlaufender Übergang in der Farbführung möglich. Die Druckfarbe wird dabei im engeren Sinne nicht verrieben.
> Verreibung

Verreibung
1. Druckfarbenherstellung:
   Homogenes Benetzen der Pigmente durch Bindemittel und Entfernen von

Lufteinschlüssen, z. B. auf einem Dreiwalzenstuhl.
2. Drucktechnik:
Im Farbwerk einer Druckmaschine das seitliche Verteilen der hochviskosen Druckfarbe auf den Walzen durch > Verreibewalzen.

Versalhöhe
Höhe der Versalbuchstaben von der Schriftlinie bzw. Grundlinie bis zur Oberlänge (oberste Ausdehnung des Zeichens).
> hp-Höhe, > Oberlänge, > Unterlänge, > Schriftgrad

Versalien
Bezeichnung für Großbuchstaben, früher Majuskeln genannt.

Versandraum
Von der Rotationsdruckmaschine werden die gedruckten und gefalzten Zeitungen mit einem Transportkettensystem automatisch in den Versandraum transportiert. In Einsteckmaschinen werden Beilagen (Werbung, Sonderdrucke) in die Zeitungen eingesteckt, die danach automatisch in Verpackungsanlagen transportiert, versandfertig verpackt und zum Transport ausgeführt werden. Bei Zeitschriften u. ä. Produkten können Beilagen auch eingeheftet werden. Standard in einer Zeitungsdruckerei ist ein Puffer- und Lagersystem, mit dem die Produktion zwischen Druck und Versand flexibler und rationeller gestaltet werden kann. Am Tag gedruckte Vordrucke oder Werbebeilagen werden nicht mehr abgestapelt, sondern in einem Rollenspeicher schuppenförmig aufgerollt, automatisch ausgelagert und bei Bedarf über die Einsteckmaschine dem aktuellen Zeitungsprodukt beigefügt.

Verschluss
In optischen Geräten ein Teil der Optikebene, das den Strahlengang für die Belichtung öffnet und schließt.

Verschlüsselung
Engl.: Code, Codierung. Eine Möglichkeit, die Daten bestimmter Dateien, Ordner u. Ä. zu schützen.
Durch die Verschlüsselung sind die Daten nicht mehr direkt lesbar.
Oft wird das verschlüsselte Element mit einem Kennwort gesichert, damit nur diejenigen, die das Kennwort haben, auf die Daten zugreifen und sie entschlüsseln können.

Verschmutzungsrechte
Der Inhaber von Verschmutzungsrechten (Umweltzertifikaten) ist befugt, im Umfang der von ihm gehaltenen Zertifikate die Umwelt zu beanspruchen (zu verschmutzen). Grundlage ist die teilweise Selbstreinigungsfähigkeit der Natur. Diese Zertifikate sind handelbar. Dabei bildet sich ein Preis, der einem Unternehmen ermöglicht zu kalkulieren, ob es günstiger ist Verschmutzungsrechte zu kaufen oder in eine Technologie zu investieren, die Umweltverschmutzung vermindert bzw. vermeidet. Der Handel mit Verschmutzungsrechte (Zertifikatehandel) ist ein marktwirtschaftliches Instrument der Umweltpolitik, von dem man sich die Mobilisierung unternehmerischer Innovationskraft zur Reduktion der Umweltbelastung verspricht. (www.kas.de/de)

Verschnitt
Tiefdruck: Druckfarbenzusatz zum Aufhellen der Druckfarbe, ohne die > Konsistenz zu ändern.

verschränken
Druckweiterverarbeitung:
Falzbogen, Buchblocks, fertige Bücher, Zeitschriften, Zeitungen u. a. päckchenweise so aufeinander legen, dass der Rücken (Falz) mal nach rechts und mal nach links liegt.
Damit ist ein Aufsteigen des Stapels an der Falz- bzw. Rückenseite zu vermeiden.

Verschwärzlichung
Fehlremissionen realer Druckfarben im Vergleich zu idealen Farben, die zu einer optisch wirksamen Verschmutzung (= Mischung mit der Komplementärfarbe) führen. > Realfarben

Version
Ausgabe, Ausführung, bestimmte Übersetzung, Darstellung oder Sicht.

verstärken
Beliebige Eingangsgrößen zu einem physikalisch messbaren oder optisch höheren Wert verändern, z.B. elektrischen Strom, Bilddetails einer Reproduktionsvorlage.

Verstärker
Der Begriff wird u.a. in der Elektrotechnik, der Audiotechnik, der Telekommunikation, der Optik, der Psychologie verwendet.
Technik: Elektronisches Gerät zur Signalverstärkung, d.h. schwache elektrische Signale am Eingang werden in stärkere Signale mit höherer Leistung am Ausgang umgesetzt.

verteiltes Drucken
> Digitaldruck

vertikal
Senkrecht zu einer waagerechten Achse verlaufende Richtung.

vertikale Ausdehnung bei Schriftzeichen
> hp-Höhe

vertikaler Raumbedarf
Bezeichnung für die gesamte Schrifthöhe vom obersten Punkt (Oberlänge der Schrift) bis zum untersten Punkt (Unterlänge). Dazu kommt eine zusätzliche kleine Fläche, die einen Abstand zur Oberlänge der folgenden Schriftzeile bewirkt. Diese zusätzliche Höhe orientiert sich an dem fiktiven Kegel der früheren Bleisatzschriften.

Vertikalfrequenz
Auch: Bildwiederholrate.
Die Vertikalfrequenz eines CRT-Monitors gibt an, wie oft das Monitorbild in einer Sekunde aufgebaut wird.
Je schneller dies geschieht, desto ruhiger erscheint das Bild. Mindestens 75 Hertz (Hz) sind erforderlich, um das Bild flimmerfrei erscheinen zu lassen.
> Monitor, > Horizontalfrequenz

Vertikalkamera
Früher eingesetzte > Reprokamera, bei der zur Aufnahme der Vorlagenhalter waagerecht liegt.
Von der Vorlage reflektiertes Licht verläuft vertikal zur Optikebene.

Vertrag
Rechtsgeschäft: Eine (schriftliche oder auch mündliche) Vereinbarung zwischen zwei oder mehreren Partnern mit einer inhaltlich übereinstimmenden Willenserklärung (Angebot, Annahme).

Vervielfältigung
Im weitesten Sinne die manuelle oder technische Wiedergabe von beliebigen Vorlagen in einer bestimmten Anzahl.
Die Bezeichnung wurde nur für Fotokopier-, Umdruck-, elektrostatische und ähnliche einfache Verfahren sowie auch den sogenannten Kleinoffsetdruck verwendet.

Verweißlichung
Fehlremission bei realen Druckfarben durch mangelnde Sättigung der Eigenfarbe. Optisch wirkt die Farbe heller, so als ob ihr Weiß beigemischt wäre.
> Verschwärzlichung, > Realfarbe

Viatikum
Druckerzunft:
Weg- und Zehrgeld wandernder Gesellen.

Vibration
Mehr oder weniger starke, andauernde mechanische Schwingungen.

Vickers-Härte
Maßeinheit für die > Härte von Metallen.
In der Druckformherstellung für den Rakeltiefdruck wird die Härte von Kupfer und Chrom in der Vickers-Härte angegeben.

Video
Bestimmungswort für Zusammensetzungen mit der Bedeutung: Fernsehen, mit Fernsehgeräten arbeitend, zur Fernsehtechnik gehörend.

Videoclip
Allg.: Kurzer Film mit Musik.
Der Videoclip ist ein Mischprodukt von Werbung und Musik, von Fotografie und Videofilm.
Er wird vielfach im Fernsehen innerhalb einer Sendung oder als Werbung eingespielt.
Inzwischen gibt es digitalisierte Videoclips im Internet aus allen Bereichen, z.B. Kultur, Kunst, Studium, Informationen zu Städten und Reisen.
Als Datei (z.B. im AVI-Format) können Videoclips auf dem Computer gezeigt und ggf. auch bearbeitet werden.

Videokamera
Audiovisuelles Aufnahmegerät, das im Gegensatz zu einer Filmkamera keine Bilder aufzeichnet, sondern das Bild in elektrische Signale umwandelt. Diese Signale sind direkt auf ein Fernsehgerät zu übertragen oder mit einem Videorekorder auf einen magnetischen Speicher aufzuzeichnen.
Mit einer Videokamera sind individuelle Ton-Bild-Aufzeichnungen mögich, die bei der Aufnahme oder unmittelbar danach am Fernsehgerät überprüft und ggf. neu gestaltet werden können.
Die Wiedergabe von Details eines Produktes, eines Arbeitsablaufes usw. auf einem Großbildmonitor ermöglicht die Betrachtung bei normaler oder verlangsamter Geschwindigkeit sowie im Standbild.
Für die Qualität einer Videokamera ist das optische System und die daran angepasste Elektronik entscheidend.
Nur hochwertige Linsensysteme bieten eine gute Bildqualität.
Für hochwertige Zoom-Aufnahmen ist ausschließlich die Qualität des optischen Systems entscheidend. Bei einem digitalen Zoom wird nur der Bildausschnitt digital vergrößert.
Folge ist aber eine entsprechend geringere Bildauflösung.
> Videorekorder

Videokarte
Elektronischer Baustein für die Verbindung des Computers mit dem Bildschirm (Monitor).

Videokonferenz
Konferenzpartner sitzen an unterschiedlichen Orten. Das Bild und die Sprache, ggf. auch Dateien, des jeweiligen Gesprächspartners werden übertragen und bei dem anderen Gesprächsteilnehmer multimedial wiedergegeben.
Die Räume sind über elektronische Einrichtungen (Kamera, Mikrofone, Lautsprecher, Kommunikationsnetz, z.B. > ISDN) so miteinander verbunden, dass alle Teilnehmer Sicht- und Sprechkontakt miteinander haben.

Video-on-demand
Elektronische Videothek. Videofilme und Dateien können über ein Datennetz von einem Zentralrechner auf den Computer kopiert und abgespielt werden.
Das Programm lässt sich, wie eine Filmaufzeichnung in einem Videorecorder, vor- und zurückspulen, anhalten, in Zeitlupe betrachten oder in Teilen überspringen.

Videorekorder
Audiovisuelles Aufzeichnungs- und Abspielgerät für die Videotechnik. Der Videorekorder entspricht einem kompletten Fernsehgerät ohne einen Bildschirm.

Ton und bewegte Bilder können direkt von laufenden Fernsehsendungen oder mit einer Videokamera auf eine Videokassette aufgezeichnet und direkt (live) oder zu einem beliebigen Zeitpunkt über den Fernseher (Bildschirm, Monitor) abgespielt werden.

Videotechnik
Gesamtheit des audiovisuellen, elektronischen Aufzeichnungs- und Abspielsystems mit Ton und bewegten Bildern und die Datenspeicherung auf Magnetbändern bzw. Magnetbandkassetten.

Videotext
Informationssystem:
Nachrichtendienst der Fernsehanstalten. Mithilfe einer erweiterten Fernbedienung und eines sogenannten Decoders sind vielfältige Informationen auf einzelnen Tafeln jederzeit auf dem Bildschirm abrufbar.

Vierfarbdruck
Ton- und farbwertrichtige Vervielfältigung einer Farbvorlage durch reprotechnisch hergestellte Teilfarbenauszüge und den Zusammendruck der einzelnen Teilplatten mit den > subtraktiven Grundfarben Cyan, Magenta, Gelb sowie Schwarz.
Die Farbreihenfolge ist in der Standardisierung des Offsetdrucks grundsätzlich festgelegt: Schwarz – Cyan – Magenta – Gelb. > Buntaufbau, > Unbuntaufbau

Vierfarben-Druckmaschine
Bogen-Druckmaschine, die in einem Druckgang (Durchlauf) den Druckbogen einseitig vierfarbig bedruckt.
Diese Druckmaschinen werden vor allem im Offsetdruck eingesetzt.
> Nass-in-Nass-Druck

Viertelcicero
Typografisches Maßsystem:
Ein Cicero hat 12 Punkt (p), ein Viertelcicero demnach 3 p = ca. 1,125 mm.

Viertelgeviert
Satztechnik: Im Bleisatz ein Ausschlussstückchen in der Stärke von einem Viertel des Schriftkegels.
Beispiele: Bei einem Schriftgrad von 8 Punkt (= Petit) hat das Viertelgeviert eine Breite von 2 Punkt, bei einem Schriftgrad von 12 Punkt eine Breite von 3 Punkt.
Das Viertelgeviert wird, ebenso wie Drittelgevierte u. a. „Blindmaterialien“, zum Ausschließen einer Zeile und zur Bildung von > Wortabständen verwendet.

Viertelpetit
Typografisches Maßsystem:
2 Punkt (p) = 0,75 mm.

Vier-Zylinder-System
> Gummi-Gummi-Druckwerk

Vignette
Buchkunst: Ornament, Zierstück, auch figürliche Zeichnung.

Violett
Farbe im Wellenbereich bei ca. 400 nm. Optisch wirkt ein reines Violett wie ein rötliches Blau, aufgehellt wird es Lila genannt. Ultraviolette (> UV-)Strahlen liegen in einem Wellenbereich unter 400 nm außerhalb des sichtbaren Spektrums.

Viren
In der Computertechnik fehlerverursachende Programme. > Virus

Virenscanner
Programm zur Abwehr von Viren.

virtuell
Wahrnehmung: Nicht physikalisch real existierend, sondern nur scheinbar vorhanden, z. B. die durch Computertechnik erzeugte Internet-Welt, auch Cyberspace genannt.

virtuelle Realität, virtuelle Welt
Von leistungsstarken Computern und ent-

sprechender Software künstlich erzeugte (virtuelle), dreidimensionale Objekte (z. B. Gegenstände, Räume, Landschaften, Personen) und Abläufe, auch Cyberspace genannt. Die virtuelle Realität wird zur Simulation von realen Situationen und Vorgängen eingesetzt, z. B. Computerspielen, Flugsimulationen und beliebigen technischen Abläufen. Anwender können durch entsprechende Geräte und Hilfsmittel (z. B. Datenhandschuh, Datenanzug, Datenhelm) mit in die virtuelle Darstellung eingebunden werden.

virtueller Speicher
Speicher mit simulierten, nur scheinbar zur Verfügung stehenden Speicheradressen. Ist die Kapazität des Arbeitsspeichers für bestimmte Anwendungen nicht ausreichend, zergliedert er die Arbeitsprogramme in bestimmte Segmente, die programmgesteuert teilweise auf die Festplatte ausgelagert und von dort als virtueller RAM-Speicher genutzt werden.

virtuelles Bild
Optik: Scheinbar vorhandenes, optisch nicht auffangbares Bild, das nur zur Berechnung von Abbildungsverhältnissen dient.

virtuelle Seminare
Virtuelle Seminare finden live (synchron) statt und erfordern eine Netzverbindung und eine Webcam am Rechner, über den die Trainer oder Lehrer ihre Lerninhalte vermitteln. Angeboten werden zudem Folien und Videos zur Veranschaulichung und Vertiefung der Informationen.
Für den Teilnehmer ist ein direkter Kontakt (Zwischenfragen u. a.) mit dem Lehrenden möglich. > E-Learning

Virus
Daten und Programme zerstörende, destruktive Kommandostrukturen, die über Software, Netzwerke oder Datenträger in das System eingebracht werden. Ein Virus ist ein sich selbst vermehrendes Programm, das zu dem Zweck geschrieben wurde, die Funktionsweise des Computers zu ändern, ohne dass es bemerkt wird. Ein Virus hängt Kopien seiner selbst an andere Dateien an. Wenn er aktiviert wird, kann er Dateien beschädigen, ein fehlerhaftes Systemverhalten hervorrufen oder einfach nur störende Meldungen anzeigen. Eine gewisse Sicherheit bieten Virenschutzprogramme.

virusähnliche Aktivität
Eine Aktion oder Aktivität, die von einem Programm auf dem System verursacht wurde und die vom Virenschutzprogramm als möglichen unbekannten Virus interpretiert wird.
Alarme bei virusähnlichen Aktivitäten bedeuten nicht unbedingt, dass ein Virus am Werk ist, sie sollten aber untersucht werden.

VISCOM
> Verbände der Arbeitgeber

Visitenkarte
Gestaltete Besucherkarte für Privatpersonen oder Mitarbeiter von Unternehmen mit Namen, privater und/oder geschäftlicher Anschrift, Telefonnummern u. a.

viskos
Mehr oder weniger zähflüssiger Stoff.
> Viskosität

Viskose
Aus Zellulose gewonnener, wasserlöslicher Ester, der zur Herstellung von Cellophanfolien und von Faserstoffen dient.

Viskosimeter
Messgerät zur Bestimmung des Flüssigkeitsgrades eines Stoffes, der > Viskosität.

Viskosität
Druckfarbe: Fließverhalten.
Grad der Zähflüssigkeit einer Druckfarbe (u. ä. Stoffen), die auf innerer Reibung der Moleküle beruht.

Die Viskosität ist temperaturabhängig. Sie nimmt mit steigender Temperatur ab, d.h., die Druckfarbe wird dünnflüssiger. > Thixotropie

Visualisierung
Optische Wahrnehmung.
Das Sichtbarmachen, z.B. von Ideen, Sachverhalten, Strukturen, komplexen Vorgängen o.Ä. durch eine Zeichnung.
Technisch zu realisieren mit geeigneten Computern und Grafiksystemen.

Visual-Print-Reference
Vom Verband der Schweizer Druckindustrie (VSD) angebotener Materialsatz für den Offsetdruck mit Referenzdrucken nach ISO-Norm, einer CD-ROM mit acht Testseiten in RGB und CMYK und ISO-Profilen in Akzidenz- und Zeitungsversion.
Dazu gehören ein Leitfaden und die > Ugra-Metameriekarte.

visuell
Den Gesichtssinn bzw. das Sehen betreffend. > Kommunikation

visuelle Übereinstimmung
Druckprozess: Qualitätskriterium bei einem Druckprodukt.
Es ist prinzipiell zwischen einer messtechnischen und einer visuellen Übereinstimmung zu unterscheiden.
Bei der messtechnischen Übereinstimmung liegen Soll-/Istwerte (Prüfdruck als Referenz und Druck) in einem maximal zulässigen Toleranzbereich.

Die Güte der farblichen Übereinstimmung ist oftmals nicht allein durch Messwerte zu beschreiben.
Der Kunde sieht und beurteilt die Qualität der Farbwiedergabe nur visuell als farbliche Übereinstimmung.
Es muss bei der Produktion versucht werden, mit geeigneten Druckbedingungen sowohl eine gute messtechnische wie auch visuelle Übereinstimmung zwischen dem Prüfdruck (farbverbindlicher Proof) und dem Druck (Produktion) zu erreichen.

visuelle Kommunikation
Bezeichnung für umfassende Aufgaben im Mediendesign.
Hierzu gehören u.a.:
Zielgerichtete Kundenberatung, Gestalten von marktabhebenden, charakteristischen Erscheinungsbildern des Unternehmens und das Gestalten von Logos, Design für Unternehmenskommunikation, Prospekte, Flyer, Displays, Verpackungen, Magazine, Präsentationen, Messeauftritte und -standgestaltung. Basis dazu sind u.a. eine Kompetenz in Grafik-Design, Schrift und Typografie sowie in den Produktionstechniken für die Umsetzung.

visuelle Kontrolle
Begutachten vorgegebener Merkmale, Qualitätsprüfung nur durch das menschliche Auge, d.h. ohne Einsatz der Messtechnik.

visuelle Medien
Sichtbare Darstellungen wie Texte, Zeichnungen, Bilder, Grafiken, Bildtafeln auf einem Informationsträger (Papier, Film, Datenträger, Bildschirm, Projektion).

Vlies
Fasermaterial, das sehr lose flächig miteinander verbunden ist.

VLSI
Abk. für Very Large Scale Integration.
In der Mikroelektronik die größtmögliche Integration von einzelnen Bauelementen zu einer Baugruppe, z.B. mehr als eine Million Transistoren auf einem Chip.

VOC
Internationale Abk. für Volatile Organic Compounds, d.h. leichtflüchtige organische Verbindungen mit umwelt- und gesundheitsschädlichen Wirkungen. Für

Druckereien gelten Obergrenzen für Immissionen, die durch Verordnung des Bundes-Immissionsschutzgesetzes festgelegt worden sind.
VOCs im Offsetdruck sind vor allem > Isopropanol-Alkohol (IPA) und Lösemittel zum Reinigen, im Rakeltiefdruck vor allem > Toluol.

Voice
Engl.: Stimme, (sich) äußern, ausdrücken

VoiceOver
Apple iOS: VoiceOver ist ein integriertes Bildschirmleseprogramm, das gesprochene Beschreibungen der Objekte auf dem Computerbildschirm ausgibt.
Der Text in Dokumenten und Fenstern wird vorgelesen.

Voice over Internet Protocol
> VoIP

Voice-Recognition
Spracherkennung von Zeichen (Texte) durch eine geeignete Computer-Software.

VoIP
Engl. Abk.: Voice over Internet Protocol.
Internet Telefonie zur Vermittlung und Übertragung von Sprache (Sprachkommunikation) über ein lokales Netzwerk oder das Internet.

Volksausgabe
Bezeichnung für die neue Ausgabe eines bereits gedruckten Werkes in hoher Auflage mit einem einfachen Einband.

Vollerwerden
Drucktechnik: > Tonwertzunahme im Vergleich vom Film zum Druck, auch Punktzuwachs genannt.
Ein exaktes Auswerten der Tonwertzunahme ist nur mit standardisierten Druckkontrollstreifen bzw. Druckkontrollleisten als Originalfilm (d. h. keine Kopien der Messstreifen oder Kontrollelemente!) oder mit einem digitalen Datensatz bei einer Bebilderung in CTP-Systemen möglich.

Vollfarbe
Konzentrierte Farbe mit hoher Sättigung; nicht aufgehellt oder mit Zusätzen gemischt.

Vollretusche
1. Analoge Bildvorlagen:
   Vollständiges Überarbeiten der Bildvorlage, um wesentliche Details herauszustellen, Bildteile zu ergänzen oder zu ändern und Mängel zu beseitigen. Retuschiert wird allgemein nur an positiven Aufsichtsvorlagen mit Lasur- und Deckfarben. Hilfsmittel für detaillierte Retuschen sind Schablonen, Pinsel und Spritzapparate (> Airbrush).
2. Digitale Bildvorlagen:
   Vollständiges Überarbeiten der digitalen Bildvorlage mit geeigneter Software, z. B. Photoshop.

Vollton
Gleichmäßig gedeckte, nicht gerasterte Fläche in Bildvorlagen, bei Reproduktionsprodukten oder im Druckbild mit einer Flächendeckung von 100 %.

Volltondichte
Abkürzung: DV (Dichte Vollton).
Densitometrischer Messwert an einer Volltonfläche, z. B. einem Messfeld eines Druckkontrollstreifens.
Messtechnisch ist dabei zwischen der Nassfarbdichte und der Trockenfarbdichte zu unterscheiden.
Die Nassfarbdichte ist der Messwert, der innerhalb von 30 Sekunden nach dem Druck gemessen wurde.
Dagegen ist die Trockenfarbdichte der Messwert, der frühestens nach 30 Minuten gemessen wird.

Volltonfarbmuster
Farbmuster zur visuellen Abstimmung.

Volltonfeld
In Druckkontrollstreifen oder Druckkontrollleisten ist ein Volltonfeld zur visuellen und vor allem zur densitometrischen Kontrolle der Färbung im Druck enthalten. Volltonfelder der Mischfarben gestatten eine visuelle oder densitometrische Kontrolle der > Farbannahme beim Übereinanderdruck von zwei oder drei Druckfarben. > Volltondichte

Volltonfläche
Eine ungerasterte, gleichmäßig gedruckte Farbfläche.

Volltonregelung
Farbregelung im Auflagendruck, geeignet für Druckformen mit vorwiegend Volltonflächen oder Rasterflächen (nahe 100 %).

Vollversion
EDV: Software mit allen technischen Möglichkeiten ohne Einschränkungen.

Volontär
Bezeichnung für einen in einer speziellen oder zusätzlichen Ausbildung befindlichen Arbeitnehmer, der eine bestimmte berufliche Qualifikation anstrebt, z. B. journalistische oder kaufmännische Tätigkeit, technische Dokumentation.

Volt
Einheitenzeichen: V.
Das Volt ist die (abgeleitete) SI-Maßeinheit der elektrischen Spannung (U).
Die Spannung ist die Ursache für den elektrischen Stromfluss.

Stromstärke (I), Spannung (U) und elektrischer Widerstand (R) stehen in einem direkten Verhältnis zueinander, das im > Ohm'schen Gesetz ausgedrückt wird:
$U = I \times R$.
Für den allgemeinen Hausgebrauch beträgt die Spannung 220 V, für stärkere Verbraucher (Herde, Heizungen, Maschinen) 380 V.
Die elektrische Leistung (P) wird in Watt (W) oder Kilowatt (kW) angegeben.
Leistung P = Stromstärke (I) × Spannung (U)
P in Watt = I (in Ampere) × U (in Volt)
Es besteht der Zusammenhang:
1 Volt (V) = 1 Watt (W) : 1 Ampere (A)

Voltmeter
Messgerät für die elektrische Spannung.

Volumen
Physik: Rauminhalt eines Körpers in cm^3, dm^3, m^3, Liter (l) u. a.

Volumen bei Bedruckstoffen
Das Volumen (g/cm^3) ist das Verhältnis der Papierdicke (mm) zu der flächenbezogenen Masse des Bedruckstoffes (Flächengewicht in g/m^2).
Die Angabe erfolgt allgemein nur als Vergleich zu dem einfachen Volumen.

Papier g/m^2	Dicke µm	spez. Volumen cm^3/g	Dichte g/cm^3
80	80	1	1
80	112	1,4	0,715

$$\text{Volumen} = \frac{\text{Papierdicke in mm} \times 1000}{\text{Flächenmasse in g/m}^2}$$

Beispiel:
Das Papier hat eine Dicke von 0,12 mm und eine Flächenmasse von 80 g/m^2.
Welches Volumen hat das Papier?
Volumen = 0,12 mm × 1000 : 80 g/m^2
= 1,5-fach
Gewöhnlich haben Papiere ein einfaches Volumen. Stark satinierte Papiere oder Papiere mit speziellen Fasern werden mechanisch stärker verdichtet und haben ein Volumen unter 1, z. B. Pergament-, Pergamin- und Bibeldruckpapiere. Bei vielen Werkdruckpapieren, z. B. Bücherdruck- bzw. Dickdruckpapier sowie Löschpapier u. a., liegt das Volumen zwischen den Werten 1,2 bis 2,5. > Dicke von Papier

voluminös
Umfangreich, auftragend.

voluminöses Papier
Papier, das im Verhältnis zwischen Flächenmasse und Papierdicke eine höheres > Volumen aufweist.

Vorausexemplare
Teil der Auflage eines Werkes, der vor dem Auslieferungstermin vom Verlag als Besprechungsstücke oder Widmungsexemplare produziert wird.

Vorauskorrektur
Arbeitsvorbereitung, Satzherstellung:
Prüfung und Korrektur des Manuskriptes durch den Lektor oder die Arbeitsvorbereitung, bevor das Manuskript in den Satz geht. Manuskripte in Form magnetischer Datenträger, z.B. Disketten, sind mit einem Korrekturprogramm in einem Personalcomputer oder an einem Datenerfassungsplatz automatisch auf Rechtschreibfehler zu prüfen.
Ein Ausdruck der Texte sollte unbedingt vorhanden sein, um Unstimmigkeiten eindeutig und rasch zu klären.

Vorausrichtung
Drucktechnik: Technik am Anlegetisch von Bogendruckmaschinen.
In die Anlage einlaufende Bogen werden durch Auffanghaken o.Ä. vor dem Einlaufen an der Vorderseite aufgefangen und minimal verlangsamt an die Vordermarken geführt.
Damit wird der Bogen zwangsläufig an die Vordermarken geführt und an beiden Seiten gleichmäßig und zeitgerecht angelegt.

Vorbelichtung
Reprotechnik: Konventionelle Rastertechnik. Beim Aufrastern von Halbtonvorlagen das Belichten des Films mit gleichmäßig diffusem Licht (Vorbelichtungslampe mit Opalglas, Milchglas) ohne Bildvorlage, aber durch einen Raster.
Damit ist ein Rasterpunkt im gesamten Bild, also auch in sehr dunklen Bildschatten zu erreichen. Die Vorbelichtung reduziert den Kontrast des Bildes.

vorbeschichtete Druckplatten
Druckplatten, die beim Hersteller mit einer lichtempfindlichen Schicht gleichmäßig beschichtet worden sind und verarbeitungsfertig angeliefert werden.

Vorbreite
Buchstaben:
Die Breite eines (digitalen) Zeichens setzt sich aus der tatsächlichen Zeichenbreite sowie der Vor- und Nachbreite zusammen. Durch die Vorbreite bzw. Nachbreite wird der optisch wirksame Abstand zum vorhergehenden bzw. nachfolgenden Zeichen festgelegt.
Je nach Schrift sind die Breiten unterschiedlich.

Vordergrund
1. Fotografie: Bei Bildvorlagen der dem Aufnahmestandpunkt nächstgelegene Bildteil, der vor dem eigentlichen Hauptmotiv liegt.
2. Bildverarbeitung:
   Bei der digitalen Bildverarbeitung kann ein zu bearbeitendes Bild aus mehreren Ebenen mit einzelnen Bildteilen aufgebaut sein.
   Die aktuell zu bearbeitende Ebene wird Vordergrund genannt.

Vordergrundverarbeitung
EDV: Bei Arbeiten an einem Computer ist die Vordergrundverarbeitung das vorrangige Ausführen von Programmen in einem Rechensystem.

Vordermarke
Drucktechnik: In Bogen-Druckmaschinen wird der Druckbogen vor dem Druck exakt im rechten Winkel an Anlagepunkten, den Vordermarken und der Seitenmarke, ausgerichtet.

In der Regel werden zwei Vordermarken, bei Großformaten und leichtem Bedruckstoff auch vier Vordermarken eingesetzt.

Vorderschnitt
Bei einer Broschur oder einem Buch der dem Rücken gegenüberliegende Schnitt des Buchblocks. Bei Büchern mit einem runden Rücken ist der Vorderschnitt stets nach innen gerundet.

Vordruck
1. Formulare, die später manuell oder maschinell ausgefüllt werden.
2. Druck mit einer klebrigen, langsam trocknenden > Vordruckfarbe für an schließendes Bronzieren des Druckproduktes in einer Bronziermaschine (heute nur noch vereinzelt eingesetzt).

Vordruckfarbe
Druckfarbe mit bestimmter Prozesseignung. Beispiel: Eine Vordruckfarbe für das Bronzieren erfordert einen neutralen Farbton sowie sehr hohe Klebkräfte, um das Bronzepuder aufzunehmen und festhaften zu lassen.

Voreinstellung, digital
Die Vernetzung des gesamten Produktionsprozesses vom Auftragseingang bis zur Wirtschaftlichkeitsberechnung und Rechnungsstellung ermöglicht über das JDF-Datenformat auch eine Voreinstellung der Druckmaschine (z. B. Auftragsdaten, Papierformat, Anlage, Auslage, Druckbeistellung, Farbvoreinstellung).
> CIP3, > CIP4, > Vernetzte Druckerei

Vor- und Nachfalz
Auch: Überfalz vorn, Überfalz hinten.
Bei einer gefalzten Lage ein ca. 8 mm überstehender Teil des Falzproduktes, der z. B. zum sicheren Öffnen des Produktes im Sammeldrahthefter genutzt wird.
Ein Überfalz wird auch bei der Zeitungsproduktion genutzt, um Beilagen einfach und sicher einzulegen.

- Vorfalz: Längerer Teil an der vorderen Hälfte des Produktes.
- Nachfalz: Längerer Teil an der hinteren Hälfte des Produktes.

Vorgabe
Bezeichnung für alle zu erreichenden Merkmale, z. B. bei Arbeitsprozessen, der Leistung, der Gestaltung, der Produktion.

Vorgreifer
Ein Anlegesystem im Offsetdruck:
In Bogen-Druckmaschinen wird der Druckbogen aus der Ruhelage nach dem Anlegen an den Vordermarken und der Seitenmarke von den exzentrisch gesteuerten Vorgreifern erfasst, auf Druckzylindergeschwindigkeit beschleunigt und an die Greifer des Druckzylinders übergeben.

vorimprägnierte Dekorpapiere
Dekorpapiere sind Spezialpapiere zur Oberflächenveredelung von Holzwerkstoffen. Sie werden eingesetzt in der Möbelindustrie für z. B. Regale, Schränke, Wand- und Deckenpaneele, Profile und holzbasierte Materialien.
Höchste optische Ansprüche führen zu individuellen und hohen Anforderungen an das Papier, insbesondere auf eine sehr gute Formation und die Glätte.
Die Papiere werden in Tiefdruckmaschinen bedruckt.
Für eine optimale Weiterverarbeitung in Holzbearbeitungsmaschinen erhalten Dekorpapiere eine Imprägnierung mit verdichtenden und verfestigenden Spezialchemikalien.

Vorkalkulation
Berechnung der voraussichtlichen technischen Fertigungskosten für ein Druckprodukt (z. B. Briefbogen, Prospekt, Buch), auf deren Grundlage ein verbindliches Angebot abgegeben wird.
Bei der Buchherstellung ist die Vorkalkulation die Basis für die Entscheidung des

Verlegers, einen Buchtitel zu verlegen. Sie beinhaltet Herstellkosten, Autorenhonorar, Gemeinkosten (Auslieferungs- und Lagerkosten, Mieten, Fahrzeuge, Versicherungen, Heizung, Gehälter u. v. a.), kalkulatorischen Gewinn (Verlagsanteil), Rabatte und Steuern (Umsatz-, Mehrwertsteuer). Im Allgemeinen wird zur Berechnung die > Zuschlagskalkulation eingesetzt.

Vorlagen
Sämtliche für die Print- und Nonprint-Produktion erforderlichen Unterlagen des Auftraggebers (Kunden).
Im engeren Sinne handelt es sich um Textvorlagen (> Manuskripte, digitale Daten), > Bildvorlagen (fotografische Bilder, Grafiken, Zeichnungen, digitale Daten), Farbmuster und im weiteren Sinne auch Verarbeitungshinweise.

Vorlagen für einen Druckauftrag
Bezeichnung für sämtliche Informationen (Arbeitsunterlagen wie Bilder, Texte, Muster, Vorgaben für die Herstellung und das Endprodukt), die der Auftraggeber zur Herstellung eines Druckproduktes als Eingangsvorlagen übergibt. Allgemein sind Gestaltungsvorlagen (> Layout), Textvorlagen (> Manuskripte) und > Bildvorlagen zu unterscheiden.
Unterschiedliche Druckvorlagen als Eingangsprodukte erfordern spezielle Verfahrenswege bzw. einen bestimmten Ablauf in der Fertigung von Zwischenprodukten bis zum Druckprodukt.

Vorlagenretusche
Korrekturen an Ton- und Farbwerten bei Bildvorlagen, die vor der Reproduktion ausgeführt werden. Heute werden Bildvorlagen ausschließlich digital retuschiert.

Vorrakel
Siebdruck: > Rakel, die die Druckfarbe vom Druckende zum Druckanfang ohne Druck zurückführt.
Dadurch ermöglicht die Rakel das Fluten, d. h. das Füllen der Maschenöffnungen in der Schablone vor dem nächsten Druck.

vorrichten
Druckweiterverarbeitung: Sammelbezeichnung für Arbeiten zwischen dem Falzen und Binden bei der Broschuren- und Buchherstellung.

Vorsatz
Buchherstellung:
Verbindung zwischen dem Buchblock und der Buchdecke durch ein spezielles vierseitiges Vorsatzpapier. Das Vorsatzpapier ist ein besonders reißfestes, zähes Papier im doppelten Format (Doppelblatt = 4 Seiten) der Buchseiten.
Je ein Vorsatzpapier wird nahe dem Buchrücken an den ersten sowie den letzten Bogen des Buchblocks angeklebt, der Rest dieses Blattes ist frei.
Die andere Seite des Doppelblattes wird jeweils vollflächig auf den inneren Buchdeckel aufgeklebt und verdeckt dadurch die Deckelpappe. Die auf den Buchdeckel angeklebte Seite nennt man „Spiegel“, die andere freie Hälfte „fliegendes Blatt“.
Das hintere Vorsatzpapier wird teilweise auch Nachsatz genannt.

Vorsatzbroschur
Durch einen > Vorsatz heben sich diese Broschuren qualitativ wesentlich von anderen Broschuren ab, sie werden jedoch nicht zu Büchern gerechnet.
Bei einer Überzugbroschur ist der Umschlag mit flexiblem Einbandstoff überzogen. Bei einer Steifbroschur werden auf den vorderen und den hinteren Teil des Umschlags Deckel aufkaschiert und der Rücken gefälzelt. Auch ein Vorderkanteneinschlag ist möglich. > Buch, > Fälzel

Vorsatzpapier
Zähes, reißfestes Doppelblatt, das für die Verbindung zwischen dem Buchblock und der Buchdecke eingesetzt wird.
> Vorsatz

Vorschub
Gerichtete Bewegung bei einem technischen Ablauf. Beispiele:
1. Abtastrichtung bei einem Scanner oder bei der Tiefdruckzylindergravur.
2. Bewegung der Druckplatte unter der Belichtungseinheit (z. B. Laser).
3. Bewegung des Sattels (hinterer Anschlag) einer Schneidemaschine, der manuell oder bei programmgesteuerten Schneidemaschinen automatisch der Schnittfolge entsprechend verändert wird.

Vorspannung
Drucktechnik: Vorgegebener, voreingestellter Anpressdruck.
1. Offsetdruckmaschinen:
   Druckvorgang bei Schmitzringläufern. Im Druckprozess gegebener Anpressdruck zwischen den Schmitzringen des Druckformzylinders und des Gummituchzylinders einer Offsetdruckmaschine, der ein gleichmäßig ruhiges, exaktes Abrollen der beiden Zylinder gewährleistet. Gummituchzylinder und Druckzylinder laufen wegen unterschiedlich starker Bedruckstoffe nie im Schmitzringkontakt.
2. In Bogen-Druckmaschinen der erforderliche Anpressdruck der Greifer an ihre Auflageflächen zur Führung des Bedruckstoffes.

Vorwort
In einem Werk die vom Autor gegebene Einführung und Zielsetzung des Buches, Erläuterungen zum Entstehen, Dank an Mitarbeiter und Förderer u. Ä. Das Vorwort ist Bestandteil der > Titelei und steht vor dem Inhaltsverzeichnis.

Vorzugsausgabe
Buchausgaben, die sich durch eine besondere Ausstattung (Bedruckstoff, Einband u. a.) von der Gesamtauflage unterscheiden.

Vorzugsreihe
Bezeichnung für Papierformate der DIN-A-Reihe.

Vorzugsrichtung des Rasters
Der geringste Abstand zwischen zwei Rastermittelpunkten bei der > AM-Rasterung.

VPN
Abk. für: Virtuelles privates Netzwerk. Es bezeichnet ein in sich geschlossenes Kommunikationsnetz. Eine VPN-Software verschlüsselt den Datenverkehr und leitet ihn über einen externen VPN-Server um. Dem Endgerät eines Nutzers wird bei der Verarbeitung eine andere > IP-Adresse zugewiesen. So kann der physische Standort nicht zurückverfolgt werden und der Nutzer anonym und privat im Internet surfen.

VSD
Abk. für: Verband der Schweizer Druckindustrie. Arbeitgeberorganisation und Wirtschaftsverband für die Druck- und Medienindustrie.

vulkanisieren
Chemischer Prozess, der dem Gummi Formbeständigkeit und Elastizität verleiht. Verfahrensbeispiel: Ausgangswerkstoff ist Rohgummi. Unter Druck und bei Temperaturen von 125 bis 180 °C vernetzen Schwefelmoleküle in der Kautschukmasse. Es entsteht ein abriebfester, mehr oder weniger elastischer Gummi, der z. B. für Gummidrucktücher im Offsetdruck, Presseure im Rakeltiefdruck und Reifen eingesetzt wird.

W

W
1. Physik: Einheitenzeichen für Watt.
2. Chemie: Symbol für Wolfram.

Wachs
Verschiedenste natürliche oder synthetische Substanzen, mit einer stark temperaturabhängigen Viskosität. Sie sind bei Raumtemperatur fest oder brüchig, über ca. 40 °C allgemein schmelzend und dünnflüssig. Wachse sind milchig trüb bis undurchsichtig und reagieren an der Oberfläche fettähnlich. Hierzu gehören Bienenwachs, Paraffinwachs, Polyethylenwachs.

Wachsfarben
Malfarben, mit Pigmenten und Wachs als Bindemittel.

Wachspapier
Mit Paraffinwachsen oder ähnlich reagierenden Stoffen imprägnierte (wasserfeste) Papiere für das Verpacken von Lebensmitteln.

Wachstafeln
Mit einer Wachsschicht überzogene Holztafeln, die von den Römern erstmals verwendet und bis ins Mittelalter als Beschreibstoff benutzt wurden.

Wachstest
Papierprüfung: > Dennison-Wachstest.

Wafer
Bezeichnung für dünne, hochreine Siliziumscheiben bis zu einem Durchmesser von 300 mm.
Darauf können hochkomplexe und leistungsfähige elektronische Schaltkreise (z. B. CPUs) aufgebracht werden.
Die Scheiben werden aus speziell behandelten Siliziumkristallen herausgeschnitten. Da das elektronische Schaltelement mehrfach auf einer Siliziumscheibe aufgebracht ist, erhält man nach dem Zerschneiden eine Vielzahl identischer Chips.

wahlfreier Zugriff
Engl. Random Access.
Direkter > Zugriff.

Wahrnehmung
Sinneserfahrung. Menschliches Erregen, Empfinden und Verarbeiten von Reizen (Stimulierung des Nervensystems durch unterschiedlichste Informationen) aus der Innen- und Außenwelt. Die Wahrnehmung wird dabei von verschiedenen individuellen und sozialen Faktoren beeinflusst, sie kann durch Erfahrungen, Erinnerungen, Denken, Gefühle und Erwartungen verändert oder verfälscht werden.
Das Gehirn empfängt unbewusst alle Reize, filtert jedoch alle als nicht bedeutend erkannten Informationen heraus.
Relevante Informationen werden zu bewussten Eindrücken verarbeitet und entsprechend ihrer Wirkung oder Bedeutung gespeichert. Untersuchungen ergaben, dass die menschlichen Sinnesorgane unterschiedlich an der Wahrnehmung der Informationen beteiligt sind. Wir nehmen mit unseren Sinnesorganen über das Auge ca. 75 %, das Gehör 12 %, den Tastsinn 7 %, den Geschmack 3 % und die Nase 3 % an Informationen wahr.
> Reiz, > Sinne

Wahrnehmung und Arbeitsschutz
Psychische Belastungen können durch sensorisch-informatorische Wahrnehmungen ausgelöst werden: Arbeitsorganisation, Arbeitszeit, Licht, Lärm.

Waisenkind
In der Schweiz verwendeter Fachausdruck für einen > Schusterjungen.

walzen
Metalltechnik:
Spanloses Formen von Metallen.

Walzen
Drucktechnik: Im > Farbwerk einer Druckmaschine eingesetzte zylindrische Körper, die mit Metall (Kupfer), Kunststoff (Rilsan) oder Gummi überzogen sind. In der Reihenfolge im Farbwerkaufbau wechseln immer eine harte und eine weiche Walze einander ab. Das gesamte Farbwerk transportiert Druckfarbe aus dem Farbkasten über die Walzen auf die Druckform.
Der Duktor, die Walze im Farbkasten, überträgt Druckfarbe auf eine gummibezogene Heberwalze. Von der Heberwalze gelangt die Druckfarbe zu einer größeren Zahl von Walzen und Verreibewalzen. Diese Walzen verteilen dabei die Druckfarbe in eine sehr dünne, gleichmäßige Schicht, Auftragswalzen färben die Druckform ein.
Im > Feuchtwerk einer Offsetdruckmaschine werden ebenfalls Walzen eingesetzt. Es wechseln verchromte Walzen und gummibezogene Walzen einander ab.

Wälzer
Scherzhafte Bezeichnung für ein unhandliches, dickes Buch.

Wälzlager
Trägerelement im Maschinenbau zur Aufnahme und Führung von Achsen und Wellen. Durch Wälzkörper wie Rollen, Tonnen, Nadeln entsteht eine Rollreibung.
Die Reibungsverluste sind geringer als bei > Gleitlagern. > Lager

WAN
Abk. für Wide Area Network. Weltweites Netzwerk für spezielle Kommunikationsdienste, z. B. Paketvermittlung.

Wandler
Elektronik: Sammelbezeichnung für Fotozellen oder Fotoelemente, die Licht in elektrische Energie umwandeln.

Warenkorb
Der Begriff wird in unterschiedlichen Bereichen verwendet, z.B.

- Volkswirtschaft, Statistik: Menge an Waren und Gütern, die statistisch den typischen Verbrauch eines privaten Haushalts innerhalb eines bestimmten Zeitraums darstellt.
- Im Online-Handel: Angebot und Verkauf von Waren über einen Online-Shop. Die Bezeichnungen Auswahl, Warenkorb, Kasse entsprechen dem bekannten Ablauf im Supermarkt
- In einem Drucksachen-Shop: Der Warenkorb beinhaltet alle ausgesuchten Artikel oder Produkte eines Kunden. Dieser kann Produkte hinzufügen, ändern oder löschen, bevor er weiter zu einer virtuellen Kasse geht und den Bestellvorgang definitiv online auslöst.

Warenzeichen
Texte, Zeichen, Marken, Signets zur Kennzeichnung eines Unternehmens oder eines bestimmten Produktes. Eingetragene Warenzeichen wie Wortzeichen, Bildzeichen und Kombinationen von Wort- und Bildzeichen unterliegen dem rechtlichen Schutz vor Nachahmung oder (widerrechtlicher) Benutzung.

Wärme
Form der Energie, die physiologische Wirkungen im menschlichen Organismus hervorruft. Ursache der Wärme ist die Bewegungsenergie der Teilchen (Atome, Moleküle).
Wir nehmen Wärme auch als Strahlungsenergie (Sonne, Infrarot-Strahlen u. a.) in einer bestimmten Frequenz bzw. Wellenlänge wahr. Der Grad der Wärme wird allgemein Temperatur genannt und in Kelvin (K) oder Grad Celsius (°C) gemessen.

Wärmerückgewinnung
Anlagen, die bei Wärmequellen in der Technik, z. B. an der Trockenpartie einer Papiermaschine, am Heißlufttrockner im Rollen-Offsetdruck, Energie zurückgewinnen, die wieder genutzt werden kann.

Damit ist eine erhebliche Energieeinsparung und Kostensenkung verbunden.

Wärmestrahlen
Energie aus dem nicht sichtbaren Spektralbereich über ca. 700 nm Wellenlänge, z. B. Infrarot-Strahlen.

Warmlufttrocknung
Vor allem physikalisch wirksame Trocknung von Druckfarben durch Einwirken von Warmluft, z. B. das Verdunsten von Lösemittelanteilen bei Tiefdruckfarben und lösemittelhaltigen Siebdruckfarben.
Im Rollen-Offsetdruck eingesetzte Heatset-Druckfarben benötigen für das Trocknen einen Heißluftstrom mit etwa 170 bis zu 250 °C. > Heißlufttrocknung

Warmstart
Ein Neustart des Computers über die Reset-Taste oder das Programm, ohne den Strom abzuschalten. Dabei gehen alle Daten im RAM verloren.

Warngrenze
Qualitätssteuerung im Druckprozess: Einstellbare Toleranzgrenze, ab der eine unzulässige Abweichung vom Sollwert durch das Messsystem signalisiert wird.

Warteschlange
Eine Warteschlange ist immer dann erforderlich, wenn unterschiedlich schnelle Systemkomponenten miteinander kommunizieren. Werden von einem schnellen Rechner Daten an ein langsameres Peripheriegerät (z. B. Drucker) gesandt, muss ein Pufferspeicher eingesetzt werden. Die Verarbeitung von Daten erfolgt dann in der Reihenfolge der Eingabe oder nach Vorgabe des Nutzers.

Wartung
Bei Anlagen, Maschinen und Geräten alle erforderlichen Arbeiten zur Instandhaltung und Erhaltung der ständigen Einsatzbereitschaft. Hierzu gehören u. a. das Abschmieren, Reinigen, Pflegen und Überholen bestimmter Teile oder des gesamten Systems. Ebenso müssen Verschleißteile rechtzeitig ausgewechselt werden.
Solche Arbeiten sind systematisch zu planen und auszuführen. Konkrete Anweisungen sind aus der technischen Dokumentation (Bedienungs-, Betriebsanleitung) der Anlage zu entnehmen.
Wartungsarbeiten verursachen Kosten, jedoch ist nur durch eine planmäßige, präzise Wartung die Betriebsbereitschaft der Anlage gewährleistet.
Druckmaschinenhersteller bieten beispielsweise Fernwartungen und Fehleranalysen an. > Remote-Servicediagnose

Waschmarken
Druckschwierigkeit im Offsetdruck durch eine zu hohe Feuchtmittelführung.
> Waschmarkengrenze, > Wasserfahnen

Waschmarkengrenze
Offsetdruck: Druckfarbe kann eine bestimmte Menge Feuchtmittel feinst verteilt aufnehmen.
Dadurch entsteht eine drucktechnisch günstige Emulsion, d. h. eine ideale Feuchtmittelmenge zu einer entsprechenden Druckfarbenmenge.
Wird dieser Wert, die Waschmarkengrenze, überschritten, so wird Feuchtmittel in Bildstellen gedrückt.
Im Druckbild werden störende Wassernasen bzw. > Wasser-fahnen sichtbar.

Waschmittel
Zum Reinigen verwendete > Lösemittel. Von allen Lösemitteln gehen ganz spezielle, von der Art des Lösemittels abhängige Gefahren aus, es sind vor allem Brand- und Explosionsgefahren, Gefahren der Hautschädigung, Gesundheitsgefahren durch das Einatmen der Dämpfe.
Die meisten der Lösemittel sind brennbar. Vor der Verwendung ist das > Sicherheitsdatenblatt zu lesen!
> MAK-Wert, > Flammpunkt

Waschzettel
Vom Verleger für die Buchbesprechung herausgegebener Text als Besprechungsvorschlag in einer Zeitschrift, Zeitung oder einem Prospekt.

Wasser
Wasser ist eine chemische Verbindung aus Wasserstoff und Sauerstoff.
Chemisches Kurzzeichen: H_2O.
Schmelzpunkt 0 °C, Siedepunkt 100 °C.
Reines Wasser reagiert chemisch neutral (pH-Wert 7), es leitet in reinem Zustand elektrischen Strom nicht.
Wasser ist ein sehr gutes Lösemittel für viele gasförmige, flüssige und feste Stoffe. Daher sind selbst im Regenwasser verschiedene Stoffe gelöst.
Wasser wird technisch genutzt als Lösemittel, Reinigungsmittel und Kühlmittel.
> Härte des Wassers, > pH-Wert

wasserabstoßend
Fachbegriff: hydrophob.
Stoffe, die an der Oberfläche stark hydrophob reagieren, lassen Wasser abperlen, ohne dadurch benetzt zu werden.

wasserabweisend
> wasserabstoßend.

wasseranziehend
> wasserfreundlich.

Wasseraufnahme bei Papieren
Prüfung des Absorptionsvermögens von Druckpapieren. Eine einfache Prüfung er-folgt durch die > Tintenstrichprobe. Für eine professionelle Probe eignet sich nach ISO 535 der Cobb-Test. In einem Prüfgerät wird die Wasseraufnahme des Papiers in einer bestimmten Zeit ermittelt.

Wasserbasierte Tinte
> Digitaldruck: Farbmittel

Wasserdampf
Übergang des Wassers aus der flüssigen Aggregatsform in den gasförmigen Zustand bei 100 °C und normalem atmosphärischem Druck.
Der Dampf ist normalerweise unsichtbar, sichtbarer Wasserdampf enthält bereits feinst verteilte Wassertröpfchen. Wird Wasserdampf durch Rohre oder Behälter geleitet, so schlägt sich stets Wasser, das Kondenswasser, an den Wandungen ab.

Wasserdruckfarben
Druckfarben, die anstelle von schnellflüchtigen Lösemitteln Wasser als Lösemittel enthalten.
Vorteilhaft ist beispielsweise, dass diese Farben nicht der Verordnung für brennbare Flüssigkeiten unterliegen und keine explosionsgeschützten Ausstattungen erforderlich sind. Die Trocknung ist jedoch ein Nachteil gegenüber reinen Lösemittelfarben, sie verläuft relativ langsam.
Eingesetzt werden diese Farben mit einem umweltfreundlichen Bindemittelsystem u.a. im Tiefdruck und Flexodruck für den Druck von Papier, Karton und Wellpappe, bestimmten Folien, Dekorpapieren und Tapeten und im Siebdruck zum Bedrucken von PVC, Selbstklebefolien, Polycarbonat, Textilien, kunststoffbeschichteten Geweben sowie für stärkere Papiere und Kartons.

Wasserentwicklung
Druckformherstellung: Verfahren, bei denen im Kopier- und Verarbeitungsprozess zur Herstellung von Druckformen keine Lösungsmittel, Säuren oder Basen, sondern Wasser verwendet werden kann.
Eingesetzt wird die Wasserentwicklung für die Druckformherstellung des Siebdrucks und teilweise des Offsetdrucks.

Wasserfahnen
Druckschwierigkeit im Offsetdruck durch falsches Verhältnis von Feuchtmittel und Druckfarbe. Bei zu hoher Feuchtmittelmenge sammelt sich Feuchtmittel besonders am Druckanfang und wird in Bildstellen hineingedrückt. Dieser Fehler ist

besonders deutlich an Flächen am Druckanfang durch helle, spitzer zulaufende Streifen in Umdrehungsrichtung des Zylinders zu bemerken. Insgesamt verliert die Druckfarbe an Intensität und Brillanz, sie trocknet schlechter, neigt zum Ablegen im Stapel und zum Tonen.

wasserfest
Bedruckstoffe: Auch nach lang andauernder Einwirkung von Wasser zeigt der Bedruckstoff keine mechanischen Veränderungen.

wasserfestes Papier
Nassfestes Papier, das auch nach längerem Einwirken von Wasser durch Zugabe von Kunstharzen in den > Ganzstoff seine Gefügefestigkeit nicht verliert.

Wasserflecken
Auf Fotomaterial getrocknete Wassertropfen hinterlassen durch Härtebildner sichtbare, störende Ränder. Zu vermeiden ist der Fehler durch enthärtetes Wasser oder ein kurzes Bad in einem Netzmittel, das die Oberflächenspannung des Wassers reduziert und damit ein gleichmäßiges, nicht tropfenförmiges Benetzen bewirkt.
> Härte des Wassers

wasserfreundlich
Fachbegriff: hydrophil. Stoffe, die durch Wasser mehr oder weniger gut benetzt werden. Auch: wasseranziehend.

Wassergehalt von Papier
Papier ist ein hygroskopischer Stoff, der immer einen bestimmten Feuchtigkeitsgehalt aufweist. Je nach Sorte haben Papiere einen absoluten Feuchtegehalt zwischen 6 und 10 %.
Der relative Feuchtigkeitsgehalt soll den klimatischen Verhältnissen im Verarbeitungsprozess entsprechen, um Dimensionsveränderungen und Druckschwierigkeiten zu vermeiden.
Im Papierstapel gleichen sich der Feuchtigkeitsgehalt des Papiers und die Feuchtigkeit der zwischen den Bogen liegenden Luft an. Diese relative Gleichgewichtsfeuchte zwischen dem Papier und der Luft im Stapel, auch Stapelfeuchte genannt, ist mit einem Stechhygrometer zu messen. Damit ist für die Druckpraxis ausreichend genau der Feuchtigkeitsgehalt des Papiers zu bestimmen. Günstig ist eine Temperatur von etwa 20 °C und eine relative Luftfeuchtigkeit bzw. Gleichgewichtsfeuchte von 50 bis 60 %.
Der Feuchtigkeitsgehalt ist verarbeitungstechnisch wichtig:
Ein zu trockenes Papier nimmt sehr leicht Feuchtigkeit aus der umgebenden Luft bei höherer relativer Luftfeuchtigkeit auf, es wird randwellig und verzieht sich dadurch.
Das Papier lädt sich leicht elektrostatisch auf, es wirkt spröde, läuft nicht gut in Druck- und Druckweiterverarbeitungsmaschinen und bricht leichter beim Falzen.
Ist das Papier im Vergleich zur relativen Luftfeuchtigkeit zu feucht, gibt es an den Randzonen Feuchtigkeit ab, es tellert.
Dadurch liegt das Papier nicht plan und verursacht erhebliche Schwierigkeiten im Druck und der weiteren Verarbeitung.
Eine exakte Messung des tatsächlichen Feuchtigkeitsgehaltes in Prozent ist nach den Bedingungen der DIN 53103 zu bestimmen:
Feuchtigkeitsgehalt in % =

$$\frac{\text{(Feuchtmasse – Trockenmasse)}}{\text{Feuchtmasse}} \times 100$$

Wasserhärte
Die Wasserhärte wird durch den Anteil an gelösten Calcium- und Magnesium-Salzen im Wasser bestimmt.
> Härte des Wassers

Wasserkasten
Offsetdruck: Der zum Feuchten der Druckform erforderliche Feuchtmittelbehälter eines Feuchtwerkes. In dem sogenannten Wasserkasten lief früher eine mit Textilge-

webe (Nessel u. Ä.) bezogene, heute eine verchromte Wasserkastenwalze, von der das Feuchtmittel an das Feuchtwerk abgegeben wird.

Wasserkastenlack
Drucktechnik:
> Dispersionslack aus wässrigen Kunstharzdispersionen für die Inline-Lackierung. Der Lack wird in der Druckmaschine über den „Wasserkasten" (Feuchtmittelbehälter) oder durch ein spezielles Lackierwerk nass-in-nass auf den gedruckten Bogen aufgetragen (appliziert). Die Filmbildung des Lacks ist ein rein physikalischer Vorgang, da die enthaltenen Festkörperanteile chemisch nicht reaktiv sind:
Der Wasseranteil verdunstet und schlägt sehr rasch in den Bedruckstoff weg.
Dadurch lagern sich Mikroteilchen ab und verfestigen. Bereits nach 30 Sekunden ist der Lackfilm berührungstrocken.
Der Lack ist geruchlos, vergilbungsfrei, farblos und besitzt eine optimale Helligkeit. Die Druckweiterverarbeitung lackierter Flächen bereitet keine Schwierigkeiten, da der Lack eine gute Scheuerfestigkeit und Gleitfähigkeit besitzt, verklebbar und elastisch ist.

Wasserkastenwalze
> Feuchtduktor, > Wasserkasten

wasserloser Offsetdruck
Offsetdruckverfahren mit speziellen Druckplatten oder Druckfolien und darauf abgestimmten Druckfarben, das zum Einfärbeprozess kein Feuchtmittel benötigt.
Damit entfallen auch alle Umweltprobleme durch > Isopropanol-Alkohol (IPA) als Feuchtmittelzusatz. Im Druckprozess ergeben sich daraus qualitative Vorteile, z. B.: geringere Tonwertzunahme, höhere Brillanz, stärkerer Kontrast, hohe Farbdichte. Aber auch nachteilige Wirkungen sind zu beachten:

- Druckfarben erfordern eine für den Bedruckstoff besonders gut angepasste > Viskosität. Faser- und Staubteilchen von qualitativ weniger guten Papieren lagern sich durch die höhere Viskosität leicht auf dem Gummituch ab. Das Feuchtmittel im konventionellen Offsetdruck würde diese Teilchen dagegen weitgehend abführen.
- Für das Druckwerk ist eine Farbwerktemperierung erforderlich, damit eine gleichmäßige Einfärbung möglich ist.

Druckformherstellung: Die Druckform, z. B. eine Toray-Platte, ist eine speziell beschichtete Offsetdruckplatte aus Aluminium. Wesentlicher Bestandteil ist die Druckschicht: Sie besteht aus einer vernetzbaren Silikongummischicht und einer lichtempfindlichen Fotopolymerschicht, geschützt durch einen transparenten Schutzfilm. Für die konventionelle Druckplattenkopie sind keine besonderen Voraussetzungen zu beachten. Beim Einsatz von CTP-Belichtern muss dieser in einem Wellenlängenbereich von 830 nm arbeiten.
Konventionelle Druckplattenkopie: Kopiervorlage ist ein seitenverkehrter Positivfilm, wie er üblicherweise im Offsetdruck verwendet wird. Das Belichten mit UV-Licht (unsichtbare Strahlen) löst eine chemische Reaktion zwischen der Fotopolymerschicht und der Silikongummischicht aus: Beide Schichten verbinden sich zu einer festen Schicht. Nach Entfernen des Schutzfilms wird die Platte entwickelt.
Bildstellen lassen im Positivfilm kein UV-Licht durch. Das unbelichtete, nicht vernetzte Silikon quillt an und ist dadurch von der Platte mechanisch auszureiben.
An Nichtbildstellen bleibt die Silikonschicht auf der Druckplatte fest haften.
Beim Einfärben mit einer speziellen Druckfarbe nehmen freiliegende Fotopolymere Druckfarbe ab, die noch vorhandene Silikon-Restschicht (Nichtbildstellen) stößt dagegen Druckfarbe ab.

Wassernasen
> Wasserfahnen.

Wassersäcke
Papierherstellung: Stellen in der Papierbahn, die durch dickeprofil- oder feuchtebedingte Wickelfehler (Überdehnung) entstehen und durch Falten bzw. lose Stellen in Längsrichtung den Bahnlauf negativ beeinflussen. Wassersäcke hängen unterschiedlich stark gegenüber der sonst glatten Papierbahn durch. Sie können zu Passerdifferenzen oder zum Reißen der Papierbahn am Falztrichter führen.

Wasserstoff
Chem. Kurzzeichen: H (Hydrogenium). Farb- und geruchsloses Gas mit der Ordnungszahl 1.

Wasserstoffbrücken
Papierherstellung: Papier und Karton erhalten bei der Herstellung ihre Festigkeit nicht nur durch mechanische Verfilzung der Faserstoffe, sondern auch durch zwischenmolekulare Kräfte.
Ein wesentlicher Faktor bei der Produktion ist die Anziehung zwischen Wasser und Zellulose und die starke Bindungskraft zwischen den Molekülen.
Sie ist eine Folge der chemischen Struktur beider Stoffe. Kommen Zellulose und Wasser miteinander in Berührung, entstehen zusätzliche Wasserstoffbrücken zwischen den Wassermolekülen und den OH-Gruppen der Zellulose. Während des Trockenprozesses der Papierbahn bildet sich ein reißverschlussartiges Gebilde, das sich jedoch bei Wasserzufuhr wieder öffnet.

Wasserstoff-Ionen-Konzentration
> pH-Wert.

Wasserzeichen
Ein Qualitätskennzeichen im Papier, das schon seit dem frühen Mittelalter bekannt ist. Es stellt in Art eines Signets Zeichen der herstellenden Papiermühle (heute: Papierfabrik) oder der Papiersorte dar. Echte Wasserzeichen entstehen bei der Blattbildung durch unterschiedliche Papierstärke. Faserstoffe werden bei der Papierproduktion in Langsiebpapiermaschinen durch eine Wasserzeichenwalze, den Egoutteur, verdrängt oder verdichtet. Es entstehen im Papier einfache und kunstvolle Motive aus Lichtern und Schatten, die nur in der Durchsicht zu erkennen sind. Beispiele für den Einsatz: Wertpapiere, Banknoten, hervorragendes Briefpapier.
Halbechte Wasserzeichen, sogenannte Moletten, entstehen erst nach der Siebpartie durch eine Prägung in die noch feuchte Papierbahn. Unechte Wasserzeichen entstehen außerhalb der Papiermaschine durch Bedrucken mit farblosem Lack oder durch leichtes Prägen.

Wasserzeichenwalze
Fachbezeichnung: Egoutteur.
Die Wasserzeichenwalze ist ein zylindrisches Drahtgeflecht, auf das das Motiv in Buchstaben oder beliebigen Figuren und Formen mit Draht aufgenäht oder gelötet ist. > Wasserzeichen

Watt
Einheitenzeichen: W. Das Watt ist eine abgeleitete SI-Maßeinheit der Leistung.
Definition: 1 Watt ist gleich der Leistung, bei der in 1 Sekunde die Energie 1 Joule umgesetzt wird.
1 Watt (W) = 1 Volt (V) × 1 Ampere (A) bzw.
1 Watt (W) = 1 Joule/s = 1 N m/s.
1 Joule (J) = 1 Watt (W) × 1 Sekunde (s).

WBT
Engl. Abk.: web-based-training.
Lernen über das Internet oder Intranet, teilweise mit persönlicher Betreuung (Teletutor). Lerninhalte sind jederzeit und überall abzurufen und individuell zu bearbeiten. Informationen können durch Bilder, Informationen, Grafiken, Diagramme und Tabellen ergänzt werden. Audio, Video und Animationen sowie Interaktionen können den Lernerfolg unterstützen. Ein

gesamter Kurs ist in Kapitel (Module) unterteilt, die mit einem Qualifikationstest abschließen können. > CBT findet dagegen offline statt.

web-based training
> WBT

Web-Design
Gestaltung für das Internet (World Wide Web), für das besondere Aspekte im Vergleich zu Printmedien zu beachten sind, z. B. technische Restriktionen durch verfügbare Browser, Bildschirmauflösung und -größe am Monitor des Endbenutzers, Textgestaltung durch Codierung und Einstellungen des Endbenutzers, Farbwahl und Farbcodierung, Bild- und Grafikformate, Seitengestaltung und Formulardesign, Möglichkeiten der Interaktivität, Verlinkung zu Informationsquellen unterschiedlicher Qualität.

Webinar
Zusammengesetzte Bezeichnung nach: Web (= World Wide Web) und Seminar. Online-Seminare oder -kurse im Internet zu festgesetzten Zeiten für den Beginn und das Ende. Durch einen Link erhalten angemeldete Teilnehmer einen Zugang. Fragen zum Themenbereich können live gestellt und auch beantwortet werden.

websichere Farben
Systembezogene digitale Wiedergabemöglichkeit von Farben für Grafiken in einer Web-Palette. Diese Farben sind unabhängig von Browser und Plattformen auf allen Computersystemen darzustellen. Dazu steht eine Auswahl von sechs möglichen Einstellungen der RGB-Farbwerte zur Verfügung. Websicher sind demnach $6 \times 6 \times 6 = 216$ Farben, die sich mit einem Byte (256 Zeichen) abspeichern lassen.

Website
Der Ort, auf dem im World Wide Web Informationen zur Verfügung gestellt werden, in der Regel ein Server. Eine Website besteht im Allgemeinen aus mehreren Seiten (pages).

Web-to-Print
Kunden nutzen das Internet, um einen Druckauftrag – im Allgemeinen nach vorgegebenen Templates (Vorlagen mit entsprechendem Layout und frei „ausfüllbaren" oder gestaltbaren Feldern) – zu erstellen und ausführen zu lassen. Je nach System sind mehr oder weniger variable Gestaltungsmöglichkeiten in Verbindung mit einer Datenbank und entsprechender Software möglich. Diese Systeme weisen heute bereits eine große Vielfalt von höchst unterschiedlichen Web-to-Print-Modellen auf.

Wechselbahn
Bogenpapiere ohne eine einheitliche Laufrichtung. Für passerhaltige Druckarbeiten und bestimmte Anforderungen an die Laufrichtung im Druck und in der Druckweiterverarbeitung sind diese Papiere nicht zu verwenden.

wechselbare Medien
Alle Datenträger (Volumes), die in ein System eingelegt oder mit einer Datenverbindung angeschlossen und wieder dem System entnommen werden können, z. B externe Festplatten, CD-/DVD-Laufwerke und Zip-Laufwerke.

Wechselplatte
EDV: Magnetischer, durch den Benutzer auswechselbarer externer > Speicher.
> Winchesterplatte

Wechselwirkung
> Interaktion

Wechselzug
Der aus dem Schreiben mit der Breitfeder hervorgegangene weiche Übergang vom Grund- zum Abstrich wie bei der klassischen Antiqua.

wegschlagen
Physikalisches Trocknen von Druckfarben: Bindemittel der Druckfarbe wird durch Kapillarkräfte vom Bedruckstoff aufgesaugt. Die an der Papieroberfläche verbleibenden Harze und Pigmente verfestigen mehr oder weniger stark. Eine Zugabe von Trockenstoffen zu diesem Druckfarbentyp ist wirkungslos, da durch den Bindemittelaufbau keine chemischen Reaktionen stattfinden können.

Wegschlagverhalten
Papierprüfung: Das Wegschlagen von Druckfarbe bei einem Papier wird im Vergleich mit einem Standardpapier geprüft. Mit einem Probedruckgerät wird das zu prüfende Papier vollflächig bedruckt und auf das Standardpapier gekontert. Je weniger Druckfarbe auf das Papier übertragen wird, desto höher ist das Wegschlagverhalten des zu prüfenden Papiers.

Weichmacher
Verschiedene Stoffe, z. B. niedermolekulare Stoffe wie Ester und organische Säuren. Zusätze von Weichmachern verleihen anderen Stoffen Elastizität. Weichmacher werden vor allem im Kautschuk und in Kunststoffen eingesetzt, wenn eine Plastizität und Elastizität gefordert wird.
Nachteilig wirkt sich das mögliche Wandern (Migration) der Weichmacher im Kontakt mit anderen Kunststoffen sowie das Verspröden beim Alterungsprozess aus. Weichmacher werden teilweise auch in Klebstoffen (z. B. für die Klebebindung), Druckfarben und anderen Werkstoffen der Druckindustrie eingesetzt.

Weichverpackungen
Verpackungen aus flexiblen Materialien, wie Kunststoffe, Metallfolien und Verbundfolien. Weichverpackungen werden überwiegend im Rakeltiefdruck und im Flexodruck bedruckt.
> Verpackungen

Weichzeichner
Fotografie: Objektive oder Vorsätze für ein Objektiv, die ein scharf abgebildetes Objekt mit fließenden, weichen Übergängen zum Licht, also ohne jeden harten Kontrast aufzeichnen.

Weiß
1. Farbempfindung des Menschen, wenn der gesamte Wellenbereich sichtbarer Strahlung in hoher Intensität durch das Auge erfasst und im Gehirn interpretiert wird.
2. Unbunte Körperfarbe. Ein ideales Weiß reflektiert den gesamten Wellenbereich des auftreffenden Lichts in hoher Intensität. Man unterscheidet: Deckweiß, > Mischweiß, > Transparentweiß.

Weißabgleich
Eichung eines Gerätes (Digitalkamera, Densitometer u. a.) auf ein „neutrales“ Weiß. Das menschliche Auge passt sich dem tatsächlichen Umgebungslicht an und „sieht“ ein Weiß auch unter verschiedenen Lichtbedingungen wie Glühlampenlicht oder bläulichem Kunstlicht.
Digitalfotografie:
Der Weißabgleich korrigiert die durch die Farbtemperatur der Lichtquelle verursachte Farbverschiebung. Durch einen manuellen oder automatischen Abgleich mit dem bei der Aufnahme vorhandenen Licht (Tageslicht, Kunstlicht u. a.) wird die Aufnahme farblich optimiert. Damit erhält das Bild eine neutrale Farbwiedergabe und keinen Farbstich (z. B. Blaustich bei Kunstlicht).

Weiße
Papier: Für die Prüfung der Weiße („Farblosigkeit“) wird z. B. ein Elrepho-Gerät oder ein anderes Spektralfotometer eingesetzt. Die Weiße ist abhängig von der Art und Qualität der Faserstoffe, der verwendeten Füllstoffe sowie weiteren Zusätzen (> optische Aufheller).

Weiße Kunst
Bezeichnung für die Papierherstellung. Im Gegensatz dazu wird der (Buch-)Druck Schwarze Kunst genannt.

Weißfarben
Reproduktion: In einem Farbauszug alle Farben, die den Filterfarben entsprechen. Weißfarben sind demnach in der positiven Wiedergabe transparent bzw. weiß. Ein Filter lässt die Schwarzfarben nicht durchgehen. Sie bilden die druckenden Anteile im Druckbild.
Beispiel:
Bei einer Vorlage mit den Farbfeldern Cyan + Magenta + Gelb (Y) + Rot + Grün + Blau sind unter einem Grün-Filter betrachtet die Farben Grün, Cyan und Gelb die Weißfarben.
> Schwarzfarben sind in diesem Fall Rot, Magenta und Blau.
Hinweis: Die Farben C und Y liegen im > Farbenkreis unmittelbar neben dem Grün.

Weißgrad
Reflexionsvermögen des Papiers im Vergleich zu einem Messstandard, z. B. einer Magnesiumoxid-Platte. Gemessen wird in der Druckpraxis mit einem geeichten Densitometer. In der Papierindustrie wird mit einem Spektralfotometer gemessen. > Weiße

Weißmacher
Papierherstellung: > Füllstoffe ergeben den geforderten Weißgrad des Papiers. Zusätzlich wirksam sind > optische Aufheller.

Weißpunkt

1. Bildschirm: Weiß entsteht durch die Kombination von Rot, Grün und Blau in gleichen Anteilen bei voller Intensität.
2. Digitale Reproduktion: Referenzpunkt für den hellsten Punkt in einer Bildvorlage. Nach diesem Punkt werden alle anderen Bereiche eingestellt.

Weite der Schrift
Individuelle Laufweite von Zeichen einer Schrift, die durch die Form des Schriftzeichens und den Abstand der einzelnen Buchstaben vom Schriftschöpfer festgelegt ist. Im Fotosatz kann die normale Laufweite durch Unterschneiden verringert oder durch leichtes Sperren erweitert werden.

Weiterverarbeitung
Korrekter: Druckweiterverarbeitung. Teilbereich des Arbeitssystems Drucktechnik, in dem gedruckte Produkte produktbezogen und auslieferungsfertig verarbeitet werden. Hierzu gehören z. B. schneiden, falzen, binden, stanzen, rillen, perforieren, lochen, verpacken.

Weitwinkelobjektiv
Objektive mit einem sehr großen Bildwinkel (180°). Die Brennweiten sind sehr kurz, das Bildfeld bei kleinem Abbildungsmaßstab sehr groß. Nachteil: Die Abbildungen neigen zum Verzerren bzw. zu schrägen, stürzenden Linien.

Welle
Maschinenbau: Wellen sind Kraftübertragungselemente.
Sie dienen zum Abstützen von Maschinenteilen und zum Weiterleiten mechanischer Energie. Durch Antriebsenergie wird ein Drehmoment aufgenommen, das durch Rollen, Zahnräder, Kupplungen und andere Bauteile weitergeleitet wird.
Dadurch werden Wellen sowohl auf Biegung (tragende Funktion) als auch auf Verdrehung (Übertragen des Drehmomentes = Torsion) beansprucht.
> wellenloser Antrieb

Wellen
Physik, Optik: Schwingungen, periodische Bewegungen mit elektromagnetischer Energie. Den Schwingungsvorgang bezeichnet man als Schwingungsphase.
Charakteristische Merkmale sind die Schwingungsdauer, die Schwingungsweite

(Amplitude, Wellenlänge) und die Schwingungszahl (Frequenz).
Maßeinheit für die Schwingungszahl ist Hertz (Hz) = die Anzahl der Schwingungen pro Sekunde.
Die Wellenlänge ist die Bewegung einer Welle vom Nullpunkt über den Scheitel (Wellenberg) zurück zu einem Nullpunkt und wieder zum Scheitel im Wellental bis zu einem Nullpunkt.
Ein sehr kleiner Bereich des elektromagnetischen Spektrums zwischen den Wellenlängen von ca. 400 nm bis 700 nm ist dem Menschen als Licht sichtbar.

Wellenlänge
Optik: Elektromagnetische > Wellen.
Licht besteht aus elektromagnetischen Wellen, die eine unterschiedliche Wellenlänge und darum auch eine unterschiedliche Frequenz besitzen. Das Produkt ist gleich der Lichtgeschwindigkeit.
Lichtgeschwindigkeit =
Wellenlänge × Frequenz = 300 000 km/s.

wellenloser Antrieb
> elektronische Welle

Welligliegen
Mängel in der Planlage von Bedruckstoffen. > Randwelligkeit, > Tellern

Wellpappe
Pappe, die aus mehreren Lagen zusammengeklebt ist, von denen eine oder auch mehrere Papierlagen in verschiedenen Formen gewellt und zusammengesetzt sind. Sie wird eingesetzt für stabile, sichere Verpackungen, Kisten und Faltschachteln.

Wendestangen
Baugruppe in Rollen-Druckmaschinen, die vor dem Einlauf in den Falzapparat eingesetzt wird. Sie ermöglichen eine Umlenkung der bedruckten laufenden Papierbahn.
Beispiel: Die bedruckte Papierbahn wird in Längsrichtung durch ein mitlaufendes Rundmesser in zwei oder mehrere Stränge geteilt. Über die Wendestangen werden die einzelnen Stränge mit entsprechenden Seiten zu der vorgesehenen Anordnung übereinandergeführt und erst danach gefalzt. Eine besondere Konstruktion ist die Wendung im > Ponydruckwerk.
> Falzüberbau, > Wendung

Wendetrommel
Offsetdruck: Baugruppe in einer umstellbaren Schön- und Widerdruckmaschine, mit der der einseitig bedruckte Bogen zum Widerdruck (Rückseitendruck) umgestülpt wird.

Wendung
Rollen-Rotationsdruck: Wendeeinrichtungen ermöglichen ein Umlenken der bedruckten laufenden Papierbahn.
- Bay-Window-Wendung: Eine doppeltbreite Bahn (Teile 1+2) wird in der Mitte geschnitten. Teil 2 der Bahn kann in eine andere Ebene unter Teil 1 gelenkt werden. Möglich ist auch, die Bahn dabei um 180° zu drehen.
- Parallel-Wendung: Wendung einer halben Bahn (Breite) von der Antriebsseite auf die Bedienungsseite der Druckmaschine.
- Pony-Wendung: Die Wendung einer teilbreiten Bahn um 180°, die unten liegende Farbseite kann nach oben liegend gewendet werden.

Werbeagentur
Werbeagenturen planen, gestalten, steuern und kontrollieren Werbemaßnahmen.
Je nach Aufgabenstellung durch den Auftraggeber oder den Möglichkeiten der Werbeagentur werden Teile der Gesamtaufgabe oder die gesamte Abwicklung einer Kommunikationsmaßnahme übernommen (> Full-Service) – von der ersten Idee bis zur Produktion.
Dabei kann ein Unternehmen beispielsweise auf die Konzeption, Planung und Erstellung von Print- und/oder Multimedia-Produkten (Web, Social-Media) spezialisiert sein.

Je nach Ausstattung und qualifizierten Mitarbeitern der Werbeagentur wird ein Service in Grafik-Design, Webdesign, Typografie, Layout, Fotografie, Fotografik sowie Film- und Videotechnik angeboten. Dementsprechend wirken Allrounder und Spezialisten im Team zusammen: Grafik-Designer, Mediengestalter Digital und Print, Fotografen, Layouter, Werbetexter, Produktioner.

Werbeblätter
Ein- und mehrfarbig gedruckte Prospekte. Produkte für die Direktwerbung werden Mailings genannt.

Werbebotschaft
Informationen aller Art, die eine Zielgruppe über ein Werbeobjekt wissen soll. Das zu erreichende Ziel beeinflusst maßgebend die gesamte Werbekonzeption.
Wichtig ist eine klare Aussage als Kernbotschaft, die den entscheidenden Nutzen für den Kunden herausstellt. Erst damit ist diese Grundidee in eine überzeugende Gestaltung bzw. eine gesamte Werbekampagne umzusetzen.

Werbeträger
Medium zur Übermittlung der Werbebotschaft, z. B.
- Printmedien: Prospekt, Plakat, Flyer, Mailings, Broschüre, Zeitung, Illustrierte, Kalender,
- Digitale und andere Medien: Internet, Banner, Funk, Fernsehen, Film,
- Werbung auf Verkehrsmitteln: Auto, Bus, Bahn, Lkw-Plane, Taxi, Heißluftballon,
- Werbung auf Textilien: Trikot, Shirts, Mützen,
- Werbegeschenke und sonstiges: Kugelschreiber, Blocks, Buttons, Messestand, Gewinnspiele.

Werbung
Gezielte Maßnahmen zur Beeinflussung des Käuferverhaltens durch Informationen und emotionale Botschaften. Ziel ist der ökonomische Erfolg am Markt.

Werk
1. Druck, Verlagswesen: Kurzbezeichnung für Bücher und Broschuren.
   > Werkdruck
2. Recht: Die durch das Urheberrecht geschützte geistige Schöpfung.
3. Wirtschaft: Größere Produktionsstätte.
4. Kurzbezeichnung für ein Druckwerk mit Druckformträger (z. B. Druckplattenzylinder), Druckkörper (z. B. Druckzylinder) und Einfärbesystem (z. B. Farbwerk und Feuchtwerk).

Werkdruck
Druck von Büchern und Broschuren.

Werkdruckpapier
Maschinenglattes Papier in verschiedenen Stoffqualitäten, halb- bis dreiviertel geleimt, hoher Füllstoffanteil (gute Opazität), gute Festigkeit. Werkdruckpapiere mit hohem Volumen sind sogenannte Dickdruckpapiere, mit sehr geringem Volumen Bibeldruck- oder Dünndruckpapiere.

Werksatz
Satzherstellung für Werke (Broschuren, Bücher) mit einer produktbezogenen typografischen Gestaltung.
Die Seiten sind nach einem Gestaltungsraster für den Satzspiegel und die Anordnung von Texten und Bildern gleichartig aufgebaut.
In den meisten Fällen handelt es sich um sogenannten „glatten Satz“, d. h. größere Textmenge in der > Grundschrift und im > Blocksatz. Neben der überwiegend verwendeten > Grundschrift werden wenige andere Schriften zur Auszeichnung für Titelzeilen, Zwischenüberschriften, Inhaltverzeichnis und ggf. Stichwortregister und Fußnoten eingesetzt.
Wesentliches Ziel im Werksatz: Die überwiegend verwendete Grundschrift und

die verwendeten Auszeichnungsschriften sowie eine gute typografische Gestaltung sollen insbesondere ein ästhetisches Gesamtbild mit guter Lesbarkeit ergeben.

Werksatzschrift
Bezeichnung für die in Werken verwendete, gut lesbare Grundschrift für den fließenden Text von 9 bis 12 Punkt (pt).
Früher wurden diese Schriften „Brotschrift" genannt, weil die Schriftsetzer mit dem Mengensatz im Wesentlichen ihr Brot verdienten.

Werkstoff
Für die Fertigung benötigtes Material.

Wertpapierdruck
Druck mit verschiedenen Druckverfahren (Offsetdruck, Stichtiefdruck u. a.) und speziellen Verarbeitungstechniken auf einem besonderen Wertzeichenpapier.
Das Papier ist mit echtem, mehrstufigem Wasserzeichen und ggf. eingezogenem Sicherheitsstreifen ausgestattet.

Wertpapiere
Verschiedenartige Urkunden, in denen dem Eigentümer ein privates Recht verbrieft ist. > Banknotendruck

Wickeldruckplatte
Früher verwendete Bezeichnung für flexible Druckplatten, die im rotativen Buchdruck eingesetzt wurden.

Wickelfalz
Parallelfalz. Zwei oder mehrere gleich breite Teile des Falzbogens werden um einen Bogenteil in gleicher Richtung nach innen gefalzt. Ein Zweibruch-Wickelfalz ergibt demnach 3 Blatt (6 Seiten), ein Dreibruch-Wickelfalz 4 Blatt (8 Seiten). > Falz

Widerdruck
Der Druck auf die Rückseite eines einseitig bedruckten Bogens.
> Schöndruck

Widerdruckwerk
Druckeinheit, die für den rückseitigen Druck eingesetzt wird. > Widerdruck

Widerstand
Der elektrische Widerstand (*R*) in einem Stromkreis, an den eine Spannung (*U*) angelegt ist, setzt dem Durchgang des Stroms (*I*) der Elektronen einen Widerstand entgegen. > Ohm'sches Gesetz

Widmung
Teil der > Titelei eines Buches mit dem oder den Namen von Personen, denen das Werk zugeeignet ist. Vielfach ergänzt durch ein Zitat.

Widmungsexemplare
Bücher, die vom Autor mit einer persönlichen Widmung an Freunde, Förderer und andere Personen verschenkt werden.

Wiederbefeuchtungsanlage
In einem Heatset-Trockner wird der Papierbahn die Feuchtigkeit fast vollständig entzogen. Um negative Auswirkungen wie Wellenbildung, Brechen im Falz u. a. zu vermeiden, ist im Anschluss an die Kühlwalzen eine Wiederbefeuchtungsanlage integriert. Der erforderliche Feuchtigkeitsgehalt kann dadurch auf den erforderlichen Wert erhöht werden.
> Heißlufttrockner, > Kühlwalzen, > Wassergehalt von Papier

Wiederholfrequenz
Auch: Bildwiederholfrequenz.
Einheit: Hertz (Hz). Anzahl der in einer Sekunde erzeugten Bilder auf einem Bildschirm. Grundsätzlich gilt:
Je höher die Wiederholfrequenz ist, desto ruhiger, flimmerfreier erscheint das Bild auf dem Bildschirm. Gefordert wird eine Frequenz von mindestens 70 Hz.

Wiederholgenauigkeit
Bebilderung in Ausgabesystemen: Positionsgenauigkeit des Lasers bei aufeinan-

der folgenden Bebilderungen.
Drucktechnik: Prozessstabilität, exakte Reproduzierbarkeit

Wiederverwertung
Die Wiederverwertung von Stoffen oder Produkten wird allgemein auch Recycling genannt.
Man versteht grundsätzlich darunter, Abfälle ganz oder teilweise zu einem Sekundärrohstoff umzuwandeln.
Dazu sind verschiedene Prozesse zu beachten, z. B.: Sortierung, Formauflösung, Formveränderung, Reinigung.
Beispiele für eine Wiederverwertung von Stoffen aus der Druckerei:
Verwertung von Altpapier, Druckplatten und Farbdosen, Rückgewinnung von Lösemitteln und Reinigungsmitteln.
Bei einer thermischen Verwertung werden Stoffe zur Energiegewinnung verbrannt.
> Abfall

Wiegendrucke
Auch: Inkunabeln. Frühdrucke aus der Zeit Gutenbergs von 1450 bis 1500.

Wingdings
Digitaler Zeichensatz mit Sonderzeichen, Symbolen o. Ä.

Winkelhaken
Bleisatz: Wichtiges Gerät zum Setzen von Zeilen aus Einzelbuchstaben.
Der Schriftsetzer entnimmt einzelne Buchstaben, Zeichen, Ziffern und Blindmaterial aus dem Setzkasten und legt sie Letter für Letter in den Winkelhaken.
So entstehen einzelne Wörter und Zeilen, die später auf einem Setzschiff zu einer Kolumne (Satzseite aus Bleisatz) zusammengestellt und umbrochen werden.

Winkelschnitt
Vorbereitung des Bedruckstoffes für den Druck durch ein rechtwinkliges Glattschneiden der Anlageseiten des Druckbogens.
Der Winkelschnitt ist für passer- und registerhaltiges Drucken eine wichtige Voraussetzung.

wireless
Drahtlos arbeitend. > WLAN

Wir-Gefühl
Psychologie: Gemeinschafts-, Zusamengehörigkeitsgefühl. Verschiedene (innere) Kräfte, die eine Bindung an die Gruppe und auch einzelne Mitglieder bewirken.

Wirkungsgrad
Verhältnis der erzielten physikalischen Arbeit zu der eingesetzten Energie

Wirkungsgrad in % =

$$\frac{\text{erzielte nutzbare physikalische Arbeit}}{\text{eingesetzte Energie}} \cdot 100$$

Wirtschaftlichkeit
In der Betriebswirtschaft das Verhältnis zwischen Ertrag und Aufwand.
Wirtschaftlichkeit = Ertrag : Aufwand
Der Aufwand umfasst alle Mittel (Arbeitszeit, Material, Maschinen), die in der Produktion eingesetzt und verzehrt werden.
Mit dem Ertrag wird der mit der Produktion erreichte Nutzen gemessen.
Dabei werden sowohl der Aufwand als auch der Ertrag in Geldeinheiten ausgedrückt.

Wischfestigkeit
Beständigkeit gedruckter und getrockneter Druckfarbe gegen Abrieb.

Wischwalzen
Offsetdruck:
Bezeichnung für früher verwendete bezogene Feuchtauftragswalzen, die nicht exakt abrollten, und dadurch auch leicht über die Druckplatte wischten.

Wischwasser
Offsetdruck: Veraltete Bezeichnung für das Feuchtmittel, das aus Wasser und Feuchtmittelzusätzen besteht. > Feuchtmittel

Wischwasserzusatz
Veraltete Bezeichnung für > Feuchtmittelzusätze im Offsetdruck.

WLAN
Abk. für Wireless Local Area Network.
Drahtlose, standardisierte Netzwerktechnologien zur Datenübertragung mit Funkwellen über eine relativ kurze Distanz. Anstelle eines früher üblichen Ethernetkabels oder einer Telefonverbindung ist diese Funkverbindung zu nutzen, um mit einem Gerät (z. B. Notebook, Smartphone) ortsunabhängig auf im Internet angebotene Dienste und Informationssysteme zuzugreifen.
Dazu muss der Computer mit einer geeigneten Netzwerkkarte ausgestattet sein.

wolkig liegen
Druckfehler: Unruhiges, ungleichmäßiges Ausdrucken, vor allem in Rasterflächen.

Wollskala
Nach DIN 16529 die Maßeinheit für die Lichtechtheit von Druckfarben (aus der Textilindustrie abgeleitet).
Sie ist auf dem Etikett der Druckfarbendose angegeben.
Entscheidend für die Lichtechtheit ist die molekulare Struktur der Pigmente. Je höher die Widerstandsfähigkeit gegenüber auftreffender Lichtenergie ist, desto weniger verändert sich die Struktur der Pigmente, d. h., desto weniger stark bleichen die Pigmente aus.
Die Wollskala (WS) reicht von der Stufe 1 bis zur Stufe 8, dabei ist die höchste Stufe die beste Lichtechtheit. Eine Druckfarbe mit der Lichtechtheit 6 bleicht unter Tageslicht wesentlich schneller als eine Druckfarbe mit der Lichtechtheit 8.
Dem Tageslicht längere Zeit ausgesetzte Druckprodukte erfordern eine hohe Lichtechtheit der Druckfarben. Mischfarben aus Druckfarben mit unterschiedlicher Lichtechtheit haben grundsätzlich die Lichtechtheit der geringeren Stufe.

Workflow
Strukturierter Arbeitsablauf, Arbeitsfluss, betrieblicher Ablauf.
Im engeren Sinne der optimierte Produktionsprozess, bei dem in der richtigen Reihenfolge die erforderlichen Arbeitsprozesse (Vorgänge, Verfahren, Stationen der Fertigung sowie verantwortliche Mitarbeiter), die Vorgaben (Materialien, Standards) und technischen Hilfsmittel festgelegt sind.

Workflow-Management-System
Ziele des Systems im > Workflow:
Vereinfachung der Arbeitprozesse, Automatisierung einzelner Prozessschritte, Vermeidung von Fehlern, Optimierung des Materialeinsatzes und der Produktionszeit, Verringerung der Produktionskosten, optimale Ausnutzung aller am Prozess beteiligten technischen Anlagen.

Workstation
1. Arbeitsstation.
2. Kompakte Hochleistungsrechner-Station mit einer höherwertigen Software, sehr hoher Rechnerkapazität, hochauflösendem Bildschirm, Netzwerk-Anbindung, Massenspeicher, Multitasking-Fähigkeit u. a.

Wort
EDV: Kleinste adressierbare Einheit als logische Speichereinheit bzw. Verarbeitungseinheit in einem Computer. Acht Bits bilden ein Byte. Ein Wort besteht mindestens aus 16 Bits bzw. 2 Bytes. Moderne Computer verarbeiten 32, 64 und mehr Bits.

Wortabstand
Typografie: Abstand zwischen einzelnen Wörtern einer Zeile.
Im Allgemeinen wird ein Drittel (Drittelsatz genannt) der Schrifthöhe als idealer Wortabstand angesehen.
Für ein typografisch gutes Satzbild und eine gute Lesbarkeit bei unterschiedlich

weit laufenden Schriften ist jedoch als Faustregel die Buchstabenbreite des kleinen „i" zu wählen. Feinere Schriften benötigen einen etwas größeren Abstand als fette Schriften.

Wörterbuch

1. Nachschlagewerk, z. B. Rechtschreibung, Grammatik, Fremdsprache, Fachwörter, Bedeutungen.
2. EDV: Silbentrennprogramm, das mit selbst erfassten und gespeicherten Ausnahmewörtern und nach logischen Trennregeln arbeitet.

Wortzwischenraum

Bezeichnung für den > Wortabstand, die aus der Bleisatzzeit stammt.

write error

Schreibfehler bei der Datenspeicherung.

Wurfsendung

Werbung, z. B. Handzettel, Flugblätter, Prospekte, Broschuren, die ohne persönlichen Adressaten an alle Haushalte verteilt werden.

Wurm

Engl.: worm. Ein Programm, das sich vermehrt, ohne andere Programme zu infizieren. Einige Würmer verbreiten sich, indem sie sich selbst von Datenträger zu Datenträger (z. B. Festplatte zu Festplatte) kopieren. Andere vermehren sich nur im Arbeitsspeicher und verlangsamen die Arbeitsgeschwindigkeit des Computers.

WWW

Abk. für World Wide Web; sinngemäß: „weltweites Netz". Teil des Internets auf der Basis der Seitenbeschreibungssprache HTML. WWW wurde am CERN (Kernforschungszentrum in Genf) entwickelt. Das WWW ist das bedeutendste Netzsystem für alle Dienste des Internets. Das Programm und die grafische Benutzeroberfläche erlauben nicht mehr nur textorientierte Informationen, sondern auch multimediale Elemente wie Bild, Ton oder Video. So ist es möglich, durch das Anklicken eines Buttons nicht nur Videofilme oder Audiodaten abzuspielen, sondern auch verschiedenste Informationen eines Anbieters zu aktivieren. Dabei können auch Informationen mehrerer Anbieter miteinander verknüpft werden.

WWW-Client

Computer-Programm (Browser), das HTML-Seiten und Bilder des World Wide Webs anzeigen kann.

WWW-Server

Computer, der durch ein Programm HTML-Seiten, Bilder oder Audiodaten weltweit im Internet anbietet und an WWW-Clients mittels HTTP-Protokoll übermittelt.

Wysiwyg

Engl. Abk. für: What you see is what you get. Sinngemäß übersetzt: Was als Bildschirmdarstellung zu sehen ist, wird als Produkt genauso ausgegeben. Diese Fähigkeit ist bei Desktop-Publishing-Systemen mit Personalcomputern und der programmgesteuerten Seitengestaltung mit Text, Grafik und Bild am Bildschirm eine unbedingte Voraussetzung für eine qualitativ gute, typografisch gestaltete Arbeit.

x-Achse
Waagerechte Koordinate in einem rechtwinkligen Koordinatensystem, Breitenskala.
Zum Beispiel werden mithilfe der x-Achse in Maßskizzen oder Gestaltungsraster Beginn und Ende von Zeilen, Linien, Abbildungen u. Ä. festgelegt.

Xenon
Edelgas, chemisches Kurzzeichen: Xe.
Xenon ist, wie andere Edelgase, farb-, geruch- und geschmacklos, es reagiert chemisch sehr langsam mit anderen Stoffen. Verwendung u. a. in Lampen und für Laser.

Xerografie
Elektrostatisches Kopierverfahren.

x-Höhe
Bezeichnung für die Höhe der meisten Kleinbuchstaben ab der Grundlinie, auch Mittellänge genannt.
> Schrift

XML
Engl. Abkürzung für Extensible Markup Language, eine plattformunabhängige (Daten-)Sprache mit einem entsprechenden Speicherformat, das sowohl im Web- als auch im Printbereich eingesetzt und verarbeitet werden kann.

XTension
Zusätzliche Datei zu einem Anwenderprogramm, die dieses um bestimmte Funktionen erweitert.

XtremeEngraving
Tiefdruckzylinder, Druckformgravur:
Von Hell entwickeltes Gravurverfahren mit sehr hoher Detailauflösung und Kantenschärfe bei gleichzeitig hoher Druckdichte.
Vorteile: kein Sägezahneffekt an feinen Bilddetails wie Schriften, Linien, Barcodes, Sicherheitselementen.

XXL-Druck
> Großformatdruck

xy-Koordinaten
Auf einer Fläche definierte Punkte in der Breite (x-Achse = waagerechte, horizontale Anordnung) und Höhe (y-Achse = senkrechte, vertikale Anordnung).
Beispiele:
- In der Technik die grafische Darstellung von zwei voneinander abhängigen Messwerten.
- Arbeitsvorbereitung von Satzarbeiten zur Positionierung. Die xy-Koordinaten sind Positionierungspunkte in der Arbeitsvorbereitung, die den Zeilenbeginn (linke Kante eines Zeichens in der Höhe der Schriftlinie) und das Zeilenende (rechte Zeichenkante in der Höhe der Schriftlinie) festlegen.

Xylografie
Fachausdruck für die Holzschneidekunst.
Im engeren Sinne ist damit der originalgrafische Holzstich gemeint, den der Xylograf (Holzschneide-Künstler) herstellt.

Xylol
Leicht verdunstende Flüssigkeit, die beispielsweise Bindemittel ohne chemische Umsetzung auflöst.
In der Druckindustrie eingesetzt als > Lösemittel für den Tiefdruck.
> MAK-Wert, > Verdunstung, > Verdunstungszahl

XYZ
Virtuelle Normspektralwerte (Normfarbwerte) zur Unterscheidung zum Primärvalenzsystem mit den reellen Primärvalenztripeln RGB.
XYZ Normfarbwerte sind die Basis für die Darstellung aller CIE-Farbräume und die Farbmessung.

Y
Drucktechnik:
Internationale Abkürzung für die Prozessfarbe Yellow (= Gelb im Vierfarbdruck).

y-Achse
Senkrechte Koordinate in einem rechtwinkligen Koordinatensystem für die Festlegung von Höhenpositionen von Zeilen und Linien bei der Arbeitsvorbereitung.

Yellow
Internationale Bezeichnung für die Prozessfarbe Gelb; Abk.: Y.

Z

ZAB
Abkürzung für > Zeilenabstand.

Zähigkeit
1. Mechanische Werkstoffeigenschaft: Ein Stoff ist zäh, wenn er in einem gewissen Maße gedehnt werden kann und dabei nur geringfügig seine Form ändert. Beispiel: Blech, Leder. Ein Werkstoff ist dagegen spröde, wenn er unter Dehnung ohne Formänderung bricht, z. B. Glas.
2. Druckfarben: > Viskosität.

Zahl
Mathematische Grundgröße für eine bestimmte Menge oder ein Ordnungszeichen. Das Zählen und damit auch die Zahlen entwickelten sich aus der menschlichen Fähigkeit, einzelne Elemente aus einer gesamten Menge zu benennen und ihnen ein Zeichen zuzuordnen. Aus elementaren, gegenständlichen Zeichen (z. B. Kerben, Striche) entstanden Zahlen.

Zahlenformat
Voreinstellbare Darstellungsart von Zahlen, z. B. Dezimalzahl mit Anzahl der Stellen nach dem Komma, Währung bei Arbeiten mit einem Tabellenkalkulationsprogramm.

Zahlengliederungen
Textverarbeitung, Satztechnik: Zahlen- oder Nummerngliederungen ermöglichen ein rasches Erfassen und Wiedergeben bestimmter Nummern.
1. Postleitzahlen
   Die fünfstellige Zahl wird nicht untergliedert: 88339
2. Postfachnummern
   Gliederung in Zweiergruppen durch einen kleinen Zwischenraum von rechts angefangen: 8 33; 45 36.
3. Telefon- und Telefaxnummern
   Nach DIN 5008 werden Leerzeichen zwischen der Vorwahl und der Rufnummer gesetzt:
   0119 12345; 0179 125678;
   0123 5678-10 (bei Durchwahlnummern).
   Bei internationalen Telefonnummern wird der Landesvorwahl anstelle von 00 ein + vorangestellt: +41 1235 24689.
   In der Satztechnik können die Zahlen auch von rechts beginnend zweistellig mit einem kleinen Abstand gegliedert werden, die Vorwahl soll national – nicht jedoch international – in Klammern gesetzt werden:
   (02589) 1 23 45; +43 20 15 61
4. Bankleitzahlen und Kontonummern
   Bankleitzahlen bestehen in Deutschland aus acht Ziffern. Sie werden in der Textverarbeitung von links in zwei Dreiergruppen und eine Zweiergruppe gegliedert.
   Kontonummern können in der Textverarbeitung von rechts aus in Dreiergruppen durch einen kleinen Zwischenraum gegliedert werden.

Zahlensysteme
Darstellung von Zahlen durch bestimmte Zeichen und Regeln für die Zusammensetzung von Zeichen zu einem System.
Allgemein aus dem täglichen Umgang ist das Dezimalsystem bekannt, auch dekadisches oder Zehnersystem genannt.
Es baut auf der Basis 10 auf. Einzelne Stellen werden durch Ziffern von 0 bis 9 gebildet. Für eine größere Zahl ist eine weitere Stelle zu verwenden. Anstelle der Basis 10 ist jede beliebige Basis zu wählen. Die elektronische Datenverarbeitung verlangt nur zwei Signale, z. B. Strom – kein Strom. Sämtliche zu verarbeitenden > Daten sind demnach im dualen Zahlensystem mit nur zwei Ziffern darzustellen. Man nennt ein solches System zur Basis 2 Dualsystem. Die Übersicht zeigt beispielhaft Zahlen in verschiedenen Zahlensystemen.
Übersicht im Anhang.

Zahn
Mechanik: Teil eines Zahnrades zur direkten, formschlüssigen Übertragung von Drehmomenten. Je nach Zahnflanke unterscheidet man vor allem Zahnformen mit gerader Flanke oder mit > Evolvente (Rollkurve). Überwiegend wird im Maschinenbau die Evolventenverzahnung mit einer gewölbten Zahnflanke eingesetzt.
Sie ist unempfindlicher gegen geringfügige Änderungen der Wellenabstände, sie ist sehr stabil und leicht herzustellen.

Zahnrad
Mechanik: Maschinenbauteile in verschiedenen Formen, die von der Lage der Wellen zueinander und dem Einsatzbereich abhängen. Man unterscheidet nach der Anordnung der Zähne auf dem Rad Stirnräder, Kegelräder, Schraubenräder, Schneckenräder u. a.
Grundsätzlich gilt für Stirnräder:
Die Zahnräder übertragen direkt oder indirekt Drehmomente. Bei der direkten Kraftübertragung greifen zwei oder mehrere Zahnräder ineinander ein, die im Eingriffswinkel der Zähne und im > Modul (Kenngröße für die Anzahl der Zähne im Durchmesser) übereinstimmen müssen.
Die Drehrichtung ändert sich jeweils von Zahnrad zu Zahnrad. Es lassen sich dadurch Drehrichtungen ändern und auch Übersetzungen herstellen.
Bei indirekter Kraftübertragung überträgt eine Kette Drehmomente über größere Wellenabstände.
> Modul

Zahnstreifen
Druckschwierigkeit: Störender Fehler im Druckbild parallel zur Druckstreifenbreite. Bildstellen drucken im Zahnabstand schwächer bzw. stärker.
Die können durch mechanische Fehler im Zahnrad verursacht sein. Vielfach ist die Ursache eine unzureichende > Druckabwicklung, die durch falsche Aufzüge, zu starken Anpressdruck u. a. entsteht.

Zäpfchen
> Zapfen, > Auge

Zapfen
Lichtempfindliche RGB-Rezeptoren auf der Netzhaut im Gelben Fleck des menschlichen Auges, die einen Farbreiz erfassen und in Nervenreize (Farbvalenz) umwandeln und zum Gehirn (Farbempfinden) weiterleiten.
Zapfen reagieren nur bei höheren Lichtintensitäten, sie vermitteln primär Farbeindrücke, aber auch Helligkeitseindrücke.
> Auge, > RGB

Zapf, Hermann
Bedeutender Kalligraf, Typograf und Schriftkünstler, geb. 1918 in Nürnberg.
Bekannteste Schriften: Aldus, Optima, Palatino, ITC Zapf Book, Zapf Dingbats, Zapfino.

Zapfino
Schreibschrift in mehreren Schriftschnitten von Hermann Zapf. > Zapf

Zauberstab
Werkzeug in einem Bildverarbeitungsprogramm, z. B. Photoshop, zur Auswahl von Bildbereichen mit ähnlichen Tonwerten.

Zeichen
1. Allgemein: Ein mit den menschlichen Sinnen wahrnehmbares Objekt oder Signal, das zur Informationsübertragung dient.
   In der Regel muss dazu die Bedeutung eines Zeichens bekannt sein.
   Prinzipiell sind visuell, akustisch und auditiv wahrnehmbare Zeichen zu unterscheiden. Visuelle Zeichen können in ihrer Wirkung mehr geistiger Art (ideelle Sachverhalte darstellend) oder materieller Art (repräsentative Sachverhalte darstellend) sein. Zu den letzteren gehören u. a. die Schriftzeichen.
   Elementare Zeichenformen sind das Quadrat, der Kreis und das Dreieck.

Beispiele für verschiedenste Zeichen: Schriftzeichen, Satzzeichen, Korrekturzeichen, mathematische Zeichen, Formelzeichen, chemische Zeichen, Schaltzeichen, Verkehrszeichen, Piktogramme, Symbole und Zeichen für die Datenverarbeitung, Flaggenzeichen, akustische Signale, Blinksignale.

2. Textverarbeitung:
   Einzelnes Symbol zur Darstellung einer Information, z. B. Buchstabe, Ziffer, Interpunktions- und Sonderzeichen, > Piktogramme.

Zeichenabstand
Auch: Laufweite. Abstand zwischen zwei aufeinanderfolgenden Zeichen.
Der normale Zeichenabstand wird vom Schriftdesigner festgelegt. In der computergesteuerten Textherstellung ist ein Vergrößern des Abstandes (Sperren) oder ein Verringern des Abstandes (Unterschneiden) möglich.
Hat das Verringern des Zeichenabstandes den Zweck, ein harmonischeres optisches Bild einer bestimmten Zeichenkombination zu ergeben, so nennt man dies Kerning (ein spezifisches Unterschneiden).
> Ästethikprogramm

Zeichenerkennung
Optisch-elektronisches Erkennen von Schriftzeichen durch eine spezielle Software durch Analyse des eingescannten Schriftbildes.
Grundoperationen: Abtastung von Zeichen (Strichdarstellung), Gewinnen und Vergleichen von Erkennungskriterien mit gespeicherten Erkennungskriterien. > OCR

Zeichenerklärung
Auf Karten, Atlanten u. Ä. eine Information zur Bedeutung der im (Karten-)Bild verwendeten Zeichen.

Zeichenformat
In einem DTP-Programm ein durch den Bediener erstellter Befehl zur Gestaltung von einzelnen Zeichen oder Wörtern (z. B. Schriftart und -größe, Buchstabenart, Kerning, Farbe, Zeilenabstand).
Der Befehl wirkt sich nicht auf den gesamten Absatz aus, sondern nur auf alle so formatierten Zeichen bzw. Wörter in diesem Dokument.
> Absatzformat

Zeichenkodierung
Zuordnung eines Zeichens (Buchstabe, Ziffer, Sonder- und Satzzeichen) zu einer Kombination von Symbolen nach einer bestimmten Vorschrift.
Diese wird Code genannt.

Zeichenpapier
1. Transparente Zeichenpapiere:
   Produkte aus hochgebleichtem, fibrillierend gemahlenem Zellstoff, hohe Festigkeit, stoff- und oberflächengeleimt.
2. Opake Zeichenpapiere:
   Zellstoffpapier oder -karton (h'fr), teilweise auch bei hochwertigsten Papieren mit Zusatz an Hadern, Flächenmasse von 80 bis über 300 g/m², stoff- und oberflächengeleimt, radierfest, tusche- und wasserfarbenfest, leicht bis stark satiniert.

Zeichnung
1. Grafik: Grafisch freie oder gebundene Darstellung, die nach dem verwendeten Arbeitsmittel (Bleistift-, Wasserfarben-, Tusche-, Kohlezeichnung u. a.) oder dem Verwendungszweck (technische Zeichnung, grafische Reinzeichnung als Bildvorlage für die Reproduktion) benannt wird.
2. Reproduktion: Feinheit, Details in der Bildwiedergabe einer Vorlage mit analogen (Halbton) oder auch digitalen Bildinformationen in Lichtern, Mitteltönen und Tiefen.

Zeichnungsverlust
Verringerung der Bildinformationen bei der reprotechnischen Wiedergabe einer

> Zeichnung (Details) mit analogen Bildinformationen.

Zeile
Reihe von Zeichen, z. B.
1. Satz, Texte: Buchstaben, Ziffern, Interpunktionen und Sonderzeichen in einer Reihe, die durch Wort- bzw. Zeichenabstände gegliedert sind.
2. Bild: Bildpunkte in einem Druckbild, Fernsehen u. a.

Zeilenabstand
Kurzbezeichnung: ZAB.
Der Abstand zwischen zwei untereinander stehenden Zeilen, gemessen von > Schriftlinie zu Schriftlinie in Punkt oder mm.
In einem Layoutprogramm ergibt der „Automatische Zeilenabstand" einen ZAB von 120 % der Schriftgröße, z. B. Schriftgröße 10 pt = 12 pt ZAB.
Die Lesbarkeit einer Schrift ist optisch abhängig von der Schriftgröße, der Schriftart und der Zeilenlänge. Bei „kompress" gesetzten Zeilen stehen die Zeilen jeweils unmittelbar untereinander, ohne dass sich > Unterlängen der oberen Zeile und > Oberlängen der unteren Zeile berühren. Ein kompresser Satz ist vielfach nicht flüssig und klar zu lesen.
Um die Lesbarkeit zu erhöhen, kann der Zeilenabstand vergrößert werden.
Dies ist besonders bei einem sehr breiten Satzspiegel erforderlich.

Zeilenbreite
> Zeilenlänge

Zeilenfall
Typografie: Harmonische Wirkung bei der Anordnung von unterschiedlich langen Zeilen, die untereinander stehen.
Bei Flattersatz links- oder rechtsbündig und Satz auf Mittelachse ist der Zeilenfall die Bezeichnung für das Verhältnis der Zeilenlängen der verschiedenen Zeilen einer Zeilengruppe.
Typografisch ist ein ausgewogenes Verhältnis durch entsprechende leichte Variationen der Zeilenlängen zu erreichen.

Zeilenlänge
Die Zeilenlänge ist ein wichtiges Kriterium für die Lesbarkeit des gesetzten Textes.
Angegeben wird die Zeilenlänge in Millimeter oder in einer typografischen Einheit, z. B. Cicero.
Entscheidendes Kriterium für die Zeilenlänge ist die Lesbarkeit: Sind die Zeilen zu lang, so findet das Auge beim Lesen die folgende Zeile schlechter.
Bei zu kurzen Zeilen ergeben sich dagegen häufige Trennungen der Wörter, das Wortbild ist schlecht zu erfassen und wirkt unrhythmisch. Häufiges Wechseln der Zeile durch Lesesprünge ermüdet das Auge. Empfohlen werden allgemein Zeilenlängen mit 50 bis 60 Buchstaben, Zeichen oder Wortabständen.

Zeilenmaß
Maß mit metrischer und typografischer Maßeinteilung, das in der Typografie und Satztechnik verwendet wird.

Zeilensensor
In Digitalkameras oder Flachbettscannern eingesetzter CCD-Sensortyp. Er besteht aus einer nur ein Pixel hohen Reihe einzelner CCD-Dioden. Die Bildinformationen werden über die gesamte Breite von dem Zeilensensor erfasst und eingelesen. Angetrieben durch einen Schrittmotor tasten diese Sensoren die Bildfläche in der Höhe Schritt für Schritt ab. Trilineare Zeilensensoren erfassen bei einem Scan-Durchgang alle RGB-Informationen. > Flachbettscanner, > trilineare Scannerzeile

Zeilensetzmaschine
> Zeilensetz- und -gießmaschine.

Zeilensetz- und -gießmaschine
Bleisatzmaschine, die eine komplette Zeile aus einzelnen Matrizen in einer Bleilegierung

ausgießt. Bekannteste Zeilensetzmaschine war die > Linotype.

Zeilenumbruch

Kurz auch: Umbruch.
Gliederung und Aufteilung des fließend gesetzten Textes (> Fließsatz) in den Satzspiegel (> Layout) und ggf. die Textspalten der Seite.

Zeilenzähler

Bei umfangreichen Satzarbeiten werden an der Seite des Textes fortlaufend pro Zeile oder in Kolonnen von fünf Zeilen kleine Zahlen mitgesetzt, die ein rasches Auffinden bestimmter Textstelen erleichtern.
Beispiel: Fotosatz Korrekturfahnen im Werksatz.

Zeitautomatik

Fotografie: Der Fotograf wählt – entsprechend der gewünschten Schärfentiefe – eine bestimmte Blende, die Automatik wählt dazu die korrekte Belichtungszeit.

Zeit-Gamma-Kurve

Konventionelle Reproduktion: Der Kontrast eines Halbtonfilms ist durch Variation der Entwicklungszeit zu beeinflussen.
Um das Maß der Kontraständerung im Voraus zu berechnen, bedient man sich der Zeit-Gamma-Kurve.
In einem Koordinatensystem werden nach Tests auf der Abszisse die Entwicklungszeiten in Minuten und auf der Ordinate die entsprechenden Gammawerte (Schwärzungswerte) eingetragen.
> charakteristische Kurve.

Zeitmanagement

Die Zeit steht nur einmal zur Verfügung. Daher ist es sinnvoll, die zur Verfügung stehende Zeit sinnvoll zu nutzen.
Dies gilt ebenso im privaten Bereich, z. B. beim Lernen und Studieren, wie auch bei allen beruflichen Tätigkeiten.
Zeitmanagement bedeutet: Gründliches und diszipliniertes Planen von Aufgaben in allen Lebensbereichen in der zur Verfügung stehenden Zeit. Dazu gibt es verschiedenen Arbeits- und Planungstechniken, die das Arbeitsverhalten strukturieren und optimieren.

Zeitschrift

Periodisch erscheinende Druckschrift, die einmal pro Woche oder in größeren Zeitabständen, mindestens jedoch viermal jährlich erscheint.
Zeitschriften besitzen nicht die Aktualität und allgemeine Themenbreite einer Zeitung. Sie beziehen sich vielmehr auf gewisse Schwerpunktbereiche, z. B. Fernseh- und Rundfunkprogramm, Sport, Drucktechnik, Elektronik, Mode, Natur- und Umwelt sowie Unterhaltung.
In der Qualität der Typografie, der vielfach farbigen Wiedergabe von Bildern und Anzeigen, der Druck- und der Papierqualität sowie der Bindetechnik unterscheiden sich Zeitschriften außerdem von Zeitungen.

Zeitung

Gedrucktes Massenkommunikationsmittel, das in der Regel täglich, mindestens jedoch wöchentlich erscheint. Weitere wesentliche Kriterien der Zeitung sind die Aktualität und Universalität (inhaltliche Vielfalt).
Die Zeitungen gliedern sich in der Regel in die Hauptteile Politik, Wirtschaft, Sport, Kultur, Landesnachrichten und Lokales sowie Anzeigen. Vielfach werden aktuelle Informationen ergänzt durch regelmäßige Beilagen, z. B. Rundfunk- und Fernsehprogramme, Informationen aus Wissenschaft, Forschung und Technik, Wochenendbeilage mit Unterhaltungsteil, Spielen, Kreuzworträtsel u. a. Die Zeitung ist im Gegensatz zum öffentlich-rechtlichen Rundfunk und Fernsehen privatwirtschaftlich organisiert und finanziert.
Für den wirtschaftlichen Erfolg einer Zeitung entscheidend ist nicht allein der Preis

der Zeitung, sondern auch die Menge der Anzeigen (Werbung).
Historische Vorläufer der Tageszeitung sind einfache Flugblätter, die schon seit der Zeit Gutenbergs im 15. Jahrhundert bekannt sind. In Straßburg und Augsburg entstanden bereits um 1610 die ersten Zeitungen. Bedeutend als Kommunikationsmittel wurde die Zeitung durch wesentliche mechanische Erfindungen im 19. Jahrhundert. 1812 erfand Friedrich Koenig die Schnellpresse (bis dahin wurde auf Handpressen gedruckt!), eine Flachform-Zylinder-Druckmaschine.
Der weitere bedeutende Schritt war nach fast 400 Jahren Handsatz mit Einzelbuchstaben die Mechanisierung des Setzens: 1886 wurde die Linotype, eine Zeilensetz- und -gießmaschine, durch Ottmar Mergenthaler erfunden.
Eine völlig neue Technik des Setzens veränderte nach 1960 ebenfalls die Strukturen der Zeitungsbetriebe: der Fotosatz. Dies führte gleichzeitig zu einer Änderung der Drucktechnik: Der Buchdruck wurde bei neuen Anlagen durch den Offsetdruck ersetzt.
Heute werden Druckseiten ausschließlich mit computergesteuerten Publishingsystemen, die Texte, Bilder und Grafiken integriert verarbeiten, durch Redakteure gestaltet und für die Ausgabe in einem > CtP-System produziert.
Gedruckt wird überwiegend im Rollen-Offsetdruck in speziellen Zeitungsdruckmaschinen. Besonders bei kleineren Auflagen werden aber auch Digitaldruckmaschinen (Inkjet-System) eingesetzt.
> Zeitungsdruck, Digitaldruck

Zeitungsdruck
Druck von Zeitungen und auch ähnlichen Produkten auf Rollen-Rotationsdruckmaschinen, die ein Endprodukt herstellen. Eine oder je nach Umfang (Seitenzahl) mehrere Papierbahnen werden den Druckwerken der Druckmaschine zugeführt, beidseitig bedruckt, über einen Falzüberbau in der gewünschten Anordnung zusammengeführt, gefalzt und geschnitten in den Versandraum befördert.
Hier werden den gedruckten Zeitungen in Einsteckmaschinen automatisch Beilagen zugeführt.
Für jeden Austräger werden automatisch „Pakete“ gepackt, die danach zum Versandfahrzeug befördert werden.
Überwiegend werden heute Zeitungen im Rollen-Offsetdruck gedruckt.
Für den Druck von Bildern werden allgemein Rasterweiten ≥ 40 Linien/cm eingesetzt.
Spezielle Zeitungsdruckmaschinen drucken beidseitig im N-i-N-Druck (Nass-in-Nass) ohne einen Trockner. Um ein rasches > Wegschlagen der Druckfarben auf dem Papier zu erreichen, wird in der Druckvorstufe vielfach mit einem modifizierten Unbuntaufbau (Schwarzaufbau, > GCR) gearbeitet. Der Gesamtfarbauftrag soll im Offsetdruck bei ≤ 260 % liegen.
Für den Druck insbesondere kleinerer Auflagen wird auch der Digitaldruck mit Inkjet-Druckköpfen eingesetzt.
Dabei sind Informationen im Prozess digital zu ändern und ggf. Zeitungen zu individualisieren. > Zeitungsdruckmaschinen, Rollen-Offsetdruck

Zeitungsdruck, Digitaldruck
High-Speed-Inkjet-Drucksysteme ermöglichen hohe Druckleistungen, wie sie im Zeitungsdruck für die Produktion kleinerer und mittlerer Auflagen erforderlich sind.
Digitaldruckmaschinen drucken ohne einen direkten Kontakt ohne Druckplatten und damit ohne ein Einrichten der Druckform. Prinzipiell ist ein variabler Datendruck möglich.
Ergänzt durch geeignete Rollenabwickler, ggf. einen IR Trockner sowie Baugruppen zur Druckverarbeitung (Falzwerk, Schneiden, Transport) und geeigneter Versandraumtechnik sind Zeitungen und ähnliche Produkte auf geeignete Bedruckstoffe zu drucken.

Als Druckköpfe werden beispielsweise Piezo-Inkjet-Köpfe eingesetzt, die mit variablen Tröpfchengrößen arbeiten können. Eingesetzt überwiegend wasserbasierte Polymer-Tinten, die eine scharfe Tröpfchenwiedergabe bei geringer Kapillarwirkung auf ungestrichenen Bedruckstoffen ergeben.
Bei Zeitungsdruckmaschinen im Rollen-Offsetdruck bestimmt der Zylinderdurchmesser die Abschnittslänge und damit das Format und die Größe. Dementsprechend ist der Druck der einzelnen Signaturen sowie das Falzen und Sammeln im Falzwerk erforderlich.
Der Digitaldruck ist dagegen formatvariabel, d.h. nicht abhängig von dem Zylinderdurchmesser und den damit verbundenen Abschnittslängen. Es kann ein kontinuierlicher Strom von Seiten eines gesamten Produktes (z. B. 1 bis 32) produziert werden.

Zeitungsdruckmaschinen, Rollen-Offsetdruck
Weltweit werden Zeitungen fast ausschließlich im Offsetdruck (konventionell, teilweise auch wasserlos) in Rollen-Rotationsdruckmaschinen gedruckt.
Im Einsatz sind unterschiedliche Maschinenkonfigurationen und Bauweisen.
Druckfarben trocknen ausschließlich physikalisch durch Wegschlagen flüssiger Bestandteile in das Papier.
Da kein Trockner eingesetzt wird, nennt man die Drucktechnik auch Coldset.
Charakteristisch sind im Allgemeinen: festformatig im Zylinderumfang, vertikale Bahnführung, Gummi-Gummi-Druckwerke, Coldset-Druckfarben, kein Trockner, Falzapparateüberbau mit Wendestangen, Falzwerk, Transportsystem zur Weiterleitung der Produkte in den Versandraum.
Die gedruckten Exemplare können online (direkte Verbindung zur Druckmaschine) oder offline weiter verarbeitet werden. Bei einer Offline-Verarbeitung werden gedruckte allgemein auf Rollenwicklern zwischengespeichert und dann je nach Bedarf verarbeitet (Beilagen einstecken, abzählen, etikettieren und verpacken).
Die Drucklänge in einer Rollen-Offsetdruckmaschine ist technisch bedingt festformatig, die Druckbreite ist durch die Rollenbreite seitenweise variabel.
Eine Papierbahn oder überwiegend mehrere Papierbahnen (je nach Umfang bzw. Seitenzahl) werden beidseitig bedruckt, geschnitten, gefalzt und beschnitten, in Schuppenform ausgelegt und über ein Transportsystem in den Versandraum gefördert.
Je nach Technik des Versandraums werden automatisch noch Beilagen eingesteckt und eine bestimmte Anzahl von Zeitungen paketweise gebündelt. Das Paket erhält z. B. ein Versandetikett (gedruckt mit einem Inkjet- oder Laserdrucker) mit der Lieferanschrift der Austräger, der Stückzahl und weiteren Versandangaben. Das Paket kann auch in einer Schrumpffolie verpackt sein.
> Achterturm, > 9-Zylinder Satelliten-Druckwerk, > Versandraum, > Zeitungsdruck

Zeitungsdruckpapier
Rollenpapier, heute fast ausschließlich zu 100 % aus Recyclingstoff, nur in geringer Menge noch aufgebesserte oder auch stark holzstoffhaltige (h'h) Faserstoffe für den Zeitungsdruck, meistens maschinenglatt (m'gl), Flächenmassen von 42 g/m^2 bis maximal 60 g/m^2.
Je geringer die Flächenmasse des Papiers ist, desto geringer sind die Kosten pro Auflage. Das Papier muss aber andererseits noch störungsfrei verdruckbar sein.

Zeitungsformate
Geschlossenes Format (Breite × Höhe) einer Tageszeitung, genormt in DIN 16604. Zweck der Norm war es, die Kommunikation mit der Werbewirtschaft bzw. Anzeigenkunden zu vereinfachen.

Wichtige Zeitungsformate (Broadsheet)

in Deutschland	Größe ca.
Berliner Format:	315 mm × 470 mm
Schweizer Format:	320 mm × 475 mm
Rheinisches Format:	350 mm × 510 mm, 360 mm × 530 mm
Nordisches Format:	400 mm × 570 mm

Intern. Zeitungsformate (zum Vergleich)

Asahi Shimbun (Japan): 405 mm × 545 mm

Le Figaro (Frankreich): 425 mm × 600 mm

Neue Zürcher Zeitung (CH): 330 mm × 475 mm

New York Times (USA): 390 mm × 585 mm

Prawda (Russland): 420 mm × 594 mm

Mit Broadsheet wird das angegebene Format bezeichnet.

Wird dieses Format in der langen Seite nochmals halbiert, nennt man das Produkt Tabloid.

Beispiel:

Rheinisches Format Broadsheet: 350 mm × 510 mm

Rheinisches Format Tabloid: 255 mm × 350 mm

Zeitungsproduktion: Daten

Exemplarische Daten zur Produktion einer Regionalzeitung im Rollen-Offsetdruck.

3 Druckmaschinen

- gesamte Länge 36 m
- Höhe (3 Ebenen) 18 m
- Breite 8 m
- gesamtes Gewicht 1700 t
- Zeitungsformat Rheinisch 350 mm × 510 mm
- Druckwerke 6 Achtertürme
- Rollenlagerungen 12
- Farbwerke 48
- Falzapparate 3
- Gesamtgewicht 420 t
- Druckproduktion pro Maschine 64 Seiten 2/2, oder 32 Seiten 4/4, oder 16 Seiten 4/4 und 32 Seiten 2/2
- Produktionsleistung pro Druckmaschine 35.000/h
- Schichtdicken
  Farbauftragswalze 2–5 µm
  Feuchtauftragswalze 0,5–2 µm

Material

- Druckplatten/Tag 500–1000
- Druckfarbe ca. 2 g/Zeitung
- Papierrolle
  Breite 140 cm
  Durchmesser 125 cm
  Länge ca. 20 km
  Gewicht ca. 1.200 kg
  Verbrauch/Tag 30–80 t
  = 2–4 Lkw-Ladungen
- Papiergewicht (-masse) 45 g/m²
  Papierdicke ca. 0,05 mm
- Gewicht/Zeitung bei 48 Seiten ca. 195 g

Zelle

Fläche als ansteuerbares, adressiertes Feld in einer Tabelle, in das Daten, Formeln oder Texte eingegeben werden können. Waagerechte Zeilen und senkrechte Spalten bilden eine Tabelle. Die so eingeteilten (Zwischen-)Flächen haben jeweils eine bestimmte Adresse, die aus dem Namen der Spalte (Buchstabe) und der Zeile (Ziffer) besteht.

Zellstoff

Aus Zellulose pflanzlicher Rohstoffe (z. B. Holz) durch chemischen Aufschluss gewonnenes Fasermaterial. Dabei werden alle nicht faserigen Bestandteile (z. B. Lignin) durch chemische Prozesse weitgehend aus dem Faserverbund gelöst.

Zellstoff ist einer der wertvollsten Halbstoffe für die Papierherstellung.

Zellulose

Gerüstsubstanz der Zellen fast aller Pflanzen. Chemisch ist die Zellulose ein makromolekulares Kohlehydrat aus mehr als 10 000 Glukosemolekülen, die sich fadenförmig zu Makromolekülen zusammengeschlossen haben. Neben der Hemizellulose

und sogenannten Inkrusten wie Lignin, Harze, Eiweiß u. a. bildet Zellulose mit einem Anteil von 40–50 % den Hauptbestandteil der Pflanzen.
Einzelne Zellulosefasern sind wiederum aus einer Vielzahl winziger Fibrillen (Faser-Härchen) aufgebaut.
Vor allem aus Holz gewinnt man reine Zellulose durch chemischen Aufschluss unter Einwirkung von Säuren oder Laugen, Hitze und Druck. Dabei gehen Lignin, Harze und andere nicht faserige Bestandteile in Lösung. Die zurückbleibende Zellulose ist gelblich bis gelblichbraun, sie wird gebleicht und ist weiterverarbeitungsfertig. Das Produkt wird > Zellstoff genannt.

zentrale Druckproduktion
Bei der Herstellung von Druckprodukten kann zentral an einem Ort oder dezentral an verschiedenen Orten gefertigt werden. Bei einer zentralen Produktion werden entsprechend große Maschinensysteme mit hoher Produktivität eingesetzt.
Dagegen wird bei einer dezentralen, sogenannten verteilten Produktion an mehreren Standorten gefertigt. Durch digitale Technologien ist es möglich, Arbeitsprozesse (Druckvorstufe, Druck, Druckverarbeitung) an einem Ort oder auf verschiedene Standorte verteilt auszuführen.

Zentraleinheit der EDV
Zentraler Baustein einer EDV-Anlage mit Rechenwerk, Steuerwerk und Speicherwerk. Auch CPU (Central-Processing-Unit) genannt.

zentraler Einkauf
Das Beschaffen sämtlicher Materialien, Güter oder Dienstleistungen erfolgt im Unternehmen durch eine einzige Stelle.
Eine Voraussetzung dazu ist u. a. eine optimale Projektplanung.

Zentral-Fachausschuss Berufsbildung Druck und Medien
Abk.: ZFA. Der Zentral-Fachausschuss ist im Auftrag des Bundesverbandes Druck und Medien e.V. (bvdm) und der Vereinten Dienstleistungsgewerkschaft e.V. (ver.di) Fachbereich Kunst, Medien und Industrie als Zentralstelle für die Berufsausbildung der Druck- und Medienindustrie tätig. Sitz: Kassel.

Zentralperspektive
Fluchtpunktperspektive: Senkrechte Kanten laufen parallel und verjüngen sich dem Hintergrund zu. Alle anderen Kanten schneiden sich in der Verlängerung in einem Punkt, dem Fluchtpunkt.

Zentralzylinder
Drucktechnik im Flexodruck:
Mehrfarben-Druckmaschine mit einem zentralen Druckzylinder für mehrere Druckformzylinder. Das zu bedruckende Material liegt während des gesamten Druckvorganges an dem gemeinsamen Zentralzylinder an. Dadurch ist es möglich, auch sehr dünne und flexible Materialien (z. B. Kunststofffolien) passgenau in hoher Qualität zu bedrucken. Bei der Reihenbauweise liegen dagegen mehrere komplette Druckwerke in einem bestimmten Abstand hintereinander.

zentrieren
Ausrichten auf die Mitte, z. B. das Anordnen von Linsen zu einem Objektiv, das Anordnen von zu bearbeitenden Werkstücken, das Ausrichten von Zeilen.
> zentrierter Satz

zentrierter Satz
Satz mit unterschiedlich langen Zeilen, die alle auf der Mittelachse des Satzspiegels ausgerichtet sind.

Zentrifugalkraft
Fliehkraft, die einen auf einer gekrümmten Bahn oder Kreisbahn liegenden Körper nach außen treibt.
> Zentripedalkraft

Zentripedalkraft
Kraft, die einer Zentrifugalkraft entgegengesetzt ist, d. h. nach innen zur Achse wirkt.

Zerstreuungslinsen
Konkave Linsen: bikonkav, plankonkav, konvexkonkav. Alle konkaven Linsen sind von der Achse aus gesehen, oben und unten dicker als in der Linsenmitte.
> Linsen

Zertifizierung
Nachweis, bestimmte Anforderungen zu erfüllen und einzuhalten.
Dieser Nachweis wird beglaubigt und bescheinigt. Nach einer bestimmten Zeit ist der Nachweis zu wiederholen.
Beispiele:
ISO 9001 Qualitätsmanagement:
Das Unternehmen erhält durch den Nachweis, alle Anforderungen der Norm zu erfüllen, ein Zertifikat ausgestellt. Mit diesem Zertifikat kann das Unternehmen gegenüber Kunden und Lieferanten nachweisen, dass es alle Anforderungen dieser Norm umsetzt.
ISO 12647, ProzessStandard Offsetdruck:
Mit diesem Zertifikat dokumentieren Druck- und Medienbetriebe nach außen ihre Qualitätsfähigkeit. Nach innen stellen sie eine reibungslose Produktion sicher. Die Zertifizierung nach ProzessStandard Offsetdruck (ISO 12647) durch die Fogra und die Mitgliedsverbände des Bundesverbandes Druck und Medien e.V. (bvdm) basieren auf den gleichen Grundlagen.
Bei Druckereien mit eigener Vorstufe werden beispielsweise folgende Module untersucht:
- Qualifiziertes Farbmanagement
- Prüfdruckerstellung
- Druckformherstellung
- Einrichten von Druckaufträgen und Fortdruck

Zeugdruck
Bezeichnung für den Stoffdruck.

ZFA
Abk. für: > Zentral-Fachausschuss Berufsbildung Druck und Medien

Zickzackfalz
Asymmetrischer Falz.
Parallelfalze, die nacheinander die Falzrichtung wechseln, auch > Leporellofalz genannt. Die daraus entstehenden Blätter sind alle gleich breit.
> Falz

Ziel
Zu erreichender oder erreichter Zustand.

Zielfarbraum
Farbraum, den ein Ausgabegerät oder -system wiedergeben kann.
Der Zielfarbraum wird im Color-Management mit > ICC-Profilen beschrieben, z. B. Monitor, Proof, Druckbedingungen bei der Produktion.
> Quellprofil

Zielgruppe
Begriff aus dem Marketing, bei Werbestrategien, Marktforschung u. a. verwendet. Gruppen aus der Gesellschaft, die sich nach bestimmten Merkmalen ordnen oder gliedern lassen, z. B.
- demografische Merkmale, z. B. Alter, Altersgruppe, Geschlecht, Familienstand
- geografische Merkmale, z. B. Land, Wohnort, Einwohnerzahl des Wohnortes
- sozio-ökonomische Merkmale, z. B. Familienstand, Single, Einkommen, Ausbildung, Studium, berufliche Tätigkeit, Berufsgruppe, finanzielle Situation, Kaufverhalten

Insbesondere im Marketing und bei der Konsumforschung bietet eine präzise Ermittlung der Zielgruppe wenig Streuverluste in Werbemaßnahmen.

zielgruppenspezifisch
Maßnahme für eine klar definierte > Zielgruppe.

Ziffer
Einzelnes Zeichen für arabische
(0, 1, 2, 3, . . . 8, 9)
oder römische
(I, II, III, . . V, . . X, . L, . . C, . . M) Zahlen.

Ziffern im Satz

1. Majuskel- oder Tabellenziffern:
   Alle Ziffern besitzen zumeist die Höhe der Großbuchstaben (Majuskeln), die Breite aller Ziffern ist gleich. Dies bringt für Tabellen und Listen ein optisch korrektes Bild, da alle Zeichen exakt untereinander stehen. Die Breite der Ziffern entspricht meistens einem > Halbgeviert.
2. Minuskel- oder Mediävalziffern:
   In einem fließenden Satz wirken jedoch gleich breite und hohe Ziffern statisch und wenig harmonisch zu dem Schriftbild. Hier werden Ziffern mit zeichengerechten Breiten (unterschiedliche Dicke, z. B. für 1, 8 und 0), unterschiedlichen Höhen und teilweise auch geringen Unterlängen eingesetzt.

Zink
Metallisches Element mit dem chemischen Kurzzeichen Zn. Dichte: 7,2 g/m^3.
Zink ist leicht zu legieren und zu gießen. Es ist gut korrosionsbeständig und bildet mit Sauerstoff ein dichtes Zinkoxid.
Zinkoxid (ZnO) entsteht technisch durch starkes Erhitzen. Es bildet weißes Pulver (Kristalle), das als Weißpigment u. a. verwendet wird. Legierungen mit Kupfer (Cu) ergeben Messing.

Zinkdruck
Flachdruckverfahren, bei dem anstelle des Lithografiesteins erstmals eine Metallplatte aus Zink als Druckform eingesetzt wurde.
Der Zinkdruck gilt als Vorläufer des Offsetdrucks. Im Gegensatz zum Offsetdruck wurde jedoch direkt gedruckt.

Zinkoxidpapier
Mit ZnO beschichtetes Papier oder Folie zur elektrofotografischen Bildübertragung, z. B. als Druckform für den kleinformatigen Offsetdruck mit einfacher Wiedergabequalität in der Auflösung.
Heute ohne Bedeutung.

Zinn
Metallisches Element mit dem chemischen Kurzzeichen Sn.
Dichte (je nach Modifikation ca.) 7,2 g/m^3.
Weiches, sehr dehnbares Metall, das in der Druckindustrie in Bleilegierungen für Letternmetall (Blei, Antimon, Zinn) und für Bronzen verwendet wird.

.zip
Endung für das Dateiformat eines Datenkompressionsprogramms. > Packer

ZIP-Drive, ZIP-Speicher
Früher eingesetzter diskettenähnlicher Datenspeicher. Eine von der Firma Iomega angebotene externe Speichertechnologie, die aus einem speziellen Laufwerk und entsprechenden Datenträgern (Speicher als Wechselmedien) bestand.
Kapazität ca. 100 bzw. 200 MB.

Zitat
Verwendung von fremdem geistigen Eigentum durch wörtliche Wiedergabe eines Textes oder einer Rede im Ganzen oder als Teil. Die Quelle, d. h. der geistige Ursprung, ist im Hinweis anzugeben.
Besonders in wissenschaftlichen Arbeiten soll das Zitat möglichst aus der Primärquelle, dem Original, entnommen sein.
Die Quellenangabe hat genau zu sein, sodass ein Prüfen möglich ist. Der zitierte Text sollte nur so lang sein, dass er den Gedankengang des eigenen Textes belegt oder ergänzt. Beispiel für das Zitieren einer Quellenangabe:
Teschner, Helmut: Fachwörterbuch Digital- und Printmedien, Christiani-Verlag Konstanz, 3. Auflage 2016.

Zone
Engl.: Inch. Maßeinheit für die Länge.
1 Zoll = 1 Inch = 2,54 cm.

zonal
In eine > Zone gehörend.

zonale Flächendeckung
Offsetdruck: Farbführende Fläche innerhalb einer Farbzone.
Die Flächendeckung in einer Farbzone ergibt sich aus dem Abstand (bzw. der Breite) der jeweils am Farbkasten zu steuernden, nebeneinander liegenden Farbzonen und dem einzufärbenden Druckzylinderumfang. Zu steuernde Farbzonen sind an modernen Offsetdruckmaschinen nebenwirkungsfrei arbeitende Steuerelemente. > Zone

Zone
Abgegrenztes Gebiet bzw. definierte Fläche. In der Druckmaschinentechnik benötigen konventionelle Farbwerke ein spezielles System für die permanente Nachdosierung von für den Druck verbrauchter Druckfarbe.
Bei älteren Systemen erfolgt diese Nachdosierung über ein Farbmesser mit angestellten Zonenschrauben, bei neueren Systemen wird dazu ein nebenwirkungsfreies Farbsteuerungssystem verwendet.
Beispiele aus der Drucktechnik:
Farbzufuhr oder Farbbedarf in einer Zone; Flächendeckung, druckender Flächenanteil in einer (Farb-)Zone.
> Zonenschraube

zonenloses Farbwerk
Druckwerke in Druckmaschinen:
Im > Rakeltiefdruck und im > Flexodruck erfolgt das Einfärben der Druckformen ausschließlich über zonenlose Farbwerke. Dabei wird eine über die Zylinderbreite gleichmäßige Farbschicht auf die Druckform übertragen. Eingesetzt werden dazu beispielsweise im Flexodruck eine Rasterwalze mit einem Kammerrakelsystem, im Rakeltiefdruck eine Farbwanne und eine Rakel, die die überschüssige flüssige Druckfarbe von der Oberfläche des Tiefdruckzylinders entfernt.
Im Offsetdruck wurde ein zonenloses Farbwerk an der 74 Karat, einer wasserlos arbeitenden Druckmaschinen, mit einer Rasterwalze mit einem Kammerrakelsystem eingesetzt.

Zonenschraube
Drucktechnik: Im Farbkasten einer Druckmaschine die mechanische Dosiereinrichtung für die Druckfarbenmenge in der Bogen- bzw. Bahnbreite.
Das Farbmesser aus Federstahl hat einen Grundabstand von 0,3 mm zum > Duktor. Durch Hereindrehen der jeweiligen Zonenschraube ist der Abstand des Farbmessers zum Duktor und damit die Farbmenge nach Bedarf zu verringern. Systeme mit dieser Technik arbeiten nicht nebenwirkungsfrei. Das heißt: Das Verstellen einer Zone beeinflusst auch die Nachbarzonen durch das „starre" Farbmesser.
> Nebenwirkungsfreiheit

Zoom
Stufenlose Veränderung der Größe einer bildlichen Darstellung.
1. Optik, Fotografie: Änderung des Aufnahmeformates bzw. der Bildgröße durch ein > Zoomobjektiv.
2. EDV: In der CAD- oder CAM-Technik ermöglicht diese Einstellung am Bildschirm das Konstruieren feinster Details umfangreicher, großer Projekte.
   Beim Betrachten und Prüfen von Details verändert sich die tatsächlich gezeichnete und gespeicherte Größe nicht.

Zoomobjektiv
Optik: Objektive mit stufenlos veränderlicher Brennweite in einem bestimmten Bereich, z. B. für Fotoapparate von 28 mm bis 70 mm oder von 70 mm bis mehr als 210 mm.

ZP-Papier
Sulfit-Zellstoff-Packpapier, meist einseitig glatt, aus mindestens 65 % Sulfitzellstoff und Holzstoff und höchstens 35 % Altpapier. Man unterscheidet je nach der Zusammensetzung fünf Klassen von ZP-Papieren. Flächengewichte unter 25 g/m^2 werden Seidenpapiere genannt.

Zufallsstichprobe
Statistische Methode, Qualitätskontrolle, Druckindustrie: Aus einer bestimmten (statistischen) Menge wird zufällig eine festgelegte Teilmenge entnommen, die die Gesamtheit der gelieferten Waren bzw. der Teil- oder Endprodukte mit bestimmter Wahrscheinlichkeit repräsentiert.

Zug
1. Physikalisch die Beanspruchung eines Werkstoffes durch zwei in Richtung der Achse bzw. Stoffmitte angreifende, einander entgegengesetzt gerichteter Kräfte.
2. Druckfarbe: Klebkraft.
   > Zügigkeit der Druckfarbe

Zugfestigkeit
Widerstand eines Werkstoffes gegen auftretende Zugkräfte.
Die Messung erlaubt auch gleichzeitig Rückschlüsse auf die Elastizität und Dehnbarkeit eines Werkstoffes, z. B. Papier, Kunststofffolie, Metallfolie. Gemessen wird mit einfachen Zugprüfgeräten bis zu hochwertigen, automatisch arbeitenden Zugprüfmaschinen. Bei Papieren ist die Widerstandsfähigkeit gegen das Zerreißen gekennzeichnet durch die > Reißlänge und die Bruchdehnung (ISO 1924-2). Die Festigkeit ist in der > Laufrichtung größer als in der Dehnrichtung.
Die Zugfestigkeit erlaubt damit u. a. wichtige Aussagen zur Verdruckbarkeit eines Werkstoffes in Rollen-Druckmaschinen.

Zügigkeit (tack)
Teilbereich der > Konsistenz einer Druckfarbe nach DIN 16515. Man bezeichnet die Klebkraft bzw. den Tack der Druckfarbe grob mit den Begriffen zügig bis kurz. Die Zügigkeit ist manuell (vereinfachtes Prüfen, das für exakte Messungen nicht ausreicht!) durch die Fingerprobe festzustellen.
Ist eine Druckfarbe zügig, so klebt sie nach dem Auftupfen der Finger fester auf dem Papier als bei mittlerer Zügigkeit.
Eine kurze Farbe hat dagegen einen geringen Zug. Die Oberflächenfestigkeit des Bedruckstoffes und die Zügigkeit der Druckfarbe müssen zu einem problemlosen Druck in einem engen Toleranzbereich übereinstimmen. Druckfarbenhersteller setzen zur Messung Präzisionsgeräte wie Tackmeter u. Ä. ein.

Zugriff
Engl.: access. Allgemeine Bezeichnung für das Auffinden von Daten auf einem Speicher, um ein Lesen (Ausgabe, z. B. Bildschirm, Drucker), Bearbeiten oder Schreiben (Eingabe, z. B. Tastatur) zu ermöglichen. Daten sind auf externen Datenträgern gespeichert. Um sie abzurufen und zu verarbeiten, muss die Möglichkeit eines Zugriffs (Abruf in die Zentraleinheit) bestehen. Man unterscheidet Speicher mit direktem Zugriff und Speicher mit seriellem Zugriff. Der direkte Zugriff ist bei Magnetplatten und allen digitalen Datenträgern möglich: Ein Datensatz ist von einer beliebigen Stelle des Datenträgers aus herauszugreifen. Dadurch sind Zugriffszeiten von Millisekunden zu erreichen. Bei Magnetbändern ist nur ein sequentieller Zugriff möglich. Wie bei einem Tonband muss das Magnetband von einer beliebigen Stelle erst bis zu der aufgerufenen Stelle mit dem gewünschten Datensatz durchlaufen. Alle Datensätze werden hintereinander auf dem Magnetband aufgezeichnet.

Zugriff, direkt
Engl.: random access. Auch wahlfreier

Zugriff genannt. Ein direkter, unmittelbarer Zugriff auf beliebige Daten eines Speichers. Dazu müssen die gespeicherten Daten adressiert sein.
Ein direkter Zugriff ist beispielsweise auf einen Arbeitsspeicher möglich.

Zugriff, seriell
Engl.: serial access. Der Zugriff auf gespeicherte Daten erfolgt in einer vorgegebenen Reihenfolge. Die benötigten Daten sind nicht adressiert und somit direkt zu lesen, zu bearbeiten oder auszugeben.
Um zu den gesuchten Daten zu gelangen, ist es vielfach erforderlich, einen größeren Bereich des Speichers zu durchlaufen.

Zugriffszeit
EDV: Zeit für das Auffinden bestimmter Daten auf einem Datenspeicher in einem Computersystem. > Zugriff

Zugwalzen
In Falzapparaten der Rollen-Druckmaschinen eingesetzte Walzenpaare für den gleichmäßigen Transport der Papierbahn nach dem Falztrichter.

Zurichtung
Drucktechnik: Ausgleich von Unebenheiten in Druckkörpern, Übertragungsmitteln oder Druckformen. Beispiele:
1. Buchdruck: Ausgleichen von Höhendifferenzen der Druckformelemente = Ausgleichszurichtung; Einstellen des tonwertbezogenen Anpressdrucks bei flächenmäßig unterschiedlich großen Bildstellen = Kraftzurichtung.
2. Offsetdruck: Ausgleichen von Unebenheiten bzw. geringsten Toleranzen in der Dicke des Gummituches.

Zusammendruck
Drucktechnik: Das Übereinanderdrucken von Teilfarben eines farbigen Druckproduktes auf den Bedruckstoff.
Bei einem > Farbdruck ergeben > binäre Bildinformationen (flächenvariable Rasterpunkte in jeder Druckfarbe), gedruckt mit den lasierenden Druckfarben Cyan, Gelb, Magenta sowie Schwarz, für das Auge ein einheitlich farbiges Bild entsprechend der Bildvorlage. Farbige Drucke sind nicht genormte Druckprodukte. Sie entstehen aus beliebigen Druckfarben und mit verschiedenartigen, über- und nebeneinandergedruckten Bildstellen.

Zusammendrückbarkeit
Kompressibilität. Eindrücken eines Werkstoffes, ohne dass dieser in der Druckzone seitlich ausweicht.
Beispiel: Kork, kompressibles Gummituch.
Gegensatz: Ein Schwamm, ein inkompressibles Gummituch und ähnliche Werkstoffe weichen dagegen in der Druckzone aus.

Zusammenfassung
Wesentliche Gedanken eines umfangreichen Sachverhaltes, Textes oder sonstigen Vorganges übersichtlich und klar auf wichtige Aussagen reduzieren.

Zusammenkopie
Kombination mehrerer Vorlagen (Flächen, Grafiken, Bilder oder Bildteile) zu einem Gesamtbild.
Früher fotografisch ausgeführte Arbeiten mit Montagen werden heute digital mit einem Bildverarbeitungsprogramm verwirklicht.

Zusammensetzung
Komposition. Bildung eines Begriffes, eines Stoffes, einer technischen Anlage aus einzelnen Elementen. Beispiele:
1. Zusammengesetzte Wörter aus zwei oder mehreren einzelnen Wörtern wie Bucheinband, Druckfarbenhilfsmittel.
2. Werkstoffmischungen wie Bindemittel, die aus mehreren Komponenten bestehen. > Zusatzstoffe

zusammentragen
Buchbinderei: Das Hintereinander- bzw. Übereinanderlegen gefalzter Druckbogen

(Lagen) zum Fügen eines Broschuren- oder Buchblocks.
Dieser Block wird anschließend klebegebunden oder fadengeheftet.
> Broschur, > Buch, > Kollationieren, > Zusammentragmaschine

Zusammentragmaschine
Technische Anlage in der Druckweiterverarbeitung zum automatischen > Zusammentragen.
Die gefalzten Bogen, Lagen genannt, werden jeweils in Stapeltischen (Stationen) entsprechend der Reihenfolge vorgesetzt. Die Anlage entnimmt aus jeder Station eine Lage und legt diese auf die vorhergehende Lage, bis der gesamte Buch- oder Broschurenblock zusammengetragen ist. Es entsteht ein mehrlagiges Produkt.
Hinweis: Beim > Sammeln zu einem einlagigen Produkt werden Falzbogen ineinandergesteckt und nicht aufeinandergelegt.

Zusatzstoffe
Hilfsstoffe, die bestimmte Eigenschaften von Werkstoffen fördern, verbessern oder erreichen. Bei der Druckfarbenherstellung auch Additive genannt.

Zuschlagkalkulation
Selbstkosten eines Produktes werden aus der Summe von Einzelkosten und Gemeinkosten errechnet. Einzelkosten sind direkte Kosten wie Fertigungsmaterial, Fertigungslöhne und Sondereinzelkosten (Entwürfe, Modell, Muster u. Ä.), die nach Belegen ohne Schwierigkeiten zu erfassen und dem Auftrag zuzuordnen sind.
Gemeinkosten sind dagegen indirekte Kosten, die einem Kostenträger allgemein über einen Verrechnungssatz zugeschlagen werden. Hierzu gehören z. B. Mieten oder Raumkosten, allgemeine Betriebsstoffe (Heizung, Beleuchtung, Wasser, Putzmittel), Instandsetzungskosten, kalkulatorische Zinsen, kalkulatorische Abschreibungen für Anlagegüter.
Prinzipieller Aufbau:

	Materialeinzelkosten
+	Materialgemeinkosten
=	Materialkosten
	Fertigungslohnkosten
+	Fertigungsgemeinkosten
+	Sondereinzelkosten
=	Fertigungskosten
	Materialkosten
+	Fertigungskosten
=	Herstellkosten
+	Vertriebs- und Verwaltungskosten
=	Selbstkosten

Zuschuss
Begriff aus der Druckindustrie:
Bedruckstoffmenge, die zusätzlich erforderlich ist, um die bei der Produktion anfallende Makulatur („Abgang“, Verluste) auszugleichen und Unterlieferungen zu vermeiden. Die Höhe des Zuschusses ist abhängig von Auflagenhöhe, Farbigkeit, Druckverfahren, Druckmaschine, Druckplattenwechsel, Weiterverarbeitung u.a.
Bei der Berechnung des zusätzlichen Materialbedarfs unterscheidet am zwischen auflagenfixen und auflagenvariablen Zuschussmengen.

- auflagenfix:
  Zuschuss für das Rüsten. Unabhängig von der Auflage anfallender Zuschuss für das Rüsten (Einrichten) der Druckmaschine und die Druckweiterverarbeitung.
- auflagenvariabel:
  Zuschuss bezogen auf die variablen Ausführzeiten. Prozentualer Anteil als Zuschuss, der für eine bestimmten Auflagenhöhe berechnet wird.

Dabei werden während der Produktion beschädigte oder qualitativ fehlerhafte Materialmengen, z.B. im Auflagendruck, in der Druckweiterverarbeitung beim Falzen, Binden und Ausstatten, ausgeglichen.

Zuse, Konrad

Pionier der Computertechnik (1910–1995), der 1941 die erste elektromechanisch arbeitende Rechenmaschine Z3 konstruierte.

Zusetzen der Druckform

Druckschwierigkeit, Druckform:
Tonwertveränderungen in Bildstellen, vor allem in Dreivierteltönen und Tiefen, durch ungeeignete Druckfarbe bzw. Druckhilfsmittel oder durch Papierstaub.
Beispiele: Gerasterte Bildstellen im Offsetdruck verlieren eine klare Zeichnung und Tonwerttrennung und drucken unsauber aus. Papierstaub setzt sich in Näpfchen der Tiefdruckform fest, dadurch wird weniger Druckfarbe auf den Bedruckstoff übertragen.

Zuverlässigkeit

1. Testverfahren gelten als zuverlässig, wenn bei verschiedenen Tests unter gleichen Bedingungen die gleichen Ergebnisse erzielt werden.
2. Sammelbegriff zur Beschreibung der Leistung bezüglich Verfügbarkeit und ihrer Einflussfaktoren. Im engeren Sinne die Leistung bezüglich ihrer Funktionsfähigkeit, Instandhaltung und Instandhaltungsunterstützung.
   > Qualitätsmanagementsystem

Zwischenschnitt

Das Herausschneiden eines (Abfall-)Streifens aus einem gedruckten Bogen.
> Beschnitt, > Trennschnitt

Zwei-Bahn-Betrieb

Rollen-Rotationsdruck: Zwei (es sind auch mehrere Bahnen möglich) Papierbahnen werden innerhalb der Druckmaschine bedruckt und gemeinsam oder auch separat verarbeitet.

Zweikomponentenkleber

Klebstoff, der erst nach dem Mischen zweier Komponenten, dem Kleber und dem Härter, wirkt. Beide Komponenten kleben für sich allein nicht.
Sie sind erst unmittelbar vor dem Verarbeiten zu mischen und nur innerhalb einer bestimmten Zeit (Topfzeit) verarbeitungsfähig.

Zweiraumkamera

Früher eingesetzte Reproduktionskamera, bei der die Vorlagenebene und die Aufnahmeebene jeweils in zwei Räumen liegen. Der Raum mit der Vorlagenebene wird Hellraum, der Raum der Aufnahmeebene wird Dunkelkammer (besser: Verarbeitungsraum) genannt.
Im Hellraum kann unabhängig von den notwendigen Beleuchtungsbedingungen – in der „Dunkelkammer“ – bei Tageslicht oder weißem Licht gearbeitet werden. Im Verarbeitungsraum ist Licht entsprechend der Sensibilisierung des > Fotomaterials erforderlich.

Zweiseitigkeit

Bei der Papierherstellung in Langsiebpapiermaschinen maschinell bedingte Verschiedenheit der Papieroberflächen.
Die auf dem Sieb liegende Seite, die Siebseite, ist füllstoffärmer und dadurch ein wenig rauer. Die Siebstruktur ist sehr fein zu erkennen. Die Oberseite, Filzseite genannt, ist die etwas glattere Seite. Die Zweiseitigkeit ist nur bei ungestrichenen > Naturpapieren festzustellen.
Durch > Doppelsiebformer ist diese Erscheinung zu vermeiden.

zweispaltig

Der Satzspiegel einer Druckseite (Kolumne) besteht aus zwei nebeneinanderstehenden Spalten.
Ebenso eignet sich die drei-, vier- und mehrspaltige Aufteilung der Druckseite je nach Produkt und Lesbarkeit.

Zwiebelfisch

Bleisatz: Fehlerhaft in einem Schriftkasten liegende Bleisatzbuchstaben werden in einem Text gesetzt.

Auch Zeichen aus der falschen Schriftart im Satz werden scherzhaft Zwiebelfisch genannt.

Zwirn
Heftgarn aus mehreren Fäden. Je mehr Fäden miteinander verzwirnt sind, desto fester ist der Faden.

Zwischendecktrocknung
Bogen-Offsetdruck: Beim Drucken mit UV-Druckfarben sind zwischen den einzelnen Druckwerken UV-Trockner installiert, die die gedruckte Farbe jeweils sofort trocknen. Somit wird Nass-auf-Trocken (N-a-T) gedruckt.

Zwischenlagendruck
Auch: Sandwich-Druck. Gedruckte Bildstellen liegen zwischen zwei Materialien, die nach dem Druck miteinander verbunden werden. Eines dieser Materialien muss transparent sein. Gedruckt wird vor allem im Tiefdruck und im Siebdruck.

Zwischenschnitt
Druckweiterverarbeitung:
Das produktionstechnisch erforderliches Herausschneiden eines Materialstreifens aus einem gedruckten Bogen.
Beispiel: Auf einem Druckbogen stehen mehrere > randabfallende (angeschnittene) Bilder nebeneinander. Zwischen den einzelnen Exemplaren ist ein zusätzlicher Materialstreifen erforderlich, damit jedes Produkt im Endformat exakt angeschnitten ist. Der Zwischenschnitt ist bei der Druckformherstellung einzuplanen und im Stand der Seiten zu berücksichtigen.

Zwischentitel
Abschnittsbezeichnung, -überschrift.

Zylinder
1. Drucktechnik: Zylindrische Druckkörper, z. B. Plattenzylinder, Gummituchzylinder, Druckzylinder, die mit ihren Mantelflächen (Zylinderumfang) in einer mehr oder weniger breiten Druckzone zusammenwirken und Bildstellen der Druckform streifenweise (seriell = nacheinander) übertragen. Dazu ist ein bestimmter Anpressdruck erforderlich. Die Zylinderzapfen sind beidseitig in Zylinderlagern (Gleit- oder Wälzlagern) gelagert. Angetrieben werden die Zylinder durch Zahnräder (Zahneingriff).
2. EDV: Daten sind auf einem Magnetplattenstapel in Spuren gespeichert. Mit Eisenoxid magnetisierte Leichtmetallplatten können Daten auf beiden Seiten speichern. Bei den beiden Endplatten ist jeweils nur die Innenseite zu benutzen. Die Spuren sind kreisförmig angeordnet und nicht wie bei einer Schallplatte spiralförmig nach innen zum Mittelpunkt verlaufend. Ein Plattenstapel mit beispielsweise sechs Magnetplatten hat vier beidseitig und zwei einseitig zu beschreibende Plattenflächen, demnach zehn Datenflächen. Lesen und Schreiben der Daten erfolgt über einen Zugriffskamm mit übereinander angeordneten, starr miteinander verbundenen Schreib-Lese-Köpfen. Sie liegen beim Lesen und Schreiben nicht auf den Platten auf, sondern schweben mit einem geringen Luftpolster darüber. Die untereinander angeordneten Spuren werden Zylinder genannt. In diesem Sinne bezeichnet der Zylinder die Spuren in einem Magnetplattenstapel, die durch Schreib-Lese-Köpfe ohne Positionsänderung des Zugriffskamms (auch: Zugriffsarm) zu erreichen sind. Bei einem Zylinderwechsel rückt der gesamte Zugriffskamm mit allen Schreib-Lese-Köpfen in eine neue Position. Die einzelnen Datensätze sind durch gespeicherte > Adressen (Speicherplatz mit Plattenoberfläche, Zylinder, Platz innerhalb der Spur) sehr rasch durch direkten Zugriff zu lesen.

Zylinderachse
Drucktechnik: Parallel zur Mantelfläche eines Zylinders laufende Richtung, in der der Zylinder gelagert ist.

Zylinderaufzug
Offsetdruck: Bezeichnung für die Zusammensetzung und die gesamte Dicke der Druckform (Druckplatte) bzw. des Gummituches sowie der zu einer korrekten Druckabwicklung erforderlichen Unterlagen. > kalibrierte Papiere und Kartons

Zylinderfalz
Hochleistungsfalzapparat an Rotations-Druckmaschinen, der mit rotierenden Zylindern, dem Falzmesserzylinder und dem Falzklappenzylinder, arbeitet.
Die Papierbahn wird in der bestimmten Länge getrennt und durch das Zusammenwirken von Falzmesser und Falzklappe beider Zylinder gefalzt.

Zylinderherstellung
Druckformherstellung für den Rakeltiefdruck, der die eigentliche Zylindervorbereitung sowie die Informationsübertragung der Bildstellen (z. B. durch elektronische Zylindergravur oder Elektronenstrahl-Gravur) umfasst.

Zylinderkanal
Streifen mit einer bestimmten Breite im Zylinderumfang einer Offsetdruckmaschine, der zum Einspannen der Druckplatten benötigt wird und nicht zum Drucken zu nutzen ist. In Bogen-Offsetdruckmaschinen hat der Zylinderkanal etwa die Breite von einem Viertel des Zylinderumfanges.
Bei Rollen-Offsetdruckmaschinen ist dagegen der Zylinderkanal nur ca. 10 mm breit (Papierabfall im Rollen-Rotationsdruck!).

Zylinderkorrektur
Mechanische oder elektrolytische Plus- und Minuskorrekturen an Druckformzylindern für den Rakeltiefdruck.
Pluskorrektur: Näpfchenvolumen vertiefen = Tonwert dunkler.
Minuskorrektur: Näpfchenvolumen verringern = Tonwert heller.

Zylinderstreifen
Druckschwierigkeit im Rakeltiefdruck:
Im Zylinderumfang zeichnen sich streifenförmige Fehlerscheinungen im Druck durch Beschädigungen der Zylinderoberfläche ab.

Zylinderverstellung
Die mechanische oder elektromotorische Steuerung der Zylinder eines Druckwerkes in axialer Richtung, um seitliche Passerfehler zu beseitigen, oder in radialer Richtung, um Passerfehler im Zylinderumfang zu korrigieren.
Ein Verstellen der Zylinder in radialer Richtung bei laufender Druckmaschine ist durch Schrägverzahnung mit Evolventenzahnform technisch möglich.
Eine axiale Verstellung ist durch Verschieben des Zylinderkörpers auf der Achse zu erreichen.
> Registerregelung

Englisch-deutsches Fachwörterverzeichnis

A

abbreviation – Abkürzung
abrasion – Abrieb
abrasion resistance – Abriebfestigkeit
absorption – Absorption
absorption capacity – Saugfähigkeit
accent – Akzent
acceptance – Abnahme
access – Zugriff (auf Daten)
access time – Zugriffszeit
accordion fold – Zickzackfalz
account – Konto
accuracy – Genauigkeit (Bebilderung)
achromatic composition – Unbuntaufbau
acoustic coupler – Akustikkoppler
actinic light – aktinisches Licht
activated carbon – Aktivkohle
active – aktiviert
actual value – Istwert
added value – Mehrwert
added value tax – Mehrwertsteuer
additive – Zusatzstoff, Druckhilfsmittel
additive colour synthesis – additive Farbmischung
address book – Adressbuch
adhesive – Klebstoff
adhesive binder – Klebebindemaschine
adhesive binding – Klebebindung
adhesive tape – Klebeband
adjustment – Justierung
administration – Verwaltung
advance – Fortschritt
advance copy – Vorausexemplar
advertisement – Anzeige
advertisement setting – Anzeigensatz
advertising – Werbung
advertising agency – Werbeagentur
advertising department – Werbeabteilung
advertising leaflet – Werbeblatt
aerosol – Aerosol
agency – Agentur
aggregate – Aggregat
aging – Alterung
aging schedule – Terminplan
agreement – Vereinbarung, Vertrag
air blast – Blasluft
air brush – Spritzpistole, Aerograf
air conditioning – Klimatisierung
air conditioning system – Klimaanlage
air dryer – Lufttrockner
air preparation – Luftaufbereitung
airproof – luftdicht
alcohol – Alkohol
alcohol damping system – Alkoholfeuchtung
alignment – Ausrichtung
alkaline – Alkali
alphabet – Alphabet
alphanumerical characters – alphanumerische Zeichen
aluminium – Aluminium
ammonia – Ammoniak
analogous – analog
analog-to-digital-converter – Analog-Digital-Wandler
analogue computer – Analogrechner
analogue image information – analoge Bildinformationen
analysis – Analyse
angle bars – Wendestangen
anilox inking system – Anilox-Farbwerk
anilox letterpress – Anilox-Hochdruck
anilox offset – Anilox-Offsetdruck
anilox roller – Aniloxwalze
anilox short ink train – Anilox-Kurzfarbwerk
anti-corrosive – korrosionshemmend
anti-halation layer – Lichthofschutzschicht
antiquity – Antike (das Zeitalter)
AOX value – AOX-Wert
aperture – Blende
applicator – Auftragswerk
apply, to – auftragen (Farbe, Feuchtmittel)
arch type unit – Brückendruckwerk, U-Druckeinheit
area – Bereich
area coverage – Flächendeckung
area of application – Anwendungsbereich

area of the image – Bildstelle
area printing – Flächendruck
armatures – Armaturen
art – Kunst, Entwurf
art board – Kunstdruckkarton
art book – Kunstband
art paper – Kunstdruckpapier, Hochglanzpapier
art printing – Bilderdruck
artwork – Vorlage, Reproduktionsvorlage
ascender – Oberlänge
assembly – Montage, Zusammensetzung
assignment – Zuordnung
attachment – Anhang, Zusatz
audit, to – prüfen
author – Verfasser
author's correction – Verfasserkorrektur, Autorkorrektur
autocopying paper – selbstdurchschreibendes Papier
automatic lateral control – automatische Seiten-Registersteuerung
automatic register – automatische Registersteuerung
automatic sequence – automatischer Ablauf
automatic three-knife trimmer – Dreimesserautomat
automatically – automatisch
autopaster – automatischer Rollenwechsler

B

back – Bund, Rücken
back fold – Bundfalz
back layer – Rückseite
back lining – Rückeneinlage
back of a page – Bundsteg
background – Hintergrund
backing – abpressen
back-stitching – Rückstichheftung
back title – Rückentitel
back up, to – abspeichern
bag – Beutel, Tüte, Sack
bagasse – Bagasse, Zuckerrohrrückstände
balance – Gleichgewicht
bale of paper – Papierballen
ballard process – Ballardverfahren
banknote paper – Banknotenpapier
bank paper – Bankpostpapier
bar – Balken
bar chart – Balkendiagramm
bar code – Balkencode
baryt paper – Barytpapier
base line – Schriftlinie
basic setting – Grundeinstellung
batch processing – Batch-Verarbeitung
bay window – Bay-window, Kehrwendestange
bearer pressure – Schmitzringpressung
bearer ring – Schmitzring
bearer-to-bearer printing press – Schmitzringläufer
bearing – Lager
beater – Wendetrommel
begin even – stumpfer Anfang
bellow – Balgen
belt – Gurt
belt delivery – Bogenausleger, Auslage
bevel, to – abkanten
bible paper – Dünndruckpapier
bibliography – Literaturverzeichnis
binary – dual
binary digit – Binärzahl
bind, to – binden
binder – Bindemittel
binding – Einband
binding agent – Bindemittel
binding process – Bindetechniken
binding thread – Heftfaden
bit – Binärzahl
bitmap – Bitmap
bitmap file – Bitmap-Datei
bitmap format – Bitmap-Format
bits per inch – bpi
bits per second – Bits pro Sekunde, Datenrate
black – Schwarz
black ink – Schwarzfarbe
black progressive – Schwarz-Auszug
blackening density – Schwärzung
blade streaks – Rakelstreifen
blank – blanko, vakat, unbedruckt
blank page – Vakatseite
blanket – Drucktuch, Gummidrucktuch
blanket cylinder – Gummituchzylinder

blanket-to-blanket unit – Gummi-Gummi-Druckeinheit
bleach, to – bleichen
bled off – abfallend, randabfallend
blind blocking – Blindprägung
blind print – Schimmel, Schimmelbogen
blind sheet – Schimmel, Schimmelbogen,
blister box – Blisterpackungen
blister varnish – Blisterlack
blistering – Blasenbildung
block – Block
block thickness – Blockstärke
blocking – Prägung (Folie, Gold); Verblockung
blower – Gebläse
blue print – Blaupause, Lichtpause
blue-printing paper – Lichtpauspapier
blue-sensitive film – blauempfindlicher Film
blurb – Waschzettel
blurb text – Klappentext
board – Karton, Pappe
board cutter – Pappschere
body – Kegel
body type – Grundschrift
bold – fette Schrift
boldface – fette Schrift
bond paper – Bankpostpapier, Hartpostpapier
book – Buch
book binding – Bucheinband
book case – Buchdecke
book cover – Bucheinband
book edge – Buchschnitt
book flow line – Buchfertigungsstraße
book jacket – Buchumschlag, Schutzumschlag
book paper – Werkdruckpapier
book printing – Werkdruck
book section – Abschnitt
bookmark – Lesezeichen
bookwork composition – Werksatz
break – Absatz
break down – Auflösung
breaking length – Reißlänge
break in production – Produktionspause
break resistance – Bruchwiderstand (Papier)
bright – leuchtend
brightlight film – Tageslichtfilm
brightness – Helligkeit
bright room film – Hellraumfilm
bring to front, to – nach vorne stellen
bristol board – Bristolkarton
brochure – Broschur
broken types – Fraktur
buckle, to – stauchen
buckle fold – Stauchfalz
buckle folder – Taschenfalzmaschine
buffer – Puffer
build-up of ink, ink build-up – Farbaufbau
bulky – voluminös
bulky paper – Dickdruckpapier, voluminöses Papier
bundle delivery – Paketausleger
business card – Visitenkarte

C

cable TV – Kabelfernsehen
cache – Zwischenspeicher
calender, to – satinieren
calender – Kalander
calendering – Satinage
calfleather – Kalbsleder
calfleather binding – Kalbslederband (-einband)
calibrate, to – kalibrieren
calibrated sheets – kalibrierte Papiere und Kartons
calibration – Kalibrierung
call – Anruf, Ruf
camera – Kamera
caolin – Porzellanerde
capacity – Kapazität
capacity utilization rate – Nutzungsgrad
capillary tube – Kapillarröhrchen
capital letter – Großbuchstaben, Majuskeln, Versalien
carbon black – Ruß
carbon printing – Karbondruck
card – Karte
card index – Kartei
cardboard – Karton
caricature – Karikatur
cartonboard – Faltschachtelkarton
cartoon – Karikatur
case in, to – einhängen

casein – Kasein
casemaker – Deckenmachmaschine
casing – Gehäuse
cast coated paper – gussgestrichenes Papier
cast-coated paper/board – gussgestrichener Bedruckstoff
cathode – Kathode
cathode ray tube – Kathodenstrahlröhre
CB, coated backside – Oberblatt bei SD-Papieren
cell – Näpfchen, Zelle
cell form – Näpfchenform
cell structure – Näpfchenstruktur
cell volume – Näpfchenvolumen
cell wall – Rastersteg, Steg
cell/wall relationship – Raster-/Steg-Verhältnis
cellulose – Zellstoff, Zellulose
center cut – Trennschnitt
central control console – Leitstand
ceramic printing – keramischer Druck
CF, coated front – Unterblatt bei SD-Papieren
CFB, coated front and back – Mittelblatt bei SD-Papieren
chalk, to – abmehlen (Druckfarbe), mehlen
chalk drawing – Kreidelithografie
chalky fog – Kalkschleier
chamber-type doctor blade – Kammerrakel
changeable disk system – auswechselbare Platte (EDV)
chapter heading – Zwischentitel
character – Zeichen
character count – Umfangsberechnung
character height – Schrifthöhe
character kerning – Unterschneiden
character recognition – Zeichenerkennung
character spacing – Laufweite
characteristic curve – Kennlinie
characteristic curve of printing – Druckkennlinie
check, to – prüfen
chemical pulp – Zellstoff
china clay – Porzellanerde, China Clay
chlorine – Chlor
chlorine-free – chlorfrei
chromatic – bunt
chromatic composition – Buntaufbau
chromium-plate, to – verchromen
chromo board – Chromokarton
chromo cardboard – Chromokarton
chromo duplex board – Chromoduplexkarton
chromo imitation cardboard – Chromoersatzkarton
chromo paper – Chromopapier
circumferential register – Umfangsregister
classical antiquity – Antike (das Zeitalter)
classification – Klassifikation
clean, to – reinigen
clean proof – Jungfer
cleaning – Reinigung
cleaning solution – Reinigungsmittel
client – Auftraggeber, Kunde
climate – Klima
clip – einzelne Szene (Video, Web)
closed – geschlossen
closed-loop control – geschlossener Regelkreis
cloth binding – Leineneinband
coated backside – Oberblatt bei SD-Papieren
coated board – gestrichener Karton
coated front – Unterblatt bei SD-Papieren
coated front and back – Mittelblatt bei SD-Papier
coated paper – gestrichenes Papier
coating – Auftrag, Beschichtung
coating base – Schichtträger
coating film – Lackschicht
coating unit – Lackierwerk
cogwheel – Zahnrad
collate, to – kollationieren
collating mark – Flattermarke
collation – Kollationierung
collect, to – zusammentragen
collect-run production – Sammelproduktion (Rollendruck)
collotype printing – Lichtdruck
colon – Doppelpunkt
colour – Farbe
colour balance – Farbbalance
colour cast – Farbstich

colour chart – Farbtafeln
colour circuit – Farbenkreis
colour duplicate – Farbduplikat
colour editing – Farbkorrektur
colour evaluation lamp – Farbprüfleuchte
colour filter – Farbfilter
colour generation – Farbmodus
colour image – Farbbild
colour ink – Buntfarbe
colour matching – Abmusterung, Farbabstimmung
colour printing – Farbdruck
colour proof – Farbprüfverfahren
colour register – Passer, Farbpasser
colour saturation – Sättigung
colour sensitivity – Farbempfindlichkeit
colour separation – Farbauszug
colour separation filter – Farbauszugsfilter
colour sequence – Farbreihenfolge
colour set – Farbsatz
colour slide – Farbdiapositiv
colour synthesis – Farbmischungen
colour temperature – Farbtemperatur
colour value – Farbwert
coloured ink – Buntfarbe
colouring – Färbung
column – Kolumne, Spalte
combination film – Sammeldiapositiv
combination folder – Kombinations-Falzapparat
combination printing – Zusammendruck
combination sheet – Sammelbogen
command – Befehl
commercial – Akzidenz
commercial typesetting – Akzidenzsatz
communication – Kommunikation
communication link – Datenübertragung
compaction – Komprimierung
compatibility – Kompatibilität
compatible – kompatibel
compendium – Kompendium
compensation – Kompensation
complementary colour – Komplementärfarben
composing stick – Winkelhaken
composition – Zusammensetzung
compositor – Schriftsetzer
compositor-pressman – Schweizerdegen
compound foil- Verbundfolien
compress, to – komprimieren
compressed air – Druckluft
compressibility – Kompressibilität, Zusammendrückbarkeit
compressible rubber blanket – kompressibles Gummituch
compression – Kompression
compressor – Kompressor
computer graphics – Computergrafik
concave lens – konkave Linse
concertina fold – Zickzackfalz
conductor – Leiter
configuration – Konfiguration
coniferous wood – Nadelholz
conservation – Umweltschutz
consistency – Konsistenz
consumer protection – Verbraucherschutz
contact copy – Kontaktkopie
contact exposure unit – Kontaktkopiergerät
contact film – Kontaktfilm
contact pressure – Auflagedruck
contact screen – Kontaktraster
content – Inhalt
continuous – kontinuierlich, endlos, taktunabhängig
continuous forms printing – Endlosdruck, Endlosformulardruck
continuous tone – Halbton
continuous-tone exposure – Halbtonaufnahme
continuous-tone picture – Halbtonbildvorlage
contour definition – Randschärfe
contract – Vertrag
contract proof – verbindlicher Prüfdruck für die Druckproduktion
contrast – Kontrast
control – Leitung, Kontrolle
control system – Steuerung
control technology – Regelung
control, to – regeln
conversion – Umstellung, Konvertierung
convertible perfector – umstellbare Schön-und Widerdruckmaschine
converting line – Verarbeitungslinie

convex lens – konvexe Linse
coordinate – Koordinate
coordinate system – Koordinatensystem
copies/h – Exemplare/Stunde
copper, to – verkupfern
copperplate engraving – Kupferstich
copy, to – kopieren
copy – Textvorlage
copy board – Vorlagenhalter
copy delivery – Ausleger
copy preparation – Manuskriptbearbeitung
copying frame – Kopierrahmen
copying lamp – Kopierlampen
copying layer – Kopierschicht
copyright – Urheberrecht
copywriter – Werbetexter
correction – Korrektur
correction marks – Korrekturzeichen
corrector – Korrektor
corrosion – Korrosion
corrugated board – Wellpappe
cost accounting – Kostenrechnung
cost effectiveness – Wirtschaftlichkeit
cost estimating – Kalkulation, Vorkalkulation
cost of quality – Qualitätskosten
costs – Kosten
couch, to – gautschen (Papierherstellung)
cover, to – überziehen
cover – Deckel, Einband, Umschlag
cover board – Buchdeckel
coverage properties – Deckfähigkeit
crash – Absturz, Zusammenbruch einer EDV-Anwendung
crease, to – rillen
creative artist – Gestalter
creative work – Gestaltungsarbeit
cross cutter – Querschneider
cross fold – Kreuzfalz
cross grain – Querrichtung
cross media publishing – medienübergreifendes Publizieren
cross perforation – Querperforation
cuneiform characters – Keilschrift
customer – Kunde
cut, to – schneiden
cut out, to – freistellen
cut-in notes – Marginalien
cut-off length – Abschnittlänge
cutter – Schneidemaschine
cutting – Ausschnitt
cutting and creasing – Schneiden und Falzen
cutting character – Schneidezeichen, Schnittzeichen
cutting die – Bandstahlschnitt, Stanzform
cutting edges – Schnittkanten
cutting mark – Schneidezeichen, Schnittmarken
cutting sequence – Schnittfolge
cyan separation – Cyanauszug
cycles – Takte
cylinder – Zylinder
cylinder axle – Zylinderachse
cylinder correction – Zylinderkorrektur
cylinder dressing – Zylinderätzung
cylinder fold – Zylinderfalz
cylinder gap – Zylinderkanal
cylinder rolling – Druckabwicklung
cylinder surface – Zylinderoberfläche

D

damp roller – Feuchtwalze
dampener – Feuchtwalze
dampener fountain pan – Feuchtmittelkasten
dampener fountain roller – Feuchtduktor
dampener oscillator roller – Feuchtreibzylinder
dampening distribution roller – Feuchtreibwalze
dampening form roller – Feuchtauftragwalze
dampening oscillator – Feuchtreiber
dampening rollers – Feuchtwalzen
dampening solution – Feuchtmittel
dampening system – Feuchtwerk
dampening unit – Feuchtwerk
damping system – Feuchtwerk
damping water – Feuchtmittel
dancer roller – Pendelwalze
dandy roll – Wasserzeichenwalze
darkroom – Dunkelkammer
data – Daten
data bank – Datenbank

data base publishing – datenbank-gestützte Medienproduktion
data bus – Datenbus
data carrier – Datenträger
data collection – Datenerfassung
data compression – Datenkompression
data conversion – Datenkonvertierung
data converter – Datenkonverter
data flow – Datenfluss
data flowchart – Datenflussplan
data format – Datenformat
data input – Dateneingabe
data output – Datenausgabe
data protection – Datenschutz
data rate – Datenrate
data save – Datensicherung
data storage – Datenspeicher
data transfer – Datentransfer, Datenübertragung
data transmission – Datenfernübertragung, Datenübertragung
daylight – Tageslicht
daylight processing – Tageslichtverarbeitung
deactivate, to – deaktivieren
deadline – Termin
decimal – dezimal
decimal system – Dezimalsystem
deckle-edged paper – Büttenpapier
decoration – Dekor
dedication – Widmung
defect – Fehler
definition – Definition
deinked pulp – De-inkingstoff
delete, to – löschen
delivery – Auslage, Ausleger
densitometer – Densitometer
density – Dichte
density gradation curve – Schwärzungskurve
density range – Dichteumfang
depreciation – Abschreibung
depreciation rate – Abschreibung
desaturation – Verweißlichung
descender – Unterlänge der Buchstaben
description – Bescheibung, Bezeichnung
design – Grafik
designation mark – Bogensignatur
desk – Tisch, Schreibtisch
detail – Einzelheit, genaue Zeichnung
develop, to – entwickeln
developer – Entwickler
dictionary – Wörterbuch
die-cutting – Stanzen
digit – Zeichen
digital technology – Digitaltechnik
digitization – Digitalisierung
digitized typeface – digitalisierte Schrift
dilutant – Verdünner
dimensional stability – Dimensionsstabilität, Maßhaltigkeit
direct access memory – Festwertspeicher
direct coating – Direktbeschichtung
direction of run – Laufrichtung
directory – Adressbuch, Verzeichnis
dispersion – Dispersion
dispersion coating – Dispersionslack
dispersion varnish – Wasserkastenlack
display – Bildschirm
display monitor – Bildschirm
display type – Auszeichnungsschrift
dispose, to – entsorgen
distemper – Temperafarben
distribute, to – ablegen
doctor – Rakel
doctor blade – Rakelmesser
document case – Dokumentenkoffer
dot – Rasterpunkt (im gerasterten Bild)
dot center – Punktkern
dot gain – Punktverbreiterung, Tonwertzunahme, Vollerwerden
dot halo – Punkthof
dot shape – Punktform
dot squeeze – Quetschrand
dot structure – Rasterpunktstruktur
double – Hochzeit
double-sided – zweiseitig
doubling – Dublieren
draw, to – zeichnen
draw roller – Zugwalzen
drawing – Zeichnung
drawing paper – Zeichenpapier
drive – Antrieb, treibende Kraft
drive gears – Antriebsräder
drive motor – Antriebsmotor
driver – Treiber

drum – Hobbock
drum scanner – Trommelscanner
dry spraying – Druckbestäubung
dryer – Trockner, Trocknungsanlagen
dryer section – Trockenpartie
drying – Trocknung
drying agent – Trockenstoffe
drying by absorption – Trocknung: wegschlagend
drying by oxidation – Trocknung: oxidativ
drying time – Abbindezeit (Klebstoff)
duct fresh ink – kastenfrische Druckfarbe
duct roller – Duktor
duct screw – Zonenschraube
dull – matt
dummy – Blindband, Blindmuster, Musterband
duo-tone printing – Duplexdruck
duplex board – Duplexkarton
duplicate film – Nutzenfilme
duplicating – Vervielfältigung
durability time – Standzeit
dust cover – Schutzumschlag

E

EC symbol – EG-Zeichen
economy – Wirtschaftlichkeit
edge – Kante
edit, to – bearbeiten
editor – Lektor
editorial office – Lektorat
effluent – Abwasser
electromechanical engraving – elektromechanische Gravur
electronic newspaper – Bildschirmzeitung
elliptical dot – Kettenpunktraster
em quad – Geviert
embed, to – einbetten
emitted air – Abluft
emulsion – Schicht, lichtempfindliche Beschichtung
emulsion side – Schichtseite
emulsion side down – seitenverkehrt
emulsion side up – seitenrichtig
end paper – Vorsatzpapier
engraving – Gravur
enlargement – Vergrößerung
enlarger – Vergrößerungsgerät
environment – Umwelt
erratum – Druckfehler
error – Fehler
estimate of volume – Manuskriptberechnung
etch, to – abschwächen
etching – Radierung
evaluation – Auswertung, Berechnung
evaporation – Verdunstung
exhaust air – Abluft
exhaust gas – Abgas
exhauster – Absauganlagen
exposure – Belichtung
extender – Verschnitt
external data – Fremddaten
external drum recoder – Außentrommelbelichter
external storage – externer Speicher
eye – Auge

F

face and reverse printing – Schön- und Widerdruck
facsimile – Faksimile
falsification – Verfremdung
FAQ, Frequently Asked Questions – häufig gestellte Fragen
fastness – Echtheit
fault – Fehler, Störung
feeder – Anlage
felt side – Filzseite
fibre optic cable – Fiberglasoptik, Glasfaserkabel
fibre stock – Faserstoffe
field – Feld
figure – Ziffer
file – Datei, Ordner
file name – Dateiname
file size – Dateigröße
file transfer – Datenübertragung
fillers – Füllstoffe
filling-in – zusetzen
film – Film
film laminating – Folienkaschierung
film opaque – Abdeckfarbe
film processor – Entwicklungsmaschine
filter – Filter
final drawing – Reinzeichnung

final size – Endformat
fine paper – Feinpapier
finishing – Druckweiterverarbeitung, Fertigmachen, Veredelung
fix, to – fixieren
fixing agent – Bindemittel
fixing bath – Fixierbad
flash point – Flammpunkt
flat lying properties – Planlage
flat sheet – Planobogen
flat sheet delivery – Planoauslage
flexible packing – Weichverpackung
flexo printing – Flexodruck
flexographic printing – Flexodruck
flexography – Flexodruckverfahren
floppy disk – Diskette
flow-chart – Ablaufdiagramm
flow of control – Programmablauf
flowline three-side trimmer – Fließdreischneider
fluff – Papierstaub
fluffy – flauschig, flockig
fluorescent lamp – Kaltlichtlampe
flush matter – Blocksatz
flute – Welle (Wellpappe)
fly-leaf – fliegendes Blatt
fog – Schleier
foil laminating – Folienkaschierung
fold – Bruch, Falz
folded sheet – Falzbogen
folder – Prospekt
folding – Falz
folding box – Faltschachtel
folding box board – Faltschachtelkarton
folding cylinder – Falzzylinder
folding jaw – Falzklappe
folding knife – Falzmesser
folding lay – Falzanlage
folding layout – Falzschema
folding machine – Falzmaschine
folding sample – Falzmuster
folding station – Falzwerk
folding unit – Falzapparat
folio – Kolumnenziffer, Pagina, Seitenzahl
font – Schriftbildträger, allg. auch: digitalisierte Schrift
font management – Verwaltung der Schriften
font sample – Schriftmuster
font size – Schriftgröße
foot – Fuß
foot of page – Fuß einer Seite
footnote – Fußnote
fore-edge – Vorderschnitt
foreground – Vordergrund
foreground processing – Vordergrundverarbeitung
foreword – Vorwort
form – Vordruck
format – Format
format, to – formatieren
former – Trichter, Falztrichter
former fold – Trichterfalz
former roller – Trichterwalze
fountain blade – Farbmesser
fountain roller – Duktor
fountain solution – Feuchtmittel
four-colour printing – Vierfarbdruck
four-colour printing press – Vierfarben-Druckmaschine
fourdrinier paper machine – Langsiebpapiermaschine
frame – einzelnes Bild (Web), Rahmen
frequency – Frequenz
frequency modulation – Frequenzmodulation
frequency-modulation screening – FM-Rasterung
Frequently Asked Questions (FAQ) – häufig gestellte Fragen
friction – Friktion
front guide – Vordermarke
front lay – Vordermarke
frontispiece – Titelbild
full binding – Ganzband
full page – Ganzseite
full-page – ganzseitig
full-page make-up – Ganzseitenumbruch
full-page output – Ganzseitenausgabe
full retouching – Vollretusche
full title – Haupttitel
full tone – Vollton
full-tone density – Volltondichte
fully sized – vollgeleimt (Papier)
functionality – Funktionstüchtigkeit
fuser unit – Fixiereinheit

G

galley proof – Satzfahne
gamma – Gamma
gang exposure – Tableau
gap – Lücke, Spalt
gatefold – Fensterfalz
gather, to – zusammentragen
gatherer-stitcher – Sammeldrahthefter
gathering machine – Zusammentragmaschine
gauze – Gaze
GCR – Unbuntaufbau
gear – Zahnrad
gear mark – Zahnstreifen
gear wheel – Zahnrad
ghost image – Geisterbild, Geisterdruck
ghost printing – Geisterbild, Geisterdruck
ghosting – Dublieren
gilt top edge – Kopfschnitt
glassine paper – Pergaminpapier
glazed – glatt
glazed paper – satiniertes (geglättetes) Papier
gloss – Glanz
glossy – glänzend
glossy surface – glänzende Oberfläche
glue, to – leimen
glue – Leim, Leimstoffe
gluing device – Klebebindeeinrichtung
glyphe – Zeichen einer digitalisierten Schrift
gold leaf – Blattgold
golden section – goldener Schnitt
good sheet – Gutbogen, OK-Bogen
gradation – Gradation, Verlauf
gradation screen – Verlaufsraster
grain direction – Laufrichtung
grammage – Flächenmasse, Flächengewicht
graphic paper – grafisches Papier
graphics – Bild
Graphics Interchange Format – GIF-Format (Grafik im Internet)
gravure – Rakeltiefdruck
gravure cylinder – Tiefdruckzylinder
gravure ink – Tiefdruckfarbe
gravure paper – Tiefdruckpapier
gravure printing – Tiefdruck
grey balance – Graubalance
grey component replacement – Unbuntaufbau
grey level – Graustufe
grey scale – Grauskala
grey scale reduction – Unbuntaufbau
grey wedge – Graukeil
greyness – Verschwärzlichung
gripper – Greifer
gripper bite – Greiferrand
gripper fold – Greiffalz
gripper margin – Greiferrand
groove – Nut
groove, to – nuten
ground wood pulp – Holzschliff, Holzstoff
gsm – Gramm pro Quadratmeter, g/m²
guide roller – Leitwalze
gum arabic – Gummiarabikum
gumming – Gummieren

H

hair hygrometer – Haarhygrometer
hair stroke – Haarstrich
half binding – Halbband
half stuff – Halbstoff (Papier)
half-title – Schmutztitel
halftone – Halbton
halftone colour synthesis – autotypische Farbmischung
halftone dot – Rasterpunkt (im gerasterten Bild)
halftone engraving – Autotypie
halftone plate – Autotypie
halftone screening – autotypische Rasterung
half-toned area – gerasterte Fläche
half-uncial – Halbunziale
halo – Lichthof
halogen – Halogen
halogen lamp – Halogenlampe
halogen silver – Halogensilber
hand composition – Handsatz
hand-made paper – Büttenpapier
hand-set type – Handsatz
handwriting – Handschrift
hard disk – Festplatte
hardcover – Deckenband
hardness – Härte

hardwood – Laubholz
harmonica fold – Leporellofalz
hazard class – Gefahrenklasse
head – Kopf
head band – Kapitalband
head banding – Kapitalen (Buchherstellung)
headline – Kopfzeile
headline setting – Titelsatz
headliner – Titelsetzgerät
heat – Wärme
heat recovery – Wärmerückgewinnung
heat-set commercial press – Illustrationsdruckmaschine
heatset-ink – Heatset-Druckfarbe
heliogravure – Heliogravüre
help – Hilfe
hickey – Butzen
hieroglyphics – Bilderschrift, Hieroglyphen
highlight – Hochlicht
high-light dot – Lichtpunkt
high-pile delivery – Hochstapelausleger
high-pile feeder – Hochstapelanleger
homogeneous – homogen
host system – Host
hot air dryer – Heißlufttrockner
hot air drying – Heißlufttrocknung
hot-calander, to – heißkalandrieren
hotmelt – Heißleim, Hotmelt-Leim
hot metal – Bleisatz
hot metal composition – Bleisatz
house corrections – Hauskorrekturen
hue – Farbton
humidity – Luftfeuchtigkeit
hydraulics – Hydraulik
hydrophilic – hydrophil, wasserfreundlich
hydrophobic – hydrophob, wasserabstoßend
hygrometer – Hygrometer, Feuchtigkeitsmesser
hygroscopic – hygroskopisch
hyphen – Divis
hyphenation software – Silbentrennprogramm

I

illuminant – Lichtart
illustration – Abbildung, Bild
illustration printing paper – Bilderdruckpapier, Illustrationsdruckpapier
image – Bild
image area – Satzspiegel
image build-up – Bildaufbau
image details – Durchzeichnung
image information – Bildinformationen
image length – Druckbildlänge
image size – Bildgröße
image sujet – Bildsujet
image transfer – Bildübertragung
imaging – Bebilderung
imaging type – Bebilderungsart
imaging unit – Bebilderungseinheit
imitation chromo board – Chromoersatzkarton
imitation parchment paper – Pergamentersatz (Papier)
imposition – Ausschießen
imposition sheet – Standbogen
impregnate, to – imprägnieren
impression (pressure) – Druck (pneumatisch)
impression cylinder – Druckzylinder
impression cylinder packing – Druckzylinderaufzug
impression roller – Presseur
imprint, to – eindrucken
imprint – Eindruck, Impressum (Druckvermerke)
imprinter – Eindruckwerk
imprinting unit – Eindruckwerk
inactive – deaktiviert
incunabula – Frühdrucke, Wiegendrucke
indent – Zeile einrücken, Einzug
indention – Einzug
index board – Karteikarton
index file – Kartei
indirect letterpress printing – indirekter Hochdruck, Lettersetdruck
indirect printing process – indirekter Druck
indirect stencil – indirekte Schablone
in-drum-recorder – Innentrommelbelichter
infeed unit – Einzugwerk
information – Nachricht
infrared dryer – Infrarot-Trockner

initial – Initiale
initial letter – Anfangsbuchstabe
ink – Farbe
ink absorption – Farbaufnahmeverhalten
ink ball – Tampon
ink blade – Farbmesser
ink chamber blade system – Kammerrakelsystem
ink density – Farbdichte
ink density measurement – Farbdichtemessung
ink fading – Farbabfall
ink film – Farbfilm
ink film thickness – Farbfilmdicke
ink flow – Farbfluss
ink form roller – Farbauftragwalze
ink fountain roller – Farbduktor
ink jet printer – Tintenstrahldrucker
ink key – Farbzone
ink key position – Farbzonenstellung
ink matching – Abmusterung
ink metering system – Farbdosierungssystem
ink rail/ink fountain – Farbkasten
ink rollers – Farbwalzen
ink sequence – Farbreihenfolge
ink vehicle – Lösemittel
ink volume – Farbmenge
ink-water-balance – Farb-Wasser-Gleichgewicht
ink zone – Farbzone
inking – Farbgebung
inking system – Farbwerk
inking unit – Farbwerk
inline coating – Drucklackierung
input – Eingabe
input scanner – Eingabescanner
insert, to – einfügen
insert – Einlage
insetter – Einsteckmaschine
insetting – sammeln, einstecken (Falzbogen)
inside margin – Bundsteg
instruction – Vorschrift, Anweisung
instructor – Ausbilder, Lehrer
integrated circuit – integrierte Schaltung
intent – Absicht, Vorhaben
interface – Schnittstelle
interline spacing – Zeilenabstand
intermediate cut – Zwischenschnitt
internal drum recoder – Innentrommelbelichter
intro – Einleitung
invers – umgekehrt
IR – Infrarot
IR dryer – Infrarot-Trocknung
iris printing – Irisdruck
ISO paper size – Papierformate nach DIN ISO
italic type – Kursivschrift
lye – Lauge

J

jacket – Buchumschlag, Schutzumschlag
Japan paper – Japanpapier
jaw cylinder – Falzklappenzylinder
jaw fold – Klappenfalz
jet drying – Düsentrocknung
jet spray damping unit – Düsenfeuchtwerk
job – Arbeit
job change – Auftragswechsel
job data – Auftragsdaten
job number – Auftragsnummer
job preparation – Arbeitsvorbereitung
job printing – Akzidenzdruck
job ticket – Auftragstasche (Angaben zum Auftrag)
job timeout – Abbruch des Jobs
jobbing work – Akzidenzen
journal – Zeitschrift, Fachzeitschrift
justification – Justierung

K

kiss printing – Druck mit geringer Druckbeistellung
knife fold – Messerfalz
knife folder – Messerfalzmaschine

L

label – Etikett
label paper – Etikettenpapier
laminate, to – kaschieren
laminating paper – kaschiertes Papier
lamp for colour control – Abstimmlicht, Normlicht

LAN, Local Area Network – lokales Netzwerk
language – Sprache
language selection – Sprachwahl
laser diode – Laserdiode
laser dot – Laserdot, Laserpunkt
laser imager – Laserbelichter
laser printer – Laserdrucker
latent – latent
latent image – latentes Bild
lay edge – Anlagemarke
layer – Ebene, Schicht
layer side – Schichtseite
layout – Entwurf, Layout
layout program – Layoutprogramm
layout sheet – Einteilungsbogen
layout software – Layoutprogramm
layout system – Layout-System
leaded matter – durchschossener Satz
leading – Zeilenabstand
leaflet – Prospekt
lecture – Vorlesung, Vortrag
lecturer – Dozent (Universität)
left justify – linksbündig ausrichten
legend – Zeichenerklärung
legibility – Lesbarkeit
length – Länge
lens – Linse, Objektiv
letter – Buchstabe (Satz)
letter spacing – Laufweite, Zeichenabstand
letterhead – Briefkopf
lettering – Schriftsatz
letterpress – Buchdruck
letterpress printing – Hochdruckverfahren
letterset printing – Lettersetdruck
ligature – Ligatur
light – Licht
light amplification by stimulated emission of radiation – Laser
light cell – Fotozelle
light coated – leicht gestrichen
light emitting diode – Leuchtdiode
light fastness – Lichtechtheit
light integrator – Lichtdosiergerät
light intensity – Lichtstärke
light proofness – Lichtbeständigkeit
light-sensitive coating – Kopierschicht
light trap – Lichtfang
lightness – Helligkeit (Farbe)
lightweight coated paper – leichtes, gestrichenes Papier (LWC-Papier)
lime – Kalk
limestone – Kalkstein
line – Strich, Zeile
line art – Strichvorlage
line composing and casting machine – Zeilensetzmaschine
line, to – überziehen
line fall – Zeilenfall
line length – Zeilenlänge
line spacing – Zeilenabstand
linen tester – Fadenzähler
liner – Decklage (Papier)
line-up sheet – Standbogen
lining – Überzug
lino cut – Linolschnitt
linseed oil – Leinölfirnis
lint – Papierstaub
Liquid Cristal Display – LCD-Anzeige
lith film – Lith-Film
lithographic printing – Flachdruck
lithography – Steindruck
LLWC – superleichtes, gestrichenes Papier, ca. 40 g/m^2 (lightlight weight coated paper)
Local Area Network – lokales Netzwerk
log – Protokoll
logo – Signet
long cut-off – stehende Seiten
long fold – Längsfalz
long grain – Schmalbahn
loop – Schleife
loss of data – Datenverlust
loss of tone – Tonwertverlust
lower case letter – Gemeine, Kleinbuchstaben, Minuskeln
lux – Lux
luxmeter – Luxmeter
LWC-paper – leichtes, gestrichenes Papier (LWC-Papier)

M

machine-coated paper – maschinengestrichenes Papier
machine direction – Maschinenrichtung, Laufrichtung (Papier)

machine-finished paper – maschinenglattes Papier
machine language – Maschinensprache
machine-readable manuscript – maschinenlesbares Manuskript
mackle – Schmitz
macros – IWT (Satz: Immer wiederkehrender Text)
magazine – Magazin, Zeitschrift
magazine paper – Illustrationsdruckpapier
magenta – Magenta
magenta contact screen – Magenta-Kontaktraster
magnetic bubble memory – Magnetblasenspeicher
magnetic cassette – Magnetbandkassette
magnetic disk – Magnetplatte
magnetic tape – Magnetband
mailing – Werbeblatt, Werbesendung
main memory – Arbeitsspeicher
main menu – Hauptmenü
mainframe – Zentraleinheit der EDV
make ready, to – einrichten, rüsten
make up, to – umbrechen
makeready – Druckeinrichtung
make-ready time – Rüstzeit
make-up – Umbruch
manilla paper – Tauenpapier
manual – Handbuch
manuscript – Manuskript, Textvorlage
map – Landkarte
marginal notes – Marginalien
mask, to – abdecken
mask – Freisteller, Maske
master copy – Kopiervorlage
matching desk – Abstimmtisch
material – Werkstoff
material testing – Materialprüfung
measure – Maß
measurement data – Messdaten
measuring – Messung
measuring instrument – Messgerät
mechanical – mechanisch
mechanical paper – holzstoffhaltiges Papier
mechanical pulp – Holzschliff, Holzstoff
media – Medien
memory – Speicher
menu – Menü
mesh – Gewebe, Sieb
message – Meldung
metal decorating – Blechdruck
metal stitching – Drahtheftung
methodical – systematisch
methodical procedure – Systematik
microline – Mikrolinie
microline target – Mikrolinienfeld (Messelement)
middle tone – Mittelton
Million Instructions Per Second – MIPS
misprint – Druckfehler
missing word – Leiche (Satz)
mode – Einstellung
model – Modell
modular system – Baukastensystem
moiré effect – Moiré-Effekt
moiré patterning – Moirébildung
moisture content of paper – Papierfeuchtigkeit
monitor – Bildschirm
monitor calibrate – Monitorkalibrierung
mono metal plate – Einmetall-Druckplatten
monochrome – schwarzweiß
mottle, to – perlen
mounting – Montage
mouse – Maus
mouse click – Mausklick
movie – Film, Video
multi colour – mehrfarbig
multi-colour printing – Mehrfarbendruck
multiple copies – Nutzen
multiple-up sheet – Sammelbogen
music engraving – Notenstich
mutton – Geviert

N

needle printer – Nadeldrucker
negative – Negativ
negative montage – Negativmontage
negative plate – Negativplatte
negative platemaking – Negativkopie
negative retouching – Negativretusche
net capacity – Nettokapazität
network – Netzwerk

network connection – Netzwerkverbindung
network server – Netzwerk-Server
network system – Verbundsystem
network topology – Anordnung im Netz, Netzstruktur
neutral grey – Neutralgrau
new edition – Neuauflage
newspaper – Zeitung
newspaper format – Zeitungsformat
newspaper printing – Zeitungsdruck
newsprint paper – Zeitungsdruckpapier
nipping – Abpressen
non-image areas – Nichtbildstellen
non-impact printer – Non-impact-Drucker
non-printing – nicht druckend
non-stop delivery – Non-stop-Ausleger
non-stop feeder – Non-stop-Anleger
nozzle – Düse
number pages, to – paginieren
number – Zahl
number of impressions – Auflagenhöhe
number system – Zahlensystem
numbering box – Nummerierwerk
numeral – Ziffer
numerical controlled (NC) – numerisch gesteuert

O

object linking and embedding – Objekte verknüpfen und einbetten
object-oriented graphics – objektorientierte Grafik
oblong format – Querformat
offset blanket – Gummidrucktuch
offset platemaking – Offsetdruckkopie
offset printing – Offsetdruck
offset printing paper – Offsetdruckpapier
offset printing plate – Offsetdruckplatten
offset printing press – Offsetdruckmaschine
offset printing process – Offsetdruckprinzip
OK sheet – OK-Bogen
OK to print – Druckgenehmigung, Gut-zum-Druck
OLE, Object Linking and Embedding – Objekte verknüpfen und einbetten
on demand – nach Bedarf, auf Anforderung
one-sided printing – Schöndruck
opacity – Opazität, Deckfähigkeit der Druckfarbe
opaque – opak
opaque ink – Deckfarbe
opaque white – Deckweiß
open – geöffnet
operating system – Betriebssystem
operation – Operation
optical – optisch
optical brightening agent – optischer Aufheller
optical character reader – Zeichenleser
optical character recognition – OCR, optische Zeichenerkennung
optical character recognition machine – Lesemaschine
optical disk – optische Platte
optical web scanner – optisches Bahnbeobachtungsgerät
optically whitened paper – optisch aufgehelltes Papier
optics – Optik
optimize, to – optimieren
order – Auftrag
original film – Kopiervorlage
orphan – Schusterjunge
oscillation – Changierung
out of print – vergriffen
outer edge – Außenkante
output – Ausgabe, Ausgabeeinheiten
output device TIFF – Ausgabeformat TIFF
overall sensitivity – Allgemeinempfindlichkeit
overfold – Vorfalz
overlay – Decker
overmatter – Übersatz
overprint, to – eindrucken
overprint – Eindruck
overs – Zuschuss

P

package – Verpackung
package printing – Verpackungsdruck
packaging – Verpackung
packaging plant – Verpackungsanlage
packing – Verpackung

page assembly – Seitenmontage
page assembly software – Seitenumbruch-Programm
page composition – Seitenmontage
page make-up – Umbruch
page number – Pagina
page preview – Seitenvorschau, Druckvorschau
paging – Seitennummerierung
pan roller, water fountain roller – Feuchtduktor
panchromatic – panchromatisch
Pantone matching system – Pantone-Mischsystem
paper – Papier
paper basis weight – Papiergwicht, Flächenmasse
paper cutter – Planschneider
paper format – Papierformat
paper grade – Papiersorte, Papierqualität
paper grammage – Papiergewicht
paper in sheets – Formatpapier
paper lint – Papierstaub
paper machine – Papiermaschine
paper manufacturer – Papierhersteller
paper mill – Papierfabrik
paper paste-up – Papiermontage
paper reel – Papierrolle
paper ribbon – Papierstrang
paper thickness – Papierdicke
paper volume – Papiervolumen
paper web – Papierbahn
paper weight – Papiergewicht
paperboard – Pappe
papermaking – Papierherstellung
papyrus – Papyrus
paragraph – Absatz
parallel – parallel
parallel fold – Parallelfalz, Wickelfalz
parameter – Parameter
parchment – Pergament
parts per million – ppm
passepartout – Passepartout
pasteboard – geklebter Karton
paste-up – Klebeumbruch
pasty ink – pastöse Druckfarbe
penetration – Wegschlagen (Druckfarbe)
per cent dot area – Flächendeckungsgrad
perfect binder – Klebebindemaschine
perfect binding – Klebebindung
perfect page – Jungfer
perforate, to – perforieren
perforation – Perforation
performance – Arbeitsleistung, Leistung
peripheral units – Peripheriegeräte
permill – Rührwerkskugelmühle
personal computer – Personalcomputer
photo – Foto
photo stencil – Fotoschablone
photographic material – Fotomaterial
photolithography – Fotolithografie
photomultiplier – Fotomultiplier
photopolymer – Fotopolymer
photopolymer plate – Fotopolymer-Druckplatte
phototypesetting – Fotosatz
pH-value – pH-Wert
picking – Rupfen
picking resistance – Rupffestigkeit
pictogram – Piktogramm
picture – Abbildung, Bild
picture copy – Bildvorlage
picture element – Pixel
picture file – Bilddatei
picture section – Bildteil
pigment – Farbmittel, Pigment
piling-up – pelzen
pinholes – unerwünschte Bildteile oder Durchbrüche
pixel – Bildelement, kleinster Bildpunkt
plagiarism – Plagiat
plain paragraph – Absatz mit Erstzeileneinzug
plasma display – Plasmabildschirm
plastic – Kunststoff
plastic binding – Plastikeinband
plastic comb – Plastikbinderücken
plasticizer – Weichmacher
plate – Druckplatte
plate clamp – Plattenspannschienen
plate cylinder – Plattenzylinder
plate wear – Plattenabnutzung
platemaking technique – Druckformherstellung

platen press – Tiegel-Druckmaschine
plotter – Plotter
plug – Stecker
plugboard –Schalttafel
plus correction – Pluskorrektur
pneumatic – pneumatisch
point – Punkt
point light – Punktlicht
point size – Schriftgrad, Schriftgröße
point-to-point protocol – Punkt-zu-Punkt-Verbindung (Beschreibung der Datenübertragung)
polarization – Polarisation
polarization filter – Polarisationsfilter
pollution control – Umweltschutz
popular edition – Volksausgabe
position – Position
positive – Positiv
positive film – Positivfilm
positive montage – Positivmontage
positive plate – Positivplatte
positive platemaking – Positivkopie
poster – Affiche, Plakat
poster paper – Affichenpapier, Plakatpapier
potentiometer – Potentiometer
power – Leistung
PPP (point-to-point protocol) – Punkt-zu-Punkt-Verbindung (Beschreibung der Datenübertragung)
pre-alignment – Vorausrichtung
preface – Vorwort
pre-gripper – Vorgreifer
preliminary matter – Titelei
presensitized printing plate – vorbeschichtete Druckplatte
pre-separated CYMK colour – CYMK-Farbseparation
press line – Produktionsanlage (Druck)
press – Druckmaschine
pressboard – Pressspan
pressing – Abpressen
pressroom – Druckraum
price – Preis
price calculation – Zuschlagskalkulation
primary colours – Primärfarben
primary fibre – Primärfaser
print contrast – Druckkontrast
print control strip – Druckkontrollstreifen
print format – Druckformat
print run – Auflagendruck
print sample – Druckmuster
print sheet – Auflagebogen, Auflagedruckpapier
print shop – Druckerei
print through, to – durchscheinen
print varnish – Drucklack
printability – Bedruckbarkeit
printed image – Druckbild
printer – Drucker
printer's imprint – Druckvermerk
printing control strip – Druckkontrollstreifen, Druckkontrollleiste
printing – Drucken, Bedrucken
printing difficulties – Druckschwierigkeiten
printing form – Druckform
printing house – Druckerei (Unternehmen)
printing ink – Druckfarbe
printing machine – Druckmaschine
printing material – Bedruckstoff
printing material thickness – Bedruckstoffstärke
printing method – Druckverfahren
printing on demand – Drucken nach Bedarf
printing paper – Auflagenpapier, Druckpapier
printing plant – Druckerei (Abteilung, Anlage)
printing plate – Druckplatte
printing press – Druckmaschine
printing pressure – Anpressdruck, Druckbeistellung
printing process – Druckprozess
printing technology – Drucktechnik
printing unit – Druckeinheit
prism – Prisma
process – Prozess, Ablauf, Verfahren
process camera – Reproduktionskamera
process colour – Vierfarbdruck
process colour ink – Skalen-/Prozessfarbe
process control – Prozessdatenverarbeitung
process data – Prozessdaten
process ink – Skalenfarbe
process inks – Prozessfarben
process inspection – Prozessprüfung

process optimization – Prozessoptimierung
processing – Verarbeitung
processor – Prozessor
producer – Hersteller, Produktioner, Produzent
product – Produkt
product analysis – Produktanalyse
product design – Produktdesign, Produktgestaltung
product management – Produktmanagement
production – Produktion, Fortdruck
production flow – Produktionsablauf
production planner – Disponent
production printing – Fortdruck
production run – Fortdruck
productivity – Produktivität
program, to – programmieren
program sequence – Programmablauf
programming flowchart – Programmablaufplan
programming language – Programmiersprache
progressive proofs – Andruckskala, Farbskala
projection – Projektion
proof – Andruck
proofing press – Andruckmaschine
proofreader – Korrektor
propaganda – Werbung
proportion – Proportion
protective coating – Schutzschicht
protective varnishing – Schutzlackierung
publication – Publikation, Veröffentlichung
publicity – Werbung
publisher – Verleger, Herausgeber
publishing house – Verlag
pulp – Faserstoff, Ganzstoff
pulper – Pulper, Stoffauflöser
puncture – Punktur
purification of effluents – Abwasserreinigung
purity – Reinheit
push guide – Schiebemarke

Q

quad – Leerzeichen
qualification – Qualifikation
quality – Qualität
quality assessment – Qualitätsbeurteilung
quality assurance – Qualitätssicherung
quality assurance system – Qualitätssicherungssystem
quality audit – Qualitätsaudit
quality characteristic – Qualitätsmerkmale
quality control – Qualitätskontrolle
quality control strip – Druckkontrollstreifen, Farbmessstreifen
quality evaluation – Qualitätsbeurteilung, -auswertung
quality inspection – Qualitätsprüfung
quality loop – Qualitätskreis
quality of printing – Druckqualität
quality standard – Qualitätsstandard, Qualitätsnorm
quantity – Quantität
quotation – Zitat

R

ragged composition – Flattersatz
ragged setting – Flattersatz
rags – Hadern
rainbow printing – Irisdruck
rate – Rate, Maß, Verhältnis, Grad
raw – roh, unbearbeitet
read, to – lesen
Read Only Memory – Nur-Lese-Speicher
readability – Lesbarkeit
readable – lesbar
reader – Leser
reading area – Messfeld
reading machine – Zeichenleser
ready for printing – Gut-zum-Druck, Druckfreigabe, Imprimatur
real time processing – Echtzeit-Verarbeitung
ream of paper – Ries (Papiermenge)
recharge – Aufladung
record, to – aufzeichnen
recorder – Aufzeichnungsgerät, Belichter
recover, to – rückgängig machen
recovered paper grades – Altpapierqualitäten
recovered paper material – Altpapierstoff
recovery – Rückgewinnung

recycled paper – Recyclingpapier
recycling paper – Recyclingpapier
red – Rot
reduce, to – reduzieren, verringern, abschwächen (Film)
reducer – Verdünner (Druckfarbe), Abschwächer (Film)
reducing – Farbverschnitt (Verdünnung)
reduction – Verkleinerung
reel paper – Rollendruckpapier
reference – Bezug auf ..., Verweis, Basisgröße
refiner – Refiner
reflection – Reflexion
reflection densitometer – Aufsichtsdensitometer
reflector – Reflektor
refraction – Lichtbrechung
register – Register, Stand, Passer
register control – Registerregelung, Passerregelung
register mark – Passkreuze
register pins – Passstifte
register punch – Registerstanze
register system – Registersystem
register variation – Passerdifferenz
register-true – registerhaltig
registration tolerance – Registergenauigkeit
relative humidity – relative Luftfeuchtigkeit
relay – Relais
relief plate – Reliefdruckplatte
relief stamping – Stahlstich
remake – Neuauflage
remark – Notiz, Anmerkung
remission – Remission
remote adjustment – Fernverstellung
remote control – Fernsteuerung
removable hard disk – Wechselfestplatte (EDV)
removal – Beseitigung
reorganize, to – neu organisieren
repeat, to – wiederholen
repeat accuracy – Wiederholgenauigkeit
repel, to – abstoßen
reprint – Nachdruck
reproduction – Reproduktion
reproduction scale – Abbildungsmaßstab
reset – Zurücksetzen, Warmstart eines Rechners
resident – vorhanden
resin – Harz
resistance – Widerstand
resistant – widerstandsfähig
resolution – Auflösung
reticulated grain – Runzelkorn
reticulation – Runzelkorn
retina – Netzhaut
retouch, to – retuschieren
reversal film – Umkehrfilm
reverse characters – Negativschrift
reverse lettering – Negativschrift
revision – Revision
RGB – Red, Green, Blue = Rot, Grün, Blau
rheology – Rheologie
right justify, to – rechtsbündig ausrichten
right-reading – seitenrichtig
RIP – Raster Image Processor
roller – Walze
roller fresh ink – walzenfrische Druckfarbe
rolling bearing – Wälzlager
ROM – Nur-Lese-Speicher (Abk.: read only memory)
Roman type letter – Antiqua
room light film – Raumlichtfilm
rotary printing – Rotationsdruck
rotary web offset press – Rollen-Offsetdruckmaschine
rotation speed – Drehzahl der (Fest-) Platte
round – rund
roundabout – ungefähr
rub resistance – Abriebfestigkeit
rubric – Rubrik
run, to – laufen, in Betrieb
run on – Fortdruck
runability – Verdruckbarkeit
running direction – Laufrichtung
running head – Kolumnentitel
runtime – Laufzeit, Bearbeitungszeit

S

sandwich – Verbund aus mehreren Schichten
sandwich foil – Verbundfolien

sandwich printing – Zwischenlagendruck
sanitary paper – Hygienepapier
save, to – schützen, sichern
saved – geschützt
scaling – Proportionalgröße
scan, to – abtasten
scanning copy – Abtastvorlage
scanning drum – Abtasttrommel, Abtastzylinder
scanning resolution – Abtastauflösung
scanning unit – Abtasteinheit
score, to – ritzen
scratch test – Nagelprobe
screen – Raster, Siebgewebe (Siebdruck)
screen angle – Rasterdrehung, Rasterwinkelung
screen density – Rasterdichte
screen dot – Rasterpunkt
screen fabrics – Siebdruckgewebe
screen percentage – Rastertonwert
screen printing – Durchdruckverfahren, Siebdruck
screen projection – Rasterprojektion
screen ruling – Rasterweite
screen stencil – Siebdruckschablone
screening – Aufrastern
script – schnelle Notiz, erste Fassung, Manuskript
script types – Schreibschriften
secondary colours – Sekundärfarben
secondary fibre – Sekundärfasern
secure, to – abspeichern
security – Sicherheit
security paper – Sicherheitspapier
security printing – Wertpapierdruck
select special colours – ausgewählte Sonderfarben
selection – Auswahl
selection menu – Auswahlmenü
semibold type – halbfette Schrift
semibold typeface – halbfette Linien
semi-conductor – Halbleiter
semi-fine paper – mittelfeines Papier
send to back, to – nach hinten stellen
sensitivity – Empfindlichkeit
sensitizing – Sensibilisierung
separation – Auszug
serif – Anstrich, Füßchen (Schrift)
session – Sitzung
set of colour separation – Farbsatz
set off, to – abliegen
set solid – kompress gesetzter Satz
set value – Sollwert
setting – Satz
setting costs – Satzkosten
set-up – Rüsten
set-up time – Rüstzeit
sewing gauze – Heftgaze
sewing machine – Heftapparat
shade – Ton
shading – Schattierung
shadow – Tiefe
shadow area – Schattenpartie
shaft – Welle
sharpness – Schärfe
sheet – Blatt, Bogen
sheet assembly – Bogenmontage
sheet delivery – Bogenausleger
sheet feeder – Bogenanleger
sheet-fed printing – Bogendruck
sheet-fed printing press – Bogendruckmaschine
sheet metal plate – Blechtafel
sheet paper – Formatpapier
sheet size – Bogenformat, Papierformat
sheet slow-down device – Bogenbremse
short grain – Breitbahn
short run – Kleinauflage
short-run colour – farbige Kleinauflagen
short-run job – kleine Bindequote
shutter – Verschluss, Objektivverschluss
siccative – Sikkativ, Trockenstoff
side – Rand, Seite
side-effect free ink metering – nebenwirkungsfreie Farbdosierung
sign – Zeichen, Kennzeichen
signal – Signal
signature – allg.: Signatur, Unterschrift, Druck: Bogensignatur, Druckbogen in einem Werk
significant – von Bedeutung
silver – Silber
silver recovery unit – Silberrückgewinnung
single-colour printing press – Einfarben-Druckmaschine

single-column – einspaltig
size – Format
size press – Leimpresse
sized paper – geleimtes Papier
sizing – Leimung von Papieren
skipping perforation – Querperforation
slide – Diapositiv
slipcase – Schuber
slit, to – schneiden
slur, to – dublieren, schieben
slur – Dublieren, Schmitz
small caps – Kapitälchen
Small Computer System Interface – SCSI
small edition – Kleinauflage (Buchproduktion)
soft-focus lens – Weichzeichner
soft pack – Weichverpackungen
software – Programm
softwood – Nadelholz
solid area – Volltonfeld
solid matter – kompress gesetzter Satz
solution – Lösung
solvent – Lösemittel, Lösungsmittel
sort – Schriftgarnitur
source – Quelle
spacing material – Blindmaterial
spectral colours – Spektralfarben
spectrophotometer – Spektralfotometer
spine lettering – Rückentitel
splicing – Klebung
splicing glue – Klebstoff
spoiled sheet – Makulatur
spot colour – Schmuckfarbe
spot glue – Punktleimung
spot size – Punktgröße (Bebilderung)
spread and choke exposure – Überfüllung
spreadsheet – Tabellenkalkulation
square trim – Winkelschnitt
stamping – Prägung
standard – Norm, Vorgabe, Vorgabestandard
standard illumination – Standardbeleuchtung
standard illumination lamp for colours – Farbprüfleuchte, genormtes Abstimmlicht
standardization – Standardisierung
stapling – Klammerheftung
steel engraving – Stahlstich
step-and-repeat machine – Montage-Kopiermaschine
sticker – Aufkleber
stickiness – Zähigkeit
stiff board binding – Pappband
stitch, to – heften
stitched booklet – Heft
stitching wire – Heftdraht
stone printing – Steindruck
store, to – abspeichern
strings – IWT (immer wiederkehrender Text)
structure – Struktur
subdirectory – Unterverzeichnis
subject index – Sachwortregister
subscribe, to – abonnieren
subscriber – Abonnent
subscription – Abonnement
substrate – Substrat
subsystem – Subsystem
subtractive basic colours – subtraktive Grundfarben
subtractive colour synthesis – subtraktive Farbmischung
suffix – Dateierweiterung
summary – Zusammenfassung
supplement – Zuschuss, Beilage
surface – Oberfläche
surface finishing – Oberflächenveredlung
surface sizing – Oberflächenleimung
surface smoothness – Oberflächenglätte
surface tension – Oberflächenspannung
surfactant – Netzmittel
surplus – Überschuss
switch off, to – ausschalten
sword-type hygrometer – Stechhygrometer
symbol – Symbol
symmetrical – symmetrisch
symmetry – Symmetrie
synchronization – Synchronisation
synchronized – synchronisiert
synopsis – Zusammenfassung
syntax – Syntax
synthetic – synthetisch
system – System, Systematik

system crash – Systemzusammenbruch
system scanner – Systemscanner
system software – Systemprogramm
system unit – Zentraleinheit der EDV
systematic – systematisch

T

tab – Tabulator
tab stop – Tabulatorposition
tabloid size – Tabloid-Format
tabulator – Tabulator
tack – Tack, Zügigkeit
tampon – Ballen, Tampon
tampon printing – Tampondruck
tape – Band
target – Ziel
target value – Sollwert, Richtwert
TCF (totally chlorine-free) – total bzw. absolut chlorfrei (Abk.)
tear length – Reißlänge
tearing test – Reißprobe
technology – Technik, Technologie
technology transfer – Technologietransfer
telecommunications – Telekommunikation
temperature – Temperatur
terminal – Datensichtgerät, Bildschirm
terminate, to – beenden
terminology – Terminologie
test, to – prüfen
text – Text
text image integration – Text-/Bildintegration
text input – Texterfassung
text output – Textausgabe
text processing system – Textverarbeitungssystem
text type – Schriftsatz
textile printing – Textildruck
thermal printer – Thermodrucker
thickness – Dicke
thickness of the print – Bedruckstoffdicke
thin paper – dünnes Papier
thin print paper – Dünndruckpapier
thread-stitching – Fadenheftung
thread-stitching machine – Fadenheftmaschine
three-quarter tone – Dreivierteltton
three-roll mill – Dreiwalzenwerk
thumb index – Daumenregister
thumb test – Daumenprobe
timed – im Takt, taktgesteuert
tin – Zinn, Weißblech
tin plate – Blechtafel
tin printing – Blechdruck
tint – Ton, Farbtönung
tint area – Tonfläche
tint ink – Tonfarbe
tinting – Färbung
tissue paper – Seidenpapier
tolerance – Toleranz
toluene – Toluol
tonal correction – Tonwertkorrektur
tonal gradation – Tonstufe, Tonwertabstufung
tonal value – Tonwert
tonal value increase – Tonwertzuwachs
tone – Ton
tone separation – Tonstufen
tone value – Tonwert
toner – Toner
top side – Oberseite (Papier)
totally chlorine-free – TCF, total bzw. absolut chlorfrei
touch-sensitive input – Berührungseingabe
track – Spur
trade mark – Warenzeichen
transfer printing – Transferdruck
transistor – Transistor
translucency – Transparenz
transmission – Getriebe, Transmission, Übertragung
transparency – Durchsichtsvorlage, Dia
transparent – lasierend
transparent ink – lasierende Druckfarbe
trapping – Farbannahme
trim, to – schneiden
trim – Beschnitt
trimmed size – beschnittenes Format
trimmer – Trimmer
trimming – Beschnitt
triplex printing – Triplexdruck
turn, to – kontern
turnover – Umsatz

two-colour press – Zweifarben-Druckmaschine
two-column page – zweispaltig
two-sided coloured – doppelseitig gefärbt (Papier)
two-sidedness – Zweiseitigkeit
two-web operation – Zwei-Bahn-Betrieb
type – Schrift, Buchstabe, Letter
type area – Satzspiegel
type body – Schriftkegel
type case – Schriftkasten (Bleisatz)
type classification – Schriftklassifikation
type designer – Schriftkünstler
type family – Schriftfamilie
type gauge – Zeilenmaß, Typometer
type height – Schrifthöhe
type library – Schriftbibliothek
type line – Schriftlinie
type matter – Satz, Schriftsatz
type modification – Schriftmodifikation
type scale – Typometer
type size – Schriftgrad, Schriftgröße
type sort – Schriftgarnitur
typeface – Schriftart, Schriftcharakter, Schriftschnitt
typesetting – Satz, Setzen
typesetting computer – Satzrechner
typesetting costs – Satzkosten
typesetting production – Satzherstellung
typesetting software – Satzprogramm
typing paper – SM-Papier
typographical instruction – Satzanweisung
typographical point – typografischer Punkt
typographical refinement – Mikrotypografie, typografische Feinarbeit
typographical system – typografisches Maßsystem
typography – Typografie

U

UCR – UCR, Unterfarbenreduktion (under colour reduction)
unbleached pulp – ungebleichter Halbstoff
uncoated paper – ungestrichenes Papier, Naturpapier
Under Colour Reduction – Unterfarbenreduktion, UCR
unit – Aggregat, Gerät, Einheit
unit construction principle – Reihenbauweise
unsensitized – unsensibilisiert
unsized paper – ungeleimte Papiere
untrimmed – unbeschnitten
untrimmed sheet – Rohbogen
unwind unit – Abrollung
upright format – Hochformat
user – Benutzer
user guidance – Benutzerführung
user guide – Benutzerhandbuch
user name – Benutzername
user software – Anwendersoftware
user's manual – Benutzerhandbuch
utility – Werkzeuge, Hilfsmittel zur Anwendung
UV – Ultraviolett, UV-Strahlung
UV-dryer – UV-Trockner
UV-drying – UV-Trocknung
UV-light – UV-Licht
UV-printing ink – UV-Druckfarbe
UV-sensitive – UV-empfindlich
UV varnish – UV-Lack

V

vacuum – Vakuum
vacuum copying frame – Vakuum-Kopierrahmen
vacuum meter – Vakuummeter
vacuum package – Vakuumverpackung
vacuum pump – Vakuumpumpe
variable – Variable
variable folder – variabler Falzapparat
varnish, to – lackieren
varnish – Lack
vector – Vektor
vegetable parchment – Echt-Pergament
version – Version
very-large-scale-integration (VLSI) – Größtintegration
vibration – Vibration
vibrator roller – Heberwalze
video camera – Videokamera
video card – Videokarte
video display – Bildschirmausgabe
video display terminal – Bildschirm, Monitor

videodisc – Bildplatte
vignette – Vignette
virtual reality – scheinbare Realität
viscometer – Viskosimeter
viscosity – Viskosität
visual control – visuelle Kontrolle
visualize, to – sichtbar machen, sich ein Bild machen
visualization – Visualisierung
visuals – Bildmaterial
voice – Stimme, die Stimme betreffend
volume – Spechermedium, Volumen
vulcanize, to – vulkanisieren

W

warning – Warnung
washing agent – Waschmittel
waste – Abfall, Makulatur
waste disposal – Abfallentsorgung
waste gas – Abgas
waste paper – Altpapier
waste removal – Abfallentsorgung
waste sheet – Makulaturbogen
waste water – Abwasser
water – Wasser
water absorption – Wasseraufnahme
water addition – Feuchtmittelzusatz
water colour – Aquarell
water developing – Wasserentwicklung
water fountain – Feuchtwasserkasten
water fountain roller – Feuchtduktorwalze, Wasserkastenwalze
water hardness – Wasserhärte
water marks – Waschmarken
water pan – Wasserkasten
water vapour – Wasserdampf
water-colour ink – Wasserdruckfarben
waterless offset printing – wasserloser Offsetdruck
watermark – Wasserzeichen
watermark paper – Wasserzeichenpapier
watt – Watt
wave – Welle
wavelength – Wellenlänge
waviness – Randwelligkeit
wax – Wachs
wear – Abrieb
wear and tear – Abnutzung
web – Bahn
web break – Bahnbruch
web control – Bahnsteuerung
web drying – Bahntrocknung
web offset – Rollen-Offsetdruck
web press – Rollendruck
web printing – Rollendruck
web scanning – Bahnabtastung
web tension – Papierbahnspannung
wet end – Nasspressenpartie
wet-on-dry printing – Nass-auf-Trocken-Druck
wet-on-wet printing – Nass-in-Nass-Druck
wetting – Benetzung, Feuchtung
wetting agent – Netzmittel
white – Weiß
white point – Weißpunkt
whitener – Weißmacher
whiteness – Weißgrad
wide – breit
widow line – Hurenkind
width – Breite, Schriftbreite
width of letter – Dickte
winchester disk – Winchesterplatte
window – Fenster
wire comb binding – Drahtkammbindung
wire printer – Nadeldrucker
wire stitching machine – Drahtheftmaschine
wire stitching through the back – Rückendrahtheftung
wireless – drahtlos
wire-stitching – Drahtheftung
wood – Holz
wood-containing paper – holzstoffhaltiges Papier
woodcut – Holzschnitt
wood free – holzfrei, holzstofffrei
wood free paper – holzstofffreies Papier
word – Wort
word spacing – Wortabstand, Wortzwischenraum
work – Arbeit
work and tumble – umstülpen
work and turn – umschlagen
work and twist – umdrehen
working process – Bearbeitung

workstation – Arbeitsstation
worm – Wurm (Computervirus)
write, to – schreiben
write error – Schreibfehler (Datenspeicherung)
writing paper – Schreibpapier
wrong – falsch
wrong-reading – seitenverkehrt

X-Z

x-axis – x-Achse
xenon lamp – Xenon-Hochdrucklampe
xerography – Xerografie
xylograph – Holzstich
xylography – Xylografie
y-axis – y-Achse
yearbook – Jahrbuch
yellow – Gelb
yellowing of paper – Vergilben des Papiers
zero balance – Null-Abgleich
zinc – Zink
zinc oxide paper – Zinkoxidpapier
zinc printing – Zinkdruck
zone screw – Zonenschraube

Deutsch-englisches Fachwörterverzeichnis

A

Abbildung – illustration, picture
Abbildungsmaßstab – reproduction scale
Abbindezeit (Klebstoff) – drying time
Abbruch des Jobs – job timeout
abdecken – mask, to
Abdeckfarbe – film opaque
Abfall, Makulatur – waste
abfallend – bled off
Abfallentsorgung – waste disposal, waste removal
Abgas – exhaust gas, waste gas
abkanten – bevel, to
Abkürzung – abbreviation
Ablauf – process
Ablaufdiagramm – flow-chart
ablegen – distribute, to
abliegen – set off, to
Abluft – emitted air, exhaust air
abmehlen (Druckfarbe) – chalk, to
Abmusterung – ink matching, colour matching
Abnahme – acceptance
Abnutzung – wear and tear
Abonnement – subscription
Abonnent – subscriber
abonnieren – subscribe, to
Abpressen – backing, nipping, pressing
Abrieb – abrasion, wear
Abriebfestigkeit– abrasion resistance, rub resistance
Abrollung – unwind unit
Absatz – break, paragraph
Absatz mit Erstzeileneinzug – plain paragraph
Absauganlagen – exhauster
Abschnitt – book section
Abschnittlänge – cut-off length
Abschreibung – depreciation, depreciation rate
abschwächen – etch, to
abschwächen (Film) – reduce, to
Abschwächer (Film) – dilutant, reducer
Absicht – intent
Absorption – absorption
abspeichern– back up, to; secure, to; store, to
Abstimmlicht, genormt – standard illumination lamp for colours
Abstimmtisch – matching desk
abstoßen – repel, to
Abtastauflösung– scanning resolution
Abtasteinheit – scanning unit
abtasten – scan, to
Abtasttrommel – scanning drum
Abtastvorlage– scanning copy
Abtastzylinder– scanning drum
Abwasser – effluent, waste water
Abwasserreinigung – purification of effluents
additive Farbmischung – additive colour synthesis
Adressbuch – address book
Aerograf – air brush
Aerosol – aerosol
Affiche – poster
Affichenpapier – poster paper
Agentur – agency
Aggregat – aggregate, unit
aktinisches Licht – actinic light
aktiviert – active
Aktivkohle – activated carbon
Akustikkoppler – acoustic coupler
Akzent – accent
Akzidenz – commercial
Akzidenzdruck – job printing
Akzidenzen – jobbing work
Akzidenzsatz – commercial typesetting
Alkali – alkaline
Alkohol – alcohol
Alkoholfeuchtung – alcohol damping system
Allgemeinempfindlichkeit – overall sensitivity
Alphabet – alphabet
alphanumerische Zeichen – alphanumerical characters
Alterung – aging

Altpapier – waste paper
Altpapierqualitäten – recovered paper grades
Altpapierstoff – recovered paper material
Aluminium – aluminium
Ammoniak – ammonia
analog – analogous
Analog-Digital-Wandler – analog-to-digital-converter
analoge Bildinformationen – analogue image information
Analogrechner – analogue computer
Analyse – analysis
Andruck – proof
Andruckmaschine – proofing press
Andruckskala – progressive proofs
Anfangsbuchstabe – initial letter
Anhang – attachment
Anilox-Farbwerk – anilox inking system
Anilox-Hochdruck – anilox letterpress
Anilox-Kurzfarbwerk – anilox short ink train
Anilox-Offsetdruck – anilox offset
Aniloxwalze – anilox roller
Anlage – feeder
Anlagemarke – lay edge
Anmerkung – remark
Anpressdruck – printing pressure
Anruf – call
Anstrich (Schrift) – serif
Antike (Zeitalter) – antiquity, classical antiquity
Antiqua – Roman type letter
Antrieb – drive
Antriebsmotor – drive motor
Antriebsräder – drive gears
Anweisung – instruction
Anwendersoftware – user software
Anwendungsbereich – area of application
Anzeige – advertisement
Anzeigensatz – advertisement setting
AOX-Wert – AOX value
Aquarell – water colour
Arbeit – job, work
Arbeitsleistung – performance
Arbeitsspeicher – main memory
Arbeitsstation – workstation
Arbeitsvorbereitung – job preparation
Armaturen – armatures
auf Anforderung – on demand
Aufkleber – sticker
Aufladung – recharge
Auflagebogen – print sheet
Auflagedruck – contact pressure
Auflagedruckpapier – print sheet
Auflagendruck – print run
Auflagenhöhe – number of impressions
Auflagenpapier – printing paper
Auflösung – break down, resolution
Aufrastern – screening
Aufsichtsdensitometer – reflection densitometer
Auftrag – order, coating
auftragen (Farbe, Feuchtmittel) – apply, to
Auftraggeber – client
Auftragsdaten – job data
Auftragsnummer – job number
Auftragstasche (Angaben zum Auftrag) – job ticket
Auftragswechsel – job change
Auftragswerk – applicator
aufzeichnen – record, to
Aufzeichnungsgerät – recorder
Auge – eye
Ausbilder – instructor
Ausgabe – output
Ausgabeeinheiten – output
Ausgabeformat TIFF – output device TIFF
ausgewählte Sonderfarben – select special colours
Auslage – delivery, belt delivery
Ausleger – copy delivery
Ausrichtung – alignment
ausschalten – switch off, to
Ausschießen – imposition
Ausschnitt – cutting
Außenkante – outer edge
Außentrommelbelichter – external drum recoder
Auswahl – selection
Auswahlmenü – selection menu
auswechselbare Platte (EDV) – changeable disk system
Auswertung – evaluation
Auszeichnungsschrift – display type
Auszug – separation

automatisch – automatically
automatische Registersteuerung – automatic register
automatische Seiten-Registersteuerung – automatic lateral control
automatischer Ablauf – automatic sequence
automatischer Rollenwechsler – autopaster
Autorkorrektur – author's correction
Autotypie – halftone engraving, halftone plate
autotypische Farbmischung – halftone colour synthesis
autotypische Rasterung – halftone screening

B

Bagasse – bagasse
Bahn – web
Bahnabtastung – web scanning
Bahnbruch – web break
Bahnsteuerung – web control
Bahntrocknung – web drying
Balgen – bellow
Balken – bar
Balkencode – bar code
Balkendiagramm – bar chart
Ballardverfahren – ballard process
Ballen – tampon
Band – tape
Bandstahlschnitt – cutting die
Banknotenpapier – banknote paper
Bankpostpapier – bank paper, bond paper
Barytpapier – baryt paper
Basisgröße – reference
Batch-Verarbeitung – batch processing
Baukastensystem – modular system
Bay-window – bay window
bearbeiten – edit, to
Bearbeitung – working process
Bearbeitungszeit – runtime
Bebilderung – imaging
Bebilderungsart – imaging type
Bebilderungseinheit – imaging unit
Bedruckbarkeit – printability
bedrucken – print, to
Bedruckstoff – printing material
Bedruckstoffdicke – thickness of the print
Bedruckstoffstärke – printing material thickness
beenden – terminate, to
Befehl – command
Beilage – supplement
Belichter – recorder
Belichtung – exposure
Benetzung – wetting
Benutzer – user
Benutzerführung– user guidance
Benutzerhandbuch – user guide, user's manual
Benutzername – user name
Berechnung – evaluation
Bereich – area
Berührungseingabe – touch-sensitive input
Bescheibung – description
Beschichtung – coating
Beschnitt – trim, trimming
beschnittenes Format – trimmed size
Beseitigung – removal
Betriebssystem – operating system
Beutel – bag
Bezeichnung – description
Bild – illustration, picture, graphic, image
Bildaufbau – image build-up
Bilddatei – picture file
Bildelement – pixel
Bilderdruck – art printing
Bilderdruckpapier – illustration printing paper
Bilderschrift – hieroglyphics
Bildgröße – image size
Bildinformationen – image information
Bildmaterial – visuals
Bildplatte – videodisc
Bildpunkt – pixel
Bildschirm – display, display monitor, monitor, video display terminal
Bildschirmzeitung – electronic newspaper
Bildstelle – area of the image
Bildsujet – image sujet
Bildteil – picture section
Bildübertragung – image transfer
Bildvorlage – picture copy

Binärzahl – binary digit, bit
Bindemittel – binder, binding agent, fixing agent
binden – bind, to
Bindetechniken – binding process
Bitmap – bitmap
Bitmap-Datei – bitmap file
Bitmap-Format – bitmap format
Bits pro Sekunde – bits per second
blanko – blank
Blasenbildung – blistering
Blasluft – air blast
Blatt – sheet
Blattgold – gold leaf
blauempfindlicher Film – blue-sensitive film
Blaupause – blue print
Blechdruck – metal decorating, tin printing
Blechtafel – sheet metal plate, tin plate
bleichen – bleach, to
Bleisatz – hot metal, hot metal composition
Blende – aperture
Blindband – dummy
Blindmaterial – spacing material
Blindmuster – dummy
Blindprägung – blind blocking
Blisterlack – blister varnish
Blisterpackungen – blister box
Block – block
Blocksatz – flush matter
Blockstärke – block thickness
Bogen – sheet
Bogenanleger – sheet feeder
Bogenausleger – belt delivery, sheet delivery
Bogenbremse – sheet slow-down device
Bogendruck – sheet-fed printing
Bogendruckmaschine – sheet-fed printing press
Bogenformat – sheet size
Bogenmontage – sheet assembly
Bogensignatur – designation mark, signature
breit – wide
Breitbahn – short grain
Briefkopf – letterhead
Bristolkarton – bristol board
Broschur – brochure
Bruch – fold
Bruchwiderstand (Papier) – break resistance
Brückendruckwerk – arch type unit
Buch – book
Buchdecke – book case
Buchdeckel – cover board
Buchdruck – letterpress
Bucheinband – book binding, book cover
Buchfertigungsstraße – book flow line
Buchschnitt – book edge
Buchstabe – letter, type
Buchumschlag – book jacket
Bund – back
Bundfalz – back fold
Bundsteg – back of a page, inside margin
bunt – chromatic
Buntaufbau – chromatic composition
Buntfarbe – colour ink, coloured ink
Büttenpapier – deckle-edged paper, hand-made paper
Butzen – hickey

C

Changierung – oscillation
China Clay – Kaolin, china clay
Chlor – chlorine
chlorfrei – chlorine-free
Chromoduplexkarton – chromo duplex board
Chromoersatzkarton – chromo imitation cardboard, imitation chromo board
Chromokarton – chromo board, chromo cardboard
Chromopapier – chromo paper
Computergrafik – computer graphics
Cyanauszug – cyan separation
CYMK-Farbseparation – pre-separated CYMK colour

D

Datei – file
Dateierweiterung – suffix
Dateigröße – file size
Dateiname – file name
Daten – data

Datenausgabe – data output
Datenbank – data bank
datenbank-gestützte Medienproduktion – data base publishing
Datenbus – data bus
Dateneingabe – data input
Datenerfassung – data collection
Datenfluss – data flow
Datenflussplan – data flowchart
Datenformat – data format
Datenkompression – data compression
Datenkonverter – data converter
Datenkonvertierung – data conversion
Datenrate – data rate
Datenschutz – data protection
Datensicherung – data save
Datenspeicher – data storage
Datenträger – data carrier
Datentransfer – data transfer
Datenübertragung – data transmission, communication link, file transfer
Datenverlust – loss of data
Daumenprobe – thumb test
Daumenregister – thumb index
deaktivieren – deactivate, to
deaktiviert – inactive
Deckel – cover
Deckenband – hardcover
Deckenmachmaschine – casemaker
Decker – overlay
Deckfähigkeit – coverage properties
Deckfähigkeit der Druckfarbe – opacity
Deckfarbe – opaque ink
Decklage (Papier) – liner
Deckweiß – opaque white
Definition – definition
De-inkingstoff – deinked pulp
Dekor – decoration
Densitometer – densitometer
dezimal – decimal
Dezimalsystem – decimal system
Diapositiv – slide
Dichte – density
Dichteumfang – density range
Dickdruckpapier – bulky paper
Dicke – thickness
Dickte – width of letter
digitalisierte Schrift – digitized typeface
Digitalisierung – digitization
Digitaltechnik – digital technology
Dimensionsstabilität – dimensional stability
Direktbeschichtung – direct coating
Diskette – floppy disk
Dispersion – dispersion
Dispersionslack – dispersion coating
Disponent – production planner
Divis – hyphen
Dokumentenkoffer – document case
Doppelpunkt – colon
doppelseitig gefärbt (Papier) – two-sided coloured
Dozent– lecturer
Drahtheftmaschine – wire stitching machine
Drahtheftung – metal stitching, wire-stitching
Drahtkammbindung – wire comb binding
drahtlos – wireless
Drehzahl der (Fest-)Platte – rotation speed
Dreimesserautomat – automatic three-knife trimmer
Dreivierteltton – three-quarter tone
Dreiwalzenwerk – three-roll mill
Druck (pneumatisch) – impression (pressure)
Druck mit geringer Druckbeistellung – kiss printing
Druckabwicklung – cylinder rolling
Druckbeistellung – printing pressure
Druckbestäubung – dry spraying
Druckbild – printed image
Druckbildlänge – image length
Druckeinheit – printing unit
Druckeinrichtung – makeready
drucken – print, to
Drucken nach Bedarf – printing on demand
Drucker – printer
Druckerei – print shop
Druckerei (Anlage) – printing plant
Druckerei (Unternehmen) – printing house
Druckfarbe – printing ink
Druckfehler – erratum, misprint
Druckform – printing form

Druckformat – print format
Druckformherstellung – platemaking technique
Druckfreigabe – ready for printing
Druckgenehmigung – OK to print
Druckhilfsmittel – additive
Druckkennlinie – characteristic curve of printing
Druckkontrast – print contrast
Druckkontrollleiste – printing control strip
Druckkontrollstreifen – print control strip, printing control strip, quality control strip
Drucklack – print varnish
Drucklackierung – inline coating
Druckluft – compressed air
Druckmaschine – press, printing machine, printing press
Druckmuster – print sample
Druckpapier – printing paper
Druckplatte – plate, printing plate
Druckprozess – printing process
Druckqualität – quality of printing
Druckraum – pressroom
Druckschwierigkeiten – printing difficulties
Drucktechnik – printing technology
Drucktuch – blanket
Druckverfahren – printing method
Druckvermerk – printer's imprint
Druckvorschau – page preview
Druckweiterverarbeitung – finishing
Druckzylinder – impression cylinder
Druckzylinderaufzug – impression cylinder packing
dual – binary
Dublieren – doubling, ghosting
dublieren – slur, to
Dublieren – slur
Duktor – duct roller, fountain roller
Dunkelkammer – darkroom
Dünndruckpapier – bible paper, thin print paper
dünnes Papier – thin paper
Duplexdruck – duo-tone printing
Duplexkarton – duplex board
durchscheinen – print through, to
durchschossener Satz – leaded matter
Durchsichtsvorlage – transparency
Durchzeichnung – image details
Düse – nozzle
Düsenfeuchtwerk – jet spray damping unit
Düsentrocknung – jet drying

E

Ebene – layer
Echtheit – fastness
Echt-Pergament – vegetable parchment
Echtzeit-Verarbeitung – real time processing
EG-Zeichen – EC symbol
Einband – cover, binding
einbetten – embed, to
Eindruck – overprint
Eindruck (Druckvermerke) – imprint
eindrucken – overprint, to
eindrucken (Druckvermerke) – imprint, to
Eindruckwerk – imprinter, imprinting unit
Einfarben-Druckmaschine – single-colour printing press
einfügen – insert, to
Eingabe – input
Eingabescanner – input scanner
einhängen – case in, to
Einheit – unit
Einlage – insert
Einleitung – intro
Einmetall-Druckplatten – mono metal plate
einrichten – make ready, to
einspaltig – single-column
einstecken (Falzbogen) – insetting
Einsteckmaschine – insetter
Einstellung – mode
Einteilungsbogen – layout sheet
Einzug – indention, indent
Einzugwerk – infeed unit
elektromechanische Gravur – electro-mechanical engraving
Empfindlichkeit – sensitivity
Endformat – final size
Endlosdruck – continuous forms printing
Endlosformulardruck – continuous forms printing
entsorgen – dispose, to

entwickeln – develop, to
Entwickler – developer
Entwicklungsmaschine – film processor
Entwurf – draft
erste Fassung – script
Etikett – label
Etikettenpapier – label paper
Exemplare/Stunde – copies/h
externer Speicher – external storage

F

Fachzeitschrift – journal
Fadenheftmaschine – thread-stitching machine
Fadenheftung – thread-stitching
Fadenzähler – linen tester
Faksimile – facsimile
falsch – wrong
Faltschachtel – folding box
Faltschachtelkarton – cartonboard, folding box board
Falz – fold, folding
Falzanlage – folding lay
Falzapparat – folding unit
Falzbogen – folded sheet
Falzklappe – folding jaw
Falzklappenzylinder – jaw cylinder
Falzmaschine – folding machine
Falzmesser – folding knife
Falzmuster – folding sample
Falzschema – folding layout
Falztrichter – former
Falzwerk – folding station
Falzzylinder – folding cylinder
Farbabfall – ink fading
Farbabstimmung – ink matching, colour matching
Farbannahme – trapping
Farbaufbau – build-up of ink, ink build-up
Farbaufnahmeverhalten – ink absorption
Farbauftragwalze – ink form roller
Farbauszug – colour separation
Farbauszugsfilter – colour separation filter
Farbbalance – colour balance
Farbbild – colour image
Farbdiapositiv – colour slide
Farbdichte – ink density
Farbdichtemessung – ink density measurement
Farbdosierungssystem – ink metering system
Farbdruck – colour printing
Farbduktor – ink fountain roller
Farbduplikat – colour duplicate
Farbe – colour, ink
Farbempfindlichkeit – colour sensitivity
Farbenkreis – colour circuit
Farbfilm – ink film
Farbfilmdicke – ink film thickness
Farbfilter – colour filter
Farbfluss – ink flow
Farbgebung – inking
farbige Kleinauflagen – short-run colour
Farbkasten – ink rail/ink fountain
Farbkorrektur – colour editing
Farbmenge – ink volume
Farbmesser – fountain blade, ink blade
Farbmessstreifen – quality control strip
Farbmischungen – colour synthesis
Farbmittel – pigment
Farbmodus – colour generation
Farbpasser – colour register
Farbprüfleuchte – colour evaluation lamp, standard illumination lamp for colours
Farbprüfverfahren – colour proof
Farbreihenfolge – colour sequence, ink sequence
Farbsatz – colour set, set of colour separation
Farbskala – progressive proofs
Farbstich – colour cast
Farbtafeln – colour chart
Farbtemperatur – colour temperature
Farbton – hue
Farbtönung – shade, tone, tint
Färbung – colouring, tinting
Farbverschnitt (Verdünnung) – reducing
Farbwalzen – ink rollers
Farb-Wasser-Gleichgewicht – ink-water-balance
Farbwerk – inking system, inking unit, colour value
Farbzone – ink key, ink zone
Farbzonenstellung – ink key position
Faserstoff – pulp

Faserstoffe – fibre stock
Fehler – defect, error, fault
Feinpapier – fine paper
Feld – field
Fenster – window
Fensterfalz – gatefold
Fernsteuerung – remote control
Fernverstellung – remote adjustment
Fertigmachen – finishing
Festplatte – hard disk
Festwertspeicher – direct access memory
fette Schrift – bold, boldface
Feuchtauftragwalze – dampening form roller
Feuchtduktor – dampener fountain roller, pan roller, water fountain roller
Feuchtduktorwalze – water fountain roller
Feuchtigkeitsmesser – hygrometer
Feuchtmittel – dampening solution, damping water, fountain solution
Feuchtmittelkasten – dampener fountain pan
Feuchtmittelzusatz – water addition
Feuchtreiber – dampening oscillator
Feuchtreibwalze – dampening distribution roller
Feuchtreibzylinder – dampener oscillator roller
Feuchtung – wetting
Feuchtwalze – damp roller, dampener
Feuchtwasserkasten – water fountain
Feuchtwerk – dampening system, dampening unit, damping system
Fiberglasoptik – fibre optic cable
Fließdreischneider – flowline three-side trimmer
Film – film, movie
Filter – filter
Filzseite – felt side
Fixierbad – fixing bath
Fixiereinheit – fuser unit
fixieren – fix, to
Flachdruck – lithographic printing
Flächendeckung – area coverage
Flächendeckungsgrad – per cent dot area
Flächendruck – area printing
Flächengewicht – grammage
Flächenmasse – paper basis weight
Flammpunkt – flash point
Flattermarke – collating mark
Flattersatz – ragged composition, ragged setting
flauschig, flockig – fluffy
Flexodruck – flexo printing, flexographic printing
Flexodruckverfahren – flexography
fliegendes Blatt – fly-leaf
FM-Rasterung – frequency-modulation screening
Folienkaschierung – film laminating, foil laminating
Format – format, size
formatieren – format, to
Formatpapier – paper in sheets, sheet paper
Fortdruck – production printing, production run, run on, production
Fortschritt – advance
Foto – photo
Fotolithografie – photolithography
Fotomaterial – photographic material
Fotomultiplier – photomultiplier
Fotopolymer – photopolymer
Fotopolymer-Druckplatte – photopolymer plate
Fotosatz – phototypesetting
Fotoschablone – photo stencil
Fotozelle – light cell
Fraktur – broken types
freistellen – cut out, to
Freisteller – mask
Fremddaten – external data
Frequenz – frequency
Frequenzmodulation – frequency modulation
Friktion – friction
Frühdrucke – incunabula
Füllstoffe – fillers
Funktionstüchtigkeit – functionality
Fuß – foot
Fuß einer Seite – foot of page
Fußnote – footnote

G

Gamma – gamma

Ganzband – full binding
Ganzseite – full page
Ganzseitenausgabe – full-page output
Ganzseitenumbruch – full-page make-up
ganzseitig – full-page
Ganzstoff – pulp
gautschen (Papierherstellung) – couch, to
Gaze – gauze
Gebläse – blower
Gefahrenklasse – hazard class
Gehäuse – casing
Geisterbild – ghost image, ghost printing
Geisterdruck – ghost image, ghost printing
geklebter Karton – pasteboard
Gelb – yellow
geleimtes Papier – sized paper
Gemeine – lower case letter
Genauigkeit (Bebilderung) – accuracy
geöffnet – open
gerasterte Fläche – half-toned area
Gerät – unit
geschlossen – closed
geschlossener Regelkreis – closed-loop control
geschützt – saved
Gestalter – creative artist
Gestaltungsarbeit – creative work
gestrichener Karton – coated board
gestrichenes Papier – coated paper
Getriebe – transmission
Geviert– em quad, mutton
GIF-Format (Grafik im Internet) – Graphics Interchange Format
Glanz – gloss
Glänzend – glossy
glänzende Oberfläche – glossy surface
Glasfaserkabel – fibre optic cable
Glatt – glazed
Gleichgewicht – balance
goldener Schnitt – golden section
Gradation – gradation
Grafik – design
grafisches Papier – graphic paper
Gramm pro Quadratmeter, g/m^2 – gsm
Graubalance – grey balance
Graukeil – grey wedge
Grauskala – grey scale
Graustufe – grey level
Gravur – engraving
Greifer – gripper
Greiferrand – gripper bite, gripper margin
Greiffalz – gripper fold
Großbuchstaben – capital letter
Größtintegration – very-large-scale-integration (VLSI)
Grundeinstellung – basic setting
Grundschrift – body type
Gummiarabikum – gum arabic
Gummidrucktuch – blanket, offset blanket
Gummieren – gumming
Gummi-Gummi-Druckeinheit – blanket-to-blanket unit
Gummituchzylinder – blanket cylinder
Gurt – belt
gussgestrichener Bedruckstoff – cast-coated paper/board
Gussgestrichenes Papier – cast coated paper
Gutbogen – good sheet
Gut-zum-Druck – OK to print, ready for printing

H

Haarhygrometer – hair hygrometer
Haarstrich – hair stroke
Hadern – rags
Halbband – half binding
halbfette Linien – semibold typeface
halbfette Schrift – semibold type
Halbleiter – semi-conductor
Halbstoff (Papier) – half stuff
Halbton – continuous tone, halftone
Halbtonaufnahme – continuous-tone exposure
Halbtonbildvorlage – continuous-tone picture
Halbunziale – half-uncial
Halogen – halogen
Halogenlampe – halogen lamp
Halogensilber – halogen silver
Handbuch – manual
Handsatz – hand composition, hand-set type
Handschrift – handwriting

Härte – hardness
Hartpostpapier – bank paper, bond paper
Harz – resin
Hauptmenü – main menu
Haupttitel – full title
Hauskorrekturen – house corrections
Heatset-Druckfarbe – heatset-ink
Heberwalze – vibrator roller
Heft – stitched booklet
Heftapparat – sewing machine
Heftdraht – stitching wire
heften – stitch, to
Heftfaden – binding thread
Heftgaze – sewing gauze
heißkalandrieren – hot-calander, to
Heißleim – hotmelt
Heißlufttrockner – hot air dryer
Heißlufttrocknung – hot air drying
Heliogravüre – heliogravure
Helligkeit – brightness
Helligkeit (Farbe) – lightness
Hellraumfilm – bright room film
Herausgeber – publisher
Hersteller – producer
Hieroglyphen – hieroglyphics
Hilfe – help
Hilfsmittel zur Anwendung – utility
Hintergrund – background
Hobbock – drum
Hochdruckverfahren – letterpress printing
Hochformat – upright format
Hochglanzpapier – art paper
Hochlicht – highlight
Hochstapelanleger – high-pile feeder
Hochstapelausleger – high-pile delivery
Hochzeit – double
Holz – wood
holzfrei, holzstofffrei – wood free
Holzschliff – ground wood pulp, mechanical pulp
Holzschnitt – woodcut
Holzstich – xylograph
Holzstoff – ground wood pulp, mechanical pulp
holzstofffreies Papier – wood free paper
holzstoffhaltiges Papier – mechanical paper, wood-containing paper
homogen – homogeneous
Host – host system
Hurenkind – widow line
Hydraulik – hydraulics
hydrophil – hydrophilic
hydrophob – hydrophobic
Hygienepapier – sanitary paper
Hygrometer – hygrometer
hygroskopisch – hygroscopic

I

Illustrationsdruckpapier – illustration printing paper
Illustrationsdruckmaschine – heat-set commercial press
Illustrationsdruckpapier – magazine paper
im Takt – timed
imprägnieren – impregnate, to
Impressum – imprint
Imprimatur – ready for printing
indirekte Schablone – indirect stencil
indirekter Druck – indirect printing process
indirekter Hochdruck – indirect letterpress printing
Infrarot – IR
Infrarot-Trockner – infrared dryer, IR dryer
Inhalt – content
Initiale – initial
Innentrommelbelichter – in-drum-recorder, internal drum recoder
integrierte Schaltung – integrated circuit
Irisdruck – iris printing, rainbow printing
Istwert – actual value
IWT (immer wiederkehrender Text) – strings, macros

J

Jahrbuch – yearbook
Japanpapier – Japan paper
Jungfer – clean proof, perfect page
Justierung – adjustment, justification

K

Kabelfernsehen – cable TV
Kalander – calender
Kalbsleder – calfleather

Kalbslederband (-einband) – calfleather binding
kalibrieren – calibrate, to
kalibrierte Papiere und Kartons – calibrated sheets
Kalibrierung – calibration
Kalk – lime
Kalkschleier – chalky fog
Kalkstein – limestone
Kalkulation – cost estimating
Kaltlichtlampe – fluorescent lamp
Kamera – camera
Kammerrakel – chamber-type doctor blade
Kammerrakelsystem – ink chamber blade system
Kante – edge
Kapazität – capacity
Kapillarröhrchen – capillary tube
Kapitalband – head band
Kapitälchen – small caps
Kapitalen (Buchherstellung) – head banding
Karbondruck – carbon printing
Karikatur – caricature, cartoon
Karte – card
Kartei – card index, index file
Karteikarton – index board
Karton – cardboard, board
kaschieren – laminate, to
kaschiertes Papier – laminating paper
Kasein – casein
kastenfrische Druckfarbe – duct fresh ink
Kathode – cathode
Kathodenstrahlröhre – cathode ray tube
Kegel – body
Kehrwendestange – bay window
Keilschrift – cuneiform characters
Kennlinie – characteristic curve
Kennzeichen – sign
keramischer Druck – ceramic printing
Kettenpunktraster – elliptical dot
Klammerheftung – stapling
Klappenfalz – jaw fold
Klappentext – blurb text
Klassifikation – classification
Klebeband – adhesive tape
Klebebindeeinrichtung – gluing device
Klebebindemaschine – adhesive binder, perfect binder
Klebebindung – adhesive binding, perfect binding
Klebeumbruch – paste-up
Klebstoff – adhesive, splicing glue
Klebung – splicing
Kleinauflage (Buchproduktion) – short run, small edition
Kleinbuchstaben – lower case letter
kleine Bindequote – short-run job
Klima – climate
Klimaanlage – air conditioning system
Klimatisierung – air conditioning
kollationieren – collate, to
Kollationierung – collation
Kolumne – column
Kolumnentitel – running head
Kolumnenziffer – folio
Kombinations-Falzapparat – combination folder
Kommunikation – communication
kompatibel – compatible
Kompatibilität – compatibility
Kompendium – compendium
Kompensation – compensation
Komplementärfarben – complementary colour
kompress gesetzter Satz – set solid, solid matter
Kompressibilität – compressibility
kompressibles Gummituch – compressible rubber blanket
Kompression – compression
Kompressor – compressor
komprimieren – compress, to
Komprimierung – compaction
Konfiguration – configuration
konkave Linse – concave lens
Konsistenz – consistency
Kontaktfilm – contact film
Kontaktkopie – contact copy
Kontaktkopiergerät – contact exposure unit
Kontaktraster – contact screen
kontern – turn, to
Konto – account
Kontrast – contrast

Kontrolle – control
Konvertierung – conversion
konvexe Linse – convex lens
Koordinate – coordinate
Koordinatensystem – coordinate system
Kopf – head
Kopfschnitt – gilt top edge
Kopfzeile – headline
kopieren – copy, to
Kopierlampen – copying lamp
Kopierrahmen – copying frame
Kopierschicht – copying layer, light-sensitive coating
Kopiervorlage – master copy, original film
Korrektor – corrector, proofreader
Korrektur – correction
Korrekturzeichen – correction marks
Korrosion – corrosion
korrosionshemmend – anti-corrosive
Kosten – costs
Kostenrechnung – cost accounting
Kreidelithografie – chalk drawing
Kreuzfalz – cross fold
Kunde – client, customer
Kunst – art
Kunstband – art book
Kunstdruckkarton – art board
Kunstdruckpapier – art paper
Kunststoff – plastic
Kupferstich – copperplate engraving
Kursivschrift – italic type

L

Lack – varnish
lackieren – varnish, to
Lackierwerk – coating unit
Lackschicht – coating film
Lager – bearing
Landkarte – map
Länge – length
Längsfalz – long fold
Langsiebpapiermaschine – fourdrinier paper machine
Laser – light amplification by stimulated emission of radiation
Laserbelichter – laser imager
Laserdiode – laser diode
Laserdot – laser dot
Laserdrucker – laser printer
Laserpunkt – laser dot
lasierend – transparent
lasierende Druckfarbe – transparent ink
latent – latent
latentes Bild – latent image
Laubholz – hardwood
laufen, in Betrieb – run, to
Laufrichtung – direction of run, grain direction, running direction
Laufweite – character spacing
Laufweite – letter spacing
Laufzeit – runtime
Lauge – lye
Layout – layout
Layoutprogramm – layout program, layout software
Layout-System – layout system
LCD-Anzeige – Liquid Cristal Display
Leerzeichen – blank, space
Lehrer – instructor
Leiche (Satz) – missing word
leicht gestrichen – light coated
leichtes, gestrichenes Papier (LWC-Papier) – lightweight coated paper, LWC-paper
Leim – glue
leimen – glue, to
Leimpresse – size press
Leimstoffe – glue
Leimung von Papieren – sizing
Leineneinband – cloth binding
Leinölfirnis – linseed oil
Leistung – performance, power
Leiter – conductor
Leitstand – central control console
Leitwalze – guide roller
Lektor – editor
Lektorat – editorial office
Leporellofalz – harmonica fold
lesbar – readable
Lesbarkeit – legibility, readability
Lesemaschine – optical character recognition machine
lesen – read, to
Leser – reader
Lesezeichen – bookmark
Letter – type

Lettersetdruck – indirect letterpress printing, letterset printing
Leuchtdiode – light emitting diode
leuchtend – bright
Licht – light
Lichtart – illuminant
Lichtbeständigkeit – light proofness
Lichtbrechung – refraction
Lichtdosiergerät – light integrator
Lichtdruck – collotype printing
Lichtechtheit – light fastness
lichtempfindliche Beschichtung – emulsion
Lichtfang – light trap
Lichthof – halo
Lichthofschutzschicht – anti-halation layer
Lichtpause – blue print
Lichtpauspapier – blue-printing paper
Lichtpunkt – high-light dot
Lichtstärke – light intensity
Ligatur – ligature
linksbündig ausrichten – left justify
Linolschnitt – lino cut
Linse – lens
Literaturverzeichnis – bibliography
Lith-Film – lith film
lokales Netzwerk – LAN, Local Area Network
löschen – delete, to
Lösemittel – ink vehicle, solvent
Lösung – solution
Lösungsmittel – solvent, ink vehicle
Lücke – gap
Luftaufbereitung – air preparation
luftdicht – airproof
Luftfeuchtigkeit – humidity
Lufttrockner – air dryer
Lux – lux
Luxmeter – luxmeter

M

Magazin – magazine
Magenta – magenta
Magenta-Kontaktraster – magenta contact screen
Magnetband – magnetic tape
Magnetblasenspeicher – magnetic bubble memory
Magnetplatte – magnetic disk
Majuskeln – capital letter
Makulatur – spoiled sheet
Makulaturbogen – waste sheet
Manuskript – script, manuscript
Manuskriptbearbeitung – copy preparation
Manuskriptberechnung – estimate of volume
Marginalien – cut-in notes, marginal notes
maschinen-gestrichenes Papier – machine-coated paper
maschinen-glattes Papier – machine-finished paper
maschinenlesbares Manuskript – machine-readable manuscript
Maschinensprache – machine language
Maske – mask
Maß – measure
Maßhaltigkeit – dimensional stability
Materialprüfung – material testing
matt – dull
Maus – mouse
Mausklick – mouse click
mechanisch – mechanical
Medien – media
medienübergreifendes Publizieren – cross media publishing
mehlen (Druckfarbe) – chalk, to
Mehrfarbendruck – multi-colour printing
mehrfarbig – multi colour
Mehrwert – added value
Mehrwertsteuer – added value tax
Meldung – message
Menü – menu
Messdaten – measurement data
Messerfalz – knife fold
Messerfalzmaschine – knife folder
Messfeld – reading area
Messgerät – measuring instrument
Messung – measuring
Mikrolinie – microline
Mikrolinienfeld (Messelement) – microline target
Mikrotypografie – typographical refinement
Minuskeln – lower case letter

MIPS – Million Instructions Per Second
Mittelblatt bei SD-Papier – coated front and back (CFB)
mittelfeines Papier – semi-fine paper
Mittelton – middle tone
Modell – model
Moirébildung – moiré patterning
Moiré-Effekt – moiré effect
Monitor – video display terminal
Monitorkalibrierung – monitor calibrate
Montage – mounting, assembly
Montage-Kopiermaschine – step-and-repeat machine
Musterband – dummy

N

nach Bedarf – on demand
nach hinten stellen – send to back, to
nach vorne stellen – bring to front, to
Nachdruck – reprint
Nachricht – information
Nadeldrucker – needle printer, wire printer
Nadelholz – coniferous wood, softwood
Nagelprobe – scratch test
Näpfchen – cell
Näpfchenform – cell form
Näpfchenstruktur – cell structure
Näpfchenvolumen – cell volume
Nass-auf-Trocken-Druck – wet-on-dry printing
Nass-in-Nass-Druck – wet-on-wet printing
Nasspressenpartie – wet end
Naturpapier – uncoated paper
nebenwirkungsfreie Farbdosierung – side-effect free ink metering
Negativ – negative
Negativkopie – negative platemaking
Negativmontage – negative montage
Negativplatte – negative plate
Negativretusche – negative retouching
Negativschrift – reverse characters, reverse lettering
Nettokapazität – net capacity
Netzhaut – retina
Netzmittel – surfactant, wetting agent
Netzwerk – network
Netzwerk-Server – network server
Netzwerkverbindung – network connection
neu organisieren – reorganize, to
Neuauflage – new edition, remake
Neutralgrau – neutral grey
nicht druckend – non-printing
Nichtbildstellen – non-image areas
Non-impact-Drucker – non-impact printer
Non-stop-Anleger – non-stop feeder
Non-stop-Ausleger – non-stop delivery
Norm – standard
Normlicht – lamp for colour control
Notenstich – music engraving
Notiz – remark
Null-Abgleich – zero balance
numerisch gesteuert – numerical controlled (NC)
Nummerierwerk – numbering box
Nur-Lese-Speicher – Read Only Memory
Nut – groove
nuten – groove, to
Nutzen – multiple copies
Nutzenfilme – duplicate films
Nutzungsgrad – capacity utilization rate

O

Oberblatt bei SD-Papieren – coated backside, CB
Oberfläche – surface
Oberflächenglätte – surface smoothness
Oberflächenleimung – surface sizing
Oberflächenspannung – surface tension
Oberflächenveredlung – surface finishing
Oberlänge – ascender
Oberseite (Papier) – top side
Objekte verknüpfen und einbetten – object linking and embedding (OLE)
Objektiv – lens
Objektivverschluss – shutter
objektorientierte Grafik – object-oriented graphics
Offsetdruck – offset printing
Offsetdruckkopie – offset platemaking
Offsetdruckmaschine – offset printing press
Offsetdruckpapier – offset printing paper
Offsetdruckplatten – offset printing plate

Offsetdruckprinzip – offset printing process
OK-Bogen – good sheet
OK-Bogen – OK sheet
opak – opaque
Opazität – opacity
Operation – operation
Optik – optics
optimieren – optimize, to
optisch – optical
optisch aufgehelltes Papier – optically whitened paper
optische Platte – optical disk
optische Zeichenerkennung – optical character recognition (OCR)
optischer Aufheller – optical brightening agent
optisches Bahnbeobachtungsgerät – optical web scanner
Ordner – file

P

Pagina – folio, page number
paginieren – number pages, to
Paketausleger – bundle delivery
panchromatisch – panchromatic
Pantone-Mischsystem – Pantone matching system
Papier – paper
Papierbahn – paper web
Papierbahnspannung – web tension
Papierballen – bale of paper
Papierdicke – paper thickness
Papierfabrik – paper mill
Papierfeuchtigkeit – moisture content of paper
Papierformat – sheet size, paper format
Papierformate nach DIN ISO – ISO paper size
Papiergewicht – paper grammage, paper weight, paper basis weight
Papierhersteller – paper manufacturer
Papierherstellung – papermaking
Papiermaschine – paper machine
Papiermontage – paper paste-up
Papierqualität – paper grade
Papierrolle – paper reel
Papiersorte – paper grade
Papierstaub – fluff, lint, paper lint
Papierstrang – paper ribbon
Papiervolumen – paper volume
Pappband – stiff board binding
Pappe – cardboard, board, paperboard
Pappschere – board cutter
Papyrus – papyrus
parallel – parallel
Parallelfalz, Wickelfalz – parallel fold
Parameter – parameter
Passepartout – passepartout
Passer – colour register, register
Passerdifferenz – register variation
Passerregelung – register control
Passkreuze – register marks
Passstifte – register pins
pastöse Druckfarbe – pasty ink
pelzen – piling-up
Pendelwalze – dancer roller
Perforation – perforation
perforieren – perforate, to
Pergament – parchment
Pergamentersatz (Papier) – imitation parchment paper
Pergaminpapier – glassine paper
Peripheriegeräte – peripheral units
perlen – mottle, to
Personalcomputer – personal computer
pH-Wert – pH-value
Pigment – pigment
Piktogramm – pictogram
Pixel – picture element
Plagiat – plagiarism
Plakat – poster
Plakatpapier – poster paper
Planlage – flat lying properties
Planoauslage – flat sheet delivery
Planobogen – flat sheet
Planschneider – paper cutter
Plasmabildschirm – plasma display
Plastikbinderücken – plastic comb
Plastikeinband – plastic binding
Plattenabnutzung – plate wear
Plattenspannschienen – plate clamp
Plattenzylinder – plate cylinder
Plotter – plotter
Pluskorrektur – plus correction
pneumatisch – pneumatic

Polarisation – polarization
Polarisationsfilter – polarization filter
Porzellanerde – Kaolin, china clay
Position – position
Positiv – positive
Positivfilm – positive film
Positivkopie – positive platemaking
Positivmontage – positive montage
Positivplatte – positive plate
Potentiometer – potentiometer
ppm – parts per million
Prägung – stamping, blocking
Preis – price
Presseur – impression roller
Pressspan – pressboard
Primärfarben – primary colours
Primärfaser – primary fibre
Prisma – prism
Produkt – product
Produktanalyse – product analysis
Produktdesign – product design
Produktgestaltung – product design
Produktion – production
Produktioner – producer
Produktionsablauf – production flow
Produktionsanlage (Druck) – press line
Produktionspause – break in production
Produktivität – productivity
Produktmanagement – product management
Produzent – producer
Programm – software
Programmablauf – flow of control, program sequence
Programmablaufplan – programming flowchart
programmieren – program, to
Programmiersprache – programming language
Projektion – projection
Proportion – proportion
Proportionalgröße – scaling
Prospekt – folder, leaflet
Protokoll – log
Prozess – process
Prozessdaten – process data
Prozessdatenverarbeitung – process control
Prozessfarben – process inks
Prozessoptimierung – process optimization
Prozessor – processor
Prozessprüfung – process inspection
prüfen – audit, to; check, to; test, to
Publikation – publication
Puffer – buffer
Pulper – pulper
Punkt – point
Punktform – dot shape
Punktgröße (Bebilderung) – spot size
Punkthof – dot halo
Punktkern– dot center
Punktleimung – spot glue
Punktlicht – point light
Punktur – puncture
Punktverbreiterung – dot gain
Punkt-zu-Punkt-Verbindung (Beschreibung der Datenübertragung) – point-to-point protocol (PPP)

Q

Qualitätssicherungssystem – quality assurance system
Qualifikation – qualification
Qualität – quality
Qualitätsaudit – quality audit
Qualitätsauswertung – quality assessment, quality evaluation
Qualitätsbeurteilung – quality assessment, quality evaluation
Qualitätskontrolle – quality control
Qualitätskosten – cost of quality
Qualitätskreis – quality loop
Qualitätsmerkmale – quality characteristic
Qualitätsnorm – quality standard
Qualitätsprüfung – quality inspection
Qualitätssicherung – quality assurance
Qualitätsstandard – quality standard
Quantität – quantity
Quelle – source
Querformat – oblong format
Querperforation – cross perforation, skipping perforation
Querrichtung – cross grain
Querschneider – cross cutter

Quetschrand – dot squeeze

R

Radierung – etching
Rakel – doctor
Rakelmesser – doctor blade
Rakelstreifen – blade streaks
Rakeltiefdruck – gravure
randabfallend – bled off
Randschärfe – contour definition
Randwelligkeit – waviness
Raster (Siebdruck) – screen
Raster-/Steg-Verhältnis – cell/wall relationship
Rasterdichte – screen density
Rasterdrehung – screen angle
Rasterprojektion – screen projection
Rasterpunkt – screen dot
Rasterpunkt (im gerasterten Bild) – dot, halftone dot
Rasterpunktstruktur – dot structure
Rastersteg, Steg – cell wall
Rastertonwert – screen percentage
Rasterweite – screen ruling
Rasterwinkelung – screen angle
Raumlichtfilm – room light film
rechtsbündig ausrichten – right justify, to
Recyclingpapier – recycled paper, recycling paper
reduzieren – reduce, to
Refiner – refiner
Reflektor – reflector
Reflexion – reflection
regeln – control, to
Regelung – control technology
Register – register
Registergenauigkeit – registration tolerance
registerhaltig – register-true
Registerregelung – register control
Registerstanze – register punch
Registersystem – register system
Reihenbauweise – unit construction principle
Reinheit – purity
reinigen – clean, to
Reinigung – cleaning
Reinigungsmittel – cleaning solution
Reinzeichnung – final drawing
Reißlänge – breaking length, tear length
Reißprobe – tearing test
Relais – relay
relative Luftfeuchtigkeit – relative humidity
Reliefdruckplatte – relief plate
Remission – remission
Reproduktion – reproduction
Reproduktionskamera – process camera
Reproduktionsvorlage – artwork
retuschieren – retouch, to
Revision – revision
RGB (Rot, Grün, Blau) – RGB (Red, Green, Blue)
Rheologie – rheology
Richtwert – set value, target value
Ries (Papiermenge) – ream of paper
rillen – crease, to
RIP, Raster Image Processor – RIP, Raster Image Processor
ritzen – score, to
roh, unbearbeitet – raw
Rohbogen – untrimmed sheet
Rollendruckpapier – reel paper
Rollendruck – web press, web printing
Rollen-Offsetdruck – web offset
Rollen-Offsetdruckmaschine – rotary web offset press
Rot – red
Rotationsdruck – rotary printing
Rubrik – rubric
Rücken – back
Rückendrahtheftung – wire stitching through the back
Rückeneinlage – back lining
Rückentitel – back title, spine lettering
rückgängig machen – recover, to
Rückgewinnung – recovery
Rückseite – back layer
Rückstichheftung – back-stitching
Rührwerkskugelmühle – permill
rund – round
Runzelkorn – reticulated grain, reticulation
Rupfen – picking
Rupffestigkeit – picking resistance
Ruß – carbon black

rüsten – make ready, to
Rüsten – set-up
Rüstzeit – make-ready time, set-up time

S

Sachwortregister – subject index
Sack – bag
Sammelbogen – combination sheet, multiple-up sheet
Sammeldiapositiv – combination film
Sammeldrahthefter – gatherer-stitcher
sammeln (Falzbogen) – insetting
Sammelproduktion (Rollendruck) – collect-run production
Satinage – calendering
satinieren – calender, to
satiniertes (geglättetes) Papier – glazed paper
Sättigung – colour saturation
Satz – setting, type matter, typesetting
Satzanweisung – typographical instruction
Satzfahne – galley proof
Satzherstellung – typesetting production
Satzkosten – setting costs, typesetting costs
Satzprogramm – typesetting software
Satzrechner – typesetting computer
Satzspiegel – image area, type area
Saugfähigkeit – absorption capacity
Schalttafel – plugboard
Schärfe – sharpness
Schattenpartie – shadow area
Schattierung – shading
scheinbare Realität – virtual reality
Schicht – layer
Schichtseite – emulsion side, layer side
Schichtträger – coating base
Schiebemarke – push guide
schieben – slur, to
Schimmel – blind print, blind sheet
Schimmelbogen – blind print, blind sheet
Schleier – fog
Schleife – loop
Schmalbahn – long grain
Schmitz – slur, mackle
Schmitzring – bearer ring
Schmitzringläufer – bearer-to-bearer printing press
Schmitzringpressung – bearer pressure
Schmuckfarbe – spot colour
Schmutztitel – half-title
Schneidemaschine – cutter
schneiden – cut, to; slit, to; trim, to
Schneiden und Falzen – cutting and creasing
Schneidezeichen – cutting mark, cutting character
schnelle Notiz – script
Schnittfolge – cutting sequence
Schnittkanten – cutting edges
Schnittstelle – interface
Schnittzeichen – cutting mark, cutting character
Schön- und Widerdruck – face and reverse printing
Schöndruck – one-sided printing
schreiben – write, to
Schreibfehler (Datenspeicherung) – write error
Schreibpapier – writing paper
Schreibschriften – script types
Schrift – type
Schriftart – typeface
Schriftbibliothek – type library
Schriftbildträger – font
Schriftbreite – width
Schriftcharakter – typeface
Schriftfamilie – type family
Schriftgarnitur – sort, type sort
Schriftgrad – point size, type size, font size
Schriftgröße – point size, type size, font size
Schrifthöhe – character height, type height
Schriftkasten (Bleisatz) – type case
Schriftkegel – type body
Schriftklassifikation – type classification
Schriftkünstler – type designer
Schriftlinie – base line, type line
Schriftmodifikation – type modification
Schriftmuster – font sample
Schriftsatz – setting, type matter, typesetting, lettering, text type
Schriftschnitt – typeface
Schriftsetzer – compositor

Schuber – slipcase
Schusterjunge – orphan
schützen – save, to
Schutzlackierung – protective varnishing
Schutzschicht – protective coating
Schutzumschlag – book jacket, dust cover
Schwarz – black
Schwarz-Auszug – black progressive
Schwarzfarbe – black ink
Schwärzung – blackening density
Schwärzungskurve – density gradation curve
schwarzweiß – monochrome
Schweizerdegen – compositor-pressman
SCSI – Small Computer System Interface
Seidenpapier – tissue paper
Seitenmontage – page assembly, page composition
Seitennummerierung – paging
seitenrichtig – emulsion side up, right-reading
Seitenumbruch-Programm – page assembly software
seitenverkehrt – emulsion side down, wrong-reading
Seitenvorschau – page preview
Seitenzahl – folio
Sekundärfarben – secondary colours
Sekundärfasern – secondary fibre
selbstdurchschreibendes Papier – autocopying paper
Sensibilisierung – sensitizing
Setzen – setting, type matter, typesetting
Sicherheit – security
Sicherheitspapier – security paper
sichern – save, to
Siebdruck (Druckverfahren) – screen printing
Siebdruckgewebe – screen fabrics
Siebdruckschablone – screen stencil
Siebgewebe – mesh
Signal – signal
Signatur – signature
Signet – logo
Sikkativ – siccative
Silbentrennprogramm – hyphenation software
Silber – silver
Silberrückgewinnung – silver recovery unit
Sitzung – session
Skalen-/Prozessfarbe – process colour ink
Skalenfarbe – process ink
SM-Papier – typing paper
Sollwert – set value, target value
Spalt – gap
Spalte – column
Speicher – memory
Speichermedium – volume
Spektralfarben – spectral colours
Spektralfotometer – spectrophotometer
Sprache – language
Sprachwahl – language selection
Spritzpistole – air brush
Spur – track
Stahlstich – relief stamping, steel engraving
Stand – register
Standardbeleuchtung – standard illumination
Standardisierung – standardization
Standbogen – imposition sheet, line-up sheet
Standzeit – durability time
Stanzen – die-cutting
Stanzform – cutting die
stauchen – buckle, to
Stauchfalz – buckle fold
Stechhygrometer – sword-type hygrometer
Stecker – plug
Steg – cell wall
stehende Seiten – long cut-off
Steindruck – lithography, stone printing
Steuerung – control system
Stimme – voice
Stoffauflöser – pulper
Störung – fault
Strich – line
Strichvorlage – line art
Struktur – structure
stumpfer Anfang – begin even
Substrat – substrate
Subsystem – subsystem

subtraktive Farbmischung – subtractive colour synthesis
subtraktive Grundfarben – subtractive basic colours
superleichtes, gestrichenes Papier, ca. 40 g/m² – LLWC (lightlight weight coated paper)
Symbol – symbol
Symmetrie – symmetry
symmetrisch – symmetrical
Synchronisation – synchronization
synchronisiert – synchronized
Syntax – syntax
synthetisch – synthetic
System – system
Systematik – system, methodical procedure
systematisch – methodical, systematic
Systemprogramm – system software
Systemscanner – system scanner
Systemzusammenbruch – system crash

T

Tabellenkalkulation – spreadsheet
Tableau – gang exposure
Tabloid-Format – tabloid size
Tabulator – tab, tabulator
Tabulator –
Tabulatorposition – tab stop
Tack – tack
Tageslicht – daylight
Tageslichtfilm – brightlight film
Tageslichtverarbeitung – daylight processing
Takte – cycles
taktgesteuert – timed
Tampon – ink ball, tampon
Tampondruck – tampon printing
Taschenfalzmaschine – buckle folder
Tauenpapier – manilla paper
TCF, total bzw. absolut chlorfrei – totally chlorine-free
Technik – technology
Technologie – technology
Technologietransfer – technology transfer
Telekommunikation – telecommunications
Temperafarben – distemper
Temperatur – temperature
Termin – deadline
Terminologie – terminology
Terminplan – aging schedule
Text – text
Text-/Bildintegration – text image integration
Textausgabe – text output
Texterfassung – text input
Textildruck – textile printing
Textverarbeitungssystem – text processing system
Textvorlage – manuscript, copy
Thermodrucker – thermal printer
Tiefdruck – gravure printing
Tiefdruckfarbe – gravure ink
Tiefdruckpapier – gravure paper
Tiefdruckzylinder – gravure cylinder
Tiefe – shadow
Tiegel-Druckmaschine – platen press
Tintenstrahldrucker – ink jet printer
Tisch, Schreibtisch – desk
Titelbild – frontispiece
Titelei – preliminary matter
Titelsatz – headline setting
Titelsetzgerät – headliner
Toleranz – tolerance
Toluol – toluene
Ton – shade, tone, tint
Toner – toner
Tonfarbe – tint ink
Tonfläche – tint area
Tonstufe – tonal gradation, tone separation
Tonwert – tonal value, tone value
Tonwertabstufung – tonal gradation
Tonwertkorrektur – tonal correction
Tonwertverlust – loss of tone
Tonwertzunahme – dot gain
Tonwertzuwachs – tonal value increase
total bzw. absolut chlorfrei (Abk.) – TCF (totally chlorine-free)
Transferdruck – transfer printing
Transistor – transistor
Transmission – transmission
Transparenz – translucency
Treiber – driver
Trennschnitt – center cut

Trichter – former
Trichterfalz – former fold
Trichterwalze – former roller
Trimmer – trimmer
Triplexdruck – triplex printing
Trockenpartie – dryer section
Trockenstoff – siccative
Trockenstoffe – drying agent
Trockner – dryer
Trocknung – drying
Trocknung: oxidativ – drying by oxidation
Trocknung: wegschlagend – drying by absorption
Trocknungsanlagen – dryer
Trommelscanner – drum scanner
Tüte – bag
Typografie – typography
typografische Feinarbeit – typographical refinement
typografischer Punkt – typographical point
Typografisches Maßsystem – typographical system
Typometer – type scale, type gauge

U

Überfüllung – spread and choke exposure
Übersatz – overmatter
Überschuss – surplus
Übertragung – transmission
überziehen – cover, to; line, to
Überzug – lining
UCR, Unterfarbenreduktion – UCR (under colour reduction)
U-Druckeinheit – arch type unit
umbrechen – make up, to
Umbruch – make-up, page make-up
umdrehen – work and twist
Umfangsberechnung – character count
Umfangsregister – circumferential register
umgekehrt – invers
Umkehrfilm – reversal film
Umsatz – turnover
Umschlag – cover
umschlagen – work and turn
umstellbare Schön-und Widerdruckmaschine – convertible perfector
Umstellung – conversion
umstülpen – work and tumble
Umwelt – environment
Umweltschutz – conservation, pollution control
unbedruckt – blank
unbeschnitten – untrimmed
Unbuntaufbau – achromatic composition, grey component replacement (GCR), grey scale reduction
unerwünschte Bildteile oder Durchbrüche – pinholes
ungebleichter Halbstoff – unbleached pulp
ungefähr – roundabout
ungeleimte Papiere – unsized paper
ungestrichenes Papier – uncoated paper
unsensibilisiert – unsensitized
Unterblatt bei SD-Papieren – CF, coated front
Unterfarbenreduktion, UCR – Under Colour Reduction
Unterlänge der Buchstaben – descender
Unterschneiden – character kerning
Unterschrift – signature
Unterverzeichnis – subdirectory
Urheberrecht – copyright
UV-Druckfarbe – UV-printing ink
UV-empfindlich – UV-sensitive
UV-Lack – UV varnish
UV-Licht – UV-light
UV-Trockner – UV-dryer
UV-Trocknung – UV-drying

V

vakat – blank
Vakatseite – blank page
Vakuum – vacuum
Vakuum-Kopierrahmen – vacuum copying frame
Vakuummeter – vacuum meter
Vakuumpumpe – vacuum pump
Vakuumverpackung – vacuum package
Variable – variable
variabler Falzapparat – variable folder
Vektor – vector
Verarbeitung – processing
Verarbeitungslinie – converting line

verbindlicher Prüfdruck für die Druckproduktion – contract proof
Verblockung – stamping, blocking
Verbraucherschutz – consumer protection
Verbund aus mehreren Schichten – sandwich
Verbundfolien – compound foil, sandwich foil
Verbundsystem – network system
verchromen – chromium-plate, to
Verdruckbarkeit – runability
Verdünner (Druckfarbe) – dilutant, reducer
Verdunstung – evaporation
Veredelung – finishing
Vereinbarung – agreement
Verfahren – process
Verfasser – author
Verfasserkorrektur – author‘s correction
Verfremdung – falsification
Vergilben des Papiers – yellowing of paper
vergriffen – out of print
Vergrößerung – enlargement
Vergrößerungsgerät – enlarger
Verkleinerung – reduction
verkupfern – copper, to
Verlag – publishing house
Verlauf – gradation
Verlaufsraster – gradation screen
Verleger – publisher
Veröffentlichung – publication
Verpackung – package, packing, packaging
Verpackungsanlage – packaging plant
Verpackungsdruck – package printing
verringern (Film) – reduce, to
Versalien – capital letter
Verschluss – shutter
Verschnitt – extender
Verschwärzlichung – greyness
Version – version
Vertrag – agreement, contract
Vervielfältigung – duplicating
Verwaltung – administration
Verwaltung der Schriften – font management
Verweis – reference
Verweißlichung – desaturation
Verzeichnis – directory
Vibration – vibration
Videokamera – video camera
Videokarte – video card
Vierfarbdruck – four-colour printing, process colour
Vierfarben-Druckmaschine – four-colour printing press
Vignette – vignette
Visitenkarte – business card
Viskosimeter – viscometer
Viskosität – viscosity
Visualisierung – visualization
visuelle Kontrolle – visual control
Volksausgabe – popular edition
vollgeleimt (Papier) – fully sized
Vollretusche – full retouching
Vollton – full tone
Volltondichte – full-tone density
Volltonfeld – solid area
Volumen – volume
voluminös – bulky
von Bedeutung – significant
Vorausexemplar – advance copy
Vorausrichtung – pre-alignment
vorbeschichtete Druckplatte – presensitized printing plate
Vordergrund – foreground
Vordergrundverarbeitung – foreground processing
Vordermarke – front guide, front lay
Vorderschnitt – fore-edge
Vordruck – form
Vorfalz – overfold
Vorgabe – standard
Vorgabestandard – standard
Vorgreifer – pre-gripper
Vorhaben – intent
vorhanden – resident
Vorkalkulation – cost estimating
Vorlage – artwork
Vorlagenhalter – copy board
Vorlesung – lecture
Vorsatzpapier – end paper
Vorschrift – instruction
Vortrag – lecture
Vorwort – foreword, preface

vulkanisieren – vulcanize, to

W

Wachs – wax
Walze – roller
walzenfrische Druckfarbe – roller fresh ink
Wälzlager – rolling bearing
Warenzeichen – trade mark
Wärme – heat
Wärmerückgewinnung – heat recovery
Warnung – warning
Waschmarken – water marks
Waschmittel – washing agent
Waschzettel – blurb
Wasser – water
wasserabstoßend – hydrophobic
Wasseraufnahme – water absorption
Wasserdampf – water vapour
Wasserdruckfarben – water-colour ink
Wasserentwicklung – water developing
wasserfreundlich – hydrophilic
Wasserhärte – water hardness
Wasserkasten – water pan
Wasserkastenlack – dispersion varnish
Wasserkastenwalze – water fountain roller
wasserloser Offsetdruck – waterless offset printing
Wasserzeichen – watermark
Wasserzeichenpapier – watermark paper
Wasserzeichenwalze – dandy roll
Watt – watt
Wechselfestplatte (EDV) – removable hard disk
Wegschlagen (Druckfarbe) – penetration
Weichmacher – plasticizer
Weichverpackung – flexible packing, soft pack
Weichzeichner – soft-focus lens
Weiß – white
Weißblech – tin
Weißgrad – whiteness
Weißmacher – whitener
Weißpunkt – white point
Welle – shaft, wave, flute
Wellenlänge – wavelength
Wellpappe – corrugated board
Wendestangen – angle bars
Wendetrommel – beater
Werbeabteilung – advertising department
Werbeagentur – advertising agency
Werbeblatt – advertising leaflet, mailing
Werbesendung – mailing
Werbetexter – copywriter
Werbung – advertising, publicity, propaganda
Werkdruck – book printing
Werkdruckpapier – book paper
Werksatz – bookwork composition
Werkstoff – material
Werkzeuge – utility
Wertpapierdruck – security printing
Widerstand – resistance
widerstandsfähig – resistant
Widmung – dedication
wiederholen – repeat, to
Wiederholgenauigkeit – repeat accuracy
Wiegendrucke – incunabula
Winchesterplatte – winchester disk
Winkelhaken – composing stick
Winkelschnitt – square trim
Wirtschaftlichkeit – cost effectiveness, economy
Wort – word
Wortabstand – word spacing
Wörterbuch – dictionary
Wortzwischenraum – word spacing
Wurm (Computervirus) – worm

x, y, z

x-Achse – x-axis
Xenon-Hochdrucklampe – xenon lamp
Xerografie – xerography
Xylografie – xylography
y-Achse – y-axis
Zähigkeit – stickiness
Zahl – number
Zahlensystem – number system
Zahnrad – gear wheel, cogwheel
Zahnstreifen – gear mark
Zeichen – character, digit, sign
Zeichen einer digitalisierten Schrift – glyphe
Zeichenabstand – letter spacing
Zeichenerkennung – character recognition

Zeichenerklärung – legend
Zeichenleser – optical character reader, reading machine
Zeichenpapier – drawing paper
zeichnen – draw, to
Zeichnung – drawing
Zeile – line
Zeile einrücken – indent
Zeilenabstand – interline spacing, leading, line spacing
Zeilenfall – line fall
Zeilenlänge – line length
Zeilenmaß – type gauge
Zeilensetzmaschine – line composing and casting machine
Zeitschrift – magazine, journal
Zeitung – newspaper
Zeitungsdruck – newspaper printing
Zeitungsdruckpapier – newsprint paper
Zeitungsformat – newspaper format
Zelle – cell
Zellstoff – chemical pulp, cellulose
Zellulose – chemical pulp, cellulose
Zentraleinheit der EDV – mainframe, system unit
Zickzackfalz – accordion fold, concertina fold
Ziel – target
Ziffer – figure, numeral
Zink – zinc
Zinkdruck – zinc printing
Zinkoxidpapier – zinc oxide paper
Zinn – tin
Zitat – quotation
Zonenschraube – duct screw, zone screw
Zuckerrohrrückstände – bagasse
Zügigkeit – tack
Zugriff (auf Daten) – access
Zugriffszeit – access time
Zugwalzen – draw roller
Zuordnung – assignment
Zurücksetzen – reset
Zusammendruck – combination printing
Zusammenfassung – summary, synopsis, composition
Zusammensetzung – assembly
zusammentragen – collect, to; gather, to
Zusammentragmaschine – gathering machine
Zusatz – attachment
Zusatzstoff – additive
Zuschlagskalkulation – price calculation
Zuschuss – overs, supplement
Zusetzen – filling-in
Zwei-Bahn-Betrieb – two-web operation
Zweifarben-Druckmaschine – two-colour press
zweiseitig – double-sided
Zweiseitigkeit – two-sidedness
zweispaltig – two-column page
Zwischenlagendruck – sandwich printing
Zwischenschnitt – intermediate cut
Zwischenspeicher – cache
Zwischentitel – chapter heading
Zylinder – cylinder
Zylinderachse – cylinder axle
Zylinderätzung – cylinder dressing
Zylinderfalz – cylinder fold
Zylinderkanal – cylinder gap
Zylinderkorrektur – cylinder correction
Zylinderoberfläche – cylinder surface

Anhang

1 Papier

Papierformate nach DIN EN ISO 216

Eine Vielzahl unterschiedlichster Papierformate wurde durch die Norm nach DIN seit 1920 abgeschafft. Diese Norm brachte für die Papierproduktion, für Druckereien und auch für die kaufmännische Bearbeitung und die Archivierung beachtliche Vorteile.

- Der Papierverlust beim Schneiden kleinerer Formate wird auf ein Minimum reduziert.
- Alle DIN-Formate haben das gleiche Seitenverhältnis.

Bücher und Privatdrucksachen haben neben den DIN-Formaten in vielen Fällen aus gestalterischen Gründen immer wieder Sonderformate.

Die DIN EN ISO 216 (früher DIN 476) unterscheidet zwischen der Reihe A, der Vorzugsreihe, sowie den Reihen B und C für abhängige Formate.

Das größte Format der Reihe A ist der Bogen DIN A0, dem folgende Gesetzmäßigkeiten zugrunde liegen:

1. Flächeninhalt: 1 m^2
2. Seitenverhältnis: $1 : \sqrt{2} = 1:1{,}414$
3. Flächeninhalt und Seitenverhältnis zueinander in Beziehung gebracht, ergibt ein Maß von 841 mm × 1189 mm
4. Fortgesetzte Halbierung der jeweils längerfen Seite ergibt das nächstkleinere Format mit immer dem gleichen Seitenverhältnis 1:1,414 und gleichzeitig den jeweiligen Teil des Quadratmeters.

Die Wurzel der Formatnormung ergibt sich aus einem Quadrat und seiner Diagonalen.

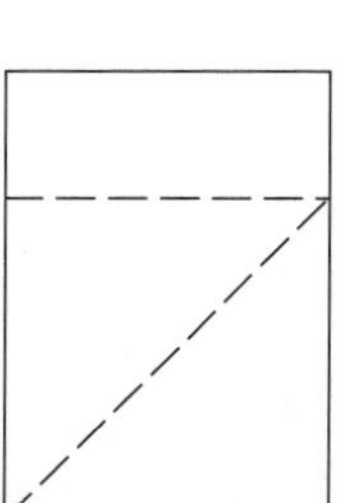

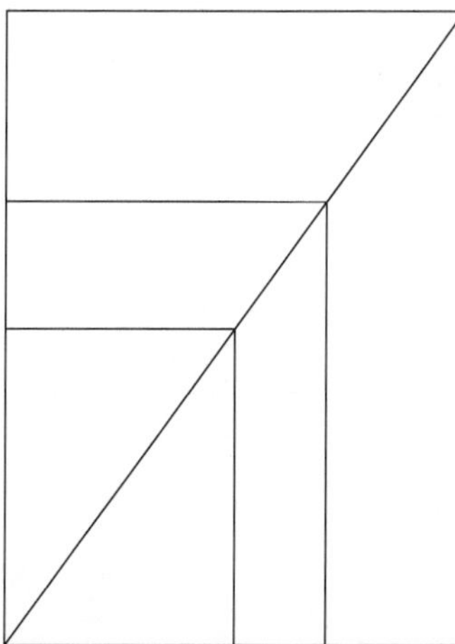

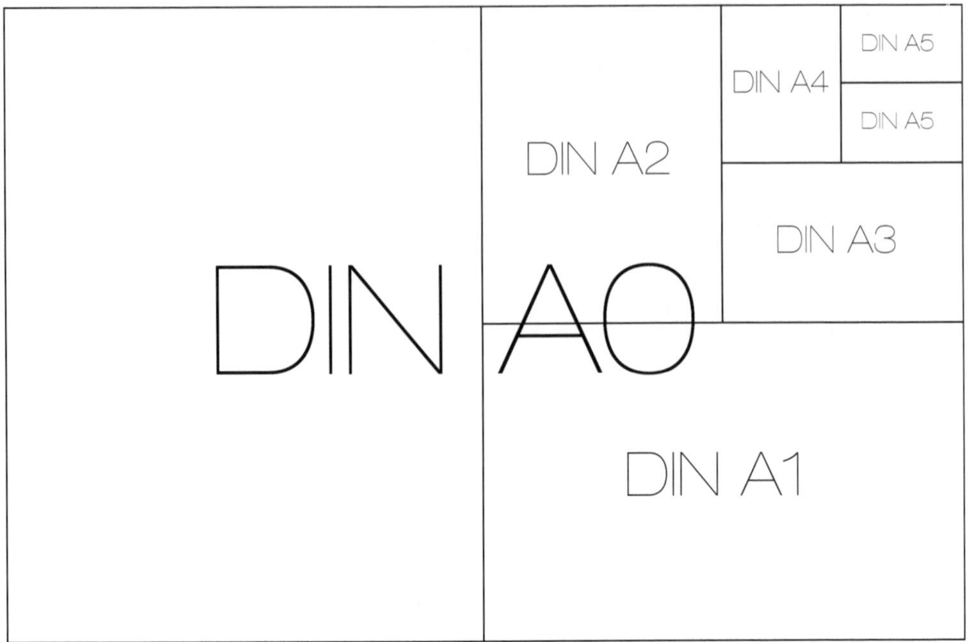

Formate der DIN-A-Reihe

Bezeichnung	Format in mm	Teilung zur Basis 2	Nutzen aus 1 Bogen DIN A0	Frühere Bezeichnung
DIN A0	841 × 1189	2^0	1	Vierfachbogen
DIN A1	594 × 841	2^1	2	Doppelbogen
DIN A2	420 × 594	2^2	4	Bogen
DIN A3	297 × 420	2^3	8	Halbbogen
DIN A4	210 × 297	2^4	16	Viertelbogen
DIN A5	148 × 210	2^5	32	Blatt
DIN A6	105 × 148	2^6	64	Halbblatt, Postkarte

DIN-Format-Reihe im Vergleich (Angaben in mm)

Bezeichnung	Reihe A	Reihe B	Reihe C	Reihe D
0	841 × 1189	1000 × 1414	917 × 1297	771 × 1091
1	594 × 841	707 × 1000	684 × 917	545 × 771
2	420 × 594	500 × 707	458 × 684	385 × 545
3	297 × 420	353 × 500	324 × 458	272 × 385
4	210 × 297	250 × 353	229 × 324	192 × 272
5	148 × 210	176 × 250	162 × 229	136 × 192
6	105 × 148	125 × 176	114 × 162	96 × 136
7	74 × 105	88 × 125	81 × 114	68 × 96

Hinweise zu Formaten

Angaben zu Endformaten (beschnittene Formate) erfolgt nach der Regel:
Erst die Basisseitenlänge („Leserichtung") – dann die darauf senkrechte Länge!
Beispiele:
- Hochformat = 210 mm × 297 mm
- Querformat = 297 mm × 210 mm

Beispiele für Einsatzbereiche:
- DIN A4 Hochformat: Briefpapier, Organisations- und Geschäftsdrucksachen, Zeitschriften, Prospekte
- DIN A4 Querformat: Organisationsformulare mit breiten Tabellen
- DIN A5 Hochformat: Hefte, Blocks, Bücher
- DIN A6: Standardformat für Postkarten, Taschenbücher, Bücher
- DIN C4, C5, C6, B4: Umschläge (geeignet für DIN-A-Formate)

Sonderformate aus DIN-Formaten:
- DIN A4, „Sparformat": Standardformat für Kurzbriefe und Organisations-/Geschäftsdrucksachen mit geringem Schreibflächenbedarf (auch 1/6 DIN genannt)
- DIN lang: 110 mm × 220 mm
- Große Druckbogen werden in der Weiterverarbeitung zu einem Endformat gefalzt und beschnitten. Um das gewünschte Endformat als DIN-Format zu erhalten, muss der Druckbogen im sogenannten Rohformat für den Druck verwendet werden. Der gefalzte Bogen kann so auf das Endformat (z. B. DIN A4) beschnitten werden.
  Beispiel:
  Endformat DIN A1 = 594 mm × 841 mm
  Rohformat DIN A1 = 610 mm × 860 mm

Vergrößerungs- bzw. Verkleinerungsfaktoren beim Kopieren bzw. Reproduzieren

Format	auf Format	mit Faktor*
A5	A4	1,41
A5	A3	2,00
A4	A5	0,71
A4	A3	1,41
A4	A2	2,00
A4	A1	2,82
A4	A0	4,00
A3	A2	1,41
A3	A1	2,00
A3	A0	2,82

Von einem Papierformat DIN A4 auf DIN A3 vergrößern bedeutet, Länge und Breite mit dem Faktor 1,41 (= Wurzel aus 2) zu multiplizieren.
Die Papierfläche wird dabei verdoppelt!

Beispiel:
Ein Buchstabe, der im Format DIN A4 ausgedruckt 1,00 cm hoch ist, wird im Format DIN A0 demnach 4,00 cm hoch sein.

* = Faktor × 100 = Änderung in Prozent (%)

Wichtige Papier- und Briefumschlagformate

DIN A4 hoch:
210 mm × 297 mm

- Standardformat für Briefverkehr und für Organisations- und Geschäftsvordrucke mit normaler Tabellengröße

DIN A4 quer:
297 mm × 210 mm

- Standardformat für Organisations- und Geschäftsdrucksachen mit breiten Tabellen

DIN A6:
148 mm × 105 mm

- Standardformat für Postkarten, Aufkleber u. ä.

DIN A4 „Sparformat“:
210 mm × 200 mm

- Format für Kurzbriefe und Organisations- und Geschäftsvordrucke mit kleinem Schreibbedarf

DL DIN „lang“:
220 mm × 110 mm

- Briefumschlag für die Einlage von Briefen, Broschüren, Werbedrucksachen u. a. im Falzformat „Querdrittel“ DIN A4

- Grundsätzlich kann anstelle des „Sparformates“ DIN A4 auch das Format DIN A5 (148 mm × 210 mm) verwendet werden.

Nutzenberechnung

Nutzen: Anzahl einzelner Exemplare (Einzelteile, Stück; Produkte)
Nutzenberechnung
= Berechnung der Anzahl von Bogen/Blatt in einem gewünschten Endformat, die aus einem größeren Format (Planobogen) herausgeschnitten werden können.

Nutzenberechnung bei DIN-Formaten

- Das Halbieren der langen Seite ergibt das nächst kleinere Format.
- Der Exponent gibt das Papierformat an.
- Die Differenz der Exponenten gibt an, wie oft das größere Format gefalzt oder geschnitten werden muss, um das gewünschte kleinere Format zu erhalten.
  $2^0 =$ 1 Nutzen
  $2^1 =$ 2 Nutzen
  $2^2 =$ 4 Nutzen
  $2^3 =$ 8 Nutzen
  $2^4 =$ 16 Nutzen

Beispiele:

1. Wie viel Blatt (= Nutzen) DIN A4 sind aus einem Bogen DIN A1 zu schneiden?
   Lösung: Nutzen pro Bogen = $2^4 - 2^1 = 2^3 = 8$ Nutzen

2. Wie viel Planobogen im Format DIN A0 (Rohbogen) werden für 20 000 Blatt DIN A5 benötigt?

   $$\text{Bogenbedarf} = \frac{\text{Auflage} \times \text{Anzahl der Blatt (pro Exemplar)}}{\text{Nutzen (Bogen)}}$$

   Lösung: Nutzen pro Bogen = $2^5 - 2^0 = 2^5 = 32$ Nutzen

   $$\text{Bogenbedarf} = \frac{20\,000 \times 1\ \text{Blatt}}{32} = 625\ \text{Bogen DIN A0 (Rohformat)}$$

3. Wie viel Planobogen 61 cm × 86 cm (= Rohbogen DIN A1) werden für den Druck von 10 000 Prospekten DIN A4, 4 Seiten (einmal gefalzt) benötigt?
   Lösung: Nutzen pro Bogen = $2^4 - 2^1 = 2^3 = 8$ Nutzen

   $$\text{Bogenbedarf} = \frac{10\,000 \times 2\ \text{Blatt}}{8} = 2\,500\ \text{Bogen im Format 61 cm} \times \text{86 cm}$$

4. Auf einen Planobogen 61 cm × 86 cm soll ein Prospekt, 16 Seiten, Format DIN A5 gedruckt werden. Auflage sind 20 000 Exemplare. Wie viel Planobogen werden benötigt?
   Lösung: Nutzen pro Bogen = $2^5 - 2^1 = 2^4 = 16$ Nutzen (= Blatt)
   Bogenbedarf =

   $$\frac{20\,000 \times 8\ \text{Blatt pro Exemplar}}{16} = 10\,000\ \text{Bogen im Format 61 cm} \times \text{86 cm}$$

Weitere Papierberechnungen

Grundberechnungen für Bogendruckpapier:

1. Papierbedarf in Bogen $= \dfrac{\text{Auflage}}{\text{Nutzen (pro Bogen)}} + \text{Zuschuss in \%}$

2. 1000-Bogen-Gewicht (kg) $= \dfrac{\text{Länge (cm)} \cdot \text{Breite (cm)} \cdot \text{g/m}^2 \cdot 1000\ \text{Bg.}}{1000}$

3. Papierkosten $= \text{Papierbedarf} \cdot 1000\text{-Bogen-Gew. (kg)} \cdot \text{Preis/kg}$

4. Papiervolumen $= \dfrac{\text{Papierdicke in mm} \cdot 1000}{\text{Flächenmasse in g/m}^2}$

Papierdicke: $\text{Papierdicke} = \dfrac{\text{Papiergewicht g/m}^2 \cdot \text{Volumen}}{1000}$

Hinweis: Übliche Standardpapiere haben ein einfaches Volumen

Beispiel: Papier 100 g/m^2, einfaches Volumen

$$\text{Papierdicke} = \frac{100\ \text{g/m}^2 \cdot 1}{1000} = 0{,}1\ \text{mm}$$

Papiervolumen: $\text{Papiervolumen} = \dfrac{\text{Papierdicke mm} \cdot 1000}{\text{Papiergewicht g/m}^2}$

Beispiel: Papiergewicht 100 g/m^2

Papierdicke 0,2 mm

$$\text{Papiervolumen} = \frac{0{,}2\ \text{mm} \cdot 1000}{100\ \text{g/m}^2} = \text{2faches Volumen}$$

Qualitäten und Streichtechniken

Gestrichene Papiersorten (Beispiele)	Strichmenge	gestrichene Seiten	mögliche Satinage
1. Bilderdruckpapier			
Konsum	+	1/1	ja
Standard	+	1/1	ja
spezialgestrichen	+++	1/1	ja
2. Chromopapier	++++	1/0	ja
3. Original-Kunstdruckpapier	++++	1/1	ja
4. Gussgestrichenes Papier	++++	1/0 (selten 1/1)	nein

Papierkategorien
(Printing Substrates) nach ProzessStandard Offsetdruck, Revision 2016

Papier-kate-gorie	Papieroberfläche Hinweise	typische Bedruckstoffe (beispielhaft, informativ)	typischer Druckprozess (beispielhaft, informativ)
1	Mehrfach gestrichenes Papier, mäßig aufgehellt; 80 bis 250 g/m²	– WFC (Wood-free Coated) glänzend, halbmatt, matt – HWC (High Weight Coated) – MWC (Medium Weight Coated), einige Sorten	Bogen-Offsetdruck, Rollen-Offsetdruck (Heatset)
2	Gestrichenes Papier, aufgebessert; gering aufgehellt, 51 bis 80 g/m²	– MWC (Medium Weight Coated),einige Sorten – LWC-I (LWC Improved)	Rollen-Offsetdruck (Heatset)
3	Standard glänzend; gering aufgehellt, 48 bis 70 g/m²	– LWC (Light Weight Coated)	Rollen-Offsetdruck (Heatset)
4	Standard matt/halbmatt, gering aufgehellt, 48 bis 70 g/m²	– MFC (Machine Finished Coated) – LWC halbmatt, einige Sorten	Rollen-Offsetdruck (Heatset)
5+	Naturpapier (ungestrichen) holzstofffrei weiß; stark aufgehellt (+), 70 bis 250 g/m²	– WFU (Wodd-Free Uncoated)	Bogen-Offsetdruck, Rollen-Offsetddruck (Heatset)
6	SC-Papier,geringer aufgehellt (Vergl.: 5+), hochsatiniert, 38 bis 60 g/m²	– SC-A, SC-B (SC = superkalandriert), z. B. für den Bücherdruck	Rollen-Offsetdruck (Heatset)
7	Zeitungspapier, aufgebessert, leicht aufgehellt, 40 bis 56 g/m²	– UMI (Uncoated Mechanical Improved) – INP (Improved News Print) Hinweis: Spezifikationen identisch; höhere Weiße als Kategorie 8	Rollen-Offsetdruck (Heatset, Coldset)
8	Standard News Print, schwach aufgehellt, 40 bis 52 g/m²	Zeitungsdruckpapier Standard	Rollen-Offsetdruck (Heatset, Coldset)
C8	Standard News Print, schwach aufgehellt, 40 bis 52 g/m²	Zeitungsdruckpapier Standard	Rollen-Offsetdruck (Coldset; eigene Druckbedingungen nach ISO)

Informationen zu Papierkategorien und den entsprechenden Druckbedingungen:
bvdm, MedienStandard Druck sowie ISO 12647-2, 12647-3

Sortenübersicht für Faltschachtel-Karton

Jede Kartonsorte kann eindeutig durch zwei Buchstaben bzw. durch zwei Buchstaben und eine Ziffer bezeichnet werden.

1. Buchstabe: Oberfläche	A	=	gussgestrichen
	G	=	gestrichen
	U	=	ungestrichen
2. Buchstabe: Stoffeintrag	Z	=	gebleichte Frischfasern
	N	=	ungebleichte Frischfasern
	C	=	Holzstoff
	T	=	recyclierter Zellstoff
	D	=	recyclierter Zellstoff, grau
Ziffer: Rückseite (ausgenommen D-Sorten)	1	=	weiß
	2	=	hell (gelb)
	4	=	braun
Ziffer: Spezifisches Volumen (nur bei D-Sorten)	1	=	$\geq$ 1,45 cm^3/g
	2	=	< 1,45 cm^3/g, > 1,30 cm^3/g
	3	=	$\leq$ 1,30 cm^3/g

Sortenübersicht: Faltschachtelkarton (Beispiele)

Sorte	Bezeichnung	Decke	Einlage	Rückseite
1. Gussgestrichener Karton (A)				
	Hochglänzend, spiegelnde, geschlossene Oberfläche, nicht satiniert.			
AZ	Gussgestrichener gebleichter Zellstoff-karton (gebleichter Zellstoff)	h'fr weiß	h'fr weiß	h'fr weiß
AC	Gussgestrichner Primärfaserkarton			
	AC1	h'fr weiß	hell	h'fr weiß
	AC2	h'fr weiß	hell	hell
2. Gestrichener Karton (G)				
	Im Vergleich zu ungestrichenen Sorten: brillantere Farbwiedergabe, höherer Glanzeffekt bei Lackierungen			
	GZ	h'fr weiß	h'fr weiß	h'fr weiß
	GN1	h'fr weiß	braun	h'fr weiß
	GN4	h'fr weiß	braun	braun
	GT4	leicht h'f rweiß	grau	braun
3. Ungestrichener Karton (U)				
	Hochwertige Oberseite aus Zellstoff, gut zu bedrucken.			
	ZU	h'fr weiß	h'fr weiß	h'fr weiß
	UT1	h'fr weiß	grau	weiß

Immer noch verwendete Bezeichnungen: Chromoersatzkarton, Duplexkarton, Triplexkarton, Chromoduplexkarton, Chromotriplexkarton, > Faltschachtel-Karton: Faserstoffklassen, Bezeichnungen und Eigenschaften

Formatgeschnittene Bedruckstoffe für den Offsetdruck: Papier- und Kartonsorten

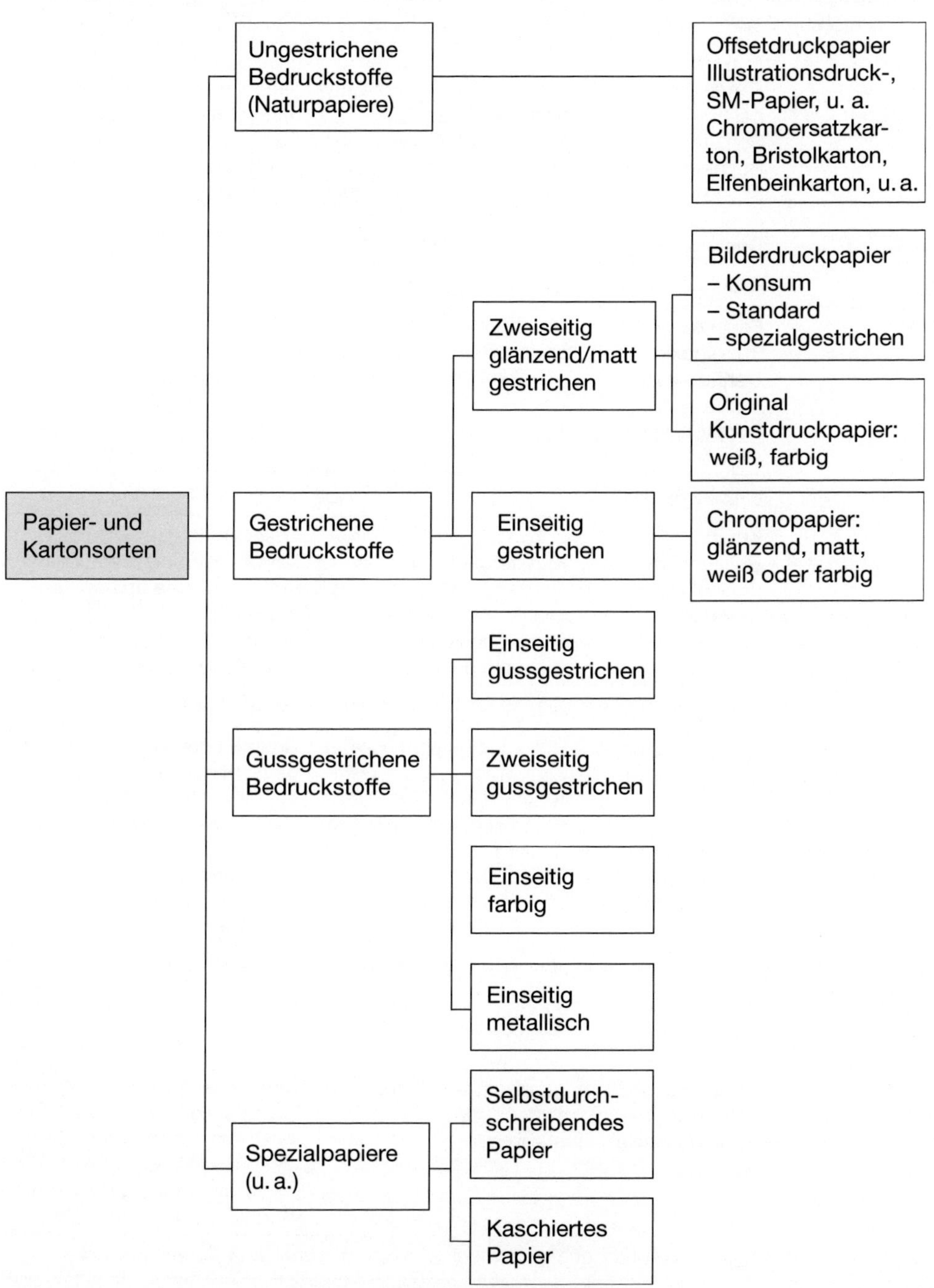

Wichtige in der Druckindustrie eingesetzte Kunststoffe

Kunststoff	Einsatzgebiete	Erkennungsmerkmal	Bemerkung
PVC Polyvinylchlorid	· Aufkleber · Fahrzeugbeschriftungen · Schilder · Bucheinbände · Spielbälle · Schlauchboote · Duschvorhänge	Brennt in der Flamme, erlischt jedoch nach Entfernen der Zündquelle. Weich-PVC kann aufgrund des hohen Weichmachergehalts weiterbrennen. Weißliche Rauchschwaden.	Lösemittelbasierte Druckfarben lösen die Bedruckstoffoberfläche an und verbinden sich. → Physikalisch trocknende Einkomponentenfarben
	Geruch: Verbrennungsgase riechen nach Salzsäure		
PS Polystyrol	· Feuerzeuge · Zettelboxen · Gehäuseteile (ABS) · Spritzgussteile aller Art	Brennt mit leuchtender, stark rußender Flamme (Flockenbildung).	Lösemittelbasierte Druckfarben lösen die Bedruckstoffoberfläche an und verbinden sich. → Physikalisch trocknende Einkomponentenfarben
	Geruch: süßlich		
PC Polycarbonat	· Kunststoff-Brillengläser · Optical Discs · Blenden	Schwierig entzündbarer Kunststoff, brennt mit leichter Rußentwicklung weiter. Probe verkohlt an der Brennstelle, leichte Blasenbildung.	Lösemittelbasierte Druckfarben lösen die Bedruckstoffoberfläche an und verbinden sich. → Physikalisch trocknende Einkomponentenfarben
	Geruch: Verbrennungsgase riechen aromatisch nach Phenol.		
PE Polyethylen	· Verpackungen, z. B. Flaschen, Dosen · Spielzeug · Getränkekästen · Transportboxen · Verschlüsse	Brennt mit kleiner, gelber Flamme mit blauem Hintergrund, schmilzt. Die Oberfläche ist kratzempfindlich.	Bedruckstoff wird von der Farbe nicht angelöst. Aufgrund der Oberflächenspannung muss das Material vor dem Druck vorbehandelt werden. → chemisch härtende Zweikomponentenfarben → Vorbehandlung notwendig
	Geruch: Verbrennungsgase riechen nach Kerzenwachs (Paraffinähnlich)		
PP Polypropylen	· Verpackungen, z. B. Flaschen, Dosen · Spielzeug · Einwegspritzen · Spritzgussteile · Rohre	Brennt mit kleiner, gelber Flamme mit blauem Hintergrund, schmilzt. Im Vergleich zu PE kratzfester und stabiler.	Bedruckstoff wird von der Farbe nicht angelöst. Aufgrund der Oberflächenspannung muss das Material vor dem Druck vorbehandelt werden. → Chemisch härtende Zweikomponentenfarben → Vorbehandlung notwendig, oder spezielle PP-Farbe
	Geruch: Verbrennungsgase riechen nach Kerzenwachs (Paraffinähnlich)		

Wichtige in der Druckindustrie eingesetzte Kunststoffe

Kunststoff	Einsatzgebiete	Erkennungsmerkmal	Bemerkung
PMMA Acrylglas	· Leuchtreklamen · Blenden, Sichtfenster · Schutz- und Trennwände	Brennt nach Entfernen der Zündquelle geräuschvoll mit gelber Flamme weiter, Blasenbildung, keine Rußentwicklung.	Lösemittelbasierte Druckfarben lösen die Bedruckstoffoberfläche an und verbinden sich. → Physikalisch trocknende Einkomponentenfarben
	Geruch: Verbrennungsgase riechen fruchtig, süßlich		
POM Polyacetal, z.B. Hostaform	· Feuerzeuge · Kunststoff-Zahnräder · Skibindungen · Spritzgussteile	Sehr schwer entzündbar. Brennt weiter nach Entfernen der Zündquelle und bildet dabei kleine Blasen. Sehr helle, blaue, fast unsichtbare Flamme, tropft!	Bedruckstoff wird von der Farbe nicht angelöst. Aufgrund der Oberflächeneigenschaften und hohen Beständigkeit, kann die Farbhaftung nur durch eine Nachbehandlung des gedruckten Farbfilms erzielt werden. → Chemisch härtende Zweikomponentenfarben → Nachbehandlung notwendig
	Geruch: Verbrennungsgase riechen beißend (Achtung!)		
PET Polyester	· Folientastaturen · Transparente Flaschen im Verpackungsdruck · Synthetische Gewebe, z.B. Surfsegel · Schutzhelme (PETG)	Brennt knisternd, mit gelb leuchtender Flamme. Rußt und bildet schwarzbraune Tropfen.	Bedruckstoff wird von der Farbe nicht angelöst. → chemisch härtende Zweikomponentenfarben Für den Einsatz im Folientaturbereich wird das Material vom Hersteller meist vorbehandelt geliefert (topcoated). → Physikalisch trocknende Einkomponentenfarben
	Geruch: Verbrennungsgase riechen süßlich, relativ schwach.		
PA Polyamid	· Feuerzeuge · Elektroteile, wie z. B. Schalter · Maschinengehäuse · Motorabdeckungen	Brennt mit kleiner, blauer und leuchtender Flamme unter Schmelzen und ggf. Tropfenbildung.	Bedruckstoff wird von der Farbe nicht angelöst. → chemisch härtende Zweikomponentenfarben
	Geruch: riecht nach verbrannten Haaren		

2 Schrift

Schriftklassifikation

Gruppe	Bezeichnung	Schriftbeispiele	Beispiel
I	Venezianische Renaissance-Antiqua	Trajanus, Schneidler-Mediäval	WASgero
II	Französische Renaissance-Antiqua	Garamond, Weiß-Antiqua, Trump-Mediäval	WASgero
III	Barock-Antiqua	Baskerville, Imprimatur, Janson-Antiqua	WASgero
IV	Klassizistische Antiqua	Bodoni, Didot, Walbaum, Amati, Normande	WASger
V	Serifenbetonte Linear-Antiqua	Rockwell, Volta, Schadow, Clarendon, Italienne	WASger
VI	Serifenlose Linear-Antiqua	Univers, Helvetica, Frutiger, Futura, Akzidenz-Grotesk, ITC Avant Garde	WASger
VII	Antiqua-Varianten	Largo, Souvenier, Oriente, Eckmann-Schrift	WASgerod
VIII	Schreibschriften	Legende, Lithographia, Künstler-Schreibschrift, Zapfino	WASgero
IX	Handschriftliche Antiqua	Post-Antiqua, Time-Script, Codex, Delphin, Polka	WASger
X	Gebrochene Schriften		WASgerod
Xa	Gotisch	Caslon-Gotisch	
Xb	Rundgotisch	Wallau	
Xc	Schwabacher	Alte Schwabacher	
Xd	Fraktur	Breitkopf-Fraktur	WASger
Xe	Fraktur-Varianten	Claudius	
			WASger
XI	Fremde Schriften	arabisch, hebräisch, kyrillisch, chinesisch u. a.	夏でも

Merkmale und Anwendungsbereiche der Schriften

Schriftgruppe	Prinzipielle Merkmale	Anwendungsbereiche	Beispiele
I/II Renaissance-Antiqua	Kräftiges, gleichmäßiges Schriftbild, geringer Kontrast in den Strichstärken, große Ober- und Unterlängen, ausgerundete Serifen, gute Lesbarkeit.	Vielfältig einzusetzen. Besonders geeignet als Grundschrift, z. B.: Werke aller Art, Zeitungen, Zeitschriften, Anzeigen, Geschäftsberichte u. ä.	ABCDEFGHIJK abcdefghijklm ABCDEFGHIJK abcdefghijklm
III Barock-Antiqua	Kräftiges, relativ gleichmäßiges, jedoch offeneres Schriftbild als I/II, betonte, größere Mittellänge, Serifen ausgeprägter, Rundungen dabei geringer, gute Lesbarkeit.	Universell einzusetzende Schriften für umfangreiche Texte, z. B.: Werke aller Art, Zeitungen, Zeitschriften usw. wie I/II.	ABCDEFGHIJK abcdefghijklm ABCDEFGHIJK abcdefghijklm
IV Klassizistische Antiqua	Kontrastreiches, präzise wirkendes Schriftbild, starker Unterschied zwischen Haar- und Grundstrichen, feine Serifen rechtwinklig angesetzt.	Werke, Festschriften, Geschäftsberichte, Werbedrucksachen, Plakate, Auszeichnungsschrift für Packungen, Zeitungen (Schlagzeilen), Speisekarten.	ABCDEFGHIJK abcdefghijklm ABCDEFGHIJK abcdefghijk
V Serifenbetonte Linear-Antiqua	Optisch gleich wirkende Strichstärken, starke Betonung der Serifen, rechtwinklig angesetzt. Modifikationen mit Überbetonung der Längen und Serifen.	Werbe- und Industriedrucksachen, Textanzeigen, Fachbücher.	ABCDEFGHIJK abcdefghijklm ABCDEFGHIJK abcdefghijklm
VI Serifenlose Linear-Antiqua	Optisch gleich wirkende Strichführung ohne Serifen, wirkt sachlich, technisch konstruiert, statisch, breite Auswahl an Schriften mit unterschiedlichen Schriftschnitten.	Überwiegend eingesetzte Schrift für Industriedrucksachen aller Art, Werbedrucksachen, Werke, Zeitschriften, Kataloge, Bildbände, Plakate, Verpackungen, Formulare, Geschäftsberichte.	ABCDEFGHIJK abcdefghijklm ABCDEFGHIJK abcdefghijklm ABCDEFGHIJK abcdefghijklm

Merkmale und Anwendungsbereiche der Schriften

Schriftgruppe	Prinzipielle Merkmale	Anwendungsbereiche	Beispiele
VII Antiqua-Varianten	Antiqua-Schriften mit uneinheitlicher Strichführung in verschiedenen Variationen: ornamental, licht (konturiert), schattiert, schraffiert u. a.	Werbedrucksachen, die typografisch dekorative, monumentale oder charakteristische „Schauschriften“ erfordern, z. B. Prospekte, Plakate.	ABCDEGHIJK abcdefghijklm ABCDEGHIJK ABCDEFGHIJKLM ABCDEGHIJK abcdefghijklm
VIII Schreibschriften	Individuelle Schriften ohne gemeinsame Merkmale, teilweise Abwandlungen von Kanzleischriften, stilistisch geprägt durch „Handschrift“ des Künstlers und das Entwurfswerkzeug.	Schriften für Auszeichnungen im Akzidenzdruck und als Titelschrift für Druckprodukte aus den Bereichen Kunst, Mode, Schmuck, Porzellan u. ä.	ABCDEFGHIJK abcdefghijklm ABCDEGHIJK abcdefghijklm ABGJK abcdefghijklm
IX Handschriftliche Antiqua	Antiqua-Schriften, in schreibschriftähnliche Formen abgewandelt, ohne einheitliche Merkmale.	Individuelle Text- und Titelschriften, z. B. für Privatdrucksachen, Urkunden, Werbung, Festschriften.	ABCDEFGHIJK abcdefghijklm ABCDEFGHIJK abcdefghijklm
X Gebrochene Schriften	In dieser Gruppe sind alle Schriften zusammengefasst, bei denen alle Rundungen der Antiqua-Schriften gebrochen sind a) Gotisch b) Rundgotisch c) Schwabacher d) Fraktur e) Fraktur-Varianten	Heute nur noch für Titelzeilen mit einer „historischen“ Wirkung, in der Werbung, bei Urkunden oder entsprechenden Akzidenzen (Jubiläen, Stadtfeste u. ä.).	ABCDEGHIJK abcdefghijklm ABCDEFGHIJ abcdefghijklm ABCDEFGHIJK abcdefghijklm ABCDEFGHIJK abcdefghijklm

Schriftschnitte

1. Variationen der Strichstärke

leicht (mager)	AaBbCcDdEeFfGgHhIiJjKkLlMmNnOoPpQqRrSsTtUuVvWwXxYyZz
normal	AaBbCcDdEeFfGgHhIiJjKkLlMmNnOoPpQqRrSsTtUuVvWwXxYyZz
halbfett	**AaBbCcDdEeFfGgHhIiJjKkLlMmNnOoPpQqRrSsTtUuVvWwXxYyZz**
fett	**AaBbCcDdEeFfGgHhIiJjKkLlMmNnOoPpQqRrSsTtUuVvWwXxYyZz**

2. Verändern der Proportionen

schmal	AaBbCcDdEeFfGgHhIiJjKkLlMmNnOoPpQqRrSsTtUuVvWwXxYyZz
normal	AaBbCcDdEeFfGgHhIiJjKkLlMmNnOoPpQqRrSsTtUuVvWwXxYyZz
breit	AaBbCcDdEeFfGgHhIiJjKkLlMmNnOoPpQqRrSsTtUuVvWwX

3. Schriftstellung

Roman	AaBbCcDdEeFfGgHhIiKkLlMmNnOoPpQqRrSsTtUuVvWwXxYyZz
kursiv	*AaBbCcDdEeFfGgHhIiKkLlMmNnOoPpQqRrSsTtUuVvWwXxYyZz*
Kapitälchen	VARIATION KAPITÄLCHEN AABBCCDDEEFFGGHHIIKKLLMMNNOOPPQQRRSSTTUU

4. Grafische Variationen

Kontur licht	AaBbCcDdEeFfGgHhIiKkLlMmNnOoPpQqRrSsTtUuVvWwXxYyZz
schattiert	ABCDEFGHIKLMNOPQRSTUVWXYZ

Schriftfamilien

Univers

Light	AaBbCcDdEeFfGgHhIiKkLlMmNnOoPpQqRrSsTtUuVvWwXxYyZz
Roman	AaBbCcDdEeFfGgHhIiKkLlMmNnOoPpQqRrSsTtUuVvWwXxYy
Bold	**AaBbCcDdEeFfGgHhIiKkLlMmNnOoPpQqRrSsTtUuVvWwXxYy**
Black	**AaBbCcDdEeFfGgHhIiKkLlMmNnOoPpQqRrSsTtUuVvWX**
Extra Black	**AaBbCcDdEeFfGgHhIiKkLlMmNnOoPpQqR**
Light Condensed	AaBbCcDdEeFfGgHhIiKkLlMmNnOoPpQqRrSsTtUuVvWwXxYyZz
Condensed	AaBbCcDdEeFfGgHhIiKkLlMmNnOoPpQqRrSsTtUuVvWwXxYyZz
Bold Condensed	**AaBbCcDdEeFfGgHhIiKkLlMmNnOoPpQqRrSsTtUuVvWwXxYyZz**

Times

Regular	AaBbCcDdEeFfGgHhIiKkLlMmNnOoPpQqRrSsTtUuVvWwXxYyZz
Italic	*AaBbCcDdEeFfGgHhIiKkLlMmNnOoPpQqRrSsTtUuVvWwXxYyZz*
Bold	**AaBbCcDdEeFfGgHhIiKkLlMmNnOoPpQqRrSsTtUuVvWwXxYyZz**
Bold Italic	***AaBbCcDdEeFfGgHhIiKkLlMmNnOoPpQqRrSsTtUuVvWwXxYyZz***

Rockwell

Regular	AaBbCcDdEeFfGgHhIiKkLlMmNnOoPpQqRrSsTtUuVvWwXxYyZz
Italic	*AaBbCcDdEeFfGgHhIiKkLlMmNnOoPpQqRrSsTtUuVvWwXxYyZz*
Bold	**AaBbCcDdEeFfGgHhIiKkLlMmNnOoPpQqRrSsTtUuVvWwXx**
Bold Italic	***AaBbCcDdEeFfGgHhIiKkLlMmNnOoPpQqRrSsTtUuVvWwXxYy***

ITC Avant Garde

Book	AaBbCcDdEeFfGgHhIiKkLlMmNnOoPpQqRrSsTtUuVvWwXxYyZz
Book Oblique	*AaBbCcDdEeFfGgHhIiKkLlMmNnOoPpQqRrSsTtUuVvWwXxYyZz*
Demi	**AaBbCcDdEeFfGgHhIiKkLlMmNnOoPpQqRrSsTtUuVvWwXxYyZz**

Schriftgrößen

Didot-Punkt	Alte Bezeichnung	Didot-Maß in mm	Gerundetes Maß in mm	Beispiele: vertikaler Raumbedarf	Versalhöhe optisch	Versalhöhe in mm
1	Achtelpetit	0,736	0,375			
2	Viertelpetit	0,752	0,75			
4	Halbpetit	1,504	1,50			
6	Nonparaille	2,256	2,25		H	1,59
8	Petit	3,009	3,00		H	2,12
10	Korpus	3,761	3,75		H	2,65
12	Cicero	4,513	4,50		H	3,18
14	Mittel	5,265	5,25		H	3,71
16	Tertia	6,017	6,00		H	4,24
20	Text	7,521	7,50		H	5,30
24	Doppelcicero	9,026	9,00		H	6,36
48	Konkordanz	18,051	18,00		H	

6 Punkt Der Schriftkünstler ordnet allen Buchstaben und Zeichen eine ideale Breite zu, um ein ästhetisches Gesamtbild des gesetzten Textes zu erreichen. Damit ist der optimale Abstand der einzelnen Zeichen festgelegt. Im Bleisatz war der minimale Abstand einzelner Buchstaben durch den Bleikegel festgelegt.

8 Punkt Der Schriftkünstler ordnet allen Buchstaben und Zeichen eine ideale Breite zu, um ein ästhetisches Gesamtbild des gesetzten Textes zu erreichen. Damit ist der optimale Abstand der einzelnen Zeichen festgelegt. Im Bleisatz war der minimale Abstand einzelner

10 Punkt Der Schriftkünstler ordnet allen Buchstaben und Zeichen eine ideale Breite zu, um ein ästhetisches Gesamtbild des gesetzten Textes zu erreichen. Damit ist der optimale Abstand der einzelnen Zeichen fest

14 Punkt Der Schriftkünstler ordnet allen Buchstaben und Zeichen eine ideale Breite zu, um ein ästhetisches Gesamtbild des gesetzten Textes zu erreichen.

20 Punkt Der Schriftkünstler ordnet allen Bu-

Schriften im Vergleich – Lesefreundlichkeit

Garamond, 11 pt

Für die Auswahl der Schriften sind grundsätzlich das (Druck-)Produkt, der Verwendungszweck und der Einsatzbereich entscheidend. Die sprachliche Aussage des Textes muss dabei mit der stilistischen Aussage des Schriftcharakters übereinstimmen. Die Schriften müssen zu einer optimalen Informationsübertragung gut lesbar sein.

Baskerville, 11 pt

Für die Auswahl der Schriften sind grundsätzlich das (Druck-)Produkt, der Verwendungszweck und der Einsatzbereich entscheidend. Die sprachliche Aussage des Textes muss dabei mit der stilistischen Aussage des Schriftcharakters übereinstimmen. Die Schriften müssen zu einer optimalen Informationsübertragung gut lesbar sein.

Bauer Bodoni, 11 pt

Für die Auswahl der Schriften sind grundsätzlich das (Druck-)Produkt, der Verwendungszweck und der Einsatzbereich entscheidend. Die sprachliche Aussage des Textes muss dabei mit der stilistischen Aussage des Schriftcharakters übereinstimmen. Die Schriften müssen zu einer optimalen Informationsübertragung gut lesbar sein.

Walbaum, 11 pt

Für die Auswahl der Schriften sind grundsätzlich das (Druck-)Produkt, der Verwendungszweck und der Einsatzbereich entscheidend. Die sprachliche Aussage des Textes muss dabei mit der stilistischen Aussage des Schriftcharakters übereinstimmen. Die Schriften müssen zu einer optimalen Informationsübertragung gut lesbar sein.

Rockwell, 11 pt

Für die Auswahl der Schriften sind grundsätzlich das (Druck-)Produkt, der Verwendungszweck und der Einsatzbereich entscheidend. Die sprachliche Aussage des Textes muss dabei mit der stilistischen Aussage des Schriftcharakters übereinstimmen. Die Schriften müssen zu einer optimalen Informationsübertragung gut lesbar sein.

Helvetica, 11 pt

Für die Auswahl der Schriften sind grundsätzlich das (Druck-)Produkt, der Verwendungszweck und der Einsatzbereich entscheidend. Die sprachliche Aussage des Textes muss dabei mit der stilistischen Aussage des Schriftcharakters übereinstimmen. Die Schriften müssen zu einer optimalen Informationsübertragung gut lesbar sein.

Schriften im Vergleich – Lesefreundlichkeit

Univers, 11 pt

Für die Auswahl der Schriften sind grundsätzlich das (Druck-)Produkt, der Verwendungszweck und der Einsatzbereich entscheidend. Die sprachliche Aussage des Textes muss dabei mit der stilistischen Aussage des Schriftcharakters übereinstimmen. Die Schriften müssen zu einer optimalen Informationsübertragung gut lesbar sein.

ITC Avant Garde, 11 pt

Für die Auswahl der Schriften sind grundsätzlich das (Druck-)Produkt, der Verwendungszweck und der Einsatzbereich entscheidend. Die sprachliche Aussage des Textes muss dabei mit der stilistischen Aussage des Schriftcharakters übereinstimmen. Die Schriften müssen zu einer optimalen Informationsübertragung gut lesbar sein.

EckmannD, 11 pt

Für die Auswahl der Schriften sind grundsätzlich das (Druck-)Produkt, der Verwendungszweck und der Einsatzbereich entscheidend. Die sprachliche Aussage des Textes muss dabei mit der stilistischen Aussage des Schriftcharakters übereinstimmen. Die Schriften müssen zu einer optimalen Informationsübertragung gut lesbar sein.

Künstler Script, 11 pt

Für die Auswahl der Schriften sind grundsätzlich das (Druck-)Produkt, der Verwendungszweck und der Einsatzbereich entscheidend. Die sprachliche Aussage des Textes muss dabei mit der stilistischen Aussage des Schriftcharakters übereinstimmen. Die Schriften müssen zu einer optimalen Informationsübertragung gut lesbar sein.

Alte Schwabacher, 11 pt

Für die Auſwahl der Schriften ſind grundſätzlich daſ (Druck-)Produkt, der Verwendungſzweck und der Einſatzbereich entſcheidend. Die ſprachliche Auſſage deſ Texteſ muſſ dabei mit der ſtiliſtiſchen Auſſage deſ Schriftcharakterſ übereinſtimmen. Die Schriften müſſen zu einer optimalen Informationſübertragung gut leſbar ſein.

Fraktur, 11 pt

Für die Auswahl der Schriften sind grundsätzlich das (Druck-)Produkt, der Verwendungszweck und der Einsatzbereich entscheidend. Die sprachliche Aussage des Textes muss dabei mit der stilistischen Aussage des Schriftcharakters übereinstimmen. Die Schriften müssen zu einer optimalen Informationsübertragung gut lesbar sein.

Schrift und Gestaltung: Anwendungsbereiche von Schriften

Text/Thema/ Inhalt und Schriftcharakter...	stimmen (eher) überein	stimmen nicht überein
Mittelalt. Spektakel	Fette Gotisch	Bodoni
Kupferstich	Bodoni	Rockwell
Bleisatzlettern	Times Roman	ALGERIAN
Kunsthochschule	Bauhaus	Arial Bold
Meditation	*Garamond kursiv*	Comic Sans
Kindergarten	Comic Sans	Schwabacher
Kaffeefahrt	Arnold Böcklin	Helvetica Compr
Jazzband	Playbill	Walbaum
Medientechnik	Rotis Semi Serif	Fette Fraktur
Glückwunsch	*Zapfino*	Frutiger Black

3 Satz

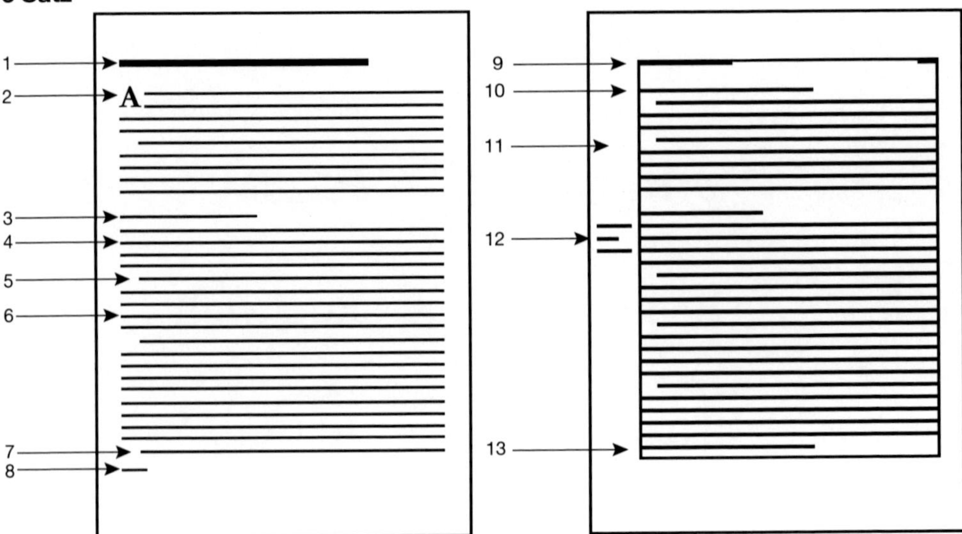

1. **Hauptüberschrift (Rubrik)**
   Thema bzw. Titel des gesamten Textes
2. **Initial**
   Betont hervorgehobener Anfangsbuchstabe
3. **Kapitelüberschrift (Zwischenrubrik)**
   Hervorgehobene Schriftzeile für das Kapitel
4. **Fließtext ohne Einzug**
   Text in der Grundschrift. In der Regel wird nach Überschriften der neue Absatz ohne Einzug begonnen.
5. **Fließtext mit Einzug**
   Text in der Grundschrift. Die erste Zeile wird von der Satzspiegelkante zur besseren Übersichtlichkeit aus eingerückt. Die Breite des Einzugs entspricht im Werksatz in der Regel dem Geviert des Schriftgrads, d. h.
   Schriftgrad 10 pt = Einzug 10 pt.
6. **Grundschrift**
   Schrift, die für den laufenden Text verwendet wird.
7. **Schusterjunge**
   Die erste Zeile eines neuen Absatzes, die als letzte Zeile einer Spalte oder einer Seite gesetzt wird. Dieses Umbruchfehler ist z. B. durch ein Ändern von Absätzen oder Einfügen von Leerzeilen zu vermeiden.
8. **Toter Kolumnentitel**
   Seitenzahl; auch Pagina, Kolumnenziffer
9. **Lebender Kolumnentitel**
   Kolumnenziffer mit einem zusätzlichen Hinweis zum Text des Absatzes oder Kapitels.
10. **Hurenkind**
    Die letzte Zeile eines Absatzes oder Kapitals, die in einer neuen Spalte oder auf einer neuen Seite „alleine“ steht.
11. **Satzspiegel**
    Bedruckte Fläche einer Seite als optisch wirkende „Graufläche“.
12. **Marginalien**
    Randbemerkungen oder Texthinweise auf dem Rand außerhalb des Satzspiegels.
13. **Fußnoten**
    Anmerkungen bzw. Hinweise zu einer bestimmten Textstelle.

Gestaltungsraster

Der Gestaltungsraster

Alle Zeilen stehen auf dem Grundlinien-raster. Grundsätzlich ist diese Anordnung nur für die Grundschrift erforderlich.
Bei anderen Schriftgrößen gäbe es sonst zu große, unschöne Zeilenabstände.

Alle Zeilen stehen auf dem Grundlinienraster. Grundsätzlich ist diese Anordnung nur für die Grundschrift erforderlich.
Bei anderen Schriftgrößen gäbe es sonst zu große, unschöne Zeilenabstände.

Alle Zeilen stehen auf dem Grundlinienraster. Grundsätz-lich ist diese Anordnung nur für die Grundschrift erforderlich.
Bei anderen Schriftgrößen gäbe es sonst zu große, un-schöne Zeilenabstände.

Alle Zeilen stehen auf dem Grundlinienraster. Grundsätzlich ist diese Anordnung nur für die

Alle Zeilen stehen auf dem Grundli-nienraster. Grund-sätzlich ist diese An-ordnung nur für die Grundschrift erfor-derlich.
Bei anderen Schrift-größen gäbe es sonst zu große, un-schöne Zeilenab-stände.

Alle Zeilen stehen auf dem Grund-linienraster.

Satzanordnungen: Flattersatz, Blocksatz, Mittelachse

Schriftart: Helvetica, 9 pt, Zeilenabstand automatisch 120 %
Satzart: Flattersatz linksbündig
Dolobor eriure cons nostrud tat prat. Ut prate magna consed dolutat dit,
sumsandigna feummy nulla cons niam iure facilit luptate dignim acillutpatue velenit
aliquisl ing eu facing et irit wisl incil iure core feugait aci bla faci te vel eugait aliquat. Mo-
lor sequisis essim ercil irit adit vero cons essim vero er sequat nosto odignibh
et praesse etum quissis cipisis molortin henisi tinim quatis ectem veliquam iure feuisl
iustio eu facin vel in ulput iuscinci bla feuguercidui bla feugiamcorem del ing exercidunt

Schriftart: Helvetica, 9 pt, Zeilenabstand automatisch 120 %
Satzart: Flattersatz rechtsbündig
Dolobor eriure cons nostrud tat prat. Ut prate magna consed dolutat dit,
sumsandigna feummy nulla cons niam iure facilit luptate dignim acillutpatue velenit
aliquisl ing eu facing et irit wisl incil iure core feugait aci bla faci te vel eugait aliquat.
Molor sequisis essim ercil irit adit vero cons essim vero er sequat nosto odignibh et
praesse etum quissis cipisis molortin henisi tinim quatis ectem veliquam iure feuisl iustio
eu facin vel in ulput iuscinci bla feuguercidui bla feugiamcorem del ing exercidunt lore

Schriftart: Helvetica, 9 pt, Zeilenabstand automatisch 120 %
Satzart: Blocksatz
Dolobor eriure cons nostrud tat prat. Ut prate magna consed dolutat dit, sumsandigna
feummy nulla cons niam iure facilit luptate dignim acillutpatue velenit aliquisl ing eu facing
et irit wisl incil iure core feugait aci bla faci te vel eugait aliquat. Molor sequisis essim ercil
irit adit vero cons essim vero er sequat nosto odignibh et praesse etum quissis cipisis mo-
lortin henisi tinim quatis ectem veliquam iure feuisl iustio eu facin vel in ulput iuscinci bla
feuguercidui bla feugiamcorem del ing exercidunt lore volore commy num do dunt dolo

Schriftart: Helvetica, 9 pt, Zeilenabstand automatisch 120 %
Satzart: erzwungener Blocksatz
Dolobor eriure cons nostrud tat prat. Ut prate magna consed dolutat dit,
sumsandigna feummy nulla cons niam iure facilit luptate dignim acillutpatue velenit
aliquisl ing eu facing et irit wisl incil iure core feugait aci bla faci te vel eugait aliquat.
Molor sequisis essim ercil irit adit vero cons essim vero er sequat nosto
odignibh et praesse etum quissis cipisis molortin henisi
tinim quatis ectem veliquam iure feuisl iustio eu facin vel in ulput iuscin

Schriftart: Helvetica, 9 pt, Zeilenabstand automatisch 120 %
Satzart: Mittelachse
Dolobor eriure cons nostrud tat prat. Ut prate magna consed dolutat
dit, sumsandigna feummy nulla cons niam iure
facilit luptate dignim
acillutpatue velenit aliquisl ing eufacing et irit wisl incil iure core feugait aci bla faci te vel
eugait aliquat. Molor sequisis essim ercil irit adit vero cons essim
vero er sequat nosto odignibh et praesse
etum quissis cipisis molortin henisi tinim quatis ectem veliquam iure feuisl
iustio eu facin vel in ulput iuscinci bla feuguercidui bla feugiamcorem del ing exercidunt

Schriftart: Helvetica, 10 pt, Zeilenabstand automatisch 120 %
Satzart: Flattersatz linksbündig

Dolobor eriure cons nostrud tat prat. Ut prate magna consed dolutat dit, sumsandigna feummy nulla cons niam iure facilit luptate dignim acillutpatue velenit aliquisl ing eu facing et irit wisl incil iure core feugait aci bla faci te vel eugait aliquat. Molor sequisis essim ercil irit adit vero cons essim vero er sequat nosto odignibh et praesse etum quissis cipisis molortin henisi tinim quatis ectem veliquam iure feuisl iustio eu facin vel in ulput iuscinci bla feuguercidui bla feugiamcorem del ing exercidunt lore volore commy num do

Schriftart: Helvetica, 10 pt, Zeilenabstand 100 %
Satzart: Flattersatz linksbündig

Dolobor eriure cons nostrud tat prat. Ut prate magna consed dolutat dit, sumsandigna feummy nulla cons niam iure facilit luptate dignim acillutpatue velenit aliquisl ing eu facing et irit wisl incil iure core feugait aci bla faci te vel eugait aliquat. Molor sequisis essim ercil irit adit vero cons essim vero er sequat nosto odignibh et praesse etum quissis cipisis molortin henisi tinim quatis ectem veliquam iure feuisl iustio eu facin vel in ulput iuscinci bla feuguercidui bla feugiamcorem del ing exercidunt lore volore commy num do

Schriftart: Helvetica, 10 pt, Zeilenabstand 150 %
Satzart: Flattersatz linksbündig

Dolobor eriure cons nostrud tat prat. Ut prate magna consed dolutat dit, sumsandigna feummy nulla cons niam iure facilit luptate dignim acillutpatue velenit aliquisl ing eu facing et irit wisl incil iure core feugait aci bla faci te vel eugait aliquat. Molor sequisis essim ercil irit adit vero cons essim vero er sequat nosto odignibh et praesse etum quissis cipisis molortin henisi tinim quatis ectem veliquam iure feuisl iustio eu facin vel in ulput iuscinci bla feuguercidui bla feugiamcorem del ing exercidunt lore volore commy num do

Schriftart: Helvetica, 10 pt, Zeilenabstand 160 %
Satzart: Flattersatz linksbündig

Dolobor eriure cons nostrud tat prat. Ut prate magna consed dolutat dit, sumsandigna feummy nulla cons niam iure facilit luptate dignim acillutpatue velenit aliquisl ing eu facing et irit wisl incil iure core feugait aci bla faci te vel eugait aliquat. Molor sequisis essim ercil irit adit vero cons essim vero er sequat nosto odignibh et praesse etum quissis cipisis molortin henisi tinim quatis ectem veliquam iure feuisl iustio eu facin vel in ulput iuscinci bla feuguercidui bla feugiamcorem del ing exercidunt lore volore commy num do

4 Korrektur

Wichtige Korrekturzeichen

Die wichtigsten Korrekturzeichen nach DIN 16 511

Grundregeln:

Fehler sind im Text oder Satz eindeutig und möglichst farbig einzuzeichnen. Jedes eingetragene Korrekturzeichen ist am Rand zu wiederholen.

Die erforderliche Änderung wird am Rand rechts neben das Korrekturzeichen eingetragen, soweit dieses eine Ergänzung erfordert.

1.	Falscher oder fehlender Buchstabe	Gute Typogrophie ist ein Qualtätsmerkmal der Satherstellung.
2.	Überflüssiges oder fehlendes Zeichen	Typographie verstärkt, die optische Botshaft an den Leser
3.	Fehlendes oder überflüssiges Wort	Typographie geht der Drucktype aus, daher ist die die Schrift ...
4.	Falsches Wort	Durch die Entdeckung der beweglichen Lettern...
5.	Fehlende Wörter, fehlender Text	Textvorlage Satzherstellung ist das Manuskript. Anstelle geliefert.
6.	Zu großer Wortabstand	Kommunikation ist der Austausch von Informationen.
7.	Fehlender Wortabstand, Zusammenschreibung	Einzelne Bauelemente sindzu einer Baugruppe zusammen zu stellen.
8.	Falsche Reihenfolge der Wörter	Operationen sind für Befehle logische und arithmetische für ...
9.	Verstellte Buchstaben oder falsche Zahlen	Die dezimale Zahl 234 ist im daulen System 1110001.
10.	Falsche Silbentrennung	Die Daten werden in einem Magnetplattens-peicher aufgezeichnet.
11.	Andere Schrift wird verlangt	Durch satztechnisches Auszeichnen sind wesentliche Wörter hervorzuheben.
12.	Zeilenabstand zu gering	Für die Texterfassung mit einem Personal-computer ist eine genaue Abstimmung zwischen dem Autor und der Satzherstellung
13.	Zeilenabstand zu groß	erforderlich.

14. Neuer Absatz erforderlich	Schriften müssen zu einer optimalen Informationsübertragung gut lesbar sein. Die Lesbarkeit der Schrift wird durch Serifen grundsätzlich verbessert.
15. Ein Absatz soll entfallen, Text anhängen	Subtraktive Grundfarben sind Cyan, Magenta und Gelb. Komplementärfarben sind Rot, Grün und Blau.
16. Einzug soll entfallen, linksbündig beginnen	Additive Grundfarben sind Blau, Grün und Rot. Bei Übereinanderprojektion ...
17 Fehlender oder zu geringer Einzug	Die Schrift ist ein visuelles Zeichensystem zur Übertragung von Informationen.
18. Irrtümlich angezeichnete Korrektur	Der Wortabstand ist die unbedruckte Fläche zwischen zwei Wörtern.

Beispiel für Korrekturen im Text

Während die Völker des Altertums ihr Schriftzeichen in Wände, Steine Ziegel, Tonplaten und Hölzer gemeisselt, geritzt oder gebrannt haben, ist es den Äggyptern gelungen, den ersten praktischen, leichten Werkstaff herzustellen Von diesem Stoff „Papyrus stammt der Name Papier. Es ist der Name einer Sumpfplanze, Cyperus papyrus, die in großen Mengen im tropischen Amerika wächst und auch in der Nähe von Sürakus auf Sizilien vorkommt. Die armdicken dreikantigen Stengel der Pflanze werden in dünne lange Streifen geschnitten, die auf einem Brett nebeneinandergelegt werden. Quer darüber reiht sich zweite Schicht solcher Streifen. Das so entstandene Blatt wird wird zusammengepreßt, wobei der stärke haltige Saft der Pflanze als Bindemittel wirkt. Papyrus wurde meistens langer Bänder in Form hergetsellt, die dann aufgerollt wurden. Solche Papyrusrollen findet man in den ägyptischen Pharaonengräbern. Die Ältesten sollen bis auf das Jahr 5300 vor Christi Geburt zurückgehen. Im abendländischen Kulturkreisspielte ein anderer Beschreibstoff eine große Rolle ...

Korrigierter Text

Während die Völker des Altertums ihre Schriftzeichen in Wände, Steine, Ziegel, Tonplatten und Hölzer gemeißelt, geritzt oder gebrannt haben, ist es den Ägyptern gelungen, den ersten praktischen, leichten Werkstoff herzustellen. Von diesem Stoff „Papyrus“ stammt der Name Papier. Es ist der Name einer Sumpfpflanze, *Cyperus papyrus*, die in großen Mengen im tropischen Afrika wächst und auch in der Nähe Syrakus auf Sizilien vorkommt. die armdicken dreikantigen Stängel der Pflanze werden in dünne lange Streifen geschnitten, die auf einem Brett nebeneinandergelegt werden. Quer darüber reiht sich die zweite Schicht solcher Streifen. Das so entstandene Blatt wird zusammengepresst, wobei der stärkehaltige Saft der Pflanze als Bindemittel wirkt. Papyrus wurde meistens in Form langer Bänder hergestellt, die dann aufgerollt wurden. Solche Papyrusrollen findet man in den ägyptischen Pharaonengräbern. Die ältesten sollen bis auf das Jahr 3500 vor Christi Geburt zurückgehen. Im abendländischen Kulturkreis spielte ein anderer Beschreibstoff eine große Rolle ...

5 Farbe, Druckvorstufe

Bildvorlagen

Strichvorlagen
– einfarbig, Grobstrich

– einfarbig, Feinstrich

– farbig, Grobstrich

Halbton- bzw. Graustufenvorlagen
– einfarbig

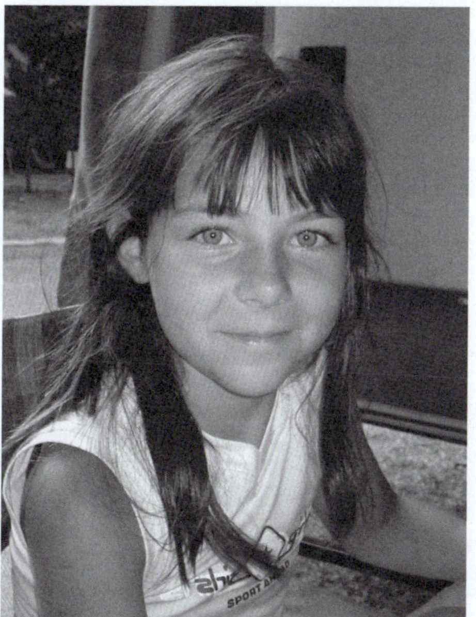

– farbig

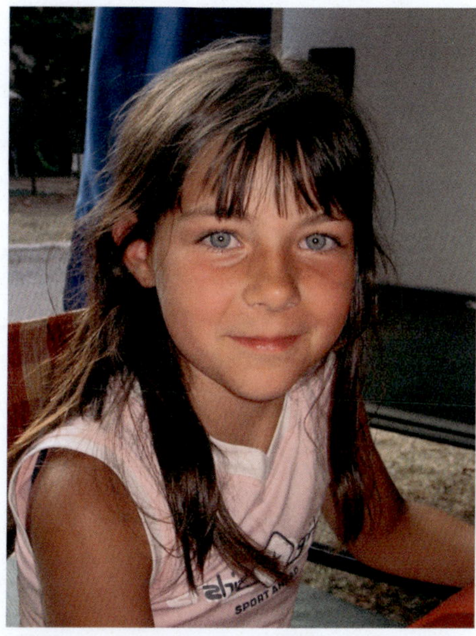

Farbe als Sinneswahrnehmung

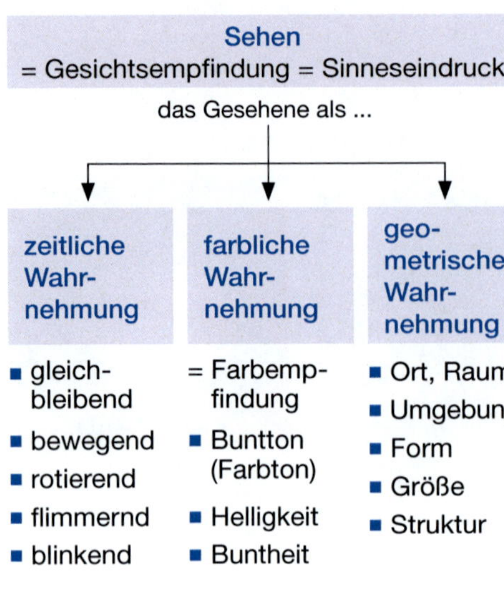

Wirkungskette des Sehvorgang

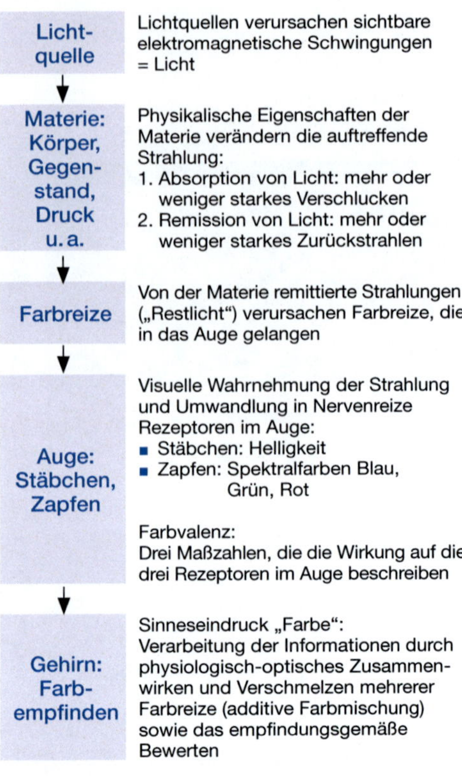

Farbe – ein komplexes System

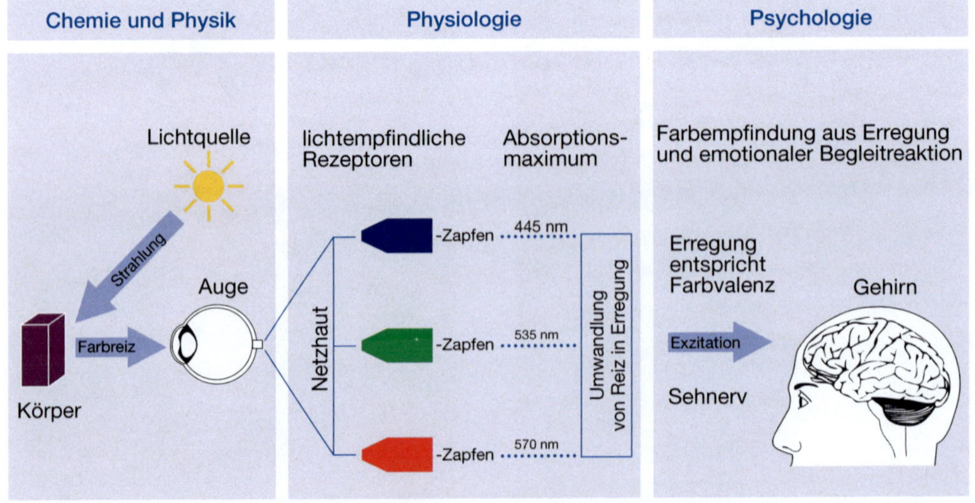

Farbe: Prisma, Farbmischungen, Farbkreis

Lichtbrechung an einem Glasprisma
Der einfallende Lichtstrahl wird in Spektralfarben zerlegt

Subtraktive Farbmischung
Mischung der materiellen Grund- oder Primärfarben Cyan, Gelb (Yellow) und Magenta. Theoretisch ergibt die Mischung der subtraktiven Grundfarben bei gleichen Schwarz.

Additive Farbmischung
Mischung der spektralen Grundfarben Rot, Grün und Blau (RGB). Die Mischung gleicher Anteile der additiven Grundfarben ergibt Weiß.

Autotypische Farbmischung
Optische Mischung verschiedener Farbreize beim Betrachten eines Vierfarbdrucks.

Farbsatz: Prinzipielle Entstehung einzelner Farben im Vierfarbdruck

Buntton der Vorlage:	Wiedergabe durch die Druckfarbe				Optisch wirksame Farbreize (Licht):			Farbempfinden (drucktechnische Bezeichnungen)
	Cyan	Gelb	Mag.	Schwarz	Blau	Grün	Rot	
	–		–	–	–			Gelb
		–	–	–			–	Cyan
	–	–		–		–		Magenta
	–			–	–	–		Rot
			–	–	–		–	Grün
		–		–		–	–	Blau
					–	–	–	Schwarz
	–	–	–	–				Weiß
Subtraktiv wirkende Farben (Körperfarben). Hinweis: Buntfarben C, Y und M werden im Schwarz reduziert.					Additiv wirkende Farben (Lichtfarben).			

Rasterwinkelung DIN 16547

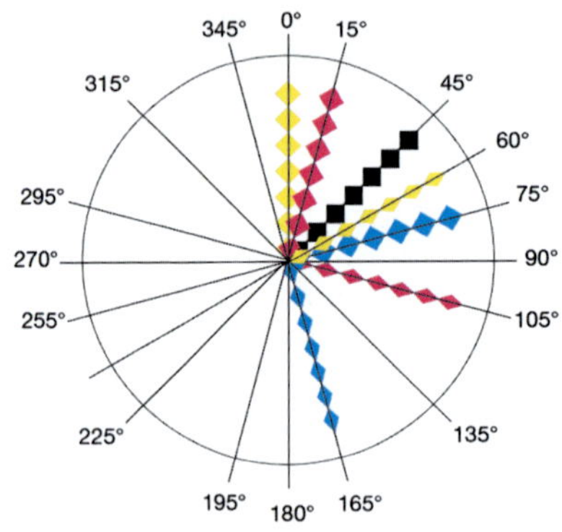

Farbwirkungen

- visuelle Farbwirkungen beim Druck lasierender Farben
- die Druckfarben wirken wie Filter und lassen nur einen bestimmten Wellenbereich des Lichts durch.

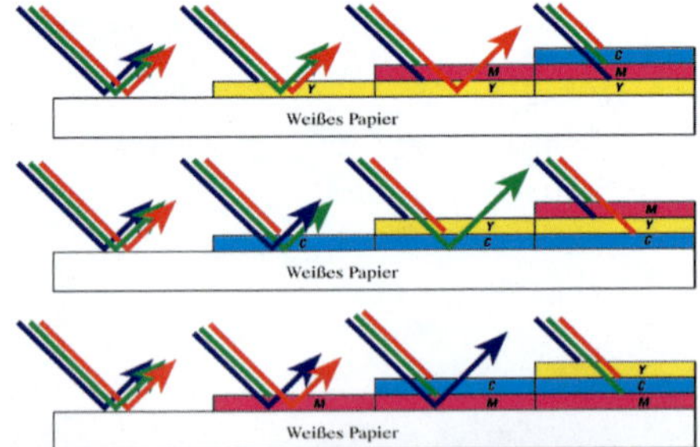

Bildwiedergabe im Druck

einfarbiger Druck

Duplexdruck

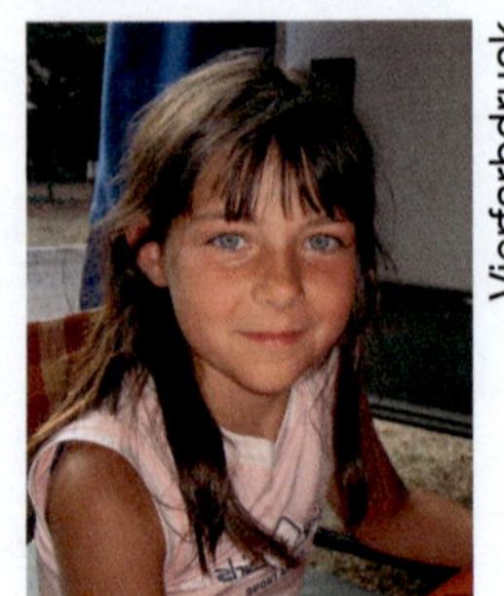
Vierfarbdruck

Farbauszüge

Bild mit Farbauszügen, Andrucke und Zusammendrucken

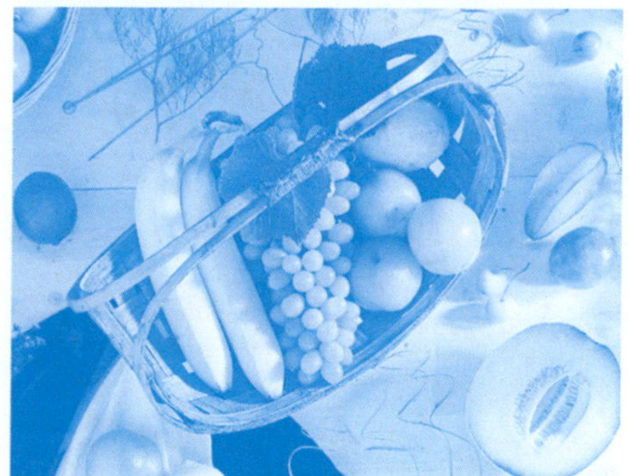
Cyan-Auszug

Magenta-Auszug

Yellow-Auszug

Schwarz (Black)-Auszug

Andruck Cyan/Magenta und Yellow/Black

Zusammendruck

Bildkombinationen (ein Bild aus mehreren Bildvorlagen)

Blumenkästen + Haus + Brunnen
= neue Fassade

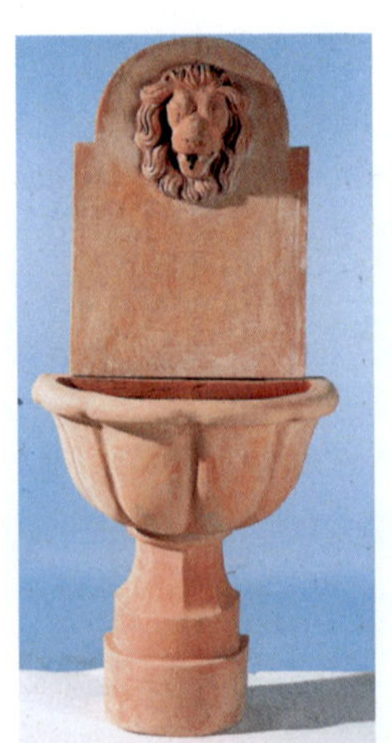

Raster

Bildvorlage (Halbton- bzw. Graustufen
- Rastern = umwandeln in binäre Elemente
  = druckende und nichtdruckende Elemente

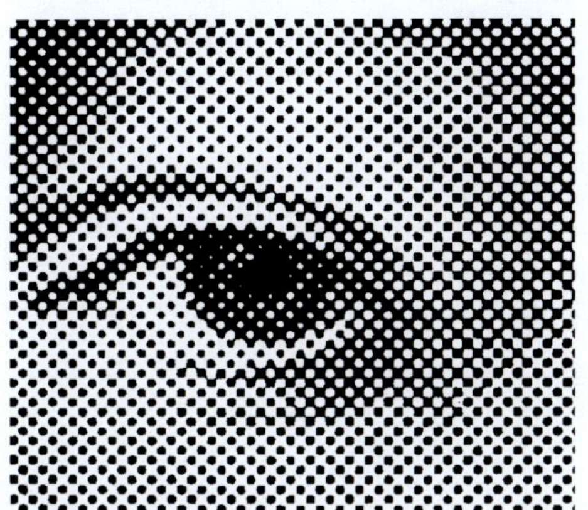

Rastervergrößerung
- autotypischer Raster

Bildwiedergabe
- digitale Daten
- Rasterung für den Vierfarbdruck

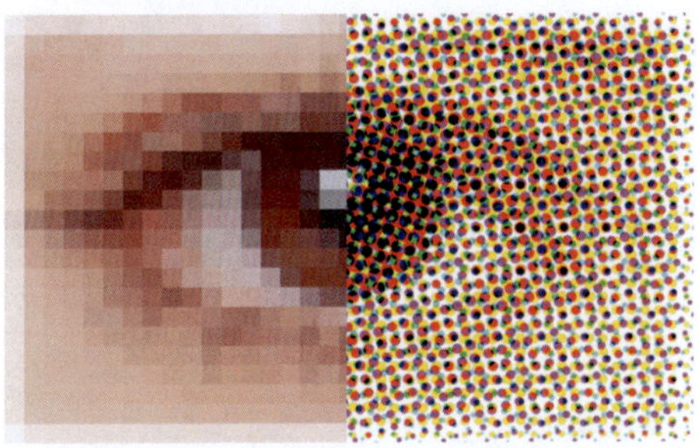

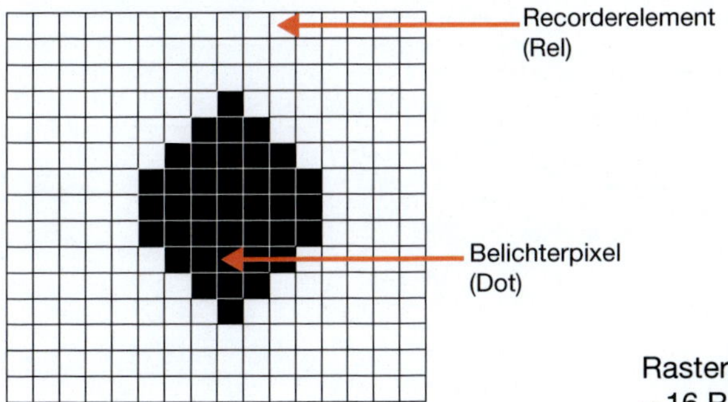

- Rasterzelle bei einem AM-Raster

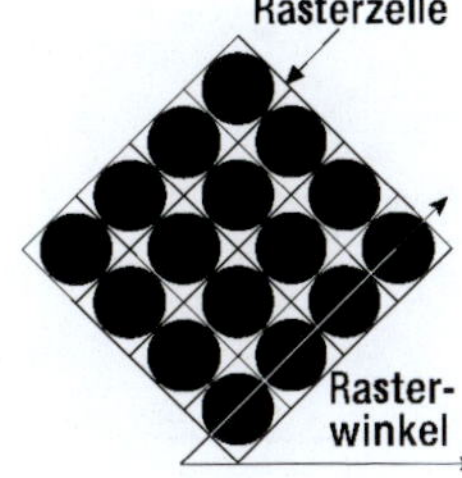

Rasterzelle
- 16 Rasterzellen
- runde Rasterpunkte
- 45 Grad Rasterwinklung

Aufgerasterte Grauskala mit Rasternegativ und Rasterdiapositiv

Rasternegativ

Rasterdiapositiv

100	90	80	70	60	50	40	30	20	10	0	Prozentuale Punktgröße
2.0	1.0	0.7	0.52	0.4	0.3	0.22	0.15	0.1	0.05	0.0	Integrale Rasterdichte

6 Prozessablauf in der Druckvorstufe
Digitale Produktion von der Druckvorstufe bis zum Druck

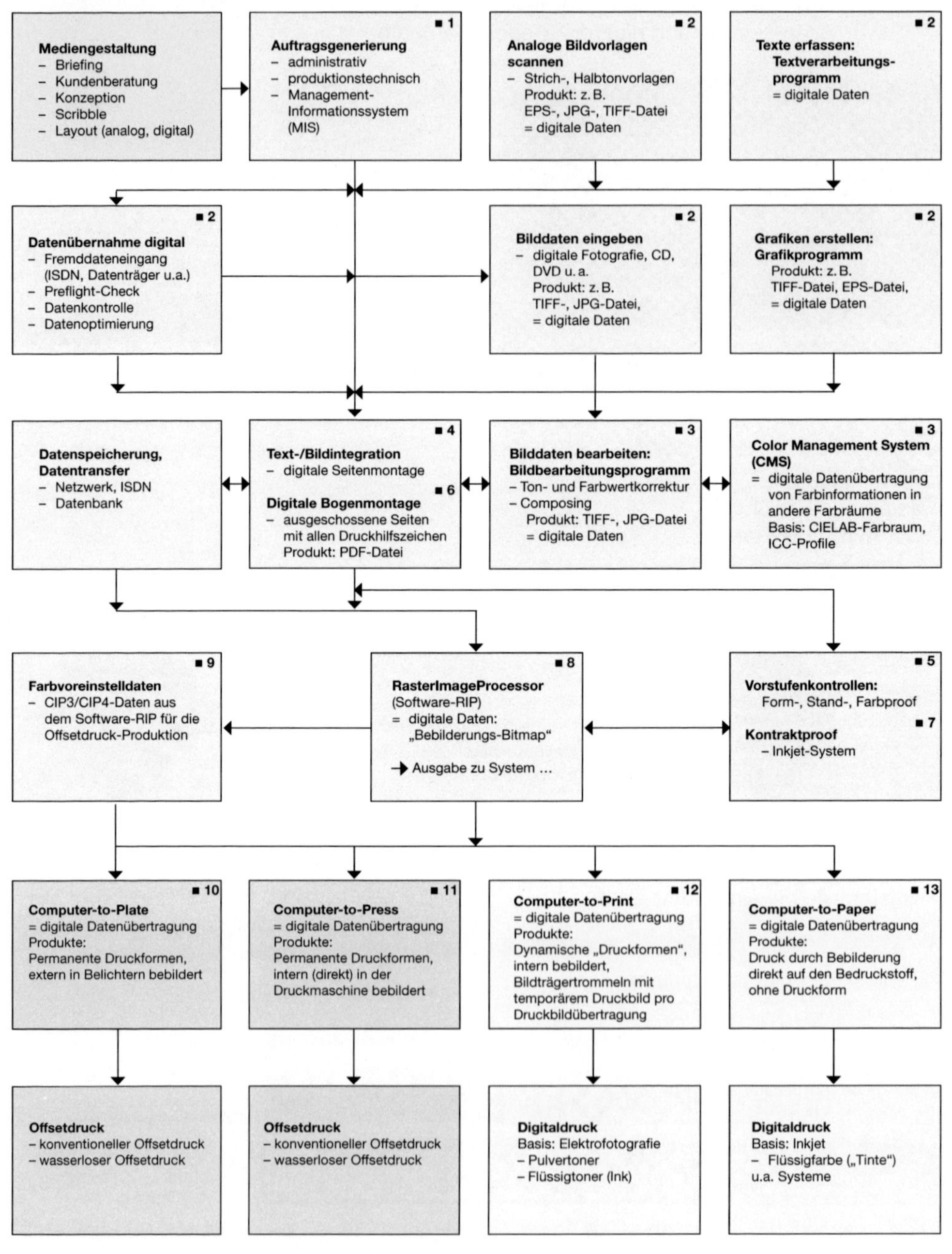

Digitale Produktion von der Druckvorstufe bis zum Druck – Hinweise

■ **1 Auftragsgenerierung: Informationen**
- administrativ (allg. Auftragsangaben)
- produktionstechnisch
  Produkt, Layout
- Auftragsdaten
  (analog, digital)
  - Text
  - Bild
  - Grafik
- Prozess-Automatisierung
  Management-Informations-System (MIS)

■ **2 Datenerfassung, Datenübernahme digital**
- Eignung und Qualität der Vorlagen
- Vollständigkeit/fehlende Daten, Korrekturen (Rechtschreibung u. a.)
- Analyse auf korrekte Daten
  - Schriften vorhanden
  - Bilder: Auflösung, Farbigkeit u. a.
  Beseitigen von Mängeln (Kosten!)

■ **3 Bildbearbeitung**
- Kundenvorgaben, Prozessoptimierung
- Ton- und Farbwertkorrekturen, Bildcomposing

Farbmanagement
(übergreifend im gesamten Prozess)
- Bildvorlage (Kontrastklassen)
- Farbprofile
  (Quelle – Ziel)
- Farbraumtransformation
  Basis: CIELAB-Werte
  Proof (Ausdruck) der einzelnen Bilder
- Kontrolle und Prüfung

■ **4 Text-/Bildintegration**
- Vorlage: Layout
- digitale Seitenmontage
- Preflight-Check zur Prüfung aller Vorgaben für die Produktion
- Softproof
  (Monitor kalibriert und profiliert)

■ **5 Kontrolle der Druckvorstufe**
(Ansteuerung durch RIP)
- Proof der einzelnen Seiten zur Kontrolle und Prüfung intern und extern durch den Kunden
- Layout: Seitenelemente, Anordnung
- Korrektur (Rechtschreibung u. a.)
- Form-/Standproof der Bogenmontage
- Bild: evtl. Kontraktproof (**7**) einer Seite

■ **6 Digitale Bogenmontage**
- Ausschießen digitaler Seiten
- Montage zu einem Druckbogen: Druckformat, Seiten, Beschnitt, Greiferrand, Druckverarbeitung, Druckhilfszeichen, Kontrollelemente, Schneide- und Falzzeichen u. a.

■ **7 Proof, Kontraktproof**
- RIP zur digitalen Ansteuerung des Proofsystems
- Prüfung: einzelne Seitenelemente, Seitenanordnung, Standkontrolle, Beschnitte u. a.
- digitaler, farbverbindlicher Prüfdruck, Simulation des Druck prozesses:
  Proof nach Standards (z.B. PSO, PSD; Abmusterungsvorgaben beachten)
  Zweck:
  - interne Kontrolle
  - farbverbindliche Vorlage für den Kunden,
  - Druckfreigabe durch den Kunden (Imprimatur)

■ **8 RasterImageProcessor**
- „Farbige" Dateien (Composite-Dateien) werden in die einzelnen Auszüge C, M, Y und K (Bildaufbau mit UCR-, GCR-Variation) separiert
- Rasterart, Rasterweite, Rasterwinkelung

- Farbraumtransformation: Rendering
- Ausgabesteuerung (z. B. Bebilderung der Druckplatte) durch geeignete Lasertechnologie erfordert JA-/NEIN-Schaltungen (Bitmap)
- Erfassen/Erstellen von CIP3-/CIP4-Daten
- CtP: Ausgabe-Auflösung (z. B. 2540 dpi), Ansteuerung einzelner Rasterelemente (REL) in einer Rasterzelle durch den Laser

■ 9 Farbvoreinstelldaten

- Teil einer Automatisierung des Druckprozesses

■ 10 Offsetdruck: Computer-to-Plate

Direkte digitale Bebilderung der Druckplatte außerhalb der Druckmaschine.
Eigenschaften der Druckplatte
- statische Druckform
- nicht wiederbebilderbar

Verfahrenstechnik:
- konventioneller Offsetdruck

Anbieter:
- Alle Hersteller von Ausgabesystemen

■ 11 Offsetdruck: Computer-to-Press

Direkte digitale Bebilderung der Druckplatte bzw. Druckfolie innerhalb der Druckmaschine, auch Direct-Imaging (DI) genannt.
Produkteigenschaften:
- statische Druckform
- nicht wiederbebilderbar

Verfahrenstechnik:
- wasserloser Offsetdruck

Anbieter:
- Presstek DI (Hersteller wie Heidelberg, KBA und andere haben die Produktion eingestellt)

■ 12 Digitaldruck: Computer-to-Print

Direkte digitale Bebilderung des Druckformträgers innerhalb der Druckmaschine, es entsteht kurzzeitig eine temporäre Druckform für einen Druck
Digitaldruck (Non-Impact-Printing, NIP-Verfahren)
(Hinweise: Im engeren Sinne ist nur das Drucken ohne eine Druckform ein digitaler Druck. Ebenso ist ein leichter Kontakt bei der Informationsübertragung erforderlich.)
Verfahrenstechnik:
Elektrofotografische Technik mit Trocken- oder Flüssigtoner
Produkteigenschaften:
- dynamische Druckform, Daten werden über einen RIP elektronisch auf den Bebilderungszylinder übertragen
- elektrostatische Aufladung einer Bebilderungstrommel durch Laser bzw. LED's
- elektrostatische Bildelemente ziehen den Toner an, der durch Wärme und/oder leichtem Druck auf dem Bedruckstoff fixiert wird
- für jedes Druckprodukt eine neue Bebilderung erforderlich

Anbieter zu Elektrofotografie mit Trockentoner:
- Canon (Océ), Konica-Minolta, Ricoh, Xeikon, Xerox u. v. a.

Anbieter zu Elektrofotografie mit Flüssigtoner:
- HP Indigo

■ 13 Digitaldruck: Computer-to-Paper

Elektronisch vom RIP gesteuerte Bebilderung aus digitalem Datenspeicher ohne Druckform direkt auf den Bedruckstoff.
Verfahrenstechniken:
- Inkjet-Verfahren, Thermografie u. a.

Anbieter zu Inkjet-Verfahren:
- Canon (Océ), HP, Epson, KBA, Screen, Xeikon, Xerox, u. v. a.

7 Druck

Hauptdruckverfahren	Druckverfahren
Hochdruck	Buchdruck, Flexodruck, Lettersetdruck
Flachdruck	Offsetdruck, Blechdruck, Lichtdruck, Steindruck
Tiefdruck	Rakeltiefdruck, Stichtiefdruck, Tampondruck
Durchdruck	Siebdruck, Filmdruck, Serigrafie
Digitaldruck	Produktionsdruck, Großformatdruck Basis: Elektrofotografie, Inkjet, Thermografie u. a.

Übersicht zu verschiedenen Druchformen

Herstellungs-technik	Druckformen (Beispiele)	Einsatz im Druchverfahren	Hauptdruck-verfahren
1. manuell-mechanisch	Linolschnitt, Holzschnitt	Buchdruck	Hochdruck
	Lithografie	Steindruck	Flachdruck
	Kupferstich, Radierung, Kaltnadelradierung, Aquatinta, Heliogravüre	Tiefdruck (manueller „Kupferdruck“)	Tiefdruck
	Zeichen-, Schneideschablone	Siebdruck	Durchdruck
2. kopiertechnisch	Auswaschdruckplatte	Buchdruck, Flexodruck	Hochdruck
	Fotomechanische Schablone	Siebdruck	Durchdruck
3. Computer-to-Techniken	Offsetdruckplatte	Offsetdruck, Blechdruck	Flachdruck
	Flexodruckplatte, Sleeve	Flexodruck	Hochdruck
4. Computer-to-Gravur	Tiefdruckformzylinder – elektromechanisch – Lasergravur	Rakeltiefdruck	Tiefdruck
	Tiefdruckplatte – elektromechanisch	Stahlstich	

Produkt- und drucktypische Merkmale wichtiger Druckverfahren

Hauptdruckverfahren – Druckverfahren	Drucktechnische Wiedergabe: Schrift	Raster	sonstige Merkmale	Beispiele für Produktbereiche
Flachdruckverfahren – Offsetdruck	randscharf	randscharf, AM-/FM-Raster, > 60 L/cm Zeitung bis 54 L/cm	Rasterdrucke auch auf rauen Papieroberflächen in guter Qualität	Akzidenzen, Broschuren, hochwertige Werbung, Werkdruck, Bildbände, Zeitungen, Zeitschriften, Kataloge, Verpackungen: Karton, Faltschachteln
Hochdruckverfahren – Buchdruck	relativ randscharf	Quetschrand, Schattierung	Keine Bedeutung mehr für die industrielle Druckproduktion	Kleinere Akzidenzen, Eingesetzt zum Stanzen, Prägen, Nummerieren
Hochdruckverfahren – Flexodruck	relativ randscharf	flächenvariable, grobe bis mittlere Raster, bis ca. 54 L/cm	stärkerer Quetschrand, keine Schattierung, überwiegend flächige Druckelemente	Weichverpackungen aus Papier, Kunststoff oder Metallfolien. Verpackungspapiere. Vordrucke in Großauflagen. Wellpappendruck
Tiefdruckverfahren – Rakeltiefdruck	relativ randscharf (je nach Gravur: elektromechanisch, Lasergravur)	gravierter Druckformzylinder: Stege und Näpfchen, ca. 70 L/cm	zeit- und kostenintensive Druckform. herstellung, sehr gute Bildwiedergabe	Sehr hohe Auflagen: Illustrierte, Zeitschriften, Kataloge. Dekor-, Tapetendruck. Weichverpackungen in sehr hoher Qualität auf Papier, Kunststoff- und Metallfolien
Durchdruckverfahren – Siebdruck	nicht randscharf, druckformbedingt durch das Gewebe (Schablonenträger)	flächenvariable, grobe Raster, bis ca. 48 L/cm	überwiegend flächige Bildwiedergabe, hochtransparente bis absolut deckende Druckfarben, hohe Lichtechtheit	handwerkliche und industrielle Drucktechniken auf beliebige Bedruckstoffe, plan liegend oder geformt (Körper) in kleineren bis mittleren Auflagen bis zum XXL-Format
Digitaldruck – Produktionsdruck – Großformatdruck	relativ randscharf	unterschiedliche Raster- bzw Bildwiedergabetechniken	je nach Verfahren: Trockentoner (Pulver), Flüssigtoner, Tinte (Ink), Prozesseignung des Bedruckstoffes	kleine bis mittlere Auflagen, Formate je nach Systemtechnik von DIN A4 bis XXL. Variabler Druck, Personalisierung

Überblick: Merkmale, Produkte und Produktion von Druckverfahren

In der tabellarischen Übersicht sind prinzipielle Aussagen, Kriterien oder Begriffe einem oder auch mehreren Druckverfahren zugeordnet.
Zutreffende Angaben sind jeweils mit einem X gekennzeichnet. Treffen Angaben auf mehrere Druckverfahren zu, so ist das derzeit weniger bedeutende mit (X) gekennzeichnet.

Zutreffende Aussagen, zugehörende Kriterien, Produkte oder Begriffe	**Offset-druck**	**Buch-druck**	**Flexo-druck**	**Rakel-tief-druck**	**Sieb-druck**	**Tam-pon-druck**	**Digital-druck: Produk-tion**	**Digital-druck: LFP**
Hochdruckverfahren		✖	✖					
Flachdruckverfahren	✖							
Tiefdruckverfahren				✖		✖		
Durchdruckverfahren					✖			
Die Druckform muss vor dem Einfärben gefeuchtet werden	✖							
Die Druckform wird elektromechanisch oder durch Laser graviert				✖				
Wirtschaftlich für kleine und mittlere Auflagen, Printing on Demand							✖	✖
Großplakate, Banner								✖
Die Druckform ist immer seitenverkehrt		✖	✖	✖	✖			
Druck von Illustrierten und Katalogen in Großauflage				✖				
Es sind beliebige Bedruckstoffe und Körper zu bedrucken					✖	✖	(✖)	
Druck von Tageszeitungen, Auflage 250 000	✖							
Druck von Tageszeitungen, Auflage 20 000							✖	
Es sind absolut deckende Farben zu drucken					✖			
Druckform: elastische Fotopolymere, Elastomere			✖					

Zutreffende Aussagen, zugehörende Kriterien, Produkte oder Begriffe	**Offset-druck**	**Buch-druck**	**Flexo-druck**	**Rakel-tief-druck**	**Sieb-druck**	**Tam-pon-druck**	**Digital-druck: Produk-tion**	**Digital-druck: LFP**
Druck von Weich-verpackungen auf Folien, Verbundmaterial (Papier-/ Folienkombinationen)			✖	✖				
Personalisiertes Drucken							✖	
Autotypischer Raster im Bilddruck	✖	✖	✖		✖	✖		
Bildelemente (Text, Grafik, Bild) sind in der Druckform prinzipiell gerastert				✖				
Keine statische Druckform							✖	✖
Gestaltung: Messestand					✖			✖
Farbiger Druck auf Getränkegläser					✖		(✖)	
Auswaschdruckplatten mit hochstehenden Bildstellen		✖	✖					
Tiefenvariable oder tiefen- und flächenvariable Raster bei der Bildwiedergabe				✖				
Printing on Demand							✖	✖
Druckfarbenübertragung auf den Bedruckstoff mit Hilfe einer Rakel					✖			
Druck von hochwertigen Akzidenzen, Flyern, Bildbänden	✖							
Liquid Electro Photography: ElectroInk							✖	
Sehr hohe Qualität beim Druck von Weich-verpackungen (Folien, Folienverbünde)				✖				
Druck von Frischmilch-kartons, Tragetaschen			✖					
Druck von Faltschachteln: Großauflage, Kleinauflage	✖						(✖)	

Zutreffende Aussagen, zugehörende Kriterien, Produkte oder Begriffe	**Offsetdruck**	**Buchdruck**	**Flexodruck**	**Rakeltiefdruck**	**Siebdruck**	**Tampondruck**	**Digitaldruck: Produktion**	**Digitaldruck: LFP**
Die Rasterweite ist von der Feinheit des Gewebes abhängig					✖			
Papiere erfordern bestimmte Prozesseignung							✖	✖
Druck und Kaltfolientransfer in einem Druckgang	✖							
Indirekter Rotationsdruck: Bogen- und Rollendruck	✖							
Direkter Druck		✖	✖	✖	✖		(✖)	(✖)
Die Druckfarbe ist niederviskos (dünnflüssig)			✖	✖				
Lithografie, Steindruck und Blechdruck sind „verwandt“ mit ...	✖							
Elektrofotografie							✖	
Druck von Skalen, Armaturen, Leiterplatten					✖			
Druck von Etiketten auf Papier, textilem Stoff	(✖)		✖		✖		✖	
Druck von Textilien z.B. Dekostoffe (Stoffbahnen)				✖			(✖)	✖
Druck von Fachzeitschriften, z. B. Landlust, Druckmarkt, Publishing, Berge & Seen	✖							
Farbmittel: ElectroInk (pastös-flüssig) oder Trockentoner							✖	
Radio- und Fernsehprogrammzeitschrift, Auflage 1,2 Millionen				✖				
Rakel aus einem sehr dünnen Metall bei der Einfärbung erforderlich				✖				
Naturpapiere und gestrichene Papiere sind gut zu bedrucken	✖							

Zutreffende Aussagen, zugehörende Kriterien, Produkte oder Begriffe	**Offset-druck**	**Buch-druck**	**Flexo-druck**	**Rakel-tief-druck**	**Sieb-druck**	**Tam-pon-druck**	**Digital-druck: Produk-tion**	**Digital-druck: LFP**
Druck von Körpern: Button, Kugelschreiber, Spielzeug, Bälle u. a.					✖			
Hoher Glanz durch Heatset-Trocknung	✖							
Druck von Fotobüchern							✖	
Erkennungsmerkmale: keine Schattierung, randscharfer Rasterpunkt, in den Spitzlichter vielfach kein Rasterpunkt, flächenvariabler Raster	✖							
Erkennungsmerkmale: große Farbschichtdicke, kein Quetschrand, „grober" Raster					✖			
Erkennungsmerkmale: Schattierung, Quetschrand, flächenvariabler Raster		✖						
Erkennungsmerkmale: erkennbarer Quetschrand, keine Schattierung, relativ geringe Rasterweite, überwiegend Strich (flächige Bildstellen)			✖					
Erkennungsmerkmale: Farbdichte im Rasterpunkt ungleichmäßig, keine autotypische Rasterung, Schrift mit „Sägezahn"				✖				

Arbeitsablauf Digitaldruck

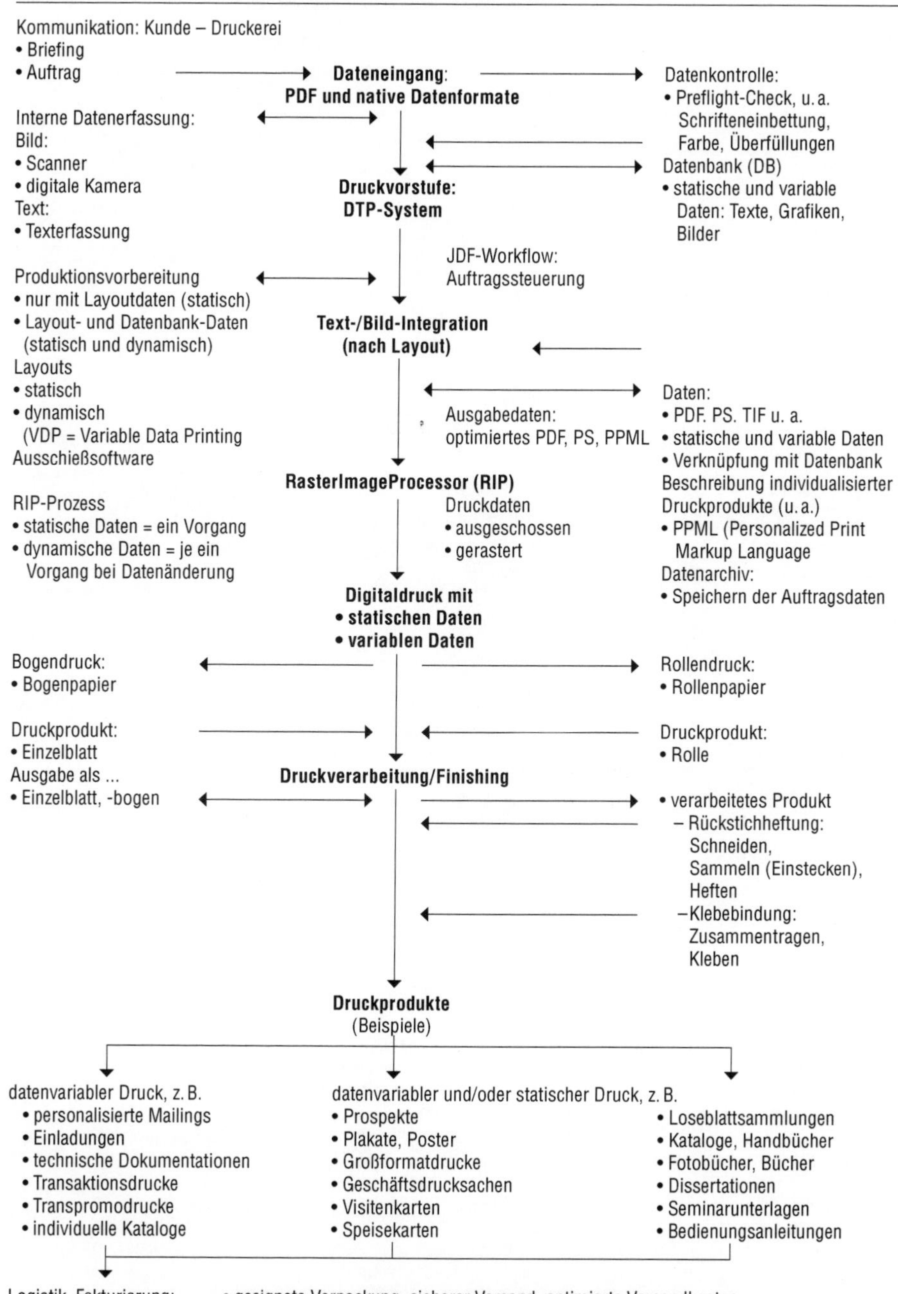

Arbeitsablauf Digitaldruck – High-End-System

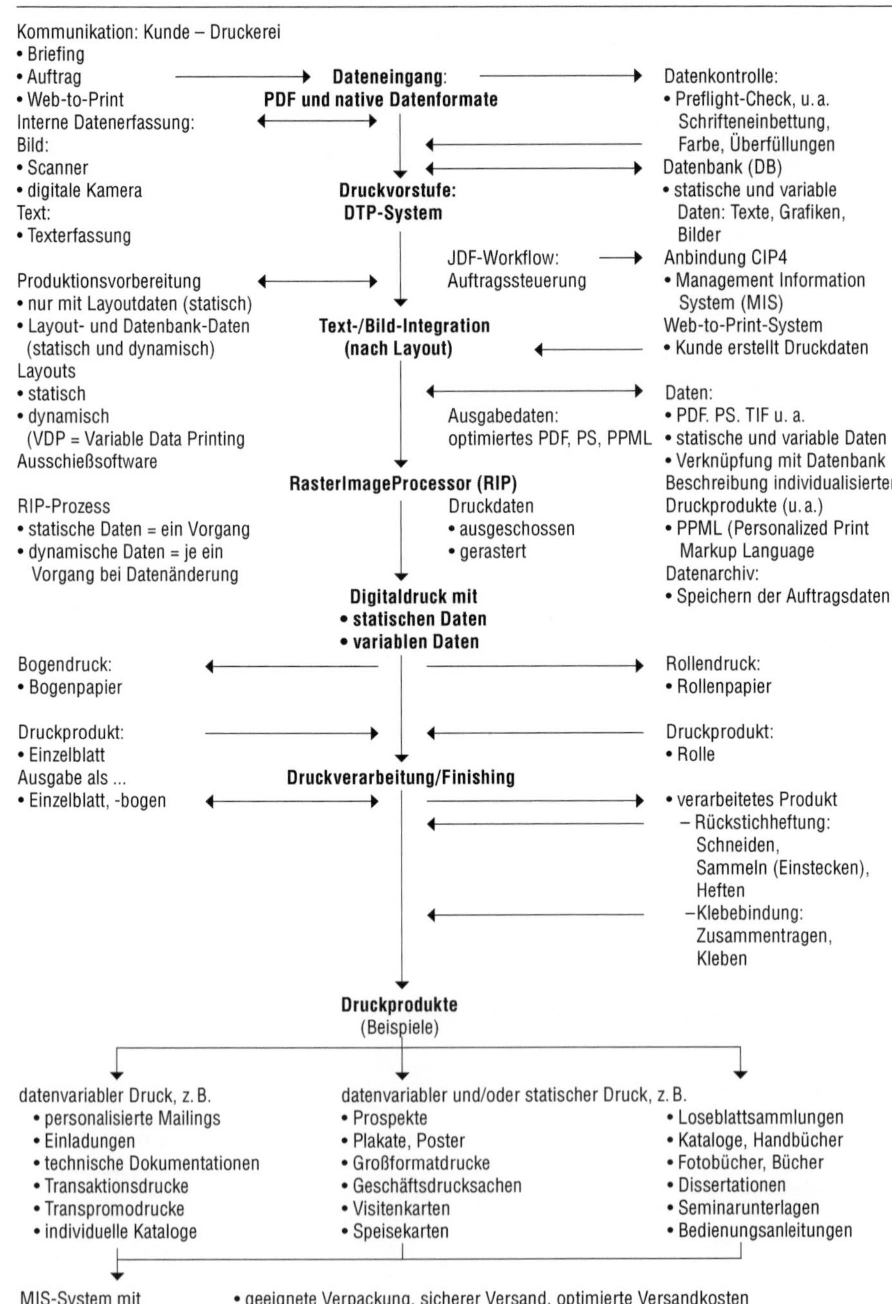

8 Falzen, Ausschießen

Vorbereitungen der Montage

Umschlagen

Bogenwendung in der Druckmaschine: Vorderanlage bleibt an der gleichen Seite, Seitenmarke wechselt. Beim Umschlagen eines Druckbogens bleibt beim Druck der Rückseite, dem sogenannten Widerdruck, die gleiche Papierkante an den Vordermarken.

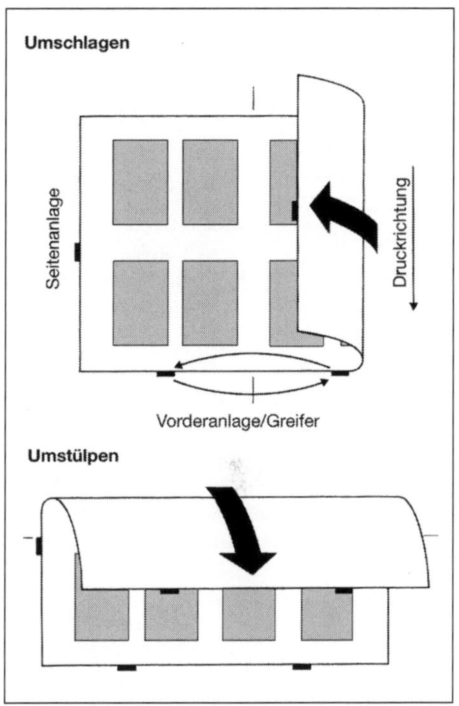

Umstülpen

Bogenwendung in der Druckmaschine: Vorderanlage wechselt, Seitenmarke bleibt an der gleichen Seite.
Der Druckbogen wird beim Umstülpen um die Mittellinie parallel der Vorderanlage gewendet. Die hintere Bogenkante liegt nach dem Umstülpen an den Vordermarken und ist jetzt die Greiferkante.

Grundbegriffe zum Falzen und Ausschießen

In der Regel werden DIN-Formate bzw. Rohformate verwendet. Dadurch ist eine fortlaufende Halbierung des Bogens bei immer gleichem Seitenverhältnis möglich. Bei einem Bogen im DIN-Format ist dies das Seitenverhältnis 1 : 1,414.
Das fortlaufende Falzen in der Mitte der langen Seite des Bedruckstoffes ergibt immer eine Verdoppelung der Seitenzahl (vgl. 2^0, 2^1, 2^2, 2^3 Blatt):

Anzahl der Falze		Blatt	Seiten
0 ohne Falz	=	1 Blatt =	2 Seiten
1 Falz	=	2 Blatt =	4 Seiten
2 Falze	=	4 Blatt =	8 Seiten
3 Falze	=	8 Blatt =	16 Seiten
4 Falze	=	16 Blatt =	32 Seiten

Diese Verdoppelung ist unbedingt bei der Nutzenberechnung zu beachten!
Durch entsprechendes Ausschießen und Falzen sind bei bestimmten Produkten im Akzidenzdruck oder Restbogen für den Werkdruck 6, 12 oder 24 seiten zu verarbeiten.

Grundlegende Begriffe

Bund
Kante einer Druckseite, an der die Bindung oder Heftung erfolgt.

Hochformat

Der Text läuft bei einem Hochformat parallel zur kurzen Seite, der Bund ist an der langen Seite.

Liegend ausgeschossen (Hochformat)
Der Bund der Seiten einer Druckform liegt parallel zur Druckzylinderachse bzw. zum Greiferrand an den Vordermarken.

Stehend ausgeschossen (Hochformat)
Der Bund der Seiten einer Druckform liegt senkrecht (rechtwinklig) zur Druckzylinderachse bzw. zum Greiferrand an den Vordermarken.

Querformat

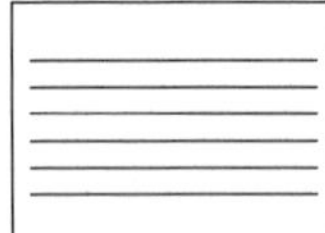

Der Text läuft bei einem Querformat parallel zur langen Seite, der Bund ist an der kurzen Seite.

Bruch
Ein einzelner Falz. Ein einmal gefalzter Bogen ergibt einen 1-Bruch-Falz, ein zweimal gefalzter Bogen einen 2-Bruch-Falz usw.

Mittenkreuzfalz
Der folgende Falz steht senkrecht (rechtwinklig) zum ersten bzw. vorhergehenden Falz.
Dabei erfolgt der Falz jeweils auf der Mitte.

Falzschema
Grafische Darstellung der Falzfolge. Jeder Bruch wird durch eine Linie dargestellt.

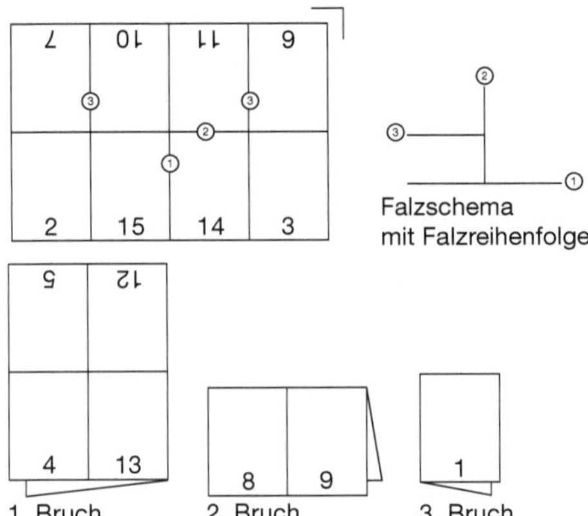

Falzschema mit Falzreihenfolge

Parallelfalz
Der folgende Falz steht parallel zum ersten bzw. vorhergehenden Falz. Hierzu gehören: Parallel-Mittenfalz, Zickzackfalz und Wickelfalz.

Richtungsänderung
Jede Richtungsänderung wird durch den Zusatz „Kreuz“ bei der Falzbezeichnung angezeigt

Falzanlage
Anlageseiten des Falzbogens in der Falzmaschine. Die Anlage des Druckbogens muss mit der Falzanlage identisch sein, damit keine Falzdifferenzen auftreten. Für die Falzanlage gelten folgende Grundregeln.

Druckbogen mit	Falzanlage bei Hochformat an den Seiten	Falzanlage bei Querformat an den Seiten
4 Seiten	3 + 4	3 + 4
8 Seiten	3 + 4	3 + 4
16 Seiten	5 + 6	3 + 4
32 Seiten	3 + 4	5 + 6

Nutzen
Anzahl der Exemplare oder Blattzahl eines produktes auf dem Druckbogen.

Druckbogengrößen

- Der Druckbogen ergibt einen Nutzen, d. h. 1 Exemplar des Druckproduktes mit 2 (Papier) Seiten (z. B. Werbeblatt, Plakat)
- Der Druckbogen ergibt einen Nutzen, d. h.
  a) mehrere Exemplare des gleichen Produktes (z. B. Werbeblätter, Briefbogen, Etiketten)

oder

  b) mehrere Seiten beim Druck zum Umschlagen oder Umstülpen mit zwei Druckformen (z. B. bei mehrseitigen Produkten wie Prospekte, Broschüren, Bücher)

Druck mit zwei Druckformen
Für den Druck der Vorderseite und der Rückseite des Druckbogens wird jeweils eine Druckform benötigt.
Auf der „äußeren Form“ steht die erste Seite des jeweiligen Druckbogens, auf der „inneren Form“ steht dementsprechend die zweite Seite. Beim Ausschießen ist am einfachsten ein Ausschießmuster für alle Seiten zu erstellen.
Jede Bogenseite bildet eine Druckform.
Die Seitenziffern der inneren und äußeren Druckformen sind auch nach folgenden Verfahren zu ermitteln (Beispiel: 16seitiger Druckbogen).

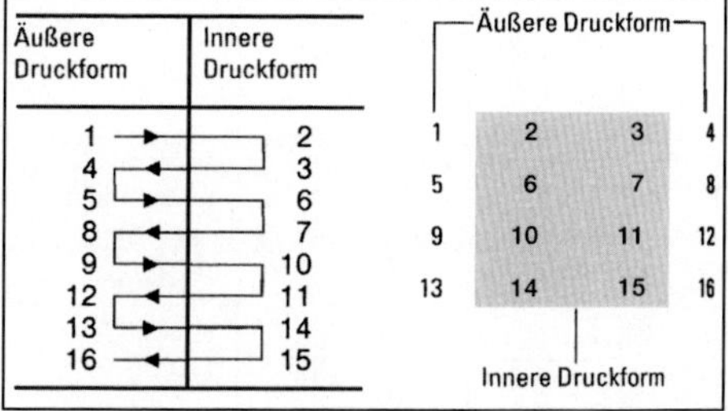

Flattermarke

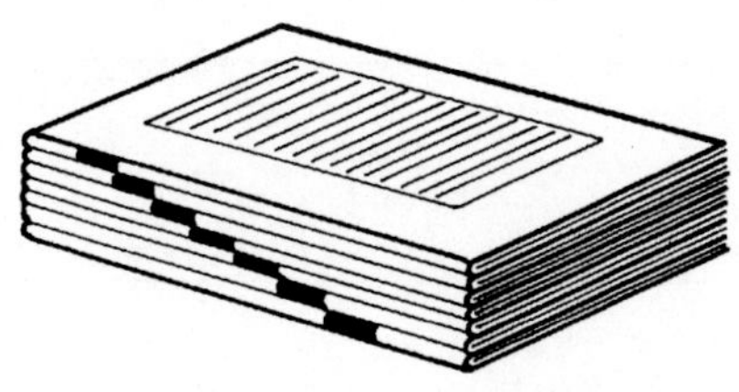

Zusammengetragene Bogen mit Flattermarken am Rücken für Fadenheftung oder Klebebindung

Eingesteckte Bogen mit Flattermarken am Kopf

Ausschießschema für Hoch- und Querformate

Seitenzahl	Format	Druckbogenformat, Wendeart	Druckformen	Falzschema, ggf. Falzart	Ausschießschema auf der Druckform und Lage der Seiten auf dem Druckbogen = seitenrichtig
4	Hochformat	gewöhnlich, Umschlagen	1	—	4 3 1 2
4	Querformat	gewöhnlich, Umstülpen	1	—	1 4 2 3
8	Hochformat	gewöhnlich, Umschlagen	1	⊥ 2 Mittenkreuzfalz	5 4 3 6 8 1 2 7
16	Hochformat	gewöhnlich, Umschlagen	1	3 Mittenkreuzfalz	4 5 6 3 13 12 11 14 16 9 10 15 1 8 7 2
8	Querformat	gewöhnlich, Umschlagen	2	⊥	2 3 4 1 7 6 5 8
32	Hochformat	gewöhnlich, Umschlagen	1	4 Mittenkreuzfalz	5 28 29 4 3 30 27 6 12 21 20 13 14 19 22 11 9 24 17 16 15 18 23 10 8 25 32 1 2 31 26 7

9 Druckverarbeitung

Druckweiterverarbeitung: Heft- und Bindetechniken

Heften und Binden	Technik	Einsatzbereich
	**Fadenheftung** Nähvorgang, einlagig gefalzter Bogen durch den Rücken durchgeheftet	Schulhefte, dünne Broschuren
	**Drahtheftung** einlagig mit Drahtklammern seitlich durch den Block	Schulhefte, dünne Broschuren, Zeitschriften, Illustrierte
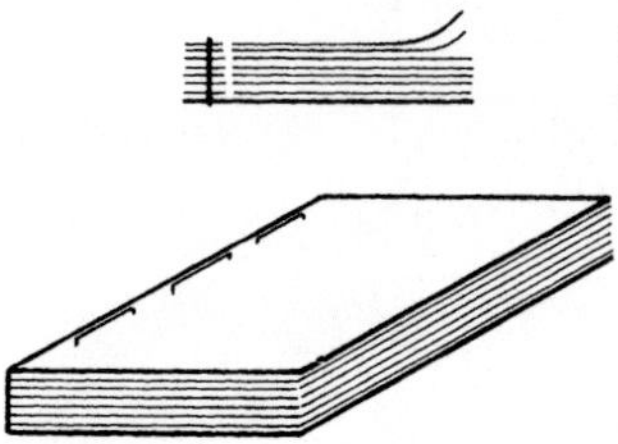	**Blockheftung** mehrlagig mit Drahtklammern durch den Rücken (Bund)	Einfache Bücher, Kalender, Broschuren, Fahrpläne, Notizblöcke
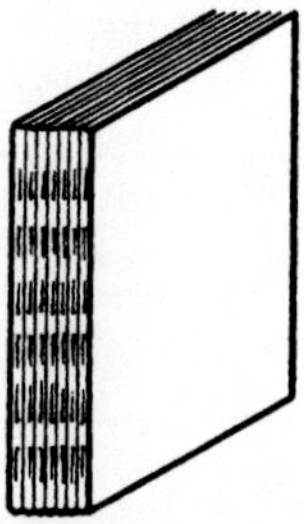	**Fadenheftung** mehrlagig gefalzte Bogen mit Faden durch den Bundsteg geheftet	Bücher und Schonblattbroschuren, Belletristik, Bildbände, Atlanten

Heften und Binden	Technik	Einsatzbereich
	Fadenheftung mehrlagig gefalzte Bogen mit Faden durch den Bund geheftet, mit zusätzlichem Leimauftrag und Gaze am Rücken, dadurch sehr haltbar und formstabil	Wertvolle Bücher, bibliophile Werke, teure Sachbücher, Fachbücher, Bildbände, Atlanten
a) 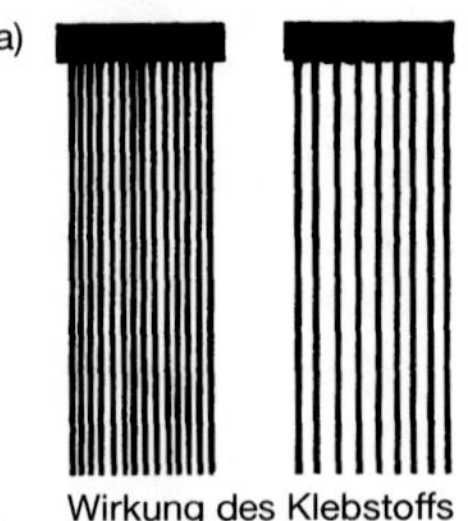 Wirkung des Klebstoffs	**Klebebindung: Blockklebebindung** mit Dispersionskleber am Rücken	Broschuren, Taschenbücher, Telefonbücher, Adressbücher, Kataloge
b) 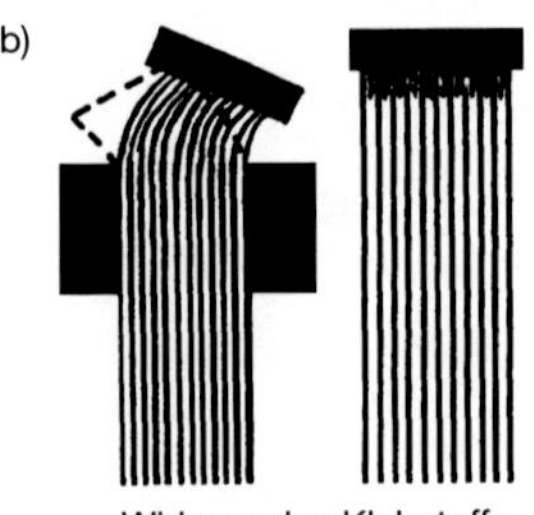 Wirkung des Klebstoffs	**Fächerklebebindung** durch Auffächern des Blockrückens dringt Kleber zwischen Blätter ein	wie Blockklebebindung, jedoch strapazierfähigeres Produkt, teurer
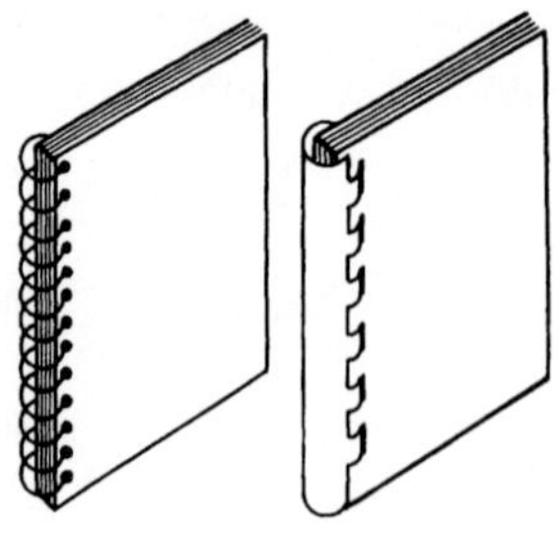	**Sonderbindungen: Spiralbindung** mit durchgewendeltem Draht oder Kunststoff, durchgebohrte Löcher im Block **Plastikbindung**	Heften von Einzelblättern, Stenoblöcke, Kataloge, Preislisten, Fotoalben, Broschuren

Broschurenfertigung

Einzelblatt	Einlagig ohne Umschlag	Einlagig mit leichtem Umschlag	
Druckbogen: Text/Bild	Druckbogen: Text/Bild	Druckbogen: Text/Bild	Druckbogen: Umschlag
Schneiden auf Endformat	Schneiden auf Falzformat	Schneiden auf Falzformat	Umschlag auf Verarbeitungsformat schneiden und evtl. rillen
	Bogen falzen	Bogen falzen	
Blätter zusammentragen	Sammeln der Falzbogen zu einer Lage	Sammeln der Falzbogen und des Umschlags zu einer Lage	←
Blätter stanzen und einhängen in Spirale, Kamm o. ä. Bindesystem	Rückstichheften mit Draht (evtl. mit Faden)	Rückstichheften mit Draht (evtl. mit Faden)	
	Dreiseitig beschneiden	Dreiseitig beschneiden	
Qualitätskontrolle	Qualitätskontrolle	Qualitätskontrolle	
Bündeln	Bündeln	Bündeln	
Verpacken	Verpacken	Verpacken	

Mehrlagig mit Umschlag: Innenteil Drahtheftung	Innenteil Fadenheftung	Innenteil Klebebindung	Umschlag (Karton)
Druckbogen: Text/Bild	Druckbogen: Text/Bild	Druckbogen: Text/Bild	Druckbogen: Umschlag
↓	↓	↓	↓
Schneiden auf Falzformat	Schneiden auf Falzformat	Schneiden auf Falzformat	Schneiden auf Rohformat
↓	↓	↓	↓
Zusammentragen der Falzbogen	Zusammentragen der Falzbogen	Zusammentragen der Falzbogen	Rillen 2- oder 4fach
↓	↓	↓	
Kollationieren	Kollationieren	Kollationieren	
		↓	
		Rücken auffräsen, evtl. einkerben	
↓	↓	↓	
Drahtheften	Fadenheften	Klebebinden	
	↓		
	Rücken leimen		
↓	↓	↓	
evtl. Rücken durch Fälzel verstärken	evtl. Rücken durch Fälzel verstärken	evtl. Rücken durch Fälzel verstärken	
↓	↓	↓	
Einhängen in den Umschlag	Einhängen in den Umschlag	Einhängen in den Umschlag ←	(→ Einhängen in den Umschlag)
↓	↓	↓	
Dreiseitig beschneiden	Dreiseitig beschneiden	Dreiseitig beschneiden	
↓	↓	↓	
evtl. Schutzumschlag umlegen	evtl. Schutzumschlag umlegen	evtl. Schutzumschlag umlegen	
↓	↓	↓	
Qualitätskontrolle	Qualitätskontrolle	Qualitätskontrolle	
↓	↓	↓	
Bündeln	Bündeln	Bündeln	
↓	↓	↓	
Verpacken	Verpacken	Verpacken	

Begriffsbestimmung: Broschur und Buch

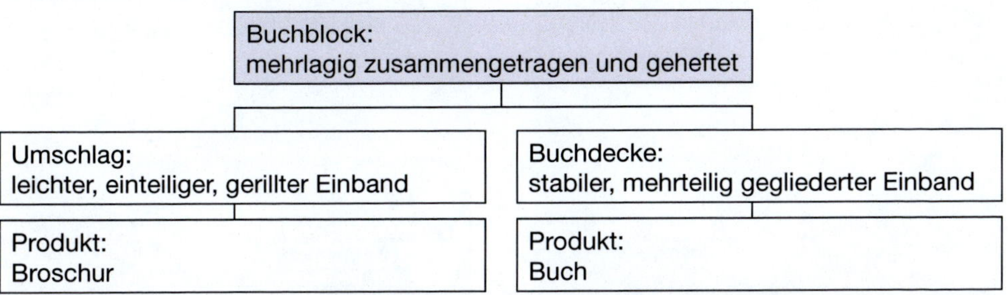

Bindetechniken: Unterscheidung nach dem Werkstoff und dem Heftverfahren

Faden (Zwirn)	Rückstichheftung	– einlagig: Hefte – mehrlagig: Bücher
Draht	Rückstichheftung	– Broschuren (wenige Blätter) – Illustrierte (Produktion im Sammeldraht-hefter)
	Seitenstichheftung	– Blocks
Klebstoff (Klebebindung)	Seitenheftung	– Broschuren, z. B. „Taschenbücher“, „Telefonbücher“ – Buchblocks für Bücher (Produktion in Klebebindern bzw. Klebebindestraßen)
Metall, Kunststoffe	Seitenheftung	– Spezialbindungen mit Ringen, Spiralen, Kämmen u. ä. für Broschuren, Kalender, Mappen usw.

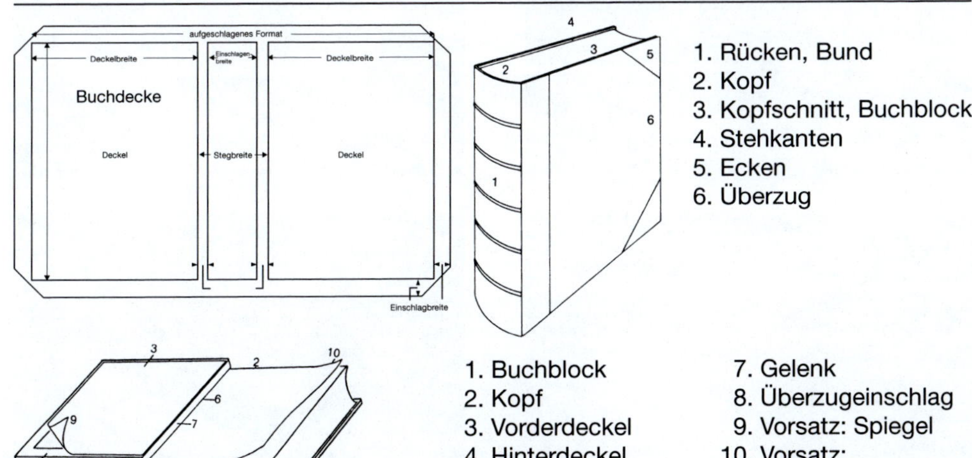

1. Rücken, Bund
2. Kopf
3. Kopfschnitt, Buchblock
4. Stehkanten
5. Ecken
6. Überzug

1. Buchblock
2. Kopf
3. Vorderdeckel
4. Hinterdeckel
5. Rücken
6. Bund (Falz)
7. Gelenk
8. Überzugeinschlag
9. Vorsatz: Spiegel
10. Vorsatz: fliegendes Blatt
11. Kapitalband

Buchproduktion (Arbeitsablauf der Herstellung eines Brockhaus)

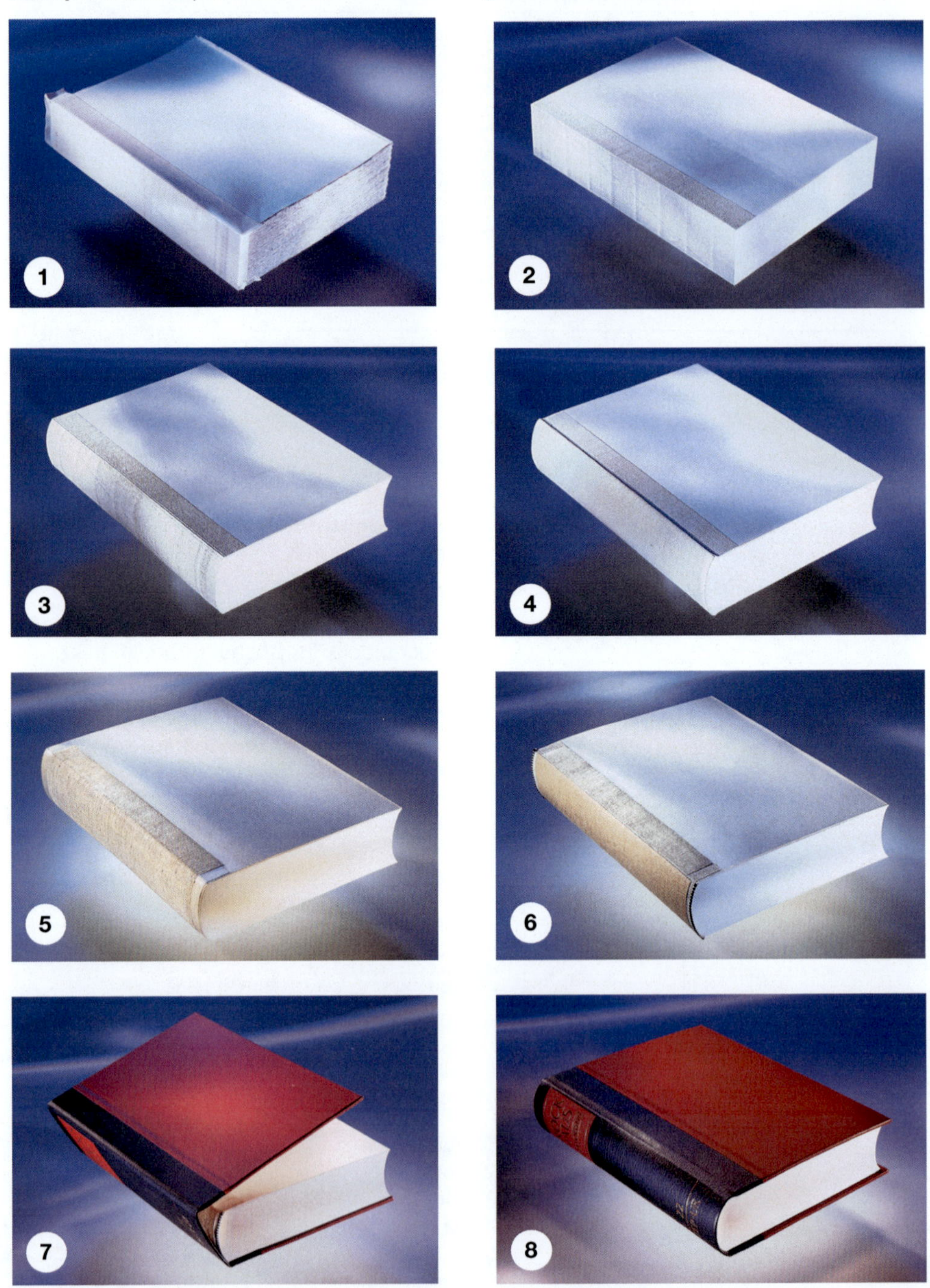

1. Buchblock gefälzelt, unbeschnitten
2. Buchblock beschnitten
3. Buchblock gerundet
4. Buchblock abgepresst
5. Buchblock begazt
6. Buchblock hinterklebt und kapitalt
7. Buchblock und Decke gehören zusammen
8. Buchblock in Decke eingehängt
9. Das fertige Buch falzeingebrannt, formgepresst
10. Buch mit Schutzumschlag

10 Zahlensysteme

Durch das internationale Einheitensystem SI (Standard International, Le Système internationale d'unités) sind Einheitenzeichen und Vorsätze für Maßeinheiten (Präfixe) verbindlich festgelegt. Die SI-Einheiten basieren dabei auf dem Dezimalsystem mit Potenzen zur Basis 10 (Basis = Grundzahl).
Beispiel:
$10 \cdot 10 \cdot 10 = 10^3 = 1000$
Basis ist die 10. Sie ist dreimal mit sich selbst zu multiplizieren. Die Hochzahl oder der Exponent gibt die Anzahl der Nullen im Wert der Potenz an. Für Zahlen unter Null benutzt man einen negativen Exponenten.
Vorsätze (Präfixe) gibt es damit für große wie auch für kleine Zahlen. Damit sind dezimale Vielfache und Teile einer Einheit übersichtlicher und einfacher darzustellen.

Präfixe für Einheiten in der Datenübertragung und Datenverarbeitung sind dabei zu unterscheiden.
Sogenannte Datenraten beziehen sich auf die in einer bestimmten Zeit übertragene digitale Datenmenge. Berechnet und angegeben wird dabei die Übertragungsgeschwindigkeit.
Zu beachten ist, dass Datenraten (auch: Datenübertragungsraten, Bitraten u.ä.) immer mit dem entsprechenden SI-Präfix (z. B. Kilo für 10^3 = 1 000) angegeben werden. Bei Angaben in Bit (z. B. kbit/s = kilobit pro Sekunde) geht es immer um Übertragungsgeschwindigkeiten.

Basis für die Datenverarbeitung und die Speicherung von Daten ist nicht das dezimale, sondern das duale Zahlensystem (= binäres Zahlensystem) mit Potenzen zur Basis 2.
Um Datenmengen eindeutig angeben zu können, wurden durch die IEC („International Electro-technical Commission", IEC 60027-2) eindeutige Binär-Präfixe erarbeitet.
Aufbauend auf Präfixe der SI-Einheiten wird die erste Silbe des Vorsatzes durch das Kürzel „bi" erweitert (z.B. kibi für 2^{10}, Mebi für 2^{20}). In der täglichen Praxis hat sich dieses System bisher nicht durchsetzen können.
Bei Angaben in Byte (B) geht es immer um Speicherkapazitäten.
Ein Beispiel ist dazu die Angabe von Kapazitäten (Datenmengen) in Byte (B) auf einer Festplatte:
Der Hersteller gibt die Kapazität in Gigabyte dezimal an (1 GB = 10^9 B). Tatsächlich sind dies aber „nur" ca. 149 GB (1 GB = 2^{30} B). Für korrekte Berechnungen ist daher unbedingt die Basis anzugeben.

Zehnerpotenzen mit SI-Vorsätzen für große Zahlen

Potenzwert (Dezimal)	Potenz	Vorsatz	Symbol	Zahlwort
1	10^0	–	–	Eins
1.000	10^3	Kilo	k	Tausend
1.000.000	10^6	Mega	M	Million
1.000.000.000	10^9	Giga	G	Milliarde
1.000.000.000.000	10^{12}	Tera	T	Billion
1.000.000.000.000.000	10^{15}	Peta	P	Billiarde

Zehnerpotenzen mit SI-Vorsätzen für kleine Zahlen				
Potenzwert (Dezimal)	Potenz	Vorsatz	Symbol	Zahlwort
0,000 000 000 000 001	10^{-15}	Femto	f	Billiardstel
0,000 000 000 001	10^{-12}	Pico	p	Billionstel
0,000 000 001	10^{-9}	Nano	n	Milliardstel
0,000 001	10^{-6}	Mikro	µ	Millionstel
0,001	10^{-3}	Milli	m	Tausendstel
0,01	10^{-2}	Zenti	c	Hundertstel
0,1	10^{-1}	Dezi	d	Zehntel
1	10^{0}	–	–	Eins

Präfixe für Einheiten in der Datenverarbeitung und Datenspeicherung			
Wert	Potenz	Name	Symbol
1	2^{0}	–	–
1.024	2^{10}	kibi	Ki
1.048.576	2^{20}	mebi	Mi
1.073.741.824	2^{30}	gibi	Gi
1.099.511.627.776	2^{40}	tebi	Ti

Im Ausbildungsbereich Druck und Medien ist bei bundeseinheitlichen Prüfungen durch den > ZFA zu beachten:
Ab Sommer 2019 werden in Prüfungsaufgaben ausschließlich normgerechte Vorsätze (Präfixe) für dezimale sowie binäre Vielfache verwendet.
Weitere Informationen dazu siehe „Druck- und Medien ABC“ des ZFA, Heft 65, November 2018;
https://zfamedien.de/zfa/publikationen/druck-und-medien-abc/

Prüfungsrelevante Vorgaben für ZFA-Prüfungen sind danach:

- Für 1024er-Vielfache werden Binär-Präfixe verwendet (Vorgabe: IEC).
- Für 1000er-Vielfache werden standardkonform ausschließlich Dezimal-Präfixe (Standardvorgabe: SI) genutzt.
- Die Einheit „Bit“ wird als Wort ausgeschrieben oder durch das Einheitenkürzel „b“ (ein kleines b) dargestellt.
- Die Einheit „Byte“ wird als Wort ausgeschrieben oder durch das Einheitenkürzel „B“ (ein großes B) dargestellt.

Zahlensysteme:
Darstellungsvergleich von Zahlen im Dezimal- und Dualsystem

Dezimalsystem	Dualsystem	Dezimalsystem	Dualsystem
0	0	15	1111
1	1	16	10000
2	10	17	10001
3	11	18	10010
4	100	32	100000
5	101	63	111111
6	110	64	1000000
7	111	100	1100100
8	1000	128	10000000
9	1001	256	100000000
10	1010		

Die Addition dualer Zahlen (und auch aller anderen Rechnungen) entspricht im Prinzip der Rechnung mit Dezimalzahlen. Der Stellenübertrag erfolgt jedoch nach der Ziffer 1:

Potenz	Duale Ziffern von	Dezimale Zahlen
2^0	0 bis 1	0 bis 1
2^1	10 bis 11	2 bis 3
2^2	100 bis 111	4 bis 7
2^3	1000 bis 1111	8 bis 15
2^4	10000 bis 11111	16 bis 31

Bei einer Addition von Dezimalzahlen erfolgt nach der 9 ein Übertrag zur nächsten Stelle:

Potenz	Dezimale	Ziffern von
10^0	0 bis	9
10^1	10 bis	99
10^2	100 bis	999
10^3	1000 bis	9999

Die Übersicht zeigt in Beispielen Zusammenhänge zu dezimalen Stellenwerten, Potenzen zur Basis 2 und der Anzahl der erforderlichen Bit im Rechner.

1024	512	256	128	64	32	16	8	4	2	1	dezimaler Stellenwert
2^{10}	2^9	2^8	2^7	2^6	2^5	2^4	2^3	2^2	2^1	2^0	Potenzen zur Basis 2
11	10	9	8	7	6	5	4	3	2	1	Anzahl der Bits in der EDV

11 Sicherheitszeichen DIN EN ISO 7010 (Auszug)

Verbotszeichen

Bedeutung: Sicherheitszeichen, das ein bestimmtes Verhalten, durch das eine Gefahr entstehen kann, untersagt.

P001
Allgemeines Verbotszeichen

P002
Rauchen verboten

P003
Keine offenen Flammen. Feuer, offene Zündquellen und Rauchen verboten

P004
Für Fußgänger verboten

P005
Kein Trinkwasser

P006
Für Flurförderfahrzeuge verboten

P007
Kein Zutritt für Personen mit Herzschrittmachern u. ä.

P010
Berühren verboten

P011
Mit Wasser löschen verboten

P012
Keine schwere Last

P013
Eingeschaltete Mobiltelefone verboten

P014
Kein Zutritt für Personen mit Implantaten aus Metall

P015
Hineinfassen verboten

P020
Aufzug im Brandfall nicht benutzen

P021
Das Mitführen von Hunden verboten

P022
Essen und Trinken verboten

P023
Abstellen oder Lagern verboten

P024
Betreten der Fläche verboten

P027
Personenbeförderung verboten

P028
Benutzen von Handschuhen verboten

P029
Fotografieren verboten

Brandschutzzeichen

Bedeutung: Sicherheitszeichen, das Standorte von Feuermelde- und Feuerlöscheinrichtungen kennzeichnet.

F001
Feuerlöscher

F002
Löschschlauch

F003
Feuerleiter

F004
Mittel und Geräte zur Brandbekämpfung

F005
Brandmelder

F006
Brandmeldetelefon

Warnzeichen

Bedeutung: Sicherheitszeichen, das vor einem Risiko oder einer Gefahr warnt.

W001
Allgemeines Warnzeichen

W002
Warnung vor explosionsgefährlichen Stoffen

W003
Warnung vor radioaktiven oder ionisierender Strahlung

W004
Warnung vor Laserstrahlen

W005
Warnung vor nichtionisierender Strahlung

W006
Warnung vor magnetischem Feld

W007
Warnung vor Hindernissen am Boden

W008
Warnung vor Absturzgefahr

W009
Warnung vor Biogefährdung

W010
Warnung vor niedriger Temperatur/Frost

W011
Warnung vor Rutschgefahr

W012
Warnung vor elektrischer Spannung

W014
Warnung vor Flurförderfahrzeugen

W015
Warnung vor schwebenden Lasten

W016
Warnung vor giftigen Stoffen

W017
Warnung vor heißer Oberfläche

W018
Warnung vor automatischem Anlauf

W019
Warnung vor Quetschgefahr

W020
Warnung vor Hindernissen im Kopfbereich

W021
Warnung vor feuergefährlichen Stoffen

W023
Warnung vor ätzenden Stoffen

W024
Warnung vor Handverletzungen

W027
Warnung vor optischer Strahlung

W028
Warnung vor brandfördernden Stoffen

Gefahrkennzeichnung durch gelb-schwarze bzw. rot-weiße Streifen

Kennzeichnung ständiger Gefahrstellen, z. B. Stellen, an denen die Gefahr des Anstoßens, Quetschens, Stürzens, Stolperns von Personen oder des Fallens von Lasten besteht, Treppenstufen, Fußbodenluken usw.

Gebotszeichenzeichen

Bedeutung: Sicherheitszeichen, das ein bestimmtes Verhalten vorschreibt.

M003
Gehörschutz benutzen

M004
Augenschutz benutzen

M008
Fußschutz benutzen

M009
Handschutz benutzen

M010
Schutzkleidung benutzen

M011
Hände waschen

M012
Handlauf benutzen

M013
Gesichtsschutz benutzen

M014
Kopfschutz benutzen

M015
Warnweste benutzen

M017
Atemschutz benutzen

M022
Hautschutzmittel benutzen

M023
Übergang benutzen

M024
Fußgängerweg benutzen

M026
Schutzschürze benutzen

Rettungszeichen

Bedeutung: Sicherheitszeichen zur Kennzeichnung der Flucht- und Rettungswege und den Notausgängen sowie den Weg zu einer Erste-Hilfe-Einrichtung bzw. diese Einrichtung selbst.

E001
Notausgang links*

E002
Notausgang rechts*

* Richtungspfeil A

* Richtungspfeil B

*(nur in Verbindung mit einem Pfeilzeichen zulässig)

E003
Erste Hilfe

E004
Notruftelefon

E007
Sammelstelle

E008
Notausgangsvorrichtung (erreichbar nach Zerschlagen einer Scheibe)

E009
Arzt

E011
Augenspüleinrichtung

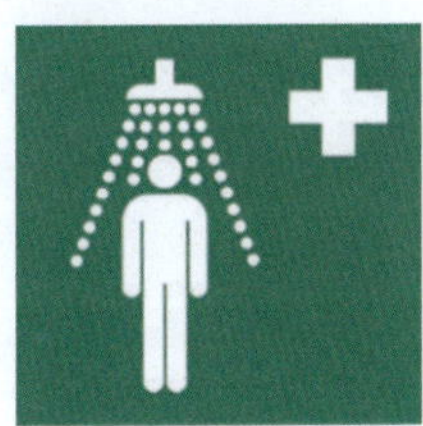

E012
Notdusche

E013
Krankentrage

E014
Notausstieg mit Fluchtleiter